Portable Spectroscopy and
Spectrometry 2:
Application

便携式光谱仪器及其应用

应用卷

（美）理查德·A. 克罗科姆（Richard A. Crocombe）
（美）宝琳·E. 利瑞（Pauline E. Leary）　主编
（美）布鲁克·W. 卡姆拉特（Brooke W. Kammrath）

肖　雪　杨辉华　褚小立　主 译
李文龙　李灵巧　许育鹏　李　连　副主译

化学工业出版社
·北京·

内容简介

　　《便携式光谱仪器及其应用：应用卷》系统介绍了便携式光谱仪的应用以及相关的算法、光谱数据库开发和转移等内容，涉及中红外光谱、近红外光谱、拉曼光谱、X射线荧光光谱、核磁共振和质谱等便携式仪器在化工、药品、危险化学品、食品、饲料、野外地质、天体生物、考古、司法、军事等领域的应用以及智能手机光谱和成像技术在临床领域的应用，此外还对便携式仪器及其应用的未来前景进行了展望。

　　本书体系完整，原理深入浅出，案例丰富新颖，点面结合，实用性强，可作为分析仪器和仪器分析等领域的科研人员、工程师和高校教师的参考书籍，也可作为高等院校分析化学、化学计量学、分析仪器、光学和应用化学等专业研究生的参考教材。

Portable Spectroscopy and Spectrometry 2: Application，First edition by Richard A. Crocombe, Pauline E. Leary and Brooke W. Kammrath.

ISBN 9781119636403

Copyright © 2021 by John Wiley & Sons Ltd. All rights reserved.

Authorized translation from the English language edition published by John Wiley & Sons Ltd.

本书中文简体字版由 John Wiley & Sons Ltd. 授权化学工业出版社独家出版发行。

北京市版权局著作权合同登记号：01-2025-2763

图书在版编目（CIP）数据

　　便携式光谱仪器及其应用. 应用卷 ／（美）理查德•A. 克罗科姆（Richard A. Crocombe），（美）宝琳•E. 利瑞（Pauline E. Leary），（美）布鲁克•W. 卡姆拉特（Brooke W. Kammrath）主编 ；肖雪，杨辉华，褚小立主译. -- 北京 ：化学工业出版社，2025. 11. -- ISBN 978-7-122-48884-8

　　Ⅰ. TH744.1

　　中国国家版本馆CIP数据核字第2025NU9488号

责任编辑：傅聪智
责任校对：田睿涵
装帧设计：王晓宇

出版发行：化学工业出版社
　　　　　（北京市东城区青年湖南街 13 号　邮政编码 100011）
印　　装：北京建宏印刷有限公司
787mm×1092mm　1/16　印张 33　字数 827 千字
2025 年 10 月北京第 1 版第 1 次印刷

购书咨询：010-64518888　　　　　　售后服务：010-64518899
网　　址：http://www.cip.com.cn
凡购买本书，如有缺损质量问题，本社销售中心负责调换。

定　　价：350.00元　　　　　　　　　　版权所有　违者必究

陈江海　桂林电子科技大学

陈　瀑　中石化石油化工科学研究院有限公司

褚小立　中石化石油化工科学研究院有限公司

房光普　天津中医药大学

傅鹏有　桂林电子科技大学

郭　拓　陕西科技大学

黄晋卿　香港科技大学

霍学松　中石化石油化工科学研究院有限公司

兰树明　无锡迅杰光远科技有限公司

李敬岩　中石化石油化工科学研究院有限公司

李　连　山东大学

李灵巧　桂林电子科技大学

李　伟　无锡迅杰光远科技有限公司

李文龙　天津中医药大学

李欣怡　广东药科大学

刘　丹　中石化石油化工科学研究院有限公司

刘　玮　香港大学/深圳市威视佰科科技有限公司

刘　杨　无锡迅杰光远科技有限公司

卢　丰　桂林电子科技大学

邱　迅　深圳市威视佰科科技有限公司

王　龙　天津中医药大学

王甜甜　无锡迅杰光远科技有限公司

王　玺　天津中医药大学

王卓健　桂林电子科技大学

吴思俊　天津中医药大学

向超群　广东药科大学

肖　雪　广东药科大学

许育鹏　中石化石油化工科学研究院有限公司

杨辉华　北京邮电大学

杨　一　北京工商大学

张吉雄　新疆维吾尔自治区农业科学院

周国铭　天津中医药大学

近20年来，新原理、新材料和新加工制作技术的发展，尤其是微机电系统（micro electro mechanical system，MEMS）和微光机电系统（micro opto electro mechanical system，MOEMS）技术的快速发展，为分析仪器特别是光谱仪器的小型化和微型化带来了极大的便利。光谱仪从台式（benchtop）、便携式（portable）、手持式（hand-held）、袖珍式（pocket-sized），发展到芯片式（chip-sized），用了不到10年的时间。另一方面，物联网技术在智能农业、智能工厂、智能医疗和智慧城市等众多领域的兴起，成为推动分析仪器向着微小型化方向发展的主要力量。小型微型便携现场分析和工业在线分析是现代光谱技术腾飞的两大引擎，尤其是小型微型便携仪器即将或正在改变人们的研究、生产和生活方式。

与实验室台式仪器相比，小型微型便携式仪器的现场快速分析是一种更经济、更高效、更灵活的方法，具有小体积、低功耗、低成本、便于二次开发等优点，在农业、食品、医学、地质、安全、文化遗产和考古等众多领域获得了广泛的研究与应用。但小型微型仪器研制与应用有其独特的特点，例如使用者大部分不是分析学家，而是各行各业的普通工作者，因此现场微小仪器的研制与应用具有极强的挑战性。

《便携式光谱仪器及其应用：应用卷》系统介绍了便携式光谱仪的应用以及相关的算法、光谱数据库开发和转移等内容，涉及中红外光谱、近红外光谱、拉曼光谱、X射线荧光光谱、核磁共振和质谱等便携式仪器在化工、药品、危险化学品、食品、饲料、野外地质、天体生物、文物古迹、考古、司法、军事等领域的应用，以及智能手机光谱和成像技术在临床领域的应用，此外还对便携式仪器及其应用的未来前景进行了展望。本书体系完整，原理深入浅出，案例丰富新颖，点面结合，实用性极强，是一本不可多得的优秀著作。期望本书能有效推进我国便携式仪器的研制、产业化和推广应用，并在工、农、商、学、兵等领域发挥应有的作用。

本书由肖雪和褚小立策划翻译。前言和第20、23章由褚小立、霍学松等翻译，杨辉华负责一校，兰树明负责二校；第1、2、3、4章由李文龙等翻译，肖雪负责一校，李连负责二校；第7、8、13、14、15章由肖雪等翻译，李文龙负责一校，杨一负责二校；第5、6、21、22章由杨辉华、李灵巧等翻译，刘玮负责一校，褚小立、许育鹏负责二校；第16、17、18、19章由刘玮等翻译，张吉雄负责校对；第9、10、11、12章由兰树明等翻译，褚小立、陈瀑负责校对。本书内容宽泛，涉及光、机、电、算、控、用等多个学科，因译者学科背景所限，译文中可能会存在欠妥之处，恳请同行专家和读者批评指正。

译　者

2025年2月

献给我的父母、我的家人以及多年来与我共事并让我从中学习的所有光谱学专家。

Richard A. Crocombe 博士

这本书献给John A. Reffner。每个人的生活中都需要这样一个人，就像我需要您一样：如同一位老师在他们需要的时候为他们提供指导，如同一位导师帮助他们去展望他们的将来，如同一位朋友在他们迷茫的时候聆听他们的倾诉。

Pauline E. Leary 博士

这本书所体现的奉献精神在我的家庭中得到了充分的展示。对于我的母亲Shirley和已故父亲Milton，我很感激你们教给我的许多生活经验以及鼓励我追求我热爱的事业。对我的双胞胎妹妹Lindsey，感谢你成为我的闺蜜、死党与孪生姐妹。对我的丈夫Matt，选择生活伴侣是一个人能做出的最重要的决定，我做出了一个幸福的选择，你是我最重要的支持者，我也是你的——只要我们一起便可以完成任何事情。对我的孩子Riley和Grayson，我太爱你们了，我希望你们能永远保持好奇心，因为好奇心是最好的老师，是发明之母，是治疗无聊的良药，是创造力的关键，是成就的引擎，也是科学的开端。

Brooke W. Kammrath 博士

当我第一次得知 Richard Crocombe、Pauline Leary 和 Brooke Kammrath 正在编辑一部两卷的系列书，内容涉及现场便携式分析技术的发展和这些技术的众多应用时，我感到非常兴奋，因为我知道这些科学家有着足够的经验、知识和热情来支撑他们创作一部伟大的作品，我已经迫不及待地想将这部著作添加到我的藏书库中。

那么，我是以什么身份对这部两卷的系列书做出如此大胆的评价呢？我的名字是 John A. Reffner，目前是纽约城市大学约翰·杰伊刑事司法学院法医学终身教授。我获得过一些杰出的奖项，其中一些奖项是借助便携式光谱仪器的发展才获得的。1956 年从阿克伦大学毕业后，我加入了 B. F. 古德里奇轮胎和橡胶公司（B. F. Goodrich Tire and Rubber Company）的"工程技术分析实验室"。这段经历给了我一个宝贵的体会，即化学对于一家大公司的成功来说至关重要，这一体会在我近 65 年的职业生涯中不断强化。我曾有幸与许多著名科学家和商界领袖共事，见证了科学和化学如何改变世界，也目睹了消费者的需求如何推动技术和创新，引领我们走到今天，使我们沉浸于能够改变世界的便携式技术中。

下面，我举一个例子来展示我对便携式仪器领域的热爱。我们团队在 1998 年的匹兹堡会议上介绍了 DuraScope，随后开发了 TravelIR 便携式红外光谱仪。我们的技术团队名为 SensIR，成员有 Don Sting、Jim Fitzpatrick、Don Wilks 和 Bob Burch，并为 FTIR（Fourier transform infrared，傅里叶变换红外）光谱仪引入了这种新型的微型 ATR（attenuated total reflection，衰减全反射）附件。虽然这样的配件看起来并不能使仪器便携，但一位来自大型化学品供应商的科学家对该产品感到非常兴奋。在他的工作计划中，他需要前往造纸公司解决客户的投诉。虽然他不需要 ATR 配件，但他需要一个小型的 FTIR，也可以是一个基于 ATR 的红外系统，他需要将它放在商用飞机的头顶行李舱中。由于这些交流，TravelIR 诞生了。TravelIR 是第一款交付市场的便携式红外光谱仪，能够在样品现场识别无限数量的样品。

TravelIR 的新颖性引起了很多人的兴趣，但大多数终端用户对便携性的需求很低，直到 2001 年 9 月 11 日。"9·11"恐怖袭击发生 1 周后，几封带有炭疽孢子的信件被寄送给新闻媒体成员以及美国参议员 Tom Daschle 和 Patrick Leahy。共有 5 人因接触这些孢子死亡，另有 17 人感染。这些恐怖主义事件的发生对现场便携式分析仪器的发展产生了重大影响。现在迫切需要一些能够在采样现场快速可靠地识别包括白色粉末在内的危险化学品的分析仪器。这一需求推动了便携式光谱仪市场的发展。

像 TravelIR 这样的红外光谱仪，非常适合作为化学识别器使用，可以满足现场用户的分析需求。但很明显，仅仅能为训练有素的科学家提供可靠答案的小型仪器是不够的。用于部署的系统需要承受有效的现场便携式分析设备所需的粗糙处理和环境条件。此外，可以由只经过最低限度培训的非科学家操作员通过仪器收集光谱数据，并将这些数据实时转化为可操作的结果，也是不可或缺的。SensIR 团队针对 TravelIR 的后续改进是一种名为 HazMatID 的产品。他们对该仪器进行了强化，以满足严格的军事规范标准，包括耐久性和完全浸没在去污溶液中的标准。"精灵从瓶子里出来了"，现场便携式仪器需求激增。

当你阅读这本书的全部章节时，你会看到多功能性的仪器和技术，以及这些仪器对我们社会产生的巨大影响。无论是考虑到便携式光谱仪如何用于危险品和军事行动中以评估安全和防御问题，如何帮助考古学家和其他文化历史学家理解艺术品和古代文明，还是考虑到这些系统为法医、制药和地质科学从业者提供的价值，读者将能认识到它们的发展所面临的挑战、它们的适用范围以及它们为最终用户提供的不可替代的价值。

John A. Reffner

纽约城市大学约翰·杰伊刑事司法学院

法医学教授

2020年11月

在过去20年中，便携式光谱仪器和光谱测量技术的快速发展可归因于其在众多科学领域的多样化应用。本卷的引言将深入探讨应用在仪器开发中所扮演的角色，以及仪器领域的进步对创造新应用所产生的交互影响。本书的仪器与技术卷聚焦于便携式光谱仪本身的技术，而应用卷则汇集了21章关于各类应用的内容。此外，应用卷开篇还有两章分别聚焦于算法和光谱库的开发（分别由Zhang等和Schreyer撰写），这些对于便携式仪器的成功应用至关重要。本书主编们认为，这填补了文献中的一大空白，因为本书中的大部分内容从未发表过，其余内容则分散在一系列文章和仪器公司的应用说明中。

应用部分各章既按仪器类型组织，也按科学或技术学科分类。其中有几章专门探讨便携式离子迁移谱、红外、拉曼（包括表面增强和空间偏移技术）、近红外（还有一章专门讨论从台式光谱仪到手持式光谱仪的光谱传输）、X射线荧光以及智能手机光谱的应用。我们还设有专章论述便携式仪器在特定学科中的应用，具体包括制药、法医科学、军事、危险物质、临床、食品分析、野外地质学和天体生物学、文化遗产以及考古学等领域。某些使用便携式仪器的学科未被纳入这些专章，因为主编们认为其内容已在其他章节中得到全面覆盖。环境应用便是一个例子，在专门讨论便携式仪器（如气相色谱–质谱联用、拉曼和红外）的章节中已对其进行了详尽阐述。

从本书构思之初，主编们的意图便是遴选具有实践经验并被业界公认的专家，让他们在各自的专业领域撰写深入且具权威性的章节。主编们感谢作者们的贡献，也感谢第三方专家对章节进行的审查，确保了章节的质量和完整性。本卷的最终目标是为读者提供关于便携式光谱仪应用的全面集合，这对他们的科学知识和工作都将具有重要价值。

必须指出的是，在这样一部由不同作者撰写、作者背景和研究领域各异的著作中，各章的编排和风格不可避免地会存在差异。主编们希望这不会削弱本书的实用性，而是能够反映出便携式仪器众多应用中所固有的多样性。

Richard A. Crocombe

Crocombe 光谱咨询公司

温切斯特，马萨诸塞州，美国

Pauline E. Leary

联邦资源部

史蒂文斯维尔，马里兰州，美国

Brooke W. Kammrath

纽黑文大学李昌钰刑事司法与法医学学院法医学系、李昌钰法医学研究所

西哈文，康涅狄格州，美国

2020年6月

1
便携式光谱仪的应用

Richard A. Crocombe[1], Pauline E. Leary[2], Brooke W. Kammrath[3,4]

[1] Crocombe Spectroscopic Consulting, Winchester, MA, USA

[2] Federal Resources, Stevensville, MD, USA

[3] Department of Forensic Science, Henry C. Lee College of Criminal Justice and Forensic Science, University of New Haven, West Haven, CT, USA

[4] Henry C. Lee Institute of Forensic Science, West Haven, CT, USA

1.1 概述

正如本书技术与仪器卷所述,我们把便携式光谱仪视为一种分析仪器,当操作员使用该光谱仪测量样品时可生成明确的结果,即用光谱仪在样品所在位置测量,而不是把样品放入固定的光谱仪中测量。便携式光谱仪的操作员很少是科研人员(尽管部分应用场景需要专业背景),而可能是危险物质处理技术人员、军事人员,甚至是废金属经销商。在多数情况下,操作员在分析过程中必须佩戴A级人员防护装备(PPE)。

操作员依靠仪器获得准确且可操作的信息。在某些情况下,其结果可能是样品识别;在其他情况下,其结果可能是合格/不合格的视觉或听觉警报(绿灯/红灯)。为了实现这一点,便携式仪器需要在没有操作员干预的情况下处理一个或多个光谱以生成结果。对于定性分析而言,需要结合光谱库或数据库,并搭配合适的匹配算法;对于定量分析而言,则需要经过验证的校准模型,并且必须再次使用合适的算法完成校准。因此,诸如PPE、数据库、校准和算法等因素都是仪器的重要组成部分(图1.1)。

1.2 应用的演进

对于便携式光谱仪的新应用,其初步研究和概念验证可借助现有的实验室设备进行,包括确定光谱范围、信噪比(SNR)和光谱分辨率。不过总体来说,最好在新产品本身上开发最终应用,因为它将具有与商用产品相同的分辨率、光谱范围等。便携式光谱仪潜在应用的开发,往

成功的便携式光谱仪平台

主要组成

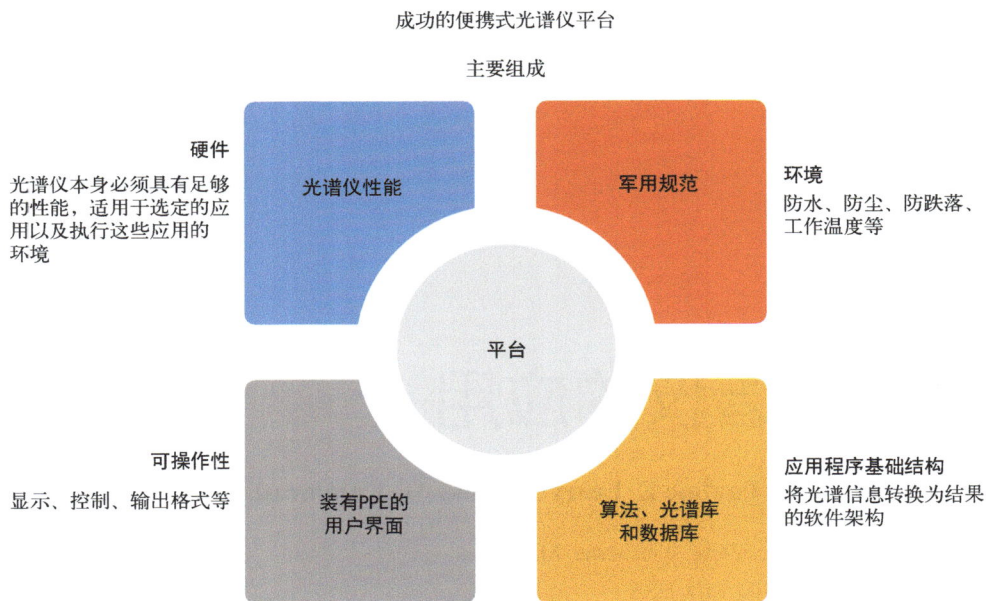

硬件
光谱仪本身必须具有足够的性能，适用于选定的应用以及执行这些应用的环境

光谱仪性能

军用规范

环境
防水、防尘、防跌落、工作温度等

平台

可操作性
显示、控制、输出格式等

装有PPE的用户界面

算法、光谱库和数据库

应用程序基础结构
将光谱信息转换为结果的软件架构

图1.1　成功的便携式光谱仪器平台除了性能外，还包括操作要求、环境条件和应用程序基础结构等因素。将光谱信息转换为结果的算法、数据库和校准是其关键组成部分

往始于对未满足的市场需求的响应。例如，多年来，便携式X射线荧光（XRF）光谱仪的供应商在贸易展览会上被问及其产品能否根据碳含量区分不锈钢的等级，特别是H级和L级。H级不锈钢的碳含量在0.04%到0.1%之间，而L级不锈钢的碳含量低于0.03%。在现场区分不锈钢等级非常重要，因为虽然L级不锈钢更昂贵，但在无法退火的现场焊接后表现出更好的耐腐蚀性。手持式XRF光谱仪对碳不敏感，因此该需求促使业界开始研究并随后开发了便携式光学发射光谱仪（OES）以及近些年便携式激光诱导击穿光谱（LIBS）系统。

在政府、安全及安保领域，应用开发可能由现实事件催生的新需求推动。例如2001年的"9·11"事件和炭疽袭击事件，要求响应团队必须能够在现场迅速可靠地检测和识别白色粉末。因此许多机构发出了招标书，意在能找到帮助他们实现这一目标的方案。便携式红外（IR）和拉曼（Raman）光谱仪由于能在这一应用中表现出色而蓬勃发展。

一个很好的应用驱动平台的案例是908Devices公司的MX908，其拥有不同的操作模式，例如"drug-hunter"（毒品探测模式）、"CWA-hunter"（化学战剂探测模式）和"explosive-hunter"（爆炸物探测模式）。当在不同模式下操作时，系统使用相同的硬件和软件界面，用户只需点击按钮即可选择针对待分析样品类型的最佳分析设置（如搜索算法、采样时间等）。这些具有相同基础平台的不同配置使终端用户能在分析时优化仪器性能。其优点在于操作员可以用一个经设定的设备分析多种不同类型的样品。XRF也是如此，同一台仪器可包含合金、贵金属、消费品等的校准模型。选择其中一种校准模型，可优化数据采集参数（包括管路电压和电流、X射线滤波器和测量时间）和用于生成结果的算法。

在许多情况下，一旦为某一应用建立了"平台"，其在其他领域的适用性也会逐渐显现。这可以从图1.2中看出，用户根据市场曝光度和经验提出要求，随后催生出新的应用创新——这通常涉及开发新的或者修正的数据库、算法和校准模型，而潜在客户可能会提供相关样品帮助开发人员进行验证。这种循环在便携式XRF和拉曼仪器中最为明显，如图1.3和图1.4所示。

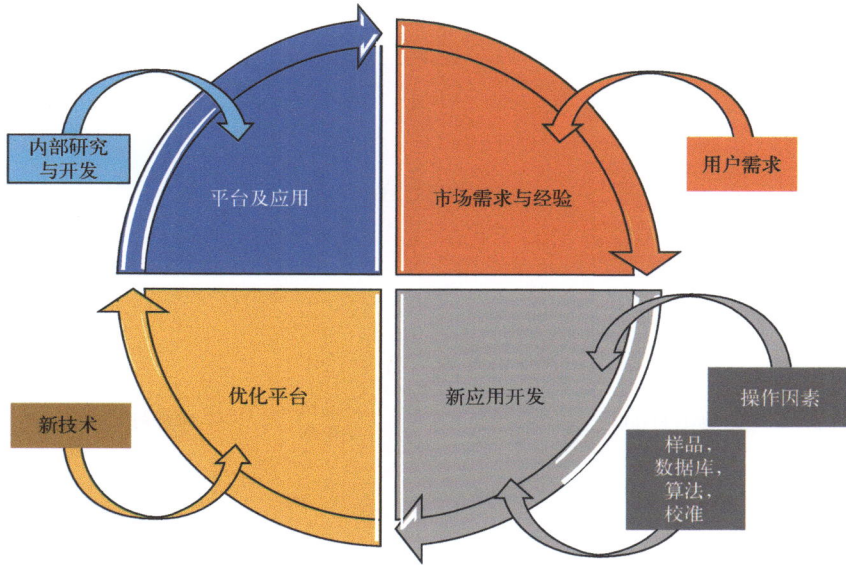

图1.2 产品和应用开发的典型周期

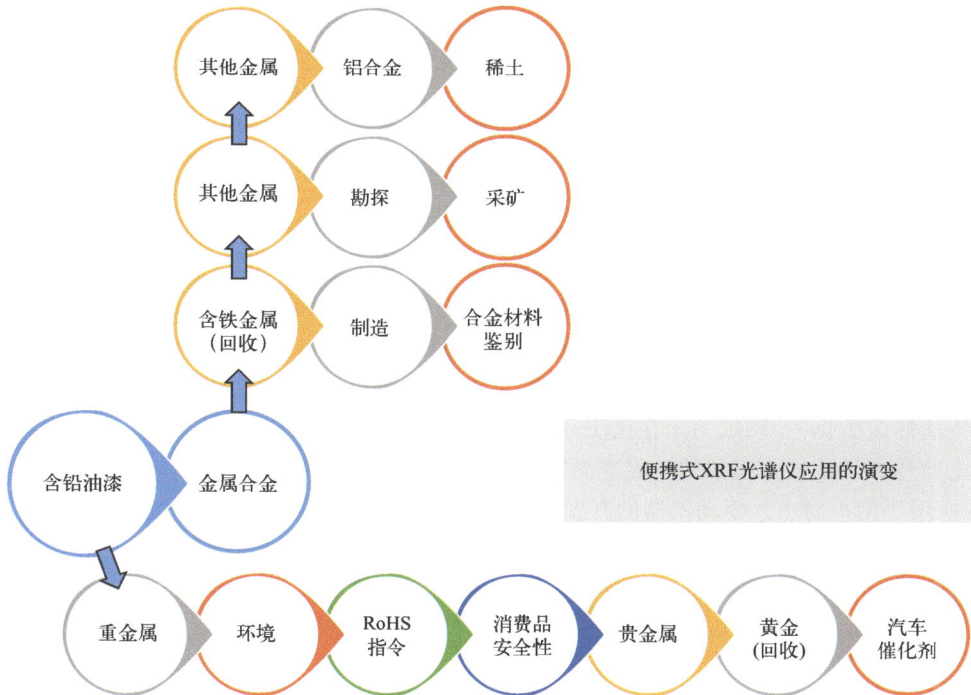

图1.3 便携式XRF光谱仪应用的演变。第一台手持式XRF光谱仪是为检测涂料中的铅开发的，后来用于检测金属合金。金属合金的应用场景已扩展至整个金属"产业链"。重金属检测至今仍然是消费品安全、贵金属开采和回收等多个领域的应用方向

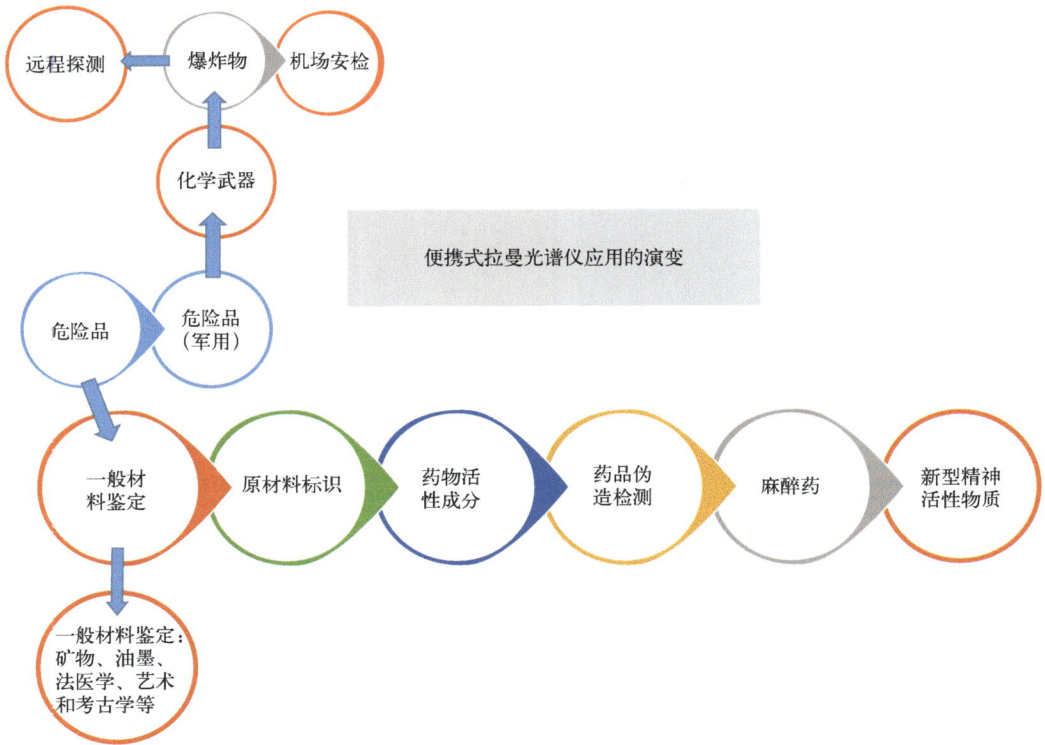

图1.4　便携式拉曼光谱仪应用的演变。便携式拉曼光谱仪最开始应用于检测危险物质，然后进入军事应用。一个独立的发展方向将该应用引入了一般材料鉴定领域，从而促进了化学和制药行业的发展。几年前，随着合成麻醉药和精神活性物质的激增，街边毒品的检测成为一个主要的应用领域

　　尽管一个新市场可能在市场营销术语上与现有市场属于"相邻"领域，但进入新的市场领域往往具有挑战性。这些挑战并不总是源于仪器的分析性能需要，而是源于操作性能的需求。然而在某些情况下，针对特定应用需求推出的后续产品是成功的。这在手持XRF应用中最为明显，如图1.3所示。另一个例子是赛默飞世尔（ThermoFisher）科技公司的TruNarc产品。TruNarc是一种手持式拉曼光谱仪，是赛默飞世尔科技公司FirstDefender平台的迭代产品，专为现场毒品检测市场设计。TruNarc的检测算法、内置数据库以及其他功能（包括数据可追溯性和操作者无法修改数据），均致力于在执法环境中为毒品样本提供最佳检测结果。

　　综上所述，便携式光谱仪的发展遵循以下循环驱动逻辑：
① 应用（用户需求）驱动仪器的开发；
② 现有仪器驱动更多应用拓展。

　　在应用卷的许多章节中都强调了算法、校准模型和数据库对应用成功的重要性，本卷接下来的两章中将详细讨论这些内容。

1.3　什么定义了应用？

　　通常，当一个应用被明确定义时，一个平台就更有可能取得成功。在这些情况下，对特定挑战的认识使制造商能够在整个产品开发生命周期中针对性地解决问题。终端用户会给出他们

对便携式解决方案的具体需求和性能要求，包括分析性能和操作性能等方面的说明。然后选择满足这些需求的最佳解决方案进行开发和部署。以机场爆炸物探测为例，美国运输安全管理局等监管机构对该场景的应用要求有着明确界定。有趣的是，在许多情况下，仪器开发的限制并非来自平台的分析要求，而是操作要求。

定义一个应用并不容易，有一些通用要点需要考虑。这些要点包括样品和样品基质的性质，例如：①样品是否为混合物，如果是的话，目的是识别所有成分还是仅识别特定的目标化合物；②结果是定性分析还是定量分析；③操作空间；④操作和维护要求。在凝聚相中，如果混合物中含有多种成分，并且它们的浓度低于百分比水平，那么使用振动光谱方法进行分析可能会受到限制。对于复杂混合物以及痕量分析，需要在前端进行分离操作。最主要的方法是气相色谱-质谱联用（GC-MS），该方法在本书技术与仪器卷中有介绍。离子迁移谱（IMS）便携式系统不需要进行前端分离，该仪器广泛用于机场痕量爆炸物检测，其在本书技术与仪器卷和应用卷中都有讨论。

高光谱仪器广泛用于地形和植被的分类。高光谱仪器在本书技术与仪器卷中Nelson和Gomer编写的第10章以及Pust编写的第7章中有所描述，在本卷中Laukamp、Legras和Lau编写的第18章中也有涉及。本卷的最后一章也涉及高光谱仪器。高光谱数据处理中使用的算法超出了本书的范围，读者可以参考相关文献[1]详细了解。

1.3.1 混合物

一旦选定技术平台，下一个关键问题是样品为纯物质还是混合物。如果样品是混合物，则必须考虑均匀性、样品基体、浓度水平和所需要的检测限等问题。事实上大多数现场检测的样品都是混合物。表1.1总结了各种技术平台（按光谱范围划分）以及各平台对应的样品和分析注意事项。考虑到这一点，我们将简要地强调一些问题，这些问题将在随后的章节中探讨。

表1.1 手持式光谱仪在分析混合物方面的适用性

仪器技术	目标分析物	典型样品相态	样品类型	检测限
XRF 和 LIBS	元素	固态	金属，通常是均匀混合物（合金）；矿物，通常是非均质物质	浓度 $10^{-6} \sim 10^{-2}$
GC-MS	分子	固态、液态、气态（蒸气）	分离复杂混合物，并能分出各组分逐一检测鉴定	浓度 10^{-9} 及以上，甚至能检测到 10^{-12}；纳克级别
IMS	分子	固态、气态（蒸气）	通常是混合物	10^{-9} 及以上浓度，低纳克级别
振动光谱（IR 和拉曼）	分子	固态、液态	纯物质或混合物；天然产物	个位数百分比范围

便携式XRF和LIBS光谱仪都可用于金属和矿物分析，但这两种仪器在检测区域和对表面涂层的敏感性方面存在差异。手持式XRF光谱仪的检测光斑直径通常约为8 mm，但若检测更小区域（如焊缝），可缩小至约3 mm。而单次LIBS激光脉冲可能只能检测直径为50 ~ 100 μm的区域，因此需要对激发/采集光学元件进行栅格化以实现区域分析。XFR是一种表面检测技术，能够检测铁、镍或铜的合金表面500 μm厚度，因此有时需要进行表面清洁处理。LIBS设备可以进行"预燃"或"清洁脉冲"以去除表面的杂质。在分析区域的尺度上，金属样品通常被视为均

匀的混合物，但矿物的异质性更强，通常具有清晰可见的晶粒结构。有关现场样品制备的讨论请参见下文。

GC-MS对于混合样品的价值在于它能通过分离每个组分并单独鉴定来实现非常低的检测限。这就使得其可以检测和鉴定一些待测物含量较低的样本。一些配置还提供在样品采集过程中的预浓缩方法，有助于进一步降低检测限。尽管IMS能够实现非常低的检测限，但样品基质可能会干扰检测能力，干扰通常来自电离过程中基质与目标待测物的竞争。如果基质成分优先电离，则会抑制甚至掩盖待测物的信号。然而，在IMS检测器被广泛使用的应用场景中，与常见的基质干扰物相比，目标待测物往往更容易电离。

使用近红外（NIR）和中红外（MIR）对凝聚相的痕量检测取决于在强而多变的背景中检测到小的吸光度。因此在凝聚相中近红外和中红外并不是理想的痕量分析技术，因为信噪比可能会受到限制，并且其他组分或基质的光谱复杂且重叠。由于光学光谱技术从具有有限信噪比的样品中生成单个集合光谱，在不进行富集或增强信号（如表面增强红外光谱，SEIRS）的情况下，检测限最多能达到3%。拉曼光谱也具有相似的逻辑，在进行定性分析时，表面增强拉曼光谱（SERS）与整体拉曼分析相比有助于降低检测限。不同的化学物质对增强效果产生不同的影响。对于某些应用而言，例如海洛因（heroin）鉴定，表面增强拉曼光谱增强海洛因信号，同时降低荧光信号，从而提高了检测能力（请参阅本卷中Hargreaves编写的第16章）。

1.3.2　定性分析和定量分析

便携式科学仪器成功的关键在于处理光谱，并为非专业人员提供可操作的结果。定性分析与定量分析的结果略有不同。定性分析需要一个光谱数据库以及能够提供可靠结果的算法；而定量分析方法需要经过验证的校准模型，其中校准样品中的浓度数据是通过标准化学方法得到的。接下来的讨论主要适用于振动光谱学，但其原理也可以应用于本书中所写的其他光谱技术。

1.3.2.1　定性分析

使用便携式光谱仪器进行定性分析的目的是鉴定未知物质。对于纯物质（或者是均质的、可以通过产品名称或类型鉴定的物质，例如品牌软饮料），通常的流程是获取光谱（一般是中红外光谱或拉曼光谱），并将其与数据库（即光谱库）中的光谱进行比对。这里有两个直接的问题：①应该使用哪个光谱库；②应该使用何种搜索算法。光谱库应包含用户场景中可能遇到的所有物质，而不只是目标化学品。例如在分析疑似非法药品时，光谱库不应只包含麻醉药物——如果光谱库的内容有限，即使样品是一种无害的物质，那么"最接近匹配"将始终是麻醉品，这将是极具误导性的结果。

因此，麻醉品数据库至少应该包括各种非麻醉品的"白色粉末"，例如乳糖或甘露醇等药用赋形剂，或常见的街头毒品样品中的掺杂剂，如面粉、苏打粉、婴儿配方奶粉、糖或滑石粉等。过去，供应商总是努力扩大数据库，而现在供应商更强调为不同的应用提供专门定制的数据库（请参阅本卷中Schreyer编写的第2、3章）。通过使用适当的数据库，结合针对特定应用（即样品类型）优化过的搜索算法，可以让非科研人员在现场迅速准确地获得满意的结果，而无需专业人士的帮助。

搜索算法的选择是至关重要的。最可靠的定性或匹配算法采用基于统计或概率的方法[2,3]。

这些算法会考虑光谱中的每一个特征、对噪声建模，处理混合物[4]，在拉曼光谱的情况下还会对荧光建模。可以通过检测假阳性率或假阴性率，并用受试者工作特征（ROC）曲线对数据进行建模和可视化，来评估这些算法的有效性（类似诊断测试的临床试验）[5-7]。

　　有人曾讨论过[8]诸如欧氏距离（或其他相近、相关的算法）等搜索算法的问题[9,10]。这些算法本质上会对光谱进行平方处理，会放大宽而强的峰，弱化窄峰。但是有时候窄峰可能更能准确地指示某些特定的官能团。此外，欧氏距离算法用于混合物分析时表现不佳，并且无法考虑光谱的所有特征。当应用于拉曼光谱时，任何宽的荧光背景都会被强化，而尖锐的拉曼峰则被抑制。这些简单的算法总能提供"最接近匹配"结果，但不保证匹配结果正确。使用计算出的命中值确定可靠性指标有助于减少误报，但这并不是万无一失的，特别是当使用专有算法时，我们可能无法理解命中值是如何计算的，甚至不知道其中的含义。例如，2001年上市的SensIR的TravelIR是第一款便携式傅里叶变换红外（FTIR）光谱仪，它没有提供混合物分析算法，而是使用相关系数进行光谱处理。相关系数光谱处理方法对于纯物质样品的分析效果很好，但对于混合物样品的分析效果就会大大降低，并且需要现场操作人员手动解析光谱，这通常是很困难的。当分析结果的准确率达到0.95时（1.0表示完美匹配），用户才能对分析结果有较高的信心。对于混合物样品来说，即使系统能够准确识别出各个组分，其结果也很难达到如此高的匹配质量。2005年上市的Ahura First Defender是第一款专为危险品检测设计的便携式拉曼光谱仪，它采用了一种能识别混合样品中多达5个组分的混合物算法。如今便携式光谱仪器通常将定制的、集中的光谱库和针对特定应用优化的专有光谱库搜索算法相结合（请参阅本卷中Zhang、Lee和Schreyer编写的第2章以及Schreyer编写的第3章）。

1.3.2.2　定量分析

　　定量分析，顾名思义就是一种分析混合物成分的技术。接下来的讨论主要适用于便携式近红外仪器。对于定量模型，需要通过标准或参考方法对校准样品进行分析。近红外是一种辅助技术，它依赖于使用既定的方法（如测定有机氮的凯氏定氮法）对样品进行初步分析，并利用化学计量学方法将数据与样品光谱结合在一起。此外，通过在验证数据集上进行类似的分析以证实模型有效且没有利用"偶然"的相关性[11]。该流程在图1.5中有所说明。对于天然产物，由于其成分差异很大，而且近红外光谱并不能提供非常明确的信息，因此需要大量的校准样品。以长期应用的谷物分析为例，可能需要收集数千个校准样品，这些样品需长期收集并每年更新。有一些指南或建议列出了在进行近红外校准项目时应该报告的内容[12]。

1.3.3　操作空间

　　与定性分析一样，在定量分析时应该使用适当的光谱库，了解其中所包含的内容，了解校准模型能够正常运行的范围。在一个精心设计的分析中，首先对初始光谱进行分类（通常采用主成分分析和聚类分析算法），以判断输入光谱与用于校准的光谱是否相似，如果不相似的话仪器会提醒用户"这可能与光谱库中的物质不匹配，是否继续预测？"。例如，通过结合可见光和近红外光谱，可以确定番茄的成熟度，但是当输入光谱是红色橡胶球或绿色肥皂的光谱时会发生什么呢？如上所述，软件应将光谱标记为与校准集不相似。然而，一个设计欠佳的校准模型（仅基于可见光谱），很可能会将红色橡胶球判定为成熟的番茄，而将绿色肥皂判定为未成熟的番茄。这是因为，对于在可见光区域（波长约400～700 nm）运行的设备，食物和农产品的

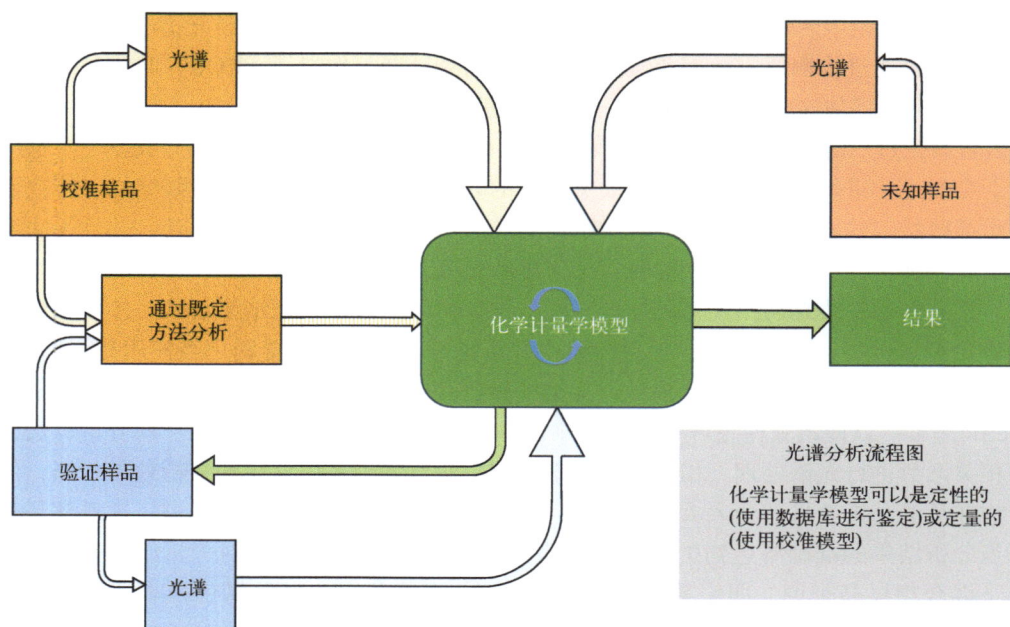

图1.5　用于开发光谱分析应用程序的流程图。该流程尤其适用于混合物的振动光谱分析

主要化学成分（水、碳水化合物、蛋白质、脂肪）基本都是无色的，也就是说这些成分并不会产生显著的吸收。因此，对于农产品的匹配只能依靠颜色进行。硅传感器对约1050 nm的波长敏感，在700～1050 nm区域内可以检测到无色成分的C—H、N—H和O—H键的非常微弱的四倍频吸收带，但信号中所包含的特异性信息非常有限。这可能是对直接向消费者销售的设备的特殊关注点，特别是当在适当的操作空间之外使用光谱仪或使用众包数据时。本卷最后一章将详细探讨这些潜在问题。

我们可以通过一个假设案例说明在操作空间之外使用商用颜色匹配光谱仪时会发生什么。首先扫描一些农产品，之后记录匹配的涂料颜色的名称。注意，所确定的涂料颜色是与测量产品颜色最匹配的。然而，按照字面理解，涂料颜色的名称会对消费者产生很大的误导（部分"结果"见表1.2）。作者想强调的是，这个例子绝不是在批评光谱仪性能，这些系统在生成CIE与RGB值并与商业涂料和标准色卡（如Pantone®）匹配的应用非常有效，该示例旨在说明在预期操作空间之外使用便携式光谱仪的风险（图1.6）。

表1.2　当使用颜色匹配光谱仪分析各种农产品时所识别出的商用颜料名称

产　品	颜料名称1	颜料名称2
红苹果	Red delicious	Apple-a-day
青苹果	Jalapeno pepper	Olive tree
番茄	Fire roasted	Old redwood
西柚	Va-Va-Zoom	Curry sauce
胡萝卜	Brandywine	Clay pot
欧洲萝卜	Burlap	Cool camel
芹菜	Leafy romaine	Sycamore tree

注：这些名称与被分析物的化学成分没有关系，因为颜色匹配光谱仪并不是用来进行这种分析的。

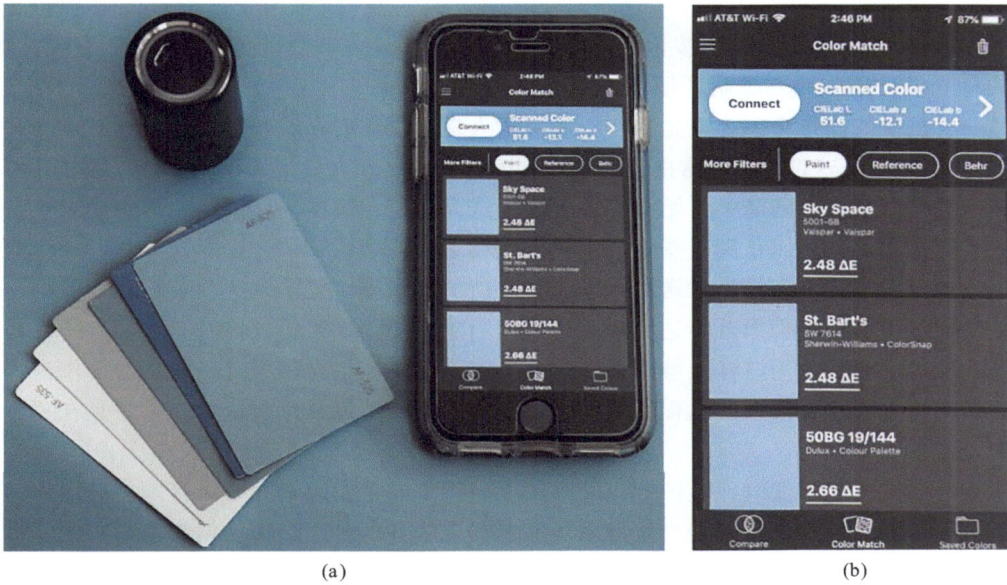

(a)   (b)

图1.6 （a）一种小型、低成本的颜色匹配光谱仪，直接面向大众销售。（b）光谱仪由手机应用程序控制，并能显示颜色的匹配情况。这是一个具有内置算法和数据库的单一用途设备的示例。但该仪器并不是一种通用分析仪。来源：Picture courtesy Eric Crocombe

1.3.4 操作和维护问题

将便携式光谱仪器投入到工作流程中时，还必须要解决两个具体问题。第一个问题是，在一些部门中，如军队和机场安检，人员流动是一个特殊问题，这会导致便携式光谱仪器知识与经验的流失。由于人员流动，新员工必须接受培训才能熟练使用仪器。对于像GC-MS这种复杂的仪器来说，培训可能会耗费大量时间。第二个问题是理解和实施仪器维护的要求。这些问题结合起来可能会导致仪器或平台无法持续使用。近些年的一个例子是在机场安保中曾使用过的"吹气式"仪器。这种仪器虽工作良好但维护困难，导致它们被淘汰。在军队中，部署团队可能拥有区域后勤支持系统，可在人员流动时协助设备维护，从而提高便携式仪器的使用频率和有效性。

在确定便携式光谱仪器应用的可行性时，操作和维护方面的挑战是需要考虑的重要因素。从操作的角度来看，前文提到某些操作人员需要穿着高级别的个人防护装备进行操作。因此，采样程序应尽量简化，而且光谱仪界面必须易于使用。图1.7展示的是Smiths Detection HazMatID Elite便携式FTIR光谱仪，该仪器具有易于使用

图1.7 Smiths Detection HazMatID Elite便携式FTIR光谱仪，大按钮的设计便于操作者在穿着高级别个人防护装备的情况下进行选择。这些按钮还带有背光，在黑暗环境中也能清晰可见。来源：Smiths Detection

的界面系统。并且该仪器操作按钮大，容易选择，还具有一个耐化学腐蚀的覆盖层。此外，按钮的背光设计还方便在黑暗环境中使用。

另一个重要的操作考虑因素是为非专业技术人员提供实时在线技术支持，通常称为"远程支持"。在军队中，这种支持通常由组织的内部团队向其操作人员提供，但随着危险品处理和其他民用应急团队（如消防队）开始经常部署便携式光谱仪，仪器供应商开始提供全天候、全年无休的实时技术支持，以帮助这些应急人员在现场解析或确认结果。操作人员在现场获取光谱结果后，通过电子邮件将结果发送给提供远程支持的科学家。科学家实时解析光谱数据，并将解析结果通过口头或书面形式传达给最终用户。当购买便携式光谱仪器时，远程支持计划是一个重要的考虑因素，因为这样能够保证在现场生成可靠的结果。远程支持服务通常作为服务和保修套餐的选项提供。因此，远程支持要求仪器能够传输数据并接收反馈，最好是在"分析区域"内完成。

在部署便携式光谱仪时，维护方面的挑战也是重要的考虑因素。车队管理，包括定期进行固件和软件更新的能力，特别是当大量系统部署在全球各地时，必须从物流角度实现。这对于受监管行业（例如制药行业）中的仪器尤其重要，以便质量监督员确定使用了适当的光谱库和算法。当军事单位或指挥部需要使用便携式光谱仪时，必须确保仪器的停机时间最少或提供完全正常运行的备用系统。此外，还需要考虑培训、消耗品和配件的可用性、校准要求以及常规维护等方面的因素。如点射拉曼系统、基于衰减全反射（ATR）的FTIR和XRF这样的仪器，相对容易维护，对常规维护的要求低，通常配备无保质期的校准样品，并且在运行过程中不需要特殊的配件或耗材。另一方面，便携式GC-MS在现场维护方面更具挑战性，例如载气和真空泵等附件增加了部署难度，校准样品易挥发且具有有效期，可能需要定期（每周或每月）启动以保持系统正常运行。便携式GC-MS的一些独特功能对于某些用户来说至关重要，但这些系统并没有像便携式FTIR、拉曼和XRF光谱仪那样广泛部署，原因可能是在操作和维护方面的挑战。

1.4 仪器的投资回报

特别是在生产环境中，购买仪器的投资回报率（RoI）是关键的考虑因素。如果投资回报率不高，生产人员将不会购买该仪器。对于由手持式拉曼光谱仪或近红外光谱仪执行的药品原材料标识（RMID）应用，其优点包括操作简便（可以在装卸码头、仓库或检验区通过塑料衬里对样品"即点即测"）、分析速度快（通常不到5秒钟）、结果准确可靠（基于供应商的条形码、内置光谱库和算法）、无浪费、无需进行样品制备、不会对样品产生污染，并且方法可移植。根据当前的RMID程序，可以直接计算出假设的RoI，计算结果在表1.3中列出。这里的假设相对简单，该RoI仅基于操作员的劳动力和时间节省。详细的假设包括快速的衰减全反射傅里叶变换红外光谱实验室方法、实验室技术员每年75000美元的工资（含福利成本）以及每月仅分析1000个样品。除了上述假设之外，还有其他可能会提高RoI的因素，包括但不限于提高库存周转率、由于库存量减少而节省仓库空间、减少实验室常规工作量［使科研人员专注于解决问题，而不是质量保证/质量控制（QA/QC）］等。图1.8展示了基于实验室和手持式仪器方法的工作流程对比。

表1.3 基于实验室分析与手持式光谱仪原材料标识程序成本的比较

实验室和手持式光谱仪原材料标识程序的比较			
传统的实验室分析		**手持式拉曼或近红外光谱仪**	
将样品送到实验室的时间	45 min	运送样品时间	4.75 min
实验室分析时间	2～30 min	分析时间	0.25 min
总计	47～75 min	总计	5 min
成本	$33～53/个	成本	$3.55/个
每月1000个样品的成本	$33000～53000	每月1000个样品的成本	$3550
		分析仪成本	$20000
		投资回报率	13～21天

注：手持式光谱仪解决方案的投资回报相当明显。

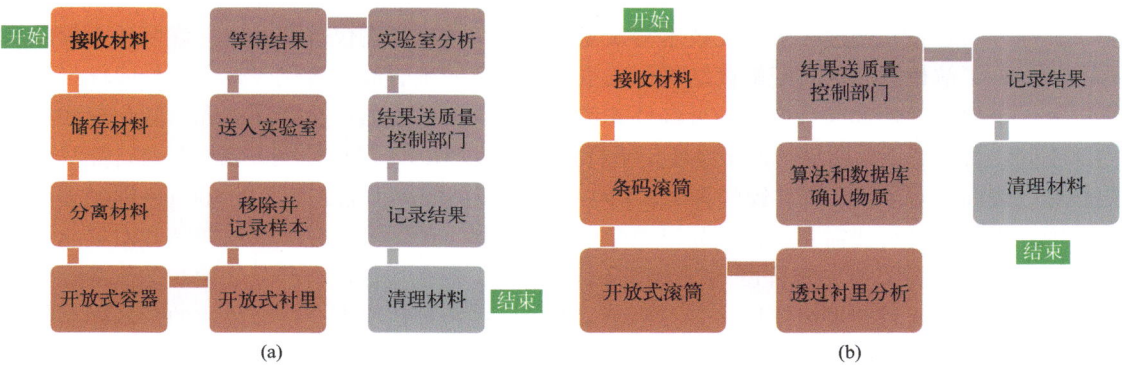

图1.8 比较基于实验室分析（a）和手持式光谱仪（b）原材料标识的工作流程。手持式光谱仪方法显然更简单、更快

1.5 现场样品制备

尽管便携式光谱仪的重点功能是"即点即测"，但并非所有场景都能实现。在某些领域，仍需在现场进行有限的样品制备，但将样品正确地放入仪器进行分析仍然是非常重要的。一个经典案例是，在紫外-可见光区域进行水质检测时，添加特定试剂检测某种分析物并使用比色皿进行测量是长期以来的一种做法。比色法也一直被用于现场筛查未知毒品[13]。DetectaChem公司最近推出了一种新型检测方法[14]，用于检测毒品和爆炸物。这种方法使用一种特殊的卡片，其中包含一块取样布以及试剂。该方法简化了现场使用比色法进行检测的过程（图1.9）。根据目标分析物的不同，有许

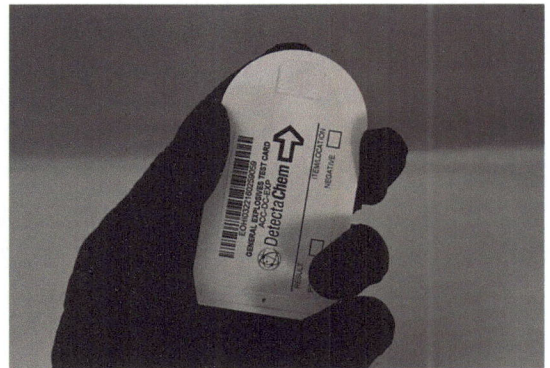

图1.9 DetectaChem公司的检测卡。取样布位于卡片顶部中央，试剂位于卡片背面。该方法不需要操作员处理试剂，而且"读取器"也消除了颜色分析中的主观性。来源：DetectaChem

多不同的比色检测卡可供选择。例如，针对不同的毒品有不同的卡片可供选择。由于试剂被封装在检测卡内，在现场使用时更加方便，操作起来也更加简单。无需称重、测量或使用外部配件，就能使其产生颜色变化。可以使用专用的"读取器"或智能手机评估产生的颜色，并给出简单的阳性/阴性结果。读取器或智能手机的使用简化了操作，消除了测量的一些主观性，因为操作员不需要进行"解读"。

在法医科学界，人们已经开始质疑在现场使用比色法进行检测的有效性，特别是在刑事案件中[15-18]。比色检测有时会被律师和警方调查人员滥用，他们促使嫌疑人根据这些预测性（非确证性）结果承认被指控的毒品罪行。由于在随后的实验室确证分析中部分案件因未检测到违禁药物而推翻了犯罪判决。但不幸的是，这种情况发生的频率是未知的，因为法医实验室通常不会对已裁定案件的证据物品进行复检。相关学者强调，从分析的角度来看，当比色检测被正确应用并用于生成推定性结果时，检测作为分析工作流程的一部分是有价值的，但也应该认识到在刑事案件中使用比色检测时所涉及的额外法律问题。

其他样品制备和处理方法已在技术与仪器卷中介绍过，本卷仅强调几点：许多技术仅探测样品表面，了解检测深度对于解读结果至关重要——需明确表面分析代表整个样品或仅仅代表表层。一个典型案例如天然产物的近红外光谱分析，大多数天然产物有皮或壳，其化学成分与内部不同。另一个不太明显的例子是使用手持式XRF或LIBS光谱仪检测金属样品时可能只能探测样品的表面。对于铁、铜、镍的合金，XRF是一种只能探测样品表面大约500 μm深的表面技术。因此操作人员可能需要清洁样品以消除腐蚀、涂料、油污等，并应注意样品表面可能有电镀层。LIBS光谱仪具有一定程度的"逐层分析"能力，但也应该注意样品表面状态。在野外地质学中，岩石表面可能被风化层（岩石粉尘）覆盖。在这种情况下，一个快速的现场样品制备工具可以帮助快速研磨样品，然后压制，使样品更能代表整体。

便携式FTIR光谱仪取得成功的主要原因之一是它能够进行衰减全反射采样。为了使衰减全反射技术获得高质量的红外光谱，首要条件是样品的折射率（n）必须低于内部反射元件，并且与内部反射元件紧密接触，通常内部反射元件为金刚石（$n=2.42$）。只要样品满足这两个条件，就可以轻松地获得高质量可重复的红外光谱数据。从部署的角度来看，这是一个重要的概念，因为在使用不同的技术平台进行分析时，采样方法的选择可能会对分析结果产生重要影响。对于搭载了衰减全反射技术的便携式FTIR光谱仪，如果在新泽西州的某家制药厂开发了一种RMID方法，这种方法可以很容易地移植到世界其他地方的同型号仪器上使用。

大多数终端用户似乎更青睐拉曼光谱，主要是因为它可以直接透过玻璃瓶、塑料桶衬里和塑料袋等容器进行"即点即测"采样。对于现场分析毒品来说这一点非常重要，因为芬太尼、卡芬太尼和其他类似物的增加对一线应急人员构成了巨大的危险。有一个重要因素需要考虑，就是当样品暴露在产生拉曼散射的激光下时，样品可能会燃烧，甚至在检测易爆品时会发生爆炸。这些情况下应该使用延迟触发保护机制或机器人搭载式远程控制仪器，对样品微区进行检测；可能引发爆炸的典型样品包括"黑色火药"和"无烟火药"以及一些自制炸药。

便携式拉曼光谱仪通过表面增强拉曼光谱效应分析街头毒品（请参阅本卷中Hargreaves编写的第16章）。表面增强拉曼光谱对于海洛因的鉴定具有特定的优势。在785 nm波长激光激发下，海洛因会发出荧光；使用表面增强拉曼的基底不仅能够猝灭荧光，还能增强海洛因的拉曼信号。多家仪器制造商已经开发出多种表面增强拉曼光谱采样装置，旨在方便用户在现场使用，并且基底具有较长的使用寿命。

对于GC-MS分析，在现场制备样品的要求可能具有挑战性。"稀释后上样"的概念在实验室GC-MS分析员中得到了广泛认可和接受，但对于许多便携式GC-MS应用来说，溶解、冷凝（浓缩）、衍生化或其他样品前处理步骤仍是难题。从操作角度来看，GC-MS系统通常部署在敌对或在危险环境中工作的人员身边，分析需要尽快完成，步骤应尽可能少。在这些情况下，如果没有足够的时间，分析将被中止。此外，还必须承认，在大多数应用中分析系统并不是由科研人员使用的。操作者可能没有接受过充分的培训，并且可能不经常使用该系统。样品制备要求越复杂，获得正确结果的概率就越小。重要的是认识到GC-MS是一种非常有价值的技术，可以应用于许多不同类型的样品，但是当由非专业人员在现场使用时，使用最简化的样品制备和检验方法测定特定的目标化学物质，才会有最大的概率得到正确结果。

从样品制备的角度来看，IMS是最容易使用的便携式系统之一。该系统可以选择蒸气进样和微粒进样两种模式。如果目标分析物具有合适的蒸气压，可以在采样周期内将10^{-9}（十亿分之一）级别的物质加入到系统中，则使用蒸气进样。在这种情况下，系统会在常温条件下吸入含有目标分析物的空气，而不需要使用载气或抽气。如果目标分析物没有合适的蒸气压，则采用微粒进样，在这种方法中，痕量待检测物质放置在热解脱附器中，在分析过程中对样品进行加热使其脱附。正如前面提到的，对于IMS来说，样品制备相对容易。此外，检测限也可以非常低，可以低至低10^{-9}或个位数纳克。但是，这种方法的使用仅限于含量相对较低的目标分析物，如特定的毒品、爆炸物、化学战剂和有毒工业化学品（参见技术与仪器卷中DeBono和Leary编写的第17章以及本卷中Leary和Joshi编写的第8章）。

1.6 便携式光谱仪的商业成功

1.6.1 市场营销

尽管市场营销不是本书的重点，但值得关注几点便携式光谱仪商业成功的要素。便携式光谱仪的商业成功有3个因素：平台、应用场景和市场渠道（图1.10）。仅生产出便携式光谱仪并不会吸引消费者。仪器公司需要了解其产品销售的市场渠道，并雇用该领域的专业人士（领域专家），用行业术语精准沟通。例如：废金属经销商可能会将其便携式XRF光谱仪称为"枪"，这对来自军事部门的人来说可能会产生误解；又如废金属交易中，使用便携式XRF光谱仪可以快速获得投资回报，几乎可以看作是现金业务。然而，这与政府和军事采购形成鲜明对比，后者的投资回报周期可能长达数年。

知晓便携式仪器的使用环境也很重要。由于制药生产的国际性质，制药生产受到严格监管。美国食品药品监督管理局（FDA）及其法规［例如销售到美国市场所需的联邦法规（CFR）第21卷第11部分］在全球范围内具有重要影响。在这种大环境下，需要提供诸如DQ（设计确认）、IQ（仪器确认）、OQ（操作确认）和PQ（性能确认）等文件以及标准操作程序（SOP）草案。缺乏对这些要求的理解将立即使供应商失去资格。在非法毒品检测领域，一家公司可能会向单个警察部门销售仪器，但是该仪器的部署将对其他相关方产生影响，包括治安官、地方检察官或地区检察官，他们将负责在法庭上呈现结果。此外，了解资金周期、采购渠道和可用补助金也很重要。

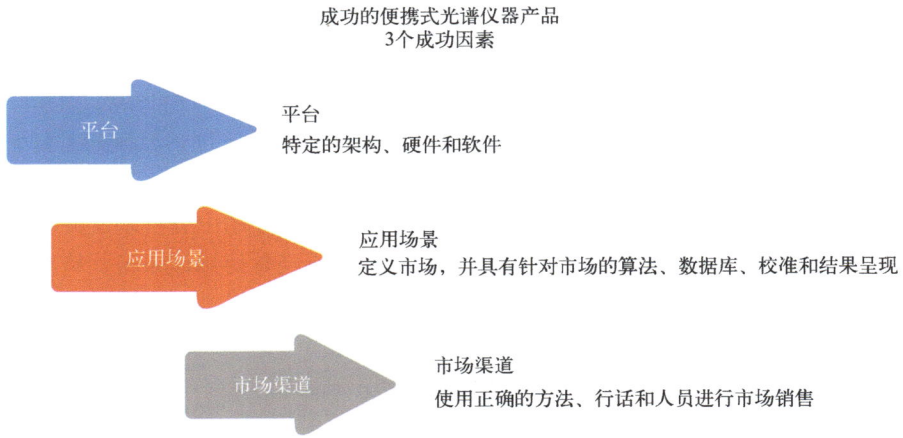

成功的便携式光谱仪器产品
3个成功因素

平台
平台
特定的架构、硬件和软件

应用场景
应用场景
定义市场，并具有针对市场的算法、数据库、校准和结果呈现

市场渠道
市场渠道
使用正确的方法、行话和人员进行市场销售

图1.10　便携式光谱仪器产品要取得成功，开发人员或制造商必须关注3个不同的领域：平台本身、应用场景和市场渠道

1.7　结语和未来应用

本章的主题之一是"应用驱动仪器开发，仪器推动应用拓展"。近年来出现了两种关键的变化，这些变化在本卷的最后一章中有所描述：一种是使用基于硅探测器和传感器的仪器成本极低；另一种是消费市场的影响和消费品升级。这些变化改变了我们所描述的便携式仪器和应用的开发格局，图1.11展示了一种考虑了最新技术和市场变化的便携式仪器和应用开发模型。本卷的最后一章探讨了光谱分析仪器在消费领域的潜在应用，包括食品、个人健康、个人护理、家居物品识别和验证等。每个应用领域都需要经过独立验证的校准模型和光谱数据库。

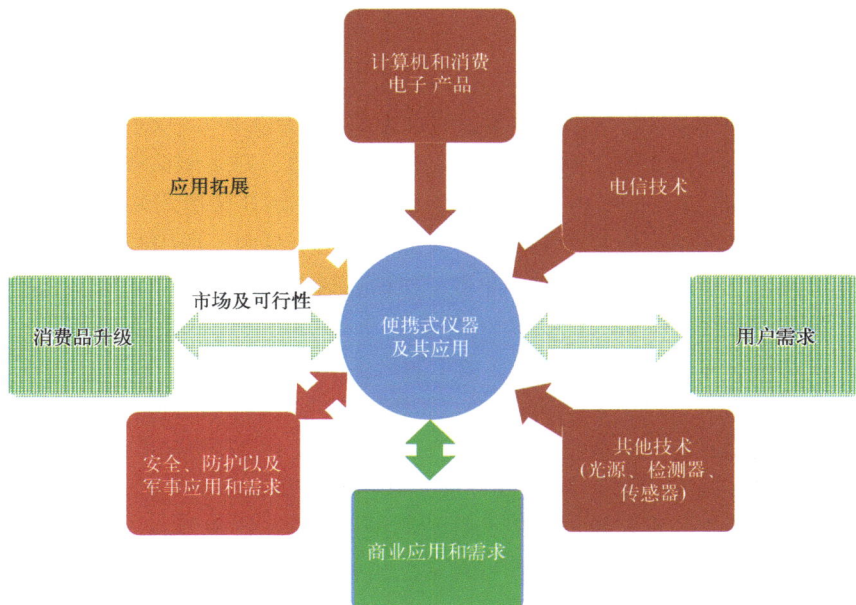

图1.11　随着组件成本的降低，消费者需求将影响便携式光谱仪器及其应用的发展

缩略语

ATR	attenuated total reflection	衰减全反射
CFR	Code of Federal Regulations	（美国）联邦法规
DQ	design qualification	设计确认
FDA	Food and Drug Administration	（美国）食品药品监督管理局
FTIR	Fourier transform IR	傅里叶变换红外光谱
GC-MS	gas chromatography - mass spectroscopy	气相色谱-质谱联用
HazMat	hazardous material	危险品
IMS	ion mobility spectroscopy	离子迁移谱
IQ	instrument qualification	仪器确认
IR	infrared	红外
LIBS	laser-induced breakdown spectroscopy	激光诱导击穿光谱
MIR	mid-infrared	中红外
NIR	near-infrared	近红外
OES	optical emission spectrometer	光学发射光谱仪
OQ	operational qualification	操作确认
PPE	personnel protective equipment	人员防护装备
PQ	performance qualification	性能确认
QA	quality assurance	质量保证
QC	quality control	质量控制
RMID	raw material identification	原材料标识
ROC	receiver operator characteristic	受试者工作特征
RoHS	Restriction of Hazardous Substances Directive	限制使用某些有害物质电子电气设备指令
RoI	return of investment	投资回报率
SEIRS	surface-enhanced IR spectroscopy	表面增强红外光谱
SERS	surface-enhanced Raman spectroscopy	表面增强拉曼光谱
SNR	signal-to-noise ratio	信噪比
SOP	standard operation procedure	标准操作程序
UV	ultraviolet	紫外
XRF	X-ray fluorescence	X射线荧光

参考文献

[1] Schowengerdt, R. A. (1997). *Remote Sensing: Models and Methods for Image Processing*, 2e. San Diego: Academic Press.

[2] Brown, C. D. and Vander Rhodes, G. H. (2007) Spectrum searching method that uses non-chemical qualities of the measurement. US Patent 7, 254, 501 B1.

[3] Green, R. L., Hargreaves, M. D., and Gardner, C.M. (2013). Performance characterization of a combined material identification and screening algorithm. *Proc. SPIE* 8726: 87260F.

[4] Yaghoobi, M., Wu, D., Clewes, R. J., and Davies, M. E. (2016). Fast sparse Raman spectral unmixing for chemical fingerprinting and quantification. *Proc. SPIE* 9995: 99950E.

[5] Swets, J.A. (1988). Measuring the accuracy of diagnostic systems. *Science* 240 (4857): 1285-1293.

[6] Brown, C. D. and Davis, H. T. (2006). Receiver operating characteristics curves and related decision measures: a tutorial. *Chemom. Intel. Lab. Syst.* 80: 24-38.

[7] Brown, C. D. and Green, R. L. (2006). Performance characterization of material identification systems. *Proc. SPIE* 6378: 637809.

[8] Crocombe, R.A. (2018). Portable spectroscopy. *Appl. Spectrosc.* 72 (12): 1701-1751.

[9] Duckworth, J. (1998). Spectroscopic qualitative analysis. In: *Applied Spectroscopy: A Compact Reference for Practitioners* (eds. J. Workman Jr. and A. Springsteen). Chestnut Hill, MA: Academic Press Chapter 5, 166-193.

[10] Lowry, S. R. (2002). Automated spectral searching in infrared, Raman, and near-infrared spectroscopy. In: *Handbook of Vibrational Spectroscopy* (eds. J.M. Chalmers and P.R. Griffiths), 1948-1961. Chichester, UK: Wiley.

[11] Burns, D.A. and Ciurczak, E.W. (2007). *Handbook of Near-Infrared Analysis*, 3e. Boca Raton, FL: CRC Press.

[12] Williams, P., Dardenne, P., and Flinn, P. (2017). Tutorial: Items to be included in a report on a near infrared spectroscopy project. *J. Near Infrared Spectrosc.* 25 (2): 85-90.

[13] Hafer, K.E. and Brettell, T.A. (2018). Presumptive color tests of seized drugs. In: *Encyclopedia of Analytical Chemistry* (ed. R.A. Meyers). Wiley.

[14] DetectaChem. https://www.detectachem.com (accessed 23 June 2020).

[15] Gabrielson, R. and Sanders, T. ProPublica, "BUSTED". https://www.propublica.org/article/common-roadside-drug-test-routinely-produces-false-positives (accessed 3 July 2020). (Co-published with The New York Times Magazine.)

[16] Kelly, J. Marijuana policy project. "False Positives Equal False Justice". https://www.mpp.org/issues/criminal-justice/false-positives (accessed 3 July 2020).

[17] Gabrielson, R. Since we reported on flawed roadside drug tests, five more convictions have been overturned. https://www.propublica.org/article/since-we-reported-on-flawed-roadside-drug-tests-five-more-convictions-have-been-overturned (accessed 3 July 2020).

[18] Lieblein, D., McMahon, M.E., Leary, P.E. et al. (2018). A comparison of portable infrared spectrometers, portable Raman spectrometers, and color-based field tests for the on-scene analysis of cocaine. *Spectroscopy* 33 (12): 2-8.

2

手持式分析仪：识别与确认算法

Lin Zhang[1], Lisa M. Lee[1], Suzanne K. Schreyer[2]

[1] Thermo Fisher Scientific, Tewksbury, MA, USA
[2] Rigaku Analytical Devices, Wilmington, MA, USA

2.1 概述

　　我们的生活已经被不断出现的新产品重新定义，这些产品比它们的前代产品更易用、更智能、更快速。推动这一变革的核心是微型化技术的进步，其催生了越来越小的机械、光学、电子产品和设备。在分析化学领域，一系列光谱技术［如红外（IR）光谱、拉曼（Raman）光谱、X射线荧光（XRF）光谱、质谱（MS）等］现在都已有了商业化便携式和手持式设备[1]。数以万计的这样的设备已经部署在全球各地，这些仪器的用户群体分布在军事、执法、制造业（制药、纺织、化工等）、环境监测和艺术史研究等各个领域。

　　手持式光谱仪的现场用户通常没有受过系统的科学或光谱学培训。虽然光谱"引擎"可视为手持式光谱仪的核心，但其"大脑"无疑是算法和相关软件。算法定义了数据采集协议、如何处理光谱（通常是为了应对非理想的测量条件）以及如何将最终数据转换为终端用户可操作的信息。软件的用户界面以易于理解的数据格式将该信息传达给终端用户。

　　如上所述，手持式光谱仪的分析应用范围相当广泛，并且对分析和性能的要求可能因应用场景而异。实验室里的仪器是专家们在一般情况下的常用工具，但手持设备通常是针对特定应用定制的，以便非专业人员使用。本章的重点是手持式光谱学，给出的案例都来自该领域，但所用到的原理和数学方法也适用于其他光谱学仪器。对XRF和激光诱导击穿光谱（LIBS）的便携式技术仅做简要介绍，读者可参考本书中涉及这些主题的章节，以了解更多细节：Cornaby撰写的便携式XRF源章节（技术与仪器卷第18章），Piorek撰写的XRF章节（本卷第19章），Day撰写的LIBS章节（技术与仪器卷第13章）。同样，对MS、高压质谱（HPMS）、气相色谱-质谱联用（GC-MS）和离子迁移谱（IMS）也没有在本章具体说明，读者可参阅：Snyder撰写的MS章节（技术与仪器卷第14章），Blakeman和Miller撰写的HPMS章节（技术与仪器卷第16章），Leary、Kammrath和Reffner撰写的GC-MS章节（技术与仪器卷第15章），DeBono和Leary撰写的IMS章节（技术与仪器卷第17章）。

在下一节中，我们将详细介绍一些最常见的应用场景以及相关的仪器和算法设计考量的细节。

2.1.1　应用场景

如上所述，手持式光谱仪的用户包括军队、执法部门、制造商等。用户可能会在极为多样的环境条件下使用手持设备（如在沙漠中、在汽车的后备箱上、在冷库中等）。因此，许多手持式光谱仪被设计成在跨度较大的温度、湿度、照明等条件下都能工作。虽然仪器设计时已经考虑到环境因素对测量数据的影响，并尽量减少由这些因素导致的测量数据变化，但这种影响不可能完全消除。以环境温度为例，一些手持设备已被证明在-20～40℃或更高的温度范围内都能正常工作。从仪器的角度来看，这种程度的温度变化会引起光谱仪光路的微小偏移（温度引起的剪切力变化），从而影响测量的特性（如表观波长位置）。从样品的角度来看，由于氢键作用程度变化引起的局部取样环境的变化，温差会导致峰位偏移和峰变宽或变窄。典型的例子是在中红外（MIR）光谱中，由于温度的变化，O—H波段可能会偏移。鉴于这些系统必须在极端条件下运行，一个主要的设计考量是确保算法能够处理非理想且可变的输入数据。

除了在跨度较大的条件下使用手持式光谱仪的共同需求外，上面强调的不同用户群体的应用场景可能看起来是不一样的。一名士兵在调查一种过氧化物基的爆炸物时，与一名仓库工人在评估传入的原材料时可能有什么共同点？在这两种情况下，终端用户都对物质应有属性存在预期，且需要验证其是否符合预期。尽管使用手持设备的用户群体非常广泛，但经常被问及的基本问题主要包含以下5类：

（1）某些物质是否存在？

（2）该物质是否为预期物质？

（3）该物质属于哪类物质？

（4）该物质具体是什么？

（5）该物质的含量是多少？

正如第2.4节所讨论的，这些问题中的每一个都代表了一种不同类型的算法。相关算法的具体特点和案例将在下文中详细介绍。

2.1.2　系统层面概述

在系统层面上，典型手持式光谱仪的核心算法组件可划分为独立模块。图2.1方框中强调的算法功能通常以某种形式存在，与设备的最终应用场景无关。

图2.1　手持式光谱仪中主要算法功能的系统框图

图2.1中的算法组件将在下文详细阐述，此处先简要介绍每个功能模块。

① 数据采集协议　正如标题所示，该模块代表了仪器采集光谱的指令集。在典型的实验室场景中，分析人员需确定待测物质的最佳测量条件，而不同物质的测量条件差异显著，因此确定测量条件通常被列为分析方法或标准操作程序的一部分。为了使非专业人员也能使用手持技

术，相关的算法和嵌入式智能必须自动确定适当的测量设置条件（曝光时间、激光功率、平均扫描次数等）。与分配数据采集协议有关的考虑因素将在第2.2节中介绍。

② 数据预处理协议 数据预处理是为了减少测量数据中不必要的变异性。最常见的数据预处理是应用于测量光谱的数字滤波，以尽量消除背景基线变化。在拉曼光谱中，也经常使用宇宙射线过滤算法。应该注意的是，数据预处理和数据采集并不总是完全独立的。例如，在傅里叶变换红外光谱（FTIR）测量中，经常收集背景光谱，以尽量减少环境气体浓度的变化产生的光谱变化。与数据预处理有关的算法问题在第2.3节中进行了回顾。

③ 数据分析算法 数据分析算法是将数据转换为终端用户所需信息的计算方法。这些将在第2.4节中详细讨论。

④ 报告逻辑与结果显示 作为手持设备嵌入式算法的最后一个系统处理模块，使用主要的数据分析算法处理测量的数据后，就必须确定向终端用户显示什么结果。例如：在材料识别应用中，终端用户希望知道："这是什么？"一种方式是向用户提供一个按匹配度排序的最佳匹配列表，并允许他们确定该列表中的哪些物质（如果有的话）显示"匹配"。另一种更复杂的方式是根据某种报告阈值评估数据，只报告匹配成功的物质。报告系统处理逻辑和仪器结果的显示将在第2.5节中更详细地说明。

除了与图2.1框图有关的章节外，我们将在第2.6节中讨论在处理能力有限的手持仪器上实现算法的策略。最后，在第2.7节中，我们将介绍从准确性和精密度方面表征识别性能的方法。

2.2 数据采集

在分析实验室环境中，当考虑在光谱分析方法中使用适合的实验条件时，存在一个目标层次。在最高层次上，方法的最终目标是提供可用于做出决定的信息。因此，在方法开发之前，要考虑需要做出什么决定，即"什么"。审查做决策所需的输入通常要求用户告知需要评估样品的哪些属性，以及需要评估的精度如何（例如准确性、精密度、选择性等分析性能要求），即"多好"。一旦"什么"和"多好"被定义，就可以开始方法开发过程了，并需要确定与图2.1中前3个模块相关的细节。也就是说，方法开发需要确定光谱采集的底层协议（如曝光时间、每条光谱的采集次数等）、相关的数据调整方法，以及可以将收集到的、经过调整后的数据转换成可直接读取的结果的计算方法（如算法）。

例如，一个制药厂需要验证一种进货原料的身份。在这个例子中，供应商提供的分析证书表明该物质是硬脂酸镁。硬脂酸镁通常存在于片剂和胶囊的配方中，以防止其他成分在加工过程中粘在生产设备上。此外，硬脂酸镁供应商经常生产其他化学上类似的材料，如硬脂酸（可作为生产硬脂酸镁的前体）。因此，对硬脂酸镁的分析的一个要求是：它必须能够有选择地区分硬脂酸镁与其他化学和光谱上与硬脂酸镁相似的材料。

图2.2（a）显示的是硬脂酸镁和硬脂酸的参考拉曼光谱以及使用0.2 s的采集时间获得的未知待测样品光谱。在这种情况下，待测样品的信噪比（SNR）很差，不可能有选择地区分未知物质是硬脂酸镁还是硬脂酸。

在图2.2（b）中，将目标参考光谱与使用较长采集时间（3 s）获得的待测样品光谱进行了比较。在该测量条件下，信噪比大幅提高，900 cm⁻¹波数附近的特征峰显示未知样品的测量光谱与硬脂酸是一致的（即该样品不是标签上标注的硬脂酸镁）。

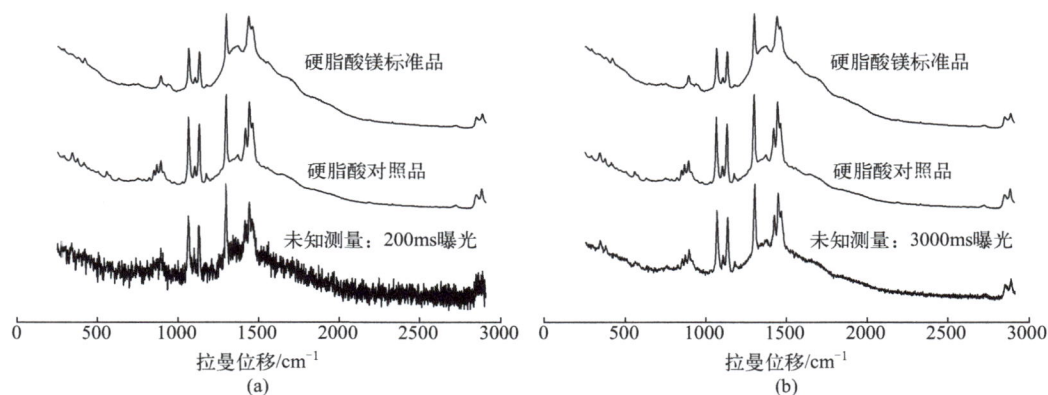

图2.2   硬脂酸镁验证实例比较了检测条件对最终结果选择性的影响：（a）在0.2 s曝光条件下采集的未知光谱；（b）在3 s曝光条件下采集的未知光谱

乍一看，上面的案例似乎很简单：从图2.2的数据中很容易证明，数据采集协议中0.2 s的采集时间是不够的，3 s的采集时间足以验证硬脂酸镁。但需注意：上述结论仅适用于特定物质（硬脂酸镁和硬脂酸）和特定数据采集条件（温度、湿度、环境照明等）。在实验室分析方法中，采集条件通常被确定并限制在一定范围内。相比之下，手持式光谱仪的现场用户通常会在各种条件下采集不同物质的光谱往往没有明确的边界。在下面的小节中，我们将讨论使数据采集协议成为手持式光谱设备算法重要环节的各个主题。

2.2.1   关于样品的考虑因素

在手持式光谱仪的应用中，不同目标材料样品固有信号强度可能存在很大的差异。信号强度既取决于被测量的物质，也取决于用于测量的技术。例如，水有非常高的摩尔吸收系数，使用红外光谱法很容易测量。相反，水的拉曼系数很小，在这种拉曼测量中可能无法观察到。这对于便携式拉曼系统来说尤其如此，因为这些便携式拉曼系统不能测量3000 cm^{-1}波数以上的范围，该范围包含了与ν_1和ν_3波段相对应的最强烈的特征。

即使使用相同的测量技术，不同的样品也可以产生非常不同的信号强度。为了说明这一点，我们在图2.3中叠加了二甲基亚砜和磷酸二氢钠的测量结果。

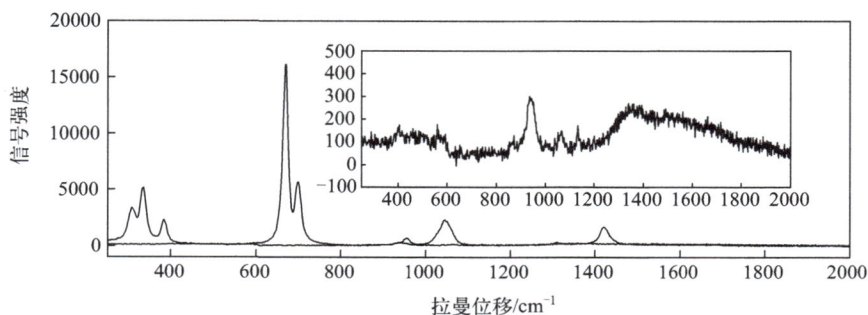

图2.3   二甲基亚砜和磷酸二氢钠盐拉曼光谱的叠加。这些测量结果都是在同一个手持式拉曼系统上用0.05 s的曝光时间采集的。使用0.05 s的曝光时间在同一个手持式拉曼系统上进行测量，说明了拉曼截面对信号强度的影响。小图显示磷酸二氢钠的拉曼信号，它在大图中显示为一条平线

图2.3 所示的测量结果是在相同的实验条件（曝光时间、光斑形状和大小等）下，在同一个手持式拉曼光谱仪上采集的。磷酸二氢钠的信号强度比二甲亚砜的信号强度小得多（相差50倍以上），以至于磷酸二氢钠在大图中显示为一条平线，只有在小图中显示的扩展视图中才能看清楚。鉴于在许多手持设备的应用中用户不知道可能会遇到什么物质，这突出了手持设备需要纳入能够自适应设置测量条件的算法，以便获得对当前任务具有适当信噪比的测量信号。

2.2.2　关于环境的考虑因素

手持设备是在各种不同环境条件下操作的，正如在概述中已经讨论过的，这有可能通过峰偏移等光谱效应影响样品分析。此外，环境（温度、照明等）对给定曝光时间内的测量信噪比有很大影响。

以聚苯乙烯的拉曼光谱测量为例来分析环境条件对光谱分析的影响。该测量在不同的照明条件下进行。在拉曼光谱中，通常会采集背景"暗"测量值，从"亮"（即激光开启）测量值中减去该背景，以去除与环境光有关的特征。这个过程也减去了由探测器暗电流产生的信号。图2.4显示的是在不同照明条件下采集的聚苯乙烯的亮/暗测量对。图2.4（a）中显示了在没有环境光的情况下测量样品的情况。在这种情况下，"亮"测量是由拉曼特征主导的，而"暗"测量基本上是一条包含非常低水平的暗电流检测器计数的平线。图2.4（b）展示了在室内荧光灯照明下采集的聚苯乙烯的测量。在这种情况下，"亮"测量结果仍然包含聚苯乙烯的拉曼特征，但它也包含了其他区域环境光产生的几个峰（在"暗"测量中也可以看到）。这些特征对应荧光灯中存在的元素产生的原子发射线。图2.4（c）展示的是在户外环境中采集的聚苯乙烯的测量。在这种情况下，亮部和暗部都是由太阳光主导的。图2.4（c）中的小图包含了放大的 $1000~cm^{-1}$ 波数区域，以强调即使在强烈的阳光下也可以观察到聚苯乙烯的拉曼信号。

如上所述，最终的拉曼光谱是通过从"亮"测量中减去"暗"测量获得。图2.5显示的是最终的、减去暗部的拉曼光谱，对应图2.4中的数据。

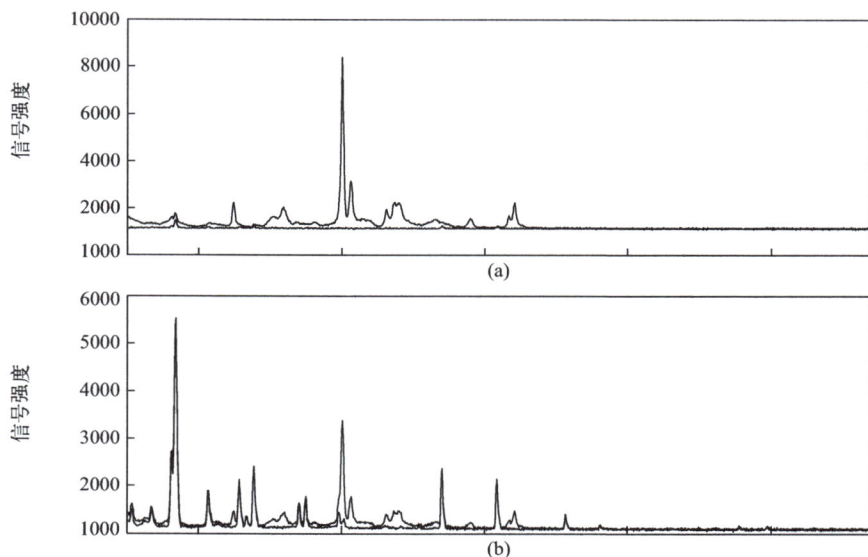

图2.4

(c)

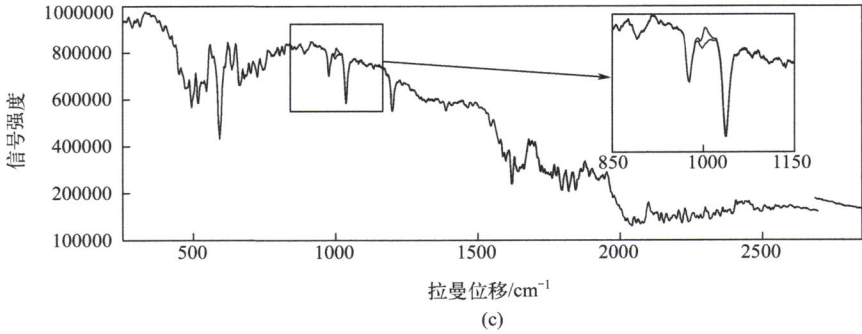

图2.4   在不同环境光照条件下收集的聚苯乙烯的拉曼光谱亮/暗扫描。（a）无外部环境光：0.025 s曝光时间；
（b）有荧光灯照明的室内测量：0.025 s曝光时间；（c）在阳光照射的室外进行测量：总曝光时间为0.43 s

通过检查图2.5中的数据，可以得出一些有趣的结论：比较图2.5（a）组的数据和图2.5（b）组的数据可以发现，在荧光灯下采集的测量结果的信噪比可能略低于在"暗"条件下取得的结果（注意，这些测量都是用25 ms的曝光时间采集的）。相比之下，对图2.5（c）进行评估显示，

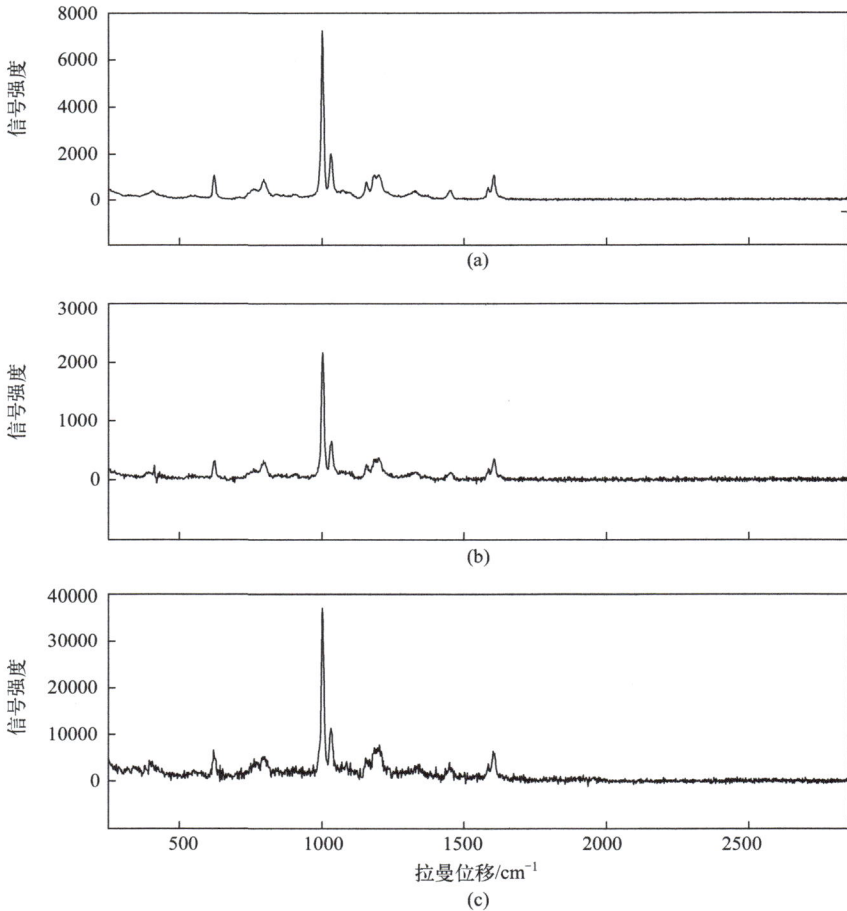

(a)

(b)

(c)

图2.5   在不同环境光照条件下收集的最终扣除光照背景的拉曼光谱。（a）无外部环境光：0.025 s曝光时间；
（b）有荧光照明的室内测量：0.025 s曝光时间；（c）在阳光照射的室外进行测量：总曝光时间为0.43 s

尽管总的曝光时间延长了9倍，在阳光下采集的测量结果比其他两个测量结果的信噪比要差得多。这是因为用于采集数据的电荷耦合器件（CCD）探测器受到散粒噪声影响，这种噪声是泊松分布的，与测得光谱的信号强度成比例。

因此，正如测试材料的属性会极大地影响信号质量，数据采集时的测量条件亦然。本案例侧重于环境照明，而温度和湿度等其他环境条件也会影响测量信号质量。为了简洁起见，不再举例说明环境对信号质量的影响。

2.3　数据预处理

如图2.1所示，一旦采集了测量的光谱，在最后的数据分析算法评估之前通常会有一个数据预处理步骤。一般来说，数据预处理或信号处理的目的是将信号中需要的部分从不需要的部分中分离出来（例如将纯信号从噪声中分离出来）。在分析化学领域，数字滤波器是最广泛使用的信号处理方法之一。关于数字滤波器和其他形式的信号处理的详细介绍，感兴趣的读者可参考Wentzell和Brown的百科全书文章[2]。

简而言之，数字滤波器是在原始信号序列的连续子集上进行运算，以便在滤波后的信号序列中生成估计值。在光谱学应用中经常使用的一种数字滤波器是非递归滤波器，也被称为有限脉冲响应（FIR）滤波器。非递归滤波器通过将一组滤波器系数与测量序列进行卷积来产生滤波信号。分析化学家最熟悉的非递归滤波器或许是多项式最小二乘平滑滤波器（例如Savitzky-Golay滤波器[3]）。这类滤波器既包括平滑滤波器，也包括导数滤波器。衍生滤波器对于定位峰值的位置或突出光谱中定义不明确的特征（例如峰值上的肩峰）很有用。在手持式光谱仪的应用中，斜率和基线偏移有时会干扰信号。在拉曼测量中，基线差异可能是由样品的荧光干扰造成的。在红外测量中，强吸收样品（如橡胶等深色材料）经常可以观察到倾斜的基线。因为函数的导数不受常数项影响，所以一阶导数能够消除（扫描间的）基线偏移。同样，受基线随序数变量线性变化（如荧光）困扰的样品测量，可以利用二阶导数解决问题。

除了上述的多项式最小二乘滤波器外，光谱数据有时还会应用的另一种数据预处理方法是中值滤波器。中值滤波器对于去除测量序列中的尖峰或异常值特别有用。一些手持式光谱仪的这种异常值的一个例子是来自宇宙射线对光电探测器的冲击[4]。虽然中值滤波器可以有效消除宇宙射线尖峰，但它代表数据的非线性变换，应谨慎使用。

2.4　算法类型

运行在手持设备上的嵌入式算法被用来将设备采集的数据转换为便于用户理解并可以采取行动的答案。这些算法可按不同的方式进行分组，在这里，我们按照用户在现场使用设备时提出的问题进行分组。表2.1列出了本节讨论的算法类型。我们试图以分层的方式介绍这些；提供关于被测样品更详细的信息的算法总是可以用来向用户显示较少的信息，但反之则不然。例如，一个确定样品中硝酸铵和柴油浓度的定量算法可以将该样品归类为简易爆炸装置，但检测爆炸物存在的算法不一定能告诉你有多少硝酸铵存在。

表2.1 可与手持式光谱仪一起使用的算法列表

类　型	问　题
检测	某些物质是否存在？
确认	该物质是否为预期物质？
分类	该物质属于哪类物质？
鉴定	该物质具体是什么？
定量	该物质的含量是多少？

注：算法以分层的方式排列（从最简单到最复杂），并列出相关的用户问题。

2.4.1　检测算法

检测算法旨在确定目标物质是否存在。最简单的检测问题是确定一个信号是否存在或者一个测量值是否仅由噪声构成。这方面的一个例子是基于雷达回波的飞机探测。在手持光谱场景中，检测通常对应于寻找目标物质，这种物质可能存在于非目标干扰物中。这种分析物大多与健康或人身安全相关。也许，人们最熟悉的便携式仪器检测案例是环境空气"嗅探器"系统，它被设计为在检测到一系列可燃碳氢化合物气体中的任何一种时报警。这种应用中的报警检测阈值通常以物质爆炸下限（LEL）的分数表示。正如第2.6节所讨论的，该阈值的选择有效地权衡了检测率和误报率。

除了气体监测和传感外，检测算法也可用于其他物相的分析场景。新闻中经常出现的液体检测案例包括筛查消费类液体中的有毒物质（例如酒中的"甲醇超标"、被二甘醇污染的甘油等）。固体检测的典型案例是机场安检，在该场景中，擦拭背包、手提包或行李的表面以收集微粒物质，随后分析可疑残留物。

大多数与光谱仪器耦合的检测算法旨在检测已知背景下的痕量物质或其与背景的对比。它们也往往只是用分析设备进行两次或更多次测量的第一步，以便为用户提供合适的场景信息。由于这两个因素，只要预期浓度下限的检测率可以接受，检测算法通常允许比其他类型算法有更高的误报率。

如果背景特征良好，那么最简单和最灵敏的检测算法就会寻求确定所测量的光谱是否与预期的背景光谱有任何不同。例如，用拉曼光谱仪测量一杯水的样品时，如果光谱中出现任何拉曼位移小于3000 cm^{-1} 波数的拉曼峰，可能表明该物质不是纯水，因为水在约1650 cm^{-1} 波数的 ν_2 振动模式（"剪式弯曲振动"）通常太弱而无法被观察。如果使用FTIR光谱仪测量样品，该算法将用正确温度下的纯水光谱拟合测量的光谱，并分析拟合后的光谱残差，以寻找任何非水的红外吸收带的证据。对检测算法的进一步讨论不在本章的范围之内。

2.4.2　确认算法

与检测问题相关的是确认算法。这种算法不是在已知的背景外寻找是否还存在其他物质，而是假设所测得的光谱就是某种已知物质的光谱，并寻找证据评估测得的光谱是否还包含除了所需物质外的其他任何成分。

该通用方法最常见的现场应用是对各种药品制造过程中使用的原材料进行身份验证。药品的生产在全世界范围内受到监管，以帮助确保安全和有效。大多数国家要求对所有使用的原材料进行100%的身份测试。

从光谱学的角度来看，确认过程包括将未知材料的光谱与对已知材料采集的光谱进行比较，并寻找差异。在计算机广泛使用前，光谱将被绘制在绘图纸上，确认过程是目视比较光谱中是否存在某些峰[5]。随着计算机的出现，用数学方法比较未知材料的光谱y和已知材料的光谱x已经变得可行。这涉及计算两个光谱之间的相似程度的指标。正如第2.3节所讨论的，在评估数据的相似性之前，整个数字化的光谱通常要进行预处理，以减少不必要的伪峰。

一个常见的相似性度量指标是命中质量指数（HQI）。通常，仪器制造商以皮尔逊相关系数计算HQI，其标量形式为

$$HQI = r = \frac{\sum_{i=1}^{n}(x_i-\bar{x})(y_i-\bar{y})}{\sqrt{\sum_{i=1}^{n}(x_i-\bar{x})^2}\sqrt{\sum_{i=1}^{n}(y_i-\bar{y})^2}} \tag{2.1}$$

式中，$\bar{x}$和$\bar{y}$分别是光谱x和y的平均值，n是每个光谱元素的数量。HQI的范围从1（完全相关）到0（无相关）到−1（不大可能出现的两个光谱完全反相关的结果）。

除了公式（2.1）外，文献还报道了一种加权相关系数[6]用于光谱匹配，其中更强的峰值将被赋予更高的权重。

如果我们把u定义为经过中心化和归一化的x，使其具有零平均数和单位长度，同样v定义为中心化和归一化的y，那么HQI可以用矢量形式写为

$$HQI = r = \boldsymbol{u} \cdot \boldsymbol{v}^{T} = \cos\theta \tag{2.2}$$

式中，θ是n维空间中两个单位向量u和v之间的角度。

正如公式（2.2）所强调的那样，HQI对应于两个光谱之间的角度；然而，查看波长相关性的另一种方法是将未知光谱和库中的光谱配对绘制成(x, y)，每对对应一个特定的波长。为了说明不同的表示方法和HQI的效用，可以参考图2.6中的数据，它显示了一个未知光谱和两个已知库光谱的例子。根据对这一数据的目视评估，可以看出这两个库光谱的整体特征与未知光谱具有显著相似性。图2.7展示了由公式（2.2）表示的角度形式的数据［图2.7（a）（c）］以及上面讨论的配对(x, y)数据［图2.7（b）（d）］。基于这些数据的表示方式，很明显，与库光谱1的匹配比与库光谱2的匹配好得多。

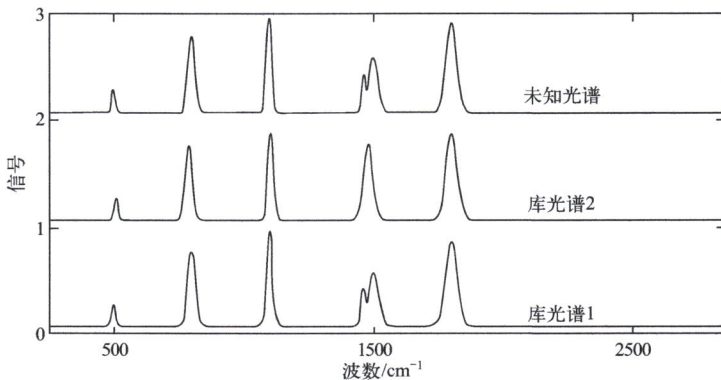

图2.6　模拟振动光谱，绘制为信号强度与波数（与波长呈倒数）的关系

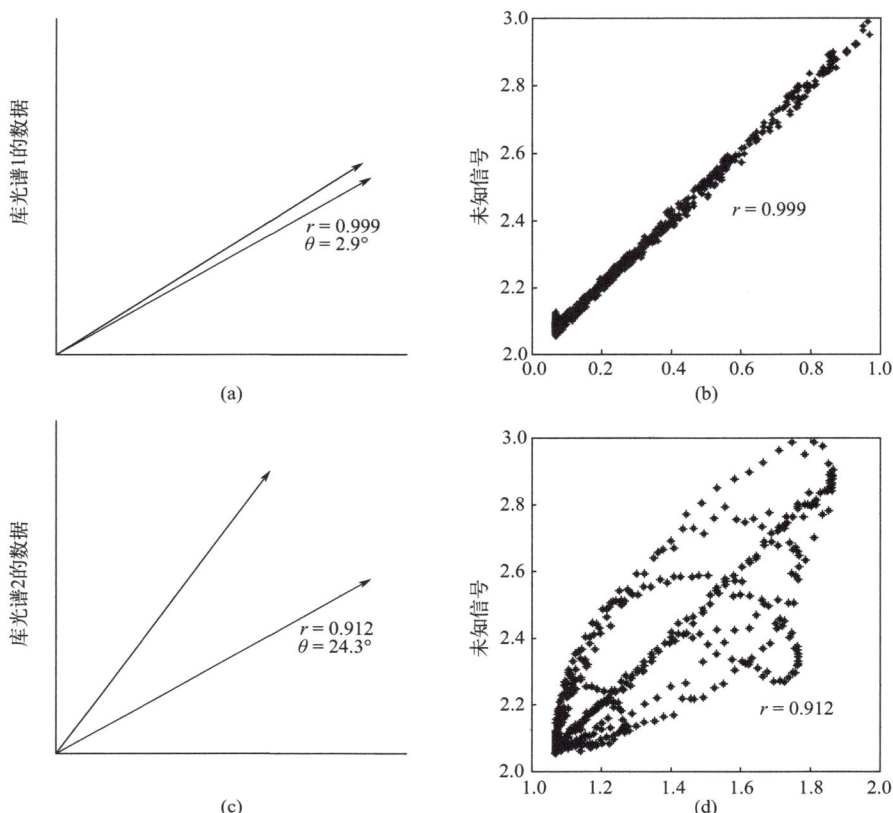

图2.7　以两种方式可视化未知光谱和库光谱之间的相关系数（HQI=r）：（a）未知光谱和库光谱1绘制为n维空间中的单位向量；（b）相同的两个光谱的信号强度在相关图上绘制为（x, y）；（c）未知光谱和库光谱2绘制为单位向量；（d）同样的两个光谱绘制在相关图上

　　虽然相关系数是衡量两个光谱的相似程度的指标（数字越大越相似），但有时也会用距离指标代替。相关距离和其他距离度量用于表示两个光谱的差异程度（数字越大差异越大）。相关距离指标被简单地定义为$1-r$，其他常见的距离指标列于表2.2及相关文献[7]。

表2.2　用于评估光谱x与元素$x_1, x_2, \cdots, x_i, \cdots, x_n$和光谱$y$与元素$y_1, y_2, \cdots, y_i, \cdots, y_n$之间的相似性的距离度量

距离度量	公　式
相关距离	$1-\dfrac{\sum\limits_{i=1}^{n}(x_i-\bar{x})(y_i-\bar{y})}{\sqrt{\sum\limits_{i=1}^{n}(x_i-\bar{x})^2}\sqrt{\sum\limits_{i=1}^{n}(y_i-\bar{y})^2}}$
闵可夫斯基距离 　城市街区：$p=1$ 　欧几里得：$p=2$ 　切比雪夫：$p\to\infty$	$\sqrt[p]{\sum\limits_{i=1}^{n}\lvert x_i-y_i\rvert^p}$
归一化欧氏距离	$\sqrt{\sum\limits_{i=1}^{n}\dfrac{(x_i-y_i)^2}{s_i^2}}$
马氏距离	$\sqrt{(x-y)S^{-1}(x-y)^{\mathrm{T}}}$

　　注：s_i^2为元素i的方差，S^{-1}为x和y的逆协方差矩阵。

无论使用哪种相似性指标，都必须设置一个阈值确定未知频谱是否通过确认测试。很明显，HQI为1就是通过，HQI为0就是失败。但是其他的值呢？虽然0.95的相关系数阈值经常被用来确定两个光谱是否匹配[8,9]，但相关系数只是一个角度，而不是一个概率。因此，0.95的阈值绝不意味着95%的可能性、95%的置信度或95%的一致性[10]。关于HQI的阈值选择以及基于统计学的替代措施将在第2.5节讨论。

2.4.3　分类算法

除了检测或确认某些东西的存在外，在下一步行动中，用户的需要可能完全集中在将未知材料分类。诸如"警报与解除警报"或"通过或不通过或边缘情况"的分类对用户来说往往比其他类型的算法输出有更明确的意义，使非专业人员在需要时能方便地使用。

分类任务可选择的算法种类最为多样。当任务可以明确区分样品组成和其他影响光谱变化的因素（有界性），并且可以事先以可接受的成本获得已知身份的样品（可用性）时，可以使用有监督的分类方法。在这些算法中，专家监督使用这个参考信息和光谱的训练集开发和优化算法。此外，在特别注意数据过拟合的情况下，使用训练集进行交叉验证（最好是有另一个单独的数据集进行验证）和引导等方法[11]可评估所开发分类方法的性能。当不能满足有界性和可用性条件时，开发者不得不依靠无监督的分类方法，在进行正式测试前不进行训练或模型优化。然而，用无监督的方法往往很难向用户提供有意义的、可操作的信息。

在这两种情况下，分类任务仍然是根据设备测得的光谱将被测样品分类。对于使用先验概率（即样品未测量时属于某类别的概率）的分类器，也可以从样品中收集并使用其他信息。例如，如果样品是在办公室环境中测量的白色干粉，那么样品是水或室温下的其他液体的先验概率就非常低。从简单直观的k-近邻算法到经过时间考验的Fisher线性判别法，再到最新的人工神经网络或支持向量机，都被算法开发者采用，本章不做详细讨论。感兴趣的读者可以找到许多关于分类算法的优秀书籍和文章，我们推荐Ripley[12]和Duda等[13]的书以及Lavine和Mirjankar[14]的百科全书文章作为入门读物。

2.4.4　识别算法

识别算法应该为用户提供足够的信息，以确定扫描的样品中含有什么化学物质。正如第2.5节所述，这可以是专家用户用于最终决定的短列表形式，也可以是明确显示仅命名算法以高置信度找到的化学物质的形式。

对于只由一种化学物质组成的样品，算法任务与确认过程类似：来自未知材料的光谱与载入到手持设备光谱数据库中的已知纯物质库进行比对，使用相似性算法一次对比一种物质，如第2.4.2节中描述的算法。如果物质库很大，这个过程对现场用户来说可能因耗时过长而难以接受。第2.6节讨论了在不过度牺牲探测性能的情况下减少计算时间的方法。

对于由两种或两种以上的化学品组成的样品，识别算法应设法自动识别所有存在的化学品。对于FTIR和拉曼测量，未知的混合物y可以通过线性组合k已知库的光谱建模：

$$y = b_1x_1 + b_2x_2 + \cdots + b_kx_k + e = Xb + e \qquad (2.3)$$

这里，b是拟合（回归）系数，描述每个库中已知谱在未知谱中的含量；e是y中没有被线性模型完全拟合的部分。我们省略了线性模型中的偏移项，假设对 y 和 X 进行的预处理消除了它的影响。

除了代表纯化学品的库光谱外，其他光谱形状也可以包括在拟合模型中，以表征仪器、环境和其他化学项的影响。例如，偏移和斜率向量可以用来模拟简单的基线漂移。同样地，两个相互作用的化学品，如果它们的光谱不能有效地用其纯组分光谱的线性组合建模，可通过预先在库光谱中加入额外的相互作用光谱，以一阶近似进行建模。

一些商业软件包允许用户进行光谱减法，以确定混合物光谱中的多种成分。通过这种方法，用户首先从 HQI 等指标生成的排序列表中选择第一个库光谱（x_1），然后决定从未知光谱中减去该库光谱的比例（b_1）。要做到这一点，需要对拟合过程中的残差光谱（$y_1 - b_1 x_1$）进行视觉评估，通常，选择使残差光谱最小的换算系数 b_1。确定换算系数后，所得到的残差光谱就会用相似性度量方法与剩余库光谱进行比对。这个程序可以重复用于两个以上的成分拟合。

理想情况下光谱减法需要经验丰富的光谱学家正确执行。但在光谱严重重叠的情况下，如果没有适当的减法因子先验知识，就不可能获得适当的残差光谱（用于拟合 b_2）。为了说明这一点，请考虑图2.8中显示的数据。对于该示例，组分A和组分B在相同区域中包含不同相对强度的峰。正因为如此，单独拟合任一组分并最小化光谱残差将导致其他组分的特征被消除。正确考虑组分A和组分B的贡献的唯一方法是同时拟合两个组分，而不是一次拟合一个。

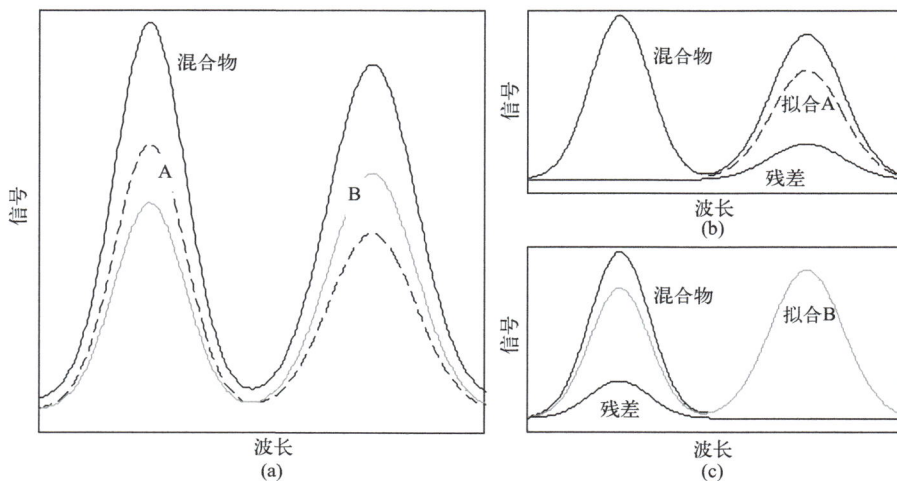

图2.8　一次拟合一个组分的影响。（a）被测混合物以及组分A和组分B的光谱：如果A和B同时拟合，可实现完美拟合。（b）仅拟合组分A时，会产生不能与组分B拟合的残差；（c）仅拟合组分B时，会产生不能与组分A拟合的残差

多个成分的同时拟合可以通过混合分析的自动方法实现（例如逐步回归[15]）。在有大量光谱候选库的情况下，可采用正向选择方法，先拟合一个成分，然后是两个成分的线性组合……，直到达到某种停止标准。逐步回归和人工光谱减法的一个关键区别是，随着成分数量的增加，所有 b_1、b_2、…、b_k 回归系数的值都要重新估计。停止标准可以基于拟合光谱与未知光谱的相似性或最大拟合组分数。在添加另一个组分到拟合中后，算法可以回看拟合中使用的其他组分，并决定是否保留它们，这个过程称为消除。在第2.6节中详细讨论了如何在一个有大型资料库的手持仪器上在合理的时间内进行这种类型的混合物分析。

一旦选择了用于线性模型的矩阵 X 中的谱形，就必须对拟合系数进行估计。最简单和最常

用的方法被称为普通（或经典）最小二乘法，旨在最小化 $y-Xb$ 的残差平方和。当光谱中各点的残差都是正态分布，具有相同的方差时，这种方法效果很好。当各点的方差不等，并且方差已知时，加权最小二乘法是一个更好的方法。这种方法通过将各点的残差平方乘以其方差的倒数进行加权，使光谱中不确定性高的部分在估计拟合系数时被赋予较少的权重。当每个元素的残差之间没有明显的相关性时，加权最小二乘法效果良好。当存在明显的相关性，并且相关性以协方差矩阵的形式展示时，则广义最小二乘法是最合适的选择，此时拟合过程通过协方差矩阵的逆矩阵进行加权。许多书中详细讨论了最小二乘法回归，如 Mardia 等[16]以及 Rencher 和 Christensen[17]出版的书，感兴趣的读者可参阅。

上述最小二乘法拟合系数的估算以矩阵形式表达的通用公式为：

$$b = X^TWX^{-1}X^TWy \tag{2.4}$$

对于广义最小二乘法，W 是残差的协方差矩阵的逆矩阵。由于协方差矩阵通常是未知的，而且即使是已知的，其逆矩阵的计算也很困难，所以广义最小二乘法很难在手持仪器中实现。对于加权最小二乘法，这个加权矩阵简化为一个对角矩阵，其元素为每个光谱点残差方差的倒数。而对于普通最小二乘法，加权矩阵只是一个对角矩阵。

估计出拟合系数后，就可以使用第 2.4.2 节中讨论的相似性算法之一（用 Xb 代替 x）。这些相似性指标描述了库光谱的线性组合与未知光谱的匹配程度。部分相关系数也被用来确定每个单独组分与混合物中其他组分正交的未知光谱部分的匹配程度[18]。

最近进行了一些使用机器学习识别光谱数据的尝试，使用的技术包括遗传算法[19]、k-近邻算法[19]和卷积神经网络[20,21]。然而，训练这些机器学习技术所需的强大计算能力和内存意味着它们在便携式手持设备上部署是不可行的。一个规避便携式设备的内存和计算限制的方法是事先训练一个网络，然后在制造商处将训练好的网络上传到仪器上，尽管目前还没有任何供应商报道过这种实现方法。另一个解决限制的方法是在一个独立的、更强大的处理器上进行计算，这将在第 2.6.1 节 "离线和云计算" 部分讨论。

2.4.5 定量算法

这里简要介绍最后一种算法类型：估计被测样品中存在多少已知物质。定量算法通常采用与公式（2.3）相同的线性模型假设，如无监督算法（即给定未知光谱和已知库光谱估算拟合系数）以及第 4.4 节中描述的最小二乘法均可实现定量估算。库光谱本身必须是定量的［如摩尔吸光系数，单位为 kg/(m·L)］，才能成功使用这种方法。不过，当可以测量已知浓度的感兴趣分析物样品的光谱时，通常会使用监督算法。这些光谱和浓度然后被用来训练监督算法（如逆最小二乘法、主成分回归法或偏最小二乘法等定量算法）。对定量算法感兴趣的读者可以参考 Wold 和 Josefson 的百科全书文章[22]。

有两种真正的手持式的元素分析技术：XRF 和 LIBS。XRF 是一种定量技术，使用的主要方法是基于 "基本参数"（即 XRF 第一性原理），这确实依赖每台仪器的工厂校准程序[23,24]。在某些情况下，例如合金鉴定，也使用经验校准（见 Piorek 的文章[25]）。对涂层和薄膜的测量可能需要一些额外的计算[26]。

手持式 LIBS 设备[27]，其主要应用是合金分选，最近已经商业化（见技术与仪器卷 Day 撰写的第 13 章）。这些仪器的结果需要定量的建模方法，这可以通过上述传统的单变量和多变量化学计量学方法实现。另外，还存在一种"无校准"的方法，不需要经验性的训练数据集[28-33]。这种方法不使用已知浓度的样品，而是根据第一性原理产生定量预测结果。在手持式 LIBS 系统中成功实施这种方法的关键是高光谱分辨率，以便准确地去除不需要的干扰信号。

2.5　算法结果的显示

如图2.1所示，一旦数据分析算法被执行，最后一步是报告系统的处理逻辑并向用户显示结果。对于确认过程，什么构成了通过或失败？对于识别过程，应该显示多少个类似的项目和高于多少HQI值？这些问题的答案应该以什么信息能让用户推断出样品的身份并采取正确的行动为指导。

2.5.1　用户界面

如果用户是光谱学家、分析化学家或训练有素的手持光谱仪专家用户，那么向他们提供详细的信息并让他们从信息中推断出答案是有意义的。对于鉴定算法来说，一个按等级排序的库光谱项（或在混合物分析中的多个库光谱项）列表，连同HQI值，是一种常见的方法。然后，用户可以通过这个清单上的化学名称，根据可用的辅助信息（固体与液体、pH值、氧化剂测试等）排除不合理的化学名称。接着，用户还可以通过HQI值的列表，根据训练或经验排除HQI值太低的条目，或者寻找显著高于其他值的匹配项。

目前尚无接受或拒绝一个HQI值的硬性规定。这是因为什么是"足够好"的光谱匹配取决于具体情况。在制药厂里，进厂的原材料应该与分析标准高度匹配，以防止生产中出现错误。此外，在这种应用中要进行大量的方法开发和验证，适当的HQI是经过深思熟虑的[34]，而且定义应非常明确。另外的场景中，当拆弹小组的技术人员在手持设备HQI列表中发现潜在匹配的主要爆炸物时，一个低得多的相似度指标值可能就足够了，此时用户不太关心其他物品是否也可能存在，也可能更愿意接受假阳性，以换取对关注爆炸物的高检测率。

总之，按匹配度排序的候选库信息显示界面虽为用户提供了最多的信息，但也对用户决策提出了更高要求。现场光谱仪的操作者经常处于极度的压力之下，这使决策变得更加困难。如果用户不熟悉光谱学或HQI，或者熟悉但不经常使用该仪器，那么他们将很难做出明智的决定。

2.5.2　统计推断

统计推断将更多的决策责任放在算法上，其核心是从数据中得出结论，这正是用户希望从手持仪器中得到的。这种方法使用一个指标作为测试统计量，与该指标的统计分布结合，以决定未知光谱是否与已知光谱（或已知光谱的线性组合）匹配。

以温度计制造商的质量控制为例说明这个概念：当在一个控制在20℃的室内测量温度时，温度计的平均读数应该是20℃。若大量历史数据表明，合格温度计的室内读数在20℃左右呈正态分布，标准偏差为0.2℃，而新生产的温度计在室内的读数为19℃，这与预期值相差5个标准偏差，所以这极不可能是一个偶然测得比平均温度低1℃的合格温度计。通过将测量值与概率分布进行比较，制造测试操作员可以很容易地判定这个温度计不合格。该过程的形式化步骤见表2.3。

表2.3 统计推断概念说明

步　骤	以温度计案例为参考
形成一个无效假设和一个替代假设	H_0：温度计合格 H_A：温度计不合格
决定得出错误结论的可接受错误率（显著性水平）	如果5%的时间错误地得出温度计不可接受的结论，这是可以接受的
选择测试统计信息	20℃室内的温度计读数
确定统计数据的分布情况	温度计读数正态分布，平均值=20℃，标准偏差=0.2℃
在零假设成立的情况下确定测试静态值符合分布的概率	计算 $Z = (19-20)/0.2 = -5$，并在 Z 表中查找 $Z < -5$ 的概率：p 值=0.00000029
接收或拒绝无效假设	0.00000029 < 0.05，因此拒绝无效假设，支持替代假设

统计推断广泛应用于多个领域。也许最广为人知的是医学中的假设检验。例如，一家制药公司（和监管政府）希望知道与标准疗法相比一种新药是否能给病人带来更好的效果。他们提出了一个假设，定义了一个测试统计量，并作为监管审批过程的一部分对该假设进行测试。在医学之外，另一个例子是在许多不同的行业中使用统计过程控制确定过程是否在正常范围内。最后一个例子来自分析化学，MS光谱搜索算法使用统计推断确定未知化合物是否与库中物质匹配[35]。

回到我们的关注点，确认或识别算法需要考虑的零假设和替代假设如下：

- H_0：测量的样品光谱 y 与光谱 x 的物质一致；
- H_A：样品与该物质不一致。

如上一节所述，测试的可接受误差率取决于应用场景。即使在同一个应用中，可接受的误差率也会因材料而异。例如，在识别化学战剂时，用户可能希望谨慎行事，使用高于正常的误差率。

可以使用相关系数或任何距离指标作为测试指标。真正的关键是要了解它们遵循什么统计分布，如果是参数分布，参数值是什么。否则，该分布不能很好地模拟数据，得出的推论可能是错误的。

作为参数分布的一个例子，考虑表2.1中定义的马氏距离。当残差 $x-y$ 是围绕零的正态分布，并且当库光谱 x 和协方差矩阵 S 是已知的且无误差时，马氏距离的平方服从卡方分布，自由度等于光谱元素的数量[34]。当 x 是已知的且无误差，而 S 是由实验样本估计的，距离的平方遵循 F 分布[34]。这些不同的假设在现实中往往都不能满足，因此，实际的统计分布可能与卡方分布或 F 分布不同。但尽管如此，在开发统计推理算法时，以它们作为出发点是很好的。

图2.9是一个使用推理确定未知物是否与库中的氯仿光谱相匹配的例子。可以在图2.9（a）中看到，这两个光谱看起来非常相似。光谱之间的HQI（相关系数）为0.99，这是一个非常高的相关度。但是对图2.9（a）的仔细检查显示，未知光谱中有一些特征是纯氯仿的库光谱不能解释的。图2.9（b）给出了纯氯仿与未知光谱的拟合残差以及根据专利[36]提出的概念计算的未知光谱中每个光谱元素的估算不确定度。使用这种方法，未知光谱实际上是纯氯仿的概率（P 值）仅为 6.1×10^{-4}，因此，即使HQI很高，算法也可以置信地拒绝这种假设，继续进行混合物分析。

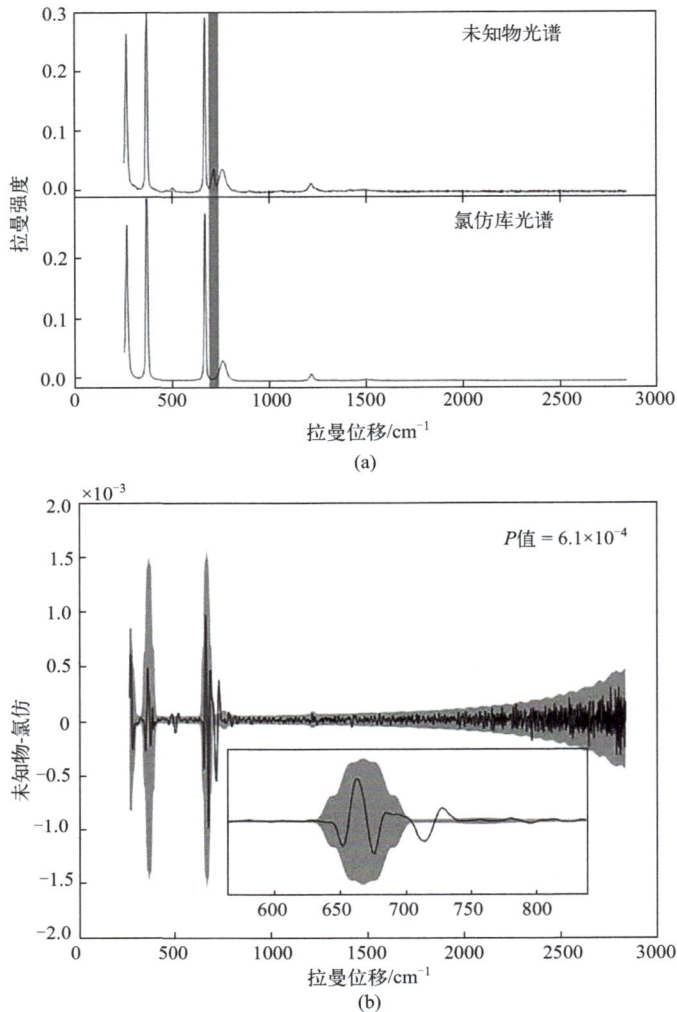

图2.9　使用统计推断的识别算法：（a）未知物质和氯仿的拉曼光谱；（b）氯仿对未知光谱的拟合残差（黑线）和未知光谱的不确定度（灰色阴影，±3个标准偏差）

另一种使用统计推理的方法基于贝叶斯定理估算x与y匹配的概率，如公式（2.5）所示，使用HQI作为测试统计量：

$$P\{x=y\,|\,\mathrm{HQI}=r\}=\frac{p\cdot g(r)}{p\cdot g(r)+(1-p)\cdot f(r)} \tag{2.5}$$

这里，p为未知光谱确实是x的先验概率，$g(r)$为未知光谱是x时HQI值的概率密度函数，$f(r)$为未知光谱不是x时HQI值的概率密度函数。与假设检验一样，关键是准确估计检验指标的分布。这种方法已经被应用于纯物质[37]和混合物[18]的识别。

2.6　计算注意事项

对未知混合物的分析有特殊的计算挑战，这是不容忽视的。现代参考数据库通常包含超过

10000条库光谱，一些部署在手持设备上的混合物算法试图同时拟合多达5个混合物组分。对于一个给定的库，可评估的潜在混合物候选组合数量可以用以下公式计算：

$$N = \frac{n!}{k!(n-k)!}$$

式中，N是可能的混合物组合的数量，n是库参考光谱的数量，k是同时拟合的混合物组分的最大数量。

根据上面的公式，可能的混合物组合的数量随着同时拟合的成分数量的增加而迅速增加，特别是对于大型参考库数据库。为了说明这一点，表2.4记录了一个包含10000个条目的参考库和一个只包含100个条目的较小参考库在考虑2～4个组分混合物时的可能候选数。

从表2.4中可以看出，对于10000个条目的库，仅2组分混合物的候选数就达10^7级。使这个问题更加复杂的是，手持设备的机载计算能力通常是有限的。以目前便携式设备的机载处理能力，要评估从大型现代参考数据库生成的所在潜在混合物解决方案，需要好几天的时间。

表2.4　10000（个）或100个项目（n）库的潜在候选混合物的数量（N）作为混合物组分拟合数量（k）的函数

n	k	N
10000	2	4.9995×10^7
	3	1.6662×10^{11}
	4	4.1642×10^{14}
100	2	4950
	3	161700
	4	3921225

2.6.1　离线和云计算

克服机载内存和计算能力限制的一个方法是把数据分析移植到更强算力的计算机上。一些手持设备可以作为数据采集引擎运行，通过导出工具将光谱转移到具有更快和更多并行能力的外部处理器。在那里，这些更强大的计算机有能力快速搜索库中的匹配数据，或运行密集的机器学习算法来分析光谱。通过将任务分割成更小的并行循环，可以进一步缩短计算时间。

有时，在现场分析期间，将一台功能强大的计算机与便携式手持设备一起运输实际是不可行的。在这种情况下，配备适当无线通信硬件和基础设施的设备可以将数据远程上传到云网络。在云架构内，更强大的处理器可以通过库匹配进行迭代，或将数据分配给深度学习模型并进行识别分析[38,39]。然后，结果可以被传送回设备并报告给用户。例如，在制药和工业应用中，样品认证的方法验证可以在云端而非单机完成。此外，云平台还可以提供管理工具来管理和连接所有的云端拉曼设备、存储数据、运行科学分析应用及支持同行协作[40,41]。此外，通过众包光谱数据可以识别更多物质[42]，但这必须非常谨慎地实施，以确保为数据库收录的光谱符合标准。

尽管离线和云计算有很大的潜力，但它在手持设备上的使用仍有局限性。例如，安全和安保领域的应用往往是高度敏感的，要求所有的数据驻留在本地或完全禁止共享。

2.6.2　大型库的机载识别与混合物分析

鉴于混合物分析的计算量，手持式识别设备通常会先执行快速计算，将库条目筛选至更容易管理的数量。该筛选可在纯组分评估前进行，以加快纯物质的分析，也可以在随后的混合物分析之前进行。这种方法的目的是缩短用户的分析时间，并确保大部分计算资源用于使用前述算法对未知样品与筛选后的目标库条目进行详细评估。如表2.4所示，当候选数从10000降至100时，混合物分析的计算量可大幅减少。。

快速分析是通过减少需要处理的数据量实现的。这也被称为"降维"，其中维度是指光谱元素的数量。降维的两种方法是特征选择和特征提取。通过特征选择，可从光谱中选择重要的特征如拉曼散射和红外吸收峰的位置及强度，并只分析这些特征。由于它们与分子的独特振动有关，而且数量少于光谱元素数量[43]。

另一种方法，即特征提取，通过将整个光谱转换至一个具有较少维度的新空间来实现降维。例如，主成分分析可将10000个独特光谱仅用100个主成分表示，同时保留原始库中99.9%的光谱变异。

在数学上，全套库光谱 X 被分解（通过奇异值分解）为较小的谱形（V）和谱权重（T）集，即

$$X = TV^{\mathrm{T}}$$

未知光谱 y 的权重是使用存储的库形状计算出来的，即

$$t_y = y\left(V^{\mathrm{T}}\right)^{-1}$$

现在，我们已经将问题从将 y 与 X 的所有可能组合进行比较减少到将 t_y 与 T 的所有可能组合进行比较。这种方法已被 Lo 和 Brown 用于红外数据的混合物分析[44]。

稀疏近似技术也可用于使用参考光谱库分解光谱。通过迭代减去选定光谱的贡献并更新每个光谱的权重，即使化学混合物中组分含量较低，也可以对其进行指纹识别和定量[45]。

2.6.3　用户输入的整合

到目前为止，许多强调的算法都是以独立的、自动的方式进行的，没有任何来自用户的输入。这方面的少数例外是那些涉及光谱减法的算法（第4.4节）和提供候选方案的排序列表供用户选择的算法显示界面（第5.1节）。正如第5.1节所指出的，向用户提供一个列表并让用户选择最终答案的好处是：他们可以结合其他信息（固体与液体、pH值、颜色等）做出决定。如前所述，缺点是在本就紧张的场景中增加了用户压力。最近某商用手持式光谱仪中实施的另一种方法[46]是允许用户输入他们怀疑可能存在的物质清单。这些物质由算法处理以提高检测率。进一步扩展该思路算法可整合从用户那里获得辅助信息（如物理状态或pH值），并在评估未知样品时利用这些信息。

2.7　性能表征

回到表2.1，手持式分析仪的用户想知道扫描的物质是否确实是用户推测的物质（确认算法）

或者扫描的物质是否可以被识别为单一的化学品或化学品的混合物（识别算法）。在这两种情况下，算法都是定性的，返回"什么"存在的结果，而不是定量的"多少"结果。因此，计算用户在现场遇到的代表性样品的真阳性率和假阳性率是合适的性能评估方法。

真阳性率是指设备显示正确结果［即确认真实物料存在（确认）或正确识别真实物料（识别）］的比例。只有当真实物质在分析仪的库中存在时，才能测试出真阳性率。假阳性率是指设备显示不正确的"阳性"结果［要么确认不正确的物料（确认过程），要么识别一个或多个不在待测样品中的材料（识别过程）］的比例。与真阳性率相比，即使库中没有收录该真实物质，也可以测试出假阳性率。

除了真阳性率和假阳性率之外，信息检索（网络搜索）算法中的一个参数，即精确度，对于描述这些定性算法是很有用的。精确度被定义为显示的相关结果数与显示的总结果数的比率。例如，如果设备向用户显示了10条结果，如果这些结果中只有2条存在于样品中，那么这个检测的精确度是2/10=0.2。

大多数手持式分析仪都采用固定的算法，因此性能评估可以直接进行。用几个设备和几个操作员扫描一组库中收录或未收录的物质制成的样品，并计算出上述3个参数。但是，如果用户可以改变阈值（该阈值控制了显示结果），阈值设置将影响分析仪的真阳性率、假阳性率和精确度。在这种情况下，使用受试者工作特征（ROC）曲线评估性能更为合理[47-49]。关于如何使用ROC曲线评估识别算法的细节见其他文献[50]。

文献中已有多篇关于市售手持设备检测性能的报告：Brown和Green报告了在拉曼分析仪上测量的261种材料的识别ROC曲线[50]；Bugay和Brush比较了在18种常见药物制剂的拉曼光谱数据上操作的两种确认算法[10]；Vignesh等分析了13种材料（包括混合物）用拉曼光谱仪和识别算法扫描[18]；Arno等报告了使用308个样品（包括混合物）对FTIR分析仪及其识别算法的评估[51]；Green等用拉曼光谱仪和两种识别算法研究了20个混合物系统，还用两种识别算法分析了484个真实世界的样品[46]。还有一些更详尽的性能测试，但没有在同行评审的期刊上发表。

2.8　结语

光学（拉曼和红外）手持式分析仪上的识别和确认算法仅在10年前首次开发，并经历了几代的改进。今天有数十万台手持式分析仪在使用，这足以证明它们成功地帮助到现场用户。

这些算法的未来发展有望包括以下内容：
- 改进识别复杂混合物的性能；
- 降低混合物中微量成分的识别下限；
- 即使在样本无法识别的情况下，也能向用户提供可操作的信息（例如根据对第一批到达紧急情况现场的工作人员的危险程度对样本进行分类）；
- 云计算的整合。

一个实际要点是：仪器制造商可能会使用专有的算法，应向用户和操作人员披露足够详细的信息，以便他们可以判断这些算法所产生结果（例如识别过程）的可靠性。供应商尤其应指明代表可靠识别或检测的"分数"的类型和模式。

随着算法、硬件和其他软件组件的不断改进，手持式分析仪将始终是当前用户的重要工具，并必将在其他领域得到广泛的应用。

缩略语

CCD	charge-coupled device	电感耦合器件
FIR	finite impulse response	有限脉冲响应
HPMS	high pressure mass spectroscopy	高压质谱
HQI	hit quality index	命中质量指数
IMS	ion mobility spectroscopy	离子迁移谱
IR	infrared	红外
LEL	lower explosive limit	爆炸下限
LIBS	laser-induced breakdown spectroscopy	激光诱导击穿光谱
MIR	mid-infrared	中红外
MS	mass spectroscopy	质谱
ROC	receiver operator characteristic	受试者工作特征
SNR	signal-to-noise ratio	信噪比
XRF	X-ray fluorescence	X射线荧光

参考文献

[1] Crocombe, R. (2018). Portable spectroscopy. *Appl. Spectrosc.* 72 (12): 1701-1751.

[2] Wentzell, P. and Brown, C. (2006). Signal processing in analytical chemistry. In: *Encyclopedia of Analytical Chemistry* (ed. R.A. Meyers). American Cancer Society.

[3] Savitzky, A. and Golay, M.J. (1964). Smoothing and differentiation of data by simplified least squares proce-dures. *Anal. Chem.* 36: 1627-1639.

[4] McCreery, R.L. (2005). *Raman Spectroscopy for Chemical Analysis*, 1e. Wiley-Interscience.

[5] Kendall, D.N. (1966). *Applied Infrared Spectroscopy*, 1e. Reinhold.

[6] Griffiths, P.R. and Shao, L. (2009). Self-weighted correlation coefficients and their application to measure spectral similarity. *Appl. Spectrosc.* 63: 916-919.

[7] Cha, S.H. (2007). Comprehensive survey on distance/similarity measures between probability density functions. *Int. J. Math. Model Meth. Appl. Sci.* 1: 300-307.

[8] Tanabe, K. and Saëki, S. (1975). Computer retrieval of infrared spectra by a correlation coefficient method. *Anal. Chem.* 47: 118-122.

[9] Ulmschneider, M., Wunenburger, A., and Pénigault, E. (1999). Using near-infrared spectroscopy for the noninvasive identification of pharmaceutical active substances in sealed vials. *Analusis* 27: 854-856.

[10] Bugay, D.E. and Brush, R.C. (2010). Chemical identity testing by remote-based dispersive Raman spectroscopy. *Appl. Spectrosc.* 64: 467-475.

[11] Efron, B. and Gong, G. (1983). A leisurely look at the bootstrap, the jackknife, and cross-validation. *Am. Stat.* 37: 36-48.

[12] Ripley, B.D. (2008). *Pattern Recognition and Neural Networks*, 1e. Cambridge University Press.

[13] Duda, R.O., Hart, P.E., and Stork, D.G. (2012). *Pattern Classification*, 2e. Wiley-Interscience.

[14] Lavine, B. and Mirjankar, N. (2012). Clustering and classification of analytical data. In: *Encyclopedia of Analytical Chemistry* (ed. R.A. Meyers). Wiley.

[15] Draper, N. and Smith, H. (1998). *Applied Regression Analysis*, 3e. Wiley.

[16] Mardia, K.V., Kent, J.T., and Bibby, J.M. (1979). *Multivariate Analysis*, 1e. Academic Press.

[17] Rencher, A.C. and Christensen, W.F. (2012). *Methods of Multivariate Analysis*, 3e. Wiley.

[18] Vignesh, T., Shanmukh, S., Yarra, M. et al. (2012). Estimating probabilistic confidence for mixture components identified

using a spectral search algorithm. *Appl. Spectrosc.* 66: 334-340.

[19] Madden, M. and Ryder, A. (2003). Machine learning methods for quantitative analysis of Raman spectroscopy data. *Proc. SPIE* 4876: 1130-1139.

[20] Liu, J., Osadchy, M., Ashton, L. et al. (2017). Deep convolutional neural networks for Raman spectrum recognition: a unified solution. *Analyst* 142: 4067-4074.

[21] Fan, X., Ming, W., Zeng, H. et al. (2018). Deep learning-based component identification for the Raman spectra of mixtures. *Analyst* 144: 1789-1798.

[22] Wold, S. and Josefson, M. (2006). Multivariate calibration of analytical data. In: *Encyclopedia of Analytical Chemistry* (ed. R.A. Meyers). Wiley.

[23] Markowicz, A. (2008). Quantification and correction procedures. In: *Portable X-ray Fluorescence Spectrometry, Capabilities for In Situ Analysis* (eds. P.J. Potts and M. West), 13-38. Cambridge, UK: RSC Publishing.

[24] Jenkins, R. (1999). *X-Fluorescence Spectrometry*, 2e. Chichester, UK: Wiley.

[25] Piorek, S. (2008). Alloy identification and analysis with a field-portable XRF analyser. In: *Portable X-ray Fluorescence Spectrometry, Capabilities for In Situ Analysis* (eds. P.J. Potts and M. West), 98-140. Cambridge, UK: RSC Publishing.

[26] Piorek, S. (2008). Coatings, paints and thin film deposits. In: *Portal X-ray Fluorescence Spectrometry, Capabilities for In Situ Analysis* (eds. P.J. Potts and M. West), 56-82. Cambridge, UK: RSC Publishing.

[27] Hahn, D. and Omenetto, N. (2012). Laser-induced breakdown spectroscopy (LIBS), part II: review of instrumental and methodological approaches to material analysis and applications to different fields. *Appl. Spectrosc.* 66: 347-419.

[28] Ciucci, A., Corsi, M., Palleschi, V. et al. (1999). New procedure for quantitative elemental analysis by laser-induced plasma spectroscopy. *Appl. Spectrosc.* 53: 960-964.

[29] Tognoni, E., Cristoforetti, G.L.S.P.V., Salvetti, A. et al. (2007). A numerical study of expected accuracy and precision in Calibration-Free Laser-Induced Breakdown Spectroscopy in the assumption of ideal analytical plasma. *Spectrochim. Acta B* 62 (12): 1287-1302.

[30] Herrera, K., Tognoni, E., Gornushkin, I. et al. (2009). Comparative study of two standard-free approaches in laser-induced breakdown spectroscopy as applied to the quantitative analysis of aluminum alloy standards under vacuum conditions. *J. Anal. At. Spectrom* 24: 426-438.

[31] Herrera, K., Tognoni, E., Omenetto, N. et al. (2009). Semi-quantitative analysis of metal alloys, brass and soil samples by calibration-free laser-induced breakdown spectroscopy: recent results and considerations. *J. Anal. At. Spectrom* 24: 413-425.

[32] Bulajic, D., Corsi, M., Cristoforetti, G. et al. (2002). A procedure for correcting self-absorption in calibration free-laser induced breakdown spectroscopy. *Spectrochim. Acta B* 57 (2): 339-353.

[33] Burakov, V., Kiris, V., Naumenkov, P., and Raikov, S. (2004). Calibration-free laser spectral analysis of glasses and copper alloys. *J. Appl. Spectrosc.* 71 (5): 740-746.

[34] John, C.T. and Pixley, N.C. (2007). Methodology for NIR identification of pharmaceutical finished products with emphasis on negative controls and data driven threshold value selection. *Am. Pharm. Rev.* 10: 120-124.

[35] Geer, L.Y., Markey, S.P., Kowalak, J.A. et al. (2004). Open mass spectrometry search algorithm. *J. Proteome Res.* 3: 958-964.

[36] Brown, C.D. and Vander Rhodes, G.H. (2007). US Patent 7,254,501 B1.

[37] Li, J. and Hibbert, D.B. (2005). Comparison of spectra using a Bayesian approach. An argument using oil spills as an example. *Anal. Chem.* 77: 639-644.

[38] Liang, J. and Mu, T. (2019). Recognition of big data mixed Raman spectra based on deep learning with smartphone as Raman analyzer. *Electrophoresis* 41 (16-17): 1413-1417.

[39] Chandler, L., Huang, B., and Mu, T. (2019). A smart handheld Raman Spectrometer with cloud and AI Deep learning algorithm for mixture analysis. *Proc. SPIE 10983, Next-Gen. Spectr. Technol. XII* 1098308: 1-9.

[40] Thermo scientific introduces virtual app for handheld Raman Analyzer. The Science Advisory Board, 19 09 2019. [Online]. https://www.scienceboard.net/index.aspx?sec=sup&sub=Drug&pag=dis&ItemID=358 (accessed 31 January 2020).

[41] SCiO. SCiO by consumer physics 2017. [Online]. https://www.consumerphysics.com/business/technology (accessed 31

January 2020).

[42] Mr. Spock's Smartphone: A spectrometer for your keychain. ZDNet 2014. [Online]. https://www.zdnet.com/article/mr-spocks-smartphone-a-spectrometer-for-your-keychain (accessed 31 January 2020).

[43] Zürcher, M., Clerc, J.T., Farkas, M., and Pretsch, E. (1988). General theory of similarity measures for library search systems. *Anal. Chim. Acta* 206: 161-172.

[44] Lo, S.C. and Brown, C.W. (1992). Near-infrared mixture identification by an automated library searching method: a multivariate approach. *Appl. Spectrosc.* 46: 790-796.

[45] Yaghoobi, M., Wu, D., Clewes, R., and Davies, M. (2016). Fast sparse Raman spectral unmixing for chemical fingerprinting and quantification. In: *Proceedings of SPIE 9995, Optics and Photonics for Counterterrorism, Crime Fighting, and Defense XII*, 99950E. Edinburgh, UK: SPIE.

[46] Green, R.L., Hargreaves, M.D., and Gardner, C.M. (2013). Performance characterization of a combined material identification and screening algorithm. In: *Proceedings of SPIE 8726, Next-Generation Spectroscopic Technologies V*, 87260F. Baltimore, MD SPIE.

[47] Swets, J.A. (1988). Measuring the accuracy of diagnostic systems. *Science* 240: 1285-1293.

[48] Pepe, M.S. (2004). *The Statistical Evaluation of Medical Tests for Classification and Prediction*, 1e. Oxford University Press.

[49] Brown, C.D. and Davis, H.T. (2006). Receiver operating characteristics curves and related decision measures: a tutorial. *Chemom. Intel. Lab. Syst.* 80: 24-38.

[50] Brown, C.D. and Green, R.L. (2006). Performance characterization of material identification systems. In: *SPIE Proceedings of 6378, Chemical and Biological Sensors for Industrial and Environmental Monitoring II*, 637809. Boston, MA: SPIE.

[51] Arno, J., Andersson, G., Levy, D. et al. (2011). Advanced algorithms for the identification of mixtures using condensed-phase FT-IR spectroscopy. In: *SPIE Proceedings of 8032, Next-Generation Spectroscopic Technologies IV*, 80320. Orlando, FL: SPIE.

3

便携式仪器光谱库和方法开发：案例研究方法

Suzanne K. Schreyer

Rigaku Analytical Devices, Wilmington, MA, USA

3.1 概述

便携式仪器被用于各个领域，而且各种新的应用场景正在迅速拓展。本章聚焦分子光谱学中最常见的仪器应用场景，涵盖红外（IR）、拉曼（Raman）或近红外（NIR）技术。到目前为止，最常见的应用是原材料鉴定（RMID），即搜索内部库并与未知材料进行比对，返回的结果既可以是库中最接近匹配的发现性搜索结果，也可以是验证应用中的"通过/失败"判定，还可能将材料分类为某一类别或组群。大多数便携式仪器的应用都属于这一范畴。对于这些应用，速度和可靠性往往是最有价值的因素，因为这些类型的应用往往被非专业用户用来快速识别目标材料，典型场景包括制药或仓库物料的入库检验和安全安保领域对未知及潜在非法或危险材料的识别。

另外一小部分应用涉及定量分析：仪器不仅返回材料识别结果，而且给出目标变量的定量值。同样，用户往往是非专业人员，仪器可用于快速给出入库物料的质量结果，或在工艺混合后确定最终组分的质量。这类应用基于光谱库构建，并利用化学计量学方法进行分类，包括：有监督的方法，如软独立建模分类法（SIMCA）；无监督的方法，如主成分分析（PCA）。最常用的定量方法是主成分回归（PCR）和偏最小二乘回归（PLSR）。所引用的方法（Massart et al., 1997）是化学计量分析的主要方法，但在商业软件包中还有许多其他方法。

虽然便携式仪器的用途越来越多样化，但本章所展示的案例研究将集中于比较常见的光谱库构建和方法开发流程，重点探讨建库和模型开发中涉及的主要问题。由于仪器结果的好坏取决于用于构建模型或库的数据，因此材料的选择和稳定性非常重要，且光谱库的建立也应该适合其预期的用途。考虑到便携式仪器的应用场景，对便携式仪器有一些特殊的要求，而这些要求在基于实验室的设备中并不是主要考虑的因素。为便携式仪器建立方法和库，不仅要求必须将样品与库中的材料进行匹配，而且要求快速、可靠地返回结果。此外，易用性和用户能够理解也是关键因素。结果必须能让非专业人士迅速理解，这在时间紧迫的场景中尤为关键，例如仓库现场的药物成分入库检验或者应急人员的快速威胁检测。因此，便携式仪器的另一个核心标准是能够应用于各种场景且实用性很强。

本章基于便携式拉曼、红外和近红外仪器当前的应用，通过简短案例研究来说明在制药和安全/安保领域中构建稳定可靠的材料识别应用时需要考虑的一些问题。定量应用最常用于确定食品和饲料/农业用户的关键成本质量变量，这些类型的检测一般由近红外仪器进行，近红外光谱技术是这些行业的主流技术。虽然所举案例是特定应用，但其背后的光谱库构建和方法开发逻辑适用于任何同类场景或仪器。

3.2　仪器应用概述

本卷其他章将全面介绍便携式仪器的应用场景，此处仅列举部分案例以说明其应用范围和可用仪器类型。

便携式近红外光谱仪（Pasquini, 2018）、中红外光谱仪（Sorak et al., 2012）和拉曼光谱仪（Das and Agrawal, 2011）的技术和应用概述表明，这些仪器在制药（Deidda et al., 2019）、质量控制（da Silva et al., 2017）、假药检测（Ciza et al., 2019）、考古学（Das and Agrawal, 2011）、法医学（de Araujo et al., 2018）和其他科学领域（Altinpinar et al., 2013；Farber et al., 2019）的具有广泛的实用性。因为便携式仪器易于使用和快速反应，所以在安全和安保场景中的应用也很普遍。在法医领域，最常见的材料批量分析仪器是基于红外光谱的，尤其是用于鉴定爆炸物（Fountain Ⅲ et al., 2014; Lopez-Lopez and Garcia-Ruiz, 2014）和其他相关法医材料（Khandasammy et al., 2018）的拉曼光谱。因为拉曼光谱不会破坏样品，并且可以透过大多数包装进行分析，所以它在毒品的鉴定方面特别常见（de Oliveira Penido et al., 2016；Vítek et al., 2012）。由于交叉污染的可能性和出于对应急人员的安全考虑，透过包装取样在毒品测试中特别重要。

拉曼光谱或红外光谱最常见的仪器用途是材料识别（无论是混合物还是单一成分）。这两种技术都会产生包含样品基频的光谱，因此光谱库的构建主要依赖根据已知且可追溯的标准生成库的质量光谱。然后，材料识别和模型开发重点关注与降噪和光谱比对相关的预处理方法（Zeaiter and Rutledge, 2009），以实现样本与库的最佳拟合。数据预处理方法是建库或校准中数据选择的核心，以减少随机噪声和系统偏差。一旦建立了方法或整合了谱库，就需要进一步检查，以评估质量指标，如特异性、选择性和稳定性。除了前述预处理综述文献外，还有更多关于手持式光谱仪算法的重点参考文献（Gardner and Green, 2014）以及将实验室光谱仪库适配便携式仪器的示例（Weatherall et al., 2013）。后者尤其重要，因为许多用户可以访问已经过验证的台式实验室仪器上的光谱库，并且更愿意将这些库移植到便携式仪器上。因此，在便携式仪器上开发光谱库时，可能还需要强大的校准传输协议。

混合物分析是一些仪器具备的附加功能，但其成功程度各异。对于使用分子光谱仪器的整体分析，通常涉及基于单个组分的光谱贡献的去卷积和残差分析，以确定有多少组分可以报告。一般来说，大多数便携式仪器只能可靠地报告混合物中的2～3种成分，而无需深究噪声。另一个限制是，由于整体分析技术的检测限，大多数仪器要求混合物的成分含量在5%～10%范围内。一些仪器可结合辅助技术，以提升检测限并扩展能力，如许多便携式拉曼仪器配备表面增强拉曼光谱（SERS）技术（Alula et al., 2018；Mecker et al., 2012）。

　　来自中红外和近红外仪器的数据（以及某些条件下的拉曼数据）可以扩展到定量模型开发中。这些技术的经典应用包括过程监测及冻干过程中的水分监控（Luypaert et al., 2007）。便携式 NIR 仪器能够透过样品容器扫描，并将化学计量学与 NIR 轻松整合，这些方法在 NIR 中更为常见。如果仪器的批量分析水平足够，便携式仪器还可以对生产过程进行实时检查，作为质量控制（Roggo et al., 2007）或 PAT（De Beer et al., 2011）的一部分，以确保配方正确。这可以是一种分类或验证方法，也可以建立模型来返回混合物中的成分识别和/或样品中成分或组成的定量测量结果。

　　这些例子主要集中在制药方面的应用，便携式仪器也可用于食品、饲料以及农业领域的含量检测，以分析其质量水平。农业和饲料分析通常包括蛋白质、水分和脂肪检测，但可以扩展到检测其他质量指标（Modroño et al., 2017；Porep et al., 2015）。例如，在饲料和农业监测中，最可靠和最稳健的模型往往是用近红外测定水分，其次是测定蛋白质和脂肪。近红外监测水分在制药应用中特别有用，可以对过程或成品配方中的水分进行质量控制，也可以监测留存样品的冻干情况。

　　食品工业过程监测是另一个领域，通常将光谱方法（通常是近红外）与化学成分和物理属性的定量分析结合（Grassi and Alamprese, 2018），因其可以快速评估质量指标。虽然光谱仪器在食品/饲料行业的使用更倾向于在线或实验室光谱仪器，但开发定量模型的标准与现场或离线仪器的要求相似。然而，用于建立定量模型的标准比用于材料鉴定的标准更加严格和复杂，并且需要专业知识和/或化学计量学方法，以便开发和验证稳健的模型。这些模型需要用于校准开发的可追溯数据库，该数据库应包括实际使用中可能遇到的变量。光谱预处理通常是一个标准步骤，随后是严格的模型开发和测试，然后才验证模型并发布使用。这种类型的方法通常比定性或分类模型时间更长，并且需要更广泛的统计分析。虽然许多化学计量软件包可以作为"黑箱"选项构建这些回归模型，但也不能完全依赖软件，应该结合知识以及专家分析评估任何提议的模型。

　　下面的章节将展示在便携式仪器上建立基于定性光谱库的材料鉴定模型的案例研究，然后扩展到另一个案例研究，探讨在便携式仪器上开发和部署定量模型所涉及的一些问题和策略。虽然范围不全面，但这些案例研究强调了光谱库构建和模型开发的共同流程，重点关注便携式仪器的模型构建逻辑。

3.3　光谱库开发

　　所有的光谱库和最终的模型都依赖高质量的数据。一个模型（或库）的好坏取决于构建数据的质量。高质量的数据应体现光谱库的核心属性：稳健性与可靠性。

　　用于建库的数据集应该是经过验证和可追溯的。如果可行的话，数据应从有分析证书的标准物质中（如药用级材料）获得。这确保了库中的材料来源是经过验证的。如果由于所使用的材料类型而不可行，那么应通过其他方式对材料进行验证。这可能涉及其他类型的分析仪器的验证（例如质谱是用于验证的经典标准）。任何来源的数据也可与外部光谱库进行验证。例如，将某来源的拉曼光谱与外部拉曼库进行验证，以确保谱图匹配。事实上，在任何光谱被添加到分子光谱库之前，用外部库搜索做外部验证是很好的做法，以确保样品或光谱没有发生问题。这为拟入库物质提供了额外审查，确保其质量足以在外部数据库的搜索中获得正确的结果。

　　将光谱与外部库进行比对是很好的做法，因为原材料可能已经被污染、降解、纯度不足或者存在其他质量问题。对材料的外部检查确保有外部验证，并确保对光谱的正确识别。当数据来源可靠且是标准材料时，污染通常不是问题。然而，对于安全和安保领域的自建库场景，情况并非总是如此。举例来说，BioRad KnowItAll（Bio-Rad，2019）软件包含大量可搜索的库，可用于制药和法医应用中的各种光谱仪器类型。将搜索结果与库中的光谱进行比对，可快速识别光谱差异或光谱本身的问题（基线效应和噪声）。反之，如果样品和数据库之间有很强的相关性，并且有类似的光谱，就会有额外的安全保障，说明该材料足够好，可以添加到资料库中。在将材料添加到库之前，最好确保生成了最高质量的光谱。

　　理想的情况是生成具有最小噪声的稳健光谱，以代表这种材料的所有未来实例。建议库中的光谱在合理范围内应是无噪声和"理想"的，因为现场使用中产生的工作扫描通常质量较差。在扫描材料中需要避免的常见问题包括：NIR中大气中的水蒸气和二氧化碳吸收带以及拉曼仪器中强光源的干扰。其他需要检查的标准是采样条件，以确保向仪器提供一致的样品。例如，确保用于中红外的衰减全反射（ATR）晶体得到清洁，并在扫描时对晶体施加适当的压力。此外，确保拉曼和近红外仪器的激光和光源也得到清洁，并且不存在来自以前样品的污染或无意的指纹，因为这些污染可能会导致基线中的额外峰值或噪声。大多数匹配算法将库光谱峰与未知样本峰匹配，并返回匹配准则——示例通常是关联性匹配或概率匹配。基线或峰中的噪声会降低这一匹配标准，并可能掩盖小的峰。假如允许谱库光谱中存在噪声，并且不生成最高质量的谱库扫描，匹配算法会将随机噪声峰与用户扫描进行比对，而噪声结构随仪器或其他条件变化时，匹配标准会变差。大多数仪器算法有一个基于信噪比（SNR）或峰值匹配的截止阈值。如果信噪比低于预定的仪器测量值（通常为最高峰与基线的标准偏差之比），那么该光谱就主要是噪声。对于峰值匹配，仪器通常可以使用样品光谱峰值的点积，并与内部库进行比对。计算样本和库材料之间的相关性或命中质量指数（HQI）并排序。在仪器中定义了相关系数或其他指标的预设阈值，如果没有达到匹配阈值，则判定为无匹配。因此，确保库的质量尽可能理想是很重要的。噪声总是存在的，但重要的是它不会使频谱信号信息模糊或影响其真实可靠性。

　　光谱库模型通常通过选择基于标准或其他可追溯材料的最具重现性的光谱构建。一旦构建完成，光谱库应该使用验证材料和其他测试材料进行测试。这些材料通常来自不同批次和制造商。对于药物材料，由于类似材料的重现性，这在正确识别材料时不会出现问题。一些可能降低分子光谱仪匹配质量的问题往往是由于物理性质的变化，例如颗粒大小的差异。颗粒大小的巨大差异会改变光谱峰的形状，而且根据材料的类型和使用的匹配算法类型，匹配标准可能会下降到找不到匹配的程度。大多数使用光源（激光或钨丝灯）的仪器让光沿着样品的路径行进，然后作为光谱信息返回。颗粒大小、堆积密度或类似的问题可能会改变该路径长度，并影响匹配质量。材料相同粒径不同的光谱通常在一个子库中，并作为级联算法的一部分进行搜索。影响光谱的物理变化的典型案例是拉曼光谱中的多晶型效应。多晶型物质在化学上是相同的，但有一种以上的晶体结构。这反过来会影响物理特性，而物理特性又会影响最终的光谱。

　　与抗衡离子或水合状态的变化有关的化学变化也可能影响所产生的光谱。虽然便携式仪器的分辨率可能不足以明确区分水合状态的微小变化，任何变化都可能影响所产生的晶体堆积。根据这些影响，光谱变化可能足以区分各种类型。然而，对于小的变化，相应的光谱变化也可能很小，难以有选择地进行区分。

　　在添加一种材料作为参考库光谱之前，需要考虑这些变化的影响——它们既可用于进货检验中识别非期望物理或化学特性的材料，也需在构建可能包含特定化学品多种变体的光谱库时纳入考量。

说明参数如何影响光谱和库构建的一个很好的例子是水的影响。中红外（MIR）和近红外（NIR）对水分都很敏感。NIR是一种很好的工具，可以用来建立能够检测和监控水分的库和模型。例如，NIR可用于监测冻干产品，以确保水分含量在可接受的参数范围内。—OH带在MIR和NIR光谱中都很清晰，可用于开发水分模型。相反，材料中的任何水分均可能在MIR光谱中占据主导，NIR光谱中影响较小。拉曼光谱对水分的影响不太敏感，但由于氢键的影响，光谱峰会发生偏移和/或变宽，因此在这些情况下我们会看到水分或水污染对最终光谱的影响。这是一种有用的检验方法，因为水污染的影响可能很明显，吸湿性材料（如淀粉）如果被水污染，尤其可能无法通过进货检验。此外，还可构建模型（通常在NIR中）以确保材料的水分在规定范围内。这些都是影响过程和最终产品的参数，需要在任何库构建中加以考虑。

粒度和湿度是可能影响产品的最常见变量，因此需要在库构建中加以考虑，但用户可能还有其他与其最终用途相关的具体问题需要考虑。大多数便携式仪器包含工厂库（即由制造商准备和分发的库），但每个用户可能需要根据自己的特定用途定制仪器库。因此，最有用的便携式仪器将允许用户创建自定义库或应用程序，并为该过程提供科学支持。

在构建自定义库，尤其是构建工厂库时，一个常见的支持领域是检查库材料的选择性和特异性。大多数仪器允许用户设置一个截止标准，或者给用户一个分数来定义结果的选择性。有一些出版物定义了质量的数据分析和用于评估它们的相关度量标准，其中包括美国药典章节（USP 2019年版，第1225、1058、197章）、ASTM统计程序（ASTM 2019）（E1488-12, E300-03, E122-17）以及作为光谱学补充资料的术语概述（Workman，2019）。

在任何稳健的库构建中，都需要定义和理解所有上述标准，以确保在现场或使用仪器的地点获得可靠的结果。对于便携式仪器，库的构建由有资质的技术专家完成，以实现最高稳健性。通常情况，便携式仪器离开实验室或工厂后，其用户是非专业人士，需要仪器给他们一个快速和可靠的结果。这些终端用户很可能不会解释任何响应，因此结果可以根据需要使用并且非常可靠。比如危险材料技术员或应急人员，他需要可靠的信息决定他是否立即行动。还有一种情况是，最终用户可能会要求库开发者证明库是如何构建的以及结果的准确性，作为FDA对医药库审计的一部分，或者作为安全和安保领域的专家证人。

3.4 定性模型开发

所有的光谱模型，无论是定性的分类方法、光谱库匹配算法，还是定量的多变量方法，都遵循一个类似的开发周期（图3.1）。

如前一节所述，需先采集库质量数据并生成库质量光谱，随后定义并构建模型。对于许多便携式仪器来说，建立的模型是基于用户样本与内部工厂库的匹配以及HQI（相关系数或概率匹配）的返回。另一种常见的定性方法是使用分类或聚类算法。这些可以作为库构建的一部分来评估库的质量，或者可以用于开发离线模型。最常见和有用的方法是无监督聚类［如PCA，或分层聚类（HCA）］、监督聚类（SIMCA、CART）、

图3.1 模型开发流程

距离指标（如欧氏距离或马氏距离）以及命中质量匹配（如相关性或HQI和概率分析）（Gardner and Green，2014）。这些通常用于返回仪器结果以定义材料（发现库搜索）、验证材料是否符合预期（通过/失败结果），或者将材料分类到某个类别或组中。大多数便携式仪器还包括混合物分析，混合物分析使用光谱匹配和去卷积返回样品光谱的可能光谱结果。结果通常是光谱贡献的百分比，而不是混合物成分百分比。

　　PCR或PLSR是定量分析最常用的方法。两种方法都是多元回归分析的工具，会返回一个样本中给定变量或成分数量的结果，包括化学变量（即样品中水分或淀粉的百分比）和物理变量（样品的粒度范围）。这些类型的模型通常需要更广泛的模型开发和专家使用。

　　在所有情况下，模型都使用校正集和验证集（用于建立模型的数据和类似的数据，但这些数据的批次、批量和供应商不同）进行评估。使用校正数据和验证数据对这些模型进行统计分析，将显示模型的稳健性和可靠性。这一步通常需要模型的改进和随后的重新测试。然而，实际使用是对任何模型的最佳测试，并且随着带有模型的仪器投入使用，用户体验和实际问题将决定最终模型的适用性。

3.5　光谱库构建

　　建库的关键第一步是收集和扫描适当的库材料。适当的库材料是指那些被定义为适合于所需方法使用的材料。因此，一个库可能是一个纯粹的标准材料的集合，它将成为材料发现搜索的基础，或者它可能是一个由关键材料组成的重点库。在任何情况下，库材料都必须与最终用户将要扫描的材料一致。要扫描的材料还必须涵盖材料测试方案中可能涉及的批次、批量、供应商和物理或化学条件的变化范围。对于制药应用，还需要使用USP标准的或等效的材料，因为库中的材料需要分析证书或类似的可追溯性。这通常是一种纯物质，将用于纯物质验证或作为混合物分析的一个组成部分。对于过程控制或测试，当结果为混合物时，可使用混合物光谱的子库作为验证。但是一般来说，便携式仪器包含的大型库中只包含纯物质。我们还希望这些纯物质是在"尽可能好的条件下"加入的，以便产生最高质量的光谱。因此，纯物质通常在玻璃或石英小瓶中扫描，其中容器材料对样品光谱没有任何影响（拉曼和NIR仪器）。对于MIR仪器，样品通常通过ATR运行。这里，ATR晶体必须是干净的，并且晶体表面被样品覆盖。液体可以"滴"在晶体上，但固体需要用砧板以标准压力按压。

　　获取了库材料的最高质量光谱后，就需要对库材料进行验证和确认。验证是一个多步骤的过程，通常也被认为是一个持续的过程。

　　① 初始验证。第一步也是最容易的一步应该是使用默认设置（或正常操作条件，而不是库扫描条件）进行扫描。在正常工作条件下，扫描用于建库的一套校准材料。所有这些都应该使用适当的匹配统计（如相关分数）返回正确的识别结果。

　　② 进一步验证。下一步是使用默认条件重新扫描一套替代验证材料。验证材料与校准中使用的材料类型相同，但不是校准集的一部分，所以这些可能是来自不同批次、不同批量或不同供应商的样品。同样，这些应该通过适当的统计学识别测试，而且统计匹配度损失不应过大。如果两个供应商的样品光谱图之间相关性不强，则需要将两个供应商的材料的光谱添加到库中。

　　③ 包装兼容性测试。这一轮测试的另一个标准是对样品的普通包装材料也进行扫描。通常

的情况是对玻璃瓶中的材料进行库内扫描，但最终的用户环境将是操作人员在接收材料时进行测试，在这种情况下，材料装于大桶或双层塑料袋（通常是聚乙烯）中。为了避免开封导致的污染，需要透过包装识别材料袋。因此，透过双层包装扫描材料将是该样品验证过程的一部分。或者，许多液体样品装在大玻璃瓶或琥珀色瓶中，应在实际使用条件下再次进行验证测试。注意，所有这些前面的例子都是基于拉曼光谱的，在较小程度上是基于NIR仪器的。对于FTIR仪器，由于仪器的ATR方法，生成光谱需要对样品进行物理处理。拉曼仪器因其能够通过扫描包装检测样品、避免任何样品处理和潜在的污染，实用性日益凸显。NIR仪器通常用于检测因荧光问题而无法获得拉曼光谱的材料，但随着1064 nm弱荧光激发仪器的出现，这种补充需求已减弱。使用1064 nm激发的拉曼仪器既可以用于传统的拉曼样品，也可以用于有色样品和用785 nm激发发出荧光的材料，或者以前只能用FTIR扫描的材料。

在所有情况下，光谱库的构建均按以下顺序进行：

① 获取数据。如果可能，使用可追溯的标准（美国药典、日本药典、欧洲药典）。如果没有可追溯的标准，使用外部软件或分析仪器来验证材料。使用纯物质构建库，除非需要定制混合物/过程结果/伪造品库。

② 生成高质量光谱——高信号、低噪声。这代表了你所讨论的材料的最佳光谱。光谱应该是纯物质的，没有任何容器或包装产生的峰，除非是要构建定制的混合/工艺库。对于拉曼光谱或FTIR光谱，一个高质量的光谱对于一个库来说通常是足够的。NIR由于使用泛频或组合波段，可能需要对材料进行多次扫描。

③ 建立模型。这是一个用于定性分析的发现库或验证（通过/失败）库。对于定量分析，最常见的模型通常是使用PCR或PLSR建立的。

④ 评估模型。除了生成库扫描外，这是最耗时的步骤，因为模型是使用校准材料和验证材料进行评估的。

⑤ 检验模型并完善。如果材料不符合为匹配质量设置的标准，则需要改进模型。在许多情况下，这可能涉及重新获取或添加数据以满足条件。对于定性库构建，获取材料额外扫描的最常见要求可能是由于影响材料反射路径或吸收率变化的物理或化学变化，这些因素包括颗粒大小、抗衡离子差异、结晶变化（有些是由于水合作用产生的水）和多晶现象。大多数制药材料对任何可能的物理或化学变化有严格的标准，因此如果仪器能够确定差异，那么这是对样品的另一项检查，不仅要检查材料是否正确，还要检查样品是否具有所需的正确特性。

在建库中要定义和包括的固有变量是由每一种建库类型指定的，并且可以包括要考虑的任意数量的变量。在下面的案例研究中，将使用一个变量作为示例说明它是如何影响库构建的。第一个案例聚焦在将多晶型数据纳入定制制药工艺库对工艺输入和最终配方的影响。第二个案例研究着眼于反离子及其对一系列常见盐的选择性的影响。虽然这些案例研究侧重于拉曼光谱的特定应用，但类似的程序也可用于FTIR或NIR数据。

3.6 案例研究：构建多晶型物库

盐酸雷尼替丁有两种晶型——1型和2型。拉曼光谱（图3.2）显示了这种差异，因为这两种形式在680 cm⁻¹、1050 cm⁻¹、1180 cm⁻¹、1650 cm⁻¹处的小峰形状不同，在1250 cm⁻¹、1550 cm⁻¹处的主峰形状也不同。

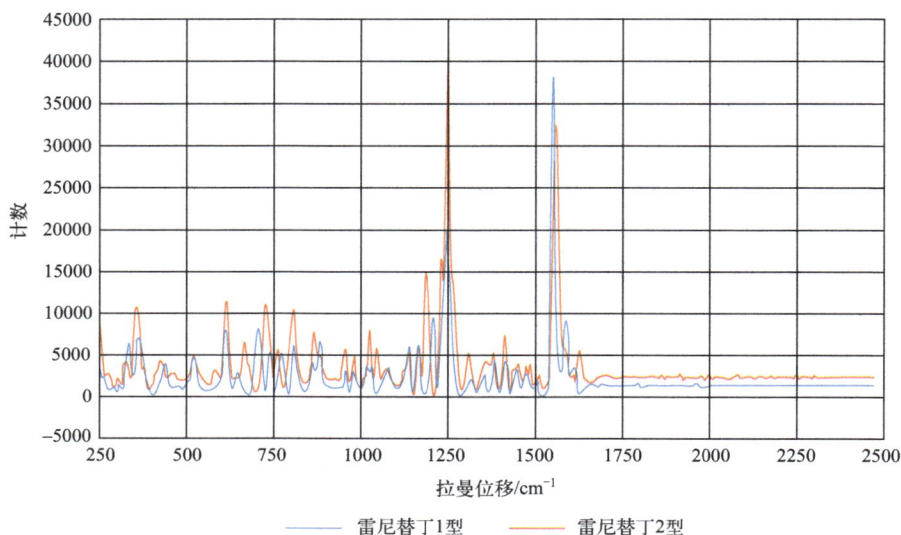

图3.2　雷尼替丁1型和2型的光谱比较

　　总的来说，这两个光谱之间有大约0.71的相关性。这足以在一个库中分离这两个光谱，因为可以设置一个阈值截止点（即0.80），以返回一种晶型的通过，如果另一种晶型存在则失败。在这个例子中，一种形式被专门用于一个配方中。将这两种晶型添加到一个库中，就可以确保添加的是正确的晶型。如果提供的是不正确的晶型，也可以提供检查。

　　还可以在工艺结束时增加另一项检查，以确保最终产品中使用的配方正确。在这种情况下，善胃得（Zantac）含有雷尼替丁2型，可用于验证是否添加了正确的多晶型。检查盐酸雷尼替丁2型与善胃得的光谱重叠（图3.3），显示2型具有良好的光谱重叠。

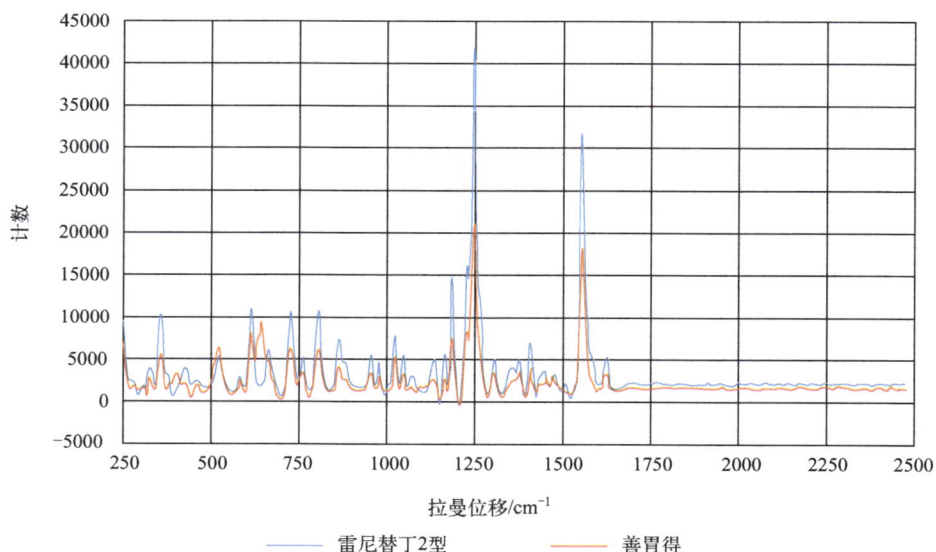

图3.3　善胃得和雷尼替丁2型的光谱重叠，显示了用于鉴别善胃得中雷尼替丁的相似的光谱特征

　　善胃得是一种制剂，由于其他赋形剂的存在，拉曼光谱中还有额外的峰存在。将善胃得与两种形式的药物进行比较，结果显示2型的相关性为0.80，1型的相关性为0.31，因此有一个明

显的分离，以显示两种形式的选择性。

多晶型类型差异的表征对于任何制剂都是重要的，因为多晶型的变化会影响溶解度、生物利用度等性质。在某些情况下，不正确的多晶型可能会导致产品召回和额外的费用，以改造生产线并确保制成正确的配方。

3.7 案例研究：抗衡离子及其对选择性的影响

无机氧化盐在安全和安保应用方面特别有意义，因为它们既是氧化剂，又是可能的爆炸物的指示物。主要的阴离子盐有硝酸盐、高氯酸盐和氯酸盐。最常见的阳离子盐有铵盐、钾盐、镁盐和钠盐，也可能存在其他金属阳离子。

值得注意的是，这些研究提出的抗衡阳离子选择性问题是所有便携式拉曼仪器的常见局限。在许多危险情况下，便携式仪器在现场快速响应方面具有明显的优势，但为平衡分析速度和便携性，这些仪器不具有台式仪器的分辨率，因此便携式仪器的选择性问题将更严重。

3.7.1 阴离子盐的鉴定

对安全和安保应用最常见的阴离子盐是硝酸盐、氯酸盐和高氯酸盐，这些是CBRNE Tech Index（CBRNE 2019）和IABTI中确定的主要氧化剂。这些盐在拉曼光谱中表现出不同的特征光谱峰。硝酸盐（NO_3^-）因其特有的N—O带，可与氯酸盐（ClO_3^-）区别开来。氯酸盐与高氯酸盐（ClO_4^-）的区别在于这两种阴离子中的氧原子数量不同，这使得它们具有不同的分子几何形状——氯酸盐为锥体，高氯酸盐为四面体。例如，氯酸钾和高氯酸钾的拉曼光谱如图3.4所示，其中蓝色曲线来自氯酸盐，红色曲线来自高氯酸盐。有足够的峰分离度和主峰的差异，以区分氯酸盐和高氯酸盐。同样，硝酸盐阴离子和氯酸盐阴离子的光谱也显示出明显的差异峰，使这些类型的盐得以区分和识别。

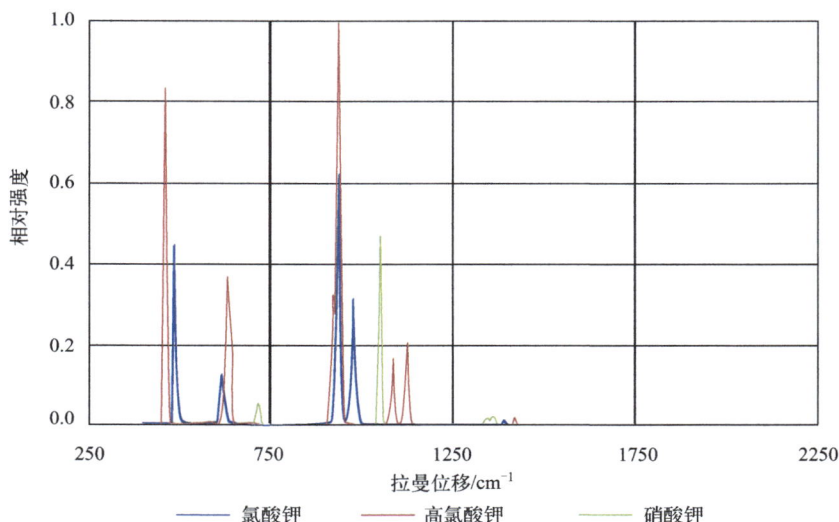

图3.4 钾盐阴离子形式的例子

因此，即使便携式拉曼仪器存在分辨率的限制，也可以在危险情况下区分最常见的阴离子盐类型——硝酸盐、氯酸盐和高氯酸盐。

3.7.2　阳离子盐的选择性

虽然在大多数情况下不同阴离子盐的鉴定相对简单，但同种盐的选择性比较困难。台式仪器的研究表明，虽然阴离子（硝酸根、氯酸根和高氯酸根）会受到阳离子类型影响，但这只是一个非常轻微的影响，仅导致阴离子峰位的轻微移动。图3.5显示了硝酸钙和硝酸钾的拉曼光谱。注意，主峰的峰位仅有轻微的偏移，小峰的偏移更不明显。这些微小的差异使得某些阳离子盐的选择性识别非常困难，甚至无法区分部分阳离子。相关文献（Zapata and Garcia-Ruiz，2018）也有类似发现：虽然阳离子确实会影响光谱，导致峰位偏移，但在某些情况下，这种偏移低于仪器的分辨率极限，因此有一些阳离子无法通过光谱选择性识别。当然，使用便携式元素分析仪（如X射线荧光和激光诱导击穿光谱）鉴定阳离子是很简单的，读者可以参考这些章节了解更多细节。

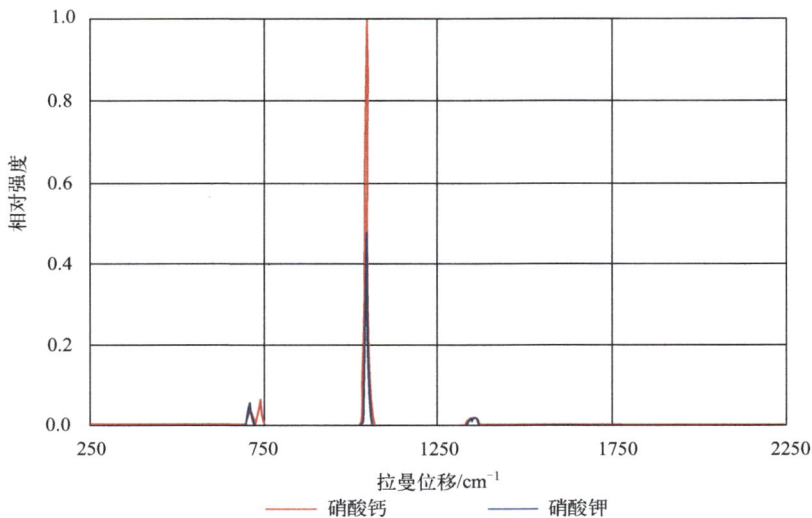

图3.5　硝酸钙和硝酸钾形态的光谱比较

3.8　案例研究：水分对硝酸铵峰的影响

对于硝酸铵，铵根阳离子的N—H拉曼谱带较弱，光谱中的优势峰是由硝酸根阴离子的N—O伸缩振动产生的（图3.6）。所以N—H谱带提供的额外信息很少。

因此，硝酸铵的任何物理变化都可能削弱额外信息的优势。可以改变光谱的物理变化通常包括粒径大小和水分引起的峰形变化。虽然水的O—H峰在拉曼光谱中不存在，但是水分的影响是存在的。在水分影响下，特别是当水化球体围绕离子时，峰往往会变宽和偏移。

这对硝酸铵而言是常见现象，因为它是吸湿的（很容易吸收水分）。这导致峰位偏移，虽然轻微，但往往足以引起与其他硝酸阳离子盐的选择性识别问题。因为在某些情况下不同的阳离子盐导致的峰位移在6～10 cm⁻¹之间，这往往小于大多数便携式拉曼仪器的分辨率。

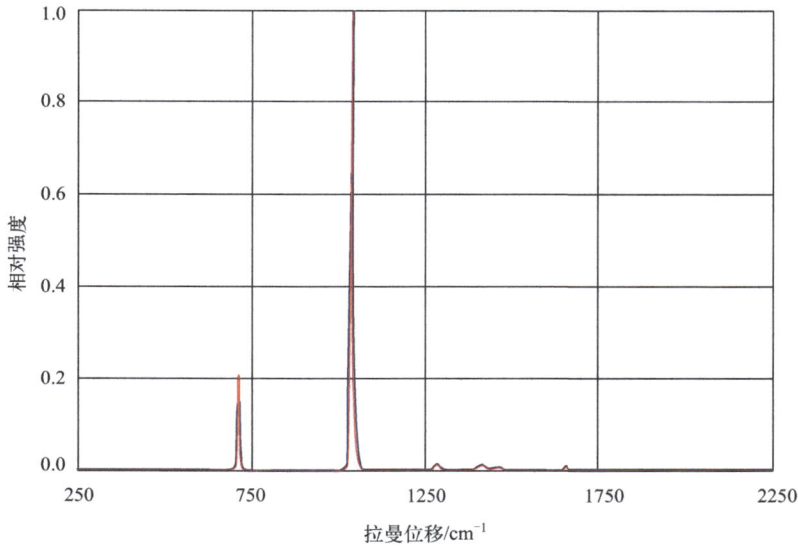

图3.6　硝酸铵光谱与水分峰展宽效应对比

3.9　案例研究：爆炸物子库的选择性

接受和理解上述条件是构建含有不同阳离子和阴离子类型的爆炸物库时，实现最终选择的关键。建议在采集光谱并给出每种材料的最佳光谱后，可以对数据进行进一步的数据可视化和分析，以确定是否存在任何选择性问题。主成分（PC）图（将在下一节讨论）和相关图是两个有价值的分析工具，用于确定库中的所有资料不会相互造成误判。针对前述阳离子和阴离子，绘制了一个简单的相关性映射图（图3.7）。

	氯酸钾	高氯酸钾	硝酸铵	硝酸钠	硝酸钙	硝酸锶	SPCAN	硝酸铈铵	硝酸钾
氯酸钾	1.00	0.58	0.01	0.01	0.01	0.00	0.01	0.01	0.01
高氯酸钾	0.58	1.00	0.02	0.00	0.01	0.01	0.01	0.02	0.01
硝酸铵	0.01	0.02	1.00	0.11	0.92	0.48	0.63	0.82	0.83
硝酸钠	0.01	0.00	0.11	1.00	0.05	0.02	0.01	0.26	0.02
硝酸钙	0.01	0.01	0.92	0.05	1.00	0.54	0.43	0.85	0.95
硝酸锶	0.00	0.01	0.48	0.02	0.54	1.00	0.03	0.74	0.38
SPCAN	0.01	0.01	0.63	0.01	0.43	0.03	1.00	0.21	0.30
硝酸铈铵	0.01	0.02	0.82	0.26	0.85	0.74	0.21	1.00	0.75
硝酸钾	0.01	0.01	0.83	0.02	0.95	0.38	0.30	0.75	1.00

图3.7　常见爆炸物及其前体的相关性映射图：强调这些材料的潜在选择性

根据匹配的截断阈值，突出可能导致选择性问题的偏离中心区域。例如，默认的截断阈值0.80将导致突出显示为黄色或红色的材料出现假阳性；将阈值提高到0.90，被红色突出显示的材料可能会导致选择性问题。在本例中，将阈值设置为0.96应该足以确保库对所测试的材料具有选择性。相关图可以扩展到库中其他材料（如过氧化物），以识别：①哪些材料可能与其他材料有选择性问题；②若存在选择性问题，那么应该设置什么截断阈值以避免这些问题。注意，如果这些材料太相似而无法区分，那么可能需要构建一个定制程序来实现分离。这可能涉及材料之间不同的特定波长的选择或光谱的定制处理。

综上所述，核心要点是：光谱库构建必须考虑物质的化学和物理特性，因为这些变化将影响光谱和最终的库性能。

3.10 定量方法的发展

多数定量模型的构建过程是从定性开发或库开发开始的。因此，本节详细介绍的构建预测模型的通用步骤也适用于分类模型或库模型的构建。定量模型在此基础上进一步进行回归分析，并采用更严格的指标评估模型性能。

首先，任何模型的构建都要从选择适当的工具和可靠的数据来源开始。对于材料的批量分析（即非痕量分析），FTIR、拉曼和近红外是合适的仪器选择，而前提是材料在各自的仪器选择中具有强吸收波段。例如，极性大的分子（水、糖等）拉曼散射响应差，但在红外区域吸收非常强。大量分析通常是指对混合物中含量大于5%～10%的物质的分析，尽管在某些情况下定量限较低（如FTIR和NIR对水的检测）。然而，一般来说，当混合物组分的含量下降到5%以下时，结果变得不太稳健。

数据的合理选择也是评价模型或库性能的最重要标准之一。数据应涵盖模型所需的范围，并考虑模型预期如何和在何处执行类似的变量。然而，任何模型的好坏都取决于输入数据的质量，因此数据采集的合理性至关重要。对数据进行再多的预处理或处理也无法弥补劣质或不合适的数据。还应该指出，用于库开发或模型开发的数据应该是可追溯的和稳健的，并且应该是在所选用设备上可以获得的最高质量的数据。对于库的构建，数据通常建议从可追溯的来源获得，USP标准品或等效材料是首选。除非是库设计的一部分，否则不应该有任何由于容器或其他组分干扰而相互影响的光谱特征。任何用于回归分析的数据也必须是稳健和可靠的。定量数据应通过验证过的已知方法获取，获取数据的参考方法在多部规范中有记载（USP和ASTM有大量的方法和技术参考），这些方法和技术以前被引用作为库构建的参考。

总的来说，模型中使用的任何数据都应该具有代表性，以便涵盖可能的变异。特别是对于定量模型，条件的变化可能会影响预测的范围（例如局部数据构建局部模型）。要真正建立一个全局模型，必须考虑数据条件的变化——这对于食品、饲料和农业领域的模型尤为重要，因为生长条件和环境会影响光谱数据。检查的另一个考虑因素是所测量的预测值应具有显著性，而不是随机事件的结果。如果光谱和相关值之间无关联，模型在测试时必然失效。

3.10.1 数据预处理

获得稳健可靠的数据后，大多数数据要在模型建立前经过一些预处理步骤（图3.8）。

预处理的常见流程包括消除基线影响、减少噪声或其他干扰；最终目的是保留重要信息并减少噪声。任何数据预处理都有改变数据、去除信息的副作用，所以首选最简方法。最常见的预处理类型包括：①基线校正，使用一阶或二阶导数多项式拟合减少基线效应并强调光谱差异；②归一化，库设计通常包含一个归一化步骤，以便比较光谱；③标准正态变量变换（SNV），对于近红外数据，该方法也是常见的预处理方法，因为近红外光谱在重复采集时变异较大。对于这些方法，标准化学计量学教科书（Massart et al., 1997）中有进一步解释。

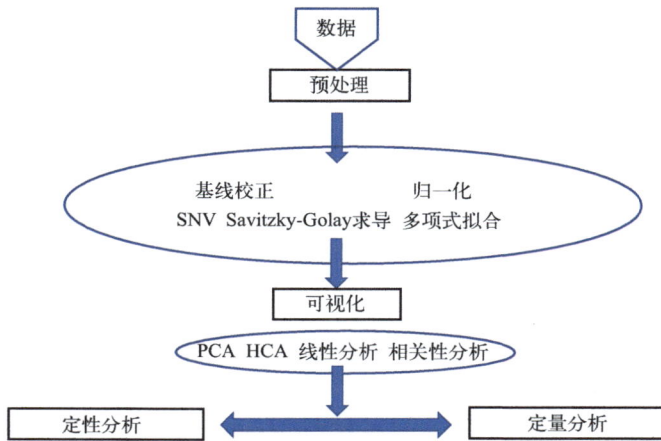

图3.8 在分析和方法开发之前通过预处理和数据可视化进行数据筛选

为了检测模式或任何异常，预处理的数据通常会进行可视化，一种常用的方法是使用主成分分析（PCA）可视化数据中的自然分组，同时对光谱和变量关系进行初步检查。图3.9是一个用于评估数据中自然分组的主成分分析的例子，显示了饲料成分和常见饲料污染物的近红外光谱的主成分1（PC1）和主成分2（PC2）图：饲料成分从常见污染物中分离出来，还可以看到基于蛋白质和碳水化合物的饲料成分的大体区别。这有助于判断在光谱库构建中可能的选择性——如果材料在主成分图上聚类分离，那么我们认为它们不太可能被错误地识别为库中的其他成分；相反，如果材料在图上是不可分离的，那么存在假阳性识别的可能，需要应用其他方法分离这两个成分。一个很好的检查方法中，目标材料应该与相似的材料聚类，并与其他组群明确分离。为了充分利用主成分分析的聚类能力，最好有材料的变体和副本。在重复和类似的材料中，簇应紧密，并与其他簇明显分开。可以应用距离度量定义这些聚类差异。

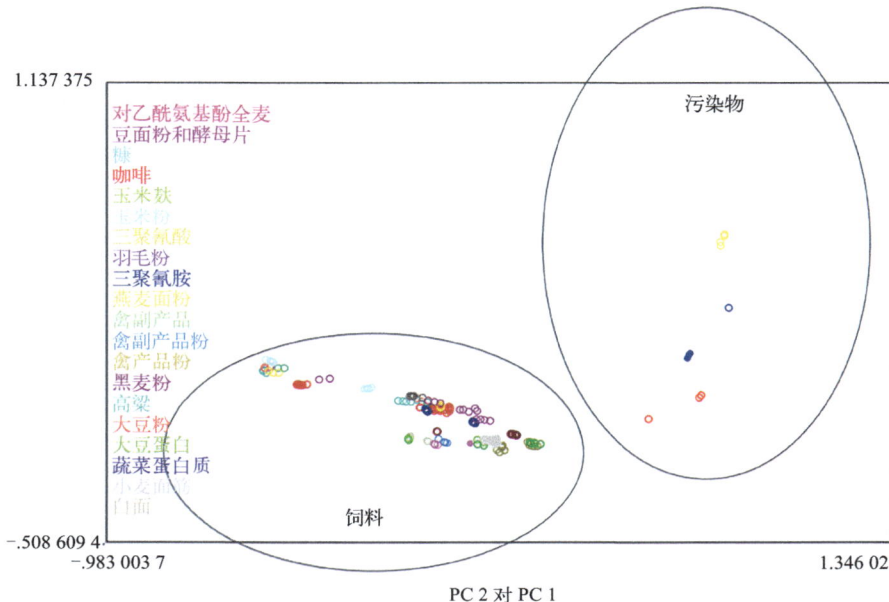

图3.9 主成分图显示了污染物和原料的聚类

　　与选择性问题特别相关的是，当对一种材料重复采集光谱，将所有重复光谱和其他材料均绘制在主成分图上时，若重复样本的簇范围较大且可能与竞争材料的簇重叠，潜在的选择性问题就会出现。

　　对于定量分析，使用PCA图也有助于评估模型的适用性。如果光谱数据和相应的值是相关的，并且回归模型是可能的，这通常反映在PCA图中。例如，主成分1和主成分2（最常见的，尽管其他主成分可能也显著）的散点图可能呈现近似定量值的线性关系。这可能表明回归分析也将是线性的，并且可以建立模型。相反，如果假设存在线性关系，但PCA图没有显示这一点，则需要对数据进一步评估。

　　在所示的图（图3.10）中，之前假设饲料样本可以监测蛋白质，但PCA图显示数据分为两个簇，这些簇与光谱的来源有关，所以导致光谱差异的实际上是实验条件的变化。得到的回归模型用外部测试样本进行验证时，发现模型无预测能力。

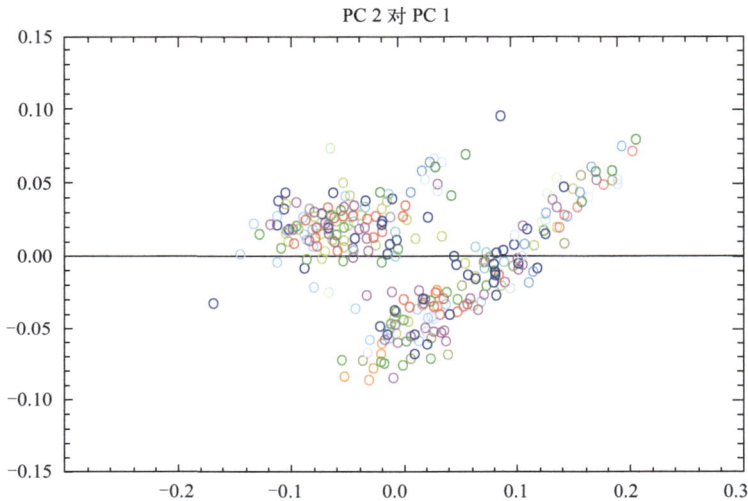

图3.10　主成分图给出的聚类显示了由于来源而不是预期指标的预测能力引起的可变性

　　对数据理解不充分常会导致预测能力差。大多数数据模型只依赖相关模型的使用，而相关模型只用于预测数据的线性（任意两点都可以构成一条直线且相关度为1）。这就是为什么在建立回归模型或对数据进行假设之前，必须使用其他指标和快速工具（如PCA）进行可视化和数据评估。若在光谱与数值无稳健关联的情况下强行假设相关性，模型预测结果往往接近数据的平均值（即预测值为平均值±标准偏差），尽管会返回数值，但无实际意义。对这来说，一个好的可视化工具应该将数据在主成分空间表达出来。大"团块"的数据表明在给定的主成分中没有发现变异性。对应到回归图中，可以观察到数据围绕数值均值形成大"团块"。即使可通过这些数据绘制线性回归拟合线并返回相关系数，这类模型对测试数据和实际应用也无预测价值。

3.11　构建有意义的预测模型

　　如前所述，预测模型的构建往往需要包含模型可能应用的所有情况下的数据。由于这往往需要一个相当全面的数据集，建议首先建立一个较小的局部模型验证概念。这将评价预测是否有效，以便更大的全局模型给出可靠的结果。下面将通过案例研究展示概念验证的工作流程。

3.12 案例研究：面粉样品中蛋白质水平的预测

近红外光谱广泛用于确定食品和饲料分析中的常见参数，如蛋白质、水分和脂肪含量。蛋白质和水分的预测模型尤其稳健可靠。本案例使用25个样本的数据集构建小麦蛋白质的偏最小二乘回归预测模型，来进行概念验证研究——在构建全局模型前，先验证该指标能否通过局部模型可靠预测；验证通过后，再开展更全面的数据收集和全局模型构建。流程如下：首先，从一个已知的来源收集小麦样本，所有样品均通过凯氏定氮法获得蛋白质含量参考值；数据被分为校正集（用于建立偏最小二乘回归模型）和验证集，两组数据都涵盖了蛋白质测量的范围；使用近红外光谱仪扫描，每个样品在3个位置重复扫描3次，以考虑扫描和样品的变异性。然后评估光谱是否存在明显异常，如异常值或噪声。

光谱预处理使用SNV、Savitzky-Golay平滑、一阶导数和二阶多项式平滑抵消粒子不均匀性与堆积差异。平滑算法使用最小点平滑（5点），以减少噪声的同时保留与蛋白质水平变化相关的特征（过度平滑会消除对蛋白质区分有用的小峰差异）。本案例中，在1700～1750 nm和1960～2300 nm的有效波长范围内，由于N—H泛频和组合频带存在小峰差异，应予以保留。

预处理后，再次对光谱进行评估，重点关注与蛋白质差异相关的特定区域。将初始数据与预处理数据进行比较（图3.11），预处理数据集中在因N—H泛频和组合区域而显示变化的峰值上。

在对预处理数据进行可视化检验后，建立偏最小二乘回归（PLSR）模型。这需要检查分数

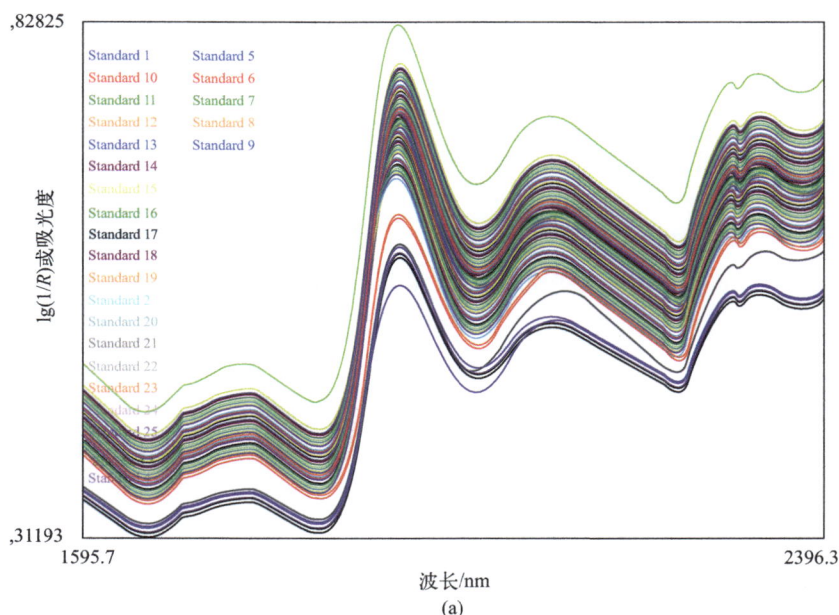

图3.11

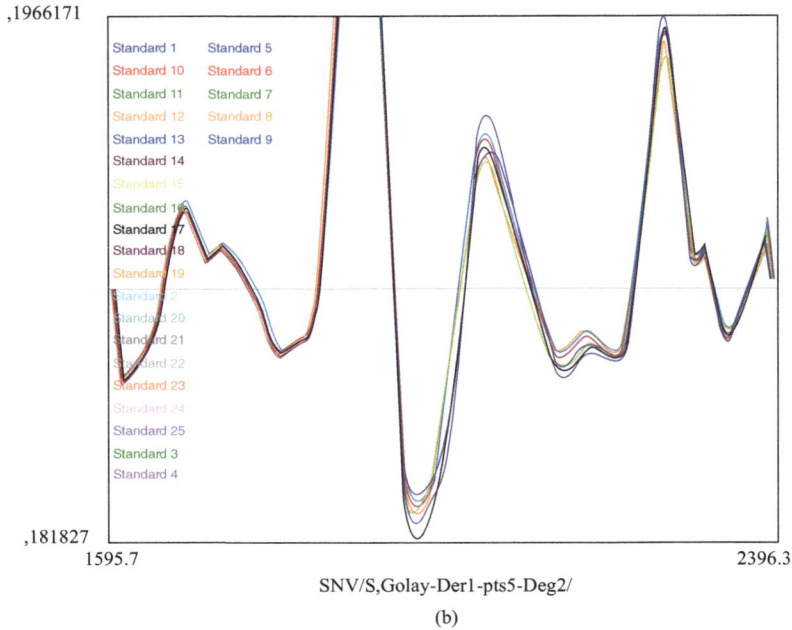

图3.11　不同蛋白质含量的小麦样品的仪器原始光谱（a）和预处理后光谱（b）。光谱范围已缩小以聚焦于N—H区域

（潜变量图或PCA图），评估数据和图中是否存在固有结构，以确定偏最小二乘回归模型所需的变量数。回想一下，偏最小二乘（PLS）法是一种数据降维方法，它确定包含目标变量（本例中为蛋白质）信息的潜变量的数量，然后将不包含信息的噪声转换为更高阶潜变量。在本案例中，潜变量与均方根误差（RMSE）的关系图表明，3个潜变量足以描述系统中的信息。因此，得到的偏最小二乘回归模型包含3个变量。如果再增加，只会把噪声加回到系统中。这也可以在每个连续因子的载荷图中看到。第一个载荷图相当于光谱的平均值；接下来两个载荷图编码对蛋白质结构重要的光谱特征；后续载荷图只是显示随机变异（缺乏有用的信号）。因此，根据因素图和相关的交叉验证均方根误差（RMSECV）确定主因子数为3时，偏最小二乘法模型最优，而过去的三因素载荷图显示信息损失加剧和噪声增加。前3个因子分别对应1700 nm处的C—H组合频带、2200～2300 nm处的泛频带、2000～2200 nm处的含氮基团泛频和组合频带重要性，这些均是蛋白质预测的关键特征。

　　利用校正均方根误差（RMSEC）和RMSECV对小麦蛋白质预测的偏最小二乘回归模型进行了评价。预测值与参考值的散点图可直观呈现相关结果（图3.12）。

　　接下来，使用未纳入模型构建的另一组样品（外部验证集）进行测试，并计算预测均方根误差（RMSEP），数据结果应该清晰一致，发生任何异常都需要对导致数据不稳定的原因进行调查。例如，RMSEC、RMSECV和RMSEP应依次增大且误差一致；如果RMSEP的误差远高于校正集和验证集的误差，则模型可能不稳健，并且可能会失去对模型外数据的预测能力。残差的检验也是评估模型的重要信息。残差应该是随机的，分布在零点附近，没有任何明显的规律（图3.13）。

　　在所显示的所有图中，校准中使用的数据和任何预测数据都包括在内，并且校正集和预测集之间的行为应该一致。

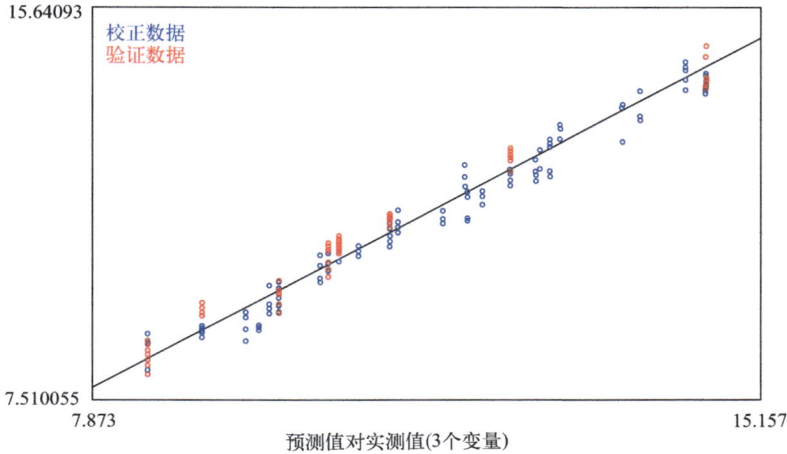

图3.12　小麦蛋白质的偏最小二乘回归结果及校正和验证预测结果

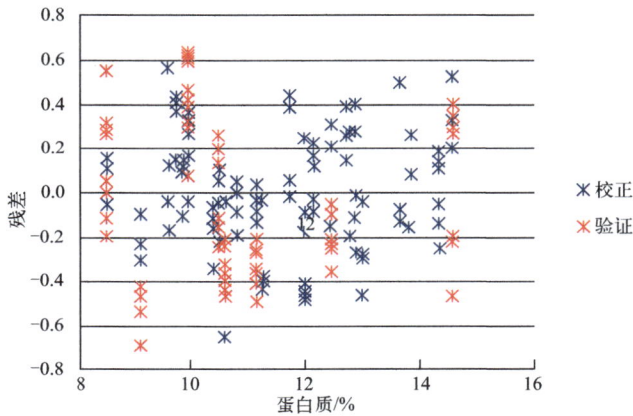

图3.13　小麦蛋白质残差分析，用于校正和验证数据

3.12.1　基础模型的扩展步骤

如果概念验证中局部模型给出了合理的结果，并且被认为预测足够稳健，那么下一步将使用该模型对更多的外部数据进行预测。在构建全局模型时，可能需要将新数据添加到模型中并重新训练，同时更新RMSE和相关分析——这种情况通常发生在初始模型中没有考虑到的一些变量出现在新数据中时。它往往出现在饲料和相关应用中，因为生长条件的变化可能导致光谱变化。因此，如果模型是稳健的，它必须在结构中包含这种类型的数据。即使在成功使用模型多年之后，也可能因新条件的出现模型而需要更新和校正的情况。一个好的模型能够经得起时间的考验，并且要足够灵活以适应不同的情况。一旦建立了模型，仍然会有与之相关的维护工作，因为样本可能会发生变化，需要考虑新的数据和校正。这就是为什么本章开头所示的模型构建过程是循环的。

用于评估建立在便携式仪器上的模型的另一个标准是评估模型从一种仪器到另一种仪器的可转移性。将一种仪器的模型复制到一组仪器的能力对于便携式仪器来说尤其重要。通常要求预测模型和/或库是由掌握熟练操作的用户在一个位置开发的。然而，实际情况中，这个模型或库随后需要跨多个仪器传输，以便用于预期的目的。

光谱库转移和模型转移可能涉及仪器标准化算法。例如，标准化的库转移程序需要对比母仪器和子仪器的测试样品光谱，调整校准轴；通常还需在仪器之间对光谱进行归一化和基线校正，以实现库转移。对于预测模型，除了确保仪器之间的光谱相似外，还可能需要进行偏差校正和斜率校正，这可以通过分析母仪器和子仪器上模型的偏差与斜率来测试。偏差校正是一个相当简单的过程，通常足以调整大多数模型，使母仪器和子仪器获得相似的预测能力；斜率校正或其他调整（需要的话）将增加转移模型的难度，并需要更多的专家校正。跨仪器群的测试通常使用一组通用标准品，以评估模型和光谱库的可转移性。

3.13　结语

本章虽未涵盖所有内容，但介绍了在便携式仪器上构建库和模型时经常遇到的一般性问题。建立发现型光谱库和预测模型的核心驱动力是从已知和经过验证的数据中生成符合要求的高质量光谱，这为后续的库分析奠定了坚实的基础。库的评估依赖选择性测试，以确保样品在出现时被正确识别（真阳性，真阴性），并且不会干扰后续的分析（假阳性，假阴性）。

同样显而易见的是，任何预测模型都需要在所需的范围内有适合预测变量的数据。该模型评估其预测能力需要使用适当的指标——对于线性偏最小二乘回归模型，指标包括数据结构分析（载荷，PCA图，残差）、预测能力检验（RMSE，相关图）以及用模型数据集内外的数据对模型进行测试。

虽然本章只涉及了部分指标和工具，但有许多文献详细介绍了模型指标及其应用场景。对本章所述变量和其他测试方案中变量的考量，最终目的是提升光谱库或模型的稳健性，并确保这些库或模型适合在适当的用户环境中使用。

缩略语

ASTM	American Society of Testing Materials	美国材料试验协会
ATR	attenuated total reflection	衰减全反射
CART	classification and regression tree	分类与回归树
FDA	Food and Drug Administration	（美国）食品药品监督管理局
FT-IR	Fourien transform IR	傅里叶变换红外光谱
HCA	hierarchical clustering	分层聚类
HQI	hit quatity index	命中质量指数
IR	infrared	红外
MIR	mid-infrared	中红外
NIR	near-infrared	近红外
PAT	process analytical technology	过程分析技术
PC	principal component	主成分
PCA	principal component analysis	主成分分析
PCR	principal component regression	主成分回归

PLS	partial least squares	偏最小二乘
PLSR	partial least squares regression	偏最小二乘回归
RMID	raw material identification	原材料鉴定
RMSE	root mean square error	均方根误差
RMSEC	root mean square error of calibration	校正均方根误差
RMSECV	root mean square error of cross-validation	交叉验证均方根误差
RMSEP	root mean square error of prediction	预测均方根误差
SERS	surface-enhanced Raman spectroscopy	表面增强拉曼光谱
SIMCA	soft independent modeling of class analogies	软独立建模分类法
SNR	signal-to-noise ratio	信噪比
SNV	standard normal variate	标准正态变量
USP	United States Pharmacopeia	美国药典

参考文献

Altinpinar, S., Sorak, D., and Siesler, H.W. (2013). Near infrared spectroscopic analysis of hydrocarbon contaminants in soil with a hand held spectrometer. *Journal of Near Infrared Spectroscopy* 21: 511-521.

Alula, M.T., Mengesha, Z.T., and Mwenesongole, E. (2018). Advances in surface-enhanced Raman spectroscopy for analysis of pharmaceuticals: a review. *Vibrational Spectroscopy* 98: 50-63.

de Araujo, W.R., Cardoso, T.M.G., da Rocha, R.G. et al. (2018). Portable analytical platforms for forensic chemistry: a review. *Analytica Chimica Acta* 1034: 1-21.

ASTM. (2019). Standard guide for statistical procedures for use in developing and applying test methods. ASTM E148-12, E300-03, E122-17.

Bio-Rad (2019). *Bio-Rad KnowItAll Software*. California: Hercules www.bio-rad.com.

CBRNE. (2019). CBRNETechIndex-Threat Card.

Ciza, P.H., Sacre, P.-Y., Waffo, C. et al. (2019). Comparing the qualitative performances of handheld NIR and Raman spectrophotometers for the detection of falsified pharmaceutical products. *Talanta* 202: 469-478.

Das, R.S. and Agrawal, Y.K. (2011). Raman spectroscopy: recent advances, techniques and applications. *Vibrational Spectroscopy* 57: 163-176.

De Beer, T., Burggraeve, A., Fonteyne, M. et al. (2011). Near infrared and Raman spectroscopy for the in-process monitoring of pharmaceutical production processes. *International Journal of Pharmaceutics* 417 (1-2): 32-47.

Deidda, R., Sacre, P.-Y., Clavaud, M. et al. (2019). Vibrational spectroscopy in analysis of pharmaceuticals: critical review of innovative portable and handheld NIR and Raman spectrophotometers. *Trends in Analytical Chemistry* 114: 251-259.

Farber, C., Mahnke, M., Lee, S., and Kurouski, D. (2019). Advanced spectroscopic techniques for plant disease diagnostics. A review. *TrAC Trends in Analytical Chemistry* 118: 43-49.

Fountain, A.W. III, Christesen, S.D., Moon, R.P., and Guicheteau, J.A. (2014). Recent advances and remaining challenges for the spectroscopic detection of explosive threats. *Applied Spectroscopy* 68 (8): 795-810.

Gardner, C. and Green, R.L. (2014). Identification and confirmation algorithms for handheld spectrometers. In: *Encyclopedia of Analytical Chemistry* (ed. R. Meyers). New York: John Wiley & Sons, Ltd.

Grassi, S. and Alamprese, C. (2018). Advances in NIR spectroscopy applied to process analytical technology in food industries. *Current Opinion in Food Science* 22: 17-21.

Khandasammy, S.R., Fikiet, M.A., Mistek, E. et al. (2018). Bloodstains, paintings and drugs: Raman spectroscopy applications in forensic science. *Forensic Chemistry* 8: 111-133.

Lopez-Lopez, M. and Garcia-Ruiz, C. (2014). Infrared and Raman spectroscopy techniques applied to identification of explosives. *Trends in Analytical Chemistry* 54: 36-44.

Luypaert, J., Massart, D.L., and Heyden, Y.V. (2007). Near infrared spectroscopy applications in pharmaceutical analysis. *Talanta* 72: 865-883.

Massart, D.L., Vandeginste, B.G.M., Buydens, L.M.C. et al. (1997). *Handbook of Chemometrics and Qualimetrics, Parts A and B*. Amsterdam: Elsevier.

Mecker, L.C., Tyner, K.M., Kauffman, J.F. et al. (2012). Selective melamine detection in multiple sample matrices with a portable Raman instrument using surface enhanced Raman spectroscopy-active gold nanoparticles. *Analytica Chimica Acta* 733: 48-55.

Modroño, S., Soldado, A., Martínez-Fernández, A., and de la Roza-Delgado, B. (2017). Handheld NIRS sensors for routine compound feed quality control: real time analysis and field monitoring. *Talanta* 162: 597-603.

de Oliveira Penido, C.A.F., Pacheco, M.T.T., Lednev, I.K., and Silveira, L. Jr., (2016). Raman spectroscopy in forensic analysis: identification of cocaine and other illegal drugs of abuse. *Journal of Raman Spectroscopy* 47: 28-38.

Pasquini, C. (2018). Near infrared spectroscopy: a mature analytical technique with new perspectives. *Analytica Chimica Acta* 1026: 8-36.

Porep, J.U., Kammerer, D.R., and Carle, R. (2015). On-line application of near infrared (NIR) spectroscopy in food production. *Trends in Food Science & Technology* 46 (2): 211-230.

Roggo, Y., Chalus, P., Maurer, L. et al. (2007). A review of near infrared spectroscopy and chemometrics in pharmaceutical technologies. *Journal of Pharmaceutical and Biomedical Analysis* 44: 683-700.

da Silva, V.H., da Silva, J.J., and Pereira, C.F. (2017). Portable near infrared instruments: application for quality control of polymorphs in pharmaceutical raw materials and calibration transfer. *Journal of Pharmaceutical and Biomedical Analysis* 134: 287-294.

Sorak, D., Herberholz, L., Iwascek, S. et al. (2012). New developments and applications of handheld Raman, mid-infrared and near-infrared spectrometers. *Applied Spectroscopy Reviews* 47 (2): 83-115.

US Pharmacopeia. (2019). USP Chapter 1225, 1058, 197.

Vítek, P., Ali, E.M.A., Edwards, H.G.M. et al. (2012). Evaluation of portable Raman spectrometer with 1064 nm excitation for geological and forensic applications. *Spectrochimica Acta Part A: Molecular and Biomolecular Spectroscopy* 86: 320-327.

Weatherall, J.C., Barber, J., Brauer, C.S. et al. (2013). Adapting raman spectra from laboratory spectrometers to portable detection libraries. *Applied Spectroscopy* 67 (2): 149-157.

Workman, J.J. (2019). The molecular spectroscopy terminology guide. *Spectrocopy* 34 (supplement s2): 8-38.

Zapata, F. and Garcia-Ruiz, C. (2018). The discrimination of 72 nitrate, chlorate and perchlorate salts using IR and Raman spectroscopy. *Spectrochimica Acta Part A: Molecular and Biomolecular Spectroscopy* 189: 535-542.

Zeaiter, M. and Rutledge, D. (2009). Preprocessing methods. In: *Comprehensive Chemometrics: Chemical and Biochemical Data Analysis* (eds. R.T. Steven and D. Brown), 121-231. Amsterdam: Elsevier.

4

便携式光谱仪在化工行业中的应用

Xiaoyun Chen[1], Mark A. Rickard[2] , Zhenbin Niu[3]

[1] Analytical Science, Core R&D, Dow Chemical, Midland, MI, USA

[2] Safety & Construction, DuPont de Nemours, Inc., Wilmington, DE, USA

[3] Dow Performance Silicones, Dow Chemical, Midland, MI, USA

4.1 概述

振动光谱是一种成熟的技术，广泛应用于化工、石化和材料行业的分析实验室[1]。在20世纪90年代之前，分析或质量控制（QC）实验室的振动光谱分析通常使用的是台式仪器。这些仪器不便于移动，因为它们的尺寸大，并且移动可能对敏感光学元件产生不利影响。在20世纪90年代，许多小组报告了拉曼（Raman）[2]、近红外（NIR）[3]和中红外（MIR）便携式光谱系统的应用，但它们仍然主要停留在研究工具层面，而不是用于解决一般性问题的稳健工具[4]。许多技术的融合为21世纪初便携式振动光谱仪的商业化铺平了道路[5]。本章第一部分的重点是对便携式振动光谱仪在化工和石化工业中的最新实例进行简要总结。在第二部分中，将详细介绍最近的几个例子，以进一步阐明便携式振动光谱仪的多种多样的应用。在本章中，我们将主要关注3种振动光谱技术：红外光谱（IR）、近红外光谱和拉曼光谱。在研发（R&D）和QC实验室中还会用到其他几种光学光谱技术，如远红外光谱或太赫兹（THz）光谱、荧光光谱和紫外-可见（UV-vis）光谱。与IR、NIR和拉曼光谱提供的化学信息相比，这些技术往往能为特定的应用提供更具体的信息。关于便携式光谱仪和手持式光谱仪的定义，读者可以参考Crocombe[6]的综述文章。

便携式光谱仪革新的一种通用应用类型是原位反应监测。用振动光谱法进行原位反应监测有许多好处：①它能够跟踪瞬态和不稳定的中间物质，这是难以通过转移原位分析进行的；②它不会干扰反应，特别是对于涉及平衡、小体积或对空气和水分敏感的反应；③它可以研究快速反应，而这些快速反应对于提取样本进行离线分析是不切实际的；④实时反应信息可以帮助你做出更好的决策；⑤不需要额外的样品制备。

利用原位光谱技术对反应和过程进行实时监测早在几十年前就已有应用[7]。然而，在便携式光谱仪问世之前，有许多实际的因素限制了其更广泛的应用。原位仪器（一般售价高于10万美元）的高成本限制了用户愿意购买的仪器数量。台式装置的尺寸和重量往往使得在光谱仪旁搭建反应装置比将光谱仪搬到反应器旁更容易。尽管这不是一个难以克服的挑战，但在光谱仪（常在分析实验室进行）旁边搭建一个反应器会成为阻碍，这可能导致研究人员放弃原本可能富有成效的原位方法，转而采用更为繁琐的非原位采样方法。

便携式光谱仪的出现大大降低了实施原位反应监测的难度。首先，其拥有成本使大多数实验室都能够负担。撰写本文时，具有原位采样能力的便携式光谱仪价格为2万～3万美元。例如，从 Art Photonics GmbH1 和 Axiom（现归属 Hellma 公司）可以购买不到1万美元的衰减全反射傅里叶变换红外光谱（ATR-FTIR）探头，它们可以耦合到 Thermo Scientific iS5 FTIR3 和 Bruker Alpha FTIR 等便携式光谱仪中，梅特勒-托利多[5]和 ABB[6]也提供了封装良好的 FTIR 反应监测系统，但成本较高。一般而言，手持式光谱仪并不是为了监测反应设计的，因此本节不对其进行讨论。对于拉曼光谱仪，许多新的厂商已经开发出适用于反应监测的便携式拉曼系统。例如，B&W Tek i-Raman Plus 系统[7]的成本略高于2万美元，该系统配备了一个非接触式探头，可以通过将激光束聚焦到烧瓶的玻璃墙监测玻璃反应器内的反应混合物。更常见的是，浸没式光学更容易使用，即使从浑浊的反应混合物中也能获得高质量的光谱。如 Viavi Micro NIR[8] 等近红外系统仅花费约2万美元。尽管一般而言，近红外技术在研发项目中用于反应监测的频率较低，而在制造过程中的使用频率较高。便携性的提高意味着这些仪器现在可以很容易地被不同实验室的多个项目共享，作为一种可移动的仪器，设置它们只需要几分钟而不是几个小时。值得注意的是，虽然这些便携式仪器在部署到新的实验室后通常可以在几分钟内开始工作，但对于 IR 和 NIR，通常需要较长的预热时间（约30 min 至数小时），使仪器与环境充分平衡，以尽量减少 CO_2 和水汽吸收。而对于便携式拉曼系统，预热时间可缩短到几分钟。

方法开发过程中需要牢记的另一个重要标准是长期的仪器和方法支持。重要的是要考虑潜在的仪器变化或有一个程序重新校准长期项目的仪器。此外，分析方法可能会受到基线漂移影响。例如，在没有基线漂移的情况下，基于稳定基线点的峰面积方法可能会低于复杂的化学计量学方法。然而，前者可能由于基线漂移而优于后者。与台式仪器相比，便携式仪器可能更容易发生基线漂移（例如激光波长的移动），因为它们减少了热/环境控制，并且它们更频繁地在现场部署，通常会遇到更宽的温度范围。对于许多研发项目而言，原位光谱产生最关键信息的周期往往只有几个月。例如，一旦通过原位光谱技术获得多个反应的浓度分布，就可以建立动力学模型，并且可能不再需要为将来的实验获取原位反应数据。在这种情况下，仪器的长期稳定性一般不会出现问题，因为作者使用的大多数便携式光谱仪在几个月内没有出现明显的性能漂移。

4.2　工业应用综述

4.2.1　在石化和燃料中的应用

振动光谱学在石油工业领域应用较广泛。例如，已经有大量的 NIR 应用于原油及其衍生物的许多性质（如组成、蒸气压、黏度、倾点、浊点、固溶物、含蜡量等）的在线分析。样品可以在石油平台、油井、输送管道或炼油厂进行分析。对于此类测量，永久安装的分析仪通常与各种取样附件一起使用，如单端插入探头［漫反射（DR）模式或传输/透光模式］或安装在管道相对两侧的一对探头。这类探头能够承受恶劣的条件，如高温/低温、高压和腐蚀性环境。专用光谱仪（通常被称为分析仪）比便携式仪器更常用，一方面是由于稳健性要求，另一方面是由于仪器必须满足的各种区域分类要求（即在可能存在爆炸性蒸气的区域中安全使用）。然而，随着便携式光谱仪越来越小型化、坚固化和无线化，它们可能成为在线应用的可行选择。

对于实验室分析，许多研究将传统的台式光谱仪与新兴的便携式易移动光谱仪的性能进行了比较。一般来说，台式仪器提供更高的光谱分辨率、更大的光谱范围和更高的信噪比。许多台式仪器的价格与便携式仪器一样甚至更低，因此分析通常缺乏使用便携式仪器的动力。如果实验室仪器被用作通用问题的解决工具，需应对多种样品类型时，台式仪器更大的光谱范围、更高的光谱分辨率以及使用不同采样附件的潜力，使其更具通用性。当然，上述概括也有例外。例如，赛默飞的Niclet iS5和布鲁克的Alpha等便携式FTIR光谱仪的性能仅略逊于其高端台式仪器，但成本较低；B&W Tek和Marqmetrix等厂商的新型便携式拉曼系统提供了与台式设备相当的性能，其中一些系统的成本也很低。

现场应用是便携式仪器的主要动机。燃料样品长期存放易变质，且运输存在安全风险，这使得便携式仪器成为现场分析的首选方法。不管使用哪种技术，大多数已报道的案例采用了类似的方法，即测量一组已知属性的校准样本，借助化学计量学方法［偏最小二乘回归（PLSR）是最常用的方法，但也有其他方法，如多元曲线分辨（MCR）］找到测量光谱和感兴趣的属性之间的相关性。由于燃料样品的成分和光谱高度复杂，很少有研究使用传统的基于简单峰的单变量分析。苯或其他芳烃含量分析是少数可以依赖这种方法的案例之一[8]。通过便携式光谱仪已成功测量了多种燃料属性，包括辛烷值评级[2b,8b,9]、密度、黏度、闪点、浊点和冰点[10]以及甲基叔丁基醚（MTBE）和苯[8]或植物油[11]等掺杂物导致的燃料掺假[12]。

Farquharson等使用便携式燃料特性分析仪（PFPA）在1000～1600 nm波长区域（碳氢化合物的第二个CH叠加和组合振动模式）对柴油、汽油和喷气燃料展示了22个相关模型，光程长为10 mm，采集时间为5 s[13]。一般来说，便携式光谱仪的性能（光谱分辨率为32 cm⁻¹）仅略低于分辨率为4 cm⁻¹的台式傅里叶变换NIR仪器。PFPA提供了足够的性能，通常比现有的美国材料与试验协会（ASTM）的方法更好。该小组还开发了一种便携式燃料分析仪，该分析仪基于改良的FT-Raman光谱仪，使用了1064 nm波长掺镱布拉格光纤光栅激光器和砷化铟镓（InGaAs）探测器，发现1064 nm波长的选择对于所研究的特定燃料至关重要。仪器波数稳定性和温度稳定性（样品和仪器）对该应用也至关重要。在控制这些变异来源后，他们成功地对500个具有黏度、点火正时、芳香度、浊点、闪点和凝固点等8种不同燃料特性的燃料样品的拉曼光谱建立了PLS模型[14]。

Clark等挖掘了基于低分辨率拉曼光谱分析烃类的潜力[2b]。特定拉曼带的强度比（如1006/1450 cm⁻¹，前者主要来自芳环模式，后者主要来自CH变形模式）与辛烷值等级相关。此外，2000 cm⁻¹以上波段与2000 cm⁻¹以下波段比值的总体强度也与辛烷值相关。Guzmán等在另一项研究中也使用了低分辨率拉曼光谱仪（海洋光学产品，波数范围为200～2700 cm⁻¹，光谱分辨率为10 cm⁻¹）研究橄榄油的氧化状态，建立PLSR模型，将拉曼光谱与初级和次级氧化参数如过氧化值以及232 nm和270 nm波长处的紫外吸收相关联。此外，还说明拉曼光谱能提供更多关于潜在形态变化（C＝C、C＝O和过氧化物）的信息[15]。

Zhang等报道了使用便携式拉曼光谱仪，配备785 nm波长二极管激光器，分辨率为13 cm⁻¹，扫描范围为200～2000 cm⁻¹，用于汽油掺假检测[8a]。采用主成分分析（PCA）方法检测MTBE和苯。采用径向基函数神经网络（RBFNN）对MTBE和苯浓度进行定量分析，平均绝对百分误差（MAPE）分别为15.7%和8.19%。与通常用于NIR透射光谱测量的几秒相比，需要稍长的光谱采集时间（约1 min）获得足够的信噪比。

便携式NIR也被用于燃料掺假检测。例如，Pimentel等比较了Viavi MicroNIR技术和台式FT-NIR（ABB Bomem型号MB 160D）的性能，使用PLS分析对柴油/生物柴油混合物中的植物油进行定量[11]。与Farquharson的结果类似，他们报告了便携式和台式仪器之间的总体可比性能，尽管后者在准确性和精度方面略优于前者。de Carvalho等还评估了中红外系统（Bruker VERTEX 70 ATR-FTIR）和便携式FT-NIR（ARCoptix）在柴油中植物油掺假的应用[12a]。除了常用的PLS算法外，他们还测试了使用交替最小二乘（ALS）算法作为替代算法的MCR（MCR-ALS）。虽然MCR-ALS具有潜在恢复混伪品纯组分光谱的优势，但这两种算法的性能相似。在IR、NIR或拉曼之间的选择主要取决于掺假物与基质材料的光谱对比度差异。

Pimentel等进一步将Viavi Micro NIR作为汽油调和过程辛烷值（基于PLS分析）的离线模拟器[9a]。模拟光谱是基于原料烃流浓度的光谱的线性组合，可以很容易地预测模拟光谱的辛烷值，从而不需要制备实际的混合样品。值得注意的是，这是一个模拟，而对于复杂混合物的更真实的样本计算制备校准光谱作为一种一般策略的能力仍有待进一步证明。该小组还研究了从高分辨率台式仪器到手持式微近红外的标准化[10b]。

Jaeger等对比了低场核磁共振（NMR）波谱仪（赛默飞的PicoSpin80）和手持式拉曼光谱仪（海洋光学的IDRaman mini 2.0）与FT-NIR（赛默飞的Antaris Ⅱ）预测汽油样品中研究法辛烷值（RON）的性能。他们应用了多种化学计量学方法，包括PCA、PLS和支持向量回归。NMR的预测效果最好，其次是手持拉曼。值得注意的是，在该研究中发现NIR预测与现有方法的偏差最大。偏差的确切水平并不总是一致的，因为它可能取决于许多因素，如燃料的来源、仪器的类型和采样条件以及预处理方法和所使用的化学计量学模型[12b]。

4.2.2　在化学品和材料中的应用

便携式光谱仪在工业和材料方面也有许多应用。便携式光谱仪的关键优势是能够在实验室环境之外——比如在制造工厂或现场——进行光谱分析。

Carron等讨论了使用便携式拉曼光谱仪识别材料——特别是聚合物和无机化合物——的挑战[16]。他们注意到，光谱预处理，如去除荧光背景信号和光谱的基线校正，需要将未知物质的光谱精确匹配到标准物质的光谱库中。在识别聚苯乙烯（PS）、丁苯橡胶（SBR）、苯乙烯-丙烯腈共聚物（SAN）、丙烯腈-丁二烯-苯乙烯共聚物（ABS）等相似材料时，搜索算法非常重要。一些简单的分析全拉曼光谱的算法无法区分这些聚合物，但一些多层算法比较选定的光谱区域可以识别它们。在野外，便携式拉曼光谱仪可以快速识别矿物的种类，并经常专门研究那些密切相关的矿物。例如，拉曼光谱可以区分常见类型的碳酸盐矿物，包括文石、方解石和白云石。

Kögler等使用便携式B&W Tek拉曼光谱仪实时检测膜过滤系统中的生物污染[17]。膜的生物污染是一个重要问题，因为它降低了系统的过滤能力，减少了系统的使用寿命。使用固定在膜表面的金纳米颗粒增强了膜污染物（包括腺嘌呤和细菌）的拉曼信号。纳米粒子实现了低浓度污染物的测量，并减少了膜的强拉曼信号的干扰。

Lopez-Lorente等使用便携式B&W Tek拉曼光谱仪表征单壁和多壁碳纳米管的混合物[18]。他们用表面活性剂将碳纳米管分散到水中，以防止分析过程中的热损伤。他们能够利用拉曼G波段和D波段识别与量化单壁和多壁纳米管的混合物中的单壁纳米管。

在DR模式下使用便携式FTIR系统对喷砂金属表面的硅油和碳氢油进行检测和区分。检测水平接近10 mg/m²[9b]。Karunathilaka等研究表明，便携式Agilent FTIR光谱仪和单弹金刚石ATR晶体可用于PLS回归分析测定海洋油脂omega-3膳食补充剂中的主要和次要脂肪酸浓度[19]。

Corradini等使用便携式ASD Products可见-近红外光谱仪对土壤中的微塑料浓度进行识别和定量[20]。便携式光谱仪的关键优势在于其能够在反射模式下分析土壤样品，无需样品制备或提取微塑料。他们能够识别和量化低密度聚乙烯（LDPE）、聚对苯二甲酸乙二醇酯（PET）、聚氯乙烯（PVC）以及聚合物混合物进行识别和定量，检出限为15 g/kg。

Lima利用发光二极管（LED）在1300 nm和1689 nm波长处搭建了便携式近红外光度计，用于测量水中苯和甲苯的浓度[21]。使用有机硅材料从水中提取芳香烃，然后在1300 nm波长处测量有机硅材料的透光率作为参考信号，在1689 nm波长处测量分析物信号。苯和甲苯的检测限均为1 mg/L，近红外光度计的灵敏度与传统的FT-NIR仪器相当。

Li等使用便携式B&W Tek拉曼光谱仪，结合薄层色谱（TLC）和表面增强拉曼光谱（SERS），测量水中芳香烃的亚mg/L浓度[22]。他们使用TLC板将污染物分离，并在TLC板上的每个污染物点上添加胶体银颗粒以增强污染物的拉曼信号。该方案使他们能够在浓度分别为99 mg/L和197 mg/L的废水样品中检测对甲苯胺和对硝基苯胺。Yang等采用类似的方法测量了水中五氯苯酚的浓度[23]，在这种情况下使用半胱胺修饰的银纳米颗粒增强了五氯苯酚的拉曼信号，检出限为0.20 μmol/L。Jiang等也用这种方法测量海水中溴化阻燃剂4,4′-二溴二苯醚的浓度，使用烷硫醇修饰的银纳米颗粒增强了4,4′-二溴二苯醚的拉曼信号，检出限为120 μg/L。

Tang等使用手持式安捷伦FTIR光谱仪无损评估混凝土的热损伤程度，例如暴露在火灾中的混凝土[24]。混凝土的热损伤涉及多种化学反应，可改变其抗压强度。通过热重分析仪采集经过热处理前后混凝土的DR红外光谱，采用PLS模型对光谱进行分析，以预测样品暴露于其中的最高温度。他们认为，手持式FTIR方法可以准确、无损地测量混凝土的热损伤。

Gómez-Nubla等使用手持式B&W Tek拉曼光谱仪对钢铁生产废料黑渣中的矿物进行了鉴定[25]。他们鉴定了矿渣中铁的氧化物和氢氧化物、硅酸盐、铁氧体、铬铁矿、碳酸盐、镁的氧化物、硫酸盐、金红石和无定形碳。他们能够通过铁氧化物形成的铁氢氧化物识别处理后的矿渣。手持式光谱仪识别出了矿渣中的所有主要成分和一些次要成分。相比之下，基于实验室的拉曼显微镜识别出了所有的主要成分和次要成分。

Cheng等使用来自光谱演化的便携式可见-近红外光谱仪区分5种层状硅酸盐矿物（叶蜡石、白云母、滑石、黑云母和高岭石）[26]。矿物样品的反射光谱采集范围为350～2500 nm波长。矿物在3个光谱区域均有吸收：400～1100 nm为杂质吸收，1100～1700 nm为OH伸缩振动的泛频吸收，1700～2500 nm为OH伸缩振动和弯曲振动的复合吸收。他们能够在无需样品制备的情况下对5种矿物进行识别，认为该方法是一种很有前途的快速鉴定矿物的方法。

Lin等评估了手持式Thermo Scientific拉曼光谱仪分析铀矿石浓缩物和几种形式的UO_2的作用[27]。手持式拉曼光谱仪可以分析铀化合物，但不能分析UO_2和U_3O_8等颜色较深的粉末。另外，他们注意到光谱搜索算法的精度还有待提高。

Miller等在透射模式下使用布鲁克的Alpha FTIR光谱仪定量测量暴露于采矿环境的过滤盒上的二氧化硅粉尘量[28]。Hase等使用便携式Bruker EM27/SUN FTIR光谱仪测量了德国柏林的温室气体排放量[29]，在3周的时间内测量了大气中的水、二氧化碳（CO_2）和甲烷的浓度，以太阳为光源采集了大气的NIR吸收光谱。水、二氧化碳和甲烷的NIR测量参考大气中氧气的摩尔分数，其值为常数。在柏林周围放置了5种仪器，结果得到柏林每秒排放800 kg二氧化碳。

Suarez-Bertoa 等使用便携式 MKS FTIR 光谱仪测量汽油车和柴油车排放的氨（NH$_3$）浓度[30]。氨是颗粒物（PM$_{2.5}$）污染的前体物。他们将便携式 FTIR 光谱仪连接到车辆的排气系统，在道路行驶过程中测量 NH$_3$ 浓度、车速等参数。在实验室排放测试中，便携式 FTIR 光谱仪的性能与传统的 FTIR 光谱仪相似。他们认为，汽油车的道路氨排放高于柴油车，需要设置氨排放限值。

4.3　深入实例

4.3.1　用于在线涂层表征的便携式 FTIR 光谱仪

聚合物薄膜的涂覆是一种广泛用于制造产品的工艺，如用于胶带、标签、脱模剂和图形艺术，用于许多工业和消费应用。在镀膜过程中，提供实时质量信息的在线监测技术是非常必要的，因为它提高了生产效率。便携式 FTIR 光谱仪是一种低成本的技术，可以提供实时信息，如膜厚和固化反应的转化率。作者的一个代表性例子是应用于聚合物基底的有机硅涂层的在线 FTIR 分析。与基于 X 射线荧光（XRF）的离线表征技术相比，该应用具有大大缩短测试时间和提高生产效率的潜力。

释放性涂层是应用在基底上以防止黏合剂表面过早黏附在另一个表面的材料。此外，它们不能降低黏合剂表面的黏附性能。在标签制造、储存和应用过程中，释放性涂层可以保护标签上的黏合剂层，并便于释放黏性材料。释放型涂料有多种类型，包括聚丙烯酸酯类、氨基甲酸酯类、聚烯烃类、氟碳类、硬脂酸铬配合物、有机硅类等。有机硅基释放性涂层以其独特的优势占据主导地位，如低迁移、低释放力和相对较低的成本[31]。目前，有机硅类释放性涂料在胶带、标签、卫生、医疗和食品行业应用广泛。通常，将两部分有机硅配方混合在一起，涂在聚合物基材上，然后通过烘箱进行热固化反应。固化反应基于硅烷官能团（Si—H）与乙烯基官能团之间的硅氢加成反应，在 Karstedt 催化剂的催化作用下进行。

为了确保最佳性能和最小化硅迁移，这会导致交叉污染和粘接性能下降，在硅胶释放涂层的涂覆过程中需要严格控制两个重要的工艺变量——涂层重量（相当于涂层厚度）和固化反应的转换。如果涂层重量过高或过低（即太厚或太薄），可能会导致材料消耗高（成本高）或性能差。如果固化不充分，则会造成交叉污染和粘接性能下降。例如，有机硅材料从适当固化的释放性衬垫转移到胶带的粘接层，降低了胶带的黏附性。这两个过程变量都可以通过使用便携式 FTIR 光谱仪测量。

便携式 Bruker Alpha FTIR 光谱仪如图 4.1 所示。由于薄膜以水平方向离开烤箱，FTIR 光谱仪被安装在它的侧面。在其传输室的底部加了一个槽，允许薄膜穿过传输室，红外光束穿过薄膜。需要指出的是，虽然使用常规的台式 FTIR 光谱仪是可行的，但必须对仪器或生产工艺进行大幅度的改进。便携式 FTIR 光谱仪显著降低了使用这些应用的难度。在透射模式下以 3s 为间隔采集红外光谱。

图 4.2 给出了几种典型聚合物基底和有机硅材料的参考光谱。许多强吸收带由于薄膜厚度的原因吸光度大于 1.6，被认为是饱和的。这些区域无法使用，用图顶部的彩色条表示。PET 因其较多的强谱带而具有多个饱和区域，而 HDPE 仅表现出饱和的 C—H 伸缩带，其余的光谱范围仍然有用。幸运的是，无论使用哪种聚合物基底，都可以找到一个相对较好的硅带。

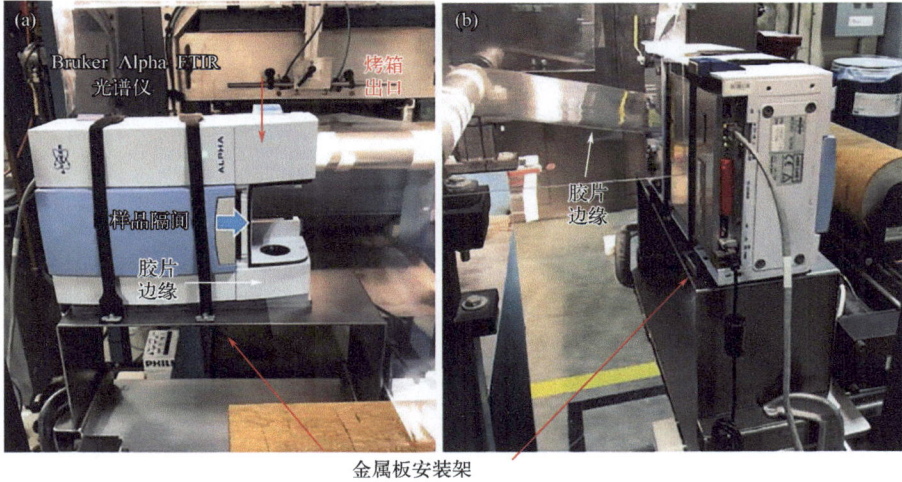

图4.1 从两个不同角度对在线FTIR图像进行分析。来源：陶氏化学公司

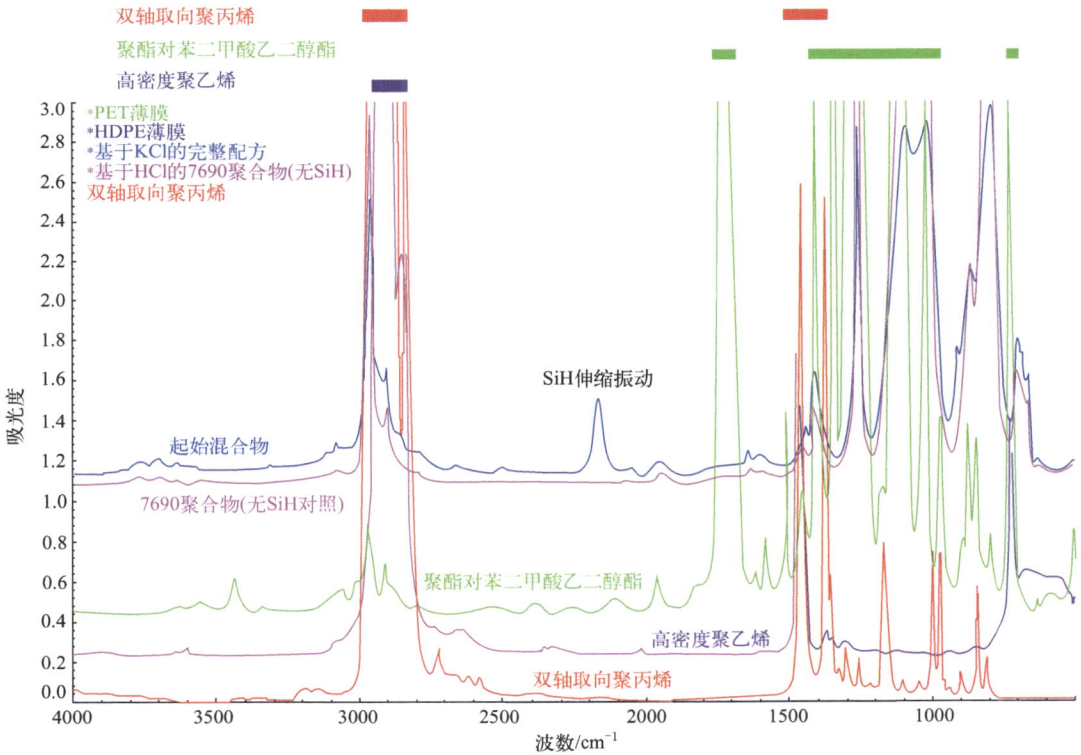

图4.2 双轴取向聚丙烯（BOPP）、聚对苯二甲酸乙二醇酯（PET）、高密度聚乙烯（HDPE）和起始涂层混合物及其无SiH控制的参考光谱

图4.3的顶部面板显示了当涂层厚度变化时测试过程中收集到的多个光谱的叠加；底部面板显示了1080 cm⁻¹波数处的红外吸收，这主要是有机硅涂层产生的。设置了4个不同的涂层重量，它们可以通过IR进行区分。离线XRF结果与在线FTIR结果之间具有良好的相关性。另外值得注意的是，XRF无法区分两种最终状态，而IR则观察到明显的变化。

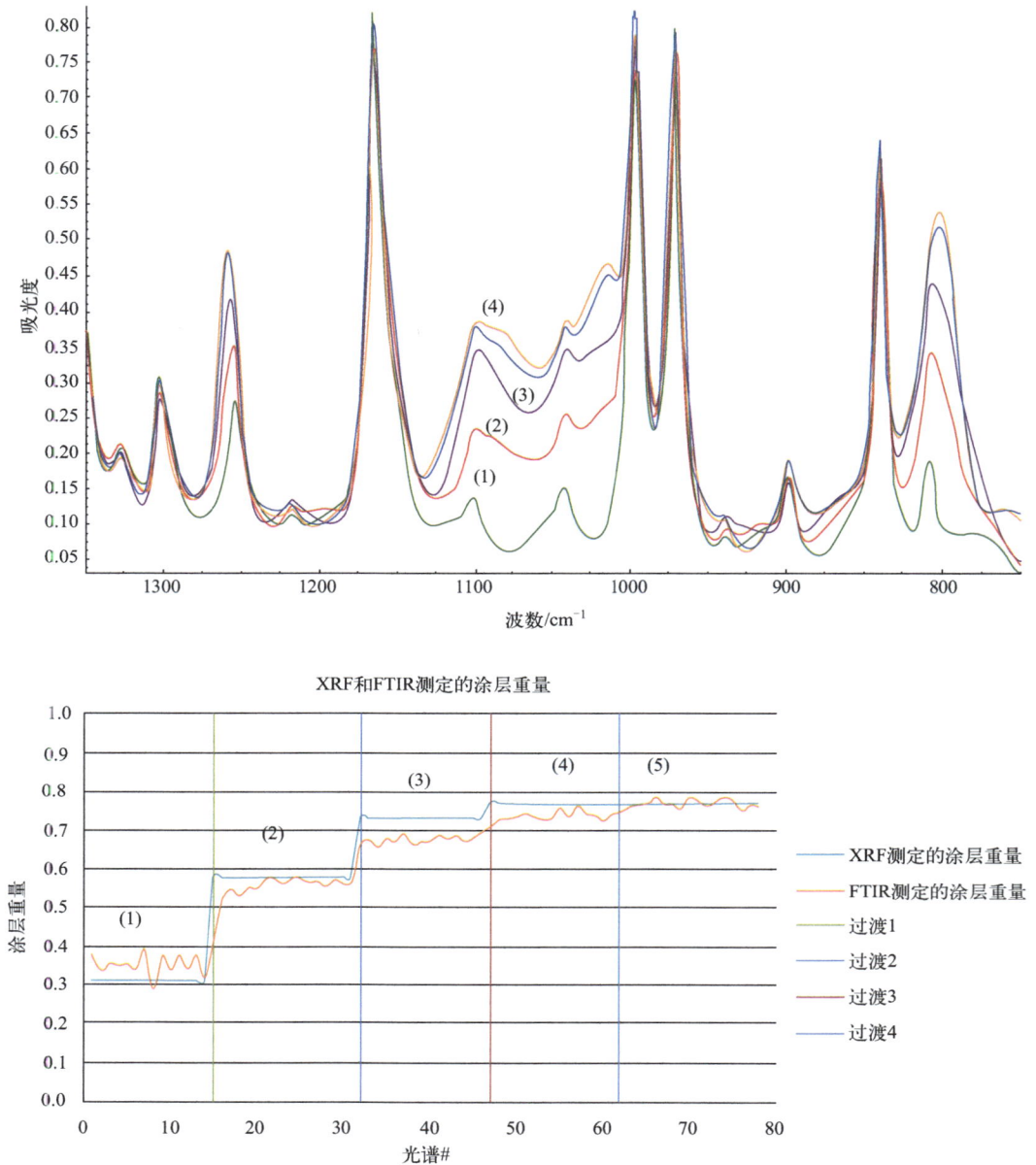

图4.3　XRF 测定的涂层重量（磅/重）与红外测定的涂层重量之间的相关性

　　为了估算氢化硅烷化反应的转化率，采集了 Si—H 基团在 2160cm^{-1} 波数处的吸光度（图 4.4）。尽管 PET 在这个区域范围没有基频振动峰，但它仍然贡献了许多特征，可能是来自它的各种泛频和组合频带。由于 PET 的浓度较高，厚度较大，它们的谱带比 SiH 谱带强。尽管存在重叠，但通过谱减法仍然可以清晰地分辨出固化膜中 SiH 的吸光度。化学计量学方法，如经典的最小二乘（CLS），可以量化残余的 SiH 基团。

　　除了在线监测外，便携式 FTIR 光谱仪也被用于监测静态薄膜离开烤箱后的固化情况。图 4.5 显示了在一次试验结束时从静态胶片中收集到的一个例子。在前 10 min 内，每个光谱收集了 4 次扫描结果。从第 12 min 开始，扫描的次数增加到 64 次，这显著提高了信噪比。在固化后的过程中，SiH的吸光度逐渐下降。很明显，即使样品在环境条件下放在烤箱外，SiH信号在大约1h内下降超过25%，转化仍在继续，前5 min的下降率更高。这些结果表明，如果每个样品从烤箱出来到实际分析之间的时间仅相差几分钟，那么样品烘烤后的老化可能是现有XRF分析的一个重要变化来源。然而，如果在分析之前允许20 min的老化时间，那么由于后烘箱老化造成的误差可能会更小。

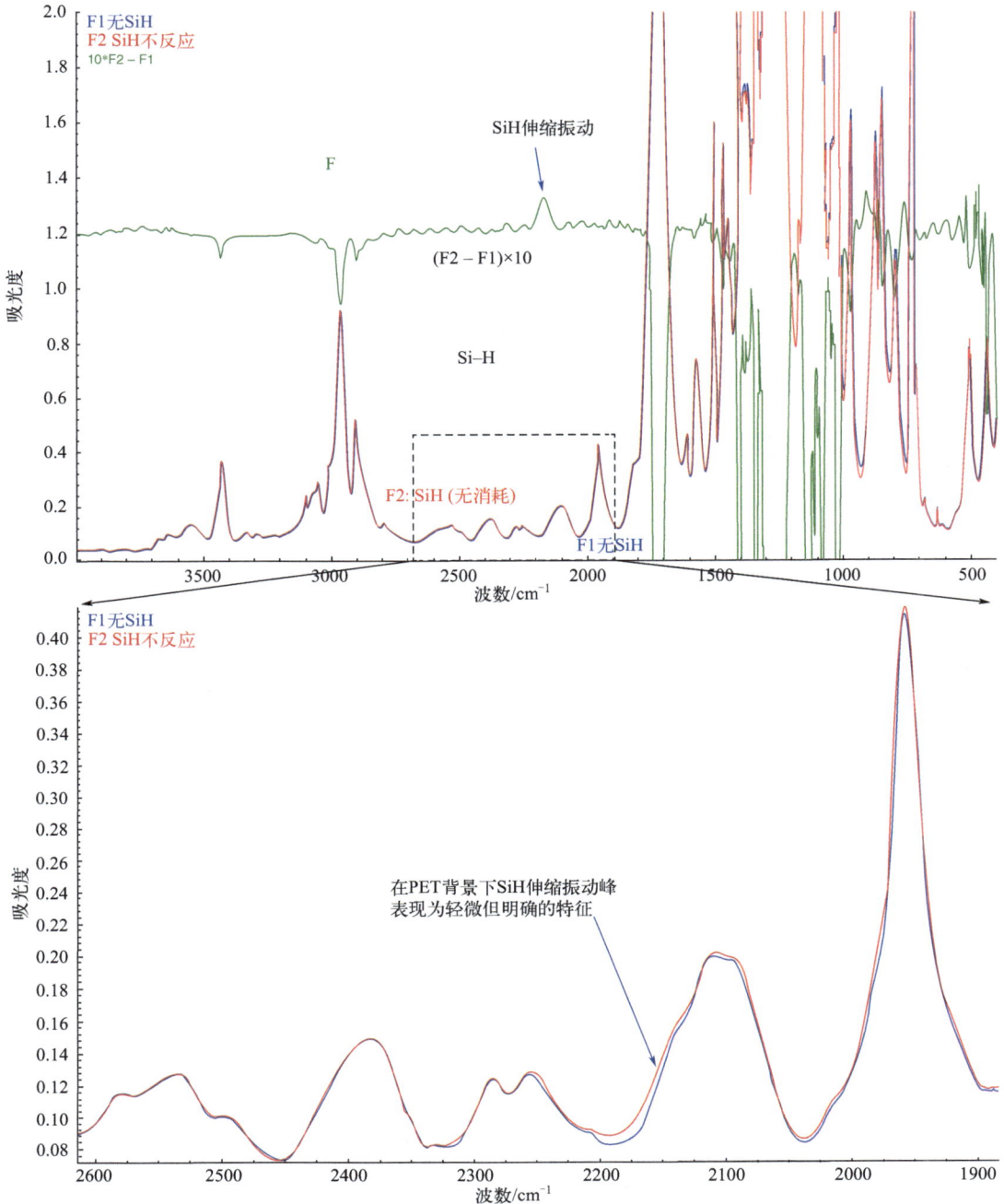

图4.4　F1和F2涂层光谱的叠加图及其差异谱（上图）以及SiH拉伸区域的放大视图（下图）

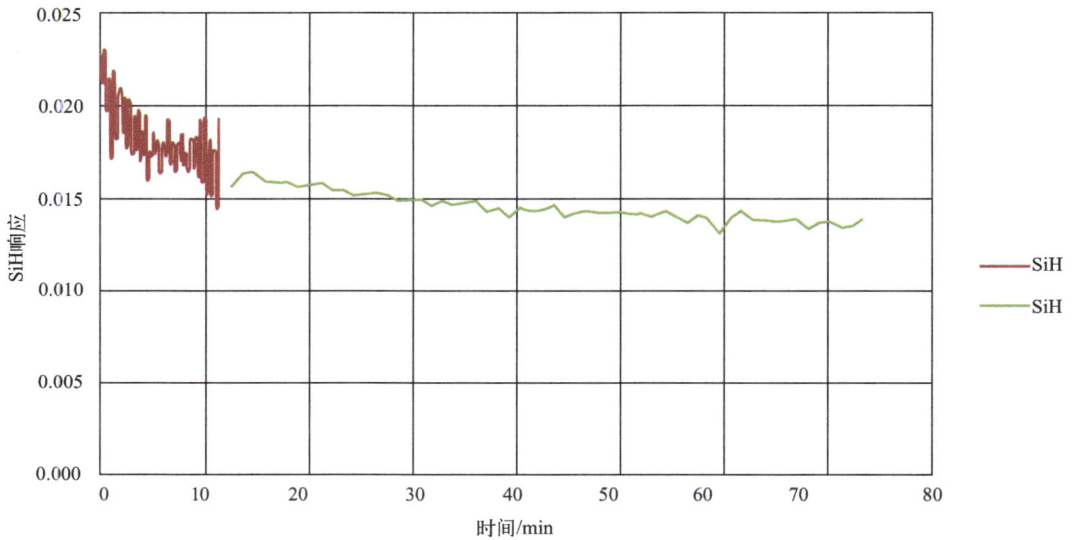

图4.5 静态薄膜中SiH响应的后固化监测。先以较短的采集时间和较大的间隔采集光谱至11 min，然后以较长的采集时间和较小的间隔采集光谱至实验最后

4.3.2   用于聚氨酯和聚脲泡沫的便携式NIR光谱仪

聚氨酯（PU）和聚脲泡沫在家具、建筑和家用电器的绝缘材料以及汽车等领域有着广泛的应用。它们通常由异氰酸酯预聚合物和固化剂通过多元醇或多胺反应制得[32]。水经常被用作发泡剂，因为它与异氰酸酯反应原位生成二氧化碳（图4.6）。

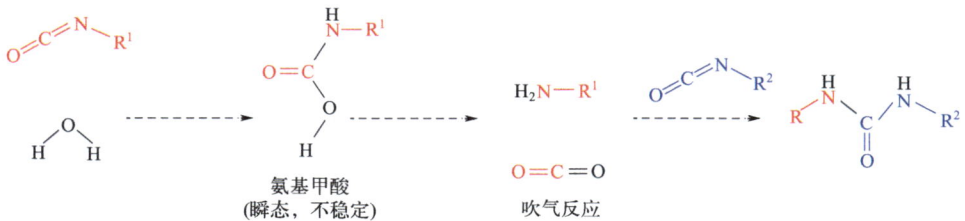

图4.6 水与异氰酸酯形成聚脲的反应示意图

在开发泡沫配方时，有许多相互竞争的目标性能需要同时满足，如混合物的流变性、凝胶时间和脱模时间、孔隙率和各种机械性能。基本的反应动力学对这些性能有很大的影响，因此通常需要对固化动力学和发泡速率进行深入了解。ATR-FTIR已被用于跟踪PU发泡反应[33]。原位ATR-FTIR为反应动力学和详细的形态形成提供了许多有用的见解，所以它可以用于监测整个反应。因此，大多数PU反应动力学研究是用ATR-FTIR进行的，而很少用NIR进行，因为NIR的光谱解释更为复杂，特别是当这两种技术的使用成本相当时[34]。

便携式NIR光谱仪的出现为人们带来了新的应用。首先，NIR光谱仪比MIR光谱仪小，这使得它们在空间有限时更容易操作，通常出现在许多实验室通风柜中。其次，由于散射和吸收的正确组合，DR模式非常适合在NIR范围内采样聚合物泡沫样品。对于MIR，吸收往往比散射占主导地位，导致聚合物泡沫的DR光谱质量较差。有趣的是，如果使用ATR采样模式，这个问题就会发生逆转。对于MIR，ATR模式具有理想的穿透深度（微米量级），而NIR的ATR穿透深度太短，除非使用数百或数千次弹跳，但这对于任何商业配件都是很难实现的。值得注意的是，在透射模式下，NIR通常比MIR具有更长的穿透深度。ATR采样模式的另一个缺点是ATR晶体需要与样品良好接触。对于放热系统，ATR晶体可以用作散热器，阻止薄样品层与体系的其余部分一起升温，从而使光谱结果产生偏差。

DR NIR还具有非接触采样的优势，可以方便地对不同位置的泡沫进行采样，如图4.7所示。在这里，我们展示了便携式NIR光谱仪在研究水分固化PU体系的固化反应动力学的效用[35]。Viavi MicroNIR光谱仪的轻便性甚至使其很容易安装到自动化和机动化的手臂上，使其能够指向上升的泡沫，手臂自动保持传感器与上升的泡沫表面之间的距离不变。

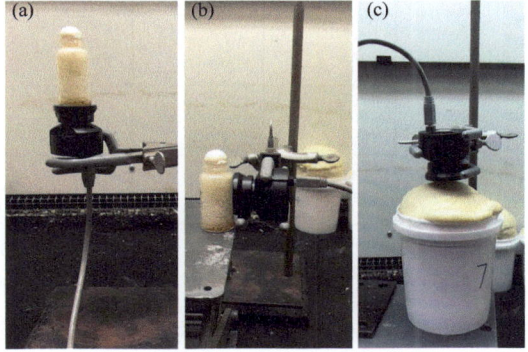

图4.7　MicroNIR采样的各种几何结构图片：（a）从底部；（b）从侧面；（c）从顶部。来源：陶氏化学公司

购买了两种商用单组分湿固化泡沫密封剂，并用于以下结果。它们被称为泡沫1（用于填充间隙和裂缝）和泡沫2（用于较大的间隙）。用泡沫1和泡沫2进行了3次反应，反应1在干燥的天气（湿度约35%），反应2和反应3在潮湿的天气（湿度约90%）。

由于发泡过程中样品反射率的变化，原始光谱（见图4.8的顶部面板）出现了明显的基线偏移。随着最初的液体混合物开始产生泡沫并变得更多孔，反射回传感器的光更少，这导致了基线吸光度的增加。值得注意的是，基线的变化也可能包含了有关泡沫的物理信息，因为光损耗从根本上是由泡沫孔隙率决定的。然而，相关性可能并不直接。原始光谱在1300 nm波长处随时间变化的基线变化如图4.9所示。

通过预处理（采用PLS_Toolbox 8.5，自动加权最小二乘二阶基滤波，然后进行多元散射校正）有效地消除了基线漂移，可以清晰地识别出反应引起的光谱变化，如图4.8的底部面板所示。1300～1500 nm之间的吸收峰来自第二个CH泛频，由于CH部分不参与固化反应，其吸收

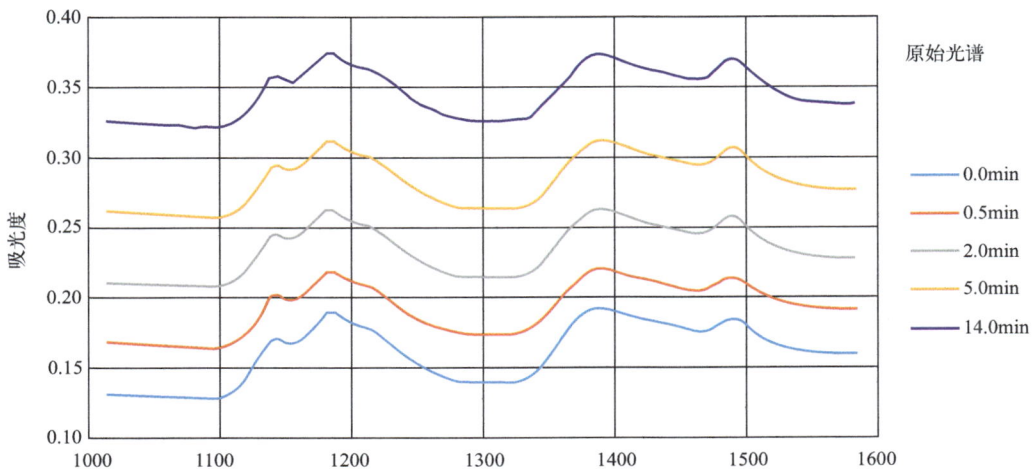

原始光谱

- 0.0min
- 0.5min
- 2.0min
- 5.0min
- 14.0min

图4.8

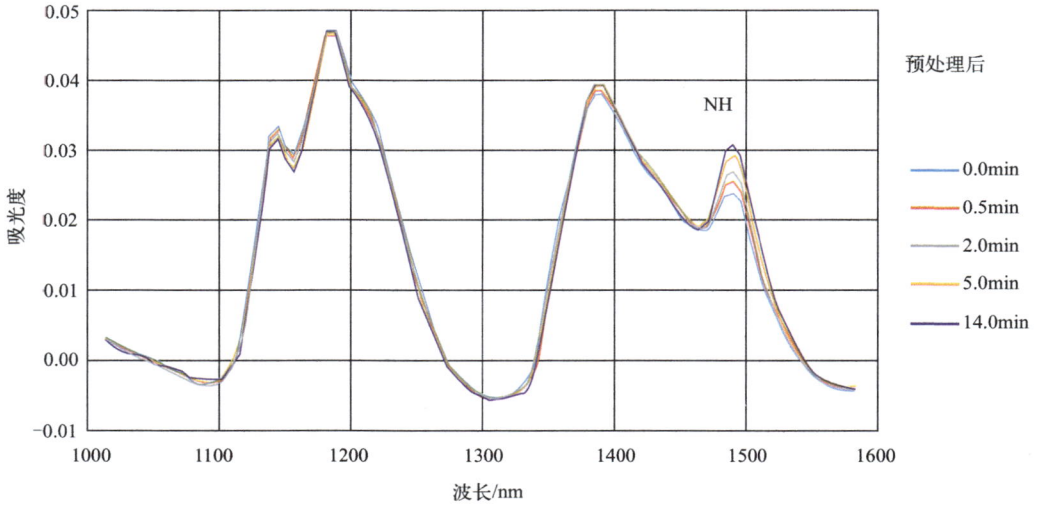

图4.8　从反应1中选择的反应光谱。上：原始光谱；下：预处理后

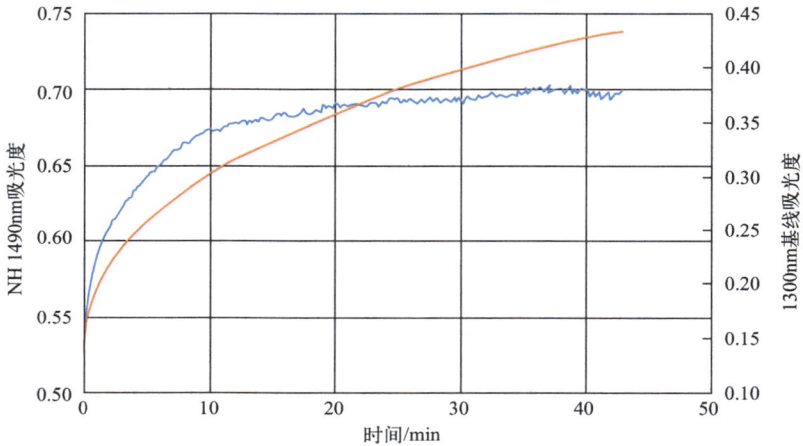

图4.9　反应基线（橙色）在1300 nm波长处（未进行预处理）和在1490 nm波长处（预处理后为蓝色）的NH吸光度的覆盖图

峰基本保持不变。主要变化发生在1490 nm（6711cm^{-1}）处，这是聚脲产物中NH的第一个泛频（见图4.9）。1490 nm处的吸光度与图4.9中基线变化的吸光度叠加。基于NH吸光度变化，可以明确尿素生成反应大部分在20 min内完成。然而，基线的变化在当时并没有减慢，表明即使反应基本完成，气泡膨胀仍继续改变泡沫密度。需要指出的是，样品黏度随反应转化率的变化呈高度非线性的变化，这可以解释这种偏差。

　　图4.10叠加了3次反应的反应动力学。反应1和反应2使用了相同的泡沫，但反应1在低湿度下进行，反应2在高湿度下进行。湿度差导致反应1中的反应变慢，尿素转化率较低，表现在其较低的1490 nm吸光度上。反应2和反应3均在高湿度条件下进行：反应2使用泡沫1，用于较小的间隙；反应3使用泡沫2，用于较大的间隙。为了填补更大的空隙，泡沫2固化更慢，使泡沫更膨胀。事实上，图4.10清楚地表明，在相同条件下，泡沫2（反应3）的动力学比泡沫1（反应2）更慢。

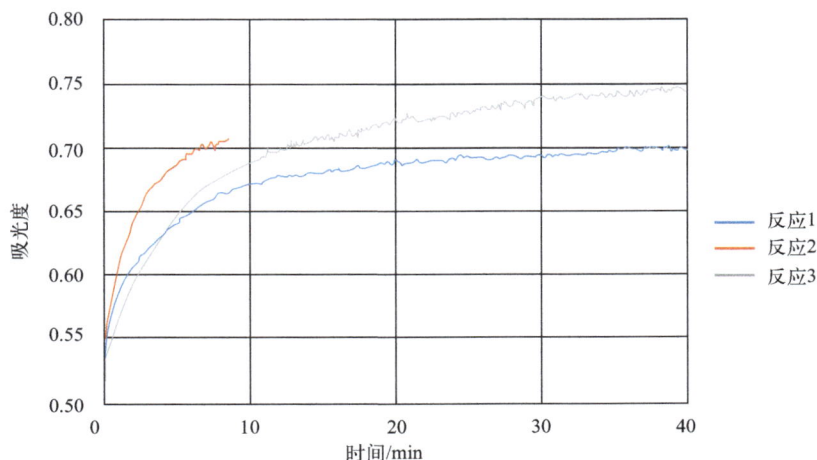

图4.10　基于归一化的NH和OH吸光度的两种发泡反应的反应动力学比较

4.3.3　便携式拉曼光谱仪用于反应监测

下面用一些案例说明原位拉曼在监测反应方面的研究。图4.11展示了一个用于监测半间歇乳液聚合反应的B&W Tek的i-Raman Plus便携式光谱仪（785 nm激发）[36]。通过橡胶塞将短焦距浸没光学设备（Kaiser光学系统公司）插入反应混合物中。乳液聚合的浊度在整个反应过程中可能会发生显著的变化，原始拉曼信号强度会受到许多因素影响，影响因素包括乳液粒径分布。开发了一种CLS方法量化单体和聚合物的光谱贡献，并将其作为彼此的内标。该方法实现了定量反应轮廓的提取，如图4.12所示。甲基丙烯酸甲酯（MMA）和丙烯酸丁酯（BA）的不同反应速率可以方便地监测并用于改进工艺设计。130 min后的多个尖峰为验证实验，证明当只加入一个单体时可以在最小的干扰下观察到正确的响应。

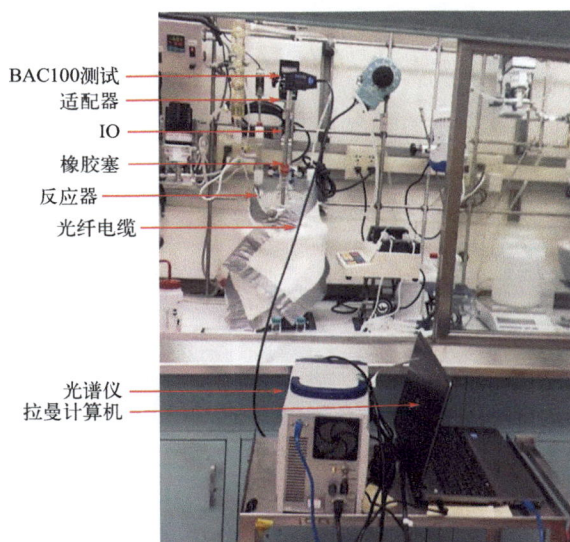

图4.11　采用B&W Tek的i-Raman Plus光谱仪监测半间歇乳液聚合反应。来源：陶氏化学公司

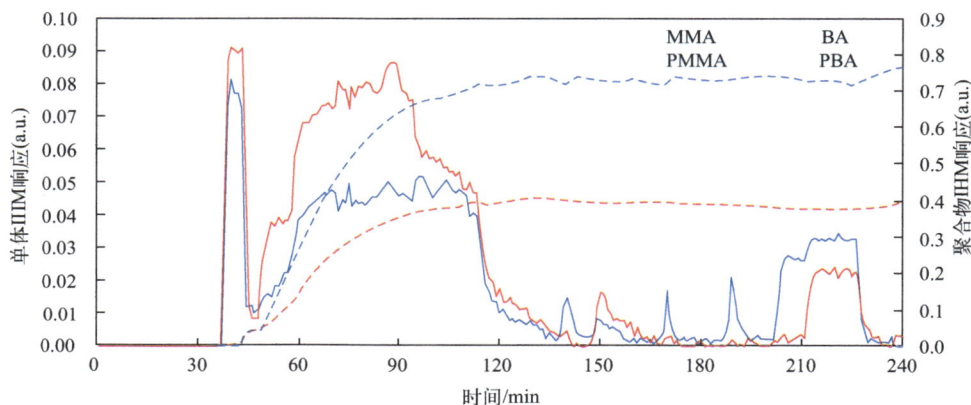

图4.12　通过原位拉曼可以实时监测两种共聚单体的浓度分布及其在聚合物中的结合情况。来源：文献[36]，版权（2015）归美国化学会所有

　　B&W Tek公司的i-Raman Pro系统包括一台集成的触屏计算机，使得光谱仪可以在没有外部计算机的情况下运行工作，这进一步提高了其便携性。最近，它被用于监测有机硅酸酯的水解和缩合反应，同时进行原位红外和在线核磁共振测量[37]。核磁共振测量不是在反应器内进行的，而是通过循环回路将反应混合物泵送到核磁共振磁体中。核磁共振系统的位置决定了整个实验装置的位置，而便携式拉曼和红外系统使得多元解读监测实验的开展成为可能。核磁共振和拉曼均可以观察到多个瞬态反应中间体，而原位红外仅追踪到硅甲氧基和硅羟基等整体官能团的变化。确定一个应用的最佳技术取决于哪些信息对于流程开发最为关键。

　　在另一项研究中，使用相同的i-Raman Pro系统监测了一个两相加氢硅基化反应[38]。插入3个浸入式探头的反应器如图4.13所示，3个探头分别为原位在线红外ATR探头、短焦拉曼探

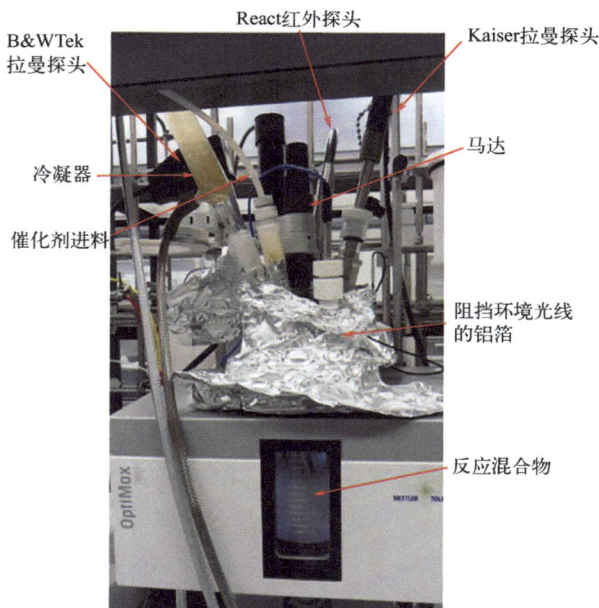

图4.13　在梅特勒-托利多OptiMax反应器中进行的氢硅化反应图。来源：陶氏化学公司

头和长焦拉曼探头。虽然3个探头对Si—H和烯丙基C=C基团的消耗提供了相似的定性信息，但由于每个探头的取样偏差，得到了明显不同的定量结果。研究发现，对于非均相体系，拉曼比ATR-FTIR提供了更有代表性的采样。除了B&W Tek的i-Raman外，对梅特勒-托利多和Marqmetrix公司的拉曼系统也进行了测试，显示出了良好的性能。

4.4　结语和前景

便携式拉曼、IR和NIR光谱仪已成功应用于许多工业应用。随着便携式光谱仪体积的减小和性能的提高，其在化学工业中的应用将不断扩大。与传统的台式仪器相比，它们的便携性具有许多优点。在加油站或油田的的油品分析、有机合成实验室的原位反应监测和中试或生产工厂的过程监测等现场应用中都可以使用这种便携式仪器进行常规操作，这种场内分析带来的实时分析和结果反馈可以极大地加速决策过程。目前，便携式仪器在光谱范围、光谱分辨率、波长稳定性等方面的性能普遍落后于同类产品。然而，由于便携式仪器和相关的数据分析方法通常是针对特定的任务，它们往往表现出较好的任务适配性。随着工业4.0大趋势推动越来越多的过程自动化和优化，化工行业对便携式振动光谱仪的需求可能会增加。

缩略语

ABS	acrylonitrile-butadiene-styrene	丙烯腈-丁二烯-苯乙烯共聚物
ALS	alternating least squares	交替最小二乘
ASTM	American Society of Testing Materials	美国材料试验协会
ATR	attenuated total reflection	衰减全反射
BA	butyl acrylate	丙烯酸丁酯
BOPP	biaxially oriented polypropylene	双轴取向聚丙烯
CLS	classical least squares	经典最小二乘
DR	diffuse reflectance	漫反射
FT	Fourier transform	傅里叶变换
HDPE	high density polyethylene	高密度聚乙烯
LDPE	low density polyethylene	低密度聚乙烯
LED	light-emitting diode	发光二极管
MAPE	mean absolute percentage error	平均绝对百分误差
MCR	multivariate curve resolution	多元曲线分辨
MMA	methyl meth acrylate	甲基丙烯酸甲酯
MTBE	methyl *tert*-butyl ether	甲基叔丁基醚
NMR	nuclear magnetic resonance	核磁共振
PCA	principal component Analysis	主成分分析
PET	polyethylene glycol terephthalate	聚对苯二甲酸乙二醇酯
PFPA	portable fuel property analyzer	便携式燃料特性分析仪
PLS	partial least squares	偏最小二乘
PLSR	partial least squares regression	偏最小二乘回归
PS	poly styrence	聚苯乙烯

PU	poly urethane	聚氨酯
PVC	polyvinyl chloride	聚氯乙烯
QC	quality control	质量控制
RBFNN	radial basis function neural network	径向基函数神经网络
RON	research octane number	研究法辛烷值
SAN	styrene-acrylonitrile	苯乙烯-丙烯腈共聚物
SBR	styrene-butadiene rubber	丁苯橡胶
SERS	surface-ehhanced Raman spectroscopy	表面增强拉曼光谱
TLC	thin-layer chromatography	薄层色谱
XRF	X-ray fluorescence	X射线荧光

参考文献

[1] (a) Nyquist, R.A., Leugers, M.A., McKelvy, M.L. et al. (1990). Infrared spectrometry. *Anal. Chem.* 62 (12): 223-255. (b) Macho, S. and Larrechi, M. (2002). Near-infrared spectroscopy and multivariate calibration for the quantitative determination of certain properties in the petrochemical industry. *TrAC Trends Anal. Chem.* 21 (12): 799-806.

[2] (a) Angel, S.M., Myrick, M.L., and Vess, T.M. (1991). *Remote Raman spectroscopy using diode lasers and fiber-optic probes.* *SPIE* 1435 https://www.spiedigitallibrary.org/conference-proceedings-of-spie/1435/0000/Remote-Raman-spectroscopy-using-diode-lasers-and-fiber-optic-probes/10.1117/12.44232.short. (b) Clarke, R. H. (1992). Hydrocarbon analysis based on low resolution raman spectral analysis. US Patent 5,139,334 (c) Lewis, E.N., Treado, P.J., and Levin, I.W. (1993). A miniaturized, no-moving-parts Raman spectrometer. *Appl. Spectrosc.* 47 (5): 539-543. (d) Vess, T.M. and Angel, S.M. (1992). *Near-visible Raman instrumentation for remote multipoint process monitoring using optical fibers and optical multiplexing*, 118-126. Environmen-tal and Process Monitoring Technologies, International Society for Optics and Photonics. (e) Farquharson, S. and Simpson, S.F. (1992). *Applications of Raman spectroscopy to industrial processes. SPIE* 1681 https://www.spiedigitallibrary.org/conference-proceedings-of-spie/1681/0000/Applications-of-Raman-spectroscopy-to-industrial-processes/10.1117/12.137747.short.

[3] (a) Hyvarinen, T.S. and Niemela, P. (1990). *Rugged multiwavelength NIR and IR analyzers for industrial process measurements. SPIE* 1266. (b) Novinson, T. (1985). *Portable Infrared Spectrophotometer*. Google Patents.

[4] Hassell, D.C. and Bowman, E.M. (1998). Process analytical chemistry for spectroscopists. *Appl. Spectrosc.* 52 (1): 18A-29A.

[5] (a) Bakeev, K.A. (2010). *Process Analytical Technology: Spectroscopic Tools and Implementation Strategies for the Chemical and Pharmaceutical Industries*. Wiley. (b) Dent, G. and Chalmers, J.M. (2009). *Industrial Analysis with Vibrational Spectroscopy*. Royal Society of Chemistry. (c) Chalmers, J.M. (2000). *Spectroscopy in process analysis*, vol. 4. Taylor & Francis US. (d) Tschudi, J., O'Farrell, M., and Hestnes Bakke, K.A. (2018). Inline spectroscopy: from concept to function. *Appl. Spectrosc.* 72 (9): 1298-1309.

[6] Crocombe, R.A. (2018). Portable spectroscopy. *Appl. Spectrosc.* 72 (12): 1701-1751.

[7] (a) Williams, K. (1990). Remote sampling using a fibre-optic probe in Fourier transform Raman spectroscopy. *J. Raman spectrosc.* 21 (2): 147-151. (b) Williams, K. and Mason, S. (1990). Future directions for Fourier trans-form Raman spectroscopy in industrial analysis. *Spectrochim. Acta Part A Mol. Spectrosc.* 46 (2): 187-196. (c) Mazzarese, D., Tripathi, A., Conner, W. et al. (1989). In situ FTIR and surface analysis of the reaction of trimethylgallium and ammonia. *J. Electron. Mater.* 18 (3): 369-377. (d) Blackmond, D.G., Goodwin, J.G. Jr.,, and Lester, J.E. (1982). In situ Fourier transform infrared spectroscopy study of HY cracking catalysts: coke formation and the nature of the active sites. *J. Catal.* 78 (1): 34-43. (e) Cavinato, A.G., Mayes, D.M., Ge, Z., and Callis, J.B. (1990). Noninvasive method for monitoring ethanol in fermentation processes using fiber-optic near-infrared spectroscopy. *Anal. Chem.* 62 (18): 1977-1982. (f) Kellar, J., Cross, W., and Miller, J. (1990). In situ near-infrared internal reflection spectroscopy for surfactant adsorption reactions using reactive internal reflection elements. *Appl. Spectrosc.* 44 (9): 1508-1512.

[8] (a) Zhang, X., Qi, X., Zou, M., and Wu, J. (2012). Rapid detection of gasoline by a portable Raman spectrometer and chemometrics. *J. Raman Spectrosc.* 43 (10): 1487-1491. (b) Voigt, M., Legner, R., Haefner, S. et al. (2019). Using fieldable spectrometers and chemometric methods to determine RON of gasoline from petrol sta-tions: a comparison of low-field 1H NMR@ 80 MHz, handheld RAMAN and benchtop NIR. *Fuel* 236: 829-835.

[9] (a) da Silva, N.C., de Góes Massa, A.R.C., Domingos, D. et al. (2019). NIR-based octane rating simulator for use in gasoline compounding processes. *Fuel* 243: 381-389. (b) Powell, G., Hallman, R. Jr.,, and Cox, R. (1998). *Diffuse reflectance FTIR of stains on grit blasted metals*, 502-505. AIP Conference Proceedings, AIP.

[10] (a) Smith, W. and Farquharson, S. (2006). *A portable fuel analyzer*. *SPIE* 6377. (b) da Silva, N.C., Cavalcanti, C.J., Honorato, F.A. et al. (2017). Standardization from a benchtop to a handheld NIR spectrometer using mathematically mixed NIR spectra to determine fuel quality parameters. *Anal. Chim. Acta* 954: 32-42.

[11] Paiva, E.M., Rohwedder, J.J.R., Pasquini, C. et al. (2015). Quantification of biodiesel and adulteration with vegetable oils in diesel/biodiesel blends using portable near-infrared spectrometer. *Fuel* 160: 57-63.

[12] (a) Câmara, A.B., de Carvalho, L.S., de Morais, C.L. et al. (2017). MCR-ALS and PLS coupled to NIR/MIR spectroscopies for quantification and identification of adulterant in biodiesel-diesel blends. *Fuel* 210: 497-506.(b) Correia, R.M., Domingos, E., Cáo, V.M. et al. (2018). Portable near infrared spectroscopy applied to fuel quality control. *Talanta* 176: 26-33.

[13] Brouillette, C., Smith, W., Shende, C. et al. (2016). Analysis of twenty-two performance properties of diesel, gasoline, and jet fuels using a field-portable near-infrared (NIR) analyzer. *Appl. Spectrosc.* 70 (5): 746-755.

[14] Smith, W. and Farquharson, S. (2006). *A portable fuel analyzer*, 63770E. Advanced Environmental, Chemical, and Biological Sensing Technologies IV, International Society for Optics and Photonics.

[15] Guzmán, E., Baeten, V., Pierna, J.A.F., and García-Mesa, J.A. (2011). Application of low-resolution Raman spectroscopy for the analysis of oxidized olive oil. *Food Control* 22 (12): 2036-2040.

[16] Carron, K. and Cox, R. (2010). *Qualitative Analysis and the Answer Box*: A Perspective on Portable Raman Spectroscopy. ACS Publications.

[17] Kögler, M., Zhang, B., Cui, L. et al. (2016). Real-time Raman based approach for identification of biofouling. *Sens. Actuators B* 230: 411-421.

[18] Lopez-Lorente, A., Simonet, B., and Valcarcel, M. (2013). Qualitative detection and quantitative determina-tion of single-walled carbon nanotubes in mixtures of carbon nanotubes with a portable Raman spectrometer. *Analyst* 138 (8): 2378-2385.

[19] Karunathilaka, S.R., Mossoba, M.M., Chung, J.K. et al. (2017). Rapid prediction of fatty acid content in marine oil Omega-3 dietary supplements using a portable Fourier transform infrared (FTIR) device and partial least-squares regression (PLSR) analysis. *J. Agric. Food Chem.* 65 (1): 224-233.

[20] Corradini, F., Bartholomeus, H., Lwanga, E.H. et al. (2019). Predicting soil microplastic concentration using Vis-NIR spectroscopy. *Sci. Total Environ.* 650: 922-932.

[21] de Lima, K.M.G. (2012). A portable photometer based on LED for the determination of aromatic hydrocarbons in water. *Microchem. J.* 103: 62-67.

[22] Li, D., Qu, L., Zhai, W. et al. (2011). Facile on-site detection of substituted aromatic pollutants in water using thin layer chromatography combined with surface-enhanced Raman spectroscopy. *Environ. Sci. Technol.* 45 (9): 4046-4052.

[23] Jiang, X., Yang, M., Meng, Y. et al. (2013). Cysteamine-modified silver nanoparticle aggregates for quantitative SERS sensing of pentachlorophenol with a portable Raman spectrometer. *ACS Appl. Mater. Interfaces* 5 (15): 6902-6908.

[24] Leung Tang, P., Alqassim, M., Nic Daéid, N. et al. (2016). Nondestructive handheld Fourier transform infrared (FT-IR) analysis of spectroscopic changes and multivariate modeling of thermally degraded plain Portland cement concrete and its slag and fly ash-based analogs. *Appl. Spectrosc.* 70 (5): 923-931.

[25] Gómez-Nubla, L., Aramendia, J., de Vallejuelo, S.F.-O. et al. (2013). From portable to SCA Raman devices to characterize harmful compounds contained in used black slag produced in electric arc furnace of steel industry. *J. Raman Spectrosc.* 44 (8): 1163-1171.

[26] Cheng, H., Hao, R., Zhou, Y., and Frost, R.L. (2017). Visible and near-infrared spectroscopic comparison of five phyllosilicate mineral samples. *Spectrochim. Acta A Mol. Biomol. Spectrosc.* 180: 19-22.

[27] Lin, D.H.M., Manara, D., Lindqvist-Reis, P. et al. (2014). The use of different dispersive Raman spectrometers for the analysis of uranium compounds. *Vib. Spectrosc.* 73: 102-110.

[28] Miller, A.L., Drake, P.L., Murphy, N.C. et al. (2013). Deposition uniformity of coal dust on filters and its effect on the accuracy of FTIR analyses for silica. *Aerosol Sci. Tech.* 47 (7): 724-733.

[29] (a) Hase, F., Frey, M., Blumenstock, T. et al. (2015). Application of portable FTIR spectrometers for detecting greenhouse gas emissions of the major city Berlin. *Atmos. Meas. Tech.* 8 (7): 3059-3068. (b) Frey, M., Hase, F., Blumenstock, T. et al. (2015). Calibration and instrumental line shape characterization of a set of portable FTIR spectrometers for detecting greenhouse gas emissions. *Atmos. Meas. Tech.* 8 (7): 3047-3057.

[30] Suarez-Bertoa, R., Mendoza-Villafuerte, P., Riccobono, F. et al. (2017). On-road measurement of NH3 emissions from gasoline and diesel passenger cars during real world driving conditions. *Atmos. Environ.* 166: 488-497.

[31] Benedek, I. and Feldstein, M.M. (2008). *Technology of Pressure-Sensitive Adhesives and Products*. CRC Press.

[32] Mascioli, R. L. (1986). Method for the preparation of semi-rigid polyurethane modified polyurea foam compositions. US Patent 4,568,702.

[33] (a) Fernandez d'Arlas, B., Rueda, L., Stefani, P.M. et al. (2007). Kinetic and thermodynamic studies of the formation of a polyurethane based on 1,6-hexamethylene diisocyanate and poly(carbonate-co-ester)diol. *Ther-mochim. Acta* 459 (1): 94-103. (b) Li, S., Vatanparast, R., and Lemmetyinen, H. (2000). Cross-linking kinetics and swelling behaviour of aliphatic polyurethane. *Polymer* 41 (15): 5571-5576. (c) de Haseth, J.A., Andrews, J.E., McClusky, J.V. et al. (1993). Characterization of polyurethane foams by mid-infrared fiber/FT-IR spectrom-etry. *Appl. Spectrosc.* 47 (2): 173-179.

[34] (a) DeThomas, F.A., Hall, J.W., and Monfre, S.L. (1994). Real-time monitoring of polyurethane production using near-infrared spectroscopy. *Talanta* 41 (3): 425-431. (b) Miller, C.E. and Eichinger, B. (1991). Anal-ysis of reaction-injection-molded polyurethanes by near-infrared diffuse reflectance spectroscopy. *J. Appl. Polym. Sci.* 42 (8): 2169-2190. (c) Dupuy, J.; Benali, S.; Maazouz, A., Lachenal, G., and Bertrand, D. (2002). FT-NIR monitoring of a scattering polyurethane manufactured by reaction injection molding (RIM): univari-ate and multivariate analysis versus kinetic predictions. Macromol. Symp., Wiley Online Library, pp. 249-260. https://onlinelibrary.wiley.com/doi/10.1002/1521-3900(200208)184:1%3C249::AID-MASY249%3E3.0.CO;2-5 (d) Miller, C.E., Archibald, D., Myrick, M., and Angel, S. (1990). Determination of physical properties of reaction-injection-molded polyurethanes by NIR-FT-Raman spectroscopy. *Appl. Spectrosc.* 44 (8): 1297-1300.

[35] Coyner, R. N. and Skujins, P. (1977). Moisture curable polyurethane systems. U.S. Patent No. 4,038,239.

[36] Chen, X., Laughlin, K., Sparks, J.R. et al. (2015). In situ monitoring of emulsion polymerization by Raman spectroscopy: a robust and versatile chemometric analysis method. *Org. Process Res. Dev.* 19 (8): 995-1003.

[37] Chen, X., Eldred, D., Liu, J. et al. (2018). Simultaneous in situ monitoring of trimethoxysilane hydrolysis reactions using Raman, infrared, and nuclear magnetic resonance (NMR) spectroscopy aided by chemometrics and Ab Initio calculations. *Appl. Spectrosc.* 72 (9): 1404-1415.

[38] Chen, X., Cheng, Y., Matsuba, M. et al. (2019). EXPRESS: in situ monitoring of heterogeneous hydrosilylation reactions using infrared and Raman spectroscopy: normalization by phase-specific internal standards. *Appl. Spectrosc.* 73: 1299-1307. 3702819858916.

5

便携式光谱仪在假冒伪劣药品分析中的应用

Pauline E. Leary[1], Richard A. Crocombe[2], Ravi Kalyanaraman[3]

[1] Federal Resources, Stevensville, MD, USA

[2] Crocombe Spectroscopic Consulting, Winchester, MA, USA

[3] Bristol Myers Squibb, New Brunswick, NJ, USA

5.1 概述

假冒伪劣医疗产品是公认的全球性问题[1-3]。世界卫生组织（WHO）使用这些定义[4]：
- 劣质医疗产品
  - 也称为"不符合规格的产品"，这些是经过授权的医疗产品，但未能达到质量标准、规格中至少一项要求。
- 未注册/未经许可的医疗产品
  - 受限于国家或地区的法律法规，尚未经过国家和地区的地方监管机构评估和/或批准就上市、分发或使用的医疗产品。
- 假冒医疗产品
  - 有意/欺诈性地歪曲其身份、成分或来源的医疗产品。

在本章中，我们主要关注假冒医疗产品，特别是假冒药品。世界卫生组织在其2017年报告中指出："大约15年前，全球药品的销售额首次超过5000亿美元。此后销售额再次翻倍，达到约1.1万亿美元，其中绝大部分的增长发生在中等收入市场[5,6]。然而不幸的是，这种增长不仅为优质、安全、有效的药品敞开大门，还为不符合质量标准甚至有时具有危险性的药品、疫苗和其他产品打开了大门。"他们进一步指出："假冒伪劣的医疗产品对卫生的影响很难量化。然而毫无疑问的是，假冒伪劣的医疗产品会：
- 危害健康，延长病程，甚至致命；
- 促使抗菌药物的耐药性增长和耐药性感染的传播；

- 破坏对卫生专业人员和卫生系统的信心；
- 使人们对疫苗和药物的有效性产生怀疑；
- 消耗家庭和卫生系统有限的预算；
- 为犯罪网络提供收入。"

国际刑警组织（INTERPOL）报告称，一些有组织的网络犯罪正利用伪劣药品活动的利润资助其他秘密活动[7,8]。世界卫生组织的报告还指出："假冒伪劣影响所有类型的医疗产品。大部分关于'假'药品的媒体报道，尤其是那些通过互联网购买的药品，主要关注所谓的保健类药品，如减肥药片和治疗阳痿的药物。但在过去4年内，该数据库收到了从癌症药物到避孕药物、从抗生素到疫苗的各种药物的通知。"例如，疟疾药物[9]占伪劣产品的近20%，抗生素占近17%。因此，对人类生命的威胁是显而易见的。最近的一个案例是伪造的氯喹[10]，被批准用于抗疟疾，有人声称其对COVID-19有效。关于这些案例的详细信息已有大量出版物，并可以追溯到20多年前[11-18]。其他国际组织也记录了这些伪劣产品的影响[19]。除了对人类健康的影响外，还有整体经济损失，这一损失难以量化，但可能至少数百亿美元，也可能高达2000亿美元[20-22]。

2018年，Rahman等发表了一篇关于1972～2018年间伪劣药品对急性健康后果的文献综述[23]。这些作者确定了81篇与伪劣药品直接相关的事件描述的文章。这些事件导致约7200例伤亡，其中有3604例死亡，如表5.1和表5.2所示，显示了这些伪劣药品对健康直接影响的全球范围。

表5.1　1969～2005年间文献中报道的伪劣药品造成健康损害的事件汇总（包括死亡或不良反应的事件年份）

年　份	国　家	健康影响	原　因
1969	美国	7名儿童死亡	镇静剂混合物中的二甘醇中毒
1982	美国	7人死亡	掺氰化物的扑热息痛
1986	印度	14名病人死亡	摄入被二甘醇污染的不纯甘油
1988	尼日利亚	21岁女性死亡	假胰岛素导致的高血糖
1989	海地	89人死亡	用二甘醇制备的扑热息痛止咳糖浆
1990	尼日利亚	109名儿童死亡	二甘醇污染的糖浆/麝香酒引起的急性肾衰竭
1990	孟加拉国	236名患者死亡，包括51名儿童	扑热息痛糖浆受乙烯污染
1992	阿根廷	26人死亡	摄入含有高浓度二甘醇的蜂胶糖浆
1995	海地	85名儿童死亡	摄入掺有二甘醇的扑热息痛糖浆
1995	尼日尔	2500人死亡	伪劣脑膜炎疫苗
1998	巴西	200人意外怀孕	伪劣避孕药
1998	印度	36名儿童出现急性肾衰竭，其中33人死亡	止咳祛痰剂受二甘醇污染
1998	巴西	若干人死亡	伪劣抗癌药
1998	俄罗斯	1000名患者送医	伪劣胰岛素
1999	柬埔寨	30人死亡	用磺胺多辛-吡啶嘧啶制备的伪劣青蒿素
1999	美国	17人死亡，254人出现不良反应	伪劣庆大霉素
2001	美国	多名患者出现组织肿胀或皮疹	注射假生长激素
2002	美国	16岁男孩遭受痛苦的痉挛	注射被转移的含有极低促红细胞生成素激素的药物
2002	美国	1名癌症患者死亡	伪劣促红细胞生成素激素
2004	尼日利亚	3家医院报告了不良反应的案例	受微生物污染的输液
2004	加拿大	4人死亡	服用由滑石制成的伪劣来普定后心脏病发作和中风

续表

年　份	国　家	健康影响	原　因
2004	阿根廷	2名妇女死亡，1名妇女产下26周的早产儿	治疗贫血的伪劣铁制剂
2005	美国	5名男子死亡	摄入误标的右美沙芬
2005	美国	数人呼吸道麻痹	仿制肉毒杆菌毒素
2005	缅甸	1名23岁的男子死于脑性疟疾	青蒿素片中扑热息痛作为主要成分

数据来源：文献[23]。由 CC BY 4.0 授权使用。

表5.2 2006 ~ 2016年间文献中报道的伪劣药品造成健康损害的事件摘要（包括死亡或不良反应）

年　份	国家/地区	对健康的影响	原　因
2006	加拿大	4人死亡	擅自用含有滑石粉的伪万艾可（Viagra）替代
2006	巴拿马	200人死亡，包括100多名儿童	被二甘醇污染的对乙酰氨基酚止咳糖浆
2007	加拿大	58岁妇女死亡	伪造的唑吡坦和对乙酰氨基酚
2007	中国香港	10名非糖尿病患者因低血糖住院，包括1人死亡，另1人被送入ICU	含有格列本脲的治疗勃起功能障碍的草药
2008	中国	12名患者死亡	以二甘醇为溶剂生产的阿米拉星
2008	美国	785份不良反应报告，包括81人死亡	伪造的肝素被过度硫酸化的硫酸软骨素污染
2008	新加坡	150名患者住院治疗，7人一直昏迷不醒，4人随后死亡	伪造的西力士、3种草药制剂和西地那非
2008	挪威	44人遭遇中毒	含有东莨菪碱的假氟硝西泮片
2008	尼日利亚	188名儿童死亡	含有二甘醇的扑热息痛磨牙液
2009	中国	2人死亡	伪造的格列本脲比正常药效高6倍
2010	澳大利亚	54岁男子患严重低血糖症	摄入伪造的他达拉非
2010	中国	81名患者患有眼内炎症	被内毒素污染的假药贝伐珠单抗
2013	几内亚-比绍	75名患者癫痫复发或发作频率增加，2人随后死亡	伪造的苯巴比妥
2014	美国	65岁的男子患有肝中毒	含有西地那非的中草药
2014	尼日利亚	105名患者的癫痫发作频率增加	伪造的苯巴比妥
2014	刚果	930人患有肌张力障碍反应，其中11人死亡	含有氟哌啶醇的伪造地西泮
2014	美国	40名患者出现不良反应，其中1人死亡	含有大量内毒素和大量细菌污染的非无菌模拟静脉注射液
2015	美国	8人出现不良反应	摄入伪造的阿普唑仑片，发现其中含有芬太尼，在某些情况下还含有乙唑胺
2015	印度	15名患者患有眼内炎症	注射伪造的贝伐珠单抗
2016	美国	7人遭受不良反应	含有芬太尼和异丙嗪的Norco（对乙酰氨基酚和氢可酮）
未知	英国	一名男子急性铅中毒	伪造的治疗勃起功能障碍的阿育吠陀药物
未知	美国	儿童在注射人类生长激素后抱怨有烧灼感	含有廉价胰岛素的人类生长激素
未知	日本	39岁男子患低血糖症	含有大量格列本脲和少量西地那非的增强性功能的药物

数据来源：文献[23]。由 CC BY 4.0 授权使用。

制药厂商正在寻求以在制造过程中融入各种技术验证和识别产品的方法打击假冒伪劣药品。这些技术包括水印、条形码、RFID标签、全息图，或者通过特殊印刷油墨在包装和药品上施加神秘图案[24-26]。不幸的是，当这些措施应用于包装时，它们也会被伪造，就像药品本身被伪造一样[27]。外观容易被伪造，因此必须使用稳健的化学成分分析方法区分真伪药品。虽然在实验室环境中可以使用复杂的分析方法，但显然需要在现场快速评估，已有多篇论文对可能实施的技术进行研究和综述[28-31]。

5.1.1　法医和法律上的考虑因素

在发达国家，尽管一般认为假冒伪劣药品是制药行业的问题，但往往解决问题需要的挑战根植于公共卫生、知识产权（IP）和执法问题。这些药品成分威胁公共卫生安全，并给法医科学领域带来独特的挑战。这些商品已经导致疾病和死亡，所以我们有必要鉴别出伪造者并将其诉诸法律。互联网因为可以更容易直接接触到消费者，已经导致了伪劣药品的泛滥，许多研究表明从网上购买收到假冒伪劣药品的发生率很高[32]。保健药品领域如Viagra®尤其容易受到攻击，因为真品（非伪造）药品的价格通常比伪劣药品更高，而且这种药品作为治疗勃起功能障碍的药物可能会让患者感到尴尬。而在线订购这类药品可以方便地购买和接收药物。图5.1展示了一张假冒Viagra与真品药片对比的图片。图5.2展示了一张非法仿制的Viagra与真品药片对比的图片。

已有许多有效鉴别药物是否为伪劣的方法，包括直接对比微观和宏观特征、红外（IR）光谱法、拉曼光谱法和质谱（MS）。在鉴定药物是假冒伪劣的之后，确定该药物的来源也很重要，而且这比简单将样本识别为假冒伪劣更具挑战性。使用分析方法对样本进行溯源通常需要根据样本中存在的化学或物理特征进一步对假冒伪劣样品进行分类，这些特征不仅可以被检测到，而且可能将其用于关联不同的样品。

显然，检测和识别假冒伪劣药品是解决伪劣药物问题过程中的关键步骤，为实现这些目标而进行的科学测试必须使用准确可靠的方法。在现场开展假冒伪劣药品的分析测试通常是为了快速区分真伪和对这些商品进行分类；这些快速分析测试的能力具有价值，并可能有助于确定来源。在证据将在法庭上使用的情况下，所使用的技术和方法必须符合法庭科学证据的可接受标准范围。从历史上看，使用现场仪器进行的测试结果是以推定的方式[33]支持调查和可能性的证据。近来，现场收集的可在法庭上使用的数据变得更为可取，因为从长远来看这可能会节省时间和金钱。

对假冒伪劣药品的分析可能从评估所使用的包装开始。真品药物的包装是受控的，

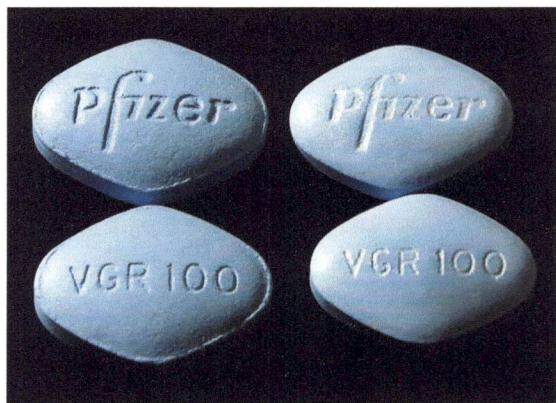
图5.1　左边是假冒的Viagra药丸，右边是真品Viagra

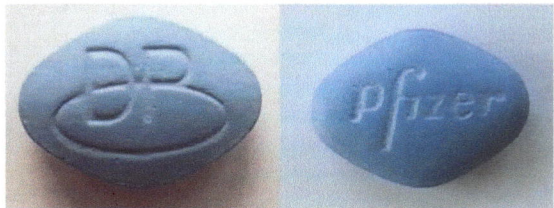
图5.2　左边的药片是右边所示正版Viagra药片的非法仿制品（不合格）

因此检测到的差异可以用于鉴别目的。例如，对用于剂型和散装包装的层压板上的涂层进行比较可以作为区分的手段，所使用的黏合剂也是如此。对标记和其他样本特征的物理比较也可用于此目的。当进入到包装内部，就可以对剂型的物理和化学特征进行评估。图5.3显示了使用便携式红外光谱仪从品牌和非处方通用药品的外包装收集的红外光谱。如此处所示，合法通用药品的包装可能与药品的品牌版本不同。这种类型的分析很直接，在很多情况下可以快速、轻松地区分真伪药物。

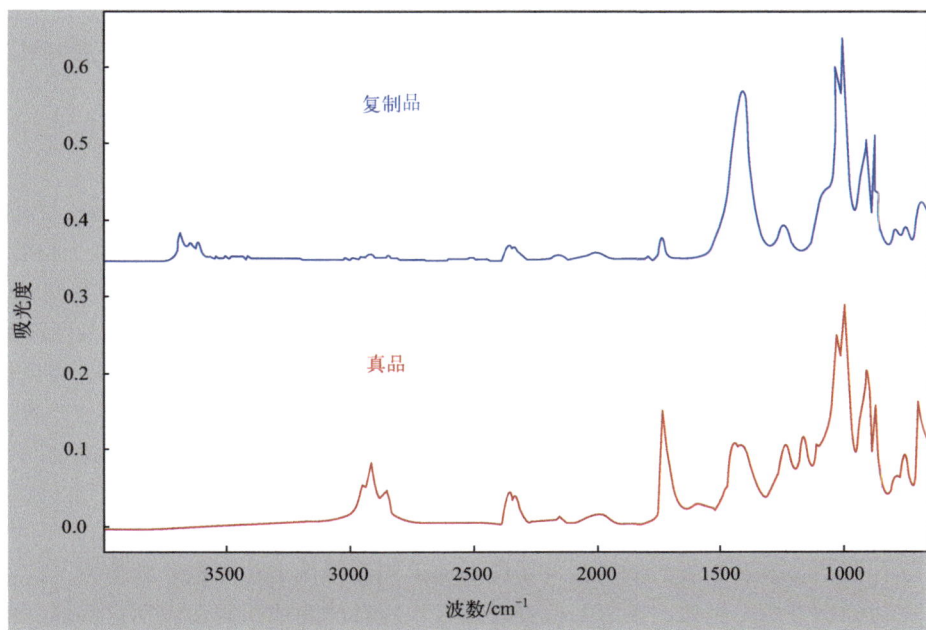

图5.3　使用便携式红外光谱仪分析的品牌（真品）和仿制（复制）非处方药外包装的红外光谱。这些光谱可在几分钟内快速区分包装。来源：文献[34]。版权（2020）归MJH Life Sciences所有

　　虽然分析包装可能是有用的，但通常也需要分析药物的成分。在药品实验室分析药物以确认身份时，可能使用红外（IR）或质谱（MS）进行识别，然后可以使用额外的常规测试［例如溶解后进行液相色谱（LC）测试］确定药物的含量或确定其在最终试剂中的分布。在使用在药物开发和制造过程中的开发和验证标准对药片进行识别和定量分析后，分析流程通常就结束了。然而，在法医环境中分析假冒伪劣药物时，识别活性药物成分（API）可能只是分析工作流中众多步骤之一。

　　假冒伪劣药物可能在剂量或固态形式上存在正确的API，而API的固态形式由于各种原因而具有重要性[35,36]。比如多晶体，相同化学物质的不同多晶体可能表现出不同的生物利用度[37]。在制造过程中产生的多晶形态可能具有法律意义，这是因为某些多晶形态可能受到专利的保护，而其他多晶形态则可能没有受到保护[36]。在API的不同固态水合物的情况下，错误的水合水平可能导致水合水平过高的药片剂量不足或水合水平过低的药片剂量过量[38]。此外，剂量和固态形式差异、粒度或在剂型中的分布可能不同，残留溶剂的存在可能不同，这些都可以用作样本之间比较的依据。在评估假冒伪劣药物时，非活性成分可能与药物的真实版本不同，需要识别和表征。假冒伪劣药物中存在的外来颗粒可能作为区别和识别的额外特征。在这些情况下，需要采用非常规的药物分析方法。

5.1.2　现场分析概述

不同类型的假冒伪劣药品在分析和法律挑战方面存在一定的差异：

- 真正的假冒伪劣药品，即非正版产品，旨在欺骗并对公共卫生构成风险，侵犯知识产权，并给药物创新者（以及药品零售供应链的其他环节）带来经济损失。它们还对品牌的管理构成挑战。
- 改变用途的真品可能引发法律问题，比如财产盗窃。
- 过期和其他不合格的药物，比如上文提到的抗疟药物的情况，是一个公共卫生问题，长远来看也可能会产生抗药性增强的问题。
- 仿制药品可能包括假冒伪劣的仿制药或非法仿制药，它们可能涉及违反法律的行为，如美国旨在平衡药物创新与可负担药物供应的哈奇-韦克斯曼法案。

值得注意的是，在美国虽然公共卫生是一个关注点，但是由于供应控制良好，讨论主要集中在通过网络购买的进口药品是否真实以及是否侵犯了知识产权和其他的法规。而在发展中国家，关注点更多聚焦在公共卫生领域，尽管美国也曾经发生过影响公共卫生的案例[11-18]。传统意义上的定性和半定量实验室技术（如崩解、比色法和薄层色谱法）已被用于判断药品是否为假冒伪劣产品。更先进的实验室技术包括气相色谱（GC）和液相色谱（LC）[39]。将质谱（MS）与LC结合，不仅有助于鉴定，甚至还可以识别假冒伪劣药品中低浓度的未知部分。然而，即使是在实验室中，这些方法也有样品制备和分析所需时间过长的缺点。为了克服这个问题，正在使用直接电离MS方法，如实时直接分析（DART）和解吸电喷雾电离（DESI），以此消除样品制备[40]步骤。

虽然已有相关实验室方法，但是在现场检测和识别假冒伪劣药品也非常重要，这需要使用快速且可靠的分析方法。例如，在海关检查点拥有快速且准确地检测和识别这些商品的能力可以防止它们进入当地的供应链。由于需要长时间等待实验室检测结果而推迟货物的通关并不总是实际可行的。边检人员在工作中通常只有几分钟时间在高工作压力情况下做出放行或不放行的决定。如果能够在现场进行检测和识别，执法机构则可以立即采取行动，防止假冒伪劣商品进入到市场中。更有助于识别造假者、溯源并对这些案例进行适当的审判。

全球医药健康基金的"GPHF-Minilab"是传统实验室方法的一个现场模拟，这是一个现场测试套件，具有简单的崩解、显色反应测试和易于使用的薄层色谱测试，用于快速检测药物和验证药物效力[41]，它包括四个步骤：

① 剂型和相关包装材料的物理检查方案，用于在早期拒绝更为粗糙的假冒伪劣药品；

② 快速检查填充物和总重量，作为检测与药物含量相关虚假信息的早期指标；

③ 简单的片剂和胶囊崩解测试，以验证肠溶包衣和其他调释制剂系统的标签声明；

④ 易于使用的薄层色谱作为化学测试，用于快速验证关于药物身份和含量的标签声明。

供应品需要包含足够数量的物资，以便进行约1000次测定，同时确保一次测试的总材料成本不超过3欧元。

像本书中其他章节所提到的那样，现场便携式仪器需要小巧、轻便、坚固且易于使用，特别是在它们可能会被手提到现场进行分析工作时，这些特性更显得尤为重要。在运输过程中和分析现场，它们预计会受到很大程度的磨损。通常对于光谱仪来说，信噪比规格、跌落测试和其他坚固化标准同样至关重要。由于这些仪器工作环境有时具有危险性，它们必须具有易于使用的软件界面，生成结果驱动的答案而不是需要用户大量解释的光谱显示。使用专门针对现场结果优化的算法进行自动化库搜索是这些仪器设计的重要方面。在此之上，有时还需要采样功能和其他附属套件，但这并不是理想的需求。现场便携式仪器越是复杂，就越不可能成为现场常规工作流程的组成部分，需要尽可能减少不切实际的消耗品。不仅如此，仪器需要携带的装备越多，则仪器能在现场使用的可能性就越小。

鉴于以上内容，无论在现场还是在现场之外，使用振动光谱技术（如红外光谱和拉曼光谱）对药品进行鉴别和验证是一种有效方法，这些技术可以获取到药品本身的独特光谱"指纹"。这些光谱技术相对于色谱技术具有明显优势，因为它们是非破坏性的，不需要试剂或耗材，并且可以在几秒钟内迅速表征可疑产品，在某些情况下甚至无需将药物从包装中取出。当合法的制造商在生产或研究设施中收到可疑的假冒药品时，它们通常可以使用在开发、生产和发布测试过程中采用的方法检测或区分这些可疑药品与真品的不同。但是挑战主要在于如何在现场生成这种测试结果。在过去15年间，光谱仪器的微型化和便携化取得了巨大进展。这些进步背后的技术细节已在本书技术与仪器卷各章内进行描述，此处不再赘述。

这些进步使得实验室能够更接近假冒活动发生的现场，如欺诈性的制造设施、药房、医院、仓库、储存设施等。这可以为从生产车间到零售药店的药品分销链路提供一定程度上的分析控制。制药公司和地方警察及执法机构可以共同使用这些便携式设备在现场检测假冒伪劣药品。样品可以在现场以非破坏性的方式迅速分析，结果在几分钟内就可以获得，这可能有助于操作员以迅速查封或打假行动的形式采取后续的紧急措施，而这一点至关重要，因为将样品送到远处测试设施所需的时间可能已经足够让狡猾的造假者逃离现场并在其他地方重新建立据点[42]。便携式光谱仪主要应用于制药行业的原材料识别质量控制和过程分析技术（PAT）[43]。便携式近红外（NIR）光谱仪和拉曼光谱仪最初用于仓库或进货检验中的原材料识别[44,45]，因此可以很自然地将其拓展到药品现场分析领域。

5.2　现场分析光谱方法

5.2.1　振动光谱

如前所述，便携式近红外（NIR）、中红外（MIR）和拉曼仪器的技术以及它们的非假冒检测应用在本书的其他章节中有所描述。其中一个关键能力是这些仪器可以由非科学家使用，并可能通过佩戴个人防护装备（PPE）不仅能获取到光谱，还能获取到可操作的信息。这3种方法的重要之处在于它们对整体产品进行分析。本章中的意思是，为了进行分析，必须存在可见量的样品，并且所产生的光谱（尽管并非总是如此）旨在代表药物产品的总体组成。有时，这3种方法可以用于分析药品的不同区域，但最终光谱结果的目的是代表所分析的区域。例如，对片剂涂层进行分析会得到与分析片剂核心时不同的光谱。涂层的光谱旨在代表涂层，核心的光谱旨在代表核心。

便携式红外光谱仪和拉曼光谱仪已广泛应用于非科学家用户，如执法人员和危险物质技术员，用于分析许多类型的非法药物和真品药物。这些光谱仪提供关于样品的特定化学信息，它们不仅可以确定活性药物成分（API）、赋形剂或药品的化学成分，还可以确定组分的固态形式，如盐形式、多晶形式和水合水平[36]。它们还可用于分析泡状包装或其他包装。通常，便携式红外光谱仪可能应用的范围也是便携式拉曼光谱仪可能应用的地方，这些方法通常提供互补的结果。由于选择规则和相对带强度的差异，某些样品可能更适合红外分析，而其他样品可能更适合拉曼分析。

使用便携式光谱仪的人员需要了解正在研究的样品的哪个部分需要受到检测，特别是当样品会分层或存在其他异质性时，作为非科学家，这些影响因素对他们可能并不明显。表5.3总结了一些注意事项。传统的拉曼光谱是一种表面技术，对于典型的完整固体剂型只会检测涂层，必须打开药丸或片剂才可以检测其内部。便携式拉曼仪器中的激发辐射通常也具有较小的光斑尺寸，通常直径为30～300 μm，但是制药业中的固体剂型并不统一。空间偏移拉曼光谱（SORS）可以提供关于样品整体的信息，该技术最近才可以提供手持设备[46]。目前仅作为实验室技术提供的"透射拉曼光谱"[47]可以提供关于整个片剂的信息。共轭分子和芳香族分子往往是强拉曼散射体，许多API属于这些类别。然而，许多API在可见光波段的光照下也会发出荧光，这可能会带来一些问题。大多数早期的手持式拉曼光谱仪使用785 nm波长激光激发，但现在有几种使用1064 nm波长激光激发的仪器，其中荧光的概率降低了。便携式中红外仪器通常使用衰减全反射（ATR）样品界面，这需要样品与内部反射元件（有时称为晶体）之间的紧密接触。这不仅意味着必须处理样品，而且代表这也是一种表面技术，因为只有顶部表面的几微米受到红外光束的探测。拉曼光谱和中红外光谱都提供了非常具体的信息，因为它们提供了关于基本分子振动的信息。近红外光谱没有那么具体，因为该光谱区域只有倍频和组合带。但是，由于近红外光谱中消光系数较低，提供了更大的深度穿透（波长越短，穿透力越大），因此近红外光谱既可以采样整体，也可以采样表面，通常采样直径较大。

表5.3　对药物剂型使用振动光谱方法的一些考虑

技　　术	常规拉曼光谱	中红外光谱	近红外光谱
检测样品	仅表面	仅表面	表面和内部
样品直径	约1 mm光斑大小或更小	ATR采样几毫米	约3～10 mm光斑大小
需要样品处理吗？	无需样品处理	ATR需要样品处理	无需样品处理
能否透过包装使用？	可以透过透明包装取样	不可以	可以透过透明包装取样，但光谱会受到包装影响
样品荧光问题？	样品可能有荧光	荧光不是问题	荧光不是问题
样品加热问题？	深色样品可能加热	没有	没有
具体化学信息？	是；基本振动	是；基本振动	较少；倍频和组合频
最敏感功能团	非极性基团（如C=C）和骨架或主链基团倾向于更强的拉曼散射	极性功能团（如C=O，C—卤素）倾向于具有强中红外带	C—H，N—H和O—H基团

从分析测试的角度来看，除了选取规则之外，还有其他原因可能使人们选择红外而不是拉曼，反之亦然。如果样品在拉曼分析过程中发出荧光，或者在为实现足够的拉曼信号而需要的激光加热样品时发生样品燃烧，那么可能更倾向于使用红外而不是拉曼。如上所述，制药行业中许多感兴趣的物质（典型的芳香类API，但还有一些赋形剂，如微晶纤维素）会发出荧光。开发使用长波长激光激发（1064 nm对比785 nm）的便携式拉曼系统旨在解决荧光问题，但是如果在优化的拉曼分析过程中无法减少荧光，通常需要使用便携式红外系统。与爆炸物或艺术品保护等应用不同，当便携式拉曼系统用于药物分析时，样品燃烧（甚至爆炸）通常不是问题。如果分析物分散在水中，拉曼光谱比红外光谱更优，因为水引起的拉曼信号较弱，这有助于检测和识别水溶液中的成分。然而，在水合物的情况下，由于化学计量水合物的红外光谱通常与无

水形式的光谱不同，化合物中的化学计量水的存在可以在使用红外光谱时提供一个额外的差异点。

　　除了分析方面的考虑因素外，还有操作方面的考虑因素可能决定是否使用便携式红外系统或便携式拉曼系统。在操作上，与FTIR相比，拉曼在现场使用时具有显著优势。具体来说，它可以"透过"透明玻璃、透明泡罩和塑料袋，无需与样品接触。当分析样品具有危险性时，这一点尤为重要。在拉曼分析过程中"指向并扫描"[42]穿过包装的能力是现场用户经常选择拉曼而非IR的一个重要原因。为了使用ATR系统收集IR光谱，必须将少量样品转移到系统的内部反射元件上。这不仅要求打开药物或药物制品进行分析，而且还要对材料进行取样。除了可能由于暴露在样品中而产生的潜在危险外，还需要打开容器并取样进行分析，这可能会显著增加单次分析所需的时间，从而降低总体样品的高通量。无论是在现场采用IR方法还是拉曼方法，分析时间都相当快（数据收集大约需要几秒钟）。在分析假冒药物的一些情况下，分析的是药物本身；在其他情况下，可能分析包装。两种方法都被证明是有效的[48,49]。

　　值得注意的是，对于放在透明塑料水泡包中的样品，拉曼仪器获得的光谱不会包含来自塑料的显著贡献，而NIR仪器获得的光谱则会。这是由于它们在操作方式上的根本区别。拉曼仪器被设计为共焦的，因此激发光束聚焦在样品上（在这种情况下是固体剂型），并且散射辐射也从同一点采集，这使得透明泡罩的光谱得到区分。然而，NIR仪器是在漫反射模式下操作的，入射辐射穿过塑料，受到一定的吸收，被样品漫反射，并再次穿过塑料，受到进一步的吸收，最后到达探测器。因此，所得到的光谱被塑料的光谱"污染"。在某些情况下（如聚乙烯）塑料光谱相对简单，但在其他情况下（如聚甲基丙烯酸甲酯）可能会很复杂。

　　在便携式仪器中，光谱既不是最终结果，也不是操作员需要的可操作信息。在现场进行假冒药物检测时，需要将样品光谱与真实材料的光谱进行比较。同时需要注意的是，如果真实材料来自不同的生产地点，那么不同批次之间可能会存在细微的差异，这在下文中会详细探讨。化学计量学比较算法和库/数据库构建在本卷第2章和第3章已进行介绍。请注意，概念证明和方法开发在便携式仪器上部署该方法之间存在明显区别。方法开发需要相当的技巧，通常由经验丰富的科学家完成。然而，一旦将该方法部署到便携式仪器上，非科学家就可以操作它，给出真/假、红灯/绿灯或真品/假冒答案。但这种方法只能针对一个产品，换句话说，设置用于检测假冒Viagra的方法无法用于检测假冒Levitra®，反之亦然。这也意味着便携式仪器应具备多个这样的存储"方法"，让操作员选择（但不能修改）应使用哪一个。这与便携式光谱仪在制药生产中的其他用途形成鲜明对比，例如在原材料识别中，一个库和算法可能用于各种各样的进厂材料。

　　概括地说，有两种主要的算法类型用于通过振动光谱学检测假冒药物。首先，可以使用光谱匹配方法，通过创建一个经确认的真品光谱库，将可疑样品的光谱与相应的库条目进行比较，并评估每个匹配的质量。例如，这是2010年及以后尼日利亚活动中使用的方法（详见下文）。其次，可以使用主成分分析（PCA）和聚类分析的组合，这样做的优点是将来自不同生产地点的真品以及其他真品的差异（例如储存条件）纳入数据集。在PCA空间中，真品将聚集在一个群组中，而假冒药物则倾向于位于该群组之外。下文还将给出这种方法的示例。

　　以下各小节介绍了傅里叶变换红外（FTIR）光谱、拉曼光谱和近红外（NIR）光谱在假冒药物检测方面的应用。

5.2.1.1　傅里叶变换红外光谱

　　绝大多数便携式红外光谱仪是基于衰减全反射（ATR）样品接口技术和方法的傅里叶变换红

外（FTIR）系统。在制药行业，红外光谱广泛用于原料、赋形剂、药物物质和药物制品的鉴定。美国药典（USP）在第197章认为，与同时获得的相应USP参考标准光谱相比，物质的红外吸收光谱可能是可从单一测试中得出的最为确凿的物质鉴定证据[50]。因此，使用便携式FTIR检测和鉴定假冒药物是具有价值的。如前所述，该方法可以用于药物物质及其包装的分析，这种方法既容易执行，也能快速提供结果。

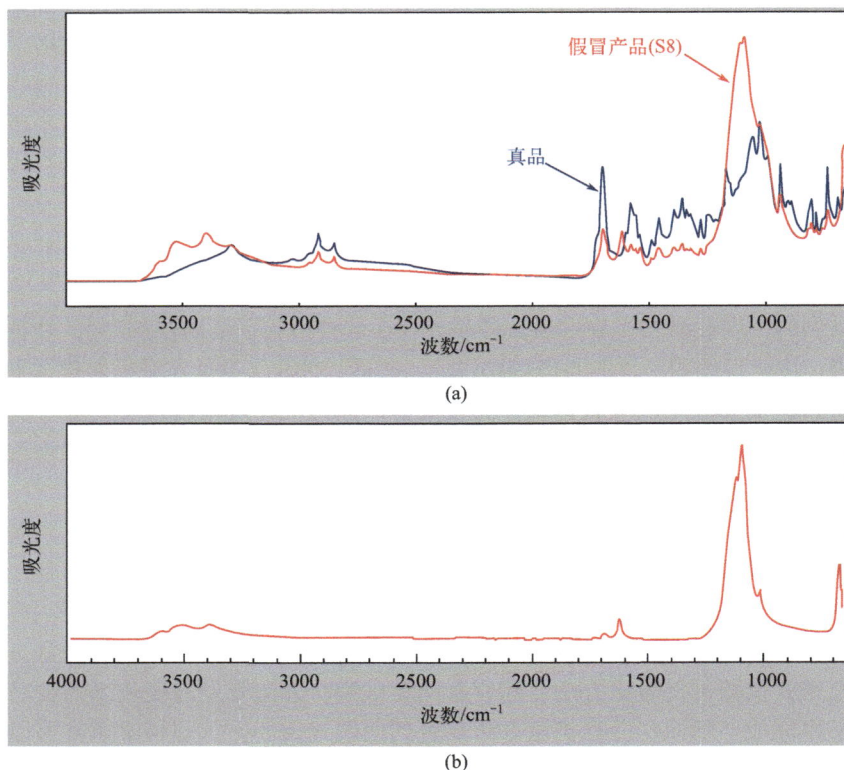

(a)

(b)

图5.4　（a）3片真品药芯的9个IR光谱的平均值（蓝色）以及7片仿制品药芯的21个IR光谱的平均值（红色）。这个例子很有趣，因为它不仅展示了便携式FTIR如何轻松区分这些样品，而且还有助于确定仿制品的化学成分。在这个例子中，仿制品的IR光谱与真品药物的IR光谱相似，但也具有硫酸钙的光谱特征。（b）硫酸钙的IR光谱，其吸收带在图5.4（a）中的仿制品样品的光谱中可观察到

　　作为使用便携式FTIR分析假冒药物的一个示例，图5.4（a）展示了真品药物的3片药芯的平均值叠加在9个光谱上以及假冒药物制品的7片药芯的平均值叠加在21个光谱上，光谱是被归一化的。这个例子很有趣，因为它不仅展示了便携式FTIR如何轻松区分这些样品，还说明了如何确定假冒药物的化学成分。在这个例子中，假冒药物制品的IR光谱与真品药物制品的光谱相似，但也具有硫酸钙的光谱特征。图5.4（b）展示了硫酸钙的IR光谱，其吸收带在假冒药物的光谱中可以观察到。

　　便携式FTIR光谱学在假冒药物领域的另一个重要潜在价值是确定样品的来源。假冒药物在化学成分上可能与真品相似，但由于不同赋形剂等原因，在它们的IR光谱中可能观察到成分的小差异。图5.5显示了片剂的真品版本与假冒版本的光谱叠加以及两个预计来自同一来源的不同假冒片剂样品的光谱叠加。请注意，基于它们的IR光谱，真品和假冒样品彼此在化学上相似〔图5.5（a）〕。然而，当评估预计来自相同来源的不同假冒样品（样品I1和I4）的光谱时，光谱

几乎相同［图5.5（b）］。请注意，样品名I1和I4中使用的"I"表示这些样品的来源是印度。两个样品之间的唯一差异是在3000 cm⁻¹和3500 cm⁻¹之间的O—H伸缩振动，这些差异是由于两个样品之间的水分含量不同。样品I4的平均光谱中包含的水分较少。

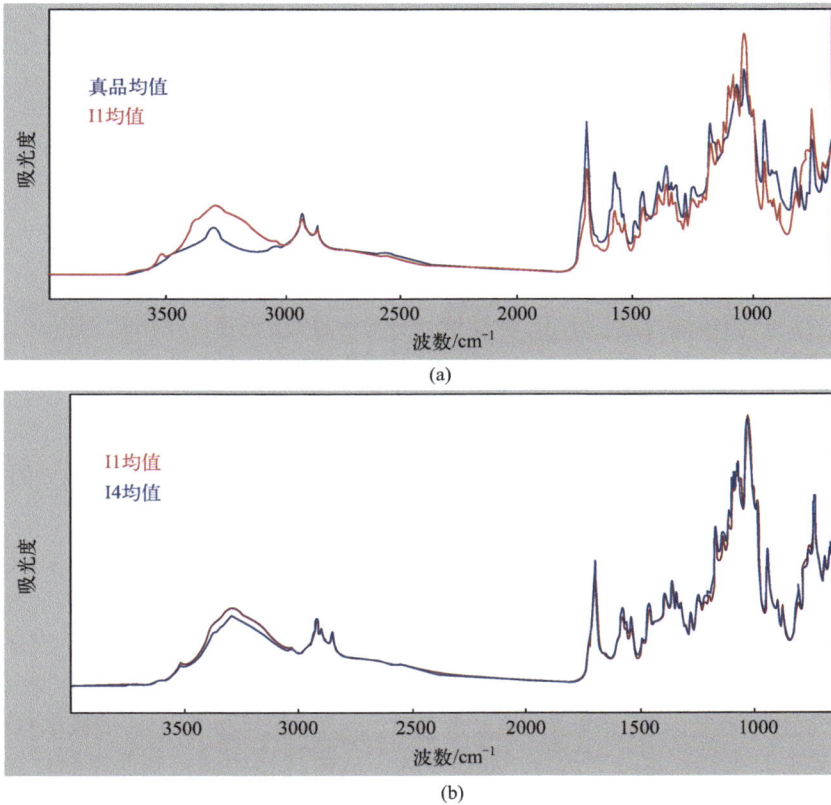

(a)

(b)

图5.5 （a）3片真品药芯的9个IR光谱的平均值（蓝色）与7片仿制品药芯的21个IR光谱的平均值（红色）的光谱叠加。（b）两个预期具有相同来源的仿制品样品药芯的每个21个IR光谱的平均值的光谱叠加（所有光谱区域归一化）。使用便携式FTIR（ATR）进行IR光谱分析

这是一个重要的观察结果，因为IR分析对水敏感。众所周知，药片由于种种原因会吸收不同数量的水，水分含量的差异可能仅仅是由于储存条件，例如湿润与干燥环境的差异，也可能是API或其他成分的无定形含量导致的，即使是少量的无定形含量也会导致样品吸收的水分比药物的晶型更多[51]。无定形含量可能与制造过程直接相关[52]，并可能为片剂来源提供见解。水分含量的差异还可能是由于不同化学计量水合物的存在。由于化学计量水合物可能具有容易区分的IR光谱，分析这类样品有助于区分不同来源的样品。在解释数据时，需要在得出关于样品真实性的结论之前考虑所有这些因素。

通过使用化学计量学[53,54]，也可以进一步尝试根据IR光谱数据区分样品并确定它们的来源。使用主成分分析-典型变量分析（PCA-CVA）评估了7个假冒样品［包括图5.5（b）中显示的2个］和真品药物的光谱。使用自动缩放数据预处理的PCA-CVA显示，可以将这些样品分为8个组（7个非真品和1个真品）。使用留一交叉验证（HOO-CV），通过12个主成分（PC）确定了2.16%的估计误差率。图5.6显示了三维（3D）得分图。在此图中，每个分组的颜色不同，并且基于分组的分配在三维中的聚类是明显的。

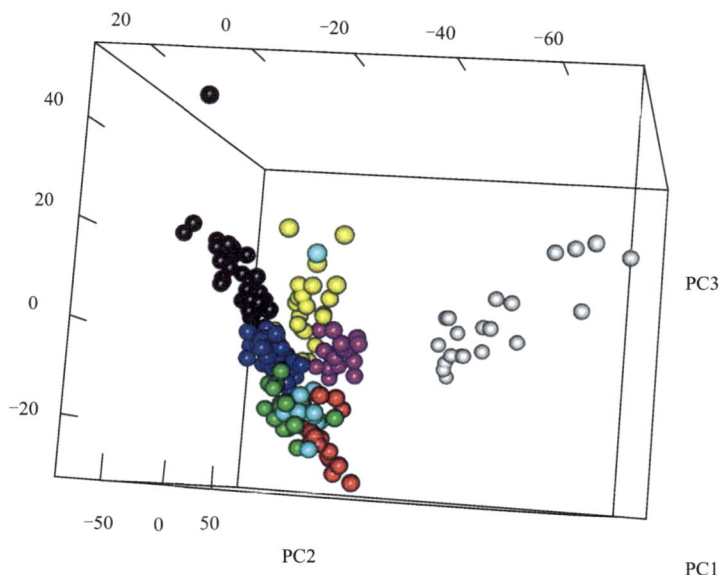

图5.6　假冒药品片剂和真品片剂的IR光谱（自动缩放）的3D得分图。PC1、PC2、PC3的方差值分别为45.58%、27.47%、12.16%

HOO-CV PCA-CVA混淆矩阵显示在表5.4中。这个混淆矩阵直观地显示了HOO-CV PCA-CVA模型的性能，行表示被保留的样本的预测身份，列显示实际身份。每行中的数字表示测试算法将被保留的样本放置在给定类别（列）的百分比。因此，如果所有样品的所有10个重复都被正确识别，那么对角线上的每个单元格都将有一个"100%"。这个表显示有86%的概率I1被准确分类，但是有14%的概率I1被错误地分类为I4。这个表还显示有95%的概率I4被准确分类，但是有5%的概率I4被错误地分类为I1。如前所述，从IR光谱中观察到的样品I1和I4之间的主要差异是样品的水分含量。在执行化学计量学分析时，如果需要，可以在评估之前从光谱中去除OH伸缩振动区域，但在这种情况下没有采取这种方法。

表5.4　假冒药品片剂和真品片剂（A）的IR数据的HOO-CV PCA-CVA结果的混淆矩阵

		参照							
		I1	I2	I3 SINGS	I4	I5	S7	S8	A
预测	I1	86%	0%	0%	5%	0%	0%	0%	0%
	I2	0%	100%	0%	0%	0%	0%	0%	0%
	I3 SINGS	0%	0%	100%	0%	0%	5%	0%	0%
	I4	14%	0%	0%	95%	0%	0%	0%	0%
	I5	0%	0%	0%	0%	100%	0%	0%	0%
	S7	0%	0%	0%	0%	0%	95%	0%	0%
	S8	0%	0%	0%	0%	0%	0%	100%	0%
	A	0%	0%	0%	0%	0%	0%	0%	100%

注：此混淆矩阵直观地展示了HOO-CV PCA-CVA模型的性能，行代表保留样本的预测标识，列则显示实际标识。每行中的数字显示测试算法将保留样本置于给定类别（列）的百分比。因此，如果所有样品的所有10个重复都被正确识别，则对角线上的每个单元格都将显示"100%"。该表显示有86%的概率I1被准确分类，但是有14%的概率I1被错误地分类为I4。这个表还显示有95%的概率I4被准确分类，但是有5%的概率I4被错误地分类为I1。

5.2.1.2 拉曼光谱

自2005年左右以来，便携式拉曼光谱仪已经商业化。这些系统最初是为一线应急人员用于危险物质识别设计的，但在制药行业中也得到了认可，用于识别药物物质、药物制剂、赋形剂甚至产品包装。它们通常使用785 nm波长激光激发，但现在也有激发波长更长（1064 nm）的仪器。

注：使用了12个PC，导致2.16%的误差率（231个中的5个被错误分类）。

便携式拉曼系统可以用多种方式分析假冒药品[55]。虽然模式匹配可用于区分一个样品和另一个样品，但这些仪器还可用于提供关于样品的化学信息。图5.7显示了两个不同真品药物制剂样品的平均拉曼光谱。对于每个样品，从3个不同的药片核心位置收集了3个拉曼光谱，然后将这9个光谱平均。请注意，这些平均光谱几乎无法区分彼此，它们展示了当样品的成分相同时两个光谱的相似程度。这种分析非常简单，实际上是一种模式匹配练习。

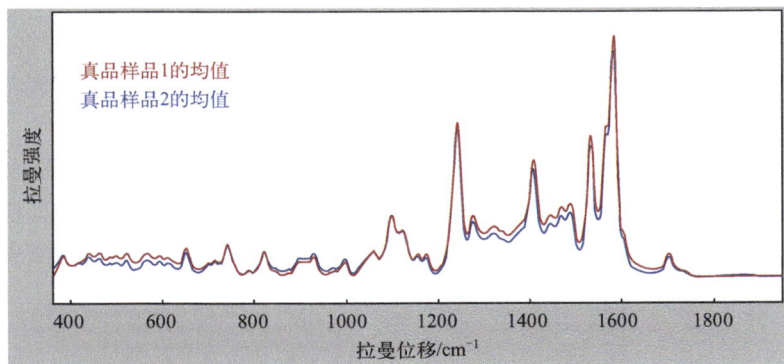

图5.7 两个不同真品药物制剂样品的平均拉曼光谱。每个拉曼光谱是每个真品样品的3片药片核心的9个光谱的平均值

为了进行比较，图5.8显示了真品药物制剂的平均拉曼光谱（3个药片核心的3个光谱）与假冒真品药物制剂核心的平均光谱对比。请注意图5.8（a）中显示的两个光谱以及图5.8（b）中显示的两个光谱之间的相似性。光谱之间的相似性表明，假冒样品在化学上类似真品，但并非完全相同。更进一步，图5.8（a）显示了假冒样品I1的平均光谱，图5.8（b）显示了假冒样品I4的平均光谱。这些样品的红外数据之前已经过审查，这两个样品被认为具有相同的来源。请注意，拉曼数据也支持这个结论。这两个样品的拉曼光谱相同，并且I1中存在的额外拉曼带也出现在I4中。

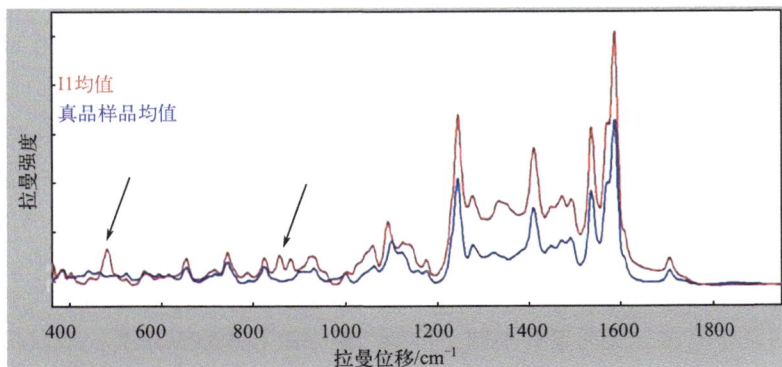

(a)

图5.8

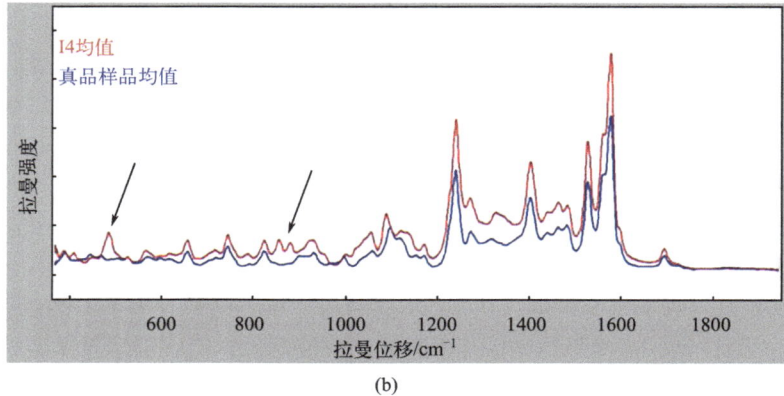

(b)

图5.8 （a）3片真品药片核心的9个拉曼光谱的平均值（蓝色）与同一批次7片仿制品药片核心的18个拉曼光谱的平均值（红色）的光谱叠加。（b）3片真品药片核心的9个拉曼光谱的平均值（蓝色）与同一批次7片仿制品药片核心的20个拉曼光谱的平均值（红色）的光谱叠加。区域指示光谱中彼此相似但与真品样品光谱不同的样品l1和l4的区域

　　同样的拉曼分析也可以应用于胶囊剂型。图5.9显示了真品和假冒胶囊产品的拉曼光谱叠加。尽管两个样品中都观察到了荧光，但真品中存在的拉曼带在假冒版本中明显缺失。这些数据不仅表明这两个样品彼此不同，而且还表明真品中存在的药物物质在假冒版本中不存在[42]。

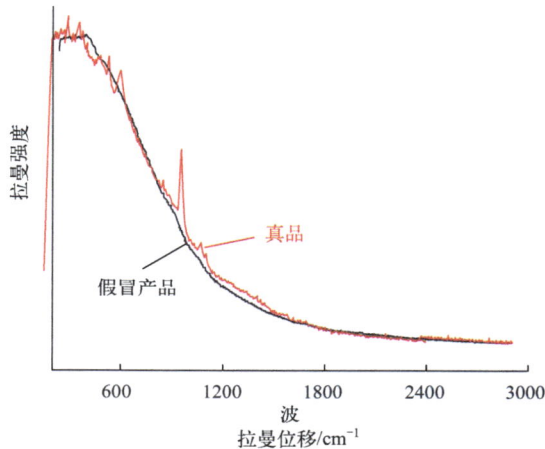

图5.9 真品和假冒胶囊产品的便携式光谱仪的拉曼光谱。来源：Kalyanaraman等[48]。版权（2010）归CompareNetworks公司所有

　　与红外数据一样，当应用化学计量学方法时，拉曼数据也可以用于追溯样品来源。使用便携式拉曼分析前一节中使用的化学计量学方法评估的便携式红外数据的相同样品，并应用化学计量学方法试图确定来源。PCA-CVA表明，可以根据拉曼光谱将样品分类为8组（7个非真品和1个真品）。使用14个主成分（PC）进行HOO-CV以确定0.56%的估计误差率。图5.10显示了PCA-CVA的三维（3D）得分图。在这张图中，每个分组用不同的颜色表示，与红外光谱中在3个维度上明显的基于分组分配的聚类不同，拉曼数据中没有观察到聚类。然而图5.11显示了作为主成分数函数计算的拉曼预测误差率，尽管在三维中聚类不明显，但拉曼光谱法能够成功地对大多数样品进行分类。

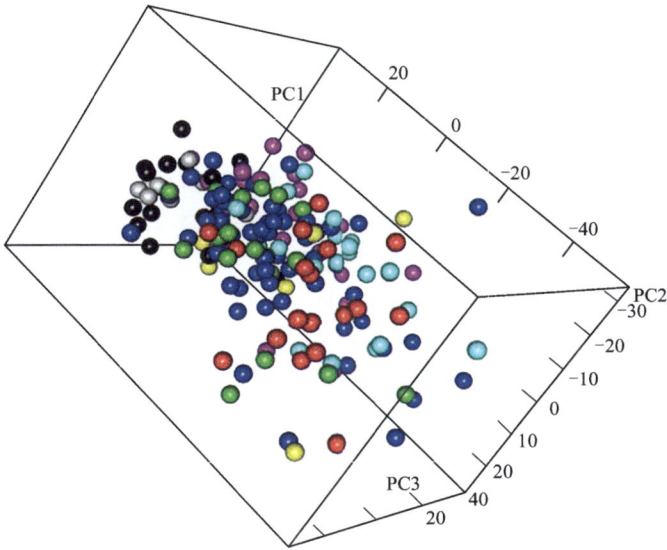

图5.10　真品和假冒药片的拉曼光谱（自动缩放）的3D得分图

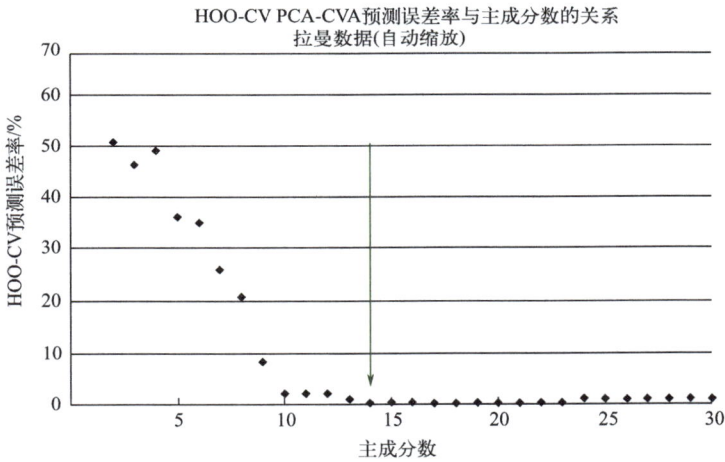

图5.11　PCA-CVA HOO-CV预测误差率作为主成分数的函数显示。在14个主成分处观察到0.56%的预测误差率

从红外数据（图5.6）和拉曼数据（图5.10）的三维得分图中观察到的聚类差异很有趣。拉曼数据在三维得分图中未出现分离的原因可能是拉曼分析的光斑尺寸（50 μm）明显小于红外分析（1.3 mm×0.8 mm）。另外值得注意的是，拉曼数据的光谱范围较窄，这也可能导致这种观察结果。

5.2.1.3　近红外（NIR）光谱

尽管近红外辐射在200多年前就已经被发现，但其实际应用始于20世纪70～80年代，Norris和Williams在农业领域的研究起到了重要作用[56-58]。这些研究人员能够有效地预测不同粒度范围的碾磨小麦中的蛋白质和水分含量。20世纪80～90年代，市场上开始出现台式光栅和傅里叶变换（FT）近红外仪器，主要应用于食品和农业行业[59,60]，后来应用于制药领域[61-63]。至少在20年前，便携式近红外光谱仪问世之前，研究人员就意识到了近红外光谱学在检测假冒药品方面的能力[64-71]。

2006年，随着Polychromix公司推出类似无绳电钻大小的"Phazir"便携式近红外光谱仪，市场上开始出现便携式近红外仪器。在电磁光谱的近红外区域开发过许多仪器，尤其是在短波近红外（波长<1 μm）区域，但在Phazir问世之前，这些仪器并未广泛采用[72]。便携式系统的主要推动力是微机电系统（MEMS）和微光机电系统（MOEMS）技术的进步以及便携式计算能力的快速提高[73]。关于MOEMS和MEMS的详细讨论，请参见本书技术与仪器卷第5章。

从台式到微型和便携式近红外光谱仪的变化受到了制药行业的鼓励。在美国食品药品监督管理局（FDA）的"PAT倡议"[74]推动下，微型近红外仪器被用于对混合器和干燥器等设备的过程评估[75,76]，在需要使用电池供电和无线通信的仪器以及对传统光谱仪非常具有挑战性的环境中实现实时分析制造过程监测[77]。随后，现场、就地和移动的原材料鉴定无损检测能力也随之而来。近年来，甚至出现了更小的近红外仪器，可以放在手掌中，使得实验室能够进入偏远地区，如非法制造和储存场所、药房和医院，实现现场实时识别假冒药品的好处。

近红外光谱学允许探测O—H、N—H和C—H等功能团的倍频和组合带，这些功能团存在于大多数药物活性成分和辅料中[78]。拉曼光谱和中红外光谱波段相对清晰，可用于评估化学官能团，以进行分子和结构鉴定。而近红外光谱波段较弱且较宽，因此近红外原始光谱最初是非信息性的[79]。当对原始数据应用数学预处理时，光谱的细微特征差异可用于区分样品，如假冒药物和真品药物。不同数据预处理方法对光谱的影响不同，会影响结果，因此预处理方法是近红外方法的重要部分。用于近红外光谱的数据预处理方法包括基线偏移、基线线性、最大值归一化、范围归一化、范围中心归一化、单位向量归一化、导数（Savitzky-Golay）、标准正态变量（SNV）和多元散射校正[42]。

Kranenburg等[80]最近证明了数据预处理对于使用窄范围手持式近红外光谱仪检测非法药物物质的近红外光谱的影响，图5.12显示了他们的结果。左侧的光谱展示了来自同一品牌和型号的多个近红外光谱仪对86.6%的可卡因盐酸盐法医案例样本的未经处理的原始数据，每种颜色的线表示来自单个光谱仪的5次重复光谱，每种颜色表示来自单个光谱仪的数据。叠加基线漂移明显可见，大多数光谱仪提供类似的强度，而3个单独的光谱仪返回的信号强度明显较低。研究者将这些基线漂移归因于散射光谱中常见的基于颗粒大小差异的散射效应等多种潜在因素。中间的光谱显示了应用SNV变换后的原始数据，该方法解决了基线问题。右侧的光谱显示了对SNV结果进行的一阶导数（D1）分析，其目的是进一步强调光谱差异。强调不同样本中光谱差异是对原本无信息的近红外数据进行预处理的主要原因。

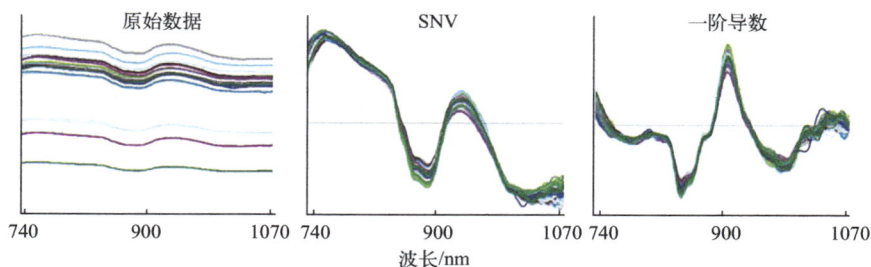

图5.12   左侧的光谱显示来自相同制造商和型号的多个NIR光谱仪的未经处理的原始数据，每条彩色线表示来自单个光谱仪的5个重复光谱，每种颜色表示来自单个光谱仪的数据。中间的光谱显示应用SNV分析后的原始数据，解决了基线问题。右侧的光谱显示SNV结果的一阶导数分析，以对光谱差异进行额外强调。来源：文献[80]，John Wiley & Sons公司。根据CCBY 4.0许可

　　在开发近红外方法时，重要的是要认识到真实的药物产品可能来自不同的生产地点或经历了不同的储存和温度条件，这些因素可能会影响样品的近红外光谱。近红外方法必须使用数据预处理和光谱搜索方法，既不区分这些真实样品之间的差异，同时又能将这些样品与假冒版本区分开。此外，要实现成功部署，必须在给定平台的多个仪器上得到可靠且可重复的结果。

　　如上文简要提到的，方法中的关键部分是光谱匹配或光谱比较的方法。通常在评估用于假冒药物检测的振动光谱时，会执行匹配算法（如相关性或p值）或主成分分析（PCA）和/或聚类分析。通常，光谱匹配会将每个经过预处理的样品光谱与从真实样品创建的库中的每个经过预处理的光谱进行比较，并使用化学计量学算法分配一个从+1（完美匹配）到-1（完美反匹配）的匹配程度相关值。如果对真实产品进行测试并与库光谱进行比较，匹配值应接近+1 [42]。本章中的所有近红外示例以及中红外和拉曼部分中呈现的部分样本数据评估都使用了PCA。PCA是一种对样品数据集中的信息进行重新组织的数学方法，以便发现新的变量，称为主成分（PC）。这些主成分解释了数据中的大部分变异。在光谱中，最初可能有数百甚至数千个变量；PCA将这个数字显著减少，通常减少到20以下 [81]。数据预处理方法的适当应用和其他便携式近红外光谱分析和方法开发的注意事项不在本章的范围之内，但在本书技术与仪器卷的第4章中以及本卷第12章中进行了讨论。

　　在使用实验室设备进行药物产品筛选的近红外光谱早期示例中，对预处理后的数据进行了主成分分析（PCA），以区分真实的75 mg剂量的Plavix®片剂和假冒版本。对10片完整的真品片剂的近红外光谱分别在每一面上测量一次，并计算这20个光谱的均值标准正态变换-二阶导数（SNV-D2）光谱。假冒样品的近红外光谱也进行了测量，并以相同方式对数据进行了预处理。SNV-D2数学预处理消除了近红外光谱仪中不同取向和侧面引起的颗粒大小、散射和其他影响的乘性组合问题。在图5.13中显示的PCA得分图中观察到两个假冒样品与真实样品的单独聚类 [82]。

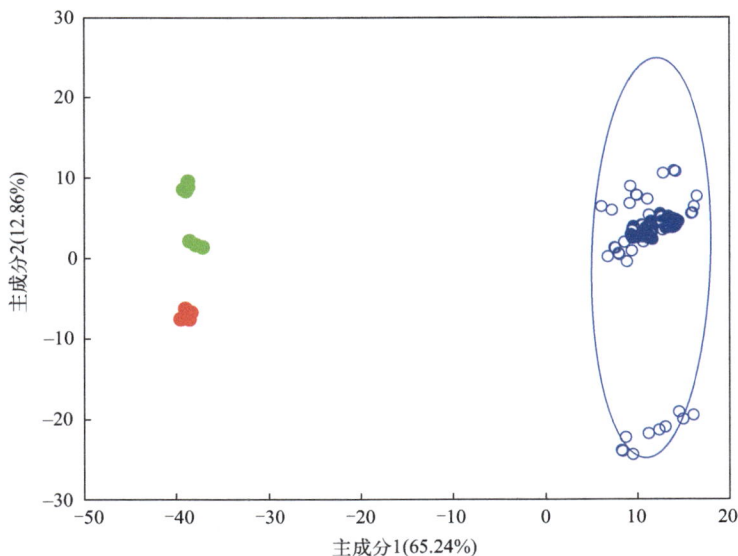

图5.13　SNV-D2 NIR光谱数据的PCA得分图，包括真实的75 mg Plavix片剂（5批，蓝色带有95%相等频率椭圆）以及来自两个不同来源的仿制品（红色和绿色）。来源：文献[82]

　　Kalyanaraman等最早展示了将便携式近红外光谱仪用于检测假冒药品领域，他们通过泡罩包装对胶囊制剂进行分析 [48]。该研究中使用的仪器具有1600～2400 nm波长的光谱范围，并使用钨灯照明。系统采用漫反射模式，鉴于近红外消光系数较低，探测了胶囊壳的表面和粉末内容。

通过应用Savitzky-Golay二阶导数（D2）和单位向量归一化对原始数据进行预处理，然后进行平滑处理。使用预处理的近红外光谱数据对胶囊药物产品进行识别和鉴定，采用光谱匹配关联和PCA方法。这些数据分别显示在表5.5和图5.14中，并证明了具有20～40 cm^{-1}光谱分辨率的便携式近红外光谱仪以及经光谱D2数据预处理和归一化后足以区分这些真品和假冒的胶囊产品。由于近红外带的固有宽光谱带宽，发现相对较低的光谱分辨率（与便携式拉曼光谱仪和中红外光谱仪相比）并非限制因素。

表5.5　使用便携式NIR光谱仪通过泡罩包装分析真品和假冒胶囊的NIR光谱匹配相关值

样　品	光谱匹配相关性
真品	0.973
仿制品1	0.679
仿制品2	0.700

来源：文献[48]。版权（2010）归Compare Networks公司所有

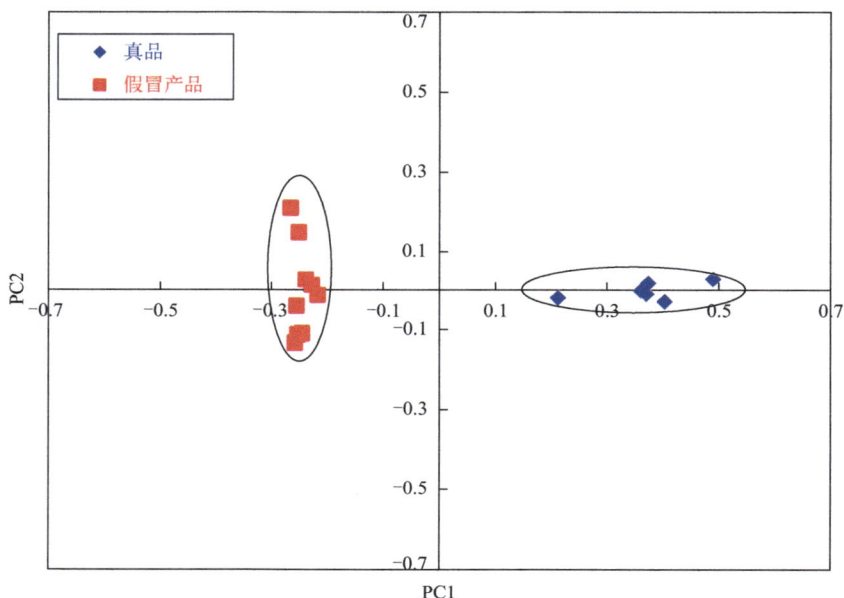

图5.14　便携式NIR光谱数据的真品和假冒胶囊的PCA得分图，数据预处理采用Savitzky-Golay D2和单位向量归一化，然后进行平滑。来源：文献[48]。版权（2010）归Compare Networks公司所有

　　在制药行业中，验证近红外光谱特征是非常重要的。这些特征旨在代表正版产品，将测试样品的光谱与这些光谱特征进行比较以确定真实性。Kalyanaraman等[83]采用便携式近红外系统验证近红外光谱特征，用于假药筛选。使用来自几个不同批次的真品样品开发单个近红外光谱特征，以捕捉药物产品物理性质（如硬度、密度、颗粒大小等）的所有变化，这些性质是近红外光谱中的关键参数。由于便携式光谱仪使用的特定产品的光谱特征已通过验证，其预期用途是根据ICH指南测试和验证可疑产品是真品还是假冒，因此这种用途可以视为仅需要验证特异性的质量身份测试[84]。然而这些研究者还对这部分近红外光谱特征的稳健性和可靠性提出了质疑。这一点很重要，因为这些便携式近红外设备旨在实际应用中使用，类似湿度和温度等条件都可能会影响样品、光谱仪以及因此产生的结果。此外，在实际应用中部署这些设备时，有必

要使方法稳健，以便在应用于多个系统时具有相同的性能。

在他们的研究中，使用处于"极端压力"条件（包括较高的温度和湿度）下的真品模拟假冒产品。假冒产品通常在生产的时候没有使用良好的生产工艺，所以这些研究者指出，如果可以将处于极端压力条件下的真品与储存在无压力条件下的真品区分开，那么该方法就可以很容易地应用于筛选假冒药物。通过测试在各种压力条件（如不同的温度和相对湿度值）下保持的真品检查特异性。通过评估对便携式近红外仪器进行的故意改变的影响执行光谱特征的稳健性——例如不同的仪器组件（如光源灯）和数据预处理过程等变化。通过使用来自第二位分析师和同一个供应商的第二台光谱仪测试稳健性。图5.15显示了得分图，证明了该方法区分受压真品和非受压真品的能力。

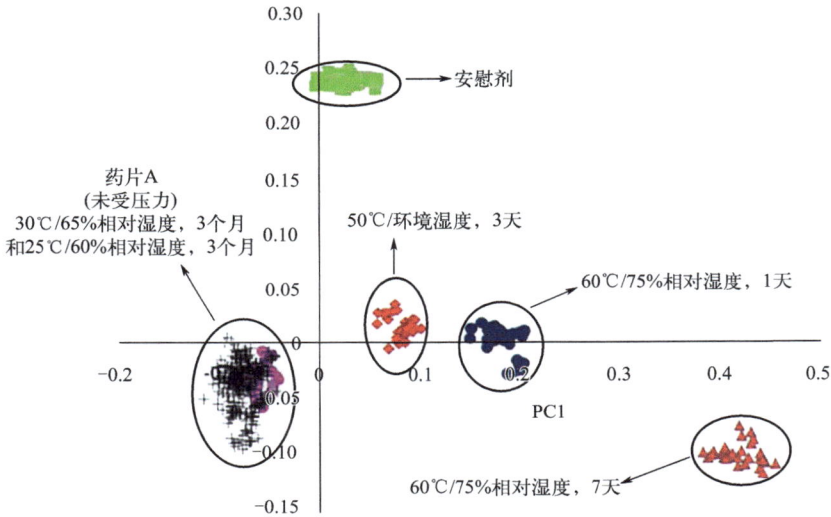

图5.15 真品药片未受压力条件下的药片A与安慰剂（无活性成分）和真品药品受压样本的PCA得分图。在这项研究中，安慰剂片剂被视为假冒，因为它们不含活性成分。请注意，PCA得分图中真实的未受压力样本与受压和安慰剂样本明显分离。来源：文献[83]。版权（2011）归Compare Networks公司所有

5.2.2 气相色谱-质谱

迄今为止，用于评估假冒药品的方法都是应用于大量待测物质。这些方法并不是用于检测或识别样品中存在的痕量化学物质。然而，药品中经常含有残留溶剂或挥发性有机化合物（VOC）等痕量化学物质，这些物质可能有助于区分彼此的样品。气相色谱-质谱（GC-MS）在制药行业中常用于药物和药品的表征，可用于检测和识别这些痕量化学物质。

GC-MS是一种可靠的方法，用于确认性地识别化学物质。自20世纪90年代末以来，市场上就有了商业上可用的便携式GC-MS系统[85]。与便携式红外光谱仪和拉曼光谱仪类似，这些系统被推广并部署给一线应对人员以及其他试图在现场检测和识别危险化学物质的人员。便携式GC-MS系统对许多具有药物活性的化学物质具有$10^{-6} \sim 10^{-9}$范围的检测限，并且可以使用机载一次性载气罐独立运行。目前市场上有离子阱和四极杆质谱的便携式系统，各自具有优点和局限性。不同便携式系统的采样选项存在一定的可变性。例如，尽管大多数商业上可用的便携式GC-MS系统提供气相采样，但并非所有系统都允许引入液体样品。因此，采样选项可能限制了

系统在特定类型分析中的适用性。对便携式GC-MS和独立质谱仪器及技术的详细讨论超出了本章的范畴，但这两者在本书技术与仪器卷的第14、15章中均有涉及。

5.2.2.1   残留溶剂和挥发性有机化合物的检测与鉴定

如前所述，便携式GC-MS可用于评估药品中以痕量存在的残留溶剂或其他VOC，即使在生产受到严格控制的样品中也是如此。这些化学物质的引入有多种途径，它们可能存在于原料中，也可能是药品生产后残留的溶剂残留物，甚至可能是在生产或储存过程中产生的降解产物。这些物质产生的色谱图代表样品的化学特征，可以提供有关其生产和历史的信息，包括储存和运输条件。在比较真品和假冒药物时，可靠地检测和识别不同样品之间色谱图特征的差异具有很大的价值。假冒药物通常不使用与真品相同的方法和溶剂生产，因此假冒药物的色谱图经常与真品的色谱图不同。此外，这种化学特征还可用于将具有类似特征的假冒药物分类，为确定来源提供有用的调查线索。

与使用便携式红外和拉曼数据进行的光谱模式比较类似，可以通过比较色谱模式区分样品。图5.16显示了真品药片和假冒版本加热顶空的色谱图叠加。每个样品都采用固相微萃取（SPME）收集，使用聚二甲基硅氧烷/二乙烯基苯（PDMS/DVB）SPME吸附剂。请注意两个样品的色谱图之间的显著差异，表明这两个样品彼此不同。色谱图中的每个峰都代表样品中的不同化学物质。在进行此类模式比较区分样品时，通常无需识别色谱图中的每个特定化学物质。通常来说比较每个样品产生的图案就足够了。

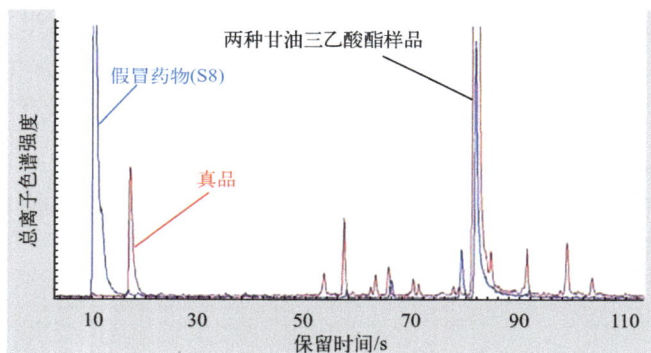

图5.16   便携式GC-MS对真品和假冒药物的色谱图。每个样品的制备包括轻轻地破碎片剂，然后将其在60℃的小瓶中加热进行顶空分析。注入GC-MS系统时，PDMS/DVB SPME上收集的化学物质经过热解吸

SPME采样在便携式现场设置中非常有用，因为它提供了一种简单、无溶剂的样品收集方法。SPME采样设备小巧轻便，可以轻松携带到样品处。SPME吸附剂根据所使用的SPME吸附剂涂层、每个分析物的化学和物理性质以及样品基质中的分析物混合物及其浓度有选择性地吸附分析物[86]。在许多情况下，这种方法消除了进行繁琐的提取程序的必要性，从而显著简化了分析过程。在样品收集过程中，SPME吸附剂暴露在样品中，直至达到平衡[87-89]。对于化学成分未知的样品来说，确定平衡条件可能很困难，因此在这些情况下通常通过实验确定最佳的SPME采样时间。

有许多不同类型的SPME纤维可供选择，它们提供了经过精心设计的吸附相，以确保最佳的提取和解吸效率，限制样品残留，并使分析物在广泛的分子量范围内进行采样[90]。基于SPME吸附剂的色谱图差异是可预期的。不同的SPME吸附剂按设计会选择性地吸附不同的化学物质，这种选择性吸附解释了在相同温度下使用不同SPME吸附剂分析相同样品所产生的色谱图差异。

Carboxen®涂覆纤维对小型挥发性分析物（分子量<150）的提取效果最佳。由于Carboxen碳分子筛对小分子的相对吸附强度大于球形石墨烯聚合物碳或炭黑吸附剂，可以更强烈地保留挥发性分析物，提高灵敏度和可靠性。这一特性可归因于Carboxen锥形孔致使热力学性能和动力学增强，使得低分子量或挥发性化合物的吸附和解吸都变得高效[87]。这种类型的纤维对于分析残留溶剂和VOC非常有用，特别是对于较旧的样品或暴露于高温的样品。在这些情况下，残留溶剂可能在分析时已经从样品中挥发掉，因此将剩余的溶剂浓缩到纤维上的能力在这些情况下对于它们的检测可能是至关重要的。图5.17显示了在相同条件下收集的假冒药物头空间色谱图的叠加，只是SPME纤维吸附剂不同。请注意，当使用Carboxen SPME进行采样时，尤其是在较低保留时间（即较低沸点）处的峰强度明显更高。

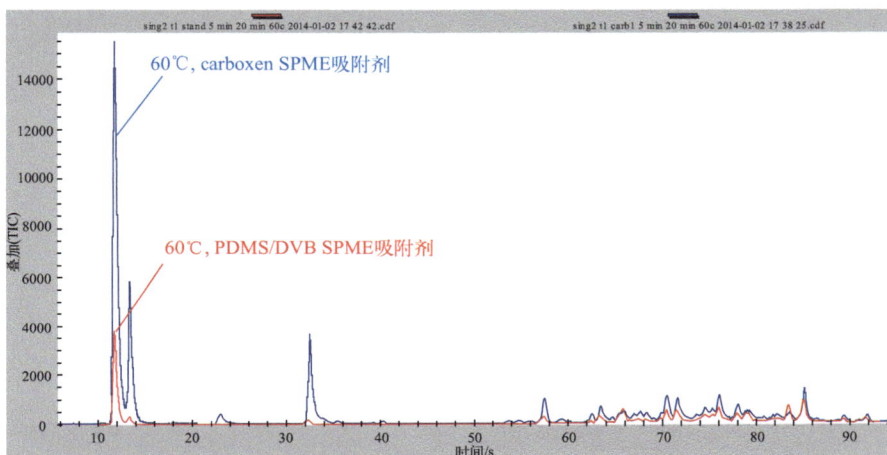

图5.17 使用两种不同的SPME吸附剂（Carboxen和PDMS/DVB）在相同的顶空温度（60℃）下分析假冒药物的色谱图

在样品制备和收集过程中调整顶空的温度，可以进一步区分不同样品。样品顶空的化学成分随温度变化，所以基于温度的色谱图差异是预期的。图5.18显示了在不同温度下收集和分析的假冒药物加热顶空的色谱图。将顶空加热到更高温度可以检测到保留时间较长（即沸点较高）

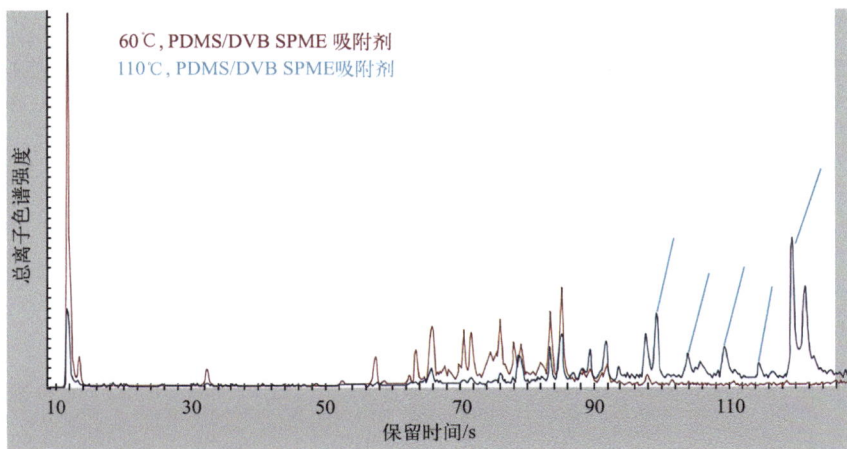

图5.18 使用相同类型的SPME吸附剂在不同顶空温度（60℃和110℃）下分析假冒药品的色谱图

的化学物质。这两个色谱图都代表了样品，但这些数据说明了为什么在进行这种类型的分析时，应始终在相同的制备和收集温度下对不同样品的色谱图进行比较。

　　鉴定样品中存在的特定化学物质也可能提供有关样品的有用信息。图5.19显示了一种真品药物片剂加热顶空的色谱图以及三乙酸甘油酯的质谱图。使用这种方法测试的所有真品药片中都检测到了三乙酸甘油酯。在包括SPME采样和便携式GC-MS分析的分析条件下，三乙酸甘油酯在约82 s处呈现色谱峰，并具有m/z值为159、43、103、145、116、115的离子片段。三乙酸甘油酯也存在于所有分析过的假冒药物S8的药片中（图5.16）。然而，除了三乙酸甘油酯外，使用此方法在假冒药物中检测到的几乎所有其他微量化学物质都与真品中检测到的不同。尽管三乙酸甘油酯存在于假冒药物中，但这些GC-MS数据表明这两个样品并非来自同一来源。此外，先前回顾过的这个假冒药物的便携式红外光谱数据［图5.4（a）］显示这个假冒药物（S8）含有硫酸钙。在任何真实版本的这种药物产品的红外光谱中都未检测到硫酸钙。虽然之前没有描述过，但是样品S8的便携式拉曼数据也与真品药物不同（图5.20）。请注意，假冒药物中415、494、1009 cm^{-1}处的额外拉曼峰是由于样品中含有硫酸钙。

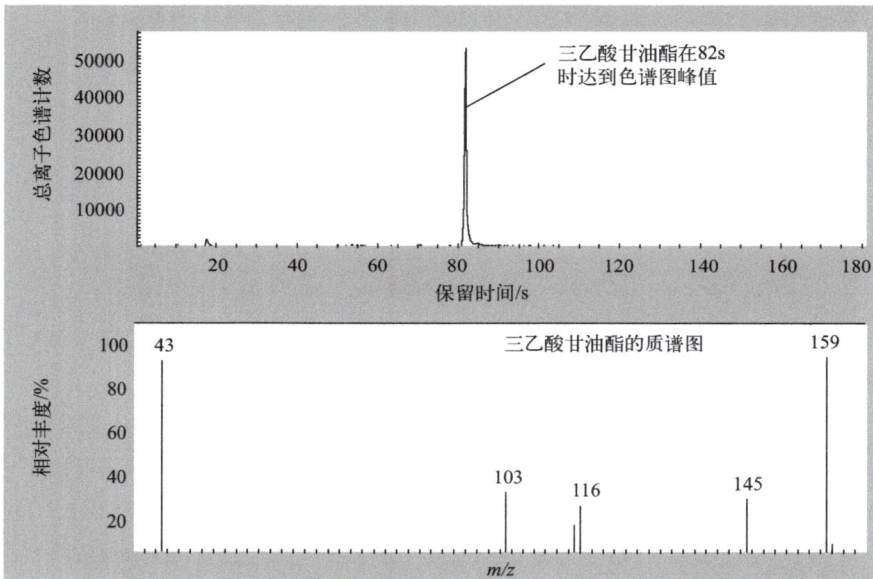

图5.19　真品药片的代表性色谱图（上）以及三乙酸甘油酯的质谱图（下）。三乙酸甘油酯是测试中发现的真品药片中主要的化学物质。使用PDMS/DVB SPME吸附剂在60℃下进行顶空样品收集分析

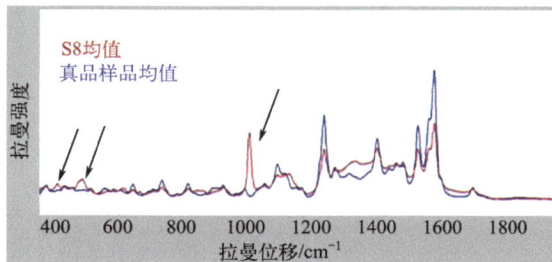

图5.20　3个真品药芯的9个拉曼光谱的平均值（蓝色）和来自样品S8的3个假冒药物药芯的9个拉曼光谱平均值（红色）的叠加图

5.2.2.2　活性药物成分的鉴定

　　到目前为止，描述的便携式 GC-MS 分析专门针对样品中存在的化学物质的微量水平进行评估。便携式 GC-MS 还可用于鉴定药品中的活性药物成分（API）。在药品中的 API 浓度相对较高的情况下，可以使用红外和拉曼进行鉴定。然而，在 API 浓度较低的情况下，可能需要使用类似 GC-MS 的方法。这种评估的一个有效例子是鉴定滥用药物中假冒的低剂量芬太尼（fentanyl）。

　　芬太尼过量导致的死亡在美国已成为一个严重问题[91,92]。当药品中芬太尼的浓度较低时，现场检测芬太尼可能会很困难。芬太尼比吗啡的效力大约高 100 倍，因其强烈的欣快效果而被滥用，可直接替代阿片类药物依赖者的海洛因（heroin）[93]。对于普通成年人来说，芬太尼的致命剂量仅为 2 mg[94]，纯芬太尼已被稀释到如片剂等最终剂型（对于 300 mg 的片剂，疗效低于 1%）。"墨西哥奥施"（Mexican oxy）是一种在销售时被误标为奥施康定（oxycodone）的非法物质[95]。使用便携式 GC-MS 检测和鉴定药品中的芬太尼非常简单。对于可溶于与 GC-MS 仪器兼容的溶剂的药物，样品处理非常少。图 5.21 显示了使用便携式 GC-MS 系统分析的含有芬太尼的非法药品的色谱图。在这个药品中未检测到其他非法物质。为了分析样品，将样品的一部分溶解在甲醇中，直接将 1 μL 溶液注入进样口。这种处理非常简单，并在现场对芬太尼进行了确证性鉴定。

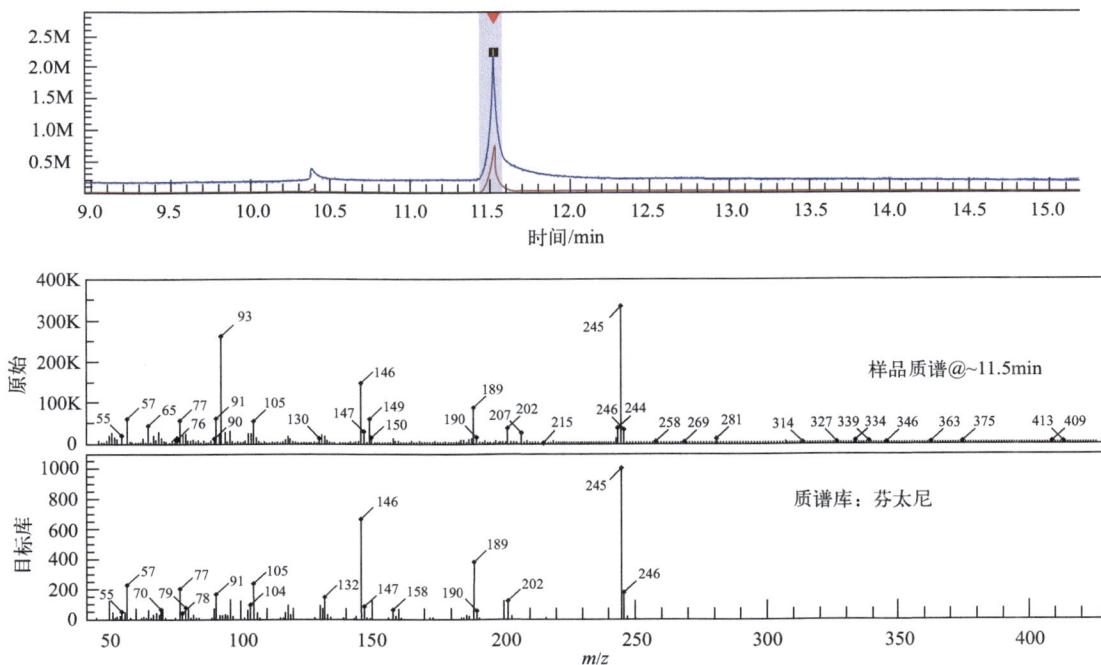

图5.21　上：色谱图；中：含有芬太尼的非法药品质谱图；下：芬太尼库质谱图。通过在甲醇中溶解并进行 1 μL 液体注入准备样品

　　这些示例展示了便携式 GC-MS 在现场实时分析中的价值。然而，在对任何结果（尤其是 GC-MS 结果）进行解释时，需要考虑采样条件和样品历史的差异。GC-MS 能够检测到化学物质的痕量，但是这些化学物质可能是在储存和运输过程中从样品中挥发出来的。疑似假货的样品历史通常无法知晓，因此数据解释应考虑到样品化学特征的任何潜在差异，这些差异可能仅仅是由于储存或其他有效解释造成的。

5.3　部署系统

　　一件很重要的事是要认识到假冒药品问题是非常复杂的，要成功应对这个问题，需要公共卫生官员、执法部门、品牌所有者、监管机构和供应链成员的综合应对。当考虑到这个问题是全球性的，一个地区的假冒药品种类可能与另一个地区的假冒药品种类截然不同，成功应对这些商品带来的挑战可能会很困难。假冒药品在非洲部分地区的非监管销售渠道中尤为严重（图5.22 和图5.23）。最近发表的一些研究表明，使用便携式光谱仪检测和鉴定药物是有效的[96-99]，但这些研究并未描述这些系统在最终用户（如海关检查点或零售药店）现场操作时的性能如何。不过最近的报道称，在尼日利亚成功使用便携式技术对提高尼日利亚公民可获得药品的质量起到了关键作用。

图5.22　非洲一家无监管药品销售网点的柜台后面（之一）。来源：经世界卫生组织许可转载，《WHO Global Surveillance and Monitoring System for substandard and falsified medical products》，ISBN 978-92-4-151342-5，版权（2017）归世界卫生组织所有

图5.23　非洲一家无监管药品销售网点的柜台后面（之二）。来源：经世界卫生组织许可转载，《WHO Global Surveillance and Monitoring System for substandard and falsified medical products》，ISBN 978-92-4-151342-5，版权（2017）归世界卫生组织所有

　　2009年，尼日利亚国家食品药品监督管理局（NAFDAC，相当于美国FDA）部署了便携式拉曼光谱仪用于检测假冒药品。NAFDAC在样品现场（如边境入口和零售药店）使用这些系统，迅速可靠地检测非正品药品[100]。这些系统是Ahura Scientific（现为Thermo Fisher Scientific）供应给NAFDAC的TruScan拉曼仪器。通过与正品药品制造商合作，NAFDAC创建了真品药物库，这样当可疑药品经过测试时，系统会生成通过/未通过结果（绿屏/红屏）[101]。结果显示，零售链中药品的质量得到了改善。在尼日利亚的一个案例研究中，Bate和Mathur报告称，在部署这项技术后，他们测试的3种药物有更高的百分比通过了样品检测[102]。例如，在2007年只有57%的青蒿素单药通过了光谱测量测试，而在2010年这一比例上升至88%。在青蒿素联合疗法中，2010年约有96%的样品通过了光谱测量测试，而在2007年这一比例为86%。在磺胺多辛-吡咯喃酮药物中，成功率从2007年的50%上升到2010年的85%。这些研究者将改进的主要原因归因于便携式光谱仪的使用。

　　此外，尼日利亚还增加了其他与便携式光谱仪配合使用的项目，以打击假冒药品贸易。其中包括移动认证设备，以保护该国最严重的假药，包括疫苗、抗生素、抗疟疾药物和糖尿病药物。图5.24和图5.25展示了最近在尼日尔发现的过期和假冒疫苗的例子。在尼日利亚，NAFDAC报告称，2012年假冒抗疟疾药占比为19.6%，2015年降至3.5%，并将这一下降归因于认证服务，以及NAFDAC的其他策略，例如使用便携式拉曼光谱仪在港口扫描药物[103]。

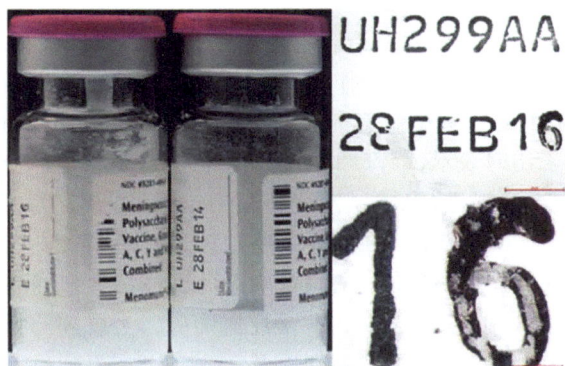

图5.24　2015年在尼日尔发现脑膜炎疫苗瓶的有效期被手动延长了2年。来源：经世界卫生组织许可转载，《WHO Global Surveillance and Monitoring System for substandard and falsified medical products》，ISBN 978-92-4-151342-5，版权（2017）归世界卫生组织所有

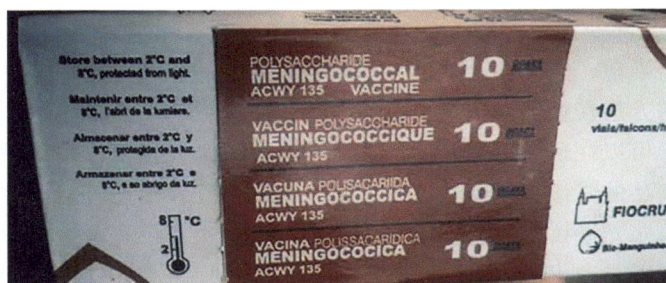

图5.25　2017年尼日尔报告的伪劣脑膜炎疫苗，包装精美。来源：经世界卫生组织许可转载，"WHO Global Surveillance and Monitoring System for substandard and falsified medical products"，ISBN 978-92-4-151342-5，版权（2017）归世界卫生组织所有

　　尽管一些药物的情况有所改善，但尼日利亚的假冒药品问题仍然严重。在尼日利亚主要的非正式分销和零售网络中，假冒药品和平行药品往往难以与真品区分（参见图5.25中尼日尔的一个例子）[100]。在这些情况下，可用于测试的其他方法可能有助于进一步区分样品，但部署这些技术可能成本高昂且在物流上困难。此外，估计尼日利亚的非正式零售占药品市场价值的3/4以上，平行药品在某些治疗领域的药品销售中占比高达一半。一些在尼日利亚没有注册商业活动的仿制药公司仍然有广泛分销和销售的他汀类药品[104]。这表明，知识产权执法在解决这些他汀类药物的供应问题上并不有效。由于尼日利亚没有注册任何仿制他汀，任何仿制版本都不应该出现，但它们却被广泛分销。这是对品牌所有者知识产权的严重侵犯。

　　似乎在短期内贫困国家与药品相关的知识产权执法不会有所改善。如果没有非正品药物，这些国家的公民将无法获得任何药物，如果政府有道德责任保障公民享有健康生活的权利，这可以说是一个问题[105]。一些研究人员提议，在患者死亡可以直接与假冒药物的作用联系起来时，对制造假药的人提起过失杀人指控[106]。这种方法可能有助于遏制假冒药物的涌入，因为它会增加制造假药者在供应这些有害药物时所承担的风险。目前，在世界某些地区，假冒者的风险/回报比例如此之低，以至于没有任何激励能阻止这些罪犯从事这些活动[107]。而贩运海洛因或可卡因可能导致严重的惩罚，包括在一些国家的死刑，但对假冒药品的惩罚可能非常轻微。有时确实会向这些地区运送安全的药物，但在这些情况下的滥用也是一个大问题，经常导致这些货物从预定接收者手中转移[108]。

　　知识产权执法是一个复杂的挑战，给制药厂商带来了沉重的负担。NAFDAC最近宣布与尼日利亚药剂师协会（PCN）建立新的合作伙伴关系，通过执法消除国内假冒药品的生产和销售[109]。辉瑞（Pfizer）当时的全球安全负责人约翰·克拉克（John Clark）在2010年接受记者丹·拉瑟（Dan Rather）采访时表示，辉瑞的团队通常会完成80%的调查工作，以便对制假者提起指控，然后将案件移交给当局进行最终起诉[110]。因此，品牌所有者可以与当地社区和当局合作，帮助他们确保药品供应链的安全。在世界某些地区，打断假冒供应链会让制假者的生意受损，这可能非常具有挑战性，甚至危险。从假冒制造商到最终客户的路线可能非常复杂。这在WHO关于2012年假冒阿瓦斯汀®（Avastin，一种注册商标，为抗癌药物贝伐单抗）案的报告中得到了说明。这是个曲折的线路：从土耳其到埃及，到瑞士，再到丹麦，然后到英国，最后到达美国[111]。而且，在COVID-19时期，假冒业务在美国以及世界各地依然充满活力[112-115]。

5.4　未来展望

　　虽然假冒药品给当地、国家和全球社会都带来了复杂的挑战，但是已经证实使用便携式光谱仪解决这些挑战的方法在检测和识别这些物质方面是有效的，而且能够证明这些仪器能够提供准确可靠的结果，可以在现场迅速检测出假冒药品。通常光谱仪仅用于筛查可疑药品，确定其光谱是否与真品药品的光谱相匹配。这种评估方式既快速又简便。但这种分析方式还有更广泛的潜在价值，即这些光谱仪的数据可以从不同地点收集，提供有关这些商品潜在来源的有意义信息。终端用户可以与中央实验室共享数据，科学家可以审查和处理数据，寻找所表示的化学成分之间的相似性/差异性，以便最大化数据的价值。

　　对于未来的需求，为了能够广泛部署而需要降低这些光谱仪的价格，而这对于发展中国家尤为重要。通常来说便携式光谱仪的开发目标是更小、更轻、更快，但在许多假冒药品普及的国家，即使是最小、最轻、最快的设备也可能无法承受。在这种情况下的价格（初始和维持）、培训要求和电源要求是最关键的。例如，已经出现了2000美元的近红外（NIR）光谱仪[116]，有可能使非科学家在现场筛查假冒和劣质药品变得更加经济实惠。

　　同样重要的是，要认识到，提供便携式分析能力只是解决方案的一部分。虽然已经证明这些便携式系统可以减少劣质药品的供应，但要永久性地将这些药品从市场上移除，需要公共卫生官员、执法部门、品牌所有者和其他人的积极支持。管辖权和持续的警惕也至关重要：制假行为在全球范围内遍布，这些药品经常来源于不重视知识产权的国家。

致谢

　　本章的部分内容改编自Pauline Elizabeth Leary的"Counterfeiting: A Challenge to Forensic Science, the Criminal Justice System, and Its Impact on Pharmaceutical Innovation"。一篇2014年提交给纽约城市大学犯罪司法研究生院的论文，部分满足哲学博士学位的要求，版权（2014）归Pauline Elizabeth Leary所有。作者还要感谢纽黑文大学Brooke W. Kammrath教授在中红外光谱和拉曼光谱的化学计量学分析方面的支持。

缩略语

API	active pharmaceutical ingredient	活性药物成分
ATR	attenuated total reflection	衰减全反射
COVID-19	coronavirus disease 2019	2019冠状病毒病
CVA	canonical variate analysis	典型变量分析
CWS	correlation in wavenumber space	波数空间相关
DART	direct analysis in real time	实时直接分析
DESI	desorption electrospray ionization	解吸电喷雾电离
D1	1st derivative	一阶导数
D2	2nd derivative	二阶导数
FDA	Food and Drug Administration	（美国）食品药品监督管理局
FT	Fourier transform	傅里叶变换
FTIR	Fourier transform infrared	傅里叶变换红外
GC	gas chromatography	气相色谱
HOO-CV	hold-one-out cross-validation	留一交叉验证
INTERPOL	International Criminal Police Organization	国际刑警组织
IP	intellectual property	知识产权
IR	infrared	红外
LC	liquid chromatography	液相色谱
MEMS	micro-electro-mechanical system	微机电系统
MIR	mid-infrared	中红外
MOEMS	micro-opto-electro-mechanical system	微光机电系统
MS	mass spectrometry	质谱
MSC	multiplicative scatter correction	乘性散射校正
NIR	near-infrared	近红外

OECD	Organisation for Economic Co-operation and Development	经济合作与发展组织
PAT	process analytical technology	过程分析技术
PC	principal component	主成分
PCA	principal component analysis	主成分分析
PCN	Pharmacists Council of Nigeria	尼日利亚药剂师委员会
PDMS/DVB	polydimethylsiloxane/divinylbenzene	聚甲基硅氧烷/二乙烯基苯
PPE	personal protective equipment	个人防护装备
RFID	radio frequency identification	射频识别
SNV	standard normal variate	标准正态变量
SORS	spatially offset Raman spectroscopy	空间偏移拉曼光谱
SPME	solid-phase microextraction	固相微萃取
TLC	thin-layer chromatography	薄层色谱
USP	United States Pharmacopeia	美国药典
VOC	volatile organic compound	挥发性有机化合物
WHO	World Health Organization	世界卫生组织
3D	three-dimensional	三维

参考文献

[1] World Health Organization (2017). A study on the public health and socioeconomic impact of substan-dard and falsified medical products. Geneva, Switzerland. http://www.who.int/medicines/regulation/ssffc/publications/Layout-SEstudy-WEB.pdf?ua=1 (accessed 15 July 2020). Licence: CC BY-NC-SA 3.0 IGO.

[2] World Health Organization (2017). WHO global surveillance and monitoring system for substandard and falsified medical products. Geneva, Switzerland. Licence: CC BY-NC-SA 3.0 IGO.

[3] OECD (Organisation for Economic Co-operation and Development) (1998). The economic impact of counterfeiting. Paris, France. https://www.oecd.org/sti/ind/2090589.pdf (accessed 20 October 2020).

[4] Appendix 3 to Annex (2017). World Health Assembly document A70/23.

[5] PWC (2012).From vision to decision: Pharma 2020. https://www.pwc.com/gx/en/pharma-life-sciences/pharma2020/assets/pwc-pharma-success-strategies.pdf (14 February 2021)

[6] IMS Health (2015). IMS health forecasts global drug spending to increase 30 percent by 2020, to $1.4 trillion, as medicine use gap narrows. https://www.businesswire.com/news/home/20151118005301/en/IMS-Health-Forecasts-Global-Drug-Spending-to-Increase-30-Percent-by-2020-to-1.4-Trillion-As-Medicine-Use-Gap-Narrows (accessed 14 February 2021).

[7] INTERPOL (2014). *Pharmaceutical Crime and Organised Criminal Groups*. Lyon, France: INTERPOL.

[8] OECD/EUIPO (2020). *Trade in Counterfeit Pharmaceutical Products, Illicit Trade*. Paris. https://doi.org/10.1787/a7c7e054-en: OECD Publishing https://www.oecd-ilibrary.org/governance/trade-in-counterfeit-pharmaceutical-products_a7c7e054-en (accessed 1 November 2020).

[9] Kaur, H., Clarke, S., Lalani, M. et al. (2016). Fake anti-malarials: start with the facts. *Malaria Journal* 15: 86. https://doi.org/10.1186/s12936-016-1096-x.

[10] World Health Organization Medical product Alert No. 4/2020 (2020). *Falsified Chloroquine Products Circulating in the WHO Region of Africa*. Geneva, Switzerland: World Health Organization https://www.who.int/news-room/detail/09-04-2020-medical-product-alert-n4-2020 (accessed 15 July 2020).

[11] Mukhopadhyay, R. (2007). The hunt for counterfeit medicine. *Analytical Chemistry* 79: 2622-2627.

[12] Everts, S. (2010). Fake pharmaceuticals - those fighting against counterfeit medicines face increasingly sophisticated adversaries. *C&E News* 88 (1): 27-29. https://cen.acs.org/articles/88/i1/Fake-Pharmaceuticals.html.

[13] Hileman, B. (2003). Counterfeit drugs - Sophisticated technologies and old-fashioned fraud pose risks to the prescription drug supply in the U.S.. *C&E News* 81 (45): 36-43.

[14] Hileman, B. (2001). Counterfeit Drugs - FDA battles growing global problem of fake, substandard pharmaceuticals in the U.S. *C&E News* 79 (44): 19-21.

[15] Deisingh, A.K. (2005). Pharmaceutical counterfeiting. *Analyst* 2005 (130): 271-279.

[16] Almuzaini, T., Choonara, I., and Sammons, H. (2013). Substandard and counterfeit medicines: a systematic review of the literature. *BMJ Open* 3: e002923. https://doi.org/10.1136/bmjopen-2013-002923.

[17] Fahad, A., Alghannam, A., Aslanpour, Z. et al. (2014). A systematic review of counterfeit and substandard medicines in field quality surveys. *Integrated Pharmacy Research and Practice* 3: 71-88.

[18] Institute of Medicine of the National Academies (2013). *Countering the Problem of Falsified and Substandard Drugs* (eds. G.J. Buckley and L.O. Gostin). Washington, DC: The National Academies Press. https://www.ncbi .nlm.nih.gov/books/ NBK202530/pdf/Bookshelf_NBK202530.pdf (accessed 30 October 2020).

[19] OECD/EUIPO (2020). *Trade in Counterfeit Pharmaceutical Products, Illicit Trade*. Paris, France: OECD Pub-lishing https:// doi.org/10.1787/a7c7e054-en.

[20] Blackstone, E.A., Fuhr, J.P. Jr., and Pociask, S. (2014). The health and economic effects of counterfeit drugs. *American Health & Drug Benefits* 7 (4): 216-224.

[21] Irish, J. (2010). Customs group to fight $200 bln bogus drug industry. Reuters (10 June 2010). https://www.reuters.com/ article/us-customs-drugs/customs-group-to-fight-200-bln-bogus-drug-industry-idUSTRE65961U20100610 (accessed 29 October 2020).

[22] Nayyar, G.M.L., Breman, J.G., Mackey, T.K. et al. (2019). Falsified and substandard drugs: stopping the pan-demic. *The American Journal of Tropical Medicine and Hygiene* 100 (5): 1058-1065. https://doi.org/10.4269/ajtmh.18-0981.

[23] Rahman, M.S., Yoshida, N., Tsuboi, H. et al. (2018). The Health consequences of falsified medicines - a study of the published literature. *Tropical Medicine and International Health* 23 (12): 1294-1303.

[24] US Food and Drug Administration (2004). Combating counterfeit drugs. Rockville, MD, 18 February 2004. https://www.fda. gov/media/77086/download (accessed 29 October 2020).

[25] The World Health Organization (WHO) (2010). Anti-Counterfeit Technologies for Protection of Medicines. March 2010. http://www.who.int/entity/impact/events/IMPACT-ACTechnologiesv3LIS.pdf (accessed 1 November 2020).

[26] Davison, M. (2011). *Pharmaceutical Anti-Counterfeiting*: *Combating the Real Danger from Fake Drugs*. Hoboken, NJ: Wiley.

[27] Donald G. McNeil Jr,. (2007). In the World of Life-Saving Drugs, a Growing Epidemic of Deadly Fakes. *The New York Times* (20 February 2007). http://www.nytimes.com/2007/02/20/science/20coun.html?_r=2&th& emc=th (accessed 29 October 2020).

[28] Vickers, S., Bernier, M., Zambrzycki, S. et al. (2018). Field detection devices for screening the quality of medicines: a systematic review. *BMJ Global Health* 3: e000725. https://doi.org/10.1136/bmjgh-2018-000725.

[29] Roth, L., Nalim, A., Turesson, B., and Krech, L. (2018). Global landscape assessment of screening technologies for medicine quality assurance: stakeholder perceptions and practices from ten countries. *Globalization and Health* 14: 43. https://doi. org/10.1186/s12992-018-0360-y.

[30] Bate, R., Tren, R., Hess, K. et al. (2009). Pilot study comparing technologies to test for substandard drugs in field settings. *African Journal of Pharmacy and Pharmacology* 3 (4): 165-170.

[31] Martino, R., Malet-Martino, M., Gilard, V. et al. (2010). Counterfeit drugs: analytical techniques for their identification. *Analytical and Bioanalytical Chemistry* 398: 77-92. https://doi.org/10.1007/s00216-010-3748-y.

[32] USFDA. Internet warning pharmacy letters. https://www.fda.gov/drugs/drug-supply-chain-integrity/internet-pharmacy-warning-letters (accessed 16 July 2020).

[33] Fedchak, S. (2014). *Presumptive Field Testing Using Portable Raman Spectroscopy*: *Research and Development on Instrumental Analysis for Forensic Science*. Las Vegas Metropolitan Police Department. National Institute of Justice.

[34] Gabriele, P.D., Reffner, J.A., and Leary, P.E. (2009). Detection and sourcing of counterfeit pharmaceutical products and

consumer goods. *Spectroscopy*, Special Issues, August 1: 10-15.

[35] United States Food and Drug Administration. Counterfeit medicine. https://www.fda.gov/drugs/buying-using-medicine-safely/counterfeit-medicine (accessed 21 July 2020).

[36] Bucknell, D. (2008). Worldwide: pharmaceutical polymorphs & patent strategy. 21 May 2008. https://www.mondaq.com/australia/patent/60884/pharmaceutical-polymorphs-patent-strategy (accessed 25 July 2020).

[37] Censi, R. and Di Martino, P. (2015). Polymorph impact on the bioavailability and stability of poorly soluble drugs. *Molecules* 20 (10): 18759-18776. https://doi.org/10.3390/molecules201018759.

[38] Leary, P.E. (2005). The role of forensic science in drug development. Masters Thesis. John Jay College of Criminal Justice.

[39] Fernandez, F.M., Green, M.D., and Newton, P.N. (2008). Prevalence and detection of counterfeit pharmaceuticals: a mini review. *Industrial and Engineering Chemistry Research* 47: 585-590.

[40] Nyadong, L., Green, M.D, De Jesus, V.R. et al. (2007). Reactive desorption electrospray ionization linear ion trap mass spectrometry of latest-generation counterfeit antimalarials via noncovalent complex formation. *Analytical Chemistry* 79: 2150-2157.

[41] Global Pharma Health Fund E.V (2020). *The GPHF-Minilab™ - Protection Against Counterfeit Medicines*. Giessen, Germany: Global Pharma Health Fund E.V https://www.gphf.org/en/minilab (accessed 29 October 2020).

[42] Ellis, D.I., Muhamadali, H., Haughey, S.A. et al. (2015). Point-and-shoot: rapid quantitative detection methods for on-site food fraud analysis - moving out of the laboratory and into the food supply chain. *Analytical Methods* 7: 9401-9414.

[43] Bakeev, K.A. (2010). *Process Analytical Technology*, 2nde. Chichester, UK: Wiley.

[44] Diehl, B., Chen, C.S., Grout, B. et al. (2012). An implementation perspective on handheld Raman spectrometers for the verification of material identity. *European Pharmaceutical Review* 17: 3-8.

[45] Jalenak, W., Brush, R., Green, R.L., and Brown, C.D. (2009). Verification methods for 198 common raw materials using a handheld Raman spectrometer. *Pharmaceutical Technology* 33 (10): 72-82.

[46] Agilent. Resolve Handheld Raman Analyzer for Through-Barrier Chemical Identification. https://www.agilent .com/en/product/molecular-spectroscopy/raman-spectroscopy/handheld-raman-chemical-detection-systems/resolve-handheld-raman-analyzer-for-through-barrier-chemical-identification (accessed 14 February 2021).

[47] Agilent. TRS100 Quantitative Pharmaceutical Analysis System. https://www.agilent.com/en/product/molecular-spectroscopy/raman-spectroscopy/raman-pharmaceutical-analysis-systems/trs100-quantitative-pharmaceutical-analysis-system (accessed 14 February 2021).

[48] Kalyanaraman, R., Dobler, G., and Ribick, M. (2010). Portable Spectrometers for Pharmaceutical Detection. *American Pharmaceutical Review* 17 (5): 38-45.

[49] Luczak, A. and Kalyanaraman, R. (2014). Portable and Benchtop Raman Technologies for Product Authentication and Counterfeit Detection. *American Pharmaceutical Review* 17 (6): 1-5.

[50] United States Pharmacopeial Convention (2016). *United States Pharmacopeia and National Formulary (USP-NF)*. Rockville, MD: United States Pharmacopeial Convention.

[51] Sacchetti, M. (2014). Thermodynamics of water-solid interactions in crystalline and amorphous pharmaceutical materials. *Journal of Pharmaceutical Sciences* 103 (9): 2772-2783. https://doi.org/10.1002/jps.23806.

[52] Hancock, B.C. and Zografi, G. (1997). Characteristics and significance of the amorphous state in pharmaceutical systems. *Journal of Pharmaceutical Sciences* 86 (1): 1-12. https://doi.org/10.1021/js9601896.

[53] Beebe, K.R., Pell, R.J., and Seasholtz, M.B. (1998). *Chemometrics: A Practical Guide*. Hoboken, NJ: Wiley.

[54] Martens, H. and Næs, T. (1992). *Multivariate Calibration*. Hoboken, NJ: Wiley.

[55] Handzo, B. Luczak, A., Huffman, S. et al. (2020). Benchtop and Portable Raman Spectrometers to Screen Counterfeit Drugs. *American Pharmaceutical Review* 23 (3): 38-43.

[56] Norris, K.H. and Williams, P.C. (1984). Optimization of mathematical treatments of raw near-infrared signal in the measurement of protein in hard red spring wheat. I. Influence of particle size. *Cereal Chemistry* 61 (4): 158-165.

[57] Norris, K.H. and Hart, J.R. (1996). Direct spectrophotometric determination of moisture content of grain and seeds. Proceedings of the 1963 International Symposium on Humidity and Moisture, Principles and Methods of measuring Moisture

in Liquids and Solids, Volume 4. Reinhold Publishing Corporation, New York, pp. 19-25 (1965). Reprinted as. *Journal of Near Infrared Spectroscopy* 4: 23-30.

[58] Williams, P. (2019). Karl H. Norris, the father of near-infrared spectroscopy. *NIR News* 30 (7-8): 25-27. https://doi.org/10.1177/0960336019875883.

[59] Williams, P. and Norris, K. (eds.) (2001). *Near-Infrared Technology in the Agricultural and Food Industries*. St. Paul, MN: AACC Publications.

[60] Roberts, C.A. , Workman Jr., J., Reeves III, J.B. et al. (2004). *Near-Infrared Spectroscopy in Agriculture*. Madison, WI: American Society of Agronomy, Crop Science Society of America, Soil Science Society of America.

[61] Ciurczak, E.W. and Igne, B. (eds.) (2014). *Pharmaceutical and Medical Applications of Near-Infrared Spectroscopy*. Boca Raton, FL: CRC Press.

[62] Burns, D.A. and Ciurczak, E.W. (2007). *Handbook of Near-Infrared Analysis*, 3rde. Boca Raton, FL: CRC Press.

[63] Khan, P.R., Jee, R.D., Watt, R.A., and Moffat, A.C. (1997). The identification of active drugs in tablets using near infrared spectroscopy. *Pharmaceutical Sciences* 3: 447.

[64] Scafi, S.H.F. and Pasquini, C. (2001). Identification of counterfeit drugs using near-infrared spectroscopy. *Analyst* 126: 2218. https://doi.org/10.1039/b106744n.

[65] Ulmschneider, M. and Pénigault, E. (2000). Non-invasive confirmation of the identity of tablets by near-infrared spectroscopy. *Analusis* 28: 336. https://doi.org/10.1051/analusis:2000124.

[66] Yoon, W.L. (2005). Near-infrared spectroscopy: a novel tool to detect pharmaceutical counterfeits. *American Pharmaceutical Review* 8: 115.

[67] Olsen, B.A., Borer, M.W., Perry, F.M., and Forbes, R.A. (2002). Screening for counterfeit drugs using near-infrared spectroscopy. *Pharmaceutical Technology North America* 26: 62.

[68] Rodionova, O.Y., Houmøller, L.P., Pomerantsev, A.L. et al. (2005). NIR spectrometry for counterfeit detection a feasibility study. *Analytica Chimica Acta* 549: 151. https://doi.org/10.1016/j.aca.2005.06.018.

[69] Shin, M., Jee, R.D., Chae, K., and Moffat, A.C. (2005). Identification of counterfeit Cialis, Levitra and Viagra tablets by near-infrared spectroscopy. *The Journal of Pharmacy and Pharmacology* 57 (Supplement): S-11.

[70] Yoon, W.L., Jee, R.D., Lee, G. et al. (2001). A non-destructive method to detect counterfeit medicines using near-infrared spectroscopy. *AAPS PharmSciTech* 3 (Supplement): Abstract 428.

[71] O'Neil, A.J., Jee, R.D., Lee, G. et al. (2008). Use of portable near infrared spectrometer for the authentication of tablets and the detection of counterfeit versions. *Journal of Near Infrared Spectroscopy* 16: 327-333.

[72] Saranwong, S. and Kawano, S. (2005). Commercial portable NIR instruments in Japan. *Near-IR News* 16 (7): 27-30.

[73] Crocombe, R.A. (2018). Portable spectroscopy. *Applied Spectroscopy* 72 (12): 1701-1751. https://doi.org/10.1177/0003702818809719.

[74] US Food and Drug Administration (2004). PAT — a framework for innovative pharmaceutical development, manufacturing, and quality assurance. https://www.fda.gov/regulatory-information/search-fda-guidance-documents/pat-framework-innovative-pharmaceutical-development-manufacturing-and-quality-assurance (accessed 20 July 2020).

[75] Abatzoglou, N., Lapointe-Garant, P., and Simard, J. (2009). Real-time NIR monitoring of pharmaceutical blending processes with multivariate quantitative models. *European Pharmaceutical Review* 14 (5): 57-67. https://www.europeanpharmaceuticalreview.com/article/732/real-time-nir-monitoring-of-pharmaceutical-blending-processes-with-multivariate-quantitative-models (accessed 20 July 2020).

[76] Parris, J., Airiau, C., Escott, R. et al. (2005). Monitoring API drying with NIR. *Spectroscopy* 20 (2): 34-41.

[77] Sekulic, S.S., Ward, H.W., Brannegan, D.R. et al. (1996). On-line monitoring of powder blend homogeneity by near-infrared spectroscopy. *Analytical Chemistry* 68: 509-513.

[78] Roggo, Y., Chalus, P., Maurer, L. et al. (2007). A review of near infrared spectroscopy and chemometrics in pharmaceutical technologies. *Journal of Pharmaceutical and Biomedical Analysis* 44 (3): 683-700.

[79] Reich, G. (2005). Near-infrared spectroscopy and imaging: basic principles and pharmaceutical applications. *Advanced Drug Delivery Reviews* 57 (8): 1109-1143. https://doi.org/10.1016/j.addr.2005.01.020.

[80] Kranenburg, R.F., Verduin, J., Weesepoel, Y. et al. (2020). Rapid and robust on-scene detection of cocaine in street samples using a handheld near infrared spectrometer and machine learning algorithms. *Drug Testing and Analysis* 12: 1404-1418. https://doi.org/10.1002/dta.2895.

[81] Davies, A.M.C. and Fearn, T. (2004). Back to basics: The principles of principal component analysis. *Spectroscopy Europe* 16: 20-23.

[82] Moffat, A.C., Assi, S., and Watt, R.A. (2010). Identifying counterfeit medicines using near infrared spectroscopy. *Journal of Near Infrared Spectroscopy* 18 (1): 1-15. https://doi.org/10.1255/jnirs.856.

[83] Kalyanaraman, R., Dobler, G., and Ribick, M. (2011). *Near-Infrared (NIR) Spectral Signature Development and Validation for Counterfeit Drug Detecting Using Portable Spectrometer*, 98-104. American Pharmaceutical Review.

[84] International Conference on Harmonisation of Technical Requirements for Registration of Pharmaceuticals for Human Use (2005). Validation of analytical procedures: text and methodology Q2(R1).

[85] Crume, C. (2009). History of inficon HAPSITE: maintenance management, support, and repair. http://www.kdanalytical.com/instruments/inficon-hapsite-history.aspx (accessed 2 February 2018).

[86] Leary, P.E., Dobson, G.S., and Reffner, J.R. (2016). Development and applications of portable gas chromatography-mass spectrometry for emergency responders, the military and law-enforcement organiza-tions. *Applied Spectroscopy* 70 (5): 888-896. https://doi.org/10.1177/0003702816638294.

[87] Pawliszyn, J. (1997). *Solid Phase Microextraction: Theory and Practice*. Wiley.

[88] Zhang, Z., Yang, M.J., and Pawliszyn, J. (1994). Solid-phase microextraction. A solvent-free alternative for sample preparation. *Analytical Chemistry* 66 (17): 844A-853A. https://doi.org/10.1021/ac00089a001.

[89] Reyes-Garcés, N., Gionfriddo, E., Gómez-Ríos, G.A. et al. (2018). Advances in solid phase microextraction and perspective on future directions. *Analytical Chemistry* 90 (1): 302-360. https://doi.org/10.1021/acs.analchem.7b04502.

[90] Merck KGaA (2019). Sample smarter with automated SPME. https://www.sigmaaldrich.com/content/dam/sigma-aldrich/docs/Sigma-Aldrich/General_Information/2/smart-spme-fibers-for-pal-ms.pdf (accessed 12 July 2020).

[91] Centers for Disease Control and Prevention (2020). Opioid Overdose, Fentanyl. https://www.cdc.gov/drugoverdose/opioids/fentanyl.html (accessed 22 July 2020).

[92] Katz, J., Goodnough, A. and Sanger-Katz, M. (2020). In shadow of pandemic, U.S. Drug overdose deaths resurge to record. *The New York Times* (15 July 2020). https://www.nytimes.com/interactive/2020/07/15/upshot/drug-overdose-deaths.html (accessed 26 July 2020).

[93] US Drug Enforcement Administration Division Control Division (2019). Fentanyl. https://www.deadiversion.usdoj.gov/drug_chem_info/fentanyl.pdf (accessed 4 June 2017).

[94] DEA Strategic Intelligence Section (2019). 2019 National Drug Threat Assessment. https://www.dea.gov/sites/default/files/2020-01/2019-NDTA-final-01-14-2020_Low_Web-DIR-007-20_2019.pdf (accessed 8 March 2020).

[95] Ramsdell, T. (2019). What is 'Mexican oxy' and why is it starting to spread in Mississippi?. *Sun Herald*. https://www.sunherald.com/news/local/article227145934.html (accessed 14 February 2021).

[96] Dégardin, K., Guillemain, A., and Roggo, Y. (2017). Comprehensive study of a handheld Raman spectrometer for the analysis of counterfeits of solid-dosage form medicines. *Journal of Spectroscopy* 2017: 1-13. https://doi .org/10.1155/2017/3154035.

[97] Wilson, B.K., Kaur, H., Allan, E.L. et al. (2017). A new handheld device for the detection of falsified medicines: demonstration on falsified Artemisinin-based therapies from the field. *American Journal of Tropi-cal Medicine and Hygiene* 96 (5): 1117-1123. https://doi.org/10.4269/ajtmh.16-0904.

[98] Dégardin, K., Desponds, A., and Roggo, Y. (2017). Protein-based medicines analysis by Raman spectroscopy for the detection of counterfeits. *Forensic Science International* 278: 313-325. https://doi.org/10.1016/j.forsciint .2017.07.012.

[99] Kakio, T., Yoshida, N., Macha, S. et al. (2017). Classification and visualization of physical and chemical properties of falsified medicines with handheld Raman spectroscopy and X-ray computed tomography. *American Journal of Tropical Medicine and Hygiene* 97 (3): 684-689. https://doi.org/10.4269/ajtmh.16-0971.

[100] Rather, D. (2010). The Mysterious Case of Kevin Xu, 14 September. *Dan Rather Reports*. AXS TV.

[101] Sword, D. (2020). Personal Communication with R. A. Crocombe, 16-17 July.

[102] Bate, R. and Mathur, A. (2011). The impact of improved detection technology on drug quality: a case study of Lagos, Nigeria. American Enterprise Institute economic policy working paper 2011-01 14 February 2011. https://doi.org/10.2139/ssrn.2212974.

[103] Rotinwa, A. (2018). How Nigeria partners with tech companies to outwit drug counterfeiters. 10 July 2018. https://www.devex.com/news/how-nigeria-partners-with-tech-companies-to-outwit-drug-counterfeiters-92953 (accessed 23 July 2020).

[104] Holt, T., Millroy, L. and Mmopi, M. (2017). Winning in Nigeria: Pharma's new frontier. *McKinsey & Company* (12 May 2017). https://www.mckinsey.com/industries/pharmaceuticals-and-medical-products/our-insights/winning-in-nigeria-pharmas-next-frontier# (accessed 24 July 2020).

[105] Gewertz, N. and Amado, R. (2004). Intellectual property and the pharmaceutical industry: a moral crossroads between health and property. *Journal of Business Ethics* 55 (3): 295-308.

[106] Newton, P.N., McGready, R., Fernandez, F. et al. (2006). Manslaughter by Fake Artesunate in Asia - Will Africa Be Next? *PLoS Medicine* 3 (6): 0752-0755. https://doi.org/10.1371/journal.pmed.0030197.

[107] Thomas, P. (2011). PharmaView: fake drugs: why business is booming. *PharmaView* (14 December 2011). https://www.pharmamanufacturing.com/articles/2011/161 (accessed 26 July 2020).

[108] Inciardi, J.A., Surratt, H.L., Kurtz, S.P., and Cicero, T.J. (2007). Mechanisms of precription drug diversion among drug-involved club-and street-based populations. *Pain Medicine* 8 (2): 171-183. https://doi.org/10.1111/j.1526-4637.2006.00255.x.

[109] Vanguard (2020). NAFDAC partners PCN in combating counterfeit drugs. 24 February 2020. https://www.vanguardngr.com/2020/02/nafdac-partners-pcn-in-combating-counterfeit-drugs/ (accessed 24 July 2020).

[110] This was featured in a 'Dan Rather Reports', first aired 14 September 2010. https://m.youtube.com/watch?v=JL9iiyAx3Qw (accessed 16 July 2020). This section begins at about six minutes into the report.

[111] Reuters (2012). Egyptian middleman bought fake Avastin from Turkey. https://www.reuters.com/article/usegyptianavastin/egyptian-middleman-bought-fake-avastin-from-turkey-id USTRE81R24120120228 (accessed 24 July 2020).

[112] Europol (2020). Rise of Fake 'Corona Cures' Revealed in Global Counterfeit Medicine Operation. 21 March 2020. https://www.europol.europa.eu/newsroom/news/rise-of-fake-%E2%80%98corona-cures%E2%80%99-revealed-in-global-counterfeit-medicine-operation (accessed 16 July 2020).

[113] Taylor, P. (2020). Fake versions of COVID-19 drug chloroquine seen in Africa. *Securing Industry* (3 April 2020). https://www.securingindustry.com/pharmaceuticals/fake-versions-of-covid-19-drug-chloroquine-seen-in-africa/s40/a11544/#.XtKsLTozbDc (accessed 24 July 2020).

[114] United States Food and Drug Administration (2020). Beware of Fraudulent Coronavirus Tests, Vaccines and Treatments. 29 April 2020. https://www.fda.gov/consumers/consumer-updates/beware-of-fraudulent-coronavirus-tests-vaccines-and-treatments (accessed 24 July 2020).

[115] BBC News (2020. Fake pharmaceutical industry thrives in West Africa. 14 July 2020. https://www.bbc.com/news/world-africa-53387216#:~:text=The%20counterfeit%20pharmaceutical%20industry%20is,criminal%20syndicates%2C%20writes%20Emma%20Hooper. (accessed 15 February 2021).

[116] Wang, W., Keller, M.D., Baughman, T., and Wilson, B.K. (2020). Evaluating low-cost optical spectrometers for the detection of simulated substandard and falsified medicines. *Applied Spectroscopy* 74 (3): 323-333. https://doi.org/10.1177/0003702819877422.

6

便携式光谱仪在法庭科学中的应用

Brooke W. Kammrath[1,2], Pauline E. Leary[3], John A. Reffner[4]

[1] Department of Forensic Science, Henry C. Lee College of Criminal Justice and Forensic Sciences, University of New Haven, West Haven, CT, USA

[2] Henry C. Lee Institute of Forensic Science, West Haven, CT, USA

[3] Federal Resources, Stevensville, MD, USA

[4] John Jay College of Criminal Justice, New York, NY, USA

根据本章作者的定义，法庭科学是将科学方法应用于法律事务的学科。法律的多个领域需要科学分析辅助司法裁决，如刑事案件、民事案件、环境法规执行、专利诉讼和知识产权纠纷。其中一些领域会相互关联，例如在一起汽车事故中，可能会同时涉及民事诉讼和刑事诉讼。

保罗·利兰·柯克博士（Kirk, 1953）关于罪犯行为的论述精妙地概括了法医学的核心："无论罪犯走到哪里、触摸何物、留下什么（即使是无意识的），都将成为指控他的无声证据。不仅是指纹和鞋印，还有他的头发、衣服上的纤维、打碎的玻璃、留下的工具痕迹、刮擦的油漆、遗留或沾染的血液或精液——所有这些以及更多的东西，都是无声的证人。这是不会忘记的证据，它不会因当下的兴奋情绪而迷惑，它不会因为目击证人的缺席而消失。这是事实性证据，实物证据不会出错，它不可能为自己做伪证，也不会完全消失。只有在对它的解释中才会有错误，只有人类在寻找、研究和理解方面的失败才会削弱其价值。

科学方法是一个循环反复的过程，它被表述为一系列系统化的步骤，科学家们用这些步骤逻辑地、不偏不倚地寻求问题的解决方案。科学方法包括观察和数据收集、记录、保存、检验、思考、推测（包括提出假设）、解读、验证和结果的交流。科学方法被用于分析现场（如犯罪现场）和法医实验室的实物证据分析。最近，方便现场使用的便携式光谱仪的问世，为在现场成功实施科学方法提供了有效助力。

便携式光谱仪在法医领域有许多优势，其具有检测、识别和分析能力，可提供有关样品的宝贵调查和裁决信息。这些数据可以单独使用，或者为进一步的证据选择、保存和收集提供信息。它可以提供实时信息，帮助形成调查线索。在现场使用便携式光谱仪，可以最大限度地减少证据丢失或破坏的风险，这对易碎或不稳定样品来说尤其重要。对于无法运输或处于偏远地区的证据，便携式光谱仪是唯一可行的化学分析方法。通过阅读其他各章可以看出，在本书中，大多数行业中便携式光谱仪通常是由非科研人员操作，经常是在筛选环境中进行的，其目标是获得"通过/失败"的结果。但在法医科学中，便携式光谱仪的作用可能大不相同。虽然在某些情况下它们可能由非科研人员使用，但这些系统的一个重要价值在于法医科学家在犯罪现场应用科学方法评估现场时，使用它们获得关键信息。

法医科学家们早已认识到现场测试对于化学检测和鉴定的价值，这些现场测试传统上使用非光谱分析方法。1881年，亚历山大·格雷厄姆·贝尔建造了第一台金属探测器，目的是在尸检中找到刺杀詹姆斯·加菲尔德总统的子弹（Detector Electronics Corp, 2014）。金属探测器后来被用来在犯罪现场寻找子弹和弹壳。1946年发明的使用北川管的比色试验被用于检测不可见气体，包括一氧化碳和硫化氢，用于非正常死亡案件及健康与安全的民事诉讼（Sensidyne® n.d.）。火焰离子化检测器（FID）自20世纪60年代以来一直被用于识别疑似纵火现场的碳氢化合物（如汽油或其他可燃液体）。

今天，在犯罪或可疑犯罪现场通常采用比色法。麻醉品鉴别试剂盒是警察或其他响应人员常用的现场测试工具，因为它们价格低廉且可随时购买。玫红酸钠和Griess颜色测试分别用于鉴定铅和亚硝酸盐，它们是检测枪支残留物的特征成分。还有许多颜色和荧光测试（例如 Kastle Meyer或酚酞、白玉兰绿、氨基黑、鲁米诺），用于犯罪现场血液的推定鉴定。还有一些商业化的系统，旨在使比色法测试的阅读更加客观，将其与手机配对，对结果进行拍照并以数字方式记录，用于监管链，例如DetectaChem公司的Mobile Detect Pouches（Detecta Chem，2020）。这些例子表明，法医科学中的现场测试的法律先例已经确立。

对法医科学应用的现场测试仪器有特殊要求。法医科学方法有"3R"原则：快速（rapid）、可靠（reliable）、可追溯的记录（reviewable record）。此外，检测结果必须在法庭上被接受。因此，该方法必须遵守适当的证据规则。对于美国联邦法院来说，证据的可接受性属于《联邦证据规则》（2014年）中的第702条（"专家证人的证词"），其中规定如下：

因知识、技能、经验、培训或教育而有资格成为专家的证人可在以下情况下以意见或其他形式做证：

（a）专家的科学、技术或其他专业知识将帮助审判者理解证据或确定有争议的事实；

（b）证词是以充分的事实或数据为基础的；

（c）证词是可靠原则和方法的产物；

（d）专家已将这些原则和方法可靠地应用于案件事实。

在美国各州法院，证据可采性规则取决于该州的判例法，这些判例法基于Frye诉美国案（Frye v. United States，1923）及 Daubert 诉 Merrell Dow Pharmaceuticals公司案.（Daubert v. Merrell Dow Pharmaceuticals, Inc., 1993）的判决。Frye证据可采性标准基于"相关科学界的普遍接受"。而最初的Daubert标准包括以下4个"要素"或标准：①该技术"可以（并且已经）被测试"，即其基本原理经过了充分假设检验；②它已经"接受同行评审和发表"；③"已知或潜在的误差率明确，且存在控制技术操作的标准并被遵守"；④它已获得"相关科学界的广泛认可"。第三项标准通常一分为二。因此，今天这些被称为"Daubert"五要素。它们旨在作为优秀科学的指南，从未打算成为清单，尽管在许多法院中它们被错误地用作清单。其他司法管辖区对法医证据的可采性也有类似的要求。例如，在英国，皇家检察署制定了证据可采性指南，其中有4项指南基于：①提供法官和陪审团共同知识之外的有用和专业信息；②相关且足够的专业知识；③专家的公正性；④证据的可靠性（The Crown Prosecution Sevice，2019）。法医领域便携式技术的开发和应用必须符合这些证据可采性规则——若不符合，可能导致专家证言被排除，甚至可能形成司法先例，阻止法院接受该技术。

便携式光谱仪在法医学现场测试的强大功能在其众多应用中得到了最好的证明。目前有许多不同的便携式技术为法医学领域提供价值。表6.1总结了一些常用的方法及其应用、优点和局限性（有关这些仪器技术的更多详细信息，请参阅本书技术与仪器卷第3、6、14～17章）。

表6.1 目前便携式光谱学仪器的法医应用比较

光谱仪技术	法医应用	优 点	限 制
离子迁移谱	非法药物 爆炸物	低LOD（ng） 操作简单 无需样品制备	由于共同警报的可能性 破坏性 需要直接采样 长启动时间 检测器过载的可能性
傅里叶红外光谱	呼吸酒精 白色粉末 非法药物 假冒药物 爆炸物 秘密实验室	非破坏性 高度选择性（分子识别） 无需用于ATR FTIR的样品制备 红外分析 可提供大型商业光谱库 无需耗材 操作简单 可用于危险材料的密封电池	相对较高的LOD（取决于样品） 大多数离子或金属材料没有特征光谱 复杂的混合物解释 通常不部署用于蒸气/气体检测，尽管气室是市售的
拉曼光谱	白色粉末 非法药物 假冒药物 爆炸物 秘密实验室	非破坏性 高度选择性（分子识别） 无需接触 无需耗材 通过一些容器进行分析 操作简单	相对较高的LOD（依赖样本；LOD通过SERS降低） 荧光 复杂的混合物解释
气相色谱-质谱法	非法药物 假冒药物 爆炸物 易燃液体残留物 秘密实验室	高选择性（分子鉴定） 低LOD 混合物鉴定 存在大型商用四极杆MS光谱库	破坏性 需要直接采样 启动时间长 难以区分异构体 比其他便携式技术更昂贵 可能使检测器过载破坏性
质谱	非法毒品 爆炸物	高选择性（分子鉴定） 低LOD	需要直接采样 难以区分异构体 复杂混合物解释
高压质谱	包括芬太尼在内的非法药物 爆炸物	低LOD 现场友好	假定识别 不可解释的数据 破坏性 需要直接采样 检测器过载的可能性

6.1 呼气酒精测试

现场呼吸酒精含量的分析是所有法医现场测试的基础。自从人们驾驶汽车以来，人们一直在关注酒精损害问题。1910年，纽约州通过了美国第一部禁止酒精影响驾驶的法律，并规定了法律处罚。此后不久，随着汽车保有量激增，其他法律也相继出台（Schweir，2015）。最初，基于表现的现场清醒度测试被用来评估司机的醉酒状态，但出于对公共安全的考虑，迫切需要更客观和可量化的现场测试。

法律上对司机判断力的损伤是基于血液中的酒精浓度，而不是呼气中的酒精浓度。然而，由于血液中的酒精浓度和呼气中的酒精浓度之间存在着既定的直接关系（2100∶1），呼气中的酒精浓度可作为逮捕的合理依据或在审判中作为醉酒的证据，这取决于管辖区的法律。例如，在加拿大，一些现场部署的呼气酒精仪器仅用于筛查，而其他技术，如红外（IR）光谱，也用于审判中的证据（Wigmore and Langille，2009）。醉酒的法定限度也因国家而异，在美国、加拿大和英国大部分地区，0.08%的质量体积比（即100 mL血液中有80 mg酒精）是法定限度（在苏格兰是0.05%），而中国的限度是0.02%。

现场可携式呼气酒精检测仪的发展历史有详细记载。有两篇很好的文献可供参考，这两篇都是历史回顾，第一篇是Jones（1996）关于血液和呼气酒精测试的文章，第二篇是Wigmore和Langille（2009）关于现场仪器的演变（表6.2）。表6.2示出了几代呼吸测试仪器和呼吸酒精分析原理，每代都有一个或多个仪器示例，尤其是在加拿大使用的仪器。

第一台现场可携式呼气酒精测试仪，即Drunkometer，由印第安纳大学R. N. Harger于20世纪30年代开发，它依赖乙醇对高锰酸钾的比色还原［图6.1（a）和图6.2］。

醉酒测量仪操作时，涉嫌饮酒的司机向一个橡胶气球呼气，气球与一管紫色液体（硫酸中的高锰酸钾溶液）相连，让呼气通过该溶液冒泡。如果呼气中含有酒精，就会发生化学反应，当溶液从紫色变成黄褐色时达到反应终点。引起这种颜色变化所需的呼吸量（进而推算血液中的酒精浓度）可以通过气球中剩余气体量，或通过将仪器连接到排水式气体计量器，或通过测量收集在烧碱石棉管中的二氧化碳的重量测量得出（Wigmore and Langille，2009）。

表6.2 六代呼气酒精检测仪及其采用的分析原理

时间段	世代	仪器示例[①]	呼气酒精分析原理
1930—1953	第一代	Drunkometer Intoximeter Alcometer	用高锰酸钾或五氧化二碘氧化
1954—1992	第二代	Breathalyzer (Brokenstein Breathalyzer, 1969; 900A, 1974; 900B, 1992) Photo-electric intoximeter ethanographe	用玻璃安瓿中所含的重铬酸钾和硫酸氧化，通过可见光度法测量颜色变化
1970—	第三代	GC Intoximeter (Intoximeter Mk IV, 1978) Intoxilyzer 4011 ALERT Screener(J3A在1993年被召回) Alcometer (Alcolmeter AE-D1, 1982) Alcosensor IV/RBT IV, 1995 Breathalyzer 7410 CDN with Printer(2002)	使用Porapak Q色谱柱和FID或TC检测器进行GC分离 单红外波长（3.4 μm） N型半导体（Taguchi cell） 电化学传感器 电化学传感器
1975—	第四代	Intoxilyzer (4011AS, 1982) Intoxilyzer (5000C，1992) BAC Datamaster (C, 1994) Datamaster (DMT-C, 2008)	双红外波长（3.39 μm和3.49 μm） 多红外波长（3.39 μm、3.48 μm和3.80 μm） 双红外波长（3.37 μm和3.48 μm） 多红外波长（3.37 μm、3.44 μm和3.50 μm）
1985—	第五代	Alcotest (7110, 1992) Intoxilyzer (8000C, 2007)	单红外波长（9.5 μm） 双红外波长（3.4 μm和9.4 μm）

续表

时间段	世代	仪器示例[①]	呼气酒精分析原理
1990—	第六代	Alcotest (7110 Mkll Dual C, 2002)	单红外波长（9.5 μm）和电化学传感器
		Intox (EC/IR II, 2009)	双红外波长（3.46和4.26 μm）和电化学传感器
		Alcotest (E-Pass) 8510	燃料电池技术取证仪和筛查装置
		Alcosensor IV-XL POA	

资料来源：Wigmore and Langille（2009）。版权（2009）归Taylor and Francis所有。

① 本列为历代呼气酒精测试仪的生产厂商和仪器型号。

$$4KMnO_4 + 5C_2H_5OH + 6H_2SO_4 \longrightarrow 4MnSO_4 + 2K_2SO_4 + 5CH_3COOH + 11H_2O$$

高锰 乙醇 硫酸   硫酸锰 硫酸钾 乙酸   水
酸钾   （Ⅱ）

锰(Ⅶ)

$$2K_2Cr_2O_7 + 3C_2H_5OH + 8H_2SO_4 \longrightarrow 2Cr_2(SO_4)_3 + 2K_2SO_4 + 3CH_3COOH + 11H_2O$$

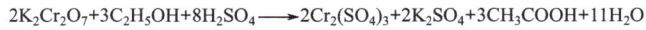

重铬 乙醇 硫酸   硫酸铬 硫酸钾 乙酸   水
酸钾   （Ⅲ）

铬(Ⅵ)在420nm有吸收

图6.1 早期呼气酒精测试装置中使用的化学反应，显示乙醇通过以下方式氧化成乙酸：（a）将锰离子从Mn(+7)还原为Mn(+2)，显示乙醇氧化为乙酸，导致颜色由紫色变为黄棕色；（b）铬离子从Cr(+6)还原为Cr(+3)，导致黄橙色消失

图6.2 1934年印第安纳州博览会上的测醉器产品介绍。来源：经印第安纳州历史学会许可发布

在该仪器中使用主观视觉评估颜色，因此需要更客观的仪器方法。第二代仪器采用可见光谱仪，定量测量乙醇还原重铬酸钾引起的颜色变化，从而降低420 nm波长处光的吸光度［图6.1（b）］。图6.3显示了正在使用的呼气测醉器。

自20世纪70年代以来，出现了两种技术改进现场测试中呼吸酒精的分析：电化学传感器（即燃料电池）和红外光谱。电化学传感器是将燃料和氧化剂转化为电流的装置。在这些现场分析仪中，酒精是被大气中的氧气氧化的燃料，会产生与呼气中酒精含量成正比的电流。多年来，红外传感器得到了改进，从单波长光谱仪（3.4 μm）开始，后来发展为双波长仪器和现在的多波

图6.3　1950年3月28日在Statler酒店举行的大纽约安全委员会展会上，Dorothy Brengel帮助Statler安全委员会主席W. D. Foden演示"测醉器"。来源：Carl Nesensohn/AP/Shutterstock

长仪器。双波长和多波长光谱仪的发展提高了呼气酒精仪器的特异性，消除了丙酮干扰（丙酮干扰可以在个体的呼气中发现，尤其是糖尿病患者）。此外，在20世纪80年代，IR仪器通过使用更长波长（9.4 μm）的光谱仪提高了乙醇的特异性，这测量的是C—O键的吸光度，而不是甲基的对称和不对称伸缩振动。呼气酒精检测仪的最新发展将电化学传感器和红外光谱仪结合在一个平台上，从而提高了它们的可靠性。这些技术进步的最终目标是：提高仪器的可靠性，使其更易被法庭认可。

　　虽然这些仪器已被证明具有价值，但它们必须由具备相关知识、受过培训并且理解设备使用规范的人员操作。法医科学家使用便携式光谱仪时，了解如何使用该技术生成科学上可辩护的数据。仪器维护记录、正确校准、使用适当的标准/方法等都是法医科学家培训和教育的基础。然而，当便携式技术由非科研人员操作时，通常情况并非如此。当现场测试的结果将用作法律程序的一部分时，非科研人员操作便携式技术进行现场测试，可能存在风险。《纽约时报》2019年11月的一篇专题文章，题为"这些机器会让你入狱。不要相信他们"（Cowley and Silver-Greenberg，2019），详细介绍了与技术相关的一些严重的人为失误。这篇文章的标题存在误导，因为不是仪器而是操作员因未执行适当的校准和仪器维护等而失败。此外，文章作者错误地试图确定所使用的技术存在根本性缺陷。事实并非如此。如果未正确应用适当的技术，或者在特定情况下使用的培训、校准和方法不合适（如本文详述的情况），其结果理应被否定。本文强调的是法医科学家需要对此类证据进行审查，但文章作者并未提及。如果现场测试是由非科研人员（例如警官在疑似酒驾事件中）执行，且测试结果将用作法律程序的一部分，则测试的所有方面都应由科学家审查，以验证测试结果是否符合法庭上科学证据可采用的标准。

6.2　白色粉末攻击

　　现场便携式光谱仪发展的一个重要催化剂是2001年"9·11"事件发生1周后开始的炭疽白

色粉末攻击。这些事件也被称为"美国炭疽事件"，分两波发生：第一波是9月18日从新泽西州特伦顿寄给纽约市和佛罗里达州博卡拉顿的新闻媒体的5封邮件；第二波包括10月9日寄给民主党参议员的两封信。最终，由于接触到武器化炭疽杆菌，5人死亡，17人住院。随后，在美国和世界各地发生了数以千计的白色粉末恶作剧攻击，其目的是造成恐惧、混乱和破坏。这些信件的主要收件人是政治家、记者和名人。对堕胎诊所和宗教机构的高调攻击进一步将焦虑情绪传播给所有人。许多大公司和组织的收发室因信封和包裹中的白色粉末而陷入紧急应对状态。尽管自2001年以来，这些白粉攻击的频率已经明显下降，但相关事件仍时有发生。

需要立即在现场对这些白色粉末进行化学检测和鉴定。这是因为，在收到白粉信后，建筑物将被封锁，个人将被送入医院和隔离。2001年，SensIR™技术公司（康涅狄格州丹伯里）推出了第一台现场可移动的傅里叶变换红外（FTIR）光谱仪。这种便携式光谱仪成为在疑似白粉攻击现场识别未知材料的重要工具。

必须承认，这些白粉事件中的大多数是骗局，并不包含化学或生物威胁。然而，它们确实引发了广泛的恐惧和混乱。这些白粉攻击骗局造成的恐慌的一个例子是在康涅狄格州斯坦福市的通用电气资本公司，一名员工报告说，在收发室的一台现有的拆信机附近发现了一种白色粉末。恐慌开始了。整个大楼被疏散并立即关闭。由于担心发生炭疽袭击，该大楼被关闭了数天。当时，没有人知道到底该怎么做，也没有人知道对这种类型的诉求应该采取的最佳应对方法。当地的特纳河应急小组联系了SensIR，并到现场进行调查。他们带来了一位SensIR的科学家和一台TravelIR™现场便携式红外光谱仪。随后，白色粉末的样品通过其红外光谱被识别出来，发现是纸质信封被切开后制成的纤维素纤维。此次现场红外光谱鉴定不仅消除了人们对中毒的恐惧，而且还确定了材料的来源。这场因纸屑引发的恐慌，造成了数十万美元的损失，并持续引发恐惧。此外，这项技术的价值立即得到了认可，通用电气资本公司随后为特纳河应急小组购买了3台TravelIR仪器：一台用于日常使用，一台用于培训，另一台作为备用仪器保存在仓库中。

另一个例子发生在2002年，当时一组应急人员在华盛顿特区开会，评估用于白粉事件现场化学分析的便携式红外技术。会议期间，美国邮政局的一名高级安全检查员被告知在华盛顿特区的美国邮局发生了一起白粉事件。SensIR的吉姆·菲茨帕特里克（Jim Fitzpatrick）被要求与该检查员一起去处理这一紧急情况。到达邮局后，一位身穿A级防毒服的安全官员走向等待分析样品的菲茨帕特里克，并递给他一个简单的保护面罩。这种防护上的反差显而易见，他反问道："这场景有什么问题吗？"随后，TravelIR便携式红外光谱仪被用来分析从一个包装中泄漏出来的乳白色粉末材料的样品。该粉末的红外光谱被记录下来，通过机载光谱库进行识别，结果是与婴儿配方奶粉相匹配。与此同时，联邦调查局（FBI）联系了该包裹的邮寄者，并询问包裹里有什么。她的回答是，她的女儿最近生下了她的第一个外孙，她正在给她寄婴儿配方奶粉。对参会的应急人员而言，这一案例已证实了这种新的便携式技术在事件现场解决问题的价值。虽然这让科学家们很兴奋，这一案例也传递了关于红外光谱信息解读的误导——如图6.4所示，婴儿配方奶粉的红外光谱包含强烈吸收的酰胺Ⅰ和酰胺Ⅱ带，这是蛋白质的特征，炭疽病的红外光谱也显示存在这些蛋白质带。红外光谱库搜索算法找到的是蛋白质、脂肪和纤维素的光谱，而不是具体的婴儿配方奶粉的光谱。所以，如果存在炭疽病，这有可能导致假阴性反应。因此，SensIR的科学家们立即修改了分析检测过程，如果在红外光谱中发现了蛋白质谱带，就必须使用专门的炭疽和其他生物威胁的测试对样品进行进一步分析。

犯罪者常使用无害白色粉末模仿威胁物（有时被称为"恶作剧粉末"）制造白色粉末事件，

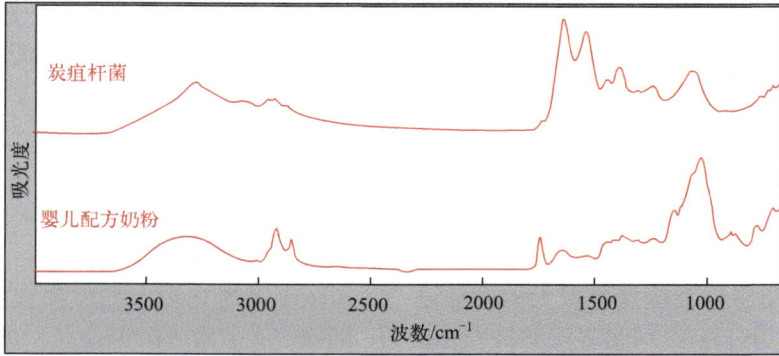

图6.4 炭疽杆菌（上）和婴儿配方奶粉（下）的红外光谱，由便携式ATR FTIR光谱仪收集，都含有强烈吸收的酰胺Ⅰ和酰胺Ⅱ带，这是蛋白质的特征

因此应急人员在现场频繁接触这些粉末。这些粉末可以是任何东西，包括人工甜味剂、小苏打和发酵粉等化学品（Kammrath et al., 2017）。为了对这些化学品进行有效的分析，必须采用FTIR或拉曼光谱等确认方法。其他的现场测试手段的应用范围或检测能力往往更有限，它们可能仅能鉴定化合物类别，但通常无法对多种分析物进行确证性鉴定。

便携式傅里叶变换红外仪器是在现场对未知材料进行法医鉴定的一个宝贵工具。目前的仪器是手持式的，坚固耐用，并为样品分析提供了几种不同的选择（例如内反射、漫反射、镜面反射）。傅里叶变换红外光谱能够对广泛的不同材料进行明确的化学鉴定，但也存在局限性：FTIR的检测限（LOD）通常为2%～10%（取决于材料）；其光谱特性有限制，不能检测某些化合物（如某些无机物和对称双原子分子）；由于水对红外辐射的强烈吸收而难以检测水中的分析物；对样品预处理有要求。对于透射或反射吸收的红外分析，样品必须足够薄，对于内反射光谱［衰减全反射（ATR）光谱］是通过在样品和内反射元件之间的界面上进行反射获得的，因此样品必须与内反射元件接触。这样做的结果是ATR光谱与红外透射光谱不同，因为在ATR测量中红外辐射的穿透深度与波长有关，这可能会导致ATR和透射红外光谱之间的吸收带强度的重大差异。此外，在ATR测量过程中，由于反常的色散效应，可能会出现峰位的微小偏移。因此，当用内反射红外方法分析样品时，必须使用ATR光谱库进行比较和搜索。对于透射或任何其他光谱分析也是如此，因为用于收集红外数据的方法会给光谱带来独特的属性。

拉曼分析产生的分子振动光谱是对红外光谱的补充。这些光谱是通过收集从样品中折射出来的非弹性散射辐射并测量由样品分子振动引起的单色源的波长移动获得。拉曼光谱的优势包括：不需要接触，而且可以透过一些非吸收性的玻璃和塑料容器进行分析；使用可见光辐射，使仪器能够采用传统的玻璃光学器件；具有更宽的光谱范围、更高的特殊分辨率，对某些分析物（如颜料）的LOD比红外高。拉曼光谱最明显的限制之一是经常发生的荧光，它会淹没光谱并掩盖弱的拉曼波段。通过使用长波长的激光源，可以最大限度地减少或消除荧光的发生。最后，虽然拉曼光谱和红外光谱是互补的，但目前红外光谱数据库比拉曼光谱数据库更广泛。

今天，当白色粉末事件发生时，规范的分析流程是：先通过测试评估危险等级和其他类别特征，然后再使用更复杂的化学分析仪。如果红外光谱中出现酰胺吸收带（表明存在潜在的生物物质），应急人员会使用一种宽屏生物检测试剂盒 Prime Alert（GenPrime公司）来识别13种最常见的可用于武器的生物恐怖剂（如炭疽、蓖麻毒素等）。该试剂盒包含5种染料溶液，它们与微生物结合产生特定的可检测荧光。在确定样品不含这些生物恐怖剂后，则需进一步确认其作为"恶作剧材料"的证据价值。最终，确定白色粉末的具体成分对刑事调查至关重要，这包括将多个"恶作剧粉末"事件联系在一起以及确定粉末的来源。振动光谱学的多功能性使其成为白色粉末法医调查的首选分析工具。

6.3 非法毒品检测

非法毒品交易是全球规模最大的产业之一，2016年大约有5.5%的世界人口（2.71亿人，15～64岁）使用过毒品（《世界毒品报告2019》）。因此，大多数法医实验室（如纽约市警察局法医实验室）将大量人才和财力投入非法药物分析案件。然而，这取决于司法管辖区，因为有些州（如康涅狄格州）不检测非法药物证据，除非它将被用作审判证据。对于这些州来说，逮捕令通常基于现场阳性测试结果（多为警员操作的比色法初筛）。有了这些结果，许多人被说服接受认罪协议，而不是进行审判。不幸的是，这也造成了相当大的问题，即假阳性结果导致的错误定罪（Bui，2019；Gabrielson and Sanders，2016；Jeong，2017；Kelly，2008；Lieblein et al.，2018；Peralta，2011；Report：Cocaine charges，2019）。例如，巧克力、茶叶、蜂蜜、蓝色棉花糖、玉米饼屑和鸟粪等无害物品都因初筛比色法特异性不足而导致错误的逮捕。因此，亟需精准的违禁药物现场检测方法，而便携式光谱仪被视为潜在替代方案。

在法医界有一种错误的看法，即与传统的比色初筛试剂盒相比，便携式光谱仪在现场使用时成本过高。然而，正如美国国家司法研究所卓越法医技术中心2018年的一项研究描述的那样，二者成本相当（Forensic Technology Center of Excellence，2018）。该研究指出，对于一个大都市地区，比色法现场检测的成本大约为每年30000美元（5000次逮捕×每次逮捕2次测试×每次测试3美元=30000美元）。然而，这只涉及逮捕相关检测，并没有说明所需测试的全部范围，这将包括那些结果为阴性的分析。这一成本分析也不包括需要为每一类毒品单独储备试剂及化学试剂的保质期等成本。因此，每年30000美元的成本可能是对警察部门进行比色法初筛所需总成本的低估。相比之下，便携式光谱仪目前有一定的价格范围（1万～10万美元），因此需要相对较大的前期成本。据推测，随着技术的成熟和竞争的加剧，这些仪器的价格将会下降。必须考虑的是，每个司法管辖区将需要一台以上的便携式光谱仪进行现场毒品分析，至少每个证据小组需要一台。但便携式光谱仪不必每年购买，因此，在5年周期内它们具有相当高的成本效益。根据PoliceOne杂志报道，"对凤凰城警察局来说，购买手持式分析仪（拉曼光谱仪）带来了丰厚的投资回报，预计每月可减少实验室的测试成本22000美元，5年内可能节省130万美元"（Planchet，2017）。

几十年来，现场部署的离子迁移谱仪（IMS）已被广泛用于监狱和其他相关地点的毒品筛查（见本卷第8章）。技术的进步见证了手持式IMS的发展，这使其具备了在现场识别非法毒品的能力。IMS用于药物分析的主要优势包括快速分析、易于使用、能够进行混合分析以及对许多感兴趣的分析物的低LOD（即个位数纳克级）。正是这些能力，使得IMS能够对来自可疑包裹外部的拭子进行分析（Forensic Technology Center of Excellence，2018）。此外，IMS方法还可以应用于没有明显的毒品或爆炸物存在的犯罪现场，以确定是否存在微量的毒品或爆炸物，因为以前在现场有大量的材料。IMS最主要的缺点如下：①根据法医药物分析标准［ASTM E2329-17（2017）］，它不被视为一种确认性技术；②虽然有许多药物没有已知的干扰，但也有一些药物已知会共同报警，如卡芬太尼和羟考酮——尽管检测算法不断完善以防止共同报警，但在特定分析参数下迁移率几乎没有区别的离子来说，分离是很有挑战性的；③虽假阳性率远低于比色法，但高灵敏度可能导致过载，延误后续样品分析（Forensic Technology Center of Excellence，2018）；④有可能出现假阴性结果，这是因为混合物中的某些成分（甚至样品基质）可能优先电离，阻碍了其他化合物的电离和后续鉴定，假阴性结果也可能由于采样发生。

红外光谱和拉曼光谱被ASTM E2329-17认为是药物鉴定的确认方法，因此在现场使用这些便携式仪器是非常可取的。这两种方法的优点和局限性已在上文描述。然而，重要的是要认识到药物通常以混合物的形式出现，这使光谱解释变得复杂，但支持多组分识别的库搜索算法可缓解这个问题（图6.5）。2018年Lieblein等通过比色法、红外和拉曼便携式光谱仪对可卡因混合物分析进行了比较研究，得出结论："尽管便携式光谱仪初始投入较高，但其高性能（例如易于使用、快速分析、非破坏性能力、可接受的LOD、极低的假阳性和假阴性率）使它们成为现场测试中对盐酸可卡因进行初筛的优选工具，优于比色法。"此外，由于其较低的检出限、较少的常见掺假干扰、某些药物（如海洛因）在拉曼分析过程中可能产生荧光以及FTIR光谱库中可用的光谱数量较多，确定FTIR光谱更适合非法药物分析。目前，应急人员对芬太尼及其高毒性类似物（如卡芬太尼）的毒性风险高度警惕，因此对非接触分析测试方法的需求迫切。便携式拉曼光谱由于能够透过密封的透明容器分析样品，减少了可能的暴露和污染风险，故在现场非法药物分析中更受青睐。

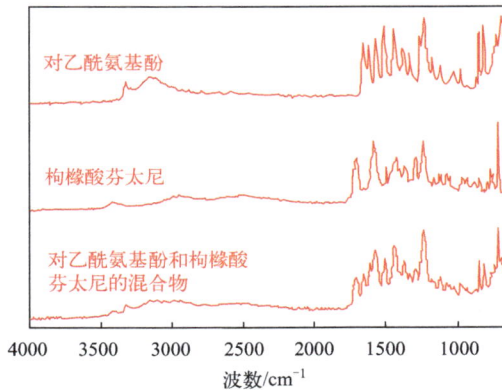

图6.5 对乙酰氨基酚（上）、枸橼酸芬太尼（中）和50∶50混合物（下）的红外光谱，由便携式ATR FT-IR光谱仪收集。当这种混合物的两种成分比例都较高时，机载仪器库搜索算法能够识别这两种成分

现场部署的气相色谱-质谱（GC-MS）联用仪和质谱（MS）仪器已经有20多年的商业应用（如1996年推出的HAPSITE® GC-MS）。然而，它们还没有在法医领域得到广泛的应用。这些仪器已被军队和国土安全部使用，但地方警察在日常毒品检查中并不常用。这些技术目前正在为这一应用场景进行开发（Forensic Technology Center of Excellence, 2018）。便携式GC-MS或MS鉴定非法药物的潜力很大，因为它们是法医实验室中首选的药物分析方法。便携式GC-MS和MS技术的主要优点是能够对广泛的样品进行确认性鉴定，有能力进行混合物分析（就GC-MS而言），灵敏度高，有多种样品引入方法［如固相微萃取（SPME）、直接注射、直接空气采样等］。便携式GC-MS和MS仪器的主要局限性有：①分析具有破坏性；②在GC-MS联用仪鉴定过程中热敏性化合物（如迷幻药、加巴喷丁、γ-羟基丁酸）易分解，无法识别；③无法区分一些异构体或多晶型；④有可能使系统过载造成仪器停机；⑤GC-MS联用仪能够识别混合物的成分，但无法直接确定样品类别（例如，GC-MS可以识别汽油样品的所有成分，但不能确定该样品是

汽油）；⑥不同的电离和质量分析器配置会导致样品的质谱不同。为了说明这一点，有必要在类似的仪器上建立质谱库（如药物和添加剂），用它来测试。例如，如图6.6所示，由于空间电荷和离子捕获过程中可能发生的离子-离子相互作用，从环形离子阱质谱中收集的海洛因的质谱与从四极杆系统上收集的海洛因的质谱明显不同（Leary et al., 2018）。因此，为这种类型的现场应用定制一个库是至关重要的。随着这项技术的发展、现场提取方法的开发以及这些仪器上药物和添加剂质谱库的建立，便携式GC-MS或MS仪器可能成为现场药物分析的首选工具。

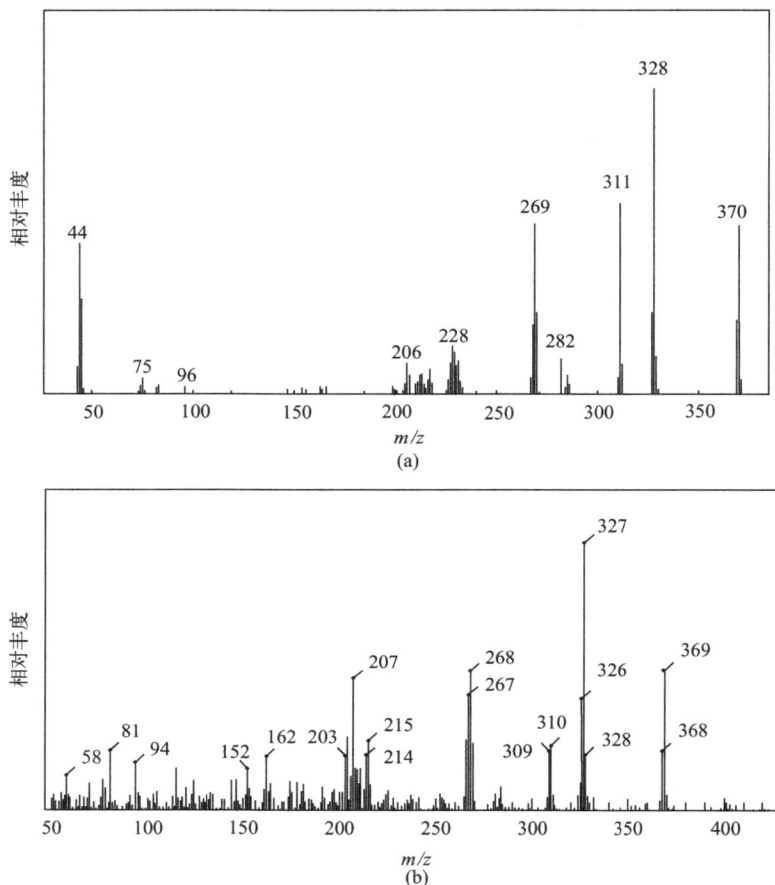

图6.6   海洛因的质谱由便携式离子阱质谱（a）和便携式四极杆质谱（b）采集。m/z的差异是由于在离子阱中发生的空间电荷和离子-离子的相互作用，导致峰值有+1 m/z的增加

商用便携式高压质谱仪（HPMS）可能会对现场检测非法毒品产生影响（见技术与仪器卷第16章）。这类仪器的优点是：它们使用大气压力电离和小型化的离子阱质谱仪，这使它们能够在更高的工作压力下运行，因此它们更适合于现场；它们对许多目标药物（如芬太尼及其衍生物）具有较低的检测限。便携式HPMS的主要缺点是：其谱图分辨率受限，因此它不被认为是一种确证方法而真空MS系统可达到单位质量分辨率属于确证方法；此外，其谱图解释相当困难，库匹配过程需要复杂的算法支持。

新出现的合成毒品对现场测试提出了特殊挑战。由于浴盐（即合成卡西酮）和合成大麻（如K2）等新毒品的不断演变，光谱库不可能保持或包含所有可以想象的执法者感兴趣的化合物。光谱库的内容只限于那些被定性和测试的化合物，而毒品实验室在制造毒品时不一定局限于这些已知的化合物。目前，如果对含有这些未定性合成毒品的样品进行分析，谱图库的搜索结果将是"不匹配"或"未知"。在这种情况下，本章作者建议将样品提交给法医实验室做进一步的化学分析，以防止出现假阴性的结论。这也说明了机载光谱库的重要性，它不仅要包含目标化合物类别（即药物和添加剂），还要包含常见物质。此外，需具备无线传输数据的能力，使后方化学家能够实时提供咨询和高级光谱分析支持。

6.4 假药检测

假药不仅是制药业的一个重要问题，而且由于服用未经验证的药物对健康的影响，对普通民众也是一个重要问题。Leary（2014）对假药问题以及使用便携式光谱仪（IR、拉曼和GC-MS）识别和区分真药进行了深入的分析。假药相关的法医问题既涉及刑事，又涉及民事：一方面，假药会危害患者及公众健康；另一方面，侵犯知识产权是一个民事问题，具有相当大的经济和社会影响。

执法人员和法医药物化学家特别感兴趣的是，最近美国的假药制造商的技术进步已能够生产出在外观上（如颜色、大小、形状、质量、印记）与正品完全相同的非法阿片类药品。这使得执法人员和化学家无法使用药物鉴别手册（2015年）或药片识别器（http://drugs.com，2020）将其识别为假药，该识别器不包含光谱特征信息。假药被确定为非正品后，有可能被用于关联多个假药的查获或用于溯源。为了确定一种药品是假药，需要广泛收集代表所有合法生产厂家的许可药品。需要对这些样本进行分析，以建立正品样本库，再将可疑药品与库中数据比对，从而确认可疑药品为假药。事实证明，从专利持有者那里获得经认证的样品是建立这些基本药物光谱库的最大的障碍。

6.5 爆炸物检测

爆炸物是国内和国际恐怖分子常用的破坏工具，它们也可能被其他犯罪分子用于报复性杀戮或经济利益。由于炸弹爆炸造成的广泛破坏，当遇到这种情况时，它们会受到执法部门和媒体的极大关注。炸弹的构造多种多样，不仅使用的爆炸性化学物质不同，而且爆炸装置大小和爆炸威力也有差异。例如，包裹炸弹是通过邮件寄送的小型爆炸装置，随后通过定时器、绊线或其他远程机制引爆（如2018年5月得克萨斯州奥斯汀连环爆炸案中使用的那些炸弹）。另外，它们也可以是大型装置，如1993年世贸中心爆炸案中使用的货车或1995年俄克拉何马城爆炸案中使用的卡车。

80多年来，现场的爆炸物鉴定一直是研究的主题。沃尔特·麦克龙（Walter McCrone）是化学显微术先驱，他于20世纪40年代初在康奈尔大学撰写了关于现场高爆炸物的显微镜鉴定的博士论文。这项工作的目的是在第二次世界大战期间进行情报分析，因此他的一些成果被列为机密。麦克龙的《化学显微术融合方法》（McCrone，1957）收录了他为爆炸物现场测试开发的部分流程。

不同机构将便携式光谱仪用于爆炸物现场分析的情况各不相同。一些机构是这些技术的早期采用者；另一些机构则不愿意将这些仪器部署到现场，而是倾向于在实验室进行测试。虽然在某些情况下在实验室进行测试很重要，但在爆炸现场进行分析是一种重要的能力，原因有很多，包括现场分析能够在实时识别和评估威胁的基础上制定安全程序（Moquin et al., 2020）。澳大利亚联邦警察（AFP）在调查中使用便携式仪器，也证明了便携式光谱仪对于现场分析爆炸物的价值，便携式仪器被用于现场分析以在偏远地区收集爆炸前和爆炸后的证据（Besnon et al., 2011）。

便携式光谱仪广泛的检测能力是分析爆炸前和爆炸后残留物的必要条件。爆炸物可以是有机的或无机的，可以以任何物理状态（固体、液体或气体）存在。它们既可以是军用级别的材料，也可以是商用的，或者是自制的。例如，2013年4月15日波士顿马拉松爆炸恐怖事件使用了一个带计时器的高压锅炸弹，其炸药是购买的烟花粉末（由木炭、硝酸钾和硫黄组成的黑火药），结合金属球和钉子以增加破坏力。1995年4月19日俄克拉何马城爆炸案是一起美国本土恐怖主义行为，一辆装满自制铵油炸药（ANFO）简易爆炸装置（IED）的出租卡车在阿尔弗雷德·P·穆拉联邦大楼前被引爆。1993年的世贸中心爆炸案是一次恐怖袭击，一枚自制的硝酸铵氢气强化卡车炸弹在北塔下被引爆。2005年7月7日伦敦公交车爆炸案中恐怖分子使用了自制的三过氧化三丙酮（TATP）简易爆炸装置。而2016年在纽约和新泽西发生的爆炸案使用了由含有类似坦奈石（Tannerite，一种由铝粉与硝酸铵和高氯酸铵混合制成的二元炸药）的炸药的压力锅炸弹和管道炸弹，由小剂量的六亚甲基三过氧化二胺（HMTD）引爆。由于这些材料的分子和元素组成的多样性，尚无一种仪器能够确证识别所有可能的爆炸材料。因此，有必要使用一套工具组合。

比色测试是爆炸物现场分析的一个有价值的工具，可初步识别爆炸物或化学品类别，并通过光谱仪器为后续测试提供信息。然而，与应用于非法药物分析时的情况类似，比色法测试的结果不能作为确认依据，也无法单独使用。有多种便携式光谱仪可用于爆炸物的现场鉴定，包括IMS、IR、拉曼、GC-MS和MS（Besnon et al., 2011；Leary et al., 2019）。爆炸前和爆炸后的分析方法以及负责调查的机构不同，其分析流程也有所不同。对于未引爆的爆炸物，需首先对回收的炸弹进行安全处理，然后使用上述任何光谱仪组合进行分析，以评估威胁的严重程度。对于爆炸后的分析，流程取决于残留物回收情况。例如，拉曼或IR分析仅适用于有可见可疑残留物的场景。然而，如果回收的是黑色粉末或深色的残留物，用拉曼分析时必须小心，因为深色样品有可能吸收激光能量并引爆。

在爆炸物分析领域，现场测试的价值主要在于评估危险程度和提供潜在的调查线索。用于爆炸物分析的现场便携式光谱仪通常由军队使用。然而，对于法庭科学的应用，往往有不同的目的，检测结果最终必须在法庭上站住脚。目前，大多数便携式光谱仪的性能（如灵敏度）还无法与台式同类仪器相提并论，因此用于诉讼时，实验室分析仍是首选。

6.6　秘密实验室检测

事实证明，在秘密实验室现场使用便携式光谱仪对于安全评估以及提供调查和裁决信息至关重要。秘密实验室是制造特定物质的秘密或隐藏空间，通常制造非法毒品或爆炸物。许多用于非法生产爆炸物或毒品的材料是危险的、易燃的或有毒的（如醚、酸、磷、锂和镁等），但它们也有合法用途（Christian，2003）。秘密实验室中的任何东西，从反应容器或垃圾桶中的残留物到密封容器中的内容物，都必须进行化学分析。需要这些信息制定安全和清理方案以及揭示制造毒品或爆炸物的合成路线。

在遇到秘密实验室时，安全是最优先考虑的问题，无论是对执法人员还是科学人员而言。因此，识别无标签或虚假标签容器内的成分是至关重要的。在秘密实验室场景中，识别未知材料的最通用和最有用的工具是便携式红外光谱仪。它通常与非光谱法（如湿化学测试，包括pH值和比色法）搭配使用。其他仪器，如便携式拉曼光谱仪、气相色谱-质谱（GC-MS）联用仪和质谱仪，也被一些机构用于秘密实验室分析，但尚未像便携式红外技术那样被广泛使用。

6.7 可燃液体检测

在火灾调查场景中，事件分析的一个重要方面是可燃液体残留物的检测和识别。可燃液体（如汽油、柴油、轻质液体、醇类等）是易挥发、易燃的液体，通常被纵火人员用来引发火灾和加速火势蔓延。

便携式仪器用于这种可燃性气体分析已经有几十年的历史。碳氢化合物嗅探器常用来确定碎片的位置，以便后续取样送实验室进行GC-MS分析。这些嗅探器使用真空泵将空气通过喷嘴吸入化学检测器，如催化珠传感器、FID或固态检测器（Furton and Harper，2004）。尽管嗅探器理论上可用带有气室的傅里叶变换红外光谱仪，但目前还没有用这种技术制造的商业化系统。有许多材料（如天然橡胶、一些漆、地毯等）在热分解后会产生可燃气，可能导致嗅探器出现假阳性。因此，更具特异性的现场分析方法将有助于避免不必要的后续检测。

使用便携式GC-MS仪器可以实现更精准的样本筛选，这些仪器正在成为火灾调查的潜在工具（图6.7）（Leary et al., 2016, 2018, 2019；Visotin and Lennard, 2016）。固相微萃取（SPME）是一种比直接空气采样更敏感的采样方法，因为它能够浓缩蒸气进行GC-MS分析。然而，在SPME采样过程中，分析物的选择性吸附可能会使结果出现偏差。随着这项技术的不断改进，便携式GC-MS仪器有望成为纵火案调查的标准工具。

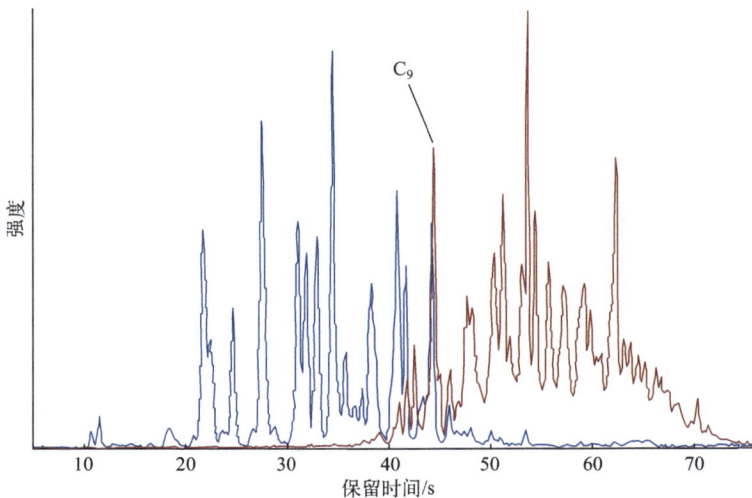

图6.7 通过现场便携式GC-MS收集的轻度（蓝色）和中度（红色）石油蒸馏物的色谱图。来源：Leary et al., 2019年

6.8 展望

技术的快速发展及"9·11"事件和航空业爆炸等国际性事件，推动了现场便携式光谱仪的蓬勃发展。这些工具虽已有许多工业应用，但法院受理的严格要求阻碍了其在法庭科学领域的广泛采用。可以预计，随着这些技术的不断成熟并被法医科学从业者认为是可靠的，这些障碍将被突破，这些仪器方法的全部价值将被认可。

毫无疑问，犯罪现场的法医分析中现场便携式光谱仪的新应用将不断被发现并验证。例如：便携式元素分析仪［如X射线荧光（XRF）或激光诱导击穿光谱（LIBS）（见技术与仪器卷第13章和本卷第19章］，可分析来自秘密实验室的未知材料，如便携式LIBS可用于分析黑泥状残留物中是否存在锂，以确定甲基苯丙胺的合成途径；现场便携式元素、振动和紫外（UV）-可见光谱仪可以在肇事逃逸事故现场提供有用的调查和裁决信息，用于分析油漆碎片［若结合油漆数据库查询（PDQ）则效果更佳］；便携式近红外仪器（见本卷第12章和第13章）目前正用于地毯回收行业的纤维鉴定，未来这项技术也可以用于现场纤维物证鉴定；便携式近红外光谱仪也被广泛用于假药分析（见本卷第5章），这也是法庭科学领域的应用，未来有可能用于非法药物的现场鉴定。随着智能手机光谱仪背后的技术不断发展（见技术与仪器卷第9章和本卷第10章），可以预测它们也会被犯罪现场科学家广泛采用。另一个有前景的应用是通过振动光谱学进行体液鉴定。有许多已发表的研究文章表明，台式拉曼光谱仪不仅能够识别体液的类型和沉积时间，而且能够识别供体的年龄、性别和种族（Virkler and Lednev, 2008, 2009a, 2009b, 2010a, 2010b; Sikirzhytski et al., 2010, 2012a, 2012b, 2012c, 2013, 2017; Boyd et al., 2011; McLaughlin et al., 2013, 2014a, 2014b; Muro et al., 2016; Mistek et al., 2016; Muro et al., 2016; McLaughlin and Lednev, 2015; Doty et al., 2016; Fujihara et al., 2017; Feine et al., 2017; Doty et al., 2017; Muro and Lednev, 2017; Schlagetter and Glynn, 2017; Schlagetter et al., 2017; Doty and Lednev, 2018a, 2018b; Fujihara et al., 2018; Rosenblatt et al., 2019; Fikiet and Lednev, 2019; McLauglin et al., 2019）。这些研究多依赖化学计量学方法才能成功应用，在犯罪现场工作中使用这种类型的分析前需要将其纳入便携式仪器。Fujihara等（Fujihara et al., 2017）的一篇文章使用便携式拉曼光谱仪进行血液鉴定和物种鉴别。目前，在使用台式拉曼光谱仪分析有机枪击残留物方面有大量研究（Bueno, et al. 2012; López-López et al., 2013; Doty and Lednev, 2018b; Khandasammy et al., 2019; Karahacane et al., 2019; Charles et al., 2020）。随着便携式拉曼光谱仪灵敏度的提高，枪击残留物有机成分的现场鉴定可以取代或补充比色法测试（如格里斯试验和罗丹明酸钠试验）。最后，可疑文件分析是法庭科学中的一个分支学科，将受益于现场便携式光谱仪，例如用于分析可疑的假钞和伪造文件（Appoloni and Melquiades，2014；Oliveira et al., 2018；Rodrigues et al., 2019）。

便携式仪器灵敏度的潜在改进将对呼气酒精检测和酒驾判定产生重大影响。随着便携式傅里叶变换红外光谱仪、气相色谱-质谱联用仪（GC-MS）和质谱仪技术的进步，这些仪器很可能会成为现场呼气酒精检测的标准。药物影响下驾驶（DUID），包括合法的（处方药或非处方药）和非法的，是一个严重的全球性问题，因此在现场对其进行可靠的检测是非常必要的。美国交通部国家公路交通安全管理局对9000多名司机的调查显示，2013年和2014年，周末夜间司机中药检阳性者占总数的20%（Berning et al., 2015）。目前，免疫测定法被用于现场筛查口服液中的毒品，但这个方法只是推定的，而且存在测量不准确的问题，"钩状效应"可能会导致假阴性。现场便携式光谱仪在现场检测呼气和唾液中的毒品方面有很大的潜力，然而在被法医界和法院接受前还需要对仪器进行改进。对于便携式拉曼光谱仪来说，需要在灵敏度和混合物解读方面进行仪器改进，同时需要开发呼气样品引入装置，以便开始使用便携式GC-MS进行这项应用的研究。此外，尽管已经有了或在不久的将来会有DUID检测技术，但更重要的是研究确定唾液和呼气中的药物浓度与驾驶能力受损之间的关系。

这种微型化也不可避免地会对其他实验室仪器产生影响，进而应用于法庭科学领域。现场可部署或便携式毛细管电泳（CE）或液相色谱-质谱联用（LC-MS）仪器已被提出，可用于分析爆炸物、非法药物和唾液中的酒精（Abonamah et al., 2019）。先进的实验室样品引入环境电离方法，如实时直接分析（DART），已经可以在现场部署，但其与便携式仪器的结合正在开发中。人们也有兴趣利用增强型拉曼光谱方法［如表面增强拉曼光谱（SERS）和尖端增强拉曼光谱（TERS）］，以提高检测限并消除荧光干扰。尽管SERS试剂盒在市场上有售，可用于便携式拉曼光谱仪，但有一些可靠性问题限制了法庭科学界对其的接受。

快速DNA技术（见技术与仪器卷第21章）是完全自动化的仪器，能够在90～120 min内完成样本分析并形成DNA图谱。目前有两家制造商，联邦调查局正在5个州的警察登记处对这些可运输的打印机大小的仪器进行测试和评估，用于分析被捕者的已知口腔样本（Federal Bureau of Investigation, n.d.）。该技术在法庭案件工作中的应用范围仍存疑问，污染和结果解读等潜在问题引人关注。此外，法律界关注的是样品可能被完全破坏，这将使被告没有机会进行后续的实验室测试。最终，在短时间内识别生物痕迹来源的能力可能是法医学和刑事司法的一个有意义的进步——因其可能迅速确认或排除嫌疑人。

未来毋庸置疑的是，新的光谱仪技术将被开发出来，然后应用于分析法庭科学的目标样本。一些仪器，如便携式高光谱成像和远距离拉曼光谱仪（见技术与仪器卷第10章和第12章），最近才开始在商业上使用。尽管它们还没有被用于法庭分析，但这些工具在犯罪现场的应用潜力仍有待发掘。

6.9 结语

方便现场使用的便携式光谱仪的出现增加了在犯罪现场配备科学家的需要。犯罪现场是一个复杂的环境，需要科学家对样本的选择做出明智的决定，以便最大限度地从现场获得信息。需要科学家正确评估现场，应用科学方法，并以不同于技术人员或非科学操作人员通常使用这些光谱仪的方式使用现有仪器。在犯罪现场使用时，需要科学家正确使用仪器，这不仅是操作仪器，还包括对现场和数据进行专业评估。此外，法医科学家最适合评估结果的相关性，并结合现场问题从整体上对证据做出全面且有意义的解读。最后，需要具备专业知识的科学家将证据的意义有效地传达给事实的审判者（即法官和陪审团）。

今天的便携式光谱仪已不局限于其他行业中"通过/不通过"或"红光/绿光"式的简单结果输出。在法医学领域，特别是在犯罪现场使用时，这类仪器应由科学家而不是操作人员或技术人员操作。在执法人员或其他人员使用便携式系统、数据将作为法律程序的一部分的情况下，必须由科学家对数据和相关情况进行科学审查，以验证数据的可靠性。便携式光谱仪的研发初衷是供技术人员使用——技术人员接受过仪器操作培训，但数据解读依赖仪器自身。从历史上看，法院发现了这一方式的弱点，并明确认识到需要由一位合格的科学家对证据进行专家分析和解读。随着便携式光谱仪的技术进步和对证据可靠性验证需求的提升，仪器需从"自动输出结果的工具"转变为"由现场科学家操作的专业科学仪器"。尽管有大量的研究和验证，人们一直不愿意采用这些新技术。新技术在犯罪现场调查中的广泛采用有几个障碍，包括对成本和复杂性的担忧、缺乏足够的培训、执法和法医学界对采用新技术犹豫不决以及实验室科学家不愿放弃科学证据的分析主导权。

法庭科学领域内现场便携式仪器的首要目标是提高法医调查的质量。与其他现场测试相比，便携式光谱仪最显著的优势是能够提供快速可靠的验证性分析，并创建可审查的记录。在过去的20年中，可现场部署的光谱仪发展迅速，部分犯罪现场调查人员已成功采用，并已被法庭接受。随着仪器的不断改进和应用的发展，法庭科学调查人员将更多地使用便携式光谱仪，以最大限度地提高物证信息的质量。

致谢

笔者谨向 Jim Fitzpatrick（红波技术实验室）、Gina Guerrera（联邦调查局）、Alan Higgins（联邦资源部）、Koby Kizzire 教授（纽黑文大学）和 Meghann E. McMahon（威斯康星州犯罪实验室）表示衷心感谢，感谢他们分享经验以及就便携式仪器在法庭科学中的应用展开的深入讨论。

缩略语

AFP	Australian Federal Police	澳大利亚联邦警察
ANFO	ammonium nitrate and fuel oil	铵油炸药
ATR	attenuated total reflection	衰减全反射
CE	capillary electrophoreses	毛细管电泳
DART	direct analysis in real time	实时直接分析
DUID	device unique identifier	设备唯一标识符
	driving under influence of drugs	在药物影响下驾驶
FBI	Federal Bureau of Investigation	联邦调查局
FID	flame ionization detector	火焰离子化检测器
FTIR	Fourier transform infrared	傅里叶变换红外光谱
GC-MS	gas chromatography - mass spectrometry	气相色谱-质谱联用仪
HMTD	hexamethylene trioxide diamine	六亚甲基三过氧化二胺
HPMS	high-pressure mass spectrometry	高压质谱仪
IED	improvised explosive device	简易爆炸装置
IMS	ion mobility spectrometry	离子迁移谱仪
IR	infrared	红外
K2	common name applied to synthetic cathinones	合成卡西酮的通用名称
LC-MS	liquid chromatography - mass spectrometry	液相色谱-质谱联用仪
LIBS	laser-induced breakdown spectroscopy	激光诱导击穿光谱
LOD	limit of detection	检测限
PDQ	Paint Data Query	油漆数据库查询
SERS	surface-enhanced Raman spectroscopy	表面增强拉曼光谱
SPME	solid-phase microextraction	固相微萃取
TATP	triacetone triperoxide	三过氧化三丙酮
TERS	Tip-enhanced Raman spectroscopy	尖端增强拉曼光谱
UV	ultra violet	紫外

参考文献

Abonamah, J.V., Eckenrode, B.A., and Moini, M. (2019). On-site detection of fentanyl and its derivatives by field portable nano-liquid chromatography-electron Ionization-mass spectrometry (nLC-EI-MS). *Forensic Chemistry* https://doi.org/10.1016/j.forc.2019.100180.

Appoloni, C.R. and Melquiades, F.L. (2014). Portable XRF and principal component analysis for bill characterization in forensic science. *Applied Radiation and Isotopes* 85: 92-95. https://doi.org/10.1016/j.apradiso.2013.12.004.

ASTM International (2017). *ASTM E2329-17 Standard Practice for Identification of Seized Drugs*. ASTM International.

Berning, A., Compton, R., and Wochinger, K. (2015). *Results of the 2013-2014 National Roadside Survey of Alcohol and Drug Use by Drivers*. Washington, DC: *NHTSA National Center for Statistics and Analysis*.

Besnon, S., Speers, N., and Otieno-Alego, V. (2011). Portable explosive detection instruments. In: *Forensic Investigation of Explosions: International Forensic Science and Investigation*, 2ee (ed. A. Beveridge), 692-723. CRC Press.

Boyd, S., Bertino, M.F., and Seashols, S.J. (2011). Raman spectroscopy of blood samples for forensic applications. *Forensic Science International* 208 (1-3): 124-128.

Bueno, J., Sikirzhytski, V., and Lednev, I.K. (2012). Raman spectroscopic analysis of gunshot residue offering great potential for caliber differentiation. *Analytical Chemistry* 84: 4334-4339.

Bui, L. (2019). Innocent man spent months in jail for bringing honey back to United States. *The Washington Post* (23 August). https://www.washingtonpost.com/local/legal-issues/innocent-man-spent-months-in-jail-for-bringing-honey-back-to-united-states/2019/08/22/6c5c538c-71c3-11e9-9f06-5fc2ee80027a_story.html (accessed 30 October 2020).

Charles, S., Geusens, N., Vergalito, E., and Nys, B. (2020). Interpol review of gunshot residue 2016-2019. *Forensic Science International: Synergy* https://doi.org/10.1016/j.fsisyn.2020.01.011.

Christian, D.R. (2003). *Forensic Investigation of Clandestine Laboratories*. CRC Press.

Cowley, S. and Silver-Greenberg, J. (2019). These machines can put you in jail. Don't trust them. *The New York Times* (3 November). https://www-nytimes-com.cdn.ampproject.org/c/s/http://www.nytimes.com/2019/11/03/business/drunk-driving-breathalyzer.amp.html.

Daubert v. Merrell Dow Pharmaceuticals, Inc. (1993). 509 U.S. 579, 589.

DetectaChem (2020). Mobiledetect pouches. https://www.detectachem.com/products/mobiledetect-pouches (accessed 10 November 2020).

Detector Electronics Corp (2014). The history of the metal detector. https://www.metaldetector.com/learn/metal-detector-history/history-of-the-metal-detector (accessed 31 March 2020).

Doty, K.C. and Lednev, I.K. (2018a). Differentiation of human blood from animal blood using Raman spectroscopy: A survey of forensically relevant species. *Forensic Science International* 282: 204-210.

Doty, K.C. and Lednev, I.K. (2018b). Raman spectroscopy for forensic purposes: Recent applications for serology and gunshot residue analysis. *TrAC Trends in Analytical Chemistry* 103: 215-222. https://doi.org/10.1016/j.trac.2017.12.003, (2017).

Doty, K.C., McLaughlin, G., and Lednev, I.K. (2016). A Raman "spectroscopic clock" for bloodstain age determination: the first week after deposition. *Analytical and Bioanalytical Chemistry* 408 (15): 3993-4001. https://doi.org/10.1007/s00216-016-9486-z.

Doty, K.C., Muro, C.M., and Lednev, I.K. (2017). Predicting the time of the crime: bloodstain aging estimation for up to two years. *Forensic Chemistry* 5: 1-7.

Drug Identification Bible (2015). 2014-2015 ed. Amera-Chem Inc.

Drugs.com (2020, March 2). Pill Identifier. https://www.drugs.com/imprints.php (accessed 1 April 2020).

Federal Bureau of Investigation (n.d.). Rapid DNA: general information. https://www.fbi.gov/services/laboratory/biometric-analysis/codis/rapid-dna (accessed 3 April 2020).

Federal Rules of Evidence (2014). Rule 702. Testimony by Expert Witnesses.

Feine, I., Gafny, R., and Pinkas, I. (2017). Combination of prostate-specific antigen detection and micro-Raman spectroscopy for confirmatory semen detection. *Forensic Science International* 270: 241-247. https://doi.org/10.1016/j.forsciint.2016.10.012.

Fikiet, M.A. and Lednev, I.K. (2019). Raman spectroscopic method for semen identification: Azoospermia. *Talanta* 194: 385-389.

Forensic Technology Center of Excellence (2018). *Landscape Study of Field Portable Devices for Chemical and Presumptive Drug Testing*. National Institute of Justice, Office of Investigative and Forensic Sciences: U.S. Department of Justice.

Frye v. United States (1923). 293 F. 1013 (D.C. Cir.).

Fujihara, J., Fujita, Y., Yamamoto, T. et al. (2017). Blood identification and discrimination between human and nonhuman blood using portable Raman spectroscopy. *International Journal of Legal Medicine* 131: 319-322. https://doi.org/10.1007/s00414-016-1396-2.

Fujihara, J., Nishimoto, N., and Yasuda, T. (2018). Discrimination between infant and adult bloodstains using micro-Raman spectroscopy: A preliminary study. *Journal of Forensic Sciences* 64 (3): 698-701. https://doi-org.unh-proxy01.newhaven.edu/10.1111/1556-4029.13904.

Furton, K.G. and Harper, R.J. (2004). Detection of ignitable liquid residues in fire scenes: accelerant detection canine (ADC) teams and other field tests. In: *Analysis and Interpretation of Fire Scene Evidence* (eds.J.R.Almiralland K.G. Furton), 75-96. CRC Press.

Gabrielson R., and Sanders, T. (2016). How a $2 roadside drug test sends innocent people to jail. *The New York Times* (7 July). https://www.ny-times.com/2016/07/10/magazine/how-a-2-roadside-drug-test-sends-innocent-people-to-jail.html (accessed 31 October 31 2020).

Jeong, S. (2017). Man spends three months in jail after false positive on police drug test. *Cable News Network* (28 June). https://www.cnn.com/2017/06/28/us/drug-test-drywall-positive-arrest-trnd/index.html (accessed 28 April 2017).

Jones, A.W. (1996). Measuring alcohol in blood and breath for forensic purposes - a historical review. *Forensic Science Review* 8 (1): 13-44.

Kammrath, B.W., Leary, P.E., and Reffner, J.A. (2017). Collecting quality infrared spectra from microscopic samples of suspicious powders in a sealed cell. *Applied Spectroscopy* 71 (3): 438-445. https://doi.org/10.1177/0003702816666286.

Karahacane, D.S., Dahmani, A., and Khimeche, K. (2019). Raman spectroscopy analysis and chemometric study of organic gunshot residues originating from two types of ammunition. *Forensic Science International* 301: 129-136.https://doi.org/10.1016/j.forsciint.2019.05.022.

Kelly, J. (2008). False positives equal false justice. *Marijuana Policy Project*. https://www.mpp.org/issues/criminal-justice/false-positives (accessed 28 April 2018).

Khandasammy, S.R., Rzhevskii, A., and Lednev, I.K. (2019). A novel two-step method for the detection of organic gunshot residue for forensic purposes: fast fluorescence imaging followed by Raman microspectroscopic identification. *Analytical Chemistry* 91 (18): 11731-11737. https://doi.org/10.1021/acs.analchem.9b02306.

Kirk, P.L. (1953). *Crime Investigation: Physical Evidence and the Police Laboratory*. Interscience Publishers, Inc.

Leary, P.E. (2014). Counterfeiting: A challenge to forensic science, the criminal justice system, and its impact on pharmaceutical innovation (order no. 3623631). ProQuest Dissertations & Theses A&I (1550892703). http://unh-proxy01.newhaven.edu:2048/login?url=https://search-proquest-com.unh-proxy01.newhaven.edu/docview/ 1550892703?accountid=8117 (acessed 31 October 2020).

Leary, P.E., Dobson, G.S., and Reffner, J.A. (2016). Development and applications of portable gas chromatography-mass spectrometry for emergency responders, the military, and law-enforcement organizations. *Applied Spectroscopy* 70 (5): 888-896. https://doi.org/10.1177/0003702816638294.

Leary, P.E., Kammrath, B.W., and Reffner, J.A. (2018). *Field-Portable Gas Chromatography-Mass Spectrometry. Encyclopedia of Analytical Chemistry*. Wiley https://doi.org/10.1002/9780470027318.a9583.

Leary, P.E., Kammrath, B.W., Lattman, K.J., and Beals, G.L. (2019). Deploying portable gas chromatography-mass spectrometry (GC-MS) to military users for the identification of toxic chemical agents in theater. *Applied Spectroscopy* 73 (8): 841-858. https://doi.org/10.1177/0003702819849499.

Lieblein, D., McMahon, M.E., Leary, P.E. et al. (2018). A comparison of portable infrared spectrometers, portable Raman spectrometers, and color-based field tests for the on-scene analysis of cocaine. *Spectroscopy* 33 (12): 2-8.

López-López, M., Delgado, J.J., and García-Ruiz, C. (2013). Analysis of macroscopic gunshot residues by Raman spectroscopy to assess the weapon memory effect. *Forensic Science International* 231 (1-3): 1-5. https://doi.org/10.1016/j.forsciint.2013.03.049.

McCrone, W.C. (1957). *Fusion Methods in Chemical Microscopy*. Interscience Publishers, Inc.

McLaughlin, G., Sikirzhytski, V., and Lednev, I.K. (2013). Circumventing substrate interference in the Raman spectroscopic identification of blood stains. *Forensic Science International* 231: 157-166.

McLaughlin, G., Doty, K.C., and Lednev, I.K. (2014a). Discrimination of human and animal blood traces via Raman spectroscopy. *Forensic Science International* 238: 91-95.

McLaughlin, G., Doty, K.C., and Lednev, I.K. (2014b). Raman spectroscopy of blood for species identification. *Analytical Chemistry* 86 (23): 11628-11633.

McLauglin, G. and Lednev, I.K. (2015). In situ identification of semen stains on common substrates via Raman spectroscopy. *Journal of Forensic Sciences* 60 (3): 595-604. https://doi.org/10.1111/1556-4029.12708.

McLauglin, G., Fikiet, M.A., Ando, M. et al. (2019). Universal detection of body fluid traces in situ with Raman hyperspectroscopy for forensic purposes: evaluation of a new detection algorithm (HAMAND) using semen samples. *Journal of Raman Spectroscopy* 50 (8): 1147-1153. https://doi.org/10.1002/jrs.5621.

Mistek, E., Halamkova, L., Doty, K.C. et al. (2016). Race differentiation by Raman spectroscopy of a bloodstain for forensic purposes. *Analytical Chemistry* 88: 7453-7456.

Moquin, K., Higgins, A.G., Leary, P.E., and Kammrath, B.W. (2020). Optimized explosives analysis using portable gas chromatography-mass spectrometry for battlefield forensics. *Current Trends in Mass Spectrometry* 18 (2): 10-17.

Muro, C.M. and Lednev, I.K. (2017). Race differentiation based on Raman spectroscopy of semen traces for forensic purposes. *Analytical Chemistry* 89 (8): 4344-4348. https://doi.org/10.1021/acs.analchem.7b00106.

Muro, C.K., Doty, K.C., Fernandes, L.D.S., and Lednev, I.K. (2016). Forensic body fluid identification and differentiation by Raman spectroscopy. *Forensic Chemistry*. 1: 31-38. https://doi.org/10.1016/j.forc2016.06.003.

Muro, C.K., Fernandes, L.D.S., and Lednev, I.K. (2016). Sex determination based on Raman spectroscopy of saliva traces for forensic purposes. *Analytical Chemistry* 88: 12489-12493.

Oliveira, V.D.S., Honorato, R.S., Honorato, F.A., and Pereira, C.F. (2018). Authenticity assessment of banknotes using portable near infrared spectrometer and chemometrics. *Forensic Science International* 286: 121-127. https://doi.org/ 10.1016/ j.forsciint.2018.03.001.

Peralta, E. (2011). Thinking it was Cocaine. N.C. Police Jail Man for Cheese and Tortilla Dough. *National Public Radio* (16 May). https://www.npr.org/sections/thetwo-way/2011/05/16/136359770/thinking-it-was-cocaine-n-c-police-jail-man-for-cheese-and-tortilla-dough?ft=1&f=1001&sc=tw&utm_source=twitterfeed&utm_medium=twitter (accessed 28 April 2018).

Planchet, J. (2017). Why handheld narcotics analyzers are worth the Investment. *PoliceOne* (16 May). https://www.policeone.com/emerging-tech-guide/articles/why-handheld-narcotics-analyzers-are-worth-the-investment-kpECJMUBzrdQiqTy (accessed 2 April 2020).

Report: Cocaine charges against Georgia Southern QB Shai Werts dropped ahead of LSU game (2019). *The Advocate* (8 August). https://www.theadvocate.com/baton_rouge/sports/article_55065ff6-ba4e-11e9-9b24-ab98e21113fa.html (accessed 2 April 2020).

Rodrigues, A.R.R., Melquiades, F.L., Appoloni, C.R., and Marques, E.N. (2019). Characterization of Brazilian banknotes using portable X-ray fluorescence and Raman spectroscopy. *Forensic Science International* 302: 109872. https://doi.org/10.1016/ j.forsciint.2019.06.030.

Rosenblatt, R., Halámková, L., Doty, K. et al. (2019). Raman spectroscopy for forensic bloodstain identification: method validation vs. environmental interferences. *Forensic Chemistry* 16: 100175. https://doi.org/10.1016/j.forc.2019.100175.

Schlagetter, T. and Glynn, C.L. (2017). The effect of fabric type and laundering conditions on the detection of semen stains. *International Journal of Forensic Sciences* 2 (2): 000122.

Schlagetter, T., Kammrath, B., and Glynn, C.L. (2017). The use of Raman spectroscopy for the identification of forensically relevant body fluid stains. *Spectroscopy* 32 (12): 19-22.

Schweir, R. (2015). The "drunk-o-meter": Indiana's Pioneering Contribution to DUI Investigations. *Indiana Legal Archive* (17 January). http://www.indianalegalarchive.com/journal/2015/1/16/the-drunk-o-meter-indianas-pioneering-contribution-to-enforcing-duiowi-laws (accessed 31 October 2020).

Sensidyne® (n.d.). *Colorimetric Gas Detector Tube Handbook*. Sensidyne®.

Sikirzhyskaya, A., Sikirshytski, V., and Lednev, I.K. (2012a). Advanced statistical analysis of Raman spectroscopic data for the identification of body fluid traces: semen and blood mixtures. *Forensic Science International* 222: 259-265.

Sikirzhyskaya, A., Sikirshytski, V., and Lednev, I.K. (2012b). Raman spectroscopic signature of vaginal fluid and its potential application in forensic body fluid identification. *Forensic Science International* 216 (1-3): 44-48.

Sikirzhyskaya, A., Sikirshytski, V., and Lednev, I.K. (2012c). Multidimensional Raman spectroscopic signature of sweat and its potential application to forensic body fluid identification. *Analytica Chimica Acta* 718: 78-83.

Sikirzhytskaya, A., Sikirzhytski, V., and Lednev, I.K. (2017). Determining gender by Raman spectroscopy of a bloodstain. *Analytical Chemistry* 89 (3): 1486-1492. https://doi.org/10.1021/acschem.6b02986.

Sikirzhytskaya, A., Sikirzhytski, V., McLaughlin, G., and Lednev, I.K. (2013). Forensic identification of blood in the presence of contaminations using Raman microspectroscopy coupled with advanced statistics: effect of sand, dust, and soil. *Journal of Forensic Sciences* 58 (5): 1141-1148.

Sikirzhytski, V., Virkler, K., and Lednev, I.K. (2010). Discriminant analysis of Raman spectra for body fluid identification for forensic purposes. *Sensors* 10 (4): 2869-2884.

The Crown Prosecution Service (2019, October 9). *Expert Evidence* (9 October). www.cps.gov.uk/legal-guidance/expert-evidence (accessed 1 April 2020).

Virkler, K. and Lednev, I.K. (2008). Raman spectroscopy offers great potential for the nondestructive confirmatory identification of body fluids. *Forensic Science International* 181 (1-3): e1-e5.

Virkler, K. and Lednev, I.K. (2009a). Raman spectroscopic signature of semen and its potential application to forensic body fluid identification. *Forensic Science International* 193: 56-62.

Virkler, K. and Lednev, I.K. (2009b). Blood species identification for forensic purposes using Raman spectroscopy combined with advanced statistical analysis. *Analytical Chemistry* 81 (18): 7773-7777.

Virkler, K. and Lednev, I.K. (2010a). Raman spectroscopic signature of blood and its potential application to forensic body fluid identification. *Analytical and Bioanalytical Chemistry* 396 (1): 525-524.

Virkler, K. and Lednev, I.K. (2010b). Forensic body fluid identification: the Raman spectroscopic signature of saliva. *The Analyst* 135: 512-517.

Visotin, A. and Lennard, C. (2016). Preliminary evaluation of a next-generation portable gas chromatograph mass spectrometer (GC-MS) for the on- site analysis of ignitable liquid residues. *Australian Journal of Forensic Sciences* 48: 203-221. https://doi.org/10.1080/00450618.2015.1045554.

Wigmore, J.G. and Langille, R.M. (2009). Six generations of breath alcohol testing instruments: changes in the detection of breath alcohol since 1930. An historical overview. *Canadian Society of Forensic Science Journal* 42 (4): 276-283. https://doi.org/10.1080/00085030.2009.10757614.

World Drug Report (2019). United Nations publication, Sales No. E.19.XI.9.

7

便携式光谱仪的军事应用

Alan C. Samuels

US Army Combat Capabilities Development Command, Chemical Biological Center, Aberdeen Proving Ground, MD, USA

7.1 概述

本章旨在简要介绍军方目前正在使用的和正在持续发展的光谱方法与仪器。在军事领域，"便携性"的概念可被宽泛地定义为可通过车辆等移动平台运输，这扩大了大多数"手持式"仪器的适用范围。虽然手持技术对小型技术团队和特种作战人员非常重要，但军事应用中也有一些重要的移动传感和动态传感技术值得讨论。

本章将综述广泛应用于军事行动中的光谱仪器和方法的最新进展，其中一个重要的领域是将高光谱成像技术应用于威胁检测。光谱辐射测量法是一种用于远距离检测危险蒸气的光谱分辨传感方法，在化学制剂攻击的早期预警中发挥着重要作用。当技术人员和特种操作员在执行任务中遇到未知或潜在的危险液体或固体时，红外和拉曼光谱技术是工具箱中的"首选"。此外，拉曼光谱技术已具备一种快速、非接触式检测的能力，可用于定位和识别表面污染物。拉曼光谱还能评估样品含有病原体的可能性，荧光在生物防御系统中仍然是不可或缺的早期"触发器"，并提供了生物战事件中预期的荧光粒子异常数量的第一个迹象。

化学和辐射传感器越来越多地被集成到无人驾驶机器人地面和空中平台上，远程控制传感器的目标是作为初始进入系统，在载人团队进入现场之前或在机动部队大规模进入敌方控制的地理区域之前的行动中发现威胁和揭示危险情况。最近，高级分析技术的发展使上下文信息和原始传感器响应等不同的数据能够融合在一起，这成为威胁传感系统的一种新范式，使个体感知模式的善意得到最大利用，同时抑制误报检测事件的滋扰。

本章将重点介绍光谱学方法在军事上的应用以及军事专业单位在美国发生突发事件时，应地方政府要求向美国响应机构提供支持时的相关应用。虽然当今军队中气体探测主要依靠离子迁移谱（IMS），因其体积小、灵敏度高、相对可靠性高，但本章不涉及基本离子迁移测量科学的详细讨论。关于IMS的详细讨论，请参阅本书技术与仪器卷第17章。然而，在关于网络和移动传感器系统方法的讨论中，IMS技术作为成熟的、主要的单独传感模式，对整个系统做出了重要贡献。同样，质谱界提供的基本分析工具在冲突地区对手使用危险物质的验证性分析、最终识别和归因方面发挥着关键作用。质谱仪通常由经过严格培训的高技术军事单位使用，并得到由国防部和其他多个政府机构提供的民用和合同专业知识的支持。军方对多种质谱仪器的实际使用与应用虽对冲突地区或国内事件现场样品的明确分析至关重要，但不在本章的讨论范围之内。关于GC-MS、MS和HPMS的详细讨论，请参见本书技术与仪器卷第14～16章。

　　本章将讨论在军事任务中实用的光谱方法，并讨论操作者遇到的常见陷阱，以便更好地了解该技术的优势和局限性。

7.2　可见光/近红外高光谱成像在散装炸药探测和破除伪装中的应用

　　在伊拉克和阿富汗冲突期间，高光谱成像传感器系统广泛用于搜索非法自制爆炸物的行动并受到了赞赏。集成到MQ-1捕食者无人机上的机载战术高光谱传感器系统的机载超光谱提示与开发系统（ACES Hy）平台，被广泛认为发现了数十万磅硝酸铵和相关高能材料以及相关的爆炸制剂，这些材料被塔利班、ISIS以及其他敌对势力和叛乱分子用来制造简易爆炸装置[1,2]。ACES Hy光谱仪是美国陆军紧凑型机载光谱传感器（COMPASS）的改进版，并通过可见光/近红外（Vis/VNIR，0.4～2.5 μm）高光谱成像系统发展而来[3]。光谱数据是通过"推扫"操作在飞行过程中获取的，该操作通过沿焦平面阵列的一个维度的线扫描成像仪将线上每个元素的光谱分散到二维中，从而形成一个超立方体。随着飞机的飞行，会形成连续的直线以构建三维超立方体（两个空间维度和一个光谱维度）。

7.3　红外光谱仪在远程危险气体探测和早期预警中的应用

　　虽然根据国际条约协议和《化学武器公约》，大多数现代国家禁止在战场上大规模使用化学制剂作为武器，但这种威胁仍然是一个重大问题。

　　敌方可能会在上风处对军队集中地带实施毒气攻击，通过这种方式造成大规模杀伤，迫使我方采取化学防护态势（如佩戴防护呼吸器和防护服），进而削弱作战能力。开路或遥感技术在减少非目标化学制剂攻击造成的伤亡方面发挥着重要作用，并且可以对此类情况提供足够的早期预警，使机动部队能够避免危险而非被迫增加防护态势。

　　应用于化学试剂气体检测的主要遥感方法是被动红外光谱仪。这种环境分析技术利用了在环境中释放有毒气体羽流时同时存在的3个特征：①环境在长波红外中会辐射热红外光子，作为表征所有物质的黑体辐射度（普朗克函数）的函数；②大气对长波红外辐射是透明的；③大多数化学战中使用的有毒化学品是有机化合物，当羽流的温度不同于背景场景（地面物体或天空）的温度时，它们会表现出辐射吸收或发射的特征振动"指纹"。利用这些特性实现化学物种的远程传感是一门成熟学科[4-6]。

　　多种环境因素会影响光谱辐射遥感方法的测量有效性，这些因素对化学物种发射或吸收的可用信号的贡献决定了该方法的可靠性。第一个因素是噪声等效光谱辐射（NESR），它定义了传感器固有的光学和热探测器特性导致的灵敏度下限。第二个因素是热对比度（ΔT），即进入光学传感器孔径的羽流辐射和背景辐射（B）之间的温差。第三个因素是羽流在光学传感器瞬时视场（IFOV）中形成的立体角θ。立体角$\Delta\Omega = \pi\sin^2(\theta/2)$描述了传感器的IFOV涵盖的场景区域，而羽流的立体角$\Delta\Omega_{plume}$代表了传感器的IFOV中包含化学蒸气羽流的部分。羽流的另一个特征是IFOV中化学蒸气的"柱含量"或浓度-路径长度乘积（$C \times L$），这也有助于其通过远程光学传感器检测。最后一个因素是分子物种的吸收截面$\alpha(\lambda)$或作为波长（λ）函数的质量消光系数，是给定物种的振动跃迁的可能性和能量特征提供的一种固有属性，它定义了传感器实现的信号可检测到的程度，并且可以可靠地分配给该物种的光谱指纹。所有因素都包含在辐射方程中：

$$signal = [B(T) - B(T - \Delta T)]\alpha(\lambda)CL \times \Delta\Omega_{plume} \tag{7.1}$$

当背景场景辐射由地形、树木、建筑物或其他陆地物体组成时，热对比度通常为负值，因为羽流信号比背景温度低。在这种情况下，信号被分解为吸光度或场景辐射的衰减。当背景场景由晴朗无云的天空组成时，传感器就会凝视太空，信号被解析为发射或是场景辐射度之上的附加信号。公式（7.1）的含义如图7.1所示。

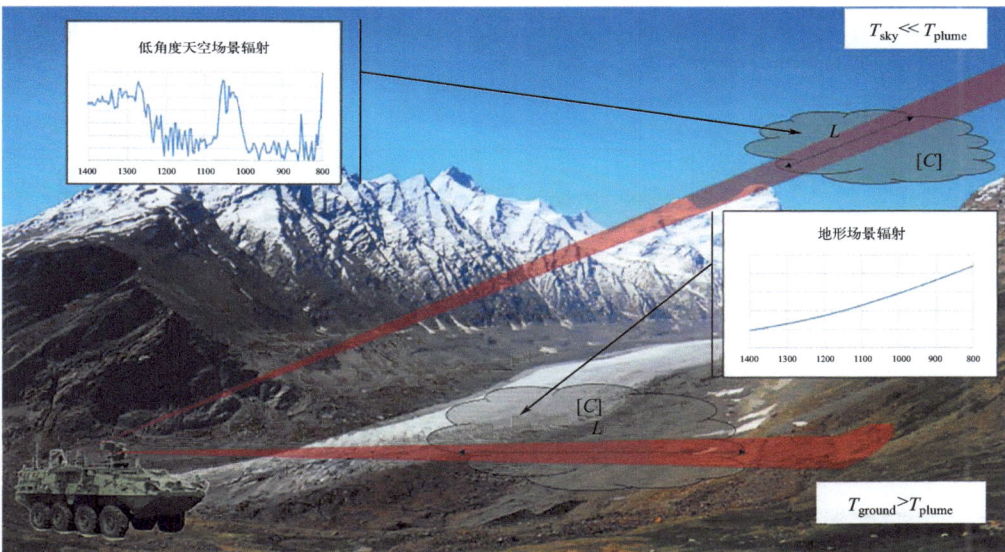

图7.1　在遥感光谱辐射仪场景中化学蒸气羽流的特征使其在探测羽流方面具有性能。当背景为晴空辐射时，由于空气/羽流温度高于冷天空背景的温度，羽流特征是在场景辐射中加入发射项。当背景由地形特征组成时，羽流的特征是对从地形特征观测到的辐射的衰减，因为空气/羽流温度低于地形特征的温度。来源：Natalia Davidovich/Shutterstock.com；美国陆军

与在遥感中使用光谱辐射技术的概念相关的一个常见谬误是：传感模式的主要目的是在一定范围内检测危险威胁因素。虽然这项技术确实能够做到这一点，但遥感概念的真正优势在于它能够清扫保护区周围的大片区域。尽管自主、无人平台上的传感器作为一种新兴的威胁源感应概念出现，但光谱测量法提供了最广泛和持久的能力，以持续监测大面积威胁羽流的出现。无人系统的任务时间有限，并且通常携带空气采样点传感器，因此限制了它们可以提供的空间覆盖范围。

7.4　红外和拉曼光谱在凝聚相分析（能源、化学试剂、生物试剂）中的应用

　　光学工程的进展使得红外和拉曼光谱系统都实现了微型化。有关红外和拉曼技术的详细讨论，请分别参阅技术与仪器卷第3章和第6章。化学侦察队和大规模杀伤性武器民用支援队使用 Thermo FirstDefender 便携式拉曼光谱仪和 TruDefender 便携式衰减全反射傅里叶变换红外光谱仪（ATR-FTIR），以识别其任务中遇到的未知物质。这些技术在利用振动光谱学探测未知凝聚相（固体或液体）材料方面提供了互补能力（图7.2）。通常，这些系统是"白色粉末"事件初步调查的"首选"技术。FirstDefender 提供了一个紧凑的拉曼激光源，通过光纤耦合到检测器上，这使操作员能够直接将仪器对准未知物质进行"瞄准和射击"，可以透过一些玻璃或聚合物容器进行测量，以捕获容器内物质的拉曼光谱。此外，拉曼测量通常不受水分影响，如分析物中嵌入或混合的水分甚至液态水。TruDefender 可以通过互补的振动光谱测量方法对凝结相样品进行测量。使用拉曼和 ATR-FTIR 光谱进行测量的好处有两个方面：①这些方法可以证实给定的检测结果；②这两种方法的缺点通常是相互排斥的。拉曼测量可能会因为限制某些样品散射光的高吸收性基质而变得复杂或模糊，而且样品的自发荧光也会掩盖拉曼信号，使得未知物质的鉴定变得困难或无效。另一方面，红外测量对自发荧光的存在无关，并且 ATR 方法受吸收基质影响较小，但样品中存在大量的水分则会导致误差。

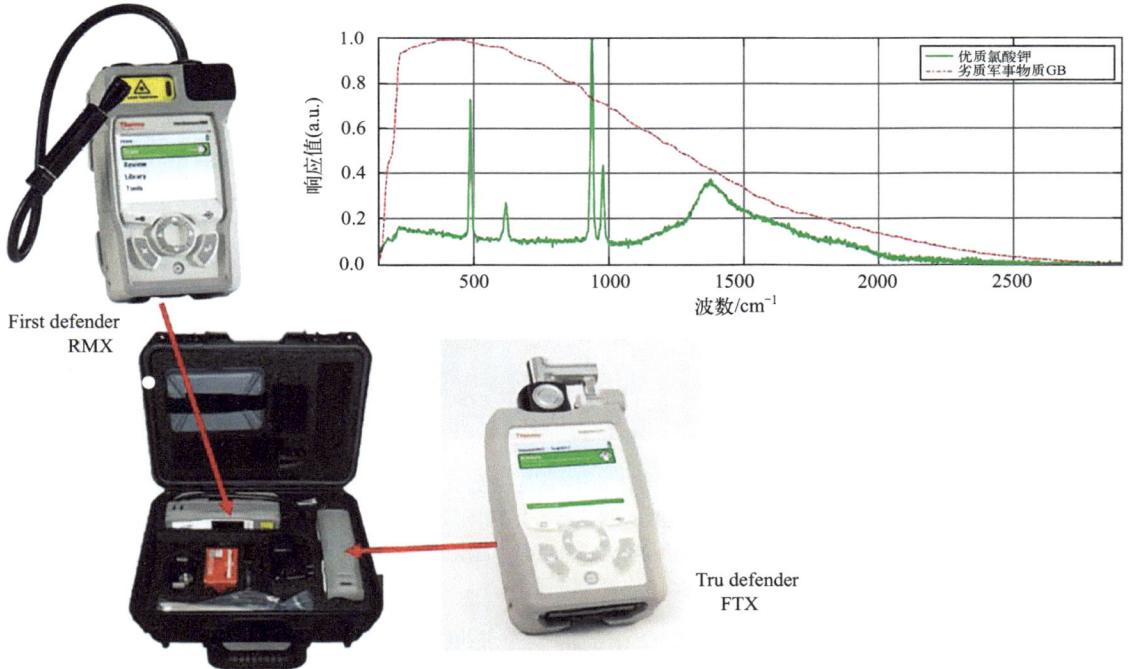

图7.2　FirstDefender 便携式拉曼光谱仪和 TruDefender 便携式 ATR-FTIR 光谱仪用于预判凝聚态材料的鉴别[7]。插图显示了 FirstDefender 拉曼测量的"好"（绿色轨迹）和"坏"（红色轨迹）结果。"好"的光谱具有清晰的拉曼吸收特征，而"坏"的光谱是一种没有识别谱线的宽的、无特征痕迹。这可能是由高荧光基质的存在引起的。来源：ThermoFisher Scientific

7.5　拉曼光谱在表面污染检测中的应用

许多化学战剂呈现为持久的表面接触危害，并在作战环境中被用于封锁关键地形。在这种情况下，探测和绘制受污染区域的地图成为行动的当务之急。如前一节所述，拉曼和红外技术都能够从这种凝聚态的污染物中提取化学特征。然而，表面本身对目标化合物的可靠振动光谱的恢复具有特别的挑战性。表面提供了其材料组成所固有的大量振动光谱以及其他可能会混淆目标物种光谱的潜在干扰信号，这些信号可能掩盖了目标物种的光谱。在红外光谱的情况下，表面经常出现折射率变化引起的 Reststrahlen 特征[8]，该特征有时会导致检测结果的不可靠。在拉曼光谱的情况下，荧光信号经常在环境中出现，以掩盖或抑制所关注的污染物的振动指纹。使用极短波长激光源（"日盲"区域）进行拉曼光谱分析已被证明可以通过低于环境物种的荧光波长减轻荧光信号，从而为检测提供干净的拉曼信号[9]。采用日盲紫外拉曼光谱技术进行表面污染检测，可以在相关的运行速度下对运行表面的污染物进行移动感应（图7.3）。这项技术已在载人和无人侦察车上实现，用于检测和绘制表面污染物的地图。

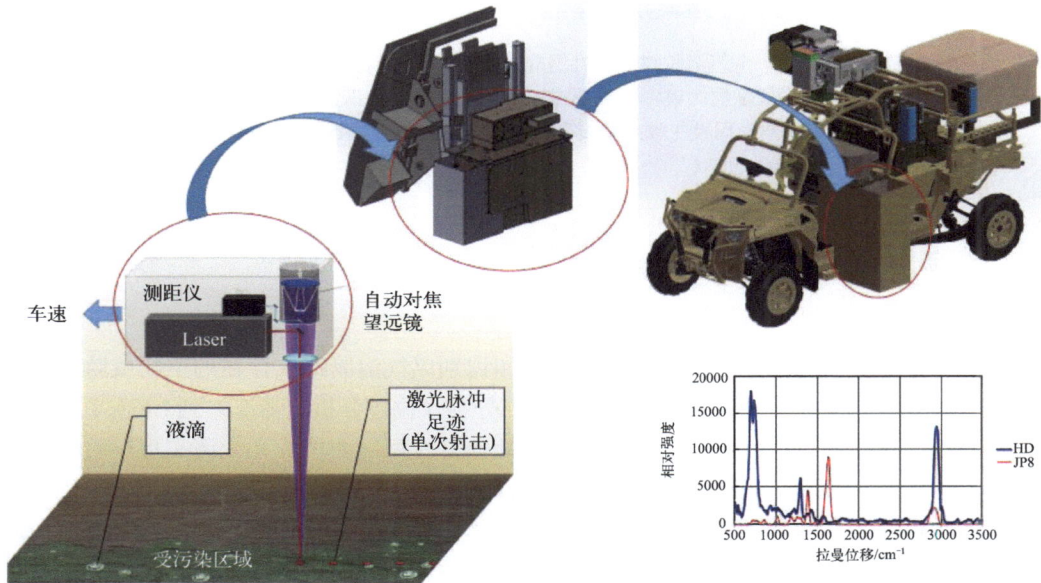

图7.3　紫外拉曼光谱用于检测机器人和无人地面车辆上的表面污染

7.6　拉曼光谱在推定生物危害分类和生物战剂攻击的早期预警中的应用

拉曼光谱学也被应用于生物气溶胶威胁剂的早期推定检测。一种气溶胶收集器已被设计用于将环境中的颗粒样本送到镀铝反射胶带上，该反射胶带被定期推进到拉曼化学成像系统中，以进行快速、无损的检测。拉曼化学图像通过集成在资源高效生物传感器（REBS）上的先进信号处理进行分析，以识别与生物威胁剂相关的拉曼特征。当出现推定的识别结果时，可以从胶带表面回收样品，以便通过分子技术进行进一步分析，以验证样品中是否存在病原体（图7.4）。REBS通过打孔胶带上发现疑似威胁剂的磁带段实现这一过程的自动化[10-12]。

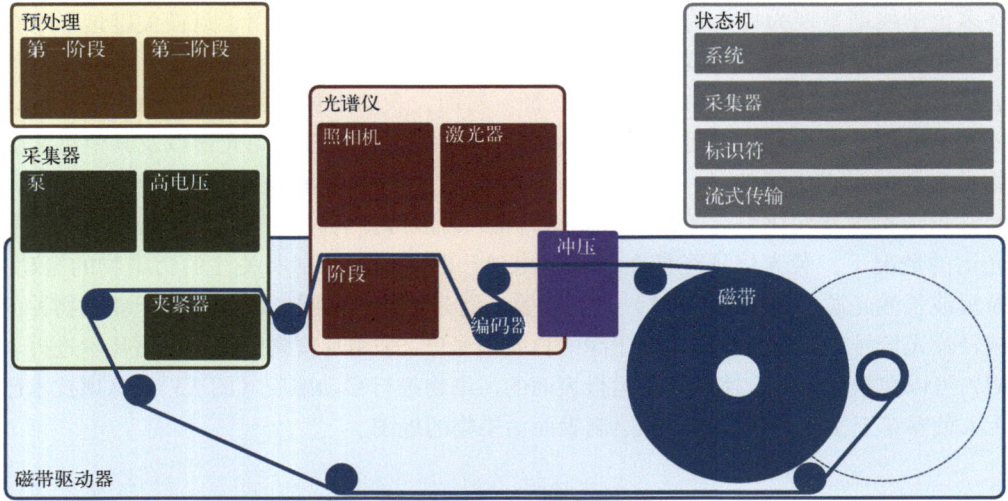

图7.4 资源高效生物传感器由一个气溶胶收集组件组成，该组件将颗粒撞击到镀铝胶带上，然后将其推进，以将样品输送到拉曼化学成像显微镜中。在通过拉曼光谱分析算法识别出可疑生物威胁试剂后，将胶带再次推进到打孔器中，将含有可疑生物威胁试剂的标记卡片放入样品容器中，然后进行下一步的分子分析。来源：文献[10]

7.7 荧光光谱法作为生物检测的"触发器"

上一节讨论的拉曼和分子方法，虽然在检测和识别以气溶胶形式存在的生物威胁剂方面拥有很高的可信度，但在分子检测中，这是一个从几分钟（拉曼分析的情况）到1 h或更长时间的潜在过程。为了在生物气溶胶攻击事件中提供早期预警，可以使用荧光光谱实现更直接的分析方法[13-19]。生物威胁剂由病毒或微生物病原体或蛋白质毒素组成，这些物质的共同点是均有蛋白质。酪氨酸和色氨酸这两种关键的氨基酸是强荧光体，提供了荧光特性，可以将含有蛋白质物质的颗粒标记为可能的威胁因素。生物威胁传感器已被设计为使用集成二极管光源和多通道光度检测器实时询问采样的气溶胶颗粒，多通道光度检测器表征颗粒荧光特性以及采样气溶胶颗粒的粒径分布。已经开发出两种这样的分析仪，可以根据这些指标自动将生物气溶胶颗粒分类为"类似威胁"，并在它们出现时立即发出警告信号（图7.5）。FLIR IBACTM 使用紫外激光诱导荧光区分生物有机体与背景颗粒，在不到60 s的时间内可靠地检测浓度低于每升空气100个含药剂颗粒（ACPLA）的生物制剂，具有高置信度和低误报率。该系统在检测时自动发出警报，可以将其配置为采集和保存样本以进行验证性分析，并支持远程监控以及将光谱数据传输到指挥中心。TacBio传感器结合了紫外激光二极管和光电倍增管检测器，并将其配置在一个集成的气溶胶光学室中，旨在低成本、高性能地生产。这些假定的生物检测传感器有时被称为"触发"检测器，因为它们在生物检测系统中作为第一阶段实施，提供即时通知，同时激活下游分析程序，包括将更大体积的可疑威胁气溶胶采样到用于分子分析的采集过滤器中，以确认生物威胁剂的存在，这通常通过人工操作测定。

进气口运行尺寸：12.5 in

进气口储存尺寸：10 in

纵向尺寸:6 in 横向尺寸:8 in

IBAC

TacBio

图7.5 FLIR IBAC（左）[20]和TacBio（右）[21]生物气溶胶"触发"传感器依赖生物威胁试剂中蛋白质的存在，对可能存在的生物气溶胶提供即时响应。颗粒的荧光特性对生物威胁剂的特异性不足，无法产生高可信度的威胁识别，因此这些传感器是分层生物威胁剂检测和警告框架的第一阶段，该框架涉及采集颗粒以便使用更具体的分子方法进行后续分析。来源：（左）FLIR Technologies, Inc；（右）文献[21]

1 in = 25.4 mm

7.8 网络化多模态传感器和数据分析及展望

本章讨论的便携式光谱学的军事应用说明了化学和生物威胁剂以及自制爆炸物所呈现的威胁空间的多样性。讨论了具体的光谱技术、使用注意事项和分析方法。威胁剂的广度和多样性的复杂性，加上在不同战场环境和城市环境中的背景杂乱对其可靠检测的挑战，表明任何单一的传感器模式或分析方法都不足以解决这个问题。旨在提高各种传感器模式及其使用概念的可靠性的现代化努力正集中于实施先进的信号处理和机器学习方法，这些方法利用来自多个传感器数据中的相关性和协方差。人工智能程序的使用也迅速加速了实践，通过纳入整合与对手使用化学、生物或自制爆炸物威胁情况相一致的背景情况的自动识别，应用专家系统提高了对威胁感知的可信度并表现出了良好的性能。

缩略语

ACES Hy	Airborne Cueing and Exploitation System-Hyperspectral	机载提示和超光谱开发系统
ACPLA	agent-containing particles per liter of air	每升空气含药剂颗粒
ATR	attenuated total refraction	衰减全反射
COMPASS	compact airborne spectral sensor	紧凑型机载光谱传感器
FT-IR	Fourier Transform Infrared Spectrometer	傅里叶变换红外光谱仪
IBAC	instantaneous biological analyzer and collector	瞬时生物分析仪与采集器
IFOV	instantaneous field of view	瞬时视场角
IMS	ion mobility spectroscopy	离子迁移谱

NESR	noise equivalent spectral radiant	噪声等效光谱辐射
REBS	resource-effective biological sensor	资源高效生物传感器
TacBio	tactical biodetector	战术生物检测器
Vis	visible	可见光
VNIR	visible near infrared	可见近红外

参考文献

[1] Brown, Jarvis D. (2019). Honoring the contributions of the ACES HY sensor, 23 January 23. https://www.militarynews.com/...ws/honoring-the-contributions-of-the-aces-hy-sensor/article_6a282fdc-1f3e-11e9-bb14-b7a54bd785ff.html (accessed 31 January 2020)

[2] Ziph-Schatzberg, L., Wiggins, R., Woodman, P., Saleh, M., Nakanishi, K., Soletsky, P., Goldstein, N., Fox, M., and Tannian, B. (2018). Compact visible to extended-SWIR hyperspectral sensor for unmanned aircraft systems (UAS). *Proceedings of SPIE 10644, Algorithms and Technologies for Multispectral, Hyperspectral, and Ultraspec-tral Imagery XXIV*, 106441G (8 May 2018). https://doi.org/10.1117/12.230561e5.

[3] Christopher, S., Edwin, W., Mary, W., David, D. (2001). Compact Airborne Spectral Sensor (COMPASS). *Proceedings of SPIE 4381, Algorithms for Multispectral, Hyperspectral, and Ultraspectral Imagery VII*, (20 August 2001); https://doi.org/10.1117/12.437000.

[4] Hanst, P.L. and Hanst, S.T. (1994). Gas measurement in the fundamental infrared region. In: *Air Monitoring by Spectroscopic Techniques* (ed. M.W. Sigrist). New-York, NY: Wiley.

[5] Griffith, D.W.T. and Jamie, I.M. (2000). Fourier transform infrared spectrometry in atmospheric and trace gas analysis. In: *Encyclopedia of Analytical Chemistry* (ed. R.A. Meyers). Chichester: Wiley.

[6] Griffiths, P.R. and deHaseth, J.A. (1986). *Fourier Transform Infrared Spectroscopy*. Wiley.

[7] Joint Program Executive Office for Chemical Biological Radiological and Nuclear Defense, Product Manager, Dismounted Reconnaissance Sets, Kits, and Outfits, Aberdeen Proving Ground, MD. https://asc.army.mil/web/portfolio-item/jpeo-cbd-dismounted-reconnaissance-sets-kits-and-outfits-dr-sko/ Accessed on 1/4/21.

[8] Adachi, S. (1999). The Reststrahlen region. In: *Optical Properties of Crystalline and Amorphous Semiconductors*. Boston, MA: Springer https://doi.org/10.1007/978-1-4615-5241-3_2.

[9] Ray, M.D., Sedlacek, A.J., and Wu, M. (2000). Ultraviolet mini-Raman lidar for stand-off, in situ identification of chemical surface contaminants. *Review of Scientific Instruments* 71: 3485. https://doi.org/10.1063/1.1288255.

[10] Bartko, A. P. Personal communication. Battelle Memorial Institute, Columbus, OH. www.battelle.org.

[11] Ronningen, T.J., Schuetter, J.M., Wightman, J.L. et al. (2014). Raman spectroscopy for biological identification. In: *DNA Amplification and Sequencing, Optical Sensing, Lab-On-chip and Portable Systems*, 313-333. Woodhead Publishing https://doi.org/10.1533/9780857099167.3.313.

[12] Ross, B. B., Bartko, A. P. (2016). Line light source for Raman or other spectroscopic system. US Patent 9, 389,121, 2016.

[13] Kaye, P.H., Stanley, W.R., Hirst, E. et al. (2005). Single particle multichannel bio-aerosol fluorescence sensor. *Optics Express* 13 (10): 3583-3593. https://doi.org/10.1364/OPEX.13.003583.

[14] Reyes, F.L., Jeys, T.H., Newbury, N.R. et al. (1999). Bio-aerosol fluorescence sensor. *Field Analytical Chemistry and Technology* 3: 240-248. https://doi.org/10.1002/(SICI)1520-6521(1999)3:4/5<240::AID-FACT3 > 3.0.CO;2-%23|.

[15] Pöhlker, C., Huffman, J.A., and Pöschl, U. (2012). Autofluorescence of atmospheric bioaerosols - fluorescent biomolecules and potential interferences. *Atmospheric Measurement Techniques* 5: 37-71.

[16] Sivaprakasam, V., Huston, A.L., Scotto, C., and Eversole, J.D. (2004). Multiple UV wavelength excitation and fluorescence of bioaerosols. *Optics Express* 12 (19): 4457-4466. https://doi.org/10.1364/OPEX.12.004457.

[17] Cheng, Y.S. (1999). Detection of bioaerosols using multiwavelength UV fluorescence spectroscopy. *Aerosol Science and Technology* 30 (2): 186-201. https://doi.org/10.1080/027868299304778.

[18] Pan, Y.-L., Eversole, J.D., Kaye, P.H. et al. (2007). Bio-aerosol fluorescence. In: *Optics of Biological Particles*, NATO Science Series, vol. 238 (eds. A. Hoekstra, V. Maltsev and G. Videen). Dordrecht: Springer https://doi.org/10.1007/978-1-4020-5502-7_4.

[19] Jonsson, P. and Kullander, F. (2014). Bioaerosol detection with fluorescence spectroscopy. In: *Bioaerosol Detection Technologies, Integrated Analytical Systems* (eds. P. Jonsson et al.), 111-141. New York: Springer-Verlag.

[20] Corte, K. FLIR Systems, Inc., Arlington, VA. www.flir.com.

[21] Cabalo, J., DeLucia, M., Goad, A., Lacis, J., Narayanan, F., Sickenberger, D. (2008). Overview of the TAC-BIO detector. *Proceedings of SPIE 7116, Optically Based Biological and Chemical Detection for Defence IV*; 71160D (2 October 2008). https://doi.org/10.1117/12.799843.

8

离子迁移谱的应用

Pauline E. Leary[1] , Monica Joshi[2]

[1]Federal Resources, Stevensville, MD, USA

[2]Department of Chemistry, West Chester University of Pennsylvania, West Chester, PA, USA

8.1　概述

　　离子迁移谱仪是便携式光谱仪的一种，常用于各种执法、军事和安全环境中现场检测化学威胁，如爆炸物、毒品、化学战剂（CWA）和有毒工业化学品（TIC）（Eiceman and Stone, 2004; Ewing et al., 2001; Mäkinen et al., 2010; National Institute of Justice, 2000; Verkouteren and Staymates, 2010）。不同于激光诱导击穿光谱（LIBS）系统（用于元素光谱）或红外和拉曼光谱（用于分子光谱），离子迁移谱仪最初引入就是作为一种便携分析技术。

　　离子迁移谱仪是一种理想的便携式仪器，其体积小、质量轻，可装配电池。手持式或可穿戴式仪器则更小型化。一些系统加固后满足严格的军事部署标准，而且现代系统具有低功耗和最低耗材要求。在环境压力下，几秒钟内即可完成单样品分析。离子迁移谱（IMS）作为一种现场技术，取得成功的最重要原因可能是针对选定化学物质具有高水平的特异性和低皮克级灵敏度。将参考参数与实验结果进行比较，可以针对一组化学品进行分析。输出信号为声音警报或简化的红色（禁止）/绿色（通过）指示灯，现场操作员无需具备专业技术即可操作设备。这些便利条件使IMS成为各种军事、安全和执法环境中现场筛查化学威胁的首选技术。

　　IMS是一种分析技术，如果分析物尚未处于气相或蒸气相，则将其转化为气相，电离，然后根据离子的大小、形状和碰撞截面进行表征。反应物离子存在时，会进行大气压化学电离（APCI），优化反应物离子以对目标物质进行选择性电离。众多IMS技术均可用于聚合和分离离子。本章重点关注便携式IMS的应用。读者可以阅读本书技术与仪器卷第17章，其中对IMS仪器及其技术进行了全面讨论。

　　离子迁移谱仪通常用于分析固态和气态化学物质。根据样品引入系统的类型不同，可分为两类：①粒子检测仪；②蒸气检测仪。粒子检测仪可感应仪器表面的粒子以识别从测试样本中回收的粒子，通过热解吸将收集到的痕量粒子在离子迁移谱仪内转化为气相。热解吸过程中在进样口处形成的汽化颗粒被气流引导到系统的电离室中。蒸气检测仪则直接从环境中收集气体或蒸气进行分析。在进样口处对含目标分析物的空气直接采样，并使用气流导入系统的电离室。如果目标物质蒸气压较大且在空气中以足够的浓度存在，则可以使用蒸气检测系统，否则使用粒子检测系统。两种检测系统在样品进入电离室后的分析步骤相同。

进样和汽化后分析的第一步是电离。放射性电离源因其维护成本低且长期稳定而成为首选电离源。近年来，包括电晕放电源在内的非放射源变得越来越流行，因为它们不受放射性监管要求约束，并且易安装。本章讨论的漂移管技术是用于现场应用的商用仪器中最常见的。这项技术使用电子离子快门，形成的离子以束状被引入仪器的漂移区，称为离子群。离子在电场的作用下加速通过漂移区。漂移区内，离子与中性漂移气体分子发生碰撞，这些漂移气体分子向离子群反方向移动，使得离子进行减速运动。漂移速度是指离子通过漂移管从离子栅门（通常是栅极）到离子检测器之间的距离所需的时间，在平衡状态下，每个离子可以达到恒定的漂移速度。离子群从离子栅门迁移到信号收集极板这段距离所需要的时间称为迁移时间。通常使用法拉第板检测离子。图8.1为漂移管离子迁移谱仪示意图。

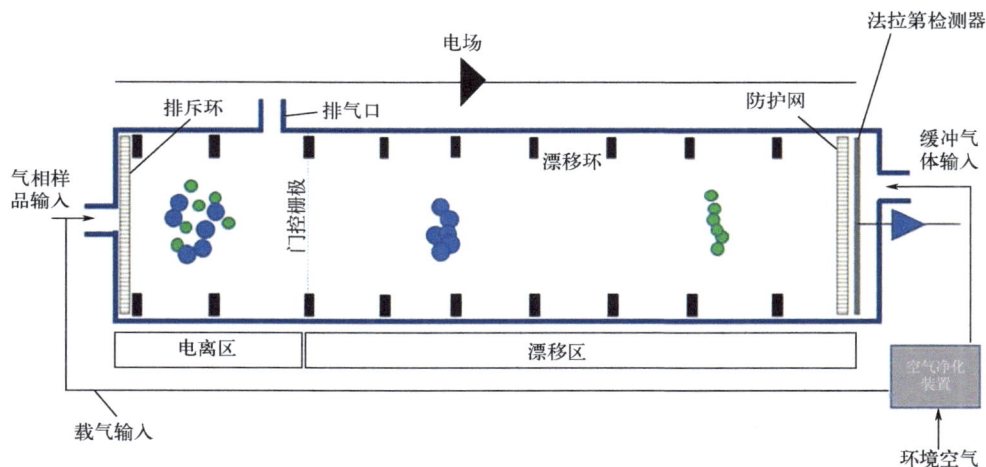

图8.1　漂移管离子迁移谱仪示意图，其中样品通过干净的载流引入

IMS系统在常压下运行，漂移气体常使用洁净干燥的空气。离子的迁移速度随着温度和压力的变化而变化。迁移速度受漂移管内的温度和压力影响，离子迁移速度不同，通过漂移管的迁移时间也不同。对于仪器的日常操作、迁移时间和约化迁移率可作为参考进行内部校准。

离子的质量和结构不同，其约化迁移率也不同，因此在相同条件下分析时也导致迁移时间不同。对于特定的IMS方法，一些影响漂移时间的因素，包括电离条件、温度、电场强度、数据处理设置和离子快门特性，应设置相同。因此，相同方法测得的两种不同分析物的漂移时间可用于鉴定。图8.2为带有校准物峰和两个分析物峰的简单离子迁移谱。如果在编程的漂移时间窗口中检测到峰值超过预设的大小和形状阈值，则IMS仪器指示灯亮起或出现"警报"。对比分析物峰与校准物峰的漂移时间，得到归一化约化迁移率值。测量值是漂移时间，但阳性识别的结果是根据约化迁移率。许多目标化合物的离子迁移率降低得到了很好的表征。

仪器的操作参数（例如进样温度和漂移管）经过优

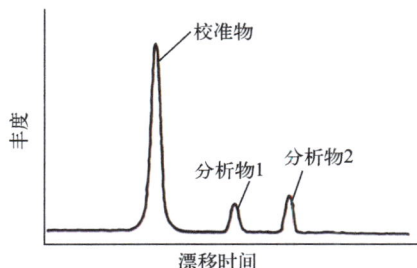

图8.2　IMS双组分样品的光谱

化可检测一组目标分析物的离子。商业仪器可在固定分析时间内检测带正电或负电的离子。负模式用于炸药检测，正模式用于药物和CWA检测。这种方法也有其局限性，如选择单一离子类型模式限制了分析范围并排除了某些可能的目标化合物。例如，三过氧化三丙酮（TATP）是一种能产生正离子的炸药，而大多数其他炸药会产生负离子。因此，在检测炸药时，程序设置为负模式的IMS仪器无法检测到样本中的TATP。2005年问世的双管仪器则能解决这一问题。此系统中，单个样品在进样口处汽化，并一分为二，一半汽化样品进入负模式漂移管，另一半汽化样品进入正模式漂移管。第二个管道可以分析相同离子模式下的不同分析物离子，以检测不同的目标化合物。单样品产生两个试管结果，使分析结果更为全面。目前有先进仪器改进了电子设备和仪器配置，可以快速切换极性，并实现单个漂移管同时检测两种类型的离子（Bruker，2020a; Smiths Detection, 2017a; Zhou et al., 2015）。但是，漂移管温度可能影响灵敏度，当漂移管温度较低时炸药分析结果更优，当漂移管温度较高时药物分析结果更优，因此需要设置最佳管内温度。进样温度恒定，但目前可用的一些系统提供了可变温度的进样口解吸曲线，这可以显著改善分析结果。实际上，能够同时实现正负模式的仪器能够检测到更广泛的化学威胁。

市售便携式IMS系统未设前端分离装置，目标分析物和样品基质在分析过程中都会被引入系统。IMS系统需要通过烘烤和其他清洗程序进行例行清洗，因为蒸气和颗粒检测系统容易出现样品过载，样品基质中的有害物质也会污染系统。IMS系统的烘烤通常是指漂移管和其他系统组件的温度在指定的时间段内升高以允许污染物和其他碎片挥发并通过系统的过程。烘烤程序通常是自动的，但由于需要例行维护，其间必须使系统保持停机状态。此外，如果IMS系统在分析现场受到污染或过载，则需停止运行并执行烘烤清洁程序。制造商使用低热质量进样口和粒子检测系统的非接触式解吸，以最大程度地减少样品基质和过载造成的污染。对于某些蒸气检测系统，超过采样循环时间（通常预设为指定时间段）会自动停止采样，但IMS分析则可继续进行。

本章将讨论IMS在各种军事、安全和执法环境中发挥的微量化学检测的关键作用，并重点介绍IMS作为便携式痕量化学威胁检测器不断发展的商业应用。

8.2 应用

8.2.1 军事应用——化学战剂和有毒工业化学品检测

8.2.1.1 背景

化学武器袭击一直对世界各地的军队构成威胁。化学武器在战争中屡禁不止（Hoffman et al., 2007; OPCW Confirms Use of Sarin and Chlorine in Ltamenah, Syria, on 24 and 25 March 2017, 2018; Schwirtz, 2018; Sirgany and Kourdi, 2018）。有趣的是，1995年日本国内恐怖分子在东京地铁系统中对普通公众发动CWA袭击后，军事管得以加强（Hyams et al., 2002）。

CWA是主要通过其生理效应用于军事行动以致死、重伤或致残的化学物质（United States Department of Defense, 2018）。当《化学武器公约》（CWC）（Convention on the Prohibition of the Development, Stockpiling and Use of Chemical Weapons and Their Destruction, 2005）禁止使用这些有毒化学品及其前体时，可将其定义为化学武器（United States Army, Marine Corps, Navy, Air

Force, 2005）。CWA包括窒息性毒剂、神经性毒剂、血液毒剂、水疱剂和致残剂。与常规武器相比，较少量的现代化学制剂就可能造成大量人员伤亡。因此，CWA属于大规模杀伤性武器（WMD）（Szinicz, 2005）。

现代CWA的设计和合成已有一套完整的标准体系。在设计CWA时可以规避检测能力和《禁止化学武器公约》等条约（Mirzayanov, 2009）。可定制CWA以满足毒理学目标，并且可以优化储存、运输和传送方法（Leary et al., 2019）。化学武器本身可能是致命的，但其投放方法和准确性决定了其损害的严重程度（The Deputy Assistant to the Secretary of Defense for Chemical and Biological Defense, 2001）。

CWA形式的化学制剂对军事组织来说是一个重大问题，TIC也是如此。工业化学品大量生产，并储存和运输到世界各地，用于各种工业用途。TIC是指那些释放到大气中会对人类和环境产生严重毒性影响的工业化学品，例如氨气、氯气、氯化氢、氰化氢和光气。美国劳工部职业安全与健康管理局（OSHA）根据其构成的风险类型将TIC分为两类：化学危害和物理危害（Occupational Safety and Health Administration, n.d.）。引起化学危害的化学品包括致癌、腐蚀性或刺激性的化学物质。引起物理危害的化学品包括化学性质活泼、易爆或易燃的化学物质。一般而言，由于TIC产量大且易得，特别是对恐怖组织而言，可用于化学攻击。

CWA和TIC可导致急性和长期毒性作用，甚至可在几分钟内造成死亡伤害。即时检测和鉴定这些极低水平的物质是非常重要的。从安全角度来看，IMS系统已用于周界和个人监控。沿射程的探测和识别也很关键（Ludwig et al., 1994）。

8.2.1.2 历史发展

20世纪60年代IMS系统开始用于军事活动，当时国防组织寻求探测CWA和目标气体的方法。军事上使用的IMS系统包括M8A1自动化学药剂探测和预警系统、化学剂监控器（CAM）、改良型化学剂监测器（ICAM）、M22自动化学剂探测器（ACADA）和联合化学剂探测器（JCAD）。以下各段介绍了IMS在CWA和TIC探测中的历史。我们需重点关注IMS技术是如何从对耐用性和便携性日益增长的需求中发展起来的。图8.3显示了军方用于CWA和TIC探测的一些历史仪器。

(a) (b) (c) (d)

图8.3 M8A1（a）、M22 ACADA（b）使用中的CAM（c）和ICAM（d）图像。来源：（a）（b）图由美国陆军提供；（c）（d）图经许可使用，版权归Smiths Detection所有

M8A1（Intellitec, FL）是一种自动化学毒剂探测和预警系统，1981年由美国国防部标准化，1991年海湾战争期间由美国陆军和美国空军用于探测神经毒剂和可吸入气雾剂（Law Enforcement and Corrections Standards and Testing Program, 2000; Smart, 2009）。超过40000套M8A1系统已经被美国陆军和许多国家投入使用（Committee for an Assessment of Naval Forces's Defense Capabilities Against Chemical and BioligicalWarfare Threats, Naval Studies Board, 2004）。连续式空气泵

将空气泵至放射性²⁴¹Am电离源，并电离小部分采样气体。当受神经毒剂污染的空气与洁净空气同时通过探测器时，离子电流会产生差异，这个差异可触发远程报警装置警报（Preparedness Directorate Office of Grants and Training, 2007）。该系统的响应时间不到1 s，可探测塔崩（tabun）、沙林（sarin）和索曼（soman）等持久性神经毒剂，灵敏度为0.1～0.2 mg/m³，检测VX的灵敏度为0.4 mg/m³（National Institute of Justice, 2000）。

M8A1被M22 ACADA取代。M22 ACADA始于20世纪70年代，1997年被标准化，供美国军队使用，包括陆军、海军、空军和海军陆战队（Headquarters, Departments of the Army, Air Force, Marine Corps and Navy, 1998; Smart, 2009）。它也被英国国防部、加拿大国防部、澳大利亚陆军和其他国家的军队使用，包括一些中东国家（National Institute of Justice, 2000）。该系统是一种先进的点采样化学毒剂警报系统。该方法可同时探测神经毒剂和疱剂毒气，适用于集体防护场所的监测。显然，M22 ACADA警报器比M8A1更敏感，而且抗干扰能力强（Smart, 2009）。它可产生视听警报，其响应时间不到1 s。它可检测到0.001×10⁻⁶级别的塔崩、0.002×10⁻⁶级别的沙林和索曼、0.0009×10⁻⁶级别的VX、0.015×10⁻⁶级别的蒸馏芥子气（HD）和氮芥（HN）以及0.01×10⁻⁶级别的路易氏剂（lewisite）。它还可检测到TIC，包括氯气、氰化氢和光气（National Institute of Justice, 2000）。与其前身相比，该系统可联合其他系统，如多用途集成化学制剂探测器（MICAD），以支持战场自动化系统（National Research Council, 2000）。该系统包括基本IMS探测器单元（M88）和电源以及M42远程警报（Smart, 2009）。M8A1（含M42远程报警器）和M22 ACADA（不含M42远程报警器和电源）各重10～12 lb（4.5～5.4 kg）。它们分别属于手持固定探测系统和固定地点探测系统（Headquarters, Departments of the Army, Air Force, Marine Corps and Navy, 1998; National Institute of Justice, 2000）。

CAM（Graseby Dynamics，现为Smiths Detection，Edgewood, MD, USA）的问世反映了对轻型手持式化学检测器的迫切需求和微处理器的发展，该检测器于1988年被美国军方标准化。该系统在ICAM改进CAM时进行升级，该CAM于1993年由美国军方标准化（Smart, 2009）。CAM和ICAM都使用定时和微处理器技术抑制干扰（National Research Council, 2000）。这些仪器重约4 lb（1.8 kg），为手持便携式设备。它们可检测到G系列和H系列毒剂以及VX，其气相灵敏度约为0.02 ppm，响应时间为1 min或更短（National Institute of Justice, 2000）。尽管这些装置外部设计与放射性电离源相同，但ICAM优于CAM，因为它具有更高的可靠性、更低的维护成本和更少的返厂维修需求（Smart, 2009）。在20世纪90年代初期至后期的使用高峰期间，至少有31个国家使用这些工具，投入使用的装置多达62000多个（Preparedness Directorate Office of Grants and Training, 2007）。

美国国防部部署的最成功的IMS似乎是联合化学毒剂探测器（JCAD）M4A1（United States Army, n.d.）。该系统针对CWA和TIC的检测进行了优化。JCAD M4A1旨在支持美国联合部队的各种任务要求，其中包括履带式和轮式车辆的内部探测、地面和机载作业期间的固定翼和旋翼飞机内部探测、舰载机内外部探测、固定地点化学剂探测、个人侦测或预警以及人员设备和货物的化学毒剂检测。在使用IMS技术开发JCAD M4A1之前，JCAD程序基于表面声波（SAW）技术。然而此技术已经被淘汰，JCAD M4A1系统作为非放射源IMS开发和生产。确切的销售情况不得而知，但JCAD初步预测确定美国联合部队需要257135个系统（Laljer, 2003）。

JCAD M4A1是Smiths Detection LCD 3.3的改良型设备，是一种先进的警报设备，可以对探测到的气体和蒸气威胁发出警报，这些威胁处于或低于立即威胁生命和健康（IDLH）水平。它还可以用作筛选和调查设备。该系统提供了一个联合的CWA和TIC检测库，配备一组商用AA

电池，续航长达75 h。其重达1.3 lb（0.6 kg）（包括电池），可检测神经毒剂、血液剂、水疱剂和窒息剂及特定TIC库。它可装配至车辆系统中，或安装到带有自动入口模块附件的机器人上，以提供远程和自动操作。该装置的测量喷嘴可在测量模式下探测残留的持久性污染物（Smiths Detection, 2017b）。图 8.4为Smiths Detection LCD 3.3的图像及其作为免提可穿戴检测器的使用。

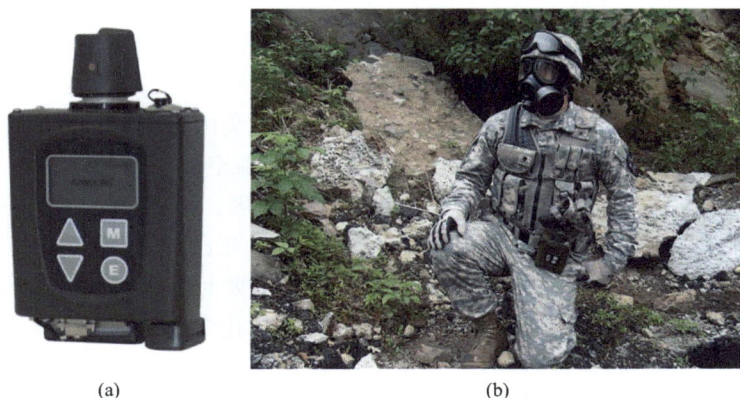

图8.4　LCD 3.3（a）和军人免提佩戴LCD 3.3（b）。来源：经许可使用，版权归Smiths Detection所有

　　最初的JCAD M4A1（及其前身）部署侧重于分析气相威胁，但在无需对现有的JCAD M4A1硬件进行任何修改（Smiths Detection Inc., 2018）的条件下，JCAD M4A1系统的能力已逐渐扩展到分析低挥发性化合物、炸药和特制药物，使得该系统能够现场检测固体和液体物质。2020年10月，Smiths Detection公司宣布将开始为美国国防部制造固液适配器（SLA）。配备SLA的JCAD（JCAD-SLA）可用于测试非法药物，包括阿片类药物如芬太尼，并检测爆炸性化合物，而不影响JCAD的传统CWA探测能力（Smiths Detection Inc., 2020）。

　　除了JCAD M4A1外，还有其他IMS系统可用于分析CWA和TIC。Bruker RAID-XP（Billerica, MA, USA）将CWA和TIC探测与γ辐射探测相结合，其IMS为RAID-XP中的^{63}Ni放射源和非放射性高能光电电离（HEPI）源RAID-XP$_{NR}$（Bruker, 2020b）。在军事领域放射性物质的威胁日益增强，越来越多的仪器配备这种双重能力。另一个值得注意的IMS系统是Hardened MobileTrace®（Rapiscan Systems, Torrance, CA, USA）。该系统专为颗粒和蒸气探测方法设计，可以检测CWA、TIC、爆炸物、前体、爆炸性标志物和麻醉剂（Rapiscan Systems, 2019）。

　　IMS系统在能力和性能方面的进步顺应不断变化的军事需求。IMS系统可消除放射性电离源、扩展物质所有相的探测能力，并增加目标分析物的广度（包括芬太尼及其类似物），从而提高使用和安装的便利性。

8.2.2　航空工业——爆炸物检测与鉴定

8.2.2.1　背景

　　IMS系统可用于航空工业的爆炸物检测。最早采用IMS系统进行爆炸物检测的组织是英国国防部和以色列国防军（L. Kim，个人通讯，2020年3月26日）。不久之后，IMS系统开始进入到航空行业进行爆炸物检测。1996年，美国交通部联邦航空管理局建立了检查点筛选的资格流程

（Kraus, 2008）。然后，在2001年11月，《航空和运输安全法案》在美国签署成为法律，运输安全管理局（TSA）成立，监督运输安全问题（United States Transportation Security Administration, n.d.）。

3起引人注目的恐怖主义袭击，促使航空工业进行爆炸物检测。这3起袭击同样是加拿大、英国和美国历史上最致命的恐怖袭击事件。1985年6月23日，印度航空公司182号航班发生爆炸。这架航班在从加拿大蒙特利尔米拉贝尔国际机场飞往伦敦希思罗机场的途中在爱尔兰海岸附近爆炸，机上329人全部遇难。这是加拿大历史上最大规模的屠杀。1988年12月21日，英国发生了第二次航空业爆炸案，泛美航空103号航班在苏格兰洛克比发生爆炸，机上259人全部遇难，地面11人遇难。这架航班从希思罗机场起飞，途中飞往纽约约翰·肯尼迪机场。2001年9月11日，使用4架商业航班对美国进行了一系列协同恐怖袭击：美国航空11号班机和联合航空175号班机被劫持，分别撞向纽约世贸中心南北两座大楼；美国航空公司77号航班被劫持，撞向五角大楼；美国联合航空公司73号航班被劫持，飞往华盛顿特区，但在宾夕法尼亚州尚克斯维尔附近坠毁。这4起劫机事件和随后的坠机事件直接导致2977人死亡，数千人受伤。

这3起恐怖主义事件相隔数年，但它们均强调航空业需要对爆炸物进行筛查。到印度航空公司坠机事件发生时，IMS已经成为一种快速、可靠且灵敏的化学威胁检测技术。该技术相对较快地转移到航空业，用于痕量爆炸物检测。自20世纪90年代初推出该技术以来，它一直是世界各地机场的中流砥柱。

8.2.2.2　爆炸物检测

IMS检测爆炸物的前提是爆炸物通过直接或二次接触在表面留下微粒残留物。这些残留物无法用肉眼识别，但可以通过擦拭受污染物品的表面采集（Theisen et al., 2004）。因此，许多用于爆炸物检测的IMS仪器基于粒子检测法。用于采集爆炸性颗粒物的拭子可能由纤维素、Nomex或Teflon涂层玻璃纤维或者其他专有材料制成。然后将采集的爆炸性颗粒物引入IMS的解吸区进行加热、蒸发并转移到电离区域。每个样本的分析时间只有7 s，当存在爆炸物时会显示红色警报。在机场安全检查站，旅客的行李和其他物品被IMS扫描和分析，以筛查爆炸物残留物。旅客也可以作为随机筛查的一部分，或作为行李筛查的后续检查。机场常规部署的IMS系统可以检测亚纳克级的爆炸物痕迹。

值得注意的是，这些威胁不断演变也是爆炸物检测面临的一大挑战。IMS系统最开始是检测军用和商用爆炸物，例如Semtex、TNT和炸药。如今，恐怖组织通常在简易爆炸装置中使用自制炸药。威胁不断演变，识别威胁的算法也在不断更新。

8.2.2.3　监管

因为航空旅游行业受到多项重要安全法规的约束，用于在机场部署IMS系统的过程与其他行业有很大不同。这些规定是区域性的，因此可行检测器的最终选择由各种组织管理，例如美国运输安全管理局（TSA）、英国运输部（DfT）、加拿大交通部、欧洲民用航空会议（ECAC）和中国民用航空局（CAAC）。这些管理机构均有自己的一套指令和标准，以在本国机场内部署仪器。

"9·11"事件后，机场开始对乘客及其托运行李进行检查。在这种环境下提供爆炸物痕迹检测系统的鉴定过程相当广泛。监管机构对这些系统进行测试，以验证/批准它们用于乘客安检（包括托运行李）和航空货运应用。根据该系统是否能够满足为每一种申请确定的特定要求，该系统可能被批准用于乘客筛查、航空货物筛查或同时适用两者。

TSA推出一份用于维护航空安全的技术和特定设备清单。TSA的航空货物安检技术清单（ACSTL）是一份官方指南，供受监管方在根据TSA批准的安全计划（Transportation Security Administration, 2020）采购安检设备时使用。该文件将技术分为5组——非计算机断层扫描（non-CT）传输X射线设备、爆炸物痕量检测（ETD）设备、电子金属检测（EMD）设备、爆炸物检测系统（EDS）和二氧化碳（CO_2）监测器。IMS系统包含在ETD技术组中。

5组仪器技术进一步分为3种类型——合格、批准和不受限制。合格技术是指经过TSA正式测试流程并有资格进行筛选操作的系统。从ACSTL采购仪器时，鼓励受监管方从合格技术部分选择设备。批准的技术是有条件地批准用于筛选操作的系统，目前正在进行或计划进行现场测试活动。自成为批准技术之日起，这些设备有长达36个月的时间成功通过TSA基于适用性的现场测试。如果设备无法在规定的36个月内通过现场测试，它将从批准技术部分中删除。从批准的技术部分采购设备的受监管方需自行承担风险。不受限制技术是指目前有资格筛选货物，但有规定有效期的系统。这使正在使用该技术的受监管各方有机会逐步淘汰该设备，并过渡到合格或批准部分中列出的设备。

ACSTL会定期审查和更新，以满足最新的安全指令和需求。在2020年2月发布的11.2版本中，没有ETD探测器被列为合格技术。1个IMS系统被列为批准技术，4个IMS系统被列为不受限制技术（Transportation Security Administration, 2020）。这些仪器见表8.1，外形如图8.5所示。

表8.1 ACSTL 11.2版中列出的ETD系统

技术现状	制造商	IMS模型
批准/不受限制	Smiths Detection	IONSCAN 600
不受限制	L3 Security & Detection Systems（现为 Leidos）	QS-B220
不受限制	Rapiscan Systems	Itemiser DX
不受限制	Smiths Detection	IONSCAN 500DT

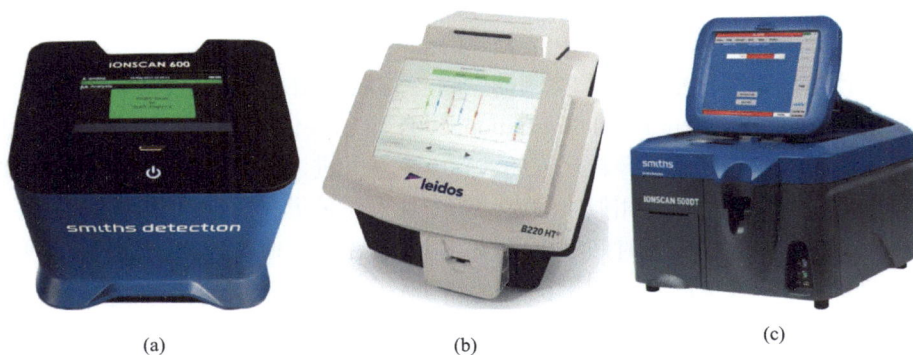

图8.5 ACSTL批准的不受限制技术爆炸物痕量检测器：（a）Smiths Detection IONSCAN 600；（b）Leidos B220 HT；（c）IONSCAN 500DT。来源：（a）（c）图片经许可使用，版权归Smiths Detection所有；（b）图片经Leidos许可使用

航空工业中使用的大多数IMS仪器是便携式台式设备。这些台式系统一直是安全检查站爆炸物检测的主要手段。航空业对手持式或可穿戴设备的要求并不是强制性的。对爆炸物的敏感性、粒子检测和高通量检测是便携式台式装置的标准配置，也是航空业的主要要求。表8.2列出了Smiths Detection IONSCAN 600 IMS装置的规格，该装置在ACSTL的ETD批准技术部分中列出。

表8.2 Smiths Detection IONSCAN 600 的技术规格

一般规格	
探测器类型	非放射性IMS源
采样	使用一次性拭子，通过手动或棒式采集进行微量粒子采样
校准	自动内部自校准
警报方式	通过可配置的音频警报进行物质识别
耗材	高性价比的一次性拭子和验证笔
接口	以太网，4个USB 2.0（标准，2前/2后）
重量	不含打印机23.8磅（10.8 kg），含打印机25.3磅（11.5 kg）
电池	续航1 h，可充电使用以延长操作时间
分析时间	8～12 s以内
预热时间	10 min以内
数据显示器	9 in（23 cm）高分辨率、抗反射膜、彩色触摸屏
尺寸（宽×深×高）	不含打印机版：14.8 in × 12.0 in × 12.9 in（37.7 cm × 30.4 cm × 32.7 cm） 含打印机版：15.1 in × 15.6 in × 14.8 in（38.3 cm × 39.5 cm × 37.7 cm）
操作温度	14～122 ℉（-10～50 ℃）
工作海拔	高达10000 ft（3048 m）
工作湿度	0～95%非冷凝条件
爆炸物检测	军事、商业和HME，包括 RDX、TNT、PETN、NG、AN、UN、HMTD、TATP、EGDN、Tetryl、HMX 等
毒品检测	苯丙胺、丁丙诺啡、卡芬太尼、可卡因、芬太尼、甲基苯丙胺、吗啡、四氢大麻酚等
存储容量	250000 个样本
打印机	集成打印机（仅在订购时可选）或外部 USB 打印机
能量	100～240 V交流电/50～60 Hz
不受限制	无危险部件和防篡改外壳

2004年，TSA开始测试痕量粒子检测器，这些检测器被称为痕量入口，亦称"喷气机"（Elias 2009; Transportation Security Administration, 2004）。这些仪器是大型穿行式入口，可向被筛查者喷气，喷气过程使得爆炸物颗粒从人的衣物上脱落并进入机载IMS装置。这些IMS装置在设计上与行业内的台式装置非常相似。然而，由于从人体采集到大量颗粒，这些仪器容易因干扰和污染出现误报，并且需要长时间停机维修。因此，在对实地报告进行评估后，美国运输安全管理局于2008年开始在美国37个以上机场逐步淘汰了这些设备（Elias, 2009）。

8.2.3　监狱

8.2.3.1　背景

监狱中的违禁品是可能对监狱安全或囚犯、工作人员、访客的身心健康构成威胁的物品。监狱违禁品一般包括毒品、酒精、武器、手机和工具。尽管不同的司法管辖区对违禁品的定义不同，但非法药物始终包括在内。监狱中的毒品既存在安全风险，还会导致囚犯严重的健康和成瘾问题。

监狱中的禁毒单位可以防止这些物质进入监狱，从而减轻非法药物的问题。走私违禁品的方式多种多样。毒品经常被扔过监狱的围墙，扔到开阔的院子里。它们有时会伪装或隐藏在无害的包裹中。无人机被越来越多地用于向监狱运送毒品（Vandam et al., 2018）。

有两条关键的供应路线非常难以控制，需要进行微量化学检测。第一条路线也是主要途径，是通过访客在接触探视期间将其交给囚犯（Standing Committee on Public Safety and National Security，2018）。第二条路线是通过监狱邮件。离子迁移谱仪是在世界各地的惩教设施中使用的关键部件，用于在这两条供应路线内进行筛选。

为防止接触访客的毒品渗透，工作人员在监狱前门安装便携式台式IMS仪器，以检测和识别毒品。这些系统类似航空业中使用的系统，如图8.5所示。对入境游客进行非侵入性检查，以寻找他们身上或物品上的毒品痕迹（Johnson and Dastouri, 2011; Standing Committee on Public Safety and National Security, 2018）。抽样是类似机场安全检查站使用的方法。当在离子迁移谱仪中进行分析时，在人身上检测到的药物痕迹表明与非法药物的主要或次要接触，将需要对该人进行进一步搜查和询问。根据对财物的物理搜查、对个人阳性检测历史的考虑以及与监狱工作人员的威胁评估面谈，访客可能被拒绝进入、被拒绝接触访问、允许进行限制访问、允许接触访问（Standing Committee on Public Safety and National Security, 2018）。

收发室放置便携式仪器可用于检查收到的监狱邮件内是否含有毒品（Butler, 2003）。这种供应途径常见于一些更强效的毒品，这些药物可以浸渍在纸上或隐藏在无害的液体中。收到纸张的人可以将这些毒品浸渍的纸张用作卷烟纸，或者可以悄悄地吮吸纸张以口服释放毒品。囚犯可以在吸烟前将隐藏在液体（例如祷告油、香水和乳液）中的毒品掺入普通纸或烟草中。为检测这些毒品，监狱对邮件进行拭子采样，用IMS仪器进行检测分析。如果邮件含有毒品，该囚犯无法获得邮件。值得注意的是，监狱邮件递送毒品的方式非常频繁，为减少这一供应途径，美国联邦监狱局最近决定将所有邮件发送到一个中心位置，在那里进行扫描，并以电子方式发送给囚犯（Balsamo, 2019）。宾夕法尼亚惩教署等州立监狱也采用了这一政策（Pennsylvania Department of Corrections, n.d.）。。

8.2.3.2　毒品滥用的演变和检测面临的挑战

在监狱内侦查滥用毒品仍面临挑战。最常见的4种毒品是 Δ^9-四氢大麻酚（THC）、可卡因、海洛因和甲基苯丙胺。尽管THC的IMS检测可能具有挑战性（Verkouteren and Staymates, 2010），但使用此方法通常可以在低检测限下检测其他3种物质。最近，大量新型精神活性物质（NPS）涌入市场。NPS的激增在监狱中更常见（Vandam et al., 2018）。从检测的角度来看，这些物质和其他特制药物可能是具有挑战性的。由于毒品不断演变，没有什么可以专门阻止使用IMS或其他传统筛选和识别技术对其进行检测。出于这个原因，检测设备供应商、相关法律和监管机构没有充分建立与药物标准相匹配的库比较数据和其他匹配标准，以支持"新"原料药的鉴定。在任何给定年份，列出的NPS类别中都有15种或更多的毒品受到关注。在所有检出的样本中，有一到两种是最常见的。例如，5F-ADB和FUB-AMB是2018年缴获的合成大麻素中发现的最常见的合成大麻素（National Forensic Laboratory Information System, 2018）。2015年，XLR-11和AB-CHMINACA最常见。

对滥用药物的严加管制导致NPS和其他特制药物激增。如果一种物质没有被鉴定出来并受到法律当局（如美国毒品执法局）管制，那么它就合法。在监狱中，虽然搜查囚犯牢房通常会没收可疑的违禁品，但使用包括IMS在内的常规检测方法时，NPS经常隐匿其中。在使用IMS

系统时，并未更新用于检测NPS的算法。在很多情况下，监狱工作人员会根据犯人的行为或其他现场信息确定是否存在违禁品，但由于目前对特定目标物质的检测能力不足，他们无法证明毒品存在。欧洲毒品和药物成瘾监测中心（EMCDDA）于2018年发布了一项研究，这项关于监狱中NPS的研究认为合成大麻素是整个欧洲监狱中最常见的NPS（Vandam et al., 2018）。这项研究强调了将IMS等检测方法与监狱工作人员的适当培训和加强缉拿工作相结合的必要性。

现有的IMS方法在识别新的威胁能力方面仍需进一步优化。离子迁移谱仪通常设定一个"方法"程序进入系统，以检测一组特定的化学物质。该方法不必针对特定的化学品进行优化，而是针对一组化学品进行优化。入口和漂移管温度、电离条件、数据处理和检测算法等方法设置已针对这组化学品进行了优化。随着新化学物质添加到方法中，已经编程到方法中的其他物质的检测性能可能会受到影响。在某些情况下，新物质的存在导致信号淬灭，添加可能会导致现有化学物质的检测限度降低。在其他情况下，现有化学物质的信号可能会增加。因此，在识别特定化学品时需要对算法进行修改，以便能够准确地检测新化学品，同时保证能够准确地检测已有化学品。已有的IMS方法可保证得到最优的检测结果，而向该方法中添加新物质会破坏这种平衡。

还需要注意的是，在预期的部署环境中收集数据对于实现可靠检测至关重要。在为现场部署的IMS单元编写检测算法之前，需要进行严格的验证，以便系统检测到特定物质存在并发出警报。很少有人研究NPS的IMS参数。Joshi等、Armenta等和Yanini等提出了NPS的参数，主要是卡西酮和大麻素（Armenta et al., 2014; Joshi et al., 2014; Yanini et al., 2018）。Metternich等利用IMS检测用于合成大麻素的材料，并针对从德国监狱查获的材料对其进行测试（Metternich et al., 2019）。这些文献为新物质的矫正设施提供了参考，但并未真正实践。大多数州监狱直接与IMS制造商合作，以获得其机构中大多数药物所需的仪器模型和参数。由于滥用药物快速演变，得到的仪器模型和参数并不理想。不存在适用于所有监狱设施的统一标准化参数，而且各州和仪器制造商之间缺乏共享知识。这些方法在使用前未经严格测试，而是作为常规筛查的一部分进行现场测试，这也会引发其他问题。

当NPS成为一种威胁时，扩展检测算法使得监狱在IMS筛查时会面临报警率的提高等问题（Johnson and Dastouri, 2011; Melamed, 2018; Standing Committee on Public Safety and National Security, 2018; Yanini et al., 2018）。如果探视者的非法药物检测呈阳性，无论他们是否与非法药物直接接触，他们都要接受额外的审讯，或可能失去探视囚犯的特权。近年来，在加拿大和美国的惩教设施中，一些已编入IMS单元的国家护理方案的阳性警报数量有所增加。警报设置低阈值水平或与药物物质二次接触均可引起报警。当警报设置低阈值时，环境暴露于如此低水平药物的污染可能成为一个问题。据报道，大多数美元货币被可卡因污染，而这种污染可被台式离子迁移谱仪检测到（Biello, 2009）。在纽约、马萨诸塞和马里兰等州，一些游客因被判为假阳性而对惩教系统提起诉讼（Lyon, 2019）。加拿大惩教局（CSC）进行的一项审查肯定了在监狱中使用IMS的价值，但承认有必要平衡敏感性水平和追踪检测的需求（Standing Committee on Public Safety and National Security, 2018）。关于IMS在监狱探视者筛查中的可行性的讨论将继续进行。同时，需要解决IMS的研究和实践之间的差距以及不同惩教系统之间的沟通差距。

8.2.4　其他应用

上述讨论都是关于IMS检测特定类型目标化合物的实例：一个用于CWA和TIC，一个用于检测爆炸物，一个用于检测非法药物。然而，IMS还可以用于检测和识别其他领域的一系列化学物质。这里将做简要概述。

8.2.4.1 法医学

微量物质的化学鉴定是法医学领域的一项重要技术。当在一个物体或人身上检测到外来物质的痕迹时，就意味着这些痕迹要么通过直接接触，要么通过与该物体或人的二次转移而转移。两个物体或人之间的物质转移是由埃德蒙·洛卡提出的法医学基本原则，被称为洛卡交换原则（De Forest et al., 1983）。转移证据可用于确定犯罪要素。由于IMS的敏感性，它可以用于检测和识别痕量的转移证据。例如，当某一地点被怀疑是秘密毒品实验室时，IMS可用于检测毒品痕迹，但毒品已从现场移走，并且没有可见数量毒品残留。对可疑实验室不同位置的IMS分析可用于确定该位置曾存放毒品。

海上禁毒是另一个例子，这类残留物质的分析可能很重要。当执法人员接近时，船上的毒品走私者有时会抛弃毒品，以消除证据，避免被起诉。在这些情况下，对船上表面微量毒品的化学检测可以用来确定曾存在毒品。美国海岸警卫队缴获了大量可卡因（United States Coast Guard, 2019），IMS对可卡因的检测限度在纳克范围内。因此，当检测到肉眼看不到的痕迹，但没有发现其他物质时，IMS分析可以提供关于船舶历史的有用信息。

IMS还可用于检测爆炸物或其他爆炸事件现场的微量爆炸物残留。IMS可以检测和识别纳克量的爆炸物，因此可在爆炸物和爆炸现场搜索未消耗的爆炸材料。

查获药物法医检查的质量，确定并推荐药物证据分析的最佳实践。在他们的建议中，缉毒分析科学工作组（SWGDRUG）根据方法的最高潜在选择性水平为不同的药物分析方法提供了类别：A类技术通过结构信息提供最高水平的选择性；B类技术通过没有结构信息的物理/化学特性提供中等到高水平的选择性；C类技术实现低水平的选择性，但提供一般或类别信息。当前的SWGDRUG建议将IMS确定为B类技术。因此，根据SWGDRUG的建议，当与至少一项其他测试结果（例如来自红外光谱仪或拉曼光谱仪的结果）结合使用时，IMS可以成功地纳入分析方案（Scientific Working Group for the Analysis of Seized Drugs, 2019）。

8.2.4.2 应急响应

应急响应人员可以使用IMS检测和识别痕量的危险化学品，例如芬太尼。芬太尼是一种合成阿片类药物，自20世纪60年代以来一直以低剂量静脉注射液等治疗剂型上市销售。然而，近年来，这种危险毒品的粉末已经落入吸毒者手中，造成致命后果。自芬太尼及其类似物作为滥用药物兴起以来，接触反应人员更加普遍 [The National Institute for Occupational Health and Safety（NIOSH）, 2020]。现场空气悬浮颗粒过量，则会因吸入而暴露于毒品之下。这一点尤其令人担忧，因为这些药物的致死剂量可能低至2 mg（United States Drug Enforcement Administration, 2018）。已有结果证明IMS是一种可行的筛查技术，可在现场检测芬太尼，以保护人员在响应现场和处理证据时免受暴露（Sisco et al., 2017）。它也被用来验证在危险现场净化后是否存在毒品。

8.2.4.3 边境保护

美国海关和边境保护局等边境保护机构在保护国家免受危险人员和物资侵害方面发挥着重要作用。他们还必须通过促进合法的贸易和旅行增强一个国家的全球经济竞争力（U.S. Customs and Border Protection, n.d.）。这不仅要求用于筛选人员和材料的方法要彻底，而且要快速检测，以免出现人员和货物滞留。这些组织使用多种工具拦截任意数量的非法物质。犬类检测、X射线和其他成像技术以及IMS系统都用于筛查人员和货物中的非法物质。这些方法的工作速度相对较快，如果部署得当，甚至可以相互配合使用。例如，如果在使用X射线设备进行筛查时检测到非法物质，则可能会使用IMS进一步筛查物品。IMS仪器用于检测表面痕量残留物，这些残留物可能是隐藏在货物中的毒品和爆炸物等非法违禁品。已有结果证明IMS是一种有效的筛查方法，有助于阻止芬太尼进入美国边境（Forbes et al., 2019）。此外，IMS系统已被加拿大、澳大利亚、法国、韩国和中国香港等国家和地区的边境保护机构使用了几十年（L. Kim，个人通讯，2020年3月26日）。

8.2.4.4　关键基础设施

关键基础设施指的是对一个国家至关重要的物理和网络系统和资产，这些系统和资产的丧失或破坏将对一个国家的物质或者经济安全或者公共卫生或者安全产生破坏性影响。美国国土安全部确立了16个不同的关键基础设施部门（United States Department of Homeland Security, n.d.）。在某些情况下，法规要求对这些位置进行物理保护，使其免受威胁。例如，美国核管理委员会（NRC）要求，包括核反应堆、燃料循环设施、乏燃料储存和处置设施在内的核设施必须受到物理保护，以防止破坏、盗窃、转移和其他恶意行为。为了实现这一目标，NRC及其许可证持有人使用重要程度分级方法进行实物保护。在此过程中，NRC确定监管要求并评估合规性，被许可人负责提供保护（United States Nuclear Regulatory Commission, n.d.）。关键基础设施系统通常将IMS系统部署为其安全协议的一部分。

8.3　结语

显然，IMS的价值在于它能够检测和识别空气、表面和人体中不可见的目标化合物痕迹。由于其便携性、易于部署、分析时间快、灵敏度高和对目标物质的选择性好，IMS系统通常用于保护军人和平民。军事和航空工业的需求推动这些系统的发展，但它们的价值并不仅限于此。IMS系统通常用于保护关键基础设施站点，包括政府、核设施、化工厂和其他工业厂房以及运输系统。它们在法医学领域的价值在于，这一学科的从业人员需要了解两个物体或人之间微量物质的转移，以帮助确立犯罪要素。

然而，IMS仪器也有其局限性。检测能力会受到样品基质的影响。当样本基质复杂时，这可能会使现场分析变得复杂，例如那些通过表面擦拭取样获得的样本基质。用户依赖供应商建立的预编程检测算法。这可能导致两种问题：基质干扰造成的假阳性结果，或算法未涵盖新型威胁物质导致的假阴性结果。终端用户选择IMS仪器是因为它们对特定类别的化合物非常敏感。然而，仪器可能会受到污染或过载。虽然从长远来看，这通常不会对检测器造成损害，但它可能会导致停机，直到系统清除污染物质，才能保证检测器正常运行。在选择这些系统时，终端用户需要考虑所有这些因素。

近年来，便携式技术变得越来越普遍。提供化学结构信息的技术，如质谱法和拉曼光谱法，已成功小型化，并与IMS法一起作为现场威胁检测器。每种技术都有其优缺点。这允许用户运用多种技术提升检测能力，使其优势最大化。IMS仪器，因其优势众多，领域涵盖范围广，将持续发展进步，以迎接新的化学挑战和现场检测化学威胁的需要。

缩略语

ACADA	automatic chemical agent detector	自动化学试剂探测器
ACSTL	Air Cargo Screening Technology List	航空货物安检技术清单
APCI	atmospheric pressure chemical ionization	大气压化学电离
CAAC	Civil Aviation Administration of China	中国民用航空局
CAM	chemical agent monitor	化学试剂监控器
CSC	Correctional Sevice Canada	加拿大惩教局
CWA	chemical warfare agent	化学战剂
CWC	Chemical Weapons Convention	《化学武器公约》
DfT	Department for Transport	运输部
ECAC	European Civil Aviation Conference	欧洲民用航空会议
EDS	explosive detection system	爆炸物检测系统
EMCDDA	European Monitoring Centre for Drugs and Drug Addiction	欧洲毒品和药物成瘾监测中心
EMD	electronic metal detection	电子金属检测
ETD	explosive trace detection	爆炸物痕迹检测
HD	distilled mustard	蒸馏芥子气
HEPI	high-energy photoionization	高能光电电离
HN	nitrogen mustard	氮芥
ICAM	improved chemical Agent Monitor	改良型化学试剂监控器
IDLH	immediately dangerous to life or health	立即威胁生命和健康
IMS	ion mobility spectrometry	离子迁移谱
JCAD	joint chemical agent detector	联合化学毒剂探测器
LIBS	laser-induced breakdown spectroscopy	激光诱导击穿光谱
MICAD	multipurpose integrated chemical agent detector	多用途集成化学制剂检测器
non-CT	non-computed tomography	非计算机断层摄影
NPS	novel psychoactive substance	新型精神活性物质
NRC	Nuclear Regulatory Commission	（美国）核管理委员会
OSHA	Occupational Safety and Health Administration	职业安全与健康管理局
SAW	surface acoustic wave	表面声波
SLA	solid-liquid adapter	固液适配器
SWGDRUG	the Scientific Working Group for the Analysis of Seized Drugs	缉毒分析科学工作组
TATP	triacetone triperoxide	三过氧化三丙酮
THC	tetrahydrocannabinol	四氢大麻酚
TIC	toxic industrial chemical	有毒工业化学品
TSA	Transportation Security Administration	运输安全管理局
WMD	weapons of mass destruction	大规模杀伤性武器

参考文献

Armenta, S., Garrigues, S., de la Guardia, M. et al. (2014). Detection and characterization of emerging psychoactive substances by ion mobility spectrometry. *Drug Testing and Analysis* 7 (4) https://doi.org/10.1002/dta.1678.

Balsamo, M. (2019). Federal prison system is photocopying inmate mail to curb drug smuggling. The Associated Press (21 October). https://www.nj.com/news/2019/10/federal-prison-system-is-photocopying-inmate-mail-to-curb-drug-smuggling.html (accessed 19 March 2020).

Biello, D. (2009). Cocaine contaminates majority of U.S. currency. Scientific American (16 August). https://www.scientificamerican.com/article/cocaine-contaminates-majority-of-american-currency (accessed 19 March 2019).

Bruker (2020a). *RAID-S2plus Technical Details*. Bruker https://www.bruker.com/products/cbrne-detection/ims/raid-s2plus/technical-details.html (accessed 20 February 2020).

Bruker (2020b). *Technical Details: RAID-XP Combined Sensors for Radiological Detection and CWA's*. Bruker https://www.bruker.com/products/cbrne-detection/ims/raid-xp/technical-details.html (accessed 8 October 2019).

Butler, R.F. (2003). *Mailroom Scenario Evaluation, Final Report*. United States Department of Justice https://www.ncjrs.gov/pdffiles1/nij/grants/199048.pdf (accessed 19 March 2019).

Committee for an Assessment of Naval Forces's Defense Capabilities Against Chemical and Bioligical Warfare Threats, Naval Studies Board (2004). *Naval Forces' Defense Capabilities Against Chemical and Biological Warfare Threats*. Washington, D.C.: The National Academies Press.

Organisation for the Prohibition of Chemical Weapons (2005). *Convention on the Prohibition of the Development, Stockpiling and Use of Chemical Weapons and Their Destruction*. Organisation for the Prohibition of Chemical Weapons https://www.opcw.org/sites/default/files/documents/CWC/CWC_en.pdf (accessed 14 June 2018).

De Forest, P.R., Gaensslen, R., and Lee, H.C. (1983). *Forensic Science: An Introduction to Criminalistics*. New York: McGraw-Hill, Inc.

Eiceman, G. and Stone, J. (2004). Ion mobility spectrometers in national defense. *Analytical Chemistry* November: 390A-397A.

Elias, B. (2009). *Airport Passenger Screening: Background and Issues for Congress*. Congressional Research Service https://fas.org/sgp/crs/homesec/R40543.pdf (accessed 19 March 2019).

Ewing, R., Atkinson, D., Eiceman, G., and Ewing, G. (2001). A critical review of ion mobility spectrometry for the detection of explosives and explosives related compounds. *Talanta* 54 (3): 515-529. doi: https://doi.org/10.1016/S0039-9140(00)00565-8.

Forbes, T.P., Lawrence, J., Verkouteren, J.R., and Verkouteren, R.M. (2019). Discriminative potential of ion mobility spectrometry for the detection of fentanyl and fentanyl analogues relative to confounding environmental interferents. *Analyst* 144 (21): 6391-6403. https://doi.org/10.1039/C9AN01771B.

Headquarters, Departments of the Army, Air Force, Marine Corps and Navy (1998). Technical Manual, Operator's Unit and Maintenance Manual for Alarm (March). Chemical Agent, Automatic: M22.

Hoffman, A., Eisenkraft, A., Finkelstein, A. et al. (2007). A decade after the Tokyo Sarin attack: a review of neurological follow-up of the victims. 172 (6): 607-610.

Hyams, K., Murphy, F., and Wessely, S. (2002). Responding to chemical, biological, or nuclear terrorism: the indirect and long-term health effects may present the greatest challenge. *Journal of Health, Politics, Policy and Law* 27 (2): 273-291. https://doi.org/10 1215/03616878-27-2-273.

Johnson, S. and Dastouri, S. (2011). *Use of Ion Scanners in Correctional Facilities: An International Review*. Correctional Services Canada https://www.csc-scc.gc.ca/005/008/092/rr11-01-eng.pdf (accessed 19 March 2019).

Joshi, M., Centroni, B., Camacho, A. et al. (2014). Analysis of synthetic cathinones and associated psychoactive substances by ion mobility spectrometry. *Forensic Science International* 244: 196-206. https://doi.org/10.1016/j.forsciint.2014.08.033.

Kraus, T L. (2008). *The Federal Aviation Administration: A Historical Perspective, 1903-2008*. Washington, DC: United States Department of Transportation https://www.faa.gov/about/history/historical_perspective (accessed 30 March 2020).

Laljer, C (2003). Joint Chemical Agent Detector (JCAD): the future of chemical agent detection. *Proceedings SPIE, Chemical and Biological Sensing IV* 5085 https://doi.org/10.1117/12.508515.

Law Enforcement and Corrections Standards and Testing Program (2000). *Guide for the Selection of Chemical Agent and Toxic Industrial Material Detection Equipment for Emergency First Responders*, vol. 2. National Institute of Justice https://www.ncjrs.

gov/pdffiles1/nij/184450.pdf (accessed 21 February 2020).

Leary, P.E., Kammrath, B.W., Lattman, K.J., and Beals, G.L. (2019). Deploying portable gas chromatography-mass spectrometry (GC-MS) to military users for the identification of toxic chemical agents in theater. *Applied Spectroscopy* 73 (8): 841-858. https://doi.org/10.1177/0003702819849499.

Ludwig, H.R., Cairelli, S.G., and Whalen, J.J. (1994). *Documentation for Immediately Dangerous to Life or Health Concentrations (IDLHs)*, 1-7. Cincinnati: United States Department of Health and Human Services https://www.cdc.gov/niosh/idlh/pdfs/1994-IDLH-ValuesBackgroundDocs.pdf (accessed 21 February 2020).

Lyon, E. (2019). Problems with ion scanners used to detect drugs on prison visitors. *Prison Legal News* 30 (8): 18.

Mäkinen, M.A., Anttalainen, O.A., and Sillanpää, M.E. (2010). Ion mobility spectrometry and its applications in detection of chemical warfare agents. *Analytical Chemistry* 82 (23): 9594-9600. https://pubs.acs.org/doi/ipdf/10 .1021/ac100931n (accessed 26 December 2018).

Melamed, S. (2018). Are Pa. Prisons' drug screenings plagued by false positives? The Philadelphia Inquirer (3 October). https://www.inquirer.com/philly/news/pennsylvania-department-of-corrections-sci-phoenix-ion-scanners-k2-20181003.html (accessed 19 March 2020)

Metternich, S., Zörntlein, S., Schönberger, T., and Huhn, C. (2019). Ion mobility spectrometry as a fast screening tool for synthetic cannabinoids to uncover drug trafficking in jail via herbal mixtures, paper, food, and cosmetics. 11 (6): 833-846. https://doi.org/10.1002/dta.2565.

Mirzayanov, V.S. (2009). *State Secrets: An Insider's Chronicle of the Russian Chemical Weapons Program*. Denver: Outskirts Press, Inc.

National Forensic Laboratory Information System (2018). *NFLIS-DRUG 2018 Annual Report*. Diversion Control Division of the United States Drug Enforcement Administration https://www.nflis.deadiversion.usdoj.gov/DesktopModules/ReportDownloads/Reports/NFLIS-Drug-AR2018.pdf (accessed 19 March 2020).

National Institute of Justice (2000). *Guide for the Selection of Chemical Agent and Toxic Industrial Material Detection Equipment for Emergency First Responders*. Rockville, MD: The Law Enforcement And Corrections Standards and Testing Program.

National Research Council (2000). Appendix D: detecting and monitoring chemical agents. In: *Strategies to Protect the Health of Deployed U.S. Forces: Detecting, Characterizing, and Documenting Exposures* (eds. T.E. McKone, B.M. Huey, E. Downing and L.M. Duffy), 197-211. Washington, D.C.: National Academies Press.

Occupational Safety and Health Administration (n.d.). *Toxic Industrial Chemicals (TICs) Guide*. United States Department of Labor https://www.osha.gov/SLTC/emergencypreparedness/guides/chemical.html (accessed 21 February 2020).

OPCW Confirms Use of Sarin and Chlorine in Ltamenah, Syria, on 24 and 25 March 2017 (2018). Organization for the Prohibition of Chemical Weapons. https://www.opcw.org/news/article/opcw-confirms-use-of-sarin-and-chlorine-in-ltamenah-syria-on-24-and-25-march-2017.

Pennsylvania Department of Corrections (n.d.). *Pennsylvania Department of Corrections*. How to Send Mail. https://www.cor.pa.gov/family-and-friends/Pages/Mailing-Addresses.aspx (accessed 30 October 2020)

Preparedness Directorate Office of Grants and Training (2007). *Guide for the Selection of Chemical Detection Equipment for Emergency First Responders*, 3e. United States Department of Homeland Security.

Rapiscan Systems (2019). *Technical Details: Hardened Mobile Trace*. Rapiscan Systems https://www.rapiscansystems.com/en/products/hardened-mobiletrace (accessed 8 October 2019).

Schwirtz, M. (2018). U.S. accuses Syria of new chemical weapons use. The New York Times (23 January). https://www.nytimes.com/2018/01/23/world/middleeast/syria-chemical-weapons-ghouta.html (accessed 31 January 2018)

Scientific Working Group for the Analysis of Seized Drugs (2019). Scientific Working Group for the Analysis of Seized Drugs (SWGDRUG) Recommendations, Version 8.0. http://swgdrug.org/approved.htm (accessed 17 May 2020)

Sirgany, S., & Kourdi, E. (2018). Dozens injured in toxic gas attack on Aleppo, Syria, reports say. CNN Middle East (26 November). https://www.cnn.com/2018/11/25/middleeast/syria-gas-attacks/index.html (accessed 29 November 2018).

Sisco, E., Verkouteren, J., Staymates, J., and Lawrence, J. (2017). Rapid detection of fentanyl, fentanyl analogues, and opioids for on-site or laboratory based drug seizure screening using thermal desorption DART-MS and ion mobility spectrometry. *Forensic*

Chemistry 4: 108-115. https://doi.org/10.1016/j.forc.2017.04.001.

Smart, J.K. (2009). *Chemical and Biological Detectors, Alarms and Warning Systems*. Aberdeen Proving Ground: U.S. Army Research, Development and Engineering Command.

Smiths Detection (2017a). *Technical Information - IONSCAN 600 Explosives and Narcotics Trace Detector*. Hemel Hempstead: Smiths Detection.

Smiths Detection (2017b). *Technical Information: LCD 3.3 Compact, Wearable CWA Identifier and TIC Detector*. Smiths Detection https://www.smithsdetection.com/products/lcd-3-3 (accessed 7 October 2019).

Smiths Detection Inc (2018). *Develop Enhanced Chemical Explosives Detection Capability for United States Department of Defense*. Edgewood, MD: Smiths Detection https://www.smithsdetection.com/press-releases/smiths-detection-inc-to-develop-enhanced-chemical-explosives-detection-capability-for-us-department-of-defense (accessed 25 September 2019).

Smiths detection Inc. (2020). *Smiths Detection Inc. Receives a $90.8M IDIQ Contract to Manufacture Joint Chemical Agent Detector (JCAD) Adapter for US Department of Defense*. Edgewood, MD: Smiths Detection https://www.smithsdetection.com/press-releases/smiths-detection-inc-receives-a-90-8m-idiq-contract-to-manufacture-jcad-adapter-for-us-department-of-defense/ (accessed 12 February 2021).

Standing Committee on Public Safety and National Security (2018). *Interim Report: Use of Ion Mobility Spectrometers by the Correctional Service of Canada*. House of Commons, Parliament of Canada https://www.ourcommons.ca/content/Committee/421/SECU/Reports/RP9998633/421_SECU_Rpt25_PDF/421_SECU_Rpt25-e.pdf (accessed 19 March 2020).

Szinicz, L. (2005). History of chemical and biological warfare agents. *Toxicology* 214: 167-181.

The Deputy Assistant to the Secretary of Defense for Chemical and Biological Defense (2001). *Chemical and Biological Defense Primer*. United States Department of Defense Chemical and Biological Defense Program https://www.hsdl.org/?view&did=1504 (accessed 2 January 2019).

The National Institute for Occupational Health and Safety (NIOSH). (2020). *Preventing Emergency Responders'Exposures to Illicit Drugs*. https://www.cdc.gov/niosh/topics/fentanyl/risk.html (accessed 30 October 2020).

Theisen, L., Hunnum, D.W., Murray, D.W., and Parmeter, J.E. (2004). *Survey of Commercially Available Explosives Detection Technologies and Equipment 2004*. United States Department of Justice.

Transportation Security Administration. (2004). *Five Airports to Serve a TSA Test Bed for Explosives Trace Detection*. https://www.tsa.gov/news/releases/2004/06/17/five-airports-serve-tsa-test-bed-explosives-trace-detection-portals (accessed 30 October 2020)

Transportation Security Administration (2020). *TSA Air Cargo Screening Technology List (ACSTL), Version 11.2*. Transportation Security Administration https://www.tsa.gov/sites/default/files/non-ssi_acstl.pdf (accessed 19 March 2020).

U.S. Customs and Border Protection (n.d.). Mission Statement of U.S. Customs and Border Protection. https://www.cbp .gov/about (accessed 30 October 2020).

United States Army (n.d.). *Joint Chemical Agent Detector (JCAD) M4A1*. United States Army Acquisition Support Center https://asc.army.mil/web/portfolio-item/cbd-joint-chemical-agent-detector-jcad-m4a1 (accessed 26 September 2019).

United States Army, Marine Corps, Navy, Air Force (2005). Potential Military Chemical/Biological Agents and Compounds, Multiservice Tactics, Techniques and Procedures.

United States Coast Guard (2019). *Review of U.S. Coast Guard's Fiscal Year 2018 Drug Control Performance Summary Report*. Office of the Inspector General of the United States Department of Homeland Security https://www.oig.dhs .gov/sites/default/files/assets/2019-03/OIG-19-27-Mar19.pdf (accessed 30 October 2020).

United States Department of Defense (2018). *DOD Dictionary of Military and Associated Terms*. Washington, D.C.: United States Department of Defense.

United States Department of Homeland Security (n.d.). *Critical Infrastructure Security*. Official Website of the United States Department of Homeland Security. https://www.dhs.gov/topic/critical-infrastructure-security (accessed 30 October 2020).

United States Drug Enforcement Administration (2018). *Photo Illustration of 2 Milligrams of Fentanyl, A Lethal Dose in Most People*. United Stated Drug Enforcement Administration. https://www.dea.gov/galleries/drug-images/fentanyl (accessed 20 March 2020).

United States Nuclear Regulatory Commission (n.d.). *Nuclear Security - Physical Protection*. United States Nuclear Regulatory Commission https://www.nrc.gov/security/domestic/phys-protect.html#Fixed%20Site (accessed 15 January 2020).

United States Transportation Security Administration (n.d.). *Transportation Security Timeline*. Transportation Security Administration https://www.tsa.gov/timeline (accessed 30 March 2020).

Vandam, L., Borle, P., Montanuri, L. et al. (2018). *New Psychoactive Substances in Prison: Results from an EMCDDA Trendspotter Study*. Lisbon: European Monitoring Centre for Drugs and Drug Addiction https://doi.org/10.2810/ 7247.

Verkouteren, J.R. and Staymates, J.L. (2010). Reliability of ion mobility spectrometry for qualitative analysis of complex, multicomponent illicit drug samples. *Forensic Science International* 206 (1-3): 190-196.

Yanini, Á., Esteve-Turrillas, F.A., de la Guardia, M., and Armenta, S. (2018). Ion mobility spectrometry and high resolution mass-spectrometry as methodologies for rapid identification of the last generation of new psychoactive substances. *Journal of Chromatography* A 1574: 91-100. https://doi.org/10.1016/j.chroma.2018.09.006.

Zhou, Q., Peng, L., Jiang, D. et al. (2015). Detection of nitro-based and peroxide-based explosives by fast polarity-switchable ion mobility spectrometer with ion focusing in vicinity of Faraday detector. 5 (10659): 1-8. https://doi.org/10.1038/srep10659.

9

便携式光谱仪在危险物质应急响应中的应用

David DiGregorio

Hazardous Materials Emergency Response, Massachusetts Department of Fire Services, Stow, MA, USA

9.1 危险物质管理

危险物质应急响应是一门独特的学科。就像消防员需要训练各种灭火和救生技巧，或者医学临床医生需要花费多年时间学习人体系统，并不断跟进技术和程序的变化一样，危险物质处理技术人员必须不断训练和磨炼技能，以成功地处理可能存在的危险场景。危险物质处理技术人员如何决定使用何种战术、技术和程序才能将伤害降到最低？事件指挥官（IC）必须与危险物质处理团队协调，确定每个特定事件的处置目标，清楚地向现场的所有应急响应人员传达相关信息，并通知受事件影响的所有利益相关者。

作为一名曾经的临床医疗工作者，本章作者认为在处理危险物质事故现场和急诊室患者（无论是单个患者还是多伤员事件）时存在显著的相似之处。这可能听起来有些牵强，但随着阅读的深入，相信你会看到这两种情况之间的相似之处。如前所述，我们必须立即开始为特定事件设定目标，并考虑到所涉及的利益相关者。

当患者进入急诊科时，变量是众多的：患者是否有意识？如果有，是否能够交流？如果没有，该个体是否有陪伴者能够传达在事件发生前、期间和自患者到达急诊室这段时间内发生的事情以及任何相关信息？哪些是相关的正面因素？同样重要的是：哪些是相关的负面因素？

相关的正面因素包括你所看到的伤害迹象和症状、过敏反应、用药情况、既往病史（如果有）、最后一次口服进食时间以及导致伤害或疾病的事件。在医学领域中，这个助记符被称为"SAMPLE"病史。相关的负面因素可以从这些因素中得出，并帮助指导你的治疗目标。如果没有特定的外伤会导致头颈部受伤，临床医生必须使用X射线、核磁共振成像或超声波更仔细地检查无意识的病人。希望读者可以开始看到在危险品事件中如何使用类似的方法。

并不是每一种仪器或技术都适用于每一种情况，使用不必要的技术通常会浪费宝贵的时间和精力。在医学领域，特别是在急诊室，一个重要的原则是首先"排除致命因素"，这指的是导致严重损害或死亡的原因。一旦排除了这些问题，医生就可以"诊断并处理这个事件"。在危险物质处理中，这个原则也是一样的。

9.1.1　采集信息

在许多人看来，采集数据始于到达现场。虽然现场可以采集到许多有用的信息，但危险物质处理技术人员通常不是第一批应急响应人员。危险物质事故现场是一个动态的环境，因素变化迅速。在危险品处理团队到达之前采集信息通常非常有帮助。

与先前到达现场的应急响应人员交流的能力是无价的，他们可能提供的信息包括：
- 受害者的体征和症状。
- 异常的气味。
- 云团或雾气。
- 大约发生或释放的时间。
- 初始读数（多气体、热成像等）。
- 火焰或烟雾的颜色。
- 从员工那里收集有关所使用化学品的信息、第一手事件描述。
- 旁观者描述。
- 初始应急措施。

应急响应人员通常可以开始采集诸如安全数据表和建筑图等信息，并收集钥匙和通行证，以便让危险物质处理技术人员进入限制区域（如果需要的话）。如果可能的话，应该在团队到达之前与现场的应急响应人员进行良好的沟通。

9.2　定义任务：执行IC条例

到达现场后，可能会有多项任务需要危险物质处理团队完成。通常情况下，指挥官是当地消防部门的成员，负责应对此类事件，但并非总是如此。如果涉及刑事案件，执法部门可能会对所需的取样类型和取样方式提供重要建议。通常需要在任何采样、检测和鉴定之前获取一系列怀疑物质，并将其包装送往犯罪实验室或公共卫生实验室。这一点必须尽早确定，因为这可能需要更严格的监管链程序，并排除任何意外危险，如辐射或高能材料。

如果为当地消防部门工作，危险物质处理团队必须确定指挥官的优先事项。一些指挥官在处理危险物质方面经验丰富，能够在危险物质事件中做出决策，而另一些则可能需要更多的指导。通常情况下，如果人手允许，为指挥官分配一名联络员是明智的。这个人可以作为危险物质处理团队与指挥官工作人员之间的桥梁，当需要深入解释操作细节时，这个人可以提供详细说明。在任何情况下，危险物质处理团队都会建议并提出行动计划，待指挥官批准。

团队领导必须确定处理事件的期望结果：团队和指挥官的目标是减少或消除危险，造成最少的伤害吗？目标是确定导致危险情况的产品，还是已知因素？正如先前所述，团队是采集并提供样本供执法部门或公共卫生实验室进行确认，还是识别是危险物质处理团队自己的任务？

团队必须对其结果进行很具体的描述吗？通常情况下，对于某些产品的检测，例如未知气体，能够确定其是否为危险物质，以便随后确定是否采取减轻危害的措施。指挥官是否期望清理现场？如果是，你的危险物质处理团队是否具备这个能力？如果不具备，指挥官通常会向你寻求想法和建议，以减轻和恢复现场。为了避免混淆，必须在制定行动计划并与团队沟通之前回答这些和其他许多问题。

9.2.1　角色分配

团队到达现场后，通常由团队领导助手分配角色。

对于大型事件，角色分为以下几组：

- 指挥和工作人员
  ○ 团队领导
  ○ 进入组领导
  ○ 污染清除组组长
  ○ 团队领导助手
  ○ 安全主管
  ○ 联络员
- 规划
  ○ 现场情况小组
  ○ 通信小组
  ○ 文档小组
- 操作
  ○ 进入小组
  ○ 污染清除小组
  ○ 区域监测小组（根据需要）
- 后勤*

  * 这些任务可能因团队而异。

9.2.2　站点设置

分配完岗位后，团队成员开始行动。场地设置是其中重要的一步，包括建立清洗污染物的分线，划定热区、温区和冷区，研究可能存在的危险物品，准备进入和备份队伍，与其他机构和行业专家会面等，这些都通常在早期完成。

美国环保署（EPA）定义了3个最常见的区域，如下：

① 排除区（或热区），是实际或潜在污染的区域，具有最高的暴露危险和潜在的有害物质风险。

② 减污区（或温区），是排除区和支持区之间的过渡区域。此区域是应急响应人员进入和退出排除区以及进行净化活动的地方。

③ 支持区（或冷区），是不受污染的区域，可安全用于计划和策划区域。

9.2.3 信息共享

9.2.3.1 通信板

一旦指挥官确定了目标，这些目标必须在团队到达现场时与他们通信。团队的成员可能会在不同的时间到达现场，而准备工作可能已经在进行中。每次有新成员到达时都要停止操作来传达与事件相关的基本信息是没有意义的。一个很好的传达信息给团队的方法是使用白板或通信板，这个设备应该放在一个被到达的成员看到的区域。这样可以快速向团队传递重要信息，更详细的信息可以稍后传达。团队负责人应指派一名团队成员根据情况更新通信板上的信息，如图9.1所示。

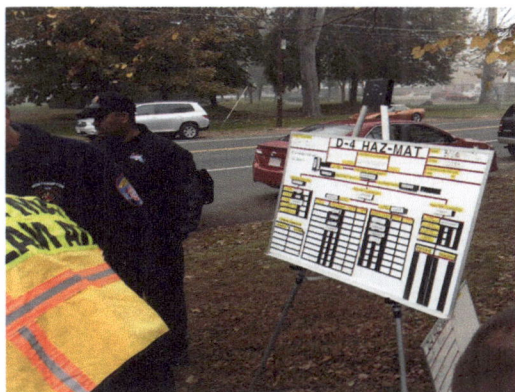

图9.1　危化品通信板在现场，实时向所有人员通报信息。来源：Randy Quarles

通信板上可能详细列出的信息包括：
- 化学特性
- 包装
- 除污
- 个人防护装备（PPE）
- 指挥分配
- 事件信息
- 单位分配
- 战术目标
- 通信
- 演练
- 天气

9.2.3.2 初始简报

无论是相对较小或常规的危险品事件，还是大规模或多学科响应，将计划传达给所有团队成员对于成功的结果至关重要。这始于最初的团队官员简报，涉及指挥和工作人员的代表，并在执行任何操作任务之前进行。

简报通常包括以下内容：
- 概述事件策略
- 情况概述
  - 泄漏类型
  - 化学信息
  - 现场布局和描述
  - 天气信息
  - 危害
  - 暴露的健康影响
  - 热区和温区的说明

- 危险品行动计划概述
- 现场安全计划概述
- 快速干预队（RIT）计划概述
- 操作范围和操作单元的预期角色

简报结束后，每个小组的组长都要向各自分队的成员进行简述，以确保所有小组成员都了解任务。

9.3　危化品储存与入库说明

一些团队领导会在入场前进行简要介绍，重申下程计划。入口和出口的路线会明确说明。清洗程序会被审查。在进入热区之前会进行手势和通信检查。将会审查诸如侦察、检测、取样、空气监测、识别和/或缓解等任务。这引导我们讨论选择适合当前任务的合适技术。

9.3.1　技术选择

各种技术在这本书的两卷中都有详细讨论。每种技术都有其独特的能力和限制。没有一种仪器可以在危险物质事件中提供所有需要或想要的答案。选择不合适的技术可能会导致混乱或失败，延长事件的持续时间，甚至会损坏仪器本身或对技术人员造成伤害。在将各种技术用于任务之前必须讨论这些不同技术的预期结果及其与任务目标的关系。一些技术适用于对手头物质进行分类，而其他技术可以检测出与正常背景不同的物质，还有一些技术可以识别特定的化合物或材料。每种技术在危险物质应急响应领域都有其应用。受过培训的危险物质处理技术人员知道可用技术的能力，并将它们配合使用，以完成任务。

9.3.2　了解危险物质

根据美国运输部管道和危险货物安全管理局的数据，2017年共发生了3391起危险货物泄漏事故，这还不包括每天发生的许多工业和住宅事故，也不包括恶意行为，例如让危险品应急反应团队鉴定未知物质。在有限的车载空间内，应急反应团队如何开始决定购买和携带哪些技术和设备呢？

如果你需要携带5种技术设备进入危险区域，而不知道其他任何信息，你会选择什么？

多年来，我听到了这个问题以不同方式被问过很多次，也听到了许多答案，尽管可能有一些轻微的不同意见，但以下似乎是许多人的共识意见：

- pH试纸
- LEL（爆炸下限）传感器
- 氧气传感器
- 光电离检测器
- 辐射监测器/探测器

为什么大多数人会从数百甚至数千种仪器、技术和小工具中最终选择使用上述列出的5种仪器和技术呢？这归结于我们之前的讨论：排除"坏东西"，然后继续任务。那么，我们该如何将其简化？在数百万种化学物质中，我们真正需要应对的是什么？根据《危险物质监测和检测设备》（Hawley，2020）所述，表9.1列出了2017年运输过程中排名前10的散装化学品泄漏情况，表9.2列出了美国国内最常见的20种化学品泄漏情况。

表9.1　2017年运输过程中排名前10的散装化学品泄漏情况

序号	散装化学品	序号	散装化学品
1	易燃液体	6	腐蚀性液体（酸）
2	氢氧化钠	7	醇类
3	过氧化氢	8	甲醇
4	丙酮	9	腐蚀性液体（碱）
5	氢氧化钾	10	乙醇

表9.2　美国国内最常见的前20种化学品泄漏情况

序号	化学品	序号	化学品
1	氨	11	盐酸
2	苯	12	氢氰酸
3	丁二烯	13	硫化氢
4	氯	14	甲烷
5	易燃液体（包括各种油品）	15	甲醇
6	原油	16	丙烷
7	乙醇	17	制冷剂气体
8	乙二醇	18	氢氧化钠
9	易燃液体	19	次氯酸钠
10	汽油	20	硫酸

我们知道，这些列出的化学品是危险品事件中最常见的，我们可以研究它们的共同点。许多化学品属于同一种化学"家族"，因此在行为方面有很多相似之处。学习每种化学品的行为并了解可用监测设备的功能，可以使我们在选择技术方面更加从容。

如果我们仔细查看表9.1和表9.2，就会发现许多危害可以归为几个类别。为了不过于简单化这个概念，我们可以将其归为以下几类（图9.2）：火灾危害、腐蚀性危害和毒性危害。我还将放射性危害单独列为一类。针对潜在的能源、放射性或核危害需要采用特定的技能和设备进行响应，但在大多数应急救援中应该考虑或排除这些危险。

回到大多数人选择携带上述5种仪器和技术的原因，现在变得更加清晰了。接下来，我们将讨论这些仪器和技术的能力与局限性以及如何将它们用于识别上述危险。

- 火灾
- 腐蚀性
- 毒性
- 放射性

图9.2　关注的危险物质

9.3.3   pH试纸

pH试纸是一种快速且相当准确的技术，用于测量"腐蚀性"。美国劳工部职业安全与健康管理局（OSHA）对腐蚀性的定义是指，化学物质在接触时间长达4 h的情况下，能在3只测试动物中的至少1只动物的表皮和真皮中产生可见的坏死。腐蚀剂也可以损坏甚至摧毁金属。大多数腐蚀剂是酸或碱。

pH试纸可以单独确定我们是否在处理酸性物质或碱性物质。虽然它没有正式鉴定特定化学物质的能力，但是酸性物质和碱性物质都有一个pH值。许多化学物质可以通过一张pH试纸进行判断，从而排除或确定。氨的pH值约为13，氢氟酸的pH值为0～1，这很容易区分。氢氧化钠或烧碱的pH值也是13，因此需要使用其他方法区分氨和烧碱。

了解pH值的重要性在于腐蚀性物质会破坏皮肤组织。pH值可以帮助确定保持热区中人员安全所需的适当个人防护装备水平。它也可以在确定哪些仪器或技术应该携带到现场和哪些仪器或技术应该远离时发挥作用。由于腐蚀剂的破坏性质，一些仪器和传感器如果暴露在这些物质中，可能会受到损坏或无法操作，因此必须考虑这个问题。

9.3.4   LEL 传感器

可燃气体或蒸气与空气的混合物只有在特定浓度范围内才会燃烧。当气体存在的浓度低于其爆炸下限（LEL）或可燃下限（LFL）时，被视为太稀薄，而无法燃烧和点燃；当浓度高于其爆炸上限（UEL）时，燃料/空气混合物过浓，而无法燃烧和点燃（DeHaan and Icove，2012）。LEL传感器用于确定环境中气体的易燃性，因此LEL传感器用于确定火灾风险。有几种不同类型的LEL传感器。这些不同传感器的灵敏度各不相同，根据部署环境的不同各有优势。操作员应熟悉LEL传感器的功能和限制。

0%的LEL表示无可燃气体的环境，100%的LEL表示气体处于较低的可燃限。OSHA和EPA已制定出适用于急救人员的行动级别，这些行动级别在大多数情况下得到了广泛认可。这些值总结在表9.3中。

表9.3   OSHA和EPA根据%LEL建议的应急响应人员的行动水平

级别（% LEL）	行　　动
<10%（EPA）	继续谨慎监测
10%～25%（EPA）	继续监测，但要极度小心，尤其是当发现更高浓度时
10%（OSHA）	要疏散
25%（EPA）	爆炸危险：疏散

可燃气体和易燃物是美国排放的危险品中的主要类别。考虑到其限制，LEL传感器作为初始进入工具，在大多数消防部门和危险品处理团队中使用得很普遍。

9.3.5   氧气传感器

氧气是维持人类生命必需的物质。它也是大多数危险品检测器正常工作的必要条件。人体最适宜的氧气浓度是21%，但在某些呼吸系统异常情况下会有所不同。在空气中，氧气通常占21%的比例，而人体所需的最小持续氧气浓度为19.5%。氧气浓度下降时，人类的生存能力也会随之下降（表9.4）。

表9.4　不同氧气呼吸水平对身体的影响的［欧洲工业气体协会（EIGA），2018］

海平面下的含氧百分比（大气压=101.3 kPa）	影　响
20.9	正常水平（低于19.5%被认为是缺氧）
19.5～10	呼吸加快，心跳加速，注意力、思维和协调能力受损
10～6	呼吸加快，心跳加速，注意力、思维和协调能力受损
<6	抽搐，停止呼吸，随后心脏停止（死亡）。这些症状可能会立即发生

注：1. 本表格内容修改自美国劳工部《联邦法规法典》（2012年版）第1910和第1926部分。
2. 这些指标适用于身体健康、安静状态的人。吸烟、身体活动程度和高海拔等因素可能影响这些症状发生的氧气浓度。
3. OSHA定义的有害气体氧气浓度范围为19.5%～23.5%之外（美国劳工部职业安全与健康管理局，2012）。
4. 虽然氧气的百分比在不同海拔高度上不变，但大气的分压会降低，从而产生与缺氧相似的生理效应。在更高的海拔高度，这些效应会增强。在超过2438 m（8000 ft）的高度工作可能产生与15%氧气浓度相似的效应，在4267 m（14000 ft）的高度工作可能产生与12%氧气浓度相似的效应。在高海拔地区工作时应采取预防措施，如提供补充氧气和适应高海拔环境，以保护员工免受高海拔病和其他与氧气浓度降低有关的生理效应。在处理高海拔工作问题时，应咨询知识渊博的医疗和安全专业人员，以了解具体的预防措施。

如果环境中的氧气浓度低于21%，说明另一种气体正在取代氧气。氧气浓度的下降程度与取代气体的浓度直接相关。例如，从20.9%到19.9%的1%氧气浓度下降，就表示存在$5×10^4$ μL/L的污染物。因此，每显示0.1%的氧气浓度下降，就意味着5000 μL/L的某种物质进入了大气中。在此浓度下，污染物可能会对人体造成潜在的危险，甚至致命。

了解氧气浓度的增加也很重要。氧气是燃烧的必要条件。如果环境中的氧气浓度超过20.9%，则可能存在氧化剂，表明火灾危险性增加。

9.3.6　光电离传感器

通常情况下，氧气传感器会和其他传感器一起集成在同一个仪表上。四气体或五气体仪表通常被称为多气体仪表，其中包含多种常见有害气体的传感器。许多这些仪器采用光电离传感器，因为它们能够非常有效地检测挥发性有机化合物（VOC）。这些化合物是易于蒸发到空气中的碳基化学物质，除了碳外，它们还包含氢、氧、氟、氯、溴、硫和氮等元素。VOC通常被称为溶剂，是一种常见的危害物。这些仪器中最常见的传感器包括LEL传感器、氧气（O_2）传感器、一氧化碳（CO）传感器和硫化氢（H_2S）传感器。作为五气体仪器组合的一部分，通常还会添加氢氰酸（HCN）传感器。这些气体通常在有限空间环境中进行监测。这些仪器允许根据需要更换不同的传感器，以适应不同的任务。

9.3.7　辐射监测器/探测器/标识符

所有危险品处理团队都应该配备能够探测和测量辐射的仪器。如果怀疑存在放射性物质泄漏或传输，团队队员应该监测累积剂量。一些队伍有能力探测和鉴定环境中的放射性同位素。虽然识别很重要，但这项任务通常由该州专门受过培训的技术人员承担。前期探测是当地应急响应人员和/或危险物质处理团队迅速响应和确定成功缓解计划的关键。

这些技术为危险物质处理团队提供了关键的信息。如前所述，讨论的5种仪器和技术可以探测出许多（如果不是全部）可能导致人员伤害和财产损失的"不良"情况。通常，仅仅探测出问题是不够的。危险物质处理团队需要进行识别和减灾策略的制定。接下来的几页将讨论如何在危险环境中部署更先进的技术以获取重要数据。有关这些技术的详细描述，请参阅本书技术与仪器卷：Schiering 和 Stein 撰写的第 3 章，讨论便携式傅里叶变换红外光谱仪（FTIR）；Rathmell、Bingemann、Zieg 和 Creasey 撰写的第 6 章，讨论便携式拉曼光谱仪；Snyder 撰写的第 14 章，讨论便携式质谱仪（MS）；Leary、Kammrath 和 Reffner 撰写的第 15 章，讨论便携式气相色谱-质谱仪（GC-MS）；Blakeman 和 Miller 撰写的第 16 章，讨论便携式高压质谱仪（HPMS）；DeBono 和 Leary 撰写的第 17 章，讨论便携式离子迁移谱仪（IMS）。

9.3.8   情境

展示如何制定策略的一个好方法是应用之前危险品事件中使用的策略，并了解该策略的基本原理。在先前的一次事件中，一家当地消防局呼叫危险物质处理团队前往一所房屋，那里有两名死者。在床边有一个大塑料袋，里面有白色/棕色粉末。地下室有一些未知物质，其中有些是液体、有些是粉末。两名当地执法人员调查该住所后被送往医疗机构，抱怨头晕、头昏、口干和心悸。该住所已被封锁，等待你的应对。

作为团队负责人，你会与指挥官会面，他要求在重新进入前鉴定并可能中和该物质。

你的团队有以下技术：
- 高压质谱（HPMS）
- 拉曼（Raman）
- 傅里叶变换红外（FTIR）
- 显色法（气体检测管、测试纸、直读仪器）
- 生物测试（免疫测定）
- 离子迁移谱（IMS）
- 气相色谱-质谱（GC-MS）
- 多气体仪
- Pancake辐射计和剂量计
- 热成像仪
- pH试纸

你和你的团队怎么做？

拥有这样一系列技术是优势还是劣势，取决于团队对每种技术及其优势和劣势的了解程度。在战区携带所有这些仪器将会很笨重且适得其反。

在进入热区之前，应该制定一份样本计划。需要确定区域，并确定包括呼吸防护在内的个人防护装备的级别。去污程序应当进行讨论、批准，并向去污团队、进入团队和应急团队进行详细说明。所有计划是否与指挥官的目标和要求保持一致？

其他考虑因素：此事件是否与犯罪有关？这个样本的测试结果是否将用于起诉？如果是，这将是一个地方案件、州案件还是联邦案件？在你的辖区，由谁来做出这个决定？是否担心可能对证据造成"破坏"？样本是否需要打包以进行确认性实验室分析？这是否优先于现场取样？

在大多数情况下，确认性测试必须由固定设施实验室进行。你是否与这些实验室建立了联合协议，规定样本必须如何打包，实验室在接受样本前必须进行哪些筛查？你的团队是否考虑过保管责任问题？这些只是在采样和现场测试之前应该提出的问题。

在这个事件中，州警察希望追究刑事责任，并要求将样本送往州犯罪实验室进行检测。如果车内有足够的物品提供实验室样本并同时进行现场采样和测试，他们还要求进行现场采样和测试。

设置了初始现场之后，领导团队重新聚集，讨论危险物质行动计划和现场安全计划。指挥官的目标得到重申，各部门负责人相互讨论其责任。其他有关机构讨论关注和计划。一旦考虑了所有因素，并且IC批准了危险物质行动计划，各部门负责人与分配的人员讨论其责任和任务。

最后，进行入场前简报，以回顾整体的行动方案。所有这些任务是否可以在一次入场中完成，还是筛查、样本采集和测试等任务将分为多个入场进行？根据这些问题的答案确定仪器选择。团队决定：由于危险物质仍然未知，并且警员在住宅内停留了相当长的时间后出现症状，最初的入场团队将身着B级个人防护装备，并佩戴自给式呼吸器（SCBA）进行侦察。个人防护装备（PPE）的组合通常分为4个级别，从最高防护级别（A级）到最低防护级别（D级）。这些级别包括一系列防护设备和服装，有助于减少呼吸道、眼睛、皮肤和其他类型的暴露（Hazwoper Training，2019）。最初的入场团队的目标之一是排除危害，以降低所需个人防护装备的级别。最初的入场团队通常会对危害的程度进行全面评估，从而使团队能够制定后续入场团队的入场和缓解计划。随后的团队可能会执行其他任务，如取样、中和危险物质或关闭进程以减少危害释放。返回后将获取并审查照片，以制定样本采集和测试计划。

团队决定：最初的入场团队将携带多气体检测器，以排除有毒化合物、确定氧气水平和可燃性危害。他们还携带放射监测设备和pH试纸，分别用于排除电离辐射和腐蚀性的威胁。最后，他们将携带一台相机，内置安全数字（SD）存储卡，放在保护壳中，以拍摄潜在的取样点的照片。

读数如下：
- 辐射：背景水平
- LEL（爆炸下限）：与背景无变化
- O_2：21.9%
- 所有其他传感器读数均在正常范围内

回来后，对照片进行审查，并讨论取样计划。决定是：尽管物质仍然未知，但呼吸防护装备可以降低至防溅防护，并使用P100滤芯。P100滤芯可以过滤至少99.97%的空气颗粒，并且对油有很强的抵抗力。带有P100滤芯的口罩通常比自给式呼吸器更为轻便，提供更长的使用时间。入场团队被告知取样的优先顺序：首先是卧室中的白色粉末，其次是地下室冰箱中的液体。如果发现其他机会样本，需要在取样之前通过无线电将这些信息传达给入场团队负责人。

现在，环境已经清除了可能给应急响应人员立即造成危害的爆炸性、高能危险物以及可能对应急响应人员造成立即伤害的辐射危害。团队必须确定哪些技术将完成任务。在选择携带进入危险区域的仪器时需要考虑哪些因素？让我们详细讨论一下为选择上述每种技术的决策过程。

9.4　高压质谱

9.4.1　优势

　　高压质谱（HPMS）对于现场采样来说是相对较新的技术。在危险品管理领域中，HPMS通常指的是在中等压力下运行的质谱仪，运行压力几乎接近大气压。有关HPMS仪器和技术的全面评述请参阅本书技术与仪器卷第16章。HPMS具有很高的灵敏度，能够在气相中以亿分之一的浓度水平测量某些物质，在颗粒物的纳克级别浓度上也具备测量能力。它可以进行气态、固态和液态分析。尽管HPMS在前端不具备分离能力，但根据样品基质的电离响应，它有时能够"看到"大量物质中隐藏的小浓度产品。现场用户可以在不同的操作模式下进行分析，可以识别药物、爆炸物/高能化合物、化学战剂、大规模杀伤性武器和前体物质，包括第四代剂（FGA）。启动相对快速和容易，这在危险品应对中很重要。分析很快，与结果屏幕的界面也相对简单。

9.4.2　劣势

　　对于HPMS，危险品处理团队首先注意到的是它目前是较昂贵的技术之一。对于预算有限的团队来说，他们必须考虑这一点。尽管HPMS非常敏感和准确，但其对有毒工业化学品（TIC）和有毒工业材料（TIM）的有限数据库可能会使一些团队不敢购买，特别是如果需要覆盖更广泛的物质范围。该技术在现场使用时需要将复杂的技术"缩小"，因此仪器可能仍然相对笨重。操作和维护该仪器以实现最佳性能有其特定的细微差别。用户可以处理这些问题，但必须注意对该技术进行持续培训，以充分发挥其强大的应用潜力。此技术被视为具有破坏性，因为采样时需要一小部分样品。尽管数量很小，但如果样品将来用于证据，则应与执法部门澄清这方面的问题。

9.5　拉曼光谱

9.5.1　优势

　　目前有多个制造商提供现场拉曼（Raman）技术。关于拉曼仪器和技术的详细回顾请参阅本书技术与仪器卷第6章。大多数制造商考虑到了尺寸和人体工学，以便在现场使用时更容易操作。拉曼技术制造商中的许多已经包含了大量的TIC和TIM数据库，以及能源和WMD（大规模杀伤性武器）的制剂和前体数据库。拉曼技术使用相对容易，是一种傻瓜型的技术。拉曼技术非常适合识别纯产品或浓度在7%～10%以上的混合物。通过将激光照射到容器内部的物质，可以在不打开容器的情况下识别透明瓶或袋中的产品。这种功能对于担心接触未知物质的应急响应人员尤其重要。激光深度可以进行调整，更好地"聚焦"于样本，以提高检测精度。某些拉曼系统，特别是使用空间位移拉曼光谱（SORS）的系统，可以通过考虑包装材料并从结果中减去它来检测不透明包装中的产品。拉曼技术被认为是一种非破坏性技术，常常被执法部门青睐。这种技术的另一个优点是不识别水，这可以有效地避免其他技术被水干扰。大多数仪器非常用户友好，学习及使用也很容易。最后，大多数拉曼仪器包括延迟激光分析选项，允许用户在激活之前远离仪器，提高安全性。

9.5.2 劣势

拉曼技术涉及激光的使用，如果激光指向眼睛，可能会导致眼部受伤。如上所述，混合物对于拉曼光谱来说是一个问题，如果化学品的浓度低于总样品浓度的7%～10%，可能无法检测到。该项技术的另一个问题源于激光产生的热量。黑色材料吸收激光的热量有可能引起着火，这对易燃或高能物料尤其成问题。因此，最好不要使用拉曼技术检测深色材料。在聚焦激光于样品时，如果可能，最好将少量的样品与原始源分离。如果发生点燃，使用较小的样品量可以减轻显著损害可能性。一些样品也会发出荧光，这可能会对拉曼光谱的识别能力构成挑战。荧光干扰可能来自样品基质中的分析物或杂质，这可能会使拉曼技术的识别延迟，甚至变得不可能。一些制造商使用1064 nm波长激发激光，而不是更常见的532 nm或785 nm系统，从而大大减少了荧光发生的概率。

9.6 傅里叶变换红外光谱

9.6.1 优势

与拉曼技术类似，便携式傅里叶变换红外（FTIR）光谱系统的制造商也专注于为危险品处理团队设计适合现场使用的产品。请参见本书技术与仪器卷Schiering和Stein撰写的第3章，以全面了解FTIR仪器和技术。人体工程学、按钮尺寸、产品重量和易用性都被考虑进去了。一些仪器适用于固体和液体，其他仪器则专注于气体的鉴别。许多仪器有丰富的对比库，用户应该将他们的需求与对比库的能力进行比较。FTIR最擅长识别有机溶剂、化学武器、许多TIC、爆炸物和毒品。对于会在拉曼技术中造成问题的荧光材料，使用FTIR则不会产生问题。

9.6.2 劣势

与拉曼技术类似，如果化合物的总浓度低于7%～10%，FTIR无法识别化合物。如果每种化合物的浓度都在10%以上，FTIR通常可以区分它们。含水化合物会产生水谱，可能会"掩盖"化合物中的其他物质，类似荧光掩盖拉曼光谱中的其他物质。FTIR需要将产品的一小部分放在仪器上进行鉴定。尽管FTIR分析不会使样品分解或降解，但通常情况下，样品在被分析后不会被收回，因此在危险物质应急处理中FTIR被认为是一种"破坏性"的鉴定方法。

9.7 离子迁移谱

9.7.1 优势

离子迁移谱（IMS）系统通常用于检测气态威胁物质。有关IMS仪器和技术的详细评论请参见本书技术与仪器卷第17章。许多先前提到的技术（如拉曼和FTIR）的共同主题是其库中物质的广泛性。拉曼和FTIR仪器通常提供广泛的化学物质和产品库，可以与在现场分析的样品匹配。IMS也是如此，它将现场分析的样品数据与库中的数据进行比对，以提供"匹配"，但IMS系统的内置库要有限得多。大多数IMS探测器只会对有限数量的物质发出警报（通常只有40或50种化学物质）。危险物质处理团队必须考虑其需要和任务，并将其与具体仪器的能力进行比较。一些IMS仪器专注于化学战剂（CWA），另一些则具有更深入的TIC和TIM库。其他IMS技术则采用传感器阵列。了解仪器的能力对团队的成功至关重要。IMS往往具有高灵敏度，一些仪器具有"嗅出"环境异常并通过视觉和听觉提示引导用户到源头的能力。IMS可以很好地与光电离探测器相互补充。一些IMS探测器可以对产品进行分类，这对现场技术人员缩小可能的危害范围以及提供相关负面信息非常有帮助。例如，IMS可以确定有机磷的存在。另一个仪器可能有能力确定它是沙林、索曼还是一种常见的杀虫剂，但对于IC和医疗服务提供者的即时信息，通常一般的有机磷结果可能已经足够。

9.7.2　劣势

有些化学物质不适合使用IMS系统进行检测。通常，供应商会提供系统能够检测的化学物质清单。IMS离子化方法是决定系统对特定化学物质有效性的主要因素之一。此外，在危险品环境中难以控制的样品基质也可能挑战IMS检测结果。必须理解IMS是一种推测方法，应该用于检测和分类，而不是用于化学物质或产品的识别。IMS仪器的局限性在于它们有着有限的对比库，这一点必须被考虑到。假阳性可能是一个问题，因为与库中程序检测的化学成分相似的物质可能会导致仪器发出警报。

9.8　气相色谱–质谱

9.8.1　优势

多年来，气相色谱-质谱（GC-MS）一直是固定设施实验室中化学检测的黄金标准。有关GC-MS仪器、技术和应用的全面审查请参阅本书技术与仪器卷中Leary等撰写的第15章。人们已经尝试并将继续尝试"强化"这些仪器以用于现场使用，但成功程度各异。主要的限制是这些系统需要真空操作，而达到必要的真空所需的泵可能会在物流和运输方面出现问题。GC-MS技术不仅能够检测，还能够在低浓度（μg/g水平）下识别化合物的成分。这既可能是优势，也可能是劣势，取决于用户的知识基础。GC-MS可以识别液态、固态和气态中的化学物质。成功使用GC-MS进行分析的主要要求是化学物质在柱温下具有明显的蒸气压。大多数GC-MS系统提供广泛的化学库，并可与现场使用的其他检测器相互补充。新一代的系统已经考虑到用户在佩戴个人防护装备下操作仪器的需求，更大的屏幕和更方便的控制有助于操作。

9.8.2　劣势

尽管制造商在现场GC-MS的用户友好方面取得了很大进展，但归根结底，作为最佳实践，这种仪器需要由专门学习与 GC-MS 相关的科学和技术的成员进行持续培训。该仪器在经常操作时表现最佳。解读色谱图和光谱并理解该技术的细微差别是需要时间和实践的一门"艺术"和科学。对于能够投入人员进行此类培训的团队来说，这些好处可能值得购买。成本是另一个需要考虑的因素。通常情况下，这些仪器对于团队来说价格过高，无法投资这项技术。

9.9　比色法

9.9.1　优势

许多危险品处理团队未充分利用的一项技术是比色法管。通常，该技术可以让用户对存在的化学物质进行分类，而不是具体识别危险物质，尽管也有一些情况下该技术可以识别出存在的危险物质。往往需要使用多个检测管完成此任务。每个检测管都有非常具体的使用说明，必须遵循，以获得准确结果。使用多个检测管可以排除特定危险物质，让团队在个人防护装备、通风等方面做出决策。如果存在，可以确定物质的一般浓度。

9.9.2　劣势

比色法检测管对环境非常敏感。温度和湿度的变化会对这些仪器的准确性产生显著影响。用户必须密切关注每个检测管上的说明，因为它们在各个管子之间有很大的差异。此外，颜色的解释可能具有主观性。一些供应商尝试通过提供电子读取器消除这种主观性。该技术对高蒸气压的物质表现更佳。每个检测管都专门设计，用于检测特定气体或蒸气。混合物可能会导致问题，交叉敏感性并不罕见。使用手动泵可能需要大量人力和时间，具体取决于所测试的物质。某些系统销售自动泵，可以显著降低这些因素。

9.10　质保与赔偿

当危险物质应急响应团队考虑购买各种技术设备时，特别是对于更昂贵和技术含量较高的设备，应考虑购买延长保修期和远程技术支持。这些仪器的组成部分可能非常昂贵，修理费用也很高，尽管它们被设计成"坚固耐用"，但现场响应可能会导致无法预见或无法避免的损坏。延长保修期通常可以涵盖大部分（如果不是全部）维修费用，除非是疏忽导致的损坏。

远程技术支持通常可以在购买保修时选择。GC-MS、HPMS、FTIR 和 Raman 等技术采集到的光谱和其他技术数据可以下载到通用串行总线（USB）驱动器上，并发送给制造商，进行进一步分析。这可以增强现场采集的结果的可信度。在其他情况下，由于其他组分掩盖了有害物质，仪器本身可能无法"看到"有害化学物质的光谱。现场部署系统中使用的检测算法是为了尽量减少误报的结果。然而，有时由技术熟练的科学家对数据进行解释可以提供更好的结果。制造商的科学家是解释光谱结果的专家，他们可以提供进一步的分析。在询问远程技术支持时需要考虑的一个因素是可用性。危险物质事故每天都可能发生，不分节假日、天气等，制造商可以提供每天 24 h、每周 7 天的远程技术支持。另一个比较不同制造商时需要考虑的因素是他们是否愿意与你的团队合作改进现有技术。接受来自第一响应者的反馈以改进应对措施，是与制造商建立良好未来合作关系的标志。

9.11   缺陷

9.11.1   注意单位

许多讨论的技术非常精确和敏感。在向事件团队领导或其他利益相关者报告结果时，正确理解测量单位非常关键。百万分之一（ppm）和十亿分之一（ppb）可能意味着疏散和安全之间的差异。微雷姆（μrem）、毫雷姆（mrem）和雷姆（rem）都有非常不同的行动级别和反应。LEL监测器需要校正因子，具体取决于其暴露于哪种气体以及它已被校准为哪种气体。必须考虑这些校正因子，以报告准确的结果。

9.11.2   交叉灵敏度

许多仪器中的传感器对于除其设计报警目标之外的化学物质也存在交叉敏感性。例如，清洁产品 Simple Green 已被误报为神经毒剂。较弱的杀虫剂也被误认为是神经毒剂。RAE技术笔记114《传感器规格和敏感性》（RAE Systems，2018）列出了RAE Systems制造的所有传感器，并提供了每个传感器的已知敏感性。这种技术资源非常有帮助。在报告"确定性"结果之前，用户必须考虑这些交叉敏感性。

9.12   互补技术

如上所述，没有一种仪器能够为危险品处理团队提供所有答案。正如所示，每种仪器都有其优缺点。选择购买仪器和决定将哪些仪器带入危险区的人员必须考虑这些技术如何相互补充以获得最佳结果。拉曼技术和FTIR不是互相排斥的。相反，每种技术都有其优点和缺点，并可以成为识别危险物质的有力工具。HPMS或GC-MS很少是第一个下场的仪器。在初步进入时使用其他"分类"技术可能是明智的。使用pH试纸检测或排除腐蚀剂可能会为用户节省金钱和麻烦，因为强腐蚀剂可能会损坏或破坏其他技术。

9.13   缉获毒品分析科学工作组简介

缉获毒品分析科学工作组（SWGDRUG）的使命宣言是由约20名国际成员组成的核心委员会制定的，其内容如下："SWGDRUG旨在提高扣押药物的法医检验质量，并响应法医社区的需求，通过支持国际接受的最低标准的制定确定国际社区中的最佳做法，并为实验室提供资源来满足这些标准的需要，以响应法医社区的需求。"（Scientific Working Group for the Analysis of Seized Drugs，2019）。

SWGDRUG列出以下目标来定义该组织的目的和性质（Scientific Working Group for the Analysis of Seized Drugs，2020）：

- 规定法医药物从业人员的知识、技能和能力要求。
- 促进专业发展。
- 为法医科学界提供信息交流的手段。
- 促进从业者的道德标准。
- 推荐药物检验和报告的最低标准。
- 提供资源和工具。
- 建立质量保证要求。
- 考虑相关的国际标准。
- 寻求国际社会对SWGDRUG建议的认可。

9.14　缉获毒品分析科学工作组建议：它们与危险品现场的关系

许多在实验室（例如实验室响应网络中的州级公共卫生实验室、州警察犯罪和法医实验室等）工作的科学家和技术人员，利用其设施内的先进设备鉴定通过各种方式提交给他们的化学或生物制剂。直到最近，由于设备体积较大且对元素敏感，这些技术对于第一响应者来说是不可用的。今天，许多这些技术已经被压缩成手持式仪器，并为第一响应者使用精心设计。虽然它们的检测限度和采样及其他附件可能更有限，但是实地部署系统的基本技术通常与实验室版本相同。

话虽如此，实验室已经制定了指导文件，如 SWGDRUG 的文件，以标准化他们如何分析样品以确保可靠的结果。可以想象，如果这些标准在实验室环境中取得了成功，那么许多标准也可以用于这些仪器在现场环境中的使用。尽管 SWGDRUG 的建议是针对处理缴获的毒品样品的，但它们提供了基于灵敏度和特异性的各种技术的使用指南。他们标准中讨论的许多技术每天都被全国各地的危险品处理团队部署，采用 SWGDRUG 指南的相关组成部分可能对危险品处理领域非常有益。

SWGDRUG 基于分析技术的选择性潜力进行排名，如图9.3所示。图9.4显示了选择性层次结构。

SWGDRUG 指南建议实验室在使用这些不同分析方法时遵守以下最低标准：当在分析方案中采用已验证的A类技术时，应至少使用另一种技术（来自A类、B类或C类）；当不使用A类技术时，应采用至少3种不同的验证技术，其中3种技术中至少有2种应基于不相关的B类技术。

许多危险品处理团队已经购买了上表中列出的各类技术。如果正确应用这些建议，将会产生最佳的结果。

9.15　辅助设备

虽然很多人不会将摄像机、无人机和机器人视为专门用于危险品应对的设备，但在涉及危险物质应对的章节中，没有提及它们将是不完整的。在讨论危险物质应对的新趋势时，许多人

A 类 (通过结构信息进行选择)	红外光谱法
	质谱法
	核磁共振光谱法
	拉曼光谱法
	X射线衍射法
B 类 (通过化学和物理特性进行选择)	毛细管电泳法
	气相色谱法
	离子迁移谱法
	液相色谱法
	微晶试验法
	超临界流体色谱法
	薄层色谱法
	紫外/可见光谱法
	宏观检查(仅针对大麻)
C 类 (通过一般信息或类别信息进行选择)	颜色试验
	荧光光谱法
	免疫分析
	熔点检测
	药物识别器

图9.3　SWGDRUG基于技术选择性的方法分类

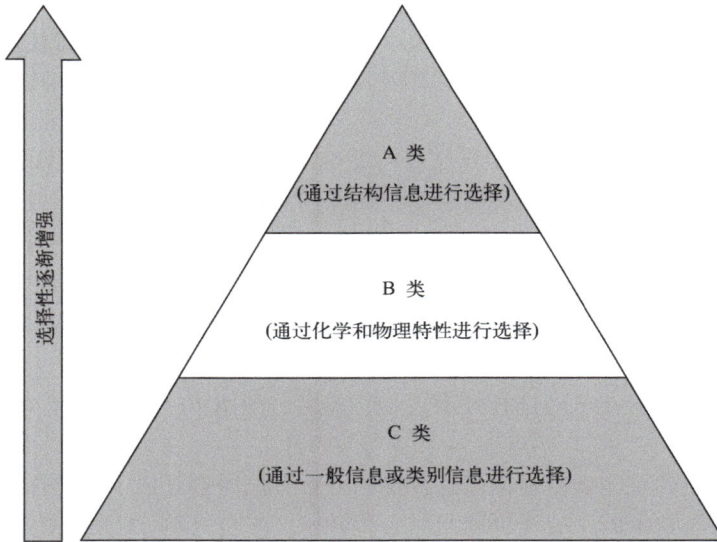

图9.4　SWGDRUG推荐方法类别的层次结构

指向远程监测和检测作为下一个领域。全国各地的团队已经在不同程度上成功采用了这些设备。像所有新技术一样，培训和持续的使用对于成功的无人机或机器人项目至关重要。

　　无人机正快速成为危险物质应对领域的常见设备。无论是评估公路翻车事故还是测量室内氧气和LEL水平，无人机已成功应用于完成这些任务。红外技术和传感器现在也应用于无人机技术中，通过进行侦察工作，减轻了危险物质处理团队的负担。

　　机器人也以类似的方式进入危险物质应对战术、技术和程序。摄像机、传感器和红外技术可以附加到机器人上，用于进行热区操作。开门、爬楼梯以及穿越和跨越各种地形的能力使其成为危险品应对任务的有用补充。

许多团队正在考虑下行距离摄像系统的重大改进。现在，实时视频传输到指挥部已成为现实。连接性和距离方面的问题已经得到显著改善。通过加密传输，允许经过审查的人员访问实时的热区操作，这在实地工作中具有重要意义。执法或科学人员可以访问视频，从而可以就取样需求和程序提供建议。在笨重的PPE下视野容易受雾气干扰，可以通过没有阻碍视线的设备得到帮助。

在选择购买哪些仪器和技术并进一步决定在任何特定事件中带入热区的过程中，没有明确的方法。这个决策过程需要基于经验，并不断关注该领域的变化。危险物质应对技术的使用寿命可与信息技术相比。每天都在开发和测试新方法。与各种技术制造商建立良好关系有助于改进正在使用的产品，更重要的是有助于保障应急响应人员和所服务社区的安全。

缩略语

CWA	chemical warfare agent	化学战剂
EIGA	European Industrial Gases Association	欧洲工业气体协会
EPA	Environmental Protection Agency	（美国）环保署
GC-MS	gas chromatography - mass spectrometry	气相色谱-质谱
Hazmat	hazardous materials response	危险物质响应
HPMS	high pressure mass spectrometry	高压质谱
IC	incident commander	事件指挥官
IMS	ion mobility spectrometry	离子迁移谱
LEL	lower explosive limit	爆炸下限
LFL	lower flammability limit	可燃下限
OSHA	Occupational Safety and Health Administration	职业安全与健康管理局
PPE	personal protective equipment	个人防护装备
RIT	rapid intervention team	快速干预队
SAMPLE	signs and symptoms of injury, allergies, medications, past medical history (if known), last known oral intake, and the events leading up to the injury or illness	受伤/生病的迹象与症状、过敏、药物、既往病史、上一次口服时间以及伤病发生前的事件
SCBA	self-contained breathing apparatus	自给式呼吸器
SD	secure digital	安全数字
SORS	spatially offset Raman Spectroscopy	空间位移拉曼光谱
SWGDRUG	Scientific Working Group for the Analysis of Seized Drugs	缉获毒品分析科学工作组
TIC	toxic industrial chemical	有毒工业化学品
TIM	toxic industrial material	有毒工业材料
UEL	upper explosive limit	爆炸上限
USB	universal serial bus	通用串行总线
VOC	volatile organic compound	挥发性有机化合物
WMD	weapon of mass destruction	大规模杀伤性武器

参考文献

DeHaan, J.D. and Icove, D.J. (2012). Combustion properties of liquid and gaseous fuels. In: *Kirk's Fire Investigation* (eds. J.D. DeHaan and D.J. Icove), 88. Pearson Education, Inc.

European Industrial Gases Association AISBL. (2018). *Hazards of Oxygen-Deficient Atmospheres, Doc 44/18*. European Industrial Gases Association. https://www.eiga.eu/index.php?eID=dumpFile&t=f&f=3509&token=4f84c3906146bcfb0c22fa32e4726ac882af2ad1 (accessed 19 November 2020).

Hawley, C. (2020). *Hazardous Materials Monitoring and Detection Devices*, 3ee. Jones & Bartlett Learning, LLC.

Hazwoper Training (2019). *Personal Protective Equipment (PPE) Levels*. Hazwoper Training http://hazwoperhazmattraining.com/blog/personal-protective-equipment-ppe/levels-of-personal-protective-equipment-ppe (accessed 25 November 2019).

Occupational Safety and Health Administration (n.d.). *Appendix A to §1910.1200 - HEALTH HAZARD CRITERIA*. United States Department of Labor Occupational Safety and Health Administration. https://www.osha.gov/dsg/hazcom/hazcom-appendix-a.html (accessed 16 May 2020)

RAE Systems (2018). *Sensor Specifications and Cross-Sensitivities, Technical Note TN-114*. RAE Systems https://www.raesystems.com/sites/default/files/content/resources/Technical-Note-114_updated_03-26-2018.pdf (accessed 17 May 2020).

Scientific Working Group for the Analysis of Seized Drugs (2019). *Recommendations of the Scientific Working Group for the Analysis of Seized Drugs*. Scientific Working Group for the Analysis of Seized Drugs http://swgdrug.org/Documents/SWGDRUG%20Recommendations%20Version%208_FINAL_ForPosting_092919.pdf (accessed 17 May 2020).

Scientific Working Group for the Analysis of Seized Drugs (2020). *SWGDRUG Objectives*. SWGDRUG http://swgdrug .org/objectives.htm (accessed 17 May 2020).

United States Department of Labor, Occupational Safety and Health Administration (2012). Appendix A to § 1910.1200 - Health Hazard Criteria. United States Department of Labor Occupational Safety and Health Administration, Occupational Safety and Health Standards, Toxic and Hazardous Substances. https://www.osha .gov/dsg/hazcom/hazcom-appendix-a.html (accessed 1 December 2020).

United States Environmental Protection Agency (2017). *Emergency Response, Safety Zones*. United States Environmental Protection Agency https://www.epa.gov/emergency-response/safety-zones (accessed 29 January 2020).

10

智能手机光谱学和成像的临床应用

William J. Peveler[1]，**W. Russ Algar**[2]

[1]School of Chemistry, University of Glasgow, Joseph Black Building, University Avenue, Glasgow, UK
[2]Department of Chemistry, University of British Columbia, Vancouver, British Columbia, Canada

在过去的20年中，智能手机及其内置相机技术已经全球普及。这种技术为化学和生物科学提供了便携式的数据采集、计算和分析的潜力，并迅速得到了广泛应用。大量的研究阶段和商业化设备现在将传感器集成到智能手机中，也将智能手机变成传感器。特别是，人们对在临床环境和移动医疗（mHealth）中利用基于智能手机的设备的兴趣日益增长，旨在通过更好的即时检测（PoC）改善资源有限环境下基于证据的医疗实践的民主化[1,2]。在 Web of Science 上搜索"（smartphone* AND clinic*）OR mHealth"可以找到2007年至2020年底的12847篇文献，其中2020年有2570篇文献。通常使用智能手机通过光学或电化学方法分析患者样品中一个或多个生物标志物的便携式、低复杂度的检测方法进行临床测试开发。在本章中，我们重点介绍正在开发中的具有影响临床医学潜力的光学智能手机平台。电化学平台已在其他文献中进行了综述[3]。

需要检测和定量的"生物标志物"包括蛋白质、核酸、小分子以及整个细胞和感染性生物体（例如病毒、细菌、寄生虫）。然而，智能手机光学设备是针对自拍而不是分子诊断优化的[4,5]。因此，良好的智能手机检测依赖在检测方法的化学和生物学中的独创性，将其整合到简单、便携式的设备中，并将其与智能手机光学功能集成。与从头开始开发定制的生物标志物检测设备相比，围绕智能手机进行构建的优势是有多种"即插即用"的仪器特性——内置电源以运行外围设备如光学传感器和光源，处理能力以运行程序和分析结果，以及无线/网络连接以分发结果，添加地理位置元数据，并连接到远程数据库。智能手机也是普遍而熟悉的，被全球人们用于专业和个人用途。

在本章中，将简要回顾智能手机相机如何用于光学测量，包括光谱学以及如何通过外围设备创建可测量临床样本的光谱设备；然后，将讨论临床样本的类型、智能手机光谱学和成像所需分析的生物标志物，并介绍过去10多年中该领域的一些发展。最后，展望智能手机光谱仪和成像仪在临床内外未来的发展前景。

10.1 智能手机成像和光谱技术能力：概述

10.1.1 硬件

智能手机光谱学和成像的详细技术方面已在本书技术与仪器卷第9章中讨论过。为避免重复，我们只简要概述以下讨论所必需的方面。

基于智能手机的成像系统和光谱仪使用智能手机的相机芯片作为光强度和颜色的光学检测器[6]。使用这些互补金属氧化物半导体（CMOS）传感器芯片可以在硅的光响应范围（400～1100 nm）内测量光。硅像素通常覆盖着红色（R）、绿色（G）和蓝色（B）滤光片，以获得类似人眼感知的RGB图像。典型的"Bayer"滤光片配置中，绿色像素的数量是红色或蓝色像素的两倍［图10.1（a）］。不同智能手机在R、G、B滤光材料的选择以及每个通道应用的相对增益的差异方面会产生轻微的差异，这些差异包括每个通道检测的波长范围、通道之间的重叠和每个通道的灵敏度［图10.1（b）］[7,9]。通常还会包括红外（IR）滤光片，以限制成像范围在可见光区域（<700 nm 波长）。现在有几家公司提供售后修改手机以去除此滤光片，使其能够进行近红外（NIR）成像，达到1050 nm波长[10]。随着不同品牌的手机制造商尝试将IR成像用于人脸

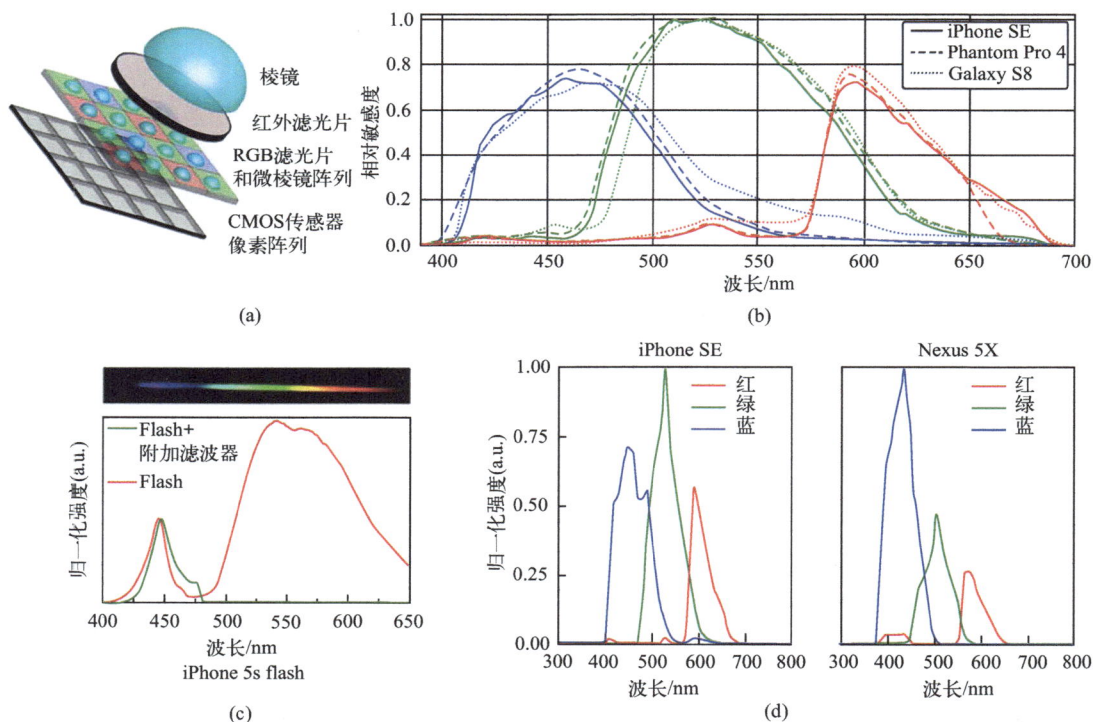

(a)　(b)　(c)　(d)

图10.1　（a）CMOS智能手机相机示意图，显示了关键组件。（b）两款智能手机（iPhone，Galaxy）和一个无人机搭载相机设备（Phantom）在单色化白光源的RAW图像中提取的类似和不同的RGB灵敏度。来源：文献[7]。（c）智能手机闪光灯的光谱用于激发光致发光（来源：文献[8]，经许可改编。版权（2016）归Springer Nature所有），与闪光灯的衍射光栅图像重叠，显示了蓝色和绿红色两个明显的区域。（d）两个品牌的智能手机对单色化白灯源（10 nm增量）的JPG图像具有非常不同的RGB响应，突出了对RGB图像进行比值分析的需求。来源：文献[9]，版权归美国化学会所有

识别（特别是苹果的Face ID），内置的IR响应式传感器可能会变得更加普遍，因为现有的插件式IR成像技术已经在临床中找到了应用，例如使用手机进行IR热成像测量急性肢体缺血的血流减少[11]、通过热测定法进行侧流免疫分析（LFA）[12]。

智能手机上的图像捕捉软件通常会对图像进行大量处理，平衡颜色和强度，以产生逼真的图像输出（例如压缩的JPG文件），匹配用户所见。这在现代智能手机中尤为普遍，其中来自多个摄像头的图像有时会合并，应用数字变焦，并使用自动调节对焦、自动快门速度和ISO（传感器增益）。鉴于上述情况，使用由CMOS传感器创建的RAW图像，在未应用任何后期处理的情况下有助于在研究环境中获得更好的智能手机成像效果。RAW成像（例如DNG文件格式）对于获取与光强度的线性光学响应、最小化颜色通道之间的串扰以及在不同智能手机摄像头之间实现相似结果都很重要［图10.1（d）][7]。SPECTACLE数据库（http://spectacle.ddq.nl）可为查找设备相机上的比较数据提供资源。

在CMOS传感器的前方是一组固定的聚焦光学元件，它们与传感器控制相结合，使近距离对焦和远距离对焦成为可能。最新的手机型号现在开始包含望远镜光学元件，添加了真正的光学变焦，极大地提高了成像质量。

智能手机上的另一个值得注意的光学元件是闪光灯模块。这个模块可以用于为生物测定提供照明和在某些情况下提供光致激发。这些闪光灯单元由一个或多个宽带白色发光二极管（LED）组成，可以与相机同步或异步触发（"手电筒模式"）。通过对闪光灯应用附加的带通滤波器或分散的单色化（例如使用光栅），可以在可见范围内实现不同的照明波长，用于激发生物测定［图10.1（c）]。

为了将智能手机的功能扩展到临床领域，通常需要使用外设和附件，以提高手机的光学测量能力，并保持所有组件和样品的对准[13]。例如，为了用蓝光或紫外光（UV）照亮样品，可以使用额外的由手机（或单独的电池）供电的LED阵列或者激光二极管，可以提供更强的照明源。在这些情况下，手机的相机仍然用于捕捉光学信息。然而，还存在其他例子，其中完整的光学设置（包括照明和检测）是"外部"的，智能手机仅提供数据记录和处理[14-16]。这些设备不是集成式智能手机光谱仪，超出了本章的范围。

为了在智能手机上创建外围设备和集成光学台架，快速且经济的3D打印技术（增材制造）对于快速原型制作起到了重要作用，可以制作多种手机、定制的样品支架和连接点以及现成的光学元件（如镜头、物镜、LED灯、滤光片等）的安装支架。手机本身可以为各种照明、加热和机械部件（如电机）提供低压电池供电，并同时进行成像。

10.1.2 光学测量的类型

智能手机光学成像和测量系统已被用于测量各种不同的光学过程，可应用于生物测定。

最简单的测量方法是吸收和/或散射。光照射到样品上，进入相机传感器的光强度发生变化，这与样品的光学特性改变有关［图10.2（a）][18,19]。可以使用宽带白光照明样品，并使用内置的RGB滤镜监测特定波长的吸收，或使用滤光片组和/或单色LED测量特定目标波长的吸收。在这种格式的吸收光谱法中可以相对轻松地测量溶液或纸张试条中的单个分析物，这在酶放大测定中非常重要，如酶联免疫吸附测定（ELISA）[20]。然而，如果吸收物质的光谱不能显著分离，那么在多于两个波长上进行多路测定可能会很困难[21]。通常更简单的方法是在空间上分离吸收物种，例如在96孔板中，可以同时在单个或多个波长处测量多个不同样品的吸收。如果能够快速测量吸收的变化，还可以跟踪结合或反应动力学作为时间相关的响应曲线[22,23]。光子学和等离子材料的进展使得吸收光谱法的能力得到了极大增强，这些材料具有强而明确的吸收特性[19,24]。

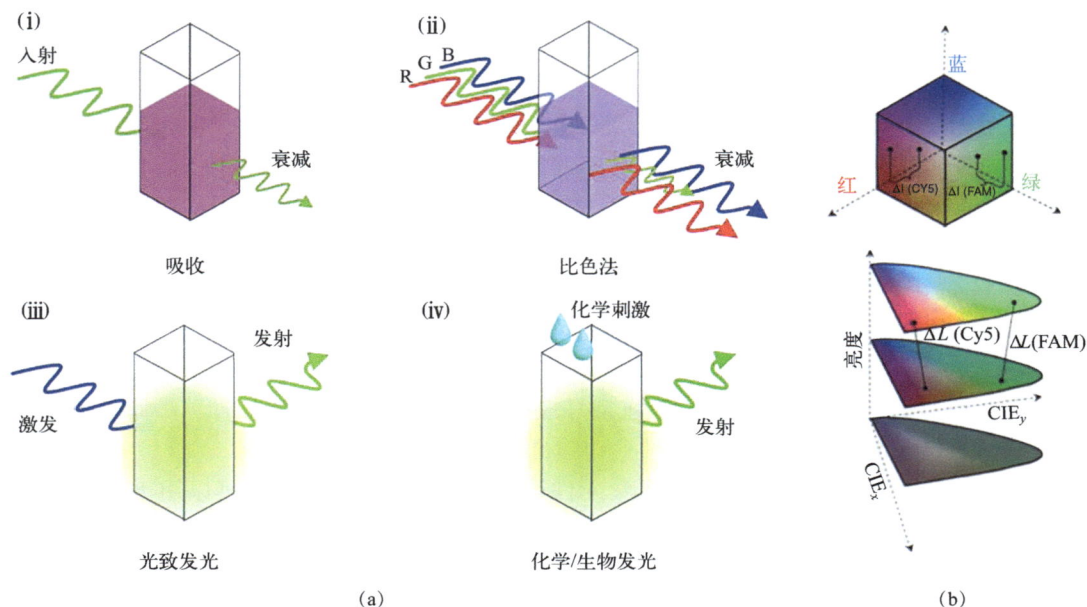

图10.2 （a）智能手机可能采用的光学测量包括：（i）吸收单色光（或白光的宽带吸收和散射，未显示）；（ii）色度测量（即吸收入射宽带白光谱的一部分）；（iii）光致发光刺激的荧光；（iv）通过试剂加入触发的化学发光或生物发光。（b）RGB（顶部）颜色可以互相转换成其他颜色方案，这里两种染料（FAM和Cy5）的亮度在色彩空间中随着亮度的增加而绘制。来源：文献[17]，版权（2018）归美国化学会所有

　　样品颜色的变化（吸收波长的偏移）也是有启示意义的［图10.2（a）］，而智能手机非常适合进行色度分析[25,26]。计算在白光下拍摄的图像中的RGB像素值，可以测量从起始点到终点的差异向量，与临床结果进行相关性分析[27,28]。这种RGB色彩分析已广泛应用于基于纸张的检测，例如尿液常规检测中的pH和葡萄糖感应[26]。可以通过在图像的多个区域分析不同的色度测试实现高度复合，如上所述[29]。图像的RGB值也可以转换为色调（H）、饱和度（S）和亮度（L）（HSL）等颜色量化方案，以隔离特定的颜色变化［图10.2（b）］。

　　在临床感应中，发光强度和颜色也被广泛用于智能手机光谱学和成像［图10.2（a）］。光致发光（PL）使用激发波长刺激标记生物标志物的材料。这种激发的标记物（通常是小分子染料或发光纳米颗粒）随后弛豫，发射出由CMOS检测器检测到的第二个偏移波长的光。在最简单的水平上，发光强度与样品中的生物标志物的数量呈线性相关。生成PL所需的激发光可以来自智能手机摄像头的闪光灯或紧凑型LED或激光源。

　　PL可以是快速的（在纳秒数量级，如荧光）或更长的寿命（微秒到毫秒，甚至几秒，如磷光）。前者很亮，但可能会遇到样品或测试中的"自体荧光"挑战（请见下文），可能需要使用滤光片组件阻止激发光到达相机。磷光一般强度较弱，但其长寿命的发射可以通过时间门控数据收集（请见下文）消除背景自体荧光，并且可以消除激发光背景。

　　此外，还可以通过化学手段刺激光发射，例如通过化学发光或生物发光，将光学激发替换为发射的化学触发［图10.2（a）］[30-32]。这种发光的仪器生成更简单，不需要外部激发光，消除了样品或背景中的任何自体荧光，并可能提高测定的灵敏度[32]。然而，所需的试剂可能更容易

降解，因此在远程使用的测定设计中必须考虑这一点，尤其是在可能存在冷链运输问题的情况下。此外，这种发光信号是时间相关的，与稳态发光测量不同，因此反应速率、显影时间、环境温度等因素会影响分析的定量能力。

无论是哪种发光机制，近年来大量的研究推动和扩展了可用于分析构建和设计的荧光标记物，特别是针对智能手机和其他便携式光谱仪。例如荧光纳米颗粒技术的出现，如量子点（QD）[8,33]、上转换纳米粒子（UCNP）[34]、共轭聚合物纳米粒子[35,36]、其他具有明亮和可调谐发射的材料以及广泛的生物共轭化学方法，提供了许多高灵敏度和多路分析的手段。详细讨论这一领域及其对智能手机光谱学和成像的推动超出了本章的范围，但有关此主题的综述文章可供参考[4]。

通常使用颜色区分（RGB）分辨多路发光信号。通常使用单个激发波长同时激发许多不同颜色的发射（特别是用于QD标记或UCNP）[37-39]。通过使用离散的激发/发射对（例如使用不同颜色的激发LED或激光二极管数组）定向特定的荧光物质，还可以增加一个维度。为了超越RGB图像的分离，智能手机光谱仪采用衍射光栅进行分析，如本书技术与仪器卷第9章中详细讨论的那样，可以在可见波长范围内提供完整的光谱，然后可以将该光谱分解为不同的信号成分[40,41]。

10.2　针对智能手机的临床生物标志物

为了让基于智能手机的光学工具（如智能手机光谱仪）在临床上发挥作用，它们必须具有足够的灵敏度和特异性，以测量患者生理方面的某些指标。研究主要集中在检测和测量血液、唾液、尿液、汗液、泪液和其他体液中的健康/疾病关键生物标志物（表10.1）。这些生物标志物可以是离子、小分子、蛋白质（包括酶）和核酸［脱氧核糖核酸（DNA）和核糖核酸（RNA），包括微型RNA］[68]。这些指标的检测可以由临床医生或患者进行，并使用智能手机进行阅读。光谱技术确定生物标志物测试的结果（阳性/阴性），并在可能和适当的情况下对生物标志物进行定量测量。

表10.1　目前可以使用智能手机工具测量的临床相关生物标志物

生物标志物	来源	类别	相关性	识别元素	浓度范围	示例
人血清白蛋白（HSA）	血液	蛋白质	肾功能、肝功能	抗体，特异性染料结合	mg/mL	[42]
前列腺特异性抗原（PSA）	血液	蛋白质	前列腺癌	抗体	ng/mL	[43]
黏液素	血液	蛋白质（糖基化）	一些癌症	反应性纳米颗粒	ng/mL	[44]
人表皮生长因子受体2（HER2）	细胞	蛋白质（膜结合）	乳癌	用抗HER～抗体标记的细胞表面标志物	N/A	[37]
上皮细胞黏附分子（EpCAM）	细胞	糖蛋白（膜结合）	ctc和致瘤性	用抗体标记的细胞表面标记物	N/A	[45]
肿瘤坏死因子α（TNF-α）	血液	蛋白质	炎症应答	抗体	pg/mL	[46]
人附睾蛋白4（HE4）	尿液	蛋白质	卵巢癌	抗体	pmol/L 或 ng/mL	[20]
凝血酶	血液	蛋白质（酶）	凝血障碍	模型肽	①	[47]

续表

生物标志物	来源	类别	相关性	识别元素	浓度范围	示例
脂肪酶	血液，唾液	蛋白质（酶）	胰腺炎	模型脂肪酸酯	U/L	[22]
心肌肌钙蛋白I（cTnI）	血液	蛋白质	心肌梗死	抗体	pg/mL	[48]
B-型利钠肽（BNP）	血液	蛋白质	心力衰竭	抗体	pg/mL	[49]
白细胞介素1受体ST2（ST2）	血液	蛋白质	心力衰竭	抗体	ng/mL	[49]
C-反应蛋白（CRP）	血液	蛋白质	炎症	抗体	μg/mL	[50]
人绒毛膜促性腺激素（hCG）	尿液	蛋白质（激素）	妊娠	抗体	mIU/mL	[51]
胎儿纤维连接蛋白（fFN）	宫颈分泌物	蛋白质	早产风险	抗体	ng/mL ～ μg/mL	[52]
促甲状腺激素	血液	蛋白质（激素）	甲状腺活动，一些癌症	抗体	mIU/L	[24]
皮质醇	唾液，血液	小分子（激素）	压力，焦虑，抑郁	抗体	ng/mL	[30]
苯丙氨酸	血液	小分子	苯丙酮酸尿症	酶	μg/mL	[52]
葡萄糖	血液，尿液，眼泪	小分子	糖尿病	酶	mg/mL	[27, 53]
胆固醇	血液	小分子	血液胆固醇，心血管疾病的危险因素	酶	mg/mL	[32]
维生素D	血液	小分子	维生素水平	抗体	ng/mL	[54]
氯化物（Cl⁻）	血液	离子	囊性纤维化变性	活性染料	mg/mL	[55]
p24衣壳蛋白	血液	病毒蛋白质	HIV	抗体	②	[56]
核蛋白质	血液，鼻部分泌物	病毒蛋白质	氟甲睾酮（合成代谢雄性激素类固醇）	抗体	②	[9,57]
肝炎表面抗原（HBsAg）	血液	病毒蛋白质	乙型肝炎	抗体	②	[56]
升高的IgM或IgG	血液	病毒抗体	麻疹	重组目标	②	[58,59]
升高的IgM或IgG	血液	病毒抗体	腮腺炎	重组目标	②	[58,59]
升高的IgG	血液	病毒抗体	埃博拉	重组目标	②	[60]
病毒糖蛋白（gG），抗原，DNA	血液	病毒蛋白或核酸	疱疹	抗体，互补引物	②	[58,59]
DNA	血液	病毒核酸	寨卡病毒	互补引物	②	[17,31,61]
DNA	血液	病毒核酸	登革	互补引物	②	[61]
DNA	血液	病毒核酸	切昆贡亚热	互补引物	②	[17,61]
DNA	血液	细菌核酸	淋病	互补引物	②	[17]

续表

生物标志物	来源	类别	相关性	识别元素	浓度范围	示例
全细胞，DNA	血液	细菌表面糖蛋白或核酸	大肠埃希杆菌	抗体，互补引物	②	[62,63]
全细胞，DNA	血液	细菌表面糖蛋白或核酸	S.金黄色葡萄球菌（如脓毒症）	抗体，互补引物	②	[64]
全细胞，DNA	血液	细菌表面糖蛋白或核酸	沙门氏菌属	抗体，互补引物	②	[62,65]
全寄生虫，DNA	血液	表面蛋白质或核酸	疟疾	抗体，互补引物		[66,67]

注：通过文献调研获得了临床相关浓度范围，并尽可能标准化单位。为凸显智能手机检测临床应用的分析需求范围，仅报告了大致数量级。读者应咨询最新的文献，以获取特定生物标志物的更精确的临床范围和阈值。

① 当凝血被触发时，血液中的凝血酶水平会急剧增加，由于前凝血素转化为凝血酶，最终达到大约 1 IU/mL 的浓度（尽管存在变异性）。

② 这些生物标志物表明感染或疾病的存在，因此它们的存在/不存在被测量，而不一定是浓度范围。对于这些应用，检测限和检测精度成为关键的临床标准。

在某种程度上，智能手机应用程序专注于模拟和自动化现有的临床生物标志物测试和面板，这些测试和面板通常在医院和病理实验室使用昂贵的台式仪器进行，例如完整的血液计数，胆固醇水平以及测量肝脏、胰腺和肾功能的代谢面板。这些测试包括酯类蛋白、葡萄糖、血清白蛋白，一系列其他常见离子、小分子以及血清蛋白质和酶［例如用于测量肝损伤和功能的天冬氨酸氨基转移酶（AST）/丙氨酸氨基转移酶（ALT）］[69]。在这些情况下，目标结果是相对于正常参考范围的生物标志物定量测量，最好是对不同测试的多路检测，以提高通量和效率。通过创建用于分析的便携式智能手机工具，可以更频繁地进行这些常规检查（每天多次，而不仅仅是在一次手术就诊中），为临床医生提供更好的纵向数据，并在世界各地偏远或农村的环境中增加获得基本医疗保健服务的机会[70,71]。

智能手机光学技术的第二个临床应用是检测罕见生物标志物，这些标志物通常存在于血液（或其他体液）中，水平非常低（或不存在），但其升高水平表明可能存在严重疾病或病原体感染。例如，前列腺特异性抗原（PSA）是前列腺癌的标志物；心肌肌钙蛋白 I（cTnI）是心肌组织损伤的指标，因此是心肌梗死（MI）的指示物；HIV p24 蛋白或来自细菌、病毒感染的循环核酸（DNA 或 RNA）。在这里，重点是实现对单个或少数高度特异性分析物的极低检测限。

生物标志物的识别通常是由互补的抗体、结合蛋白或肽序列、酶和互补核酸序列或适配体实现的。常见的检测和放大配置如图 10.3 所示。

在接下来的章节中，我们将讨论如何利用基于简约、便携式智能手机系统的光学方法检测和测量这些具有临床应用价值的标志物。在实验室之外，面临着检测灵敏度、试剂的运输和处理、样本分离、标记、洗涤等方面的挑战。因此，为了在智能手机检测中针对所需的生物标志物，直接从临床实验室适应检测方法并不总是可行或理想的。为了解决其中的一些挑战，已经通过重新设计检测方法本身将其在新的基质上运行，如在纸张上进行，或将其整合到自包含设备如微流控芯片中。

我们选择区分那些使用最少试剂和更适合低成本 PoC 设置的分析以及其他使用溶液处理方法处理样品的分析，它们通常与更先进的微流体相结合。最后，我们将探讨在智能手机平台上进行生物医学和临床应用的光谱/波长选择性成像的应用。

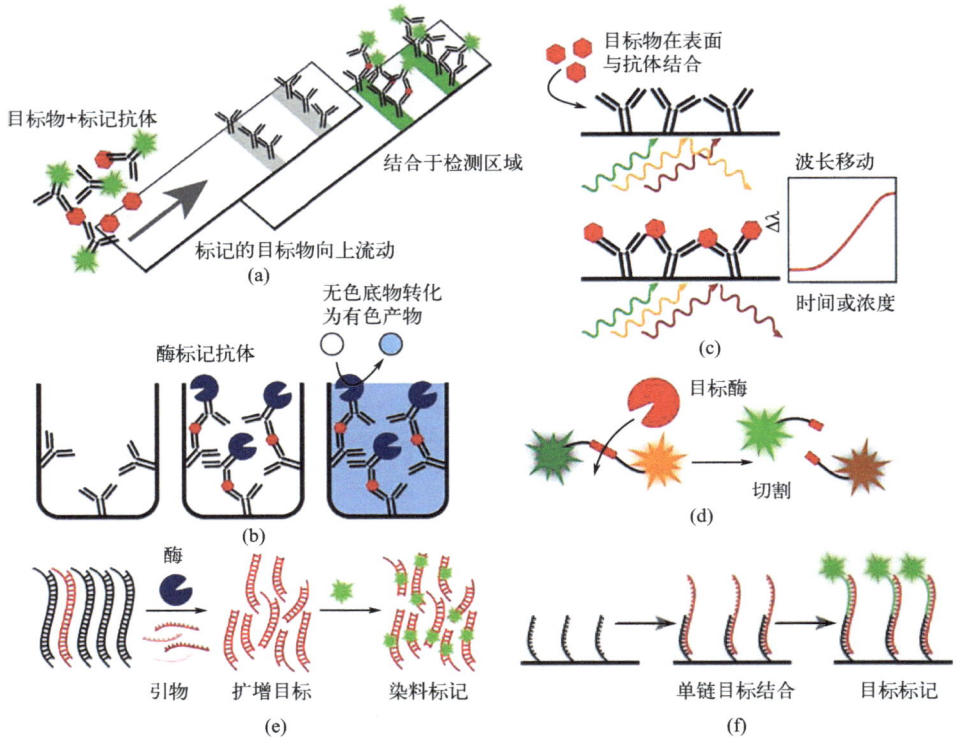

图10.3　常见的靶生物标志物检测方案。（a）侧流法检测：靶标签有着色或发光抗体标签，流经测试条带以结合到靶区域，未结合的抗体会结合到控制线上，无论靶是否存在，以确认检测已成功并为阴性。（b）酶联免疫吸附测定（ELISA）：靶被夹在一个抗体对中，其中一半标记有酶，关联的酶作用于添加的底物上，催化产生强烈的有色产物，放大靶结合。（c）无标记测量：靶生物标志物在光学活性表面（如金表面）结合于抗体，改变表面的折射率，可通过反射光的波长移位进行测量。（d）酶传感：设计的标记肽链的催化剪切触发发光颜色变化。（e）核酸传感：使用引物、限制酶和聚合酶扩增靶序列，生成大量扩增物质，然后使用非特异性染料标记，以生成荧光或颜色变化。（f）扩增靶核酸也可以作为单核苷酸链结合到表面上的匹配链上，然后进一步用荧光链标记进行检测

10.3　智能手机在低成本和即时环境中的临床应用

　　创建智能手机成像或光谱分析平台的显著优势在于便携性和降低仪器成本。为此，智能手机已经与在资源有限环境中创建低成本、快速、临床现场或近患者诊断测试密切结合。为了在临床现场中处理和分析生物标志物样本，已经对检测方法进行了重新格式化，以在平面基质上运行，而不是在大体积的溶液中进行。例如在点印法的纸张格式中[72]和比色试纸[73]、侧向流动法[74]或蜡纸微流控技术[75]中。

　　纸质设备，如侧流试验［图10.3（a）］，提供了一种快速且相对高效的方法，可以对生物标志物进行分离和标记，通常采用夹心免疫测定法，已广泛应用于检测蛋白质[76]。此外，还可以利用互补链检测和定量DNA或RNA[77]，以及使用适配体技术检测小分子[78,79]。通过在标记抗体或核酸上引入有色珠子、金纳米颗粒或发光染料或纳米颗粒，测试线上产生颜色或发光信号，通常随着分析物浓度的增加而增强，从而实现标记的结合。侧流试验在资源有限的环境中尤其

适用于检测传染病，因其成本低廉且结果快速可得[74,80]。通过将结果读取与智能手机的数据整合和与传输能力相结合，可以实时监测感染疾病的传播情况，例如在2014—2016年的埃博拉危机中，这种技术发挥了重要作用[60]。

大多数侧流设备检测单一分析物，因此使用测试线和控制线处的校准颜色或发光强度测量来量化生物标志物。调节测试照明也可以增强比色灵敏度。Ozcan等证明，由于金纳米颗粒强烈吸收和散射特定波长的光（通过改变其大小进行调谐），使用匹配波长（此处为565 nm），在反射或透射模式下照明带有金纳米颗粒标记的侧流试验可以提高检测限度[81]。使用该设备，成功读取了HIV和疟疾试验，并收集了有关测试位置的元数据。这种方法非常适合读取基于金纳米颗粒结合的多种商用诊断试剂盒。

荧光法具有比比色法更高的灵敏度，但需要更复杂一些的光学设置。通常采用黑盒或样品支架消除背景光，并需要适合荧光物质波长的激发光源，通常为紫外或蓝色LED［图10.4（a）］或激光二极管，甚至可以使用手机闪光灯的滤光片［图10.4（b）］[70]。可以选择用于构建这些测定的材料，以确保智能手机的灵敏转换，通常包括如上面讨论的纳米材料，例如荧光量子点或上转换荧光材料，以利用其独特的光学特性进行比色或荧光检测[71]。

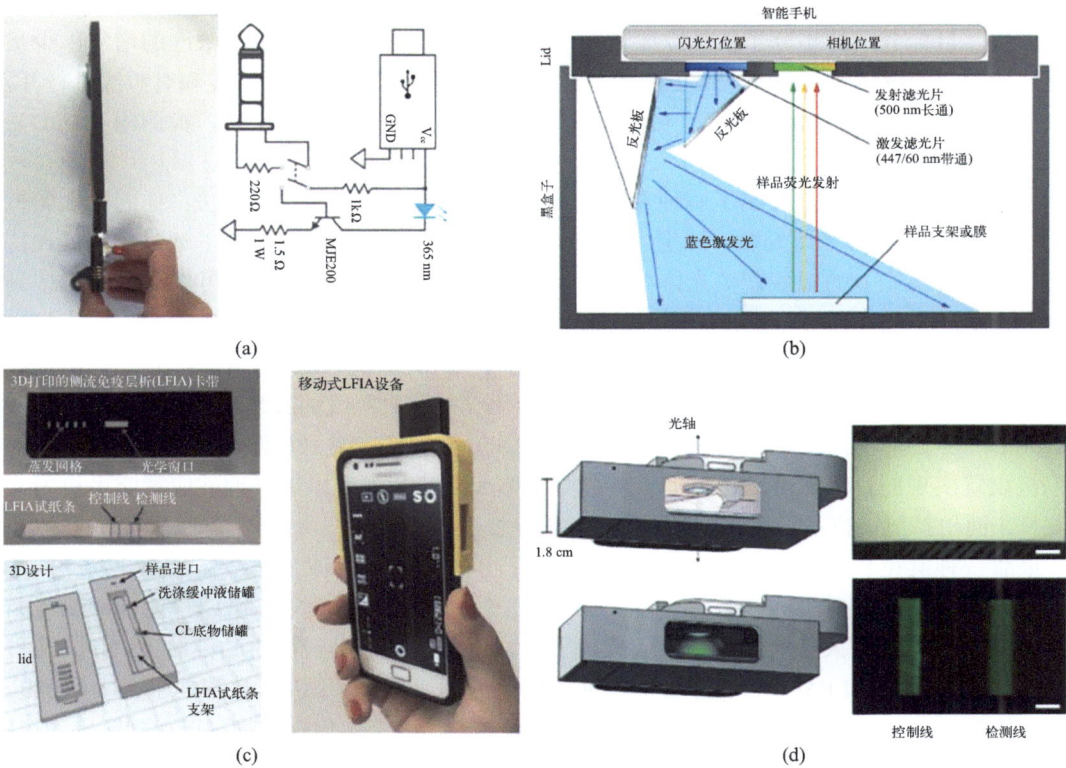

图10.4 （a）用于荧光LFA成像的简单UV LED和相机触发器，采用R/B比色成像。来源：文献[9]，经许可引用，版权（2018）归美国化学会所有。（b）利用智能手机相机闪光灯，以过滤的蓝光激发LFA上的荧光纳米颗粒，并测量它们在绿-红可见光谱上的发射。来源：文献[35]，版权（2019）归美国化学会所有。（c）采用可通过智能手机成像的化学发光（CL）LFA消除光致发光的需求。来源：文献[30]，经许可改编，版权（2015）归Elsevier所有。（d）利用智能手机闪光灯激发荧光标记，触发自LFA纸张自发荧光衰减数百毫秒后的磷光信号，从而消除LFA纸张自发荧光。来源：文献[51]，经The Royal Society of Chemistry许可改编

　　然而，荧光纸测定也存在来自纸质基底的自发荧光的缺点，特别是在绿色光谱部分。自发荧光会导致较大的背景噪声并降低检测限[82]。事实上，Shah 和 Yager 对智能手机测定中不同类型的纸张进行了全面研究，包括流感（甲型流感核蛋白）的概念验证 LFA 和金黄色葡萄球菌核酸测定[57]。他们得出结论，常见的自发荧光位于光谱的蓝绿区域（400 ~ 500 nm），具有较短的荧光寿命（<5 ns）。他们还报告称，仅仅使用光谱信息不足以选择最佳的纸张用于测定，还必须考虑成像系统和荧光标记。为了帮助未来开发用于智能手机光谱测定的纸张测定，他们已经公开了他们的完整数据集。

　　同一组研究者随后证明了一种非常简单的方法解决纸张引起的背景荧光问题，即简单地使用 Bayer 过滤的 CMOS 传感器中的红色通道。他们在 Nexus 5X 和 iPhone SE 系统上使用红色发射的量子点（QD）LFA（流感甲型核蛋白），由智能手机供电的外部 365 nm 波长 LED 激发［图 10.4（a）］[9]，利用 R 通道和 B 通道之间的比值量化校正激发源亮度，并且实现了检测限在 1 ~ 2 fmol 流感核蛋白的数量级。

　　为了避免需要激发源触发自发荧光，开发了生物发光或化学发光的 LFA，其中在存在化学或生物（酶）物种的情况下测试线和对照线会产生发光。在早期的一个例子中，Roda 等制作了一种简单的化学发光测定唾液皮质醇（一种作为压力和焦虑的标记物的小分子类固醇激素）的测定方法。目标分子的小分子特性需要竞争结合法，其中随着生物标记物浓度的增加，少量过氧化物酶标记的抗体结合到测试线上。然后使用过氧化物和亮氨酸对测试线和对照线进行开发，生成 20 ~ 30 min 的蓝色化学发光。可以量化 1 ~ 100 ng/mL 的皮质醇水平，检测限（LOD）为 0.3 ng/mL［图 10.4（c）］[30]。

　　Willson 和他的同事们提出了一种克服荧光发光 LFA 背景荧光的替代方法：他们在人类绒毛膜促性腺激素（hCG）（即妊娠）测定中使用荧光纳米颗粒进行工程改造[51]。通过使用展现持久发光（长寿命磷光）的铝酸锶荧光体纳米颗粒标记他们的标记抗体，LFA 可以在一个连接到手机（iPhone 5S）的小黑盒中进行。使用智能手机的手电筒和闪光灯模式（宽带白光，未经滤波）照射样品约 3 s，并在照射期间和之后进行视频捕获，使得荧光线在照射结束后的 100 ms 内成像［图 10.4（d）］。连续 60 s 运行并积分，以获取来自测试线和对照线的荧光定量。hCG 的检测限为 45 pg/mL，明显改善了当前标准测试的检测限（> 450 pg/mL）。这种检测限是通过非常简洁的智能手机设置实现的，未来可以通过加入多色荧光体或调节荧光体以更好地适应智能手机闪光灯的波长来简单扩展该技术，从而获得更明亮的磷光发射。

　　最后一种避免自发荧光的方法是应用上转换技术，即利用长波长（红外）光激发反斯托克斯过程中的可见光发射。这一概念已被证明可用于快速检测心力衰竭，敏感检测和准确诊断时间至关重要[83]。研究人员使用智能手机读出了一种用于检测两种蛋白质脑钠肽（BNP）和蛋白质 ST2 的双色上转换 LFA[49]。Xu 等将报告抗体标记为 UCNP，利用嵌入在智能手机上的 980 nm 激光二极管激发它们（测试了 3 种型号）。使用两种颜色使每个生物标志物可以得到明确的识别，并确保任何测试区域之间的串扰被识别出来。ST2 的检测限小于 10 ng/mL，BNP 的检测限小于 50 pg/mL，远低于心力衰竭的临床阈值。

10.3.1　LFA 的替代方案

　　在基于纸张的临床试验中，侧向流方法是最广泛采用和实际应用的技术。但是，通过智能手机相机也可以实现该格式的几种变体。点印和"垂直流动"试验可在单一点上捕获、洗涤和标记目标[84]。反应（例如酶催化水解）也可以在局部报告器上进行，改变其光学性能，由智能手机进行测量（见下文）。最后，纸张可用作微流控通道，支持混合、分离和多个反应步骤，这超出了侧向流的可能性。通道通常通过光刻或蜡印刷（也称为µ-PAD或微纸质分析设备）在纸张中进行图案处理[65]。

Petryayeva和Algar展示了一种用于酶凝血酶的智能手机单步检测方法，该方法利用在聚二甲基硅氧烷（PDMS）芯片上固定的量子点传感器[47]。该方法通过外部的470 nm LED进行激发，并使用iPhone 5s进行成像，利用时间序列成像捕获纸面上酶的动力学信息，并与参考点进行比较。通过选择合适的量子点和滤光片组合，能够在全血中测量酶的活性，检测限达到了18 NIH单位/mL。这种设备在测量凝血障碍或评估抗凝药物的疗效和剂量方面具有临床应用前景。该研究团队后来还展示了使用相机闪光灯作为酶检测的激发光源的方法，从而避免了外部LED阵列的需求［图10.4（b）］[8]。

在Petryayeva等的工作基础上[85]，Krull和Noor展示了一种基于色彩比值的智能手机成像技术，用于测量发光核酸点阵分析中的G通道和R通道的变化，该变化基于从绿色量子点给体向红色发射体的Förster共振能量转移（FRET），当目标链存在时两者结合[72]。他们使用iPad进行成像，利用外部UV灯源进行激发，即使在血清等复杂基质中，目标核酸的检测限也达到了450 fmol。尽管不是一个完全集成的智能手机平台，但该技术证明了在便携设备上进行纸质检测格式的核酸检测的可行性。如果与原位核酸扩增结合，该方法将在多种传染病核酸检测中具有潜在的临床应用。

Erickson等采用了一种不同的方法进行斑点印迹分析，使用吸收而不是发光定量血清样品中的维生素D含量[54]。他们的试纸条含有维生素D，然后进行了与标有抗维生素D抗体的金纳米颗粒混合的竞争结合分析（对于小分子而言，由于无法以夹心结构与抗体结合，竞争结合分析是必要的）。如果血清中的维生素浓度较高，金纳米颗粒与试纸条的结合就较少。然后，将试纸条进一步与一种银盐处理，增加与任何结合的金纳米颗粒的对比度。试纸条放置在集成的智能手机外围设备中，在592 nm LED前方，用手机摄像头检测试纸条与参考样品之间的光吸收。维生素D浓度较低导致试纸的吸光度增加，这是由于金纳米颗粒/银沉积增加。纳摩尔级的维生素D可以在血清中检测出来，该浓度范围在测量维生素D缺乏所需的临床范围内。

10.4 迈向初级保健或病理实验室设置的临床应用

在医院中，大多数要求和执行的标准病理学实验是"湿式"的。也就是说，它们使用液态样本（例如全血、血清、痰液、尿液），混合一组溶液试剂，测量光学输出作为颜色或发光度的变化。许多这些试验已经被移植到智能手机成像和光谱技术工具上，并通过使用创新的微型化和微流控技术处理液体试剂。虽然这种类型的生物标志物检测在资源有限的环境中变得更难处理和操作，但与上述极简纸质设备相比，这些检测方法通常能够实现更高的灵敏度和更大的测量技术灵活性。它们适用于初级保健应用，如普通执业医师诊所和行医医生的场合。

作为将标准临床生物标志物检测方法应用于手机的早期实例，Ozcan等展示了一种利用智能手机进行尿液中血清白蛋白检测的发光强度测定方法[42]。该装置包括两个一次性塑料仓，一个用作参考样品，另一个用作待测样品，利用532 nm 5 mW激光二极管进行激发［图10.5（a）］。尿液样品与试剂反应后，尿液中存在的白蛋白浓度越高，相机测得的红色荧光强度越强。该测试在肾功能异常的情况下，对于每天监测尿液中升高的白蛋白水平具有临床潜力，并且在尿液中的临床相关检测限为约 10 μg/mL，而临床正常值为 <30 μg/mL，并且具有线性响应，可测得高于 200 μg/mL 的升高水平。研究者认为，这种方案可以很容易地与另一种颜色的荧光染料进行多路检测，以检测额外的生物标志物。

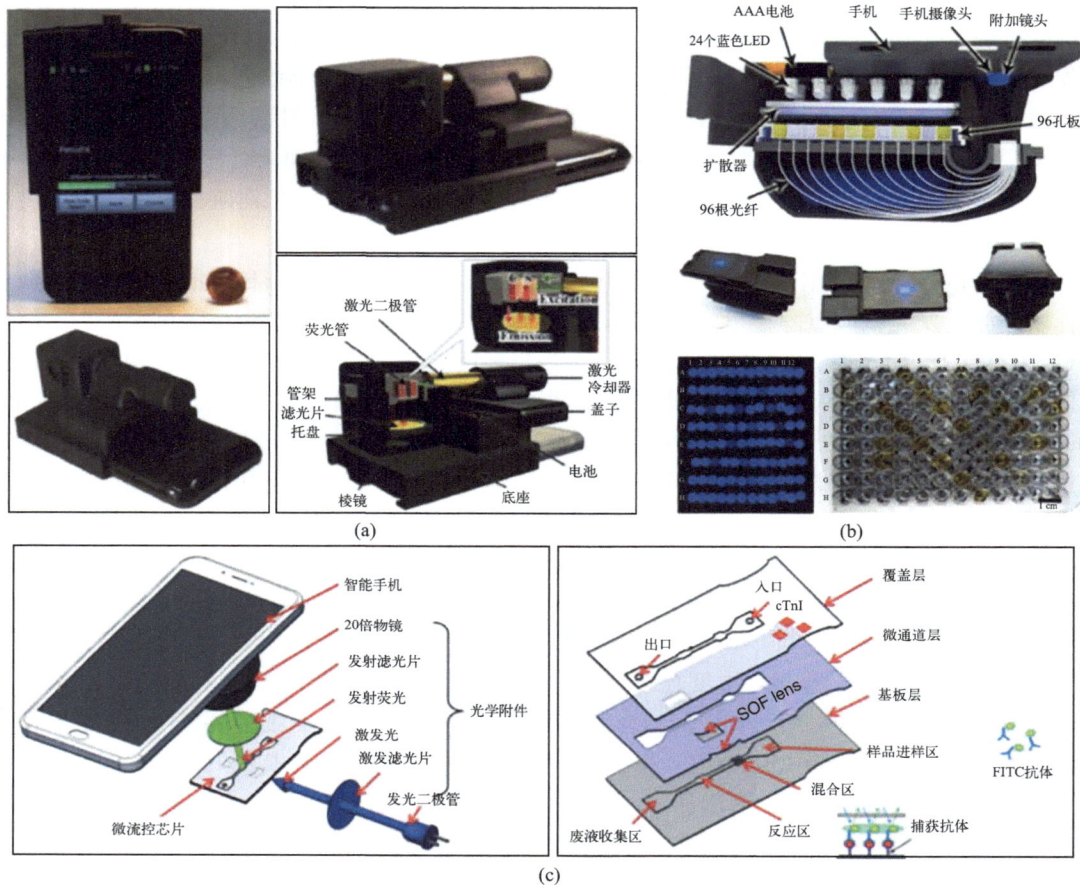

图10.5 （a）一种智能手机外围设备，使用激光二极管激发探针的荧光分析尿液中的HSA。来源：文献[42]，经The Royal Society of Chemistry许可转载。（b）一种紧凑型96孔板智能手机读数器，使用LED激发和每个孔的光纤获取代表每个孔中光吸收的点阵图。来源：文献[59]。（c）一种自包含微流控检测方法，可检测心脏病的生物标志物，并带有内置的微透镜（SOF镜头），将LED光聚焦在读出区域，在该区域智能手机相机读取荧光强度。来源：文献[48]，版权（2019）归The Royal Society of Chemistry 所有

在另一个非侵入性生物标志物检测的例子中，Zhang 等展示了利用荧光猝灭法监测臂汗中的氯化物[55]。这种检测用于筛查患有囊性纤维化病的人，他们的氯离子含量远高于正常水平。检测是通过将汗液样本加入到含有对氯离子具有高特异性的小分子探针的比色杯中进行的。比色杯被放置在智能手机摄像头上，并用紫外LED激发以产生 440 nm 波长的发射。随着氯离子水平的升高，发射被猝灭，由CMOS传感器测量。该测试的线性范围为 0.8 ～ 200 mmol/L，并在 10 名患者组成的队列中测试了其诊断能力。虽然此检测中没有内部参考，但它可以随着技术的发展轻易地被添加进去。

在智能手机上进行单一生物标志物比色皿检测的最后一个例子中，Ghosh 及其团队展示了一种潜在的癌症生物标志物——血浆黏蛋白的检测方法[44]。尽管研究者使用猪蛋白作为模型分析物，但黏蛋白 MUC1 过度表达与结肠、乳腺、卵巢、肺和胰腺癌有关。在这项实验中，将待测血浆样品与一种新型的发光金纳米材料溶液混合，该材料在外部 LED 的 310 nm 波长激发下发出荧光。随着黏蛋白浓度的增加，纳米颗粒的荧光强度随之增加。智能手机图像在色调/饱和度/亮度（HSV）颜色空间中进行分析。与 RGB 相比，HSV 色彩空间中亮度（色调的黑暗程度）的增加与生物标志物的浓度增加呈良好的相关性。

10.4.1 多路和微流控液体系统

单一生物标志物检测与病理实验室中进行的临床检测通常不同，后者通常采用高通量的 96 孔板 ELISA 格式或连续流自动分析系统。这些检测方法也可以移植到智能手机系统中。例如 Vashist 等使用一个大暗盒和两个智能设备（一个放在板子下面的 iPad、iPad mini 或 iPhone 5s，使用白色屏幕保护程序提供均匀透射光，以及一个装有摄像头的智能手机，放在盒子顶部成像透过光）读取了一种 C 反应蛋白（一种炎症生物标志物）的比色 96 孔板实验结果[86]，该检测使用 3 种不同的手机（三星 Galaxy S3 mini、iPhone 4 和 iPhone 5s）进行分析，结果都相似，检出限为约 1 ng/mL 的血浆和全血[50]。

Li 等使用 LED 背板而非另一个智能设备，并安装了一个含有棱镜的顶盖，使得靠近盘子的手机可以一次读取更多的孔，从而将设备缩小[58]。该设备用于实施 12 种传染病 ELISA 检测，包括疱疹、麻疹、腮腺炎等。该团队还将光学路径中的光栅嵌入其中，以读取光谱信息而不仅仅是 RGB 坐标，尽管每次只能读取 8 个孔，这增加了读取板子所需的时间[87]。

Ozcan 等展示了一种更为紧凑但也更为复杂的基于智能手机的 96 孔板比色/吸收光谱读取器 [图 10.5（b）][59]。在样品支架中，每个孔位都由一个 464 nm 蓝色 LED 阵列照亮。在每个孔位下方，一根光纤收集透射光并将其传递到智能手机相机，创建一个点阵列，在 CMOS 传感器上进行分析，以测量每个孔位的光吸收强度。该装置通过空间分离孔位区域有效地实现了多路化，并用于进行标准的麻疹、腮腺炎和单纯疱疹病毒临床 ELISA 检测，而且在美国食品药品监督管理局（FDA）批准的阈值水平上具有超过 99% 的准确性。

这些使用标准实验室器具的方法非常灵活，适用于各种标准检测。然而，为了进一步微型化智能手机临床诊断，微流控技术已被应用于检测一系列临床重要的分析物。

Ning 等构建了一个微流控芯片，再次关注于快速准确检测心力衰竭这一临床问题，其中包含 cTnI 的夹心免疫检测，cTnI 是一种非常敏感的心脏损伤标志物，尤其是对于心肌梗死（MI）[48]。检测的试剂被包含在芯片内，加入的血清样品提供了通过毛细作用驱动检测所需的液体。血清与荧光素共轭标记的抗体混合，该抗体与任何存在的 cTnI 结合，并在智能手机相机下的读出区形成夹心结构 [图 10.5（c）]。相机检测到由蓝色（490 nm）LED 激发的荧光素染料的绿色（530 nm）荧光强度。芯片内置微型透镜，可将 LED 的激发光紧密聚焦在读出区，提高可检测的染料量，使 LOD 达到 94 pg/mL。虽然可能的 MI 的临床阈值为 14 pg/mL，但该方法显示出进一步优化的前景，因为其具有自包含的特点和快速运行（12 min）。

Reis 等开发了一系列基于微型毛细管薄膜（MCF）的测定方法。这些透明薄膜包含 10 个平行的微流控通道，可以预先加载试剂，并通过样品和显色溶液进行泵送。该研究小组设计了一种用于前列腺特异性抗原（PSA）的诊断测试，作为 MCF 中的夹心测定法。该测定法可以通过 MCF 后面的 450 nm LED 进行吸光度测量，也可以通过在薄膜前面使用 365 nm 光源进行荧光测定。在每种情况下，智能手机摄像头用于捕获相应颜色通道的数据。多个通道可实现对小样品体积的高度多路测定[88]，在这种情况下，分别使用吸光度和荧光法记录到了 148 μmol/L 和 8 μmol/L 的 PSA 检测限。该技术具有灵活性。例如，同一系统还可用于使用智能手机测量大肠杆菌[63]，并可应用于同时检测心力衰竭标志物 BNP 和 cTnI（虽然使用的是紧凑型数码相机，尚未尝试在智能手机上进行）[89]。

10.4.2　智能手机上的核酸检测

核酸检测是检测传染病和测量患者体内病原体负荷的关键方法之一。该方法能够区分病原体的 DNA/RNA 和人类基因组物质，但考虑到样本中存在的物质的相对数量，需要通过热循环法[聚合酶链式反应（PCR）]或等温法[滚环扩增（RCA）或环介导等温扩增（LAMP）]对病原体核酸进行选择性扩增。扩增后的核酸标记后，随着拷贝数（浓度）和时间的增加，会产生增加的荧光信号。这些技术已被应用于溶液和纸质检测中，用于检测疟疾等多种传染病的临床标志物[77]。然而，这些技术不仅需要照明以测量荧光输出，还需要热处理以在原位进行分析。

虽然理论上可以使用智能手机电池为热元件提供电力，但研究人员通常选择使用外部电源，以提供稳定和持久的输出，约为 1 h。作为另一种策略，Liu 等开发了一种称为"智能杯"的设备[图 10.6（a）]，该设备由商用保温杯、用于处理样本的微流控芯片以及包含激发和发射滤光片的支架组成，以实现具有手机闪光灯激发的定量荧光成像。加热采用化学加热而非电子加热，由一次性使用的 Mg-Fe 合金袋（用于自加热餐食的类型）安装在相变材料散热器中提供。当袋子加入少量水时，该系统在 2 h 内产生一个相对恒定的 68℃，以供 LAMP 反应使用[90]。微流控芯片包含 3 个独立通道，用于多路分析或复制分析，并且可以在加载时过滤和浓缩样品。引物和荧光染料或生物发光试剂（不需要外部激发）被添加到芯片中，然后密封，并在智能杯中加热。智能手机可以随着荧光或生物发光信号的增加实时跟踪扩增反应，并已被用于在唾液、尿液和血液中使用 LAMP 检测 HSV-2 病毒、寨卡病毒和 HIV 病毒的小于 100 个拷贝，检测时间不到 1 h。研究者还使用了智能手机的位置服务地理定位检测结果[31]。

Meagher 等开发了一种具有多色输出的 LAMP 检测方法，适用于寨卡病毒、登革热病毒和基孔肯雅病毒。该方法使用宽带白光激发，并通过配备一组光学滤光片的智能手机读取[61]。一个由外部 5 V 电池供电的加热块通过蓝牙从手机控制，可在标准 PCR 管或 96 孔板中执行 LAMP 检测[图 10.6（b）]。该滤光片组可读取多达 4 种不同颜色的 LAMP 检测结果，研究者发现该方法比使用手机的简单 RGB 成像更有效地检测亮度强度变化。同一研究小组使用智能手机成像技术，并将图像转换为 CIE xyY 颜色空间，以检测寨卡病毒、基孔肯雅病毒以及 10 μL 样品体积中仅有 3.5 个拷贝的淋病病原体（约为 350 个拷贝 /mL）[17]。

Chan 的团队展示了一种高度多路的核酸检测方法，该方法结合了条形码微粒的光谱和空间分辨率（基于量子点的比例混合）。7 种不同的条形码微粒被排列在玻璃片上，每种微粒被涂覆以检测 4 种核酸——流感、HIV、HBV 或 HCV 的核酸，以及一个阳性和阴性对照。患者样本中的目标核酸经过等温扩增（在智能手机外）后，加入到条形码微粒的微阵列中，其中目标与匹配的微粒结合，然后进一步用第二条荧光链（带有 Alexa Fluor 647 染料）标记[图 10.6（c）]。采用智能手机相机与显微镜目镜（160 ～ 200 倍）和长通滤光片进行成像，以消除激发光。然后插入其他带通滤光片，以读取发射光谱的不同部分，并解释条形码。激发采用紫色（405 nm）

激光二极管读取微粒条码的位置和颜色。采集3个不同带通滤光片的图像，以读取视野内每个条形码微粒的颜色（绿色/黄色/红色）。使用第二个650 nm激光二极管和第四个带通滤光片读取标记链是否存在于每个微粒上。该系统可以分析样品中1000～2000个条形码微粒，以统计探测目标是否高于阈值浓度。该检测被验证可用于检测临床HIV和HBV样本，可检测到少于1000个拷贝/mL的病毒DNA[38]。研究者设想创建一个完全集成的装置，能够在与智能手机设备混合之前运行样品纯化和核酸扩增，类似以上示例。该文献作者对HBV的条码技术进行了临床验证，测试了病毒基因组的4个区域，以在临床阈值2000 IU/mL（72例患者）下达到90%的敏感性[91]。

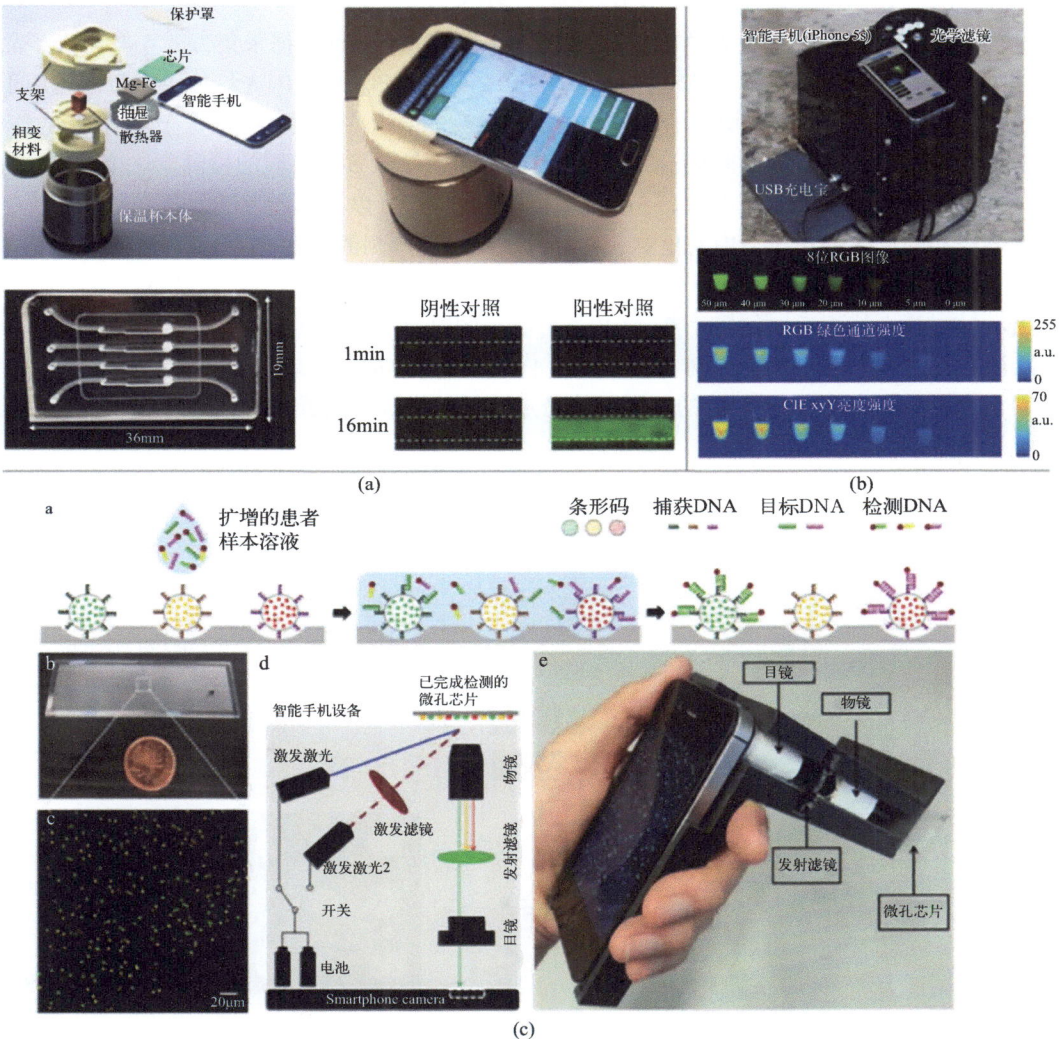

图10.6 （a）"智能杯"的分解视图和组装后的图像，其中包含4个通道的LAMP检测芯片以及检测寨卡病毒时在16 min内发展的生物发光信号。来源：文献[31]，版权（2018）归美国化学会所有。（b）智能手机LAMP检测中包含用于PCR管的加热托盘，使用CIE xyY亮度而不是RGB读取智能手机。来源：文献[17]，经授权转载。版权（2018）归美国化学会所有。（c）QD掺杂的珠子编码用于多路核酸检测，其中检测由第二种染料标签实现。条形码可以通过一个激光器和一组发射滤波器定位和读出，标签可通过第二个激光波长读出。智能手机显微镜读取和计数条形码珠子，以给出临床结果。来源：文献[38]，经授权转载，版权（2015）归美国化学会所有

10.4.3　超越标准吸收/发射分析

Cunningham小组率先将智能手机光谱技术和光子晶体（PC）材料相结合，创建了用于临床应用的灵敏"无标记"分析器［图10.7（a）］[19]。当宽带白光辐照这些光子材料时，它们可以非常有选择性地阻挡一个波长（565 nm）（一个半峰全宽约为5 nm的窄峰）。当通过此光子晶体的光线照射到衍射光栅上时，智能手机CMOS传感器能够灵敏地记录衍射的白光中的一个窄的缺失/暗带。PC吸收的波长位置对表面吸收非常敏感，因此通过在表面涂覆适当的抗体可以产生一个峰位移（PWS），当抗体结合目标生物标志物时PWS会进一步移位。

这项工作被整合到一个名为"TRI"的设备中，可以进行3种数据采集方式：基于光子晶体的光栅测量、测量比色吸收和荧光发射光谱［图10.7（a）］[52]。相机闪光灯提供宽带白光用于吸收测量，绿色激光二极管提供更强的聚焦光用于激发荧光。这些检测本身被置于3D打印的塑料/PDMS液体池中，可以通过仪器进行扫描，从而能够依次测量多个不同的检测。这个TRI工具被用于执行双生儿纤维连接蛋白（fFN）的双生儿生产前指标，以及苯丙氨酸的荧光酶抑制法，作为苯丙酮尿症的标志物在血清中的检测。在每种情况下，检测的最低检测限都具有临床相关性，尽管动态范围是研究者提出的一个关注点[52]。

Buscaglia等人使用反射幻影干涉（RPI）传感［图10.7（b）］原理，展示了一种无标记智能手机检测中的替代光子材料[56]。制备了一块基于氟聚合物铸造的平坦基板，与水的折射率匹配，在该表面上固定了直径为200 μm的不同抗体斑点，然后将该表面置于来自闪光灯和智能手机摄

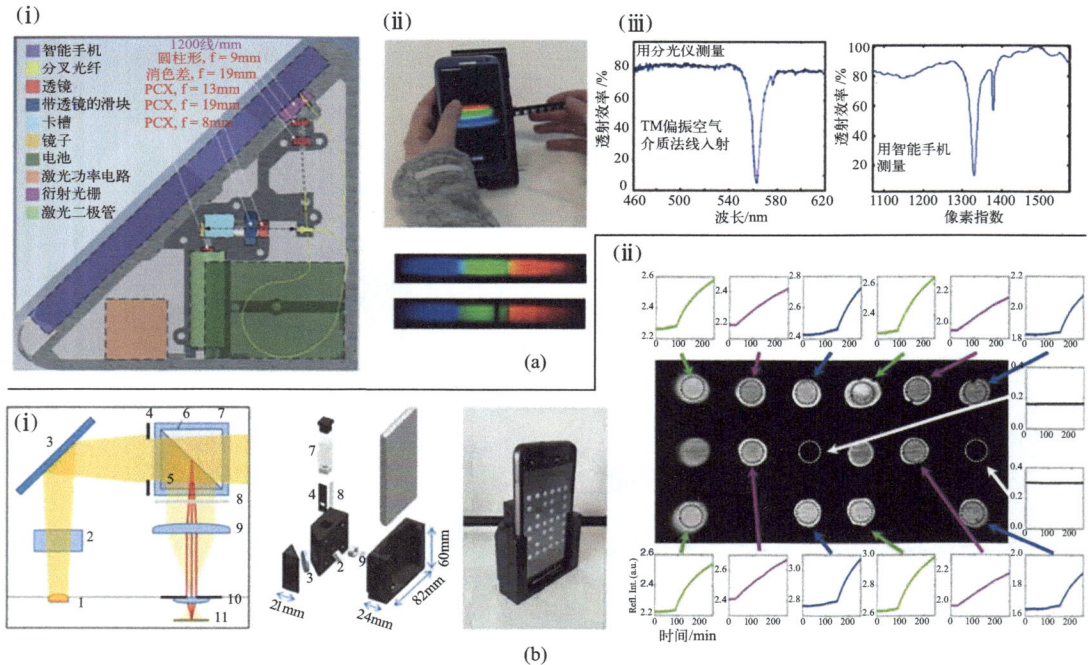

图10.7　（a）（i）使用智能手机、激光二极管和光栅读取吸收、发射和光子晶体传感器的TRI系统；（ii）来自白光和具有（iii）在565 nm处尖锐吸收的光子晶体传感器的光栅读出。来源：文献[41]和文献[52]，经The Royal Society of Chemistry许可使用。（b）（i）基于光子芯片材料上每个点处的光散射变化的反射幻影干涉传感，手机闪光灯用于以45°角对相机进行芯片宽带光激发；（ii）可以随时间读取每个点的强度以测量结合动力学。来源：文献[56]，版权（2014）归Elsevier所有

像头的白光以45°角照射的水溶液中。碳材料（在这种情况下为抗体）的沉积由于与表面和溶剂的折射率明显不同，改变了每个斑点的反射率，并且用摄像头测量每个斑点的反射强度。当更多的碳材料沉积时，斑点的强度会发生变化。如果样品中存在目标生物标志物，则会结合表面抗体，在抗体斑点处沉积更多材料。从随时间变化的斑点强度变化估计结合速率，生成相应于生物标志物浓度的动力学结合曲线。考虑到视野中的斑点数量（18），理论上可以进行多路分析。该系统针对血清中的p24 HIV抗原进行了测试，检出限为100 ng/mL。然而，这个值受到反应动力学限制。研究者提出，使用更快的结合抗体，检出限可能低于100 pg/mL。在稀释血清中也演示了检测乙型肝炎表面抗原的能力[56]。

Swager的团队展示了一种基于简单的吸收/散射光谱学的酶传感器，使用智能手机的环境光传感器而不是CMOS芯片。他们的检测方法包括在水中稳定的双相油/全氟液滴，由表面活性剂稳定，以创建液滴透镜阵列。当引入降解表面活性剂的酶时，液滴的光学特性发生改变，导致光散射减少或增加，并在环境光的背景下记录。针对淀粉酶、脂肪酶和硫酸酯酶活性开发了相应的检测方法，并通过智能手机实时跟踪其动力学过程，持续30 min[22]。

10.5　智能手机上的显微镜和成像以及潜在的临床应用

前面的例子都是针对样品中的生物标记物进行测试，以推断一些具有临床诊断价值的信息。然而，仅仅测量信号的强度和颜色并不能充分利用CMOS传感器的成像能力（即空间分辨率）。对于到目前为止提出的例子，通过成像定位96孔板或其他样品数组中多个区域的信号实现多路检测。然而，通过在智能手机设备中加入强大的物镜，例如像Chan一样在条形码微珠上实现高度多路检测[38]，也可以成像生物学感兴趣的结构并进行结合色度计或光谱分析的手机显微镜检测，这对于多个新兴的和潜在的未来的临床应用是有希望的。

智能手机显微镜已经得到很好的发展，有许多商业设备可用于亮场成像。荧光和暗场显微镜扩展了可能的能力和灵敏度[92]，并且Ozcan的研究团队一直在推动这项工作，例如创建了紧凑的系统，可以成像标记的单个病毒或纳米颗粒［如人类巨细胞病毒（HCMV），直径为150～300 nm］。对于这项工作，他们采用了基于智能手机的荧光显微镜，使用相对较高功率的外部激光二极管（75 mW），但没有使用笨重的物镜（在本例中）实现小物体的定位［图10.8（c）］[94]。类似的设备已用于流感的临床病毒载量计数[95]。

通过使用CMOS传感器的RGB通道，可以实现这些荧光显微镜测量的多路复用。Tran和Algar最近展示了这种仪器的临床潜力［图10.8（a）][37]。他们构建了一种磁性下拉分离法，基于使用HER2免疫染色的杂交量子点/磁性纳米颗粒材料的附着，从混合细胞群中分离SK-BR3乳腺癌细胞。使用标准的细胞计数载玻片，在一个可调焦的3D打印外围设备中进行成像，405 nm激光二极管由手机USB端口供电。磁性捕获率约为70%，不同颜色的量子点可以通过CMOS智能手机传感器上的RGB图像分析进行识别，以进行潜在的多路复用。

Weissleder、Lee和合作者最近展示了一种成像平台，能够成像标记有UCNP的细胞[45]。与上面的磷光和UCNP含量的LFA示例类似［例如图10.4（d）］，脉冲激发源（这次是红外激光）使得能够通过时间门控，无背景的智能手机成像被用于标记有UCNP的样本，多幅图像被积累并集成以提高灵敏度。使用这个系统，通过使用多种颜色的UCNP，人类子宫颈细胞通过表面表达EpCAM，CD44或Trop2标记物进行抗体标记和成像，以评估子宫颈癌的风险，并引入了多路复用的可能性[45]。

　　RGB成像与显微镜相结合已被应用于改善生物成像场景中难以观察的特征的清晰度，例如透明细胞与亮背景之间的对比度。Joo等构建了一个彩色编码（结构化）LED阵列，由红、绿、蓝三色LED同时照明样品，并通过分离R通道、G通道和B通道实现"单次拍摄"（同时）捕获光场、暗场和差分相衬成像［图10.8（b）］[93]。这种技术通过对内皮细胞和秀丽隐杆线虫的成像进行演示，并可能在癌细胞活检或寄生虫检测中应用于细胞形态分析。

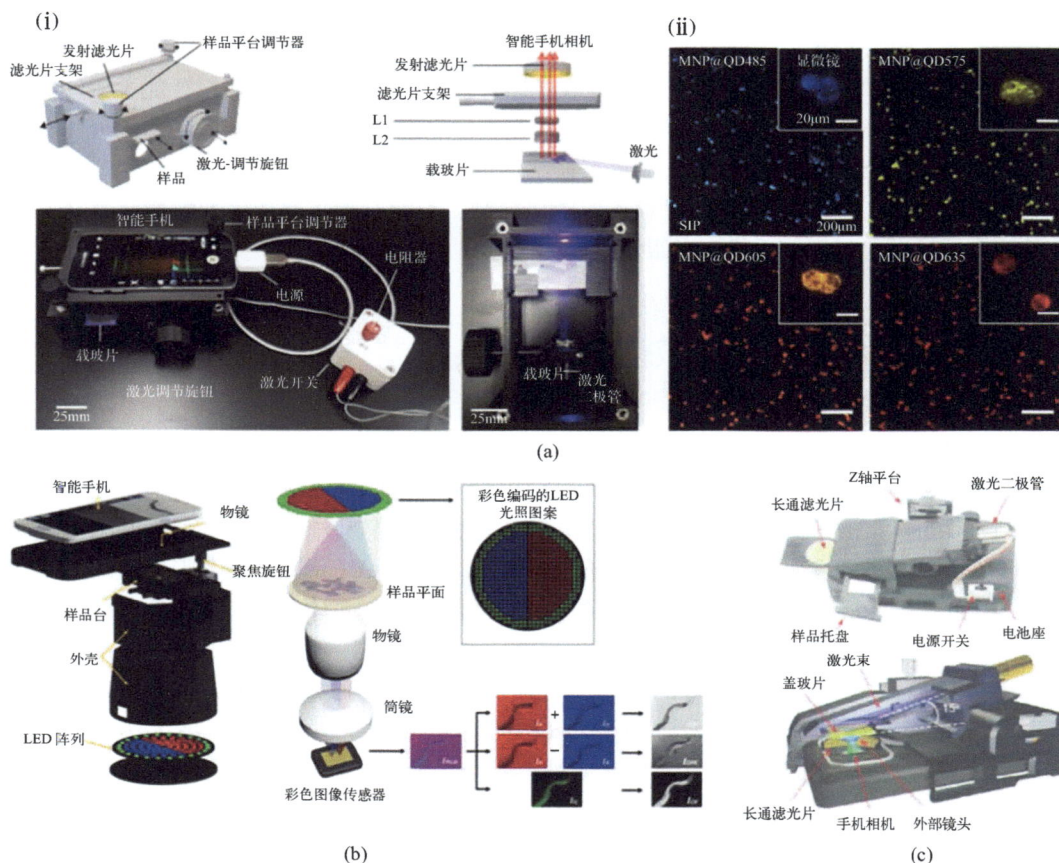

图10.8　（a）基于智能手机的成像和细胞计数，使用由智能手机供电的激光二极管激发的QD标记：（ⅰ）设备设计和（ⅱ）用不同颜色的QD标记的细胞的图像。来源：改编自Tran等[37]，版权（2019）归美国化学会所有。（b）使用结构化多色照明进行光场、暗场和差分相衬显微镜成像，在单个智能手机图像中进行分离，使用RGB分析。来源：改编自Jung等[93]，在CC BY 4.0许可下获得许可。（c）一款多用途荧光显微镜，可使用倾斜激发解析150 nm的结构，包括较大的病毒。来源：改编自Wei等[94]，版权（2013）归美国化学会所有

　　最后一个例子是由Wu等展示的智能手机广域荧光成像，而不是显微镜成像。他们将葡萄糖敏感性荧光聚合物纳米粒子植入小鼠皮下[53]。这些纳米粒子在700 nm波长处发出荧光，以响应升高的（1～20 mmol/L）葡萄糖浓度，并且这种皮下荧光足够明亮，可以在外部紫外照明下实时监测60 min，获取图像中红色通道和蓝色通道之间的信号比率。这项技术在葡萄糖监测方面的临床应用将减少目前常见的手指采血方法的需求，但在实际应用可行之前需要消除对强大且潜在有害的外部紫外照明的需求。

10.6　在临床中使用智能手机进行光学测量：展望

正如上面的例子所示，无论是在资源有限还是近患者的环境中，智能手机摄像头可以方便地用于读取甚至完成各种不同格式的多种生物标志物的完整临床检测。利用内置的CMOS传感器测量光强度和颜色，配合外围光学设备对齐样品、透镜、滤光片和额外的照明源，通常通过快速且廉价的3D打印提供支持。手机上的计算能力使得这些图像可以在本地分析，并快速生成结果。智能手机的无线能力和无处不在的无线网络（即使在欠发达国家）允许将检测结果、地理位置和其他参考数据发布到外部数据库进行进一步分析。

然而，在临床环境中，智能手机仍然面临一些挑战，特别是如果要广泛应用于农村或资源有限的环境中。解决这些挑战很可能是通过外围设备和生物检测方法的进步而不是手机技术。这些挑战中的首要问题是样品采集和处理，特别是与血液相关的问题。血液在样品中提供了人体内部生理的最佳平均代表，含有数百种有用的生物标志物，但全血黏稠且光密度高，使其在处理和光学分析方面具有挑战性。因此，在分析之前通常需要去除血细胞以获得血浆或血清，这要求在手机外部进行预处理步骤或在外围设备中进行集成过滤。通过血浆分离膜或微流体技术可以实现这种分离，但尚未被常规纳入面向临床的智能手机设备中。

第二个挑战是化验试剂的运输和储存，以便在智能手机上进行临床化验。本章描述的许多试剂检测是自包含的，只需要加入样品（例如许多荧光免疫层析试验）。但是，其他试剂检测需要制备数种附加溶液并将其与样品一起加入以获得结果，这增加了运输和储存的难度，特别是如果这些试剂需要冷藏。目前，一些团队正在解决这个挑战，通过重新设计试剂使其在常温下稳定长时间。例如，Chan等已经将QD条形码核酸检测所需的试剂预先制成片剂，可溶解以获得试剂溶液[96]。

最后需要考虑的挑战是安全和环保的样品处理。已经设计出了纸质试剂检测，可以在用手机读取后安全燃烧。但是，塑料微流控和其他受污染的塑料废物会产生更大的处理挑战，因此应该考虑它们的可重复使用性。

除了这些尚未解决的挑战外，我们也有兴趣展望未来，研究哪些其他技术将会影响下一代便携式临床智能手机工具。

智能手机使得临床相关参数的便携测量成为可能，但新一代可穿戴设备现在已经进入市场，并具有临床应用的潜力。实际上，智能手表已经能够进行血流测量，包括基本的心电图技术和脉搏血氧测量以及利用跨多个波长的反射/吸收光谱技术进行心率测量。智能隐形眼镜还处于初级阶段[97]，但可以执行基本的内置化验，尽管主要是电化学方法。在这些较小的平台上实现光谱分析将更具挑战性。然而，由于LED和光电探测器芯片技术不断缩小[98]，现在有可能制造可被吞下的光谱仪，这种实验室药丸或胶囊内窥镜形式的设备，能够实现对消化道的检查[99]。

虽然RGB滤色CMOS技术已经很好地集成在智能手机相机中，聚焦光学仍然是一个持续改进的领域[100]，但光学传感技术仍在不断发展，随着这些更先进的光子操纵和测量技术的缩小和成本降低，它们可能会从光学台跃迁到便携式设备。其中一个例子是单光子雪崩二极管（SPAD）阵列的改进，这可能会导致小型化的发光寿命成像芯片，从而实现提高的灵敏度（单光子计数），可以独立于标记浓度测量发光寿命的变化（例如荧光猝灭），并且可以在波长和发光寿命域中进行多路复合测量。这也将有可能在智能手机上实现基本荧光寿命成像显微镜。第二个例子是基于液晶可调滤波器（LCTF）的可调光学滤波器的小型化，它作为可调带通滤波器工作，允许选择性单色化入射光或出射光，从而极大地增加了便携式分光仪的多功能性，使其能够进行多光谱成像（3 ～ 10 个色彩通道），作为色散光谱学的替代方案以及可切换的红外滤波和成像[101,102]。

　　另一个有趣的合作技术是将智能手机诊断技术整合到无人机［无人驾驶飞行器（UAV）］技术中，以便访问最难以到达的区域，并实现更大型和更复杂的临床系统的运输。Ugaz 和同事已经证明了一种基于智能手机的 PCR 系统，用于检测和分析传染病监测中的 DNA/RNA。整个装置安装在一架无人机上，其中无人机驱动系统的元素可以在测定过程的某些部分中使用，例如用作样品纯化的离心机，然后将处理后的样品输入到 PCR 反应中，并由在飞行中的智能手机进行读取[64]。

　　智能手机光谱仪在未来的发展中，还需要考虑先进的机器学习和计算机视觉技术的崛起，以进一步提升实验分析和实验开发的便利性。这些工具可以在基础层面上实现高级自动校正，对于"不稳定"的样品支架或背景光照的变化进行智能纠正[103]。而在更高层面上，机器视觉能够解读来自大规模多路化实验的密集信息，快速分析复杂的彩色或发光显微图像，为临床医生提供数据解释的辅助[104-106]。这种基于人工智能的工具目前仍处于相对初级阶段，需要大量的处理能力才能充分发挥其潜力。然而，随着智能手机相机技术的不断改进和内置处理能力的增强，机器视觉工具有望从自拍滤镜逐渐演变为临床诊断的实用工具。

　　在许多未来科幻经典作品中，医务人员配备了能够快速诊断患者问题的小型触摸屏设备——其中最著名的可能就是《星际迷航》中的三角仪。随着智能手机和通信网络的普及以及光学附件的不断发展，这样的设备在临床医学领域变得越来越实际可行。尽管仍面临许多挑战，但我们希望通过这个概述能够展示智能手机光学测量和光谱技术在临床中的未来可能性，并鼓励进一步的研究，以推动便携、可靠的临床实验和评估方法的发展，以满足全球每天所需的临床需求。

缩略语

BNP	brain natriuretic peptide	脑钠肽
CL	chemi luminescence	化学发光
CMOS	complementary metal oxide semiconductor	互补金属氧化物半导体
cTnI	cardiac troponin Ⅰ	心肌肌钙蛋白Ⅰ
ELISA	enzyme linked immunosorbent assay	酶联免疫吸附测定
FDA	Food and Drug Administration	（美国）食品药品监督管理局
FRET	Förster resonance energy transfer	福斯特共振能量转移
HCMV	human cytomegalovirus	人类巨细胞病毒
HSA	human serum albumin	人血清白蛋白
HSV	hue/saturation/brightness	色调/饱和度/亮度
LAMP	loop-mediated isothermal amplification	环介导等温扩增
LCTF	liquid crystal tunable filter	液晶可调滤波器
LED	light-emitting diode	发光二极管
LFA	lateral flow (immuno)assay	侧流免疫分析
LFIA	lateral flow immunochromatography assay	侧流免疫层析
LOD	limit of detection	检测限

MCF	microcapillary film	微型毛细管薄膜
MI	myocardial infarction	心肌梗死
PC	photonic crystal	光子晶体
PCM	phase change material	相变材料
PCR	polymerase chain reaction	聚合酶链式反应
PDMS	polydimethylsiloxane	聚二甲基硅氧烷
PL	photoluminescence	光致发光
PoC	point of care	即时检测
PSA	prostate specific antigen	前列腺特异性抗原
QD	quantum dot	量子点
RCA	rolling circle amplification	滚环扩增
RPI	reflection phantom interference	反射幻影干涉
SPAD	single photon avalanche diode	单光子血崩二极管
UAV	unmanned aerial vehicle	无人驾驶飞行器
UCNP	upconverting nanoparticle	上转换纳米粒子

参考文献

[1] Yager, P., Domingo, G.J., and Gerdes, J. (2008). Point-of-care diagnostics for global health. *Annu. Rev. Biomed. Eng.* 10 (1): 107-144.

[2] Wood, C.S., Thomas, M.R., Budd, J. et al. (2019). Taking connected mobile-health diagnostics of infectious diseases to the field. *Nature* 566 (7745): 467-474.

[3] Sun, A.C. and Hall, D.A. (2019). Point-of-care smartphone-based electrochemical biosensing. *Electroanalysis* 31 (1): 2-16.

[4] Petryayeva, E. and Algar, W.R. (2015). Toward point-of-care diagnostics with consumer electronic devices: the expanding role of nanoparticles. *RSC Adv.* 5 (28): 22256-22282.

[5] Malekjahani, A., Sindhwani, S., Syed, A.M., and Chan, W.C.W. (2019). Engineering steps for mobile point-of-care diagnostic devices. *Acc. Chem. Res.* 52 (9): 2406-2414.

[6] Swager, T.M. (2018). Sensor technologies empowered by materials and molecular innovations. *Angew. Chemie Int. Ed.* 57 (16): 4248-4257.

[7] Burggraaff, O., Schmidt, N., Zamorano, J. et al. (2019). Standardized spectral and radiometric calibration of consumer cameras. *Opt. Express* 27 (14): 19075.

[8] Petryayeva, E. and Algar, W.R. (2016). A job for quantum dots: use of a smartphone and 3D-printed accessory for all-in-one excitation and imaging of photoluminescence. *Anal. Bioanal. Chem.* 408 (11): 2913-2925.

[9] Shah, K.G., Singh, V., Kauffman, P.C. et al. (2018). Mobile phone ratiometric imaging enables highly sensitive fluorescence lateral flow immunoassays without external optical filters. *Anal. Chem.* 90 (11): 6967-6974.

[10] Smartphone NIR Technical Notes. https://bit.ly/eigen_imaging_IR (accessed 24 December 2019).

[11] Peleki, A. and da Silva, A. (2016). Novel use of smartphone-based infrared imaging in the detection of acute limb Ischaemia. *EJVES Short Reports* 32: 1-3.

[12] Wang, Y., Qin, Z., Boulware, D.R. et al. (2016). Thermal contrast amplification reader yielding 8-fold analytical improvement for disease detection with lateral flow assays. *Anal. Chem.* 88 (23): 11774-11782.

[13] Alawsi, T. and Al Bawi, Z. (2019). A review of smartphone point-of-care adapter design. *Eng. Reports* 1(2): e12039.

[14] Stedtfeld, R.D., Tourlousse, D.M., Seyrig, G. et al. (2012). Gene-Z: a device for point of care genetic testing using a smartphone. *Lab Chip* 12 (8): 1454-1462.

[15] Ye, J., Li, N., Lu, Y. et al. (2017). A portable urine analyzer based on colorimetric detection. *Anal. Methods* 9 (16): 2464-

2471.

[16] Guo, T., Patnaik, R., Kuhlmann, K. et al. (2015). Smartphone dongle for simultaneous measurement of hemoglobin concentration and detection of HIV antibodies. *Lab Chip* 15 (17): 3514-3520.

[17] Priye, A., Ball, C.S., and Meagher, R.J. (2018). Colorimetric-luminance readout for quantitative analysis of fluorescence signals with a smartphone CMOS sensor. *Anal. Chem.* 90 (21): 12385-12389.

[18] Chen, Y., Fu, Q., Li, D. et al. (2017). A smartphone colorimetric reader integrated with an ambient light sensor and a 3D printed attachment for on-site detection of zearalenone. *Anal. Bioanal. Chem.* 409 (28): 6567-6574.

[19] Inan, H., Poyraz, M., Inci, F. et al. (2017). Photonic crystals: emerging biosensors and their promise for point-of-care applications. *Chem. Soc. Rev.* 46 (2): 366-388.

[20] Wang, S., Zhao, X., Khimji, I. et al. (2011). Integration of cell phone imaging with microchip ELISA to detect ovarian cancer HE4 biomarker in urine at the point-of-care. *Lab Chip* 11 (20): 3411-3418.

[21] Macias, G., Sperling, J.R., Peveler, W.J. et al. (2019). Whisky tasting using a bimetallic nanoplasmonic tongue. *Nanoscale* 11 (32): 15216-15223.

[22] Zarzar, L.D., Kalow, J.A., He, X. et al. (2017). Optical visualization and quantification of enzyme activity using dynamic droplet lenses. *Proc. Natl. Acad. Sci.* 114 (15): 3821-3825.

[23] Guner, H., Ozgur, E., Kokturk, G. et al. (2017). A smartphone based surface plasmon resonance imaging (SPRi) platform for on-site biodetection. *Sensors Actuators B Chem.* 239: 571-577.

[24] You, D.J., Park, T.S., and Yoon, J.-Y. (2013). Cell-phone-based measurement of TSH using Mie scatter optimized lateral flow assays. *Biosens. Bioelectron.* 40 (1): 180-185.

[25] Il Hong, J. and Chang, B.-Y. (2014). Development of the smartphone-based colorimetry for multi-analyte sensing arrays. *Lab Chip* 14 (10): 1725-1732.

[26] Shen, L., Hagen, J.A., and Papautsky, I. (2012). Point-of-care colorimetric detection with a smartphone. *Lab Chip* 12 (21): 4240-4243.

[27] Wang, T.-T., Lio, C.k., Huang, H. et al. (2020). A feasible image-based colorimetric assay using a smartphone RGB camera for point-of-care monitoring of diabetes. *Talanta* 206: 120211.

[28] Jalal, U.M., Jin, G.J., and Shim, J.S. (2017). Paper-plastic hybrid microfluidic device for smartphone-based colorimetric analysis of urine. *Anal. Chem.* 89 (24): 13160-13166.

[29] Li, Z., Askim, J.R., and Suslick, K.S. (2019). The optoelectronic nose: colorimetric and fluorometric sensor arrays. *Chem. Rev.* 119 (1): 231-292.

[30] Zangheri, M., Cevenini, L., Anfossi, L. et al. (2015). A simple and compact smartphone accessory for quantitative chemiluminescence-based lateral flow immunoassay for salivary cortisol detection. *Biosens. Bioelectron.* 64: 63-68.

[31] Song, J., Pandian, V., Mauk, M.G. et al. (2018). Smartphone-based mobile detection platform for molecular diagnostics and spatiotemporal disease mapping. *Anal. Chem.* 90 (7): 4823-4831.

[32] Roda, A., Michelini, E., Cevenini, L. et al. (2014). Integrating biochemiluminescence detection on smart-phones: mobile chemistry platform for point-of-need analysis. *Anal. Chem.* 86 (15): 7299-7304.

[33] Hildebrandt, N., Spillmann, C.M., Algar, W.R. et al. (2016). Energy transfer with semiconductor quantum dot bioconjugates: a versatile platform for biosensing, energy harvesting, and other developing applications. *Chem. Rev.* 117 (2): 536-711.

[34] Chen, G., Qiu, H., Prasad, P.N., and Chen, X. (2014). Upconversion nanoparticles: design, nanochemistry, and applications in theranostics. *Chem. Rev.* 114 (10): 5161-5214.

[35] Gupta, R., Peveler, W.J., Lix, K., and Algar, W.R. (2019). Comparison of semiconducting polymer dots and semiconductor quantum dots for smartphone-based fluorescence assays. *Anal. Chem.* 91: 10955-10960.

[36] Yu, J., Rong, Y., Kuo, C.-T. et al. (2016). Recent advances in the development of highly luminescent semiconducting polymer dots and nanoparticles for biological imaging and medicine. *Anal. Chem.* 89 (1): 42-56.

[37] Tran, M.V., Susumu, K., Medintz, I.L., and Algar, W.R. (2019). Supraparticle assemblies of magnetic nanoparticles and quantum dots for selective cell isolation and counting on a smartphone-based imaging platform. *Anal. Chem.* 91 (18): 11963-11971.

[38] Ming, K., Kim, J., Biondi, M.J. et al. (2015). Integrated quantum dot barcode smartphone optical device for wireless multiplexed diagnosis of infected patients. *ACS Nano* 9 (3): 3060-3074.

[39] Lee, J., Bisso, P.W., Srinivas, R.L. et al. (2014). Universal process-inert encoding architecture for polymer microparticles. *Nat. Mater.* 13 (5): 524-529.

[40] Wang, L.-J., Chang, Y.-C., Ge, X. et al. (2016). Smartphone optosensing platform using a DVD grating to detect neurotoxins. *ACS Sensors* 1 (4): 366-373.

[41] Gallegos, D., Long, K.D., Yu, H. et al. (2013). Label-free biodetection using a smartphone. *Lab Chip* 13 (11): 2124-2132.

[42] Coskun, A.F., Nagi, R., Sadeghi, K. et al. (2013). Albumin testing in urine using a smart-phone. *Lab Chip* 13 (21): 4231-4238.

[43] Barbosa, A.I., Gehlot, P., Sidapra, K. et al. (2015). Portable smartphone quantitation of prostate specific anti-gen (PSA) in a fluoropolymer microfluidic device. *Biosens. Bioelectron.* 70: 5-14.

[44] Dutta, D., Sailapu, S.K., Chattopadhyay, A., and Ghosh, S.S. (2018). Phenylboronic acid templated gold nanoclusters for Mucin detection using a smartphone-based device and targeted cancer cell theranostics. *ACS Appl. Mater. Interfaces* 10 (4): 3210-3218.

[45] Huang, C.-H., Il Park, Y., Lin, H.-Y. et al. (2019). Compact and filter-free luminescence biosensor for mobile in vitro diagnoses. *ACS Nano* 13 (10): 11698-11706.

[46] Michelini, E., Calabretta, M.M., Cevenini, L. et al. (2019). Smartphone-based multicolor bioluminescent 3D spheroid biosensors for monitoring inflammatory activity. *Biosens. Bioelectron.* 123: 269-277.

[47] Petryayeva, E. and Algar, W.R. (2015). Single-step bioassays in serum and whole blood with a smartphone, quantum dots and paper-in-PDMS chips. *Analyst* 140 (12): 4037-4045.

[48] Liang, C., Liu, Y., Niu, A. et al. (2019). Smartphone-app based point-of-care testing for myocardial infarction biomarker cTnI using an autonomous capillary microfluidic chip with self-aligned on-chip focusing (SOF) lenses. *Lab Chip* 19 (10): 1797-1807.

[49] You, M., Lin, M., Gong, Y. et al. (2017). Household fluorescent lateral flow strip platform for sensitive and quantitative prognosis of heart failure using dual-color Upconversion nanoparticles. *ACS Nano* 11 (6): 6261-6270.

[50] Vashist, S.K., Marion Schneider, E., Zengerle, R. et al. (2015). Graphene-based rapid and highly-sensitive immunoassay for C-reactive protein using a smartphone-based colorimetric reader. *Biosens. Bioelectron.* 66: 169-176.

[51] Paterson, A.S., Raja, B., Mandadi, V. et al. (2017). A low-cost smartphone-based platform for highly sensitive point-of-care testing with persistent luminescent phosphors. *Lab Chip* 17 (6): 1051-1059.

[52] Long, K.D., Woodburn, E.V., Le, H.M. et al. (2017). Multimode smartphone biosensing: the transmission, reflection, and intensity spectral (TRI)-analyzer. *Lab Chip* 17 (19): 3246-3257.

[53] Sun, K., Yang, Y., Zhou, H. et al. (2018). Ultrabright polymer-dot transducer enabled wireless glucose monitoring via a smartphone. *ACS Nano* 12 (6): 5176-5184.

[54] Lee, S., Oncescu, V., Mancuso, M. et al. (2014). A smartphone platform for the quantification of vitamin D levels. *Lab Chip* 14 (8): 1437-1442.

[55] Zhang, C., Kim, J.P., Creer, M. et al. (2017). A smartphone-based chloridometer for point-of-care diagnostics of cystic fibrosis. *Biosens. Bioelectron.* 97: 164-168.

[56] Giavazzi, F., Salina, M., Ceccarello, E. et al. (2014). A fast and simple label-free immunoassay based on a smartphone. *Biosens. Bioelectron.* 58: 395-402.

[57] Shah, K.G. and Yager, P. (2017). Wavelengths and lifetimes of paper autofluorescence: a simple substrate screening process to enhance the sensitivity of fluorescence-based assays in paper. *Anal. Chem.* 89 (22): 12023-12029.

[58] Wang, L.-J., Naudé, N., Demissie, M. et al. (2018). Analytical validation of an ultra low-cost mobile phone microplate reader for infectious disease testing. *Clin. Chim.* Acta. 482: 21-26.

[59] Berg, B., Cortazar, B., Tseng, D. et al. (2015). Cellphone-based hand-held microplate reader for point-of-care testing of enzyme-linked Immunosorbent assays. *ACS Nano* 9 (8): 7857-7866.

[60] Brangel, P., Sobarzo, A., Parolo, C. et al. (2018). A serological point-of-care test for the detection of IgG anti-bodies against

Ebola virus in human survivors. *ACS Nano* 12 (1): 63-73.

[61] Priye, A., Bird, S.W., Light, Y.K. et al. (2017). A smartphone-based diagnostic platform for rapid detection of Zika, chikungunya, and dengue viruses. *Sci. Rep.* 7: 44778.

[62] Cheng, N., Song, Y., Zeinhom, M.M.A. et al. (2017). Nanozyme-mediated dual immunoassay integrated with smartphone for use in simultaneous detection of pathogens. *ACS Appl. Mater. Interfaces* 9 (46): 40671-40680.

[63] Alves, I.P. and Reis, N.M. (2019). Microfluidic smartphone quantitation of *Escherichia coli* in synthetic urine. *Biosens. Bioelectron.* 145: 111624.

[64] Priye, A., Wong, S., Bi, Y. et al. (2016). Lab-on-a-drone: toward pinpoint deployment of smartphone-enabled nucleic acid-based diagnostics for mobile health care. *Anal. Chem.* 88 (9): 4651-4660.

[65] Park, T.S., Li, W., McCracken, K.E., and Yoon, J.-Y. (2013). Smartphone quantifies Salmonella from paper microfluidics. *Lab Chip* 13 (24): 4832-4840.

[66] Xu, G., Nolder, D., Reboud, J. et al. (2016). Paper-origami-based multiplexed malaria diagnostics from whole blood. *Angew. Chemie Int. Ed.* 55 (49): 15250-15253.

[67] Scherr, T.F., Gupta, S., Wright, D.W., and Haselton, F.R. (2016). Mobile phone imaging and cloud-based analysis for standardized malaria detection and reporting. *Sci. Rep.* 6: 28645.

[68] Vignaux, J.-J. and André, A. (2018). Biomarkers in precision medicine: the era of omics. In: *Digital Medicine*(ed. A. André), 59-69. Cham: Springer International Publishing.

[69] Vella, S.J., Beattie, P., Cademartiri, R. et al. (2012). Measuring markers of liver function using a micropatterned paper device designed for blood from a Fingerstick. *Anal. Chem.* 84 (6): 2883-2891.

[70] Neuta, I.H., Neumann, F., Brightmeyer, J. et al. (2019). Smartphone-based clinical diagnostics: towards democratization of evidence-based health care. *J. Intern. Med.* 285 (1): 19-39.

[71] Aydindogan, E., Guler Celik, E., and Timur, S. (2018). Paper-based analytical methods for smartphone sensing with functional nanoparticles: bridges from smart surfaces to global health. *Anal. Chem.* 90 (21): 12325-12333.

[72] Noor, M.O. and Krull, U.J. (2014). Camera-based ratiometric fluorescence transduction of nucleic acid hybridization with reagentless signal amplification on a paper-based platform using immobilized quantum dots as donors. *Anal. Chem.* 86 (20): 10331-10339.

[73] Woodburn, E.V., Long, K.D., and Cunningham, B.T. (2019). Analysis of paper-based colorimetric assays with a smartphone spectrometer. *IEEE Sens.* J. 19 (2): 508-514.

[74] Banerjee, R. and Jaiswal, A. (2018). Recent advances in nanoparticle-based lateral flow immunoassay as a point of care diagnostic tool for infectious agents and diseases. *Analyst* 143: 1970-1996.

[75] Akyazi, T., Basabe-Desmonts, L., and Benito-Lopez, F. (2018). Review on microfluidic paper-based analytical devices towards commercialisation. *Anal. Chim. Acta* 1001: 1-17.

[76] Gong, X., Chang, J., Cai, J. et al. (2017). A review for fluorescent lateral flow Immunochromatographic strip. *J. Mater. Chem.* B 393: 569.

[77] Reboud, J., Xu, G., Garrett, A. et al. (2019). Paper-based microfluidics for DNA diagnostics of malaria in low resource underserved rural communities. *Proc. Natl. Acad. Sci.* 116 (11): 4834-4842.

[78] Kaiser, L., Weisser, J., Kohl, M., and Deigner, H.-P. (2018). Small molecule detection with aptamer based lateral flow assays: applying aptamer-C-reactive protein cross-recognition for ampicillin detection. *Sci. Rep.* 8: 5628.

[79] Frohnmeyer, E., Tuschel, N., Sitz, T. et al. (2019). Aptamer lateral flow assays for rapid and sensitive detection of cholera toxin. *Analyst* 144 (5): 1840-1849.

[80] Pilavaki, E. and Demosthenous, A. (2017). Optimized lateral flow immunoassay reader for the detection of infectious diseases in developing countries. *Sensors* 17 (11): 2673.

[81] Mudanyali, O., Dimitrov, S., Sikora, U. et al. (2012). Integrated rapid-diagnostic-test reader platform on a cellphone. *Lab Chip* 12 (15): 2678.

[82] Ulep, T.-H. and Yoon, J.-Y. (2018). Challenges in paper-based fluorogenic optical sensing with smartphones. *Nano Converg.* 5: 14.

[83] Hu, J., Cui, X., Gong, Y. et al. (2016). Portable microfluidic and smartphone-based devices for monitoring of cardiovascular diseases at the point of care. *Biotechnol. Adv.* 34 (3): 305-320.

[84] Joung, H.-A., Ballard, Z.S., Ma, A. et al. (2019). Paper-based multiplexed vertical flow assay for point-of-care testing. *Lab Chip* 19 (6): 1027-1034.

[85] Petryayeva, E. and Algar, W.R. (2013). Proteolytic assays on quantum-dot-modified paper substrates using sim-ple optical readout platforms. *Anal. Chem.* 85 (18): 8817-8825.

[86] Vashist, S.K., van Oordt, T., Schneider, E.M. et al. (2015). A smartphone-based colorimetric reader for bioanalytical applications using the screen-based bottom illumination provided by gadgets. *Biosens. Bioelectron.* 67: 248-255.

[87] Wang, L.-J., Chang, Y.-C., Sun, R., and Li, L. (2017). A multichannel smartphone optical biosensor for high-throughput point-of-care diagnostics. *Biosens. Bioelectron.* 87: 686-692.

[88] Castanheira, A.P., Barbosa, A.I., Edwards, A.D., and Reis, N.M. (2015). Multiplexed femtomolar quantitation of human cytokines in a fluoropolymer microcapillary film. *Analyst* 140 (16): 5609-5618.

[89] Pivetal, J., Pereira, F.M., Barbosa, A.I. et al. (2017). Covalent immobilisation of antibodies in Teflon-FEP microfluidic devices for the sensitive quantification of clinically relevant protein biomarkers. *Analyst* 142 (6): 959-968.

[90] Liao, S.-C., Peng, J., Mauk, M.G. et al. (2016). Smart cup: a minimally-instrumented, smartphone-based point-of-care molecular diagnostic device. *Sensors Actuators B Chem.* 229: 232-238.

[91] Kim, J., Biondi, M.J., Feld, J.J., and Chan, W.C.W. (2016). Clinical validation of quantum dot barcode diagnostic technology. *ACS Nano* 10 (4): 4742-4753.

[92] Orth, A., Wilson, E.R., Thompson, J.G., and Gibson, B.C. (2018). A dual-mode mobile phone microscope using the onboard camera flash and ambient light. *Sci. Rep.* 8: 3298.

[93] Jung, D., Choi, J.-H., Kim, S. et al. (2017). Smartphone-based multi-contrast microscope using color-multiplexed illumination. *Sci. Rep.* 7: 7564.

[94] Wei, Q., Qi, H., Luo, W. et al. (2013). Fluorescent imaging of single nanoparticles and viruses on a smart phone. *ACS Nano* 7 (10): 9147-9155.

[95] Minagawa, Y., Ueno, H., Tabata, K.V., and Noji, H. (2019). Mobile imaging platform for digital influenza virus counting. *Lab Chip* 19 (16): 2678-2687.

[96] Udugama, B., Kadhiresan, P., Samarakoon, A., and Chan, W.C.W. (2017). Simplifying assays by tableting reagents. *J. Am. Chem. Soc.* 139 (48): 17341-17349.

[97] Park, J.-U.J., Kim, J., Kim, S.-Y. et al. (2018). Soft, smart contact lenses with integrations of wireless circuits, glucose sensors, and displays. *Sci. Adv.* 4 (1): eaap9841.

[98] Yang, Z., Albrow-Owen, T., Cui, H. et al. (2019). Single-nanowire spectrometers. *Science* 365 (6457): 1017-1020.

[99] Kalantar-zadeh, K., Ha, N., Ou, J.Z., and Berean, K.J. (2017). Ingestible sensors. *ACS Sensors* 2 (4): 468-483.

[100] Park, J.-S., Zhang, S., She, A. et al. (2019). All-glass, large metalens at visible wavelength using deep-ultraviolet projection lithography. *Nano Lett.* 19 (12): 8673-8682.

[101] Kim, S., Cho, D., Kim, J. et al. (2016). Smartphone-based multispectral imaging: system development and potential for mobile skin diagnosis. *Biomed. Opt. Express* 7 (12): 5294-5307.

[102] Kim, S., Kim, J., Hwang, M. et al. (2019). Smartphone-based multispectral imaging and machine-learning based analysis for discrimination between seborrheic dermatitis and psoriasis on the scalp. *Biomed. Opt. Express* 10 (2): 879.

[103] Carrio, A., Sampedro, C., Sanchez-Lopez, J.L. et al. (2015). Automated low-cost smartphone-based lateral flow saliva test reader for drugs-of-abuse detection. *Sensors* 15 (11): 29569-29593.

[104] Rivenson, Y., Ceylan Koydemir, H., Wang, H. et al. (2018). Deep learning enhanced mobile-phone microscopy. *ACS Photonics* 5 (6): 2354-2364.

[105] Liu, X., Faes, L., Kale, A.U. et al. (2019). A comparison of deep learning performance against health-care professionals in detecting diseases from medical imaging: a systematic review and meta-analysis. *Lancet Digit. Heal.* 1 (6): e271-e297.

[106] De Fauw, J., Ledsam, J.R., Romera-Paredes, B. et al. (2018). Clinically applicable deep learning for diagnosis and referral in retinal disease. *Nat. Med.* 24 (9): 1342-1350.

11

手持式和便携式红外光谱技术的应用

John A. Seelenbinder[1], Christina S. Robb[2]

[1]PointIR Consulting LLC, Watertown, CT, USA
[2]The Connecticut Agricultural Experiment Station, New Haven, CT, USA

近年来，手持式和便携式仪器的发展一直是红外光谱学中增长最快的领域之一。技术的进步推动了新型手持式和便携式仪器的引入，但这些进步的推动力源于实际应用的需求。手持式和便携式红外光谱仪器广泛应用于许多不同行业的各种应用中，用于测量固体、液体和气体的样品。它们不仅适用于纯净物，还适用于混合物。手持式和便携式仪器可用于样品的鉴定、分类和定量测量。正如实验室光谱技术具有普适的测量能力一样，红外光谱在各种应用中具有广泛的适用性。

尽管行业和样品类型各不相同，但所有便携式应用都具有一组共同的优势或推动因素。这些推动因素为手持式和便携式测量提供了优势，从而促使其得到采用和成功。它们为分析信息的使用者提供了实际的优势。这些优势通常不在于分析准确度或灵敏度（尽管有时可以），而往往更多地涉及实际操作方面。手持式和便携式测量可以提供更高的安全性、更高的效率、成本节约或样品保护。虽然分析化学的科学始终追求更高的选择性和灵敏度，但工业界对一种技术的偏好往往取决于这些实际因素。

手持式和便携式红外仪器的应用范围非常广泛，因此可以采用多种方式对这些应用进行分类。本章根据推动便携式仪器应用的需求对应用进行分类。

我们确定了手持式和便携式红外应用的3个主要驱动因素：

① 快速响应；

② 分散样品；

③ 非破坏性测量。

快速响应是便携式仪器的显著特点之一。在现场测量样品可以几乎立即得到结果，而不需要将样品运送到单独的实验室进行分析，即使实验室就在附近。此外，红外测量速度相对较快，通常可以在不到 1 min 内获得结果。快速响应以及红外光谱根据分子结构识别材料的能力使得手持式和便携式红外系统成为法医、军事和危险品应急响应等领域中未知材料鉴定的关键工具（本卷第6、第7和第9章）。

　　类似地，便携式仪器可以高效地测量分布在较大物理区域上的样品。在这种情况下，便携式红外光谱仪的定量能力被用于确定浓度分布，相较于传统的样品收集和实验室分析节省时间和金钱。

　　此外，手持式红外光谱仪可以在样品存在的任何地方对大型或复杂形状的物体进行测量，实现真正的非破坏性分析。红外测量提供的化学鉴定和定量能力与超声波和其他传统的非破坏性评估技术所进行的主要物理测量相辅相成，扩展了分析的范围。

　　对于每个应用，还有其他需求和驱动因素对应用的成功做出了贡献。成本、效率、分析准确性和精确性都对每个应用的成功起到了作用。然而，已确定的分析驱动因素推动了手持式和便携式测量的发展，并为这些测量提供了超越实验室的优势。

11.1　快速响应

　　应急响应人员使用手持式和便携式振动光谱仪对未知物质进行鉴定。现场样品的测量提供了快速答案，有助于快速采取纠正措施，提高公共安全。这个行业是推动便携式红外仪器开发和扩展的主要驱动力。在首次使用近20年后，它仍然是手持式和便携式振动光谱仪器的最大市场之一。大规模的采购和使用源于2001年针对媒体机构和政治人物的邮件炭疽攻击事件。

　　对于大多数分析化学家来说，也许会感到意外，但在2001年之前，很少有危险物品处理或其他应急响应团队使用仪器方法鉴定未知物质。通常情况下，团队会使用非特异性燃烧气体或光电离检测器（PID）仪确定是否存在危险气体。如果发现了未知的固体或液体，团队会试图通过标签、运输文件或其他文件进行鉴定。然而，炭疽攻击带来了一个新的问题。作为对最初攻击的回应，许多政府机构发布了与"未知白色粉末"有关的警告。随着媒体对这些攻击和随后的警告的报道增加，应急响应人员面临着越来越多关于可疑白色粉末的报告。由于无法鉴定找到的物质并确定疑似物质的危险性，应急响应人员别无选择，只能限制进入建筑物，直到实验室测试完成。几乎所有找到的样品都是无害的，然而，武器化炭疽的潜在危险使得快速鉴定变得至关重要。限制进入建筑物和基础设施带来的成本是巨大的。常常被提及的一个故事是，一个应急响应人员在处理白色粉末的呼叫时，上级告诉他："请快一点。机场航站楼已关闭，每分钟损失 1000 美元……"

　　在最初的炭疽攻击之后的几个月里，急救人员开始使用手持式和便携式振动光谱仪鉴定未知物质。通过在现场对样品进行测量，可以快速获得结果，从而实现快速应急处理并提高公共安全。这个行业是推动便携式红外仪器开发和扩展的主要驱动力之一。即使在首次使用后的将近20年后，它仍然是手持式和便携式振动光谱仪器的最大市场之一。最初，应急响应人员使用的是面向工业应用的 SensIR Technologies TravelIR 和 Thermo Nicolet CompoundID 仪器[1]。这些仪器采用金刚石衰减全反射（ATR）采样接口，并与适当的光谱库配对使用，使应急响应人员能够在现场对样品进行鉴定。虽然红外光谱无法准确识别炭疽芽孢杆菌（炭疽病的病原体），但红外仪器可以识别许多被发现的物质，对于大部分"白色粉末"报警提供了快速解决方案[2]。随后不久，SensIR（现为 Smiths）开发了首台专门针对国土安全市场的便携式仪器[3,4]。SensIR HazMatID 是一台完全自包含、电池供电的傅里叶变换红外（FTIR）光谱仪，配备了金刚石 ATR 样品接口。它还包括一个集成的触摸屏计算机和相应的光谱库。该仪器采用了以方法为驱动的软件，易于使用，并专门用于未知物质的鉴定。它具有完全防水和可清洗的特性，这对于在市场上取得成功至关重要。一旦这种仪器被用于民用应急响应团队，它们很快就被应用于其他需要鉴定未知物质的情况。目前，既有使用红外光谱学又有使用拉曼光谱学的手持式和便携式仪器被用于这种应用[5]；红外系统也已经发展用于气相鉴定[6,7]。小型手持式系统以小巧、易携带的形式提供样品鉴定解决方案；稍大一些的便携式系统具有更大的屏幕和控制器，适合佩戴防护装备的用户操作[8-10]。

手持式和便携式红外和拉曼光谱仪在应急响应中的基本应用是通过光谱测量和与预定义光谱库的自动比对鉴定未知固体和液体。专门为此应用设计的红外仪器通常使用FTIR光谱引擎和金刚石ATR样品接口。这些系统被全球的民用和军用应急响应团队使用。通常，这些系统由消防和警察保护服务中的民用危险物质应急响应团队使用。用户通常是危险品专家，但不一定是化学家。专用于物质鉴定的用户友好软件使得系统在经过最少培训的情况下能够成功使用。军方使用略有不同，其重点是鉴定化学武器、爆炸物和危险工业化学品。在应急响应场景中使用红外光谱学进行样品鉴定依赖3个技术进展：金刚石ATR、适用的光谱库和适合恶劣操作条件的坚固构造。

金刚石ATR技术是红外光谱样品鉴定的一项关键技术。它可以在很少用户交互的情况下提供一致的样品测量；此外，金刚石晶体界面具有耐刮、耐化学腐蚀和抗冲击的特性。它提供了一致的光程，使大多数样品的吸光度强度均匀。用户只需确保样品与金刚石界面良好接触，使用压力将固体样品压紧或者将液体样品覆盖在晶体上即可。一致的吸光度强度有助于对大多数材料进行准确的光谱库搜索。

与金刚石ATR紧密相连的是适当的光谱库，它使应急响应人员能够在无需光谱解读的情况下识别样品。在初始引入红外光谱仪用于应急响应后的几年里，大量工作被投入到构建ATR红外光谱库中，该库由应急响应人员可能遇到的物质组成。如今，已经存在包含各种化学品的大型库，这些化学品包括已知危险品和常见产品。这些库可以与仪器一同提供，或者可以购买，其中包含了爆炸物（包括自制或临时制造的爆炸物）、非法药物、化学武器、农药、药品、家用产品、有毒工业化学品和常见的白色粉末的光谱。由于ATR测量具有较高的信噪比和重复性，如果样品存在于库中，可以轻松地获得相关性大于或等于0.95的匹配结果。这些庞大的光谱库与自动进行库搜索的方法驱动软件结合，使应急响应单位中的非专家用户能够快速识别样品。然而，标准的基于相关性的库搜索在分析混合物时往往失败。不幸的是，许多消费品是由几个成分混合而成的。如果样品是一个混合物，并且混合物在库中以大致相同的比例存在，可以通过相关性算法进行识别。然而，在应急响应场景中，必须假设未知样品可能是任何东西，因此将每种可能的混合物都包含在库中是不可能的。一些团体已经开发了先进的多元分析算法解决混合物分析问题，并取得了很大的成功（详见本卷第1章）。如今，专为危险品处理市场设计的商用手持式或便携式红外光谱仪通常会集成混合物分析算法[11]。这些算法的实现方式各不相同，但通常软件会提醒用户可能存在混合物，并提供混合物的成分建议。通常还会提供这些成分可能是混合物一部分的概率测量值。这些算法通常限于3个或4个成分，对于二元混合物获得最一致的结果。

在危险品处理市场上，大多数手持式和便携式仪器公司还提供全天候的技术和应用支持服务。通过这些服务，客户可以随时获得红外光谱专家的帮助，解决样品测量中遇到的问题，解决技术支持困扰，并通过电话和电子邮件与专家共同评估样品数据，能够快速将数据发送给资深的光谱学家，使应急响应人员在现场使用仪器时更加自信。

坚固耐用的结构是第三个技术突破，使得手持式和便携式仪器在物质应用领域取得成功[12]。

这包括防水外壳、非吸湿光学元件、二极管参考激光器以及抗震抗振动性能。危险品处理团队需要将仪器带到被称为"热区"的样品区域。离开"热区"的任何物品都必须进行脱污处理，包括任何仪器。脱污通常包括清洗可见污染物，并将物品浸泡在漂白剂中以确保去除任何杂质。因此，危险品处理团队使用的手持式和便携式光谱仪必须具有防水以及耐漂白剂、溶剂、酸、碱和其他可能在使用过程中洒在系统上的化学物质的能力。除了防水外壳外，这些系统还必须能够在任何气候条件下使用，包括高湿度环境。传统的实验室FTIR光谱仪使用吸湿性光学元件；适用于危险品处理的便携式系统的关键是硒化锌（ZnSe）光学元件，其具有出色的光学性能，并且不受大气或液态水影响。当与坚固耐用且易于使用的金刚石ATR和方法驱动的软件相结合时，这些皮实的系统几乎不需要维护，可以由非专业人员进行操作和维护。

在扣押非法毒品的现场，快速的现场分析提供了有意义的样品鉴定。推定测试为执法人员提供了可能的理由，用于逮捕持有疑似毒品的人。目前有许多测试套件可提供某些毒品物质的比色测试[13]。人们对用便携式仪器取代推定测试以减少主观性、改善误报率并提供可审查结果的兴趣很大。在一项经济研究中，Menking-Hoggatt[14]计算出使用便携式仪器在现场或预订时测试和识别没收的毒品可以节省每个案件高达10000美元，并提供其他优势，如增加起诉的准确性和公众的信任。为了获得这些好处，现场测试需要达到实验室测试所需的准确度和精确度水平。目前尚无法实现这一高标准，但有动力改进和采用这些技术。早期的技术研究[15]发现，由于街头没收的样本中药物化合物浓度低，很难使用手持式和便携式红外和拉曼仪器。然而，最近的研究表明在麻醉品[13,16]和新的合成精神活性物质[17]领域有更多的前景。

Lieblein等进行了一项比较研究，评估了手持式红外和拉曼仪器对可卡因现场测定比色测试的功效[13]。研究人员使用实验室制备的可卡因样品，其中掺杂了利多卡因、甘露醇、咖啡因、人工甜味剂和婴儿配方奶粉等物质，浓度与街头查获的样品相当。结果显示，手持式红外和拉曼仪器能够正确识别含有25%及以上浓度的可卡因。在某些物质（红外中的利多卡因和拉曼中的人工甜味剂）中，检测限甚至低至5%。与传统的比色技术相比，手持式红外和拉曼仪器提供了更多优势（详见表11.1）。研究中采用的先进混合物分析算法比以往研究中使用的相关算法具有更低的检测限[15]。在比色测试中，利多卡因可能会干扰结果，导致误判；对于其他物质，检测限为10%。研究人员指出，在较低浓度下需要进行手动光谱解读才能进行准确检测。尽管手持式红外和拉曼光谱仪的资本成本较高，但从长期来看，它们与比色测试相比具有更好的价值，能够提供更一致的结果和较低的误判率。在另一项研究中，Mainali等采用一种不同的数据分析技术，在便携式红外光谱仪上使用ATR样品接口对低浓度街头查获样品中的可卡因进行鉴定[16]。这种新颖的分析方法结合了峰值提取程序和专家系统，能够预测样品中可卡因的存在概率，并且不受掺杂物影响，非常适合现场使用。

表11.1 便携式红外和拉曼光谱与传统基于比色的可卡因现场测试的比较

参　数	基于颜色	便携式红外	便携式拉曼
复杂性	易于使用	易于使用	易于使用
培训	培训1天，作为毒品培训的一部分	1天	半天
样本消耗	破坏性	非破坏性	非破坏性
分析时间	1～3 min	1～3 min	1～3 min
多功能性	每个测试对应一类毒品，因此不同的非法药物需要单独的测试	能够识别混合物中的大量化合物	能够识别混合物中的大量化合物

续表

参　数	基于颜色	便携式红外	便携式拉曼
客观性	主观的：基于颜色的感知	客观的	客观的
检测限度	10%	根据掺假物而异，为5%～25%	根据掺假物而异，为5%～25%
特异性	容易出现假阳性和假阴性	未报告出现假阳性或假阴性	未报告出现假阳性或假阴性，然而掺假物的荧光和深色样本会限制非法药物的识别
监管链确证	无	是	是
安全性	测试需要接触未知化学物质	测试需要接触未知化学物质	可透过容器进行分析，减少了接触未知化学物质的风险
成本	每次单次使用测试为2～5美元；每年超过30000美元	每台仪器的成本为25000～65000美元，无需消耗品	每台仪器的成本为12500～25000美元，无需消耗品

来源：文献[13]，版权（2018）归MJH Life Sciences所有。

在过去的10～15年中，新合成药物，如合成大麻素和合成卡西酮，已经成为一个日益关注的问题。这些新型精神活性物质的存在给法律和执法工作带来了挑战，因为制造商不断改变配方，使得检测和起诉变得困难。Harkai和Pütz[17]发表了一项研究，比较了手持式红外和拉曼光谱仪在现场鉴定含有新型精神活性物质的查获物的效果。研究者首先在红外和拉曼仪器上建立了一个包含已知合成大麻素和卡西酮的光谱库，然后使用可用的库混合物搜索算法对查获物的光谱进行搜索。研究者发现红外光谱的使用具有优势，特别是在吸收拉曼激光导致材料热降解的深色样品中。拉曼系统在透过塑料袋或其他透明容器测量查获样品方面具有优势。最终，推荐结合手持式红外和拉曼仪器，以满足新型精神活性物质鉴定的不同需求。

对于危险或非法物质，手持式和便携式红外光谱技术提供了快速的现场鉴定。这些工具足够简单，非化学专家经过最少的培训即可使用，并能在大多数情况下提供准确的鉴定结果。在这些情况下，手持式和便携式仪器提供的快速鉴定确保公共安全，推进军事行动，并为法庭鉴定案件提供快速高效的解决方案。当然，所有这些测量都可以在实验室中进行，但是便携式系统提供的快速分析速度使其成为应急响应、军事和非法药物鉴定的明智选择。

11.2　分散样品

手持式和便携式测量在另一类应用中也能够发挥重要作用，即散布在大面积范围内的样品。在某些情况下，可以将散布的样品收集起来送往实验室进行分析，例如土壤或矿物样品。而对于空气污染或机动车排放等难以带入实验室的散布样品，情况就比较困难了。通常，这些样品分布在广阔的地理区域，数据通常以数据地图的形式呈现，其中所需分析物的位置和浓度提供了有意义的信息。手持式和便携式红外光谱仪对于散布样品具有许多优势。野外样品的测量通常能够更高效地进行。野外样品的收集、文档记录、运输和实验室分析都是耗时的工作。用户仍然需要在现场鉴别样品、测量和记录结果，但是便携式仪器可以节省运输时间和成本，并避免实验室样品的积压。手持式仪器通常可以在原位进行测量，无需进行样品收集，进一步提高了效率。此外，用户还可以通过动态修改样品间距生成更有意义的数据地图。这种测量引导的成像可以在信息丰富的区域获取更多的数据点，并减少不需要的数据点。与固定网格工作不同，动态数据采集可以优化所需样品数量，减少总体数据采集时间和成本。

便携式红外测量在分散样品中的应用可以通过土壤的石油污染展示其优势。便携式红外光谱技术已成功用于测量土壤中的烃类污染。在发生石油产品泄漏的情况下，土壤可能被污染，对人类和土壤健康产生负面影响。污染物可以通过土壤迁移，形成扩散区域。为了正确处理污染现场，必须在污染区域空间上确定土壤中的总石油烃（TPH）或可回收总烃（TRH）的浓度。传统的分析方法包括在现场物理采集样品，将样品运送到场外实验室，并使用已发表的方法对样品进行分析。目前实验室分析的黄金标准方法是气相色谱结合火焰离子化检测器或质谱仪（GC-FID或GC-MS）。目前的过程既耗时又昂贵，例如研究人员报告称便携式红外光谱仪的原位现场测量可以降低分析成本至1/8～1/10。现场测量还可以节省时间，在现场只需2 h就能分析十几个样品，而场外实验室分析则需要长达5个工作日[18]。便携式测量还可以减少耗材使用量，降低能源消耗，避免使用有害溶剂进行提取，并减少有害废物的产生。

通过漫反射采样接口进行红外光谱分析已被证明可准确测量土壤中的烃类物质，具有区分石油烃类和其他土壤成分的特异性。随着便携式FTIR仪器的最新进展，土壤中TPH（或TRH）的现场测量已成为成功的应用。Khudur和Ball的一项研究[18]显示，在对生物修复和风化土壤进行大规模研究时，与传统实验室GC-MS测量结果相比，便携式红外仪器非常准确，相关系数R^2 = 0.998。对TPH浓度在100～100000 mg/kg范围内进行了准确预测。

在Ng等的另一项研究中[20]，比较了使用漫反射样品接口的便携式和台式中红外光谱仪在分析石油污染土壤中的TRH时的性能，研究中包括了添加的实验室样品和野外受污染样品。手持式和台式FTIR系统的光谱特征相似，但由于两种系统之间的光学差异，吸光度值略有不同。经过个别校正，手持式系统（R^2 = 0.71）提供的预测结果比基于实验室的分析（R^2 = 0.53）更准确。除了能够准确确定TRH外，该研究还考虑了与修复相关的其他因素，如土壤质地、降解导致的烃类损失和有机物质的添加（见表11.1）。

最后，在Webster等进行的一项较为复杂的研究中[19]，使用漫反射接口的手持式FTIR光谱仪被证明能够准确预测3种不同土壤类型中的TPH浓度。这些土壤是：富含意大利碳酸盐的黏土，在浓度范围为0～60000 mg/kg的柴油污染下进行实验；富含澳大利亚高岭土的黏土，在实际柴油泄漏现场的浓度范围为0～40000 mg/kg；富含尼日利亚壤土的土壤，在不同浓度的柴油污染下浓度范围为0～30000 mg/kg。该研究利用偏最小二乘回归（PLSR）建立的预测模型，在不同土壤类型下，能够对TPH浓度（0～3000 mg/kg范围内）进行准确预测，相关系数（R^2）为0.99，预测均方根误差（RMSEP）为200 mg/kg。对于每种土壤类型的大范围TPH浓度（0～60000 mg/kg），预测模型达到了R^2=0.99和RMSEP=1255 mg/kg的结果。

上述研究展示了手持式红外技术在土壤中直接测量TPH方面的预测能力，同时证明了该技术相较于传统的实验室分析具有更多的信息和成本节约的优势。例如，Ziltek公司的一个案例研究中，使用RemScan™手持式红外仪器对柴油泄漏现场进行了初步定量和修复验证[21]。仅仅使用一台仪器，每天就能测量超过200个样品，使得整个验证过程仅需4天，而传统的实验室分析可能需要数周时间。图11.1（a）展示了手持式测量的过程，图11.1（b）展示了传统实验室测量结果与手持式测量数据之间的密切相关性。仅仅通过节省时间，就能够减少约30000美元的修复成本。另外，还有一个案例研究展示了手持式红外在变压器修复现场的应用，通过现场测量结果确认所有受污染的土壤已被清除，从而使得当天即可进行回填作业[22]。还有第三个案例研究，在一个面积超过4 km²的大型现场中应用了手持式红外技术，用于确定高污染区域、验证挖掘区域是否无污染，并根据TPH浓度对受污染物料进行高效处理[23]。

(a) RemScan数据与实验室数据在TPH方面的对比

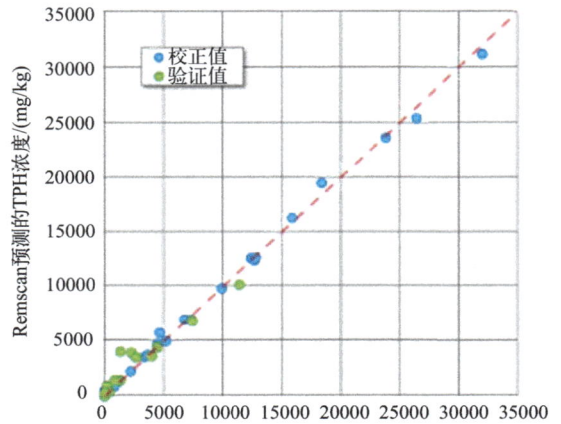

(b) 经过认可的实验室测量的TPH浓度/(mg/kg)

图11.1　土壤中总石油烃（TPH）的手持式测量（a）和手持式FT-IR结果与标准化实验室测量的验证数据比较（b）
来源：图片由Ziltek提供[21]

　　类似上述土壤污染研究，手持式和便携式红外光谱技术还广泛用于农业中的土壤健康监测。传统的土壤采样和分析是一个缓慢、耗时且昂贵的过程，但却是例行的操作。土壤是一个复杂且动态的基质；研究人员对一系列可测量的土壤性质感兴趣。准确表征土壤化学成分是精确农业的核心，它还影响到从了解气候变化到实现食品安全等众多与农业相关的问题。

　　MIR光谱分析是一种成熟的土壤分析技术。它提供了矿物和有机成分的化学指纹，因此许多土壤性质或分析物可以从单个光谱中同时确定。手持式MIR系统使得从实验室转向田间成为可能[24,25]。使用便携式MIR进行土壤分析的巨大潜力优势在于它没有数据收集的障碍；每个样品的成本非常低，分析速度非常快，数据可以在一次现场访问中测量和分析。手持式MIR是土壤分析的一项潜在变革性技术。便携式光谱仪可以为现场特定问题提供见解，例如解决农作物产量低的问题，也可以通过提供更准确的土壤制图增进全球知识。便携式MIR系统还面临一些挑战；由于需要在土壤原始状态下进行样品测量，与实验室环境不同，样品无法研磨和充分干燥。

　　几项研究阐明了这一领域的兴趣和进展。对于土壤分析，评估便携式仪器与台式模型之间存在许多可变因素，有多个厂商生产技术规格不同的仪器，现场采样样品的状态与实验室制备的样品不同，并且存在不同的开发校正模型的方法。

　　已经进行了手持式MIR系统与实验室系统在土壤参数预测方面的比较[26,27]。Hutengs等[26]研究了使用手持式和实验室MIR仪器对土壤有机碳（SOC）、氮、黏土、砂和pH进行校正的预测准确性。这项研究发现，手持式系统在与具有漫反射采样接口的实验室光谱仪相比时具有可比的预测准确性；只有当实验室光谱仪配备积分球时，其性能明显优于手持式系统。在第二项研究中，Hutengs等[28]比较了便携式近红外（NIR）仪器和手持式MIR光谱仪对SOC的校正。结果表明：样品制备的增加改善了所有测量结果；与原地无准备测量的样品相比，干燥和研磨样品的校正精度提高了1.8倍。然而，在所有情况下，具有漫反射采样接口的手持式MIR光谱仪提供了最准确的SOC预测。Soriano-Disla等[27]进行了一项大型研究，比较了实验室和手持式红外系统与手持式和便携式NIR系统对17种不同土壤性质的预测准确性，测试的性质包括容重、饱和含水量、排水上限含水量、有机碳、总碳、总氮、电导率、阳离子交换容量、可交换钙（镁、钠、钾）、交换钠百分比、砂、粉砂和黏土。研究发现：手持式MIR同实验室仪器性能相似；便携式NIR在约一半的分析物上表现良好，而手持式NIR则无法提供准确的预测。这些研究表明：样品制备可能导致现场测量和实验室测量之间的预测准确性存在明显差异；只有当样品制备保持一致时，才能比较现场测量和实验室测量。

还有其他几项与农业领域相关的土壤化学研究采用了手持式和便携式红外光谱技术。Forrester等[29]使用具有漫反射样品接口的手持式MIR光谱仪开发了一种预测澳大利亚土壤磷缓冲指数（PBI）的方法，并使用PLSR模型预测浓度。该研究使用了超过600个土壤样品，涵盖了不同的土地利用、气候和地理区域。样品中包括高度施肥和未施肥的样品。针对便携式MIR的PLSR模型是基于未研磨样品的光谱数据开发的。研究涵盖了两个浓度范围：0～150单位和0～800单位。该方法不能准确预测可提取磷（Colwell磷），但可以准确预测PBI，在较低浓度范围内预测效果最好。

Soriano-Disla等[30]还开发了一种使用具有PLSR校正的手持式MIR光谱仪预测土壤中总氰化物含量的方法，该方法能够在0～611 mg/kg范围内非常准确地确定田间土壤中的氰化物（交叉验证均方根误差为21 mg/kg）。手持式MIR仪器与台式仪器和便携式MIR光谱仪预测结果相当。氰化物在研磨样品中被最准确地确定：对于湿样品，仍然可以得到令人满意的结果（误差有所增加）。该方法能够确定几种不同类型的氰化物络合物。CN物质的吸收频率处于红外光谱中一个没有其他吸光度的区域，因此可以方便地进行分析，并在湿润环境中表现出良好的性能。

盐分含量对于许多干旱和半干旱地区来说是一个问题，导致土壤退化和农田不毛。监测土壤中的盐分含量可以帮助我们了解盐渍化的程度、环境贡献和可能的治理策略。Peng等[31]在一项研究中评估了手持式NIR光谱仪和手持式MIR光谱仪对土壤中总盐特异离子浓度的预测能力。研究收集了来自中国新疆4个地区的土壤样品，并使用传统技术测量了离子浓度，每个样品还保留了一部分用于光谱测量。261个原始样品，2/3用于校正，1/3用于验证。研究发现，除了钾离子外，手持式MIR光谱仪性能良好，优于手持式NIR系统。该研究得出结论：手持式红外光谱技术可以成为评估许多地区土壤盐分含量的有价值工具。

正如前面所述，土壤是一个复杂的基质，其中所涉及的物种可以以多种形式存在。在土壤化学领域，高级数据分析能够为这一复杂系统带来益处，类似在危险品处理或法医应对中先进的混合分析有助于样品鉴定。Martinez-España等[32]通过比较机器学习技术与传统统计方法（如PLSR）的表现，研究了先进算法的优势。研究中采用了随机森林（RF）、M5规则（基于M5技术的回归规则）、高斯过程回归（GPR）、装袋法和决策树（DT）等机器学习技术。这些技术应用于458个土壤样品的便携式MIR数据，用于预测粉砂、黏土、阳离子交换容量、可交换钠以及总碳和总氮等参数的值。研究通过标准偏差（STD）和预测均方根误差（RMSEP）进行初步评估，结果表明：RF模型在预测粉砂方面表现最佳，GPR在其他参数的预测中最为准确。与传统的PLSR方法相比，GPR在土壤属性的预测中展现出更好的表现，尤其对于粉砂的预测结果仍然以RF技术为最佳。此外，通过采用Wilcoxon检验进行进一步的统计验证，证实了GPR相对于其他技术在准确性上的优势。这项研究表明，尽管PLSR等传统统计方法对于某些分析物具有良好的预测结果，但土壤系统通常涉及的样品基质和土壤化学因素变量较多，难以用传统方法进行有效建模。在这种情况下，利用现代机器学习技术可以更准确地将浓度与数据集中的微小变化关联起来，从而获得更高的预测准确性。

当然，最终分散的样本是气体。便携式红外光谱系统可以在感兴趣的现场实时进行气体识别和定量分析，它们已成功应用于污染研究[33]、危险品识别[6,7]和工业卫生[34]。便携式红外气体分析的一个新兴应用是监测各种来源的温室气体的变化。研究人员使用带有光声检测器的便携式FTIR光谱仪确定了在不同农业和畜牧条件下产生的气体的浓度和成分[35-37]。得克萨斯A&M大学Storlien等进行的一系列研究确定了用于生物燃料生产的高粱和其他植物释放的气体，该研究的目标是了解导致这些植物温室气体排放的因素，并制定种植策略，以最大限度地减少排放，使生物燃料能够实现净减排[35]。同样，英国莱斯特郡的Allerton项目是一个农业研究机构，它通过采用不同的农业实践研究了农田中二氧化碳（CO_2）和笑气（N_2O）的排放[36]。在这两项研究中，便携式测量通过测量真实的现场条件下产生的气体提供了更高的准确性和特异性；而运输土壤样品会造成进一步的干扰，导致结果不准确。在畜牧业生产领域，Preston等研究了饲料与山羊、牛的温室气体排放之间的关系[37-42]。便携式红外光谱仪与光声检测技术结合，能够对CO_2和甲烷等多种气体进行鉴定和定量分析，并比较了试验对象与对照组在特定饲料条件下产生的气体。这项研究进一步增进了对反刍动物营养与甲烷排放之间关系的理解。

对于各种产品来说，确定真实性的需求日益增长，这在食品、燃料、制药和塑料等领域都是一个不断增长的问题，迫使进行额外的测试，以确保真实性。掺假也是一个类似的关注点，指的是向产品中添加不希望的成分，通常是出于经济利益的考虑。真实性、假冒和掺假是制药行业的重大关注点，该行业已经采用了几种便携式分析方法，包括红外光谱和拉曼光谱[43]。这些问题同样也影响其他领域，在食品行业中也有类似的情况。假冒品或掺假品可能在供应链的多个环节引入，这些都属于分散的样本。在许多情况下，最有效的测试选项是在分销点进行，这为便携式测量提供了机会。便携式红外光谱和拉曼光谱的鉴别及化学指纹能力非常适合处理许多真实性和掺假问题。

2008年，中国发生了奶粉掺假事件，导致29.4万人患病，引起了对掺假食品潜在危害的广泛关注[44]。这一危机促使开发了几种敏感的分析方法检测主要的掺假成分三聚氰胺，其中大部分测试方法是基于实验室的。在Limm等的一篇文章中[44]，他们使用了一种便携式红外光谱仪，包括多反射金刚石衰减全反射（ATR）仪器和非定向数学方法检测掺假。三聚氰胺是一种在蛋白质基食品中常见的掺假成分，因为它会干扰常用的蛋白质浓度测试。尽管这是一个重要的掺假成分需要检测，但Limm等提出可能存在其他的掺假成分。因此，他们开发了一种使用软独立建模类模拟（SIMCA）分类的非特异性测试方法，该方法能够识别与真实牛奶蛋白质光谱不同的光谱特征。该方法能够以100%的准确率识别出含有仅0.3%三聚氰胺的样品。研究者指出，这些结果与红外光谱和拉曼光谱的实验室测量结果相当，但便携式带有ATR样品接口的红外光谱仪可以根据需要在分销点使用。

大多数仿冒品是出于经济动机。在食品方面，仿冒者通常会针对特定地区或特色产品，因为这些产品可以获得溢价价格。便携式红外光谱仪可以在评估食品的真实性方面发挥作用。以一个例子来说，Maurer等[45]比较了实验室和便携式红外光谱仪在区分富含ω-3脂肪酸的植物油方面的能力（图11.2）。他们发现，使用SIMCA分类算法，无论是实验室系统还是手持系统，都能够进行准确的分类，两者都使用了ATR样品接口。除了分类外，还开发了模型计算食用油的性能参数，比如游离脂肪酸值和氧化效率。在一项类似的研究中，Schotts等[46]展示了通过便携式带有金刚石ATR样品接口的FTIR采集数据，能够区分安第斯地区面粉的3个来源（具有健康益处但生产有限）与更常见的大豆、小麦、大麦和玉米等普通面粉。研究人员使用SIMCA模型能够识别掺杂了廉价面粉产品的混合物。此外，还开发了使用相同光谱测量蛋白质和脂肪含量的模型。除了污染和起源验证外，还可以使用便携式红外光谱仪和多反射ATR样品接口区分有机黄油和非有机黄油。Pujolras等[47]发现有机黄油与非有机黄油的反式脂肪含量有显著差异，利用便携式红外光谱仪测量这些差异，并使用SIMCA分析进行分类，结果显示所测试的黄油可以百分之百正确分类。与其他鉴别文章一样，还开发了多元定量模型测量样品的关键性能参数，比如反式脂肪。这项工作以及前面两个例子中的组合分类和定量分析为用户提供了真实性保证和关键质量参数的单次测量结果，适用于分销链的任何环节，展示了便携式测量对食品行业的价值。

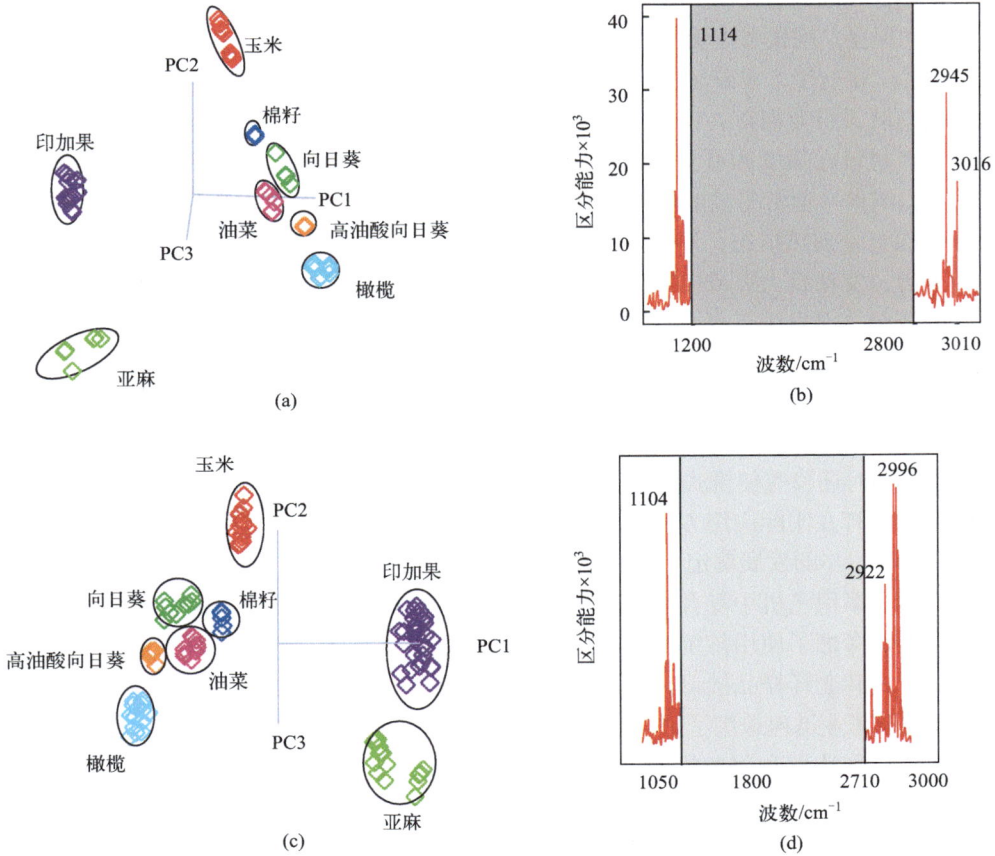

图11.2 Maurer等的SIMCA分析结果显示了印加果油与其他常见产品的分类。(a)和(b)、(c)和(d)展示了来自台式和便携式红外光谱仪的数据集的3D投影图和SIMCA判别图。来源：文献[45]，版权（2012）归Elsevier所有

11.3 无损检测

红外光谱技术长期以来被视为一种非破坏性的测量技术。红外光没有足够的能量引起化学反应，也不能对样品造成损伤。尽管红外光是非破坏性的，但在便携仪器出现之前，如果不去除小样本，通常无法在实验室仪器中测量大样本或易碎样本。然而，便携式红外仪器能够对大型、脆弱或不可替代的样品进行非破坏性测量。它们紧凑的尺寸和非接触或最小接触的采样光学器件使得能够在不移除样品的情况下测量复杂的物体，实现了无损检测的全部优势。

非破坏性分析有4个显著的应用领域：航空航天复合材料的热损伤、涂层分析、艺术品保护和考古学（后两者在本卷第21章和第22章中讨论）。对于航空航天复合材料，小型手持式红外仪器可以对复合材料的氧化热损伤进行就地测量。非破坏性的特性使得可以对结构进行评估，并在必要时进行修复。可以通过识别涂层验证其合格性，或在感兴趣的表面上进行定量测量以进行质量控制。在艺术品保护中，红外光谱可以用于确定艺术作品的真实性，评估其退化情况，并实时监测修复过程。手持式仪器对艺术品进行测量而无需取样，保护了其价值，并允许在整个修复过程中更频繁地进行测量。手持式红外测量在考古学中也具有类似的优势。历史遗址经过多年的保护和保存，现代考古学家通常需要评估在遗址上添加或修改了什么，以确定未来使用的最佳保护技术。在这里，非破坏性的红外分析可以提供有价值的鉴定工具，以帮助这个过程。

对于航空航天行业而言，评估复合材料的热损伤是一个一直存在的需求。与传统的铝制构造相比，复合材料在强度和重量方面都具有优势。然而，这两种材料的损伤机制是不同的。复合材料的结构组件（通常是玻璃纤维或碳纤维/石墨）在低热负荷下不会受到损伤，但复合材料中的树脂可能会受到热损伤，导致强度可测量地降低。此外，航空航天材料可能会遭受各种热事件，如雷击、发动机火灾或电气问题。特别重要的是识别潜在的热损伤[48]，这是指在焦炭形成、裂纹或分层之前发生在复合材料树脂中的损伤；传统的无损检测技术（如超声波）无法检测到这种损伤，但可以通过分子光谱检测。关于复合材料潜在热损伤的红外测量最早由奥克里奇国家实验室在1990年进行了研究[49]，该研究旨在评估用于测量环氧树脂/碳纤维复合材料热氧化的光谱工具，其中评估的工具之一是使用漫反射采样界面的红外光谱。该研究使用传统的实验室光谱仪（当时还没有便携式仪器），配备了专门设计的样品光学系统，可以在仪器样品舱外评估大样品。尽管在实际应用方面受到限制，该研究证明了红外光谱可以用于监测复合材料的热损伤，并为进一步的发展奠定了基础。

随着商用和军用飞机中复合材料的使用增多，对热损伤分析的需求也增加了。在便携式仪器出现前，人们考虑了使用传统实验室光谱仪测量复合材料样品的各种方法，包括不同的台式光谱仪安装方式和光纤样品接口。当配备适当的反射取样光学系统的便携式红外光谱仪于2008年问世后，航空工业迅速采用了这项技术。

目前，飞机制造商和服务机构都使用带有漫反射样品接口的便携式FTIR光谱仪监测复合材料的热暴露情况[50,51]。通常使用多元数据分析技术预测热暴露情况。A2 Technologies（现为Agilent Technologies）、波音公司、德拉华大学和桑迪亚国家实验室共同进行了一项大规模研究，该研究是在联邦航空管理局资助下进行的，后来由华盛顿大学材料科学与工程系接手并完成[52]。该研究集中于两种不同的环氧树脂/碳纤维复合材料。研究组设计了一个测试矩阵，将复合材料样品暴露在162～280℃的8个温度点上，持续时间从30 min到8.5 h不等。总共产生了40个不同温度/时间点的样品；从每个温度/时间点分别生成了用于物理测试和两种不同红外测量的样品。使用黄金标准物理测试方法对每个样品点进行评估，通过短梁剪切试验确定其强度降低与未受损样品的对比。进行红外分析的样品分为两组：第一组样品以树脂富集状态进行测量，类似于从模具中取出的零件；第二组样品使用砂纸磨去树脂富集层，暴露下方的纤维。树脂富集样品代表未上漆的部件；磨砂样品代表已上漆的部件，但漆被去除，以分析其下方的复合材料。在每个样品点上，使用A2 Technologies（现为Agilent）的Exoscan便携式FTIR光谱仪和漫反射样品接口采集树脂富集样品和磨砂样品的红外光谱。因此，获得了4个完整的数据集，每个数据集包含两种复合材料，分别是树脂富集样品和磨砂样品，其中包括便携式红外和物理测试数据。便携式红外光谱显示了随着热暴露时间增加而观察到的变化，包括由于表面氧化而出现的在1720 cm^{-1}处不断增长的羰基吸收峰以及在1350 cm⁻¹和1300 cm⁻¹之间观察到的砜交联的变化（图11.3）。

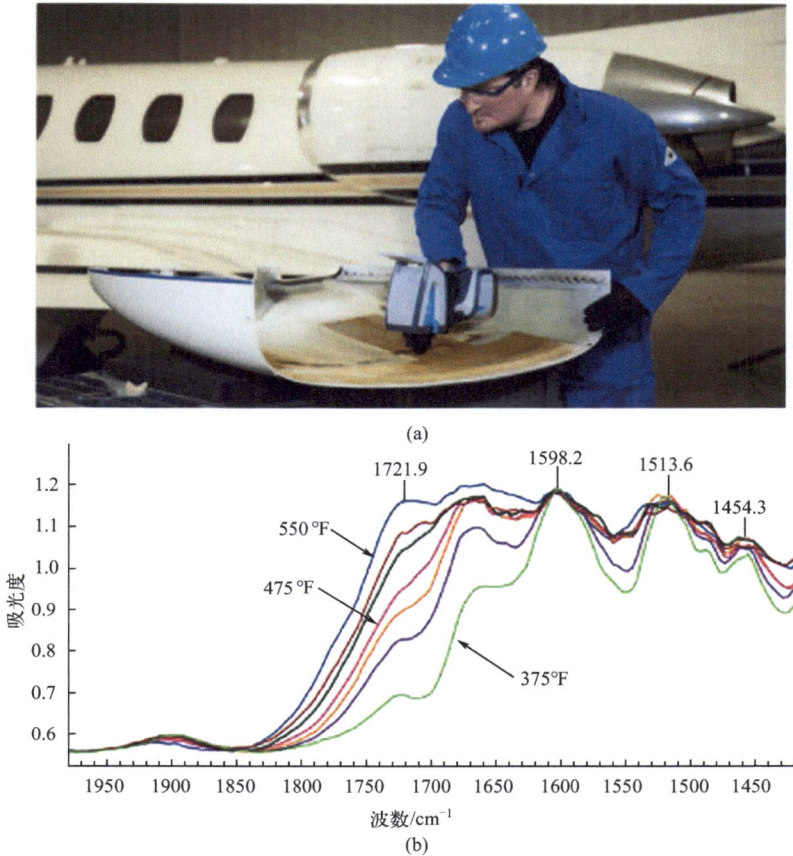

图11.3 非破坏性测量复合材料部件的热损伤（a）以及热氧化对环氧复合材料引起的光谱变化（b）。来源：文献[51]，经Agilent Technologies, Inc. 授权复制

为了证明预测热损伤的有效性，每个数据集被分成校正集和验证集。在每种情况下，都开发了一种偏最小二乘（PLS）方法，用于预测给定热暴露后复合材料的短梁剪切强度值。在所有情况下都展示了准确的预测，尽管方法的相对误差因复合材料类型以及树脂富集样品和磨砂样品而异。总体而言，这些方法的相对误差范围为5.9% ～ 11.4%，其中树脂富集样品通常具有较低的相对误差。例如，对于一种环氧树脂的树脂富集样品的校正相对误差为5.9%，而对于同一复合材料的磨砂样品的校正相对误差为7.4%。

在第二份报告中[52]，Howie等展示了手持式红外光谱仪在修复场景中的应用。对受损的面板进行了手持式成像研究，发现红外光谱在超声波测试检测到任何变化之前就能检测到复合材料的变化。局部加热样品被切片，发现红外光谱与通过层间剪切物理测试测量的切片样品上的损伤具有很好的相关性。除了上述的环氧树脂工作外，Toivola等[53]还研究了双酰亚胺（BMI）碳复合材料的热损伤测量。BMI具有优异的高温性能。Toivola等证明了手持式红外光谱仪也可以用于预测BMI复合材料的热损伤，其准确度与环氧树脂复合材料相似。

空中客车（Airbus）还使用手持式红外光谱仪作为复合材料的无损测量技术。在第七届航空航天无损检测国际研讨会上，来自空中客车集团创新部、慕尼黑工业大学和联邦国防军研究所

（材料、燃料和润滑剂）的研究者讨论了手持式红外光谱仪在复合材料热降解、吸水和液压油污染测量中的应用[54]。Heckner等的研究将使用手持式FTIR光谱仪与漫反射界面相结合的光谱与层间剪切物理测量进行了相关性分析。该研究发现，在树脂富集样品中，通过使用PLS算法可以得到良好的相关性。与其他研究类似，磨砂样品更难建模，但仍提供足够的信息进行测试。除了对热降解进行定量化外，该研究还成功地使用主成分分析（PCA）对样本光谱进行分类，确保正确的模型（树脂富集vs.磨砂）被应用。

该研究还使用了手持式红外光谱仪与漫反射样品界面非破坏性地测量复合材料零件的吸水情况[54]。在潮湿环境中，复合材料可以吸收超过其自重1%的水分。吸收的水分可能对后续装配步骤中的复合材料粘接产生不利影响，因此确定复合材料零件吸收的水分含量对于确保粘接质量非常重要。在这项研究中，将复合材料样品暴露在潮湿的大气环境中，并通过重量法确定吸收的水分含量。随后，对这些样品进行了手持式红外光谱测量。发现吸收的水分含量与OH伸缩频率（3660 cm^{-1}）和HOH变形频率（1670 cm^{-1}）之间存在相关性。开发了一个PLS模型，用于根据收集到的红外光谱预测水分含量。该模型在测定浓度为0～1.2%的水分时被认为是准确的，RMSEP为0.11。

最后，Heckner等的研究还评估了手持式红外光谱仪在确定复合材料零件液压油污染方面的应用[54]。在修复场景中，复合材料零件的污染是一个严重的问题，因为在污染表面上通常无法成功进行粘接修复。在通过具有漫反射样品界面的手持式FTIR光谱仪进行测量之前，将复合样品浸入含有越来越多的飞机液压流体的水溶液中。这项工作发现，1730 cm^{-1}附近的波段与样本接触的液压流体量之间存在相关性。在这种情况下，手持式FTIR光谱仪可以在修复现场对飞机零件上的污染进行测量，而无需复杂的清洗或提取程序。几乎在所有情况下，用于评估复合材料零件的测量必须是非破坏性的，才能对飞机修理设施具有价值。手持式红外光谱已经在一些情况下满足了这些需求。

类似于复合材料，红外光谱法对涂层的非破坏性化学评估也是先进材料制造商和用户非常感兴趣的领域。现代涂层用于保护先进材料免受湿气、腐蚀环境、紫外线（UV）损伤和磨损。涂层的鉴定和质量认证对于确保产品符合预期的使用规格至关重要。传统涂层分析通常通过对首件或见证样板进行破坏性测试进行。手持式红外光谱仪可用于非破坏性地测量涂层材料，以验证涂层的真实性和确认正确的涂层施用，从而实现对涂层物品的100%检查，以确保其正常性能。

以安捷伦科技（Agilent Technologies）的一份应用指南为例，展示了通过非破坏性分析进行涂层的鉴定和分类[55]。正如该指南所示，使用光谱相关性分析的典型库搜索可以区分不同类型的涂层，例如丙烯酸与聚氨酯，但它缺乏区分类似涂层配方所需的特异性。该指南进一步展示了可以使用偏最小二乘判别分析（PLS-DA）区分配方；涂层被分成不同的组，并被赋予识别索引。创建了5个不同的PLS-DA模型，可以正确识别8种不同的聚氨酯涂层配方（图11.4）。

除了涂层的鉴定外，确认正确的涂层施用以确保涂层的性能也很重要。现代高性能涂层通常由多种有机和无机化合物组成，具有固化的聚合物黏合剂。两部分涂层必须按照正确的比例混合，以确保适当的固化和正确的表面质感。安捷伦科技的一份应用指南描述了使用具有镜面反射样品界面的手持式FTIR光谱仪量化后固化聚氨酯涂层中两组分体系的混合比例[56]。涂层在2.5：1、3.0：1和4.0：1的比例下进行了测量，其中3：1是理想的混合比例。该涂层体系的高或低混合比导致表面质量不佳。开发了一个定量的PLS算法，预测比例的相对误差为1.3%，可以符合制造商的建议范围±5%的测量要求。这项测试实现了对涂层过程的非破坏性质量控制。

手持式FTIR的非破坏性分析也在考古学和艺术保护界得到了强力的支持。虽然与复合材料和涂层相比研究对象处于历史时间线的相反端，但在不修改或损坏艺术品或历史遗物的情况下

校正模型	R^2	所需因子数量	为每个涂层组分配的任意值	涂层分离
1	0.984	6	[D, H, J, M] ="0" [A, B, C, E, F, G, I, K, L] ="1" [N]="2"	N
2	0.997	3	D="0", H="1", J="2", M="3"	D, H, J and M
3	0.994	5	[A, B, C, E] ="0" [F, G, I, K, L] ="1"	[A, B, C, E] and [F, G, I, K, L]
4	0.999	3	A="0", B="1", C="2", E="3"	A, B, C and E
5	0.998	4	F="0", G="1", I="2", K="3", L="4"	F, G, I, K and L

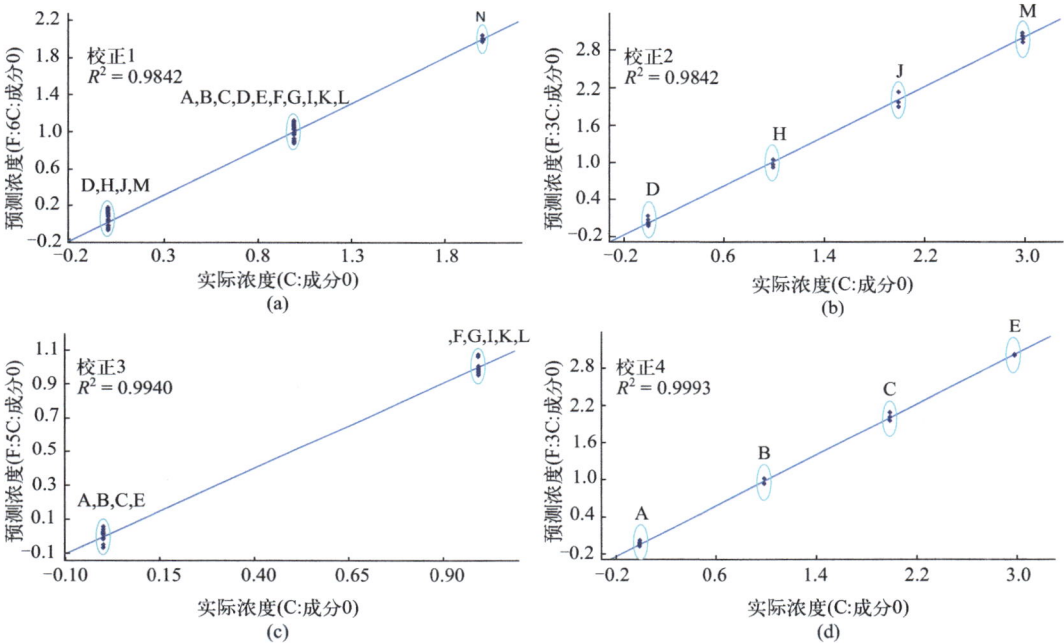

图11.4 使用PLS-DA对5种不同的丙烯酸涂层进行分类。来源：文献[55]，由Agilent Technologies, Inc提供，版权归Agilent Technologies, Inc所有

获取样品的分子成分信息是至关重要的；在许多情况下，历史遗址受到法律保护，甚至禁止移除微小的样品[55]。手持式和便携式红外和拉曼系统提供了对艺术品和考古遗址的非破坏性分析，用于研究和保护。

手持式和便携式红外和拉曼光谱仪被用于确定考古遗址的组成和老化情况。关于庞贝古城历史建筑中绘画的几项研究已经发表[57-59]。在这些研究中，使用手持式仪器对颜料和黏合剂进行了非破坏性识别。Madariaga 等[58]使用手持式红外和拉曼光谱仪与手持式X射线荧光（XRF）相结合，识别了用于保护处理的颜料和蜡的化学成分。化学证据表明早期降解是由于酸性火山气体和附近城市的酸性污染导致的持续降解（图11.5）。在类似的研究中，Hernanz 等[60]使用具有漫反射采样接口的手持式红外光谱仪作为辅助技术，用于测量伊比利亚半岛上的露天岩画，同时还使用了手持式拉曼光谱仪、手持式XRF和便携式共焦拉曼技术。该研究确定了颜料的矿物组成，即使在受侵蚀形成的外壳存在的情况下也能进行分析。在强荧光干扰拉曼测量的情况下，红外光谱特别有用。手持式红外光谱也被应用于历史文物的测量和表征。Maguregui 等[59]发表的一项研究中，使用具有漫反射采样接口的手持式 FTIR 光谱仪区分了在修复期间使用的漆料（硝化纤维素）和用于制造历史日本盔甲的漆料。这些作品太大，无法在传统实验室系统中测量，但是手持式仪器可以在复杂表面上进行简便、非破坏性的测量。在另一项研究中，Veneranda等[61]展示了使用实验室校正进行半定量测定的方法，该方法适合使用具有 ATR 样品界面的便携式红外光谱仪测量的氧化铁矿物。利用氧化物特别是表明加速腐蚀的红铁矿和棕铁矿的相对浓度计算了保护可用性指数（PAI）。移动系统能够预测 PAI，使文物保护人员能够监测铁制文物上的腐蚀并进行保护。

手持式红外光谱提供了测量宝贵样本在其原始状态下所需的灵活性，为用户提供了有关样本状态的有意义信息。它提供了关于样本的分子化学信息，这在其他非破坏性分析技术中是独特的。无论样本是航空航天复合材料还是历史艺术品，手持式红外光谱都可以用于有意义的、非破坏性的化学分析。

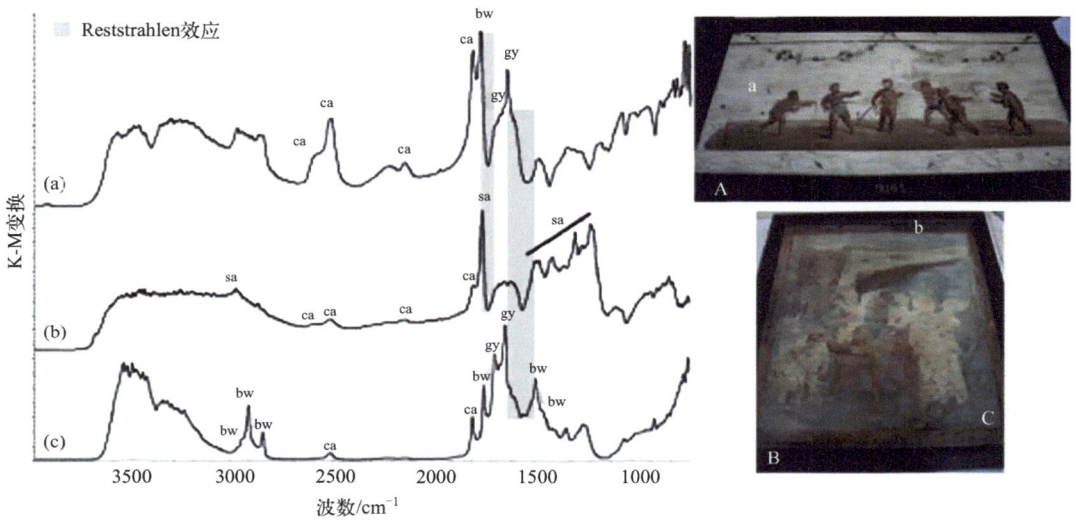

图11.5 非破坏性测量的庞贝古城壁画的漫反射光谱，显示了蜂蜡（bw）、檀香脂（sa）、方解石（sa）和石膏（gy）的鉴定结果来源：转载自 SAGE 出版社，文献[58]。版权（2016）归 SAGE 出版社所有

11.4 结语

手持式和便携式红外仪器在各种应用中提供了广泛而重要的化学分析。成功的手持式或便携式测量可以分为快速响应、分散样品和非破坏性测试3个领域。在样品发生的现场进行测量是实现这些应用成功的关键。

在紧急、军事或法医等情况下，现场测量能够迅速提供准确的化学识别结果，提高公共安全和安全性。对于环境、农业或消费品等需要大范围数据采集的领域，便携式系统可以高效地进行样品采集，进一步提升结果的可靠性和结论的准确性。此外，手持式仪器可以在原始样品状态下进行测量，无需取样或破坏样品，为大型或有价值样品提供了以前难以获得的信息。通过将仪器带到样品现场，实现了手持式和便携式红外应用的独特优势，满足了以往无法实现的测量需求。

缩略语

BMI	bismaleimide	双酰亚胺
DT	decision tree	决策树
GC-FID	gas chromagraphy-flame ionization detection	气相色谱-火焰离子化检测
GPR	Gaussian process regression	高斯过程回归
PAI	protection availablity index	保护可用性指数
PBI	phosphate buffer index	磷缓冲指数
PCA	principal component analysis	主成分分析
PID	photo ionization detector	光电离检测器
PLS	partial least squares	偏最小二乘
PLS-DA	partial least squares discrimination analysis	偏最小二乘判别分析
PLSR	partial least squares regression	偏最小二乘回归
RF	rondon forest	随机森林
RMSEP	root mean square error of prediction	预测均方根误差
SIMCA	soft independent modeling of class analogies	软独立建模
SOC	soil organic carbon	土壤有机碳
STD	standard deviation	标准偏差
TPH	total petroleum hydrocarbon	总石油烃
TRH	total recoverable hydrocarbon	可回收总烃
XRF	X-ray fluorescence	X射线荧光

参考文献

[1] Burgess, D.S. (2000, July). Portable spectrometer reduces mill downtime. *Photonics Spectra* https://www.photonics.com/Articles/Portable_Spectrometer_Reduces_Mill_Downtime/p5/vo14/i59/a6607 (accessed 11 February 2020).

[2] Ong, K.Y., Baldauf, F.C., Carey, L.F., and Amant, D.C. (2003). Domestic preparedness program: evaluation of the TravelIR HCI™ HazMat chemical identifier. In: *Aberdeen Proving Ground Research and Technology Directorate ECBC-TR*, August 2003, pp. 1-32.

[3] Norman, M.L., Gagnon, A.M., Reffner, J.A. et al. (2004, March). An FTIR point sensor for identifying chemical WMD and hazardous materials. In: *Chemical and Biological Point Sensors for Homeland Defense*, vol. 5269, 143-149. International Society for Optics and Photonics https://doi.org/10.1117/12.515881.

[4] Mukhopadhyay, R. (2004, October). Product review: portable FTIR spectrometers get moving. *Analytical Chemistry* 76 (19): 369A-372A. American Chemical Society. https://doi.org/10.1021/ac041652z.

[5] Department of Homeland Security System Assessment and Validation for Emergency Responders (SAVER) Program (2016, June). Portable infrared spectroscopy chemical detectors assessment report. https://www.dhs .gov/sites/default/files/publications/Portable-Infrared-Spectroscopy-Chemical-Detectors-ASR_0616-508.pdf (accessed 28 March 2020).

[6] Levy, D. and Diken, E.G. (2010). Field identification of unknown gases and vapors via IR spectroscopy for homeland security and defense. *IEEE Sensors Journal* 10 (3): 564-571. https://doi.org/10.1109/JSEN.2009.2038540.

[7] Doherty, W.J. III,, Falvey, B., Vander Rhodes, G. et al. (2013, May). A handheld FTIR spectrometer with swap-pable modules for chemical vapor identification and surface swab analysis. In: *Next-Generation Spectroscopic Technologies VI*, vol. 8726, 87260T. International Society for Optics and Photonics https://doi.org/10.1117/12 .2015295.

[8] Smiths detection webpage. https://www.smithsdetection.com/products/hazmatid-elite (accessed 26 March 2020).

[9] ThermoFisher webpage. https://www.thermofisher.com/order/catalog/product/TRUDEFENDERFTX#/TRUDEFENDERFTX

(accessed 26 March 2020).

[10] Redwave Technology webpage. http://www.redwavetech.com/products/threatid (accessed 26 March 2020).

[11] Arnó, J., Andersson, G., Levy, D. et al. (2011, May). Advanced algorithms for the identification of mixtures using condensed-phase FT-IR spectroscopy. In: *Next-Generation Spectroscopic Technologies IV*, vol. 8032, 80320Z. International Society for Optics and Photonics https://doi.org/10.1117/12.883886.

[12] Arnó, J., Cardillo, L., Judge, K. et al. (2012, May). Advances in handheld FT-IR instrumentation. In: *NEXT-GENERATION SPECTROSCOPIC TECHNOLOGIES V*, vol. 8374, 837406. International Society for Optics and Photonics https://doi.org/10.1117/12.921052.

[13] Lieblei, D., McMahon, M., Leary, P., and Kammrath, B. (2018). A comparison of portable infrared spectrometers, portable Raman spectrometers, and color-based field tests for the on-scene analysis of cocaine. *Spectroscopy* 33 (12): 20-28.

[14] Menking-Hoggatt, K. (2017). The Economic Benefits of Portable Instrumentation on the Criminal Justice System: A Comprehensive Return-on-Investment Analysis. Graduate Theses, Dissertations, and Problem Reports. 6217. https://researchrepository.wvu.edu/etd/6217 https://10.33915/etd.6217.

[15] Valussi, S. and Underhill, M. (2006, September). Raman and infrared techniques for fighting drug-related crime: a preliminary assessment. In: *Optics and Photonics for Counterterrorism and Crime Fighting II*, vol. 6402, 64020I. International Society for Optics and Photonics https://doi.org/10.11117/12.689099.

[16] Mainali, D. and Seelenbinder, J. (2016). Automated fast screening method for cocaine identification in seized drug samples using a portable Fourier transform infrared (FT-IR) instrument. *Applied Spectroscopy* 70 (5): 916-922. https://doi.org/10.1177/0003702816638305.

[17] Harkai, S. and Pütz, M. (2015). Comparison of rapid detecting optical techniques for the identification of New Psychoactive Substances in 'Legal High' preparations. *Toxichem Krimtech* 39: 229-238.

[18] Khudur, L.S. and Ball, A.S. (2018). RemScan: A tool for monitoring the bioremediation of Total Petroleum Hydrocarbons in contaminated soil. *MethodsX* 5: 705-709. https://doi.org/10.1016/j.mex.2018.06.019.

[19] Webster, G.T., Soriano-Disla, J.M., Kirk, J. et al. (2016). Rapid prediction of total petroleum hydrocarbons in soil using a hand-held mid-infrared field instrument. *Talanta* 160: 410-416. https://doi.org/10.1016/j.talanta.2016.07.044.

[20] Ng, W., Malone, B.P., and Minasny, B. (2017). Rapid assessment of petroleum-contaminated soils with infrared spectroscopy. *Geoderma* 289: 150-160. https://doi.org/10.1016/j.geoderma.2016.11.020.

[21] RemScan used in Rapid Response to Diesel Spill. Z010-03 07/20. https://ziltek.com/uploads/Z010-03-RemScan-Case-Study-1-RemScan-used-in-Rapid-Response-to-Diesel-Spill.pdf.

[22] Rapid Validation of an Excavation Pit using RemScan. Z012-03 07/20. https://ziltek.com/wp-content/uploads/2019/09/Z012-02-RemScan-Case-Study-3-Rapid-Validation-of-an-Excavation-Pit-using-RemScan.pdf (accessed 20 March 2020).

[23] RemScan Success in Qatar. Z013-02 07/20. https://ziltek.com/wp-content/uploads/2019/08/Z013-01-RemScan-Case-Study-4-Suez.pdf (accessed 20 March 2020).

[24] Robertson, A.H.J., Shand, C., and Perez-Fernandez, E. (2016). The application of Fourier transform infrared, near infrared and X-ray fluorescence spectroscopy to soil analysis. *Spectroscopy Europe* 28 (4): 9-13.

[25] Robertson, A.H.J., Hill, H.R., Main, A.M. (2013). Analysis of Soil in the Field using Portable FTIR. International Workshop Soil Spectroscopy: the present and future of Soil Monitoring FAO HQ. www.fao.org/fileadmin/user_upload/GSP/docs/Spectroscopy_dec13/AHJhutton.pdf (accessed 21 March 2020).

[26] Hutengs, C., Ludwig, B., Jung, A. et al. (2018). Comparison of portable and bench-top spectrometers for mid-infrared diffuse reflectance measurements of soils. *Sensors* 18 (4): 993.

[27] Soriano-Disla, J.M., Janik, L.J., Allen, D.J., and McLaughlin, M.J. (2017). Evaluation of the performance of portable visible-infrared instruments for the prediction of soil properties. *Biosystems Engineering* 161: 24-36. https://doi.org/10.1016/j.biosystemseng.2017.06.017.

[28] Hutengs, C., Seidel, M., Oertel, F. et al. (2019). In situ and laboratory soil spectroscopy with portable visible-to-near-infrared and mid-infrared instruments for the assessment of organic carbon in soils. *Geoderma* 355: 113900. https://doi.org/10.1016/j.geoderma.2019.113900.

[29] Forrester, S.T., Janik, L.J., Soriano-Disla, J.M. et al. (2015). Use of handheld mid-infrared spectroscopy and partial least-squares regression for the prediction of the phosphorus buffering index in Australian soils. *Soil Research* 53 (1): 67-80. https://doi.org/10.1071/SR14126.

[30] Soriano-Disla, J.M., Janik, L.J., and McLaughlin, M.J. (2018). Assessment of cyanide contamination in soils with a handheld mid-infrared spectrometer. *Talanta* 178: 400-409. https://doi.org/10.1016/j.talanta.2017.08.106.

[31] Peng, J., Ji, W., Ma, Z. et al. (2016). Predicting total dissolved salts and soluble ion concentrations in agricultural soils using portable visible near-infrared and mid-infrared spectrometers. *Biosystems Engineering* 152: 94-103. https://doi.org/10.1016/j.biosystemseng.2016.04.015.

[32] Martínez-España, R., Bueno-Crespo, A., Soto, J. et al. (2019). Developing an intelligent system for the prediction of soil properties with a portable mid-infrared instrument. *Biosystems Engineering* 177: 101-108. https://doi .org/10.1016/j.biosystemseng.2018.09.013.

[33] Daham, B., Andrews, G. E., Li, H., Ballesteros, R., Bell, M. C., Tate, J., & Ropkins, K. (2005). *Application of a portable FTIR for measuring on-road emissions* (No. 2005-01-0676). SAE Technical Paper. https://doi.org/10.4271/2005-01-0676.

[34] Gas Analysis Improves Container Safety. https://www.gasmet.com/cases/gas-analysis-improves-container-safety (accessed 21 March 2020).

[35] Monitoring Greenhouse Gases from Biofuel Crops. https://www.gasmet.com/cases/monitoring-greenhouse-gases-from-biofuel-crops (accessed 20 March 2020).

[36] Bussell, J., Stoate, C. The Allerton Project Research into Sustainable Agriculture with Gasmet Gas Analyser. https://www.gasmet.com/cases/the-allerton-project-research-into-sustainable-agriculture-with-gasmet-gas-analyser (accessed 20 March 2020).

[37] Managing Livestock Diets to Reduce Greenhouse Gas Emissions. https://www.gasmet.com/cases/managing-livestock-diets-to-reduce-greenhouse-gas-emissions (accessed 20 March 2020).

[38] Binh, P.L.T., Preston, T.R., Duong, K.N., and Leng, R.A. (2017). A low concentration (4% in diet dry matter) of brewers' grains improves the growth rate and reduces thiocyanate excretion of cattle fed cassava pulp-urea and "bitter" cassava foliage. *Livestock Research for Rural Development* 29: 104. http://www.lrrd.org/lrrd29/5/phuo29104.html (accessed 25 March 2020).

[39] Duy, N.T. and Khang, D.N. (2016). Effect of coconut (Cocos nucifera) meal on growth and rumen methane production of Sindhi cattle fed cassava (Manihot esculenta, Crantz) pulp and Elephant grass (Pennisetum pupureum). *Livestock Research for Rural Development* 28 (11) http://www.lrrd.org/lrrd28/11/duy28197.html (accessed 4 March 2020).

[40] Inthapanya, S. and Preston, T.R. (2015). Effect of source of supplementary dietary protein and feed offer level (ad libitum or restricted) on feed intake, digestibility and N balance in local "Yellow" cattle fed rice straw treated with urea as basal diet. *Livestock Research for Rural Development* 27: 45. http://www.lrrd.org/lrrd27/3/sang27045.htm (accessed 23 March 2020).

[41] Keopaseuth, T., Preston, T.R., and Tham, H.T. (2017). Cassava (Manihot esculenta Cranz) foliage replacing brewer's grains as protein supplement for Yellow cattle fed cassava pulp-urea and rice straw; effects on growth, feed conversion and methane emissions. *Livestock Research for Rural Development* 29 (2) http://www.lrrd.org/lrrd29/2/toum29035.html (accessed 4 March 2020).

[42] Phongphanith, S. and Preston, T.R. (2018). Effect of rice-wine distillers' byproduct and biochar on growth performance and methane emissions in local "Yellow" cattle fed ensiled cassava root, urea, cassava foliage and rice straw. *Livestock Research for Rural Development* 28: 178. http://www.lrrd.org/lrrd28/10/seng28178.html (accessed 1 April 2020).

[43] Thayer, A.M. (2012). Finding fakes. *Chemical & Engineering News* 90 (33): 11-15.

[44] Limm, W., Karunathilaka, S.R., Yakes, B.J., and Mossoba, M.M. (2018). A portable mid-infrared spectrometer and a non-targeted chemometric approach for the rapid screening of economically motivated adulteration of milk powder. *International Dairy Journal* 85: 177-183. https://doi.org/10.1016/j.idairyj.2018.06.005.

[45] Maurer, N.E., Hatta-Sakoda, B., Pascual-Chagman, G., and Rodriguez-Saona, L.E. (2012). Characterization and authentication of a novel vegetable source of omega-3 fatty acids, sacha inchi (Plukenetia volubilis L.) oil. *Food Chemistry* 134 (2): 1173-1180. https://doi.org/10.1016/j.foodchem.2012.02.143.

[46] Shotts, M.L., Pujolras, M.P., Rossell, C., and Rodriguez-Saona, L. (2018). Authentication of indigenous flours (Quinoa, Amaranth and kañiwa) from the Andean region using a portable ATR-Infrared device in combination with pattern recognition analysis. *Journal of Cereal Science* 82: 65-72. https://doi.org/10.1016/j.jcs.2018.04.005.

[47] Pujolras, M.P., Ayvaz, H., Shotts, M.L. et al. (2015). Portable infrared spectrometer to characterize and differ-entiate between organic and conventional bovine butter. *Journal of the American Oil Chemists' Society* 92 (2): 175-184. https://doi.org/10.1007/s11746-015-2591-x.

[48] Rein, A. (2014). Advanced Fourier Transform Infrared Spectroscopy for Analyzing Damage in Aircraft Composites. *Federal Aviation Association Technical Report*. http://www.tc.faa.gov/its/worldpac/techrpt/tc14-26.pdf (accessed 18 March 2020).

[49] Janke, C.J., Muhs, J.D., Wachter, E.A. et al. (1990). *Composite Heat Damage Spectroscopic Analysis (No. ORNL/ATD-42)*. TN (USA): Oak Ridge National Lab https://www.osti.gov/servlets/purl/5588643 (accessed 20 March 2020).

[50] Seelenbinder, J. (November 2015). *Composite Heat Damage Measurement using the Handheld Agilent 4100 ExoScan FTIR*. Agilent Technologies, Inc., Publication Number 5990-7792EN https://www.agilent.com/cs/library/applications/5990-7792EN.pdf. (accessed 10 March 2020).

[51] Higgins, F. (March 2014). *Non-Destructive Evaluation of Composite Thermal Damage with Agilent's New Hand-held 4300 FTIR*. Agilent Technologies, Inc., Publication Number 5991-4037EN https://www.agilent.com/cs/library/applications/5991-4037EN.pdf (accessed 10 February 2020).

[52] Howie, T., Tracey, A., and Flinn, B. Composite thermal damage measurement with handheld fourier transform infrared spectroscopy. *Federal Aviation Association Technical Report* TC-15/51. http://www.tc.faa.gov/its/worldpac/techrpt/tc15-51.pdf (accessed 12 February 2020).

[53] Toivola, R., Afkhami, F., Baker, S. et al. (2018). Detection of incipient thermal damage in carbon fiber-bismaleimide composites using hand-held FTIR. *Polymer Testing* 69: 490-498. https://doi.org/10.1016/j.polymertesting.2018.05.036.

[54] Heckner, S., Geistbeck, M., Grosse, C. U., Eibl, S., & Helwig, A. (2015). FTIR spectroscopy as a nondestructive testing method for CFRP surfaces in Aerospace. In *7th International Symposium on NDT in Aerospace; German Society for Non-Destructive Testing*. Bremen, Germany. http://2015.ndt-aerospace.com/Portals/aerospace2015/BB/tu1a3.pdf (accessed 15 March 2020).

[55] Mainali, D. and Tang, L. *Positive and Nondestructive Identification of Acrylic-based Coatings*. Agilent Technolo-gies, Inc. Publication Number 5991-5965EN. https://www.agilent.com/cs/library/applications/5991-5965EN.pdf (accessed 12 February 2020).

[56] Tang, L. (August 2017). *Rapid Quantification of the A:B Mix-Ratio of a 2K Industrial OEM PU Paint Prior to Autoclave Thermal Activation*. Agilent Technologies, Inc Publication number: 5991-8323EN. https://www.agilent .com/cs/library/applications/4300_5991-8323_FTIR_2K_paint_cure_mix_ratio.pdf (accessed 12 February 2020).

[57] Marcaida Ormazabal, I. (2019). Analytical chemistry to decipher the colors of Pompeii before and after the 79AD Mount Vesuvius eruption. University of the Basque Country (EPV/EHU) Thesis. https://addi.ehu.es/bitstream/handle/10810/39975/TESIS_MARCAIDA_ORMAZABAL_IKER.pdf?sequence=1&isAllowed=y (accessed 17 March 2020).

[58] Madariaga, J.M., Maguregui, M., Castro, K. et al. (2016). Portable Raman, DRIFTS, and XRF analysis to diag-nose the conservation state of two wall painting panels from Pompeii deposited in the Naples National Archae-ological Museum (Italy). *Applied Spectroscopy* 70 (1): 137-146. https://doi.org/10.1177/0003702815616589.

[59] Maguregui, M., Knuutinen, U., Trebolazabala, J. et al. (2012). Use of in situ and confocal Raman spectroscopy to study the nature and distribution of carotenoids in brown patinas from a deteriorated wall painting in Mar-cus Lucretius House (Pompeii). *Analytical and Bioanalytical Chemistry* 402 (4): 1529-1539. https://doi.org/10 .1007/s00216-011-5276-9.

[60] Hernanz, A., Ruiz-López, J.F., Madariaga, J.M. et al. (2014). Spectroscopic characterisation of crusts inter-stratified with prehistoric paintings preserved in open-air rock art shelters. *Journal of Raman Spectroscopy* 45 (11-12): 1236-1243. https://doi.org/10.1002/jrs.4535.

[61] Veneranda, M., Aramendia, J., Bellot-Gurlet, L. et al. (2018). FTIR spectroscopic semi-quantification of iron phases: A new method to evaluate the protection ability index (PAI) of archaeological artefacts corrosion systems. *Corrosion Science* 133: 68-77. https://doi.org/10.1016/j.corsci.2018.01.016.

12

台式傅里叶变换近红外光谱仪和小型手持式近红外光谱仪之间的光谱传递

Uwe Hoffmann[1], Frank Pfeifer[2], Heinz W. Siesler[2]

[1]nir-tools, Essen, Germany

[2]Department of Physical Chemistry, University of Duisburg-Essen, Essen, Germany

12.1 概述

　　基于近红外（NIR）光谱的化学物质的定性识别或区分以及化学或物理材料性质的定量测定已成为工业质量和过程控制中广泛使用的技术，并通常与主成分分析（PCA）或偏最小二乘（PLS）回归等多元校正方法结合使用。根据所研究材料的复杂性，所需的校正方法可能需要涉及30个到几百个参考样品的分析程序。对于PLS回归评估过程，必须独立确定这些参考样品的感兴趣的属性，并测量其近红外光谱以开发校正模型。这通常是一个非常耗时和昂贵的过程，尤其是如果涉及复杂的参考方法。此外，校正集必须代表整个预期样本总体，如果样本的来源是一个产生极端情况的工业过程，则可能很难实现。因此，该过程越复杂，提供快速准确的分析结果的校正模型就越有价值。然而，由于重要硬件组件（光源、检测器等）的老化或更换，或者更换整个仪器，光谱响应的差异会导致长期使用原始校正而产生错误预测。为了避免重新校正并保留使用原始仪器（以下称为"主仪器"）数据开发的校正模型以进行进一步可靠的预测，必须估计并校正这些差异。因此，即使在近红外光谱工业应用的早期阶段，关于在不同光谱仪之间传递光谱数据和校正的广泛讨论和提议也就不足为奇了。

　　在20世纪90年代已经在文献中描述了几种不同的方法，其共同目标是在光谱响应变化前后或在主仪器和"目标仪器"上仅测量少数相同样品，并根据这些样品的光谱或预测值之间的差异开发校正程序。一般来说，这些方法涵盖了3类校正程序组：

　　① 校正预测值[1,2]；

　　② 校正光谱[3-7]；

　　③ 校正模型[1,3]。

　　然而，某种算法的适用性取决于几个标准。例如，校正模型仅适用于经典最小二乘（CLS）

和逆最小二乘法（ILS）算法，然而这两种算法在凝聚相样品的校正方法中很少使用。预测值的校正仅限于已经开发了校正模型且感兴趣样本性质的参考值已知的应用。此外，Bouveresse[2] 所描述的方法仅校正线性偏差。

最常应用的方法是对光谱进行校正，因为这些算法不依赖校正方法和参考值。但是，这些算法是在预期仪器变化的不同方面下开发的。例如，Shenk 的专利算法[4,5]适用于同一类型、具有相同光谱分辨率的仪器的标准化。假设主仪器和目标仪器之间的差异是波长偏移和强度的线性偏差。另外两种用于光谱校正的方法是直接标准化（DS）[3,6,7]和分段直接标准化（PDS）[3]。对于这些算法，虽然没有明确给出适用性的限制，但由于使用多线性方法开发标准化模型，非线性强度偏移的校正受到多线性逼近限制（对非线性强度偏移的校正受到多线性近似方法限制）。

对于 Wang 等[3]所描述的 PDS 方法，假设主仪器和目标仪器的波长/波数刻度相同，至少在要传递的光谱范围内是相同的。此外，主光谱的某个数据点的光谱信息通过目标仪器的一个窄光谱窗口反映，该窗口的中心数据点具有与当前研究的主数据点相同的数据点编号。PDS 生成一个传递矩阵，可用于传递目标上测量的任何光谱，使其与在主仪器上开发的校正模型兼容。稍后将证明，对于本工作，必须将"目标到主仪器"的传递反转为"主仪器到目标"的传递。

用于进行校正传递的参考样本集必须代表整个预期样本总体。关于选择这些标准化样本的两种不同算法已经被描述：①基于杠杆值的选择[3]；②基于点间距离的选择（Kennard 和 Stone 算法）[1,8,9]。

关于光谱标准化、校正传递实践以及光谱仪器之间的差异，文献中有一些优秀且全面的综述文章可供参考[10-12]。因此，为了避免深入探讨该主题的理论，接下来将重点关注本章的实际主题，即台式仪器和便携式仪器之间的光谱传递的实际方面。

随着对商业化成本效益高、手持式近红外光谱仪在现场应用中越来越感兴趣，利用已经在台式仪器上获取的标准样品的光谱数据是可取的。这些数据可能是在长时间内获取的，并且从一开始就需要耗费大量时间。通过将数据从台式仪器转移到手持式仪器，可以显著缩短模型开发时间，并加速手持式设备在现场应用中的采用。在许多情况下，台式仪器［通常是傅里叶变换近红外光谱仪（FT-NIR）］被视为"黄金标准"，特别是由于其波长刻度的激光参考。

本章的目的是通过在两台不同的实验室傅里叶变换近红外光谱仪上仅测量几个样本，将其光谱数据转换为基于线性可变滤波器（LVF）单色仪的便携式仪器的格式（图12.1）。因此，尽管光谱范围和分辨率存在极端差异（图12.2），在实验室仪器上长时间收集的光谱数据集以及相

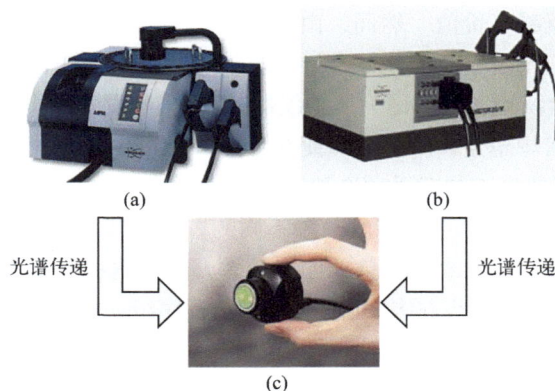

图12.1　参与光谱传递过程的光谱仪器：（a）Bruker MPA FT-NIR光谱仪；（b）Bruker VECTOR 22/N FT-NIR光谱仪；（c）VIAVI MicroNIR LVF NIR光谱仪

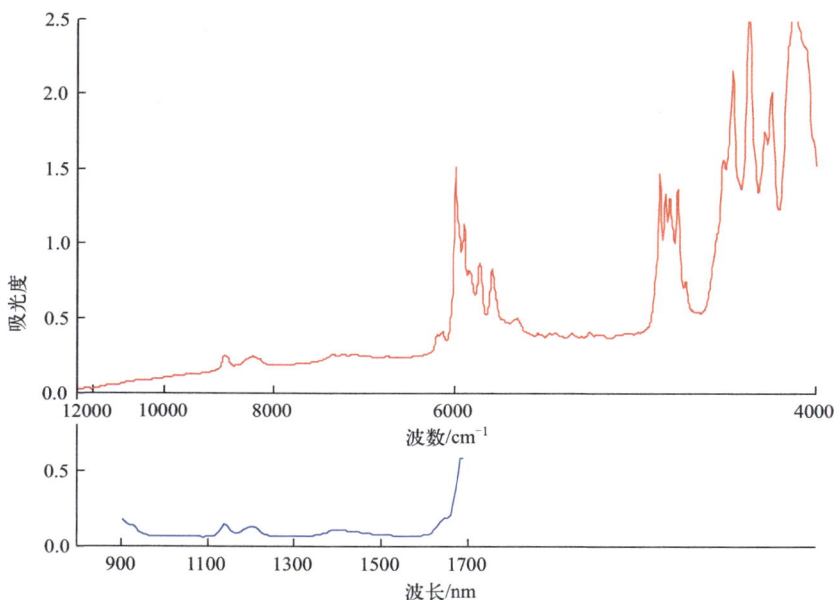

图12.2　在台式主仪器（红色）和便携式目标仪器（蓝色）上测量的苯/环己烷/乙苯（体积比40：30：30）液体混合物的近红外透射光谱（光程为2 mm）比较

应开发的定量和定性校正模型可以方便地转移到便携式系统，而无需进行繁琐的完整光谱重新扫描。因此，在更换硬件平台时，准备全新校正样本的必要性和开发校正模型所需的工作量都降到了最低。

所描述的案例研究应用的传递过程是基于PDS方法，然而，PDS最初是针对相同设计的光谱仪进行标准化开发的[1-3,13-16]。

原则上，有两种传递方向可行，即"目标仪器到主仪器"和"主仪器到目标仪器"。第一种方法产生的传递矩阵用于使测量用于预测的目标光谱与主仪器校正相兼容。第二种方法可以将主仪器上测量的完整校正光谱集传递到目标格式，从而可以利用这些传递的校正光谱为目标开发一个独立的校正模型。

就本文中讨论的两个光谱仪［参见图12.1（a）/（c）和（b）/（c）］，主仪器的光谱分辨率远高于目标仪器，因此传递"目标仪器到主仪器"似乎不合适，需要反转传递方向。因此，原始PDS算法[3]的下述描述也将按"主仪器到目标仪器"方向给出（图12.3）。

具体来说，主仪器和目标仪器的波长/波数刻度是相同的，这导致了一种算法——将范围为 $j-p$ 到 $j+q$ 的数据点窗口在主仪器光谱上进行平移，并计算每个窗口的多元回归向量 $\hat{\boldsymbol{b}}_j$，从而得到传递矩阵 $\hat{\boldsymbol{B}}$。参考值向量（类似定量校正模型中的组分浓度）由目标光谱在相应数据点 j 的光谱强度给出。最后，通过将主仪器上测量的光谱 $^m\boldsymbol{X}$ 与传递矩阵 $\hat{\boldsymbol{B}}$ 相乘，执行了光谱的传递。理想情况下，得到的光谱矩阵 $^t\hat{\boldsymbol{X}}$ 应该与相同样本集在目标上测量的光谱矩阵完全相同。

在当前情况下（图12.4），数据点的分配更加复杂，因为便携式目标仪器和台式FT-NIR主仪器覆盖的波长（波数）范围不同，分别为904～1690 nm（11062～5917 cm^{-1}）和800～2500 nm（12493～4000 cm^{-1}）（图12.2）。在这种情况下，需要处理对应的波长（波数）而不是对应的数据点索引。

PDS的原理保持不变，但与图12.3所示的过程相反，主光谱中的窗口不仅仅是通过将长度

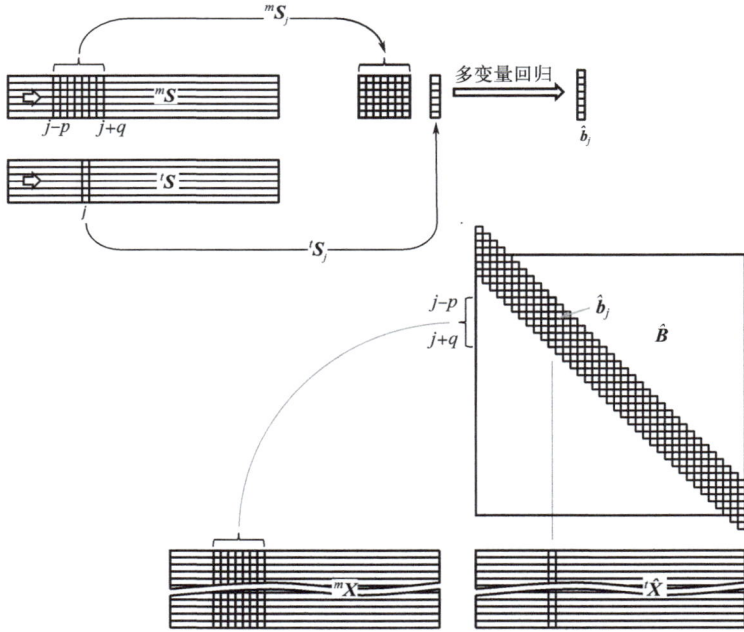

图12.3   根据Wang等[3]描述的PDS过程，在完全相同构造的光谱仪（符号对应正文中的符号）中生成和应用传递矩阵 $\hat{\boldsymbol{B}}$ 。来源：文献[3]

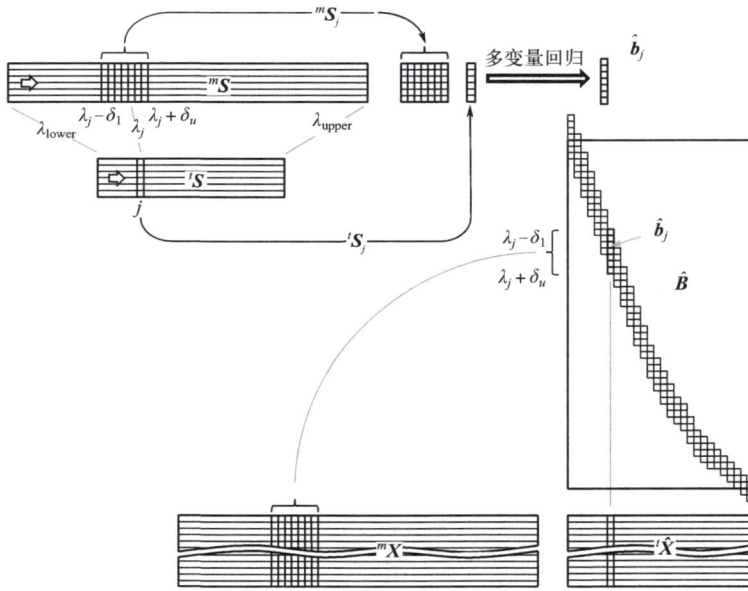

图12.4   本章中描述的用于具有不同波长范围和光谱分辨率的仪器的PDS过程中的传递矩阵 $\hat{\boldsymbol{B}}$ 的生成和应用展示（符号与正文中的符号对应）

为 p 的左翼和长度为 q 的右翼添加到数据点 j 构建。相反，与波长 λ_j 最相似的主数据点被分配给 j。因此，围绕 λ_j 的光谱窗口也是以波长范围（$\lambda_j - \delta_1$ 到 $\lambda_j + \delta_u$）定义的。这种泛化窗口分配导致主窗口的宽度和位移在目标的每个数据点 j 步骤中不一定是恒定的。

实现这一过程的是一个窗口分配矩阵［图12.5（a）］，该矩阵传递给传递函数。因此，窗口分配矩阵可以自由构建，并且由于在主仪器上测量的光谱覆盖的光谱范围比目标仪器的光谱范围大得多（图12.2），获得了额外的优势，即可以利用目标光谱范围之外的主光谱范围。

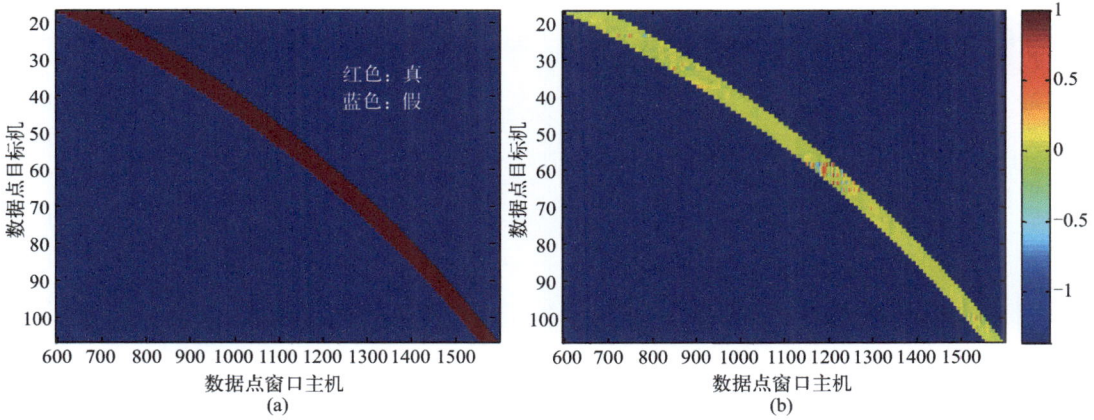

图12.5　（a）有机溶剂三组分混合物光谱传递的PDS窗口分配矩阵。（b）在目标仪器的每个单独数据点处来自PLS的B系数矩阵[主仪器窗口内非零，主仪器窗口外为零（色标仅指主仪器窗口的迹线）]

在本工作中开发的光谱传递的分配矩阵基于这样一个假设，即主光谱的每个窗口包含足够的信息预测目标对应数据点的强度，因为它们位于相同的光谱区域。这种窗口分配尽可能与原始的PDS[3]相似，而且窗口分配矩阵的构建可以通过可参数化的函数自动化进行。

然而，对于分配矩阵的构建没有限制。主光谱的光谱范围可以扩展到整个光谱，可以将主光谱的任意光谱数据点集分配给目标光谱的给定数据点，无论它们是否形成主仪器的连贯数据点集。

使用这种更普适的方法，通过分配额外或不同的光谱范围，可能也可以预测目标数据点的强度。这可能会改善结果，或者在主光谱和目标光谱的光谱范围不重叠的情况下，这实际上是执行光谱转移的唯一可能性。然而，使用这种方法的问题是必须为目标的每个数据点单独选择主光谱范围，需要将变量自动优化选择生成分配矩阵。

本章将以25种苯、环己烷和乙苯组成不同的液体混合物的透射光谱的定量案例研究为例，讨论广义PDS应用的过程以及证明成功转移的诊断例程。为了展示定性应用示例的转移成功，我们使用了具有不同形态的6种不同商品聚合物［聚乙烯（PE）、聚丙烯（PP）、聚氯乙烯（PVC）、聚苯乙烯（PS）、聚对苯二甲酸乙二酯（PET）和聚碳酸酯（PC）］的漫反射光谱进行化学计量学的区分模型[17]。

12.2　实验详情

12.2.1　材料

12.2.1.1　有机溶剂的三组分混合物

使用苯（＞99%）（J.T. Baker, B.V., Deventer, The Netherlands）、环己烷（＞99%）和乙苯

（＞98%）（均来自 Fluka Chemie AG, Buchs, Switzerland）这3种有机溶剂，制备了25种混合物，其组成（体积分数）见表12.1。

表12.1　被调查的三组分混合物样品的组成

样品	苯/%	环己烷/%	乙苯/%	样品	苯/%	环己烷/%	乙苯/%
1	95	5	0	14	5	90	5
2	90	5	5	15	0	90	10
3	80	10	10	16	25	25	50
4	70	15	15	17	20	20	60
5	60	20	20	18	20	10	70
6	50	30	20	19	5	15	80
7	40	30	30	20	0	10	90
8	30	40	30	21	5	0	95
9	20	40	40	22	50	50	0
10	10	50	40	23	50	0	50
11	5	60	35	24	0	50	50
12	10	70	20	25	5	95	0
13	10	80	10				

12.2.1.2　聚合物样品

选取了不同物理形态（板材、粉末、颗粒、薄膜、纤维）的6种不同类型的聚合物进行研究：PE（聚乙烯）、PP（聚丙烯）、PVC（聚氯乙烯）、PS（聚苯乙烯）、PET（聚对苯二甲酸乙二醇酯）和PC（聚碳酸酯）。

12.2.2　仪器仪表

12.2.2.1　用于有机溶剂三组分混合物的光谱仪

目标仪器为 MicroNIR 1700 光谱仪（Viavi Solutions，前身为 JDSU，美国加利福尼亚州圣罗莎），采用基于 LVF 单色仪的光谱范围为 950 ～ 1650 nm（数据点间隔为 6.2 nm），光谱分辨率小于中心波长的 1.25%（在 1000 nm 处小于 12.5 nm）。该仪器以透射模式使用 2 mm 光程的石英比色皿。积分时间为 5000 ms，每个光谱积累 50 次。作为主仪器，使用配备光纤耦合 2 mm 光程透射探头（Hellma GmbH & Co. KG，德国 Müllheim）的 Bruker MPA FT-NIR 光谱仪（Bruker Optik GmbH，德国 Ettlingen），光谱范围为 4000 ～ 12493 cm^{-1}（数据点间隔为 3.86 cm^{-1}），每个光谱通过 32 次扫描平均，以 8 cm^{-1} 的光谱分辨率测量。进一步讨论时应注意 FT-NIR 主仪器的 x 轴与波长呈线性关系。因此，将其 x 轴转换为波长单位将使其在波长上成为非线性（非等距）的。对于每个样品，在主仪器和目标仪器上测量 3 个重复光谱，并在基线校正后对这 3 个光谱进行平均，以进行进一步的数据处理。

12.2.2.2　用于测量聚合物样品的光谱仪

作为目标仪器，使用了不同的 MicroNIR 1700 光谱仪（VIAVI Solutions，美国加利福尼亚州圣罗莎），以漫反射模式进行测量。同样，积分时间为5000 ms，每个光谱积累50次。Bruker VECTOR 22/N FT-NIR 光谱仪（Bruker Optik GmbH，德国艾廷根）配备了光纤耦合的漫反射探头作为主仪器，光谱范围为4000 ～ 12493 cm^{-1}（数据点间隔为3.86 cm^{-1}），每个光谱通过32次扫描平均，以8 cm^{-1}的光谱分辨率测量。每个聚合物样品在目标仪器上测量5次，最终共得到150个漫反射光谱（PE，40个；PP，20个；PVC，35个；PS，15个；PET，25个；PC，15个）。只有PE、PP和PVC在主仪器上进行测量，以提供后续转移过程的光谱集。同样，在进一步处理中，通过基线校正后对重复的光谱进行平均。

12.2.3 数据评估

使用UnscramblerTM软件（版本X 10.3，挪威CAMO AS）开发了用于预测有机溶剂浓度的PLS模型和用于区分商品聚合物的PCA模型。用于识别聚合物的马氏距离图和转移算法的软件由 U. Hoffmann 使用MATLAB（版本R2011a，The MathWorks Inc，美国马萨诸塞州Natick）开发。

12.3 结果与讨论

12.3.1 PDS在有机溶剂三组分混合物光谱分析中的应用

为了使主仪器的光谱与目标仪器的光谱具有可比性，将主仪器的波数转换为波长，随后两台仪器的光谱进行了以下预处理：

（1）以选择的波长范围（980 ～ 1580 nm），对每个样本的原始重复光谱进行基线校正、平均和裁剪。

（2）对于两台仪器获得的25个光谱集，根据Kennard-Stone算法[8]将其分为10个转移光谱和15个参考光谱（图 12.6）。表12.2总结了不同的光谱集及其在转移过程中的作用。

表12.2 不同光谱集的定义及其在所述转移过程中的作用

	主　机	目标机	传　递
转移光谱	用于构建B矩阵，并应该代表校正样本集	与为主仪器转移光谱选择的样本集相同	
	主校正光谱集的成员（如果有）	目标校正光谱集的一部分	
参考光谱	将与B矩阵一起转移，并在后续的应用中对应需要转移的校正光谱集	在本研究中用于与转移光谱进行比较，但在后续的应用中并不需要	将B矩阵应用于在主仪器上测得的参考光谱，并充当转移的校正集

对于广义PDS算法，需要以下输入：在主仪器上测得的经过预处理的一定数量（最好是较小的数量）的转移光谱，本案例中为10个光谱［图12.6（a）］；在目标光谱仪上测得的相同数量（相同样本）的经过预处理的转移光谱［图12.6（b）］；以及一个矩阵（逻辑类型，即仅定义了true和false值），将主窗口分配给相应的目标数据点。

三组分混合物光谱转移的窗口分配矩阵如图12.5（a）所示。该矩阵的每一行将主光谱的一个窗口（红色=true）分配给相应的目标光谱的数据点，方法是在目标光谱的每个数据点的波长上加上一定的间隔（在本例中约为 ±20 nm）。然后，在主光谱中搜索该波长间隔，并将相应的

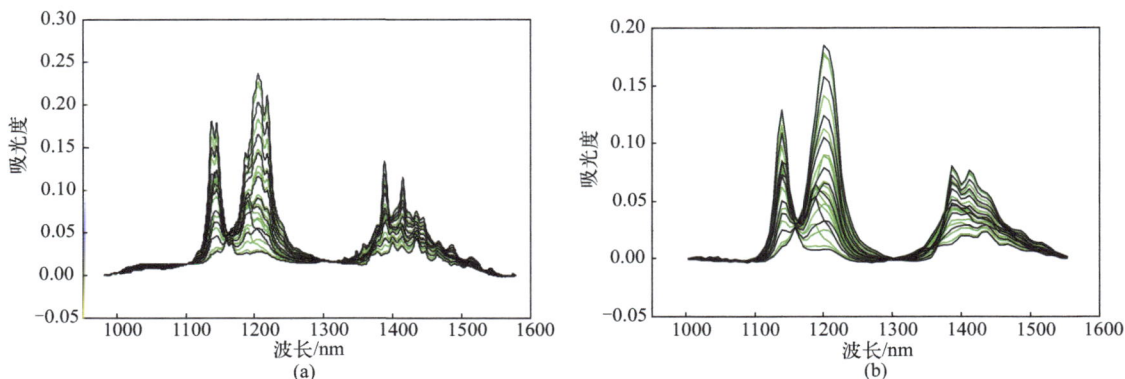

图12.6　（a）在台式光谱仪（主仪器）上测得的10个转移光谱（黑色）和15个参考光谱（绿色），经过基线校正（两个点：980/1580 nm）和980～1580 nm波长范围选择。（b）在便携式光谱仪（目标仪器）上测得的10个转移光谱（黑色）和15个参考光谱（绿色），经过基线校正（两个点：1000/1560 nm）和1000～1560 nm波长范围选择（为了避免在进一步处理过程中截断第一个和最后一个窗口，主仪器的波长范围［图（a）］在两侧扩展了20 nm）

数据点在该矩阵中设置为true。

创建图12.5（a）所示矩阵的函数需要以下输入参数：主光谱的波长尺度、主光谱选择的波长范围的下限和上限、目标光谱的波长尺度、目标光谱选择的波长范围的下限和上限以及主光谱中窗口左右两侧与目标相应数据点之间的间隔（±20 nm）。

由于与目标仪器不同，主仪器的波长尺度不是等距的（参见上文），因此在所选范围内窗口在数据点单位上的宽度会有所变化，并且窗口会被平移。

PDS过程为每个转移的目标数据点执行一个独立的PLS模型。由于每个模型都产生一个B向量，这些向量的组合形成了图12.5（b）所示的B矩阵。最终，通过将B矩阵与主仪器的光谱相乘进行转移。

12.3.2　三组分有机溶剂混合物传递光谱的诊断程序

转移过程需要几个参数控制特定的功能。为了比较不同参数设置的性能，提供了以下诊断方法：在完成转移后，将当前MATLAB会话的整个变量集保存到MAT文件中。进行诊断时，可以读取几个这样的文件，并评估预先选择的变量集。因此，例如可以通过3种不同的方法确定每个数据点的PLS因子的数量：

① 寻找预测标准误差（SEP）与因子数量之间的最小值；

② 使用F检验找到第一个显著大于最小值的SEP；

③ 用户选择一个在所有数据点上保持不变的因子数量的定义。

这3种参数设置对每个数据点的SEP产生的不同影响在图12.7中展示。

12.3.3　用三组分有机溶剂混合物的转移光谱建立测试模型及测量目标光谱的预测

光谱传递的质量如图12.8所示，图中显示了在目标仪器上测量的原始光谱与通过将B矩阵应

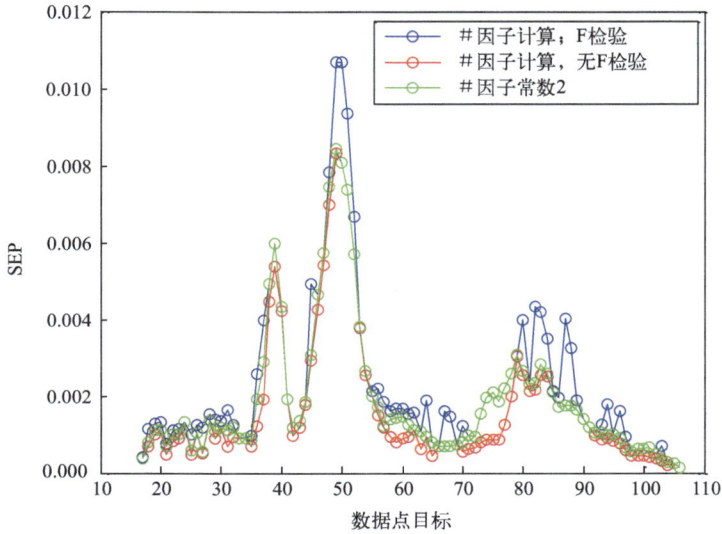

图12.7 根据3种不同的方法找到PLS模型最佳因子数量的情况下每个目标数据点的SEP

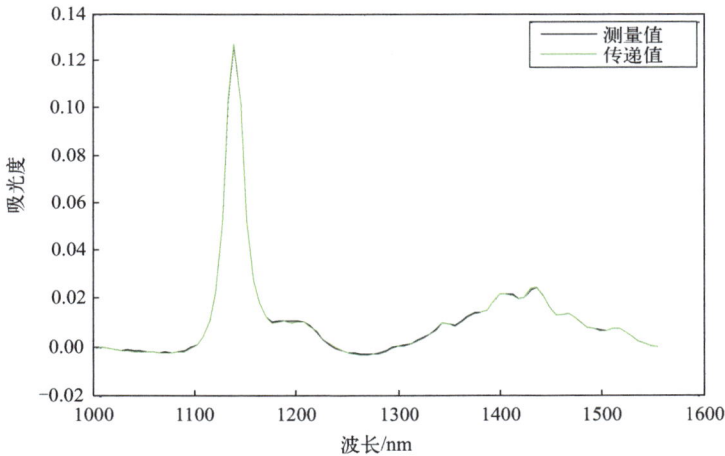

图12.8 在目标仪器上测得的环己烷/苯/乙基苯液体混合物（表12.1，样本7）的光谱（黑色）与从主机传递到目标格式后的相应光谱（绿色）的叠加

用于主光谱，从主光谱转移到目标格式的同一样品的相应光谱的叠加效果。

　　然而，作为更客观的诊断工具，对每种有机溶剂使用15个主机光谱（参考集）开发了交叉验证的PLS-1模型，并将其转移到目标格式（图12.9）。基于这些模型，然后对在目标仪器上测得的15个基线校正光谱进行了3种成分的预测（表12.3）。值得强调的是，最后提到的15个光谱没有参与传递过程，并且它们在实际情况下代表了必须使用基于传递光谱的模型预测的未知样品（表12.2）。值得注意的是，使用传递到目标格式的光谱（图12.9）获得的3种溶剂的PLS-1模型（基于2个因子）实际上比在手持仪器上直接测得的相同样本集合和相同光谱范围的光谱开发的PLS-1校正模型（同样基于2个因子）获得更好的交叉验证结果［表12.4（a）］。表12.4（b）列出了使用相同样本和相同光谱范围的主机光谱获得的PLS-1模型（基于3个因子）的交叉验证结果。

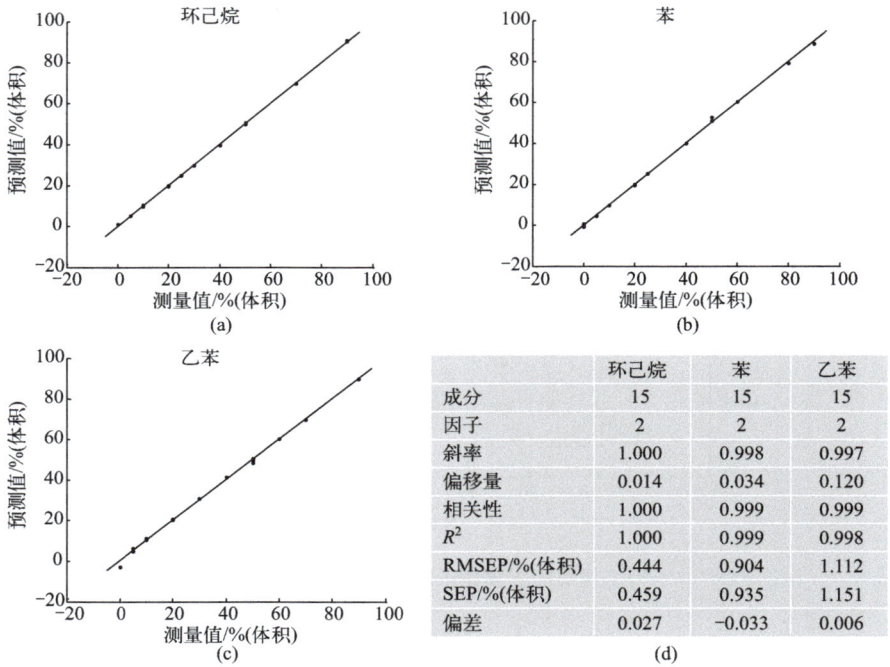

	环己烷	苯	乙苯
成分	15	15	15
因子	2	2	2
斜率	1.000	0.998	0.997
偏移量	0.014	0.034	0.120
相关性	1.000	0.999	0.999
R^2	1.000	0.999	0.998
RMSEP/%(体积)	0.444	0.904	1.112
SEP/%(体积)	0.459	0.935	1.151
偏差	0.027	−0.033	0.006

(d)

图12.9 基于15个主仪器光谱（参考集）转移到目标格式后的有机溶剂混合物3个成分的PLS-1模型的测量/预测图：（a）环己烷；（b）苯；（c）乙苯；（d）相应的交叉验证结果

表12.3 在目标仪器上测得的15个经过基线校正的光谱中环己烷/苯/乙基苯的预测浓度（体积分数）与参考浓度的比较

样品	环己烷/%		苯/%		乙苯/%	
	预测值	参考值	预测值	参考值	预测值	参考值
2	5.08	5.00	88.59	90.00	6.34	5.00
3	11.56	10.00	76.48	80.00	11.96	10.00
5	21.88	20.00	58.11	60.00	20.01	20.00
7	30.68	30.00	40.55	40.00	28.77	30.00
9	40.30	40.00	20.34	20.00	39.36	40.00
12	71.05	70.00	10.47	10.00	18.48	20.00
14	91.30	90.00	4.57	5.00	4.14	5.00
15	91.19	90.00	−0.67	0.00	9.48	10.00
16	25.11	25.00	24.52	25.00	50.38	50.00
17	20.74	20.00	19.93	20.00	59.33	60.00
18	11.00	10.00	19.47	20.00	69.54	70.00
20	11.05	10.00	−0.31	0.00	89.27	90.00
22	48.31	50.00	54.17	50.00	−2.49	0.00
23	0.84	0.00	48.64	50.00	50.53	50.00
24	50.79	50.00	0.47	0.00	48.75	50.00

表12.4 在目标仪器上测得的光谱开发的PLS-1校正模型（2个因子）的交叉验证结果（a）以及在主机仪器上测得的光谱开发的PLS-1校正模型（3个因子）的类似结果（b）

	环乙烷	苯	乙苯
（a）			
成分	15	15	15
斜率	0.998	0.998	0.996
偏移量	0.084	0.071	0.111
相关性	0.999	0.999	0.999
R^2	0.998	0.998	0.998
RMSEP/%（体积）	1.380	1.186	1.304
SEP/%（体积）	1.393	1.196	1.316
偏差	6.197e-05	0.011	0.007
（b）			
成分	15	15	15
斜率	0.999	0.999	0.998
偏移量	0.039	0.032	0.042
相关性	1.000	1.000	0.999
R^2	1.000	1.000	0.998
RMSEP/%（体积）	0.361	0.375	0.655
SEP/%（体积）	0.363	0.378	0.661
偏差	0.022	0.002	−0.025

12.3.3.1 通过NIR光谱识别不同聚合物类别

在这个第二个案例研究中，首要目标是验证通过近红外光谱在从主机到目标格式的光谱传递中是否保留了识别或区分不同聚合物类别的潜力。为此，我们选择那些最难区分的3个聚合物类别（PE、PP和PVC）的光谱作为示例，它们分别在主机和目标仪器上进行测量（图12.10），而其他3个类别（PS、PET和PC）仅在目标仪器上进行测量。对于前述的3种商品聚合物（PE、PP和PVC），我们将测试使用传递光谱开发的PCA模型是否能够区分在目标仪器上测得的光谱和其他聚合物类别。由于聚合物的不同物理形式对散射效应有影响，在进一步处理光谱前，我们使用了乘性散射校正（MSC）。

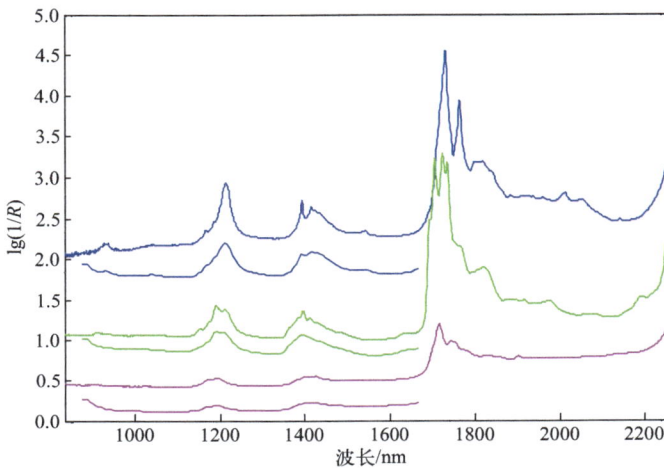

图12.10 在台式主仪器（顶部）和便携式目标仪器（底部）上测量的PE（蓝色）、PP（绿色）和PVC（洋红色）的选定原始光谱

与之前的定量案例研究类似，对于PE、PP和PVC的主要和目标光谱进行了转移光谱集/参考光谱集的划分（PE：16/24；PP：8/12；PVC：14/21），然后将主机和目标仪器的传递光谱集应用于生成传递矩阵（B矩阵），随后将传递应用于主机仪器的传递光谱集和参考光谱集。同样，以PE为例，如图12.11所示，主机仪器的原始光谱与转移到目标格式的光谱之间取得了良好的一致性。

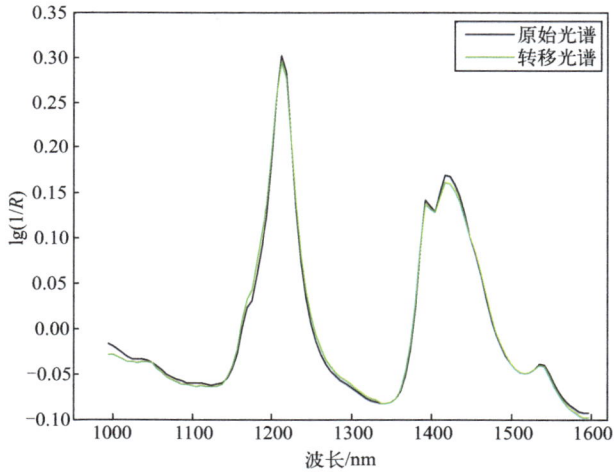

图12.11　在目标仪器上测得的聚乙烯样品光谱（黑色）与从主仪器转换到目标格式后的相同样品光谱（绿色）进行叠加

12.3.4　为PE开发PCA模型，作为光谱传递的性能测试

下面仅描述了PE的性能测试，对于PP和PVC的进一步信息请参考原始文献[17]。在目标仪器上测量的所有聚合物类别的光谱经过MSC预处理，即将各个光谱拟合到PE的平均光谱上（图12.12），然后将在主机上测量并转移到目标格式的PE的转移光谱和参考光谱应用于PCA模型，以识别PE（图12.13中的黑色符号）。结合在目标仪器上测量的PE的参考光谱（图12.13中

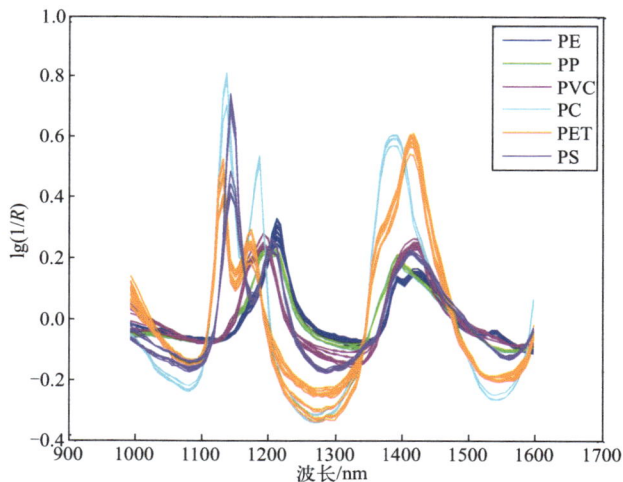

图12.12　在目标仪器上测得并经过MSC预处理（即拟合到PE的平均光谱）的所有聚合物类别的光谱

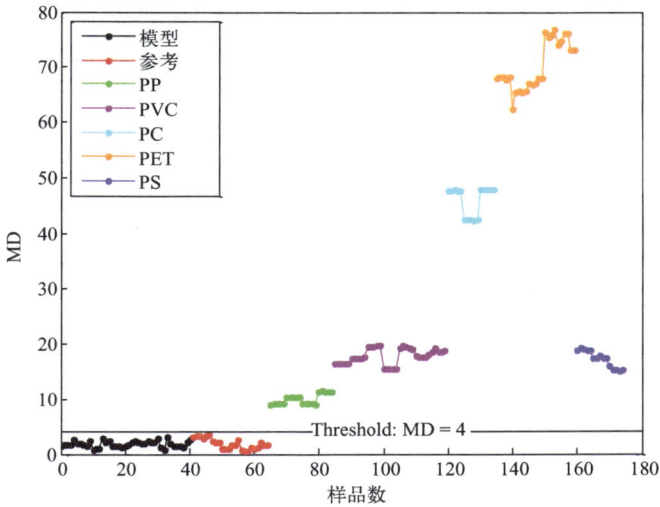

图12.13 用于PE鉴定的PCA模型（4个因子）的马氏距离

的红色符号），其他5个聚合物类别的目标光谱被用于该PCA模型，以区分聚乙烯和其他聚合物（图12.13中的其他颜色）。区分效率通过马氏距离（MD）[18]展示。对于选择的一些因子，马氏距离是通过将相关光谱投影到相应的PCA模型上得到的一个衡量指标。从图12.13可以得出，对于PE，马氏距离阈值MD=4可以确保相对于另两个聚合物类别（PP和PVC）以及其他聚合物类别（PS、PET和PC）的安全识别和区分。

12.4 转移策略总结

12.4.1 用于定量应用的光谱传递

在商业应用中，将有一组在实验室仪器（主机）上测得的光谱可用于开发化学计量学校正模型，以进行对所关注组分的定量评估。

为了将这些光谱（主机）数据集转换到手持式仪器的目标格式，需要按照以下步骤进行操作：

（1）如果校正集有存储样本，则从校正集中选择一小部分（10～20个）代表其光谱方差的主光谱子集，然后需在目标仪器上测量相应的样本。如果没有可用的存储样本，则必须从校正集中获取尽可能接近光谱变异的新样本，并且必须在两台光谱仪上测量。

（2）在适当的光谱预处理后，使用在两台仪器上测得的相应的转移集创建转移矩阵，然后将主机校正集的所有光谱转换到目标格式。

（3）使用主机仪器的转移校正集为目标仪器开发感兴趣组分的偏最小二乘（PLS）校正方法。

（4）使用此校正方法对目标仪器上测量的任何未来样品进行预测。

12.4.2 用于定性应用的光谱传递

在实际情况中，会有一组在实验室仪器（主机）上测得的特定类化合物的光谱数据可用于开发定性模型，以将该产品与其他产品进行识别或区分。

为了将这个光谱数据集从台式光谱仪（主仪器）转移到便携式仪器（目标仪器）的格式，需要进行以下步骤：

（1）如果校正集中有存储样本可用，从校正集中选择一小部分（10～20个）主机光谱，代表其光谱差异性。相应的样本只需在目标仪器上测量。如果没有存储样本可用，则需要在两个光谱仪上测量尽可能接近光谱差异的新样本。

（2）经过适当的光谱预处理后，将应用PDS算法到在两个仪器上测得的转换集，并使用所得矩阵将迄今为止在主机仪器上测得的所有光谱转换为目标格式。

（3）使用转换后的主机仪器的参考集合和转换集合开发先前使用的化合物的定性识别或区分模型，并使用该定性模型对在目标仪器上测得的任何未来样本进行预测。

12.5　结语

基于一个定量案例研究和一个定性应用示例，提出的光谱转移算法能够将实验室仪器测得的光谱数据转换为手持式光谱仪的格式，提供的光谱数据可生成定量预测数据，并且能够进行与原始数据集相媲美的定性分类。这种转移方法的应用将在广泛领域中采用微型近红外光谱仪时，通过利用已开发的高端、高分辨率仪器建立的现有校正和分类模型，节省大量的时间和成本。

缩略语

CLS	classical least squares	经典最小二乘
DS	direct standardization	直接标准化
ILS	inverse least squares	逆最小二乘
LVF	linear variable filter	线性可变滤波器
MD	Mahalanobis distance	马氏距离
MSC	multiplicative scatter correction	乘性散射校正
PCA	principal component analysis	主成分分析
PDS	piecewise direct standardization	分段直接标准化
PLS	partial least squares	偏最小二乘
RMSEP	root mean square error of prediction	预测均方根误差
SEP	standard error of prediction	预测标准偏差

参考文献

[1] Bouveresse, E. and Massart, D.L. (1996). Standardisation of near-infrared spectrometric instruments: a review. *Vib. Spectrosc.* 11 (1): 3-15.

[2] Bouveresse, E., Hartmann, C., Massart, D.L. et al. (1996). Standardization of near-infrared spectrometric instruments. *Anal. Chem.* 68 (6): 982-990.

[3] Wang, Y., Veltkamp, D.J., and Kowalski, R.B. (1991). Multivariate instrument standardization. *Anal. Chem.* 63 (23): 2750-2756.

[4] Shenk, J.S. and Westerhaus, M.O. (1993). Comments on standardisation: part 2. *NIR News* 4 (5): 13-15.

[5] Shenk, J.S. and Westerhaus, M.O. (1989). US Pat. No. 4 866 644, September 12, 1989.

[6] Forina, M., Drava, G., Armanino, C. et al. (1995). Transfer of calibration function in near-infrared spectroscopy. *Chemom. Intel. Lab. Syst.* 27 (2): 189-203.

[7] Forina, M., Armanino, C., and Giangiacomo, R. (1992). *Near Infra-red Spectroscopy: Bridging the Gap between Data Analysis and NIR Applications* (eds.K.L.Hildrum,T.Isaksson,T.Naes andA.Tandberg),91. Chichester: Ellis Horwood.

[8] Kennard, R.W. and Stone, L.A. (1969). Computer aided design of experiments. *Technometrics* 11 (1): 137-148.

[9] Bouveresse, E. and Massart, D.L. (1996). Improvement of the piecewise direct standardization procedure for the transfer of NIR spectra for multivariate calibration. *Chemom. Intell. Lab. Syst.* 32 (2): 201-213.

[10] Fearn, T. (2001). Standardisation and calibration transfer for near infrared instruments: a review. *J. Near Infrared Spectrosc.* 9 (4): 229-244.

[11] Pierna, J.A.F., Vermeulen, P., Lecler, B. et al. (2010). Calibration transfer from dispersive instruments to hand-held spectrometers. *Appl. Spectrosc.* 64 (6): 644-648.

[12] Workman, J.J. Jr. (2018). A review of calibration transfer practices and instrument differences in spectroscopy. *Appl. Spectrosc.* 72 (3): 340-365.

[13] Wang, Y. and Kowalski, B.R. (1992). Calibration transfer and measurement stability of near-infrared spectrometers. *Appl. Spectrosc.* 46 (5): 764-771.

[14] Kowalski, B.R., Veltkamp, D.J., and Wang, Y. (1995). US Pat. No. 5 459 677, 1995.

[15] Feudale, R.N., Woody, N.A., Tan, H. et al. (2002). Transfer of multivariate calibration models: a review. *Chemom. Intel. Lab. Syst.* 64 (2): 181-192.

[16] Sulub, Y., LoBrutto, R., Vivilecchia, R., and Wabuyele, B.W. (2008). Content uniformity determination of pharmaceutical tablets using five near-infrared reflectance spectrometers: a process analytical technology (PAT) approach using robust multivariate calibration transfer algorithms. *Anal. Chim. Acta* 611 (2): 143-150.

[17] Hoffmann, U., Pfeifer, F., Hsuing, C., and Siesler, H.W. (2016). Spectra transfer between a Fourier transform near-infrared laboratory and a miniaturized handheld near-infrared spectrometer. *Appl. Spectrosc.* 70 (5): 852-860.

[18] Ritchie, G.E., Mark, H., and Ciurczak, E.W. (2003). Evaluation of the conformity index and the Mahalanobis distance as a tool for process analysis: a technical note. *AAPS PharmSciTech* 4 (2): 109-118.

13

手持式近红外光谱仪的应用

Hui Yan[1], Heinz W. Siesler[2]

[1] School of Biotechnology, Jiangsu University of Science and Technology, Zhenjiang, China
[2] Department of Physical Chemistry, University of Duisburg-Essen, Essen, Germany

13.1 概述

早在20多年前微型振动光谱仪就已开始发展，但手持式拉曼（Raman）光谱仪、中红外（MIR）光谱仪和近红外（NIR）光谱仪直到近10年才趋于商业化，并广泛用于分析学科[1-4]。手持式拉曼和MIR光谱仪的重量仍大于1 kg；微型NIR光谱仪的重量小于100 g，可装配到移动设备中[5,6]。此外，手持式拉曼和MIR光谱仪价格高达数万美元，而微型NIR光谱仪则不到1000美元。拉曼和MIR光谱仪价格较高，主要用于工业、军事、国防以及应急响应人员、海关或环境等机构；NIR光谱仪的批量制造可进一步降低成本，不久的将来可走向千家万户。因此，本章将重点介绍最先进的微型NIR光谱仪及其在实际分析问题中的应用。

微型化仪器有广阔的发展前景，但也对仪器领域商业发展产生了负面影响。本章将澄清个别公司关于其"近红外扫描仪"与"大数据云评估"性能的夸大声明，并提出手持式NIR光谱可以提供更好的分析替代方案。

13.2 仪器

微型近红外光谱仪近来使用微机电系统（MEMS）、微光机电系统（MOEMS）和线性可变滤波器（LVF）等新的微技术，光谱仪的尺寸和重量大幅减小，但在广泛的应用中具有良好的定性和定量校准结果。本章讨论4种不同类型的近红外光谱仪，并对其基本原理进行描述（图13.1）。

根据探测器类型，手持式近红外光谱仪可分为阵列探测器和单探测器仪器两大类[7]。MicroNIR1700（VIAVI，原名JDSU，Santa Rosa，CA，USA）是最早的手持式近红外光谱仪之一，但不是最早的商用光谱仪，其质量轻便，重量小于100 g，配备扫描范围908 ～ 1676 nm的阵列探测器，并使用LVF作为单色仪。MicroNIR1700可鉴定海产品、测定食品营养成分、分析和鉴

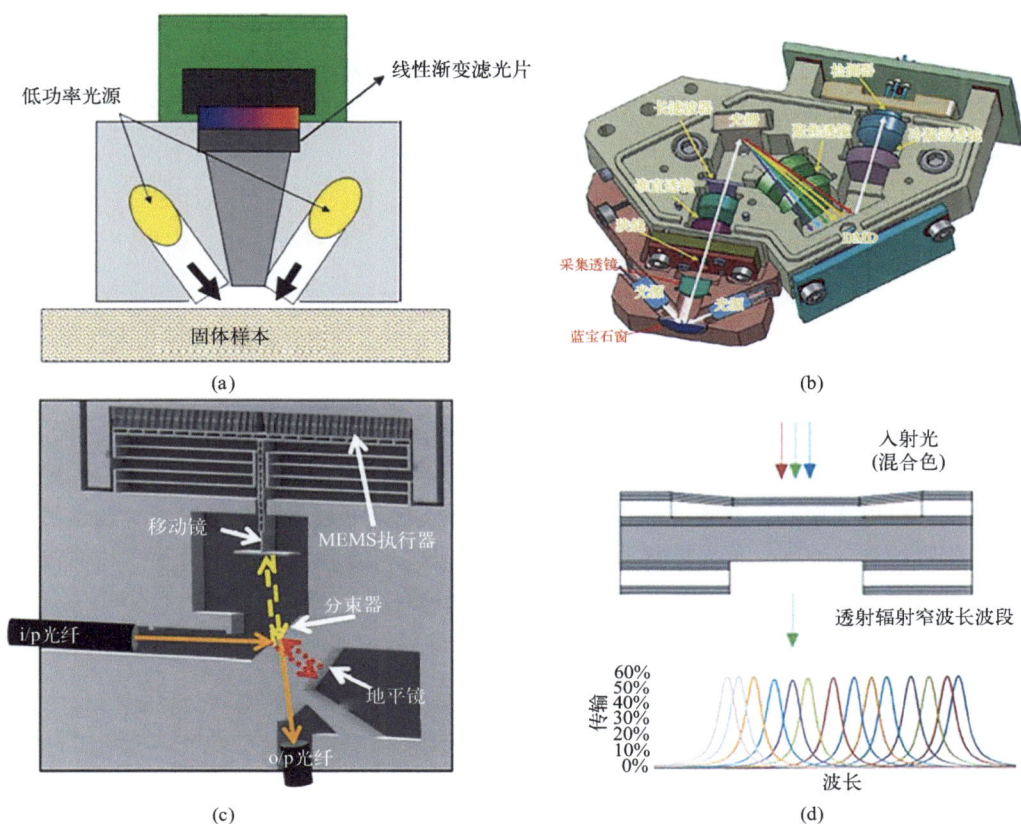

低功率光源

线性渐变滤光片

固体样本

(a)

采集透镜

蓝宝石窗

(b)

移动镜

MEMS执行器

分束器

i/p光纤

地平镜

o/p光纤

(c)

入射光
(混合色)

透射辐射窄波长波段

传输

60%
50%
40%
30%
20%
10%
0%

波长

(d)

图13.1　手持式近红外光谱仪的光学方案用于讨论应用程序案例。（a）VIAVI MicroNIR 1700，LVF；（b）DLP NIRscan Nano EVM与德州仪器数字微镜设备（DMD™）；（c）Si-Ware Systems，基于MEMS的FT-NIR光谱仪；（d）带有Fabry-Perot可调谐滤波器的光谱引擎近红外光谱仪

定土壤中碳氢化合物污染物以及用于药物的定量分析[8-11]。然而，在以砷化铟镓（InGaAs）为首选探测器材料的NIR中，单个探测器的价格与阵列探测器相比要低得多，为进一步降低硬件成本可优化单探测器系统。例如，DLP NIRscan Nano EVM（Dallas, TX, USA）由德州仪器的数字微镜设备（DMD™）、光栅和单元素探测器组成，该检测器波长范围900～1701 nm。最近，Si-Ware Systems公司（埃及开罗）推出了一种基于MEMS的FT-NIR仪器，该仪器包含一个单片光机电结构的迈克尔逊干涉仪。相比其他手持式光谱仪，这款FT-NIR仪器可以扫描1298～2606 nm波长范围内的光谱。最后，Spectral Engines公司（芬兰赫尔辛基）开发了基于扫描Fabry-Perot标准器的小型化近红外光谱仪，该标准器可作为可调谐波长滤波器。但是，需4台光谱仪联合使用才可覆盖1350～2450 nm的近红外波长区域。

13.3　应用

手持式近红外光谱仪在工业原材料的质量控制方面应用广泛[12-15]，本章重点介绍其在现场和日常生活中的应用。如今，不管是生命科学材料（食品、药品）还是日常生活材料（纺织品），欺诈和掺假问题屡见不鲜，手持式近红外光谱仪由于其趋于微型化且经济实用成为消费者权益保障的强有力工具。以下应用实例将展示手持式近红外光谱在这方面的潜力及其在日常生活中的使用建议。这些例子向读者展示了如何建立稳定的校正以及分类模型，包括如何验证样本集、样本的重复测量、变量算法的选择和光谱预处理过程。然而，鉴于一些公司夸大其词，文内也阐述了其失败案例。

13.4　手持式近红外光谱仪的定性应用

13.4.1　纺织品的鉴别

最新出版物详细介绍了手持式近红外光谱技术在纺织材料鉴定中应用的可能性[16]。原料的不同（丝绸、羊绒等天然材料或腈纶、聚酰胺、聚酯等合成材料），价格差异很大，因此有许多商家投机取巧，以次充好，欺骗消费者。例如，棉花经丝光处理后，纤维感观上较丝滑，可以用来制作假冒的真丝地毯，从而欺骗消费者。手持式近红外光谱现场测得值与参比值进行可视化比较后，可辨其真伪（图13.2）。因此，将材料的评估算法与手持式近红外传感器结合可帮助非专业人士快速识别或验证产品真伪。

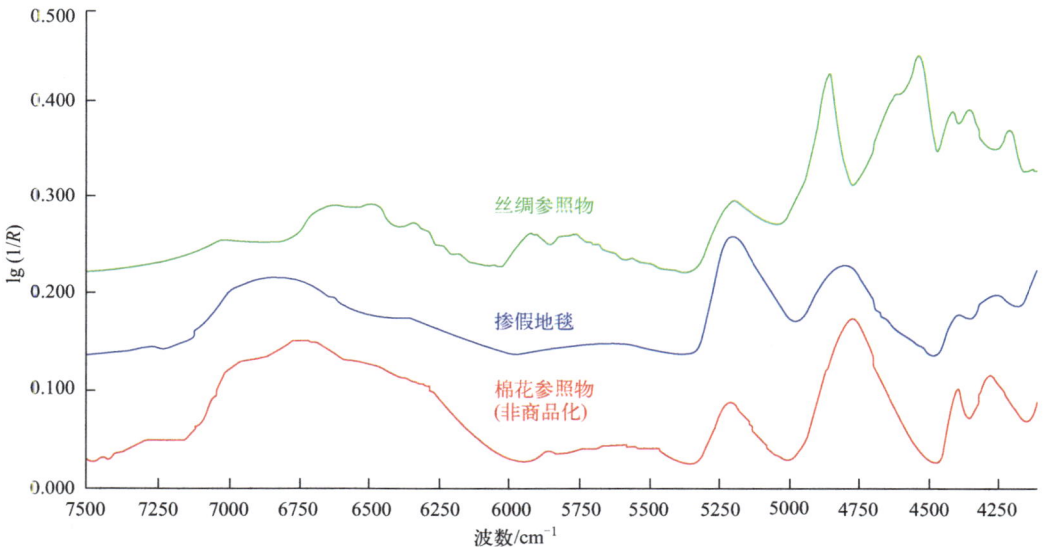

图13.2　基于手持式近红外光谱仪记录的近红外光谱目视检查，快速识别用于地毯制造的材料

为了探索手持式近红外对未知纺织品全面识别的潜力，研究人员比较了9种不同类别的天然和合成材料（丝绸、羊毛/羊绒、棉花、丙烯酸、弹性烷、凯夫拉尔、诺梅克斯、聚酯、聚酰胺6/聚酰胺66）的72个样品[16]。如图13.1所示，4种仪器对72个样品以漫反射模式测量得到NIR光谱数据，随机选取48个样品作为校正集，剩余24个样品作为验证集。图13.3显示了4种不同仪器测得的合成（聚酯）和天然（丝绸）类近红外光谱图。主成分分析（PCA）结合类比的软独立建模（SIMCA）以及PCA得分图中根据平均欧氏距离对不同类型的纺织品类进行分类，同时也分析了不同手持式仪器的识别性能。观察最大和最重要的光谱范围（图13.3中的蓝色光谱），发现基于MEMS迈克尔逊干涉仪的FT-NIR光谱的识别能力最好，DMD（红色光谱）和LVF（黑

色光谱）光谱仪测量的光谱次之，Fabry-Perot可调谐滤波器的仪器分析性能（绿色光谱）较差。

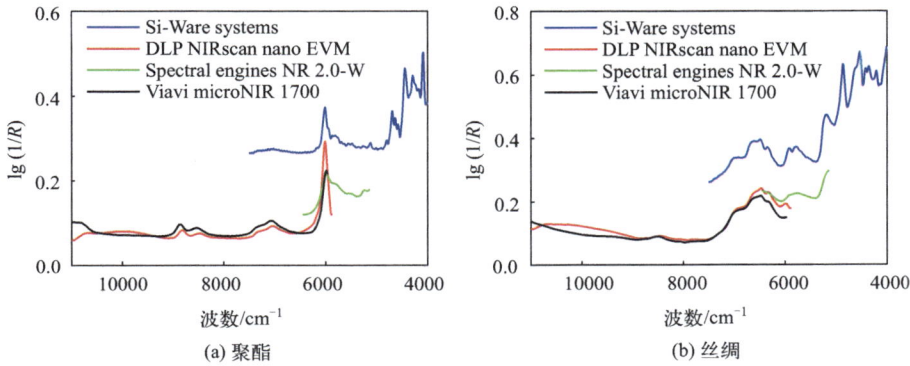

(a) 聚酯　　　　　　　　　　(b) 丝绸

图13.3　用4种不同的手持式光谱仪测量的被调查纺织品的代表的近红外光谱

　　尽管最后提到的仪器分析性能相对较低，但它作为光谱仪界的新星被不同的网站和视频冠以X-SPECT的品牌名称，不仅用于测量营养参数（见下文），还用于识别纺织品的污染，可以用于智能洗衣机选择合适的程序清洗污渍。然而，研究者使用调查结果中性能最佳的手持式FT-NIR光谱仪模拟时，并未成功复刻结果。棉花上的红酒渍和咖啡渍——如广告视频所述——无法通过差分光谱法（受污染的纺织品减去干净的纺织品）识别，因为尽管可用波长范围很大，这些污染物的光谱特征并不明显。差分光谱法可识别棉花上的红牛饮料污渍，这与洗衣机程序设定无关，而是因为其含糖量过高，因此相应的碳水化合物吸收带可被明确检测到。然而，最近也有报道成功识别了棉花上的油脂和血液污染物[17]。在第一种情况下，通过差分光谱［图13.4（a）下］可以分离出油脂特有的C—H倍频和C—H组合带、血渍中蛋白质特有的N—H第一倍频以及分别在6600 cm⁻¹和4500 ~ 5000 cm⁻¹波数区域的酰胺I和酰胺II组合［图13.4（b），灰色阴影波数区域］的类型。

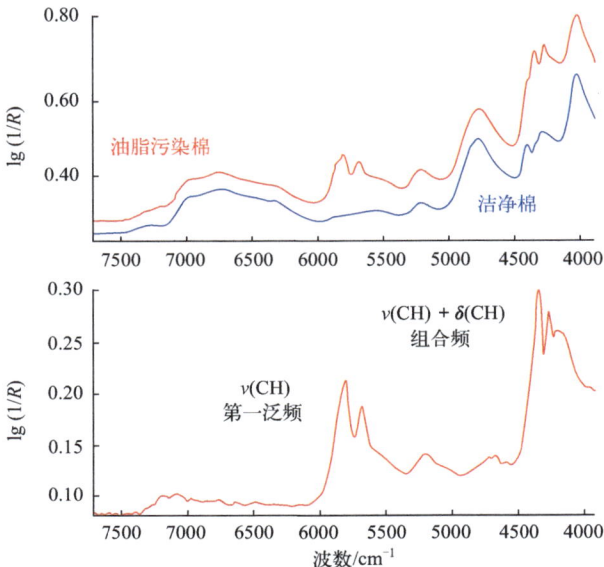

(a) 洁净棉和油脂污染棉的近红外光谱(上)以及污染后的差分光谱(下)

图13.4

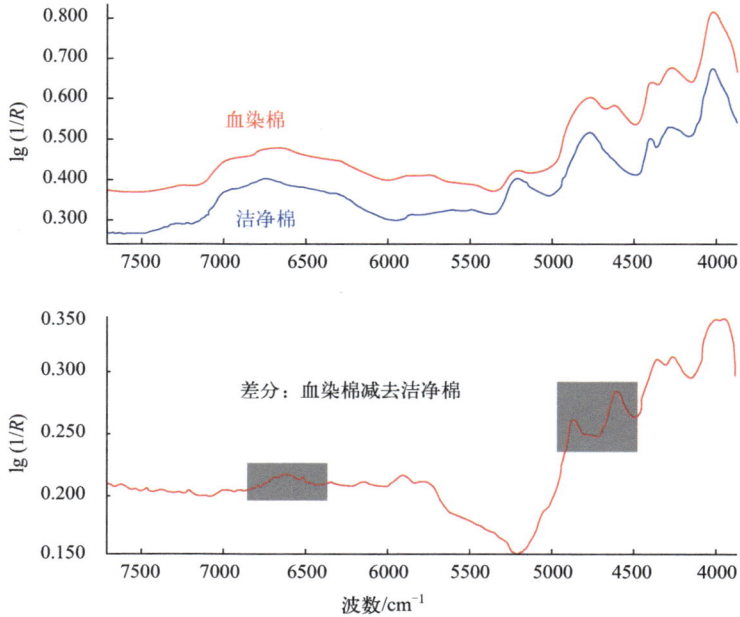

(b) 洁净棉和血染棉的近红外光谱(上)以及差分光谱(下)

图13.4　用差分光谱法鉴别棉花污染物

13.4.2　可回收聚合物的鉴定

上文提及的测定纺织材料的不同手持式近红外光谱仪的性能比较也已用于聚合物回收应用[18]。本节还建立了4种手持式仪器测量的漫反射光谱的PCA校准模型，并对未知测试样品进行预测（图13.5）。这些样品是5种不同聚合物——聚乙烯（PE）、聚丙烯（PP）、聚苯乙烯（PS）、聚氯乙烯（PVC）和聚对苯二甲酸乙酯（PET）（颗粒、薄膜、板、纤维、粉末）。尽管4种光谱仪在波数范围和光谱分辨率上存在显著差异，但对测试样品的预测性能几乎一致。除了Fabry-Perot可调谐滤波器只能检测v(CH) 振动的第一个倍频区域（5300 ~ 6200 cm⁻¹），故不能区分PE和PVC［图13.5（b）］之外，基于仪器特定光谱开发的PCA模型可以正确识别所有样品。通过优化SIMCA模型，也可解决PCA不能对PE和PVC进行模式识别的问题。

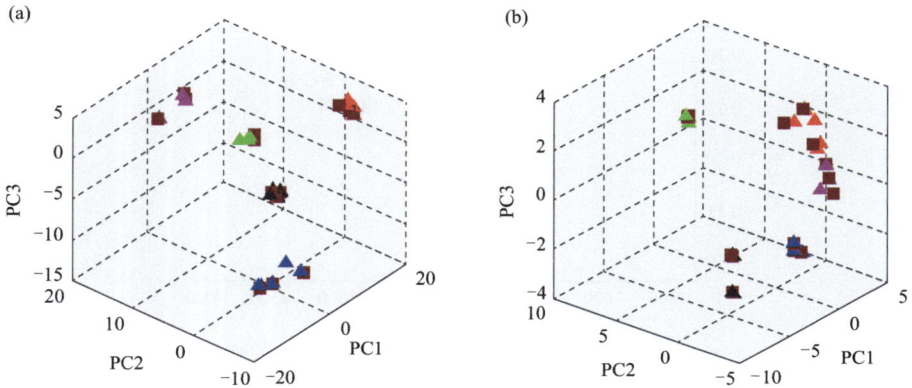

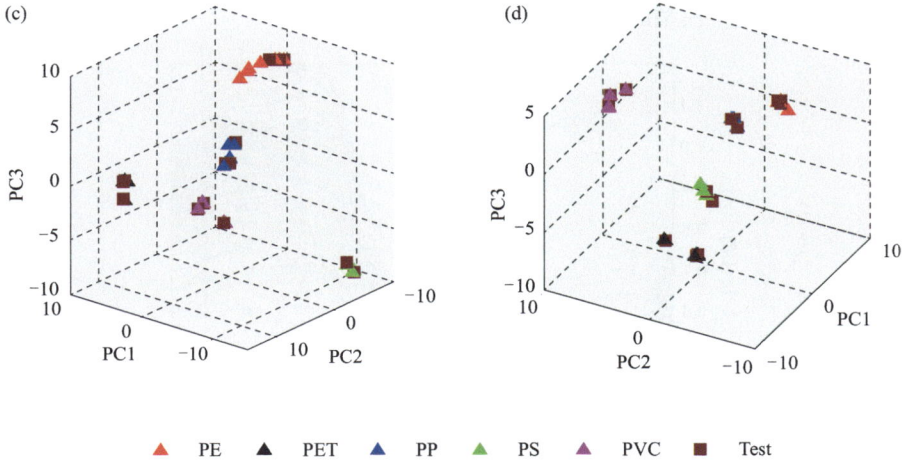

▲ PE　▲ PET　▲ PP　▲ PS　▲ PVC　■ Test

图13.5　基于5种聚合物产品的校准光谱和4种不同仪器［（a）Si-Ware Systems；（b）Spectral Engines NR 2.0W；（c）DLP NIRscan Nano EVM；（d）Viavi MicroNIR 1700］测量的相应测试样品的三维PCA得分图

13.4.3　根茎类药材产地溯源

前文概述了纺织和聚合物的便携式近红外光谱仪应用，本节将概述其在中药领域的研究应用。太子参为石竹科植物孩儿参 *Pseudostellaria heterophylla*（Miq.）Pax ex Pax et Hoffm.的干燥块根，它是一种药食同源产品[19]。太子参具有提高免疫力、抗压力、抗疲劳等药理作用。然而，太子参的品质因气候条件和土壤类型而异。其产地不仅是《中华人民共和国药典》质量评价的关键指标，也是消费者关心的问题[20]。已有报道称台式近红外光谱仪可鉴定太子参的地理来源，但这种方法并不适用于现场测定[21]。相反，这也说明了手持式近红外光谱仪在现场应用中的灵活性。

本研究从安徽、福建、贵州三省的主要中药材生产基地共收集了300份太子参干药材样品。随机选取其中200个样本为校正集，其余样本作为测试集，验证模型的准确性。MicroNIR1700（Viavi, Santa Rosa, CA, USA）对采集样品进行漫反射检测（图13.6）。扫描波长范围为891～1670 nm，扫描50次，参考光谱采用经过认证的99% Spectralon™反射率标准（Labsphere Inc, North Sutton公司，USA）测量。每次测量后将样品旋转约120°，取3次光谱的平均值作为最终原始光谱，进行进一步处理。

图13.7为校正集的原始光谱。1450、980、1190 nm处的3个主要吸收带可分别归属于v(OH)吸收的第一倍频、第二倍频和v(CH)吸收的第二倍频。使用标准化、一阶导数、标准正态变量变换（SNV）及其组合的预处理方法对样品进行预处理。最终选择SNV加一阶导数（采用5个数据点的Savitzky-Golay平滑过程和二阶多项式）作为光谱预处理，校正效果最优。然后，采用竞争性自适应重加权采样（CARS）[22]和随机蛙跳（RF）[23]算法进行波长选择，以提高偏最小二乘

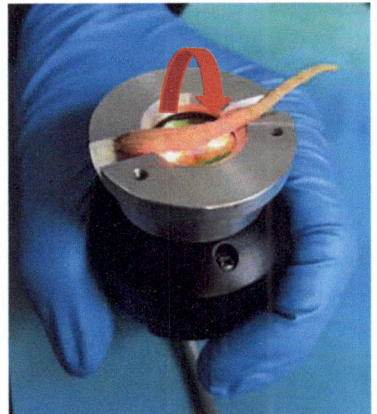

图13.6　太子参标本展示

回归判别分析（PLS-DA）模型的识别精度。

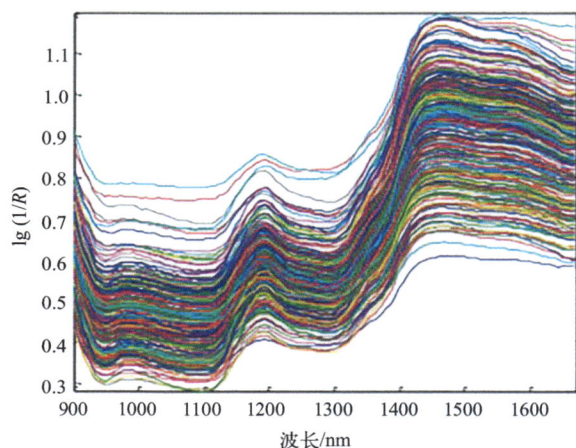

图13.7　太子参校正集的原始图

表13.1　不同波长选择方法鉴别太子参产地的定标性能比较

原产地	波长选择	因子数	准确率/%		
			校正集	交叉验证集	测试集
福建	CARS	7	90.9	90.2	92.1
	RF	6	95.0	93.2	94.3
安徽	CARS	7	95.7	93.7	93.4
	RF	7	96.2	91.7	93.4
贵州	CARS	7	95.5	91.5	95.5
	RF	7	96.6	93.2	95.5

　　如表13.1所示，RF波长选择结果优于CARS。福建产地太子参利用RF进行波长选择，得到的校正集、交叉验证集、测试集的预测准确率分别为95.0%、93.2%、94.3%，安徽产地的预测准确率分别为96.2%、91.7%、93.4%，贵州产地的预测准确率分别为96.6%、93.2%、95.5%。Lin等[21]也报道了类似的近红外光谱研究，他们使用台式仪器结合支持向量数据描述（SVDD）算法，但测试集的识别准确率略低，为92.5%。这两项研究都表明手持式近红外光谱技术可以快速在线鉴定太子参产地。

13.4.4　果蔬新鲜度的测定

　　水果和蔬菜的新鲜度与消费者日常生活质量息息相关。为了考察监测新鲜度是否可行，研究者利用便携式FT-NIR光谱仪分别检测室温和冰箱中的水果和蔬菜新鲜度随时间的变化（图13.8），并用PCA对光谱数据进行分析。仪器无法检测到新鲜度变化趋势，这与一些手持式近红外光谱仪制造商的说法并不一致。圣女果、萝卜和柠檬只能区分新鲜度或放置数天。以柠檬为例，在20°C下放置11天，并于第1、7、11天进行光谱采集，其原始光谱和预处理光谱（一阶导数+SNV）与对应的PCA 3D得分图如图13.9所示。结果并不理想，因此我们并不建议使用便携式NIR光谱仪检测果蔬新鲜度。

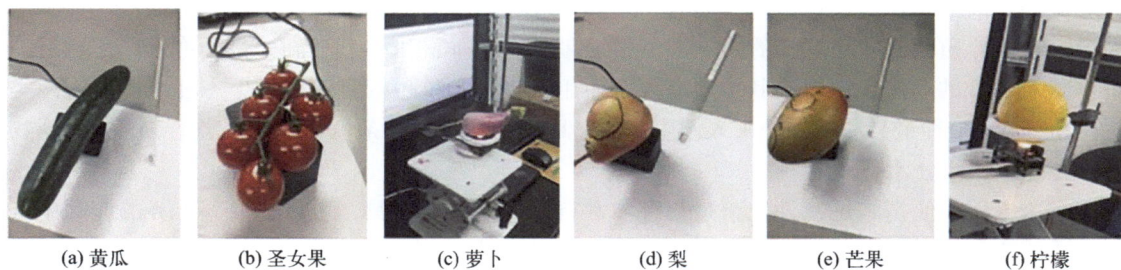

(a) 黄瓜　　(b) 圣女果　　(c) 萝卜　　(d) 梨　　(e) 芒果　　(f) 柠檬

图13.8　调查蔬果

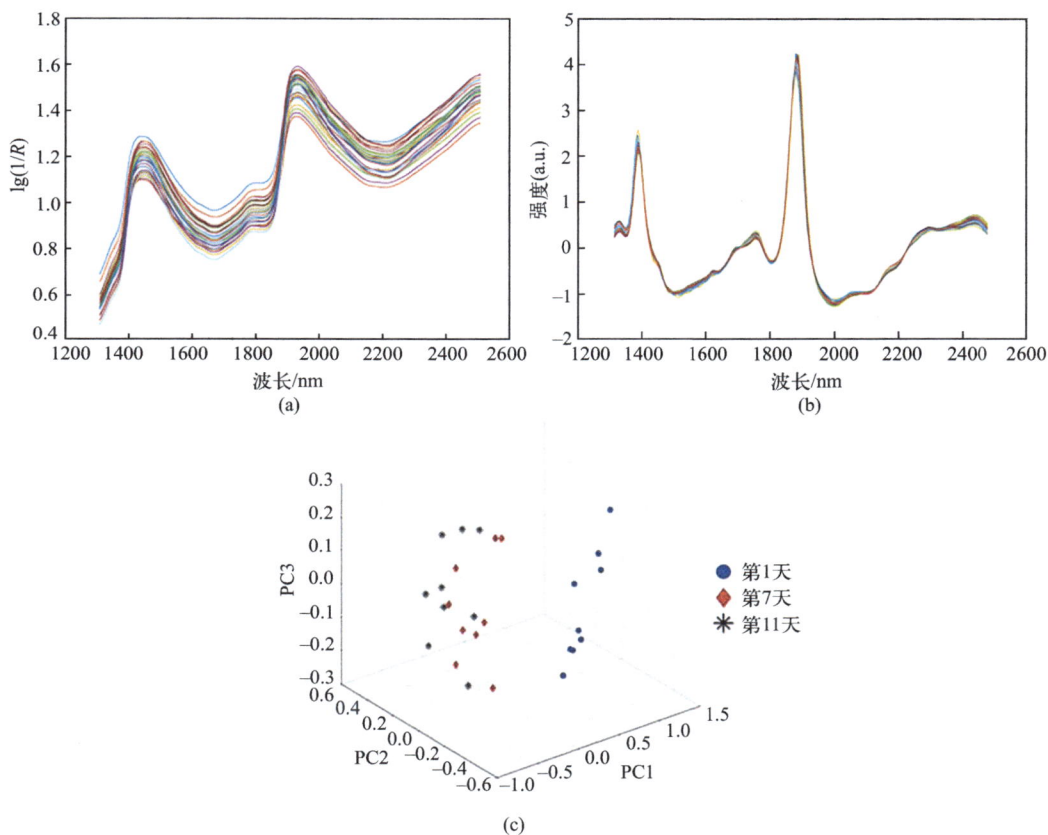

图13.9　在20℃下储存11天的柠檬原始近红外光谱（a）、一阶导数+SNV预处理和1309～2503 nm近红外光谱（b）以及PCA 3D评分图（c）

13.4.5　鱼类识别

定性研究同样可用于鱼类识别。迄今为止规模最大的海鲜欺诈的调查报告显示在美国各城市的餐馆和杂货店购买的海鲜中有1/3的海鲜与其实际种类并不相符[24]。这项研究是由非营利的国际宣传小组Oceana在2010～2012年期间进行的，从美国21个州的674个零售点收集了1200多个样本。对所有鱼样进行脱氧核糖核酸（DNA）检测，以鉴定鱼种并发现错误标记。国会研究服务局之前的一份关于打击海产品营销中的欺诈和欺骗的报告也得出类似的结论[25]。典型地来说，水产养殖的鲶鱼（越南的*Pangasius*）和罗非鱼（非洲维多利亚湖）是受许多国家欢迎的价格相对较低的食用鱼，但因其养殖需大量使用杀虫剂和抗生素且不利于生态环境而将这两类食用鱼列入100种最具威胁的外来入侵生物的名单。因此，从整条鱼或鱼片形态上与其他优质物种进行识别和区分才是最优解。

在这方面，便携式近红外光谱是一种非常有价值的分析工具，可以在良莠不齐的产品中选出优质的整条鱼或鱼片[9,26]。手持式FT-NIR光谱仪的测量参数设置、漫反射光谱（包括用于校准的截断限制）以及由小样本鲑鱼和鲑鳟鱼种的40个光谱推导的PCA模型的2D（PC1/PC2）得分图如图13.10所示。便携式NIR光谱成功识别鱼种类的实例及仪器本身的灵活性证明海鲜市场中的商业欺诈行为可以得到显著缓解。监管部门或者消费者都可以现场利用仪器在鱼龙混杂的海鲜物种中快速区分其优劣。

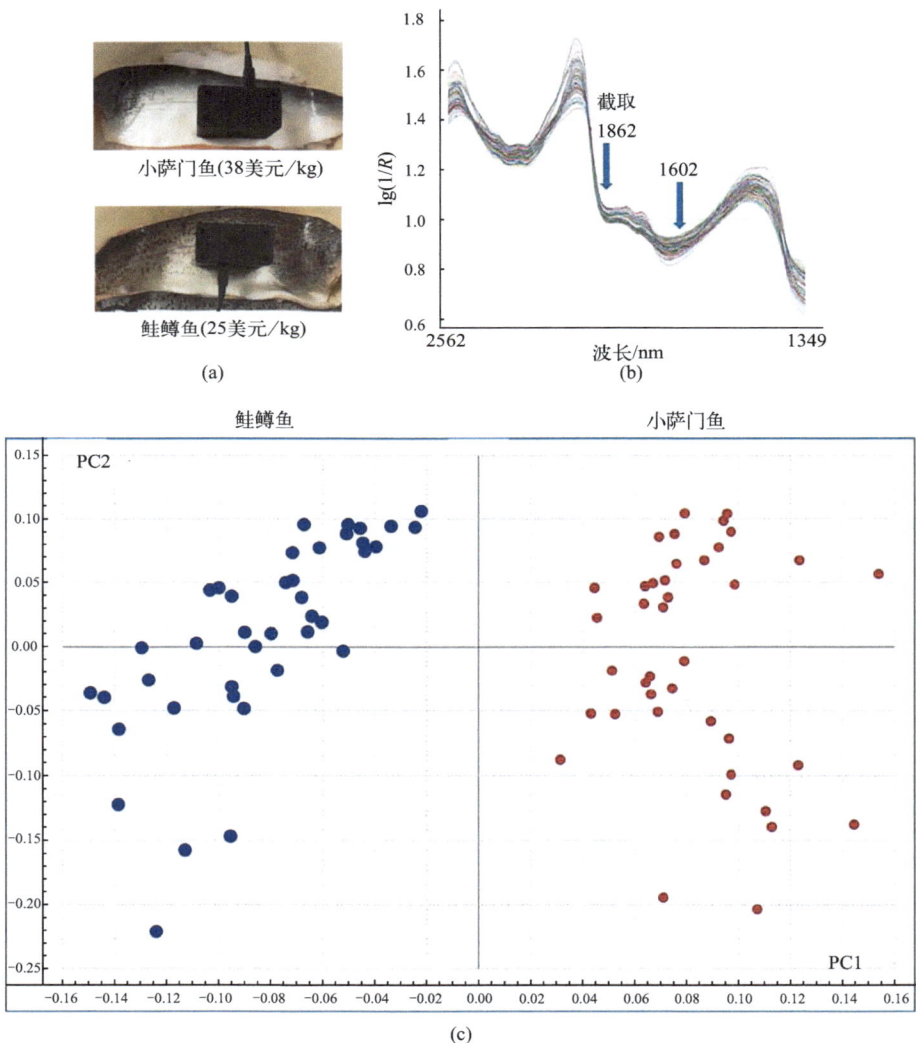

图13.10　实验测量设置（a）、EMSC后的漫反射光谱（包括校准使用的截断限制）（b）以及基于40个小萨门鱼和鲑鳟鱼校准光谱的PCA的2D（PC1/PC2）得分图（c）

13.5 手持式近红外光谱仪定量分析

13.5.1 苹果可溶性固形物含量的测定

DLP NIRScan Nano EVM对苹果中可溶性固形物含量（SSC，单位为°Brix）进行了快速、无损的定量分析。基于中国国家标准GB 12295—90❶的便携式折射仪（WZ-103，托普仪器有限公司，浙江，中国）测量了90个富士苹果（图13.11）的SSC（购自中国江苏省镇江市当地超市）。在每个苹果最大周长处取点，记录漫反射NIR光谱（图13.12）。光谱范围为900～1650 nm，共扫描32次。每次测量后将样品旋转约120°，取3次光谱的平均值作为最终原始光谱。参考测量采用经过认证的99% Spectralon™反射率标准（Labsphere Inc., North Sutton, NH, 美国）。

图13.11 苹果漫反射NIR光谱测量样品展示

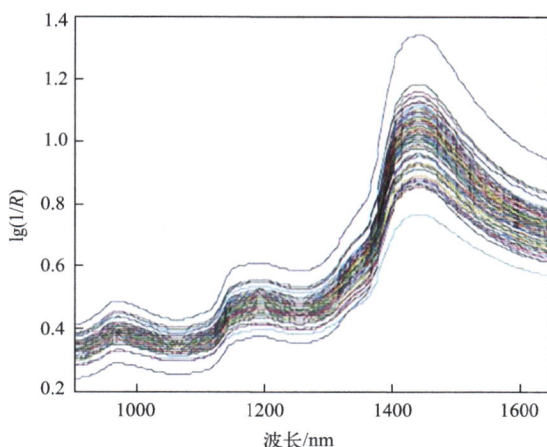

图13.12 苹果校正集的原始光谱图

SSC的校正集和测试集的详细统计结果见表13.2。校正集的范围、均值、标准差分别为9.10～17.80、14.34、1.49°Brix。校正集样本差异性显著，有利于校正和预测未知样本。测试集（30个样本）的统计参数与校正集相似，表明测试集适合验证校正模型。

表13.2 校正集和测试集中SSC的统计参数

项 目	校正集	测试集
样本数	60	30
范围（SSC）/°Brix	9.10～17.80	10.50～17.70
均值（SSC）/°Brix	14.34	14.37
标准差（SSC）/°Brix	1.49	1.45
变异系数（CV）/%	10.39	10.06

光谱经一阶导数（采用具有5个数据点窗口和二阶多项式的Savitzky-Golay平滑）和SNV预处理以及CARS、RF和UVE波长选择方法优化校正模型的性能后，见表13.3。

---

❶ 此标准已作废。——译者注

表13.3 基于不同变量选择技术的校准统计参数（产生最佳结果的技术以粗体显示）

方　法	LV	SV	RMSEC	（R_C）	RMSECV	（R_{CV}）	RMSEP	（R_P）
PLS	7	209	0.4990	0.9412	0.7310	0.8716	0.6748	0.8847
RF-PLS	9	50	0.3678	0.9685	0.5157	0.9373	0.5388	0.9285
CARS-PLS	**6**	**20**	**0.3950**	**0.9636**	**0.4870**	**0.9442**	**0.5575**	**0.9223**
UVE-PLS	6	99	0.4717	0.9477	0.6418	0.9013	0.6308	0.9019

　　值得一提的是，相比全波长变量的PLS，特征波长变量的PLS模型校正性能更好。UVE、RF、CARS选择的变量参数分别为99、50、20。CARS选择的变量校正性能最佳（见表13.3中的粗体文字），详见图13.13。CARS的校正均方根误差（RMSEC）、交叉验证均方根误差（RMSECV）、预测均方根误差（RMSEP）分别为0.3950、0.4870、0.5575°Brix，对应的校正相关系数（R_C）、交叉验证相关系数（R_{CV}）、预测相关系数（R_P）分别为0.9636、0.9442、0.9223。SSC实际值与预测值的散点图如图13.14所示，表明CARS-PLS校正模型的预测能力良好。

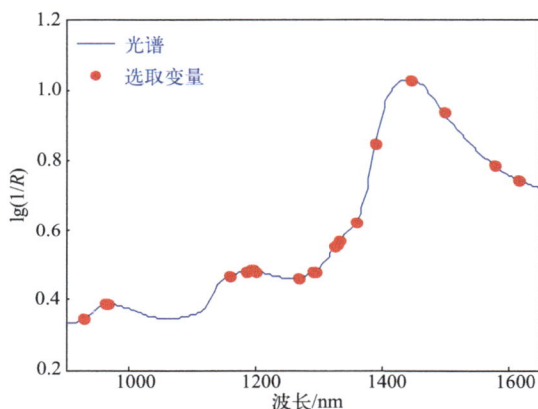

图13.13 SSC的CARS选择的20个波长变量的分布

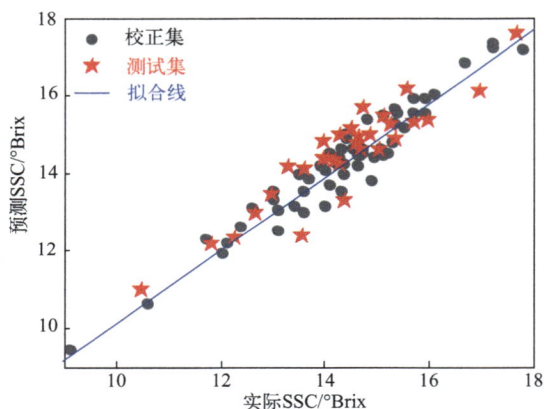

图13.14 SSC的CARS-PLS标定的实际/预测散点图

13.5.2 丁香中成分的定量测定

　　丁香为桃金娘科植物丁香 *Eugenia caryophyllata* Thunb. 的干燥花蕾。丁香有1000多年的种植历史，在食品和制药行业有广泛的应用。它是食品中天然、无害的防腐剂和调味剂[27]，还有抗氧化、抗菌、解热、镇痛、抗炎等药理作用[27-30]。

　　丁香中的主要活性成分为丁香酚、β-丁香烯和乙酸丁香酚酯[31]，这些成分与丁香的品质密切相关[31]。《中华人民共和国药典》规定丁香酚的含量不得少于11%（质量）[20]。测定丁香中3种成分常用的方法是气相色谱（GC）[20]。但由于分析费时、成本高，GC技术并不是首选方案。因此，本应用实例主要探讨手持式近红外光谱法快速测定丁香中3种主要成分的可行性。

　　从亳州市（中国安徽）和玉林市（中国广西）采购干燥丁香花蕾，共收集104批丁香花，所收集丁香花产地有印度尼西亚、马达加斯加、菲律宾、索马里和马来西亚。扫描前，将丁香花用粉碎机粉碎并过40目筛。湿化学值由GC测得。

采用DLP NIRScan Nano EVM（Texas Instruments, Dallas, TX, USA）采集样品的光谱。粉末置于1 mm厚的石英杯中，厚度为1.5～2 cm，记录漫反射光谱。单个光谱为32次扫描的平均值，在909～1649 nm波长范围内共有209个波长变量。采用经过认证的99%反射标准（Labsphere, North Sutton, NH, USA）测量参考光谱。每次测量后将样品杯旋转120°，取3次光谱的平均值作为最终的原始光谱。

样品的原始光谱如图13.15（a）所示。1200 nm左右的谱带属于v(C—H)伸缩振动的第二倍频，1450 nm左右的谱带属于v(O—H)伸缩振动的第一倍频。不同光谱预处理对校正结果有显著影响。结果显示丁香酚和β-丁香烯的一阶导数结合SNV的校正效果最好，如图13.15（b）所示，而乙酸丁香酚酯通过逆向预处理（SNV结合一阶导数）的校正效果最佳。CARS波长选择后，预测结果的准确性显著提高[32]。丁香酚、β-丁香烯、乙酸丁香酚酯建模变量数分别为38、15、36，与原始光谱的209个变量相比显著减少（图13.16）。虽然3种化合物的选择变量不同，但大多数位于1320～1500 nm和1560～1660 nm。1320～1500 nm主要是二倍v(CH$_2$)+δ(CH$_2$)组合带和v(O—H)伸缩振动的第一倍频区，1560～1660 nm主要是v(N—H)和v(C—H)伸缩振动的第一倍频区，因此选择的波长变量涵盖了被定量研究的化合物中所包含的化学官能团的吸收区域——v(O—H)伸缩振动。

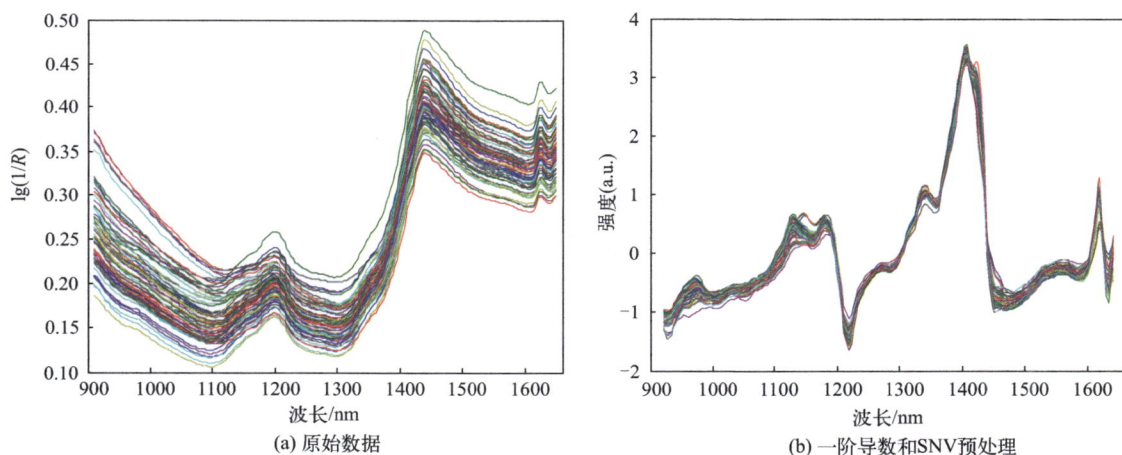

(a) 原始数据　　　　　　　　　　　　(b) 一阶导数和SNV预处理

图13.15　丁香近红外光谱

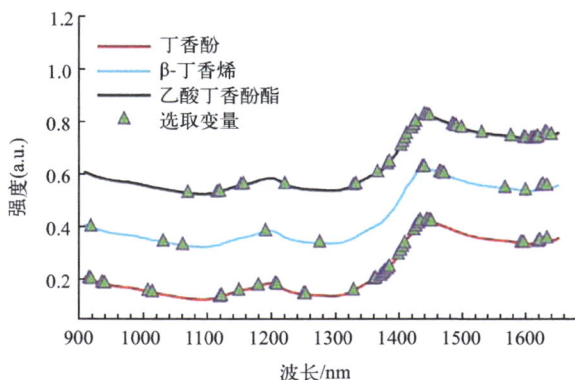

图13.16　CARS方法校正丁香酚、β-丁香烯和乙酸丁香酚酯时选择的波长变量

　　表13.4总结了不同成分的PLS校正统计结果。丁香酚、β-丁香烯、乙酸丁香酚酯的相对预测偏差（RPD，预测标准误差与标准偏差之比）分别为4.7、3.0、3.6。综上所述，这些结果表明PLS模型校正适用于3种成分的定量测定，并且相比气相色谱法，便携式红外光谱法更加实用。

　　3种成分的校正集、交叉验证集和测试集的参考散点图与预测散点图如图13.17所示。这些图形基本反映了表13.4中列出的不同校正模型的统计参数。因此，与丁香酚的PLS校正模型相比，β-丁香烯和乙酸丁香酚酯的PLS校正模型预测性能更低。

表13.4 用CARS选择的波长变量对不同成分进行PLS校准的统计参数

材　料	选取的变量	因子数	SEP/%（质量）			R^2		
			校正集	交叉验证集	测试集	校正集	交叉验证集	测试集
丁香酚	38	5	0.46	0.58	0.60	0.955	0.93	0.89
β-丁香烯	15	7	0.11	0.14	0.14	0.89	0.85	0.86
乙酸丁香酚酯	36	5	0.30	0.36	0.38	0.89	0.86	0.80

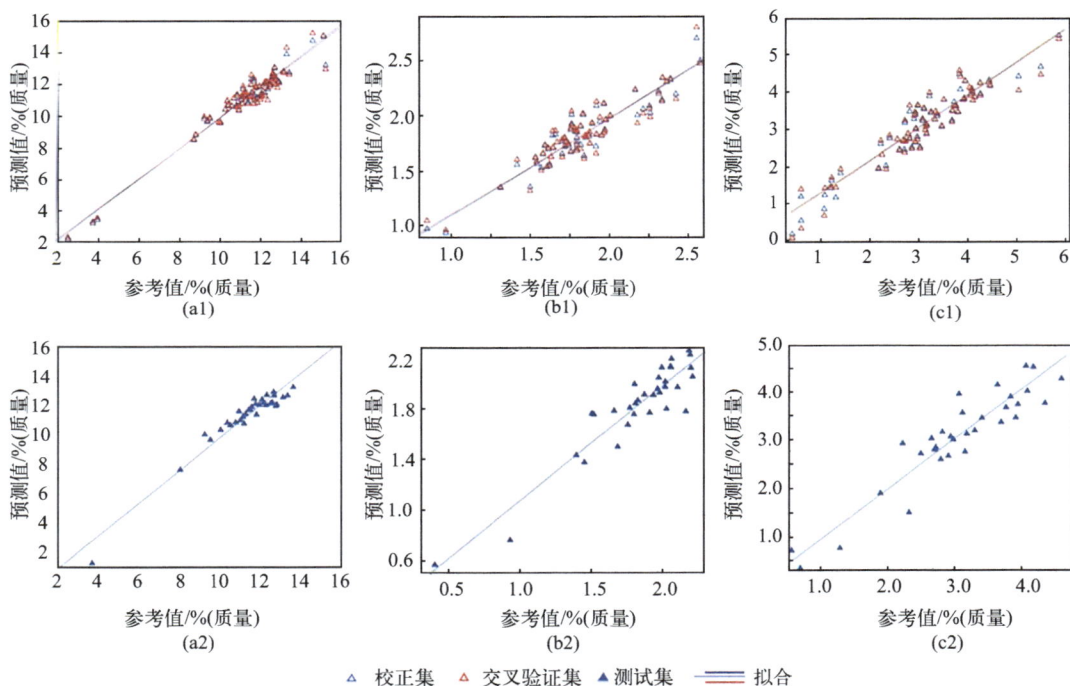

△ 校正集　△ 交叉验证集　▲ 测试集　━━ 拟合

图13.17 丁香酚（a1,a2）、β-丁香烯（b1,b2）、乙酸丁香酚酯（c1,c2）的校正集、交叉验证集、测试集的参考散点图与预测散点图

13.5.3　药物制剂有效成分的定量分析

　　相比于第13.4.1节和第13.4.2节的定性鉴别，本节单独阐述便携式近红外光谱仪的定量分析[10]。分析预测准确性差异的原因有助于选择最适合特定分析任务的仪器。

近红外光谱技术已成为制药生产和质量控制过程分析技术（PAT）不可或缺的工具[33-36]。近红外光谱技术用于原料定性鉴别或最终制剂定量分析，这两种应用都是制药过程链中必不可少的步骤[37-41]。大多数药物分析仍然是离线的，得到结果可能很慢，因此分析效率和生产工艺优化大大受限。新型便携式仪器能够对过程样品进行快速在线分析，有望成为提高制药行业质量控制水平的重要工具。

在所讨论的定量案例研究中，固体药物由3种活性结晶［乙酰水杨酸（ASA）、抗坏血酸（ASC）和咖啡因（CAF）］与两种非晶态辅料［纤维素（CE）和淀粉（ST）］[10]的混合物组成。将3种15.08%/24.84%（质量分数）［合计60.00%（质量分数）］活性成分、等量［40.00%（质量分数）］纤维素和淀粉1：3（质量比）混合后加入具塞圆柱平底小瓶中，制备34个样品（每个10 g）。另外制备16个样品作为测试集，在相同浓度范围内控制校正模型的预测性能。选取的校正集和测试集样品中有效成分含量的统计参数汇总于表13.5。基于双不对称离心（DAC）原理，每个样品在Speed Mixer™（Hauschild & CoKG , Hamm，德国）中以2000 r/min的转速混合120 s。

表13.5 校正集和测试集样品中活性成分含量的选定统计参数

统计参数	ASA/%（质量分数）			ASC/%（质量分数）			CAF/%（质量分数）		
	总量	校正集	测试集	总量	校正集	测试集	总量	校正集	测试集
均值	20.14	20.22	19.99	20.11	20.20	19.93	19.74	19.83	19.56
最大值	24.84	24.84	24.17	24.70	24.70	24.36	24.78	24.78	24.13
最小值	15.93	15.93	15.98	15.08	15.08	15.36	15.09	15.09	15.39
界限	8.91	8.91	8.19	9.62	9.62	9.00	9.69	9.69	8.74
标准差	2.53	2.59	2.48	2.89	2.96	2.83	2.79	2.86	2.71
方差	6.40	6.68	6.15	8.35	8.74	8.02	7.76	8.16	7.33

将固体制剂从玻璃容器转移到培养皿（ϕ6.0 cm）中，转速为2 r/min，确保样品充分混匀，然后通过漫反射校正和测试样品。Si-Ware Systems FT-NIR光谱仪如图13.18所示。参考测量采用99% Spectralon™反射率标准（Labsphere Inc., North Sutton, NH, 美国）。FT-NIR光谱仪中的Si-Ware的软件导出波长数据，人为将光谱波长转换为波数。

在图13.19中比较了样品1在4种不同便携式近红外光谱仪上所测的光谱。在光谱中注意到以下特征：①Si-Ware Systems光谱仪涵盖了最大的波数范围，包括重要的CH和NH组合区（4000～4800 cm^{-1}），OH组合区（在5200 cm^{-1}附近）以及CH、NH和OH第一倍频区（5400～7300 cm^{-1}）；②Spectral Engines NR 2.0W仪器记录的NIR光谱仪覆盖ν(CH)第一倍频区和少部分OH结合区；③DLP NIRscan Nano EVM和Viavi Micro NIR 1700仪器记录的光谱相似，包括ν(OH)和ν(NH)第一和第二倍频以及ν(CH)第二倍频和组合区。

图13.18 Si-Ware Systems FT-NIR光谱仪测量药物配方的样品呈现几何图形

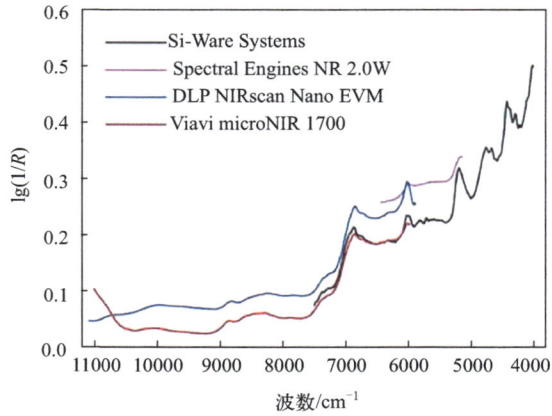

图13.19   4种不同的手持式近红外光谱仪测量的样品1的近红外光谱

在进一步预处理前，截取不同光谱仪的噪声光谱区，并使用以下波数范围进行定量评估：Si-Ware Systems，7504 ～ 4001 cm⁻¹（1330 ～ 2500 nm）；Spectral Engines NR 2.0 W，6451 ～ 5128 cm⁻¹（1550 ～ 1950 nm）；DLP NIRscan Nano EVM，11101 ～ 5879 cm⁻¹（900 ～ 1701 nm）；Viavi microNIR 1700，11012 ～ 5966 cm⁻¹（908 ～ 1676 nm）。然后，使用SNV进行散射校正，测试并剔除校准集的异常值。

校准统计参数 R^2、RMSEC和RPD用于评估校正模型性能，结果如下：①4种仪器均为CAF提供了最佳（且具有可比性）的校准结果，鉴于RMSE平均值为0.589%（质量）、RPD为4.56且相关系数为0.94 ～ 0.99，该活性成分可以在未知样品中进行预测；②与CAF的结果相反，其他活性成分的校准参数因仪器而异；③尽管与CAF相比ASA和ASC的校正结果较低，但LVF光谱仪整体结果最好；④基于数字微镜器件的光谱仪测得的ASC的校正性能稍显不足；⑤迈克尔逊干涉仪和Fabry-Perot可调谐滤波器的仪器虽然可定量分析，但总体性能最低，对ASA或ASC的预测能力显著降低。

表13.6总结了3种活性成分的仪器专属性校正参数，进一步补充说明上述结论。因此，不同仪器对于所研究的药物制剂的定量分析性能的趋势为：线性可变滤光片＞数字镜面装置＞Fabry-Perot可调谐滤波器＞迈克尔逊干涉仪。

表13.6   3种活性成分的仪器专属性校正模型的统计参数

光谱仪	活性成分	数据集	异常值	因子数	RMSE/%（质量）	偏差/%（质量）	斜率	截距/%（质量）	相关系数	RPD
SiWare Systems	ASA	校正集	4	6	0.52	0.00	0.96	0.81	0.98	3.12
		验证集	4	6	0.83	−0.02	0.94	1.23	0.95	
		测试集	3	6	1.05	0.18	0.88	2.55	0.90	
	ASC	校正集	3	4	1.19	0.00	0.82	3.58	0.91	2.16
		验证集	3	4	1.37	0.00	0.81	3.96	0.88	
		测试集	2	4	2.17	0.61	0.85	3.64	0.76	
	CAF	校正集	2	5	0.45	0.00	0.97	0.52	0.99	4.21
		验证集	2	5	0.68	0.01	0.96	0.79	0.97	
		测试集	1	5	0.73	−0.15	1.01	−0.35	0.96	

续表

光谱仪	活性成分	数据集	异常值	因子数	RMSE/%（质量）	偏差/%（质量）	斜率	截距/%（质量）	相关系数	RPD
Spectral Engines NR 2.0W	ASA	校正集	3	5	0.52	0.00	0.96	0.81	0.98	2.33
		验证集	3	5	0.83	−0.02	0.94	1.23	0.95	
		测试集	2	5	1.05	0.18	0.88	2.55	0.90	
	ASC	校正集	2	4	0.77	0.00	0.93	1.50	0.96	3.22
		验证集	2	4	0.92	0.01	0.91	1.84	0.94	
		测试集	3	4	1.34	−0.33	1.25	−5.49	0.95	
	CAF	校正集	2	6	0.51	0.00	0.96	0.73	0.98	4.03
		验证集	2	6	0.71	−0.04	0.95	0.97	0.96	
		测试集	0	6	0.52	0.18	0.96	0.90	0.98	
DLP NIRscan Nano EVM	ASA	校正集	3	5	0.54	0.00	0.95	0.97	0.98	3.70
		验证集	3	5	0.70	0.00	0.94	1.23	0.95	
		测试集	3	5	1.10	0.18	0.88	2.55	0.90	
	ASC	校正集	4	3	0.72	0.00	0.94	1.29	0.97	3.22
		验证集	4	3	0.92	−0.03	0.89	2.16	0.95	
		测试集	0	3	0.86	0.12	0.87	2.67	0.95	
	CAF	校正集	1	6	0.39	0.00	0.98	0.39	0.99	5.40
		验证集	1	6	0.53	−0.02	0.95	1.03	0.98	
		测试集	1	6	0.85	0.06	0.97	0.61	0.94	
Viavi microNIR 1700	ASA	校正集	5	5	0.57	0.00	0.95	0.98	0.98	3.65
		验证集	5	5	0.71	0.03	0.92	1.65	0.96	
		测试集	2	5	0.70	−0.11	1.11	−2.29	0.97	
	ASC	校正集	4	3	0.55	0.00	0.96	0.73	0.98	4.55
		验证集	4	3	0.65	−0.02	0.96	0.83	0.97	
		测试集	0	3	0.79	−0.03	0.92	1.59	0.96	
	CAF	校正集	2	5	0.48	0.00	0.97	0.57	0.99	4.61
		验证集	2	5	0.62	−0.08	0.96	0.64	0.98	
		测试集	0	5	0.53	0.02	0.92	1.56	0.98	

　　所有仪器预测CAF结果良好，一致性强，如图13.20所示。在所有仪器特定的波数范围内，CAF都有主要的吸收带。对前4个因素（此处未显示）的仪器特定CAF校准加载曲线图的检查也反映了这一影响，这些因素解释了88% ～ 98%的差异。相对于Fabry-Perot可调谐滤波器仪器，由于线性可变滤光片和数字镜面装置光谱仪光谱范围宽，其光谱范围涵盖ASC和ASA特征吸收，故其预测性更好。然而与所有其他仪器相比，具有最大光谱范围的FT-NIR仪器预测ASC反而不好。猜测原因可能是这种活性成分在可用波数范围内的光谱贡献较小（图13.20）以及用该仪器测得的光谱S/N较低（2820∶1）。然而第13.4.1节和第13.4.2节以及最新研究表明[16,18]，在使用相同的4台光谱仪对聚合物和纺织品进行比较定性研究时，FT-NIR仪器通过PCA和SIMCA识别和区分效果最佳。

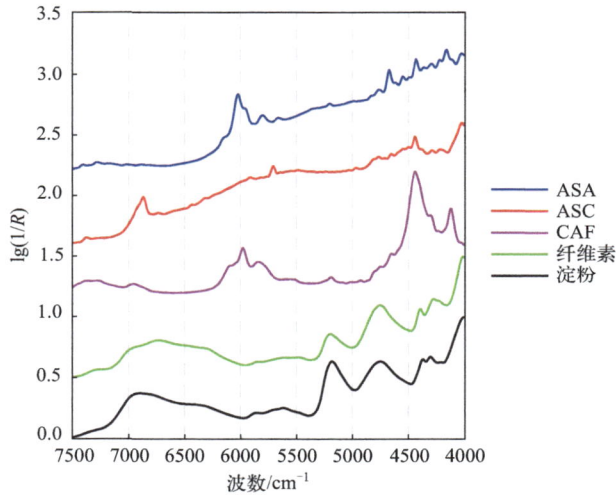

图13.20　Si-Ware Systems FT-NIR光谱仪记录的5种纯成分的偏移近红外光谱

13.5.4　土壤中碳氢污染物的NIR定量分析

事故泄漏的烃类化合物（柴油、机油、汽油）会对土壤造成污染，并且威胁人类生命健康。几年前有关污染物现场快检和定量分析的技术还未开发。现场快检和定量分析所得数据可用于评估土壤选用挖掘还是生物技术方法去除污染物。2010年，第一台便携式NIR光谱仪（Phazir™，见下文）通过漫反射方式对不同类型土壤中烃类化合物污染进行定性和定量分析，2013年利用PCA和PLS建立土壤中汽油、柴油和石油污染的校正模型[11]。几乎同时，便携式FTIR光谱仪通过漫反射测量土壤中总石油烃（TPH）含量也已经商业化[42]。

尽管FTIR在市场上广受欢迎，但NIR优于MIR，原因如下：

（1）目前手持NIR系统的重量和价格远小于便携式FTIR系统；

（2）FTIR系统的广告将实验工作简化为"触发"技术，在几秒钟内，FTIR测定的TPH污染可达ppm水平；

（3）对于未知土壤样品普遍校准的适用性不足。

利用手持式近红外光谱技术对土壤中的碳氢化合物污染物进行定性识别和定量测定，结果表明其可代替手持式FTIR检测未知土样污染物。详细调查结果参见文献[11]。

校准和测试样品采用标准土壤类型2.1和2.4（Landwirtschaftliche Untersuchungs- und Forschungsanstalt [LUFA], Speyer, 德国），分别代表粉砂和黏壤土的极端情况。将定量无硫柴油（Aral AG, Bochum, 德国）和机油（Aral Tronic 15W-40 SAE, Aral AG, Bochum, 德国）溶于二氯甲烷（CH_2Cl_2）中，加入上述溶液使土壤饱和，制备均质的柴油/机油污染的土壤样品[浓度范围为0～13%（质量分数）]。然后，置60℃烘箱挥发二氯甲烷，将污染的土壤样品转移到培养皿中进行进一步光谱研究。

汽油具有挥发性，故其校正的样品制备和光谱采集与机油和柴油不同。将一定量的土壤直接放入培养皿中，加入过量的汽油[≫11%（质量分数）]以制备土壤校准样品。由于汽油易挥发，样品应快速称重和测量光谱，采集0～11%（质量分数）汽油浓度范围内的光谱校准数据。结合两种光谱建立PLS校正模型。

　　使用Phazir™便携式NIR光谱仪（Thermo Fisher Scientific Inc., 前身为Polychromix, Tewksbury, 美国）（图13.21），以漫反射模式进行NIR测量，扫描64次。以土壤类型2.1为例，图13.22表示柴油污染［质量分数在0.23%～4.85%之间］增加引起的光谱变化，以此建立定量校正模型。与汽油相反，对于柴油和机油，每个样品重复测量3次，然后取平均值，以补偿异质性。使用Phazir™光谱仪，在漫反射模式下，通过叠加64次扫描进行光谱测量。由于系统质量大、价格高，Phazir™光谱仪并非优选，基于LVF的VIAVI microNIR 1700手持式光谱仪相关研究见文献[43]。

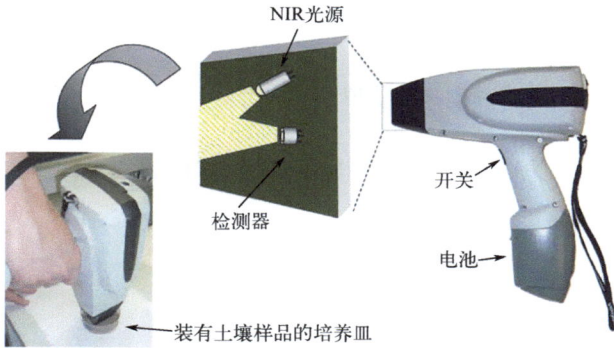

图13.21　Phazir NIR光谱仪的光源和检测器几何结构（右）以及培养皿中土壤样品的漫反射测量（左）

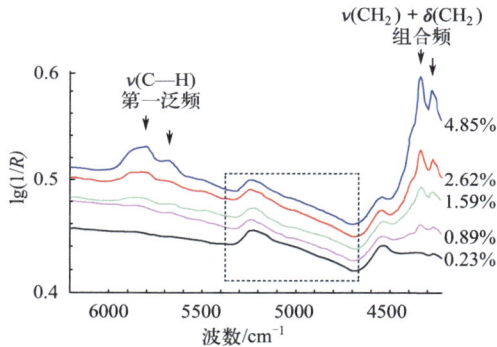

图13.22　不同质量分数柴油污染的土壤类型2.1［0.23%～4.85%（质量分数）］样品中观察到的光谱变化（方框：吸水区域，即PCA和PLS校正前截取的区域）

　　Unscrambler™（v.9.7, CAMO Software AS, Oslo, 挪威）软件利用PCA对烃类污染物所得数据进行预处理和模型校正，以实现定性鉴别和PLS交叉验证。取200个具有代表性的样品为一组作为校正集，建立交叉验证的PLS，将一组在校准范围内污染浓度不同的样本作为"未知样本"预测其含烃量，并将其与参考值进行比较。利用Unscrambler™软件中"影响图"剔除校正样本集中的异常值。土壤类型2.1中石油污染的校正和预测结果将进一步讨论。

　　利用PCA对污染土壤样品的光谱进行模式识别，考察该方法是否可用于区分不同烃类化合物。图13.23为不同烃类污染[约3%（质量分数）]的土壤和未污染的土壤类型2.1光谱图。肉眼可以直接区分汽油污染的光谱，然而区分机油和柴油就很困难。图13.24中PCA三维得分图显示，光谱通过二阶导数处理并除去水的特征吸收区域（5523～4513 cm^{-1}），很容易区分和识别未污染的土壤和3种污染的土壤。通过检测土壤类型2.1中不同浓度的柴油和机油样品，可得出这两种烃类化合物的污染水平阈值应大于1%（质量分数）。

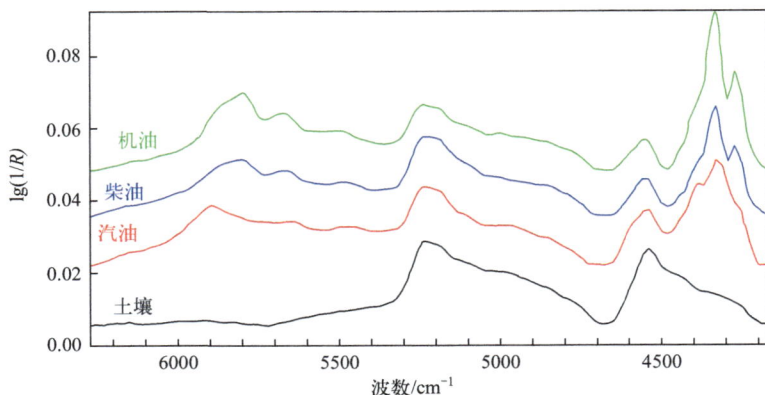

图13.23　柴油、机油和汽油污染［约3%（质量分数）］的土壤和未污染的土壤类型2.1的NIR光谱

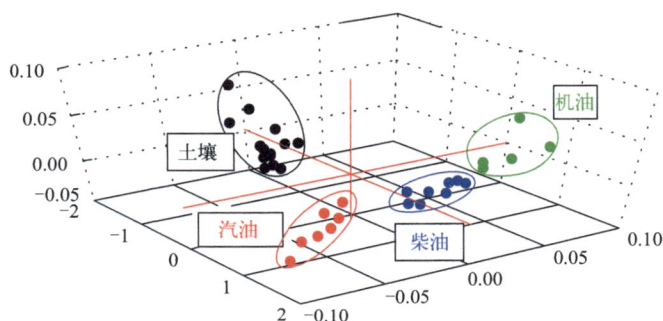

图13.24　不同烃类污染的土壤和未污染的土壤类型2.1二阶导数NIR光谱的3D PCA得分图

　　对机油污染的土壤类型2.1进行PLS交叉验证，并预测测试集的未知样品，定量结果将会在后续讨论。选用199个污染浓度范围为0～13%（质量分数）的样品作为校正集，通过应用二阶导数，选择波数6133～4224 cm⁻¹，并剔除水的特征吸收区域（5523～4513 cm⁻¹），所得校正结果最佳。图13.25显示了二阶导数校正光谱（在消除水域之前）。最终校正模型的因子数为2，剔除8个异常值，PLS模型的校正和交叉验证参数的实际对预测图如图13.26所示。

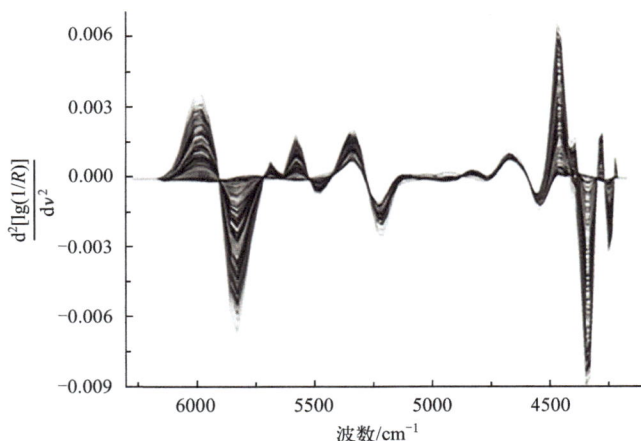

图13.25　剔除水的特征吸收区域的机油污染土壤类型2.1校正样本的二阶导数光谱

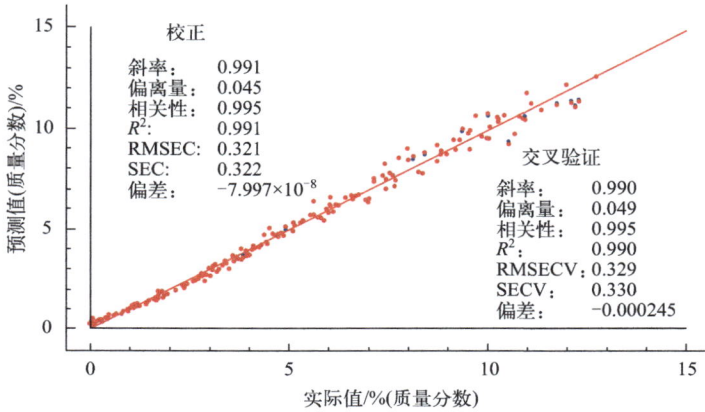

图13.26 基于二阶导数NIR校正光谱，在剔除8个异常值和截断水的特征吸收区域（5523 ~ 4513 cm⁻¹）后，土壤类型2.1中油污染PLS校正模型（双因子）的实际对预测交叉验证图

研究表明，手持式NIR光谱仪可通过漫反射方式对土壤中的烃类污染物（汽油、柴油和石油）进行定性和定量分析，其RMSECV值范围是0.3% ~ 0.5%（质量分数）。这种方法可取代传统的分离方法，在发生高污染浓度的危险事件的情况下，通过现场调查，快速评估去污措施，并对去污效果进行监测。

但这些校准并不适用于3%（质量分数）以下的烃类化合物测定，因此结合不同土壤类型的光谱数据开发石油和柴油校准模型是不可行的。近红外快检技术检测低于µg/g水平的烃类污染物以及便携式FTIR技术所声称的通用校准都不能实现。

13.5.5 营养参数的定量测定

营养参数通常是商家宣传其产品的一个噱头，消费者也容易被他们的NIR扫描仪与大数据的云评估误导，这是本章最后一节的讨论重点。这些公司以几乎相同的方法，在他们的视频中展示使用便携式仪器对食品进行便捷测量的程序，而忽略了关于样品到仪器距离和消除样品异质性的任何测量代表性的规定。此外，随后对其光谱数据的实时"云评估"演示不仅忽略了这些实验缺陷对预测准确性的影响，而且忽略了营养参数的可靠结果需要基于健全的数据采集程序和参考分析的大量校准数据。

然而，随着微型光谱仪（质量<100 g，价格低于1000美元）的问世，NIR光谱技术不仅是食品和饮料检测的首选技术，同样适用于工业领域、消费领域。为了正确看待上述公司的夸大说法，下面的案例研究将展示从手持式仪器记录的意大利面/调味汁混合物的近红外光谱中得出的6种不同营养参数（能量、碳水化合物、脂肪、纤维、蛋白质和糖）的偏最小二乘校正模型得出的真实分析数据。本案例的详细数据摘自最新刊物[44]，在此仅对结果进行简要概括，以便读者了解测量的大致流程以及如何对所得数据进行评估，确保所得的营养数据更具代表性。

对意大利面/调味汁混合物进行5种不同形式的搭配［添加0 ~ 50%（质量分数）调味汁］。在室温（22℃ ±1℃）下制备"即食"意大利面/调味汁混合物，在盘上5个不同位置距样品表面1 ~ 2 mm处扫描光谱，保证样品扫描均匀（图13.27）。用Viavi microNIR 1700便携式光谱仪进行漫反射测定。在908 ~ 1676 nm波长范围内，通过平均1000次扫描，记录5个重复光谱，积分时间为8.8 ms，以99% Spectralon反射率标准（Labsphere Inc., North Sutton, NH, 美国）作为参比。

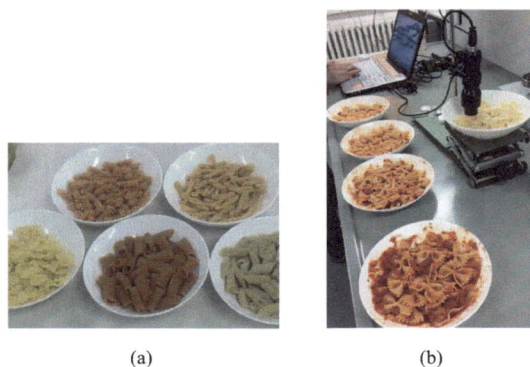

图13.27　所研究面食的不同颗粒形状（a）以及使用LVF NIR光谱仪测量不同面食/调味汁混合物的实验装置

　　选用5种市售意大利面和5种市售番茄酱进行样品制备。面食和调味汁的种类都经过精心挑选，以代表各种营养参数和形状，以便为能量、碳水化合物、脂肪、纤维、蛋白质和糖各个参数开发具有代表性的化学计量PLS模型。校正混合物的营养参数值根据面食和酱料的包装标签按混合物成分计算并汇总于表13.7。将干面条放入水中煮沸10 min，沥干后置于盘中，加入调味汁拌匀。总共制备125个样品，每个样品重复测量5次，得到625个NIR光谱，用于进一步处理和分析。为了将得到的意大利面/调味汁混合物分离成校正样品和测试样品，125个样品按照各自参数的递增顺序排列，并从每组连续的5个样品中随机取出一个样品作为测试集，剩余的100个样本用作校正集。然后用MatLab软件（R2016a, The MathWorks Inc., Natick, MA, 美国）和PLS工具箱（版本8.6, Eigenvector Inc., Manson, WA, 美国）对不同的营养参数进行留一交叉验证的单独PLS校正。测试集样本最终用于额外的验证步骤和对"未知"样本预测能力的展示。PLS模型建立前的光谱预处理序列如图13.28所示。PLS模型中因子数的选择与RMSEC和RMSECV等其他统计参数有关[45]。RMSE值随着因子数增加而趋于稳定，故能量、碳水化合物、纤维、蛋白质和糖因子数选8，脂肪因子数选7。用5种不同类型且形状各异的面食搭配不同配料（蔬菜、奶酪等）调味汁制成的样品，由于成分复杂，其因子数也相对较多。此外，残留的水也会与碳水化合物、纤维、蛋白质和糖的氢键相互作用。图13.29显示了所有营养参数的校正集和测试集样本的预测浓度与实际浓度的散点图，并采用线性回归拟合，含量范围和选定的校准参数（如RMSEC、RMSECV、RMSEP、偏差、斜率、截距、相关系数以及用来评估校准模型预测成分数据能力的RPD）在表13.8中进行了总结。总的来说，表13.8中所示的RMSE和RPD证明模型只能达到中等质量的校准，可以用来筛选所研究的营养参数。对于测试集预测结果与参考值比较的概述，感兴趣的读者请参阅文献[44]。

表13.7　100 g干意大利面和100 g酱料计算的营养参数值

样　本	能量/kcal	碳水化合物/g	脂肪/g	纤维/g	蛋白质/g	糖/g
意大利面						
1	374.00	75.00	1.80	3.00	13.50	3.00
2	347.00	69.00	2.10	4.00	12.00	6.00
3	360.00	61.00	2.80	6.50	21.00	3.40
4	335.00	47.40	2.90	12.00	25.00	1.80
5	348.00	45.10	7.30	14.00	21.00	2.90

续表

样　本	能量/kcal	碳水化合物/g	脂肪/g	纤维/g	蛋白质/g	糖/g
酱料						
1	97.00	6.80	7.70	1.80	3.40	5.00
2	136.00	8.60	11.30	2.00	3.00	6.50
3	74.00	6.60	4.70	2.10	1.50	4.80
4	91.00	6.00	7.40	1.40	1.50	5.40
5	33.00	4.80	0.90	1.00	1.00	3.90

注：1 kcal=4.182 kJ。

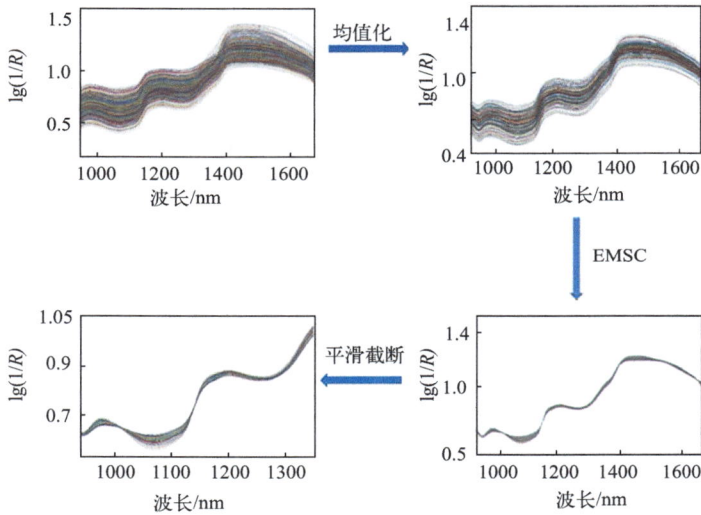

图13.28　模型开发前光谱预处理的顺序（截取波长范围950～1350 nm）

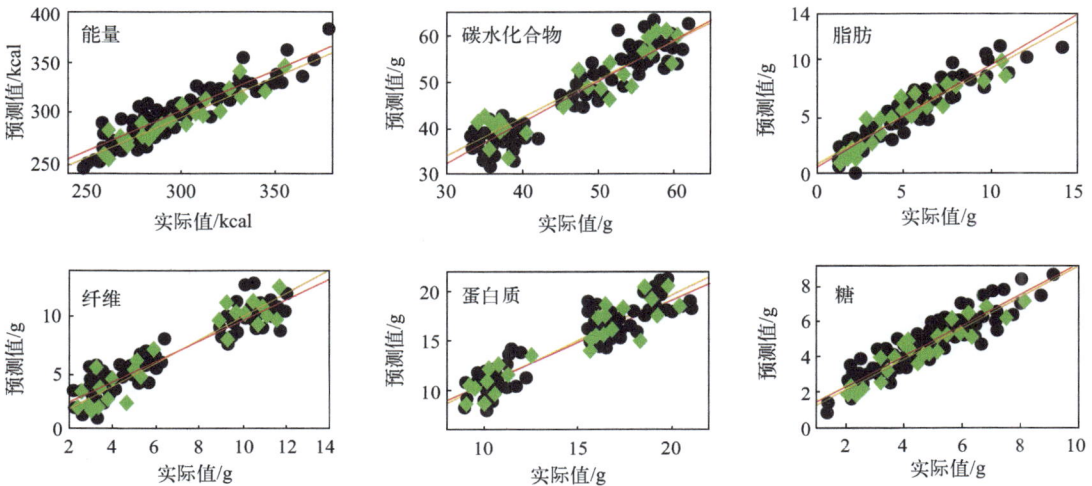

图13.29　每份食物中相应营养参数的预测含量与实际含量的散点图

（━━）校准拟合；（━━）预测拟合；（●）校准样本；（◆）测试集样本

表13.8 营养参数的个体PLS模型获得的含量范围和统计参数

参 数	能 量	碳水化合物	脂 肪	纤 维	蛋白质	糖
LV	8	8	7	8	8	8
RMSEC	11.15 kcal	2.97 g	0.83 g	1.10 g	1.36 g	0.65 g
RMSECV	13.10 kcal	3.43 g	0.94 g	1.27 g	1.56 g	0.74 g
RMESEP	10.64 kcal	3.59 g	0.95 g	1.11 g	1.39 g	0.61 g
范围	248.67 ~ 378.54 kcal	33.55 ~ 62.13 g	1.34 ~ 14.06 g	2.23 ~ 12.03 g	8.89 ~ 21.67 g	1.34 ~ 9.15 g
R^2_{Cal}	0.85	0.89	0.91	0.89	0.87	0.86
R^2_{CV}	0.80	0.85	0.88	0.85	0.83	0.82
R^2_{Pred}	0.86	0.85	0.89	0.90	0.86	0.88
RPD	2.02	2.54	2.77	2.45	2.26	2.19
斜率（CV）	0.85	0.89	0.91	0.89	0.87	0.86
偏移量（CV）	43.12 kcal	5.21 g	0.46 g	0.73 g	1.92 g	0.62 g
斜率（Pred）	0.80	0.83	0.84	0.99	0.91	0.87
偏移量（Pred）	55.0 kcal	8.81 g	0.75 g	0.37 g	1.40 g	0.38 g

注：1 kcal = 4.182kJ。

对测试集样品的能量和碳水化合物进行预测，R^2_{Cal}为0.85 ~ 0.89，平均相对预测偏差分别为2.7%和6.38%（质量分数，下同）。蛋白质的R^2_{Cal}为0.87，平均相对预测偏差为8.3%。脂肪和糖的校正平均相对预测偏差分别为16.1%和11.4%。纤维校正模型的平均相对预测偏差最大，为18.2%。考虑到该成分与碳水化合物和糖的结构特征重叠，这一结果在意料之中。该方法使用微型光谱仪和PLS校正模型量化面食/调味汁混合物的营养参数，具有简单、快速和无损的特点。所获得的校正结果概述了应用手持式近红外仪器对能量、碳水化合物、脂肪、纤维、蛋白质和糖进行定量的实际预期预测精度。然而，研究结果也表明一些直接面向消费者的公司在商业视频和广告文件中报告的"云衍生"浓度数据远远超出了他们相对简单的食品扫描仪所能达到的任何现实精度。

13.6 结语

本章旨在吸引读者关注最新的便携式NIR光谱仪在定性和定量质量控制方面的潜力。为此，我们选择了具体的例子，因此我们坚信在不久的将来这些微型便携式光谱仪将使非专业用户在新的测量环境中获得显著的益处。所以，我们可以预测这种仪器的使用对象将不再局限于警察和海关部队、应急响应人员、食品检验人员或军事人员。为什么消费者不能负担得起价格低廉的微型化光谱仪——特别是如果它们已经集成到移动设备中并配备了便捷的评估软件——并广泛用于现场质量控制和产品防伪保护？如果微型光谱仪能够普及，劣质琥珀、假象牙和尼龙制成的"丝绸"衬衫等黑市商品，以及现有的食品质量、掺假、认证以及医疗保健技术方面等的问题，都将成为过去。

尽管便携式NIR光谱仪前途一片光明，我们仍需保持理智。如果读者对手持式NIR光谱仪感兴趣，务心审慎评估新产品的技术背景，尤其是那些提供食品和生命科学应用的"扫描仪"，因为其中许多产品的可行性存疑。

致谢

感谢徐逸超、马跃和郭城（江苏科技大学生物技术学院）提供的实验帮助；感谢Damir Sorak、Lars Herberholz、Sylvia Iwascek、Sedakat Altinpinar和Frank Pfeifer（德国杜伊斯堡-埃森大学物理化学系）；感谢Marina D. G. Neves（巴西坎皮纳斯大学化学研究所）以及Nada O'Brien（之前在美国加利福尼亚州圣罗莎JDSU）、Ahmed Korayem（埃及开罗Si-Ware Systems公司）和Janne Suhonen（芬兰赫尔辛基Spectral Engines公司）的仪器支持。

缩略语

ASA	acetylsalicylic acid	乙酰水杨酸（阿司匹林）
ASC	ascorbic acid	抗坏血酸
CAF	caffeine	咖啡因
CARS	competitive adaptive reweighted sampling	竞争性自适应重加权采样
CE	cellulose	纤维素
CV	coefficient of variation	变异系数
DA	discriminant analysis	判别分析
DAC	dual asymmetric centrifuge	双不对称离心
DMD	digital micromirror device	数字微镜设备
DNA	deoxyribonucleic acid	脱氧核糖核酸
EMSC	extended multiplicative scatter correction	扩展乘性散射校正
FT-NIR	Fourier transform near-infrared	傅里叶变换近红外
GC	gas chromatograph	气相色谱
InGaAs	indium gallium arsenide	砷化铟镓
LVF	linear variable filter	线性可变滤波器
MEMS	micro-electro-mechanical system	微机电系统
MIR	mid-infrared	中红外
MOEMS	micro-opto-electro-mechanical system	微光机电系统
NIR	near-infrared	近红外
PAT	process analytical technology	过程分析技术
PCA	principal component analysis	主成分分析
PE	polyethylene	聚乙烯
PET	poly(ethylene terephthalate)	聚对苯二甲酸乙二醇酯
PLS	partial least squares	最小二乘
PP	polypropylene	聚丙烯
PS	polystyrene	聚苯乙烯
PVC	polyvinylchloride	聚氯乙烯
RF	random frog	随机蛙跳
RMSE	root mean square error	均方根误差
RMSEC	root mean square error of calibration	校正均方根误差
RMSECV	root mean square error of cross validation	交叉验证均方根误差

RMSEP	root mean square error of prediction	预测均方根误差
RPD	relative prediction deviation	相对预测偏差
SEC	standard error of calibration	校正标准误差
SECV	standard error of cross validation	交叉验证标准误差
SEP	standard error of prediction	预测标准误差
SIMCA	soft independent modeling of class analogies	软独立建模
SNR	signal-to-noise ratio	信噪比
SNV	standard normal variate	标准正态变量变换
ST	starch	淀粉
SVDD	support vector data description	支持向量数据描述
TCM	traditional chinese medicine	中药
TPH	total petroleum hydrocarbon	总石油烃
UVE	uninformative variable elimination	无信息变量消除

参考文献

[1] Sorak, D., Herberholz, L., Iwascek, S. et al. (2012). New developments and applications of handheld Raman, mid-infrared, and near-infrared spectrometers. *Applied Spectroscopy Reviews* 47 (2): 83-115.

[2] Crocombe, R.A. and Druy, M.A. (2016). *Applied Spectroscopy Special Issue*: *Portable and Handheld Spectroscopy*. Thousand Oaks, CA: Sage publications INC 2455 Teller RD.

[3] Guillemain, A., Dégardin, K., and Roggo, Y. (2017). Performance of NIR handheld spectrometers for the detection of counterfeit tablets. *Talanta* 165: 632-640.

[4] Soriano-Disla, J.M., Janik, L.J., and McLaughlin, M.J. (2018). Assessment of cyanide contamination in soils with a handheld mid-infrared spectrometer. *Talanta* 178: 400-409.

[5] Yan, H., Lu, D.-L., Chen, B., and Hansen, W.G. (2014). Development of a hand-held near infrared system based on an Android OS and MicroNIR, and its application in measuring soluble solids content in Fuji apples. *NIR News* 25 (4): 16-19.

[6] Pügner, T., Knobbe, J., and Grüger, H. (2016). Near-infrared grating spectrometer for mobile phone applications. *Applied Spectroscopy* 70 (5): 734-745.

[7] Wolffenbuttel, R.F. (2005). MEMS-based optical mini-and microspectrometers for the visible and infrared spectral range. *Journal of Micromechanics and Microengineering* 15 (7): 145.

[8] Jantra, C., Slaughter, D.C., Liang, P.-S., and Pathaveerat, S. (2017). Nondestructive determination of dry matter and soluble solids content in dehydrator onions and garlic using a handheld visible and near infrared instrument. *Postharvest Biology and Technology* 133: 98-103.

[9] O'Brien, N., Hulse, C.A., Pfeifer, F., and Siesler, H.W. (2013). Near infrared spectroscopic authentication of seafood. *Journal of Near Infrared Spectroscopy* 21 (4): 299-305.

[10] Yan, H. and Siesler, H.W. (2018). Quantitative analysis of a pharmaceutical formulation: Performance comparison of different handheld near-infrared spectrometers. *Journal of Pharmaceutical and Biomedical Analysis* 160: 179-186.

[11] Altinpinar, S., Sorak, D., and Siesler, H.W. (2013). Near infrared spectroscopic analysis of hydrocarbon contaminants in soil with a hand-held spectrometer. *Journal of Near Infrared Spectroscopy* 21 (6): 511-521.

[12] So, C.-L., Via, B.K., Groom, L.H. et al. (2004). Near infared spectroscopy in the forest products industry. *Forest Products Journal* 54 (3): 6-16.

[13] da Silva, V.H., da Silva, J.J., and Pereira, C.F. (2017). Portable near-infrared instruments: Application for quality control of polymorphs in pharmaceutical raw materials and calibration transfer. *Journal of Pharmaceutical and Biomedical Analysis* 134: 287-294.

[14] Sun, L., Hsiung, C., Pederson, C.G. et al. (2016). Pharmaceutical raw material identification using miniature near-infrared (MicroNIR) spectroscopy and supervised pattern recognition using support vector machine. *Applied Spectroscopy* 70 (5): 816-825.

[15] Dos Santos, C.A.T., Lopo, M., Páscoa, R.N., and Lopes, J.A. (2013). A review on the applications of portable near-infrared spectrometers in the agro-food industry. *Applied Spectroscopy* 67 (11): 1215-1233.

[16] Yan, H. and Siesler, H.W. (2018). Identification of textiles by handheld near infrared spectroscopy: Protecting customers against product counterfeiting. *Journal of Near Infrared Spectroscopy* 26 (5): 311-321.

[17] Hui, Y. and Siesler, H.W. (2018). Handheld Raman, mid-infrared and near infrared spectrometers: State-of-the-art instrumentation and useful applications. *Spectroscopy* 33 (11): 6-16.

[18] Yan, H. and Siesler, H.W. (2018). Identification performance of different types of handheld near-infrared (NIR) spectrometers for the recycling of polymer commodities. *Applied Spectroscopy* 72 (9): 1362-1370.

[19] Liu, X.H., Han, L., Wang, L.J., and Fu, X.S. (2010). Study on quality standards of *Pseudostellaria heterophylla*. *China Pharmacy* 21 (19): 1769-1771.

[20] Pharmacopoeia Comittee of People's Republic of China (2010). *Caryophylli Flos*. *Pharmacopoeia of People's Republic of China*, 1ˢᵗ ed. Beijing: China Medical Science Press.

[21] Lin, H., Zhao, J., Chen, Q. et al. (2011). Discrimination of Radix Pseudostellariae according to geographical origins using NIR spectroscopy and support vector data description. *Spectrochimica Acta, Part A*: *Molecular and Biomolecular Spectroscopy* 79 (5): 1381-1385.

[22] Li, H.-D., Xu, Q.-S., and Liang, Y.-Z. (2018). libPLS: An integrated library for partial least squares regression and linear discriminant analysis. *Chemometrics and Intelligent Laboratory Systems* 176: 34-43.

[23] Yun, Y.-H., Li, H.-D., Wood, L.R. et al. (2013). An efficient method of wavelength interval selection based on random frog for multivariate spectral calibration. *Spectrochimica Acta, Part A*: *Molecular and Biomolecular Spectroscopy* 111: 31-36.

[24] Warner, K., Timme, W., Lowell, B., and Hirschfield, M. (2013). *Oceana Study Reveals Seafood Fraud Nationwide*. Washington, DC: Oceana.

[25] Buck, E.H. *Seafood Marketing*: *Combating Fraud and Deception 2007*. Washington, DC: Congressional Research Service, Library of Congress.

[26] O'Brien, N.A., Hulse, C.A., Siesler, H.W. and Hsiung, C. (2016). Viavi Solutions Inc, assignee. Spectroscopic characterization of seafood. United States patent US 9,316,628. 19 April 2016.

[27] Çoban, Ö.E. and Patir, B. (2013). Antimicrobial and antioxidant effects of clove oil on sliced smoked *Oncorhynchus mykiss*. *Journal für Verbraucherschutz und Lebensmittelsicherheit* 8 (3): 195-199.

[28] Fu, Y., Chen, L., Zu, Y. et al. (2009). The antibacterial activity of clove essential oil against Propionibacterium acnes and its mechanism of action. *Archives of Dermatology* 145 (1): 86-88.

[29] Siddiqua, S., Anusha, B.A., Ashwini, L.S., and Negi, P.S. (2015). Antibacterial activity of cinnamaldehyde and clove oil: effect on selected foodborne pathogens in model food systems and watermelon juice. *Journal of Food Science and Technology* 52 (9): 5834-5841.

[30] Yamahara, J., Kobayashi, M., Saiki, Y. et al. (1983). Biologically active principles of crude drugs. Pharmacological evaluation of cholagogue substances in clove and its properties. *Journal of Pharmacobio-Dynamics* 6(5): 281-286.

[31] Nikousaleh, A. and Prakash, J. (2016). Antioxidant components and properties of dry heat treated clove in different extraction solvents. *Journal of Fisheries Science and Technology* 53 (4): 1993-2000.

[32] Li, H., Liang, Y., Xu, Q., and Cao, D. (2009). Key wavelengths screening using competitive adaptive reweighted sampling method for multivariate calibration. *Analytica Chimica Acta* 648 (1): 77-84.

[33] Ciurczak, E.W. and Drennen, J.K. (2002). *Pharmaceutical and Medicinal Applications of Near-Infrared Spectroscopy*. Marcel Dekker Inc: New York, USA.

[34] Luypaert, J., Massart, D.L., and Heyden, Y.V. (2007). Near-infrared spectroscopy applications in pharmaceutical analysis. *Talanta* 72 (3): 865-883.

[35] Roggo, Y., Chalus, P., Maurer, L. et al. (2007). A review of near infrared spectroscopy and chemometrics in pharmaceutical

technologies. *Journal of Pharmaceutical and Biomedical* 44 (3): 683-700.

[36] Mantanus, J. (2012). *New Pharmaceutical Applications Involving Near Infrared Spectroscopy as a PAT Compliant Process Analyzer*. Belgium: University of Liege.

[37] Guo, C., Luo, X., Zhou, X. et al. (2017). Quantitative analysis of binary polymorphs mixtures of fusidic acid by diffuse reflectance FTIR spectroscopy, diffuse reflectance FT-NIR spectroscopy, Raman spectroscopy and multivariate calibration. *Journal of Pharmaceutical and Biomedical* 140: 130-136.

[38] Fuenffinger, N., Arzhantsev, S., and Gryniewiczruzicka, C. (2017). Classification of ciprofloxacin tablets using near-infrared spectroscopy and chemometric modeling. *Applied Spectroscopy* 71 (8): 1927-1937.

[39] Kandpal, L.M., Park, E., Tewari, J., and Cho, B.K. (2015). Spectroscopic techniques for nondestructive quality inspection of pharmaceutical products: a review. *Journal of Biosystems Engineering* 40 (4): 394-408.

[40] Patlevic, P., Dorko, F., Sj, P. et al. (2013). False drugs - How to reveal them? *Chemicke Listy* 107 (1): 37-43.

[41] Rajalahti, T. and Kvalheim, O.M. (2011). Multivariate data analysis in pharmaceutics: a tutorial review. *International Journal of Pharmaceutics* 417 (1): 280-290.

[42] Instant and accurate TPH soil measurement [Internet]. Ziltek.com. 2020. https://ziltek.com/remscan/ (accessed 20 November 2019).

[43] O'Brien N.A., Hulse C.A., Friedrich D.M., Van Milligen F.J., von Gunten M.K., Pfeifer F., et al. (2012). Miniature near-infrared (NIR) spectrometer engine for handheld applications. *Proceedings of SPIE*; *2012*: *International Society for Optics and Photonics*.

[44] Neves, M.D., Poppi, R.J., and Siesler, H.W. (2019). Rapid determination of nutritional parameters of pasta/sauce blends by handheld near-infrared spectroscopy. *Molecules* 24 (11): 2029.

[45] Fearn, T. (2002). Assessing calibrations: SEP, RPD, RER and R². *Nir News* 13 (6): 12-14.

14

XRF、LIBS、NMR 和 MS 在食品、饲料和农业中的应用

Krzysztof Bernard Beć, Justyna Grabska, Christian Wolfgang Huck

Institute of Analytical Chemistry and Radiochemistry, Leopold-Franzens University, Innrain 80-82, CCB-Center for Chemistry and Biomedicine, Innsbruck, Austria

14.1　概述

　　光谱的定性和定量分析方法在食品和农业领域意义深远。食品企业、政府机构或相关研究所都希望通过食品科学与技术分析食品成分和特性，以确保食品供应的质量和安全。法律规定食品从原料到最终产品投放市场的整个生产过程都必须进行分析，包括食品的化学成分和物理特性。分析结果应足以确定产品的营养价值、功能特性和市场可接受性。食品供应的过程十分重视分析过程的快速性、精确性和稳健性，通过适当验证确保方法的可靠性。因此，传统测定食品化学和物理性质的方法很难适应现代全球市场的需求。传统分析方法耗时，而且仅限于实验室使用。食品和农业分析的方法多为耗时、不灵活且有损的传统方法，这些传统方法无法满足当今对快速、现场、分析程序的要求。相比之下，光谱学方法能够实现高通量、低样本量、快速、无损或微创分析，甚至还能远程检测。正如本章将强调的那样，粮食和农业领域面临的挑战意味着便携式光谱学和光谱学应用的一系列特殊优势。

14.1.1　食品质量控制问题

　　食品质量安全问题一直受到公众热议。人们越来越重视生命健康，对食品的要求也不断提升。随处可见的食品，其生产线和供应链复杂且脆弱（DeKieffer, 2006；Charlebois and MacKay, 2010；Holbrook, 2013）。食品生产和供应过程决定食品的质量和安全。随着世界贸易的加速增长、新兴市场的出现以及食品供应的日益国际化，食品安全变得至关重要。近年来许多食品安全事件引起政府和监管机构的高度关注（Kjærnes, 2012）。食品行业快速发展导致其质量容易失控，

大部分安全事故是无意中发生的。而其他安全事故则是蓄意和出于经济动机的食品欺诈行为（DeKieffer, 2006；Charlebois and MacKay, 2010；Holbrook, 2013；Evershed and Temple, 2016）。食品掺假包括替代、稀释或修改食品中的配料，篡改包装，或者为牟利而对食品进行虚假或误导性描述，进而影响其内部成分的纯度或特性。

　　食品生产和供应链本身就容易受到污染（Jacquet and Pauly, 2008；Rovina and Siddiquee, 2015）。许多安全事件，如2017年鸡蛋中疑似含杀虫剂氟虫腈事件（Munoz-Pineiro and Robouch, 2018），促使世界各地的乳制品重新生产和重新设计安全程序，并提高质量保证（Huck et al, 2016年）。这些安全事件影响了全球食品工业和经济，急需新的检测方法解决这些问题（Le Vallée and Charlebois, 2015）。食品质量控制技术一直是难题，在线监测极为重要。市面上需要能够直接检测各种原始产品和最终产品的技术，这种技术应是无创的，并且具有高性能、低检测限（LOD）、可靠性、可重复性和成本低的特点。快速现场分析对食品至关重要，尽管供应链很复杂，但大多数食品需要快速配送以确保新鲜。这些需求进一步巩固光谱技术、便携式传感器和分析仪的应用发展，便携式技术、核磁共振（NMR）弛豫法、质谱法（MS）、X射线荧光（XRF）或激光诱导击穿光谱（LIBS）进行的元素分析（例如重金属检测、营养元素评估等）在食品相关问题上的应用潜力很大。

14.1.2　农业部门面临的挑战

　　农业与食品领域联系紧密。农业食品自身产品和系统具有特殊性，还应考虑其他问题（Cozzolino, 2012）。农业食品包括有机样品和无机样品，以及还需考虑的其他问题，如土壤、水、原材料检查，包括干物质和水分分析、饲料、植物、农作物、鸡群、害虫和疾病的检测控制等（Cozzolino et al., 2015），因此其应用程序应多样化，以满足不同的需求。简而言之就是质量参数的分析，例如类似食品行业经常需要分析的参数——农产品在收获期间或收获后的蛋白质或糖含量。从所选择的分析参数来看，农业、食品领域之间相似性很高。现代农业急需可现场检测、经济高效、无需试剂和无损的物理化学分析方法以及对操作人员的要求较低。近年来，人们十分关注传感器和分析方法的开发，进而改善农业生产和流程（Cozzolino et al., 2015），这符合当代精准农业需求（Finger et al., 2019）。首先，利用仪器检测植物的整个生命周期中农作物理化性质的变化，确定最佳收获时间，提高农作物质量，从而增加收益。

　　此外，光谱分析还可分析作物及其相关因素（例如土壤、栽培条件），检测并控制污染物。便携式光谱仪器的监测技术为环境友好型技术，无需试剂，节约成本，提高质量。因此，研究也强调低成本、低功耗、多功能传感器技术在监测农作物方面的应用（Ruiz-Altisent et al., 2012）。尽管如此，人们还是需要了解这项技术的局限性。通过与学术研究机构建立合作关系，进一步优化仪器性能，以更好地解决目前的问题（Cozzolino et al., 2015）。

　　大多数国家/地区通常在国际协议范围内发布了与食品化学分析相关的法律法规，以控制食品安全问题。美国食品药品监督管理局（FDA）是负责监管食品安全的主要机构。欧盟（EU）政府管理标准制定和立法机构也同样关注食品质量问题，欧盟食品欺诈网络（FFN）曾协助欧盟国家打击可能故意违反《食品链法》的行为（https://ec.europa.eu/food/safety/food-fraud/ffn_en，2020年2月12日访问）。对食品供应链任意阶段的任一产品进行自动化数据收集，这样可以保证食品的安全性和透明度（Montet and Ray, 2017）。操作人员熟悉相关领域的法规后，才能更好地建立新方法以及规范操作仪器。

14.2 便携式光谱仪在食品、饲料和农业中的应用

原子和分子光谱技术是农产品分析十分有用的工具。过去10年，随着便携式仪器的引入，其在各领域也有广泛的应用。这种传感器可对现场样品进行快速元素和分子分析。便携式光谱仪的推广对此应用领域的发展大有助益。尽管便携式技术潜力巨大，但也需要考虑它们的局限性。首先，在某些情况下，较低的可靠性、灵敏度和对不准确测量的敏感性等缺点可能会变得明显。此外，像NMR这类便携式设备测定的理化信息明显减少。便携式仪器进行定性分析得到的结果具有参考价值，但也在关注它在定量分析方面的应用。便携式仪器用于定量分析前景广阔，已有台式仪器对农业食品进行定量分析的案例。

本章假定读者熟悉与此处概述的物理化学分析方法相对应的物理原理、实验室应用和数据分析方法。本书的其他章节提供了与便携式仪器中使用的基础技术、设计和工程原理相对应的基本信息（参见下面各节中的参考资料）。此处对基本信息进行简要概述，描述这些技术在特定应用领域的优势和局限性。本章介绍基于XRF、LIBS、NMR和MS原理的便携式仪器（即便携式、现场便携式或可现场作业，包括公文包式、手持式和小型化）在食品和农业方面的应用。

14.2.1 X射线荧光

便携式X射线荧光（XRF）仪器适用于食品和农业相关的原材料和最终产品的元素分析。过去这项技术常用于环境检测，例如检测土壤中的金属微粒、检测过滤后空气中的金属微粒、地质学中贵重金属鉴定以及回收行业的合金识别（Palmer et al., 2009；本卷中Piorek的第19章）。尽管XRF无法与"金标准"方法［例如能够达到亚μg/g级性能的电感耦合等离子体质谱（ICP-MS）］的灵敏度相媲美，但它的优势也很明显。便携式XRF仪器能够进行高通量、快速原位分析，所需样品少，从而鉴定有毒元素并对其进行准确量化。之前也有研究者对便携式XRF仪器在分析化学中面临的一些问题进行论述（Palmer et al., 2009；Bosco, 2013）。

XRF技术可以直接检测食品中的微量元素，食品行业早已采用该技术进行分析（Palmer et al., 2009）（图14.1）。如前所述，便携式仪器的适用性也推动了XRF方法的发展。例如，Fleming等利用便携式XRF评估大米（作为原材料和最终产品）中的微量元素含量（Fleming et al., 2015），比较该方法与ICP-MS法检测大米样品中的砷（As）、锰（Mn）、铁（Fe）、镍（Ni）、铜（Cu）和锌（Zn），采用ICP-MS法作为微波消解样品中元素组成的参比方法。这两种方法的结果呈线性关系，其中As、Mn、Fe、Cu和Zn测定结果相关性显著。然而Ni的XRF振幅与ICP-MS浓度之间无显著相关性。这一事实也说明了便携式XRF对特定元素的敏感度不同。

XRF方法作为一种高灵敏、快速且易用的现场定量方法，用于确定食品中给定元素的总含量。Sánchez-Pomales等使用便携式分析仪研究液态膳食补充剂中银（Ag）浓度（Sánchez-Pomales et al., 2013）。便携式XRF准确检测液体膳食补充剂中银含量，并对其进行定量分析。该方法的检出限为3 μg/g，定量限为10 μg/g，线性范围为10000 μg/g（1%）。尽管其性能水平不如ICP-MS，但仍适用于快速筛查。当测量有钯（Pd）和镉（Cd）干扰时，Ag的定量分析的准确度也得以保证。结果与ICP-MS分析以及使用一系列硝酸银（AgNO₃）对照品进行了对比验证。据评估，XRF和ICP-MS分析得到的总银离子浓度相关性很好，平均值之间的百分比差异低于15%。

在食品元素分析中，有毒元素的检测至关重要。早期实验室放射性同位素诱导X射线荧光

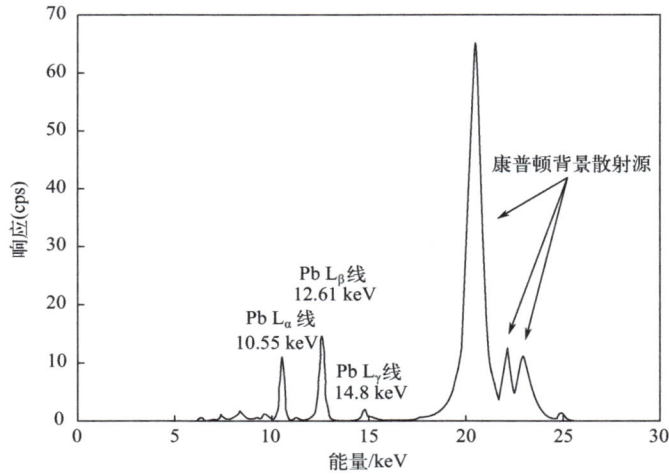

图14.1   便携式Niton XLI分析仪分析巧克力中1%铅的XRF光谱。来源：Palmer et al，2009。版权（2009）归美国化学会所有

光谱（RXRFS）分析仪器利用同位素来源对食品相关物品中的重金属（例如Cd、Pb）和其他有毒元素进行快速、无损分析（Anderson et al.，1995；Anderson and Cunningham，1996；Anderson，2003）。RXRFS仪器与可携带性概念相一致，但激发源随时间增加而衰弱以及与放射性材料有关的监管也是需要考虑的问题。小型X射线管和冷却Si-pin二极管探测器（Pantazis et al.，2010）的问世是一项重大突破（参见技术与仪器卷第19章），它代替了同位素源，具有较好的灵敏度和LOD。这些新一代仪器适合筛选各种原材料和食品（Potts and West，2008）。例如，Anderson（2009）表明它们能够筛查食品、薄膜和陶瓷釉料中的有毒元素，可以对薄膜和陶瓷釉料中的铅含量进行准确的定量分析，薄膜和陶瓷釉料中Pb的LOD值分别为0.2～15 μg/cm²、2 μg/cm²，薄膜中Cd的LOD值为15 μg/cm²。因此，XRF仪器的灵敏度和LOD优于传统RXFRS分析，并且分析时间更快，总计0.5～1 min（相比之下，基于同位素源的RXFRS则需要3～10 min）。该仪器无需从原始聚合物或铝（Al）容器中取样（Anderson，2009），能够直接筛查食品中的有毒元素，如Cu、As、Pb。

食品中重金属和有毒元素的检测一直是研究热点。近期Byers等利用便携式XRF技术在极低检出限下定量检测蔬菜中的重金属（Byers et al.，2019）。他们对比了波长色散XRF（WD-XRF）和能量色散XRF（ED-XRF）便携式仪器的潜力和应用细节，WD-XRF测得铬（Cr）、Ni、Pb、钇（Y）的LOD分别为0.6、0.4、0.3、0.3 μg/g，ED-XRF测得Cr、Ni、Pb、Y的LOD分别为2.3 μg/g、0.3 μg/g、1.4 μg/g、1.5 μg/g。它们对干湿植物组织中Pb和其他重金属的定量分析有一定的困难，例如那些与水含量和基质效应（主要是碳基质）相关的分析性能需达到监管标准。值得注意的是，以前很少考虑植物样品特有的碳基质对XRF金属定量的影响。此外，标准的工厂校准通常需要对非碳矩阵进行优化。

Byers等通过波长优化消除峰重叠，并通过控制基质产生的增强因子成功地将碳基质对其分析的影响降至最低，并以蔬菜为例分析验证了校准的有效性（Byers et al.，2019）。WD-XRF光谱的定量模型可准确分析干菜，然而便携式ED-XRF的分析精度和准确度相对较低。WD-XRF方法的稳健性很高，但其只能用于实验室分析。尽管如此，便携式ED-XRF成功定量了未加工可食用植物组织中重金属的浓度，这是其应用于潮湿和粗均质样品很好的例子。此外，Byers等强调还

需要控制样品厚度等测量参数，可保留所有源和特征X射线、屏蔽外壳产生的干扰X射线、能量、电流、过滤器、计数时间、大气随机变化的影响以及对光谱基体效应的管理，这表明该方法的稳健性还有很大的改进空间。然而，当这些参数保持不变时，WD-XRF和ED-XRF便携式仪器可用于蔬菜样品中重金属的快速定量分析，其LOD符合监管阈值。这些方法也适用于含水量较低的粗均质湿原料，例如谷物、豆类、速食等。便携式仪器分析干重数据，得到的均方根误差（RMSE）和LOD值显示分析结果易受测量时间和含水量影响，这也是目前该技术的问题所在，未来研究也将致力于解决这方面的问题。

农业上利用XRF技术检测水和土壤的元素组成。考虑到日益严重的环境污染，现代农业急需能够对土壤和水进行快速现场元素分析的分析方法。相比对水的分析，便携式XRF仪器在分析土壤方面的应用发展得更好。随着城市化进程的加速，其周边的农业区也在增加，这也可以解释便携式XRF技术分析土壤金属污染的方法很早就存在了。随着农业化发展，分析方法更加快速、灵活且可进行现场检测。Weindorf等研究利用便携式XRF光谱仪测定靠近工业园区附近甘蔗田环境的质量（Weindorf et al., 2012）。XRF测定结果与美国国家标准与技术研究所（NIST）认证标准的相关性表明该技术适用于土壤中大多数重金属的准确鉴定。XRF分析得到的结果与传统实验室分析结果一致。Weindorf等的研究结果显示：磷（P）、硫（S）、氯（Cl）、氩（Ar）的LOD为10000 mg/kg，钾（K）、钙（Ca）、Fe、Cu和Zn的LOD为250 mg/kg（Weindorf et al., 2012）。此外，人类活动会导致Cu、Zn和Pb元素浓度升高。事实证明，XRF在某些方面优于ICP分析方法。与ICP分析方法相比，现场水分条件对XRF元素分析影响不大，在这种情况下XRF分析更能代表现场元素真实的浓度。Weindorf等的研究表明炼油厂和化工厂土壤中Cu、Mn、Zn和Pb的浓度增加（Weindorf et al., 2012）。另一方面，城市化相关的人为活动（交通和住宅建设）加剧导致了Pb和Zn这类微量元素浓度增加。

便携式XRF能够快速灵活地测定土壤中的微量元素，并用于筛选潜在污染区域。对测量数据进行统计处理，例如通过层次聚类分析（HCA）或方差分析（ANOVA）算法，可以检测元素的异常浓度，并提供有关土壤污染水平空间分布的附加信息。在2010年，Peinado等应用便携式XRF对废弃矿区周边土壤中的微量有毒元素（As、Pb、Zn和Cu）进行了现场快速分析（Peinado et al., 2010）。对测量数据的统计处理能够检查这些微量元素异常量的空间分布。研究表明As、Pb、Zn和Cu元素相应地超过了邻近地区土壤的背景值，农业和自然水平的浓度都超过了干预阈值，分别有89%和67%的样品超过了这些限值。这项研究也解释了水和风蚀是土壤中微量元素扩散的主要原因。

便携式XRF分析仪可以近距离分析农业土壤和蔬菜中的元素成分，并实现快速定量分析。Sacristán等通过使用便携式XRF光谱仪对农业土壤和生菜（*Lactuca sativa* L.）进行快速近端分析，成功测定了铜浓度（Sacristán et al., 2016），结果表明该方法适用于含Cu污染的农业土壤和生菜生物量分析中Cu污染的筛选。便携式XRF分析能够可靠地评估铜和其他潜在重金属污染的土壤，对植物材料进行的类似分析无法达到类似的精度水平。我们也注意到该技术可以对植物中铜浓度进行初步筛选，因此该技术的快速分析、可观的成本效益以及不需或者简单的样本前处理具有明显的优势。另一方面，可以通过调整数据分析方法提高分析性能，例如使用多元统计。

XRF分析对蔬菜和农业植物的适用性不断提高。例如，Guerra等已经使用XRF传感器对甘蔗进行营养评估，这是甘蔗的一个基本参数（Guerra et al., 2018）。甘蔗是热带地区的一种重要作物，对种植甘蔗的国家建立精准农业和经济增长做出了巨大贡献。在这项研究中，Guerra等使用便携式XRF分析仪对新鲜甘蔗叶片的营养价值进行现场评估，即评估K、Ca、S和Si的含量。在实验室用台式ED-XRF仪器对干燥后的同一叶片的碎片进行对比分析，并在微波辅助酸消解后用ICP-AES进行分析。这些结果与验证的比较方法具有很好的一致性，其中Ca和Si的线性回归的相关系数（X射线特征发射线强度与参考元素质量分数）分别是0.9575和0.9851。得到的LOD值符合预期，并且明显低于临界营养水平。有人建议对数据分析程序加以改进，之后也可以用于Mn的分析。与传统方法相比，该方法具有优势，可以快速评估植物的营养成分，同时避免了耗时的步骤，如干燥、研磨、称重和酸消化。

灌溉是农业的根本，而在现代农业监测水质也十分重要。水的盐度是决定水源有用性的关键特征。传统的盐度分析方法多是通过测定电导率（EC），这种方法只能测得总有效盐度，而得不到元素组成信息，因此该方法并不能区分水中是否存在特别危险的阳离子。在此之前，没有可行的方法能够对水样进行重金属或其他污染物的快速筛选。

相比之下，XRF方法能够对土壤、沉积物和其他基质进行元素分析。然而，手持式XRF设备在分析比Si轻的元素时也有一定的局限性，例如不能评估对植物生长（Gransee and Führs, 2013）和人类健康（Negrel et al., 2017）至关重要的几种元素（如Na、Li、Al、Mg）。此外，它对潮湿样品的适用性仍然有限（Weindorf et al., 2014）已得到证实。因此，人们努力开发一种可对湿润土壤元素进行现场分析的XRF方法。最近，Pearson等成功尝试使用便携式XRF仪器对水样进行元素分析并预测水的EC（Pearson et al., 2017）。便携式XRF仪器对10个不同国家采集的256个水样进行分析，也进一步证实该方法是可行的。除了便携式XRF之外，ICP-AES和数字盐度桥技术也可以分析水样。作为验证，这项研究展示了一种通过便携式XRF分析Cl、K和Ca含量实现水中EC定量分析的简便方法。EC值与K和Ca含量之间没有明显的相关性，并且由于基质效应，也会吸收产生二次荧光，但对水的EC的预测精度仍然可以接受。然而由XRF光谱得到的参数对EC预测有限，因此为了得到准确的结论还需对XRF光谱进行预处理。研究表明，对于不同的元素，便携式XRF的有效性也不同。

然而，通过对水样中的氯元素（总氯含量）进行定量分析后预测水的电导率，得到的R^2（VAL）为0.77，均方根误差（RMSE）为0.95 lg（μS/cm）。与传统测量电导率的方法相比，便携式XRF测量方法还可以识别溶解在所分析水样中的某些盐分信息。此外，XRF测量方法的有效性与基质效应是间接相关，Pearson等得出的实验结果也证实了便携式XRF方法在这一方向上进一步发展的潜力（Pearson et al., 2017）。对XRF光谱进行预处理的改进方法以及便携式XRF针对此类应用（即"水模式"）的工厂校准似乎是可行的，这使得该仪器更适用于农业中水的盐度分析。

有趣的是，便携式XRF传感技术分析土壤元素也可以拓展到军事领域的应用。以土壤贫铀污染快速筛选为例，对该技术的可行性进行了评价。穿甲弹药在和平时期用于测试和训练时会释放贫铀，针对贫铀污染建立简单快速的筛查方法是十分必要的。在Proctor等进行的调查中，对比ICP-MS分析结果，他们发现便携式XRF光谱分析可实现DU的定性或定量检测（Proctor et al., 2020）。在本研究中，由于土壤水分会影响元素分析，得到的铀浓度值偏低。

便携式XRF土壤分析方法不断发展。例如，Rawal等最近的一项调查确定了土壤碱基饱和度百分比（BSP）（Rawal et al., 2019）。这一性质在土壤的系统类型和土壤肥力评价中起着重要作用。传统的BSP测定方法具有破坏性、费时费力以及得到的阳离子交换容量（CEC）偏低等特点。Rawal等使用Olympus Vanta便携式XRF分析仪成功预测了来自美国（科罗拉多州、加利福尼亚州、明尼苏达州、内布拉斯加州、俄克拉荷马州和得克萨斯州）农田300个土壤样本的

BSP，进而评估 Mg、K 和 Ca 的含量（Rawal et al., 2019）。这些元素可以代表实验室分析中获得的 BSP 指数。土壤中重金属的量化对于生态风险评估也非常重要。全球扩张的温室种植导致农业土壤中重金属的加速积累，农业部门急需对环境进行类似的研究。便携式 XRF 技术可实现的高通量和高效分析方法为大规模土壤分析带来了实质性的好处，正如 Wan 等认为快速分析方法对于有效地对土壤进行大面积环境质量评估和保护人类健康至关重要（Wan et al., 2019）。便携式 XRF 分析重金属污染时，无需样品前处理或复杂的化学分析，即可快速勘察景观规模、调查地表和追踪沉积物。

环境研究方面取得的进展对制定农业部门需要的方法产生了积极影响。正如 Ravansari 等发表了一篇关于便携式 XRF 技术用于环境评估的综述，文章指出，尽管便携式 XRF 光谱分析技术适用性强、潜力巨大，但该领域的发展仍面临挑战（Ravansari et al., 2020）。许多因素会影响该技术的性能，导致准确度和精密度有差异。干扰变异性的来源包括样品异质性、仪器稳定性、仪器漂移、保护涂层、入射 X 射线、不同的分析时间、样品厚度、样品宽度、分析物干扰、检测器分辨率或电源波动等。水分和有机基质（碳、氧）产生的有害影响需要进一步关注。土壤中有机质和含水量的变化也会影响样品的密度，这往往是我们在分析时容易忽略的问题，由此产生的波动样品临界厚度会影响有效分析的样品体积。元素间特征荧光能量的差异可能会损害整个样品的代表性。进一步的考虑应针对数据分析方法，以适当地解释这些影响。当以上问题解决后，便携式 XRF 光谱仪的精度也随之提高。

14.2.2　激光诱导击穿光谱

激光诱导击穿光谱（LIBS）归属于原子发射光谱技术（Markiewicz-Keszycka et al., 2017），将脉冲激光束聚焦在样品表面的微观斑点上，从少量样品材料中产生等离子体，在随后的膨胀中等离子体冷却，释放电磁辐射，该发射光谱包含了构成等离子体激发态（原子、离子）的特征谱线（Hahn and Omenetto, 2010）。因此，LIBS 能提供有关样品元素组成的信息。

在实际应用中，LIBS 可以实现快速的多元素分析，无需或只需少量的样品制备，以无试剂和最小侵入的方式进行（Hahn and Omenetto, 2012）。最新便携式 LIBS 仪器（见技术与仪器卷第 13 章）具有的低成本遥感能力、容易识别材料以及元素分析能力，使得该技术成为食品和农业部门很有前景的分析技术。该技术在过去 10 年中取得了进步，开发了许多应用程序，旨在取代传统耗时的分析方法，以评估食品和农业相关材料及产品的质量与成分。LIBS 技术可实现在线分析和食品行业过程控制。LIBS 技术优势明显，但其在食品和农业相关样品分析中仍然存在问题。这些问题包括样品自身的复杂性（例如碳基质）或水分的干扰，这就需要应用光谱预处理方法、模型校准和进一步增强仪器性能。这也说明仪器的稳定性、自吸收、谱线展宽、强基体效应和基线/背景效应等方面需要改进。

与同样是元素分析技术的 XRF 相比，LIBS 可避免由于 X 射线辐射产生的问题和安全问题。激光能量集中在一个微观光斑上，其光学元件成本较低，性能不佳，因此传递给样品的总能量较低。由于信息是从一个小样本点收集，LIBS 不太适合分析均匀度较差的样品。该技术的某些应用可能需要样品均质化或多点测量。LIBS 可实现相对更快且可能更具成本效益的分析。而且，LIBS 分析也易受水分和表面污染影响。这两种技术的性能因元素质量的不同而明显不同。LIBS 适用于分析轻元素（包括铍或锂），而 XFR 适用于检测重元素。这导致 LIBS 分析低浓度的微量矿物元素和重金属时（特别是复杂有机基质的样品），其灵敏度降低。

另一方面，LIBS技术的聚焦光斑传感性使其很容易在成像仪器中实现。样品中的空间分辨元素分布可以使用机动平移台获得。最近，正如过去10年取得的突破所证明的那样（例如Kaiser et al., 2012; Gimenez et al., 2016），LIBS成像方向的仪器已应用于生物组织检查。有研究者（Kaiser et al., 2012; Gimenez et al., 2016）利用该技术成功绘制了植物材料中Pb、Mg和Cu的累积图谱，并且利用多元素成像直接检测和量化小鼠肾组织中的元素等。生物分析应用领域的成就也为粮食和农业相关领域的采用提供了良好的前景。手持式LIBS仪器作为一项相对较新的技术，其设计也在不断发展，通过采用新的化学计量学和数据分析方法进一步提升其总体性能。

LIBS在食品领域的应用不如XRF技术成熟，但最近在食品中的应用变得更加广泛（例如 Andersen et al., 2016; Bilge et al., 2016; Cama-Moncunill et al., 2017; Casado-Gavalda et al., 2017）。LIBS可对人体饮食中及与健康有关的微量元素和基本元素进行分析，以及实现化学计量学辅助的定量分析（Sezer et al., 2017）。有毒元素及其含量的检测对于食品安全和质量至关重要，在食品有毒元素检测方面，XRF检测重金属的能力不可否认。尽管如此，在过去几年中，LIBS与农业相关的基础研究和应用越来越多（Nicolodelli et al., 2019）。便携式LIBS技术已广泛应用于实际农业的常规分析（Sezer et al., 2017）。与XRF类似，便携式LIBS技术也主要应用于土壤和肥料的检测（Nicolodelli et al., 2019）。早在2008年，Ferreira等借助人工神经网络（ANN）作为校准方法对土壤中Cu浓度进行定量分析，以证明便携式LIBS仪器的适用性（Ferreira et al., 2008）。该研究建立了一种Cu含量预测方法，其LOD为2.3 mg/dm^3，均方误差（MSE）为0.5 mg^2/dm^6。该研究表明，由于土壤中典型的复杂基质的影响，对直接固体分析进行有效的校准是非常困难的。此外定量分析面临的主要问题是灵敏度和光谱分辨率低，在多发射线的情况下，这降低了一些检测器阐明LIBS光谱中特征谱线的能力。

尽管该技术在分析重金属方面存在困难，但人们已经尝试开发一种便携式LIBS仪器定量分析土壤和植物中Pb含量的方法。LIBS可用于检测植物修复时污染物是否去除干净。在Barbafieri等的研究中，LIBS技术用于评估植物修复实验中土壤和植物修复时其植物样本中的Pb浓度（Barbafieri et al., 2011）。与参考方法原子吸收光谱（AAS）相比，LIBS性能更佳。LIBS分析适合于污染场地的预筛选，因为分析的灵敏度足以划定金属浓度超过法定限值的区域，可以指定其他方法进行进一步分析。因此，便携式LIBS分析仪被认为是一种可行的半分析工具，能够快速、低成本地分析任何固体基质（如岩石、土壤、植物），而且省时省力。

利用便携式LIBS仪器对包括重金属在内的土壤进行现场定量元素分析的工作仍在继续。例如，El Haddad等强调了预处理算法和数据分析方法的重要性，以减轻饱和和矩阵效应在LIBS测量中产生的问题（El Haddad et al., 2013）。他们利用LIBS现场测定土壤实现了Pb、Ca、Cu和Fe定量分析，并且其结果的预测误差低于20%。这一性能水平是通过使用可移动LIBS系统和ANN方法实现的，该方法用于定量数据的整理，以减轻矩阵效应和校准的非线性行为。近期，Yan等对便携式LIBS准确测定土壤中氮的条件进行了研究（Yan et al., 2018）。他们检查了样品预处理和粒度的影响，并评估了LIBS分析仪以机器人远程传感器形式的潜在实现。后一种解决方案可用于农业土壤自动分析。

此外，在评估火星未来宜居性的探险中，这种分析仪将适用于测定火星上的土壤氮。该分析仪采用微型LIBS系统，配备掺钕钇铝石榴石（Nd:YAG）激光器（1064 nm发射波长，每脉冲能量25 mJ）。该研究的目的之一是评估样品制备对土壤中氮定量的影响。样品研磨成小于100 μm的粒径后可以作为制粒的替代方法，这种方法适用于远程流动站的分析平台。较小的颗粒产生的烧蚀坑更均匀、断裂更少，从而提高光谱质量。LIBS测定土壤中硝酸盐方法类似于通过离子色谱和比色分析进行的参考微量分析（图14.2）。LIBS定量测定总氮含量与微量分析获得的定量结果趋势相似。

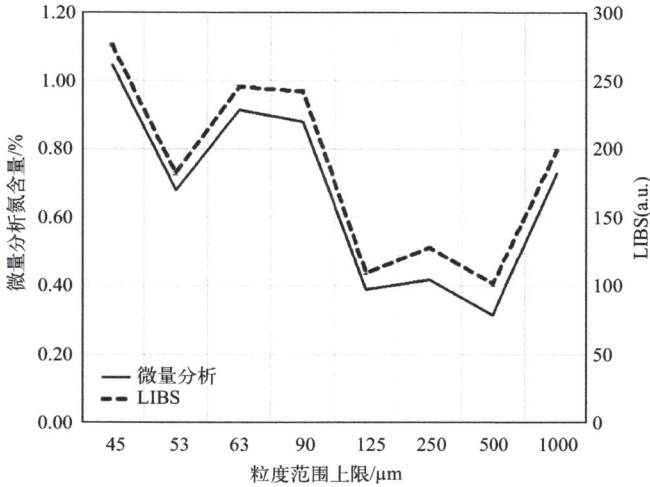

图14.2 对比便携式LIBS系统在746.83 nm处与微量分析检测不同粒度范围的土壤颗粒氮含量。来源：Yan et al., 2018。版权（2018）归英国皇家化学学会所有

　　最近，Erler等利用手持式LIBS光谱仪成功分析了土壤中的养分，对土壤各种参数进行现场测定，得到了土壤主要养分（Ca，K，Mg，N，P）和微量养分（Mn，Fe）的总质量分数（Erler et al., 2020）。LIBS检测土壤样品所得光谱图如图14.3所示。此外，还成功测定了与某一元素没有直接关系的土壤参数——腐殖质含量、土壤pH值和植物有效磷含量。该方法采用各种多元回归法进行校准和预测，以减轻土壤基质影响，得到的Ca、K、Mg和Fe的预测结果很好。Mn的浓度较低，而N和P由于原子序数低，相应发射线的强度很弱，这些元素得到的含量会有偏差，故这些营养物质只能用手持式仪器进行定性测定。多元回归分析更能解释基质效应，得到的校正模型更加稳定。手持式LIBS仪器可轻松提供空间差异化的传感器信息，这是现代精准农业的一个关键优势（Erler et al., 2020）。

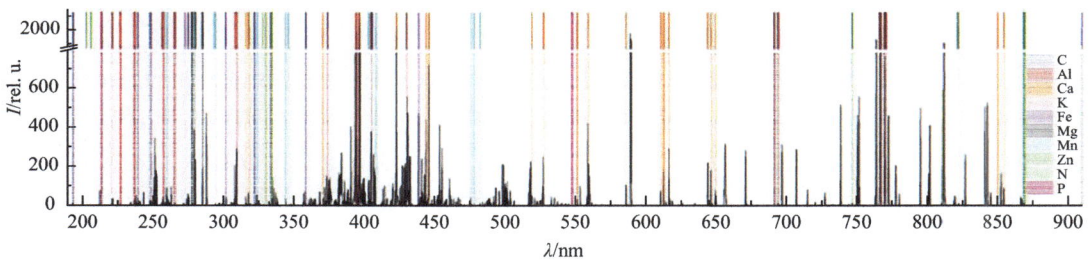

图14.3 Erler等研究的土壤样品的代表性LIBS图谱，所研究元素的谱线用有色线段（右边的标签）标记。来源：Erler et al., 2020。经Ccby 4.0授权使用

　　过去10年里，便携式LIBS技术已广泛应用于农业和食品相关科学领域。在农业上，针对土壤元素的分析方法目前相对成熟，包括继续研究改进的定量方法。许多研究也证明便携式LIBS也可以分析植物材料。LIBS适合分析主要和次要营养素，特别是较轻的元素。当前的研究和开发主要围绕如何提高LIBS技术的各种性能展开，如提高某些元素的LOD、减轻基质效

应、提高光谱质量以获得更好的信噪比。采用新的光谱预处理和化学计量学方法可提高该技术的分析性能。LIBS仪器的基础性发展值得关注，如双脉冲（DP）-LIBS、飞秒（fs）-LIBS、微型LIBS、纳米粒子增强LIBS和3D元素成像系统等新技术的实施，也能促进便携式仪器的发展（Nicolodelli et al., 2019）。便携式LIBS技术在农业应用中取得的进步以及冶金行业推动的发展，为该技术在其他领域的应用创造了广阔的前景。可以预见，在未来几年中，便携式LIBS将越来越多地用于食品部门，该技术的潜力可能尚未得到充分认识。

14.2.3　核磁共振

核磁共振（NMR）技术包括化学位移分析法和弛豫测量法。NMR仪器的实用小型化主要是基于弛豫测量法实现的（Capitani et al., 2017），然而也需注意化学位移分析法的发展（参见本节的最后一段）。核磁共振弛豫（NMRR）的实施是指研究或测量核自旋系统的弛豫，其速率取决于分子环境和外部磁场的动力学（即迁移率）。弛豫率是局部磁场波动的函数，高度特定于给定分子组成的动力学，从而产生样品的指纹。弛豫测量法只测量一个特定参数的弛豫时间。与NMR波谱学不同（参见技术与仪器卷第20章），NMRR使用的是低均匀性场。NMR弛豫时间有两种类型，分别是纵向弛豫 T_1 的弛豫时间和横向弛豫 T_2 的弛豫时间。与台式仪器相比，便携式NMR弛豫测量仪提供的信息质量不同。便携式NMR由于其磁场的强不均匀性，其核磁共振信号会迅速衰减。它只被记录为没有直接可用的自由感应衰减（FID）信号的回声。

此外，若磁场存在强梯度以及样品中存在扩散效应（对于较小的分子更强），T_2 弛豫时间会明显缩短。此外，T_1 和 T_2 的混合以及早期回声效应使得 $T_{2\text{eff}}$ 成为一个直接可用的参数。测得的平均 $T_{2\text{eff}}$ 可分为中间部分（T_{2a}）和最长部分（T_{2b}）（Capitani et al., 2017）。基于NMR弛豫测量法的物理原理设计用于以非破坏性方式原位分析矩阵的微型传感器。与能够使用强磁场梯度的台式仪器相比，非均匀磁场更适合便携式核磁共振设备，但其应用范围有所限制。稀土永磁体（Casanova et al., 2008）的发展推动了核磁共振仪器微型化的发展，包括测量化学位移和弛豫的仪器。最常见的便携式传感器结合了单边原理和磁铁的开放几何形状。"单面"仪器的特点是磁铁固定在一侧，样品检测则在后面的开放区域。单面传感器测样简单，更适合小型化，方便实际使用。然而，场的不均匀性显著降低了它们的灵敏度和鲁棒性。这些便携式仪器依赖记录回波信号，无法测量FID。尽管如此，这些设备成功开发了各种分析方法，并有许多实际应用。

便携式低场质子核磁共振弛豫仪广泛用于食品的无损分析（例如 Bruker minispec ProFiler，https://www.bruker.com/products/mr/td-nmr/minispec-profiler.html）。这些仪器可检测食品主要化学成分中C—H、N—H和O—H官能团。特别是，核磁共振信号的弛豫参数和振幅是水分子扩散和运动的敏感探针，因此它们提供了食品相关物品中水分含量的信息。水分分析可以即时进行，无需样品预处理。NMR也可分析食品乳剂中的油含量和固体脂肪含量（Capitani et al., 2017）。这些方法一旦开发出来，就可作为标准协议转移到质量控制应用程序中。

低场NMR传感器的出现为食品科学应用提供了突破。它们的便携性和简单的样品检测过程对于工业环境中食品（包括包装物品）的快速、高通量分析尤为重要。该技术可以分析食品材料的成分、结构，例如分子间相互作用和局部化学环境等基质特性（Bertocchi and Paci, 2008；Hatzakis, 2019）。最近，由于使用了单边磁铁，这些装置的性能取得了进步，特别是在质量控制领域，灵敏度更高，分析时间更短。此外，新开发的应用程序可监测栽培过程，例如成熟、果实生长速率和干燥过程（Capitani et al., 2017）。

Guthausen 等早期采用便携式 NMR 分析仪进行食品质量控制分析。脂肪含量是大多数食品最重要的质量参数之一，尤其是深加工食品（Guthausen et al., 2004）。常规食品分析程序使用了几种破坏性技术确定给定产品中的脂肪含量。Guthausen 等利用专用便携式 NMR 分析仪，对包装产品中的脂肪含量进行批量无损分析（Guthausen et al., 2004）。该研究对比了两种低场 NMR 测量有用信息的方法。第一种方法是扩散加权法，脂肪（9.8×10^{-12} m²/s）和水（2.3×10^{-9} m²/s）具有明显不同的扩散系数 D，扩散系数对应回波时间 τ。然后通过横向磁化衰减确定样品中的脂肪和水分含量（Guthausen et al., 2004），横向磁化衰减受松弛过程和扩散影响。第二种方法是更常规的弛豫时间方法，因为水和脂肪的弛豫时间不同，可用于区分这两种成分。前一种方法得到的脂肪和水分子的扩散系数相差超过 1 个数量级，相应地分析得出与参考测量已知的脂肪含量的相关系数 R=0.996。后者利用这两个物种弛豫时间的差异，得到的相关系数 R=0.991。然而，扩散加权方法只适用于特定实验环境，不适用于均匀场下运行的设备。Guthausen 等认为，基于上述的线性相关性结果，单面 NMR 设备可直接分析食品中的脂肪。

用于分析食品中脂肪含量的便携式 NMR 方法不断得到发展和应用。例如，Veliyulin 等开发了快速、微创测定活大西洋鲑鱼脂肪含量的方法（Veliyulin et al., 2005）。移动式低场 NMR 分析仪对一组参考样品（琼脂糖中的鱼油）进行校准，并测定麻醉鱼标本中的脂肪，每条鱼的总分析时间为 20 s。为了评估该方法，NMR 分析的结果与从同一鱼类样本获得的脂肪含量的参考破坏性测量结果进行了验证，其 R=0.92，因此他们认为移动 NMR 传感器可无损分析大西洋鲑鱼的脂肪含量。最近，Nakashima 报道了利用该技术的表面扫描仪无损定量分析养殖蓝鳍金枪鱼（*Thunnus thynnus*）肉块样品中的脂质和水（Nakashima, 2019）。新鲜肉块样品的 ¹H NMR 松弛测量在室温下进行，分析每个样品需要 70 s。该方法分析脂肪和水分的预测误差分别为 3.7 g/100 g 和 2.7 g/100 g，因此该方法在精度方面仍需改进。该技术可渗透样品 3 cm，因此，通过对包装、厚鳞片、皮肤和皮下脂肪的有效传感，可以对完整肉块中的脂质和水进行无损定量（Veliyulin et al., 2005）。便携式 NMR 分析仪可应用于市场和海鲜工厂中完整的金枪鱼块质量控制。

便携式 NMR 分析仪的农业应用也取得了进展。该技术对水分很敏感，因此它可以用于控制干燥过程。尤其是水果的干燥，其水分很容易受采后加工和储存方式影响。此外，此类产品的干燥度是一项重要的质量标准。水果水分的监测对于优化干燥过程、最大限度地减少热害和水果品质损失是至关重要的。含糖量高的水果相对更不易流失水分，例如梨的含糖量相对较高（每 100 g 干果含 60 ～ 75 g 碳水化合物）。Adiletta 等就使用便携式 NMR 仪器分析梨（*Pyrus communis*）的干燥过程（Adiletta et al., 2015）。该技术可解释在 50℃ 对梨进行干燥操作时其水分传输机制和干燥动力学。¹H NMR 弛豫能够测量样品干燥时间 30 h 内的水分分布。这些无损测量结果具有很好的相关性（R^2=0.978）。基于得到的干燥动力学数据，水果的外部、中间和中心部分可作为检测对象。便携式 NMR 分析仪能够探索干燥动力学，并阐明干燥对梨果实的质地和物理结构的影响。然而，Adiletta 等提出的测量方法也需要长时间的实验验证（Adiletta et al., 2015）。

Capitani 等利用便携式 NMR 技术能够灵敏地筛选样品与水相关的分子性质的能力跟踪猕猴桃的代谢特征（Capitani et al., 2013）。该研究以中华猕猴桃（*Actinidia chinensis*）和 CIGI 猕猴桃为对照杂交品种，对不同种类猕猴桃的水提物进行研究，监测单个猕猴桃整个生长过程果皮的水分状态变化（理解为局部化学环境引起的水的松弛动力学的差异）。在该研究中，便携式低场 ¹H NMR 分析仪补充台式高场 NMR 分析仪，得到了合适的 ¹H NMR 谱。通过与参考台式 NMR 数据的比较，便携式分析仪由于其产生的不均匀场，其记录的 T_2 弛豫时间较短。研究者也对收集到的数据做出了合理解释，平均 T_{2a} 弛豫时间归因于细胞质和细胞外空间的质子动力学，T_{2b} 弛豫时间归因于液泡中的质子。样本测得的弛豫时间受季节因素影响，前者相应的自旋群随着季节的增加而增加，而后者随着季节的增加而减少。T_2弛豫时间对猕猴桃发育阶段（10月～次年2月）高度敏感。

在10月之前测量值已到平台期。然而，自旋种群之间的比例被认为对猕猴桃整个发育阶段很敏感。将结果与早期文献中发表的关于Hayward猕猴桃品种的数据进行对比（Capitani et al., 2010）。代谢图谱证实，与其他两个品种相比，Zespri猕猴桃的成熟速度更快（Capitani et al., 2010，2013）。便携式NMR分析仪能够原位确定附着在植物上或从植物上脱落的整个猕猴桃的水分状态（图14.4）。该技术可对猕猴桃的发育阶段进行快速分析，并且还能提供有关水果代谢的信息。这可以从被分析水果中水的松弛动力学解释，因为它取决于样品中存在的代谢物。台式NMR光谱学是食品相关代谢组学中的一项成熟技术（Tomassini et al., 2013）。尽管如此，单面NMR设备在该领域使用时还是有一定的限制，需要对仪器和数据分析方法做进一步改进，以将其应用范围扩大到更广泛的食品基质，并制定用于监测食品质量和加工过程的在线检查协议。便携式NMR技术在未来10年将变得越来越受欢迎。便携式NMR技术在其他领域取得进展也为其在农业方面的应用带来了潜在的好处，例如采用单面小型永磁体的便携式低场^1H NMR分析仪成功地对涂有各种商用涂料的木材的防潮性能进行了现场评估。开发低成本、便携式NMR传感器是近10年的热点（例如Pourmand et al., 2011；Kerr et al., 2019）。

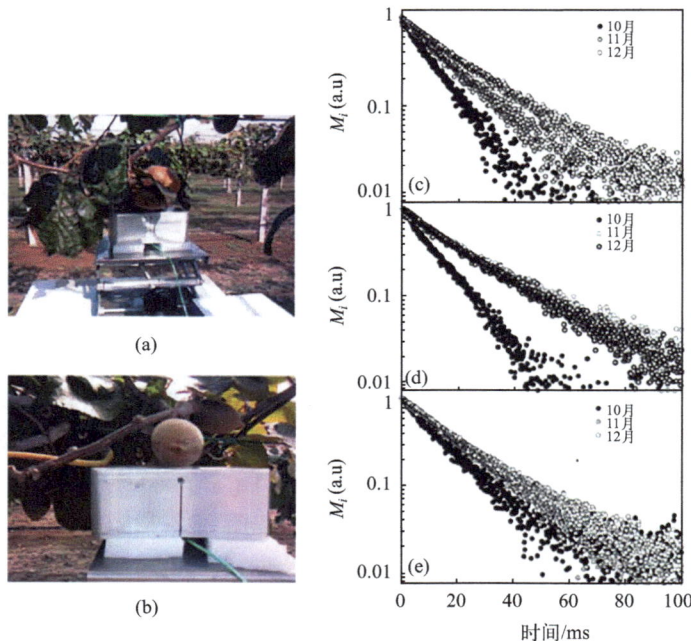

图14.4　便携式单面NMR分析仪现场测量猕猴桃（a）(b)，以及在10月、11月和12月对Hayward猕猴桃（c）、Zespri猕猴桃（d）和CIGI猕猴桃（e）的测量结果。来源：Capitani et al., 2013。版权（2013）归美国化学会所有

我们也应该重视紧凑型台式NMR波谱仪在农业方面的应用。例如，Pinter等开发了跟踪工厂番茄酱变质的方法。样品装在容量为1000 dm^3的大型金属内衬手提箱中进行检测，一种带有减弱磁场的单面传感器监测无菌样品和非无菌样品的松弛特性，未灭菌样品的T_1值增加可作为番茄酱变质的标志。更重要的是，所开发的方法与可用于工业应用的缩小尺寸的便携式传感器

完全兼容（Pinter et al., 2014）。

便携式NMR仪器正快速发展。市场上已有功能齐全、体积小、性能高且易于使用的传感器，例如WaveGuide Formula（重量1.4 kg，以各种脉冲序列运行）。在实验室规模中，台式高场NMR光谱仪灵敏度高、特异性好，非常适合测试和控制食品的真实性。除了NMR弛豫外，还开发了紧凑型NMR波谱仪（Blümich, 2016）。这项技术最近才问世，还未实际应用在粮食和农业部门。尽管如此，这项技术取得的可喜进展（Zalesskiy et al., 2014）可能会在不久的将来为食品和农业相关科学的应用带来新的机会。此外，磁共振成像（MRI）技术适用于实验室的食品空间分辨测量（Guthausen, 2016）。MRI作为质量控制分析技术，可以评估缺陷、内部结构和其他质量相关参数（Patel et al., 2015）。低场MRI系统已用于食品调查（Oztop et al., 2014）。虽然MRI技术还未实现便携式作业，但其已有的技术使便携式MRI的概念更接近现实（联邦药物协会公告）（https://www.fdanews.com/articles/195877-hyperfines-bedside-mri-system-nabs-510k-clearance，于2020年2月15日访问）。

14.2.4　质谱

质谱（MS）在食品和农业部门的应用中有许多优势（Ellis et al., 2015）。作为一种靶向分析方法，MS具有较高的灵敏度（亚毫克浓度）和化学特异性并且能够准确识别及定量复杂基质中的已知分子（通常在食品和农业项目中发现）。该技术除了非常低的检测限和快速分析外，其分子适用性也很强，适用于各种有机、无机、挥发性、非挥发性、单一分析物分子以及复杂混合物。出于这些原因，MS通常与提供指纹能力的色谱技术相结合，作为农业食品领域分析的金标准。液相色谱-质谱（LC-MS）、气相色谱-质谱（GC-MS）和MS/MS等联用技术大大减少了样品制备的需要，并提高了对复杂基质中分析物的定性和定量分析的选择性。基质辅助激光解吸电离飞行时间质谱（MALDI-TOF MS）仪器系统用于检测农产品中的污染物、毒素和生物分子，具有直接分析和成像样品的能力。一些MS方法本身具有指纹识别功能，直接采集样品，无需任何预先色谱分离（Ellis et al., 2007），例如Howlett等使用直接进样（即注射）质谱仪（DIMS）的MS指纹图谱表征食源性空肠弯曲菌（Howlett et al., 2014）。也有研究使用指纹解吸电喷雾电离（DESI）技术检查三聚氰胺从餐具转移到食物中的情况（Mattarozzi et al., 2012）。实验室规模的MS技术已经很成熟，可用于分析和鉴定食品掺假和污染。然而，对于在农业食品的复杂基质中进行的MS分析来说，非目标或未知分子的检测仍然是一个挑战。在这种情况下，依靠化学成分和污染物的数据库可以增加成功识别的机会。Ellis等、Bowers和Taylor提供了最先进的实验室规模MS的详尽概述（Ellis et al., 2012；Bowers and Taylor, 2017）。人们注意到了过去20年MS仪器小型化需求激增（Ellis et al., 2015）。过去10年MS仪器便携性不断优化，质量小于4 kg的手持设备（Ouyang and Cooks, 2009）有低温等离子体、紧凑型纸喷雾或低功率泵送系统（Ellis et al., 2015）。本书技术与仪器卷中，第14章介绍了微型质谱仪，第15章介绍了便携式GC-MS。

过去3年里，有关MS用于食品安全和质量分析的文献明显增加。MS技术可用于检测、鉴定和定量分析食品中样品分析物，其快速、可靠和准确的特点对于食品安全和质量控制有重要意义。有关MS在食品安全和质量分析中的应用可参见Wang等所写文章（Wang et al., 2013）。开发简单、坚固、可靠的便携式质谱仪，用于食品样品中化合物的原位、快速、准确鉴定和定量，仍是研究热点。食品假冒和掺假问题层出不穷，这也使得筛查食品中有害成分的分析方法成为研究重点。在过去10年中，重点关注三聚氰胺污染、检测和定量分析，研究人员采用紧凑型MS

技术直接分析食品复杂基质中的三聚氰胺，例如 Huang 等开发了一种基于使用低温等离子体环境电离源的便携式质谱仪的分析方法（Huang et al., 2010）。配有这种信号源的便携式 MS 仪器体积小、功耗低，无需任何样品前处理。与标准不连续大气压接口（DAPI）相比，此设计增加了辅助泵送，进而使离子传输效率提高。大气压离子源可以直接连接到 MS 系统。该方法无需样品预处理即可测定全脂牛奶及相关原料、鱼、奶粉和其他复杂基质中三聚氰胺含量。其中全脂牛奶中的 LOD 为 250 ng/mL，明显低于监管水平（美国为 1 μg/mL，欧盟为 2.5 μg/mL），线性动态范围为 0.5 ～ 50 μg/ mL，相对标准偏差为 7.6% ～ 16.2%，每分钟 2 个样品的时间 - 结果比非常好。总之，便携式 MS 能够对三聚氰胺含量进行快速、灵敏和高度特异性的定量分析，其性能完全符合监管水平。分析物的热辅助解吸和电离在食品分析的实际应用中具有相当大的优势。

微生物的现场分析和鉴别对于评估食品和农产品的质量非常重要。然而，酶联免疫吸附测定（ELISA）或聚合酶链反应（PCR）等传统生化技术在原位应用时效率低且费时费力。为了更好地将光谱仪应用于农业食品，在小型台式光谱仪的基础上，利用纸喷雾质谱（PS-MS）电离原理开发了细菌菌落特征的方法（Pulliam et al., 2016）。这项研究使用的是基于 MS/MS 紧凑型仪器（Mini 12；Li et al., 2014），其重量不到 4 kg。这种小型化光谱仪需要环境电离源接口。其体积小、功能全，也因此被认为是可在实验室之间共享的，这增加了它的实用价值。

此外，该仪器无需样品预处理即可执行分析，对操作人员的技术要求较低（Li et al., 2014）。Pulliam 等使用在全扫描模式下操作的微型 MS 系统鉴定细菌和在 MS/MS 模式下鉴定脂质，在负离子模式下进行 MS 分析。已有研究在正模式条件下分析脂类，故他们选择负离子模式检测磷脂（Pulliam et al., 2016）。此外，利用线性离子阱质谱工作原理的台式质谱用于比较测量。值得注意的是，微型化设备的扫描功能与台式设备一致。因此，有研究分析了 8 种细菌——枯草杆菌、3 种革兰氏阳性菌（金黄色葡萄球菌、表皮葡萄球菌和无乳链球菌）和 4 种革兰氏阴性菌（铜绿假单胞菌、大肠杆菌、鲍曼不动杆菌和路氏杆菌），利用枯草杆菌建立了紧凑型 MS 系统的质量范围，并建立了革兰氏阳性菌和革兰氏阴性菌的磷脂图谱。串联 MS/MS 技术由于具有降噪和定量的特点，在化合物鉴定和定量性能方面潜力巨大。紧凑的 MS 分析仪保留这些功能是因为可使其具有更广泛的适用性，并且以可传输格式拥有此功能将是非常可取的。

在 Pulliam 等的研究中，在紧凑型设备上进行的负离子模式下的 MS/MS 测量与台式光谱仪的参考结果进行了比较（Pulliam et al., 2016）。他们比较了铜绿假单胞菌中 m/z 747 和金黄色葡萄球菌中 m/z 721 的 MS/MS 产物离子谱图，对应从这些微生物中观察到的两种典型磷酸糖脂（PG）（图 14.5）。在两台仪器上测量的初级峰在质量和强度上都是相似的。对不同仪器所得的峰值强度进行定量比较时，需要调整碰撞能量、激活时间和压力。枯草杆菌产生的一种脂肽（表面素）与大多数高质量表面活性物质片段的串联 MS/MS 谱也比较相似。Pulliam 等的研究证实高紧凑型台式 MS 光谱仪能够通过对细菌中脂类的可重复性分析检测中等大小的分子（Pulliam et al., 2016）。尽管每天的变化较小，但观察到从所研究的细菌物种中获得的脂质谱存在明显差异。以上实验展示了紧凑型 MS 仪器用于微生物分析的巨大潜力，它可用于环境保护、食品安全及农业领域。虽然这是在相对高浓度的细菌中进行的，但研究需要继续进行，以使未来在低浓度细菌中的应用成为可能。未来的方向可能还包括开发一种有效的细菌原位质谱分析，使用小型化的台式设备，而不需要培养标本。

环境研究和生态学等其他应用领域也持续推动着便携式 MS 分析方法的发展。这些应用领域的标准与农业科学的标准相似。例如，从环境监测和评估农业食品安全的角度来看，我们也需要关注除草剂含量。微型 MS 系统结合电喷雾电离（ESI）可分析极性和热不稳定的有机化合

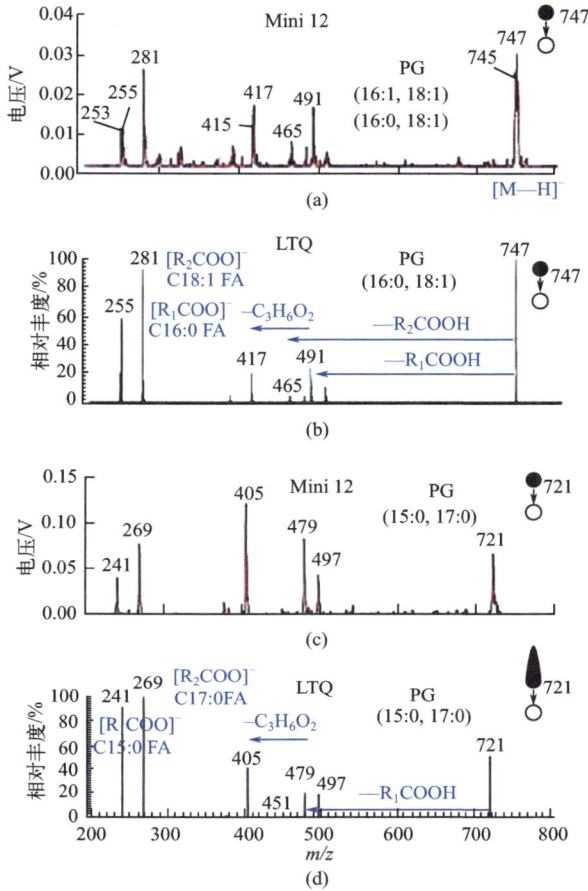

图14.5　纸喷雾、微型质谱仪负离子模式MS/MS检测铜绿假单胞菌（*m/z* 747）和金黄色葡萄球菌（*m/z* 721）（a）（c）以及台式线性离子阱质谱仪结果（b）（d）。来源: Pulliam et al., 2016。版权（2016）归英国皇家化学学会所有

物，如在20 ～ 30 μL 的低样品体积中对除草剂进行分析（Janfelt et al., 2012）。该设备不需要泵以及鞘气补充，可实现现场测量。此外，该装置还配备了与样品预浓缩的微萃取技术直接兼容的毛细管喷雾器。该仪器对常见除草剂（如阿特拉津、扑草净、特丁净和三唑酮）进行分析，其LOD值为1 mg/L，定量重复性为 ±30%。也有使用便携式MS 系统通过评估植物与昆虫的通信机制帮助理解植物生理学。对此类研究而言，对原位植物的化学线索进行高效、灵敏、非侵入式收集和分析是必不可少的。Beck 等通过使用便携式MS分析仪加深对该领域的了解（Beck et al., 2015），他们使用一种手持便携式GC-MS 系统区分机械损坏和未损坏的黄色菊花（*Centaurea solstitialis*）的花冠。该方法不仅适用于盆栽植物，也适用于自然植物。便携式GC-MS 系统采用针捕集吸附技术，对不同方法处理的不同黄蓟的生物标记挥发物进行鉴定和分析。在快速分析过程中，总共从4种不同方法处理的不同黄蓟中区分出31种生物标记物挥发物，每次GC-MS 运行时间不到 3 min。主成分分析（PCA）分类区分了4个批次对应的4个不同的类别——受损和未受损的盆栽植物及受损和未受损的天然植物，并确定了损伤特异性生物标志物。因此，便携式GC-MS 系统测量挥发性生物标志物图谱的方法可投入应用实践。

便携式MS 技术可高效、准确地分析各种植物产品。正如 Jjunju 等最近证明的那样，与直

接入口膜（DIM）探针耦合的便携式MS系统可用于香精油的现场分析，实时检测香料和香料配方中常用的活性芳香化合物（3-甲基乙酸丁酯、2-甲基-3-呋喃硫醇、丁酸甲酯和甲乙硫醚）（图14.6）（Jjunju et al., 2019）。研究证实，该仪器可以在复杂的原料产品中检测到微量的活性芳香化合物，如现场精油混合物。该方法对所研究的活性芳香化合物进行分析，其LOD<2.5 pg，线性关系良好，相对标准偏差为5%～7%。精油样品（香蕉、橘子、木瓜和蓝莓松饼）中的活性成分可以通过与GC-MS分析的标准香味化合物进行比较，并与NIST标准参考库进行比较来鉴定。因此，该研究建立了一种利用便携式质谱仪对挥发油进行现场快速定性和定量分析的方法。

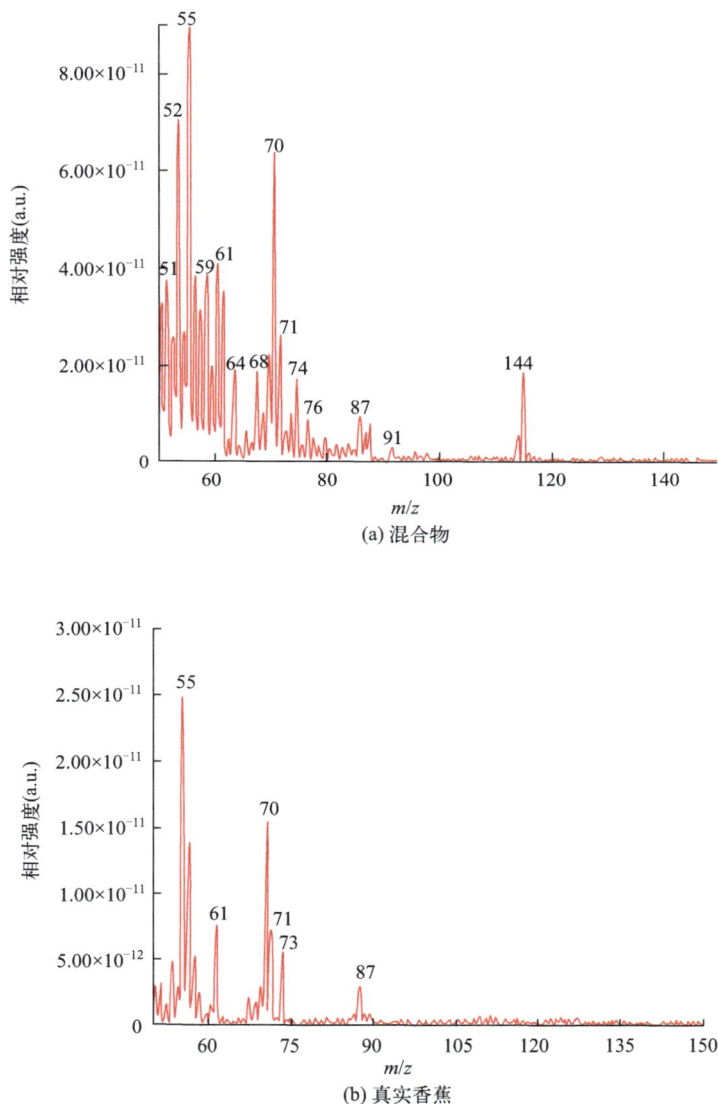

(a) 混合物

(b) 真实香蕉

图14.6 标准模型化合物在人工环境中的原位分析：（a）使用直接膜探针与便携式质谱仪耦合的3-甲基乙酸丁酯、2-甲基-3-呋喃硫醇、丁酸甲酯和甲乙硫醚等体积混合 [10 ppm（体积）]，取5 μL混合液于烧瓶中静置2 h，使用与直接膜探针耦合的便携式质谱仪检测混合物的顶空蒸气；（b）使用便携式质谱仪的DIM探针测量的真实香蕉顶空蒸气的质谱图。来源：Jjunju et al., 2019。经Ccby 4.0授权使用

14.3　当前的发展、仍然存在的挑战和未来前景

人们普遍认为农业食品部门将从新一代便携式光谱和光谱仪器中受益匪浅。目前便携式技术的主要优势是可现场检测。然而，新型传感器也需要考虑其分析速度、操作是否灵活以及分析的低成本。光谱仪的未来发展可能趋向于易于操作，最大限度地减少用户参与，让非专业人员也可轻松上手，熟练使用。目前旨在实现"光谱仪芯片"概念的小型化仪器技术取得了相当大的成功。已有研究将这一概念变为现实，如光学光谱学（FTIR 传感器；Sieger and Mizaikoff, 2016）以及核磁共振（Zalesskiy et al., 2014），这一趋势很可能在未来 10 年继续下去。一些光学光谱技术目前已经实现了智能手机级别的配置（Rateni et al., 2017；McGonigle et al., 2018）。虽然本章所描述的技术还不够完善，但硬件层已经取得了突破。目前，仪器的改进、优化和小型化发展仍在进行。

应用领域的进一步发展很大程度上取决于建立具有成本效益的、自我维持的、集成的、小型化的光谱传感器。同时，数据分析方法、用户友好的算法和非专业人员可访问的界面方面的发展对于各种现场应用至关重要。在这些研究方向上不断取得进展至关重要，这有助于开发"通用技术"，这些技术将被非专业人士在实验室以外广泛使用，例如在农业或食品生产和供应链中。

14.4　结语

农产品原料和产品的质量、安全问题一直是关注重点。尽管相关的监管和法律措施不断完善，近年来食品安全问题还是层出不穷，对人们的生命财产安全造成极大的损失。食品生产和供应链的各个阶段都存在意外风险，受利益驱动的食品掺假问题也不少。因此，保持进入市场食品的地理来源和纯度变得越来越具有挑战性。食品质量取决于供应链和配送过程中多个环节质量控制程序的普及程度。为保证消费者生命财产安全，可现场部署以及能够进行快速、灵敏和可靠的理化检测分析方法是必不可少的。

因此，社会和农产品行业非常需要无损、可现场分析技术。而便携式光谱/光谱仪正好具备这些优点，该技术在过去 10 年也得到了质的提升。因此，便携式光谱学和光谱学的应用在社会和农产品行业蓬勃发展。本章讨论了许多便携式 XRF、LIBS、NMR 和 MS 仪器应用案例，用于解决农业和食品相关分析中面临的主要问题，其中包括食品掺假、杀虫剂/除草剂控制、重金属和有毒元素污染、大量及微量营养素和营养价值的定量分析、土壤和农业水质评估等。虽然便携式仪器目前发展快速，但未来的发展重点可能集中在让非专业人员更容易使用这项技术。优化的软件和集成的数据分析方法将会在粮食和农业相关领域大有作为。

缩略语

AAS	atomic absorption spectroscopy	原子吸收光谱
ANN	artificial neural network	人工神接网络
ANOVA	analysis of variance	方差分析
BSP	base saturation percentage	碱基饱和度百分比

CEC	cation exchange capacity	阳离子交换容量
DAPI	discontinuous atmosphere pressure interface	不连续大气压接口
DESI	desorption electrospray ionization	解吸电喷雾电离
DIM	direct inlet membrane	直接入口膜
DIMS	direct infusion mass spectrometry	直接进样质谱
DP	double pulses	双脉冲
DU	depleted uranium	贫化铀
EC	electrical conductance	电导率
ED-XRF	energy dispersive XRF	能量色散X射线荧光
ELISA	enzyme-linked immunosorbent assay	酶联免疫吸附测定
ESI	electrospray ionization	电喷雾电离
EU	European Union	欧盟
FDA	Food and Drug Administration	（美国）食品药品监督管理局
FFN	Food Fraud Network	食品欺诈网络
FID	free induction decay	自由感应衰减
GC-MS	gas chromatography - MS	气相色谱-质谱
HCA	hierarchical cluster analysis	层次聚类分析
ICP	inductively coupled plasma	电感耦合等离子体
ICP-AES	ICP - atomic emission spectroscopy	电感耦合等离子体原子发射光谱
ICP-MS	inductively coupled plasma - mass spectrometry	电感耦合等离子体质谱
LC-MS	liquid chromatography - MS	液相色谱-质谱
LIBS	laser-induced breakdown spectroscopy	激光诱导击穿光谱
LOD	limit of detection	检测限
MALDI-TOF MS	matrix-assisted laser desorption ionization - time of flight MS	基质辅助激光解吸电离飞行时间质谱
MRI	magnetic resonance imaging	磁共振成像
MS	mass spectrometry	质谱
MSE	mean squared error	均方误差
NIST	National Institute of Standards and Technology	（美国）国家标准与技术研究所
NMR	nuclear magentic resonance	核磁共振
NMRR	NMR relaxation	核磁共振弛豫
PCA	principal component analysis	主成分分析
PCR	polymerase chain reaction	聚合酶链反应
PG	phosphoglycolipid	磷酸糖脂
PS-MS	paper spray MS	纸喷雾质谱
RMSE	root mean square error	均方根误差
RXRFS	radioisotope-induced X-Ray fluorescence spectrometry	放射性同位素诱导X射线荧光光谱
WD-XRF	wavelength dispersive XRF	波长色散X射线荧光
XRF	X-ray fluorescence	X射线荧光

参考文献

Adiletta, G., Russo, P., Proietti, N. et al. (2015). Characterization of pears during drying by conventional technique and portable non invasive NMR. *Chemical Engineering Transactions* 44: 151-156.

Andersen, M.B.S., Frydenvang, J., Henckel, P., and Rinnan, Å. (2016). The potential of laser-induced breakdown spectroscopy for industrial at-line monitoring of calcium content in comminuted poultry meat. *Food Control* 64: 226-233.

Anderson, D.L. (2003). Multielement analysis of housewares and other food-related items by a 241Am radioisotope X-ray fluorescence transportable spectrometer and handheld analyzers. *Journal of AOAC International* 86: 583-597.

Anderson, D.L. (2009). Screening of foods and related products for toxic elements with a portable X-ray tube analyser. *Journal of Radioanalytical and Nuclear Chemistry* 282: 415-418.

Anderson, D.L. and Cunningham, W.C. (1996). Nondestructive determination of lead, cadmium, tin, antimony, and barium in ceramic glazes by radioisotope X-Ray fluorescence spectrometry. *Journal of AOAC International* 79: 1141-1157.

Anderson, D.L., Cunningham, W.C., Lindstrom, T.R., and Olmez, I. (1995). Identification of lead and other elements in ceramic glazes and housewares by ^{109}Cd-induced X-ray fluorescence emission spectrometry. *Journal of AOAC International* 78: 407-412.

Barbafieri, M., Pini, R., Ciucci, A., and Tassi, E. (2011). Field assessment of Pb in contaminated soils and in leaf mustard (Brassica juncea): the LIBS technique. *Chemistry and Ecology* 27: 161-169, Supplement.

Beck, J.J., Porter, N., Cook, D. et al. (2015). In-field volatile analysis employing a handheld portable GC-MS: emission profiles differentiate damaged and undamaged yellow starthistle flower heads. *Phytochemical Analysis* 26: 395-403.

Bertocchi, F. and Paci, M. (2008). Applications of high-resolution solid-state NMR spectroscopy in food science. *Journal of Agricultural and Food Chemistry* 56: 9317-9327.

Bilge, G., Sezer, B., Eseller, K.E. et al. (2016). Determination of whey adulteration in milk powder by using laser induced breakdown spectroscopy. *Food Chemistry* 212: 183-188.

Blümich, B. (2016). Introduction to compact NMR: a review of methods. *Trends in Analytical Chemistry* 83: 2-11.

Bosco, G.L. (2013). Development and application of portable, handheld X-ray fluorescence spectrometers. *Trends in Analytical Chemistry* 45: 121-134.

Bowers, M.T. and Taylor, S. (2017). Recent advances and development trends in miniature mass spectrometry. *International Journal of Mass Spectrometry* 422: 146-147.

Byers, H.L., McHenry, L.J., and Grundl, T.J. (2019). XRF techniques to quantify heavy metals in vegetables at low detection limits. *Food Chemistry: X* 1: 100001.

Cama-Moncunill, X., Markiewicz-Keszycka, M., Dixit, Y. et al. (2017). Feasibility of laser-induced breakdown spectroscopy (LIBS) as an at-line validation tool for calcium determination in infant formula. *Food Control* 78: 304-310.

Capitani, D., Mannina, L., Proietti, N. et al. (2010). Monitoring of metabolic profiling and water status of Hayward kiwifruits by nuclear magnetic resonance. *Talanta* 82: 1826-1838.

Capitani, D., Mannina, L., Proietti, N. et al. (2013). Metabolic profiling and outer pericarp water state in Zespri, CIGI, and Hayward kiwifruits. *Journal of Agricultural and Food Chemistry* 61: 1727-1740.

Capitani, D., Sobolev, A.P., Di Tullio, V. et al. (2017). Portable NMR in food analysis. *Chemical and Biological Technologies in Agriculture* 4: 17.

Casado-Gavalda, M.P., Dixit, Y., Geulen, D. et al. (2017). Quantification of copper content with laser induced breakdown spectroscopy as a potential indicator of offal adulteration in beef. *Talanta* 169: 123-129.

Casanova, F., Blümich, B., and Perlo, J. (2008). *Single-Sided NMR*. Springer Science & Business Media.

Charlebois, S. and MacKay, G. (2010). *World Ranking: 2010 Food Safety Performance*. Regina/Saskathewan: Johnson-Shoyama graduate school of public policy.

Cozzolino, D. (2012). Recent trends on the use of infrared spectroscopy to trace and authenticate natural and agricultural food products. *Applied Spectroscopy Reviews* 47: 518-530.

Cozzolino, D., Porker, K., and Laws, M. (2015). An overview on the use of infrared sensors for in field, proximal and at harvest monitoring of cereal crops. *Agriculture* 5: 713-722.

DeKieffer, D. (2006). Trojan drugs: counterfeit and mislabeled pharmaceuticals in the legitimate market. *American Journal of Law & Medicine* 32: 325-349.

El Haddad, J., Villot-Kadri, M., Ismaël, A. et al. (2013). Artificial neural network for on-site quantitative analysis of soils using laser induced breakdown spectroscopy. *Spectrochimica Acta* B 79-80: 51-57.

Ellis, D.I., Dunn, W.B., Griffin, J.L. et al. (2007). Metabolic fingerprinting as a diagnostic tool. *Pharmacogenomics* 8: 1243-1266.

Ellis, D.I., Brewster, V.L., Dunn, W.B. et al. (2012). Fingerprinting food: current technologies for the detection of food adulteration and contamination. *Chemical Society Reviews* 41: 5706-5727.

Ellis, D.I., Muhamadali, H., Haughey, S.A. et al. (2015). Point-and-shoot: rapid quantitative detection methods for on-site food fraud analysis - moving out of the laboratory and into the food supply chain. *Analytical Methods* 7: 9401-9414.

Erler, A., Riebe, D., Beitz, T. et al. (2020). Soil nutrient detection for precision agriculture using handheld laser-induced breakdown spectroscopy (LIBS) and multivariate regression methods (PLSR, lasso and GPR). *Sensors* 20: 418.

Evershed, R. and Temple, N. (2016). *Sorting the Beef from the Bull: The Science of Food Fraud Forensics*. London, UK: Bloomsbury Sigma.

Ferreira, E.C., Milori, D.M.B.P., Ferreira, E.J. et al. (2008). Artificial neural network for Cu quantitative determination in soil using a portable laser induced breakdown spectroscopy system. *Spectrochimica Acta* B 63: 1216-1220.

Finger, R., Swinton, S.M., El Benni, N., and Walter, A. (2019). Precision farming at the nexus of agricultural production and the environment. *Annual Review of Resource Economics* 11: 313-335.

Fleming, D.E.B., Foran, K.A., Kim, J.S., and Guernsey, J.R. (2015). Portable X-ray fluorescence for assessing trace elements in rice and rice products: comparison with inductively coupled plasma-mass spectrometry. *Applied Radiation and Isotopes* 104: 217-223.

Gimenez, Y., Busser, B., Trichard, F. et al. (2016). 3D imaging of nanoparticle distribution in biological tissue by laser-induced breakdown spectroscopy. *Scientific Reports* 6: 29936.

Gransee, A. and Führs, H. (2013). Magnesium mobility in soils as a challenge for soil and plant analysis, magnesium fertilization and root uptake under adverse growth conditions. *Plant and Soil* 368: 5-21.

Guerra, M.B.B., Adame, A., de Almeida, E. et al. (2018). In situ determination of K, Ca, S and Si in fresh sugar cane leaves by handheld energy dispersive X-ray fluorescence spectrometry. *Journal of the Brazilian Chemical Society* 29: 1086-1093.

Guthausen, G. (2016). Analysis of food and emulsions. *Trends in Analytical Chemistry* 83: 103-106.

Guthausen, A., Guthausen, G., Kamlowski, A. et al. (2004). Measurement of fat content of food with single-sided NMR. *Journal of the American Oil Chemists' Society* 81: 727-731.

Hahn, D.W. and Omenetto, N. (2010). Laser-induced breakdown spectroscopy (LIBS), part I: review of basic diagnostics and plasma—particle interactions: still-challenging issues within the analytical plasma community. *Applied Spectroscopy* 64: 335A-336A.

Hahn, D.W. and Omenetto, N. (2012). Laser-induced breakdown spectroscopy (LIBS), part II: review of instrumental and methodological approaches to material analysis and applications to different fields. *Applied Spectroscopy* 66: 347-419.

Hatzakis, E. (2019). Nuclear magnetic resonance (NMR) spectroscopy in food science: a comprehensive review. *Comprehensive Reviews in Food Science and Food Safety* 18: 189-220.

Holbrook, E. (2013). Dining on deception: the rising risk of food fraud and what is being done about it. *Risk Management* 60: 28-31.

Howlett, R.M., Davey, M.P., Quick, W.P., and Kelly, D.J. (2014). Metabolomic analysis of the food-borne pathogen campylor jejuni: application of direct injection mass spectrometry for mutant characterisation. *Metabolomics* 10: 887-896.

Huang, G., Xu, W., Visbal-Onufrak, M.A. et al. (2010). Direct analysis of melamine in complex matrices using a handheld mass spectrometer. *Analyst* 135: 705-711.

Huck, C.W., Pezzei, C.K., and Huck-Pezzei, V.A.C. (2016). An industry perspective of food fraud. *Current Opinion in Food Science* 10: 32-37.

Jacquet, J.L. and Pauly, D. (2008). Trade secrets: renaming and mislabeling of seafood. *Marine Policy* 32: 309-318.

Janfelt, C., Græsbøll, R., and Lauritsen, F.R. (2012). Portable electrospray ionization mass spectrometry (ESI-MS) for analysis of contaminants in the field. *International Journal of Environmental Analytical Chemistry* 92: 397-404.

Jjunju, F.P.M., Giannoukos, S., Marshall, A., and Taylor, S. (2019). In-situ analysis of essential fragrant oils using a portable mass spectrometer. *International Journal of Analytical Chemistry* 2019: 1780190.

Kaiser, J., Novotný, K., Martin, M.Z. et al. (2012). Trace elemental analysis by laser-induced breakdown spectroscopy - biological applications. *Surface Science Reports* 67: 233-243.

Kerr, J.D., Balcom, B.J., McCarthy, M.J., and Augustine, M.P. (2019). A low cost, portable NMR probe for high pressure, MR relaxometry. *Journal of Magnetic Resonance* 304: 35-41.

Kjærnes, U. (2012). Ethics and action: a relational perspective on consumer choice in the European politics of food. *Journal of Agricultural and Environmental Ethics* 25: 145-162.

Le Vallée, J.C. and Charlebois, S. (2015). Benchmarking global food safety performances: the era of risk intelligence. *Journal of Food Protection* 78: 1896-1913.

Li, L., Chen, T.-C., Ren, Y. et al. (2014). Mini 12, miniature mass spectrometer for clinical and other applications. Introduction and characterization. *Analytical Chemistry* 86: 2909-2916.

Markiewicz-Keszycka, M., Cama-Moncunill, X., Casado-Gavalda, M.P. et al. (2017). Laser-induced breakdown spectroscopy (LIBS) for food analysis: a review. *Trends in Food Science & Technology* 65: 80-93.

Mattarozzi, M., Milioli, M., Cavalieri, C. et al. (2012). Rapid desorption electrospray ionization-high resolution mass spectrometry method for the analysis of melamine migration from melamine tableware. *Talanta* 101: 453-459.

McGonigle, A.J.S., Wilkes, T.C., Pering, T.D. et al. (2018). Smartphone spectrometers. *Sensors* 18: 223.

Montet, D. and Ray, R.C. (eds.) (2017). *Food Traceability and Authenticity: Analytical Techniques*. CRC Press.

Munoz-Pineiro, M.A., Robouch, P. (2018). Fipronil in Eggs: Factsheet - December 2017, European Commission. https://ec.europa.eu/jrc/en/publication/brochures-leaflets/fipronil-eggs-factsheet-december-2017 (accessed 30 April 2020).

Nakashima, Y. (2019). Nondestructive quantification of lipid and water in fresh tuna meat by a single-sided nuclear magnetic resonance scanner. *Journal of Aquatic Food Product Technology* 28: 241-252.

Negrel, P., Reimann, C., Ladenberger, A., Birke, M. (2017). Distribution of lithium in agricultural and grazing land soils at European continental scale (GEMAS project). Geophysical Research Abstracts, vol. 19, EGU2017-15340, 2017EGU General Assembly 2017. *19th EGU General Assembly, EGU2017* (23-28 April 2017). Vienna, Austria. p. 15340.

Nicolodelli, G., Cabral, J., Menegatti, C.R. et al. (2019). Recent advances and future trends in LIBS applications to agricultural materials and their food derivatives: an overview of developments in the last decade (2010-2019). Part I. soils and fertilizers. *Trends in Analytical Chemistry* 115: 70-82.

Ouyang, Z. and Cooks, R.G. (2009). Miniature mass spectrometers. *Annual Review of Analytical Chemistry* 2: 187-214.

Oztop, M.H., Bansal, H., Takhar, P. et al. (2014). Using multislice-multi-echo images with NMR relaxometry to assess water and fat distribution in coated chicken nuggets. *Food Science and Technology* 55: 690-694.

Palmer, P.T., Jacobs, R., Baker, P.E. et al. (2009). Use of field-portable XRF analyzers for rapid screening of toxic elements in FDA-regulated products. *Journal of Agricultural and Food Chemistry* 57: 2605-2613.

Pantazis, T., Pantazis, J., Huber, A., and Redus, R. (2010). The historical development of the thermoelectically cooled X-ray detector and its impact on the portable and handheld XRF industries. *X-Ray Spectrometry* 39: 90-97.

Patel, K.K., Khan, M.A., and Kar, A. (2015). Recent developments in applications of MRI techniques for foods and agricultural produce - an overview. *Journal of Food Science and Technology* 52: 1-26.

Pearson, D., Chakraborty, S., Duda, B. et al. (2017). Water analysis via portable X-ray fluorescence spectrometry. *Journal of Hydrology* 544: 172-179.

Peinado, F.M., Morales Ruano, S., Bagur González, M.G., and Molina, C.E. (2010). A rapid field procedure for screening trace elements in polluted soil using portable X-ray fluorescence (PXRF). *Geoderma* 159: 76-82.

Pinter, M.D., Harter, T., McCarthy, M.J., and Augustine, M.P. (2014). Using NMR to screen for spoiled tomatoes stored in 1000 L, aseptically sealed, metal-lined totes. *Sensors* 14: 4167-4176.

Potts, P.J. and West, M. (eds.) (2008). *Portable X-Ray Fluorescence Spectrometry: Capabilities for In Situ Analysis*. London: Royal

Society of Chemistry.

Pourmand, P., Wang, L., and Dvinskikh, S.V. (2011). Assessment of moisture protective properties of wood coatings by a portable NMR sensor. *Journal of Coating Technology and Research* 8: 649-654.

Proctor, G., Wang, H., Larson, S.L. et al. Rapid screening for uranium in soils using field-portable X-ray fluorescence spectrometer: a comparative study. *ACS Earth and Space Chemistry* 2020, 4: 211-217.

Pulliam, C.J., Wei, P., Snyder, D.T. et al. (2016). Rapid discrimination of bacteria using a miniature mass spectrometer. *Analyst* 141: 1633-1636.

Rateni, G., Dario, P., and Cavallo, F. (2017). Smartphone-based food diagnostic technologies: a review. *Sensors* 17: 1453.

Ravansari, R., Wilson, S.C., and Tighe, M. (2020). Portable X-ray fluorescence for environmental assessment of soils: not just a point and shoot method. *Environment International* 134: 105250.

Rawal, A., Chakraborty, S., Li, B. et al. (2019). Determination of base saturation percentage in agricultural soils via portable X-ray fluorescence spectrometer. *Geoderma* 338: 375-382.

Rovina, K. and Siddiquee, S. (2015). A review of recent advances in melamine detection techniques. *Journal of Food Composition and Analysis* 43: 25-38.

Ruiz-Altisent, M., Ruiz-Garcia, L., Moreda, G.P. et al. (2012). Sensors for product characterization and quality of specialty crops—a review. *Computers and Electronics in Agriculture* 74: 176-194.

Sacristán, D., Viscarra Rossel, R.A., and Recatalá, L. (2016). Proximal sensing of Cu in soil and lettuce using portable X-ray fluorescence spectrometry. *Geoderma* 265: 6-11.

Sánchez-Pomales, G., Mudalige, T.K., Lim, J.-H., and Linder, S.W. (2013). Rapid determination of silver in nanobased liquid dietary supplements using a portable X-ray fluorescence analyzer. *Journal of Agricultural and Food Chemistry* 61: 7250-7257.

Sezer, B., Bilge, G., and Boyaci, I.H. (2017). Capabilities and limitations of LIBS in food analysis. *Trends in Analytical Chemistry* 97: 345-353.

Sieger, M. and Mizaikoff, B. (2016). Toward on-chip mid-infrared sensors. *Analytical Chemistry* 88: 5562-5573.

Tomassini, A., Capuani, G., Delfini, M., and Miccheli, A. (2013). Chemometrics in food chemistry: NMR-based metabolomics in food quality control. In: *Chemometrics in Food Chemistry* (ed. F. Marini). Elsevier Inc.

Veliyulin, E., van der Zwaag, C., Burk, W., and Erikson, U. (2005). In vivo determination of fat content in Atlantic salmon (Salmo salar) with a mobile NMR spectrometer. *Journal of the Science of Food and Agriculture* 85: 1299-1304.

Wan, M., Hu, W., Qu, M. et al. (2019). Application of arc emission spectrometry and portable X-ray fluorescence spectrometry to rapid risk assessment of heavy metals in agricultural soils. *Ecological Indicators* 101: 583-594.

Wang, X., Wang, S., and Cai, Z. (2013). The latest developments and applications of mass spectrometry in food-safety and quality analysis. *Trends in Analytical Chemistry* 52: 170-185.

Weindorf, D.C., Zhu, Y., Chakraborty, S. et al. (2012). Use of portable X-ray fluorescence spectrometry for environmental quality assessment of peri-urban agriculture. *Environmental Monitoring and Assessment* 184: 217-227.

Weindorf, D.C., Bakr, N., and Zhu, Y. (2014). Advances in portable X-ray fluorescence (PXRF) for environmental, pedological, and agronomic applications. *Advances in Agronomy* 128: 1-45.

Yan, X.T., Donaldson, K.M., Davidson, C.M. et al. (2018). Effects of sample pretreatment and particle size on the determination of nitrogen in soil by portable LIBS and potential use on robotic-borne remote Martian and agricultural soil analysis systems. *RSC Advances* 8: 36886-36894.

Zalesskiy, S.S., Danieli, E., Blümich, B., and Ananikov, V.P. (2014). Miniaturization of NMR systems: desktop spectrometers, microcoil spectroscopy, and "NMR on a chip" for chemistry, biochemistry, and industry. *Chemical Reviews* 114: 5641-5694.

15

食品分析中的便携式近红外光谱仪

Ellen V. Miseo, Felicity Meyer, James Ryan

TeakOrigin Inc., Waltham, MA, USA

15.1 概述

世界粮食供应的关系极其复杂。对于绝大多数消费者而言，食品并非必须就近生产并在当日供应。因此，许多消费者并不清楚他们所食用的食物产自何方，是来自当地的小型家庭农场、本国的大型农业企业，还是来自其他国家。此外，发达国家的消费者已逐渐失去了季节性的概念，认为食品随时可得，因此食品供应可以被视作一种工业化的运作。

这种工业化使得食品系统可以与任何现代优良的生产和分配系统相媲美。食品，尤其是农产品，需要具备较长的保质期，以确保在收获、储存和运输中正常保存。为了延长保质期，我们培育出可承受供应链损耗的新品种。在许多情况下，我们会采摘尚未完全成熟的农产品，并在运输和储存期间进行处理，以促进[1-3]或延缓腐烂[4-7]。有一本同行评议的期刊"Postharvest Biology and Technology"（Elsevier）发表了关于储存、处理及包装影响新鲜水果和蔬菜的研究。

随着对育种、运输和储存的关注不断增加，消费者认为这些技术也会影响食品的营养质量。同时，这个领域也成为了一个备受瞩目的学术研究领域[8-12]。由此引发许多思考：如果食品受到其延伸的供应链影响，是否能保持原有的营养成分？口感是否与新鲜采摘时一致？若每家零售商的产品都源于同一个供应链，那么是否值得从价格更高的优质零售商处购买产品？

消费者要求食品供应链公开透明。因此，在城市地区，农贸市场、社区农业和城市农场的数量逐渐增加。这也使得消费者越发依赖有机食品，但目前的研究尚未明确证实这些产品在营养、健康和口味方面是否更优越[13-16]。

随着世界人口的增长，人们越来越重视节约粮食。据统计，发展中国家和发达国家有30%～40%的粮食被浪费[17]。更令人担忧的是，在发达国家，粮食浪费的最大损失主要来自供应链环节。这些浪费情况包括不符合外观标准的食品、加工或储存过程中的损耗以及消费者消费后的浪费[18,19]，即购买的食品在变质之前并未被食用[20,21]。

解决这些问题需要快速、无损、可操作性强的工具和方法。光谱正是一个优秀的选择，其测量过程简单，但测量时也需结合食物的相关信息。

15.2　光谱

光谱学的研究范围是从 200 nm 到 25 μm 的波长区域，其中近红外（NIR）波段仅占据其一小部分。自 20 世纪 60 年代以来，NIR 在食品分析领域得到广泛应用，Karl Norris 被视为该领域的先驱[22]。本章将重点阐述近红外光谱技术在食品工业的应用。起初，NIR 需要大型复杂仪器支持[23]，但随着技术革新，仪器体积逐渐缩小，功能不断增强（参见技术与仪器卷中 Grüger 编写的第 5 章和本卷中 Siesler 及其同事编写的第 12、第 13 章）。NIR 仪器在食品分析领域具备完备的功能，价格实惠，而且体积只有鼠标大小。

15.2.1　光谱范围

仪器的光谱范围取决于光波长和所用的检测器，但用于描述这些范围的专业术语根据用户的技术背景进行调整。这种情况可能会导致不规范表述。一般来说，近红外波段从 700 nm 开始，化学家将其定义为在 2500 nm（4000 cm⁻¹）结束。化学家认为 1100 ～ 2500 nm 区域为有效区域，该区域包括 X—H 振动的第一泛频区和第二泛频区[24,25]。用于描述这一光谱区域的术语还包括"硫化铅区域"，反映了第一个用于检测这一区域的检测器（以及长达 3300 nm 的波长）。

短波近红外（常缩写为 SWNIR）的范围为 700 ～ 1100 nm，并被称为"硅区"；可见光和近红外（VNIR）则通常指的是 400 ～ 1100 nm 区域。这两者的概念容易混淆。在高光谱领域，通过引用 VNIR，对光谱范围和食物参数预测进行了复杂化。在许多文章中，VNIR 实际上是指可见光和非常近红外波段，使用坚固耐用且价格合理的硅基光检测器[26,27]。然而，这些仪器并不能提供重要的化学成分数据。

随着"大数据"概念的发展，没有光谱学知识背景的仪器开发人员假设，通过拥有大量的光谱，无论所进行的测量是否真实有效，都可以对数据集的某些量进行预测。在这种情况下，他们试图依靠大量的光谱信息弥补该区域信息的空白。

近红外光谱的第一泛频区和第二泛频区可用于预测食品化学成分（定性和定量）。许多食物含水量在 85% 左右，而 1000 ～ 1700 nm 区域适用于检测高水分含量的食物。由于水在红外（IR）区吸收较强，水会在约 1950 nm[28]处产生干扰，掩盖原有的化学成分。咖啡和橄榄油这类低含水量的食物可以在 1700 ～ 2500 nm 区域[29]进行检测。短波长光谱可以对具有相似属性的不同物质进行分类。

近年来出现了一种新型光谱仪，其成本相对较低且直接面向消费者。尽管大多数硅基光检测器的检测范围为 400 ～ 1100 nm，但在实际应用中，其光谱范围往往更为有限。一些设备供应商在光谱区域的定义上存在误导，如 You 等人所讨论的那样[30]。此外，这些公司发布的原始数据在其他实验室中无法复现。

消费者通常通过食品的外观判断其质量，这凸显了可见光谱数据的重要性。可见光谱区域可以预测成分差异，比如番茄中茄红素的含量[31,32]，因此下面会对这一方面进行进一步讨论。

15.3　分析、取样和检测限

分析化学家在进行食品光谱测量时需了解代表性采样和检测限的概念，这两者对于食品分析至关重要。所有固体食品在某种程度上均呈现异质性，而对异质材料进行采样本身就是一门科学。在这一主题上，分析化学导论教材进行了详尽的介绍[33,34]。故在进行光谱测量时，用户需要充分考虑样品的异质性。

让我们以蓝莓松饼为例，如图 15.1 所示。这些样品在内部、各个样品之间以及不同批次之间都存在着异质性，这种多方面的差异会对分析结果产生影响。比如普通蓝莓松饼的配料表中包含黄油、糖、面粉、鸡蛋、牛奶和蓝莓。营养信息由软件根据成分计算得出，其中脂肪含量为9%，碳水化合物含量为42%，糖分含量为25%。

图15.1　蓝莓松饼表现出样品的异质性，很难获得代表性光谱特征。来源：Eric Crocombe

大多数蓝莓的直径大于5 mm。如果扫描点在蓝莓上（暂不考虑光是否能穿透样品），由于蓝莓不含脂肪，结果将显示脂肪含量较低。如果扫描点在其他区域，测得的脂肪含量会高于前期计算的值，因为脂肪含量数值是由整体配方决定的。如果黄油混合不均匀，测得的脂肪含量会更高。显然，仅从视觉上来看，松饼的外表面即外皮与内部是不同的。不同松饼测得的数据结果也会不一样。虽然没有人会数出一个松饼中的蓝莓数量，但松饼中的蓝莓数量的确会对脂肪含量产生影响。

使用NIR仪器分析食品成分时，必须保证样品具有代表性。为了获得具有代表性的光谱数据，我们需要考虑样品前处理、选择合适的取样点，并使用样品旋转器和积分球等技术手段。然而大多数手持式仪器并不能保证样品采集得到的数据具有代表性，因此用户需要结合样本特性灵活调整采集方法。开发者并没有研究人员和仪器制造商清楚光学技术的检测范围。表15.1对比了各种光谱技术在没有样品制备或富集的情况下的检测限值。大多数食物含水量高，所需光程短，这将影响其检测限值。

表15.1　并在没有任何样品制备的混合物中的典型检测限值

光谱范围	典型光程	典型检测限
中红外（MIR）	10 μm ~ 1 mm	样品中含 0.1%
近红外（NIR）	1 ~ 5 mm	样品中含 1%
紫外/可见光	10 mm	平均吸收的0.1%

15.3.1　参比分析

近红外光谱在食品领域的大部分应用是在复杂的基质上进行的。光谱呈现出模糊的特征，并且基质中各组分之间的相互作用可能会影响光谱，因此根据已知成分制作简单的校准曲线预测浓度变得相当困难。对样品进行参比分析时，需要考虑一种或多种目标分析物的浓度，并对光谱预测样品参数进行有效校准。遗憾的是，许多光谱学领域的新手忽略了这个关键因素，而是直接使用数据库或文献中的报告值作为分析物的实际值。

15.3.2   类别分析与特定分析

如今，分离和鉴定技术日益复杂，分析化学家仍需要对目标物进行分离、鉴定和定量[35-38]。但这真的有必要吗？

食品中的特征成分通常是一类具有相似结构的化学物质。比如，类胡萝卜素就是一个典型的例子，其中α-胡萝卜素和β-胡萝卜素在胡萝卜中为特征成分，而番茄和菠菜中则分别为番茄红素和叶黄素。如图15.2所示，这些化合物的结构非常相似。由于相似的类异戊二烯结构，它们在近红外光谱中几乎相同。在某些情况下，这些物质的浓度可能远低于近红外光谱的检测限，同时在可见光区域还可能受到其他成分如叶绿素的干扰。但是，我们是否真的需要对这些物质进行完全分离呢[39]？可以将其作为整体，与现场仪器的光谱信息相关联。

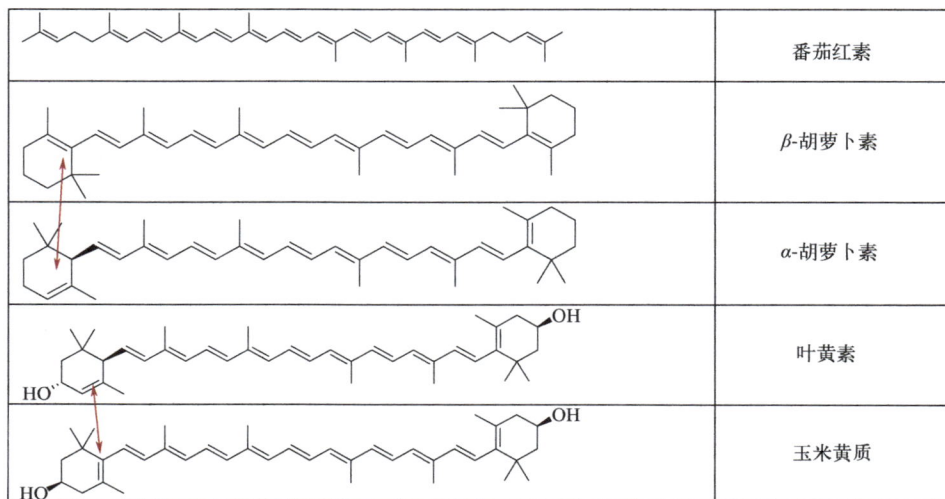

	番茄红素
	β-胡萝卜素
	α-胡萝卜素
	叶黄素
	玉米黄质

图15.2　食物中发现的典型类胡萝卜素的结构说明其结构的相似性。α-胡萝卜素和β-胡萝卜素双键位置不同，叶黄素和玉米黄质亦然

如果样品中某一成分含量较高，如番茄中的番茄红素，可以直接测量其特征成分。在西蓝花等其他样品中，总类胡萝卜素包括β-胡萝卜素、叶黄素和玉米黄质，其值可反映类胡萝卜素含量。

15.3.3   确保所测物质为目标物质

通常，由于光谱反应需要对测量结果进行量化，用户需要确保所测物质为目标物质。以测量果汁的白利糖度为例，标准方法是测量其总溶解固体（与溶液的折射率有关），但农业上测量的是甜度值，二者并不等同。

白利糖度（单位为°Brix）是一种用来定义水溶液中蔗糖含量的方法[40]。最初，人们使用比重计测量蔗糖溶液的相对密度。将不同的物质溶解在水中会改变折射率，因此在相同浓度下不同物质的水溶液折射率不同。例如，20%的蔗糖溶液的折射率为1.3639，而20%的果糖左旋糖溶液的折射率为1.3633。由于°Brix反映的是蔗糖的折射率，果汁中同时含有蔗糖和果糖时测量结果可能会不准确。柠檬酸作为一种常见的果酸，也会出现类似现象。当柠檬酸溶解成20%的水溶液时，其折射率为1.3589。大多数水果含有多种酸，如柠檬酸、苹果酸和酒石酸，它们在水中溶解的折射率变化规律是相似的。

虽然科学界和食品界已经认识到这些差异及其对测量结果的影响，但工业上并未充分重视结果的准确性，正如"IEEE Spectrum Magazine"[41]的文章所示。这是非光谱学家在食品光谱研究特别是近红外研究中遇到的主要问题之一。测量过程中需要确保测量有意义。一些老牌光谱仪器公司能够规避这一测量问题。但新上市的公司要么对测量目标了解不够，要么只是依靠"大数据"弥补其设备提供的数据的不足。

15.3.4　光学系统注意事项

对于分析化学家或光谱学家来说，采样有两种截然不同的含义：第一个是如上所述获得样本参数信息，另一个是通过光源照射采集样本的光学信息。

为了获得有代表性的样品，通常会对材料进行均质化处理，然后取等分试样分析。一般采用透射模式，但反射模式也可用作备选方案。积分球模式可用于采集所有散射光并消除杂散光。

上述光学配置是建立在样品制备可能具有破坏性的前提之上的。使用近红外的优势在于可实现样品原位检测。那么如何解释样品的自然不均匀性呢？在本章作者的实验室中，使用多点采样进行多光谱数据采集，并对这些数据进行平均光谱分析。比如，在测量桃子一类的物体的光谱时，我们会在样品表面的不同位置采集多达30个光谱。采样可以使用光纤探头，也可以直接将样品置于光学窗口之上进行光谱采样，具体取决于仪器结构。

对于小体积样品，如浆果或葡萄，我们则会使用样品旋转器，样品通常被置于旋转样品杯中采集光谱。在这两种采样配置中，用户须注意避免自然光干扰。

15.3.5　校准和验证样本

任何测量系统都需要经过测试，以保证结果准确。样本校准和验证方式不需要过于复杂，但必须适用于具体应用场景。例如，在NIR光谱领域，美国国家标准与技术研究所（NIST）的标准被用于测量波长位置和光度精度。NIST标准或NIST可追踪标准适用于设备售后的重新校准，然而其价格较昂贵，不太适合现场使用。高度一致且充分解释数据的样本有助于确保数据质量。Alu White98这类陶瓷反射率标准适用于现场勘测[42]。聚苯乙烯、聚乙烯或聚丙烯的厚样品（厚度大于1 cm）都可利用NIR进行测量，但其现场测量的标准却很有限。

但是这些标准必须适合待分析样本。在小型、实惠的仪器领域，并不是每个样本都有合适的标准。本章作者的实验室从经销商处购买了一台经济实惠的NIR（900 ～ 1700 nm）光谱仪。该装置附带的"校准标准"是聚合物材料制成的白平衡照相卡，因为聚合物的光谱是在可见光范围内可见的，所以这个校准标准完全无用。对于NIR领域，Grayscale标准是合适的，但前提是其基质不包含NIR光谱成分。

15.3.6　质量控制分析

仅靠一次测量不能代表一个样品的实际组成。在分析过程中，操作人员需要重复测量样品，通过与空白样品、峰值以及标准品的比较进行质量控制。在测量过程中，通过旋转样品，可以获得更有代表性的光谱数据。进行现场光谱测量时，可以通过设定特定参数条件获得更有代表性的光谱数据。

操作人员还需要考虑分析方法的重复性和再现性。重复性考察的是仪器性能，而再现性指的是不同实验室、不同操作人员或者不同仪器上操作时的结果差异。进行重复性和再现性实验，并将结果与标准进行比对，以确定核对值的范围及其差异。若同一操作者以同样的方式对同一样品进行多次测量得到的结果范围波动很大，则可能表明测量装置存在故障。而对再现性的评估则需要不同的研究人员进行实验。此外，对多个样本进行测定并确定操作人员是否对结果产生影响也具有重要意义。

15.3.7　数据解读

在仪器发展早期，由于NIR区域的光谱数据难以解读而被忽略。图15.3显示了蔗糖从可见光到中红外（MIR）的光谱。所有光谱都是自动调整到该区域的最强波段，而光谱的路径长度在这些范围内有很大的不同。图15.3（a）的MIR光谱图中，吸光度清楚明确，解谱相对容易，可以对物质进行识别。图15.3（b）（c）的NIR光谱图中，由于X—H泛频振动（X通常是C、O、N），呈现出明显的光谱特征。这些泛频区往往比中红外的基频弱至少1个数量级，并且其谱峰重叠严重，谱带宽，分离效果并不好。图15.4展示了样品特征的减弱以及光谱特征中重叠的增加，这些问题使得近红外光谱解谱困难。

化学计量学使用标准的数学和统计技术应用于分析化学问题，可以解决这些问题[43]。这些技术兴起于20世纪70年代初，当时计算机技术被用于解决分析化学问题。NIR领域中最常用的

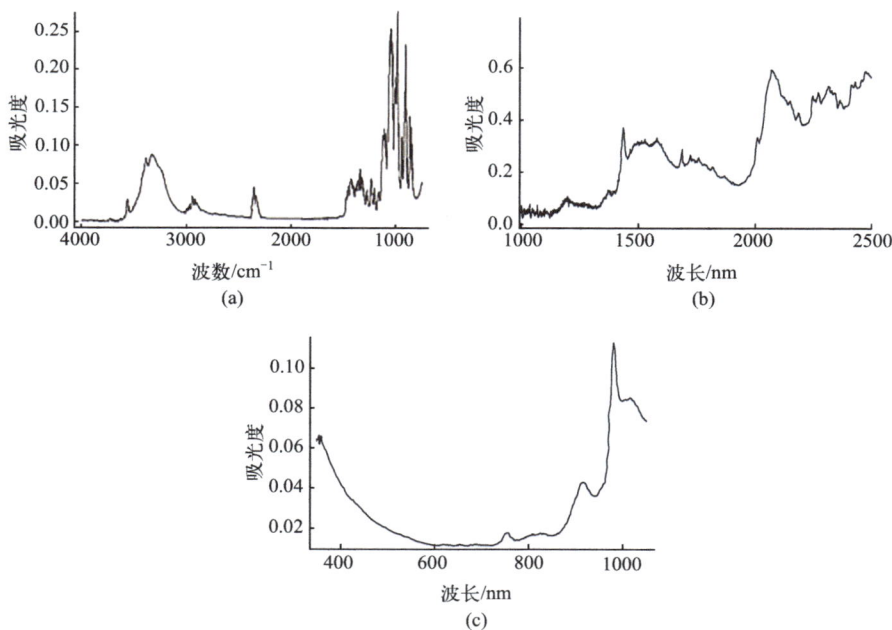

图15.3　（a）蔗糖的中红外光谱显示了清晰的基频振动带，使用衰减全反射在FT-IR上采集；（b）蔗糖的近红外光谱显示了泛频振动的宽波段；（c）蔗糖的短波近红外和可见光谱，使用漫反射方式采集

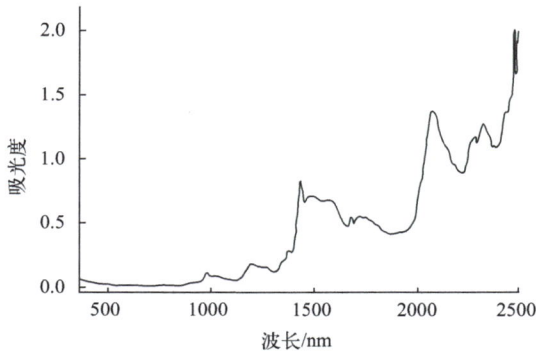

图15.4　蔗糖从375 nm到2500 nm的光谱显示了特征强度的实质性变化。该样品上的光程约为5 mm

方法包括多元数据分析、分类模式识别和聚类。在食品分析中，大约90%的分析需要借助化学计量学方法。

食品分析中使用的化学计量学方法通常是定性分类，如茶叶认证或鸡肉部位识别[44,45]，或者定量分析[46]。关于这些定性和定量的化学计量学方法在很多综述中都有详细讨论。有关原理和方法的综述可以参考 "Chemometrics in Analytical Spectroscopy"（《分析光谱中的化学计量学》）一书[47]。

15.4　便携式近红外仪器在食品分析中的应用

虽然NIR光谱常用于食品分析[48]，但涉及手持式或便携式设备在食品领域的应用在文献中并不常见。最近有一篇综述讨论了手持式或便携式NIR在食品工业中的应用[49,50]，但大部分综述主要关注实验室的仪器在食品工业的应用。此外，也有关于手持式仪器在肉类行业应用的综述[51,52]。

15.4.1　农产品分析

据文献报道，NIR光谱最常检测的水果是苹果。其中许多研究是测定干物质或糖类等品质参数。不过这些研究大多使用实验室仪器，大多基于傅里叶变换原理，可以收集整个近红外区域的数据[53-59]。然而，使用手持式或便携式仪器时，关于如何定义光谱范围和测量值是否准确的问题依然存在。

文献中的手持式或便携式仪器分为三大类：一是完全自主研制的；二是由光谱仪组件组合而成的；三是用于解决某一具体问题的专用手持式仪器。

在食品行业的文献中，自制的便携式仪器似乎更能展示其在食品分析中的能力[59-64]，它们可对水果的任意位置进行分析。第二类使用组件光谱仪，如海洋光学公司（现在的Ocean Insights）和Avantes等公司提供的光谱仪。这些仪器不论是检测苹果、蓝莓还是柑橘，都可证明便携式仪器应用于食品行业的工作原理以及技术的有效性[63,65-70]。

通用型仪器可测量样品相关参数，如Thermo Scientific micro PHAZIR[71-78]或Viavi Micro NIR[76,79-84]都属于这类仪器。另一种在食品领域作为手持式使用的通用仪器是来自Panalysis公司的ASD[85,86]，与前两种设备相比应用较为有限。本文作者的实验室仅鉴定了一家供应商Felix

Instruments销售的一款针对食品领域的手持式近红外仪器[87-92]。

不同研究团队利用带有德州仪器数字光处理器的仪器进行食品分析[93-98]。这些设备的封装尺寸约为鼠标大小，比起一维图像传感器的色散仪器其光谱性能更优越，但通常尺寸更大，价格也更高。

最后，Consumer Physics公司的SCiO仪器在许多新闻报道中受到关注[41]，一些研究人员已经将其应用于农业分析[99-103]。其中许多分析是简单的分类，调查人员得到的结果时好时坏。SCiO可以检测水稻[102]、水果[88,99,104]和谷物[78,100]。SCiO最初因其设计和总体易于使用而受到赞扬，但经过进一步的研究，SCiO产生的模型性能并不好[101]，尤其是在定量分析时。面向消费者的设备如SCiO能够筛选样本并进行简单快速的质量控制，但它们的性能水平还需要优化。

目前所引用的一些文章试图比较上述一组设备的性能[88,101,105-107]。随着测试要求提升，价格较高的设备似乎表现得更好。其应用已经不再局限于食品和食品种类。下一节将讨论特定类别的食物，并介绍当前文献中具有代表性的案例。

15.4.2　水果分析

NIR光谱可以预测各种水果的品质参数以及对各种水果进行分类。随着便携式仪器的出现，这项技术能够在田间测定水果的成熟度和最佳采收期，预测采收后的货架期，筛选研究区域的幼苗，辨别供应链中储存条件，并识别特色产品。表15.2总结了便携式可见/近红外（Vis/NIR）光谱或近红外光谱在水果领域的应用。水果分类如下：柑橘类（如柑橘、橘子）、热带水果类（如猕猴桃、芒果、菠萝）、核果类（如杏、樱桃、油桃、桃、李）。

表15.2　便携式Vis/NIR在新鲜水果分析中的应用

分析物	应用
可溶性固形物或白利糖度	苹果[53,60,63,69,70,77,90,108,109]、蓝莓[65,110]、柑橘[66,111-113]、葡萄[72,114,115]、梨[62,116,117]、核果[67,80,92,97,118-120]、草莓[121]、热带水果[83,91,122]、菠菜[123,124]、甜菜[125]、夏南瓜[126]
蔗糖	甜菜[125]
水分或干物质	苹果[88,90,109]、核果[80,88,92,118]、热带水果[83,88,91,122]
酸度（可滴定的pH值）	苹果[59,63,69,127]、柑橘[66,112,113]、核果[67,120]、草莓[121]、热带水果[83]、菠菜[123,128]、甜菜[125]、夏南瓜[126]
多酚类物质（酚类、花青素、类黄酮）	苹果[63,77]、蓝莓[65,110]、葡萄[84,115]
类胡萝卜素	苹果[63]、香蕉[129]
抗坏血酸	苹果[63]、蓝莓[65]、柑橘[66]、菠菜[124]
色素或叶绿素	苹果[59,63,70]、柑橘[66]、草莓[121]、菠菜[128]
硬度	苹果[53,63,109]、蓝莓[65]、梨[116]、核果[67,118～120]、草莓[121]、热带水果[83]
成熟度	苹果[89]、蓝莓[64,65,110]、柑橘[112,130]、核果类[97]、热带水果[91]
缺陷分类	苹果（晒伤）[131]、蓝莓（虫害）[132]、核果（桃子损害）[80]
储存条件	苹果[81,89]、核果[118]
品种分类	核果[67,118]
特性	苹果[81]
硝酸盐水平（"安全"）	菠菜[123,124]、夏南瓜[126]

15.4.3 乳品分析

牛奶和奶制品常受到污染和掺假问题的困扰[133,134]，有许多问题可以通过使用光谱技术解决。便携式NIR设备扫描原料乳中的蛋白质、脂肪、非脂肪固形物[135]和脂肪酸组成[136]，进而将得到的光谱数据建立校正模型。近期的一篇综述文章介绍了便携式NIR在测量牛奶中脂肪、蛋白质和乳糖方面的应用[137]。此外，便携式NIR光谱还被应用于对乳糖水解乳中的乳糖进行分类鉴别[138]，有研究小组也利用这一技术区分有机牛奶和普通牛奶[139,140]。牛奶污染问题一直是研究的焦点，手持式Vis/NIR光谱可测定牛奶中的三聚氰胺含量[141]，而便携式可见光发光二极管（LED）光度计则被用于测定牛奶和羊奶中的尿素浓度[142]。

15.4.4 肉、禽、鱼分析

媒体一直在关注肉类和鱼类供应中的真实性、产品质量和污染等问题[143]。手持式或便携式设备可用于建立分类模型、区分鸡肉的不同部分和碎肉的类别[44]、确定整块或碎肉的种类[144]、标记由猪肉或脂肪制成的小牛肉香肠等掺假产品[145]以及区分鱼片或碎肉饼形式的大西洋鳕鱼和黑线鳕[146]。利用这些光谱数据建立化学计量学模型，用于区分产品的质量，如最终pH、剪切力和羊肉中的肌内脂肪含量[147]。所建立的定量模型可以预测猪肉的成分（包括蛋白质、水、氮和肌内脂肪）[148]、金枪鱼中氯化钠含量[149]或通过脂肪酸含量鉴定伊比利亚橡子饲养的猪肉[150]。最近的一篇综述文章介绍了许多与家禽相关的应用，包括识别不卫生或受污染的禽畜胴体、对木质化鸡胸肉缺陷的样本进行分类以及预测PH[51]质量参数，而另一篇综述描述了便携式NIR光谱技术在评估肉类质量方面的应用[151]。

15.4.5 甜味剂分析

NIR光谱技术也应用于甜味剂和糖类产品。两个研究课题组利用便携式NIR光谱仪预测甘蔗茎秆中的Pol值（即果汁的蔗糖浓度）以评估质量，进而对育种管理和收割计划进行调整[152,153]。手持式仪器还可以测定糖浆中主要碳水化合物含量，从而验证配方糖浆的成分组成[74,154]。手持式NIR光谱仪和便携式MIR光谱仪还可预测婴儿谷物中的总蔗糖含量和总糖含量[155]。

15.4.6 加工食品分析

便携式仪器在加工食品领域具有巨大潜力，但公开发表的应用相对较少。目前食品加工分析主要使用传统实验室仪器，手持式设备在进入市场时既要考虑几十年来NIR食品应用研究的影响，又要考虑缩小仪器占地面积和为食品实验室开发用户友好方法的需要。例如，对所收集的文献总结后发现，过去的10年有超过40篇苹果的NIR分析的文献发表，但当筛选条件变为手持式或便携式仪器时，只有4篇相关的研究文章，并且都是近3年发表的。

越来越多的研究集中于区分粗加工和中等加工食品分类或掺假产品的鉴别。这些食品包括烘焙和磨碎的咖啡、茶、大米、有壳和无壳谷物、面粉以及其他类似产品。这些食品在自然状态下一般是均匀的，在加工（如干燥、研磨等）后容易出现掺假或难以区分杂质的污染发生，因此手持式、便携式光谱仪对于这类产品的适用性很强。

在检测咖啡[79,156]、谷物与面粉[101,102,157]、脂肪[158,159]和蜂蜜掺假[160]方面，便携式光谱仪具有良好的应用潜力。这些研究可帮助区分高质量产品和低质量产品，甚至可以鉴别出掺杂的异物，从而提高利润率。此外，当加工方式存在问题时，光谱仪也可以用来区分，如Zhang等[161]在中药炮制方面的研究。

同新鲜农产品相比，下面列出的材料由于含水量低，特别适合NIR应用。然而，采样和处理方法仍然会影响定性和定量模型的准确性。由于这些样品经过处理，关键的分析成分可能发生降解或改变。这会导致化学计量学模型不好，甚至样品不再代表未加工材料原始状态。例如，各种无麸质谷物的总抗氧化能力（TAC）中，未碾磨的样品浓度比碾磨的样品浓度高。这可能是由于碾磨过程中谷壳的损失和抗氧化剂的整体降解[101]。表15.3总结了几种轻度和中度加工的食品分析的应用和所使用的仪器。

表15.3 用于轻度和中度加工的食品的便携式近红外应用

种 类	亚 类	分析物和/或应用	仪 器
茶和咖啡	抹茶[93]	认证和质量（多酚和氨基酸）	便携式NIR（未指定）
	功夫茶[162]	质量（酚类化合物）	便携式NIR（未指定）
	咖啡[163]	烘烤质量	Viavi MicroNIR
	咖啡[156]	咖啡豆品质和烘焙品质	Aurora NIR
草药	马鞭草[71]	质量（确定理想收获时间），马鞭草苷和马鞭草苷预测	Vis-NIR（Specim Corp, INFINITY 3-1 detector/VI0E spectrometer）
	白芍（中药）[161]	分类（含硫熏蒸处理和晒干）和质量	Portable NIR（未指定）
禾本科	甘蔗[152]	Pol（果汁蔗糖浓度）	便携式NIR（未指定）
	甘蔗[164]	纤维含量	可见-短波近红外（Vis/SWNIR）（未指定）
水稻	水稻[102]	鉴别（原产国、进口和当地）和质量（等级）分类	SCiO
	杂交水稻[157]	鉴别与质量（植物叶绿素含量）	Ocean Optics USB4000
豆子	菜豆（*Phaseolus vulgaris* L.）[165]	特性、质量（蛋白质、淀粉、直链淀粉的测定）	便携式NIR和MIR系统（未指定）
动植物油	初榨橄榄油[158]，特级初榨橄榄油[166]	认证与鉴别（游离酸度）	电池供电便携式光谱仪（未指定）
	葵花籽油[159]	掺假（矿物油）	便携式NIR（未指明）
其他	糖浆[154]	分类，品质（葡萄糖、果糖、蔗糖浓度），鉴别	便携式NIR（未指定）
	糖浆[74]	质量（碳水化合物）	microPHAZIR GP 4.0

除了保持样本完整性外，保证样品取样质量也很重要。虽然Zhang等能够测量叶片中的叶绿素水平并能很好地区分杂交水稻品种，但却很难区分所使用的不同浓度氮肥。他们注意到同一年份和同一稻谷中收集的样本模型的稳健性并不好。该模型缺乏具有足够多样性的样品，无法准确预测叶绿素水平或品种类型。因此他们建议未来应从其他地区和不同季节进行分析，以提升模型的稳健性[157]。与此相似，Plans等的研究表明，在建立普通豆类的分类和质量相关模型时，

快速数据采集过程中的交叉污染以及包装方式会严重干扰模型性能[165]。总之，虽然这些方法在很大程度上是无损的，但对于密封包装或原始状态的食品不一定是无损的。

15.5 结语

人们期望在有关食品领域的文献中能够看到更多关于手持式、便携式或微型近红外光谱仪器应用的信息。但硬件技术的发展速度要快于其在实际应用领域的推广。对于像 Thermo Fisher Scientific、Malvern Panalytical 以及 Viavi 这样的大型的仪器公司而言，它们的仪器和技术都已进入食品和光谱行业。对于小型设备制造商来说，他们通常只专注于解决某个领域具体的问题，但对整个行业面临的问题并不熟悉，因此真正采用小型设备去解决实际应用问题还需要一点时间。随着技术的发展以及开发人员和用户之间联系更加紧密，便携式光谱仪有望在未来更加受欢迎。

缩略语

LED	light-emitting diode	发光二极管
NIR	near-infrared	近红外
NIST	National Institute of Standards and Technology	（美国）国家标准与技术研究院
SWNIR	shortwave near-infrared	短波近红外
TAC	total antioxidant capacity	总抗氧化能力
VNIR	visible and near-infrared	可见光和近红外

参考文献

[1] Façanha, R.V., Spricigo, P.C., Purgatto, E., and Jacomino, A.P. (2019). Combined application of ethylene and 1-methylcyclopropene on ripening and volatile compound production of 'Golden' papaya. *Postharvest Biology and Technology* 151: 160-169.

[2] Huang, J.-Y., Xu, F., and Zhou, W. (2018). Effect of LED irradiation on the ripening and nutritional quality of postharvest banana fruit. *Journal of the Science of Food and Agriculture* 98 (14): 5486-5493.

[3] Duan, J., Wu, R., Strik, B.C., and Zhao, Y. (2011). Effect of edible coatings on the quality of fresh blueberries (Duke and Elliott) under commercial storage conditions. *Postharvest Biology and Technology* 59 (1): 71-79.

[4] Sun, X., Baldwin, E., and Bai, J. (2019). Applications of gaseous chlorine dioxide on postharvest handling and storage of fruits and vegetables - a review. *Food Control* 95: 18-26.

[5] Aguirre-Joya, J.A., Ventura-Sobrevilla, J., Martínez-Vazquez, G. et al. (2017). Effects of a natural bioactive coating on the quality and shelf life prolongation at different storage conditions of avocado (Persea americana mill.) cv. Hass. *Food Packaging and Shelf Life* 14: 102-107.

[6] Burg, S.P. and Burg, E.A. (1966). Fruit storage at subatmospheric pressures. *Science* 153 (3733): 314-315.

[7] Zheng, X., Ye, L., Jiang, T. et al. (2012). Limiting the deterioration of mango fruit during storage at room tem-perature by oxalate treatment. *Food Chemistry* 130 (2): 279-285.

[8] Koyuncu, M.A. and Dİlmaçünal, T. (2010). Determination of vitamin C and organic acid changes in straw-berry by HPLC during cold storage. *Notulae Botanicae Horti Agrobotanici Cluj-Napoca* 38 (3): 95-98.

[9] Lado, J., Gurrea, A., Zacarías, L., and Rodrigo, M.J. (2019). Influence of the storage temperature on volatile emission, carotenoid content and chilling injury development in star ruby red grapefruit. *Food Chemistry* 295: 72-81.

[10] Napolitano, A., Cascone, A., Graziani, G. et al. (2004). Influence of variety and storage on the polyphenol composition of apple flesh. *Journal of Agricultural and Food Chemistry* 52 (21): 6526-6531.

[11] Awad, M.A. and de Jager, A. (2003). Influences of air and controlled atmosphere storage on the concentration of potentially healthful phenolics in apples and other fruits. *Postharvest Biology and Technology* 27 (1): 53-58.

[12] Bunea, A., Andjelkovic, M., Socaciu, C. et al. (2008). Total and individual carotenoids and phenolic acids content in fresh, refrigerated and processed spinach (Spinacia oleracea L.). *Food Chemistry* 108 (2): 649-656.

[13] Bourn, D. and Prescott, J. (2002). A comparison of the nutritional value, sensory qualities, and food safety of organically and conventionally produced foods. *Critical Reviews in Food Science and Nutrition* 42 (1): 1-34.

[14] Zhao, X., Rajashekar, C.B., Carey, E.E., and Wang, W. (2006). Does organic production enhance phytochemical content of fruit and vegetables? Current knowledge and prospects for research. *HortTechnology* 16 (3): 449-456.

[15] Da Cunha, D.T., Antunes, A.E.C., Da Rocha, J.G. et al. (2019). Differences between organic and conventional leafy green vegetables perceived by university students: vegetables attributes or attitudinal aspects? *British Food Journal* 121 (7): 1579-1591.

[16] Dangour, A., Dodhia, S., and Hayter, A. (2009). Nutritional quality of organic foods: a systematic review. *The American Journal of Clinical Nutrition* 90 (3): 680-685.

[17] Godfray, H.C.J., Beddington, J.R., Crute, I.R. et al. (2010). Food security: the challenge of feeding 9 billion people. *Science* 327 (5967): 812-818.

[18] Parfitt, J., Barthel, M., and Macnaughton, S. (2010). Food waste within food supply chains: quantification and potential for change to 2050. *Philosophical Transactions of the Royal Society, B: Biological Sciences* 365 (1554): 3065-3081.

[19] van Giesen, R.I. and de Hooge, I.E. (2019). Too ugly, but I love its shape: reducing food waste of suboptimal products with authenticity (and sustainability) positioning. *Food Quality and Preference* 75: 249-259.

[20] Wilson, N.L.W., Rickard, B.J., Saputo, R., and Ho, S.-T. (2017). Food waste: the role of date labels, package size, and product category. *Food Quality and Preference* 55: 35-44.

[21] Gunders, D. and Bloom, J. (2017). *Wasted: How America is Losing up to 40 Percent of its Food from Farm to Fork to Landfill*. Natural Resources Defense Council New York.

[22] McClure, W.F. (2003). 204 years of near infrared technology: 1800-2003. *Journal of Near Infrared Spectroscopy* 11 (6): 487-518.

[23] McClure, W.F. (1987). Near-infrared instrumentation. In: *Near-Infrared Technology in the Agricultural and Food Industries* (eds. P. Williams and K. Norris), 109-127. St. Paul, MN: American Association of Cereal Chemists, Inc.

[24] Osborne, B.G. (1986). *Near Infrared Spectroscopy in Food Analysis*, 200. Longman Scientific and Technical.

[25] Murray, I. and Williams, P.C. (1987). Chemical principles of near-infrared technology. In: *Near-Infrared Technology in the Agricultural and Food Industries* (eds. P. Williams and K. Norris). American Association of Cereal Chemists.

[26] Romaniello, R. and Baiano, A. (2018). Discrimination of flavoured olive oil based on hyperspectral imaging. *Journal of Food Science and Technology* 55 (7): 2429-2435.

[27] Barreto, A., Cruz-Tirado, J.P., Siche, R., and Quevedo, R. (2018). Determination of starch content in adulterated fresh cheese using hyperspectral imaging. *Food Bioscience* 21: 14-19.

[28] Pontes, M.J.C., Santos, S.R.B., Araújo, M.C.U. et al. (2006). Classification of distilled alcoholic beverages and verification of adulteration by near infrared spectrometry. *Food Research International* 39 (2): 182-189.

[29] Lee, C., Polari, J.J., Kramer, K.E., and Wang, S.C. (2018). Near-infrared (NIR) spectrometry as a fast and reliable tool for fat and moisture analyses in olives. *ACS Omega* 3 (11): 16081-16088.

[30] You, H.; Kim, Y.; Lee, J. H.; Choi, S. (2017). In classification of food powders using handheld NIR spectrometer. *2017 Ninth International Conference on Ubiquitous and Future Networks* (ICUFN) (4-7 July 2017). pp. 732-734.

[31] Ncama, K., Magwaza, L., Asanda, M., and Samson, T. (2018). Application of visible to near-infrared spectroscopy for non-destructive assessment of quality parameters of fruit. *Infrared Spectroscopy-Principles, Advances, and Applications* IntechOpen: 2018.

[32] McGoverin, C.M., Weeranantanaphan, J., Downey, G., and Manley, M. (2010). Review: the application of near infrared

spectroscopy to the measurement of bioactive compounds in food commodities. *Journal of Near Infrared Spectroscopy* 18 (2): 87-111.

[33] Skoog, D.A., West, D.M., Holler, F.J., and Crouch, S.R. (2013). *Fundamentals of Analytical Chemistry*. Cengage Learning ISBN-13: 9780495558286.

[34] Harvey, D. (2016). *Analytical Chemistry 2.1*, 1122. DePauw University.

[35] Oliver, J. and Palou, A. (2000). Chromatographic determination of carotenoids in foods. *Journal of Chromatography*. A 881: 543-555.

[36] Sikorska-Zimny, K., Badełek, E., Grzegorzewska, M. et al. (2019). Comparison of lycopene changes between open-field processing and fresh market tomatoes during ripening and post-harvest storage by using a non-destructive reflectance sensor. *Journal of the Science of Food and Agriculture* 99 (6): 2763-2774.

[37] Reque, P.M., Steffens, R.S., Jablonski, A. et al. (2014). Cold storage of blueberry (Vaccinium spp.) fruits and juice: anthocyanin stability and antioxidant activity. *Journal of Food Composition and Analysis* 33 (1): 111-116.

[38] You, Q., Wang, B., Chen, F. et al. (2011). Comparison of anthocyanins and phenolics in organically and conventionally grown blueberries in selected cultivars. *Food Chemistry* 125 (1): 201-208.

[39] Fish, W.W. (2012). Refinements of the attending equations for several spectral methods that provide improved quantification of β-carotene and/or lycopene in selected foods. *Postharvest Biology and Technology* 66: 16-22.

[40] Nielsen, S.S. (2010). *Food Analysis*. Springer.

[41] Perry, TS. What happened when we took the SCiO food analyzer grocery shopping. IEEE Spectrum Maga-zine, online (March 2017). https://spectrum.ieee.org/view-from-the-valley/at-work/start-ups/israeli-startup-consumer-physics-says-its-scio-food-analyzer-is-finally-ready-for-prime-timeso-we-took-it-grocery-shopping (accessed 19 July 2019).

[42] Buz, J., Ehlmann, B., Kinch, K. et al. (2019). Photometric characterization of Lucideon and avian technologies color standards including application for calibration of the Mastcam-Z instrument on the Mars 2020 rover. *Optical Engineering* 58 (2): 027108.

[43] Gemperline, P. (2006). *Practical Guide to Chemometrics*. CRC press.

[44] Nolasco Perez, I.M., Badaró, A.T., Barbon, S. et al. (2018). Classification of chicken parts using a portable near-infrared (NIR) spectrophotometer and machine learning. *Applied Spectroscopy* 72 (12): 1774-1780.

[45] Firmani, P., De Luca, S., Bucci, R. et al. (2019). Near infrared (NIR) spectroscopy-based classification for the authentication of Darjeeling black tea. *Food Control* 100: 292-299.

[46] Dardenne, P., Sinnaeve, G., and Baeten, V. (2000). Multivariate calibration and chemometrics for near infrared spectroscopy: which method? *Journal of Near Infrared Spectroscopy* 8 (4): 229-237.

[47] Adams, M.J. (2004). *Chemometrics in Analytical Spectroscopy*, 2nde, 224. London: Royal Society of Chemistry.

[48] Strategic Directions International (February 2019). *SDi Global Assessment Report 2019*. Los Angeles,CA: Strategic Directions International. https://strategic-directions.com/product/the-2020-global-assessment-report-the-analytical-and-life-science-instrumentation-industry (accessed 12 November 2020).

[49] Santos, C.A.T.d., Lopo, M., Páscoa, R.N.M.J., and Lopes, J.A. (2013). A review on the applications of portable near-infrared spectrometers in the agro-food industry. *Applied Spectroscopy* 67 (11): 1215-1233.

[50] Ellis, D.I., Muhamadali, H., Haughey, S.A. et al. (2015). Point-and-shoot: rapid quantitative detection meth-ods for on-site food fraud analysis-moving out of the laboratory and into the food supply chain. *Analytical Methods* 7 (22): 9401-9414.

[51] Perez, I.M.N., Cruz-Tirado, L.J.P., Badaró, A.T. et al. (2019). Present and future of portable/handheld near-infrared spectroscopy in chicken meat industry. *NIR News* 30 (5-6): 26-29.

[52] Shotts, M.-L. (2018). *The New Generation of Handheld Vibrational Spectroscopy Devices; Applications for Authentication of High Valued Commodities*. The Ohio State University.

[53] Guozhen, Z. and Chunna, T. Determining sugar content and firmness of 'Fuji' apples by using portable near-infrared spectrometer and diffuse transmittance spectroscopy. *Journal of Food Process Engineering* 0 (0): e12810.

[54] Fan, S., Li, J., Xia, Y. et al. (2019). Long-term evaluation of soluble solids content of apples with biological variability by using near-infrared spectroscopy and calibration transfer method. *Postharvest Biology and Technology* 151: 79-87.

[55] Giovanelli, G., Sinelli, N., Beghi, R. et al. (2014). NIR spectroscopy for the optimization of postharvest apple management. *Postharvest Biology and Technology* 87: 13-20.

[56] Liu, Y. and Ying, Y. (2005). Use of FT-NIR spectrometry in non-invasive measurements of internal quality of 'Fuji' apples. *Postharvest Biology and Technology* 37 (1): 65-71.

[57] Liu, Y., Ying, Y., Yu, H., and Fu, X. (2006). Comparison of the HPLC method and FT-NIR analysis for quantification of glucose, fructose, and sucrose in intact apple fruits. *Journal of Agricultural and Food Chemistry* 54 (8): 2810-2815.

[58] Liu, Y.-d. and Ying, Y.-b. (2004). Measurement of sugar content in Fuji apples by FT-NIR spectroscopy. *Journal of Zhejiang University* 5 (6): 651-655.

[59] Das, A.J., Wahi, A., Kothari, I., and Raskar, R. (2016). Ultra-portable, wireless smartphone spectrometer for rapid, non-destructive testing of fruit ripeness. *Scientific Reports* 6.

[60] Temma, T., Hanamatsu, K., and Shinoki, F. (2002). Development of a portable near infrared sugar-measuring instrument. *Journal of Near Infrared Spectroscopy* 10 (1): 77-83.

[61] Yang, B., Guo, W., Li, W. et al. (2019). Portable, visual, and nondestructive detector integrating Vis/NIR spectrometer for sugar content of kiwifruits. *Journal of Food Process Engineering* 42 (2): e12982.

[62] Yu, X., Lu, Q., Gao, H., and Ding, H. (2016). Development of a handheld spectrometer based on a linear variable filter and a complementary metal-oxide-semiconductor detector for measuring the internal quality of fruit. *Journal of Near Infrared Spectroscopy* 24 (1): 69-76.

[63] Beghi, R., Spinardi, A., Bodria, L. et al. (2013). Apples nutraceutic properties evaluation through a visible and near-infrared portable system. *Food and Bioprocess Technology* 6 (9): 2547-2554.

[64] Beghi, R., Giovenzana, V., Spinardi, A. et al. (2013). Derivation of a blueberry ripeness index with a view to a low-cost, handheld optical sensing device for supporting harvest decisions. *Transactions of the ASABE* 56 (4): 1551-1559.

[65] Guidetti, R., Beghi, R., Bodria, L. et al. (2009). *Prediction of Blueberry (Vaccinium Corymbosum) Ripeness by a Portable VIS-NIR Device*, 877-886. Leuven, Belgium: International Society for Horticultural Science (ISHS).

[66] Xudong, S., Hailiang, Z., and Yande, L. (2009). Nondestructive assessment of quality of Nanfeng mandarin fruit by a portable near infrared spectroscopy. *International Journal of Agricultural and Biological Engineering* 2 (1): 65-71.

[67] Camps, C. and Christen, D. (2009). Non-destructive assessment of apricot fruit quality by portable visible-near infrared spectroscopy. *LWT - Food Science and Technology* 42 (6): 1125-1131.

[68] Sun, H.; Peng, Y.; Li, P.; Wang, W (2017). A portable device for detecting fruit quality by diffuse reflectance Vis/NIR spectroscopy. *Proceedings of SPIE 10217, Sensing for Agriculture and Food Quality and Safety IX*, 102170T (1 May 2017), pp 102170T-102170T-6. https://doi.org/10.1117/12.2262526

[69] Bennedsen, B.S. (2004). Near infrared (NIR) technology and multivariate data analysis for sensing taste attributes of apples. *International Agrophysics* 2000: 203-211.

[70] Guo, Z., Huang, W., Peng, Y. et al. (2016). Color compensation and comparison of shortwave near infrared and long wave near infrared spectroscopy for determination of soluble solids content of 'Fuji' apple. *Postharvest Biology and Technology* 115: 81-90.

[71] Pezzei, C.K., Schönbichler, S.A., Kirchler, C.G. et al. (2017). Application of benchtop and portable near-infrared spectrometers for predicting the optimum harvest time of Verbena officinalis. *Talanta* 169: 70-76.

[72] Urraca, R., Sanz-Garcia, A., Tardaguila, J., and Diago, M.P. (2016). Estimation of total soluble solids in grape berries using a hand-held NIR spectrometer under field conditions. *Journal of the Science of Food and Agriculture* 96 (9): 3007-3016.

[73] Wiedemair, V. and Huck, C.W. (2019). Investigating the total antioxidant capacity of gluten-free grains with miniaturized near-infrared spectrometer. *NIR News* 30 (5-6): 35-38.

[74] Henn, R., Kirchler, C.G., and Huck, C.W. (2017). Miniaturized NIR spectroscopy for the determination of main carbohydrates in syrup. *NIR News* 28 (2): 3-6.

[75] Sánchez, M.-T., Torres, I., de la Haba, M.-J. et al. (2019). Rapid, simultaneous, and in situ authentication and quality assessment of intact bell peppers using near-infrared spectroscopy technology. *Journal of the Science of Food and Agriculture* 99 (4): 1613-1622.

[76] Entrenas, J.-A., Pérez-Marín, D., Torres, I. et al. (2019). Safety and quality issues in summer squashes using handheld portable NIRS sensors for real-time decision making and on-vine monitoring. *Journal of the Science of Food and Agriculture* 99 (15): 6768-6777.

[77] Schmutzler, M. and Huck, C.W. (2016). Simultaneous detection of total antioxidant capacity and total soluble solids content by Fourier transform near-infrared (FT-NIR) spectroscopy: a quick and sensitive method for on-site analyses of apples. *Food Control* 66: 27-37.

[78] Ayvaz, H., Plans, M., Towers, B.N. et al. (2015). The use of infrared spectrometers to predict quality parameters of cornmeal (corn grits) and differentiate between organic and conventional practices. *Journal of Cereal Science* 62: 22-30.

[79] Correia, R.M., Tosato, F., Domingos, E. et al. (2018). Portable near infrared spectroscopy applied to quality control of Brazilian coffee. *Talanta* 176: 59-68.

[80] Du, X.-l., Li, X.-y., Liu, Y. et al. (2019). Genetic algorithm optimized non-destructive prediction on property of mechanically injured peaches during postharvest storage by portable visible/shortwave near-infrared spectroscopy. *Scientia Horticulturae* 249: 240-249.

[81] Buccheri, M., Grassi, M., Lovati, F. et al. (2019). Near infrared spectroscopy in the supply chain monitoring of Annurca apple. *Journal of Near Infrared Spectroscopy* 27 (1): 86-92.

[82] Malegori, C., Nascimento Marques, E.J., de Freitas, S.T. et al. (2017). Comparing the analytical performances of micro-NIR and FT-NIR spectrometers in the evaluation of acerola fruit quality, using PLS and SVM regres-sion algorithms. *Talanta* 165: 112-116.

[83] Marques, E.J.N., de Freitas, S.T., Pimentel, M.F., and Pasquini, C. (2016). Rapid and non-destructive determi-nation of quality parameters in the 'Tommy Atkins' mango using a novel handheld near infrared spectrometer. *Food Chemistry* 197: 1207-1214.

[84] Baca-Bocanegra, B., Hernández-Hierro, J.M., Nogales-Bueno, J., and Heredia, F.J. (2018). Feasibility study on the use of a portable micro near infrared spectroscopy device for the "in vineyard" screening of extractable polyphenols in red grape skins. *Talanta* 192: 353-359.

[85] Bonifazi, G., Gasbarrone, R., and Serranti, S. (2019). *Dried Red Chili Peppers Pungency Assessment by Visible and near Infrared Spectroscopy*, vol. 10986. SPIE.

[86] Diao, H., Wu, Y.M., Yang, Y.H. et al. (2016). Study on the determination of the maturity level of tobacco leaf based on in-situ spectral measurement. *Spectroscopy and Spectral Analysis* 36 (6): 1826-1830.

[87] Subedi, P.P. and Walsh, K.B. (2020). Assessment of avocado fruit dry matter content using portable near infrared spectroscopy: method and instrumentation optimisation. *Postharvest Biology and Technology* 161: 111078.

[88] Kaur, H., Künnemeyer, R., and McGlone, A. (2017). Comparison of hand-held near infrared spectrophotometers for fruit dry matter assessment. *Journal of Near Infrared Spectroscopy* 25 (4): 267-277.

[89] McCormick, R. and Biegert, K. (2019). Monitoring the growth and maturation of apple fruit on the tree with handheld Vis/NIR devices. *NIR News* 30 (1): 12-15.

[90] Zhang, Y., Nock, J.F., Al Shoffe, Y., and Watkins, C.B. (2019). Non-destructive prediction of soluble solids and dry matter contents in eight apple cultivars using near-infrared spectroscopy. *Postharvest Biology and Technology* 151: 111-118.

[91] dos Santos Neto, J.P., de Assis, M.W.D., Casagrande, I.P. et al. (2017). Determination of 'palmer' mango maturity indices using portable near infrared (VIS-NIR) spectrometer. *Postharvest Biology and Technology* 130: 75-80.

[92] Escribano, S., Biasi, W.V., Lerud, R. et al. (2017). Non-destructive prediction of soluble solids and dry matter content using NIR spectroscopy and its relationship with sensory quality in sweet cherries. *Postharvest Biology and Technology* 128: 112-120.

[93] Wang, J., Muhammad, Z., He, P. et al. (2019). Evaluating matcha tea quality index using portable NIR spectroscopy coupled chemometric algorithms. *Journal of the Science of Food and Agriculture* 99: 5019-5027.

[94] Dong, A.; Wang, W.; Zhao, X.; Chu, X.; Wang, B.; Bai, X.; Qin, H.; Jiang, H.; Jia, B.; Yang, Y.; Kimulia, D. (2018). Identification of fiber added to semolina by near infrared (NIR) spectral techniques. *2018 ASABE Annual International Meeting*, ASABE: St. Joseph, MI. p1.

[95] Sheng, R., Cheng, W., Li, H. et al. (2019). Model development for soluble solids and lycopene contents of cherry tomato at different temperatures using near-infrared spectroscopy. *Postharvest Biology and Technology* 156: 110952.

[96] Jianqiang, Z., Panpan, Y., Weijuan, L. et al. (2019). Rapid and automatic classification of tobacco leaves using a hand-held DLP-based NIR spectroscopy device. *Journal of the Brazilian Chemical Society* 30 (9): 1927-1932.

[97] Wang, T., Chen, J., Fan, Y. et al. (2018). SeeFruits: design and evaluation of a cloud-based ultra-portable NIRS system for sweet cherry quality detection. *Computers and Electronics in Agriculture* 152: 302-313.

[98] Dong, A., Wang, W., Zhao, X. et al. (2018). Rapid classificataion of corn varieties by using near infrared spectroscopy. In: *2018 ASABE Annual International Meeting*, 1. St. Joseph, MI: ASABE.

[99] Li, M., Qian, Z., and East, A.R. (2018). *Does Consumer-Scale Near-Infrared (NIR) Spectroscopy Provide Oppor-tunities for Kiwifruit Quality Measurement?* 481-488. Leuven, Belgium: International Society for Horticultural Science (ISHS).

[100] Kosmowski, F. and Worku, T. (2018). Evaluation of a miniaturized NIR spectrometer for cultivar identification: the case of barley, chickpea and sorghum in Ethiopia. *PLoS One* 13 (3): e0193620.

[101] Wiedemair, V. and Huck, C.W. (2018). Evaluation of the performance of three hand-held near-infrared spectrometer through investigation of total antioxidant capacity in gluten-free grains. *Talanta* 189: 233-240.

[102] Teye, E., Amuah, C.L.Y., McGrath, T., and Elliott, C. (2019). Innovative and rapid analysis for rice authenticity using hand-held NIR spectrometry and chemometrics. *Spectrochimica Acta Part A: Molecular and Biomolecular Spectroscopy* 217: 147-154.

[103] Zhao, T., Koumis, A., Niu, H. et al. (2018). Onion irrigation treatment inference using a low-cost hyperspec-tral scanner. In: *SPIE Asia-Pacific Remote Sensing*,7.SPIE.

[104] Lee, S.; Noh, T. G.; Choi, J. H.; Han, J.; Ha, J. Y.; Lee, J. Y.; Park, Y. (2017). NIR spectroscopic sensing for point-of-need freshness assessment of meat, fish, vegetables and fruits. *Proceedings of SPIE 10217, Sensing for Agriculture and Food Quality and Safety IX*, 1021708 (1 May 2017). https://doi.org/10.1117/12.2261803.

[105] Entrenas, J.-A., Pérez-Marín, D., Torres, I. et al. (2019). Safety and quality issues in summer squashes using handheld portable NIRS sensors for real-time decision making and for on-vine monitoring. *Journal of the Science of Food and Agriculture* 99 (15): 6768-6777.

[106] Wiedemair, V., Mair, D., Held, C., and Huck, C.W. (2019). Investigations into the use of handheld near-infrared spectrometer and novel semi-automated data analysis for the determination of protein content in different cultivars of Panicum miliaceum L. *Talanta* 205: 120115.

[107] Yan, H.; Siesler, HW. (2018), Hand-held near-infrared spectrometers: State-of-the-art instrumentation and practical applications. *NIR News*. 0960336018796391.

[108] Qi, S., Oshita, S., Makino, Y., and Han, D. (2017). Influence of sampling component on determination of soluble solids content of Fuji apple using near-infrared spectroscopy. *Applied Spectroscopy* 71 (5): 856-865.

[109] Kumar, S., McGlone, A., Whitworth, C., and Volz, R. (2015). Postharvest performance of apple phenotypes predicted by near-infrared (NIR) spectral analysis. *Postharvest Biology and Technology* 100: 16-22.

[110] Ribera-Fonseca, A., Noferini, M., and Rombolá, A.D. (2016). Non-destructive assessment of highbush blueberry fruit maturity parameters and anthocyanins by using a visible/near infrared (Vis/NIR) spectroscopy device: a preliminary approach. *Journal of Soil Science and Plant Nutrition* 16: 174-186.

[111] Masithoh, R.E., Ron, H., and Kawano, S. (2016). Determination of soluble solids content and titratable acidity of intact fruit and juice of Satsuma mandarin using a hand-held near infrared instrument in transmittance mode. *Journal of Near Infrared Spectroscopy* 24: 83-88.

[112] Torres, I., Sánchez, M.-T., de la Haba, M.-J., and Pérez-Marín, D. (2019). LOCAL regression applied to a citrus multispecies library to assess chemical quality parameters using near infrared spectroscopy. *Spectrochimica Acta Part A: Molecular and Biomolecular Spectroscopy* 217: 206-214.

[113] Antonucci, F., Pallottino, F., Paglia, G. et al. (2011). Non-destructive estimation of mandarin maturity status through portable VIS-NIR spectrophotometer. *Food and Bioprocess Technology* 4 (5): 809-813.

[114] Xiao, H., Sun, K., Sun, Y. et al. (2017). Comparison of benchtop Fourier-transform (FT) and portable grating scanning

spectrometers for determination of total soluble solid contents in single grape berry (Vitis vinifera L.) and calibration transfer. *Sensors* 17 (11): 2693.

[115] Leiqing, P. A. N.; Hui, X.; Ke, S. U. N.; Kang, TU. (2018). Development and application of a portable specialized visible and near-infrared detective instrument for grape quality. *2018 ASABE Annual International Meeting*, ASABE: St. Joseph, MI. p 1.

[116] Wang, J., Wang, J., Chen, Z., and Han, D. (2017). Development of multi-cultivar models for predicting the sol-uble solid content and firmness of European pear (Pyrus communis L.) using portable Vis-NIR spectroscopy. *Postharvest Biology and Technology* 129: 143-151.

[117] Li, J., Wang, Q., Xu, L. et al. (2019). Comparison and optimization of models for determination of sugar content in pear by portable Vis-NIR spectroscopy coupled with wavelength selection algorithm. *Food Analytical Methods* 12 (1): 12-22.

[118] Pérez-Marín, D., Paz, P., Guerrero, J.-E. et al. (2010). Miniature handheld NIR sensor for the on-site non-destructive assessment of post-harvest quality and refrigerated storage behavior in plums. *Journal of Food Engineering* 99 (3): 294-302.

[119] Pérez-Marín, D., Sánchez, M.-T., Paz, P. et al. (2009). Non-destructive determination of quality parameters in nectarines during on-tree ripening and postharvest storage. *Postharvest Biology and Technology* 52 (2): 180-188.

[120] Christen, D., Camps, C., Summermatter, A. et al. (2012). *Prediction of the Pre- and Postharvest Apricot Quality with Different Vis/Nirs Devices*, 149-153. Leuven, Belgium: International Society for Horticultural Science (ISHS).

[121] Sánchez, M.-T., De la Haba, M.J., Benítez-López, M. et al. (2012). Non-destructive characterization and quality control of intact strawberries based on NIR spectral data. *Journal of Food Engineering* 110 (1): 102-108.

[122] Walsh, K.B., Golic, M., and Greensill, C.V. (2004). Sorting of fruit using near infrared spectroscopy: application to a range of fruit and vegetables for soluble solids and dry matter content. *Journal of Near Infrared Spectroscopy* 12 (3): 141-148.

[123] Entrenas, J.-A., Pérez-Marín, D., Torres, I. et al. (2020). Simultaneous detection of quality and safety in spinach plants using a new generation of NIRS sensors. *Postharvest Biology and Technology* 160: 111026.

[124] Pérez-Marín, D., Torres, I., Entrenas, J.-A. et al. (2019). Pre-harvest screening on-vine of spinach quality and safety using NIRS technology. *Spectrochimica Acta Part A: Molecular and Biomolecular Spectroscopy* 207: 242-250.

[125] Pan, L., Lu, R., Zhu, Q. et al. (2015). Measurement of moisture, soluble solids, sucrose content and mechanical properties in sugar beet using portable visible and near-infrared spectroscopy. *Postharvest Biology and Technology* 102: 42-50.

[126] Torres, I., Sánchez, M.-T., Entrenas, J.-A. et al. (2019). Monitoring quality and safety assessment of summer squashes along the food supply chain using near infrared sensors. *Postharvest Biology and Technology* 154: 21-30.

[127] Jha, S.N. and Ruchi, G. (2010). Non-destructive prediction of quality of intact apple using near infrared spectroscopy. *Journal of Food Science and Technology* 47 (2): 207-213.

[128] Sánchez, M.-T., Entrenas, J.-A., Torres, I. et al. (2018). Monitoring texture and other quality parameters in spinach plants using NIR spectroscopy. *Computers and Electronics in Agriculture* 155: 446-452.

[129] Davey, M.W., Saeys, W., Hof, E. et al. (2009). Application of visible and near-infrared reflectance spectroscopy (Vis/NIRS) to determine carotenoid contents in banana (musa spp.) fruit pulp. *Journal of Agricultural and Food Chemistry* 57 (5): 1742-1751.

[130] Torres, I., Pérez-Marín, D., De la Haba, M.-J., and Sánchez, M.-T. (2017). Developing universal models for the prediction of physical quality in citrus fruits analysed on-tree using portable NIRS sensors. *Biosystems Engineering* 153: 140-148.

[131] Grandón, S., Sanchez-Contreras, J., and Torres, C.A. (2019). Prediction models for sunscald on apples (Malus domestica Borkh.) cv. Granny Smith using Vis-NIR reflectance. *Postharvest Biology and Technology* 151: 36-44.

[132] Peshlov, B.N., Dowell, F.E., Drummond, F.A., and Donahue, D.W. (2009). Comparison of three near infrared spectrophotometers for infestation detection in wild blueberries using multivariate calibration models. *Journal of Near Infrared Spectroscopy* 17 (4): 203-212.

[133] Henn, R., Kirchler, C.G., Grossgut, M.-E., and Huck, C.W. (2017). Comparison of sensitivity to artificial spectral errors and multivariate LOD in NIR spectroscopy - determining the performance of miniaturizations on melamine in milk powder. *Talanta* 166: 109-118.

[134] Karunathilaka, S.R., Yakes, B.J., He, K. et al. (2018). Non-targeted NIR spectroscopy and SIMCA classification for

commercial milk powder authentication: a study using eleven potential adulterants. *Heliyon* 4 (9): e00806.

[135] de la Roza-Delgado, B., Garrido-Varo, A., Soldado, A. et al. (2017). Matching portable NIRS instruments for in situ monitoring indicators of milk composition. *Food Control* 76: 74-81.

[136] Llano Suárez, P., Soldado, A., González-Arrojo, A. et al. (2018). Rapid on-site monitoring of fatty acid profile in raw milk using a handheld near infrared sensor. *Journal of Food Composition and Analysis* 70: 1-8.

[137] Holroyd, S.E. (2013). The use of near infrared spectroscopy on Milk and Milk products. *Journal of Near Infrared Spectroscopy* 21 (5): 311-322.

[138] de Lima, G.F., Andrade, S.A.C., da Silva, V.H., and Honorato, F.A. (2018). Multivariate classification of UHT milk as to the presence of lactose using benchtop and portable NIR spectrometers. *Food Analytical Methods* 11 (10): 2699-2706.

[139] Liu, N., Parra, H.A., Pustjens, A. et al. (2018). Evaluation of portable near-infrared spectroscopy for organic milk authentication. *Talanta* 184: 128-135.

[140] van Ruth, S. and Liu, N. (2019). How organic is organic milk? Can we have a quick check? *NIR News* 30 (2): 18-21.

[141] Cattaneo, T.M.P. and Holroyd, S.E. (2013). The use of near infrared spectroscopy for determination of adulteration and contamination in milk and milk powder: updating knowledge. *Journal of Near Infrared Spectroscopy* 21 (5): 341-349.

[142] Suarez, W.T., de Alvarenga Junior, B.R., de Oliveira Krambeck Franco, M. et al. (2017). In situ determination of urea in milk employing a portable and low-cost LED photometer. *Food Analytical Methods* 11: 1149-1154.

[143] Evershed, R. and Temple, N. (2016). *Sorting the Beef from the Bull: The Science of Food Fraud Forensics*. Bloomsbury Publishing.

[144] Wiedemair, V., De Biasio, M., Leitner, R. et al. (2018). Application of design of experiment for detection of meat fraud with a portable near-infrared spectrometer. *Current Analytical Chemistry* 14 (1): 58-67.

[145] Schmutzler, M., Beganovic, A., Bohler, G., and Huck, C.W. (2015). Methods for detection of pork adulteration in veal product based on FT-NIR spectroscopy for laboratory, industrial and on-site analysis. *Food Control* 57: 258-267.

[146] Grassi, S., Casiraghi, E., and Alamprese, C. (2018). Handheld NIR device: a non-targeted approach to assess authenticity of fish fillets and patties. *Food Chemistry* 243 (Supplement C): 382-388.

[147] Knight, M.I., Linden, N., Ponnampalam, E.N. et al. (2019). Development of VISNIR predictive regression models for ultimate pH, meat tenderness (shear force) and intramuscular fat content of Australian lamb. *Meat Science* 155: 102-108.

[148] Wenxiu, W.; Yankun, P.; Hongwei, S.; Long, L. (2017) Real-time detection of intact pork freshness based on near infrared spectroscopy. *2017 ASABE Annual International Meeting*,1.

[149] Pochanagone, S. and Rittiron, R. (2019). Rapid detection of infrared inactive sodium chloride content in frozen tuna fish for determining commercial value using short wavelengths. *Journal of Near Infrared Spectroscopy* 27 (6): 424-431.

[150] Garrido-Varo, A.; Riccioli, C.; Fearn, T.; Pedro, E. D.; Pérez-Marín, DC. (2019). Miniature near infrared spectroscopy spectrometer and information and communication technologies to guarantee the integrity of the EU high added-value "acorn Iberian pig ham" (IP). *Proceedings of the SPIE 10665, Sensing for Agriculture and Food Quality and Safety X*, 106650M (7 June 2018). https://doi.org/10.1117/12.2299641.

[151] Prieto, N., Pawluczyk, O., Dugan, M.E.R., and Aalhus, J.L. (2017). A review of the principles and applications of near-infrared spectroscopy to characterize meat, fat, and meat products. *Applied Spectroscopy* 71 (7): 1403-1426.

[152] Maraphum, K., Chuan-Udom, S., Saengprachatanarug, K. et al. (2018). Effect of waxy material and measurement position of a sugarcane stalk on the rapid determination of pol value using a portable near infrared instrument. *Journal of Near Infrared Spectroscopy* 26 (5): 287-296.

[153] Taira, E., Ueno, M., Saengprachatanarug, K., and Kawamitsu, Y. (2013). Direct sugar content analysis for whole stalk sugarcane using a portable near infrared instrument. *Journal of Near Infrared Spectroscopy* 21 (4): 281-287.

[154] Henn, R., Schwab, A., and Huck, C.W. (2016). Evaluation of benchtop versus portable near-infrared spectroscopic method combined with multivariate approaches for the fast and simultaneous quantitative analysis of main sugars in syrup formulations. *Food Control* 68: 97-104.

[155] Lin, C.-A., Ayvaz, H., and Rodriguez-Saona, L.E. (2014). Application of portable and handheld infrared spectrometers for determination of sucrose levels in infant cereals. *Food Analytical Methods* 7 (7): 1407-1414.

[156] Tugnolo, A., Beghi, R., Giovenzana, V., and Guidetti, R. (2019). Characterization of green, roasted beans, and ground coffee using near infrared spectroscopy: a comparison of two devices. *Journal of Near Infrared Spectroscopy* 27 (1): 93-104.

[157] Zhang, H., Duan, Z., Li, Y. et al. (2019). Vis/NIR reflectance spectroscopy for hybrid rice variety identification and chlorophyll content evaluation for different nitrogen fertilizer levels. *Royal Society Open Science* 6 (10): 191132.

[158] Grossi, M., Palagano, R., Bendini, A. et al. (2019). Design and in-house validation of a portable system for the determination of free acidity in virgin olive oil. *Food Control.*

[159] Picouet, P.A., Gou, P., Hyypiö, R., and Castellari, M. (2018). Implementation of NIR technology for at-line rapid detection of sunflower oil adulterated with mineral oil. *Journal of Food Engineering* 230: 18-27.

[160] Guelpa, A., Marini, F., du Plessis, A. et al. (2017). Verification of authenticity and fraud detection in south African honey using NIR spectroscopy. *Food Control* 73: 1388-1396.

[161] Zhang, H.M., Wu, T.X., Zhang, L.F., and Zhang, P. (2016). Development of a portable field imaging spectrometer: application for the identification of sun-dried and sulfur-fumigated Chinese herbals. *Applied Spectroscopy* 70 (5): 879-887.

[162] Zareef, M., Chen, Q., Ouyang, Q. et al. Rapid screening of phenolic compounds in congou black tea (Camellia sinensis) during in vitro fermentation process using portable spectral analytical system coupled chemometrics. *Journal of Food Processing and Preservation* 0 (0): e13996.

[163] Baqueta, M.R., Coqueiro, A., Março, P.H., and Valderrama, P. (2019). Quality control parameters in the roasted coffee industry: a proposal by using MicroNIR spectroscopy and multivariate calibration. *Food Analyti-cal Methods* 13: 50-60.

[164] Phuphaphud, A., Saengprachatanarug, K., Posom, J. et al. (2019). Prediction of the fibre content of sugar-cane stalk by direct scanning using visible-shortwave near infrared spectroscopy. *Vibrational Spectroscopy* 101: 71-80.

[165] Plans, M., Simó, J., Casañas, F. et al. (2013). Characterization of common beans (Phaseolus vulgaris L.) by infrared spectroscopy: comparison of MIR, FT-NIR and dispersive NIR using portable and benchtop instruments. *Food Research International* 54 (2): 1643-1651.

[166] McReynolds, N., Auñón Garcia, J.M., Guengerich, Z. et al. (2016). Optical spectroscopic analysis for the discrimination of extra-virgin olive oil. *Applied Spectroscopy* 70 (11): 1872-1882.

16

手持式拉曼、表面增强拉曼和空间位移拉曼光谱仪

Michael Hargreaves

Rigaku Analytical Devices Inc, Wilmington, MA, USA

16.1 概述

　　拉曼（Raman）光谱可以广泛应用于各种领域，包括安全和安保、制药和麻醉品筛查。便携式拉曼光谱仪已经在军方、国土安全部和主要制药公司广泛部署，主要是因为它们具有很高的化学特异性，以实现可靠的识别（ID）和验证。本书其他章详细讨论了便携式拉曼仪器（技术与仪器卷第6章）、光谱数据库的构建（本卷第3章）、ID 算法（本卷第2章）以及假冒药识别（本卷第5章），因此对这些内容本章只做简要介绍。本章讨论最新便携式拉曼光谱仪的各种变体、应用和技术，使军事、危险材料（危险品）、执法部门感兴趣的化学品的可靠现场识别以及制药公司的原材料标识和防伪活动成为可能。本章还将对便携式拉曼在该领域面临的挑战（远距离检测、样品加热、荧光、透过包装测量、混合物中的低水平检测）进行描述。

　　图 16.1 突出展示了目前市场上可用的几种手持式拉曼设备，涵盖传统的普通拉曼，增强拉曼、空间偏移拉曼（SORS）及其对应的仪器设备。表 16.1 列出了常见纯化学易燃易爆物清单及其用拉曼光谱检查的适用性。

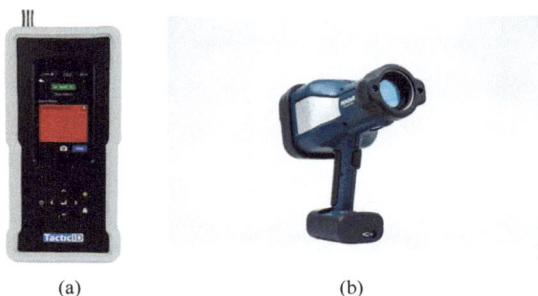

(a)　　　　　　　　　　(b)

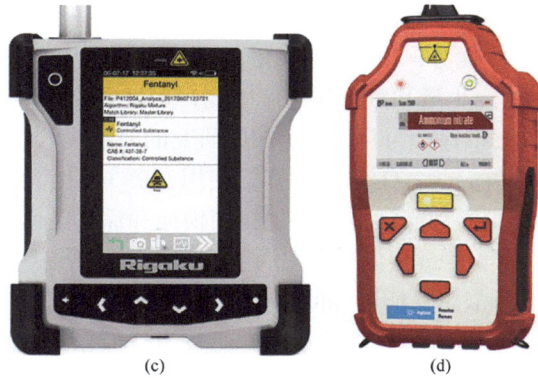

(c)　　　　　　　　　(d)

图16.1　（a）B&W TEK（Tactic ID 1064）；（b）Pendar Technologies（X10）；（c）Rigaku Analytical device （CQL ResQ）；（d）Agilent（Resolve）。来源：经许可转载，由 B&W TEK Inc.、Pendar Technologies Inc.、Rigaku Analytical Devices Inc.、Agilent Technologies Inc. 提供

表16.1　常见纯化学易燃易爆物清单及其用拉曼光谱检查的适用性

种　类	物质名称	拉曼分析适用性
低爆炸性	枪支用火药	Y①
	金属粉末	N
	无烟火药	Y①
高爆炸性（一级）	叠氮化铅	Y
	斯蒂芬酸铅	Y
	苦味酸铅	Y
	雷酸汞	Y
	硝酸甘油	Y
	硝化纤维素	Y
	TATP	Y
	HMTD	Y
高爆炸性（二级）	TNT	Y
	EGDN	Y
	PETN	Y
	RDX	Y
	HMX	Y

注：Y代表可行，N代表不可行。
① 某些手持式拉曼系统宣传可以适用该种物质的测试。

16.2　拉曼光谱：采样、技术基础和注意事项

　　拉曼效应是一个散射过程，因此拉曼光谱的采样非常简单[1-3]。然而与中红外光谱相比它的作用较弱，因此为了成功测量，需要一种高效采样几何光路[2-4]。该技术的散射特性意味着样品处理和制备的要求最低，而且通常可以进行非接触式测量，这是拉曼光谱相对于其他技术的主要且经常被重点突出的优势[1-13]。拉曼光谱的另一个显著优势（尤其与中红外光谱相比）是从玻璃容器中采样，由于玻璃是中红外辐射的强吸收体，却是相对较弱的拉曼散射体，因此可以轻松地从玻璃容器中采集拉曼光谱。拉曼光谱的第三大优势在于含水样品的测量，因为水分子是

中红外线的很强的吸收体，却是一种相对较弱的拉曼散射体，拉曼技术能够从湿样品和水溶液中采集光谱。最后，结合这些优势，再加上使用激光作为激发源（与中红外光谱中使用的大面积白炽光源相比），有助于研究小量和微量样品。因此，在过去的十年中，拉曼光谱已成为刑事和法医分析、艺术品和考古标本保护与真伪鉴定相关研究的前沿技术。

拉曼光谱主要采样类别可分为：①常规采样，使用180°（有时称为反向散射）或90°采样；②拉曼显微光谱，整合拉曼光谱和光学显微镜进行高横向和深度空间分辨率研究；③通过光纤探头进行远程或非侵入式采样[1]。最常见和方便的手持式拉曼光谱仪一般采用180°采样方式。

采集拉曼光谱的难度和挑战是众所周知的[1]。拉曼散射是一种非常微弱的现象，它与瑞利散射（弹性散射，即没有从激发辐射的波长偏移）同时发生，但相比起来小几个数量级。这对光谱仪设计提出了极高的要求，以管理返回到光谱仪的瑞利散射强度和内部产生的"杂散光"。荧光比拉曼散射强得多，而且甚至很小样品中的荧光成分或污染物会模糊并妨碍有用拉曼光谱的采集。虽然可以对宽带荧光的形状进行建模并在数学上"减去"或移除，但它的发射噪声贡献将仍然存在，并且在极端情况下将完全掩盖拉曼光谱。由于在近红外区（NIR）相对缺乏电子跃迁，荧光随着长波长激发而减少，但拉曼散射的强度与 ν^4 成正比（ν 是激发频率），因此通过选择更长波长进行激发是需要付出系统灵敏度、检测限（LOD）和普遍适用性方面的代价的。最后，因为需要检测非常低的光水平，必须使用灵敏检测器，但NIR检测器［例如使用铟镓砷（InGaAs）］的数据噪声（暗电流更高）明显高于可见光和短波NIR检测器［基于硅为检测器材料的电荷耦合检测器（CCD）和互补金属氧化物半导体（CMOS）］。传感器类型的性能特征导致长波激发可能会影响应用的可行性，并需要进行权衡，以产生可接受的现场应用性能[14]。转向更短的激发波长，紫外（UV）激发可能可以在波长空间中或在波长短于250 nm激发时没有荧光的许多样品中实现拉曼和荧光分离。虽然检测灵敏度比NIR更高，但UV拉曼系统在今天的移动性和部署实施都还具有挑战性，并且紫外线一般无法通过阻挡层（甚至仅是玻璃）测量拉曼光谱。

20世纪80年代中期开发的实验室级傅里叶变换（FT）拉曼仪器采用1064 nm波长激光激发，从而最大限度地减少荧光并具有干涉仪的光通量和多重优势来补偿 ν^4 损失和检测器噪声增加。在20世纪90年代，785 nm 波长激光激发和CCD检测成为许多应用的最佳折中方案，这些组件特别适用于微型光谱仪[7,8]。在21世纪00年代中期，基于色散元件的1064 nm波长激光激发系统开始推出，由于经济和性能的原因，InGaAs传感器成熟到可行的程度。然而，1064 nm波长激光激发仪器通常需要更大的样品激光功率和更长的收集时间；一项研究估计该系数约为40[15]。

正在进行的技术开发旨在解决上述挑战，并使得便携式拉曼系统能够进行远距离检测、减少样品加热和荧光以及允许透过包装测量。对于远距离检测，开发了大型深紫外线激发系统，最近还开发了类似无绳电钻大小的仪器，其可以在光谱的可见部分激发。对于样品加热，激光束可以将焦点集中在样本上，但这会导致采集效率低下。或者，激发点和采集点可以快速移动，因此每个点都有一个最小的停留时间。为了避免荧光，有一种趋势是使用更长波长（1064 nm）的激发以及通过稍微改变激发波长建模或"减去"荧光贡献的方案。这种测量方式也被称为SORS或空间偏移拉曼技术。

16.3　手持拉曼设备

几十年来，拉曼光谱应用一直在不断地发展和兴起。由于拉曼是一种相对较弱的散射效应，硬件需要时间才能发展到允许这些测量达到许多分析应用的实际需要的水平。因此，拉曼光谱在过去10年左右的时间里才在研究实验室之外得到了广泛使用。最近，一项推动便携式拉曼光谱仪变为可能的进展是微型激光二极管光源、微型光谱仪和微处理器仪器控制的引入。

大约10年前开始的手持式拉曼设备革命仍在继续。例如使用超过1 μm的更长波长激发区域允许荧光减少，可以提高检测能力，从而识别当下主流785 nm波长激光激发拉曼光谱所不能识别的样本（图16.2）。这一从实验室转移到现场测试的趋势允许在现场对多种化学品进行鉴定、验证和筛选，从而在各种场景中提供广泛的应用可能性。

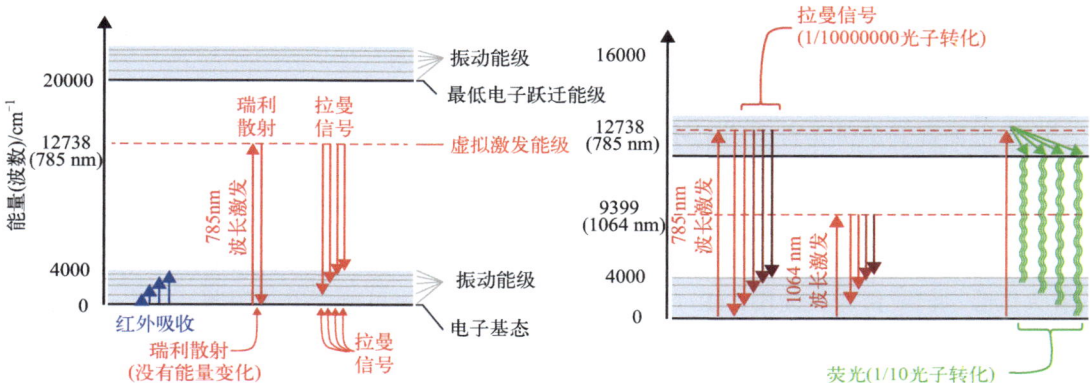

图16.2 不同波长激光激发对引起荧光的影响。来源：Hargreaves（2014）. Handheld Raman spectrometers and their applications. In: Encyclopedia of Analytical Chemistry, 1–16. chichester: John Wiley & Sons Ltd

16.4 样品注意事项

在开始任何一次测试前都应该考虑拉曼分析的几个重要的样品注意事项，因为它们最终决定了手持式拉曼技术的适用性。需要注意的是，许多无法通过拉曼光谱法进行识别的材料通常可以通过傅里叶变换红外（FTIR）光谱法进行鉴定，反之亦然。出于这个原因，这些方法经常一起部署，以提供互补的结果和对样本更完整的理解。

16.4.1 荧光

由于强烈的荧光，一些具有荧光性质的材料很难用拉曼系统识别。其中有色荧光材料在785 nm波长激光激发下尤其成问题，但在1064 nm波长激光激发下问题就较小。转向1064 nm波长激光激发的代价是，与785 nm系统中使用的CCD检测器相比，InGaAs检测器性能较低，需要更长的采集时间。此外，拉曼散射的强度与v^4成正比（v是激发频率），这也导致收集时间更长。在某些应用案例中，必须使用1064 nm波长激光激发才能采集到有用光谱，即使采样需要很长时间，因为使用785 nm波长激光激发的拉曼无法满足实际需要。激发进一步往长波移动，使用超过1 μm波长可以进一步减少荧光，但无法完全消除荧光和冷光。

表面增强拉曼光谱（SERS）也用于现场仪器，以减少荧光，并允许检测复杂和荧光混合物中感兴趣的待测物质。这类技术在后面部分中将会有更详细的讨论。实验室级别的时间门控拉曼光谱仪最近面市，这是另一个减轻或避免荧光的方法。但是，这项技术很复杂，近年内都不太可能实现小型化和便携化。

拉曼光谱的主要优点之一是非接触式，能够对装在透明容器（例如玻璃瓶、塑料袋）中的材料进行分析，虽然对于一些较厚的容器可能具有挑战性。对于拉曼光谱来说，含有荧光分子的容器（例如绿色玻璃酒瓶）更是如此。随着拉曼仪器技术的不断发展，对于大多数鉴定分析应用来说，不难在市面上买到合适的便携式仪器，而这一切在过去历史上都是难以实现的。

16.4.2　样品加热

除了上面提到的荧光考虑因素外，颜色非常深的热敏材料，例如火药，在使用高功率激发进行拉曼光谱测量时会被加热，甚至可能导致燃烧。就像Metrohm提供的系统那样，使用激光的光栅化将激光功率传播到更大的区域而不是进行高聚焦测量，这就减少了热量积聚，降低了样品降解或引燃的风险。中红外光谱无需考虑荧光影响，同样深色材料也不存在来自激光加热的着火风险。但要留意在使用ATR（衰减全反射率）FTIR时可能会出现问题，这个过程需要附件对夹片样品施加压力，因此在取样时应非常小心，尤其当样品成分对压力敏感时。

16.4.3　透过包装检测

手持式拉曼仪器可以穿透光学透明（透明玻璃和塑料）容器对包装内的样品进行检测，这是该技术相对中红外光谱的主要优势之一。SORS可用于扫描半透明（不透明）或高荧光包装中的样品，在下面的章节中将详细说明。这个技术被运用在一种针对药物验证的Agilent（Resolve）手持式光谱仪（图16.1）、用于材料验证的Vaya手持式设备和RapID手推车设备以及Insight100瓶装液体筛选器（BLS）中。

16.5　可用性考虑

对于手持式设备，需要特别强调交互设计、人为因素、耐用性和嵌入式软件智能，以允许非专业用户几乎无需光谱培训即可在该领域使用该技术，可靠地分析纯样品和混合样品。手持式拉曼设备通常由非科学操作员穿着全套个人防护装备（PPE）带入现场。手持式拉曼操作一般通过简单的按钮或触摸屏进行简单的交互操作，以方便在危险品A级［自给式空气呼吸器和全封装化学防护（TECP）服］、爆炸物处理（EOD）防爆服中进行简单使用操作。制药原料接收仓库工作人员通常需要长时间使用设备，这不仅需要合理的电池寿命，还需要符合人体工程学设计。一些活性药物成分（API）非常有效，接触散装材料可能很危险，在这种环境下也可能需要防护设备。

另一个重要的考虑因素是仪器的维护和耐用性。理想情况下，仪器应该还要密封和防水，并允许完全浸入清洁溶液中以进行去污清洗。最后，仪器必须针对现场使用情况进行加固设计：它们需要能够承受日常使用中的敲击和颠簸，无论是在山脉上运输还是每天在仓库里使用8 h。

一些制造商甚至会根据美国军用标准测试他们的设备，相关的美国军用标准最新修订版是MIL-810H和IP68渗透标准。

16.6　表面增强拉曼光谱

现代拉曼仪器的便携性使拉曼光谱成为法医应用中检测低浓度分析物的一种有吸引力的技术，例如大量缉获样品和路边样品的快速测试。然而微量药物的检测是重要的，例如街头样本或唾液和尿液等体液中芬太尼的分析以及指纹或钞票上微量药物的检测，拉曼散射的使用受到固有的缺乏灵敏度和荧光干扰的限制。表面增强拉曼光谱（SERS）可以克服这些缺点，增加几个数量级的散射效率，并猝灭目标分析物或样品中杂质的荧光[16]。

拉曼散射的一个最大的限制是来自分析物或样品（例如街头海洛因）中杂质的荧光，这通常会干扰测量。这个问题可以使用SERS解决。SERS涉及将分析物吸附在合适的表面（例如粗糙的金、银或铜）[17,18]，然后使用拉曼光谱仪对被吸附的分析物进行分析。激发激光辐射激发表面等离子体，这是由激光能量转移激活的电子的集体振荡，等离子体的有效形成取决于基板的性质和激光的频率[18]。银和金有较好的化学稳定性，具有合适的表面电子结构以产生具有重叠共振的等离子体，是最配合手持式拉曼光谱仪NIR激光器使用的增强基底材料。增强过程可以达到许多个数量级，涉及将入射能量转移到表面以形成等离子体，然后将能量从等离子体转移到分析物，以促进拉曼过程。接下来是能量转移，减少或增加一次振动的量，并返回到等离子体激元，从表面发射的波长偏移的辐射称为增强的拉曼散射[19]。分子吸附到表面通常会非常有效地猝灭荧光，因此可以在样品提供的荧光团非常接近表面的情况下直接进行SERS测量[20]。

用于表面增强拉曼的基底材料需要一定的粗糙度创建垂直于表面平面振荡的等离子体激元分量并产生散射增强。此外，粗糙度特征的尺寸也可用于控制等离子体的性质，以最大限度地增强和最大限度地与激光激发频率耦合。SERS所需的等离子体性质现在已经被很好地理解了，但是在粗糙表面上分子水平上的实际吸附位点的基本性质更难探测，因此了解比较少，几种不同的机理还处于激烈讨论中。在实际测试操作中，对于含有芳环的吸附分子通常可以观察到大约10^6的增强。

胶体也是SERS的一种有吸引力的基质，因为它们制作起来相对简单，并为每次分析提供一个新的表面，可减少污染物的干扰。在SERS测试中微量的污染物可能成为一个比较严重的问题，因为表面增强对痕量物质具有比较高的敏感性。胶体的另一个优点是它们相对便宜，可以制成测试试剂套件。此外，它们更容易用于溶液分析，使其类似现场使用的其他测试试剂盒。

无论选择哪种底物，一个主要的考虑的因素是确保分析物被有效吸附并均匀地形成表面上的一个薄层。在胶体的情况下，这取决于表面的性质和分析物，必须通过表面化学进行控制。由于增强倍率非常高，如果分析物不发荧光，即使分析物仅微弱吸附，仍然可以获得良好的信号。对于固体基质，一种常用的方法是将一滴分析物滴到基质上，使其干燥，然后测试记录SERS光谱。SERS要求样品非常靠近表面被吸附，有文献提出大约90%的信号来自第一层[19]。

SERS是一种有用的药物检测和识别技术，因为它可以提供快速、灵敏和分子特异性的定性分析方法，同时克服了传统的拉曼光谱固有的灵敏度较低的缺陷。毒品 SERS 检测的主要问题之一是所涉及的化学分子往往没有与金属强烈结合的化学基团，这些亲金属基团通常用于强吸附在 SERS 分析的表面，以提供所需的必要灵敏度。此外，许多 SERS 衬底的增强重现性较差，使重复测量或定量变得困难或不可能，因此目前 SERS 的运用主要是一种定性的检测和识别方法。

发布商业 SERS 工具包需要大量的研究和开发。现在有几家 SERS 测试套件或基板供应商正在开发具有成本效益的 SERS 基板，以运用于各种分析应用。可用的商业 SERS 工具包几乎主要针对街头麻醉品样本的筛选或鉴别。

通常情况下，给定化合物的 SERS 光谱定义不太明确，并且与该化合物的传统拉曼光谱不同。大多数 SERS 数据的光谱类似非表面增强光谱，存在的模式数量通常存在差异；最常见的是 SERS 中的谱带相对较少。传统拉曼光谱中没有的其他模式可能存在于 SERS 光谱中，而其他的一些模式可能消失。当分子被吸附到粗糙的 SERS 表面时，对称性可能发生改变，而稍微改变分子的对称性可能导致光谱中模式选律的巨大差异。结构非常相似的分子的 SERS 光谱彼此之间可能具有无法区分的光谱，这会导致特异性降低，并将化学品"分组"到结果筛选中。这需要收集 SERS 特定的光谱，并作为机载光谱库的一部分。图 16.3 中显示的是合成大麻素和芬太尼衍生物的几个光谱，突出表明它们与传统的拉曼光谱不同，但不那么"信息丰富"。图 16.3 顶部显示的光谱是合成大麻素，它们具有相似的结构组块，有不同的命名约定，其中许多来自 John W. Huffman（JWH）基团。随着时间的推移，各种类似物和衍生物得到了命名，通常带有简单的化学修饰，例如在分子结构的各个部分添加卤素或加入类似的基团而以一种通常可预测的方式组合在一起。

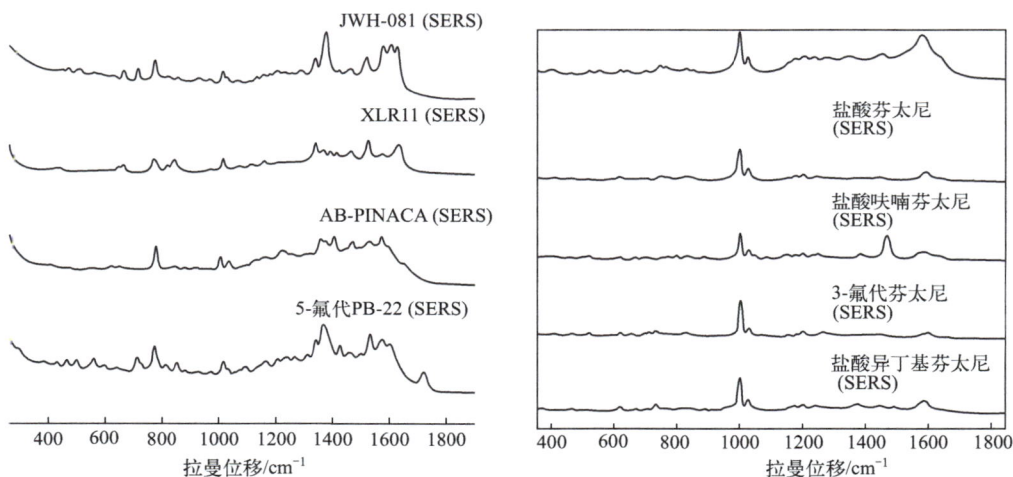

图16.3　合成大麻素和芬太尼衍生物的SERS光谱（785 nm 波长激光激发）。来源：Thermo Fisher Scientific Inc.

Thermo Scientific 使用 SERS，通过其"H 型"工具包帮助识别毒品。该工具包使用 SERS 基板，以棒状形式显示街头海洛因、芬太尼、喷洒（在叶子上）合成大麻素和一些低剂量药丸（包括阿普唑仑、氯硝西泮、地西泮和羟考酮）。图 16.4 展示了使用 Type-H 工具包的照片。Metrohm 还提供基于 SERS 的测试套件，该套件采用纸质基板，其中活性表面直接通过印在试纸上制备。

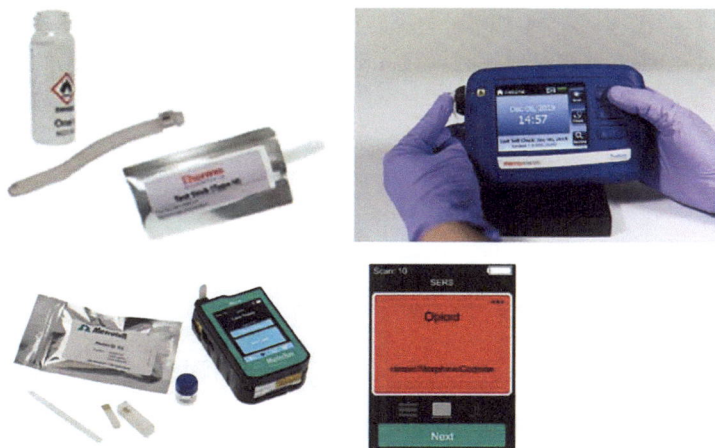

图16.4 上部：Thermo Scientific Type-H SERS测试套件。来源：Thermo Fisher Scientific Inc.。下部：万通海洛因鉴定工具包。来源：经许可转载，由Metrohm AG提供

16.7 空间偏移拉曼光谱

传统的拉曼光谱非常适合检测透明或半透明容器。然而，在表征半透明（漫散射）[21]瓶或高荧光瓶包装（如绿色玻璃瓶或纸质信封）的内容时，其适用性会显著降低。其中的主要挑战来自光子扩散过程，该过程阻碍或限制了传统共聚焦型拉曼光谱仪的使用。在这些光学方案中，激光聚焦在一个点上（固体表面或液体内部），光学采集器件也聚焦在同一点。这种标准配置允许直接观察容器及其内容物的拉曼信号。

在没有明显吸收的情况下，光子在漫散射介质中的传播主要通过漫散射[21]，该过程导致光子在介质中进行随机运动。这一过程有两个主要的后果。一个是光子会快速从它们的相互作用区扩散开来并通往更深区域，它们的方向性是随机的，使得难以直接采集到可视聚焦点的信号。传统的共焦拉曼显微镜非常需要精确获得聚焦点的信号，因此不适用于这些散射材料的情况。换一种说法，由于阻隔材料的强散射，几乎不可能将激光束精确聚焦在样品上或样品内的一点，使得无法有效地从聚焦点采集光信号。另一个严重的干扰可能来自表面层（例如包装）的强拉曼和/或荧光的信号，给拉曼光谱增加了额外的噪声（由于光子散粒噪声），这会大大降低技术的灵敏度[22,23]。

漫散射介质的深度拉曼探测技术进展克服了这些限制，并拓宽了拉曼光谱对这些类型样品的适用性。该领域的关键技术突破是空间偏移拉曼光谱（SORS）[21,24]，该突破允许测试这些漫射散的包装和容器。SORS基于从样品表面上与激光照明点横向偏移的区域采集拉曼信号（图16.5）。SORS光谱包含来自表面（例如包装）和体相（例如粉末含量）的不同相对贡献，这是由于样品表面较深层的光子分布更广泛[21]。因此，该方法提供了在不同空间偏移下表面和体相含量不同程度变化的拉曼光谱，值得留意的是体相中拉曼信号减弱比表面层更慢。这种变化允许将测量的拉曼信号完全分离成纯成分，一种属于表面，另一种属于体相（内容），这个分离可以使用多种处理方法完成。对于两层样本，即一个容器及其内容物，对在两个不同空间偏移处获取的SORS光谱进行简单的比例减法，例如在零和非零空间偏移处取消空间偏移内的残余表面分量谱，从而得

到令人满意的纯次表面光谱[21]。对于多层系统或带有未知的层数，可以使用多元统计数据分析技术。在这两种情况下，这个过程都可以自动化完成。除了能够将层彼此分离外，SORS还可以有效抑制源自表面层的荧光干扰信号，这提供了一个额外的有利于无创测量的强大功能。

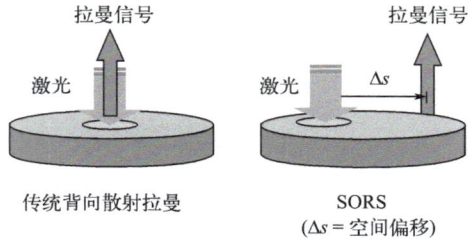

图16.5　传统背向散射拉曼和SORS配置对比。来源：Matousek教授的图片

　　特定实验条件下空间偏移量的选择取决于具体样品，其中对SORS光谱中的表面层和体相层的相对强度引入明显的变化需要更大的空间偏移，而需要获得质量足够好的拉曼光谱，其强度会随着空间偏移的增加而减弱，因此需要平衡这两者，做出最优选择。在许多实际应用中，这些依赖关系不是空间偏移的强函数，并且有可能找到一个空间偏移量，其可以满足一系列实验的参数需求。例如，当检测包装行业通常使用的一系列塑料容器时，通常可以找到一个单一的空间偏移，而无需调整具体样本之间的空间偏移。

　　该技术还可以同传统的拉曼方法一样与检测透明容器兼容。如果包装中存在荧光材料（例如源自绿色玻璃的材料），还可以简单地通过调整激光束进入样品角度，使激光束与位于容器表面下方（例如玻璃瓶表面以下）的拉曼收集区相交来减少荧光的干扰（图16.6）。在这种情况下，当仪器作用于漫散射样品时，该配置完全表现为SORS设备，因为激光光子很快就会"忘记"它们原来的方向性，这种方向性在扩散过程中会快速随机化。

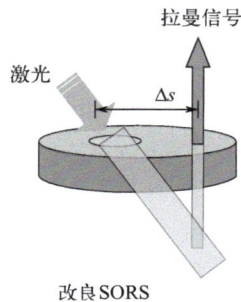

图16.6　倾斜入射激光束有助于使用单个固定SORS几何架构的同时实现检测透明和漫散射容器的能力。来源：根据Matousek教授的图片修改

　　这种配置在存在透明荧光容器（例如绿色玻璃）的情况下具有额外优势。如果荧光来自容器，则可以有效抑制这种荧光。由于激光束与容器材料在空间上偏移，检测作用在拉曼聚焦的视线之外。已经证明，这种具有45°角的激光束和固定空间偏移（10 mm）的单一实验配置可以有效地用于检测范围广泛具有漫散射和透明的容器[25]。在此应用中，还可以自动分离来自表面层和体相层的信号。然而，应该注意的是，如果荧光来自被检测的介质（体相被测物本身），它本身的荧光干扰则不能通过这些方法消除。

　　SORS技术的一般适用性仅限于不表现出强吸收的样品，特别是在表层内。例如，黑色容器的测量都会遇到严重的问题。此外，样本本身具有过多荧光信号也是有问题的。在这两种情况下，可以通过在光谱的NIR区域使用激光激发减少或消除这些限制。在实际设置中，为了尽量减少荧光的影响，大多数SORS系统使用830 nm激发波长，从而最大限度地减少激发荧光电子态的程度，同时仍然允许使用CCD检测技术（即硅基检测器）。如果在830 nm波长激光激发下荧光仍然是一个问题，那么转向更长的激光激发波长（例如到1064 nm）仍然是有益的[26]。与其他光谱学相同的另一个限制是该方法仅限于非金属容器，因为金属容器通常有较厚的金属层，不允许电磁波穿透。这将光学光谱的使用限制在样品表面直接筛选模式，因而需要对包装进行进一步的侵入性检查，而无法利用传统反向散射或SORS形式的拉曼光谱的穿透包装测量的优势。SORS技术及其更广泛的应用已在众多文献中进行了详细的讨论[22,27-29]。

"黄色棕榈油容器"（图16.7右）对安全专业人员提出了挑战。他们通常使用有色聚乙烯容器，会产生拉曼信号和干扰荧光信号，从而阻碍了使用传统拉曼光学系统的识别分析应用。一般情况下，容器中装的样品是棕榈油，这是一种与容器中高密度聚乙烯表现出荧光和类似拉曼特性的材料。Resolve上的自动化SORS系统消除了来自容器的干扰，并使用户能够直接识别容器中的样品，无论是良性的还是"威胁"样品。SORS不需要知道容器的成分类型，容器既可以是单一成分也可以是材料的组合，比如多层塑料包装。SORS有效地消除了来自容器壁的信号，无论其成分如何。

图16.7 安捷伦拉曼SORS光谱仪——专门设计，以扫描不透明包装和容器。来源：经许可转载，由Agilent Technologies Inc.提供

16.8 远距离检测

手持式拉曼设备的下一个重要进步已经到来。远距离从一个样本中采集数据的能力多年来一直是急切需求的分析能力，尤其是在军方处理疑似简易爆炸装置（IED）中。现在有几个不同的公司提供远距离检测能力。有几种不同的方法可以实现这一点，要么通过使用光纤、光管（探针）或真正的远距离检测（即自由空间光学）。

第一个真正的手持式远距离检测设备最近由Pendar Technologies推出，Pendar X10设备能够在3 ft（1 m）外进行检测，并且可以透过透明障碍物（例如玻璃和塑料；见图16.8）进行信号采集。另一种方法由Metrohm发布，他们为其基于MIRA的产品提供多种配件，包括一个球形（触点）探头和一个小型望远镜附件，为用户提供短距离非接触检测能力（图16.9）。其他供应商还推出了背包便携式产品以提供具有更远距离的检测方案，这肯定会成为未来发展和进步的重要领域。

图16.8   Pendar Technologies X10远距离手持拉曼光谱仪，突出了它们的远距离应用。来源：经许可转载，由Pendar Technologies Inc.提供

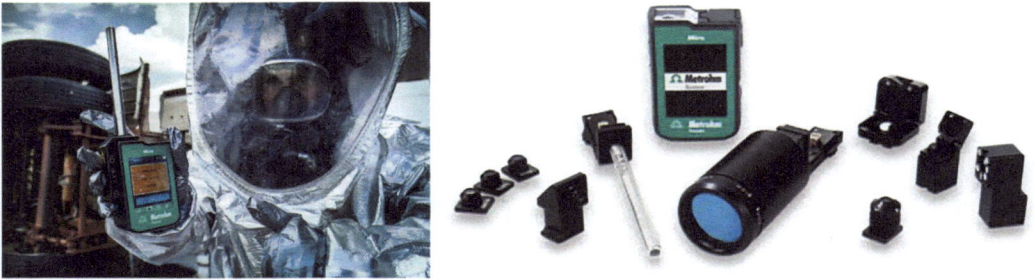

图16.9   Metrohm MIRA手持式拉曼光谱仪和配件，突出了它们的非接触检测应用。来源：经许可转载，由Metrohm AG提供

16.9   技术组合

各种实际样品和操作中的具体需求最终决定了手持式技术（包括拉曼光谱和红外光谱）的适用性。一些难以通过拉曼识别的材料可以通过FTIR进行鉴定，反之亦然。例如，某些材料可能很难用拉曼系统进行识别，原因是压倒性的荧光，取决于所使用的激光激发波长。强烈着色的材料，尤其拉曼使用785 nm波长激光激发时存在严重的荧光问题，尽管一些可用1064 nm波长激光激发，减少荧光问题的手持式和便携式系统现在已经商业化。在一些应用案例中，使用1064 nm波长激光激发采集拉曼光谱的信号大幅度变弱比起荧光干扰是更严重的问题，特别在安全和安保应用领域。激发波长进一步红移到超过1 μm（1000 nm）时可以进一步减少但无法完全消除荧光。

从技术设计上讲，拉曼具有非接触和能够对装在透明容器（例如玻璃瓶、塑料袋）中的样品进行材料分析的优势。但是拉曼仪器中的激光激发存在局部过热导致样品着火的风险，而带有ATR样品接口的FTIR仪器头需要密切的样品接触和对样品的压力，在处理压力敏感的高能材料时存在一些风险。一些厚荧光容器（例如绿色玻璃酒瓶）中的物质鉴定对拉曼测量来说是一个比较大的挑战。如今，经过不断改进的拉曼设备，再加上适当的信号处理，完成这一在历史上具有挑战性的任务几乎没有困难。为了克服这些局限性，Thermo Scientific开发了一种结合拉曼光谱和FTIR光谱仪的手持式仪器（图16.10）。

通过技术结合提高拉曼技术适用性的另一种方法是将拉曼与另一种互补技术相结合。Rigaku

公司发布了一项附加功能，该功能使用DetectaChem的湿化学比色技术，该技术借助含有已知试剂的检测试剂盒与目标化学物质发生反应，通过颜色变化来指示目标化学物质是否存在：这些试剂盒是带有试剂袋的"拭子卡"，压碎试剂袋会释放试剂，如果存在目标物质，则生成特征颜色。Rigaku CQL系统结合了DetectaChem应用程序，它可以读取和扫描拭子卡并提供额外支持信息的应用功能。在某些情况下，比色试剂盒的使用也可以快速识别较低浓度的目标分子鉴定。图16.11显示了筛选芬太尼的结果，使用QuickDetect功能证实芬太尼结果，从而加强鉴定结果的准确性。

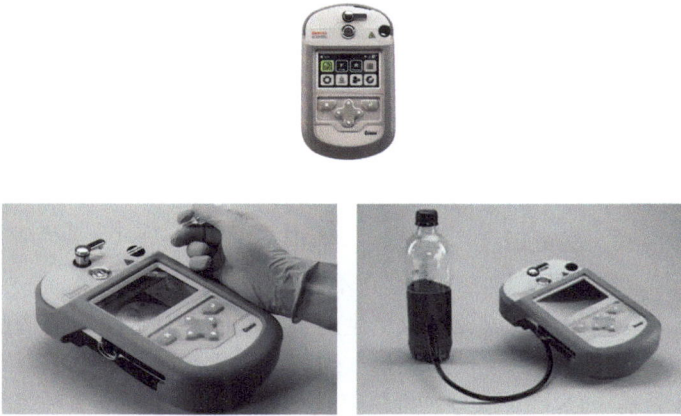

图16.10　Gemini分析仪，突出显示拉曼和FTIR测量模式。来源：经许可转载，由Thermo Fisher Scientific Inc.提供

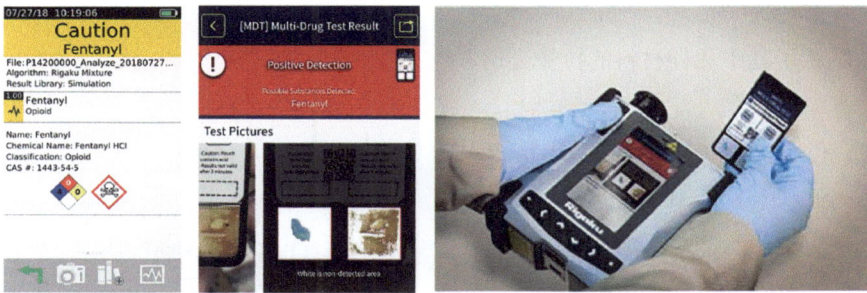

图16.11　Rigaku CQL ResQ和DetectaChem测试套件及结果。来源：经许可转载，由Rigaku Analytical Devices Inc.和DetectaChem Inc.提供

16.10　数据应用

除了手持式拉曼仪器的分析能力外，一些设备还提供额外的化学信息，帮助操作人员根据从他们测量的样品中获得的化学信息做出决策。这些辅助功能非常重要，因为操作员可能不了解化学品，或者不了解这些化学品的用途或它们结合后的用途。

此附加信息有几个不同的方面，可能以化学危害信息［即安全数据表（SDS）］、美国国家消防协会（NFPA）或危险符号以及可以从设备中获取结果并向用户提供其他信息的内置程序的形式出现。有几家制造商提供此附加信息，还有几家制造商还允许运营商使用第三方程序监控结果并提供可操作的信息（图16.12）。

16.11 军事识别应用

16.11.1 爆炸物

炸药广泛用于各种商业用途，包括工业拆除、控制切割和土方移动施工、安全气囊中的炸药以及烟火螺栓和紧固件。炸药也被用作武器，作为军械的一部分和用于恐怖主义行为。

可以采用一系列技术，以中高灵敏度检测爆炸物的存在。与所有分析技术一样，在灵敏度、选择性、适用范围（可测量的分析物数量）、便携性等性能之间存在不可避免的权衡。

爆炸物是一种能发生剧烈反应或分解以产生热量、气体和其他物质的快速膨胀的物质。为了发生燃烧，材料必须同时包含氧化剂和燃料。炸药可以是在同一分子中含有氧化剂和燃料的纯材料〔例如三硝基甲苯（TNT）〕或分别提供氧化剂和燃料的两种或多种组分的混合物〔例如铵油炸药（ANFO）〕。通常，构成爆炸性混合物的单一材料在孤立情况下并不具有爆炸性。

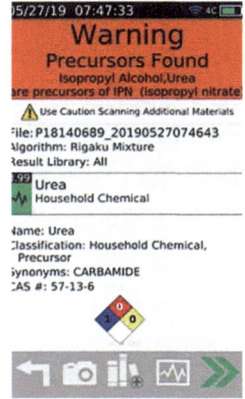

图16.12　Rigaku CQL ResQ "4C" 结果监控。来源：经许可转载，由Rigaku Analytical Devices Inc.提供

16.11.2 拉曼光谱的爆炸物识别能力

图16.13展示了其中几种材料的拉曼光谱。

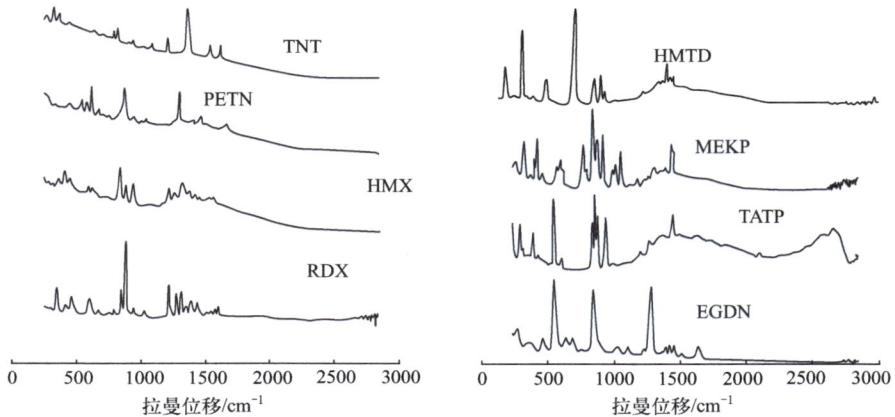

图16.13　一些常见爆炸物的拉曼光谱（785 nm波长激光激发）。来源：Thermo Fisher Scientific Inc. TNT—三硝基甲苯；PETN—季戊四醇四硝酸酯；HMX—奥克托今；RDX—黑索今；HMTD—六亚甲基三过氧化二胺；MEKP—过氧化甲乙酮；TATP—三过氧化三丙酮；EGDN—乙二醇二硝酸酯

如前几节所述，拉曼仪器通常用于现场的固体和液体分析。虽然大多数纯炸药可以用拉曼或FTIR光谱仪进行测量，但一些材料更适合通过特定技术进行测量[30-38]。由于颜色的原因，中

红外（MIR）光谱对于特别深色的材料（例如火药和无烟火药）通常表现更好。

简易炸药，例如三过氧化三丙酮（TATP）、过氧化甲乙酮（MEKP）和六亚甲基三过氧化二胺（HMTD）都可以通过拉曼光谱识别（图16.8和图16.10）。由于这些类型的材料对压力敏感，不适用ATR FTIR的加压测量，因此拉曼光谱法通常是首选，但同样应注意尽量减少使用拉曼采样期间激光传递到样品的热量。许多便携式拉曼系统提供扫描延迟，以允许更安全的分析。

虽然纯爆炸物的鉴定识别无疑是爆炸物禁令的一个重要方面，但爆炸物的前体混合物成分也同样重要。表16.2总结了拉曼光谱对常见爆炸物前体和成分的光谱分析的适用性，图16.14突出显示了其中几种材料的拉曼光谱。

表16.2 常用爆炸物合成剂、合成剂成分及用拉曼光谱检查的适用范围

（这些考虑取决于激光激发，虽然整体而言无误，但取决于特定系统）

氧化剂	氧化剂拉曼可测性	燃料分子	燃料分子拉曼可测性
氯酸钠	Y	汽油	Y
氯酸钾	Y	柴油/燃料油	Y
高氯酸铵	Y	煤油	Y
次氯酸钙	Y	碳	N
硝酸铵	Y	黑色木炭	Y
硝酸钾（硝石）	Y	糖	Y
双氧水	Y	蜡	N
过氧化钡	Y	凡士林	Y
高锰酸钾	Y	糊精	N
硝酸	Y	虫胶	Y
		松香	Y
		醇类	Y
		乙二醇	Y

注：Y=是，表示可以识别该分析物；N=否，表示无法识别该分析物。

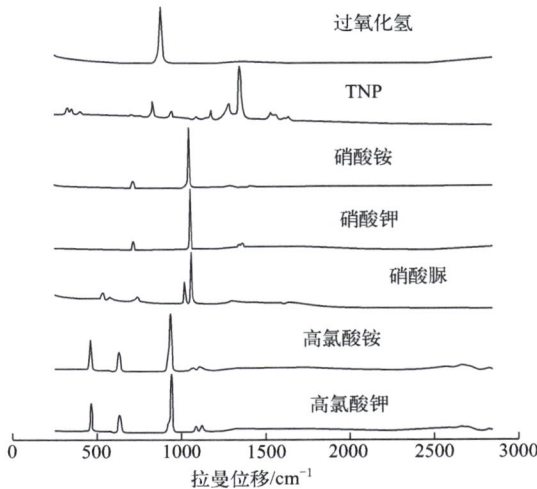

图16.14 常见爆炸物前体和成分的拉曼光谱（785 nm波长激光激发）。来源：Thermo Fisher Scientific Inc.

　　与成品炸药的情况一样，前体材料通常非常适合通过拉曼光谱进行测量。拉曼光谱是分析无机材料的绝佳工具，可检测氯酸盐/亚氯酸盐/次氯酸盐、铬酸盐、高锰酸盐和无机硝酸盐，这些材料在简易爆炸装置中很普遍。

　　含水样品，如酸，尤其是过氧化氢，是极好的拉曼散射体，但由于水的严重干扰，很难使用FTIR光谱进行识别。硫黄等材料和磷通常用作敏化剂，它们最活跃的振动模式（基态振动）低于FTIR光谱仪通常覆盖的范围，因此使用拉曼方法更容易识别这些材料。拉曼光谱能够看到低波数波段到大约200 cm⁻¹的拉曼位移，接近激光滤波器截止。（手持式拉曼设备通常没有靠近激光器的滤光片线，例如5 ～ 10 cm⁻¹的拉曼位移，如在台式拉曼系统上发现的那样，可实现声子模式工作。）

　　除了纯炸药、前体和混合物成分外，重要的是要考虑成品炸药混合物。爆炸性混合物由不同的物质组成，并按不同的比例配制。一些商业炸药混合物包括C-4、Semtex和Detasheet。许多商业炸药含有塑料和染料，这些塑料和染料往往会在785 nm波长激光激发拉曼光谱中发出荧光。因此，其中一些材料用FTIR光谱测量通常更实用（图16.15）。

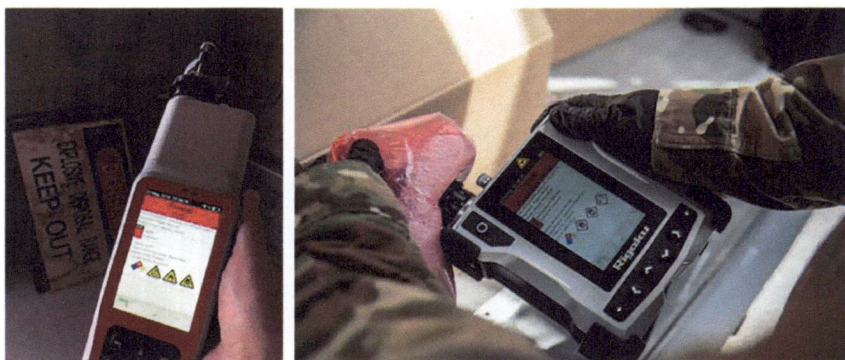

图16.15　手持式拉曼仪器测量自制炸药（TATP）和硝酸铵。来源：Rigaku Analytical Devices Inc.

16.12　制药领域应用

　　手持式拉曼在制药领域主要有两个应用领域：原料鉴定和防伪筛选（参见本卷第5章）。原材料检测及验证是药物制剂制造中的关键步骤，它是质量控制过程的关键部分，对消费者安全以及生产速度和成本有重大影响。

　　手持式拉曼仪器已部署在世界各地的许多主要制药公司和制造工厂，以确保正确的材料（包括原料药、赋形剂和药物产品）进入制造过程。药物材料的化学特性测试是应用最广泛的方法之一，包括药物产品和材料的开发、制造和分销中的分析形式以及包装单元内的鉴定分析。

　　将拉曼光谱用于药物材料化学鉴定的主要优势之一是，与包括FTIR和NIR光谱在内的其他技术相比，拉曼光谱分析不需要为后续分析准备样品（使用NIR鉴定固体样品同样不需要准备样品，但液体样品更具挑战性）。可以在纯材料上获得拉曼光谱，也可以透过包装外壳［包括玻璃瓶、塑料袋和密封泡罩包装（常用于制药场景；扫描示例见图16.16）］获得拉曼光谱[39]。这种无需样品制备的优点使得拉曼光谱在需要常规测试的众多测试环境中是一种非常灵活的进行液体和固体的化学特性测试的技术。

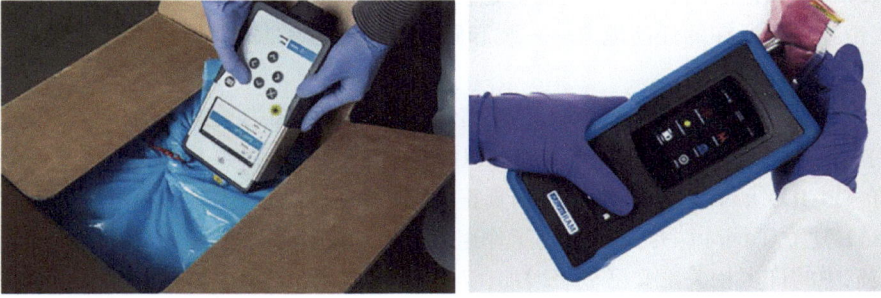

图16.16 左：手持式拉曼设备验证不透明彩色包装的内容；右：手持式拉曼设备扫描彩色样本。来源：经许可转载，由 Agilent Technologies Inc. B&W Tek提供

一种来自Agilent的新型手持设备，称为Vaya，添加了用于药物分析的手持设备中的 SORS，进一步使用户能够扫描不透明的障碍物，例如塑料和纸张以及传统拉曼可以扫描的容器类型，从而可以方便直接测量，而无需将样品放入适合检测的容器中（图16.16）。

使用拉曼光谱的一个绊脚石是人们认为该技术缺乏由监管机构认定的接受度。拉曼光谱被收录到美国药典（USP）中，被引用在光谱学和光散射第851.3章。最近，一个单独的USP章节致力于拉曼光谱——第＜1120＞章拉曼光谱。

在证明拉曼适用于预期应用（验证）后，拉曼光谱可用于药物材料（API、赋形剂、药品）的化学鉴定。图16.17表示具有出色的选择性的手持式拉曼设备可以对相关的医药化学品产生影响。

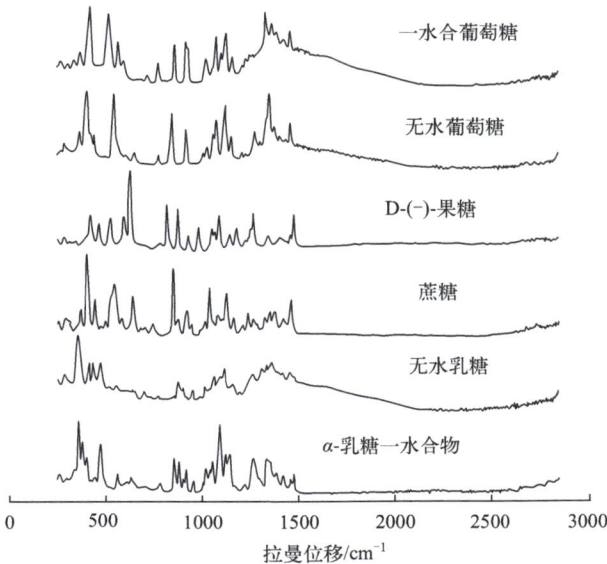

图16.17 使用785 nm波长激光激发的几种糖的拉曼光谱。来源：Thermo Fisher Scientific Inc.

从许多展示台式色散或基于FT的拉曼光谱在实验室药物分析中的应用论文可见，在过去10年中，在用于拉曼光谱的激光器、光谱仪、检测器的设计、硬件小型化和效率方面取得了进展[13]，这些进步导致了手持式拉曼光谱仪的发展接近一些基于实验室系统的性能特征[40]。此外，这些相同的手持式拉曼光谱仪已纳入21联邦法规（CFR）第11部分软件，允许在现行良好生产规范（cGMP）设置中使用这些仪器。这使得现在手持式拉曼光谱仪的出现让制药科学家能够将实验室带到样品所在的任何地方——装卸码头、仓库、cGMP实验室、药房或不断变换的造假窝点。

假冒处方药是一个日益严重的问题，尤其是在第二世界和第三世界地区[41]。美国食品药品监督管理局（FDA）一直在研究防伪措施，以解决这个问题。例如，FDA引入了标识符［物理化学标识符（PCID）］，使造假者更难复制真正的药品，也更容易确认药物的真伪[42]。世界卫生组织（WHO）建立了国际医疗产品防伪工作组。尽管拉曼光谱在假药分析中的应用仍处于发展阶段，但文献中的许多相关论文已显著增加，讨论了该技术的实用性[43-52]。

拉曼光谱已广泛用于研究假药，特别适合分析口服剂型。例如，它可用于检测API的不同固态形式，如多晶型药物和无定形药物与结晶药物[52]。拉曼光谱特别适用于分析医药产品，因为几乎不需要样品制备，而且它是一种无损技术，这意味着可以经常测量完整的剂型，然后再用于其他技术的进一步分析。

拉曼光谱技术的另一个优势是许多API是芳香族化合物，这与大多数赋形剂不同。这提供了API波段和赋形剂波段之间的光谱区别，因为虽然像纤维素这样的赋形剂是弱拉曼散射体，但芳香族和共轭分子往往是强拉曼散射体。

药物配方及其成分的光谱分解示例显示在图16.18。API是枸橼酸西地那非，具有明显的特征，与其他辅料（在此案例中为乳糖和二氧化钛）区别开来。如上所述，小分子药物中的活性成分是典型的芳香族化合物，适用于拉曼光谱。在某些情况下，荧光会对设备识别假冒产品的能力产生影响。在一些运用实例中，不同波长的激光激发可以对识别假药的能力有有利的影响。图16.19显示了使用785 nm和1064 nm波长激光激发的正品和假药的光谱。1064 nm波长激光激发的拉曼光谱降低了荧光干扰，从而实现清晰的区分。但应该注意的是，对于这个特定的应用，使用785 nm波长激光激发也可达到要求。多变量分析技术的使用允许使用785 nm波长激光系统，但从根本上需要1064 nm波长激光激发才能大幅度减少荧光。然而，如果在785 nm波长激光激发下没有可见的拉曼光谱特征，则仪器必须使用更长的激发波长。

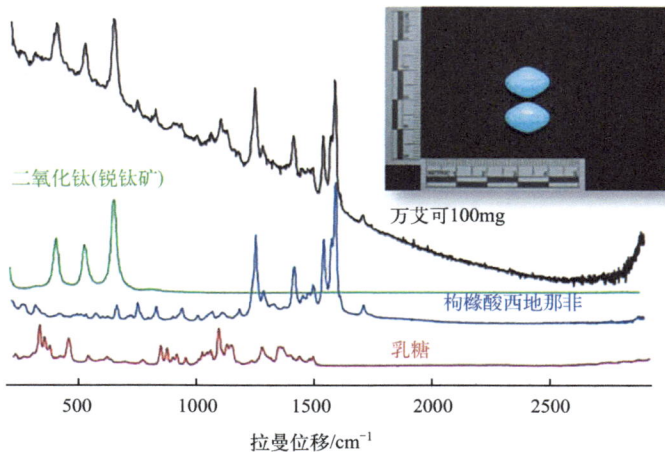

图16.18　正品万艾可（Viagra）以及枸橼酸西地那非、二氧化钛和乳糖的特征拉曼光谱（用785 nm波长激光激发）。来源：Thermo Fisher Scientific Inc. 万艾可的图像、形状和商标是辉瑞（Pfizer）公司的财产

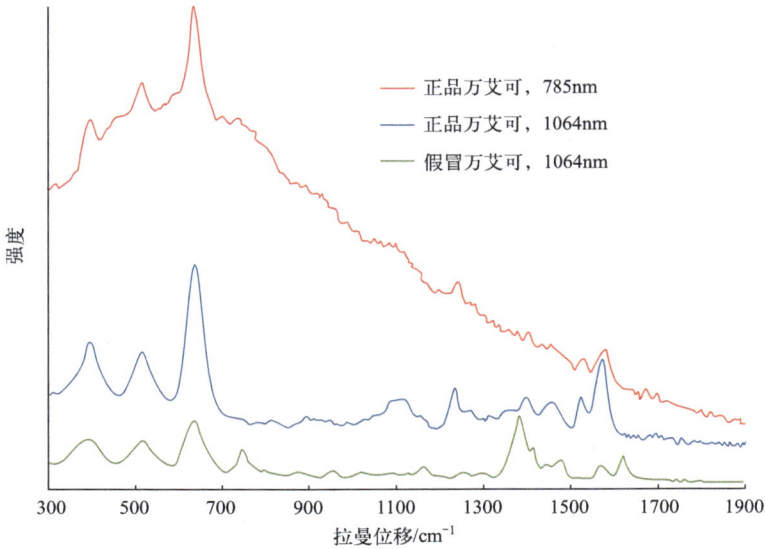

图16.19 正品万艾可光谱（785 nm和1064 nm波长激光激发）和假万艾可光谱（1064 nm波长激光激发）。
来源：Rigaku Analytical Devices Inc.

16.13 麻醉品

这些化合物通常是相当复杂的分子，可产生特征指纹图谱。然而，考虑到它们非常相似的分子结构，它们可以产生视觉上非常相似的振动光谱，但可以通过化学计量学方法区分（参见本卷第2章）[53-56]。切削剂的添加和"活性"成分浓度不同，会导致光谱解释变得更为困难。一般来说，振动光谱学有5%～10%的LOD，根据应用和所讨论的分析物可以更高或更低。实际上，传统反向散射拉曼可实现的最低LOD为1%～2%。手持式设备更高，通常大于5%。这可能更高，具体取决于样品和混合物中存在的其他项目的拉曼横截面。

滥用药物的种类正在迅速增加：新的威胁正在出现，即所谓的合成麻醉剂。其中包括甲氧麻黄酮和"香料"等化学品，这些化学品在过去几年中在多个国家/地区被列为受控物质。在世界许多地区，它们正成为一个严重的问题。这突出了一个非常重要的问题：一旦化学品被列为非法化学品，供应商就会转而合成另一种相似分子的化学品，因此威胁可以非常迅速地改变。所以，广谱识别和筛选的能力非常重要，因为毒品调查和犯罪实验室几乎总是要处理长期积压的案件，而任何需要减少样品数量或缩短分析时间的努力将受到高度欢迎（图16.20）。

虽然许多滥用药物的化学结构相似，但也存在差异，如果在一个国家不同的法律适用于每种麻醉品，这就使得识别和区分这些密切相关的化合物变得至关重要。细微的差异，尤其是在复杂的混合物中，考虑到多个光谱分量叠加的复杂性和可能的化学相互作用，都可能会引起带位移和带形状变化，因而可能很难通过振动光谱解决。使振动光谱学在该领域如此强大和有用的原因在于以下属性：快速采集光谱的能力并以非破坏性方式执行鉴定，拉曼光谱的选择性和特异性，以及仪器的手持和便携特性，允许将它们带到需要的地方。

在这个瞬息万变的环境中，毒品的身份识别是一个越来越复杂的挑战，而手持式拉曼设备的理想定位可以提供帮助。拉曼光谱不仅可以识别众所周知的和常见的苯丙胺、可卡因、海洛

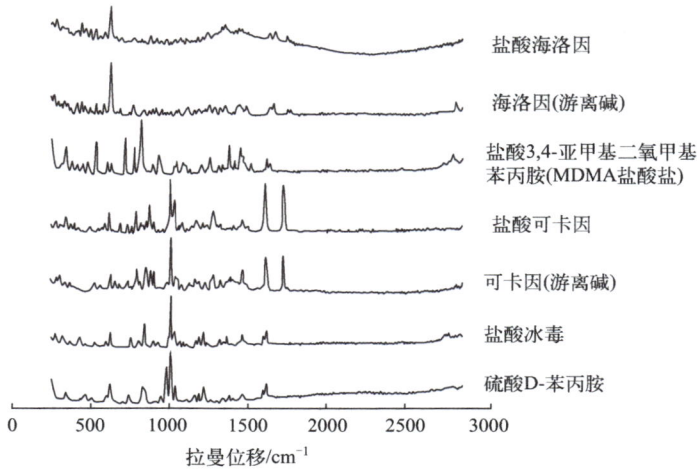

图16.20　使用785 nm波长激光激发的常见麻醉品的拉曼光谱。来源：Thermo Fisher Scientific Inc.

因、甲基苯丙胺等麻醉剂，也可用于识别新出现的麻醉剂威胁，例如卡西酮、合成大麻素、苯乙胺（2Cs）和苯乙胺衍生品。合成大麻素也被称为"香料"，例如许多新的合成大麻素。

大麻素由欧盟（EU）早期预警系统监测，截止到2018年有多于700种新型精神活性物质（NPS）。苯乙胺衍生物NBOMe（一类新型毒品）被称为N-BOMB（核弹）。普通光谱麻醉品识别如图16.21所示，突出了它们之间的光谱差异。注意可卡因游离碱和盐酸可卡因的拉曼光谱差异。

有几个实际方面决定了拉曼光谱对麻醉品ID的适用性。一些材料由于特定激发波长的荧光，拉曼光谱无法识别，而通过MID光谱可以进行ID识别，反之亦然。一些街头样本材料当使用波长小于1 μm的激光激发时，由于分子结构、基质材料或组件的降解在这方面特别有问题，而转向使用1064 nm波长激光激发的仪器允许识别有色样品，包括街头海洛因，这对785 nm波长激光激发的设备具有较大挑战性（图16.21）。这突出了1064 nm手持式设备识别街头海洛因的能力：直接取样，无需SERS测试套件。

当目标可能被混合或溶解时，拉曼识别基体中目标的能力尤其重要。其中一个例子就是可卡因与酒精的混合。这种方法过去曾被不法分子用于走私毒品。拉曼光谱特别适用于筛查水中和酒精中的浓度足够高的麻醉剂（走私时浓度通常不是问题；见图16.22）。

不幸的是，在现实世界中，很少能找到纯净即单

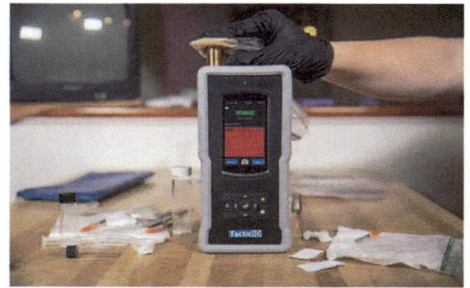

图16.21　B&W Tek 1064 nm波长激光激发TacticID识别棕色海洛因样本。来源：经许可转载，由B&W Tek（Metrohm股份公司）提供

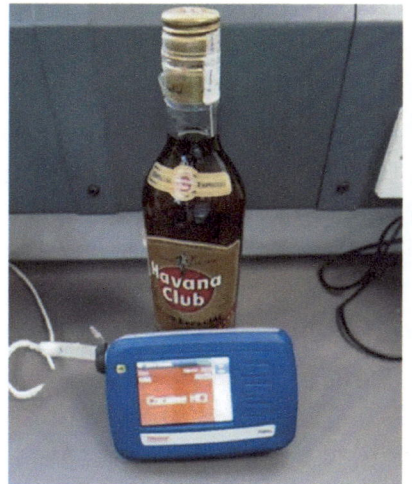

图16.22　手持式拉曼光谱仪扫描朗姆酒瓶子后的结果。来源：经许可转载，由HazmatLINK Ltd.提供

一成分的街头麻醉品样品。同样重要的是要考虑到药物可能会随着时间的推移而降解，这取决于储存条件。通常毒品被走私进出一个国家最有可能是在边境和海关点进行拦截。此处描述的掌上电脑型拉曼光谱仪并未能测量大面积区域。然而，他们在近距离（＜1 cm）分析了一个小区域（小于1 mm²）的样品。因此，必须首先通过其他技术或人员识别可疑包裹或容器。

16.14　新型精神活性物质

有几类新的引人注目的麻醉品出现在市场上，尤其是在欧洲：最新的执法面临的挑战是芬太尼和新的合成衍生物。其他精神活性目标包括卡西酮、合成大麻素、NBOMe（N-BOMB）和苯乙胺（2Cs）。

"浴盐"一词指一类新兴的药物家族，其中含有一种或多种与相关物质有关的合成化学物质卡西酮，这是一种天然存在于卡塔叶植物中的类似苯丙胺的兴奋剂。浴盐通常采用白色或棕色结晶粉末形式，以标有"不适用于人类"的小塑料或铝箔包装出售消费，有时也作为"植物性食物"销售，或者最近作为各种清洁剂来伪装。它们以各种品牌名称在网上和吸毒用具商店出售。

卡西酮衍生物含多种化合物，包括卡西酮（cathinone）、甲卡西酮（methcathinone）、甲氧麻黄酮（mephedrone）、4-氟甲卡西酮（flephedrone）、茉莉酮（methylone）和其他几种（图16.23）。

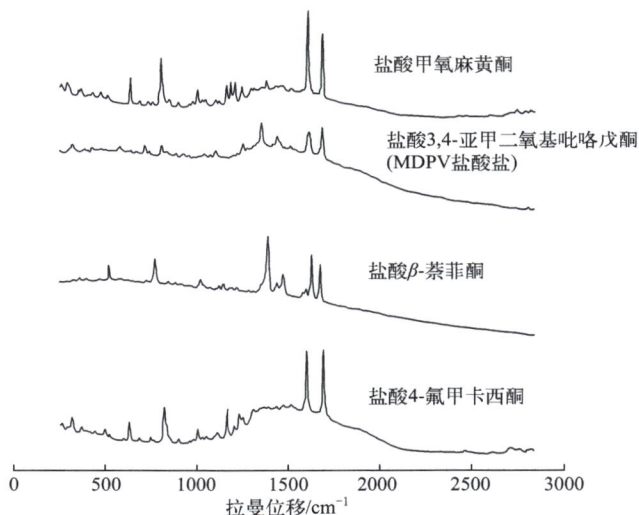

图16.23　使用785 nm波长激光激发的卡西酮衍生物的拉曼光谱。来源：Thermo Fisher Scientific Inc.

合成大麻素，通常称为"合成大麻""K2""Spice"，通常以合法方式在零售店称为"草本香"或"百花香"出售。合成大麻素是人造化学品，在功能上像 Δ⁹-四氢大麻酚（THC，大麻的活性成分），被应用（经常喷洒）到植物材料上，然后"合法"地高价销售。像四氢大麻酚一样，它们与大脑中相同的大麻素受体结合（大麻素受体激动剂），并在过去40年中被开发为治疗剂，通常用于疼痛的治疗。然而，事实证明很难将所需的特性与不需要的精神活性区分开来。现在合成大麻素的分子种类繁多，且数量仍在继续增长。一个主要的类别是"JWH"系列，以有机化学家约翰·W·霍夫曼（John W. Huffman）的名字命名。

　　许多其他不同的化学品也归入了这一类别，它们有着各式各样的命名规则。图16.24只有8种不同化学物质的光谱，突出了拉曼区分它们的能力。在某些情况下，只有极小的分子差异（即JWH-018和AM-2201——其氟化类似物之间）。

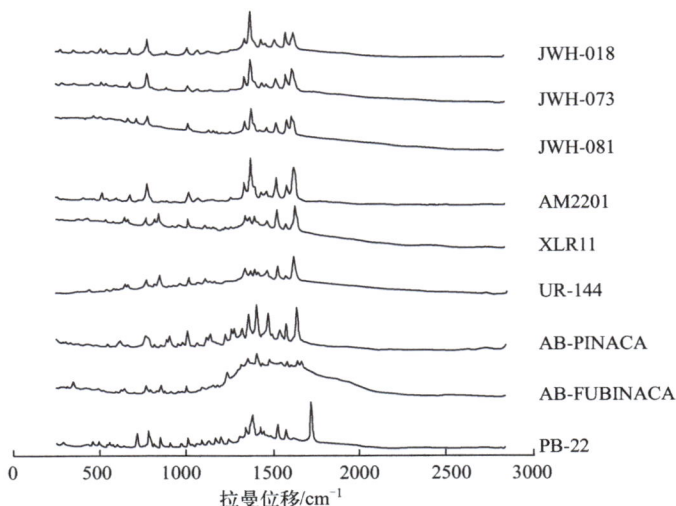

图16.24　使用785 nm波长激光激发的几种合成大麻素的拉曼光谱。来源：Thermo Fisher Scientific Inc.

　　执法部门面临的最新挑战是芬太尼及其数量不断增加的类似物或衍生物。芬太尼是一种合成阿片类药物，药效是吗啡的80～100倍。近年来，芬太尼及其衍生物在流通中的数量大幅增加。几个典型的芬太尼光谱如图16.25所示。芬太尼及其衍生物面临与任何其他新型毒品相同的识别挑战，但安全方面却大不相同。因此，由于担心人员暴露风险，最好在不打开任何包装的

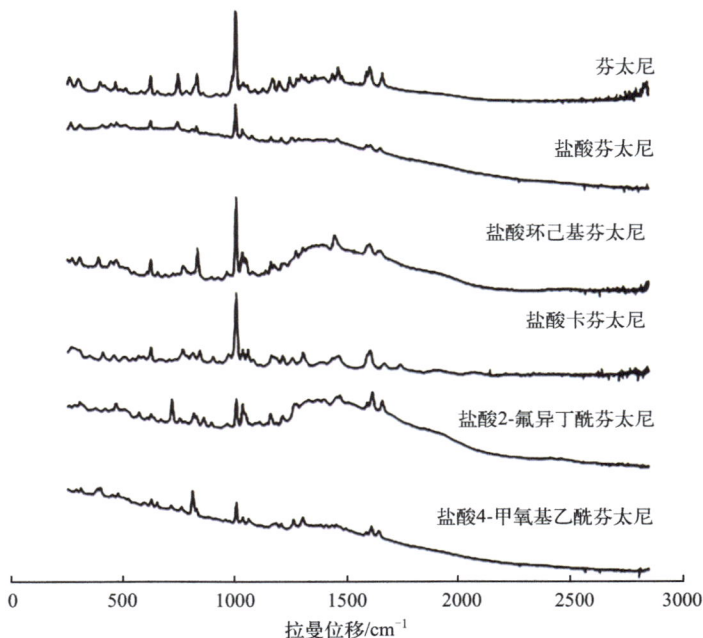

图16.25　使用785 nm波长激光激发的几种芬太尼衍生物的拉曼光谱。来源：Thermo Fisher Scientific Inc.

情况下识别可疑材料。然而，挑战在于街头样品中芬太尼的低浓度。与任何麻醉品一样，它们被运送（走私）到目的地时浓度更高，一旦到达目的地，它们就会与其他麻醉剂或无害的稀释剂混合在一起使用。正如本章前面所讨论的，不同的公司拥有基于SERS的套件，这些套件旨在筛选和识别微量麻醉品，并且可以提供额外的在传统拉曼光谱之上的能力。在图16.26中，两种不同的芬太尼样品通过拉曼光谱进行了鉴别。

图16.26 手持式拉曼仪器（TruNarc）识别两个芬太尼样品。来源：Thermo Fisher Scientific Inc.

16.15 结语

手持式拉曼光谱设备已经逐渐成熟，成为在世界各地进行化学品识别、验证和认证的主要技术手段。拉曼仪器被军方积极用于鉴定爆炸物及其前体、麻醉品及其前体的鉴定执法，以及药品材料验证和防伪活动的行业。这些应用是目前用于手持式拉曼仪器最大的领域。

在接下来的几年里，随着软件、机载数据存储和计算能力的进步，更多的仪器将提供远距离测试能力，以及随着仪器本身和采样的进一步发展，SERS套件等设备将使手持式拉曼光谱仪及其用户能够进一步进入越来越具有挑战性的广泛应用领域中。

致谢

本章作者希望感谢Richard Crocombe在本章撰写过程中进行的深度讨论，以及感谢Keith Carron（Metrohm）、Melissa Gelwicks（Metrohm）、Jennifer Lynch（Rigaku）、Christopher Langford（Rigaku）、Robert Stokes（Agilent）、Fred Prulliere（Agilent）、Romain Blanchard（Pendar）和Michael Stephens（Thermo Fisher Scientific）提供的信息、图片及使用信息的许可。

缩略语

ANFO	ammonium nitrate and fuel oil	铵油炸药（硝酸铵和燃料油）
API	active pharmaceutical ingredient	活性药物成分
ATR	attenuated total reflectance	衰减全反射
BLS	bottle liquid screener	瓶装液体筛选器
CCD	charge-coupled detector	电荷耦合检测器
CFR	Code of Federal Regulations	（美国）联邦法规
cGMP	Current Good Manufacturing Practice	现行良好生产规范
CMOS	complementary metal oxide semiconductor	互补金属氧化物半导体

EGDN	ethylene glycol dinitrate	乙二醇二硝酸酯
EOD	explosive ordnance disposal	欧盟爆炸物处理
FDA	Food and Drug Administration	（美国）食品药品监督管理局
HMTD	hexamethylene triperoxide diamine	六亚甲基三过氧化二胺
HMX	octogen	奥克托今
ID	identification	识别
IED	improvised explosive device	简易爆炸装置
InGaAs	indium gallium arsenide	砷化镓镓
LOD	limit of detection	检测限
MEKP	methyl ethyl ketone peroxide	过氧化甲乙酮
MIR	mid-infrared	中红外
NFPA	National Fire Protection Association	（美国）国家消防协会
NIR	near-infrared	近红外
NPS	novel psychoactive substance	新型精神活性物质
ORS	orbital raster scanning	栅格环绕扫描
PCID	physical and chemical identifier	物理化学标识符
PETN	Pentaerythritol tetranitrate	季戊四醇四硝酸酯
PPE	personal protective equipment	个人防护装备
RDX	hexogen	黑索今
SDS	Safety Data Sheet	安全数据表
SERS	surface-enhanced Raman spectroscopy	表面增强拉曼光谱
SORS	spatially offset Raman spectroscopy	空间偏移拉曼光谱
TATP	triacetone triperoxide	三丙酮三过氧化物
TECP	totally encapsulating chemical protective	全封装化学防护
THC	tetrahydrocannabinol	四氢大麻酚
TNP	trinitrophenol	苦味酸
TNT	trinitrotoluene	三硝基甲苯
USP	US Pharmacopeia	美国药典
WHO	World Health Organization	世界卫生组织

参考文献

[1] McCreery, R.L. (2000). *Raman Spectroscopy for Chemical Analysis*.New York:John Wiley.

[2] Popp, J. (2006). *Wolfgang Kiefer "Raman Scattering Fundamentals"*. John Wiley & Sons Ltd: Encyclopaedia of Analytical Chemistry.

[3] Hendra, P.J. (2002). Sampling Considerations for Raman Spectroscopy. In: *Handbook of Vibrational Spectroscopy*, vol. 2 (eds. J.M. Chalmers and P.R. Griffiths), 1263-1288. Chichester: John Wiley & Sons Ltd.

[4] Smith, E. and Dent, G. (2005). *Modern Raman Spectroscopy - A Practical Approach*. Chichester: John Wiley & Sons Ltd.

[5] Crocombe, R.A. (2008). Miniature optical spectrometers: there's plenty of room at the bottom. Part 1, background and mid-infrared spectrometers. *Spectroscopy* 23 (1): 38-56.

[6] Crocombe, R.A. (2008). Miniature optical spectrometers: follow the money. Part II: the telecommunications boom. *Spectroscopy* 23 (2): 56-69.

[7] Crocombe, R.A. (2008). Miniature optical spectrometers: part III: conventional and laboratory near-infrared spectrometers.

Spectroscopy 23 (5): 40-50.

[8] Crocombe, R.A. (2008). Miniature optical spectrometers: the art of the possible. Part IV: new near-infrared technologies and spectrometers. *Spectroscopy* 23 (6): 26-37.

[9] Williamson, J.L., Bowling, R.J., and McCreery, R.L. (1989). Near-infrared Raman spectroscopy with a 783 nm diode laser and CCD array detector. *Appl. Spectrosc.* 43: 372-375.

[10] Wang, T. and McCreery, R.L. (1989). Evaluation of a diode laser/charge coupled device spectrometer for near-infrared raman spectroscopy. *Anal. Chem.* 61: 2467-2651.

[11] Denson, C., Pommier, C.J.S., and Denton, M.B. (2007). The impact of array detectors on raman spectroscopy. *J. Chem. Educ.* 84: 67.

[12] Pelletier, M.J. (1999). Raman instrumentation", Chapter 2. In: *Analytical Applications of Raman Spectroscopy* (ed. M.J. Pelletier). Oxford, UK: Blackwell Science.

[13] Adar, F. (2001). Evolution and revolution of raman instrumentation - application of available technologies to spectroscopy and microscopy", Chapter 2. In: *Handbook of Raman Spectroscopy* (eds. I.R. Lewis and H.G.M. Edwards). New York: Marcel Dekker.

[14] Carron, K. (2005). *Raman Spectroscopy, Instrumentation, Encyclopaedia of Analytical Science*, 2ee(ed.P. Worsfold), 94-104. Elsevier, Oxford: Alan Townshend and Colin Poole.

[15] Christesen, S.D., Guicheteau, J.A., Curtiss, J.M., and Fountain, A.W. III, (2016). Handheld dual-wavelength Raman instrument for the detection of chemical agents and explosives. *Opt. Eng.* (*Bellingham, WA, U. S.*) 55: 074103.

[16] Fleischmann, M., Hendra, P.J., and McQuillan, A.J. (1974). *Chem. Phys. Lett.* 26 (2): 163.

[17] Smith, W.E., White, P.C., Rodger, C., and Dent, G. (2001). Raman and surface enhanced resonance raman scattering: applications in forensic science, Chapter 18. In: *Handbook of Raman Spectroscopy* (eds. I.R. Lewis and H.G.M. Edwards), 733-748. New York: Marcel Dekker, Inc.

[18] Vo-Dinh, T. and Stokes, D.L. (2002). SERS-based Raman Probes. In: *Handbook of Vibrational Spectroscopy*, vol. 2 (eds. J.M. Chalmers and P.R. Griffiths), 1302-1317. Chichester: John Wiley & Sons Ltd.

[19] Campion, A. and Kambhampati, P. (1998). Surface-enhanced Raman scattering. *Chem. Soc. Rev.* 27: 241.

[20] Faulds, K., Barbagallo, R.P., Keer, J.T. et al. (2004). SERRS as a more sensitive technique for the detection of labelled oligonucleotides compared to fluorescence. *Analyst* 129: 567.

[21] Matousek, P., Clark, I.P., Draper, E.R.C. et al. (2005). Subsurface Probing in Diffusely Scattering Media Using Spatially Offset Raman Spectroscopy. *Appl. Spectrosc.* 59: 393.

[22] Everall, N., Hahn, T., Matousek, P. et al. (2001). Picosecond time-resolved raman spectroscopy of solids: capabilities and limitations for fluorescence rejection and the influence of diffuse reflectance. *Appl. Spectrosc.* 55: 1701.

[23] Matousek, P. (2007). Deep non-invasive Raman spectroscopy of living tissue and powders. *Chem. Soc. Rev.* 36: 1292.

[24] Matousek, P., Morris, M.D., Everall, N. et al. (2005). Numerical Simulations of subsurface probing in diffusely scattering media using spatially offset Raman spectroscopy. *Appl. Spectrosc.* 59: 1485.

[25] Eliasson, C., Macleod, N.A., and Matousek, P. (2007). Noninvasive detection of concealed liquid explosives using Raman spectroscopy. *Anal. Chem.* 79: 8185.

[26] Macleod, N.A. and Matousek, P. (2008). Deep noninvasive Raman spectroscopy of turbid media. *Appl. Spectrosc.* 62: 276A.

[27] Macleod, N.A. and Matousek, P. (2008). Emerging non-invasive Raman methods in process control and forensic applications. *Pharm. Res.* 25: 2205.

[28] Matousek, P. and Stone, N. (2009). Emerging concepts in deep Raman spectroscopy of biological tissue. *Analyst* 134: 1058.

[29] Matousek, P. and Parker, A.W. (2006). Bulk Raman analysis of pharmaceutical tablets. *Appl. Spectrosc.* 60: 1353.

[30] Hargreaves, M.D., Green, R.L., Jalenak, W. et al. (2012). Handheld Raman and FT-IR spectrometers, in infrared and Raman spectroscopy. In: *Forensic Science* (eds. J.M. Chalmers, H.G.M. Edwards and M.D. Hargreaves). Chichester, UK: John Wiley & Sons,Ltd.

[31] Lewis, I.R., Daniel, N.W. Jr.,, and Griffiths, P.R. (1997). Interpretation of Raman spectra of nitro-containing explosive materials. Part II: the implementation of neural, fuzzy, and statistical models for unsupervised pattern recognition. *Appl. Spectrosc.* 51: 1868-1879.

[32] Daniel, N.W. Jr.,, Lewis, I.R., and Griffiths, P.R. (1997). *Mikrokim. Acta [Suppl.]* 14: 281-282.

[33] Cheng, C., Kirkbride, T.E., Bachelder, D.N. et al. (1995). In situ detection and identification of trace explosives by Raman microscopy. *J. Forensic Sci.* 40: 31-37.

[34] Griffiths, P.R., Lewis, I.R., Chaffin, N.C. et al. (1995). Remote characterization of materials by vibrational spectrometry through optical fibers. *J. Mol. Struct.* 347: 169.

[35] Keto, R.O. (1986). Improved method for the analysis of the military explosive. Composition C-4. *J. Forensic Sci* 31: 241-249.

[36] Bartick, E.G. and Merrill, R.A. (1993). *Proceedings of the International Symposium on the Forensic Aspects of Trace Evidence*. Washington, DC: U.S. Government Printing Office.

[37] Lewis, I.R., Daniel, N.W. Jr.,, Chaffin, N.C. et al. (1995). Raman spectroscopic studies of explosive materials: towards a fieldable explosives detector. *Spectrochimica Acta Part A* 51: 1985-2000.

[38] McNesby, K.L., Wolfe, J.E., Morris, J.B., and Pesce-Rodriguez, R.A. (1994). Fourier transform Raman spectroscopy of some energetic materials and propellant formulations. *J. Raman Spectrosc.* 25: 75.

[39] Bugay, D.E. and Brush, R.C. (2010). Chemical identity testing by remote-based dispersive raman spectroscopy. *Appl. Spectrosc.* 64: 5.

[40] Eckenrode, B., Bartick, E.G., Harvey, S.D. et al. (2001). *Forensic Sci. Commun.* 3.

[41] World Health Organization (2018). *Substandard and Falsified Medical Products*, 31 January 2018. WHO https://www.who.int/news-room/fact-sheets/detail/substandard-and-falsified-medical-products (accessed 9 March 2018).

[42] The World Health Organization (2010). *Counterfeit Medicines: A Public Health Challenge*. WHO http://www.who.int/mediacentre/factsheets/fs275/en/index.html (accessed 27 January 2010).

[43] de Veij, M., Vandenabeele, P., Hall, K.A. et al. (2007). Fast detection and identification of counterfeit antimalarial tablets by Raman spectroscopy. *J. Raman Spectrosc.* 38: 181-187.

[44] Dowell, F.E., Maghirang, E.B., Fernandez, F.M. et al. (2008). Detecting counterfeit antimalarial tablets by near-infrared spectroscopy. *J. Pharm. Biomed. Anal.* 48: 1011-1014.

[45] de Peinder, M., Vredenbregt, M.J., Visser, T., and de Kaste, D. (2008). Detection of Lipitor counterfeits: a comparison of NIR and Raman spectroscopy in combination with chemometrics. *J. Pharm. Biomed. Anal.* 47: 688-694.

[46] Ricci, C., Eliasson, C., Macleod, N.A. et al. (2007). Characterization of genuine and fake artesunate anti-malarial tablets using Fourier transform infrared imaging and spatially offset Raman spectroscopy through blister packs. *Anal. Bioanal. Chem.* 389: 1525-1532.

[47] Vredenbregt, M.J., Blok-Tip, L., Hoogerbrugge, R. et al. (2006). Screening suspected counterfeit Viagra and imitations of Viagra with near-infrared spectroscopy. *J. Pharm. Biomed. Anal.* 40: 840-849.

[48] Ricci, C., Nyadong, L., Yang, F. et al. (2008). Assessment of hand-held Raman instrumentation for in situ screening for potentially counterfeit artesunate antimalarial tablets by FT-Raman spectroscopy and direct ionization mass spectrometry. *Anal. Chim. Acta* 623: 178-186.

[49] de Veij, M., Deneckere, A., Vandenabeele, P. et al. (2008). Detection of counterfeit Viagra with Raman spectroscopy. *J. Pharma. Biomed. Anal.* 46: 303-309.

[50] Kwok, K. and Taylor, L.S. (2012). Raman spectroscopy for the analysis of counterfeit tablets. In: *Infrared and Raman Spectroscopy in Forensic Science* (eds. J.M. Chalmers, H.G.M. Edwards and M.D. Hargreaves). John Wiley & Sons, Ltd: Chichester, UK.

[51] Vehring, R. (2005). Red-excitation dispersive Raman spectroscopy is a suitable technique for solid-state analysis of respirable pharmaceutical powders. *Appl. Spectrosc.* 59: 286-292.

[52] Pratiwi, D., Fawcett, J.P., Gordon, K.C., and Rades, T. (2002). Quantitative analysis of polymorphic mixtures of ranitidine hydrochloride by Raman spectroscopy and principal components analysis. *Eur. J. Pharm. Biopharm.* 54: 337-341.

[53] Varmuza, K., Karlovits, M., and Demuth, W. (2003). *Anal. Chim. Acta* 490: 313-324.

[54] Brown, C.D. and VanderRhodes, G.H. (2007). *US Patent* 7 (254): 501.

[55] Green, R.L. and Brown, C.D. (2008). *Pharm. Tech.* 32 (3): 148-163.

[56] Green, R.L., Hargreaves, M.D., and Gardner, C.M. (2013). Performance characterization of a combined material identification and screening algorithm. *Proc SPIE 8726 Next-Generation Spectrosc. Technol. VI*: 87260F.

17

便携式拉曼光谱在野外地质学和天体生物学中的应用

H.G.M. Edwards[1], J. Jehlička[2], A. Culka[2]

[1] Centre for Astrobiology and Extremophiles Research, School of Chemistry and Biosciences, Faculty of Life Sciences, University of Bradford, Bradford, West Yorkshire, UK

[2] Institute of Geochemistry, Mineralogy and Mineral Resources, Charles University, Faculty of Science, Prague 2, Czech Republic

17.1 简介

在小型便携式和手持式仪器出现之前，地质标本分析的标准方法是从现场取出选定的样本，以便送样，在实验室进行分析。这通常涉及采集数百个样本，并在现场对其进行适当的管理和储存，然后送样，在实验室进一步处理和分析。现场快速检测和识别应用始于采用这种小型化仪器进行以毒品和爆炸物为中心的法医犯罪现场工作以及他们的化学前体的现场快速鉴定。供军事、准军事和反叛乱特遣部队在现场对检测重要类别化学品的可靠仪器的需求加强了对便携式仪器的市场需求。为这些特定任务开发的便携式拉曼仪器现在已经应用到其他几个领域，包括生物医学、临床试验、疾病检测、艺术取证、考古发掘、手稿颜料表征和博物馆学等。所有这些都有一个经典的共同主题——避免样本切样和破坏性测试分析，以及随后在源头提供快速分析结果信息。

本章将回顾和讨论微型便携式拉曼光谱仪在矿物、岩石和相关天然化合物分子表征领域的实际应用以及在实验室环境中对从类似样品中获得的数据的评估。首先我们将重点讨论在一系列地质地点和情况现场应用中小型原位拉曼光谱数据的采集的优点和潜在的陷阱问题。本章的第一部分主要介绍在室外和露头条件下获取数据的协议，包括蚀变岩、冷热沙漠、高海拔和太阳辐射环境，主要用于地球科学应用。本章的第二部分将介绍与新兴天体生物学领域高度相关的类似场景和测试，重点是生物标志物和它们的拉曼光谱检测方法。在这些环境中使用拉曼光谱仪器的一个特点是能够检测到由改变其地质生态位环境的生物体产生的极端生物和生物地质物质的存在。采用微型拉曼光谱仪用于成套设备为在这些受压的陆地地质环境中检测关键生物分子的拉曼光谱特征铺平了道路。该设备已经用于寻找行星表面和地下现存或已灭绝生命的太空任务的分析仪器，特别是 ExoMars 2022 和 Mars 2020 任务，它们都原计划于2020年7月发射。2020年3月，欧洲空间局宣布，由于不可避免的通信原因，他们将 ExoMars 任务的发射推迟2年。但 Mars 2020 已经于2020年7月30日从美国卡纳维拉尔角发射。这两项任务在火星表面漫游车上都部署有拉曼光谱仪，在 ExoMars 2022 和 Mars 2020 中分别被称为 Rosalind Franklin 和 Perseverance，两者都将为筛选设备矿物和岩石标本提供分子分析功能。行星表面矿物学的远程表征和地下现存或已灭绝生命的光谱特征的检测对分析提出了重大挑战。以在陆地环境中使用微型地质仪器为基础的科考项目毫无疑问属于这类场景中最极端的应用之一。

17.2　便携式拉曼光谱仪的诞生

小型化/便携式拉曼光谱仪大约在10年前开始商用。它们作为易于操作的分析工具投放市场，适用于消防员、海关官员和警察部队，用于快速识别未知与可能的非法和危险物质，例如毒品或炸药。然而，它们在最初预期用途之外的潜力很快就被发掘出来。使用这些微型仪器获得的结果和经验的研究报告开始快速涌现。就本章而言，重点是这些仪器在矿物学或地质学中的应用。由于以前没有地球科学野外应用方面的经验，这些初步研究涉及的常见的矿物通常是理想的纯净物形式，例如从矿物学中提取的样品等，这样可以从基础原理上评估这类新型仪器可能为相关科研带来的功能和便利。便携式拉曼光谱仪的应用研究也逐渐包括不太理想的、真实世界的矿物学和地质学样本。涉及在露头或地下矿廊中产生复杂矿物组合的极细结晶度样品的研究，在现场进行分析，是在仪器、实际和操作考虑方面更具挑战性的应用的例子。另一方面，该领域的技术进步使得便携式拉曼光谱仪的选择范围更广，而这些新产品中的大多数各类仪器提供的数据质量显著提高，因而具有更高的科学应用价值。以下段落将按时间顺序概述使用便携式光谱仪进行的矿物学科学应用，以显示测试验证了哪种样品的可行性，并对其结果的优势和挑战展开讨论。

第一项明确矿物学应用的研究是由 Jehlička 等（2009a）发表的，其中报告了由两台便携式光谱仪原位采集的一系列重要矿物的拉曼光谱，该测试使用 785 nm 波长激光激发，这也是第一代商业拉曼光谱仪中唯一可用的激发源。经测试的矿物包括方解石、石英、钙铁榴石、透闪石、角石、钨铅矿、铁铝榴石、重晶石和雄黄，这些样品产生的拉曼光谱可以明确识别区分它们。检测到的拉曼光谱将波段及其波数位置与使用成熟实验室仪器获得的数据进行了比较，已成为此类研究的标准流程。对于这些早期的小型化拉曼光谱仪、拉曼带位置的稳定性以及拉曼光谱的一般外观，需要与完全成熟的实验室仪器的拉曼光谱进行比较。此外，还讨论了诸如保护分析样品免受阳光照射等必要性因素的考虑。

Jehlička 等的后续研究描述了石膏、重晶石和角石的检测，所有这些都属于简单的硫酸盐矿物，在合适的现场条件下再次使用配备 785 nm 波长激光激发的便携式仪器进行了测量分析。他们注意到该特定仪器具有出色的可靠性和令人满意的光谱分辨率；这些参数是至关重要的，尤其是当对来自相似组的矿物需要明确地彼此辨别或区别开来时。当本章进一步讨论涉及更多类似硫酸盐的其他报告时，这一点将变得更加明显。研究者还强调，这种方法（原位光谱分析）开辟了一个全新的领域，与来自以往地球科学中正在广泛实践的经典实地工作截然不同（Jehlička et al., 2009b）。

在确定便携式拉曼光谱仪为相对常见的矿物的原位鉴定提供了很好的工具后，Jehlička 等（2009c）使用类似的仪器对选定的有机物矿物质进行了分析。这个小的异质基团包括以有机酸盐形式存在的矿物质或以高级多环烃形式存在的矿物质。这些相可以用它们的确切化学成分明确地描述由地质过程形成的确定组成和有序结构。因此，具有精确的化学成分和结构的它们被分类作为矿物，而化石树脂（琥珀、柯巴脂）不满足精确的化学成分和结构的必要条件。在配备785 nm 波长激光激发的便携式拉曼光谱仪下，在实验室条件和室外条件下获得惠氏石、碲石和铱石样品的优质光谱。由于具有良好的杂散光屏蔽和适当的样品的定位，原位室外测量的光谱质量可以与来自室内实验室分析获得的光谱质量相当。此外，本研究中样品的浅黄色或白色对所得到的拉曼光谱有积极的影响。

Jehlička 等（2011）提供了一项关键研究，其中两台近红外（NIR）激发（785 nm 波长）便携式拉曼光谱仪对一系列从浅色到深色的矿物进行了测试［图17.1（b）］。他们确定这些便携式光谱仪可用于明确地区分不同成分的许多浅色矿物。另一方面，深绿色、黑色和金属矿物构成了很大的挑战，由于吸收、反射和荧光等干扰，通常不可能从这些矿物中获得任何可用的拉曼光谱。这些便携式光谱仪的主要技术限制包括光谱范围，通常不允许在200 ～ 3000 cm^{-1}区域之外收集光谱，而这包含了矿物中重要的晶格模式（低拉曼位移）和—OH 伸缩振动（高拉曼位移）。还讨论了在手持式仪器进行现场分析时在通常困难的位置上长时间保持良好和恒定焦点的反复出现的问题。

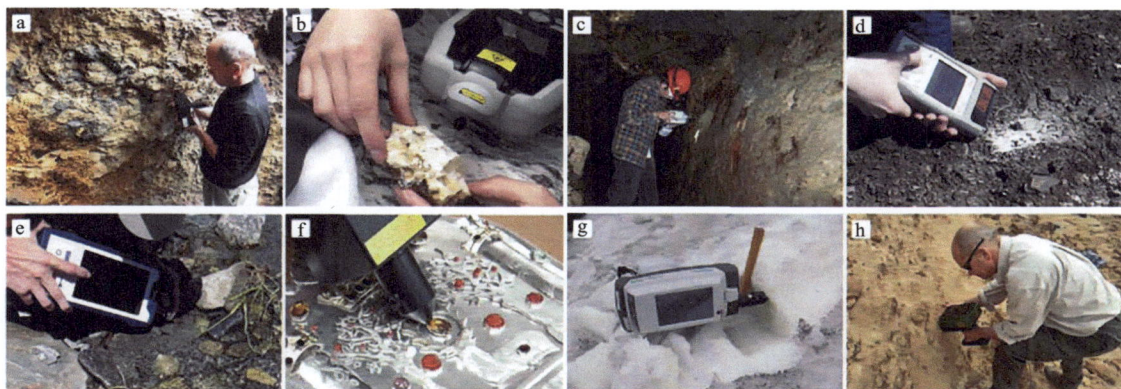

图17.1 分析应用的例子：（a）捷克 Valachov 的次生硫酸盐矿物；（b）Vlast ejovice 采石场的麻粒岩和辉晶岩；（c）Mikulov 老银矿的次生砷酸盐矿物；（d）Hermanice 煤场的次生矿物；（e）奥地利 Habachtal 的含祖母绿岩石；（f）布拉格犹太博物馆 Torah 盾上的宝石；（g）Lucníhora 的雪藻；（h）以色列内盖夫沙漠岩石中的极端微生物定殖

最近的一项比较研究使用两台微型拉曼光谱仪（一台具有532 nm 激发波长，另一台具有532 nm 和1064 nm 的双激发选项）进行了与火星科考相关的各种水合硫酸盐的室内分析。微型拉曼光谱仪使用绿色（532 nm）激发波长时提供了比1064 nm 波长激发更好的矿物识别和分析的结果，例如简单的水合硫酸镁以及铜辉石、钴辉石、黄钾铁矾等（Culka et al., 2014）。受限于当时的仪器水平，光谱范围还不够宽，无法覆盖光谱高波数位移，包括水和羟基的伸缩振动所在的位置。这个波长区域很重要，因为这一块的信息可以用于更好地区分更多不同的水合硫酸盐。

利用便携式拉曼光谱仪对沸石基团中的复杂硅酸盐矿物和含铍的硅酸盐矿物进行了研究。Jehlička 等（2012）、Jehlička 和 Vandenabeele（2015）等对这些视觉上相似的、主要是白色的不同沸石矿物进行了快速和明确的区分。采用配备NIR激发波长785 nm、绿色激发波长532 nm的便携式光谱仪以及配备激发波长532/785 nm的双激发光谱仪，对钨石、二苯石、钠石、绿绿石、金绿石、欧藻酶、菲南石、铅石和米勒石进行分析。配备了NIR激发波长的便携式仪器提供了高质量的光谱，足以明确识别这些物种。配备绿色激发波长的光谱仪在这类样品测试中，无论是在检测到的拉曼带数量上还是荧光背景的强度上，表现明显更差。

Olcott Marshall 和 Marshall（2013）从来自密苏里州雷诺兹县奥陶纪（Ordivician）时代的 Gasconade 白云岩的 Gunter 砂岩成员叠层石中鉴定出含碳物质，使用具有 785 nm 波长激光激发的仪器对其进行了采样分析。在 1280 cm⁻¹ 和 1540 cm⁻¹ 的特征波数位置上分别发现了无序碳质材料的 D 带和 G 带以及 464 cm⁻¹ 的石英拉曼带。然而，历史上一直使用较短波长（例如 514.5 nm）的激光激发研究含碳物质，因为这个较强的激发波长可以提供众所周知的最佳结果。

Crupi 等（2014）使用便携式 X 射线荧光分析仪（Innov-X 的 Alpha 4000）无损分析了陨石 SaU 008、阿连德、DaG 400 和 NWA 869 的碎片，同时也使用了 785 nm 波长激光激发便携式拉曼光谱仪作为补充结果。他们报告了使用便携式拉曼设备鉴定样品中的以下矿物质：SaU 008 中的辉石、Allende 中的橄榄石和石墨、DaG 400 中的方解石和斜长石以及 DaG 400 中的橄榄石 NWA 869 陨石。

Marshall 和 Olcott Marshall（2015）研究了位于俄克拉何马州孤峰山的含石膏布莱恩组的模拟地点样品，模拟来自火星的各种类型的石膏矿物组成的样本。他们用 785 nm 波长激光激发，并注意到对于含有高浓度过渡金属的矿物，例如铬和锰（据报道来自火星上的盖尔陨石坑），采用 NIR 激发可能会更好，因为它提供的光谱荧光较少。但是，ExoMars 2022 和 Mars 2020 任务漫游车将分别配备绿色激发激光器和紫外（UV）激发激光器。

Kong 等（2014）对青藏高原达丹普拉亚的硫酸盐矿床的矿物组成进行了调查。对于这些原位分析，他们使用了一种 532 nm 波长激光激发的便携式仪器。在硫酸盐盐水干燥后形成的层状沉积物中，他们确定了以下重要的水合硫酸镁——六水镁石、五水镁石、星晶石、三菱镁石和硫镁石，并绘制了它们随着样品深度增加的分布图。在最接近地表的样本中发现的钙镁石是一水硫酸镁，作为六水石的脱水产物在这里产生，而其他矿物系列被认为是中间产品。这些水合硫酸镁的稳定性和分布提供了适用于火星类似矿物矿床的宝贵信息。其中还进一步评估了二次硫酸盐矿物复杂组合的室外分析。其他在富含硫和硫酸盐的岩石的地点——Solfatara 火山（意大利），被认为是测试移动分析工具的极佳场所，这些移动分析工具包括拉曼光谱、可见近红外（VNIR）光谱和其他便携式分析技术（Flahaut et al., 2019）。

针对在自然环境中出现的次生硫酸盐矿物 [图 17.1（a）] 的研究由 Košek 等完成并报告。他们使用两台配备 532 nm 和 785 nm 波长激光激发的便携式光谱仪测试分析了捷克 Valachov 的前黄铁矿页岩矿（Košek et al., 2017a），并表明这种技术方法可以提供明确的原位分析和区分这些白色至黄色的精细结晶材料的能力，这些精细结晶材料主要是水合硫酸铁矿物，如菱锰矿、黑钙铁矿、纤维铁氧体、铜锰矿和黄钾铁矾。所有这些测试都是使用便携式设备在现场进行测试，而非使用实验室台式仪器采样测试，因而覆盖了更为多元化的复杂天然矿物种类。样品采样的多元化非常重要，尤其是对于结构相似的硫酸盐矿物，可以在相近的波数位置具有拉曼谱带。

从矿物学角度研究的另一个有趣的环境是燃烧的煤堆。在这种特殊的环境中，次生矿物是由初级富含碳质的物质形成的，这是堆内高温和从地表渗入的降水相互作用的产物。Košek 等使用 785 nm 波长激光激发的便携式拉曼光谱仪记录了相应的拉曼光谱，例如元素硫、铵盐和硫酸盐，包括水合的和无水的（Košek et al., 2017b）。便携式仪器可以对经常不稳定的高温矿物相进行原位分析 [图 17.1（d）]，这被证明是在这些环境下快速鉴别矿物的有力工具。

　　Culka 等（2016）使用便携式光谱仪在更具挑战性的环境中对二级砷酸盐矿物进行了分析测试研究，在这些二级砷酸盐矿物出现的两个地点进行了原位分析，包括捷克中部库特纳霍拉矿区 Kank 附近受污染的土壤以及位于捷克西北部 Krušné Hory 山脉的 Mikulov Lehnschafter 走廊的一个银矿旧址［图 17.1（c）］。这两个地点超过 600 年的采矿历史提供了丰富的砷酸盐矿物二次矿化的丰富供应。使用两个配备 785 nm 和 532 nm 波长激光激发的便携式仪器，Culka 等实现了对几种重要的次要砷酸盐矿物的原位准群检测分析：在 KutnáHora 附近的 Kank 中鉴定出 bukovskýite、kankite、parascorodite 和 scorodite，在 Mikulov 的旧银矿中发现了 kankite、臭葱石和 zýkaite。虽然两种仪器的性能可以得到良好的光谱数据，但前银矿的环境条件（更具体地说，当接近 100% 的相对湿度时）导致 785 nm 波长激光激发的光谱仪停止运作，需要对其修复后才能继续使用。如此极端的条件对这些便携式仪器的使用造成了重大限制。

　　Lalla 等（2016）调查了特内里费岛 Cañadas Caldera 的 "Los Azulejos" 遗址及其改造过程和矿物学，这类矿物组成被认为与火星类似。使用 532 nm 波长激光激发便携式拉曼光谱仪，他们只能原位识别出几种矿物——石英、锐钛矿和长石。然而在实验室里对采集的样品进行显微拉曼研究揭示了更详细的矿物组合。

　　另一项涉及矿物鉴定的高级原位拉曼光谱研究在西班牙的两个洞穴中进行，这两个洞穴在 El Soplao Cave（西班牙北部坎塔布里亚）和 Gruta de las Maravillas（西班牙西南部阿拉塞纳）。研究者使用 785 nm 波长激光激发的拉曼仪器，并确定了常见的洞穴矿物，如方解石和文石以及基岩矿物、白云石、石英。确定的其他矿物包括碳酸镁、水菱镁矿和碳酸钙镁石，以及几种彩色洞穴装饰品中的氧化物蓝色赤铜矿、红棕色针铁矿和黑色水钠锰矿。此外，石膏被确定为这种富含钙的环境中少量黄铁矿氧化的可能产物（Gázquez et al., 2017）。

　　随着市场上可获得的便携式光谱仪种类的增加，也随着整体仪器规格和设计的更大可变性，在矿物学应用方面比较它们的性能变得很有吸引力。因此，Jehlička 等（2017a）发表了一项广泛的比较研究，其中总共使用了 7 台便携式拉曼光谱仪［图 17.2（a）～（g）］用于各种绿柱石矿物的

图17.2　小型拉曼光谱仪示例：（a）Bruker Bravo；（b）DeltaNu Inspector Raman/RockHound；（c）EnSpectr RaPort；（d）Rigaku FirstGuard；（e）Ahura/Thermo Scientific First Defender XL；（f）Ahura/Thermo Scientific First Defender RM；（g）Enwave EZRaman-I Dual；（h）B&W TEK i-Raman EX

现场分析。对一系列绿柱石矿物品种的天然和切割样品进行了光谱分析研究，结果表明，便携式仪器的性能变化很大，并且通常新推出的便携式拉曼光谱仪性能相对更好，有时甚至可以与实验室级设备相近。用于比较的参数包括可检测到的条带数量及其波数偏离实验室确定的预期正确值。整体最佳表现是通过两种最新颖的（当时市场上刚上市的）便携式光谱仪实现的，一种配备 532 nm 波长激光激发，另一种配备新实施的顺序移动激发（SSE）。这项研究表明，来自这些最新添加到便携式拉曼领域的光谱仪的数据质量明显更高，在某些应用中甚至足以接近经典台式实验室光谱仪的数据质量。

2016 年推出的一款新技术改进小型化拉曼光谱仪同时集成了两种激发激光波长（853 nm 和 785 nm），在 SSE 模式下运行。该仪器旨在利用荧光特征和拉曼光谱中真正拉曼谱带的不同最大限度地减少或消除激光诱导荧光（LIF）。激发波长的轻微变化（＜1 nm）会导致光谱中拉曼带的相对空间偏移，而荧光特征保持在固定位置。这使仪器能够通过"计算"减去荧光特征，从 6 个原始光谱中得到最终光谱。这个过程一般是比较有效地提高信噪比的方法。但是，在某些情况下，例如对于表现出非常强或异常形状特征荧光的样品，它引入了所谓的"人为"带，或显著修改了现有拉曼发射峰的形状。

为了确定这项新改进（便携式 SSE 拉曼光谱仪——PSSERS）的缓解自然样品中的主要问题之一（即 LIF）的可行性，研究者发表了几项以矿物学或地质学为重点的研究。因此 Culka 和 Jehlička（2018）验证了该仪器从硬石膏、磷灰石和锆石等天然矿物样品的拉曼光谱中去除荧光的能力。这些矿物的拉曼光谱包含一个典型的荧光图案，主要通过在其晶格中存在稀土元素（镧系元素）产生。这种荧光采取的形式是相对较窄的波段，非常类似真正的拉曼波段。虽然去除这种类型的荧光是可能的，但有时新的伪影带不可避免地出现在最有问题样品的拉曼光谱中。

Culka 和 Jehlička（2019）使用 PSSERS 对一组 42 颗散装宝石和其他在宝石学或相关领域经常遇到的切割后矿物进行了分析。记录的光谱通常质量很好，但是仪器的人工条带再次出现在一些典型的有问题的矿物的光谱中，这些矿物如磷灰石和萤石以及透辉石。这也是荧光去除过程的结果，因为样品表现出复杂而强烈的荧光模式。其中该类仪器存在一点轻微的限制，主要受限于仪器的光谱范围。它不覆盖 OH 伸缩振动区域和出现晶格模式的低波数区域。

该仪器还在具有天然宽拉曼谱带的材料例如碳质材料上进行了测试。Jehlička 等（2017b）指出，在解释这些含碳材料的 SSE 拉曼光谱 G 带和 D 带时必须非常小心，因为荧光去除过程会显著改变这些带的形状。他们强调，当出现视觉上"可疑"的条带时，必须仔细检查原始数据，以避免误判。这一原则不仅适用于含碳物质的拉曼光谱，而且适用于其他物质的拉曼光谱。正如本章前面提到的，在 Jehlička 等（2017a）的研究中，PSSERS 是与其他 7 种微型仪器进行比较的一部分。在绿柱石矿物及其祖母绿和海蓝宝石品种的测试集上，PSSERS 取得了最高综合质量的拉曼光谱结果。该仪器与另一款新型 532 nm 波长激光激发光谱仪结合使用，展示了从这种新仪器获得的数据质量的巨大进步。

Malherbe 等（2019）评估了 785 nm 波长激光激发的便携式拉曼光谱仪在现场测试模拟太空科考任务的矿物中的应用。他们在 Snailbeach 矿区进行了石英、重晶石、方解石、白云石、闪锌矿和无定形炭等矿物的快速鉴定测试。然而，他们注意到获得的方解石的拉曼光谱中存在又宽又强的锐利的荧光信号。这可能会影响到类胡萝卜素色素作为生物标志物的检测，因为这些生物标志物的关键拉曼波段位于 1000 ～ 1800 cm^{-1} 之间的同一光谱区域。

Benn 等（2019）对该仪器用于韦库斯科湖伟晶岩岩脉勘探进行了评估。该研究涉及伟晶岩

（pegmatitic）型矿化的研究，是由于锂（特别是它在锂离子电池中的使用）的高需求，而锂自然发生在伟晶石云母中。在这个简短的研究中，Benn等报道了白云母作为一种重要的云母矿物的原位拉曼光谱。

前文概述了便携式拉曼光谱仪的应用，重点是在现场地球科学研究中的使用。微型拉曼光谱仪是首先被开发和生产的，其主要目的是用于执行不同的任务，例如消防员、警察和海关官员所面临的任务。小型拉曼光谱仪通常用作原位识别未知物质的工具，例如药物、爆炸物、外观类似的材料，或者它们可能是混合物。一些型号的仪器配备有一个小瓶架或隔间以适应通常测试的样品类型，这些样品通常被称为"白色粉末"。使用拉曼光谱分析非常适合这类样品，可以快速获得结果，特别是在使用内置的最常见的滥用物质数据库时。

然而，在地球科学或文化遗产等其他领域使用这种分析技术进行快速、无破坏性的现场分析的想法意味着：需要分析基本上不同类型的样本，并且经常需要在完全不同的环境中进行分析。因此，最初的目标是评估小型系统在这些应用中的技术和光谱性能。对不同型号的小型拉曼光谱仪之间的差异进行简明描述，有助于更好地理解这些仪器的优缺点。图17.2显示了几种类型的示例，并演示了它们之间的差异程度。

有几个重要参数，可以影响仪器的处理和操作以及它所提供的数据的质量。

首先，激发波长的选择在很大程度上决定了特定样品类型的分析结果。对于小型化的光谱仪来说，可能的激励选择是相当有限的。开创性的微型化模型只使用了NIR 785 nm波长激光器进行激发［图17.2（b）（e）（f）（g）］，这可能是出于技术和安全的考虑。下一个常见的是激发波长为532 nm的绿色激光器［在图17.2（c）（d）（g）所示的光谱仪中使用］以及激发波长为1064 nm的较小程度的红外激光器［图17.2（h）所示的光谱仪］。最后，在便携式拉曼光谱仪中实现了SSE技术，使用了785 nm或853 nm波长的激光器［图17.2（a）］。回顾的研究表明785 nm激发波长为矿物学应用提供了最可靠的结果，例如快速、明确地鉴别不同化学成分的浅色矿物。532 nm激发波长可能会引入更高的荧光率，但另一方面，SSE技术作为一种相对有效的工具可以去除地质样品中的荧光信号。

第二个需要考虑的重要特征是仪器的小型化，包括尺寸和重量。这些因素决定了用户在复杂环境下（例如户外场景）长时间采集数据时的使用体验，甚至影响了步行将光谱仪移动到遥远位置进行原位分析的难度。微型仪器的大小可以从手掌大小［重量小于1 kg，见图17.2（f）］到手持式［重量1～3 kg，见图17.2（a）～（e）］，再到便携式手提箱大小［重量10～20 kg，见图17.2（g）（h）］或更大更重的可移动仪器。使用较重的仪器可以通过光纤连接到探头，以更容易地获取光谱。但通常情况下，仪器越轻便，操作者就越容易进行长时间操作。因此，在数据采集过程中，仪器的重量对于手持式仪器在现场分析中的稳定性至关重要。过重的仪器会导致轻微运动，进而影响激光光斑的位置和焦点的稳定性。

第三个需要考虑的参数是每个微型化仪器的探头类型或形状，它也会严重影响用户的使用体验。如前所述，较重的仪器配备了连接到光谱仪主体的探头，其光纤通常有几米长。这个设置［图17.2（g）（h）］可能是测量点定位最好的，但需要两个人积极配合分析，其中一个人操作笔记本电脑。较小的仪器一般分为两组，一组光谱仪为锥形探头［图17.2（b）（d）（e）（f）］，另一组为面平探头［图17.2（a）（c）］。在地质应用方面，锥形探头比平面探头具有显著的优势。它允许更好地控制被分析点的确切位置和焦点，并且经常提供访问样品中首先具有复杂形态或表面的部分［例如自然露头、复杂的艺术作品、岩石露头的表面，见图17.1（h）］的能力。在某些情况下，将仪器固定在水平地面上并直接放置要分析的小对象，放置在平面探头上更为可行。

其他一些测试评估更与建立检测纯有机化合物及其混合物的分子光谱训练有关，以及与其天体生物学背景相关的矿物基质中的生物标记物的混合物有关。并不是所有的化合物研究可以被认为是真正的生物标记，它们中一些被选择是因为它们属于一群化学物质，这些化学物质与那些暂时被认为存在于我们太阳系的一些行星和卫星上的化学物质有一些相似之处，例如多环芳烃、羧酸和不同化学性质的含氮化合物。测试是在高山和寒冷的环境条件下进行的，这使得这些小型光谱装置的基本技术特性能够评估地质记录中存在的一类重要化合物。便携式拉曼光谱仪的一些领域应用在建立极端微生物生物标记的分子特征方面也有类似的重点，主要是色素，收集在地球行星模拟位点的框架中，其中一些例子将在后面描述。

不同的便携式拉曼光谱仪的测试是在户外恶劣的环境条件下进行的——在低温下（包括在冰川地区和雪地）、黑暗和潮湿的洞穴环境或干燥和炎热的沙漠地区进行测量。一些研究致力于评价微型拉曼光谱仪在这些极端条件下的性能，这些研究表明拉曼光谱仪可以在现场、在相对较低的温度条件下和在户外难以到达的山区应用。这些研究的动机包括对这些偏远地区进行研究和地质调查的必要性，重点是发现和了解矿石矿床或其他自然资源的形成。此外，对它们计划用于植物学和空间研究以及天体生物学中的远程仪器也有重大意义。这种类型的首次研究是在不同的混合剂中使用纯化学物质。氨基酸粉末（l-丙氨酸、β-丙氨酸、l-天冬酰胺、l-天冬氨酸、l-谷氨酸、谷氨酰胺、甘氨酸、蛋氨酸、脯氨酸、丝氨酸、酪氨酸和l-酪氨酸等；Jehlička et al., 2010a, 2010b）和含氮有机物［甲酰胺、尿素、3-甲基吡啶、苯胺、茚、1-(2-氨基乙基)哌嗪、苯甲醛、茚］被带到阿尔卑斯冰川带（皮茨托尔，2860 m、−15℃）（Jehlička et al., 2010c；Jehlička and Culka, 2010）。在这里，两台配备了785 nm波长激光激发的便携式仪器，即Ahura（Wilmington, USA）和Delta Nu（Laramie, USA），被用来采集拉曼分子指纹。两种光谱仪的性能都很好，最强和中等强度波段的波数与其特征参考值（±3 cm^{-1}）吻合良好。结果表明所导出的拉曼光谱不需要任何额外的光谱操作。在两种仪器的拉曼光谱之间都观察到一些微小的差异，记录并讨论了在光谱采集过程中对仪器和样品的定位和固定的影响。

更复杂的样品被制备为有机物质与矿物粉末的混合物，其他测量的重点是通过透明矿物如石膏获得拉曼光谱特征（Culka et al., 2011, 2012）。在宿主矿物基质框架中检测低浓度的生物标记物以用于未来寻找生命空间任务，似乎是天体生物学领域仪器设计的重要挑战。一些研究主要集中在氨基酸上。其他研究表明接近共振拉曼条件的激发具有获得强信号的优势，例如β-胡萝卜素的情况（Vitek et al., 2011）。Vandenabeele等（2012）详细讨论了颗粒基质框架中分子物种分散的分析方面以及拉曼光谱检测和定量分析的极限。

可移动拉曼光谱仪有时配备较不常见的激发波长，这是具有1064 nm波长二极管激光器的Advantage DeltaNu系统的情况，最近也有B & W Tek仪器。Vitek等（2012a, b）证明了这种可转运系统在检测有机矿物和化石树脂方面的良好性能。显然，最强的波段被正确地记录下来，但使用实验室1064 nm波长激光激发FT-Raman光谱仪可以得到更好的光谱

17.2.1　火星探索：ExoMars 2022和Mars 2020任务的拉曼光谱编年史

拉曼光谱技术在表征极端微生物在地球应激环境中生存策略的保护性生化物质方面的应用（Wynn-Williams and Edwards, 2000a, b），再加上古地质学（palaeogeological）认识到早期火星和地球保持着类似的行星环境，古生蓝细菌可能在这种环境下发展（McKay, 1997），推动了采用拉曼光谱作为行星探测的新型分析仪器的提议（Dickensheets et al., 2000；Edwards and Newton,

1999；Ellery and Wynn-Williams, 2003）。如前所述，远程、小型化的分析光谱仪器的应用将为陆地地质资源勘探扩展到最极端的环境之一提供一个例子。欧洲空间局宣布：小型拉曼光谱仪，操作在可见区域的电磁光谱在532 nm波长，将成为2022年火星探测任务中巴斯德分析生命探测协议的一部分，在极光计划中寻找火星上的生命痕迹。该仪器被选用于Rosalind Franklin探测器上火星表面和地下标本（通过2 m钻头进入）的首次分析询问，确认了拉曼光谱将在ExoMars 2022探测器上的分子分析协议中发挥关键作用。此外，美国国家航空航天局（NASA）宣布：在249 nm波长的拉曼光谱仪（SHERLOC）将成为其2020年实施的Mars 2020任务的科学仪器的一部分（Abbey et al., 2017；Beegle et al., 2015）。这包括前两个行星任务，其中拉曼光谱将用于火星地质学和生物地理学的分子表征，专门用于寻找生命的场景；毫无疑问，便携式拉曼仪器独特应用的催化剂和持续的主要驱动力是在一般描述的地面火星模拟地点进行的地面野外地质实验的增长。正如最近指出的，欧洲空间局现在决定将其ExoMars 2020推迟到2022年，但NASA的Mars 2020任务已在2020年7月进行。这两个机构都有一套专门的地球物理和光谱仪器，其中的几个组成部分是对实现任务目标的补充。NASA表示，其火星探索计划的4个目标是：①确定火星上是否存在生命；②确定火星气候特征；③确定火星地质特征；④为人类探索火星做准备。为了提供这些信息，有必要确定能够维持微生物生命的过去地质环境以及已知能够保存其残留生物特征的岩石的特征。Mars 2020任务的一个重要方面是获取岩石、钻孔岩心和风化层（regolith）样品，并将它们储存在"仓库存放"系统的管道中，以便收集它们，然后在稍后的任务中返回地球。在任务期间，仪器还将使用MOXIE仪器评估主要由火星二氧化碳大气（约96%二氧化碳）产生的氧气，并获得更多关于火星天气模式、季节变化和尘埃产生的信息，以协助未来的人类探索任务。

显然，从这些任务目标来看，未来太空任务中最重要的科学发现将是通过化学分析仪器提供无可争辩的证据，证明另一个星球上存在生命特征以及这些特征是否来自现存的还是灭绝的来源。然而，这个想法产生了两个非常重要的问题，即：我们如何定义生命？然后我们如何识别它或它的残留物，这些残留物本身可能由于行星地质记录中的极端环境条件的影响而显著退化？生命的精确定义实际上是相当难以捉摸的（Bedau, 2010；Benner, 2010；Tirard et al., 2010）。NASA对生命的定义是"一个能够进行达尔文进化的自我维持的系统"。这将分子发生与复制程序结合起来，并避免了基于系统复制能力的替代定义的几个缺陷（Cleland and Chyba, 2002）。外星生命的存在，它的起源、生存和进化，是天体生物学（或外星生物学）的媒介。目前的研究结论是陆地生命及其进化最早起源于40亿年前，与目前对其他行星及其卫星上生命的天体生物学研究直接相关。

从根本上说，天体生物学提出的3个问题是：生命是如何开始和进化的？生命是否存在于其他地方？地球上和其他地方的生命的未来是什么？因此，分析天体生物学的功能是将化学、分子生物学、形态学和微生物学分析的原理应用于这3个基本问题。与生物体相关的陆地化学和生物分子仪器分析可以为遥远的地外探测任务提供信息，其中包括行星飞船、着陆器和探测器上的分析仪器。当然，这里的关键问题是：什么生物化学物种真正定义了灭绝或现存生命的存在？无论是陆地生命还是地外生命，我们能否在极端环境中识别出我们期望在火星、泰坦和木卫二等邻近行星和行星卫星的任务中发现的生物标志物？虽然重点是天体生物学主题，但这些主题无可避免地包含地外地质环境的特征，生命及其相关的生物特征的保存依赖这些环境。因此，火星探测器致力于通过SHERLOC、SuperCam、PIXL和MASTCAM-Z等Mars 2020任务上的仪器识别能够维持微生物生命并保存其相关生物特征的合适矿物和地质。

17.2.2　对火星上生命特征的光谱探测

使用远程机器人分析仪器检测生命特征时，需要考虑一些评估的科学参数，特别是在ExoMars 2022和Mars 2020任务。

首先，分析天体生物学任务（如ExoMars 2022）的选择标准需要考虑以下问题：

- 在火星上，什么生物能够存在并幸存于当前和过去的极端环境中？
- 考虑到火星表面目前所经历的恶劣环境，哪种地质保护壁龛可能掩盖火星上遗留或现存生命的痕迹？这是否意味着需要进行地下探索或强制性探索？
- 这些生物在这样的环境中会留下哪些特征，作为它们存在的指示物？我们如何使用远程光谱仪器识别它们？
- 如果通过远程行星仪器对地表和地下标本进行探测，哪些分子可以被认为是构成火星上存在或曾经存在生命的证据？
- 是否有陆地火星模拟站点可以用作"模型"，用于细化光谱数据，这些数据可以用来做火星上存在生物特征的证据确认？

17.2.3　火星历史

从我们的太阳系诞生约4.6 Gya（1 Gya=10亿年）开始，陆地地质记录表明微生物自养生态系统在地球上已经存在了了3.8 ～ 4.0 Gya。现在有很多证据表明早期地球和早期火星的物理化学成分确实非常相似；由于火星比地球小得多，行星冷却很可能比McKay（McKay，1997）提出的在地球上发生得更快。这颗行星可能更温和、更潮湿，有地质证据表明在这一时期地球上已经开始了生命，因此似乎有理由得出生命可能是在火星上开始的结论。然而，到了第四纪元（距今约1.5 Gya），火星上灾难性的环境变化可能危及了火星表面生物的生存。因此，与我们地球上的极端微生物类似的火星生物可能是火星上生命的最后幸存者，它们通过对火星地质生态位的环境适应生存下来。

17.2.4　火星的天体生物学和拉曼光谱的作用

探测地质基质或火星地下风化层中的生物分子标志物是天体生物学的主要目标（Edwards，2004；Edwards et al.，2005）。火星表面环境应力的进化压力，特别是高水平的低波长高能破坏性紫外线辐射、低温、极端干燥、化学毒性和高盐度，需要生物采取保护策略来促进起源、生存以及微生物生命的进化（Cockell and Knowland，1999）。然而，表面风化层上的氧化铁（Ⅲ）作为低波长过滤器为地下生物提供的紫外线辐射保护被认为是维持火星地下生物分子活动的关键因素（Clark，1998），因为相同的紫外线和低波长电磁辐射会产生羟基自由基和过氧化物，这肯定会抑制复杂生物分子在表面氧化区中的存活。在我们自己的行星岩性中发现的由陆地土壤、沥青和干酪根组成的复杂化学系统预计不会在火星表面广泛出现，尽管仍可能出现有利于它们生存的生态位环境（Edwards et al.，2010；Jehlička et al.，2010a，b；Marshall et al.，2010；Pullan et al.，2008）。

然而，人们相信火星可能仍然保存着诺亚纪（Noachian）时代的岩石和沉积物早期生命的化学记录，这与陆地大约3.8亿年前太古代地质历史重叠。因此，在火星上寻找已灭绝或现存生命的工作必须以确定和识别特别保护的生态位地质地点为中心，首先是在它们产生的地区，其次是这些生物分子特征保存完好的地方，特别是在湖泊或三角洲沉积物中，这些沉积物是在火星有地表水和河流活动时形成的。火星天体生物仪器探测的基本分析方法必须考虑关键分子生物标记物的光谱检测，可能在岩石中，当然在地下地形，甚至可能在这些古老的湖泊沉积物中（Bishop et al., 2004；Doran et al., 1998），这将需要部署具有预设协议的远程分析传感器，并为矿物、生物改良的地质地层和生物分子残留物建立数据库识别策略。

因此，来自合适的陆地类似物位点的例子可能包括碳酸盐、碳化羟基氟磷灰石、石膏、草酸盐钙、卟啉、类胡萝卜素、硫胞嘧啶和蒽醌（Edwards, 2010；Wynn-Williams and Edwards, 2002）。陆地火星类似地点的识别和选择（Bishop et al., 2004；Pullan et al., 2008）将是发展火星分析天体生物学任务的关键和基本步骤，具有两个实验概念：在陆地"生命极限"情况下对极端微生物定居的地质构造类型的理解；新型小型化分析仪器的部署，这些仪器可以揭示地质记录中微生态位中灭绝和现存生命的关键特征（Bishop et al., 2004；Doran et al., 1998；Edwards, 2010；Edwards et al., 1997；Treado and Truman, 1996；Wynn-Williams, 1991, 1999；Wynn-Williams and Edwards, 2002）。

拉曼光谱技术的应用已经被证明是成功的，通过直接描述生物分子的特征以及它们在陆地地质记录中的修饰结构，而不涉及有机和无机成分的物理或化学分离。其中一些陆地火星模拟地点，以及使用基于实验室的拉曼光谱技术和最近的移动光谱仪，包括（ExoMars）2022任务飞行模型的原型版本，大大提高了我们对极端微生物行为的理解。生物标记光谱特征的拉曼光谱仪器的检测能力有助于开发可识别光谱波段波数的光谱数据库，该数据库可以积极识别与火星相关的地球地质中生物分子和相关蓝藻菌落的存在。

在英国皇家学会《哲学学报》特刊上，为了庆祝拉曼光谱学的350周年，有几篇文章强调了拉曼光谱在表征一系列受压力的陆地环境中地质基质的极端微生物定殖的生物特征方面的作用（Brieret al., 2010；Carter et al., 2010；Edwards, 2010；Edwards et al., 2010；Jehlička et al., 2010b；Jorge-Villar and Edwards, 2010；Marshall and Olcott Marshall, 2010；Rull et al., 2010a, 2010b；Sharma et al., 2010；Varnali and Edwards，2010；Vítek et al., 2010），这些文章讨论了与太空任务相关的地质和生物地质光谱标记的检测，并对拉曼光谱要求进行了很好的评价，这对于ExoMars 2022和其他在漫游车上安装拉曼光谱仪的太空任务的相关光谱数据库的构建至关重要（Jorge-Villar and Edwards, 2005）。

17.2.5 光谱生物特征与生物标志物

拉曼光谱生物特征是指由生物有机体专属合成的化合物的独特谱带，这类化合物也被称为生物标志物，理想情况下在特殊天体地质条件下具有相对稳定性。不过，存在一些模糊且不确定的生物标志物——尽管已知它们可在行星表面、地下环境或星际介质中通过生物或非生物（abiotically）途径合成，但文献中仍常将其错误归为"真正的生物标志物"。这类潜在假生物标志物包括正构烷烃、多环芳烃、含氮杂环化合物、氨基酸、干酪根、尿素及碳。

另一类"生物地质标志物"（或"生物矿物"）可在地球地质环境中识别：它们是生物定植与周围地质环境相互作用后，经地质作用形成的变质物质。例如，地衣群落通过三羧酸循环产生草酸，草酸与方解石基质反应会生成一水草酸钙石和二水草酸钙石（分别为一水草酸钙和二水草酸钙）。在无生物活性的地质地层中发现这些生物矿物，在地球环境中被视为曾有生物定植的证据。

经拉曼光谱表征的真正生物标志物数量其实有限，包括：鞘氨醇（及其甲基化、甲氧基化衍生物）、类胡萝卜素、胡萝卜烷（降解及氢化的类胡萝卜素）、海藻糖（低温下生物细胞的多糖类水分替代分子）、叶绿素（光合色素）、卟啉、藻蓝蛋白（辐射防护辅助色素）、脱氧核糖核酸（DNA）、核糖核酸（RNA）、藿烷类、萜类及甾醇（及其降解产物甾烷）。复杂生物分子在200℃以上发生热成岩作用时，会分解为多环芳烃和无序碳等产物——尽管这些产物本身不能作为明确诊断生命存在的光谱生物标志物，但它们与其他有机分子共同存在时，可作为曾有生命（现存或已灭绝）的潜在可靠指示。

在类火星陆地模拟环境中，核心目标是识别一组光谱分子生物标志物——若能在行星表面或地下远程探测到这些标志物，可明确指示现存或已灭绝生命的存在。我们还需将生命定义严格限定于蓝藻范畴，因为蓝藻是约38亿年前地球早期海洋和行星环境中最早可识别的太古宙（Archaean）生命形态。通过对地球蓝藻的光谱和微生物分析，已分离出多种可作为关键光谱生物标志物的生物分子，并据此构建了拉曼光谱数据库——该数据库可作为评估生物地质记录中生命存在的标准。天体生物学分析的明确生物标志物可包括：生物有机分子（鞘氨醇、类胡萝卜素、胡萝卜烷、海藻糖、藻蓝蛋白、藿烷类化合物）和生物无机分子（一水草酸钙石、二水草酸钙石、文石、蜜蜡石、球霰石、叶绿素）。

Westall 等（2015）近期发表的论文深入探讨了火星生命探测实验中可能检测到的生物特征类型，重点关注火星扩展环境中化能自养和厌氧生命的演化。他们指出，火星生命探测在分析层面面临特殊挑战——火星恶劣环境中有机分子的生物特征极难检测。这项研究延续了 Farmer 和 des Marais（1999）、Westall 和 Cavalazzi（2011）及 Summons 等（2011）关于火星风化层中有机生物分子保存潜力的研究。总体结论是：火星表面的有机分子难以保存，原因是表面存在极强的短波长辐射，且风化层中生成的高氯酸盐和过氧化物会破坏有机分子。不过，Freissinet 等（2015）利用NASA "好奇号" 火星车（MSL）的气相色谱-质谱（GC-MS）仪器，在盖尔陨石坑泥岩钻孔中检测到了 10^{-9} 级的氯苯及 $C_2 \sim C_4$ 氯代烷烃，并认为这些物质源于火星表面生成的氯与有机碳沉积的反应——因此，火星表面或近表面的有机物并非完全被破坏。类似地，Webster 等（2015）在盖尔陨石坑也检测到甲烷，并讨论了其非生物或生物起源的可能性。在地球实验室可分析的火星陨石中，已有多项研究报告检测到碳及含碳物质，火星地下可能曾存在含有机物地层（Grady et al., 2004；Lin et al., 2014；Steele et al., 2012）。

在 "好奇号" 火星车最新数据分析报告中，Webster 等（2018）通过可调谐激光光谱法检测到火星大气中甲烷浓度存在显著季节性变化：五年内浓度在（$0.24 \sim 0.65$）×10^{-9} 之间波动，平均值为（0.41 ± 0.16）×10^{-9}，他们认为这源于地下储层的局部甲烷释放。同期期刊中，Eigenbrode 等（2018）利用 "好奇号" 火星样品分析（SAM）套件的GC-MS仪器，在火星盖尔陨石坑帕伦普山35亿年的湖泊沉积默里组中，识别出 500 ~ 820℃热解产物中的复杂芳香族和脂肪族有机分子（包括噻吩酸），并认为硫化作用是这些分子得以保存的保护机制。

拉曼光谱在潜在生物标志物分析中的关键作用是：能根据特征光谱信号区分关键分子种类——这不仅体现在区分复杂保护性生物化学物质的相关有机组分（包括受胁迫生物群落）与地质宿主基质矿物，还能识别不同类型的生物标志物（如类胡萝卜素，上述生物地质研究中已多次提及）。

17.2.5.1　拉曼光谱在ExoMars 2022任务中的应用

如前所述，ExoMars 2020任务已推迟至2022年。ExoMars拉曼光谱仪（RLS，首席研究员为西班牙巴利亚多利德大学的 Fernando Rull）采用 532nm 激光激发波长，以在生物矿物和生物分子目标的探测范围上达到优化——这是在潜在强荧光背景与拉曼光谱强度提升之间的权衡，同时确保激光二极管可通过商业采购满足任务的质量和功率要求。激光光斑直径选择 50 μm，以平衡粉末样品（粒度 20 ~ 200 μm）的横断面采样需求与样品过度加热风险。预计任务期间将探测约 400 个采样点。英国 ExoMars 2022 飞行模拟原型仪器（Edwards et al., 2012）采用类似系统，可在每个位置自动对焦。该飞行模拟原型及类似的商用 532nm 激发便携式系统已用于多种生物地质火星模拟样品的探测（Edwards et al., 2014）。

17.2.5.2　拉曼光谱在 NASA Mars 2020 任务中的应用

NASA Mars 2020 任务的拉曼光谱仪名为 SHERLOC（扫描可居住环境的拉曼光谱仪和发光有机物及化学品探测仪，首席研究员为 NASA 喷气推进实验室的 Luther Beegle），采用 249nm 深紫外氖-铜空心阴极激光激发，旨在探测元素碳和芳香族化合物的诱导荧光，并获取 250 ~ 270nm 范围的共振前拉曼光谱（Abbey et al., 2017；Beegle et al., 2015；Eshelma et al., 2019）。该仪器质量 1.61kg，激光光斑尺寸 50μm，计划对选定粉末样品进行光栅扫描实验。Mars 2020 火星车的一大特点是：可在行进路线的多个点位缓存火星风化层样品，供未来火星任务着陆器采集。Mars 2020 火星车将是火星上最重的探测车，质量 1050kg，约为欧洲空间局/俄罗斯联邦航天局 ExoMars2022 任务 Kazachok（小哥萨克）探测车（300kg）的 3.5 倍，也重于"好奇号"（900kg）。

ExoMars 2022 与 Mars 2020 任务最初均计划于 2020 年 7 月发射（火星发射窗口期为 2020 年 7 月 17 日至 8 月 5 日）。Mars 2020 任务的着陆点为杰泽罗陨石坑（伊希地平原西部，北纬 18.379°，东经 77.579°），ExoMars 2022 的着陆点为奥克夏平原（北纬 18.275°，东经 335.368°）。两者均为古老的湖泊三角洲地质遗址，含古河道和流出系统，沉积层中富含蒙脱石黏土和硅酸盐——预计可能留存火星现存或已灭绝生命的残留化学痕迹。Mars 2020 任务预计在从地球出发 7 个月并进入火星轨道后，于 2021 年 2 月着陆。

尽管 SHERLOC 是 Mars 2020 任务中的专用拉曼仪器（配备 249nm 紫外拉曼激发），但前文提及的 SuperCam 仪器套件中还包含另一台拉曼仪器，采用 532nm 脉冲激光。这是一种完全不同的设计，包含小型化时间分辨拉曼光谱仪（TRRS）（Angel et al., 2012；Garsda et al., 2015；Blacksberg et al., 2016），旨在规避地质材料（尤其是含稀土元素的黏土，在可见光激发下会产生强荧光）的激光诱导荧光（LIF）（Misra et al., 2016；Perez et al., 2016；Wiens et al., 2017）。此外，有机分子和生物分子会产生短寿命荧光，需通过时间分辨拉曼光谱仪和脉冲激光激发解决，以获得高质量光谱。早期有论文倡导采用光学外差光谱法（Gomer et al., 2011）结合门控检测（减少对光谱仪窄狭缝的需求，最大化弱光强度的通过率），近期 Egan 等（2020）将其发展为小型化单镜单光栅空间外差光谱仪，适用于远程拉曼传感，有望应用于行星科学。

17.2.6　地球上的极端环境：火星上的类似物

尽管人们意识到火星上的环境条件可能比地球上发现的任何环境条件都要极端得多，在火星风化层中寻找生命特征本质上取决于对特定生物标志物的识别，这些生物标志物是由将在陆地火星类似地点发现的比较陆地地质生态位环境的极端微生物定殖产生的。通过拉曼光谱研究的这些位点的综合列表现在正在从文献中出现，并且已经采用了广泛的仪器和协议进行光谱现场研究，从使用台式仪器在实验室中取样进行研究到在适当的情况下采用现场微型光谱仪直接原位探测样本。

2014年出版的英国皇家学会《哲学学报》特刊（Jehlička and Edwards, 2014）详细描述了其中几个地点及其相关的拉曼光谱测量，该特刊由本文作者编辑，其中收集并描述了大约15篇关于几个火星类似地点极端微生物拉曼光谱的论文。这将为读者提供从此类实验中产生的信息类型和光谱数据的良好总结，用于识别生物地球标志物和生物标志物分子以及真实生物地球系统中的相关地理标志物。这将被视为分析光谱学的诊断能力，以促进对生命实验场景的探索，并对未来几十年设想的远程行星仪器至关重要，特别是在我们太阳系拟议的人类太空任务之前。

17.2.6.1　阿塔卡马沙漠

阿塔卡马沙漠被描述为地球上最古老、最干燥的沙漠之一，其表层覆盖层可以与火星沙漠在沙漠化过程中的覆盖层相比较（Dose et al., 2001；Wierzchos et al., 2011）。阿塔卡马沙漠是一个非常干燥的地区，可以了解各种叶类极端微生物（地衣、蓝藻、藻类）在不同岩石和表层土壤结壳中的生存情况。一些研究集中在天体生物学背景下的此类环境。如何学习探测岩石中的生命痕迹？如何加深对隐藏极端微生物生命的不同矿物学生态位的了解？在接下来的两次火星任务中拉曼光谱是否被很好地采用了？几项研究使用基于实验室的拉曼显微光谱仪器采集选定样本的生物标志物、颜料和矿物学的详细信息（例如 Villar et al., 2005）。然而，Vítek 等（2012a）在一个小型化系统中应用1064 nm波长激光激发，以检测旧石器时代岩表（epilithic）地衣物种的生物特征，并对阿塔卡马沙漠岩盐顶峰中的旧石器时代微生物群落进行初步调查。另一项研究表明便携式拉曼设备非常适合分析和检测岩石样本（岩盐）中不同化学性质的颜料。由于其对类胡萝卜素的特殊敏感性，532 nm波长激光激发被认为优先于785 nm波长激光激发用于有机光谱特征的本体分析，而785 nm波长激光激发被建议用于直接在岩石上检测伪枝藻素而无需任何预处理（Vítek et al., 2012b）。如前所述，专注于特定细胞聚集体的精确性成为获得任何信号的关键要求。比较表明在岩石样本和粉末样本上都获得了极好的结果。调查的其他地点包括加利福尼亚州的几个干涸的咸水湖（深泉湖、欧文斯湖、西尔斯湖）。同样，在这里蒸发岩样品中类胡萝卜素信号的检测可以在没有任何高级处理的情况下实现，并通过重复测量证明是稳定的（Vítek et al., 2014）。这一点已被证实用于研究粉末和均质样品，也用于直接分析含有均匀微生物细胞空间分布的岩石。另一方面，岩石中微生物在微米级的原始空间分布因均质化而丢失，这可能导致拉曼信号强度降低。在其他干燥的极端自然环境中，很少有研究报告使用便携式或可运输的拉曼器件研究颜料。Miralles 等（2012）展示了便携式拉曼光谱仪（785 nm）如何用于检测包括地衣色素在内的生物分子（西班牙Tabernas）。然而，在他们的研究中，该仪器无法检测蓝藻的类胡萝卜素（也无法检测其他紫外线保护色素）。

17.2.6.2　盐沼

盐沼可以研究不同盐度下在个别地点形成的嗜盐生态系统。从埃拉特（以色列）的一个蒸发池底部取样，底部石膏壳具有分层的微生物群落，这些微生物群落因不同类型的蓝细菌和紫色硫细菌的存在而着色。获得了具有发达定殖的大块结晶石膏结壳，并记录了小块（毫米直径）有色结晶材料的拉曼光谱。研究发现，手持式拉曼光谱仪可以记录固体天然矿物基质微生物中类胡萝卜素的光谱。盐古猿型蓝细菌定居在垫子的表面，是橙色的原因；在下面，可以发现一层绿色丝状的席藻属蓝藻；最后，在更深的部分出现了一层鲜红色-紫色的无氧光养生物（anoxygenic phototrophs）。先前的研究表明，黏叶黄素和紫锥藻酮（以及少量的叶绿素a、黄藻素、玉米黄质和角黄素）存在于垫子的橙色部分（Oren et al., 1995），黏叶黄素、紫锥藻烯醇和藻蓝蛋白（黄藻素a和叶绿素a的贡献较小）主导着绿色层，螺旋黄质和细菌叶绿素a是深红色层嗜盐性缺氧光生物的主要色素。在橙色层的不同部分记录到1510、1152、1006 cm^{-1}和1513、1153、1005 cm^{-1}的拉曼带，绿色定殖的特征是1509、1150、1003 cm^{-1}。本研究中使用的绿色激发没有检测到绿色层中预期的叶绿素a和藻蓝蛋白（Jehlička and Oren, 2013）。这些颜料可以潜在地使用其他激发（785 nm）识别。不幸的是，来自所研究的石膏垫的天然样品含有多糖黏液，使用785 nm波长激光可以诱导重要的荧光，从而禁止记录颜料的微弱信号。红色层的拉曼光谱包含1510、1151、1004 cm^{-1}处的主要波段。由于Ectothiorodospira/Halorodospira和类Halotchromatium紫硫细菌对红层的定殖，类螺旋黄质类类胡萝卜素预计会出现在垫子的这些部分。事实上，在Ectoth iorhodospira的培养菌株上记录的主要拉曼带为1510、1149、1002 cm^{-1}，这与红层石膏的拉曼带非常接近，这些谱带对应螺旋藻黄质（Jehlička and Oren, 2013）。

17.2.6.3 雪藻

高山中孤立的雪原或冰川框架中的雪原是嗜冷极端微生物生存的特定环境。这些不被认为是火星的类似物（可能是因为它们不被视为地质环境）。然而，即使在火星上，也存在以极地冰盖形式存在的大量水冰沉积物。此外，在我们的太阳系中还有其他寻找生命的候选者，即所谓的冰世界。这些是木卫二、土卫二或泰坦等巨型行星的卫星，其表面大多覆盖着水冰。在地球上，在春季或夏季的几个月里，一些地方的雪藻达到了它们生命周期的阶段，这时它们开始积累大量的防紫外线类胡萝卜素色素，可以观察到雪的红色，即突出的"红雪"现象。Jehlička等（2016）在春季和初夏于捷克Krkonoše的Luсníhora和奥地利Rettenbach冰川的雪原中的雪藻进行了现场分析。每年这个时候，除了光合作用过程中使用的其他类胡萝卜素如β-胡萝卜素外，藻类雪绿单胞菌和雪衣藻（*Chlamydomonas nivalis*，Chlamydonadales，Chlophyta）还会产生紫外线保护的次生类胡萝卜素色素虾青素。配备532 nm波长激光激发的手持式拉曼光谱仪用于分析，并能够获得类胡萝卜素色素的共振拉曼光谱。在雪腐绿单胞菌的鞭毛和包囊形式之间记录了ν_1（C＝C）带的降低，表明存在的色素虾青素浓度增加。

17.3 结语

总之，本章回顾了小型拉曼光谱仪器在陆地地质现场的应用，证明了现场分析材料的可行性，并且无需移除样本即可使用实验室固定底座仪器进行研究。在法医犯罪现场调查领域，识别特殊感兴趣材料存在的能力得到了很好的提升，对合成毒品、化学战神经毒剂、爆炸物的危险化合物和前体的预警对于随后的遏制策略至关重要。在人迹罕至的陆地地区的地质地点采用这种仪器的例子是在炎热和寒冷的沙漠地区，其中一些地区被天体生物学家和行星地质学家视为包括火星模拟地点，用于评估和开发类似飞行的原型拉曼仪器，它最终将成为行星探测车上分析仪器套件的一部分。遥感仪器的这一方面无疑是未来火星无人太空任务中最具挑战性的远程拉曼光谱应用，其中第一个任务是NASA Mars 2020，已于2020年7月离开，计划于2021年初到达火星。最初，欧洲空间局/俄罗斯联邦航天局的ExoMars 2020任务原定于同一时间发射，但由于遭遇挫折，该任务被重新安排到2022年。这两次任务都搭载了专用的微型拉曼光谱仪，用于检查火星岩石与风化层的表面和地下地质。此外，Mars 2020任务将有一个火星样本的缓存库，包括地下岩芯，这些样本将被存放并保存，以供NASA未来的火星任务收集。太空机构已经在计划进行更多的实验，包括先进的仪器，其中一些包括拉曼光谱技术，用于月球、金星和木星卫星的任务。

地质学和生物学术语

Abiotically 非生物的	Abiotic process or material is a natural process or product of a process that does not involve a biological organism. However, even relatively complex organic compounds are known to be created abiotically in nature.	非生物过程或材料是不涉及生物有机体的自然过程或过程的产物。然而，即使是相对复杂的有机化合物也已知是在自然界中非生物产生的
Anoxygenic 无氧	Anoxygenic means being or carrying out photosynthesis in which oxygen is not produced as a by-product.	无氧指正在进行的光合作用不产生副产品氧气
Archaean 太古宙	Archean eon means the oldest eon of the Earth's history. It is one of the four geologic eons of Earth history, occurring between 4 and 2.5 billion years ago. During the Archean, the Earth's crust had cooled enough to allow the formation of continents and life began its development. By the end of the Archean c. 2.5 billion years ago, plate tectonic activity may have been similar to that of the modern Earth.	太古宙意味着地球历史上最古老的纪元。它是地球历史上的4个地质纪元之一，发生在4亿年至25亿年前。在太古宙期间，地壳已经冷却到足以形成大陆的程度，生命也开始发展。到太古宙末期（25亿年前），板块构造活动可能与现代地球相似
Astrogeological 天体地质学	Astrogeology or planetary geology studies geology of the solid bodies in the solar system such as terrestrial planets, moons, asteroids, etc.	天体地质学或行星地质学是研究太阳系固体的地质学，例如研究类地行星、卫星、小行星等
Autotrophic 自养型	Autotroph is any organism capable of self-nourishment by using inorganic materials as a source of nutrients and using photosynthesis or chemosynthesis as a source of energy, as most plants and certain bacteria and protists, an organism that manufactures its own food from inorganic substances, such as carbon dioxide and ammonia. Most autotrophs, such as green plants, certain algae, and photosynthetic bacteria, use light for energy.	自养型是任何能够通过使用无机材料作为营养来源并使用光合作用或化学合成作为能量来源进行自我营养的生物体，如大多数植物和某些细菌和原生生物，是一种用无机物质制造自己的食物（例如二氧化碳和氨）的生物体。大多数自养生物，例如绿色植物、某些藻类和光合细菌，都利用光
Biotically 生物的	Biotic process or material is a natural process or product of a process that involves a biological (living) organism.	生物过程或材料是涉及生物（活）有机体的自然过程或过程的产物
Chemolithotrophic 化能营养的	Chemolithotrophic organisms obtain energy by the oxidation of suitable inorganic compounds such as reduced iron compounds, ammonia, nitrites, sulfides or elemental sulfur. They do not need a light source for this process. They can either fix carbon dioxide or use other source of carbon for biosynthesis.	化能营养生物体通过氧化合适的无机化合物（例如铁化合物、氨、亚硝酸盐、硫化物或元素硫）获得能量。它们不需要光源完成这个过程。它们可以固定二氧化碳或使用其他碳源进行生物合成
Deltaic 三角洲	Deltaic Derived from the river delta, a body of sediment, which is deposited by the river where it reaches its mouth, and enters into sea or lake, for example, where it loses capability to transport sedimentary material. Typically used in a connection with the environment or sediment.	三角洲源自河流三角洲，是一种沉积物，由河流到达河口沉积并进入海洋或湖泊，例如在那里失去了运输沉积物的能力。通常用于与环境或沉积物相关
epilithic 岩表	Epilithic means growing on the surface of rock without penetrating the rock substrate.	表石是指在岩石表面生长而不穿透岩石基底

extremophilic 极端微生物	Extremophilic organisms, i.e. extremophilic cyanobacteria. Organisms which cope with extremely hot (thermophiles), sour (acidophiles) or salty (halophiles) conditions, toxic substances like heavy metals also do them good and even give them energy.	极端微生物即极端微生物蓝藻。应对极热（嗜热菌）、酸（嗜酸菌）或咸（嗜盐菌）条件的生物体以及重金属等有毒物质也对它们有好处，甚至为它们提供能量
Lacustrine 湖泊	Lacustrine denotes the environment within a lake; in a geological context, the sedimentary rocks formed from sedimentation in the lake; these sediments are typically finer grained when compared to the deltaic sediments.	湖泊表示湖泊内的环境。在地质背景下，沉积岩是由湖泊中的沉积作用形成的，与三角洲沉积物相比这些沉积物的颗粒通常更细
Lithology 岩性	Lithology is a description of the rock type(s) at a given locality (outcrop). This description can be based on observation of physical properties of rocks by a geologist and typically leads to the classification of rocks into one of three major rock types: sedimentary, igneous, or metamorphic.	岩性是对给定地点（露头）岩石类型的描述。这种描述可以基于地质学家对岩石物理性质的观察，并且通常导致将岩石分类为3种主要岩石类型（沉积岩、火成岩或变质岩）之一
Noachian 诺亚纪	Noachian is a time period in the geological history of Mars. It occurred approximately between 4.1 and 3.7 billion years ago. A warmer and wetter period, with formation of water bodies, weathering, and extensive volcanic activity.	诺亚纪是火星地质史上的一个时期，大约在4.1亿至37亿年前。温暖湿润的时期，水体形成、风化和广泛的火山活动
Ordovician 奥陶纪	The Ordovician is a geologic period and system, the second of six periods of the Paleozoic Era. The Ordovician spans 41.6 Mya from the end of the Cambrian Period 485.4 Mya years and ended with the Ordovician-Silurian extinction events, about 443.8 Mya, which wiped out 60% of global marine genera. The Ordovician is best known for its diverse marine invertebrates, including graptolites, trilobites, brachiopods, and the conodonts.	奥陶纪是一个地质时期和系统，是古生代6个时期中的第二个。奥陶纪横跨41.6 Mya（100万年）。从寒武纪末期485.4 Mya开始，到奥陶纪-志留纪灭绝事件结束，约443.8 Mya，灭绝了全球60%的海洋属。奥陶纪以其多样化的海洋无脊椎动物（包括笔石、三叶虫、腕足动物和牙形刺）而闻名
palaeogeological 古地质学的	Palaeogeological relates to palaeogeology. Palaeogeology is a branch of geoscience concerned with the study of geologic features exposed at the surface during a past epoch or period but now buried beneath rocks formed in subsequent time. If the map depicts the geological structure of the earth's surface during a period of geological past, it is called a palaeogeological map.	古地质学是地球科学的一个分支，研究过去的时代或时期暴露在地表但现在埋在随后形成的岩石之下的地质特征。如果地图描绘了过去一段地质时期地球表面的地质结构，则称为古地质图
pegmatitic 伟晶岩的	Pegmatitic relates to pegmatite, which is an igneous rock, formed underground, with interlocking crystals usually larger than 2.5 cm in size, which is an exceptionally coarse-grained igneous rock. Most pegmatites are composed of quartz, feldspar, and mica, having a similar composition as granite. Pegmatitic mica is a mica commonly occurring in pegmatites.	与伟晶岩有关，伟晶岩是一种火成岩，形成于地下，具有联锁晶体，尺寸通常大于2.5cm，是一种异常粗粒的火成岩。大多数伟晶岩由石英、长石和云母组成，其成分与花岗岩相似。伟晶岩云母是常见于伟晶岩中的云母
phototrophs 光养生物	Phototrophs are those organisms that obtain their energy from sunlight, typically through photosynthesis.	光养生物是那些通常通过光合作用从阳光中获取能量的生物体
Regolith 风化层	Regolith is the unconsolidated material above bedrock and comprises in situ and transported materials that have usually undergone some degree of weathering. It is present on Earth, the Moon, Mars, some asteroids, and other terrestrial planets and moons.	风化层是基岩上方的松散物质，由通常经历一定程度风化的原位和运输物质组成。它存在于地球、月球、火星、一些小行星以及其他类地行星和卫星上

Scytonemin 伪枝藻素	Scytonemin is a secondary metabolite and an extracellular sheath pigment synthesized by many strains of cyanobacteria (i.e. Nostoc, Scytonema, Calothrix, Lyngbya). This is a symmetrical indole alkaloid composed of fused heterocyclic monomers, connected through a carbon-carbon bond with a molecular weight of about 544 Da. It acts as protective compound against short-wavelength solar UV radiation.	伪枝藻素是一种次级代谢产物，是由许多蓝细菌菌株（即发菜念珠藻属、伪枝藻属、Caothrix、鞘丝藻属）合成的细胞外鞘色素。这是一种由稠合杂环单体组成的对称吲哚生物碱，通过碳-碳键连接，分子量约为544 Da。它充当针对短波长太阳紫外线辐射的保护化合物
Smectic 近晶型	Smectites belong to a group of clay minerals, hydrated aluminum phyllosilicates, that form during weathering (in the presence of water) of other silicates rich in magnesium and iron such as olivine. They are an important part of soils on Earth and were also found on Mars.	近晶型蒙皂石属于一组黏土矿物，即水合铝页硅酸盐，是在其他富含镁和铁的硅酸盐（例如橄榄石）风化过程中（在水存在下）形成的。它们是地球土壤的重要组成部分，在火星上也发现了它们
Speleothems 洞穴沉积物	Speleothems ("Cave deposits") are cave formations, secondary mineral deposits formed in a cave. Speleothems typically form in limestone, dolomite, marble, and less commonly gypsum solutional caves (it means formed in the soluble material).	洞穴沉积物是洞穴构造，是在洞穴中形成的次生矿床。洞穴岩通常形成于石灰岩、白云石、大理石以及不太常见的石膏溶洞中（这意味着形成于可溶材料中）

缩略语

LIF	laser-induced fluorescence	激光诱导荧光
PSSERS	portable SSE Raman spectrometer	便携式SSE拉曼光谱仪
SSE	sequential shift excitation	顺序移动激发
TRRS	time-resolved Raman spectrometer	时间分辨拉曼光谱仪

参考文献

Abbey, W., Bhartia, R., Beegle, L. et al. (2017). Deep UV Raman spectroscopy for planetary exploration: the search for *in situ* organics. *Icarus* 290: 204-214.

Angel, S.M., Gomer, N.R., Sharma, S.K. et al. (2012). Remote Raman spectroscopy for planetary exploration: a review. *Applied Spectroscopy* 66: 137-150.

Bedau, A. (2010). An Aristotelean account of minimal chemical life. *Astrobiology* 10: 1011-1020.

Beegle, L., Bhartia, R., White, M.et al. (2015). SHERLOC: Scanning habitable environments with Raman and luminescence for organics and chemicals. *IEEE Aerospace Conference Proceedings*, June 2015, AERO.2015.7119105.

Benn, D., Linnen, R., and Martins, T. (2019). Evaluating portable Raman spectrometers for use in exploration of pegmatite dikes, Wekusko Lake, Manitoba. *The Canadian Mineralogist* 57: 711-713.

Benner, S.A. (2010). Defining life. *Astrobiology* 10: 1021-1030.

Bishop, J.L., Aglen, B.L., Pratt, L.M. et al. (2004). A spectroscopic and isotopic study of sediments from the Antarctic dry valleys as analogues for potential palaeolakes on Mars. *International Journal of Astrobiology* 2: 273-287.

Blacksberg, J., Alerstam, E., Maruyama, Y. et al. (2016). Miniaturised time-resolved Raman spectrometer for planetary science based on a fast single photon avalanche diode detector array. *Applied Optics* 55: 739-748.

Brier, J.A., White, S.N., and German, C.R. (2010). Mineral-microbe interactions in deep-sea hydrothermal systems: a challenge for Raman spectroscopy. *Philosophical Transactions of the Royal Society A* 368: 3067-3086.

Carter, E.A., Hargreaves, M.D., Kee, T.P. et al. (2010). A Raman spectroscopic study of a fulgurite. *Philosophical Transactions of the Royal Society A* 368: 3087-3098.

Clark, B.C. (1998). Surviving the limits to life at the surface of Mars. *Journal of Geophysical Research* 103: 28545-28556.

Cleland, C.E. and Chyba, C.F. (2002). Defining life. *Origins of Life and Evolution of Biospheres* 32: 387-393.

Cockell, C.S. and Knowland, J.R. (1999). Ultraviolet screening compounds. *Biological Reviews* 74: 311-345.

Crupi, V., Giunta, A., Kellett, B. et al. (2014). Handheld and non-destructive methodologies for the compositional investigation of meteorite fragments. *Analytical Methods* 6: 6301.

Culka, A. and Jehlička, J. (2018). Sequentially shifted excitation: a tool for suppression of laser-induced fluorescence in mineralogical applications using portable Raman spectrometers. *Journal of Raman Specroscopy* 49: 526-537.

Culka, A. and Jehlička, J. (2019). A database of Raman spectra of precious gemstones and minerals used as cut gems obtained using portable sequentially shifted excitation Raman spectrometer. *Journal of Raman Specroscopy* 50: 262-280.

Culka, A., Jehlička, J., and Edwards, H.G.M. (2010). Acquisition of Raman spectra of amino acids using portable instruments: outdoor measurements and comparison. *Spectrochimica Acta A* 77: 978-983.

Culka, A., Jehlička, J., Vandenabeele, P. et al. (2011). The detection of biomarkers in evaporite matrices using a portable Raman instrument under alpine conditions. *Spectrochimica Acta A* 80: 8-13.

Culka, A., Jehlička, J., and Strnad, L. (2012). Testing a portable Raman instrument: the detection of biomarkers in gypsum powdered matrix under gypsum crystals. *Spectrochimica Acta A* 86: 347-350.

Culka, A., Košek, F., Drahota, P. et al. (2014). Use of miniaturized Raman spectrometer for detection of sulfates of different hydration states - significance for Mars studies. *Icarus*: 440-453.

Culka, A., Kindlová, H., Drahota, P. et al. (2016). Raman spectroscopic identification of arsenate minerals *in situ* at outcrops with handheld (532 nm, 785 nm) instruments. *Spectrochimica Acta A* 154: 193-199.

Dickensheets, D.L., Wynn-Williams, D.D., Edwards, H.G.M. et al. (2000). A novel miniature confocal Raman spectrometer system for biomarker analysis on future Mars missions after Antarctic trials. *Journal of Raman Specroscopy* 31: 633-635.

Doran, P.T., Wharton, R.A.J., des Marais, D.J. et al. (1998). Antarctic palaeolake sediments and the search for extinct life on mars. *Journal of Geophysical Research, Planets* 103: 28481-28488.

Dose, K., Bieger-Dose, A., Ernst, B. et al. (2001). Survival of microorganisms under the extreme conditions of the Atacama Desert. *Origins of Life and Evolution of Biospheres* 31: 287-303.

Edwards, H.G.M. (2004). Raman spectroscopic protocol for the molecular recognition of key biomarkers in astrobiological exploration. *Origins of Life and Evolution of Biospheres* 34: 3-11.

Edwards, H.G.M. (2010). Raman spectroscopic approach to analytical astrobiology: the detection of key geological and biomolecular markers in the search for life. *Philosophical Transactions of the Royal Society A* 368: 3059-3066.

Edwards, H.G.M. and Newton, E.M. (1999). Applications of Raman spectroscopy for exobiological prospecting. In: *The Search for Life on Mars* (ed. J.A. Hiscox), 75-83. London: British Interplanetary Society.

Edwards, H.G.M., Russell, N.C., and Wynn-Williams, D.D. (1997). Fourier-transform Raman spectroscopic and scanning electron microscopic study of cryptoendolithic lichens from Antarctica. *Journal of Raman Specroscopy* 30: 685-690.

Edwards, H.G.M., Moody, C.D., Jorge Villar, S.E. et al. (2005). Raman spectroscopic detection of key biomarkers of cyanobacteria and lichen symbiosis in extreme Antarctic habitats: evaluation for Mars lander missions. *Icarus* 174: 560-571.

Edwards, H.G.M., Sadooni, F., Vítek, P. et al. (2010). Raman spectroscopy of the Dukhan sabkha: identification of geological and biogeological molecules in an extreme environment. *Philosophical Transactions of the Royal Society A* 368: 3099-3108.

Edwards, H.G.M., Hutchinson, I.B., and Ingley, R. (2012). The ExoMars Raman spectrometer and the identification of biogeological spectroscopic signatures using a flight-like prototype. *Analytical and Bioanalytical Chemistry* 404: 1723-1731.

Edwards, H.G.M., Hutchinson, I.B., Ingley, R. et al. (2014). Biomarkers and their Raman spectroscopic signatures: a spectral challenge for analytical astrobiology. *Philosophical Transactions of the Royal Society A* 372: 20140193.

Egan, M.J., Acosta-Maeda, T.E., Angel, S.M. et al. (2020). One mirror, one grating spatial heterodyne spectrometer for remote sensing Raman spectroscopy. *Journal of Raman Spectroscopy* 51 https://doi.org/10.1002/jrs5788.

Eigenbrode, J.L., Summons, R.E., Steele, A. et al. (2018). Organic matter preserved in 3 billion-year-old mudstones at Gale crater, Mars. *Science* 360: 1096-1101.

Ellery, A. and Wynn-Williams, D.D. (2003). Why Raman spectroscopy on Mars? A case of the right tool for the right job. *Astrobiology* 3: 565-579.

Eshelma, E., Malaska, M., Manatt, K. et al. (2019). *In Situ* organic detection in subsurface ice using deep UV fluorescence spectroscopy. *Astrobiology* 19: 771-784.

Farmer, J D. and des Marais, D.J. (1999). Exploring for a record of ancient Martian life. *Journal of Geophysical Research* 104: 26977-26995.

Flahaut, J., Bishop, J.L., Silvestro, S. et al. (2019). The Italian Solfatara as an analog for Mars fumarolic alteration. *American Minerclogist* 104: 1565-1577.

Freissinet, C., Glavin, D.P., Mahaffy, P.R. et al. (2015). Organic molecules in the Sheepbed mudstone, Gale crater, Mars. *Journal of Geophysical Research Planets* 120: 495-514.

Garsda, P.J., Acosta-Maeda, T.E., Lucey, P.G. et al. (2015). Next generation laser-based standoff spectroscopic techniques for Mars exploration. *Applied Spectroscopy* 69: 173-192.

Gázquez, F., Rull, F., Sanz-Arranz, A. et al. (2017). *In situ* Raman characterization of minerals and degradation processes in a variety of cultural and geological heritage sites. *Spectrochimica Acta A* 172: 48-57.

Gomer, N.R., Gordon, C.M., Lucey, P.G. et al. (2011). Raman spectroscopy using a spatial heterodyne spectrometer. Proof of concept. *Applied Spectroscopy* 65: 849-857.

Grady, M.M., Verchovsky, A.B., and Wright, I.P. (2004). Magmatic carbon in Martian meteorites: attempts to constrain the carbon cycle on Mars. *International Journal of Astrobiology* 3: 117-124.

Jehlička, J. and Culka, A. (2010). Raman spectra of nitrogen-containing organic compounds obtained using a portable instrument at -15 degrees C at 2860 m above sea level. *Journal of Raman Specroscopy* 41: 537-542.

Jehlička, J. and Edwards, H.G.M. (2014). Raman spectroscopy meets extremophiles on earth and Mars: studies for successful search of life. *Philosophical Transactions of the Royal Society A* 372: 20140207.

Jehlička, J. and Oren, A. (2013). Use of a handheld Raman spectrometer for fast screening of microbial pigments in cultures of halophilic micrcorganisms and in microbial communities in hypersaline environments in nature. *Journal of Raman Spectroscopy* 44: 1285-1291.

Jehlička, J. and Vandenabeele, P. (2015). Evaluation of portable Raman instruments with 532 and 785-nm excitation for identification of zeolites and beryllium containing silicates. *Journal of Raman Spectroscopy* 46: 927-932.

Jehlička, J., Vítek, P., Edwards, H.G.M. et al. (2009a). Application of portable Raman instruments for fast and non-destructive detection of minerals on outcrops. *Spectrochimica Acta A* 73: 410-419.

Jehlička, J., Vítek, P., Edwards, H.G.M. et al. (2009b). Fast detection of sulphate minerals (gypsum, anglesite, baryte) by a portable Raman spectrometer. *Journal of Raman Spectroscopy* 40: 1082-1086.

Jehlička, J., Vítek, P., Edwards, H.G.M. et al. (2009c). Rapid outdoor non-destructive detection of organic minerals using a portable Raman spectrometer. *Journal of Raman Spectroscopy* 40: 1645-1651.

Jehlička, J., Vandenabeele, P., Edwards, H.G.M. et al. (2010a). Raman spectra of pure biomolecules obtained using a hand-held instrument under cold, high-altitude conditions. *Analytical and Bioanalytical Chemistry* 397: 2753-2760.

Jehlička, J., Edwards, H.G.M., and Culka, A. (2010b). Using portable Raman spectrometers for the identification of organic compounds at low temperatures and high altitudes: exobiological applications. *Philosophical Transactions of the Royal Society A* 368: 3109-3125.

Jehlička, J., Culka, A., and Edwards, H.G.M. (2010c). Raman spectra of nitrogen-containing organic compounds obtained in high altitude sites using a portable spectrometer: possible application for remote robotic titan studies. *Planetary and Space Science* 58: 875-881.

Jehlička, J., Culka, A., Vandenabeele, P. et al. (2011). Critical evaluation of a handheld Raman spectrometer with near infrared (785 nm) excitation for field identification of minerals. *Spectrochimica Acta A* 80: 36-40.

Jehlička, J., Vandenabeele, P., and Edwards, H.G.M. (2012). Discrimination of zeolites and beryllium containing silicates using portable Raman spectroscometric equipment with near-infrared excitation. *Spectrochimica Acta A* 86: 341-346.

Jehlička, J., Culka, A., and Nedbalová, L. (2016). Colonization of snow by microorganisms as revealed using miniature Raman spectrometers - possibilities for detecting carotenoids of psychrophiles on Mars? *Astrobiology* 16: 913-924.

Jehlička, J., Culka, A., Bersani, D. et al. (2017a). Comparison of seven portable Raman spectrometers: beryl as a case study.

Journal of Raman Specroscopy 48: 1289-1299.

Jehlička, J., Culka, A., and Košek, F. (2017b). Obtaining Raman spectra of minerals and carbonaceous matter using a portable sequentially shifted excitation Raman spectrometer - a few examples. *Journal of Raman Specroscopy* 48: 1583-1589.

Jorge-Villar, S.E. and Edwards, H.G.M. (2005). Raman spectroscopy in astrobiology. *Analytical and Bioanalytical Chemistry* 384: 100-113.

Jorge-Villar, S.E. and Edwards, H.G.M. (2010). Raman spectroscopy of volcanic lavas and inclusions of relevance to astrobiological exploration. *Philosophical Transactions of the Royal Society A* 368: 3127-3136.

Kong, W.G., Zheng, M.P., Kong, F.J. et al. (2014). Sulfate-bearing deposits at Dalangtan playa and their implication for the formation and preservation of Martian salts. *American Mineralogist* 99: 283-290.

Košek, F., Culka, A., Drahota, P. et al. (2017a). Applying portable Raman spectrometers for field discrimination of sulfates: training for successful extraterrestrial detection. *Journal of Raman Specroscopy* 48: 1085-1093.

Košek, F., Culka, A., and Jehlička, J. (2017b). Field identification of minerals at burning coal dumps using miniature Raman spectrometers. *Journal of Raman Specroscopy* 48: 1494-1502.

Lalla, E.A., Sanz-Arranz, A., Lopez-Reyes, G. et al. (2016). Raman-Mössbauer-XRD studies of selected samples from "Los Azulejos" outcrop: a possible analogue for assessing the alteration processes on Mars. *Advances in Space Research* 57: 2385-2395.

Lin, Y., Goresy, A.E., Hu, S. et al. (2014). NanoSIMS analysis of organic carbon from the Tissint Martian meteorite: evidence for the past existence of subsurface organic-bearing fluids on Mars. *Meteoritics and Planetary Science* 49: 2201-2218.

Malherbe, C., Hutchinson, I.B., McHugh, M. et al. (2019). Minerals and microstructure identification using Raman instruments: evaluation of field and laboratory data in preparation for space mission. *Journal of Raman Specroscopy* https://doi.org/10.1002/jrs.5685.

Marshall, C.P. and Olcott Marshall, A. (2010). The potential of Raman spectroscopy for the analysis of diagenetically transformed carotenoids. *Philosophical Transactions of the Royal Society A* 368: 3137-3144.

Marshall, C.P. and Olcott Marshall, A. (2015). Challenges analyzing gypsum on Mars by Raman spectroscopy. *Astrobiology* 15: 761-769.

Marshall, C.P., Edwards, H.G.M., and Jehlička, J. (2010). Understanding the application of Raman spectroscopy to the detection of traces of life. *Astrobiology* 10: 229-243.

McKay, C.P. (1997). The search for life on Mars. *Origins of Life and Evolution of Biospheres* 27: 263-289.

Miralles, I., Jorge-Villar, S.E., Canton, Y. et al. (2012). Using a mini-Raman spectrometer to monitor the adaptive strategies of extremophile colonizers in arid deserts: relationships between signal strength, adaptive strategies, solar radiation, and humidity. *Astrobiology* 12: 743-753.

Misra, A.K., Acosta-Maeda, T.E., Sharma, S.K. et al. (2016). "Standoff biofinder" for fast, noncontact, nondestructive, large-area detection of biological materials for planetary exploration. *Astrobiology* 16: 715-729.

Olcott Marshall, A. and Marshall, C.P. (2013). Field-based Raman spectroscopic analyses of an Ordovician stromatolite. *Astrobiology* 13: 814-820.

Oren, A., Kühl, M., and Karsten, U. (1995). An endoevaporitic microbial mat within a gypsum crust: zonation of phototrophs, photopigments, and light penetration. *Marine Ecology Progress Series* 128: 151-159.

Perez, R., Pares, L., Newell, R., Robinson, S.et al. (2016). The SuperCam instrumento on the NASA 2020 Mars missión - optical design and performance. *International Conference on Space Optics ICSO-2016*(eds.B.Cugny, N. Korafolas, and Z. Sodnik). *Proceedings SPIE*, 10562; 105622K/1-9.

Pullan, D., Hofmann, B.A., Westall, F. et al. (2008). Identification of morphological biosignatures in Martian analogue field specimens using *in situ* planetary instrumentation. *Astrobiology* 8: 119-156.

Rull, F., Delgado, A., and Martinez-Frias, J. (2010a). Micro-Raman spectroscopic study of extremely large atmospheric ice conglomerations (megacryometeors). *Philosophical Transactions of the Royal Society A* 368: 3145-3152.

Rull, F., Munoz-Espadas, M.J., Lunar, R. et al. (2010b). Raman spectroscopic study of four Spanish shocked ordinary chondrites: canellas, Olmedilla de Alarcon, Reliegos and Olivenza. *Philosophical Transactions of the Royal Society A* 368: 3153-3166.

Sharma, S.K., Misra, A.K., Clegg, S.M. et al. (2010). Time-resolved remote Raman study of minerals under supercritical CO_2 and high temperatures relevant to Venus exploration. *Philosophical Transactions of the Royal Society A* 368: 3167-3191.

Steele, A., McCubbin, F.M., Fries, M.D. et al. (2012). Graphite in the Martian meteorite Allan Hills 84001. *American Mineralogist* 97: 1256-1259.

Summons, R., Amend, J.P., Bish, D. et al. (2011). Preservation of Martian organic and environmental records. *Astrobiology* 11: 157-181.

Tirard, S., Morange, M., and Lazcano, A. (2010). The definition of life: a brief history of elusive scientific Endeavour. *Astrobiology* 10: 1003-1009.

Treado, P.J. and Truman, A. (1996). Laser Raman spectroscopy. *Point Clear Exobiology Instrumentation Workshop*(eds. T.J. Wdowiak, and D.G. Agresti) (1996), pp. 7-10. Birmingham, AL, USA: University of Alabama Press.

Vandenabeele, P., Jehlička, J., Vítek, P. et al. (2012). On the definition of Raman spectroscopic detection limits for the analysis of biomarkers in solid matrices. *Planetary and Space Science* 62: 48-54.

Varnali, T. and Edwards, H.G.M. (2010). *Ab initio* calculations of scytonemin derivatives of relevance to extremophile characterisation by Raman spectroscopy. *Philosophical Transactions of the Royal Society A* 368: 3193-3204.

Villar, S.E.J., Edwards, H.G.M., and Seaward, M.R.D. (2005). Raman spectroscopy of hot desert, high altitude epilithic lichens. *Analyst* 130: 730-737.

Vítek, P., Edwards, H.G.M., Jehlička, J. et al. (2010). Microbial colonization of halite from the hyper-arid Atacama Desert studied by Raman spectroscopy. *Philosophical Transactions of the Royal Society A* 368: 3205-3221.

Vítek, P., Edwards, H.G.M., Jehlička, J. et al. (2011). Evaluation of portable Raman instrumentation for identification of β-carotene and mellitic acid in two-component mixtures with halite. *Spectrochimica Acta A* 80: 32-35.

Vítek, P., Ali, E.M.A., Edwards, H.G.M. et al. (2012a). Evaluation of portable Raman spectrometer with 1064 nm excitation for geological and forensic applications. *Spectrochimica Acta A* 86: 320-327.

Vítek, P, Jehlička, J., Edwards, H.G.M. et al. (2012b). The miniaturized Raman system and detection of traces of life in halite from the Atacama desert: some considerations for the search for life signatures on Mars. *Astrobiology* 12: 1095-1099.

Vítek, P., Jehlička, J., Edwards, H.G.M. et al. (2014). Miniaturized Raman instrumentation detects carotenoids in Mars-analogue rocks from the Mojave and Atacama deserts. *Philosophical Transactions of the Royal Society A* 372: 20140196.

Webster, C.R., Mahaffy, P.R., Atreya, S.K. et al. (2015). Mars methane detection and variability at Gale crater. *Science* 347: 415-417.

Webster, C.R., Mahaffy, P.R., Atreya, S.K. et al. (2018). Background levels of methane in Mars' atmosphere show strong seasonal variation. *Science* 360: 1093-1096.

Westall, F. and Cavalazzi, B. (2011). Biosignatures in rocks. In: *Encyclopaedia of Geobiology* (eds. V. Thieland and J. Reitner), 189-201. Berlin: Springer.

Westall, F., Foucher, F., Bost, N. et al. (2015). Biosignatures on Mars: what, where and how? Implications for the search for Martian life. *Astrobiology* 15: 1-32.

Wiens, R.C., Maurice, S., and Perez, F.R. (2017). The SuperCam remote sensing instrument suite for the Mars 2020 rover: a preview. *Spectroscopy* 22: 50-55.

Wierzchos, J., Camara, B., De Los Ríos, A. et al. (2011). Microbial colonization of Ca-sulfate crusts in the hyperarid core of the Atacama Desert: implications for the search for life on Mars. *Geobiology* 9: 44-60.

Wynn-Williams, D.D. (1991). Cyanobacteria in deserts-life at the limit? In: *The Ecology of Cyanobacteria: Their Diversity in Time and Space* (eds. B.A. Whitton and M. Potts), 341-366. Dordrecht, The Netherlands: Kluwer Academic Press.

Wynn-Williams, D.D. (1999). Antarctica as a model for ancient mars. In: *The Search for Life on Mars* (ed. J.A. Hiscox), 49-57. London: British Interplanetary Society.

Wynn-Williams, D.D. and Edwards, H.G.M. (2000a). Antarctic ecosystems as models for extraterrestrial surface habitats. *Planetary and Space Science* 48: 1065-1075.

Wynn-Williams, D.D. and Edwards, H.G.M. (2000b). Proximal analysis of regolith habitats and protective biomolecules *in situ* by laser Raman spectroscopy: overview of terrestrial Antarctic habitats and Mars analogs. *Icarus* 144: 486-503.

Wynn-Williams, D.D. and Edwards, H.G.M. (2002). Environmental UV-radiation: biological strategies for protection and avoidance. In: *Astrobiology: The Quest for the Origins of Life* (eds. G. Horneck and C. Baumstarck-Khan), 245-260. Berlin: Springer-Verlag.

18

高光谱近端传感仪器及其在覆盖探测中的应用

Carsten Laukamp, Monica LeGras, Ian Christopher Lau

CSIRO Minerals Resources, Australian Resources Research Centre, Kensington, WA, Australia

18.1 引言

高光谱传感技术可以经济高效、客观地表征矿物，然后将其转化为更高水平的地球科学产品（例如基岩岩性和风化层地层学，Laukamp et al., 2015a；蚀变矿物模式，Burley et al., 2017）。高光谱传感技术可以快速采集大量数据，以确定矿物的分布和矿脉的变化趋势（例如在勘探过程中指引矿床位置），以及绘制矿物区域图，帮助了解矿体性质。依靠高光谱传感技术获得的矿物样本和岩芯测井的数据提高了岩性测井代码的可靠性，尤其是在风化层环境中（即基岩上的松散岩石材料）。高光谱传感技术还允许地质学家根据采集的光谱数据进行数学建模，以适应不同的应用场景。

本章是高光谱传感技术应用于勘探和采矿的实例的综述。为此，总结了目前可用的高光谱遥感（field hyperspectral sensing technology）和岩心高光谱（drill core hyperspectral sensing technology）的技术规格，并描述了获取高质量数据的重要考量因素。然后是简短的案例研究，描述在现实工作中使用这些仪器的经验，并通过插图展示高光谱传感技术在勘探中应用的巨大潜力。

反射光谱技术自20世纪中期以来一直被用于表征岩石矿物组成（例如 Hunt and Turner, 1953; Keller et al., 1952），并且随着各国对远距离探测和太空探索的兴趣增加而得到发展（例如 Lyons, 1962）。大量开源的矿物反射光谱表明反射光谱技术具有快速表征矿物的潜力（例如 Bishop et al., 2008; Clark et al., 1990; Hunt, 1977）。然而，上一次对矿物的红外波谱功能基的全面总结是在1974年由法默（Farmer）发表的。20世纪90年代商业手持式光谱仪的出现，例如便携式红外矿物分析仪（PIMA，Integrated Spectronics Pty Ltd.）和野外便携式光谱仪（ASD，现在的 Malvern Panalytical），使得实时矿物分析成为可能，给勘探和采矿行业带来重大变革。紧接着是在21世纪初发展起来的高光谱岩心传感器（例如 Schodlok et al., 2016），现在已经被工业和政府机构成功利用（Huntington，2016）。全球商业实验室逐渐增加的便携式和台式傅里叶变换红外光谱仪（FTIR）与庞大的高光谱邻近感测仪器队伍相互呼应。

手持式和岩心高光谱技术在不同的波长区域获取反射光谱，因此了解每个波长范围中的不同矿物的特征至关重要。对常用的高光谱近端传感仪器的总结表明：大多数传感器包含可见近红外（VNIR）至短波红外（SWIR）波长范围，也就是350～2500 nm（28570～4000 cm⁻¹）（图18.1）。然而，无水硅酸盐等某些矿物通常只在中红外［MIR，2500～6000 nm（4000～1667 cm⁻¹）］和热红外［TIR，6000～15000 nm（1667～667 cm⁻¹）］区域内有特征峰。此外，某些矿物组合物产生的光谱特征与单一矿物组分相互重叠。一个例子是白云母和绿泥石的组合SWIR光谱特征，它们可以模仿碳酸盐的光谱特征（请参见本章后面的讨论和图示）。在这种情况下，需要增加从TIR区域获取的光谱信息，以此区分碳酸盐和层状硅酸盐。总之，选择合适的高光谱传感器解决相应的矿产勘探或采矿挑战非常重要。

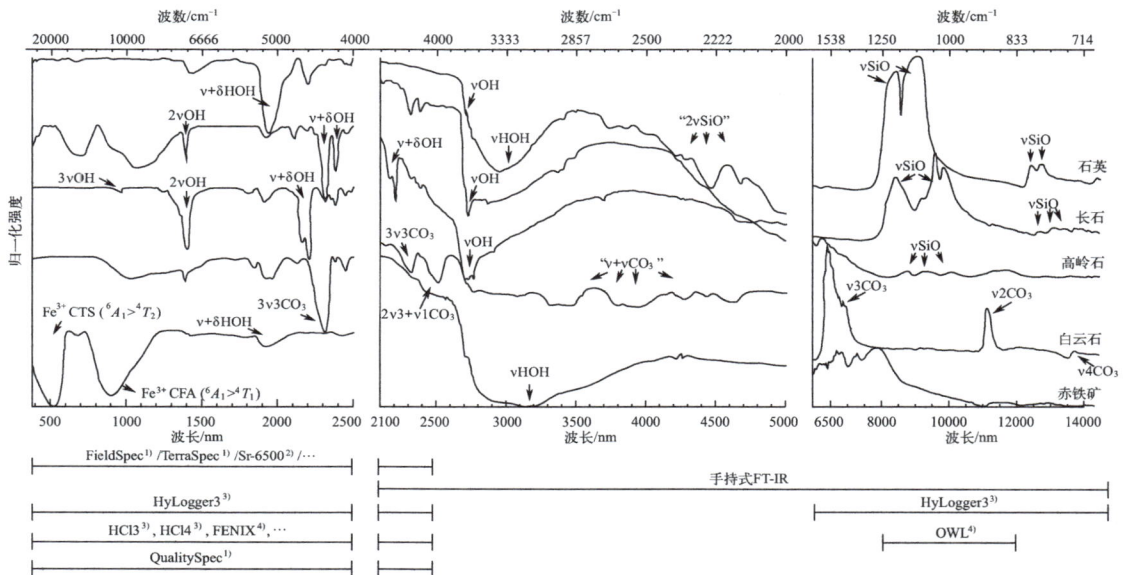

图18.1 主要的岩石形成矿物在380～14500 nm（26315～690 cm⁻¹）范围内的反射光谱以及高光谱近距离检测仪的波长覆盖范围：（1）Malvern Panalytical；（2）Spectral Evolution；（3）Corescan Pty Ltd；（4）Specim，Spectral Imaging Ltd）等。左侧反射光谱使用TerraSpec3收集，中部和右侧反射光谱使用手持式FT-IR收集。从上到下的矿物分别是石英（LB1；研磨物；西澳大利亚，Lucky Bay）、长石（Z49149；金属矿物；位置不详）、高岭石（KGa-1b；粉末；美国佐治亚州）、白云石（MT8327；金属矿物；美国纽约州Thornwood）和赤铁矿（C1；合成品；粉末）
红外功能团：ν—基本伸缩模式；2ν/3ν—基本伸缩模式的第一/第二倍频；δ—基本弯曲模式；ν+δ—组合带
电子吸收：CFA—晶体场吸收；CTS—电荷转移吸收

18.2 现场可见近红外到短波红外光谱传感器

现场光谱辐射计覆盖了可见近红外［350～1000 nm（28570～10000 cm⁻¹）］和短波红外［1000～2500 nm（10000～4000 cm⁻¹）］的范围，很多矿物在这个波段有较多的吸收特征峰。这些吸收特征一般是由以下原因引起的：①电子（电荷转移和晶体场吸收）；②振动吸收带（主要是羟基或碳酸盐复合物的组合）。

通常市售的现场光谱仪的光谱分辨率和信噪比（表18.1）相当，并且能够快速表征在相应波长范围内有相关光谱特征的矿物（Chang and Yang，2012）。有关现场高光谱传感器的最新概述请参考Milton等的论文（Milton et al.，2009）。

表18.1 常用于勘探和采矿的VNIR-SWIR野外光谱仪的技术规格

项 目	便携式红外矿物分析仪	FieldSpec/TerraSpec 4 标准分辨率	FieldSpec/TerraSpec 4 高分辨率	TerraSpec halo 矿物识别器	SR-6500	PSR+3500
波长范围	SWIR: 1300～2500nm	\	VNIR-SWIR: 350～2500nm			
光谱分辨率	600个通道（固定）	3nm（700nm处）10nm（1400nm处）10nm（2100nm处）	3nm（700nm处）8nm（1400nm处）8nm（2100nm处）	3nm（700nm处）9.8nm（1400nm处）8.1nm（2100nm处）	1.5nm（700nm处）3nm（1500nm处）3.8nm（2100nm处）	3nm（700nm处）6nm（1500nm处）6nm（2100nm处）
分析方式	接触式	非接触式与接触式探测		接触式	非接触式与接触式探测	
重量	2.5kg	5.44kg	5.44kg	2.5kg	3.5kg	3.5kg
公司	集成光谱学有限公司（Integrated Spectronics Pty Ltd.）	马尔文帕纳科公司（Malvern Panalytical）			光谱演化公司（Spectral evolution）	

获取高质量的VNIR-SWIR反射光谱的先决条件包括：正确的设置（让仪器预热一段时间直到稳定）和频繁的仪器校准。烧结聚四氟乙烯（PTFE，也称为Spectralon™，NIST可追溯的标准）广泛用作白色参考，可以通过Nicodemus等人（Nicodemus et al，1977）引入的反射率概念进行反射光谱的简单比较。反射率被定义为"样品表面实际反射的辐射通量与以完全相同方式照射理想（无损耗）完美漫反射标准表面的光束几何中反射的辐射通量之比"。使用干净的白色参考（最少每10 min一次）是采集有效和可用数据的基本要求。在实验室中，用户还必须考虑环境光线因素。例如，荧光灯会在VNIR中产生明显的汞吸收线，这可能会显著影响矿物光谱特征。当样品表面不均匀且测量窗口无法完全填充时，这样的影响更为明显。读者可参考Malthus等（2019）和Milton等（2009）获取户外VNIR-SWIR反射光谱的工作流程，也可参考Lau等（2017）和Ben Dor等（2015）进行实验室测量。

除了被分析物需要进行干燥处理外，光谱测试没有特定的样品要求，并且样品材料和传感器之间没有物质（例如样品袋）。水分对VNIR-SWIR有反应，会在MIR中产生额外的吸收，从1600 nm（6250 cm^{-1}）到更长波长（图18.2）的反射值会越来越少。湿高岭石（一种1∶1层型、平面水合硅酸盐）的VNIR-SWIR反射光谱显示水分对整体光谱形状以及大约1400 nm（7143 cm^{-1}）和1900 nm（5265 cm^{-1}）处的强吸收带均有显著影响。用于估算高岭土含量的SWIR中的羟基相关的组合带在2160 nm（4630 cm^{-1}）和2206 nm（4533 cm^{-1}）处显示出与干燥样品和湿润样品检测进行比较时明显不同的强度。由于水是地球大气层的重要组成部分，利用太阳作为电磁辐射源照明样品表面的检测将使1400 nm和1900 nm波长范围变得毫无用处。一个例子是使用VNIR-SWIR传感器进行遥感数据的地面验证，如果没有使用特殊的前向光学器件，可能需要获取连接到望远镜上的大约1 m²的表面积（包括植被）（图18.3）。

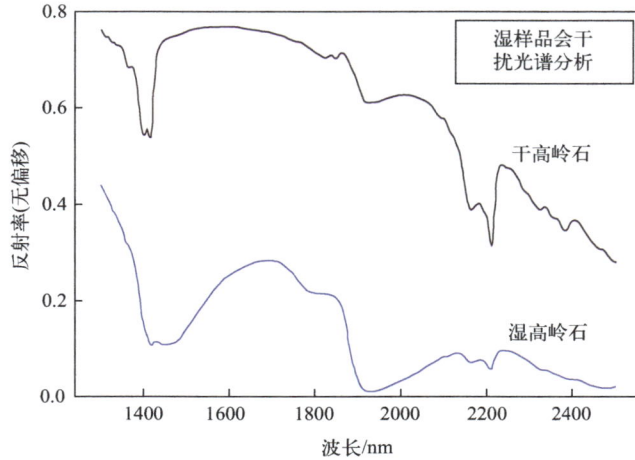

图18.2　干高岭石和湿高岭石的VNIR-SWIR反射光谱，显示了水对光谱特征的显著影响。在1450 nm和1950 nm左右的主要水相关吸收特征导致在1400 nm和2200 nm左右与高岭土相关的羟基吸收有广泛的波槽重叠。此外，在3000 nm左右的MIR的主要与水有关的吸收特征导致整体反射率较低，特别是在SWIR中对较长的波长

图18.3　使用三元规范（莫尔文－分析）VNIR-SWIR场光谱辐射仪测量现场表面样品的例子：（a）拍摄于昆士兰州的伊萨因利尔山，显示了研究人员在背包中携带着野外光谱仪和连接在单足鱼上的野外观察探头，这使得研究人员能够在更大的区域获得测量数据，而不受阴影的影响；（b）拍摄于西澳大利亚州的罗克利亚岛，显示了一个附着在单足动物末端的接触探头，允许以最小的大气影响测量反射率。来源：Carsten Laukamp

　　从岩石样品、岩屑和土壤或粉末中可以获取高质量的反射光谱，但是颗粒大小的差异可能会显著影响VNIR-SWIR光谱特征。这在一组石英和高岭土混合物的半球反射测量中很明显。Laukamp人等（Laukamp et al，2018）使用Bruker Vertex FT-IR，配备积分球（A 562-G，Bruker）和HgCdTe（MCT）检测器，从这些矿物混合物中获得了跨越波长范围为2000 ~ 16000 nm（5000 ~ 625 cm^{-1}）的反射光谱。虽然石英在SWIR区域并不具有红外响应，但特定的石英颗粒大小范围对这些与高岭土相关的吸收有很大的影响，其中较细的石英颗粒大小具有最小的影响，而颗粒大小范围在125 ~ 1000 μm之间具有最大的影响（图18.4）。

　　VNIR-SWIR现场传感器具有多功能性、易于使用性，并且可以补充其他现场仪器，例如便携式X射线荧光（pXRF），但是需要设计适合的工作流程和设置相应样品材料。Fang等（2018）对在数字土壤制图（土壤计量学）中关于VNIR-SWIR反射光谱部分进行了简单的综述，总结了

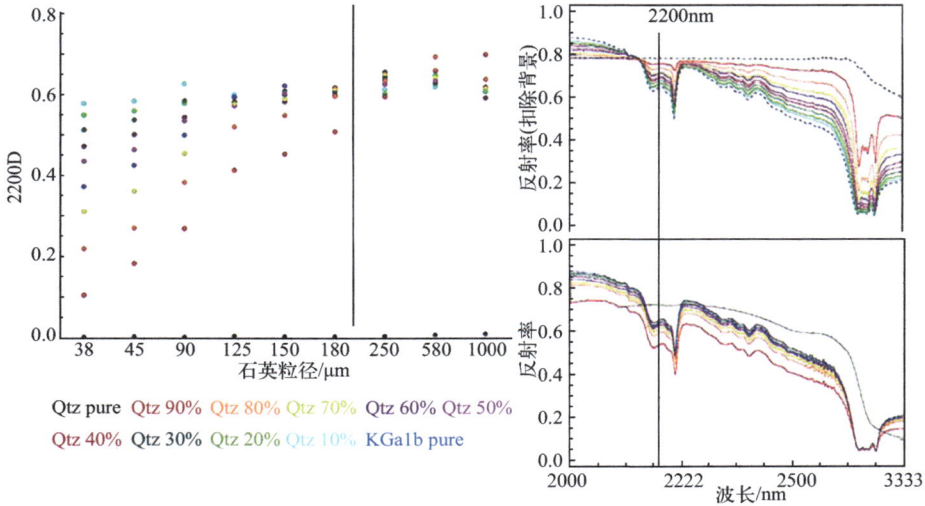

图18.4　石英和高岭土混合物在2000～3333 nm波长范围内的反射光谱

使用偏最小二乘回归（PLSR）从土壤光谱测量中预测土壤有机碳（SOC）、pH和湿度的最新研究成果。Noble等（2019）组合了一整套现场传感器，包括反射光谱，应用于西澳大利亚的青地勘查，并开发了一个名为UltraFine+TM的工作流程，提供了宽泛的数据以支持土壤和岩屑样品的矿物勘探，包括40种元素、光谱矿物学、粒度分布、pH和比表面积。

除了对岩屑材料进行矿物学分析（例如Lau et al., 2003）外，VNIR-SWIR传感器的应用还包括铁氧化物的特征化（Cudahy and Ramanaidou，1997）和氧化矿床的铜矿石（例如绿铜矿、犄兀石：Laukamp et al., 2015b），以及羟基硅酸盐（例如铝黏土：Bishop et al., 2008；Doublier et al., 2010；Yang et al., 2011。角闪石：Laukamp et al., 2012。碳硅酸盐：Roache et al., 2011；White et al., 2017。绿泥石：McLeod et al., 1987）、硫酸盐（例如明矾：Chang et al., 2011）和碳酸盐（Gaffey, 1986）的测量。下面进一步提供示例案例研究。VNIR反射光谱不太为人所知的应用是稀土元素（REE）的测量。除La_2O_3、Lu_2O_3和CeO_3外，REE在VNIR区域显示出诊断性吸收特征（White, 1967）。Rowan等（1986）描述了使用高光谱数据成功识别Nd的检测限为300 μg/g。但是，铁离子和其他过渡金属的电子吸收带可以掩盖与REE相关的吸收特征。Turner等（2014）发布了REE-氟碳酸盐的VNIR和SWIR反射光谱的最新综述。

18.3　现场和实验室傅里叶变换红外光谱仪

基于实验室的FTIR光谱学通常用于定位和表征在中红外（MIR）到远红外（FIR）波长范围内［2500～20000 nm（4000～500 cm^{-1}）］有活性的矿物。在这个波长范围内，几乎所有的矿物基团都表现出明显的吸收特征，这是由于化学键或形成共价键的原子组的基本弯曲和拉伸振动以及晶格振动造成的（Chukanov, 2014；Farmer, 1974）。然而，在矿物混合物如岩石和风化层样品中，与硅酸盐、碳酸盐和硫酸盐相比，硫化物和氧化物表现出较弱的吸收（Iglesias et al., 2013）。天然样品中的氧化铁种类繁多，如风化层和铁矿床中的氧化铁，以针铁矿、赤铁矿和磁铁矿的变化为代表，导致在17000～20000 nm（588～500 cm^{-1}）范围内出现宽吸收峰，无法区分各种矿物。

　　基于实验室的FTIR技术已经成功应用于采矿作业中的矿物相定量分析（例如铝土矿，Konrad et al., 2015）和有害矿物（例如高岭土）的量化分析。最近，商用的便携式仪器不需要液氮冷却检测器，使得数据采集能够在远离实验室的地点，例如在勘探营地和岩芯棚进行。手持式FTIR光谱仪配备了漫反射红外傅里叶变换（DRIFT）光谱或红外衰减全反射（IR-ATR）光谱的测量接口，允许进行极小的样品制备下的数据采集。在中红外（MIR）到远红外（FIR）光谱特征中，粉末样品需要在手持式FTIR光谱仪测量前进行压制，以减少体积散射对光谱特征的影响。在玻璃片样品支架中对粉末样品进行轻压并不能消除粒度导致的体积散射对光谱特征的影响（图18.5）。

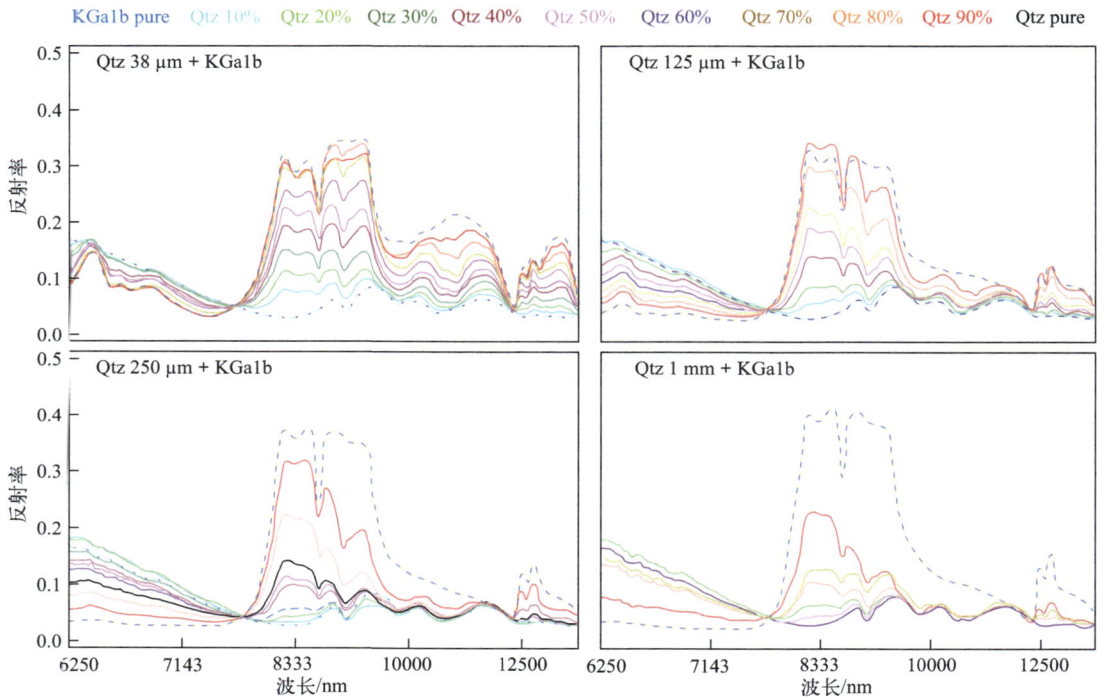

图18.5　高岭土标准KGa1b（2μm）和一系列石英粒度（38、125、250、1000μm）的混合物的MIR到FIR反射光谱，显示了体积散射对光谱特征的影响。粗粒纯石英样品（右下）分别显示了石英在8000～10000 nm和12500～13000 nm之间的一级和二级恢复带。用高岭土连续取代石英后，在8500～11000 nm波长范围内石英吸收峰强度逐渐降低，与高岭土相关的吸收峰相对增加。在含有细粒度石英的样品中（左上角），与高岭土相关的吸收峰被10000～12000 nm之间的强体积散射特征掩盖。在后一种情况下，高岭土的存在仅在9300 nm左右的波谷表示，覆盖了石英的重述带

　　所有硅酸盐、碳酸盐和硫酸盐在TIR中显示出特征性的吸收峰组合，因此FTIR数据是快速场地表征各种矿物物种的一种成本低且有效的方法。此外，在通过独立的分析方法如定量X射线衍射法（QXRD）或扫描电子显微镜定量材料评价（QEMSCAN®）进行校准后，可以实现模式矿物丰度的计算。例如，LeGras等（2018）使用手持式FTIR数据表征和量化西澳大利亚和西非锂-铯-钽（LCT）伟晶岩样品中的含锂矿物。此外，他们使用整岩地球化学对FTIR反射光谱进行了校准，建立的锂含量定量模型的标准误差小于0.07%。这突显了手持式FTIR在锂勘探中的实用性，因为仪器可以在现场量化含锂矿物的锂含量。

18.4　高光谱岩心传感

Kruse（1994）进行了从岩芯获取反射光谱的第一次试验，他使用PIMA仪器，以10 mm的步长向下采集岩芯样本的SWIR光谱，以创建高光谱图像。目前商业上可用的高光谱岩芯传感器可以分为两种主要类别：①线轮廓仪（例如Schodlok et al., 2016）；②成像技术（例如 HCI3, Corescan Pty Ltd.; Specim, Spectral Imaging Ltd.; HySpex, Norsk Elektro Optikk）。

表18.2提供了服务提供商和地质调查目前使用的高光谱钻机岩芯传感器列表。在线轮廓仪的情况下，反射光谱是沿着岩芯的中心线逐步采集的。成像光谱仪提供低至亚毫米像素大小的岩芯的高光谱图像。图18.6中显示了一个示例，高光谱图像清楚地突出了蚀变英云闪长岩的白云母 ± 黑云母/绿泥石基质中的葡萄石矿脉。通常，仅VNIR、SWIR和/或TIR［6000 ～ 14500 nm（1667 ～ 690 cm^{-1}）］或部分TIR［即长波红外（LWIR）：8000 ～ 12500 nm（1250 ～ 800 cm^{-1}）］区域同时或分段采集（图18.1）。除高光谱数据外，这些系统还收集高分辨率RGB图像，并采用激光轮廓仪数据测量岩芯的形态。每天钻芯的处理量从200 m到500 m不等，这在很大程度上取决于所需的样品制备量（例如对岩芯进行真空处理，将深度标记从传感器上移开）。除了岩芯外，这些高光谱系统还用于采集木片甚至矿浆样品的反射光谱。

表18.2　高光谱钻机岩芯传感系统技术规范

	成　像			线　扫		
	HCL3 （Corescan）	Fenix （Specim）	OWL （Specim）	HYlogger3[①] （Corescan/CSIRO）		
波长范围	VNIR-SWIR： 350 ～ 2500 nm	VNIR： 400 ～ 1000 nm	SWIR： 970 ～ 2500 nm	LWIR： 7700 ～ 12000 nm	VNIR： 380 ～ 1000 nm	SWIR： 1000 ～ 2500 nm	TIR： 6000 ～ 14500 nm
波长分辨率	约4 nm	3.3 nm	12 nm	100 nm	4 nm	4 nm	25 nm
空间分辨率	0.5 px²	0.64 mm	2 mm	1.7 mm	10 mm长，14/18 mm宽，4/8 mm样品步进间隔		
RGB图像分辨率	50 mm			0.1 mm			
扫描速度	每天200～1000 m	15 s一个核心区	20 s一个核心区	17 s一个核心区	每分钟1 m	每分钟1 m	每分钟1 m
输出数据格式				均为BIL图片格式			

①HyLogger3已不再提供商业化产品，但Corescan公司目前正在研发新款型号"HyLogger4"，该型号还将集中采集中波红外波长范围内的数据。

高光谱岩心传感器越来越多地被研究人员和行业使用。高光谱衍生的矿物学的高密度有助于详细地绘制出矿物化学的梯度和相对矿物丰度，揭示了用其他方法无法认识到的趋势。最近的应用实例包括与造山金床相关的热液蚀变足迹图（Arne et al., 2016；Wang et al., 2017）、沉积物型金矿床和贱金属矿床（Lampinen et al., 2019；Wells et al., 2016）、镍硫化物（Burley et al., 2017）、火山岩型块状硫化物（VHMS：Duuring et al., 2016）和氧化铁铜金（IOCG）矿床，（Mauger et al., 2016）以及镍-钴红土的资源特征（Cracknell and Jansen, 2016）。分析单个钻井岩芯的高光谱数据可以在钻井项目开始前提供重要的背景信息（Gordon et al., 2016）。

区域或大陆尺度的高光谱岩芯数据采集，如国家虚拟岩芯库发布的数据，提供了对矿物组

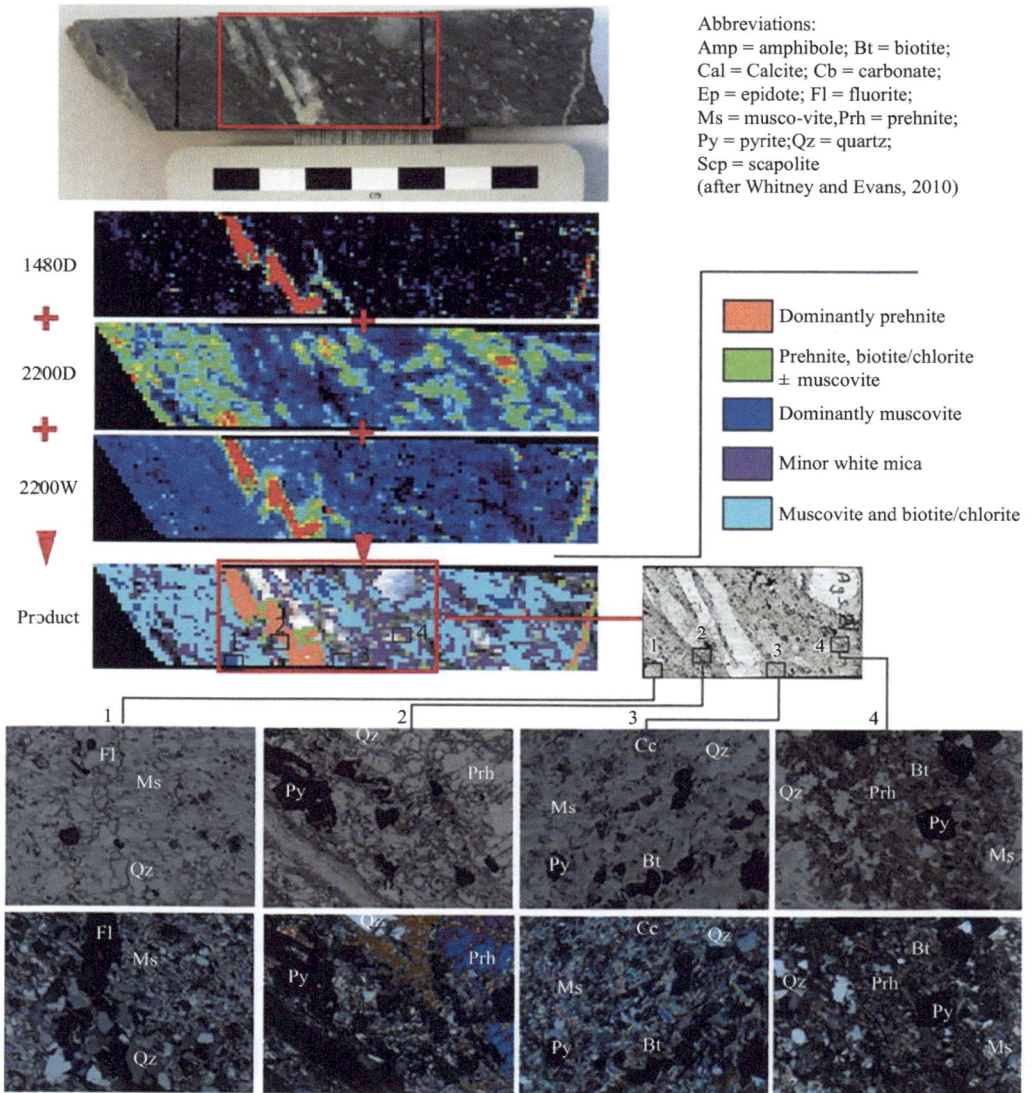

图18.6 用HySpex SWIR成像光谱仪对具有斑岩纹理的样品（称为钛矿）进行扫描。与波长位置（如2200W）和/或深度（如1480D和2200D）相关的各种吸收光谱被用来确定矿物的发展趋势。然后将最终产品与显微镜和扫描电镜下的薄片（红框）进行比较，以进行数据验证

合复杂性的详细见解，而这些矿物组合在传统的零星采样中通常会被遗漏。这些更大的钻孔岩芯数据集能够映射成岩叠印的程度（即非热液蚀变在100～300℃之间1 kb）（如麦克阿瑟盆地）以及区域变质和热液蚀变（如中央拉克兰造山机）。除了热液矿物系统外，高光谱钻探岩芯数据为油气系统的理解提供了有用的见解（Ayling et al., 2016；Hill and Mauger, 2016）。

18.5　数据预处理

高光谱近端传感技术可以快速采集大量高光谱数据，这些数据需要批量处理。例如，澳大

利亚州和地区地质调查局在政府资助的NVCL框架内采集了3000多个钻探岩芯（截至2019年6月）的VNIR-SWIR-TIR反射光谱，仅在2017年6月至2019年6月期间就提供了约2470万份单一测量的钻探岩芯和芯片样本。这些竞争前的数据可以通过AuScope的发现门户网站（http://portal.auscope.org）公开获得。

处理高光谱数据的常见方法包括：①匹配算法；②端元解混；③单吸收或多吸收特征提取方法；④高斯反卷积。所有这些方法都可能受到改变光谱特征的影响，这些光谱特征如晶粒尺寸的变化、水分含量和表面粗糙度。

匹配算法旨在通过组合一组参考库光谱对测量的反射光谱进行建模。例如"光谱助手"（TSA；Berman et al., 2017）算法，该算法内置于CSIRO的"光谱地质学家软件包"（https://research.csiro.au/thespectralgeologist），使用光谱参考库将未知光谱特征与单个参考光谱相匹配，或者创建两个或多个光谱的模拟混合物（图18.7）。许多高光谱近端传感仪器提供商还通过手持式光谱仪或采集软件中内置的匹配算法提供矿物组合的自动解释。然而，所有自动矿物解释在很大程度上依赖底层光谱库的成分和质量。此外，如果岩石中存在的矿物在测量的波长范围内没有活性，则矿物匹配算法无法报告。自动算法总是能提供有关存在矿物的答案，但需要经验丰富的地质学家进行仔细评估。

除了理解和消除在整个可见光和红外反射光谱中具有不同物理原因的背景效应的挑战外，不同矿物组和物种之间的重叠吸收带也给开发自动分解算法带来了困难。后者的一个常见例子是白云母和绿泥石组合的SWIR光谱特征或绿泥石单独的SWIR光谱特征，这可以模拟出碳酸盐的光谱特征（图18.7）。

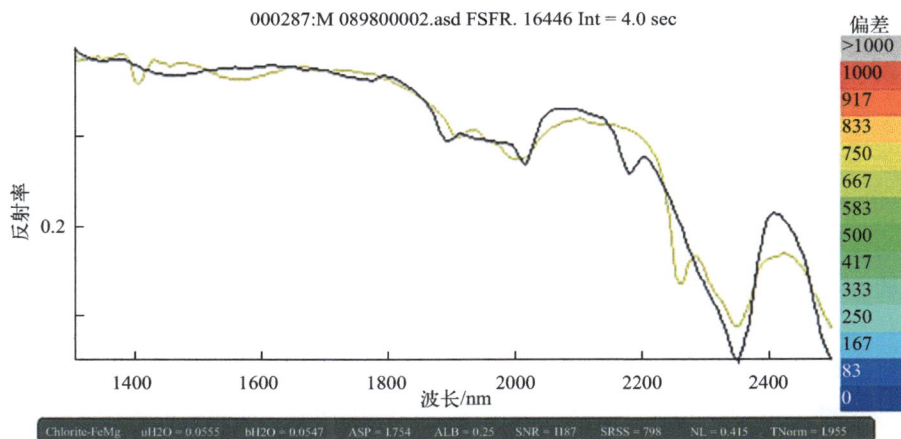

图18.7 以碳酸盐（方解石）为主要旋转活性矿物的岩石样品的反射光谱（黑线），由模拟旋转反射光谱（暗黄色线）覆盖，表明存在绿泥盐。建模过程基于一个包含超过250种单一矿物的旋转光谱参考库，考虑了多达3种矿物的混合物

矿物匹配算法的一种计算密集度较低的替代方法是单特征和多特征提取方法（Laukamp et al., 2010），其针对矿物特异性吸收特征。吸收特征提取方法使用吸收特征的相对强度（体积散射主导波长深度范围从VNIR到MIR；表面散射主导波长深度范围从MIR到FIR）、波长位置、半峰全宽（FWHM）或斜率。相对于背景连续体，吸收强度被假设与矿物含量成比例（Clark et al., 1990）。吸收特征的波长位置提供了关于矿物成分、关于无序的吸收特征的几何形状（FWHM和不对称性）的信息。每种矿物都使用了多种吸收特征，以解决与其他矿物或材

料的混合物的模糊性。使用铝黏土的示例如图18.8所示。所有含铝的矿物在2160 ~ 2450 nm（4630 ~ 4082 cm^{-1}）范围内都表现出强烈的吸收。为了区分蒙脱石、白云母、高岭土和叶蜡石组，可以使用各自诊断吸收特征的组合存在或不存在快速绘制大数据集中的不同矿物。吸收特征提取方法能够确定对理解地质系统很重要的其他参数，例如伊利石光谱成熟度指数（Doublier et al., 2010）。应该注意的是在手持式和钻芯高光谱传感器采集的VNIR-SWIR反射光谱中可以观察到的大多数吸收特征是两个或多个吸收带（即电子或振动模式）的复合物。高斯反卷积允许对单个模式进行分解（例如Laukamp et al., 2012）。

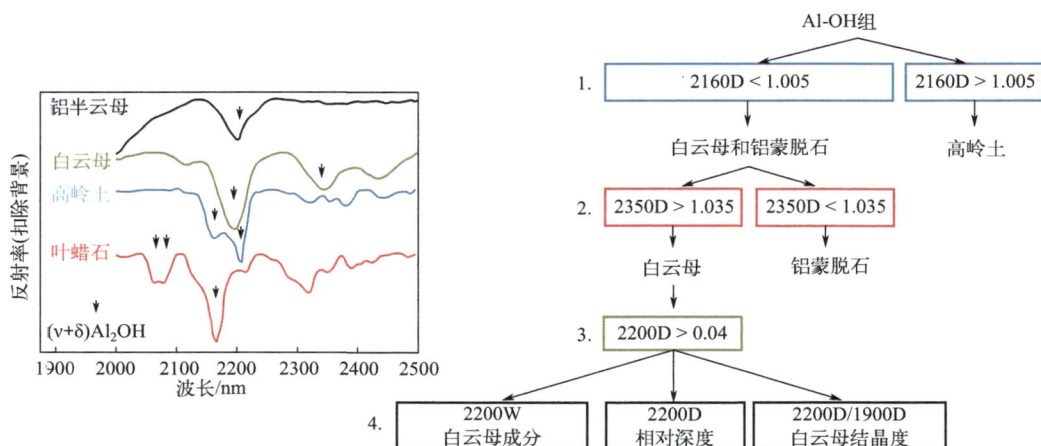

图18.8   左：在1900 ~ 2500 nm波长范围内铝半云母、白云母、高岭土和叶蜡石的堆叠反射光谱。黑色箭头表示与羟基相关的组合条带。右：决策树，允许鉴别铝黏土。应用该决策树的先决条件是在2200 nm左右存在一个吸收特征，其中D表示深度、W表示吸收特征的波长。这些值表示阈值

18.5.1   光谱参考库

以反射模式公开提供的岩石形成矿物的光谱参考库对于处理大量的高光谱数据集至关重要。美国地质调查局（USGS）（Clark et al., 2007）、JPL（Grove et al., 1992）和CSIRO提供了示例光谱参考库（http://mineralspectrallibraries.csiro.au）。天然和人工矿物样品的发射光谱可从约翰斯·霍普金斯大学（JHU：Salisbury et al., 1991）和亚利桑那州立大学（ASU：Christensen et al., 2000；Salisburyet al., 1991）获得。透射光谱库，如Chukanov（2014）汇编的3300多个样本的大型光谱库，可以帮助表征在线光谱库中未涵盖的光谱特征。然而，为了与使用反射率和发射测量方式在现场和实验室收集的数据进行比较，将发射光谱和透射光谱转换为反射光谱并不简单，这样可能会导致错误。

18.6   应用

18.6.1   遥感数据地面验证的现场光谱仪数据

现场光谱仪，特别是VNIR-SWIR传感器，经常被用于独立验证遥感表面反射率（例如来

自卫星、飞机、直升机或无人机）及其不确定性。这提供了遥感产品和地面测量之间的联系（Malthus et al., 2019）。为此，反射光谱是沿着实地穿越或选定的测量地点采集的，两者都是根据遥感和其他地理空间、地球化学或地质地图预先确定的。Malthus等（2019）给出了关于遥感数据替代校准的标准化工作流程的建议。

除了验证遥感光谱中未混合的表面矿物学外，地面验证还有助于改善遥感产品，例如提供从矿物地图中分离绿色和干燥植被的数据。Haest等（2013）验证了来自空气高光谱数据的西澳大利亚岩顶定量铁（羟基）、铝-陶土和碳酸盐丰度图及现场断面数据，包括约5500个VNIR-SWIR光谱和约300个pXRF测量数据（图18.9）。地面验证使Haest等（2013）能够从矿物地图中分离出绿色和干燥的植被，从而改进了地质测绘，以及估计空气中矿物丰度估计数的平均误差。改进后的矿物图突出了一些没有去除植被的空气铁-氧化物丰度图中显示亚经济的地区，但当植被覆盖不受空气高光谱数据影响时，显示为潜在的河道铁沉积（CID）资源。

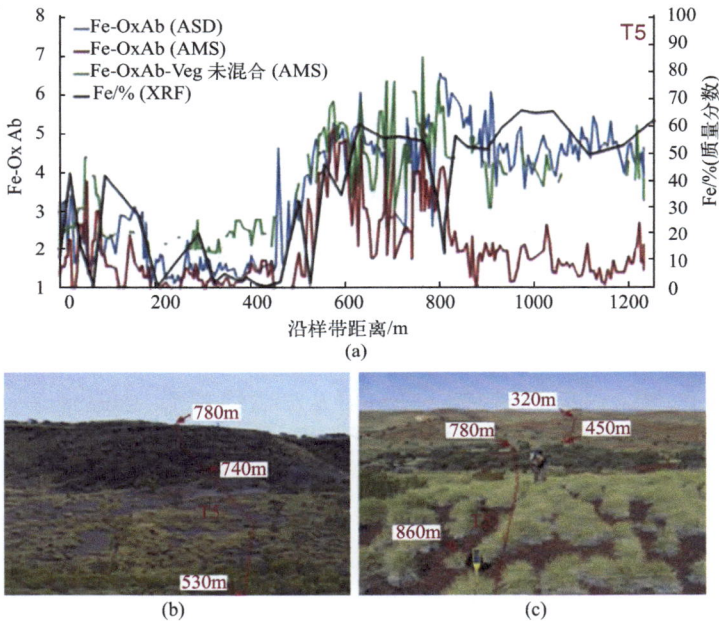

图18.9 （a）Fe的质量分数（来自pXRF）和Fe-（氧）氧化物（Fe-Ox）丰度（来自空气中高光谱"AMS"数据和VNIR-SWIR场光谱仪"ASD"数据）作为南到北样带距离的函数。空气中的高光谱数据显示了原始和植被未混合的Fe-Ox丰度。（b）5号样带的图片，向北看，显示了530～780 m的部分。本段缺乏植被，导致空气中（AMS）和地面（ASD）的Fe-Ox丰度紧密一致。（c）5号样带的图片，向南看，显示了780～860 m的部分。本段植被的丰度导致AMS（无植被分解）和ASD Fe-Ox丰度之间存在很大的差异。来源：Haest等（2013）

在西澳大利亚摩羯座奥罗根的另一个案例研究区域，Lampinen等使用现场光谱仪和X射线衍射（XRD）数据将星载多光谱数据生成的矿物图与岩心高光谱数据联系起来。现场光谱仪收集的反射光谱很少代表"新鲜"（即未风化岩石）的反射光谱，这些反射光谱通常用于矿产勘探以开发矿产系统模型（McCuaig and Hronsky，2014）。通过将高光谱衍生的地下矿物学与现场光谱仪数据衍生的表面矿物学联系起来，Lampinen等（2017, 2019）能够表征与Abra Pb-Zn-Ag矿床形成相关的未风化蚀变矿物组合，其特征是白云母、绿泥石和碳酸盐的丰度与矿物化学变化以及它们的风化等价物。蚀变岩石的风化导致绿泥石和碳酸盐的破坏，留下白云母及其成分变化，成为地表唯一可检测到的蚀变模式。Lampinen等（2017）随后将高光谱现场光谱仪数据重新采样至多光谱分辨率，并结合星载多光谱衍生的白云母成分图和航空钾辐射数据，绘制出与250 m深度基底金属矿化相关的地表蚀变矿物的范围（图18.10）。

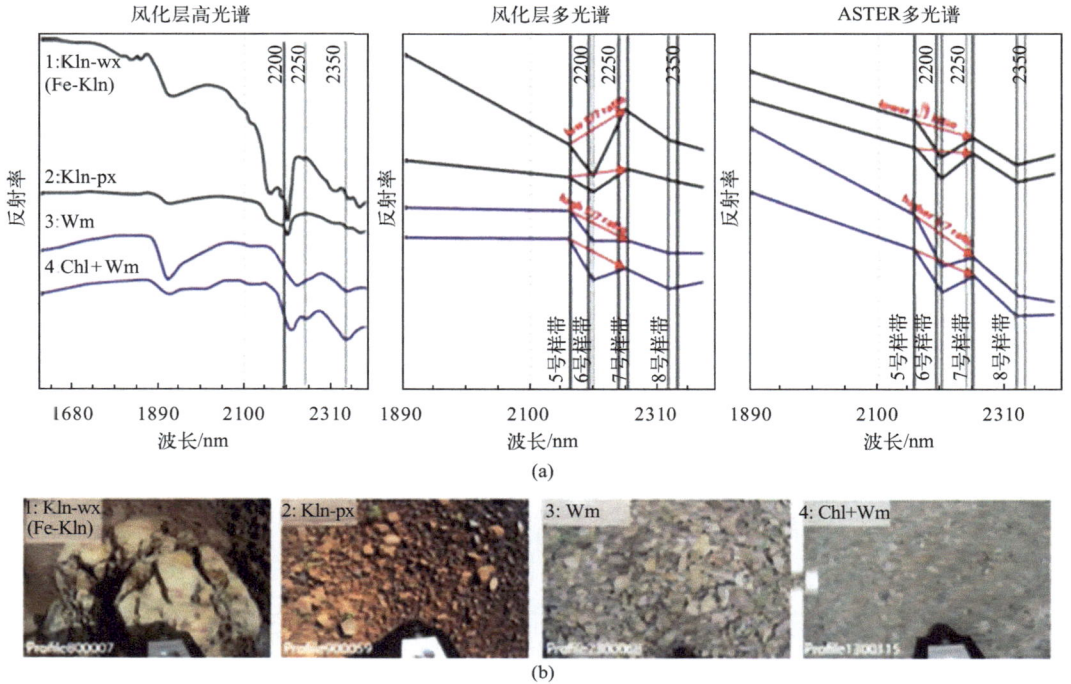

图18.10　风化层样品高钾盐、白云母和绿泥石+白云母（从左到右）的光谱特征的例子：（a）高光谱分辨率，从采样坐标中提取的下采样多光谱和ASTER数据；（b）样本照片，其中接触探针具有50 mm的体宽的比例，Chl为绿酸盐，Kln-wx为有序高岭石，Kln-px为无序高岭石，Wm为白云母。来源：Lampinen等（2017）

18.6.2　测绘矿物系统中的物理化学梯度

热液蚀变系统的矿物特征往往表现出矿物化学成分的变化。吸收特征的波长位置可用于追踪矿物族端元之间固态溶液的交换向量。不同的红外波长区域可对不同的振动模式进行详细描述，这些振动模式的频率会随着矿物成分的不同而改变。表18.3总结了矿产勘探中普遍追踪的交换向量。

表18.3　造岩矿物中的交换向量及其以波长位移表达的矿物诊断吸收特征

岩石种类	交换性结构	通用名	峰归属	波长下限/nm	波长上限/nm
白云母 $KAl_2^{VI}Al^{IV}Si_3O_{10}(OH)_2$	Tschermak 替换 $Al^{VI}Al^{IV}[Mg,Fe]^{VI}_{-1}Si^{IV}_{-1}$	"AlOH"	$\nu+\delta(Al,Mg,Fe^{2+},\cdots)_2$	2185 ([VI]Al-rich)	2215 ([VI]Al-poor)
方解石 $(Mg,Fe)_5 Al_2^{VI}Al_4^{IV}Si_6O_{20}(OH)_{16}$	$MgFe_{-1}$	"FeOH"	$\nu+\delta(Mg,Fe^{2+},\cdots)_2OH$	2248 (Mg-rich)	2261 (Fe^{2+}-rich)

续表

岩石种类	交换性结构	通用名	峰归属	波长下限/nm	波长上限/nm
铝钾石 $(K,Na)Al_3(SO_4)_2(OH)_6$	NaK_{-1}	N/A	$2\nu M_nOH,$ $\nu+2\delta H_2O(Na/K)$	1473 (K-rich)	1491 (Na-rich)
钙镁石（钙铝榴石系列） $Ca_3M_2(SiO_4)_3$ 其中，M = Cr, Al, Fe^{3+}	$AlFe^{3+}_{-1}$ $Fe^{3+}Cr_{-1}$	N/A	$\nu_3Si\text{-}O$ (asymmetric stretch)	11628 (Al-rich; grossular)	12 118 (Fe^{3+}-rich; andradite)
斜长石 $NaAlSi_3O_8$（奥长石）- $CaAl_2Si_2O_8$ （钙长石）	$NaCa_{-1}$ $SiAl_{-1}$	N/A	$\nu Si\text{-}O$	15440 (Na-rich; albite)	16 160 (Ca-rich; anorthite)

注：1. ν—伸缩振动基频，δ—弯曲振动基频，$\nu+\delta$—组合频，2ν—第一倍频。

2. 参考文献：白云母，Vedder and McDonald (1963)；方解石，McLeod et al. (1987)；铝钾石，Bishop and Murad (2005)；钙镁石，Geiger et al. (1989)，McAloon and Hofmeister (1995)；斜长石，Thompson and Wadsworth (1957)。

　　SWIR活性交换载体的一个例子是白云母，它是各种矿物系统中热液蚀变过程的指示器。热液矿床中白云母的组成成分表现为Tschermak成分的变化（$Al^{IV}Al^{VI}Si^{IV}_{-1}[Fe,Mg]^{VI}_{-1}$）（Duke，1994），这影响了2200 nm（4545 cm^{-1}）左右的主要SWIR活性羟基相关组合带的波长位置。在矿脉金矿床中观察到的趋势为从远高铝/低硅云母（如白云母；短波长）到靠近矿石（如西澳大利亚的Kanowna Belle）或远离矿石（如美国内华达州的Ann Mason斑岩Cu-Mo矿床）的低铝/高硅云母（如多硅土；长波长）不等（Wang et al., 2017）。在Panorama（西澳大利亚）的VHMS系统中，白云母是在175～325℃的温度下上升的热液流体的结果（Van Ruitenbeek et al., 2012）。文献中讨论了不同热液系统中白云母分带的许多原因（例如Wang et al., 2017），例如热液流体中亚铁和钾的pH与浓度或温度。

　　TIR为绘制名义上无水硅酸盐（如石榴石、长石、辉石）、碳酸盐（Green and Schodlok，2016）和磷酸盐的交换载体提供了机会。石榴石是高温矿物系统的常见组成部分，如秘鲁安塔米纳的铜锌钼矿床，其中 ± 安德拉岩被描述为主要石榴石相（沉积原岩-原始，未变质岩石），而外砂岩（火成岩原岩）石榴岩中以 ± 乌瓦洛夫岩为主。利用高光谱红外钻岩芯数据，可以观察到石榴石相关的硅酸盐四面体在10000～12000 nm（1000～833 cm^{-1}）之间的拉伸模式，随着岩表面成分的增加（即铝/铁的增加）向更短的波长移动（Laukamp et al., 2014）。追踪石榴石的组成变化，有助于区分铜锌与矿体的钼优势部分。

18.6.3　从高光谱数据中建模地球化学指数

　　高光谱反射光谱包含了测量样品中存在的分子或元素的信息。在许多情况下可以得出高光谱数据和地球化学数据之间的直接联系，例如花岗岩中的钾主要包含在云母和钾长石中。在这些矿物基团活跃的波长区域收集的高光谱数据［即白云母：2190～2450 nm（4566～4082 cm^{-1}）和8000～10000 nm（1250～1000 cm^{-1}）；钾长石：8000～10000 nm（1250～1000cm^{-1}）］通常与整个岩石地球化学中提取的钾有很强的相关性。

　　偏最小二乘回归（PLSR）方法可通过地球化学分析进行校准，从而基于高光谱数据建立地球化学指数模型。例如，在西澳大利亚地质调查局（GSWA；Spaggiari and Smithies，2015）开展的尤克拉基底地层钻探项目中，研究人员使用位于西澳大利亚州卡莱尔的 GSWA 岩心库中的

HyLogger3，从岩心样品中采集了可见-近红外（VNIR）-短波红外（SWIR）及热红外（TIR）反射光谱。这些岩心来自大澳大利亚湾和尤克拉盆地的西澳大利亚部分 —— 在该区域，白垩纪和新生代沉积物广泛覆盖在前寒武纪地壳之上。

　　研究对三种常用于表征基底岩性的地球化学指数进行了建模（图18.11）：（i）镁指数（Mg#，即 Mg/[Mg+Fe]；Miyashiro，1975）；（ii）铝饱和指数（Al$_2$O$_3$/[Na$_2$O+K$_2$O+CaO]；Zen，1986）；（iii）硅-钙-铁-镁指数（SCFM，即 SiO$_2$/(SiO$_2$+CaO+ 全铁氧化物 +MgO)；Walter and Salisbury，1989）。大澳大利亚湾和尤克拉盆地的案例显示，建模得到的地球化学指数能更细致地描述基底岩石类型（图18.12）。这有可能揭示勘探关键信息，而这些信息可能会被常规稀疏地球化学采样遗漏。此外，从某一岩心的 X 射线荧光（XRF）数据和光谱数据中得出的、用于地球化学指数建模的标量，在多数情况下可成功应用于同一地质区其他岩心的光谱数据，以估算地球化学特征。

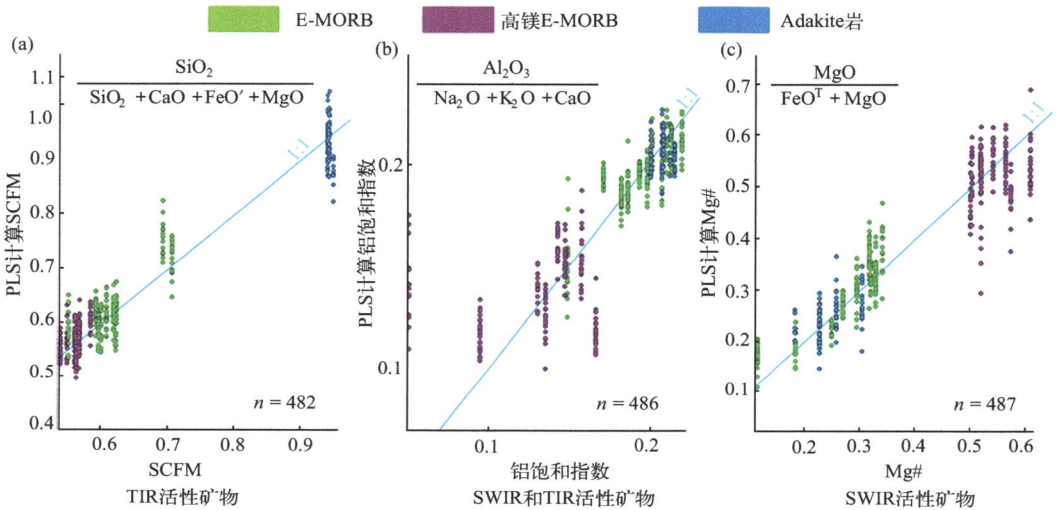

图18.11　从整个岩石地球化学（x轴）计算出的地球化学指数与使用PLS算法（y轴）绘制的模型地球化学指数相比，按岩石类型着色：（a）SCFM [SiO$_2$/(SiO$_2$+CaO+FeO$_{tot}$+MgO)），显示482个样本点，r^2=0.972；（b）铝饱和指数 [Al$_2$O$_3$/(Na$_2$O+K$_2$O+CaO)]，显示486个样本点，r^2=0.812；（c）Mg# [Mg/(Mg+Fe)]，显示487个样本点，r^2=0.937。来源：（a）基于Walter and Salisbury，1989；（b）基于Zen，1986；（c）基于Miyashiro，1975

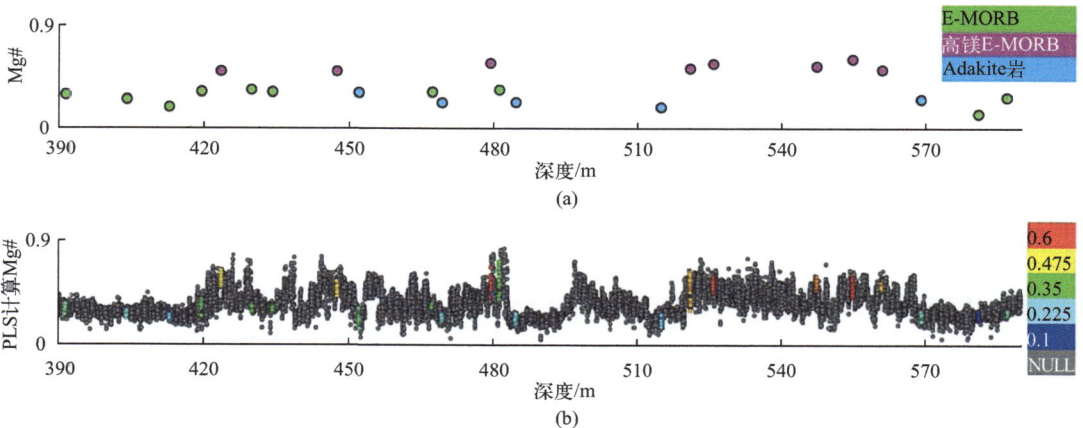

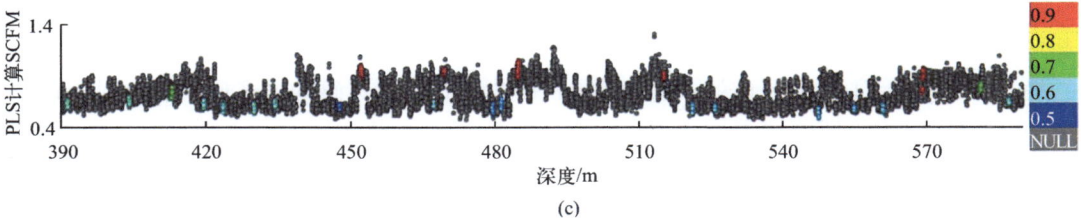

图18.12 （a）Mg# [Mg/(Mg+Fe)]，从整个岩石地球化学（y轴）井下（x轴）计算，按岩石类型着色。（b）（c）模型地球化学指数（由整个岩石地球化学计算的实际值着色）显示基底岩石类型和跨岩性边界。其中（b）Mg#，显示487个样本点，r^2=0.937；（c）SCFM [$SiO_2/(SiO_2+CaO+FeOtot+MgO)$]，显示482个样本点，r^2=0.972。来源：（a）基于Miyashiro，1975；（b）（c）基于Walter and Salisbury，1989

18.7 结语

本章概述了手持式和钻孔岩芯光谱传感技术及其应用，旨在证明它们在表征对矿物系统分析和风化层分析重要的岩石形成矿物和载体矿物方面的有效性。此外，还讨论了将可见光和红外光谱数据与地球化学数据相结合的问题，并讨论了从光谱数据中建模地球化学指数的潜力。

多年来，手持式光谱仪已成功地用于矿物表征。在矿物勘探中，典型的应用范围从绘制与热液矿床相关的蚀变矿物组合到为区域勘探采集的多重和高光谱遥感图像的地面验证。钻芯高光谱传感技术的出现加快了手持式光谱仪的设计应用，从而具有成本效益，客观地采集了大量矿物学和相关地球科学数据。

最常用的手持式和钻芯高光谱传感器仍然依赖VNIR和SWIR的反射率测量，从而能够基于与它们各自的电子和振动模式相关的吸收表征诸如氧化铁、羟基化硅酸盐、硫酸盐和碳酸盐。然而，手持式FTIR以及将MIR和TIR纳入岩心传感系统，资源部门对利用可见光和红外光谱越来越感兴趣，这主要是因为现在可以通过中长波红外区域对更多的矿物进行成本有效的表征。收集MIR和TIR的FTIR可以检测与名义无水硅酸盐（如石英、长石、石榴石）和重矿物（如锆石、金红石、钛铁矿）的振动模式相关的光谱特征。此外，低频区域提供了关于羟基化硅酸盐、硫酸盐和碳酸盐的额外信息，使知情用户能够获取几乎所有主要岩石形成矿物的大量空间连续数据集。手持式或钻芯光谱传感仪器的选择取决于预期的矿物组合和/或感兴趣的矿物组或物种。如果名义上无水硅酸盐对于应对各自的勘探或采矿挑战很重要，那么只有MIR或TIR技术是有用的。此外，还应考虑是否需要新的光谱仪完成手头的任务。例如，目前所有商用VNIR-SWIR光谱仪采集的波谱范围都在2500 nm（4000 cm^{-1}）处结束，然而碳酸盐的一个主要吸收特征位于2500 nm左右（Gaffey，1986），这表明这些手持式仪器的波长应高达约2600 nm（3846 cm^{-1}）。

用各种技术采集的高光谱数据可用于确定在包括矿物层在内的矿物系统中经常观察到的矿物学和地球化学梯度。当在勘探阶段应用时，可以识别出可能降低资源等级的宿主矿物以及可能危及潜在矿床价值的有害矿物，从而使探险者能够做出更好的决定。在矿场，可使用手持式仪器识别在矿石加工过程中造成问题的有害矿物，并绘制造成岩土工程问题的矿物分布图。Dalm等（2014）展示了反射光谱技术在分类输送带上的铜矿方面的潜力。在勘探和采矿过程中，公司可以通过认识到将昂贵的地球化学数据推断到数千个高光谱数据的潜力节省昂贵的实验室分析成本，并提高未来采样的目标。

所提供的例子简要概述了资源部门现场和钻井岩心光谱传感的许多应用。反射光谱学在勘探到采矿阶段的领域的使用越来越多，揭示了背景研究和应用研究必须解决的知识差距。实例包括：①不同领域和钻芯光谱传感器［如矿面、钻井提取材料（芯片、岩芯和粉末）和矿场传送带传感器］的交叉校准；②公开的成岩矿物和矿物混合物光谱参考库（VNIR至FIR）；③矿物的振动和电子过程，包括成岩矿物光谱特征的从头量子力学建模和转换为反射光谱。

致谢

本案例研究中的HyLogger数据由AuScope和CSIRO资助的国家虚拟岩芯库提供。

缩略语

ASU	Arizona State University	亚利桑那州立大学
CFA	crystal field absorption	晶体场吸收
CID	channel iron deposit	河道铁沉积
CSIRO	Commonwealth Scientific and Industrial Research Organisation	（澳大利亚）联邦科学与工业研究组织
CTS	charge transfer absorption	电荷转移吸收
DRIFT	diffuse reflectance infrared Fourier transform	漫反射红外傅里叶变换
FWHM	full width at half maxima	半峰全宽
IOCG	iron-oxide copper gold	氧化铁铜金
JPL	Jet Propulsion Laboratory	喷气推进实验室
LCT	lithium-cesium tantalum	锂-铯-钽
LWIR	long-wave infrared	长波红外
MCT	mercury cadmium telluride	碲镉汞
NIST	National Institute of Standards and Technology	（美国）国家标准与技术研究院
PIMA	portable infrared mineral analyzer	便携式红外矿物分析仪
PLS	partial least squares	偏最小二乘
PLSR	PLS regression	偏最小二乘回归
PTFE	polytetrafluoroethylene	聚四氟乙烯
pXRF	portable X-ray fluorescence	便携式X射线荧光
QXRD	quantitative XRD	定量X射线衍射
REE	rare earth elements	稀土元素
RGB	red-green-blue	红绿蓝
SOC	soil organic carbon	土壤有机碳
SWIR	short-wave infrared	短波红外
TIR	thermal infrared	热红外
USGS	United States Gological Surrey	美国地质调查局
VHMS	volcanic-hosted massive sulfide	火山岩型块状硫化物
VNIR	visible near-infrared	可见近红外
XRD	X-ray diffraction	X射线衍射

参考文献

Arne, D., House, E., Pontual, S. et al. (2016). Hyperspectral interpretation of selected drill cores from orogenic gold deposits in Central Victoria, Australia. *Australian Journal of Earth Sciences* 63 (8): 1003-1025.

Ayling, B., Huntington, J., Smith, B. et al. (2016). Hyperspectral logging of middle Cambrian marine sediments with hydrocarbon prospectivity: a case study from the southern Georgina Basin, northern Australia. *Australian Journal of Earth Sciences* 63 (8): 1069-1085.

Ben Dor, E., Ong, C., and Lau, I.C. (2015). Reflectance measurements of soils in the laboratory: standards and protocols. *Geoderma* 245-246: 112-124. ISSN 0016-7061, doi:https://doi.org/10.1016/j.geoderma.2015.01.002.

Berman, M., Bischof, L., Lagerstrom, R. et al. (2017). A comparison between three sparse unmixing algorithms using a large library of shortwave infrared mineral spectra. *IEEE Transactions on Geoscience and Remote Sensing* 55 (6): 3588-3610.

Bishop, J.L. and Murad, E. (2005). The visible and infrared spectral properties of jarosite and alunite. *American Mineralogist* 90: 1100-1107.

Bishop, J., Lane, M., Dyar, M. et al. (2008). Reflectance and emission spectroscopy study of four groups of phyllosilicates: smectites, kaolinite-serpentines, chlorites and micas. *Clay Minerals* 43: 35-54.

Burley, L.L., Barnes, S.J., Laukamp, C. et al. (2017). Rapid mineralogical and geochemical characterisation of the fisher east nickel sulphide prospects, Western Australia, using hyperspectral and pXRF data. *Ore Geology Reviews* https://doi.org/10.1016/j.oregeorev.2017.04.032.

Chang, Z. and Yang, Z. (2012). Evaluation of inter-instrument variations among short wavelength infrared (SWIR) devices. *Economic Geology* 107: 1479-1488.

Chang, Z., Hedenquist, J.W., White, N.C. et al. (2011). Exploration tools for linked porphyry and epithermal deposits: example from the Mankayan intrusion-centered cu-au district, Luzon, Philippines. *Economic Geology* 106: 1365-1398.

Christensen, P.R., Bandfield, J.L., Hamilton, V.E. et al. (2000). A thermal emission spectral library of rock-forming minerals. *Journal of Geophysical Research* 105: 9735-9739.

Chukanov, N.V. (2014). *Infrared Spectra of Mineral Species*. Springer.

Clark, R.N., King, T.V., Klejwa, M. et al. (1990). High spectral resolution reflectance spectroscopy of minerals. *Journal of Geophysical Research - Solid Earth* 95: 12653-12680.

Clark, R. N., Swayze, G. A., Wise, R. et al. (2007). USGS digital spectral library splib06a. USGS Data Series 231. https://doi.org/10.3133/ds231.

Cracknell, M.J. and Jansen, N.H. (2016). National virtual core library HyLogging data and Ni-co laterites: a mineralogical model for resource exploration, extraction and remediation. *Australian Journal of Earth Sciences* 63 (8): 1053-1067.

Cudahy, T. and Ramanaidou, E.R. (1997). Measurement of the hematite:goethite ratio using field visible and near-infrared reflectance spectrometry in channel iron deposits, Western Australia. *Australian Journal of Earth Sciences* 44: 411-420.

Dalm, M., Buxtin, M.W.N., Ruitenbeek, F.J.A. et al. (2014). Application of near-infrared spectroscopy to sensor based sorting of a porphyry copper ore. *Minerals Engineering* 58: 7-16.

Doublier, M.P., Roache, T., and Potel, S. (2010). Short wavelength infrared spectroscopy: a new petrological tool in low-to very low-grade pelites. *Geology* 38: 1031-1034.

Downes, P.M., Tilley, D.B., Fitzherbert, J.A. et al. (2016). Regional metamorphism and the alteration response of selected Silurian to Devonian mineral systems in the Nymagee area, central Lachlan Orogen, New South Wales: a HyLogger™ case study. *Australian Journal of Earth Sciences* 63 (8): 1027-1052.

Duke, E.F. (1994). Near infrared spectra of muscovite, Tschermak substitution, and metamorphic reaction progress: implications for remote sensing. *Geology* 22: 621-624.

Duuring, P., Hassan, L., Zelic, M. et al. (2016). Geochemical and spectral footprint of metamorphosed and deformed VMS-style mineralization in the Quinns District, Yilgarn Craton, Western Australia. *Economic Geology* 111: 1411-1438.

Fang, Q., Hong, H., Zhao, L. et al. (2018). Visible and near-infrared reflectance spectroscopy for investigating soil mineralogy: a review. *Journal of Spectroscopy* https://doi.org/10.1155/2018/3168974.

Farmer, V.C. (1974). *The Infrared Spectra of Minerals.* Mineralogical Society of Great Britain and Ireland.

Gaffey, S.J. (1986). Spectral reflectance of carbonate minerals in the visible and near infrared (0.35-2.55 μm): calcite, aragonite and dolomite. *American Mineralogist* 71: 151-162.

Geiger, C.A., Winkler, B., and Langer, K. (1989). Infrared spectra of synthetic almandine-grossular and almandine-pyrope garnet solid solutions: evidence for equivalent site behaviour. *Mineralogical Magazine* 53: 231-237.

Gordon, G., McAvaney, S., and Wade, C. (2016). Spectral characteristics of the Gawler range Volcanics in drill core Myall Creek RC1. *Australian Journal of Earth Sciences* 63 (8): 973-986.

Green, D. and Schodlok, M.C. (2016). Characterisation of carbonate minerals from hyperspectral TIR scanning using features at 14 000 and 11 300 nm. *Australian Journal of Earth Sciences* 63 (8): 951-957.

Grove, C. I., Hook, S. J., Paylor, E. D. (1992). Laboratory reflectance spectra of 160 minerals, 0.4 to 2.5 micrometers. *NASA Jet Propulsion Laboratory report.* JPL Publication 92-2, 405pp.

Guggenheim, A., Adams, J.M., Bain, D.C. et al. (2006). Summary of recommendations of nomenclature committees relevant to clay mineralogy: report of the association internationale pour l'etude des argiles (AIPEA) nomenclature committee for 2006. *Clays and Clay Minerals* 54 (6): 761-772.

Haest, M., Cudahy, C., Rodger, A. et al. (2013). Unmixing vegetation from airborne visible-near to shortwave infrared spectroscopy-based mineral maps over the Rocklea dome (Western Australia), with a focus on iron rich palaeochannels. *Remote Sensing of Environment* 129: 17-31.

Hill, A.J. and Mauger, A. (2016). HyLogging unconventional petroleum core from the Cooper Basin, South Australia. *Australian Journal of Earth Sciences* 63 (8): 1087-1097.

Hunt, G.R. (1977). Spectral signatures of particulate minerals in the visible and near infrared. *Geophysics* 42 (3): 501-513.

Hunt, J.M. and Turner, D.S. (1953). Determination of mineral constituents of rocks by infrared spectroscopy. *Analytical Chemistry* 25: 1169-1174.

Huntington, J. (2016). Uncovering the mineralogy of the Australian continent: the AuScope National Virtual Core Library. A national hyperspectrally derived drill-core archive. *Australian Journal of Earth Sciences* 63 (8): 923-928.

Iglesias, M.L., Laukamp, C., Alves Rolim, S.B. et al. (2013). Thermal infrared spectroscopy and geochemical analyses of Volcanic rocks from the Paraná Basin (Brazil), *13th International Congress of the Brazilian Geophysical Society & EXPOGEf*, Rio de Janeiro, Brazil (26-29 August 2013).

Keller, W.D., Spotts, J.H., and Biggs, D.L. (1952). Infrared spectra of some rock forming minerals. *American Journal of Science* 250: 453-471.

Konrad, F., Stalder, R., and Tessadri, R. (2015). Quantitaive phase analysis of lateritic bauxite with NIR-spectroscopy. *Minerals Engineering* 77: 117-120.

Kruse, F. (1994). Identification and mapping of mineral sin drill core using hyperspectral image analysis of infrared reflectance spectra. *International Journal of Remote Sensing* 17: 1623-1632.

Lampinen, H., Laukamp, C., Occhipinti, S. et al. (2017). Delineating alteration footprints from field and ASTER SWIR spectra, geochemistry and gamma-ray spectrometry above regolith covered base metal deposits - an example from Abra, Western Australia. *Economic Geology* 112: 1977-2003.

Lampinen, H., Laukamp, C., Occhipinti, S. et al. (2019). Mineral footprints of the paleoproterozoic sediment-hosted Abra Pb-Zn-cu-au deposit Capricorn orogen, Western Australia. *Ore Geology Reviews* 104: 436-461.

Lau, I.C., Cudahy, T.J., Heinson, G. et al. (2003). Practical applications of hyperspectral remote sensing in regolith research. In: *Advances in Regolith* (ed. I.C. Roach), 249-253. CRC LEME.

Lau, I.C., Ong, C., Laukamp, C. de Caritat, P., Thomas, M. (2017). The acquisition and processing of voluminous spectral reflectance measurements of soils and powders for national datasets. *IGARSS* Texas, USA (23-28 July 2017), 3pp.

Laukamp, C., Cudahy, T., Caccetta, M. et al. (2010). The uses, abuses and opportunities for hyperspectral technologies and derived geoscience information. *AIG Bulletin* 51: 73-76.

Laukamp, C., Termin, K.A., Pejcic, B. et al. (2012). Vibrational spectroscopy of calcic amphiboles - applications for exploration and mining. *European Journal of Mineralogy* 24: 863-878.

Laukamp, C., Windle, S., Yang, K. et al. (2014). Skarn gangue mineral assemblage characterisation using SWIR-TIR-spectroscopy. Geological Society of Australia, AESC, Abstract No 110 of the *22nd Australian Geological Convention*, Newcastle, Australia (7-10 July 2014).

Laukamp, C., Salama, W., and González-Álvarez, I. (2015a). Proximal and remote spectroscopic characterisation of regolith in the Albany-Fraser Orogen (Western Australia). *Ore Geology Reviews* 73 (3): 540-554.

Laukamp, C., McFarlane, A., Montenegro, V. et al., (2015b). Rapid resource characterisation of Cu-chlorides and sulphates in porphyry Cu deposits using reflectance spectroscopy. *SGA 2015*, Nancy, France (24-27 August 2015).

Laukamp, C., Lau, I.C., Stolf, M. et al. (2018). Impact of grain size variations of quartz on estimation of kaolinite content from infrared spectral signatures. *IMA 2018*, Melbourne, Australia (13-17 August 2018).

LeGras, M., Laukamp, C., Otto, A. et al. (2018). Measuring lithium-bearing minerals with infrared reflectance spectroscopy. *AGCC 2018*, Adelaide, Australia (14-18 October 2018).

Lyons, R. J. P. (1962). Evaluation of infrared spectrophotometry for compositional analysis of lunar and planetary soils. *NASA contractor report, part II*.

Malthus, T.J., Ong, C., Lau, I. et al. (2019). *A Community Approach to the Standardised Validation of Surface Reflectance Data. A Technical Handbook to Support the Collection of Field Reflectance Data. Release Version 1.0*. Australia: CSIRO. ISBN: 978-1-4863-0991-7.

Mauger, A.J., Ehrig, K., Kontonikas-Charos, A. et al. (2016). Alteration at the Olympic dam IOCG-U deposit: insights into distal to proximal feldspar and phyllosilicate chemistry from infrared reflectance spectroscopy. *Australian Journal of Earth Sciences* 63 (8): 959-972.

McAloon, B.P. and Hofmeister, A.M. (1995). Single-crystal IR spectroscopy of grossular-andradite garnets. *American Mineralogist* 80: 1145-1156.

McCuaig, C.T. and Hronsky, J.M.A. (2014). The mineral system concept: the key to exploration targeting. *Applied Earth Science* 126 (2): 77-78.

McLeod, R. L., Gabell, A. R., Green, A.A. et al. (1987). Chlorite infrared spectral data as proximity indicators of volcanogenic massive sulphide mineralization. *Pacific Rim Congress '87*, Gold Coast, Queensland (26-29 August 1987).

Milton, E.J., Schaepman, M.E., Anderson, K. et al. (2009). Progress in field spectroscopy. *Remote Sensing of Environment* 113 (Supplement 1): S92-S109.

Miyashiro, A. (1975). Volcanic rock series and tectonic setting. *Earth and Planetary Science* 3: 251-269.

Nicodemus, F.F., Richmond, J.C., Hsia, J.J. et al. (1977). Geometrical considerations and nomenclature for reflectance. In: *National Bureau of Standards Monograph*, vol. 160, 20402. Washington D.C: U.S. Govt. Printing Office.

Noble, R., Lau, I., Anand, R. et al. (2019). Application of ultrafine fraction soil extraction and analysis for mineral exploration. *GEEA* https://doi.org/10.1144/geochem2019-009.

Roache, T.J., Huntington, J.F., and Quigley, M.A. (2011). Epidote-Clinozoisite as a hyperspectral tool in exploration for Archean gold. *Australian Journal of Earth Sciences* 58 (7): 813-822.

Rowan, L.C., Kingston, M. J., Crowley, J.K. (1986). Spectral Reflectance of Carbonatites 745 and Related Alkalic Igneous Rocks: Selected Samples from Four North American Localities. 746 *Economic Geology* 81: 857-871.

Salisbury, J.W., Walter, L.S., Vergo, N. et al. (1991). *Infrared (2.1-25 μm) Spectra of Minerals*. Baltimore and London: The Johns Hopkins University Press.

Schodlok, M.C., Whitbourn, L., and Huntington, J. (2016). HyLogger-3, a visible to shortwave and thermal infrared reflectance spectrometer system for drill core logging: functional description. *Australian Journal of Earth Sciences* 63 (8): 929-940.

Smith, B.R. and Bottrill, R. (2017). Are spatial mineralogical variations in the Bessie Creek Sandstone, McArthur Basin evidence for variable provenance, diagenesis or hydrothermal alteration? *Annual Geoscience Exploration Seminar* (AGES) Proceedings, Alice Springs, Northern Territory (28-29 March 2017). Northern Territory Geological Survey, Darwin. 100-105.

Spaggiari, C. V. and Smithies, R. H. (2015). Eucla basement stratigraphic drilling results release workshop: extended abstracts. *GSWA record* 2015/10.

Thompson, C.S. and Wadsworth, M.E. (1957). Determination of the composition of plagioclase feldspars by means of infrared spectroscopy. *American Mineralogist* 42: 334-341.

Turner, D.J., Rivard, B., and Groat, L.A. (2014). Visible and short-wave infrared reflectance spectroscopy of REE fluorcarbonates. *American Mineralogist* 99: 1335-1346.

Van Ruitenbeek, F.J.A., Cudahy, T.J., van der Meer, F.D. et al. (2012). Characterization of the hydrothermal systems associated with Archean VMS-mineralization at panorama, Western Australia, using hyperspectral, geochemical and geothermometric data. *Ore Geology Reviews* 45: 33-46.

Vedder, W. and McDonald, R.S. (1963). Vibrations of the OH ions in muscovite. *The Journal of Chemical Physics* 38: 1583-1590.

Walter, L. and Salisbury, J. (1989). Spectral characterization of igneous rocks in the 8 to 12 μm region. *Journal of Geophysical Research* 94 (B7): 9203-9213.

Wang, R., Cudahy, T., Laukamp, C. et al. (2017). White mica as a hyperspectral tool in exploration for sunrise dam and Kanowna belle gold deposits, Western Australia. *Economic Geology* 112: 1153-1176.

Wells, M., Laukamp, C., and Hancock, L. (2016). Reflectance spectroscopic characterisation of mineral alteration footprints associated with sediment-hosted gold mineralisation at Mt Olympus (Ashburton Basin, Western Australia). *Australian Journal of Earth Sciences* 63 (8): 987-1002.

White, W.B. (1967). Diffuse-reflectance spectra of rare-earth oxides. *Applied Spectroscopy* 21: 167-171.

White, A., Laukamp, C., Stokes, M. et al. (2017). Vibrational spectroscopy of calc-silicate minerals applied to low-grade regional metabasites. *Geochemistry: Exploration, Environment, Analysis* 17: 315-333.

Yang, K., Huntington, J.F., Gemmell, J.B. et al. (2011). Variations in composition and abundance of white mica in the hydrothermal alteration system at Hellyer, Tasmania, as revealed by infrared reflectance spectroscopy. *Journal of Geochemical Exploration* 108: 143-156.

Zen, E.-A. (1986). Aluminium enrichment in silicate melts by fractional crystallization: some mineralogic and petrographic constraints. *Journal of Petrology* 27: 1095-1117.

19

手持式X射线荧光分析仪

Stanislaw Piorek

Rigaku Analytical Devices, Wilmington, MA, USA

19.1　X射线荧光技术概述

　　手持式X射线荧光（HHXRF）光谱法属于原子发射光谱方法。它是一种利用伽马射线或X射线与物质相互作用的物理原理的发射光谱技术。当一束低能量（通常小于100 keV）的伽马射线或X射线指向样品材料时，光束光子可能从样品上散射，也可能激发样品原子。正是后一种形式的相互作用对X射线荧光（XRF）光谱学家来说具有分析价值。

　　当辐射的入射量子具有足够高的能量从原子的内部能量壳层中移除一个电子时，就达到了原子的激发态。产生的空位立即（不到10^{-16} s）被任何高能量壳层的电子填补。在这个过程中，填补较低能量壳层上空位的电子释放了多余的能量，大部分时间是由原子以X射线光子的形式释放出来（图19.1）。

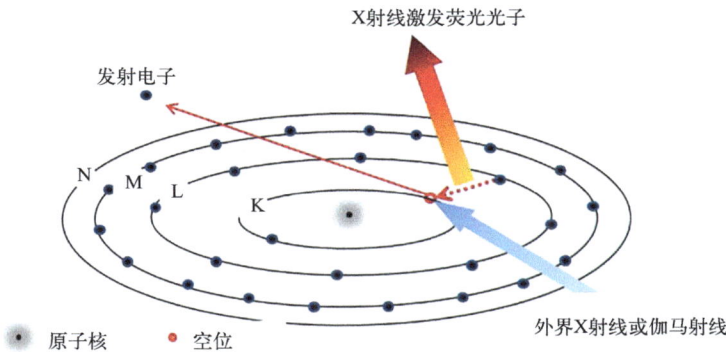

图19.1　原子中X射线荧光过程示意图

　　该光子的能量对任何给定的元素都是唯一的或"特征"的，因此它可以用来识别样品中该元素的存在（图19.2）。另一方面，一个给定元素的发射光子数反过来又代表了样品中该元素的原子数量（浓度）。因此，XRF光谱分析是一种定性和定量的元素分析技术。值得注意的是，正是这种外部辐射与原子内部能量壳的相互作用区分了XRF与本书中描述的其他原子光谱。内部能量壳层相互作用也是XRF成为元素方法的原因；特征X射线的能量不受原子化学状态影响。XRF方法是根据在电磁辐射可见范围内观察到的荧光现象命名的。然而，在这里，激发原子发出的特征X射线辐射在激发辐射停止后立即停止。

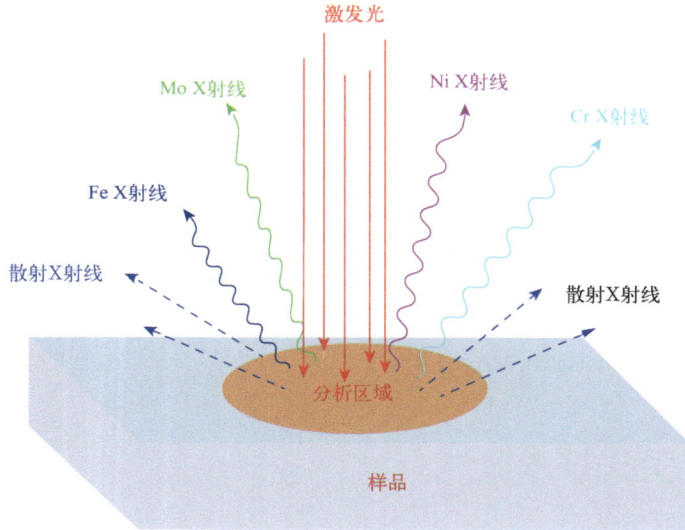

图19.2   从一个样品中获得的X射线荧光示意图

XRF的最终"产物"称为样品的X射线光谱。图19.3显示了通过激发316不锈钢样品获得的光谱示例。它是特定能量X射线计数的直方图，作为能量的函数。在光谱中有许多峰，它们的质心代表了样品中存在的元素的特征X射线能量。每个特征能量峰的大小代表了样品中每种元素的数量。

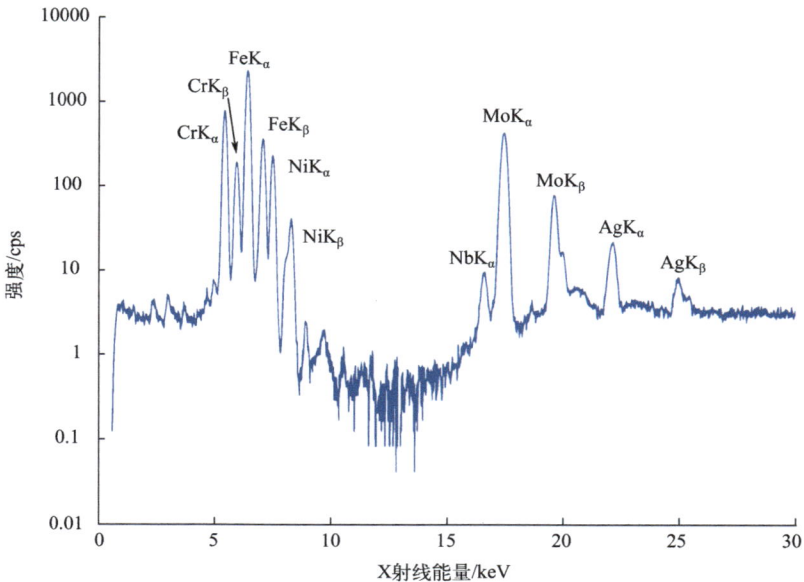

图19.3   316不锈钢的XRF光谱，主要元素峰被标记出来。请注意纵坐标（y轴）使用的是对数比例尺

XRF 分析提供了一个独有的特征组合。其中最有价值的特征之一是它真正的无损特性，不仅样品在分析后保持状态不变，而且通常情况下，小型 HHXRF 分析仪进入现场分析时，可以在现场"原位"对物体进行分析，而不需要对其进行污损或破坏。此外，同样的样品可以重复分析，这是传统湿化学或电感耦合等离子体（ICP）方法无法实现的。XRF 光谱法的这一单一特性无疑是其被广泛接受的主要原因，特别是在它的"手持式"体现中。

XRF 是一种真正的多元素分析技术，在单次测量中可以同时确定许多元素，在大范围的浓度和元素范围内分别从数 mg/kg 到 100% 以及从 Mg 到 U。这是一种快速的分析方法，能够在几秒钟内提供"现场"的结果。最后，XRF 通过基本参数（FP）方法具有所谓的"无标准化"校准，该特性允许非常稳健、通用的校准，易于操作。

XRF 分析的优势已被人们了解了几十年，然而只有过去一二十年的技术进步才使其潜力得以充分发挥。HHXRF 分析仪的出现为分析提供了一个新的范式，以至于 HHXRF 分析现已成为合金识别和分类、环境中有毒金属筛查、矿物和矿石分析、消费品合规性测试等应用的首选方法。据估计，在过去大约 15 年里，全球已有 7 万至 8 万台 HHXRF 分析仪投入使用，而且每年有几千台进入全球市场。

本章主要介绍 HHXRF 光谱仪的发展和现状。这些仪器的典型应用说明了对其特征和性能的讨论。最后，我们尝试概述这种通用方法的未来发展方向。

19.2 手持式 XRF 分析仪的演变

传统 XRF 分析主要分为波长色散型（WDXRF）和能量色散型（EDXRF）两种方法[1]。从历史发展来看，波长色散型 XRF 率先被研发出来。早期的 WDXRF 光谱仪以高功率 X 射线管作为激发辐射源，搭配充气比例计数器，并使用体积庞大的测角仪实现波长（能量）色散。20 世纪 70 年代中期，小型半导体探测器实现商业化应用，体积笨重的测角仪与充气探测器被高分辨率的 Si（Li）探测器或 Ge（Li）探测器取代，为 EDXRF 光谱仪的发展奠定了基础。此外，小型放射性同位素胶囊的出现，使其成为 XRF 激发源的新选择。这类同位素源不仅体积比任何 X 射线管小几个数量级，还无需外部供电，为电池供电型 XRF 系统的研发创造了可能。在 20 世纪 60 年代末至 70 年代中期，由电池供电的真正便携式 XRF（pXRF）光谱仪开发成功，开启了 XRF 光谱技术从实验室向现场应用的转型[2]。由此可见，HHXRF 光谱技术本质上是依托 HHXRF 分析仪实现的 EDXRF 光谱分析技术。值得注意的是，文献中常将手持式 XRF 分析仪的应用称为现场便携式 XRF（FPXRF）、手持式便携式 XRF（HHpXRF）或便携式 XRF（pXRF），其中后两个缩写在欧洲科学界更受青睐。

pXRF 分析仪的研发最初源于地质学家与勘探人员的需求。他们意识到，若能在现场实时获取多元素定量分析结果，无需将样品送回实验室等待数周，将大幅提升勘探效率。这一需求成为推动 pXRF 技术发展的核心动力。

20 世纪 70 ~ 80 年代的早期 pXRF 光谱仪为两组件系统，体积较大且重量可观（通常为 5 ~ 10 kg），图 19.4 展示了这类系统的典型结构：手持探头内置充气比例 X 射线探测器与同位素源，通过电缆连接至背包大小的电子箱；电子箱内集成电源、多道分析仪及计算机，负责将探头采集的信号转换为元素浓度数据。尽管这些早期便携式分析仪体积偏大、使用便利性有限，但仍获得了各国环保主管部门的关注与认可。当时，美国和欧洲多国政府正大力推进"受污染自然环境治理"工作，因为数十年不受控的工业活动向土壤、水和空气中释放了大量有害有毒元素，亟需高效的污染检测手段。监管机构意识到，使用pXRF设备在现场评估污染程度，可大幅降低环境清理与修复工作的成本和时间。正是"现有技术可行性"与"密集检测迫切需求"的协同作用，促使美国环保署（EPA）制定了全球首个"使用pXRF筛查土壤中金属污染物的标准测试方法"，并在该方法中首次引入"FPXRF"这一缩写[3,4]。此后不久，FPXRF技术被金属与合金回收行业采用，随后又逐步应用于金属制造与加工领域。从那时起，合金废料分拣成为FPXRF（进而也是HHXRF）分析仪最重要的应用场景[5-7]。

图19.4   便携式XRF分析仪，探头内装有充气比例检测器

在接下来的10年中，pXRF分析仪的大小和重量都大幅减少。电子产品小型化的进步，使我们拥有了笔记本电脑。充气的探测器被微小的硅二极管取代，邮政印章大小的先进微处理器不仅可以操作分析仪，还可以执行复杂的分析程序。因此，Niton LLC在1995年推出了第一台真正的手持式一体式XRF分析仪，型号为XL-300。20 cm × 8 cm × 5 cm的盒子（图19.5）中包含了一个多通道分析仪、放射性同位素源、硅PIN探测器和一个可持续运行长达8 h的电池。分析结果和X射线光谱显示在一个5 cm × 7 cm的液晶显示屏上。该仪器重量不到1.2 kg，开启了XRF光谱分析[8,9]的新时代。仅仅几年后，也就是2002年，第一台符合人体工程学设计的HHXRF分析仪问世，用微型X射线管取代同位素作为激发源，消除了HHXRF进一步发展的最后障碍。从那时起，成千上万的HHXRF分析仪被用于合金鉴定和分类、土壤中金属的筛选，以及筛选电子、消费品和儿童玩具以符合相关规定。

图19.5   Niton公司的第一台真正的手持式XRF分析仪，配有同位素源和硅二极管探测器

19.3   当代HHXRF分析仪：构造和操作

虽然XRF光谱法的物理原理对所有仪器都是相同的，但HHXRF分析仪不仅仅是一个小型化的实验室系统。HHXRF分析仪的设计具有坚固、不受环境条件影响、易于操作的特点，同时具

有优异的分析性能。最后但并非最不重要的是，它是一种专门设计的仪器，不应被用作一般应用仪器。这些分析仪通常由非科学家人员操作，使用简单的预编程分析模型在现场进行常规分析。考虑到这一点，我们将描述 HHXRF 分析仪中的基本组件及其功能。

19.3.1　HHXRF 分析仪的主要功能模块

任何包括手持式设备的 XRF 分析仪必须具有 3 个基本组件：从样品中激发特征 X 射线、X 射线辐射探测器和具有数据处理能力的相关电子设备，以及用于可重复呈现样品进行分析的手段。这 3 个组件的具体安排取决于分析仪设计的环境和主要应用。

一个典型的 HHXRF 分析仪的组件布局如图 19.6 所示。按照良好的人体工程学设计的实践，分析仪通常具有手持式钻头的形状。通常，电池保持在握把，这为仪器的前部提供了平衡重量。仪器的前面装有 X 射线管和探测器，两者的位置都尽可能靠近仪器的检查平面。检查平面是仪器最前面的平板，有一个小的、通常是圆形的开口或窗口，在测量过程中放置在测试样品上。通过这个窗口，X 射线管照亮样品，探测器从样品中采集元素的特征 X 射线。为了保护，窗口用一层聚酯薄膜密封，这种薄膜对 X 射线是透明的。

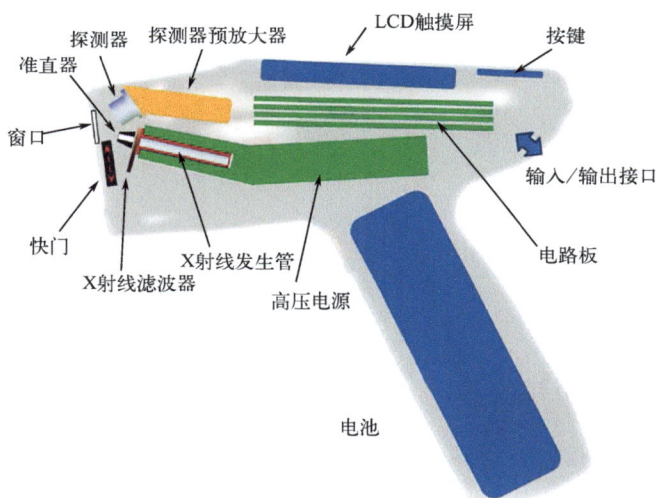

图19.6　一个 HHXRF 分析仪的基本内部结构

该分析仪的基本配置还包括数字信号处理器（DSP）、多通道分析仪（MCA）和触摸屏液晶显示器（LCD），允许用户操作该仪器。该分析仪由一个微处理器控制，它也可以执行分析程序。

19.3.1.1　励磁电源

所有的 HHXRF 分析仪都使用微型 X 射线管激发样品的特征 X 射线。这些是典型的端窗，传输阳极型管[10,11]。这种管的阳极由 250 μm 薄铍箔制成，内部涂有目标材料如银、钨、钯、铑或钼的薄膜。阳极也作为管发射的辐射的出口，它由轫致辐射连续体和阳极材料的特征 X 射线组成。管的尺寸为直径 8 ~ 15 mm，长度 25 ~ 50 mm。图 19.7 显示了在许多 HHXRF 分析仪中使用的早期设计的微型 HHXRF 射线管。该管由高压（HV）电源供电，可以使管在 5 ~ 50 kV 直流之间极化，并在 40 ~ 100 μA 的阳极电流下运行，总功率为数瓦。管和它的高压电源通常集成到一个单一的、隔离良好的模块。Cornaby 在技术与仪器卷第 18 章详细描述了用于 HHXRF 光谱分析的 X 射线管。

（1）主过滤器

由于 X 射线管的轫致辐射的高背景，直接从 X 射线管发射的 X 射线束不是很有用（图 19.8）。为了减少背景，在管阳极和样品之间放置一个薄的纯金属箔的滤波器。图 19.8 显示了银阳极管发射

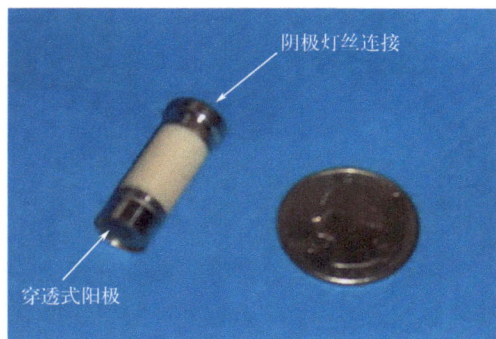

图19.7　微型X射线管展示在一枚美国硬币旁边

的 X 射线光谱，一个没有主滤波器，另一个在管阳极上直接放置钼滤波器。钼滤波器显著地将管 X 射线的强度降低到 15 keV 以下，从而能够分析 X 射线能量落在该区域的元素。

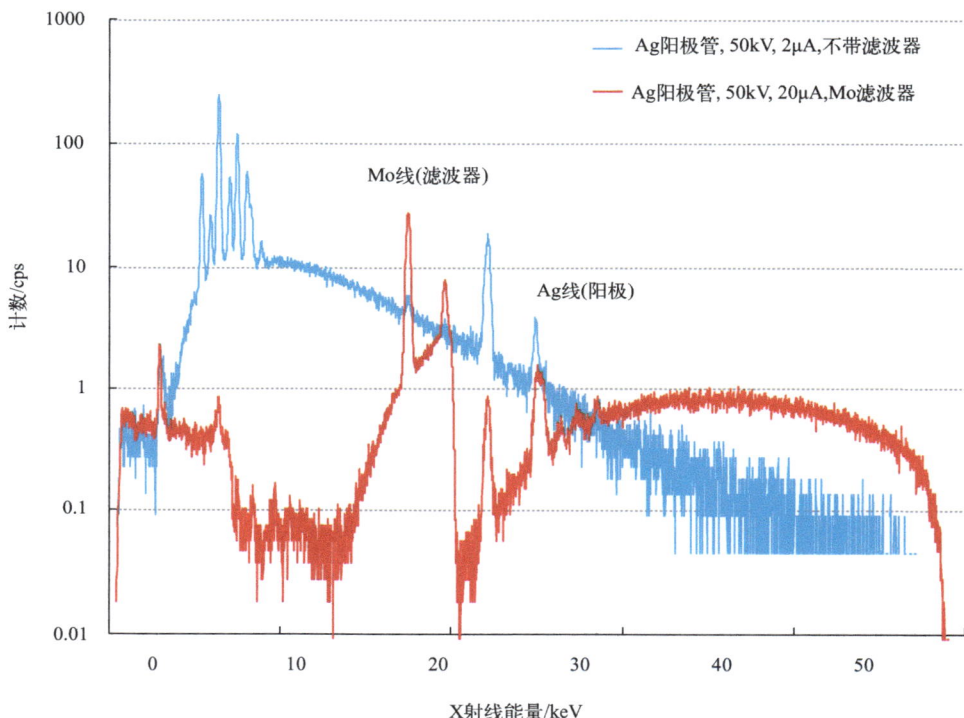

图19.8　带银阳极的X射线管的未过滤（蓝色）和过滤（红色）X射线光谱

（2）放射性同位素源

一些较老型号的 HHXRF 分析仪使用放射性同位素源激发被分析物体中的荧光 X 射线。具体来说，仅为了测量油漆中的铅设计的分析仪几乎完全使用放射性同位素，^{153}Gd 是首选源。这是因为这种同位素在 97 keV 和 103 keV 处发射伽马辐射，这非常适合激发铅的 $K_α$ X 射线。该主题将在第 19.5.4 节单独讨论。同位素源的主要优点是它们不需要动力来运行。另一方面，它们的有效性受到半衰期限制，一些物质的半衰期相当短（见表 19.1 中的 ^{153}Gd 和 ^{109}Cd），这意味着必须替换它们。此外，放射性同位素源的光子输出比 X 射线管低几个数量级。与 X 射线管相比，管理同位素使用的规定也严格得多。

表19.1　便携式和HHXRF分析仪使用的放射性同位素源

同位素	激发射线	能量/keV	半衰期	典型应用	备　注
^{55}Fe	X射线	5.9和6.5	2.7y	XRF	
^{244}Cm	X射线	15.8 ~ 17.9	18.1y	XRF	发射中子
^{109}Cd	X射线	22.1和24.9	1.26y	XRF	
^{241}Am	γ辐射	59.5	432.2y	XRF	
^{153}Gd	γ辐射	97.4和103.2	241.6d	XRF	

图19.9显示了密封的放射性同位素胶囊的一个例子。表19.1列出了与便携式和HHXRF分析仪一起使用的放射性同位素源。

19.3.1.2　探测器

在HHXRF分析仪中使用的探测器要么是硅pin二极管，要么现在更常见的是硅漂移探测器（SDD）[12,13]。用最简单的术语来说，两者都是反向极化的，大约0.5 mm厚的二极管安装在一个微小的帕尔帖堆（冷却器）上，并封闭在一个直径约15 mm、高8 ~ 10 mm的小金属胶囊中（图19.10）。胶囊有一个圆形窗口，用薄（几微米）的铍箔密封。X射线可以通过这个窗口，然后被二极管的大部分吸收。当一个X射线

图19.9　HHXRF分析仪中放射性同位素源胶囊示例。来源：版权归Eckert & Ziegler AG所有

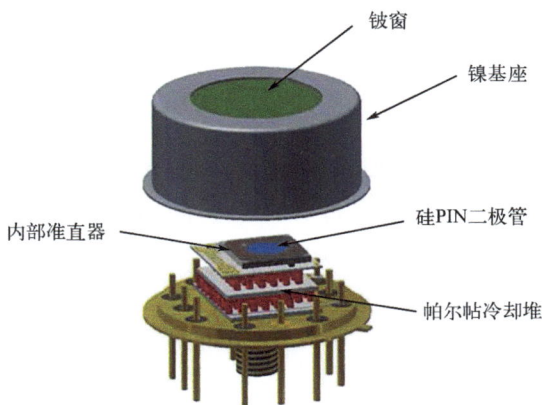

光子撞击探测器时，它会沿着其路径电离硅原子，并产生一个电荷，这个电荷的大小与光子的能量成正比，不同能量的光子会产生不同的电荷。这就是硅二极管通过其能量分类或分散光子的方式。光子的数量，一个给定元素的特征，计算测量时间，代表该元素在样品中的原子数量。两个探测器都通过帕尔帖冷却堆冷却到−25℃，因此仪器可以在室温下工作，具有很好的能量分辨率。

图19.10　硅二极管PIN探测器解剖图

SDD的优点是它能够在比pin二极管高1个数量级的脉冲频率（计数率）下工作。由X射线在探测器中产生的电荷被一个专用的电荷敏感的预放大器转换为只有毫伏振幅的电压脉冲。

一个重要的探测器参数是它的活跃面积，可以从几平方毫米到50 mm²不等。探测器的活跃

面积越大，可以收集X射线的面积与立体角的乘积就越大，这意味着更好的分析灵敏度和更低的检测限。

值得注意的是，HHXRF分析仪中的探测器是其在抗冲击或振动方面最脆弱的部件。本书技术与仪器卷第19章详细描述了HHXRF的探测器技术。

19.3.1.3　光谱分析仪

由探测器前置放大器产生的毫伏脉冲流被DSP进一步放大、成形和数字化，然后传递给MCA，MCA将它们分类并排列成一个直方图，称为X射线光谱。图19.11是土壤的X射线光谱（NIST 2710），图中显示了系统在一段时间内的给定能量（横坐标）。

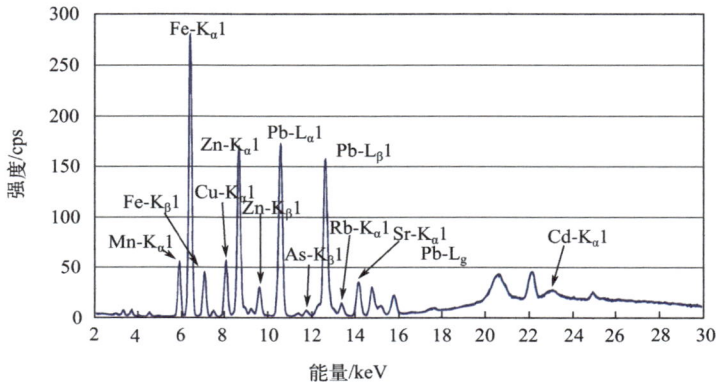

图19.11　NIST 2710有证标准物质（CRM）的X射线光谱——被金属污染的土壤

在特定元素发射的特征X射线能量处出现的强度峰值告诉我们样品中有多少特定元素。对仪器LCD屏幕上显示的光谱进行目视检查，为用户提供有关测量质量的即时反馈以及有关测量可能不好的原因的线索。样品光谱是分析算法提取元素组成信息的唯一信息来源，光谱的质量直接影响分析仪的分析性能。探测器的能量分辨率越好，光谱中的峰值彼此分离越好，这提高了分析的准确性。探测器的良好能量分辨率必须与MCA相匹配，MCA应至少有4096个通道。光谱仪的整体性能是其所有组件性能的总和。

19.3.1.4　电子器件

分析仪的所有电气和移动机械部件都由车载计算机控制，该计算机由快速微处理器驱动，还支持复杂的分析算法。分析仪中的所有电子电路面临的挑战是，因为微型X射线托盘管近在咫尺，它们要免受X射线管的高压电源产生的高水平电磁噪声的影响。这对于探测器及其前置放大器尤其如此。X射线管不仅产生X射线，而且产生大量的热量，为了确保所有电子电路的运行稳定，这些热量必须消散。制作一个非常敏感的探测器，冷却到−25℃以降低噪声，操作旁边产生噪声的X射线管/高压组件常规加热到50℃，这绝非易事！

19.3.2　操作

要进行测量，需要将分析仪的前板与被测物体直接接触，确保物体完全覆盖分析仪的测量窗口。接下来，实际测量通过按钮或触发器启动，启动时间足以满足测试的精度要求，记住较长的测量时间可以提高测量的精度。在此期间，分析仪不断获取被测对象的 X 射线光谱。测量完成后，样品中元素的定量测定结果将报告在显示器上，并与相关的 X 射线光谱一起存储在仪器的存储器中。此外，根据具体的应用情况，元素浓度的数值结果可以由分析仪软件进一步处理并转换为告知操作员的具体结果或决定，如"合金等级"或"通过/失败"的测定。

一些市售 HHXRF 分析仪的实际实施例如图 19.12 所示。

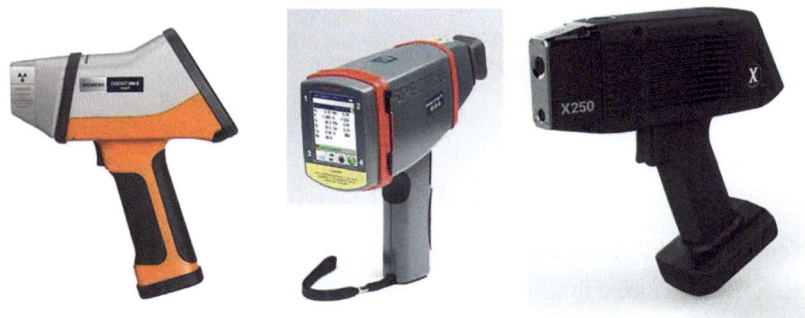

图19.12　选择商用的 HHXRF 分析仪（左起：日立的 X-MET8000、Ametek 和 SciAps 的 X-250）。来源：图片由日立高科技公司提供；照片由 SPECTRO Analytical Instruments GmbH 提供。保留所有权利；SciAps Inc.

19.3.3　典型技术规范

表19.2列出了当代 HHXRF 分析仪的典型特征，它们反映了商用 HHXRF 分析仪的技术现状。

表19.2　当代 HHXRF 分析仪的典型规格和特点

部　件	参　数
三维尺寸	10 in × 10 in × 4 in（250 mm × 250 mm × 100 mm）
X 射线发生器	X 射线发生源：窗口发射银、金或钨阴极管发生器，最高电压 50 kV，最大电流 100 μA（2 ～ 3 W 总功率） 主光源可以安装多位置滤波片和不同的准直元件实现微调 探测器：大尺寸硅基位移探测器（FWHM 165 eV） 每秒 180000 次读数
分析器	通常为 4096 通道分析器，由 DSP 和中央处理器驱动，用自研操作系统以 500 MHz 或更高频率运行
电源	锂离子电池，7.4 V 直流电，7.8 A·h
显示器/交互界面	可调节角度、彩色可触摸式屏幕 常用功能和模式按键板
分析能力	元素分析范围：从镁到铀（可以测试25种以上的元素，取决于应用种类） 浓度响应范围：mg/kg ～ 100% 分析程序种类： ——基本参数模式 ——Compton 归一化模式 ——自定义实验模式（用户定义） 校正标准物：合金，贵金属，土壤和矿物，RoHS，塑料，玩具和消费品，塑料涂层等 样品种类：固体，粉末，液体，薄膜

部　件	参　数
数据处理	数据输入：通过触摸屏输入或无线输入，远程条形码扫描
	数据存储：内部存储器可保存数千条光谱数据
	数据传输：通过USB、蓝牙或RS232通信驱动自研控制软件
	数据安全和加密：数据加密存储，由密码保护
额外的功能和可选配件	便携式测试架
	焊接点掩盖（用于限制测试点在两种金属相连的焊接点）

19.4　校准方法

　　使用经验校准或基于FP方法的校准，从样品的X射线光谱中得出测量结果。每种方法都需要从样品的X射线光谱中提取分析物的净X射线强度。可用于获得净X射线强度的光谱反卷积方法在文献[1]的第4章中进行了描述。所有HHXRF分析仪都配备有提供此类功能的程序。在文献[1]的第5章和第6章中也可以找到对校准方法的全面处理，而在这里只提供了简短的描述。

19.4.1　经验校准曲线

　　经验校准需要获得一些已知分析物浓度的样品，其基质特征应尽可能接近未知样品。以最简单的方法表示，经验校准方法依赖代数方程，该方程将样品中的分析物浓度与其测量的X射线强度相关联。该方程的系数由最小二乘回归确定。需要记住的是，经验推导的校准方程仅适用于校准样品集所涵盖的分析物的浓度范围，并且仅适用于所使用的校准样品的类型，例如对铁合金进行的校准不得用于铜合金或液体样品等。另一方面，如果校准集能很好地代表未知样品的组成，那么经验校准可能是所有方法中最准确的一种。

　　在经验校准类中，有两种方法对手持仪器有用：康普顿归一化（Compton Normalization）[14]以及Lucas-Tooth和Price的多元线性回归[15]。

　　康普顿归一化方法：当相对较小的元素浓度在一个相对较轻、相对均匀的基质中进行分析时，主要使用康普顿归一化[14]。例如，可以是对纤维素、液体或土壤中的铁、锌或钙低于百分比浓度的分析。校准方程的一般形式如下：

$$C_j = A_j + B_j \left(\frac{I_j^{\text{net}}}{I_{\text{Compt}}} \right) + \cdots + D_j \left(\frac{I_j^{\text{net}}}{I_{\text{Compt}}} \right)^2 \tag{19.1}$$

　　式中，C_j是元素j的浓度，I_j^{net}和I_{Compt}分别是分析物j和康普顿散点的强度，A_j、B_j和$D_j \cdots$是通过最小二乘拟合导出的系数。

　　通常，式（19.1）中的二阶项可以省略。校准方程只包含涉及相关分析物的净强度与康普顿散射的净强度比率的项，它是与康普顿散射强度的比率I_{Compt}，通过它，吸收基质效应在这个校准模型中被修正。在测量了一套校准样品后，利用分析物的强度和康普顿散射强度以及分析物的浓度，通过最小二乘回归确定系数A_j、B_j和D_j。

　　如果样品中另一种具有可观浓度的元素的X射线吸收边缘落在一个被分析物的X射线能量和康普顿散射峰的能量之间，那么这种方法将会失败。

多元线性回归：康普顿归一化方法不能校正分析物浓度和样品基质的显著变化。在这种情况下，应采用多元线性回归。分析物 j 的校准表达式具有等式的通用形式 [式（19.2）]：

$$C_j = A_j + I_j^{\text{net}}\left(1 + \sum_{i=1}^{n} K_{ji} I_i^{\text{net}}\right) + \frac{I_j^{\text{net}}}{I_{\text{Compt}}} \tag{19.2}$$

式中，C_j 是元素 j 的浓度，I_j^{net}、I_i^{net}、I_{Compt} 分别是分析物 j、分析物 i、康普顿散点的强度，A_j、K_{ji} 是通过最小二乘拟合得到的系数。

这个方程表示了基质效应的强度修正，因为修正项都是用样品中测量的元素的净强度而不是它们的浓度表示的，这种方法也被称为 "Lucas-Tooth 和 Price 强度校正方法"，是由 Lucas-Tooth 和 Price 首先提出的[15,16]。式（19.2）中的最后一项是等式中一个熟悉的康普顿标准化术语 [式（19.1）]。

为了校准 n 个分析物的分析仪，需要一组 n^2 个分析物中已知浓度的分析标准。该组必须涵盖所有分析物的预期浓度范围，并尽可能与待测试的未知样品相似。校准标准不能采用连续稀释法获得。样品中所有元素的净强度，即分析物和其他元素的净强度，必须从光谱中提取，并在多元线性回归拟合中与它们相应的元素浓度一起使用。

19.4.2　基于基本参数的校准

这是最通用的校准方法，允许在从 mg/kg 到 100% 的广泛浓度范围内分析未知样品。基于基本参数（FP）的校准是基于精确方程组，通过使用控制 X 射线与物质相互作用的基本定律、原理和物理常数，将分析物的测量强度与其浓度联系起来。这些方程具有超越性，因此只能通过迭代进行数值求解，这是一个计算密集的过程。这就是为什么这种方法只有在微型但非常强大的微处理器出现后才会出现在手持式和便携式仪器上。基于 FP 的校准在金属合金等明确的应用中工作得非常好。另一方面，它也是初步近似评估样品元素组成的绝佳工具。

为了完整性和说明这种方法的计算复杂性，分析物 i 的形式化 FP 方程如下所示：

$$I_{\text{fi}} = G I_0 \varepsilon_{\text{K,L}} \omega_{\text{K,L}} \times \frac{\tau_{i,E} w_i}{\dfrac{\mu_1}{\sin\varphi_{\text{in}}} + \dfrac{\mu_2}{\sin\varphi_{\text{out}}}} \times \left(1 - \frac{1}{j_{\text{K,L}}}\right)\left[1 - e^{-\left(\frac{\mu_1}{\sin\varphi_{\text{in}}} + \frac{\mu_2}{\sin\varphi_{\text{out}}}\right)m}\right] \tag{19.3}$$

其中，$\mu_i = \sum\limits_{i=1}^{n} w_i \mu_{i/E}$ 和 $\mu_i = \sum\limits_{i=1}^{n} w_i \mu_{\text{K,L}}$

式中　I_{f} ——由外部能量 E 激发的元素 K 系列或 L 系列特征 X 射线的净强度（实际测量信号），cps；

G ——测量几何形状的系数；

I_0 ——能量激发辐射强度，计数/s；

$\varepsilon_{\text{K,L}}$ ——元素 i 的 K 系列或 L 系列的 X 射线的探测器效率；

$\omega_{\text{K,L}}$ ——元素 i 的特征辐射 K 系列或 L 系列的荧光效率；

$\tau_{i,E}$ ——元素 i 在能量 E 处的光电吸收系数；

w_i ——样品中分析物 i 的重量分数（浓度-未知确定）；

μ_1 ——激发能量 E 辐射的样品的总质量吸收系数，cm^2/g；

μ_2 ——分析物 K 系列或 L 系列 X 射线样品的总质量吸收系数，cm^2/g。

φ_{in}， φ_{out} ——分别为样品中激发辐射的入射角和荧光辐射的发射角；

$j_{K,L}$ ——对于K系列或L系列的光电吸收系数的比值（跳跃因子）；

m ——样品单位面积的质量，g/cm^2。

由于未知的权重分数w_i也存在于μ_1和μ_2的表达式中，我们现在可以看到为什么这个方程不能用代数求解，而只能使用迭代方法。关于FP方法及其各种修改的详细讨论可以在文献[1]中找到。

19.5　HHXRF分析仪最重要的应用

19.5.1　合金的分析与鉴定

XRF分析提供的独特的协同作用以及应用的分析要求是合金分析成为HHXRF旗舰应用的原因。事实上，据估计所有部署的HHXRF分析仪中有大约70%用于合金分析。

合金几乎在其生命周期的每个阶段都要进行元素组成的测试。然而，HHXRF分析仪主要用于金属合金废料的分类和所谓的"阳性材料鉴定"（简称PMI）。

合金废料是根据其价值分类的，这是合金元素组成的函数；一块普通建筑钢的价值远远低于同等质量的不锈钢或镍基合金。另一方面，由于合金废料用于生产新合金，在将其添加到新合金的熔体中之前必须确定其成分，以便新合金保持其最终的特定成分。

用于炼油厂管道、化工厂装置、核电站、飞机等关键工业结构的合金零部件，在投入使用前，必须进行强制性的验证测试。许多这些行业还要求在对象组装后强制进行100%的测试，即一个PMI过程。

合金是XRF分析的完美介质。除了少数众所周知的例外，金属合金可以被认为是均匀的固溶体。所有合金元素（至少占整个合金的99.5%的元素）的X射线都很容易测量，这允许使用无标准化的FP方法进行非常精确的分析。HHXRF分析仪通常用于不锈钢和低合金钢、高温钢、工具钢、镍和钴基合金、黄铜和青铜器、钛合金、一些铝合金、贵金属的分析和分类。

对合金的分析包括确定一种合金的元素组成，然后确定其等级名称。为了确定合金等级，将其测定的元素浓度与合金等级[17]的规格表进行比较。被测试的合金被指定等级，其规格与分析合金的浓度相匹配。大多数常规分析可以在1～5 s内完成。图19.13为HHXRF分析仪的读出屏幕，显示了非常常见的SS321不锈钢的分析结果。分析使用Fe/Al主束滤波器和银阳极管，供电至50 kV高压。在测量过程中，分析仪不断地更新屏幕与最新的分析结果。

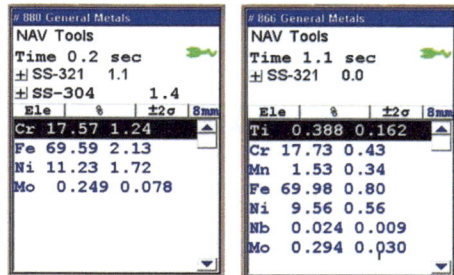

图19.13　显示SS321不锈钢分析的屏幕截图

这两个屏幕是在单次测量过程中记录的连续时间快照。左侧屏幕为测试开始仅0.2 s后的结果，显示了4种元素的浓度以及它们在两个标准差水平上的误差。以上的线条表明，基于这些结果，被测试的合金的等级可以是SS321不锈钢或SS304不锈钢，优先选择前者，因为后者的所谓"匹配数"为1.1，小于1.4。右侧屏幕为此测量持续到开始1.1 s后的结果，结果中又出现了3种元素Ti、Mn和Nb，因为经过较长时间的测量，这3种元素的X射线强度的测量精度和灵敏度更高，使它们可以被量化。具体来说，钛浓度的检测和定量可以明确地确定合金等级为SS321，匹配数为0.0。事实上，正是0.3%的钛区分了这两种流行的钢，SS304不含任何钛。

一方面，这个例子说明了合金分类和识别的真正挑战，这往往依赖较小的浓度差异。另一方面，它显示了当代HHXRF分析的力量和能力。

如果需要，可以使用额外的激发条件。例如，低浓度的Ca、S、Ti、V和Cr等元素可以在20 kV激发下更好地分析，Mg、Al和Si等非常轻的元素可以受益于氦吹扫的使用。不锈钢SS303与SS304的区别仅在于0.12%的硫。然而，当从分析的合金表面去除水垢和碎片后，SS303中0.15% S的硫信号足够强烈，足以使HHXRF分析仪能够将这两种合金完全区分开来。

从图19.13所示的结果中，我们可以得到的另一个有用的观察结果是，随着测量时间的延长测量误差会减小。这是EDXRF的一个已知的、普遍的特征。测量时间每增加4倍，测量误差就会减少至1/2。

图19.14显示了SS304不锈钢中镍测量浓度的散度（精度测量）是如何随时间而减少的。很明显，将测量时间延长到5 s以上是不合理的，因为这样不会明显地降低测量的精度，这是回报递减定律的一个实际说明。

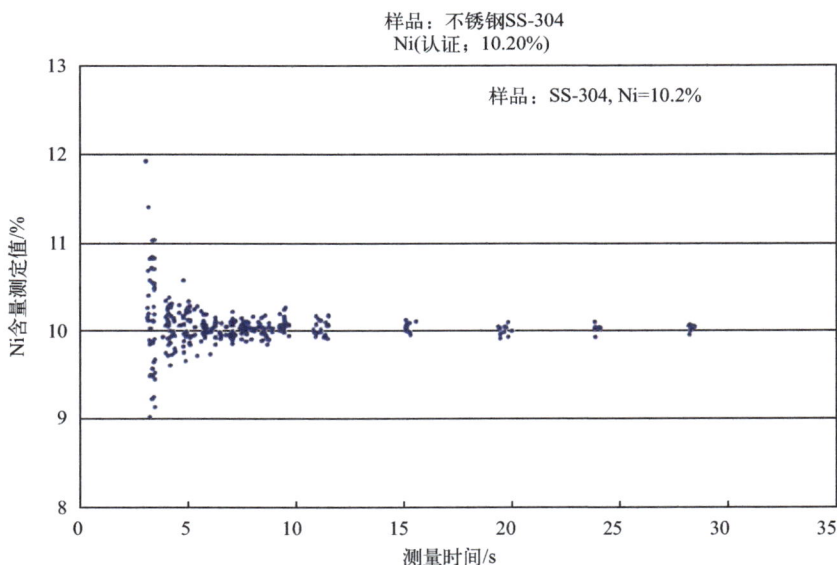

图19.14 试验结果离散度随测量时间的变化

19.5.1.1 典型工作性能

表19.3列出了使用HHXRF分析仪分析合金时预期的典型性能数据。每个主滤波器的数据测量时间为60 s。使用带有氦吹扫选项的HHXRF分析仪可以提高轻元素的检测限值。

表19.3 | HHXRF分析仪可达到的合金检测限示例

合金元素	检测限（60s测量时间）/（mg/kg）			
	铝基	钛基	铁基	铜基
Sb	20	35	50	70
Sn	15	30	50	70
Pd	15	20	40	55
Ru	15	15	20	20
Mo	N/A	15	15	15
Nb	N/A	15	15	15
Zr	N/A	15	15	15
Bi	15	15	15	30
Pb	15	15	40	35
Se	N/A	15	20	20
W	20	75	120	100
Zn	15	20	40	220
Cu	25	40	70	N/A
Ni	30	75	100	110
Co	30	70	500	110
Fe	50	175	N/A	175
Mn	70	160	160	175
Cr	50	160	35	65
V	20	550	25	40
Ti	20	N/A	30	30
S	N/A	N/A	250	N/A
P	N/A	N/A	N/A	N/A
Si	400	320	900	350
Al	N/A	N/A	4750	1300
Mg	4000	1500	N/A	N/A

　　必须注意，上述性能适用于测试合金样品的平坦、清洁表面。样品不得被任何油漆、锈蚀、水垢或油性残留物覆盖，特别是当分析涉及镁、硅、铝和硫等轻元素时。另一方面，某些合金表现出显著的局部成分不均匀性，如果不考虑，将导致极不准确的结果。图19.15显示了两个例子。左图为硅含量为17.6%的铝-硅合金。在图像的左侧可见的大的、不规则的"银色"形状是硅的晶体，它在高浓度下不会"溶解"在铝中，而是沉淀为纯硅。很明显，当分析仪从富含这些晶体的区域采集X射线时，它将产生一个人为的高硅浓度。知道了这一点，用户可以进行多次测量，在样本区域上移动分析仪，通过这种方式，通过平均，减轻这种冶金不均匀性的影响。

　　图19.15的右图为铜铅青铜表面，其中含有6.3%的铅。深色增厚的脉是由于未溶解的铅，其原子比铜大得多，难以适应铜基质晶体结构。然而，由于铅也是一种非常柔软的金属，研磨铜铅青铜以清洁其表面进行分析会导致铅涂在合金表面，从而导致铅的浓度膨胀。因此，人们应

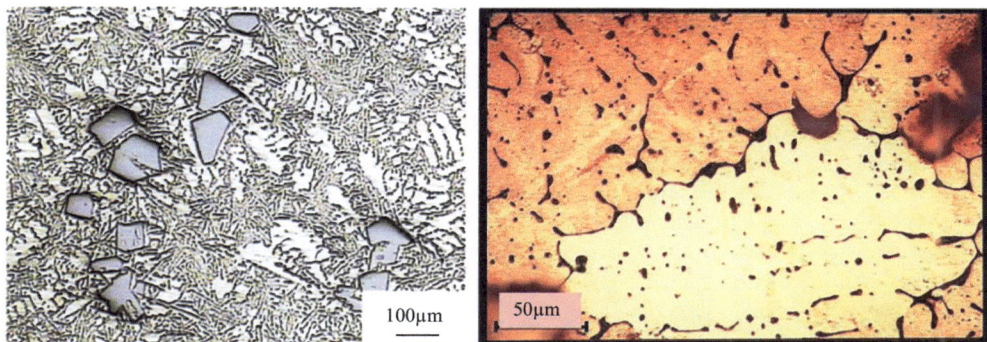

图19.15　合金的异质性可能会对分析结果产生不利影响

该使用车床清洗这种合金的表面。其他铜合金也会有类似的效果，如黄铜（70%铜，30%锌）；以及含有其他软金属的青铜器，如铋。

HHXRF在合金分析中的应用见文献[18]。

19.5.2　土壤中重金属的筛查

在本节中，我们将讨论hhXRF分析在合金测试之后的第二大应用。

在清理和修复危险废物场地的过程中，没有其他应用能比土壤中的重金属筛查更好地突出HHXRF的所有优点。通常，一个被危险废物污染的地点，特别是一个老城区，并没有多少可靠的信息。

在漫长而昂贵的场地清理过程中，第一步是场地评估，这总是涉及测试土壤中的污染物。目标是描述被污染地点的污染物类型、位置、空间分布和浓度。传统的方法依赖遵循随机或预先确定的网格模式提取土壤样本，并将其送到实验室进行分析。这种方法并不有效，同时既缓慢又非常昂贵。

图19.16显示了一个假设的污染地点的地图，其中有明显的无机污染物。网格的每个正方形都是5 m，所以场地的总尺寸是一个160 m×80 m的矩形，几乎是足球场的2倍。如果从网格的每个正方形中采集一个样本，最终将得到512个土壤样本进行实验室分析。这不仅会非常昂贵，而且还得等几个星期才能得到结果。看似更好的方法是从随机选择的方块采集较少的样本，比如说从标有红色×的位置总共采集20个样本。不幸的是，经过数周的等待，实验室分析结果无法揭示烟羽的位置，因为随机采样正好错过了它。

或者，使用HHXRF分析仪的操作员将能够在所有512个位置进行现场测量，并在一两天内完成任务。这些分析不仅将提供许多元素的结果，而且由于许多HHXRF仪器支持GPS，结果将与物理坐标一起存储，用于自动测绘。可以说，虽然直接在土壤表面进行的原位检测可能不是很准确，但它们将显示出元素浓度的趋势，并将允许描绘出污染物水平升高的位置。

本节所描述的方法已经过深入的研究[3,19-24]，并在EPA试验方法6200[4]中被采用作为土壤中金属的"筛查方法"。该方法提供了将手持式仪器直接放置在土壤表面分析土壤金属的程序。它也认识到土壤样品的制备程度会影响XRF分析的代表性和准确性。"原位"测量的未扰动土壤是一种非常不均匀的介质，因此人们不能期望XRF结果代表平均体积浓度。不幸的是，许多用户往往忘记了这一点，并提出了未经证实的说法，即XRF在现场获得的结果与实验室分析的结果

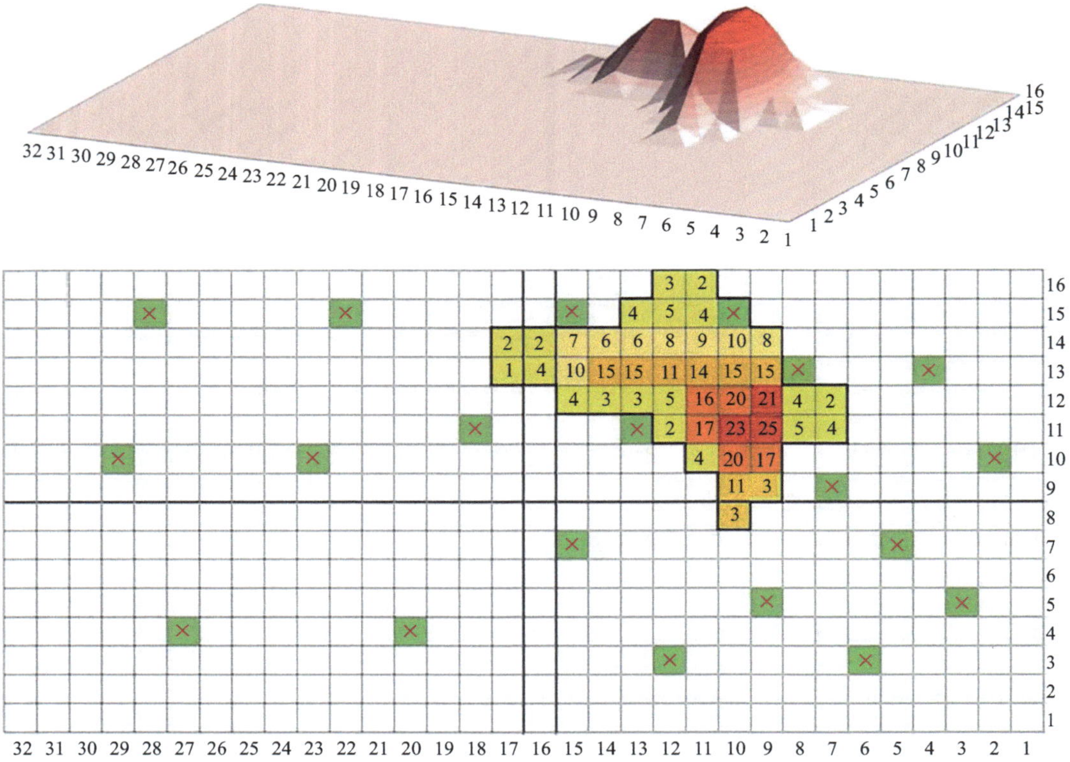

图19.16   假设的污染场地（a）的三维图以及污染物浓度（b）的三维图。彩色方块中的数字表示任意单位中污染物的相对水平。绿色方块表示随机选择的地点，可以从中采集样本进行传统的实验室分析

不一致，因此XRF的结果肯定是错误的。

现实情况是，实验室分析的土壤样品与XRF现场分析的土壤样品有很大的不同。前者通常是从大约250 g干燥、研磨和均质土壤中提取的1～2 g，后者是数克未受干扰的土壤，"如"表层土壤。如果XRF分析是对与实验室分析准备程度相同的土壤样品进行的，则方法之间的一致性是极好的[23,24]。

大量的检测数据，即使"筛查"的准确性较宽松，也会提供关于污染物的存在和传播及其在整个调查地点的相对浓度分布的可靠信息[25]。根据这些信息，可设计一个精确的计划，以便在污染范围内对现场进行更准确的检测，必要时还需要对选定的样本进行验证性实验室分析。能够快速可靠地查明污染区域，可以及时、经济高效地进行去污，而不会干扰没有污染物的区域。此外，HHXRF可直接在土壤表面进行原位分析，这使得在清理过程的每个阶段都能实时验证去污工作的有效性，如图19.17所示。

使用HHXRF进行土壤筛查的另一附加价值是其无损性，这意味着土壤样品经检测后可存档，以备将来参考或在需要时重新测试。

图19.17   利用HHXRF分析仪原位筛查土壤。
来源：BartCo/Getty图片

这在涉及诉讼的情况下是极其重要的，因为实际上所有的环境清理工作都可能面临诉讼问题。最近，国际标准组织还发布了用便携式或 HHXRF 仪器筛查土壤中的金属的测试方法[26]。

19.5.2.1 典型性能

图 19.18 显示了 HHXRF 分析仪在 50 kV 电压下使用银阳极管在 60 s 测量时间内可达到的典型检测限值。检测限（LOD）计算为元素浓度的 3 个标准差，在二氧化硅基质（蓝色）或具有低分析物浓度的有证标准物质（CRM）样品（红色）中测量。可以看出，LOD 平均保持在 10 ～ 20 mg/kg 水平。这已经足够了，因为需要将污染物减少到的典型"作用水平"规定为 100 mg/kg 或更高。

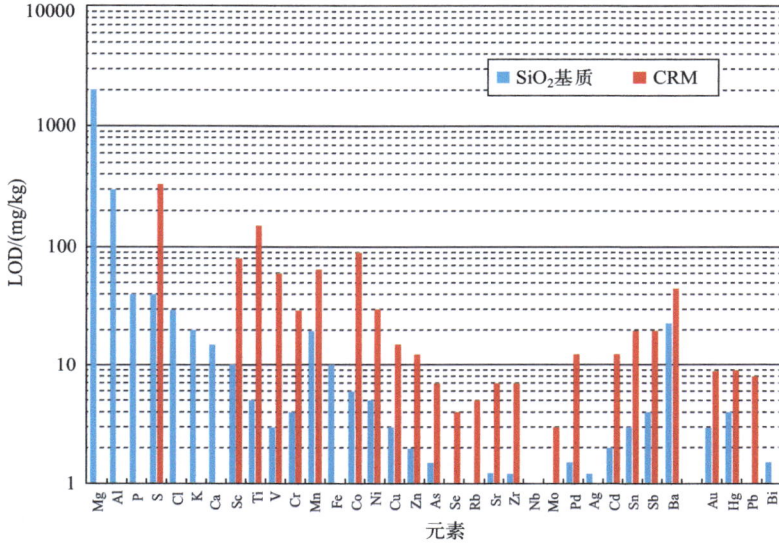

图 19.18 土壤基质中元素的典型检测限，可通过现代手持式 XRF 分析仪实现

图 19.18 中报告的 LOD 值适用于在具有 X 射线透明窗口的玻璃杯中进行分析的均匀、干燥、细磨材料。杯子中的等分材料必须形成一层足够厚的层，对于分析物的特征 X 射线来说，它可以被认为是无限厚的：大约 15 mm 厚的层对于高达 20 keV 的 X 射线能量来说就足够了。

19.5.3 电子产品、消费品和儿童玩具的合规性筛查

HHXRF 分析仪已经被证明在筛选各种消费品是否符合限制这些产品中某些已知对人类或环境有害的元素或物质含量的规定方面非常有用。

19.5.3.1 电子及消费产品

欧洲理事会指令[27]通常被称为"RoHS"指令，于 2006 年 6 月生效，限制进入欧洲市场的电子产品中铅、汞、六价铬和溴化阻燃剂的浓度低于 0.1%，镉的浓度低于 0.01%。在全球经济和贸易的现实中，该指令已经遍及全球，世界上几乎所有国家在其管辖范围内采用了该指令的精髓。

XRF 不能区分六价铬和三价铬，但它确实提供了铬的总浓度。因此，如果测量的总铬浓度低于允许极限，那么六价铬的含量也低于允许极限。同样地，XRF 也不能指定溴化阻燃剂。然而，由于所有溴化阻燃剂为了有效而含有至少 50% 的元素溴，如果 XRF 分析显示总溴小于

0.05%，可以得出产品符合要求的结论。

　　XRF方法的检测限足够低，足以确保可靠的测量和决策，即使考虑到这些产品中设计的成分的巨大多样性和非均匀性。因此，XRF分析已被电子工业采用，作为筛查其产品是否存在上述限制性物质的首选方法。国际电工委员会开发了一种使用XRF筛查电子产品的测试方法[28]。

　　HHXRF主要用于筛查电子产品，最好是在其未受干扰的状态下。HHXRF分析的无损性属性是一个非常重要的因素，因为通过符合性测试的产品不会被污损，所以可以投入使用或销售。

　　表19.4列出了使用HHXRF检测聚合物和电子合金时预期的典型检测限。必须对遵从性进行测试的元素被突出显示。表中的数据是使用银阳极管，钼主滤波器供电到50 kV，使用30 s的采集时间。锡的铅含量（在所谓的"无铅焊料"中）可以可靠地通过远低于1000 mg/kg的合规阈值进行分析。印刷电路板（多氯联苯）经常筛选卤素，如氯和溴，它们的含量都限制在900 mg/kg以下。

表19.4　电子产品或材料中元素的通常检测限（LOD）

30s检测时间检测限/（mg/kg）						
元素	聚合物基质		元素	金属基质		
	PE基质	PVC基质		Cu基质	Zn基质	Sn基质
Ba	100	N/A	Ba	150	150	1400
Sb	22	25	Sb	60	65	300
Sn	18	20	Sn	65	70	N/A
Cd	**13**	**15**	**Cd**	**35**	**35**	**220**
Bi	5	20	Bi	65	400	90
Pb	**5**	**15**	**Pb**	**75**	**80**	**120**
Br	**3**	**8**	**Br**	**25**	**110**	**35**
Se	3	20	Ag	A/S	A/S	A/S
As	3	18	In	40	40	250
Hg	**6**	**30**	**Hg**	**150**	**1200**	**165**
Au	8	40	Pd	22	25	40
Zn	12	70	Au	250	7000	250
Cu	12	60	Pt	350	1000	250
Ni	12	75	Zn	300	N/A	130
Fe	20	120	Cu	N/A	160	250
Cr	**12**	**20**	Ni	175	75	600
V	200	1100	Co	75	80	450
Ti	10	50	Fe	115	100	750
Cl	**40**	**N/A**	Cr	30	25	110

　　注：粗体字元素为标准中限制检出的种类。A/S指不同的应用条件。N/A表示不适用。

　　"RoHS"指令的更新版本将其范围扩大到几乎包含任何类型的电子产品的消费产品。这样，内置灯的花式网球鞋在走路时闪烁或会说话的娃娃就被认为是电子产品，必须遵守指令。

19.5.3.2　玩具和儿童用品中的铅及其他有毒元素的检测

　　虽然为儿童设计的儿童玩具和消费品都经过了多种元素的测试，但正是由于儿童铅中毒的毁灭性后果，铅一直是测试的主要目标。最近，在用于玩具的油漆及用于玩具和儿童用品的材料中发现了高浓度的铅。2007年秋天，美国海关对数万件从中国进口的玩具进行了封存，因为测试结果显示这些玩具中的铅含量很高。铅不仅存在于玩具上使用的油漆中，也存在于基底材料中。因此，美国国会于2008年通过了一项法律，禁止在玩具涂料中使用90 mg/kg的铅以及在儿童用品的任何其他材料中使用100 mg/kg的含铅材料[29]。如图19.19[30,31]所示，监管机构和执法机构再次发现使用手持仪器进行XRF分析是玩具和儿童用品铅测试最实用的筛查工具。美国消费品安全委员会的现场检查员使用一些HHXRF分析仪在美国入境口岸对玩具和儿童用品进行铅筛查[32,33]。许多国家宣布他们还将使用pXRF分析仪对消费品和玩具进行重金属筛查。

图19.19　用手持式XRF分析仪测试玩具中的铅。来源：Richard A. Crocombe；Jim West/Alamy Stock照片

　　HHXRF分析仪用于测试儿童用品使用的散装材料时的分析性能与表19.4所列相同。另一方面，当分析一层薄层涂料中的铅时，最有用和最有意义的方法是根据铅的面积质量以µg/cm² 为单位测量铅。从典型的HHXRF分析仪来看，铅的LOD为0.2 ～ 0.3 µg/cm²。对于一种密度为1.4 g/cm³、厚度为50 µm的油漆，这将转化为油漆中铅的质量分数为30 ～ 45 mg/kg。换句话说，任何在面积质量大于0.7 µg/cm²时检测到的带有铅的油漆都应被认为可能超过了监管限制。

　　ASTM开发了一种标准测试方法，使用XRF分析仪解决玩具油漆铅的问题[34]。

19.5.4　家用涂料中铅含量的检测

　　历史上，儿童铅中毒的主要来源是家庭墙壁油漆中含有的铅。添加铅颜料，如铬酸铅或碳酸铅，以加速干燥，增加油漆层的黏附性和耐久性。不幸的是，油漆中的铅对儿童尤其危险，他们发育的身体非常容易铅中毒。铅会对大脑和神经系统造成不可逆转的损伤，表现为学习和理解困难、生长发育迟缓、肾脏损伤。小孩子，尤其是3岁以下的孩子，特别喜欢把玩具和其他他们玩的东西放进嘴里。他们还可以通过吃含铅油漆片、咀嚼涂有含铅油漆的物体，或者吞下室内灰尘或含铅的土壤接触到铅。为了解决家用涂料中的含铅问题，许多国家禁止在住宅应用中使用含铅涂料。在美国，含铅涂料在1971年被美国国会禁止[35]。XRF分析早期被确定为检测涂料中铅的首选测试方法，铅的面积质量为1 mg/cm²为涂料中铅的最大允许水平。专门用于测试家用油漆中的铅而设计的HHXRF分析仪非常特殊，因为它们使用^{109}Cd或^{57}Co放射性同位素作为激发辐射源，这些仪器可以在5 ～ 30 s的测试时间内将铅的面积质量降低到0.05 mg/cm²。

　　图19.20显示了专门用于测试应用油漆中的铅的手持式分析仪。它使用了^{57}Co同位素，而不

是能量较低的 ^{109}Cd。镉源只能有效地激发 10 ～ 14 keV 之间的 L 系列 X 射线。这些 X 射线通常被油漆的外层完全吸收，油漆通常含有钡化合物，这是铅 L 系列 X 射线非常强的吸收剂。一个具有超过 100 keV 光子的 ^{57}Co 源可以很容易地激发铅的 K 系列 X 射线，它不像 L 系列那样被吸收。

19.5.5　其他应用

19.5.5.1　在采矿和矿产领域的应用

采矿业受益于现场便携式分析和 HHXRF 分析技术的发展。所有的采矿作业之前都有找矿和勘探阶段，正是在探矿和早期勘探中，HHXRF 分析仪对寻找新的、富含矿物质的矿床的地质学家最有用[36,37]。现场使用 XRF 的能力使探矿者不仅可以实时评估矿石品位并做出正确的决定，还可以选择更具代表性的样品进行实验室分析[38]。由于第 19.5.2.1 节中讨论的原因，现场检测，特别是在未改变的岩石或土壤表面检测，可能不能提供具有代表性的结果。然而，现场检测的高空间频率超过了个别结果的高不确定性。在表征矿石位置或矿体方面，原位 XRF 的成本效益可能是非原位方法［如原子吸收光谱法（AAS）或 ICP］的 3 倍[39]。

图19.20　Pb200i，Viken Detection 的含铅涂料分析仪。来源：©Viken Detection

图 19.18 中报告的预期检测限通常也适用于矿石和矿物。然而，这也有一个细微的区别。在土壤污染物的分析中，重点是污染物的准确测定，而较少关注铁、铝或硅等基质元素。在分析矿石和岩石时，所有元素对矿石分级可能同样重要（平均约 30 种元素对地质学家评估矿石至关重要）。具体来说，许多矿石的经济质量在很大程度上取决于测定镁、铝、硅、磷、钾、钙等丰富元素的准确性。不幸的是，这些轻元素的 X 射线能量很容易被矿基质吸收，此外还被检测器和样品表面之间的间隙中的空气吸收。因此，尽管它们以高浓度存在，但很难测量。然而，如果在 HHXRF 分析仪中测量的紧密耦合几何结构中的气隙可以保持在大约 5 mm 以下，那么探测器和样品之间的空气对轻元素 X 射线的吸收可以有效地降低到允许定量到镁的水平，而不需要真空或氦吹扫。最近推出的一种 HHXRF 分析仪据说能够分析土壤/矿石中的镁，含量低至 2000 mg/kg，在 30 s 内测定矿石中的铀，含量低达 10 mg/kg[40]。

勘探作业通常在偏远的、难以访问的地点进行。因此，为了提高现场分析的准确性，探矿者愿意携带专门设计的、小型化、电池操作的样品制备设备以及 HHXRF 分析仪。小型研磨钻和压力机允许探矿者制备均匀的、无颗粒大小影响的样品，从而提高矿石分析的准确性和代表性[41]。

尽管存在挑战，但 HHXRF 分析为矿业提供了许多明显的优势，例如实时地球化学、潜在矿石边界的现场划分和测绘、轻元素现场分析、矿石品位控制、钻孔岩心分析以及采矿过程所有阶段所需的元素分析[42-44]。

19.5.5.2　在艺术与考古领域的应用

考古测量学从考古学发展成为一门独立的科学学科，该学科应用各种科学技术进行考古材料的分析和年代测定。在过去的 10 年里，HHXRF 分析成为考古学家、自然资源保护主义者、博物馆馆长和艺术历史学家最喜欢的分析技术之一。推动其流行的因素是它的便携性和真正无损

的分析特性。

HHXRF分析主要用于快速分析考古发掘遗址中发现的各种历史文物和物品。它们代表金属合金、陶瓷、玻璃、颜料、木材和织物。历史文物是独一无二的，这些物品必须保存下来，而不是故意污损或修改以进行分析。这就是为什么XRF对历史文物的分析通常是定性的，充其量只是半定量的。然而，即使是定性的XRF分析也提供了大量关于该物体的信息，这样就可以建立来源、年代测定，并在需要时设计适当的修复程序。在 *Archaeometry*、*X-Ray Spectrometry* 和 *Journal of Archaeological Science* 等期刊以及许多专门的书籍章节中，都可以找到使用手持式和便携式XRF对考古和文化遗产物体元素组成进行调查的大量例子[45,46]。参见本卷中Pozzi等编写的第21章以及Donais和Vandenabeele编写的第22章。

由黑曜石制成的物体的分析引起了人们的特别关注[47]。这种火山玻璃备受古代人类推崇，既用作制作锋利工具的材料，也用于制作珠宝。对黑曜石文物的元素分析有助于研究我们祖先的迁徙和贸易路线[48]。

金属物品，如硬币和青铜雕塑，经常使用HHXRF进行研究。在文献[49]中提供了一个用HHXRF对斯洛文尼亚诗人France Prešeren（1800—1849）青铜纪念碑进行现场分析的例子。研究发现，锡铅青铜的组成在纪念碑的不同部分并不一致，锡含量从5%到10%不等，这意味着可能存在不同的材料来源和/或对纪念碑进行修复的证据。

另一个有趣而又简单的HHXRF应用程序示例如图19.21所示[50]。在这里，使用HHXRF分析仪测量用作16世纪图标绘画背景的银箔的厚度。在验证叶子确实是银的之后，用薄膜标准品校准仪器，读取以 μm 为单位的银层厚度。通过对编号位置的测量，发现银叶的厚度分别为（17±2）μm 或（34±2）μm，后者的结果总是来自区域的边缘。在此基础上，我们得出结论：很可能是画家先画了一张银纸 Ⅰ，然后是 Ⅱ 或 Ⅲ，然后是 Ⅳ。

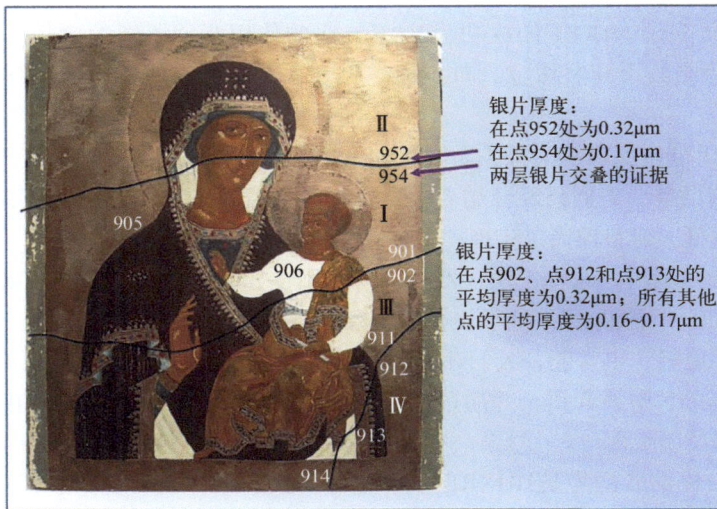

图19.21　来自波兰比斯克扎迪地区的16世纪图标——对银叶背景的研究

许多博物馆必须处理有机自然文物上的杀虫剂残留物，如羽毛、布料、木材和旧墙纸的样本。历史上，杀虫剂被用于这些物体，以防止它们被昆虫破坏。其中一些收藏将归还给原来的主人，比如印第安部落，他们会在仪式中使用它们。HHXRF用于监测这些物体中砷（旧农药中的主要成分）的存在[51-54]。

关于HHXRF在艺术和考古领域的详细应用可参考A. N. Shugar和J. L. Mass的专著[55]。

19.6　使用HHXRF时的安全注意事项

HHXRF分析仪，无论是基于同位素还是X射线管，都受到严格的规定，以限制人体意外暴露于辐射。这些规定对X射线管设备就不那么严格了，因为一旦仪器被关闭，X射线管就不能发出任何辐射。如果按照制造商的说明和为其设计的目的进行操作，这些分析仪是完全安全的。hhXRF分析仪的设计和操作模式是一种所谓的"开放光束"。当分析仪测量一个样品时，X射线束（无论是来自X射线管还是来自放射性同位素的X射线束）都只包含在样品本身。因此，必须对该分析仪的操作员进行仪器正确操作和所有安全预防措施的培训。例如，在使用分析仪时，操作员不得以X射线束指向他自己或任何其他人的方式使用该仪器。

在国际电工委员会（IEC）制定的国际标准中[56]，讨论了涉及带有微型X射线管的pXRF仪器的辐射安全问题。然而，这些设备的所有权和操作最终受到州和地方安全法律法规的管辖，这些法律法规总是优先于其他规则。该设备的用户有责任遵守这些法律和法规。

19.7　结语和展望

在许多情况下，目前的HHXRF分析的性能可与预期的固定的实验室EDXRF设备相媲美。它代表了不妥协的分析性能与可移植性、坚固性、无破坏性、速度和通用性之间的良好平衡。这些特性已经被广泛的用户认可，用户主要代表了行业的各个分支，但也包括研究和学术界。通常情况下，HHXRF的成功为XRF方法的使用开创了新的途径。出现了一些不太明显的应用，如检测假币和假珠宝、对各种基底上各种涂层厚度的质量控制[53]、检测假药和膳食补充剂等。

当代的HHXRF分析仪通常配备了无线和GPS功能，这使它们成为非常实用、实时、远程的位置数据采集探测设备。人们已经开始着手开发新的射线管[57]，其有望比现有的微型射线管体积更小[57]，功耗更低，但目前尚未实现。

越来越多的人强调用户软件，使仪器更容易使用，如通过语音指令实现操控。另一个改进的方向是让用户软件"更智能"，这不仅会生成数值结果，还会根据结果做出正确的决定。为了使仪器变得更小、更轻、更智能，人们还提出了一些想法，将HHXRF分析仪简化为一个小传感器，其可生成样本的X射线光谱，并通过互联网发送到某个中央处理中心，由那里的精密软件进行分析并将结果反馈给用户。

过去追求的一种发展趋势是HHXRF与另一种"手持式"分析技术的"联用"或"融合"，当将两种技术的结果结合起来时，可对测试对象进行更完整的描述。例如，将XRF的元素组成数据与NIR或拉曼光谱的分子数据相结合，就能在现场同时获取被分析岩石的元素和矿物学信息[58]。

无论上述研发努力的结果如何，有一件事是肯定的：HHXRF的应用范围将会不断扩大，用户将会发掘并开发新的应用场景。

缩略语

AAS	atomic absorption spectroscopy	原子吸收光谱法
A/S	application specific	特定应用
ASTM	American Society for Testing and Materials	美国材料试验协会
CCD	charge-coupled device	电荷耦合器件
CRM	certified reference material	有证标准物质
DSP	digital signal processor	数字信号处理器
EDXRF	energy dispersive X-ray fluorescence	能量色散X射线荧光
EPA	US Environmental Protection Agency	美国环境保护局
FP	fundamental parameter	基本参数
fpXRF	field-portable X-ray fluorescence	现场便携式X射线荧光
FWHM	full-width at half-maximum	半峰全宽
GPS	globa positioning system	全球定位系统
hhpXRF	handheld portable X-ray fluorescence	手持便携式X射线荧光
hhXRF	handheld X-ray fluorescence	手持式X射线荧光
HV	high voltage	高压
ICP	inductively coupled plasma	电感耦合等离子体
IEC	International Electrotechnical Commission	国际电工委员会
LCD	liquid crystal display	液晶显示器
LOD	limit of detection	检测限
MCA	multichannel analyzer	多通道分析仪
pXRF	portable X-ray fluorescence	便携式X射线荧光
PIN	p-type intrinsic n-type	p型本征n型
PMI	positive material identification	阳性材料鉴定
PCB	printed circuit board	印刷电路板
PVC	polyvinyl chloride	聚氯乙烯
RoHS	restriction of hazardous substances	有害物质限制
SDD	silicon-drift detector	硅漂移探测器
WDXRF	wavelength dispersive X-ray fluorescence	波长色散X射线荧光
XRF	X-ray fluorescence	X射线荧光

参考文献

[1] Van Grieken, R.E. and Markowicz, A.A. (eds.) (2002). *Handbook of X-Ray Spectrometry: Methods and Techniques*, 2ed. Marcel Dekker.

[2] Rhodes, J.R. and Rautala, P. (1983). Application of a microprocessor-based portable XRF analyzer in mineral analysis. *Int. J.*

Appl. Radiat. Isot. 34 (1): 333-343.

[3] Piorek, S. (1990). XRF technique as a method of choice for on-site analysis of soil contaminants and waste material. In: *Advances in X-Ray Analysis*, vol. 33, 639-645. New York: Plenum Press.

[4] US-EPA Method 6200 (2007). *Field Portable X-ray Fluorescence Spectrometry for the Determination of Elemental Concentrations in Soil and Sediment.*. Rev. 0, February 2007, SW 846. EPA www.epa.gov/osw/hazard/testmethods/sw846/pdfs/6200.pdf (accessed 14 April 2020).

[5] Piorek, S. and Rhodes, J.R. (1986). Application of a microprocessor based portable analyzer to rapid, nondestructive alloy identification. *Proceedings of International Conference and Exhibit*, ISA 86 Houston, TX (13-16 October 1986), paper 86-2839, pp. 1355-1368. Instrument Society of America.

[6] Berry, P.F. and Voots, G.R. (1989). On-site verification of alloy materials with a new field-portable XRF analyzer based on a high-resolution HgI$_2$ semiconductor X-ray detector. In: *Non-Destructive Testing* (Proceedings of the 12th World Conference on Non-Destructive Testing, Amsterdam, The Netherlands (23-28 April 1989)(eds. J. Boogaard and G.M. Van Dijk), 737-742. Amsterdam: Elsevier Science Publishers.

[7] Piorek, S. (1989). Modern alloy analysis and identification with a portable X-ray analyzer. In: *Advances in X-Ray Analysis*, vol. 32, 239-250. New York: Plenum Press.

[8] Piorek, S. (1994). Principles and applications of man-portable X-ray fluorescence spectrometry. *Trends in Analytical Chemistry* 13 (7): 281-286, *invited paper*.

[9] Piorek, S. (1997). Field-portable X-ray fluorescence spectrometry, past, present and future. *Field Analytical Chemistry and Technology* 1 (6): 317-329. (*invited technology review paper*).

[10] Reyes-Mena, A., Moras, M., Jensen, C. et al. (2004). Characterization techniques for miniature low-power X-ray tubes. *Advances in X-Ray Analysis* 47: 85-90.

[11] Jensen, C., Elliott, S.M., Liddiard, S.D. et al. (2004). Improvements in low power, end-window, transmission-target X-ray tubes. *Advances in X-Ray Analysis* 47: 64-69.

[12] XR-100CR Additional Performance Spectra and Detector Properties. https://www.amptek.com/-/media/ametekamptek/documents/products/xr100cr.pdf (accessed 13 November 2020).

[13] Lechner, P., Fiorini, C., Longoni, A. et al. (2004). Silion drift detectors for high resolution, high count rate X-ray spectroscopy at room temperature. *Advances in X-Ray Analysis* 47: 53-58.

[14] Andermann, G. and Kemp, M.W. (1958). Scattered X-rays as internal standards in X-ray emission spectroscopy. *Analytical Chemistry* 30: 1306.

[15] Lucas-Tooth, H.J. and Price, B.J. (1961). A mathematical method for investigation of inter-element effects in X-ray fluorescent analysis. *Metallurgia* 64 (383): 149-161.

[16] Lucas-Tooth, H.J. and Pyne, C. (1964). The accurate determination of major constituents by X-ray fluorescence analysis in the presence of large interelement effects. *Advances in X-ray Analysis* 7: 523-541.

[17] SAE International (2017). *Metals and Alloys in the Unified Numbering System*, 13ed. Warrendale, PA: SAE International https://www.sae.org/publications/books/content/hs-1086/2017 (accessed 13 November 2020).

[18] Piorek, S. (2008). "Alloy identification and analysis with a field-portable XRF analyzer", Chapter 6. In: *Portable X-ray Fluorescence Spectrometry* (eds. P.J. Potts and M. West), 98-140. Cambridge, UK: The Royal Society of Chemistry.

[19] Piorek, S. (June 1998). Determination of metals in soil by field-portable XRF spectrometry, unit 3B.1. In: *Current Protocols in Field Analytical Chemistry* (ed. V. Lopez-Avila), 3b.1.1-3B.1.18. John Wiley & Sons.

[20] Piorek, S. (1997). On-site, in-situ characterization of contaminated soil and liquid hazardous waste with field portable X-ray analyzer - a cost effective approach. In: *Field Screening Europe* (eds. J. Gottlieb, H. Hötzl, K. Huck and R. Niessner). Springer, Dordrecht. https://doi.org/10.1007/978-94-009-1473-5_76.

[21] Piorek, S., Pasmore, J., Piorek, E., Kahn, M.R. (1995). Significance of field portable X-ray fluorescence spectrometry for expedited site characterization and risk assessment. Presented at International Symposium and Trade Fair on the Clean-up of Manufactured Gas Plants, Prague, Czech Republic (19-21 September 1995), published in *Land Contamination and Reclamation* 3 (4): 17-19.

[22] Piorek, S. (1994). Modern, PC based, high resolution portable EDXRF analyzer offers laboratory performance for field, in-situ analysis of environmental contaminants. *Proceedings of the 1994 Symposium on Radiation Measurements and Applications*, Ann Arbor, Michigan (16-19 May 1994), in *NIM*, Section A 353: 528-533.

[23] Shefsky, S. (1995). Lead in soil analysis using the NITON XL. *International Symposium on Field Screening Methods for Hazardous Wastes and Toxic Chemicals (A&WMA VIP-47)*, Las Vegas (22-24 February 1995), pp. 1106-1117.

[24] Shefsky, S. (1997). Comparing field portable X-ray fluorescence (XRF) to laboratory analysis of heavy metals in soil. Presented at the *International Symposium of Field Screening Methods for Hazardous Wastes and Toxic Chemicals*, Las Vegas, Nevada, USA (29-31 January 1997). https://citeseerx.ist.psu.edu/viewdoc/download?doi=10.1.1.204.7887&rep=rep1&type= pdf (accessed 13 November 2020).

[25] Kalnicky, D.J. and Singhvi, R. (2001). Field portable XRF analysis of environmental samples. *Journal of Hazardous Materials* 83 (1-2): 93-122.

[26] ISO 13196 (2013). *Soil Quality - Screening Soils for Selected Elements by Energy-dispersive X-ray Fluorescence Spectrometry using a Handheld or Portable Instrument*. Geneva, Switzerland: International Organization for Standardization https://www.iso.org/standard/53490.html (accessed 13 November 2020).

[27] EUR-Lex (2017). Directive 2011/65/EU of the European Parliament and of the Council of 8 June 2011 on the restriction of the use of certain hazardous substances in electrical and electronic equipment http://data.europa .eu/eli/dir/2011/65/2020-09-01 (accessed 13 November 2020).

[28] International Standard IEC 62321. Electrotechnical products - determination of levels of six regulated substances (lead, mercury, cadmium, hexavalent chromium, polybrominated biphenyls, polybrominated diphenyl ethers), Edition 1.0, 2008-12, IEC Central Office, 3, rue de Varembe, Geneva, Switzerland. https://webstore.iec .ch/publication/6834 (accessed 13 November 2020).

[29] U.S. Congress, 110th. Public Law 110-314: Consumer Product Safety Improvement Act of 2008.Washington, D.C., 14 Aug 2008. (H.R. 4040).

[30] Test Method: CPSC-CH-E1001-08.3 Standard Operating Procedure for Determining Total Lead (Pb) in Children's Metal Products (Including Children's Metal Jewelry), Revision 1, 15 November 2012. https://www .cpsc.gov/s3fs-public/pdfs/blk_ media_CPSC-CH-E1001-08_3.pdf (accessed 13 November 2020).

[31] Test Method: CPSC-CH-E1002-08.3 Standard Operating Procedure for Determining Total Lead (Pb) in Nonmetal Children's Products, Revision 1, 15 November 2012. https://www.cpsc.gov/s3fs-public/pdfs/blk_ pdf_CPSC-CH-E1002-08_3.pdf (accessed 15 November 2020).

[32] Consumer Product Safety Commission. CPSC's National Product testing and Evaluation Center. https://www.youtube.com/ watch?v=2weOcnXZ2xU (accessed 13 November 2020).

[33] Cobb, D. (August 2009). "Study on the Effectiveness, Precision and Reliability of X-ray Fluorescence Spectrometry and Other Alternative Methods for Measuring Lead in Paint." U.S. CPSC, Gaithersburg, MD. https://www .cpsc.gov/s3fs-public/ pdfs/leadinpaintmeasure.pdf (accessed 13 November 2020).

[34] ASTM (2015). F3078-15, "Standard Test Method for Identification and Quantification of Lead in Paint and Similar Coating Materials using Energy Dispersive X-ray Fluorescence Spectrometry (EDXRF)". ASTM International, West Conshohocken, PA, USA. www.astm.org (accessed 13 November 2020).

[35] U.S. Congress, 91st. Public Law 91-695: Lead-based paint poisoning prevention act. Washington, D.C., 13 Jan 1971. (H.R. 19172).

[36] Peter,J. M., Chapman, J. B., Mercier-Langevin, P. et al. (2010). Use of portable X-ray fluorescence spectrometry in vectoring for base metal sulfide exploration. *TGI-3 Workshop: Public Geoscience in Support of Base Metal Exploration*, Vancouver, BC, Canada (22 March 2010), pp. 3-6. https://www.researchgate.net/publication/ 257503026_Use_of_Portable_X-ray_ Fluorescence_Spectrometry_in_Vectoring_for_Base_Metal_Sulfide_ Exploration (accessed 13 November 2020).

[37] Chapman, J. B., Peter, J. M., Layton-Matthews, D., and Gemmell, J. B. (2010). Portable XRF and laser-ablation ICP-MS as vectoring tools in base metal exploration. *TGI-3 Workshop*: *Public Geoscience in Support of Base Metal Exploration*, Vancouver, BC, Canada (22 March 2010), pp. 7-10. https://www.researchgate.net/publication/257503740_Portable_XRF_ and_laser-ablation_ICP-MS_as_vectoring_tools_in_base_metal_ exploration_examples_from_the_Kidd_Creek_Mine_area (accessed 13 November 2020).

[38] Houlahan, T., Ramsay, S., and Povey, D. (2003). Use of field portable X-ray fluorescence spectrum analyzers for grade control - a presentation of case studies. *Proceedings of the 5th International Mine Geology Conference*, Bendigo, Victoria (17-19 November 2003). Australasian Institute of Metallurgy, pp. 377-385.

[39] Taylor, P.D., Ramsey, M.H., and Potts, P.J. (2004). Balancing measurement uncertainty against financial benefits: comparison of in situ and ex situ analysis of contaminated land. *Environmental Sciencea and Technology* 38 (24): 6824-6831.

[40] Bauer, M. (2020). Exploring new frontiers of in situ geochemical analysis. Application Note, Thermo Fisher Scientific, Tewksbury, MA, USA. https://www.thermofisher.com/us/en/home/industrial/spectroscopy-elemental-isotope-analysis/portable-analysis-material-id/portable-mining-exploration-solutions/portable-hard-rock-mining-analysis.html (accessed 7 February 2020).

[41] Berry, P.F., Furuta, T., and Rhodes, J.R. (1968). Particle size effects in radioisotope X-ray spectrometry. *Advances in X-Ray Analysis* 12: 612-632.

[42] Tohyama, S. (22 March 2010). *Mapping Elemental Concentrations with HHXRF Analyzer on the Surface of Drill Core*. Billerica, MA, unpublished Internal Report: Thermo-Fisher Niton LLC.

[43] Ge, L., Lai, W., and Lin, Y. (2005). Influence of and correction for moisture in rocks, soils and sediments on *in situ* XRF analysis. *X-Ray Spectrometry* 34 (1): 28-34.

[44] Rothwell, R.G. (ed.) (2006). *New Techniques in Sediment Core Analysis*. London: Geological Society, Special Publication No. 267.

[45] Liritzis, I. and Zacharias, N. (2012). Portable XRF of archeological artifacts: current research, potentials and limitations. In: *X-Ray Fluorescence Spectrometry (XRF) in Geoarcheology* (ed. M.S. Shackley), 109-142. Springer.

[46] Gigante, G.E., Ridolfi, S., Ricciardi, P., and Colapietro, M. (2005). Quantitative analysis of ancient metal arte-facts by means of portable energy-dispersive X-ray fluorescence spectrometers: a critical review. In: *Cultural Heritage Conservation and Environmental Impact Assessment by Non-Destructive Testing and Micro-Analysis* (eds. V. Grieken and Janssens), 1-9. London: Taylor & Francis Group.

[47] Frahm, E. (Winter 2017). First hands-on tests of an Olympus Vanta portable xrf analyzer to source armenian obsidian artifacts. *International Association for Obsidian Studies (IAOS) Bulletin* 58: 8-23.

[48] Frahm, E. (2017). First Hands-On Test of an Olympus Vanta Portable XRF Analyzer to Source Armenian Obsidian Artifacts. IAOS Bulletin, No. 58, Winter, pp. 2-23.

[49] Piorek, S. and Richter, A. (2007). Nondestructive investigation of metallic artifacts with a handheld, small spot, X-ray fluorescence alloy analyzer. Poster presented at "METAL 2007" Conference, Amsterdam, Holland (1-21 September 2007).

[50] Piorek, S. (2011). Nondestructive investigation of objects of art and natural heritage with a handheld, 'small-spot' XRF analyzer (some practical tips). Handheld XRF Workshop, ICDD Headquarters, Newton Square, PA (11-13 October 2011).

[51] Podsiki, C. (2009). XRF applications on native American collections. Presentation at Symposium org. by School for Advanced Research, Indian Arts Research Center, Santa Fe, NM (28 May 2009). http://findebookee.com/x/xrf file locator: sarweb.org/media/files/cheryl_podsiki_presentation.ppt (accessed 1 July 2013).

[52] Odegaard, N., Smith, D. R., Boyer, L. V. and Anderson, J. (2013). Use of handheld XRF for the study of pesticide residues on museum objects. The Society for the Preservation of Natural History, *Collections Forum*, Vol. 20, No. 1-2, pp. 42-48. https://www.researchgate.net/publication/236336185_Use_of_handheld_XRF_for_the_ study_of_pesticide_residues_on_museum_objects (accessed 13 November 2020).

[53] Piorek, S. (2008). Coatings, paints and thin film deposits. In: *Portable X-ray Fluorescence Spectrometry* (eds. P.J. Potts and M. West), 56-82. Cambridge, UK: The Royal Society of Chemistry.

[54] Block, C.N., Shibata, T., Solo-Gabriele, H.M., and Townsend, T.G. (July 2007). Use of handheld X-ray fluorescence spectrometry units for identification of arsenic in treated wood. *Environmental Pollution* 148 (2): 627-633.

[55] Shugar, A.N. and Mass, J.L. (eds.) (2012). *Handheld XRF for art and archaeology*. Leuven, Belgium: Leuven University Press.

[56] "Nuclear instrumentation - Portable X-ray fluorescence analysis equipment utilizing a miniature X-ray tube", International Standard IEC62495, Edition 1.0, April 2011, International Electrotechnical Commission, Geneva, Switzerland.

[57] Camara, C.G., Escobar, J.V., Hird, J.R., and Putterman, S.J. (October 2008). Correlation between nanosecond X-ray flashes and stick-slip friction in peeling tape. *Nature* 455 (23): 1089-1092.

[58] Hamilton, M. A., Piorek, S., and Crocombe, R. A. (2015). Sample Analysis. US Patent 8,982,338 B2 (17 March 2015).

20

X射线荧光光谱和激光诱导击穿光谱在野外勘探中的应用

Bruno Lemière[1], Russell S. Harmon[2]

[1] BRGM, Orleans, France

[2] Department of Marine, Earth & Atmospheric Sciences, North Carolina State University, Raleigh, NC, USA

20.1　概述

随着实验室化学分析技术的不断进步，人们对其在实验室之外的应用也越来越感兴趣。地球科学界长期以来的需求之一是适合现场常规使用的现场化学分析仪器。此类仪器的要求包括：分析仪易于携带；重量轻，便于个人使用；坚固耐用，适用于需要分析地质材料时所处的恶劣环境；使用简单；能够在短时间内识别最宽范围的元素。

目前用于现场便携式化学分析仪的不同形式的光谱学和光谱测定法存在5种典型的使用场景（Crocombe, 2018），每个场景都由一个核心问题定义：

- 检测：目标物质是否存在?
- 确认：该物质是否与预期一致?
- 分类：该物质属于哪一类?
- 识别：该物质具体是什么?
- 量化：该物质的含量有多少?

X射线荧光（XRF）和激光诱导击穿光谱（LIBS）都是元素分析技术，符合地球科学家在野外环境条件下的使用标准，且能回答上述五大场景的核心问题，而所有的这些问题都是在地质方面的野外工作中经常提出的问题。例如，使用现场便携式仪器进行化学分析能让勘探地质学家能够实时了解矿床的地球化学情况，从而简化现场调查操作，并有助于决定采集哪些样本用于进行进一步的实验室分析。这两种功能都大大节省了时间和成本。类似地，现场分析允许环境地质学家能够迅速地描绘整个地区有毒金属对土壤的污染程度，或确定清理污染现场的环境修复行动的效果。

在本章中，现场便携式X射线荧光被命名为pXRF（尽管在文献中手持式XRF有时被称为

FPXRF或HHXRF）。相比之下，目前用于现场便携式LIBS的仪器有两种形式：一种是由多个部件组成的轻型LIBS系统，可以很容易地运输到现场，称为FPLIBS；另一种是称为HHLIBS的手持式仪器。以下部分仅出于时间方面的原因，首先考虑pXRF，因为pXRF比FPLIBS和HHLIBS早了大约20年。目前，这两种技术几乎没有同时使用过，但毫无疑问，这种情况很快就会改变。

XRF主要用于固体材料分析，而LIBS可以分析所有物理状态（气体、液体和固体）的材料，尽管LIBS的气体或液体分析需要容器化。Cornaby和Stratilatov描述了pXRF中使用的技术（技术与仪器卷第18章和第19章），Day描述了HHLIBS仪器（技术与仪器卷第13章）。Laukamp等（本卷第18章）和Edwards等（本卷第17章）讨论了紫外（UV）-可见光谱和拉曼光谱在地质化学中的应用。

自20世纪90年代初以来，用于能量色散XRF的手持式仪器已经商业化。其技术发展状况目前已经成熟（例如Lemière，2018；Young et al.，2016），远远超过了20年后才实现的手持式LIBS（Connors et al.，2016）。然而，这两种类型的手持式分析仪都由广泛的用户群体在包括地球科学在内的多领域中广泛应用，每种仪器类型都有特定的优点和缺点（表20.1）。

表20.1 pXRF和HHLIBS的性能比较

性能标准	pXRF	pXRF要求	HHLIBS	HHLIBS要求
轻元素（$Z<13$）	无	—	有	矩阵匹配校准
较轻的元素（$13<Z<17$）	部分有	SDD检测器，样品托盘化	有	矩阵匹配校准
过渡元素和碱土金属元素（$19<Z<28$）	有	校准	有	矩阵匹配校准
较重元素（$29<Z<92$），浓度高于1000 μg/g	有	校准	有	矩阵匹配校准
较重元素（$29<Z<92$），浓度为20～1000 μg/g（可能因元素而异）	有	土壤校准	有	矩阵匹配校准
较重元素（$29<Z<92$），浓度为5～20 μg/g（可能因元素而异）	有	康普顿校准	有	矩阵匹配校准
较重元素（$29<Z<92$），浓度低于5 μg/g（可能因元素而异）	不可能使用标准软件	特定信号处理	困难重重	矩阵匹配校准
大检测面积（>5 mm）	标准	—	有	通过样品表面的多个点或网格
小检测面积（<5 mm）	可能达到3 mm	光束准直	有	通过多点网格的栅格
点检测面积（<1 mm）	无	—	有	—

注：Z为原子序数。

与手持式LIBS分析仪中使用的低成本激光器和检测器/光谱仪相比，手持式XRF系统的基本组件即X射线管和硅漂移检测器（SDD）相对昂贵。此外还有一个附加难题，即XRF仪器由于其开放式的X射线源而背负着许可证要求、特殊操作预防措施和操作员安全培训的负担，这也可能导致运输限制。尽管在没有检测到样本的情况下实施了防止X射线发射的安全系统，但这些限制仍然适用于许多国家。正是这些辐射安全法规限制了开放光束和非屏蔽手持式XRF分析仪的最终性能，因为通常情况下电压的上限为50 kV、X射线源的功率上限为4 W（Young et al.，2016）。手持式LIBS仪器不发射电离辐射，因此除了使用可保护眼睛安全的激光器或禁止激光器发射的锁定系统外不需要特殊的操作限制，除非分析仪与样品发生物理接触。手持式XRF分析仪也具有固有的局限性，因为所使用的光束能量较低，这意味着返回的二次X射线也具有较低的能量，这使得较轻元素的检测变得困难。因此，手持式XRF分析仪无法检测低原子序数的元素，通常是那些比Al轻的元素。它们目前无法可靠地定量Mg（Hall et al., 2011; Horta et al., 2015）或检测Na，因为随着原子序数的降低和荧光X射线被空气吸收，荧光产率严重下降（Jenkins，1999；Ravansari et al., 2020）。由于光谱中元素线分离困难，稀土元素（REE）的分析具有挑战性（Gallhofer and Lottermoser, 2018；Simandl et al., 2014）。其他已知的局限性包括无法可靠地量化Au、Hg和Pt族元素（PGE），但这些与小体积样品中的不均匀分布或块金效应有关，而不是真正的分析局限性。从原理上讲，LIBS可以检测周期表中的任何元素，但特别适合分析低电离势的轻元素（尤其是H、Li、B、Be和Na）。对于周期表中间的金属元素，结果也是令人满意的。但对于高电离势的元素（例如S、P、F、Cl和Br），其效果要差得多。LIBS也是一种比XRF快得多的分析技术，分析可在几秒钟而不是几分钟内完成，因此可以说它是一种更方便的检测材料中元素存在的仪器。此外，XRF分析的量化问题要小得多，因为与LIBS不同，XRF不需要一套紧密匹配的矩阵标准进行定量分析（Harmon et al., 2013）。手持式XRF和LIBS提供了非常不同的分析领域。一个典型的XRF分析仪将无损地分析直径为几毫米至几百微米深度区域的综合成分（Piorek, 2008；Ravansari et al., 2020）。相比之下，通过LIBS烧蚀过程从固体材料中挖掘出的区域直径约为100 μm、深度约为10 μm（Cremers and Radziemski, 2013；Harmon et al., 2019）。与XRF分析仪不同，手持式LIBS分析仪在分析前能够使用激光"清洁"材料表面，例如去除岩石或矿物上的薄污染物或蚀变层，或者专门分析该层，然后激光的持续发射将允许穿透该层进入样品中，以分析原始样品。因为可以在小步骤中光栅化激光束穿过样品表面，所以也可以通过手持LIBS进行微尺度的合成映射（Harmon et al., 2019）。

商用pXRF和HHLIBS分析仪在现场使用时，都不一定需要大量的样品制备以提供有价值的信息（筛选、绘图、决策帮助）。然而，在许多情况下，用于pXRF分析的仔细的样品制备可提供显著的优势，例如现场分析和标准实验室的结果之间更好的准确性与一致性（Hall et al., 2011, 2014）或获得更轻的元素（Si，Al，P）。然而，在未经准备的样品上获得的快速结果可以证明单独使用pXRF或HHLIBS进行现场筛选或决策是合理的。分析特定矿物成分可能需要样品浓缩和/或分离，而在现场制备颗粒可以促进土壤分析。例如，人们对pXRF用于矿物勘探的接受程度较慢，似乎是由于与实验室分析确定的绝对浓度比较的结果未满足人们的期望（Durance et al., 2014）。

20.2　X射线荧光光谱

20.2.1　背景

pXRF的首次商用应用可以追溯到20世纪90年代初，作为房屋涂料中铅的检测设备，Bosco（2013）总结了pXRF的发展和早期应用。这些仪器的多元素能力很快得到了认可，并在环境应用中进行了测试（Bernick et al., 1995）。此后不久，俄罗斯（Konstantinov and Strujkov, 1995）和中国（Ge et al., 1997）开始在野外进行矿产勘探的先驱应用。但又过了几年，国际文献才给出了地质应用（例如Ge et al., 2005；Houlahan et al., 2003）。

第一批商用pXRF仪器基于放射性核素X射线源，2000年后又基于微型X射线管（Bosco,

2013）。向X射线管的过渡大大减少了对该技术应用的监管限制，并促进了广泛应用。从那时起，大多数发展集中在检测器的改进上，硅漂移探测器（SDD）取代了传统的Si-PIN二极管检测器。目前用于地球科学应用的设备是"顶级"的pXRF型号，而不是用于金属回收或阳性材料识别的较便宜的仪器。目前最新的pXRF仪器使用50 kV管、SDD检测器和不太关键的组件（如内置GPS和CCD摄像机）。

pXRF的现场使用往往有两种形式：用于决策目的的固体地质介质的快速测量；对制备的适当样品进行更仔细的分析，这些样品可以用作实验室分析的替代品。pXRF最受欢迎的图像，可能也是最缺乏信息和最令人困惑的图像，显示的是一名腿上的枪套里装着一个XRF光谱仪的地质学家，准备回答任何关于未知岩石或土壤成分的问题（图20.1）。但是，部分原因可能是手持式分析仪在现场的性能与近现场的检测设备的性能进行了不适当的比较（图20.2），近现场的检测设备可以获得更好的分析条件且不会损失太多实时分析的好处。在分析过程中，地质学家可以根据检测设备获得的信息很容易地回到现场进行额外的分析。

图20.1　矿物勘探或野外地质情况下使用pXRF对露头进行的化学调查。这样的图片可以在许多广告中找到，并误导性地暗示可以通过这种方式进行适当的分析

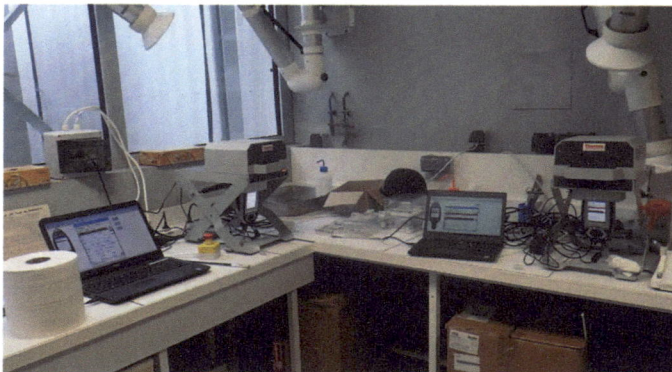

图20.2　pXRF分析的典型近现场设置，使用带PC控制的便携式分析仪，允许在有交流电源和温度控制的室内条件下进行更长时间的检测。房间可能位于野外营地实验室、办公室或酒店房间。请注意，此处所示的pXRF仪器安装在测试支架上，采用闭光模式运行

20.2.2 定性分析与定量分析

pXRF由于易用性和多元素功能，已被用于几乎所有需要分析固体地质材料化学成分的现场情况。然而，与使用一组适当的标准对精心准备的样本进行分析相比，其结果的可靠性可能非常不稳定，特别是在"全自动"方法方面（图20.3）。检测的类型取决于用户的要求和目标。

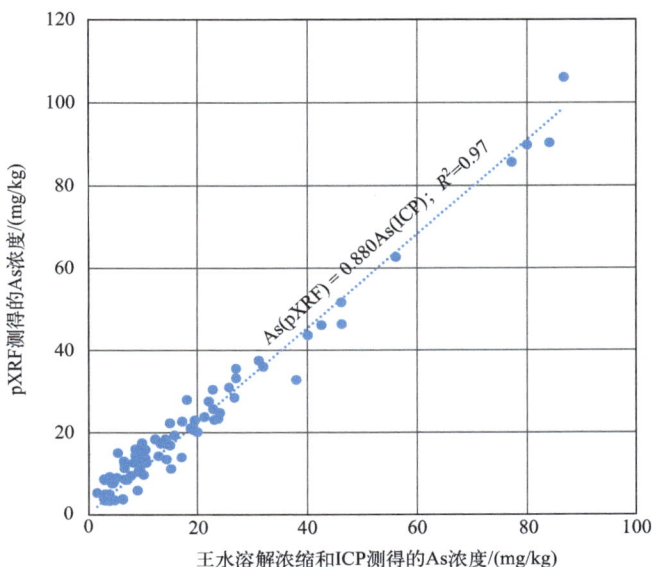

图20.3 锑矿床附近土壤样品中砷的pXRF分析与通过水区消解的总样品溶解和随后的电感耦合等离子体（ICP）光谱测量的实验室分析的比较

20.2.2.1 定性分析

并非所有应用都需要定量分析，因为在许多情况下只需对样品中存在的元素进行简单识别便足够了。在这种情况下，pXRF提供了关于感兴趣的元素是否以高于检测限（LOD）的浓度存在的快速答案。根据这些知识，经验丰富的地质学家或地球化学家可以识别某种矿物的存在，或者根据某些元素的存在或不存在/稀缺推断某种特定的岩石类型。如果地质学家有其他指标可供识别，那么这些基本信息将有助于决策。例如，岩石类型的识别可以确定地层序列中具有异常接触的特定地层或组，或者允许将熔岩归在特定的岩浆系列中。矿物鉴定还可以识别热液蚀变或变质带。在这种类型的应用中，pXRF不是用作精确测定元素丰度的仪器，而是作为训练有素的地质学家或地球化学家的决策辅助工具。当然，应记录此类应用的测量结果，并对其进行地理定位，以便于追踪，但不一定要进行成像或进一步处理。

20.2.2.2 定量分析

pXRF由于多元素分析能力，能够提供主元素和微量元素浓度的信息。在许多情况下，人们希望获得高度准确的丰度数据，而不仅仅是元素存在或不存在的指示。在这些情况下，地质学家希望能在现场感兴趣的地点且在几分钟内提前预览实验室分析的后续结果。

pXRF提供的数据质量变化很大（Lemière，2018；Ravansari et al., 2020），主要由以下因素决定：
- 样品表面状况。

- 样品晶粒度、纹理、孔隙率和均匀性。
- 样品含水量。
- 干扰或屏蔽元素，尤其是铁的高丰度。
- 基质成分可变性。

大多数记录在案的案例（例如Caporale et al., 2018；Hall et al., 2011，2014；Ravansari et al., 2020；VanCott et al., 1999）证明，仔细的实验室的样品准备，包括分析前的研磨和干燥，可以在pXRF和标准实验室的分析之间提供最佳一致性（图20.3）。然而，pXRF并不是一个神奇的"黑匣子"；相反，它是一种分析仪器。所以，如果将实验室QA/QC（质量保证/质量控制）程序应用于pXRF的使用中，将产生更好的结果。即使在野外，地球科学家也必须是一名化学家。

因此，需要在样品系列的分析序列中定期使用有证标准物质（CRM）进行标准化和封锁处理。然而，pXRF是一种基体敏感技术，匹配的CRM并不总是可用的。在这种情况下，如果需要定量分析，则可能需要事先准备特定项目的标准参考物质（SRM），并且为了开发稳健的校准，有必要在这些SRM中加入不同数量的感兴趣的关键元素。

除了这种良好的做法外，稍后由合格的实验室对一小部分现场样品进行分析，使用全消解方法和适当的技术测定感兴趣的浓度范围，亦是至关重要的。在大多数情况下，pXRF与实验室分析之间的关系是可接受的线性关系，偏差通常在5% ~ 30%范围内（Hall et al., 2013；Rouillon et al., 2016；Simandl et al., 2014；Young et al., 2016）。这种线性关系允许筛选和排序样本，绘制分析图，并基于现场分析定义阈值。如果项目区域的基体可变性不是很高且数据用于现场决策，那么用户可在随后的数据处理过程中相应地调整pXRF测量值，或者开发自定义校准。

对于图20.3所示的例子，pXRF和实验室ICP分析之间观察到的13%的偏差在通常可接受范围内。这可能反映了校准差异，或者纯物理分析（如pXRF）与消化分析之间的差异。考虑到方法之间与分析的样本量之间的差异，观察到的协变量的R^2值被认为是可接受的。然而，在某些情况下，pXRF的测量结果与湿化学技术的实验室分析结果之间的比较可能会产生误导，因为常用的消化技术，尤其是王水，可能只能部分溶解难熔元素。例如，与ICP分析相比，即与图20.4

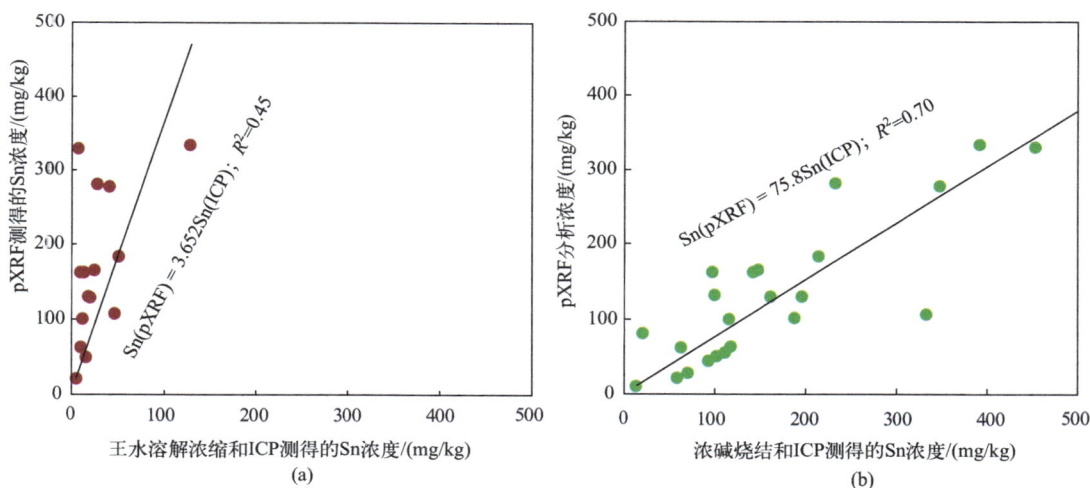

图20.4　（a）W-Sn矿床附近土壤样品的pXRF与通过王水消解的总样品溶解和随后的电感耦合等离子体（ICP）光谱测量的实验室分析之间的比较。（b）W-Sn矿床附近土壤样品的pXRF结果与实验室通过碱烧结总样品溶解后的ICP光谱测量结果之间的比较

中所示的用王水消解法处理的结果相比，pXRF观察到的浓度要高得多，但并没有被高估，而是更接近真实浓度。正确的控制应基于实验室XRF或其他物理方法，或至少基于总消解方法，如碱烧结。需要记住的是，由于pXRF是一种依赖基体的技术，分析方法之间的偏差系数并不是常数。因此，用户在不了解实验室制备方法和精确的实验室控制的情况下不应使用此类系数校正分析。

第三个例子来自Ross等（2014a，2014b）对Zn-Cu勘探项目样品的pXRF与实验室分析的比较研究（图20.5）。使用3台pXRF分析仪，在pXRF土壤模式下采集了2000多个pXRF测量值，用于沉积物标准，并在"采矿+"模式下对6942 m的未矿化岩芯进行测量，得到了12000多个pXRF测量值，这些岩芯的成分从镁铁质到长英质火山岩和侵入岩不等。该研究得出的结论是，pXRF对许多元素来说都相当精确，但使用工厂校准时并不十分精确。例如，对于Al、Ca、Fe、K、Mn、S、Si、Ti、Zn和Zr，在玄武岩岩芯上检测的仪器的1σ精度优于5%。但在一系列火山岩和侵入岩岩芯样本上，同一仪器的检测产生了以下平均系统误差：Al=−23%，Ca=−4%，Fe=+1%，K=−9%，Mg=−17%，Mn=−15%，P=+218%，Si=+4%，Ti=−23%，Cu=+220%，Zn=+151%，Zr=+17%。这些系统误差可以通过应用校正因子在很大程度上消除，校正因子对每个pXRF分析仪和每个项目都是唯一的。

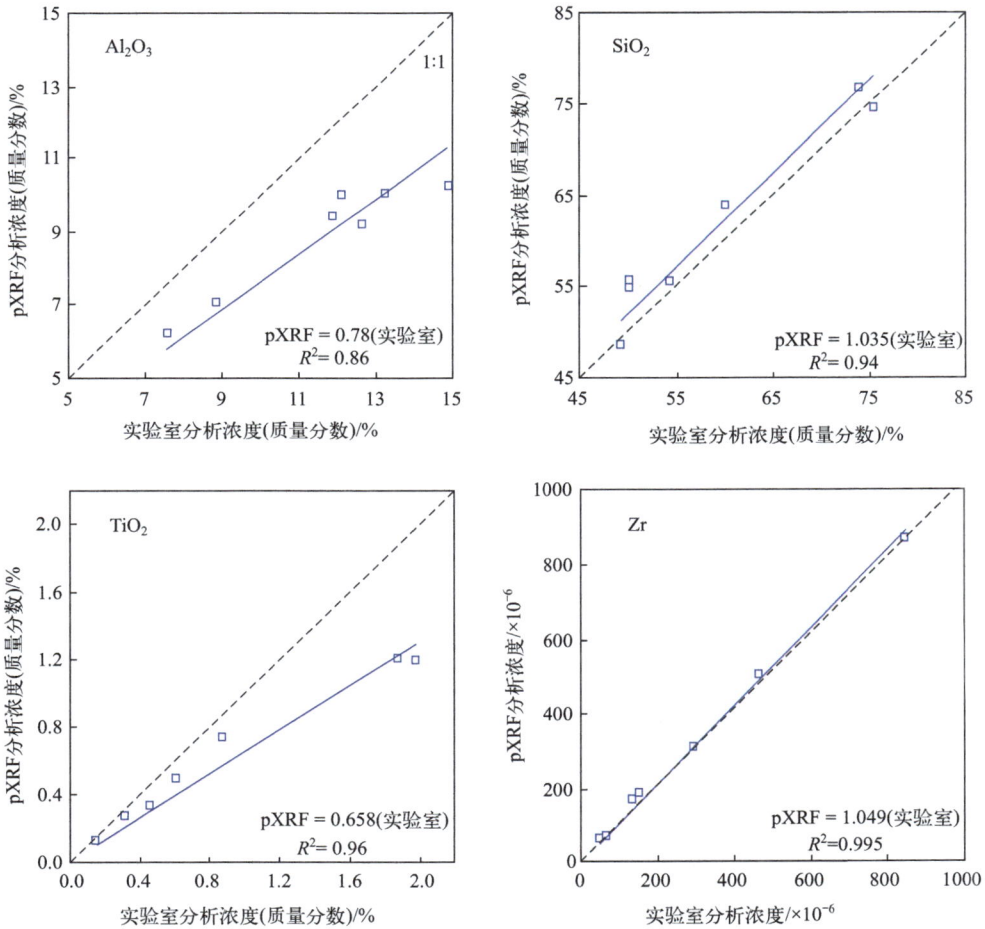

图20.5 Matagami岩芯样品Al、Si、Ti和Zr的pXRF分析与实验室波长色散XRF分析的比较。来源：Ross et al., 2014b pXRF定量分析的一个重要方面是仔细选择校准模式。大多数pXRF仪器有两种主要模式："采矿"或"地球化学"模式的基本参数和"土壤"模式的康普顿归一化。前者通常用于对主要元素丰度或矿级元素浓度感兴趣的情况，后者用于更一般的样品基质中的痕量元素浓度。这种方法克服了Hall等（2014）描述的在非常大的浓度范围内观察到的"虚线"校准问题。"土壤"模式主要用于分析低浓度的元素成分，而使用"采矿"模式可以更好地实现高浓度或对比浓度的量化。混合"地球化学"模式在更大的浓度范围内提供半定量信息。根据制造商的校准方案，某些元素只能通过一种模式可用。

20.2.3　pXRF在野外地质中的应用

20.2.3.1　矿物勘探中的pXRF

　　自从商业引入pXRF以来，其对Pb、Zn、Cu和As的分析性能就被认为很有前景，并很快在勘探中进行了测试（Konstantinov and Strujkov，1995）。令人惊讶的是，关于这些测试的论文数量很少（Houlahan et al.，2003），而同样的元素也被成功地用于环境研究（Bernick et al.，1995；Kalnicky and Singhvi，2001）。人们对pXRF用于矿物勘探的接受程度较慢，似乎是由于与实验室分析确定的绝对浓度的比较没有令人满意。勘探界习惯了绝对准确的结果，没有立即认识到可能有偏差但灵敏性好且可重复测量的潜力（Durance et al.，2014）。后来，更好的案例研究有助于pXRF在地球化学调查（Burley et al.，2017；Marquis，2019；Peter et al.，2010；Simandl et al.，2014）或前景评估（Bosc and Barrie，2013；Marquis，2019）中发挥更大的作用。到目前为止，它是大多数矿产勘探公司常用的分析工具。

　　针对特定介质开发了使用pXRF的具体应用，如耕地（Plourde et al.，2013；Sarala，2016）或表土（Gazley et al.，2017）。事实证明，这些方法在定位目标和描绘异常方面是有效的，甚至接近或低于分析仪的检测限（LOD）（Potts，2012）。对此的解释是，即使仪器限制阻碍了丰度测定的准确性，pXRF仍然是一种敏感的元素检测技术。

　　贵金属Au和Ag，金属Bi、Hg和Tl，以及铂族元素，是最理想的元素商品以及关键元素（Hayes and McCullough，2018），并且它们在pXRF的元素范围内。

　　然而，有两个原因阻碍了pXRF进行勘探：
- 在大多数情况下，它们在大多数介质中的低丰度位于LOD以下。
- 这些元素容易产生高基质异质性和块金效应，导致再现性差和假阳性或假阴性。

　　已经有人做出了一些尝试来克服这一限制（Bolster and Lintern，2018），但到目前为止很少有成功的案例。因此，pXRF在黄金或PGE勘探中的大部分应用是基于探途元素的识别，这些无价值元素在空间上或由于遗传过程而与商品元素相关，但更容易分析。一个典型例子是Au探矿的As。

　　将勘探结果转移到可行性阶段可能是另一个挑战，因为它们需要得到官方标准的支持才能被接受，并且报告受JORC❶或NI 43-101❷法规控制。如果在严格的QA/QC条件下，获得的pXRF数据可能是合适的（Arne et al.，2014；Arne and Jeffress，2014；Stoker and Berry，2015）。

---

❶《澳大利亚勘探结果、矿产资源和矿石储量报告准则》（"JORC准则"），是一项专业的实践准则，规定了公开报告矿产勘探结果、矿产资源和矿石储量的最低标准。
❷ 国家文书43-101（"NI 43-101"或"NI"）是加拿大矿产项目披露标准的国家文书。该文书是一套经编纂的规则和准则，用于报告和显示在加拿大境内证券交易所报告这些结果的公司所拥有或勘探的矿产的有关信息。

20.2.3.2 在岩性应用中的pXRF

pXRF能够分析岩石、土壤或河流沉积物中与岩性相关的元素（Ca、Fe、K、Ti、Zr、Rb、Ba、Sr）。然而，重要的较轻的成岩元素Si、Al，在没有制备样品的情况下，不容易在现场条件下进行分析。而Mg可通过pXRF观察到，但其丰度的测定不可靠。

pXRF的岩性应用是广泛而多样的。一些例子包括劣质露头或深蚀变剖面的地质测绘（Benn et al., 2012；Durance et al., 2014），识别具有特定地球化学特征且没有宏观差异的地质单元，识别和区分火山单元，以及通过绘制和监测岩芯快速识别钻探序列，决定继续或停止钻探的决策支持。Marsala等（2012）使用pXRF将矿物学和化学地层学整合到实时地层评估中。Gazley等（2011）采用pXRF分析法重建了西澳大利亚Plutonic金矿的变质玄武岩地层。McNulty等（2018）的类似应用使用了传统的火山地球化学图来识别受热液蚀变影响的火山岩层序。

pXRF的岩石鉴定通常用于追踪考古物品的来源（Giménez et al., 2017；Richards, 2019；本卷Donais和Vandenabeele的第22章）。pXRF的无损特性对于该应用至关重要。

这种应用不需要绝对精度，使用便携式分析仪完全适合研究的需要，其结果是可靠的，但并不总是与实验室结果一致，除非经过校准。地球化学模式及其空间分布的确定是此类应用的主要目标。对微量元素变化的敏感性是pXRF的一项重要特性，但需要注意再现性。在这些使用情况下，必须比较地质相似类型材料如土壤、沉积物、岩石露头或岩芯的数据。否则，如果要分析不同类型的介质，则必须单独处理数据。

根据作者的经验，这类应用的两个例子包括：

- 从土壤分析中识别石灰岩层序中的白云质和泥灰岩相（图20.6）。这项分析是在法国南部Pallières-Carnoulès矿区采矿后的调查期间进行的，同时为潜在的环境影响评估建立了基线地球化学图。

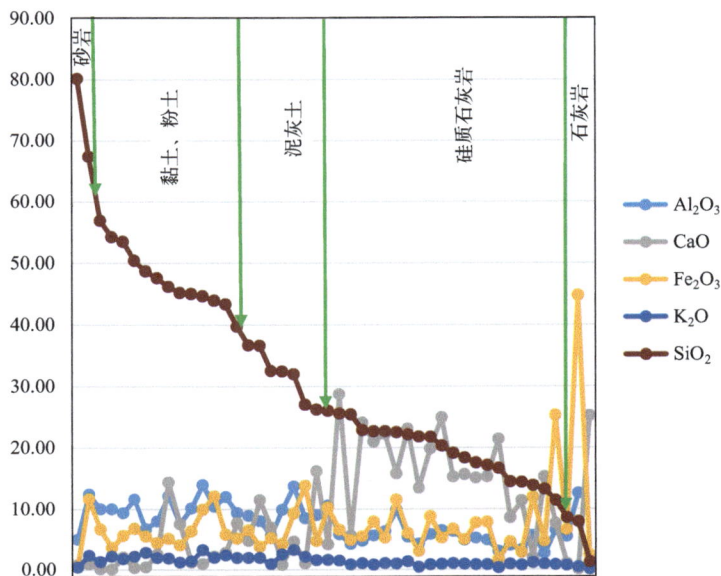

图20.6 pXRF测得的土壤主要元素组成及源地层主要岩性的变化

- 根据对钻孔岩芯和岩屑的直接测量，可在砂岩层序中定位富含重矿物的地层。这项调查旨在定位深层地下水的潜在放射性污染源（U-Th-Ra），这些污染源可以被证明是自然存在的放射性矿物（NORM）。图20.7是从原始的完整测井图中提取出来的钻孔的一个截面。左边的两列描绘了基于岩屑的岩性。图左侧的Th、U和K列说明了根据钻孔的伽马

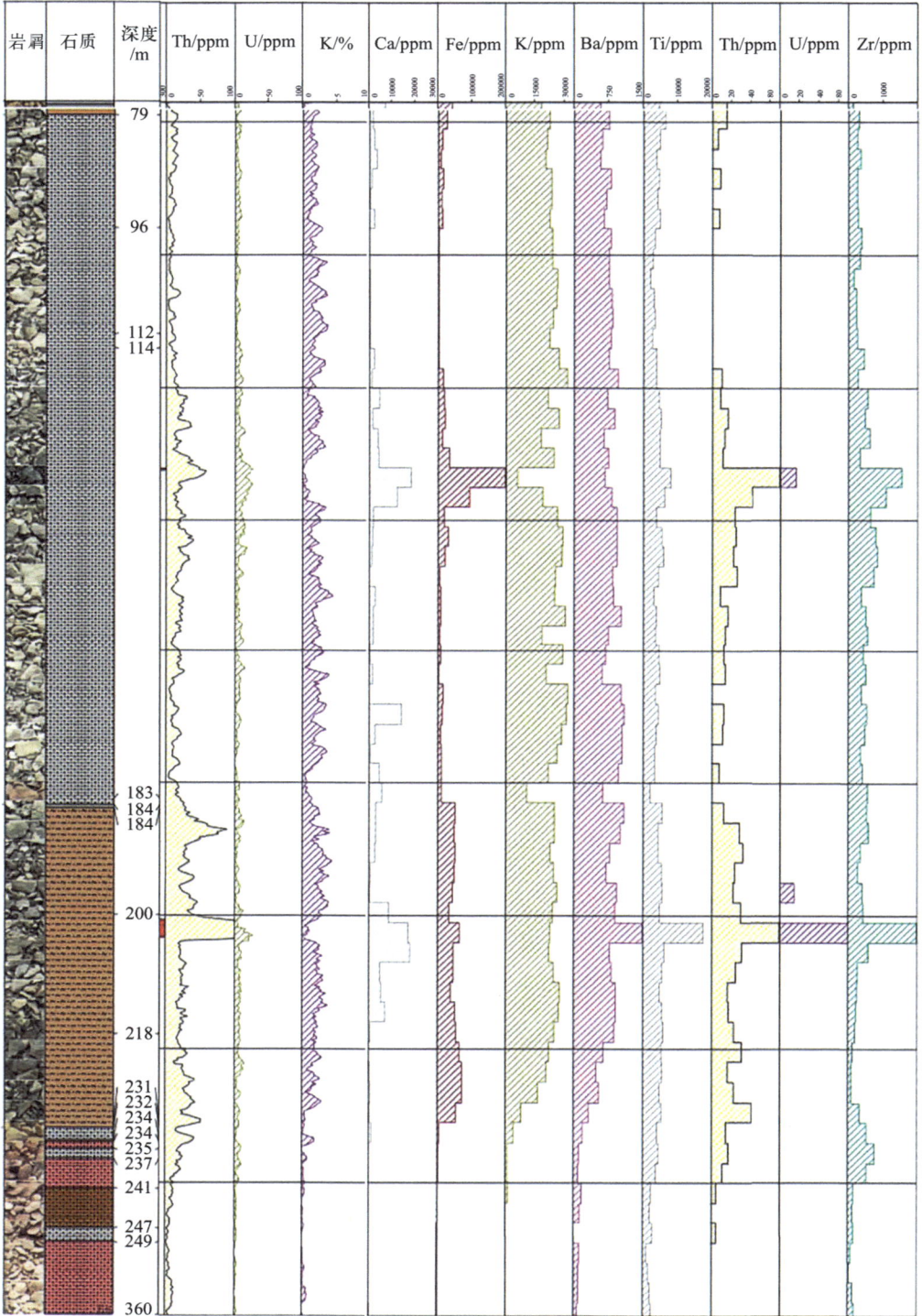

图20.7   pXRF现场测量的伽马射线光谱与地层岩性以及钻屑的主要和微量元素组成相比的变化

射线测井估计的这些元素的丰度。右边的8列，从Ca到Zr，是对钻探现场研磨的岩屑进行的pXRF测量。重矿物富集的主要层段位于130～135 m和200～203 m之间，在pXRF测量中清晰可见（Fe，Th，U，Ti，Zr），并与Th伽马信号有很好的相关性，与井下光谱测井相比岩屑的深度偏移有限。

20.2.3.3　野外矿物学

热液蚀变的测绘通常基于矿物组合，勘探中首选的现场技术是手持式近红外光谱（HHNIR）（Laukamp等，本卷第18章）。然而，热液蚀变很少是等化学的，蚀变带可以用给定的岩石地球化学单元内反应元素的贫化或富集带表示。

例如，在斑岩铜或超热液系统中，钾带的特征是K富集，或者至少是守恒，而Ca、Mg和Na显著贫化，Si、Al和/或Ti由于大量浸出而相对富集。在晚期泥化带中，K逐渐枯竭，Si、Al和Ti进一步富集。尽管pXRF无法获得Na，Mg也很难分析，但Ca和K很容易分析，并且这两种元素的成像可在原始岩石成分不太均匀的情况下划定蚀变带。

Meliadine金矿区位于加拿大北部Rankin Inlet绿岩带的太古宙带状铁地层中。在这里，以条带状铁建造（BIF）为主的置换型金矿化和以金石绿岩为主的石英脉（±铁白云石）切割了相邻的镁铁质火山岩、流间火山碎屑岩和以多重蚀变带（硅化、硫化、绢云母化、碳化、绿石化）为特征的浊积岩系。在早期的案例研究中，Lawley等（2015）对选定的岩芯表面进行了1000多次pXRF分析，这些岩芯表面可以进行完整的岩石分析。热液蚀变的化学模式对含金矿化程度具有指示作用，在空间上与探途元素As、Te、Bi和Sb的异常浓度有关（图20.8）。

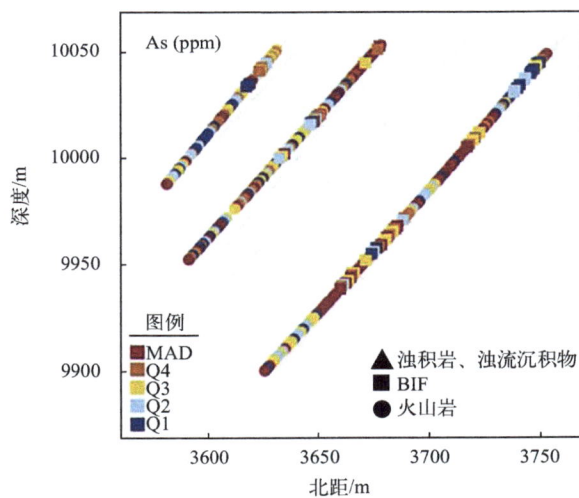

图20.8　加拿大Nunavut的Meliadine金矿区F区，钻孔扇沿线绘制的pXRF分析的未经处理的砷浓度。异常砷浓度定义为砷的中位数绝对偏差（MAD）。MAD异常值与条带状铁建造（BIF）主导的置换型金矿化同空间分布，也延伸到没有金的上盘和下盘岩石中。Q1是从数据最小值到下边缘的值；Q2是从下边缘到中值的砷值；Q3是从中值到上边缘的砷值；Q4是从上边缘到最大值的砷值。来源：Lawley et al., 2015

探途异常是用每种元素的阈值浓度定义的，而热液模式则基于元素比例。通常，毒砂与由磁黄铁矿和砷黄铁矿组成的硫化物矿物组合相伴出现，并掺杂少量黄铜矿、方铅矿和闪锌矿，其中硫化样品表示作为Au矢量的异常硫浓度。在矢量化指南中，若要结合这两种方法，需进行多变量处理，以克服贫瘠岩石和矿化岩石之间边界的不精确性。据观察，pXRF在岩芯表面的准确性和精度足以绘制这些热液地球化学模式。

在Kevitsa的大型Ni-Cu-PGE矿床周围观察到几个蚀变带——蛇纹石化、普遍的角闪石置换和绿帘石蚀变。Le Vaillant等（2016）对5500多个蚀变样本进行了矿床、单个矿脉和边缘的pXRF表征，使用同一点附近的多个分支对基质的非均质性进行了仔细研究，并对结果进行平均，以识别蚀变带，并解释矿床处的元素质量传递。

Mauriohooho等（2016）使用300多个钻孔岩屑的复合样品识别了地热场蚀变。根据需要，对样品进行清洁、干燥和轻度研磨，然后通过pXRF进行分析。岩性边界是通过使用流动性较低的元素Y和Zr的蚀变识别的，而蚀变定义了地层边界并识别了亚基。流动元素Rb、Ba、Ca、K与蚀变带相关。可以通过pXRF分析其他潜在的流动元素，包括Rb、Sr、Si和Fe。

Hughes和Barker（2017）根据pXRF测量的K/Al比率绘制了安山岩体中与矿脉Au-Ag矿化有关的冰长石蚀变带。使用XRD验证了这一应用的准确性，这可归因于安山岩体的均匀性和蚀变带的化学对比。

通过pXRF确定的碳酸盐岩脉成分可作为矿化的矢量指南。遇到的一个困难是缺乏合适的CRM。Andrew和Barker（2018）开发了一种基于pXRF分析和基体匹配CRM的碳酸盐岩脉化学性质测定方法，该方法被用作澳大利亚Queensland西北部Mount Isa的Pb-Zn矿床元素浓度的矢量化指南。采用严格的QA/QC程序建立了矿化相关元素Mg、S、Mn、Fe、Zn、Sr和Pb的线性校准方程。尽管商业上，在可获得的CRM中，在某些元素的低浓度方面遇到了困难，但本案例研究表明pXRF也可用于识别具有多代碳酸盐填充物的矿脉。

Barnes等（1995，2004）已经证明可以使用基于微量元素（如Cr、Ni、Ti、Zr、Co）含量的判别图评估科马提岩（Komatiite）对硫化镍矿化的潜力。基于这种方法，Le Vaillant等人（Le Vaillant et al., 2014）使用pXRF测量了来自西澳大利亚Yilgarn Craton的3个与硫化镍矿有关的科马提岩单元的75个样品中的这些元素和其他元素（图20.9）。对切割和抛光的岩芯进行了总共

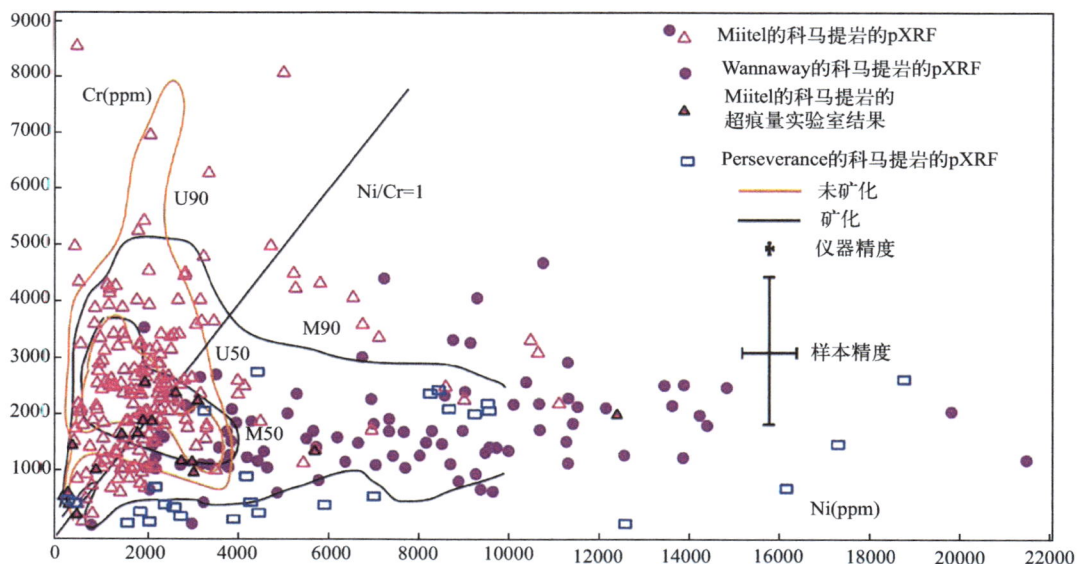

图20.9　西澳大利亚Yilgarn Craton的硫化镍矿伴生单元中的科马提岩的pXRF分析。来源：Le Vaillant et al., 2014

670次分析，并将其与判别图上用于科马提岩含镍硫化物勘探的实验室XRF数据（Cr与Ni和Ni/Ti与Ni/Cr）进行了比较。这项研究表明，只要遵守严格的控制协议，pXRF分析是快速评估科马提岩的硫化镍潜力的可行工具。由于Ni/Ti和Ni/Cr的比率在中度风化过程中保持不变，元素比率方法适用于风化地形中冲击钻孔的样本，而不需要完全新鲜的基岩样本进行分析（Barnes et al., 2014）。

20.2.3.4　土壤特性和沉积物分析

土壤地球化学特征通常有以下几个目的（Weindorf et al., 2012d）：

- 识别土壤和基岩成分之间的关系。
- 关于栽培或植物生长特性的土壤化学性质和空间异质性的测定（Sharma et al., 2014, 2015；Wang et al., 2015；Weindorf et al., 2012b，2012c；Melo de Lima et al., 2019）。
- 与精准农业相关的野外微量元素浓度，以纠正元素缺乏或毒性（Adler et al., 2020；Wan et al., 2019）。
- 土壤环境污染的识别和绘图（Kim et al., 2019；Swift，1995；Weindorf et al., 2012a），例如在废弃的矿场（Chakraborty et al., 2017；Oyourou et al., 2019）。

环境污染检测和测绘是pXRF的首批地球科学应用之一（Argyraki et al., 1997；Bernick et al., 1995；Kalnicky and Singhvi, 2001；Piorek, 1994a，1994b），因为该仪器最初是为Pb检测设计的。在Pb含量不高的情况下（Bernick et al., 1995）报道了Pb（Argyraki et al., 1997；Shefsky，1997）、Zn、Cu（Bernick et al., 1995）、As的早期成功，并确保了pXRF在环境调查中的应用。有些元素无法通过pXRF监测，因为它们的临界浓度或基线丰度低于pXRF的较低分析水平。Cd也是如此。然而，pXRF记录的Cd异常通常是真阳性，可以用于绘图目的。此外，Cd和Zn通常是相关的，pXRF记录的Zn的高浓度可以用作实验室分析Cd的样品筛选标准。有毒元素Hg和Tl也在环境和健康污染物的优先清单上，但不应仅使用pXRF进行监测，原因与勘探中的Au或PGE相同（第20.2.3.1节）。

土壤科学和农业应用较晚，因为在这些领域不存在驱使昂贵的pXRF应用实现的主要因素。随着精准农业的出现和pXRF对轻元素（Al，Si，P，S）分析技术的改进，这种情况发生了根本性的变化（Pelegrino et al., 2019；Wan et al., 2019），pXRF传感器以及傅里叶变换红外（FTIR）光谱和LIBS在农业机械上的应用可能在不久的将来变得流行。

20.2.3.5　沉积物

沉积物除了是农业的重要介质和工业污染的宿主外，在矿产勘探方面也具有特别的意义。pXRF的分析可以很容易地应用于水系沉积物调查的历史实践，以引导新的矿化作用（Agnew，2004；Cohen and Bowell, 2014；Farahbakhsh et al., 2019；Hale and Plant，1994；Moon and King，2015）。与实验室分析相比，它具有更快、更高效的应用优势，因为在采样过程中可以在现场立即做出决定。而在许多其他应用中，需要仔细选择和处理样品，并认真考虑沉积物的粒度、水分和有机物含量。

例如，Luck和Simandl（2014）对加拿大最西部British Columbia碱性地区铌矿床的复杂的Lonnie碳酸岩使用了pXRF，目的是确定溪流沉积物的最佳粒度分数，以便在碳酸岩相关指示矿物调查中进行分析。对于包括Nb、Ta、La、Ce、Pr、Nd、Y、P、Sr、Ba、Th和U在内的关键探途元素进行了精确测定（通常RSD＜5%）。从实验室筛分的结果观察到较细粒度组分中的丰度最高。Lonnie矿床上游的样品比矿床下游的样品显示出更高的碳酸岩探途元素浓度，这表明上游更远的地方存在其他来源（图20.10）。

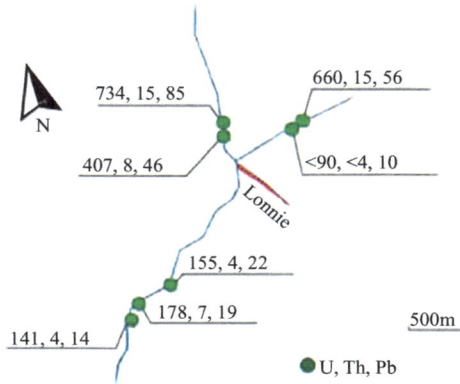

图20.10   河流沉积物样品中U、Th和Pb的相对丰度及其相对于Lonnie碳酸岩的地理分布。来源：Luck and Simandl et al., 2014

　　pXRF已被证明是对活跃、长久或废弃的矿场进行环境调查的一种特别有效的工具，例如允许在溃坝事件后立即进行监测（Guerra et al., 2017）以及高密度成像和动态采样（Byrne et al., 2018）。水系沉积物调查可用于快速评估采矿污染的程度，尤其是在废弃场地。Lemière和Laperche（2018）使用pXRF分析测量未经管理的矿山废料沉积物的污染程度并划定潜在影响区（图20.11）。

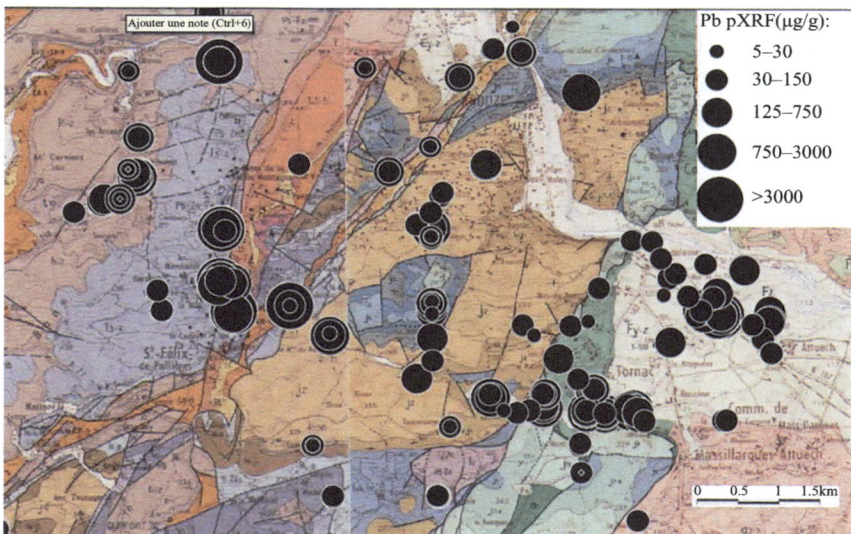

图20.11   Pallières区废弃矿山下游排水系统水系沉积物样品中Pb的分布。来源：Lemière and Laperche, 2018

20.2.3.6　水文地质和水文地球化学应用

　　关于水文地质应用如含水层或弱透水层的表征的文献参考是有限的，这表明pXRF尚未作为常规方法用于地下水井的钻孔测井。这可能更多的是基于经验，而不是缺乏实用可能，因为岩性识别很容易通过pXRF完成。而主要元素测井包括Ca（针对碳酸盐）、K和Al（针对黏土）、Si

（针对沙子）以及Ti和Zr（针对重矿砂）。

　　尽管在水资源评估和质量确定中需要化学分析，但由于大多数天然水的溶质含量通常较低，水化学和环境调查对pXRF来说是一个挑战。然而，最近的两项研究证明了pXRF在分析金属含量相对较高的水方面的潜力，前提是使用稳健的程序进行样品制备。Zhou等（2018）通过pXRF测定了污染水中有毒金属Cu和Pb的原位浓度，观察到X射线在水中的穿透深度在2～4 mm之间。而pXRF结果与所制备溶液的认证浓度相当，并测定了Cu和Pb的最低可检测浓度分别为21 μg/g和28 μg/g。现场pXRF测量结果也显示出与实验室分析结果的线性相关性。Parsons等（2013）为检验pXRF的潜在预测能力分析了南非尾矿浸出柱中含有高浓度金属的390个水样，证明了元素定量的差异有效性。与使用单光束pXRF分析相比，使用多光束可与ICP产生更强的相关性。这项研究表明，未来需要进行pXRF"水模式"校准，以检查受污染的水。

　　Tighe等（2020）描述了一种快速定量测量饮用水中Pb含量的新方法。该程序使用由活性炭制作的毡，从自来水中捕获和浓缩Pb。通过pXRF对2 L体积的自来水进行分析记录了饮用水中Pb的定量测量结果，Pb的浓度降至15 ng/g左右。该方法也被证明可以可靠地检测饮用水中的Ca和其他2价金属，包括Fe、Mn、Cu、Zn。Nissinen等（2018）出于类似目的使用了纳米二氧化硅过滤器，对Cu、Zn、Ni、Mn、U和Pb的分析结果令人鼓舞。根据目前可用的技术，使用pXRF分析水不可能通过直接测量进行，但可以考虑使用校准的过滤吸附过程。这是一个潜在的研究突破。

20.2.3.7　岩石和土壤力学应用

　　同样，关于pXRF在岩石和土壤力学中应用的文献参考也是有限的。Sadeghiamirshahidi和Vitton（2019）在一项土壤力学研究中使用pXRF识别石膏成分。

20.2.4　结语

　　在过去的10年里，pXRF作为一种野外地球科学家的工具，在地球科学的许多领域获得了广泛的认可。虽然从定性、决策辅助的角色转向现场分析工具的定量工具的过程较慢，但在满足样品制备和QA/QC协议的条件后，其被证明是有效的。地球科学界，尤其是采矿业，对仪器制造商的过度宣传持怀疑态度，这些制造商让潜在客户想象"精确测量"可以提供与实验室测量相当的分析结果。支持这一观点的是大多数广告中的图像显示了一位采矿地质学家对岩石表面或未经准备的土壤表面进行分析，这导致有价值的仪器没有被使用，因为它们不能提供与实验室相同的高精度丰度测量。因此，工业界对仪器的接受程度慢于商业部门对仪器的技术改进。

　　作为一种决策辅助或诊断工具，pXRF已经在地质学家的工具箱中占有一席之地，因为它有助于解决与地球化学实地调查相关的某些不确定性，并被证明是一种省钱的工具。例如，对现场岩芯进行pXRF分析，在钻孔到达矿床下盘后立即结束钻孔，或在勘探活动中对河流沉积物进行pXRF分析，可以识别向河流输送最强金属信号的小溪，从而缩小最重要的土壤采样网格，而无需等待明年的采样活动。

　　pXRF现场样本评估的好处经常被忽视，尽管它在商业仪器引入后不久就被确定了（Crume，2000）。即使在项目中优先考虑实验室分析的情况下，运输前通过pXRF进行现场样品筛选也可以节省大量成本。当监管机构（环境监测）或投资者（矿产勘探）还不能接受仅基于pXRF分析的报告时，情况就是这样。然而，最大的好处是可以做出实时决策，这可以在勘探作业中节省时间和金钱。

20.3   野外勘探中的激光诱导击穿光谱

20.3.1   背景

　　激光诱导击穿光谱（LIBS）是一种用于材料成分分析的方便、通用和可靠的原子分析光谱法。如Day所述（技术与仪器卷第13章），LIBS非常适合在外部环境条件下对现场地质材料进行实时化学分析，因为LIBS系统所需的少量组成部件（激光器、用于光传输的光学器件、光谱仪-检测器系统以及用于信号处理和系统控制的计算机）可以方便地安装在所述的紧凑型设备中。LIBS的优点包括：能够快速分析任何状态（固体、液体或气体）的材料，而且几乎不需要样品制备；由于所有元素的LIBS原子发射都发生在200 ～ 900 nm的光谱范围内（Cremers and Radziemski, 2013），通过分析LIBS光谱中发射线的位置和强度可以很容易地获得样品中存在的化学物质及其丰度的信息；不同的地质材料可以很容易地通过其元素组成进行识别，或者通过与预先建立的数据库和化学计量学分析进行光谱匹配来区分（例如Gottfried, 2013）；使用基体匹配标准生成的校准曲线（Harmon and Russo, 2014），或通过无校准方法（Corsi et al., 2006），可以很容易地获得低至10 s的ppm水平或更低水平的许多元素的定量的元素丰度。

　　LIBS采样具有很高的空间分辨率，因为高温等离子体在10 μm到100 μm的有限区域内形成，因此每次激光发射，只有少量材料（通常为毫克以下）被烧蚀、蒸发，离解成自由电子和弱电离分子、原子和离子物种的混合物。随着等离子体迅速冷却，当电子返回到较低的能级时，物种的重组、去激发和能量释放会以光子的形式发生，这会在离散波长下产生尖锐的发射线（图20.12）。LIBS还提供高维空间分辨率的分析，用于：①空间尺度＜10 μm时的化学分析，用于单个颗粒或夹杂物的原位分析；②在没有基质干扰的情况下分析薄结壳、涂层或表面蚀变带；③通过深度剖面对样品进行地层成分分析，因为样品经连续烧蚀会形成一个弹坑，之后通过连续的激光照射逐渐深入样品；④横向光栅映射，可用于快速检查岩石、岩芯或矿物表面的微尺度元素分布。

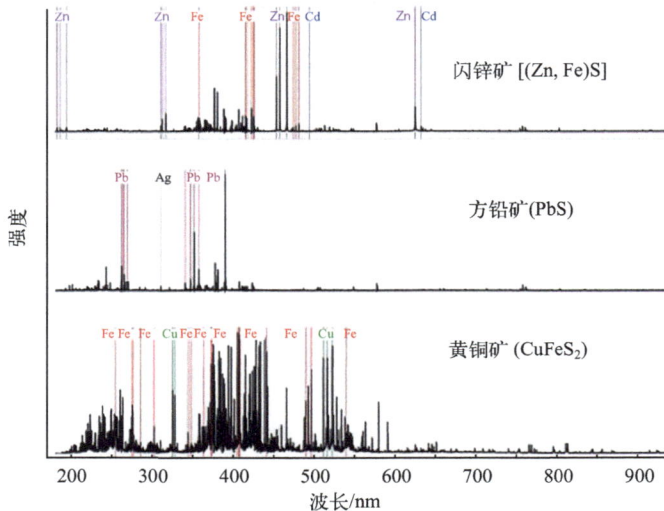

图20.12   使用SciAps Z-300手持式LIBS分析仪在3种具有经济重要性的矿物——闪锌矿[(Zn,Fe)S]、方铅矿（PbS）和黄铜矿（CuFeS$_2$）的岩芯未经准备的表面上获得的LIBS发射光谱。来源：Harmon et al., 2019

20.3.2　LIBS的定性分析与定量分析

20.3.2.1　定性分析

　　LIBS已广泛用于定性成分分析，因为所有元素的激发电子都会在190～900 nm光谱范围内发射特定波长的光子，而在LIBS分析中通常会对其进行完全或部分监测。大多数元素有多条发射线，因此大多数地质材料的典型宽带LIBS发射光谱是由数百到数千条谱线组成的。在LIBS发射中，可通过谱线的波长识别出存在的化学物质，而发射线的强度与其在LIBS等离子体中的丰度成比例。通常情况下，元素周期表左侧的元素具有相对较低的电离能，显示出较强的发射，因此可以在非常小的丰度下被检测到。相比之下，元素周期表右侧的具有高电离势的非金属元素更难通过LIBS进行测定，因此具有更高的检测限（Harmon and Russo, 2014）。所以，3种硫化物矿物的金属元素很容易在图20.12的3个LIBS光谱中表现出来，而且在921.3～923.8 nm之间的S线仅在黄铜矿光谱中较为明显。不同类型地质样品中存在的组成元素，可以通过将LIBS发射光谱中的峰值与已建立的光谱数据库（如美国国家科学与技术研究院维护的光谱数据库）进行比较来确定（Reader et al., 1980），或在线获取（例如 Atom Trace A.S.：https://www.atomtrace.com/elements-database）。如Hark和Harmon（2014）所示，这种定性LIBS在地球化学指纹图谱中也特别有用，其作用是确定样品中存在哪些元素，但无法确定元素的具体含量。

20.3.2.2　定量分析

　　与所有分析方法一样，定量分析的最佳条件取决于样品的性质、分析的目的以及较为重要的校准或参考材料的可用性。使用LIBS进行定量分析是可能的，因为基于两个假设得到的样品中的元素丰度与其等离子体发射的线强度成比例的结论：①等离子体和样品中元素的含量是成比例的；②LIBS光谱中元素的原子或离子物种的发射线强度同样代表等离子体中相应元素的浓度（Cremers and Radziemski, 2013）。即使这些假设可能得到满足，发射线强度也取决于其他几个相互关联的因素，其中包括激光脉冲特性、材料特性、激光与材料的耦合程度和分析的环境条件以及定量LIBS分析遇到的复杂性，无论是使用实验室仪器还是便携式仪器，这些都被称为基体效应（Harmon et al., 2013）。

　　基体效应可以分为两类：化学基体效应和物理基体效应。首先，由于LIBS等离子体中的材料密度高，被分析样品的物理特性和整体化学成分将影响等离子体中存在的元素的浓度，例如在不同的主体材料中以相同浓度存在的元素可能表现出不同的LIBS发射强度（Anzano et al., 2006；Eppler et al., 1996；Hahn and Omenetto, 2012）。化学基体效应是一种元素干扰另一种元素的发射行为的结果。通常，当样品中存在一种物质且该物质抑制电离势低得多的另一种物质的电离时，就会发生这种情况。例如，对于含有非常容易电离的元素的材料，与不含有该元素的材料相比，等离子体中电离物质的发射将不同。这是因为在相同的激光能量下容易电离的物种提高了等离子体密度，从而降低了等离子体中其他离子物种的浓度（Eppler et al., 1996）。物理基体效应比化学基体效应更复杂，也更难改善。这种效应发生在LIBS工艺的烧蚀步骤中，因为热导率、比热和蒸发潜热等性质上的材料差异会影响烧蚀质量。在不同的主体材料中，具有相同浓度的元素的样品可能由于烧蚀的样品量的变化而产生不同的发射强度。例如硅酸盐矿物长石和云母，由于它们在晶体结构和硬度上的差异，在激光烧蚀脉冲的特性没有任何变化的情况下，每次激光发射将产生不同量的材料烧蚀。此外，与样品特性和固有可变性相关的因素，如样品结晶度、晶粒尺寸、硬度、相干性和硬结，会产生不同的表面纹理，这些因素将直接影响激光能量的耦合程度、材料内的激光脉冲能量分布以及由此产生的材料烧蚀程度。因此，将不同程度的激光能量与对激光有不同程度的透明度、不同的粗糙与光滑表面、不同的粒度或可变含水量的样品耦合，可在发射信号中产生大的点对点变化。综上，对于使用手持式分析仪的定量LIBS，至关重要的是要有与被分析样品类型非常匹配的标准物质，以便为目标材料中的元素制定校准曲线，然后在相同的实验条件下获得未知样品的LIBS测量值（例如Arca et al., 1997；Barrette and Turmel, 2001；Rosenwasser et al., 2001）。

在理想情况下，当存在基体匹配的参考材料时，LIBS可以使用任何合适的发射波长提供定量分析（例如Anzano et al., 2006）。当不存在参考材料时（Eppler et al., 1996），分析就变得较为困难，因为光谱发射强度不仅受到样品中元素浓度影响，还受到激光操作参数（能量、功率密度、波长）和样品物理性质影响（Liu et al., 2005；McMillan et al., 2006；Rauschenbach et al., 2008）。对于定量分析，还需要知道每个激光脉冲采样了多少质量。这可以通过使用内部标准同时测量感兴趣的元素发射和来自公共基体元素的发射实现（Harmon et al., 2013），假设所需元素在样品和内部标准中表现出相同的质量消融速率行为。元素在内部标准中的空间分布必须是均匀的，而且内标和分析物必须同样受到烧蚀影响，但这对地质样品来说并不适用，因为地质样品在微观尺度上元素往往不是均匀分布的。

单变量或多变量以及线性或非线性模型均可用于校准LIBS分析（Ferreira et al., 2008，2011）。在大多数情况下，单变量和线性模型可能是合适的，但当单个发射线的强度由于自吸收、弱信号或其他元素线的干扰而不能反映元素浓度的变化时，也可以使用多变量模型，如偏最小二乘回归（PLSR）、支持向量机（SVM）和人工神经网络（ANN）方法。

20.3.3　LIBS的地质应用

正如已发表的文献中所述，LIBS分析适用于地质学家或地球化学家在野外可能遇到的各种材料，Harmon等人（2013）、Hark和Harmon（2014）、Senesi（2014）和Qiao等人（2015）的综述论文中对其中大部分进行了描述。可以通过在感兴趣的气体环境中形成等离子体直接分析气体，例如那些从火山建筑或地热场中散发出的气体。可将激光聚焦在液体表面或在其表面下的液体内部分析所有类型的液体。可将激光聚焦在样品表面分析细粒岩石和矿物。

实验室中的LIBS分析仪（通常使用定制的仪器，可以在不同的实验中重新配置）与当前一代的手持式LIBS分析仪之间的基本区别与激光能量、发射速率和光谱分析有关，请参阅Day的章节（技术与仪器卷，第13章）。如Cremers和Radziemski（2013）所述，典型的实验室LIBS系统采用大功率闪光灯泵浦、Q开关Nd-YAG激光器，该激光器可产生高达400 mJ的脉冲能量，具有可调节的脉冲宽度和激光发射速率，尽管准分子和CO_2激光器也在使用，并且检测器（PMT、APD、PDA、IPDA、CCD或ICCD）与高分辨率光谱仪或光谱仪堆的耦合使得仪器可在高分辨率下观察到更大的波长范围。相比之下，手持式LIBS分析仪是利用紧凑的检测器-光谱仪组合和二极管泵浦的固态激光器开发的，这些激光器能够以非常高的重复频率（5～10 kHz）发射低脉冲能量（微焦耳到毫焦耳）。

迄今为止，实验室中分析的大多数地质和环境材料可以使用商用手持式LIBS分析仪在现场进行，并且用于在实验室中处理LIBS分析的不同分析方法也可用于使用手持式LIBS分析仪的应用。其中一些应用包括：①水和冰、火山玻璃、矿物和细粒岩石的定量元素分析；②对许多不同类型的地质材料进行定性分析，用于宝石分析、矿石分析、土壤和沉积物分析以及污染物识别的化学指纹，页岩、碳氢化合物和煤的分析，碳酸盐化石、结石、洞穴和涂层的分析，地外物质分析；③微观地球化学绘图和成像。

20.3.4　现场便携式和手持式LIBS

2017年Senesi回顾了现场便携式LIBS仪器的现状。自那时以来，技术方面已经取得了重大的进步，现场便携式和手持式LIBS分析仪目前由6家以上的商业制造商销售。

将LIBS从实验室带到现场的第一个方案利用了LIBS盒装方法，该方法很容易地将一个简单的实验室LIBS设备的组件压缩到公文包大小的盒子中，该盒子可以运输到样品分析现场（Castle et al., 1998；Palanco et al., 2003；Wainner et al., 2001；Yamamoto et al., 1996）。这种便携式系统通常使用在1064 nm的基本波长下操作的Q开关Nd-YAG激光器来传送短时间的低能量脉冲，通过门控检测器和光谱仪/光谱仪阵列以及光纤电缆将激光传送到样品，然后采集产生的等离子体发射。

美国能源部（DOE）洛斯阿拉莫斯国家实验室开发的便携式LIBS仪器可用于测量土壤中的Ba、Be、Pb和Sr（Yamamoto et al., 1996），得到的定量结果与传统LIBS仪器和XRF获得的结果相似。由美国陆军研究实验室赞助的一个类似的现场便携式LIBS系统（Harmon et al., 2005，2006）包括一个带有光纤的激光样品探针，用于激光传输和等离子体信号采集，以及一个中央探测器-分析仪单元，在配套的铝制外壳中容纳光谱仪-检测器、定时装置、电源以及数据采集和分析设备，其中数据存储在掌上型个人计算机中。该便携式分析仪在0.05%～1%（质量分数）的浓度范围内对土壤中的Pb进行了定量分析，表现出与实验室LIBS系统相似的性能。

随后的便携式LIBS设备采用了将光学探针和硬件单元作为两个独立组件的概念。最初的背包式LIBS设计（Cuñat et al., 2008；Harmon et al., 2006）使用了一个包含激光和光纤电缆的手动棒进行光传输和采集，检测器、光谱仪、数据处理硬件和控制设备集成到背包单元中。Rakovský等（2012）把将激光和光学元件放置在一个钻孔状盒子中，该盒子通过包含光纤的脐带连接到第二个盒子，第二个盒子包含光谱仪、电池、系统控制设备和数据处理计算机，向今天的商业手持式LIBS分析仪迈出了下一步。

在21世纪的第一个10年里，美国国家航空航天局选择LIBS作为设计的ChemCam系统中包含的技术之一，从而有力地推动了小型和紧凑型LIBS分析仪的进一步发展，该系统通过好奇号火星车分析火星表面土壤和岩石的元素组成（Wiens et al., 2013；https://pds-geosciences.wustl.edu/missions/msl/chemcam.htm）。然后，第一台真正的手持式LIBS分析仪于2013年被引入商业市场，并在不久后的文献中进行了描述（Connors et al., 2016），尽管用于地质应用的便携式LIBS仪器研发依然处在研究实验室阶段（Guo et al., 2019；Kumar et al., 2018；Meng et al., 2017）。现在，商用手持式分析仪成为了解决长期以来对实验室外的快速化学分析技术潜在需求的首选方案。为了配合光学、紧凑型激光源、小型化高分辨率光谱仪、微电子和计算机方面的最新进展，一些制造商目前正在生产轻型手持式LIBS分析仪，该分析仪由电池供电，可以连续使用几个小时。预计这一趋势将持续下去，并引入新的组件技术（Alvarez-Llamas et al., 2018）。

这一代的手持式仪器可提供实时光谱显示，以及实验室系统中的许多功能，包括可变门控、气体净化、样品栅格、视频瞄准和机载化学计量学分析。手持式LIBS分析仪与车载全球定位系统（GPS）功能和无线数据传输相结合使用，有望在未来实现现场实时地球化学分析的广泛应用，特别是考虑到LIBS能够对手持XRF无法检测和分析的轻元素（$Z < 14$）进行检测和分析。

手持式LIBS分析仪的典型检测限值高于实验室仪器的检测限值（Michaud et al, 2019），但对于各种地质现场应用来说，这是可以接受的。

20.3.4.1   现场便携式LIBS

在过去的几年里，地质和环境科学界对手持式LIBS的吸收虽缓慢，但在不断增长。下面的段落总结了这些应用，作为该技术在地质材料分析中的广泛潜力的例子。

2005年，Harmon等在加利福尼亚州东北部干旱地区的一个军事设施中，使用电池供电的手提箱型LIBS系统分析了松散和低渗透的富含碳酸盐的湖泊和河流湖床沉积物以及由沙子、淤泥和黏土组成的冲积扇沉积物中的金属污染。在20世纪40年代至50年代中期，这个位于内华达山脉以东的地方因为轻武器弹药的非军事化事件受到了污染。灰烬和固体炉膛残留物被局部深埋在炉膛周围的土壤中，导致土壤受到强烈的金属污染。LIBS调查发现，与背景土壤水平相比，整个熔炉场地的Pb、Cu和Zn浓度明显升高，而且变化很大。同年，Cuñat等（2005）使用移动LIBS系统分析了西班牙Nerja洞穴内部9个位置的$CaCO_3$矿物的表面蚀变层，观察到蚀变层富含Si、Al和Fe，这些元素在洞穴的方解石基质中不存在。4年后，Cuñat等（2009）使用背包型现场便携式LIBS系统分析了道路沉积物中的Pb。

Rakovský等（2012）证明，fpLIBS仪器可用于分析现场地质样本。演示了两种应用——湖泊沉积物中的火山灰层识别和菊石的石化过程，借助定制的便携式LIBS系统，该系统将激光和光学元件放置在一个钻孔状盒子中，该盒子由一个包含光纤和电线的脐带连接，为激光供电和控制激光。这个脐带缆连接到第二个盒子上，盒子里有一个小型光谱仪、系统控制和数据处理计算机以及电池。从德国Lacher See火山获得了一个火山灰层的地球化学特征，该火山灰层夹有法国Jura地区的湖相白垩沉积物。通过沉积物剖面观察到Al、Ca、Ti、Ba和Na的丰度存在明显差异。还研究了沉积物剖面中菊石的石化过程，Fe、Ca和Al的发射强度深度变化，以及Fe/Ca和Al/Ca的比值，提供了有关菊石黄铁矿化的信息。观察到的Ca和Fe之间的负相关性与黄铁矿化过程中Fe对Ca的替代是一致的。

Ferreira等（2008）利用fpLIBS分析仪，通过ANN处理光谱数据，基于对59种含有不同比例的沙子、淤泥和黏土的已知铜含量的巴西土壤的分析开发了土壤中铜的定量校准。在每个颗粒的不同位置采集190～400 nm波长之间的60个单次激发LIBS宽带光谱，然后进行平均，获得324.7 nm和327.4 nm波长处Cu原子发射线的单次发射强度值。使用这种方法，所得校准曲线（图20.13）被认为与土壤基质无关，其平均标准误差由10倍交叉验证方法估计。采用简单线性回归和封装方法选择一组波长，通过ANN程序进行学习，并在ANN训练后应用交叉验证来验证预测准确性。测定的Cu的总LOD为2.3 mg/dm^3。

Roux等（2015）在冰岛现场，使用由ICB（Interdisciplinaire Carnot de Bourgogne）实验室定制的手钻形状的HHLIBS仪器对火山岩进行了现场分析，并使用ICB开发的软件包在笔记本电脑上对光谱数据进行分析。成功地对属于3个不同岩浆系列的21个火山岩进行了19条Al、Ba、Ca、Cr、Cu、Fe、Mg、Mn、Na、Si、Sr和Ti原子线的分析，并基于主成分分析（PCA）进行了区分（图20.14），只有第一组（15#）的蚀变样品被错误地分配到第二组。

1年后，Connors等（2016）在已发表的文献中首次描述了一种商业HHLIBS仪器，用于分析不同类型的地质材料。SciAps Z-500分析仪器及其最近推出的Z-300配套仪器具有两种数据处理功能，特别适用于地球化学分析。对于定性分析，GeoChem Pro操作模式可以识别特定元素的光谱峰，并基于这些峰在栅格图案上的相对强度生成元素浓度图。GeoChem操作模式用于定量分

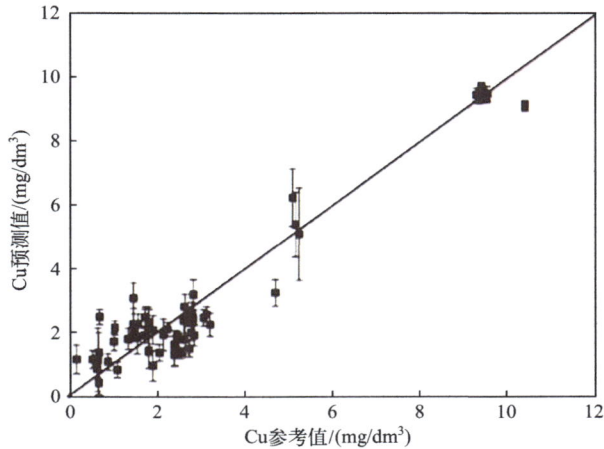

图20.13　通过ANN方法得出的巴西土壤Cu的校准曲线。来源：Ferreira et al., 2008

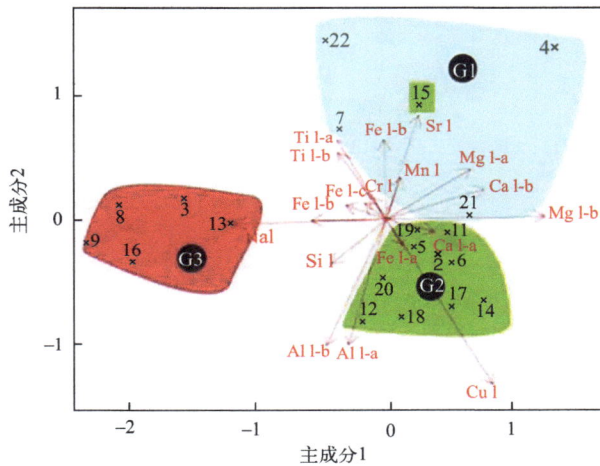

图20.14　冰岛火山岩的主成分（PC）图，基于A系列样品中分析的19条光谱发射线。主成分1解释了48.7%的观测方差，主成分2又解释了18.7%。图中的红线表示指定光谱发射线的载荷。来源：Roux et al., 2015

析，基于工厂加载的校准曲线或用户使用SciAps专有的Profile Builder™ PC软件生成的自定义校准，该软件允许用户从wt.%或ppm中选取一个作为测量单位将元素浓度转换为氧化物。SciAps网站上的应用说明（https://www.SciAps.com/resourcelibrary/Application notes/）阐述了SciAps Z系列LIBS分析仪器如何检测土壤中的Be等有毒元素，在矿产勘探界中用于检测、定位和/或定量Li、Au和基本金属（Cu，Zn，Pb）以及农业和气候研究界特别感兴趣的土壤中碳的量化应用。

　　Harmon等（2017）使用SciAps HHLIBS分析仪快速识别和区分各种地质物质类型，包括：不同组成的碳酸盐岩矿物、现代碳酸盐岩平台沉积物和岩化碳酸盐岩；金伯利岩勘探的开拓者矿物——硅酸盐矿物石榴石；一种常见的冲突矿物——氧化物矿物对铌钽铁矿；不同产地的原生黄金。通过PCA识别不同样品组中明显的化学特征，即相似样品之间微量和痕量含量的光谱差异，然后使用偏最小二乘判别分析（PLS-DA）对每个样品组中的样品进行区分和分类，对所有样品类型都有良好的判别能力。这项研究展示了如何使用手持式LIBS分析区分基于宽带LIBS

光谱的相似样品，宽带LIBS光谱可被视为所分析的不同类型地质样品的综合地球化学指纹。这项研究还说明了手持式LIBS如何用于元素或矿物识别领域的实时化学分析以及通过预定和组装的光谱库与感兴趣材料进行光谱匹配进行地层对比、物源确定和自然资源勘探等应用。

对于碳酸盐泥，对世界各地的6个碳酸盐岩平台进行了HHLIBS分析——墨西哥的Alacranes礁和Yucatan陆架、巴哈马的Crooked-Atkins平台、特克斯和凯科斯群岛的Caicos平台、法属波利尼西亚的Maupiti环礁、基里巴斯的Nonouti环礁。这些位置的特点是来自浅水（＜11 m）的泥浆样本具有独特的物理、化学和生物特征。6个样本组的分类成功率为96.3%（图20.15）。记录了LIBS分析的光谱载荷，其中Sr、Ca和Mg是有助于分类的主要成分。有趣的是，在Yucatan Shelf的泥组分的LIBS光谱中Si的288.16 nm线很突出，很可能识别了一种生物硅成分（即放射虫、硅藻和/或海绵针状物），但在其他5个位置的泥浆中基本上不存在，这很可能是由于该位置的向上流动、富含营养的水。6个碳酸盐泥区也按海盆进行了很好的分组，这意味着水化学在局部和区域空间尺度上都可能影响碳酸盐岩的组成。

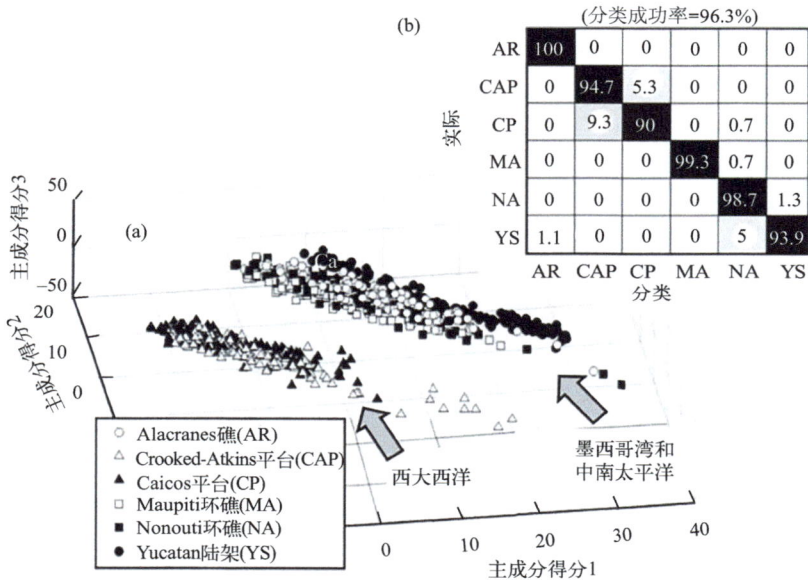

图20.15 中南太平洋（PAC：Maupiti环礁和Nonouti环礁）、西大西洋（ATL：Caicos平台和Crooked-Atkins平台）和墨西哥湾（GM：Alarcranes暗礁）碳酸盐岩泥的PCA得分图（a）和PLS-DA分类矩阵（b）。分类矩阵（b）是描绘观察结果的重新分类的二元图，其中矩阵中的每个条目显示的是识别结果为属于列类的光谱的百分比，而实际上它们是行类的成员，这表明通过hhLIBS分析在180～675 nm波长的光谱范围内获得的＞93%的LIBS光谱被成功区分。在得分图（a）中大西洋和太平洋地区聚集在一起，这也意味着海水化学可能会在海盆空间尺度和局部尺度上影响碳酸盐泥沉积物的组成。来源：Harmon et al., 2017

Harmon等（2017）还分析了新西兰、澳大利亚和美国（阿拉斯加州、爱达荷州、加利福尼亚州、科罗拉多州、弗吉尼亚州和北卡罗来纳州）18个砂矿位置的原生黄金以及纯金和纯银样本（图20.16）。值得注意的是，在第一个实验中，基于地质亲和力将样品合并为11组，并通过HHLIBS分析区分来自这些领域的样品，仅基于银和金含量，总体成功率为92.5%。使用每个样品的完整LIBS光谱，就载荷值而言，最重要的PLS-DA判别谱线是523.0、583.7、479.2 nm处的突出发射线Au线，加上546.5、520.9、328.1、338.2 nm处的Ag线。

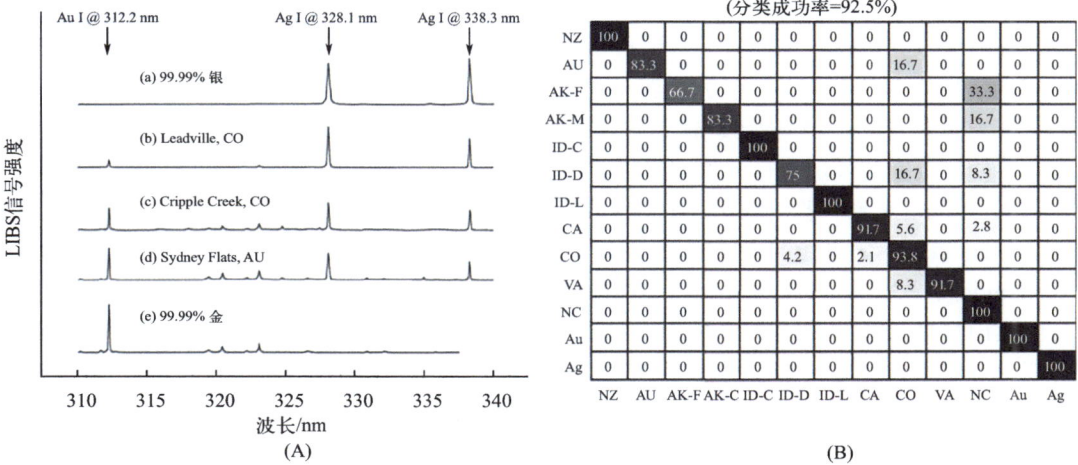

图20.16 （A）（a）纯银在305 nm和345 nm之间获得的HHLIBS发射光谱；（b）科罗拉多州Leadville的砂金样品；（c）科罗拉多州Cripple Creek的砂金样品；（d）澳大利亚Sydney Flats的砂金样品；（e）显示312.2 nm Au 线，328.1 nm和338.3 nm Ag线的相对光谱强度的纯金。（B）仅基于16条最突出的金和银谱线，按位置划分砂金样品的PLS-DA分类矩阵（图例：NZ = Naseby, Central Otago Goldfield, 新西兰；AU = Sydney Flats, Bendigo Goldfield, Victoria, 澳大利亚；AK-F = Fortymile District, Alaska, 美国；AK-M = Mastodon Creek, Circle District, Alaska, 美国；ID-C = Coeur D'Alene District, Idaho，美国；ID-D = Dry Creek, Elmore County, ID，美国；ID-L = Loon Creek District, Custer County, ID，美国；CA = Mother Lode Gold District, CA，美国；CO = Colorado Mineral Belt，美国；VA = Virginia Pyrite Belt，美国；NC = Carolina Slate Belt，美国；Au = 纯金；Ag = 纯银。来源：Harmon et al., 2017

2017年，de Vallejuelo等（2017）结合使用fpLIBS分析仪的现场测量和化学计量学数据处理对完整LIBS光谱进行PCA分析，在通过k-近邻方法识别和去除异常值后评估西班牙北部Gipuzkoa省Urban Debra河流域在大降雨期间的水质（图20.17）。在5次风暴事件期间，在3个站点的自动水采样器对每2小时采集一次的悬浮颗粒物样本进行了测量。这种颗粒物由不同尺寸的胶体和颗粒组成，包括矿物、有机和生物相的异质聚集体。对LIBS光谱进行基线校正和均值中心化后，PCA分析主要集中在198 nm和552 nm之间的光谱范围内，发现悬浮物中的有毒元素Pb、Cr、Ni和Cu是重要的判别变量。额外的PCA分析能够区分监测地点和风暴事件的时间。通过代表不同污染源（城市/城市污染、人为活动等）的变量之间的相关性评估这些河流污染物的环境风险。

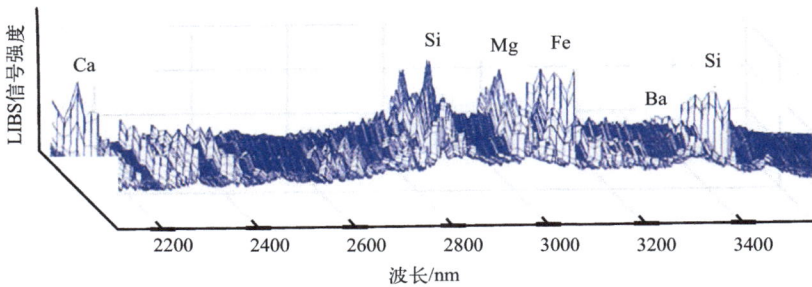

图20.17 在高降雨事件期间，在西班牙北部Gipuzkoa省Urban Debra河上的Oñati检测站，每隔2 h采集的悬浮颗粒物的FPLIBS光谱的合成图。时间序列的第一个光谱在图的最后，每个连续2 h间隔的光谱都朝前逐渐显示。Ca、Si、Mg、Fe和Ba的大峰值表明在风暴事件中期径流中的悬浮颗粒物水平更高。来源：de Vallejuelo et al., 2017

Meng等（2017）描述了一种基于半球形空间约束腔集成的移动LIBS系统，以提供空间约束，从而显著增强等离子体辐射，并提高LIBS发射的强度和稳定性。手持部分包括激光头、空间约束腔、聚焦透镜和光纤、激光电源、光谱仪和位于移动机柜中的计算机。该系统用于对从中国南部靠近长江的一个矿业城市的冶炼厂周围两个深度采集的污染土壤制备的颗粒进行重金属分析。使用校准曲线法进行了半定量测量，Pb、Cu和Zn的检测限低于快速筛选土壤重金属污染所需的10 μg/g水平。鉴于商用HHLIBS分析仪制造商所取得的快速和持续的技术进步，这种定制的LIBS系统不太可能有市场。

Harmon等（2018）通过HHLIBS分析比较了两种构造环境中不同年龄和成分的新鲜和未经改变的火山样品（图20.18）的宽带LIBS发射光谱。在对不同火山区和火山中心的化学特征进行区分后，通过多元化学计量学分析对不同的火山源进行区分，使用模式识别方法成功完成了分类和鉴别。相似性分析是一种以前没有用于评估LIBS光谱数据质量的技术，它的新用途表明有必要捕捉不同样本类型的完整光谱异质性，以最大限度地提高化学计量学分类器的性能。

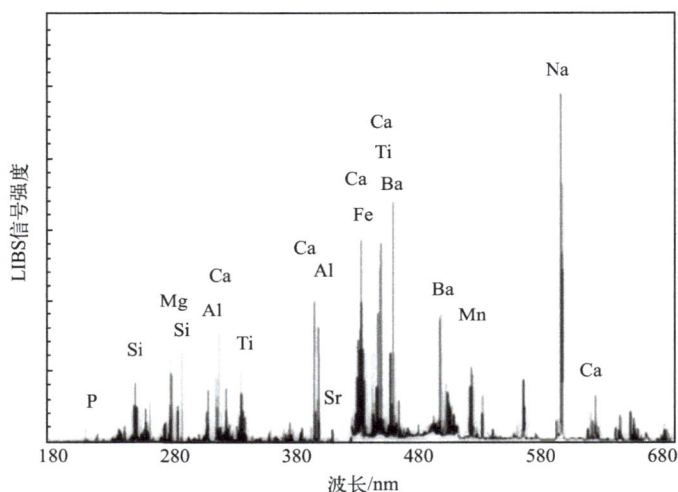

图20.18　使用HHLIBS分析仪采集的智利北部Nevados de Payachatas火山群的安山岩熔岩的宽带LIBS光谱。确定了LIBS光谱中存在的元素的最强发射线；未标记的其他发射线是相同元素的低强度线或微量和痕量元素的非常低强度线。HHLIBS分析仪的光谱范围为180 ~ 675 nm，因此主发射线位于766.5 nm和769.9 nm的K线，不会出现在LIBS光谱中。来源：Harmon et al., 2018，经许可使用

Senesi等（2018a）使用HHLIBS仪器，从标记为"假陨石"和生铁产品的疑似陨石碎片中分析和鉴别出了一个实际的铁陨石。使用免标定方法量化铁陨石中主要元素Fe、Ni和Co，微量元素Ga和Ir，以及其他两个碎片中的Fe、Mn、Si和Ti的含量。由于LIBS定量数据在识别和分类地外金属物体时仅部分结果令人满意，认为有必要改进手持式LIBS仪器，以提高分析灵敏度。

在第二次陨石应用中，Senesi等（2018a）使用了相同的HHLIBS分析仪，研究基于自动特征选择和监督学习的陨石分类，使用基于模糊规则的分类器区分铁陨石、石陨石、石铁陨石和"假陨石"，地球样本经常被误认为陨石（图20.19）。这项成功的工作能够对26个样本中的25个样本进行正确分类，而PLS-DA仅对18个样本进行了正确判别。

在HHLIBS的另一个应用中，Senesi等（2018a）分析了意大利巴里Castello Svevo的砖石中

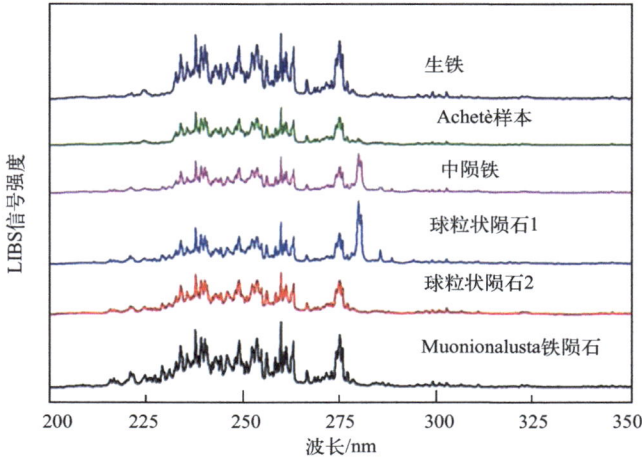

图20.19　HHLIBS分析仪在200～350 nm光谱范围内获得的5颗离子陨石和制造的"生铁"的发射光谱，为每个样品提供了光谱指纹。来源：Senesi et al., 2018

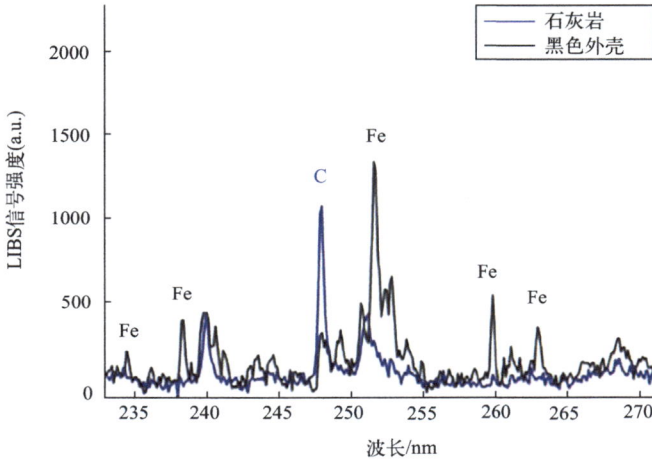

图20.20　通过HHLIBS分析仪获得的次级黑色外壳和石灰岩块在230 nm和270 nm之间的发射光谱。来源：Senesi et al., 2018b

的一块石灰岩碎片，该碎片受到强烈的表面退化，其特征是表面外壳层为黑色（图20.20）。所获得的宽带发射光谱提供了样品的地球化学指纹，包含Al、C、Ca、Fe、K、Mg、Na和Si，其中Ca、C和Mg表征了未改变的石灰岩，而Al、Fe和Si是蚀变地壳的主要成分。图20.20显示了230 nm和270 nm之间的部分发射光谱，说明了原始石灰岩和蚀变表层地壳之间的成分差异。使用无校准的CF-LIBS方法测试获得样品中存在主要元素的适当定量组成的可能性。

　　Gómez-Nubla等（2018）获得了风化的类似陨石的陆地的200～400 nm和600～950 nm之间的LIBS发射光谱，在这种情况下，对埃及西部利比亚沙漠和塔斯马尼亚西海岸的Queenstown南部的陨石撞击中获得的撞击玻璃使用了fpLIBS分析仪（图20.21），并开发了一种用于Si、Al、Mg、Ca、Ba、Na和Fe定量分析的统计方法，使用PLSR模型的预测性能评估LIBS光谱数据，以区分冲击玻璃和黑钢渣残留物。所获得的分析结果与XRF测定的成分范围吻合较好。

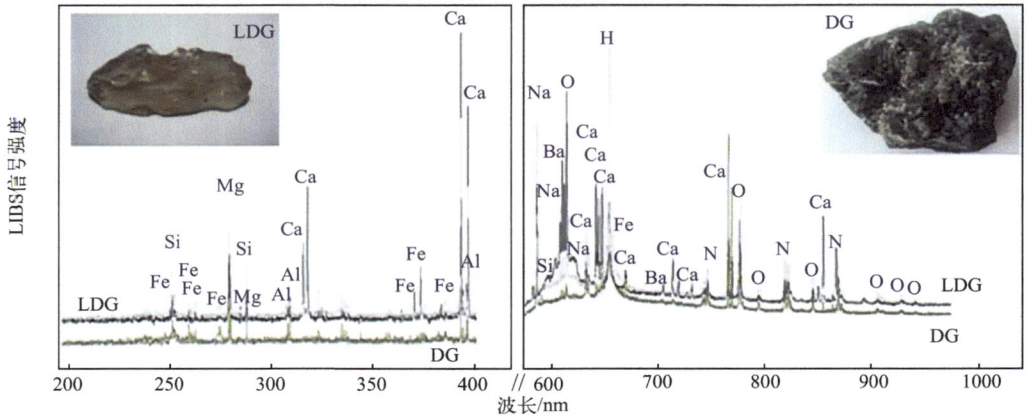

图20.21   HHLIBS分析仪在200～400 nm和600～1000 nm的光谱范围内获取的利比亚东部和埃及西部沙漠（LDG）以及塔斯马尼亚西海岸Queenstown南部（DG）陨石撞击玻璃的LIBS发射光谱。来源：Gómez-Nubla et al., 2018

矿物萤石（CaF_2）是用于制造氢氟酸中F的主要来源。通常，这种萤石是通过泡沫浮选工艺回收的金属矿石开采和加工的副产品。Foucaud等（2019）使用HHLIBS分析仪量化了葡萄牙北部Tabuaço钨矿床岩石样品的F含量，这些样品包含萤石（CaF_2）、白钨矿（$CaWO_4$）和各种硅酸盐矿物。将F含量范围为1.5%～40.7%（质量）（其中F主要存在于萤石中）的岩石粉末压制成颗粒，通过测量位于529～543 nm和590～606 nm之间的两个CaF分子带，在9个单独的点进行HHLIBS分析（图20.22）。对这两个光谱区域的LIBS发射强度进行归一化，在几个烧蚀

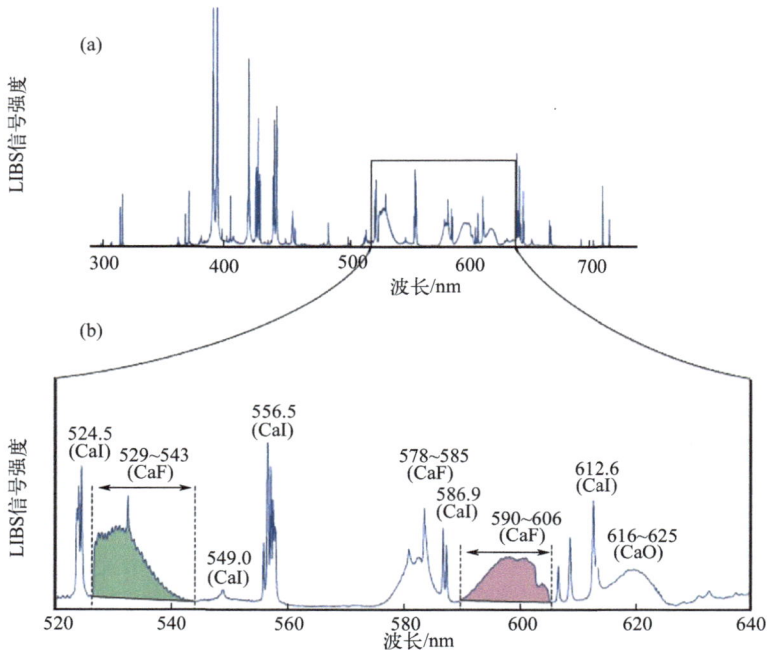

图20.22   使用HHLIBS分析仪获得的在14.73% F下测定样品的压制粉末颗粒的宽带LIBS发射光谱（a）以及520～640 nm之间包含Ca原子线、CaF和CaO分子带的光谱区域（b），绿色和粉色表示的CaF_2分子带是用于F含量校准的光谱范围及其基线。来源：Foucaud et al., 2019

区域进行平均，并与使用F⁻离子敏感电极法确定的F含量相关联。观察到基体效应强烈影响测得的LIBS强度，这与测得的F含量呈非线性关系。这就需要开发非线性单变量模型，对27个训练样本进行计算，并对9个测试样本进行验证。尽管非线性模型充分拟合了实验数据，但采用了使用两个CaF分子带的多元方法解决基体效应。通过多元回归生成线性二次公式，预测F含量，R^2=0.94，F含量的平均误差为2.18%（质量）。

Harmon等（2019）通过对先前发表的研究和新结果的回顾，展示了如何在矿产勘探中使用LIBS，用于地球化学指纹的定性元素检测、样品分类和鉴别、定量地球化学分析以及使用HHLIBS分析仪的栅格功能的现场地球化学成像。加拿大Manitoba Lynn湖的MacLellan金矿床的一组含金属石英脉证明了LIBS的微成像能力，这些矿脉的LIBS光谱是在切割岩芯的未准备表面上获得的。如图20.12所示，这些矿脉中与金相关的许多矿物具有特征的LIBS光谱。因此，手持式LIBS可在现场和直接在锯切岩心表面上定义不同矿脉套件及其水热蚀变晕的光谱指纹。含金矿物学特征复杂，包括石英（SiO_2）、方解石（$CaCO_3$）、砷黄铁矿（FeAsS）、磁黄铁矿（$Fe_{1-x}S$）、闪锌矿［(Zn,Fe)S］和稀有方铅矿（PbS）。岩芯表面的地球化学成像清楚地表明了如何使用定性LIBS光谱在微观尺度上区分矿脉的复杂矿物学（图20.23）。这项研究表明，LIBS非常适合野外勘探项目，这些项目将受益于环境条件下的快速化学分析。LIBS数据可以在现场获取，有助于在矿物学背景下解释地球化学数据，这对于揭示大多数矿石系统的复杂地质历史很重要。

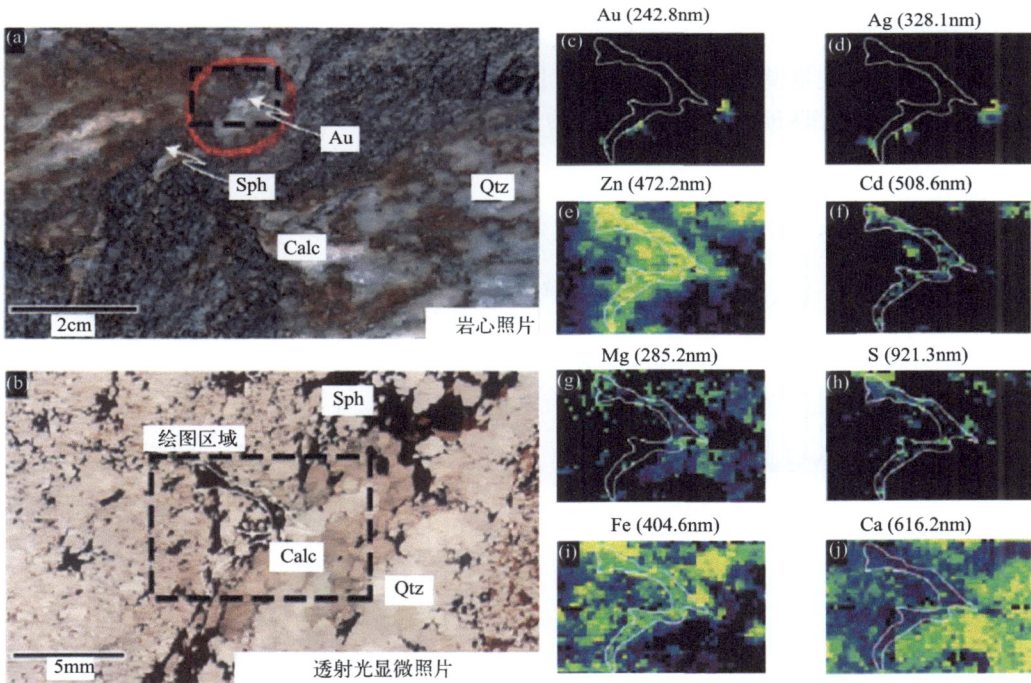

图20.23　（a）加拿大Manitoba Lynn湖的MacLellan金矿床的含金属石英脉，hhLIBS绘图区包括石英（Qtz）、方解石（Calc）、砷黄铁矿（Asp）、磁黄铁矿（Po）和闪锌矿（Sph）；（b）绘图区域的透射光显微照片；（c）～（j）Au（c）、Ag（d）、Zn（e）、Cd（f）、Mg（g）、S（h）、Fe（i）、Ca（j）的hhLIBS结果显示为相对波长强度，暖色表示较高浓度，冷色表示较低浓度。在绘图区域内识别的每个矿物相，可基于其LIBS光谱特征和主要矿物形成元素的一些先验知识识别。与每种矿物相关的微量元素可用于支持矿物鉴定（g）。地球化学成像也可以有效地绘制具有重大经济意义的微小矿物的分布图，包括原生Au包裹体。来源：Harmon et al., 2019。

Yant 等（2019）描述了加强太阳系观测的探索科学探路者研究项目（ESPRESSO）团队的工作，该团队在人类太空探索的背景下使用HHLIBS分析，来回答现场模拟站点的具体地质问题。测量了新墨西哥州南部的Kilbourne Hole maar火山灰/火山碎屑物质序列和Potrillo火山岩场膨胀圆顶玄武岩物质/表面涂层序列的元素组成。使用手持式LIBS分析仪的默认校准测量熔岩流约3.5 m序列内的3个不同颜色层，在去除表层后对熔岩流的底层部分进行分析，以确定是否可以在表面涂层和相对表面的下伏岩石中检测到不同的成分。所获得的数据被用于评估此类现场便携式仪器解决有意义的地球化学问题的能力，并评估化学与露出地面的岩层的尺度成分空间变异性和小尺度沉积学异质性（灰烬、岩石、捕房体、成岩成分等）的关系。

Erler 等（2020）考虑了手持式LIBS在精准农业中的应用。通过对压制土壤颗粒的实验室测量，对来自德国Wilmersdorf附近两个农田的69个位置的表层土（0～30 cm）的主要营养素Ca、K、Mg、N、P和微量营养素Mn、Fe的总质量分数以及农业上重要的土壤参数（腐殖质含量、土壤pH值和植物有效磷含量）在空间上进行了解析，该表层土壤由沙子、泥沙和砂质壤土组成，这些沙子、泥沙和砂质壤土来源于耕作的钙质冰川。LIBS的量化在很大程度上取决于土壤基质，因此对3种不同的多元回归方法进行了表征和比较。Lasso和GPR的回归结果优于PLSR。

Pochon 等（2020）使用HHLIBS分析仪获取了190～625 nm之间的发射光谱，以确定法属圭亚那天然黄金样品中的银含量。并开发了一个三步程序，使用单变量和多变量回归建模评估Ag定量的校准模型。由于其良好的预测能力，选择了相关系数（R^2）为0.99、平均误差为0.36%（质量）Ag的二次单变量模型进行浓度预测（图20.24）。对5种法属圭亚那黄金种群的LIBS分析的统计比较表明有可能匹配到来自同一来源的黄金样本。

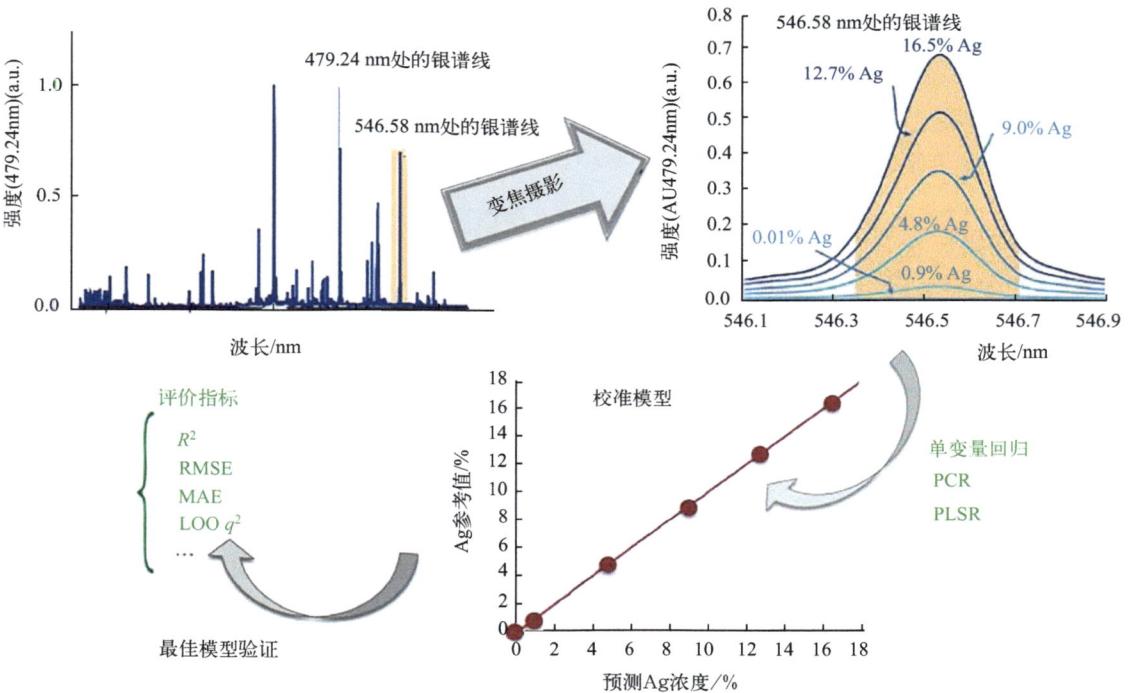

图20.24   用于Ag校准的HHLIBS光谱回归建模的LIBS光谱分析方法的三步模式的说明。来源：Pochon et al., 2020

20.3.5   结语

正如 Senesi（2017）所指出的，hhLIBS 是一种非常有前途的地质野外调查分析工具，但该技术仍处于技术发展阶段，尚未在野外广泛应用。对于该技术而言，存在必需的改进方案，如实现更低的检测限、从某些元素的 100 μg/g ～ 10 μg/g 到所有常见元素的 μg/g 到亚 μg/g 水平以及分析精度的提高。目前商业仪器的校准不够稳健，不是专门为分析不同类型的地质物质设计的，用户界面也不是专门为地质或环境应用设计的。特别是，需要更多的工作理解和定义用于分析现场遇到的广谱地质材料的最佳操作参数，制定特定材料的分析协议，并定义使用手持式 LIBS 仪器确定微量元素浓度的最佳规范。在这种情况下有两个特别的需求：一是 LIBS 对不同类型地质材料进行定量分析所需的稳健基体匹配校准；二是用于实时的现场地质材料的地球化学指纹的大型宽带光谱库。

20.4   野外便携式 XRF 和 LIBS 的目前潜力和未来发展

pXRF 和 HHLIBS 分析仪都可以被训练有素的地质学家和具有足够地球化学背景的环境科学家有效利用。目前可用的最好的商业仪器是可靠的，能够提供高质量的数据，只要用户记住它们的使用需要的维护和 QA/QC 协议与实验室中使用的相同。对于 pXRF，使用商业制造商提供的机载校准，绝对精度并非常规的，可能需要大量额外的校准工作，而使用基体匹配标准对所分析的特定类型材料进行校准对 HHLIBS 至关重要。pXRF 较早进入市场，如今得到了更广泛的使用，它产生了更大的出版基础，尤其是在实地研究方面，已有数百篇科学论文和文献报告。然而，HHLIBS 在技术上并不比 pXRF 逊色，其出版基础正在迅速扩大。在 X 射线管的小型化和性能方面，以及在 SDD 方面，pXRF 新的或改进的应用仍在取得进展。HHLIBS 技术也在不断改进，同时也在不断开发和描述新的应用。这两种工具都有其独特的优势，例如 pXRF 对贱金属的检测限低以及 HHLIBS 用于轻元素分析和表面微成像的能力。pXRF 和 HHLIBS 一起为该领域的快速化学分析提供了强大的互补能力。现场用户使用当前一代的 pXRF 和 HHLIBS 分析仪获得的化学信息不一定具有与耗时和昂贵的实验室技术（如 AAS、XRF、ICPOES、LAICPMS、SEM 或 EM 分析）相同的精度和准确性，但适用于越来越多的地质应用。对于大规模的系统测量活动，如大型土壤网格的分析，pXRF 是目前的首选工具，因为与 HHLIBS 相比它需要的严格校准和地球化学解释更少，但这种情况可能在不久的将来发生变化。

这两项技术都在不断改进，每一代新仪器都能提供更好的性能。与便携式计算机或智能手机类似，如今 pXRF 和 HHLIBS 光谱仪在使用寿命结束之前就已经过时了。然而，它们仍然可以提供有价值的服务，同时为更高级的应用使用最新的模型。我们看不到这一持续改进过程的可预测的结局，除非有一项新技术使两者都过时。

pXRF 和 HHLIBS 的共同特点是，与传统的"先采样后分析"策略相比，它们实际上显著改善了地球化学调查的成本、质量和效率。首先，快速的现场分析可在样品采集和运输之前在现场测试样品的代表性、同质性和异常识别。其次，可以对样品的成分变化进行筛选，这减少了可能采集的重复空白样品的数量，允许将重点放在浓度范围的最重要部分，并验证最显著的异常。这种筛选过程的结果是将样品运送到分析实验室的成本降至最低，并优化了实验室中的成本和分析。第三，现场便携式仪器的使用允许动态采样，从而鼓励现场地质学家在观测到异常的区域时扩大调查并绘制异常图，而无需等待实验室结果或在实验室分析后返回现场。对于勘探或环境项目，时间效益可以是几周或几个月，节省的不仅是后勤和实地活动，还包括后续实验室工作的成本。

现场分析的另一个好处是"目的的适应性或适宜性"（Ramsey and Boon, 2012）。pXRF 和 HHLIBS 都具有非常低的操作成本，大部分成本是仪器的初始投资和操作员的时间，这通常会导致生成比实验室分析获得的数据集大得多的数据集。这样做的结果是研究区域的空间覆盖范围更加密集。即使每个现场分析的内在质量低于高质量的实验室分析，整个数据集中包含的相关信息量也有可能高得多。因此，全球数据集的质量通常会好得多，因为忽略重要地球化学观测的可能性较小。在项目决策方面，数据集的置信度可能高于样本较少的高质量实验室数据集。

尽管人们非常关注 pXRF 和 HHLIBS 的开发和改进，但很明显，通过应用化学技术以及机器学习和人工智能技术，可以通过最先进的数据处理增强这两种仪器类型的实用性（参考 Gottfried, 2013；Kaniu and Angeyo, 2015；Panchuk et al., 2018）。pXRF 和 HHLIBS 化学分析仪在现场的广泛使用为各自数据流的协同处理提供了机会，甚至可以集成这些技术，以产生比目前单独使用任意一种分析仪更大的分析能力（Hark et al., 2019；Lemière and Uvarova, 2019），仅凭这一原因就预示着在野外环境条件下对天然材料进行快速原位分析的光明前景。

地质学和地球化学术语

Adularia 冰长石	A variety of orthoclase feldspar ($KAlSi_3O_8$) that commonly forms colorless to white prismatic, twinned crystals in low-temperature felsic crystalline rocks, typical of hydrothermal alteration around some ore bodies.	一种正长石（$KAlSi_3O_8$），通常在低温长英质结晶岩中，形成无色至白色的棱柱状孪晶，是一些矿体周围典型的热液蚀变
Amphibole 角闪石	An common group of silicate minerals consisting of double chains of SiO_4 tetrahedra, linked at the vertices and generally containing ions of iron and/or magnesium in their structures.	一种常见的硅酸盐矿物，由 SiO_4 四面体的双链组成，在顶点相连，其结构中通常含有铁和/或镁离子
Andesite 安山岩	A volcanic rock of intermediate composition having between 57 and 63% SiO_2 and containing plagioclase feldspar and one or more mafic minerals.	一种中等成分的火山岩，SiO_2 含量在 57%～63%之间，含有斜长石和一种或多种镁铁质矿物
Ankerite 铁白云石	A carbonate mineral of the group of rhombohedral carbonates with general formula: $Ca(Fe, Mg, Mn)(CO_3)$ related to dolomite [$CaMg(CO_3)_2$] but with iron replacing part of the magnesium; also typical of hydrothermal alteration around some ore bodies.	一种菱面体碳酸盐类的碳酸盐矿物，通式为：$Ca(Fe, Mg, Mn)(CO_3)$。与白云石 [$CaMg(CO_3)_2$] 有关，但铁取代了部分镁；也是一些矿体周围典型的热液蚀变
Archean 太古宙	One of the four geologic eons of Earth history, occurring from 4.0 to 2.5 billion years ago.	地球历史上4个地质时代之一，发生于40亿至25亿年前
Argillic Zone 泥质带	Hydrothermal alteration of wall rock in which clay minerals including kaolinite, smectite, and illite are formed from the alteration of feldspar and amphibole by low-temperature acidic groundwater.	围岩的水热蚀变，由于低温酸性地下水对长石和角闪石的蚀变作用形成黏土矿物，包括高岭石、蒙脱石和伊利石
Arsenopyrite 砷黄铁矿	The sulfide ore of arsenic having the formula FeAsS that commonly occurs as silver-white to steel-gray crystals. It occurs frequently in association with gold deposits.	砷的硫化物矿石，化学式为FeAsS，通常以银白色至钢灰色晶体的形式出现。它经常与金矿有关

Banded Iron Formation 条带状铁建造	A chemically precipitated sediment, typically consisting of thin layers of iron and chert, chalcedony, jasper, or quartz that occur on all the continents and usually are more than 1.7 billion years old.	一种化学沉淀沉积物，通常由铁和燧石、玉髓、碧玉或石英薄层组成，分布于所有大陆，通常已有17亿年以上的历史
Carbonatite 碳酸盐岩	A type of igneous rock consisting of greater than 50% carbonate minerals. It commonly hosts highly desirable commodities, such as REEs, Nb, Ta, U, Th, Zr, and other rare elements.	一种火成岩，由超过50%的碳酸盐矿物组成，通常含有非常理想的商品，如稀土元素、Nb、Ta、U、Th、Zr和其他稀有元素
Chalcopyrite 黄铜矿	A sulfide ore of copper having the formula $CuFeS_2$ that commonly has a brassy to golden yellow color.	一种铜的硫化物矿石，其化学式为$CuFeS_2$，通常具有黄铜色至金黄色
Certified Reference Material 有证标准物质	A reference material whose composition has been analyzed by a metrologically valid analysis procedure, and that is accompanied by a certificate that provides the value of the specified property, its associated uncertainty, and a statement of metrological traceability.	一种参考材料，其成分已通过计量有效的分析程序进行分析，并附有一份证书，该证书提供了指定特性的值、其相关的不确定度和计量可追溯性声明
Chemostratigraphy 化学地层学	The study of the chemical variations vertically within sedimentary sequences.	对沉积层序列中的垂直化学变化的研究
Columbite-Tantalite 铌钽铁矿	A mineral group that is an ore of niobium and tantalum having the general formula (Fe, Mn)(Nb, Ta)$_2$O$_6$ commonly found in granitic pegmatites.	一种矿物群，是铌和钽的矿石，具有通式(Fe,Mn)(Nb,Ta)$_2$O$_6$，常见于花岗伟晶岩中
Conflict Mineral 冲突矿物	A mineral having commercial value that is mined illicitly and used to influence and finance armed conflict, human rights abuses, and violence.	非法开采的具有商业价值的矿产，用于影响和资助武装冲突、侵犯人权和暴力
Diagenetic 成岩	The process by which sediment undergoes chemical and physical changes during its lithification to a rock.	沉积物在岩化过程中发生化学和物理变化的过程
Dolomite 白云石	A carbonate mineral having the formula CaMg(CO$_3$)$_2$.	一种碳酸盐矿物，其化学式为CaMg(CO$_3$)$_2$。
Epidote 绿帘石	A complex sorosilicate mineral commonly present as a result of replacement in regionally metamorphosed rocks of low-to-moderate grade having the chemical formula Ca$_2$Al$_2$(Fe^{3+};Al)(SiO$_4$)(Si$_2$O$_7$)O(OH).	一种复杂的倚硅酸盐矿物，通常存在于低至中等品位的区域变质岩石中，化学式为Ca$_2$Al$_2$(Fe^{3+};Al)(SiO$_4$)(Si$_2$O$_7$)O(OH)
Epithermal 浅成热液的	Mineral veins and ore deposits formed from waters at shallow depth under conditions in the lower ranges of temperature and pressure.	在较低的温度和压力范围内浅层水域形成的矿脉和矿床
Facies 岩相	The particular character of a rock as expressed by its formation, composition, and fossil content.	岩石的特殊性质，由其形成、成分和化石含量表示
Felsic 长英矿物	A silicate mineral, magma, or igneous rock that is enriched in the lighter elements such as silicon, oxygen, aluminum, sodium, and potassium.	富含硅、氧、铝、钠和钾等较轻元素的硅酸盐矿物、岩浆或火成岩
Galena 方铅矿	The sulfide ore of lead having the formula PbS.	铅的硫化物矿石，其化学式为PbS

Geochemical Fingerprint 地球化学指纹	A chemical signal, usually an association of elements, that provides information about the origin, formation, and/or environment of a geological sample.	一种化学信号，通常是元素的组合，提供有关地质样品的起源、形成和/或环境的信息
Kimberlite 金伯利岩	An igneous rock, which sometimes contains diamonds.	一种火成岩，有时含有钻石
Komatiites 科马提岩	A mantle-derived volcanic rock crystallized from a lava low in silica, potassium, and aluminum but having an extremely high magnesium content.	一种地幔衍生的火山岩，由二氧化硅、钾和铝含量低但镁含量极高的熔岩结晶而成
Lacustrine 湖中形成的	Relating to, formed in, living in, or growing in lakes.	与湖泊有关、形成于湖泊中、生活于湖泊中或生长于湖泊中
Limit of Detection 检测限	The limit of detection can refer to either the "Lower Detection Limit" or the "Lower Determination Limit." The former is the lowest quantity that can be determined with > 50% confidence between the presence or absence of an element, whereas the latter is the lowest quantity that may be quantified with less than 30% uncertainty. Typically, the latter is 2× or 3× the former.	检测限可以指"检测下限"或"测定下限"。前者是在元素存在或不存在之间的置信度大于50%的情况下可以确定的最低量，而后者是可以量化的最小量，不确定性小于30%。通常，后者是前者的2倍或3倍
Lithics 石器学	Pieces of other rocks that have been eroded down to small sizes.	其他被侵蚀成小尺寸的岩石碎片
Maar 小火山口	A broad, low-relief volcanic crater caused by a magmatic eruption into the water-saturated zone just below the Earth's surface.	一个宽阔的、低起伏的火山口，由岩浆喷发到地球表面下的水饱和区引起
Mafic （火成岩的）镁铁质	A silicate mineral, magma, or igneous rock that is rich in magnesium and iron.	富含镁和铁的硅酸盐矿物、岩浆或火成岩
Magmatic Series 岩浆系列	A series of chemical compositions that describes the evolution of a mafic as it fractionally crystallizes to become a felsic magma.	镁铁质的一系列化学成分，描述了镁铁质在部分结晶成为长英质岩浆时的演变过程
Marl 泥灰	A calcium carbonate or lime-rich mud or mudstone that contains variable amounts of clays and silt.	一种碳酸钙或富含石灰的泥浆或泥岩，含有不同数量的黏土和淤泥
Metabasalt 变玄武岩	An amphibole-bearing rock produced from a basalt by metamorphism.	一种由玄武岩经变质作用产生的含角闪石的岩石
Radiolaria 放射虫属	Protozoa of diameter 0.1-0.2 mm that produce intricate silica skeletons.	直径0.1 ～ 0.2 mm的原生动物，能产生复杂的二氧化硅骨架
Regolith 风化层	The layer of loose, heterogeneous superficial deposits covering solid rock.	覆盖固体岩石的松散、不均匀的表层沉积物层
Porphyry Copper 斑岩铜矿	Copper (and often Mo, Ag, Au) ore bodies that are formed from hydrothermal fluids that originate from a voluminous magma chamber several kilometers below the Earth's surface. Some of the largest ore bodies belong to this group. They have characteristic hydrothermal alteration mineral zones, largely used for their exploration.	铜（通常是Mo、Ag、Au）矿体，由热液流体形成，热液流体源自地球表面以下几公里的巨大岩浆室。一些最大的矿体属于这一类。它们具有特征性的热液蚀变矿物带，主要用于勘探

Pyroclastic 火山碎屑岩	A sedimentary clastic rock composed solely or primarily of volcanic materials.	一种沉积碎屑岩，完全或主要由火山物质组成
Pyrrhotite 磁黄铁矿	A nonstoichiometric sulfide ore mineral of iron having the composition $Fe_{1-x}S$, where x can vary up to 0.2.	一种非化学计量的铁硫化物矿石，成分为 $Fe_{1-x}S$，其中 x 的变化可达0.2
Scheelite 白钨矿	A primary ore mineral for tungsten having the chemical formula $CaWO_4$.	钨的一种主要矿石矿物，化学式为 $CaWO_4$
Selvage （包围矿脉的）黏皮	A zone of altered rock at the edge of a rock mass. Recognition of hydrothermal alteration is a guide to mineralization.	岩体边缘的蚀变岩带。对热液蚀变的识别是矿化的指南
Sericitization 绢云母化	A process of hydrothermal alteration in which plagioclase feldspar within a rock is converted to the fine-grained white mica sericite. Often used as a guide to locate ore bodies.	一种热液蚀变过程，岩石中的斜长石转化为细粒白色云母绢云母。通常用作定位矿体的指南
Serpentinization 蛇纹石化	A low-temperature metamorphic process occurring within the oceanic crust along the boundaries of tectonic plates in which ultramafic rocks from the Earth's mantle are oxidized and hydrated.	一种低温变质过程，发生在沿着构造板块边界的海洋地壳中，来自地幔的超镁铁质岩石在其中被氧化和水合
Spelothem 洞穴碳酸盐	The $CaCO_3$ deposits that form in caves.	洞穴中形成的 $CaCO_3$ 沉积物
Sphalerite 闪锌矿	The sulfide ore mineral of zinc having the composition $(Zn,Fe)S$.	锌的硫化物矿石矿物，其成分为 $(Zn,Fe)S$
Spicule （海绵动物的）骨针	The structural elements present in most sponges.	大多数海绵中存在的结构元素
Standard Reference Material 标准参考材料	A reference material that has been sufficiently well characterized, typically by comparison to a certified reference material, to be fit-for-purpose in calibrating analytical measurements.	一种已充分表征的参考材料，通常通过与经认证的参考材料进行比较，以适用于校准分析测量
Tephra 火山灰	Fragmental material produced by a volcanic eruption.	火山爆发产生的碎片
Turbidite 浊积物	A deposit formed by the gravity flow of sediment off the continental shelf to the deep ocean floor.	由大陆架向深海海底的沉积物重力流形成的沉积物
Xenolith 捕虏体（岩）	A fragment of a pre-existing rock that becomes enveloped in a larger rock during the latter's development and solidification.	一块预先存在的岩石的碎片，在后者的发展和固化过程中被包裹在更大的岩石中

缩略语

AAS	atomic absorption spectroscopy	原子吸收光谱
ANN	artificial neural network	人工神经网络
APD	avalanche photodiode	雪崩光电二极管
BIF	banded iron formation	条带状铁建造
CCD	charge-coupled detector	电荷耦合检测器
CF-LIBS	calibration-free LIBS	自由定标激光诱导击穿光谱

CRM	certified reference material	有证标准物质
DOE	Department of Energy	能源部
EM	electron microscope	电子显微镜
FPLIBS	field-portable LIBS	现场便携式激光诱导击穿光谱
FPXRF	field-portable XRF	现场便携式X射线荧光
GPR	Gaussian process regression	高斯过程回归
GPS	global positioning system	全球定位系统
HHLIBS	handheld LIBS	手持式激光诱导击穿光谱
HHNIR	handheld near-infrared	手持式近红外
HHXRF	handheld XRF	手持式X射线荧光
ICCD	intensified charge coupled detector	增强型电荷耦合检测器
ICP	inductively coupled plasma	电感耦合等离子体
ICPOES	inductively coupled plasma-optical emission spectroscopy	电感耦合等离子体-光学发射光谱
IPDA	intensified photodiode array	增强型光电二极管阵列
LAICPMS	laser ablation - inductively coupled plasma - mass spectrometry	激光烧蚀电感耦合等离子体质谱
Lasso	least absolute shrinkage and selection operator	最小绝对收缩和选择算子
MAD	median absolute deviation	中位数绝对偏差
MAE	mean absolute error	平均绝对误差
Nd-YAG	Neodymium Yttrium Aluminum Garnet (type of laser)	钕钇铝石榴石（激光器类型）
NORM	naturally occurring radioactive mineral	自然存在的放射性矿物
PC	principal component	主成分
PCA	principal component analysis	主成分分析
PCR	principal component regression	主成分回归
PDA	photodiode array	光电二极管阵列
PGE	platinum group elements	铂族元素
PLS-DA	partial least squares-dscriminant analysis	偏最小二乘判别分析
PLSR	partial least squares regression	偏最小二乘回归
PMT	photomultiplier tube	光电倍增管
pXRF	portable XRF	便携式X射线荧光
QA/QC	quality assurance/quality control	质量保证/质量控制
REE	rare earth elements	稀土元素
RMSE	root mean square error	均方根误差
RSD	relative standard deviation	相对标准偏差
SDD	silicon drift detector	硅漂移检测器
SEM	scanning electron microscope	扫描电子显微镜
Si-PIN	silicon p-type intrinsic n-type	硅p型本征n型
SRM	standard reference material	标准参考物质
SVM	support vector machine	支持向量机

参考文献

Adler, K., Piikki, K., Söderström, M. et al. (2020). Predictions of Cu, Zn, and Cd concentrations in soil using portable X-ray fluorescence measurements. *Sensors* 20: 474.

Agnew, P.D. (2004). Applications of geochemistry in targeting with emphasis on large stream and lake sediment data compilations. In: *Predictive Mineral Discovery Under Cover: Society of Economic Geology Symposium*, Perth, WA. Littleton, CO: The Society of Economic Geologists.

Alvarez-Llamas, C., Roux, C., and Musset, O. (2018). A compact, high-efficiency, quasi-continuous wave mini-stack diode pumped, actively Q-switched laser source for laser-induced breakdown spectroscopy. *Spectrochimica Acta Part B: Atomic Spectroscopy* 148: 118-128.

Andrew, B.S. and Barker, S.L.L. (2018). Determination of carbonate vein chemistry using portable X-ray fluorescence and its application to mineral exploration. *Geochemistry: Exploration, Environment, Analysis* 18: 85-93.

Anzano, J.M., Villoria, M.A., Ruíz-Medina, A., and Lasheras, R.J. (2006). Laser-induced breakdown spectroscopy for quantitative spectrochemical analysis of geological materials: Effects of the matrix and simultaneous determination. *Analytica Chimica Acta* 575: 230-235.

Arca, G., Ciucci, A., Palleschi, V. et al. (1997). Trace element analysis in water by the laser-induced Breakdown spectroscopy technique. *Applied Spectroscopy* 51: 1102-1105.

Argyraki, A., Ramsey, M.H., and Potts, P.J. (1997). Evaluation of portable X-ray fluorescence instrumentation for in situ measurements of lead on contaminated land. *Analyst* 122: 743-749.

Arne, D.C. and Jeffress, G.M. (2014). Sampling and analysis for public reporting of portable X-ray fluorescence data under the 2012 edition of the JORC code. *Sampling 2014 Conference*, Perth, WA, Australia. VIC, Australia: The Australasian Institute of Mining and Metallurgy.

Arne, D.C., Mackie, R.A., and Jones, S.A. (2014). The use of property-scale portable X-ray fluorescence data in gold exploration: advantages and limitations. *Geochemistry: Exploration, Environment, Analysis* 14: 233-244.

Barnes, S.J., Lesher, C.M., and Keays, R.R. (1995). Geochemistry of mineralised and barren komatiites from the Perseverance nickel deposit, Western Australia. *Lithos* 34: 209-234.

Barnes, S.J., Hill, R.E.T., Perring, C.S., and Dowling, S.E. (2004). Lithogeochemical exploration for komatiite-associated Ni-sulfide deposits: Strategies and limitations. *Mineralogy and Petrology* 82: 259-293.

Barnes, S.J., Fisher, L.A., Anand, R., and Uemoto, T. (2014). Mapping bedrock lithologies through in situ regolith using retained element ratios: a case study from the Agnew-Lawlers area, Western Australia. *Australian Journal of Earth Sciences* 61: 269-285.

Barrette, L. and Turmel, S. (2001). On-line iron-ore slurry monitoring for real-time process control of pellet making processes using laser-induced breakdown spectroscopy: graphitic vs. total carbon detection. *Spectrochimica Acta Part B: Atomic Spectroscopy* 56 (6): 715-723. https://doi.org/10.1016/S0584-8547(01)00227-0.

Benn, C., Jones, N., Weeks, D. et al. (2012). Lithological discrimination in deeply weathered terrains using multielement geochemistry - an example from the Yanfolila gold project, Mali. *Explorer* 156: 1-8.

Bernick, M.B., Kalnicky, D.J., Prince, G., and Singhvi, R. (1995). Results of field-portable X-ray fluorescence analysis of metal contaminants in soil and sediment. *Journal of Hazardous Materials* 43: 101-110.

Bolster, S. and Lintern, M. (2018). Low level gold determinations using pXRF: Towards a new paradigm in gold exploration. AIG WA Exploration Geochemistry Seminar - 3 December 2018, Burswood on Swan, Western Australia. Australian Institute of Geoscientists.

Bosc, R. and Barrie, C.T. (2013). Douvray porphyry copper deposit mineral resource estimate. Somine Project, Northeast mineral district, Republic of Haiti. NI 43-101 Technical Report, MAJESCOR Resources Inc., ON, Canada. doi: 10.13140/2.1.2535.8086.

Bosco, G. (2013). Development and application of portable, hand-held X-ray fluorescence spectrometers. *Trends in Analytical Chemistry* 45: 121-134.

Byrne, P., Hudson-Edwards, K.A., Bird, G. et al. (2018). Water quality impacts and river system recovery following the 2014 Mount Polley mine tailings dam spill, British Columbia, Canada. *Applied Geochemistry* 91: 64-74.

Burley, L.L., Barnes, S.J., Laukamp, C. et al. (2017). Rapid mineralogical and geochemical characterisation of the Fisher East nickel sulphide prospects, Western Australia, using hyperspectral and pXRF data. *Ore Geology Reviews* 90: 371-387.

Caporale, A.G., Adamo, P., Capozzi, F. et al. (2018). Monitoring metal pollution in soils using portable-XRF and conventional laboratory-based techniques: Evaluation of the performance and limitations according to metal properties and sources. *Science of the Total Environment* 643: 516-526.

Castle, B.C., Knight, A.K., Visser, K. et al. (1998). Battery powered laser-induced plasma spectrometer for elemental determinations. *Journal of Analytical Atomic Spectrometry* 13: 589-595.

Chakraborty, S., Man, T., Paulette, L. et al. (2017). Rapid assessment of smelter/mining soil contamination via portable X-ray fluorescence spectrometry and indicator kriging. *Geoderma* 306: 108-119.

Cohen, D.R. and Bowell, R.J. (2014). Exploration geochemistry. In: *Treatise on Geochemistry* (eds. H.D. Holland and K.K. Turekian), 623-650. Netherlands: Elsevier.

Connors, B., Somers, A., and Day, D. (2016). Application of handheld laser-induced breakdown spectroscopy (LIBS) to geochemical analysis. *Applied Spectroscopy* 70 (5): 810-815.

Corsi, M., Cristoforetti, G., Hidalgo, M. et al. (2006). Double pulse, calibration-free laser-induced breakdown spectroscopy: a new technique for in situ standard-less analysis of polluted soils. *Applied Geochemistry* 21: 748-755.

Cremers, D.A. and Radziemski, L.J. (2013). *Handbook of Laser-Inducted Breakdown Spectroscopy*, 407. Chichester: Wiley.

Crocombe, R.A. (2018). Portable spectroscopy. *Applied Spectroscopy* 72: 1701-1751.

Crume, C. (2000). The business of making a lab field-portable. In: *Environmental Testing and Analysis*. Burbank, CA, USA: The Target Group.

Cuñat, J., Palanco, S., Carrasco, F. et al. (2005). Portable instrument and analytical method using laser-induced breakdown spectrometry for in-situ characterization of speleothems in karstic caves. *Journal of Analytical Atomic Spectrometry* 20: 295-300.

Cuñat, J., Fortes, F.J., Cabalín, L.M. et al. (2008). Man-portable laser-induced breakdown spectroscopy system for in-situ characterization of karstic formations. *Journal of Analytical Atomic Spectrometry* 62: 1250-1255.

Cuñat, J., Fortes, F.J., and Laserna, J.J. (2009). Real time and in situ determination of lead in road sediments using a man-portable laser-induced breakdown spectroscopy analyzer. *Analytica Chimica Acta* 633: 38-42.

de Vallejuelo, S.F.O., Gredilla, A., Gomez-Nubla, L. et al. (2017). Portable laser induced breakdown spectrometry to characterize the environmental impact of potentially hazardous elements of suspended particulate matter transported during a storm event in an urban river catchment. *Microchemical Journal* 135: 171-179.

Durance, P., Jowitt, S.M., and Bush, K. (2014). An assessment of portable X-ray fluorescence spectroscopy in mineral exploration, Kurnalpi Terrane, Eastern Goldfields Superterrane, Western Australia. Institute of Materials, Minerals and Mining and The AusIMM. *Applied Earth Science (Transactions of the Institutions of Mining and Metallurgy: Section B)* 123: 150-163.

Eppler, A.S., Cremers, D.A., Hickmott, D.D., and Koskelo, A.C. (1996). Matrix effects in the detection of Pb and Ba in soils using laser-induced breakdown spectroscopy. *Applied Spectroscopy* 50: 1175-1181.

Erler, A., Riebe, D., Beitz, T. et al. (2020). Soil nutrient detection for precision agriculture using handheld laser-induced breakdown spectroscopy (LIBS) and multivariate regression methods (PLSR, Lasso and GPR). *Sensors* 20: 418. https://doi.org/10.3390/s20020418.

Farahbakhsh, E., Chandra, R., Eslamkish, T.R., and Müller, D. (2019). Modeling geochemical anomalies of stream sediment data through a weighted drainage catchment basin method for detecting porphyry Cu-Au mineralization. *Journal of Geochemical Exploration* 204: 12-32.

Ferreira, E.C., Milori, D.M., Ferreira, E.J. et al. (2008). Artificial neural network for Cu quantitative determination in soil using a portable laser induced breakdown spectroscopy system. *Spectrochimica Acta Part B* 63: 1216-1220.

Ferreira, E.C., Milori, D.M.B.P., Ferreira, E.J. et al. (2011). Evaluation of laser induced breakdown spectroscopy for multielemental determination in soils under sewage sludge application. *Talanta* 85: 435-440.

Foucaud, Y., Fabre, C., Demeusy, B. et al. (2019). Optimisation of fast quantification of fluorine content using handheld laser induced breakdown spectroscopy. *Spectrochimica Acta Part B* 158: 105628. https://doi.org/10.1016/j.sab.2019.05.017.

Gallhofer, D. and Lottermoser, B.G. (2018). The influence of spectral interferences on critical element determination with portable

X-ray fluorescence (pXRF). *Minerals* 8: 320.

Gazley, M.F., Vry, J.K., du Plessis, E., and Handler, M.R. (2011). Application of portable X-ray fluorescence analyses to metabasalt stratigraphy, Plutonic Gold Mine, Western Australia. *Journal of Geochemical Exploration* 110: 74-80.

Gazley, M.F., Bonnett, L.C., Fisher, L.A. et al. (2017). A workflow for exploration sampling in regolith-dominated terranes using portable X-ray fluorescence: comparison with laboratory data and a case study. *Australian Journal of Earth Sciences* 64 (7): 903-917.

Ge, L., Zhimin, C., Chuanmin, S. et al. (1997). The applications of XRF and micro-gold analysis techniques to gold exploration in Tibet. *Geology and Prospecting*: 1997-1905.

Ge, L., Lai, W., Lin, Y. and Zhou, S. (2005). In situ applications of FPXRF techniques in mineral exploration. *In Situ Applications of X-Ray Fluorescence Techniques*. IAEA-TECDOC-1456: 61-120. International Atomic Energy Agency, Vienna International Centre, Vienna, Austria.

Giménez, J., Sánchez, J.A., and Solano, L. (2017). Identifying the Ethiopian origin of the obsidian found in Upper Egypt (Naqada period) and the most likely exchange routes. *The Journal of Egyptian Archaeology* 103: 349-359.

Gómez-Nubla, L., Aramendia, J., de Vallejuelo, S.F.O., and Madariaga, J.M. (2018). Analytical methodology to elemental quantification of weathered terrestrial analogues to meteorites using a portable Laser-Induced Breakdown Spectroscopy (LIBS) instrument and Partial Least Squares (PLS) as multivariate calibration technique. *Microchemical Journal* 137: 392-401.

Gottfried, J.L. (2013). Chemometric analysis in LIBS. In: *Handbook of Laser-Induced Breakdown Spectroscopy* (eds. D.A. Cremers and L.J. Radziemski), 223-255. Chichester: Wiley.

Guerra, M.B.B., Teaney, B.T., Mount, B.J. et al. (2017). Post-catastrophe Analysis of the Fundão tailings dam failure in the Doce River system, Southeast Brazil: Potentially toxic elements in affected soils. *Water, Air, & Soil Pollution* 228: 252.

Guo, G., Niu, G., Lin, Q. et al. (2019). Compact instrumentation and (analytical) performance evaluation for laser-induced breakdown spectroscopy. *Instrumentation Science & Technology* 47: 70-89.

Hahn, D.W. and Omenetto, N. (2012). Laser-induced breakdown spectroscopy (LIBS), part II: review of instrumental and methodological approaches to material analysis and applications to different fields. *Applied Spectroscopy* 66: 347-419.

Hale, M. and Plant, J.A. (eds.) (1994). Drainage geochemistry. In: *Handbook of Exploration Geochemistry*, vol. 6, 766. Amsterdam: Elsevier.

Hall, G., Buchar, A. and Bonham-Carter, G. (2011). Quality control assessment of portable XRF analysers: development of standard operating procedures, performance on variable media and recommended uses. *Canadian Mining Industry Research Organization (Camiro) Exploration Division*, Project 10E01 Phase I Report. CAMIRO Mining Division, ON, Canada.

Hall, G., Page, L. and Bonham-Carter, G. (2013). Quality control assessment of portable XRF analysers: development of standard operating procedures, performance on variable media and recommended uses. Phase II. *Canadian Mining Industry Research Organization (Camiro) Exploration Division*, Project 10E01 Phase I Report. CAMIRO Mining Division, ON, Canada.

Hall, G.E.M., Bonham-Carter, G.F., and Buchar, A. (2014). Evaluation of portable X-ray fluorescence (pXRF) in exploration and mining: Phase 1, control reference materials. *Geochemistry: Exploration, Environment, Analysis* 14: 99-123.

Hark, R.R. and Harmon, R.S. (2014). Geochemical fingerprinting using LIBS. In: *Laser-Induced Breakdown Spectroscopy* (eds. S. Musazzi and U. Perini), 309-348. Berlin, Heidelberg: Springer.

Hark, R.R., Throckmorton, C.S., Harmon, R.S. et al. (2019). Signal Processing of Handheld LIBS-Raman-XRF Multisensor Data for Soil Analysis: (abstract) SciX 201 Symposium. CA: Palm Springs.

Harmon, R.S., DeLucia, F.C., Miziolek, A.W. et al. (2005). Laser-induced breakdown spectroscopy (LIBS) - An emerging field-portable sensor technology for real-time, in-situ geochemical and environmental analysis. *Geochemistry: Exploration, Environment, Analysis* 5: 21-28.

Harmon, R.S., DeLucia, F.C., McManus, C.E. et al. (2006). Laser-induced breakdown spectroscopy-An emerging chemical sensor technology for real-time field-portable, geochemical, mineralogical, and environmental applications. *Applied Geochemistry* 21: 730-747.

Harmon, R.S., Hark, R.R., Throckmorton, C.S. et al. (2017). Geochemical fingerprinting by handheld laser-induced breakdown spectroscopy. *Geostandards and Geoanalytical Research* 41: 563-584.

Harmon, R.S., Russo, R.E., and Hark, R.R. (2013). GEOLIBS - a review of the application of laser-induced breakdown spectroscopy (LIBS) for geochemical and environmental analysis. *Spectrochimica Acta, Part B: Atomic Spectroscopy* 87: 11-26.

Harmon, R.S. and Russo, R.E. (2014). Laser-induced breakdown spectroscopy. In: *Treatise on Geochemistry, Analytical Geochemistry and Inorganic Instrumental Analysis*, vol. 15 (ed. W. McDonough), 245-272. Amsterdam: Elsevier.

Harmon, R.S., Throckmorton, C.S., Hark, R.R. et al. (2018). Discriminating volcanic centers with handheld laser-induced breakdown spectroscopy (LIBS). *Journal of Archaeological Science* 98: 112-127.

Harmon, R.S., Lawley, C.J., Watts, J. et al. (2019). Laser-induced breakdown spectroscopy—an emerging analytical tool for mineral exploration. *Minerals* 9: 718.

Hayes, S.M. and McCullough, E.A. (2018). Critical minerals: a review of elemental trends in comprehensive criticality studies. *Resources Policy* 59: 192-199.

Horta, A., Malone, B., Stockmann, U. et al. (2015). Potential of integrated field spectroscopy and spatial analysis for enhanced assessment of soil contamination: a prospective review. *Geoderma* 241-242: 180-209.

Houlahan, T., Ramsay, S. and Povey, D. (2003). Use of field portable X-ray fluorescence spectrum analyzers for grade control- a presentation of case studies. *Proceedings of the 5th International Mine Geology Conference*. Australasian Institute of Metallurgy: pp. 377-385.

Hughes, R. and Barker, S.L.L. (2017). Using portable XRF to infer adularia halos within the Waihi Au-Ag system, New Zealand. *Geochemistry: Exploration, Environment, Analysis* 18: 97-108.

Jenkins, R. (1999). *X-ray Fluorescence Spectrometry*, vol. 2, 232. New York: Wiley.

Kalnicky, D.J. and Singhvi, R. (2001). Field portable XRF analysis of environmental samples. *Journal of Hazardous Materials* 83: 93-122.

Kaniu, M.I. and Angeyo, K.H. (2015). Challenges in rapid soil quality assessment and opportunities presented by multivariate chemometric energy dispersive X-ray fluorescence and scattering spectroscopy. *Geoderma* 241: 32-40.

Kim, H.R., Kim, K.H., Yu, S. et al. (2019). Better assessment of the distribution of As and Pb in soils in a former smelting area, using ordinary co-kriging and sequential Gaussian cosimulation of portable X-ray fluorescence (PXRF) and ICP-AES data. *Geoderma* 341: 26-38.

Konstantinov, M.M. and Strujkov, S.F. (1995). Application of indicator halos (signs of ore remobilization) in exploration for blind gold and silver deposits. *Journal of Geochemical Exploration* 54: 1-17.

Kumar, N., Lan, Y.J., Lu, Y. et al. (2018). Development of a micro-joule portable LIBS system and the preliminary results for mineral recognition. *Optoelectronics Letters* 14: 401-404.

Lawley, C.J.M., Dubé, B., Mercier-Langevin, P. et al. (2015). Defining and mapping hydrothermal footprints at the BIF-hosted Meliadine gold district, Nunavut, Canada. *Journal of Geochemical Exploration* 155: 33-55.

Lemière, B. (2018). A review of applications of pXRF (field portable X-ray fluorescence) for applied geochemistry. *Journal of Geochemical Exploration* 188: 350-363.

Lemière, B. and Laperche, V. (2018). Application of pXRF to environmental investigations and geochemical baseline of abandoned mines. *Resources for Future Generations Conference*, Vancouver, BC (16-21 June 2018), Conference Proceedings, Paper #1702.

Lemière, B. and Uvarova, Y.A. (2019). New developments in field portable geochemical techniques and on-site technologies and their place in mineral exploration. *Geochemistry: Exploration, Environment, Analysis* 20: 205-216. Published Online. https://doi.org/10.1144/geochem2019-044.

Le Vaillant, M., Barnes, S.J., Fisher, L. et al. (2014). Use and calibration of portable X-Ray fluorescence analysers: application to lithogeochemical exploration for komatiite-hosted nickel sulphide deposits. *Geochemistry: Exploration, Environment, Analysis* 14: 199-209.

Le Vaillant, M., Barnes, S.J., Fiorentini, M.L. et al. (2016). Effects of hydrous alteration on the distribution of base metals and platinum group elements within the Kevitsa magmatic nickel sulphide deposit. *Ore Geology Reviews* 72: 128-148. https://doi.org/10.1016/j.oregeorev.2015.06.002.

Liu, H.C., Mao, X., Mao, S. et al. (2005). Particle size dependent chemistry from laser ablation of brass. *Analytical Chemistry* 77: 6687-6691.

Luck, P. and Simandl, G.J. (2014). Portable X-ray fluorescence in stream sediment chemistry and indicator mineral surveys, Lonnie carbonatite complex, British Columbia. *Geological Fieldwork 2013*, British Columbia Ministry of Energy and Mines, British Columbia Geological Survey Paper 2014-1: pp. 169-182.

Marquis, P. (2019). Unravelling the geological model using XRF multi-element geochemistry at the Birimian-age Bomboré Gold Deposit, Burkina Faso. *AME Roundup 2019: Elements for Discovery*, Vancouver, BC (31 January 2019). CO, USA: The Society of Economic Geologists, Inc.

Marsala, A.F., Loermans, T., Shen, S. et al. (2012). Portable energy-dispersive X-ray fluorescence integrates mineralogy and chemostratigraphy into real-time formation evaluation. *Petrophysics* 53: 102-109.

Mauriohooho, K., Barker, S.L.L., and Raeb, A. (2016). Mapping lithology and hydrothermal alteration in geothermal systems using portable X-ray fluorescence (pXRF): a case study from the Tauhara geothermal system, Taupo Volcanic Zone. *Geothermics* 64: 125-134.

McMillan, N.J., McManus, C.E., Harmon, R.S. et al. (2006). Laser induced breakdown spectroscopy analysis of complex silicate minerals - Beryl. *Analytical and Bioanalytical Chemistry* 385: 263-271.

McNulty, B.A., Fox, N., Berry, R.F., and Gemmell, J.B. (2018). Lithological discrimination of altered volcanic rocks based on systematic portable X-ray fluorescence analysis of drill core at the Myra Falls VHMS deposit, Canada. *Journal of Geochemical Exploration* 193: 1-21.

Melo de Lima, T., Weindorf, D.C., Curi, N. et al. (2019). Elemental analysis of Cerrado agricultural soils via portable X-ray fluorescence spectrometry: inferences for soil fertility assessment. *Geoderma* 353: 264-272.

Meng, D., Zhao, N., Ma, M. et al. (2017). Application of a mobile laser-induced breakdown spectroscopy system to detect heavy metal elements in soil. *Applied Optics* 56: 5204-5210.

Michaud, D.D., Rollosson, L.M., Ytsma, C.R., and Dyar, M.D. (2019). Limits of Detection for Minor and Trace Elements Using SciAps Z-300 Portable LIBS. *Lunar & Planetary Institute Abstracts* 2132: 1079.

Moon, C.J., and King, A. (2015). Geochemical exploration for tin deposits: application of conventional and novel techniques in Cornwall, England. *27th IAGS Symposium*, Tucson, AZ (20-24 April 2015)., ON, Canada: The Association of Applied Geochemists.

Nissinen, T., Tiihonen, T., Riikonen, J. and Lehto, V.P. (2018). On-site analysis of metal concentrations of natural waters. *13. Geokemian Päivät 2018 - 13th Finnish Geochemical Meeting 2018*, 28-30.11.2018 Oulun yliopisto, Linnanmaa - University of Oulu, Finland.

Oyourou, J.N., McCrindle, R., Combrinck, S., and Fourie, C.J.S. (2019). Investigation of zinc and lead contamination of soil at the abandoned Edendale mine, Mamelodi (Pretoria, South Africa) using a field-portable spectrometer. *Journal of the Southern African Institute of Mining and Metallurgy* 119: 55-62.

Palanco, S., Alises, A., Cuñat, J. et al. (2003). Development of a portable laser-induced plasma spectrometer with fully-automated operation and quantitative analysis capabilities. *Journal of Analytical Atomic Spectrometry* 18: 933-938.

Panchuk, V., Yaroshenko, I., Legin, A. et al. (2018). Application of chemometric methods to XRF data - a tutorial review. *Analytica Chimica Acta* 1040: 19-32.

Parsons, C., Grabulosa, E.M., Pili, E. et al. (2013). Quantification of trace arsenic in soils by field-portable X-ray fluorescence spectrometry: considerations for sample preparation and measurement conditions. *Journal of Hazardous Materials* 262: 1213-1222.

Pelegrino, M.H.P., Weindorf, D.C., Silva, S.H.G. et al. (2019). Synthesis of proximal sensing, terrain analysis, and parent material information for available micronutrient prediction in tropical soils. *Precision Agriculture* 20: 746-766.

Peter, J.M., Chapman, J.B., Mercier-Langevin, P., Layton-Matthews, D., Thiessen, E., and McClenaghan, M.B. (2010). Use of portable X-ray fluorescence spectrometry in vectoring for base metal sulfide exploration. *Targeted Geoscience Initiative 3 Workshop: Public Geoscience in Support of Base Metal Exploration*, Vancouver, BC (22 March 2010). Vancouver, BC: Geological Association of Canada.

Piorek, S. (1994a). Modern, PC based, high resolution portable EDXRF analyzer offers laboratory performance for field, in-situ analysis of environmental contaminants. *Nuclear Instruments and Methods in Physics Research Section A: Accelerators, Spectrometers, Detectors and Associated Equipment* 353: 528-533.

Piorek, S. (1994b). Principles and applications of man-portable X-ray fluorescence spectrometry. *TRAC Trends in Analytical Chemistry* 13: 281-286.

Piorek, S. (2008). Alloy identification and analysis with a field-portable XRF analyser. In: *Portable X-ray Fluorescence Spectrometry, Capabilities for in Situ Analysis* (eds. P.J. Potts and M. West), 98-140. Cambridge: RSC Publishing.

Plourde, A.P., Knight, R.D., Kjarsgaard, B.A., Sharpe, D.R. and Lesemann, J.-E. (2013). Portable XRF spectrometry of surficial sediments, NTS 75-I, 75-J,75-O, 75-P (Mary Frances Lake - Whitefish Lake - Thelon River area), Northwest Territories. *Geological Survey of Canada*, Open File Report 7408. Natural Resources Canada, ON, Canada.

Pochon, A., Desaulty, A.M., and Bailly, L. (2020). Handheld laser-induced breakdown spectroscopy (LIBS) as a fast and easy method to trace gold. *Journal of Analytical Atomic Spectrometry* https://doi.org/10.1039/c9ja00437h.

Potts, P.J. (2012). *A Handbook of Silicate Rock Analysis*, 622. Springer Science & Business Media.

Qiao, S., Ding, Y., Tian, D. et al. (2015). A review of laser-induced breakdown spectroscopy for analysis of geological materials. *Applied Spectroscopy Reviews* 50: 1-26.

Rakovský, J., Musset, O., Buoncristiani, J. et al. (2012). Testing a portable laser-induced breakdown spectroscopy system on geological samples. *Spectrochimica Acta Part B: Atomic Spectroscopy* 74: 57-65.

Ramsey, M.H. and Boon, K.A. (2012). Can in situ geochemical measurements be more fit-for-purpose than those made ex situ? *Applied Geochemistry* 27 (5): 969-976.

Rauschenbach, I., Lazic, V., Pavlov, S.G. et al. (2008). Laser induced breakdown spectroscopy on soils and rocks: Influence of the sample temperature, moisture and roughness. *Spectrochimica Acta Part B* 63: 1205-1215.

Ravansari, R., Wilson, S.C., and Tighe, M. (2020). Portable X-ray fluorescence for environmental assessment of soils: Not just a point and shoot method. *Environment International* 134: 105250.

Reader, J., Corliss, C.H., Wiese, W.L., and Martin, G.A. (1980). *Wavelengths and Transition Probabilities for Atoms and Atomics Ions, NSRDS-NBS 68*. Washington: US Government Printing Office.

Richards, M.J. (2019). Realising the potential of portable XRF for the geochemical classification of volcanic rock types. *Journal of Archaeological Science* 105: 31-45.

Rosenwasser, S., Asimellis, G., Bromley, B. et al. (2001). Development of a method for automated quantitative analysis of ores using LIBS. *Spectrochimica Acta Part B* 56: 707-714.

Ross, P.-S., Bourke, A., and Fresia, B. (2014a). Improving lithological discrimination in exploration drill-cores using portable X-ray fluorescence measurements: (1) testing three Olympus Innov-X analysers on unprepared cores. *Geochemistry: Exploration, Environment, Analysis* 14: 171-185.

Ross, P.-S., Bourke, A., and Fresia, B. (2014b). Improving lithological discrimination in exploration drill-cores using portable X-ray fluorescence measurements: (2) applications to the Zn-Cu Matagami mining camp, Canada. *Geochemistry: Exploration, Environment, Analysis* 14: 187-196.

Rouillon, M., Taylor, M.P., and Dong, C. (2016). Reducing risk and increasing confidence of decision making at a lower cost: In-situ pXRF assessment of metal-contaminated sites. *Environmental Pollution* 214: 255-264.

Roux, C.P., Rakovský, J., Musset, O. et al. (2015). In situ Laser Induced Breakdown Spectroscopy as a tool to discriminate volcanic rocks and magmatic series, Iceland. *Spectrochimica Acta Part B* 103: 63-69.

Sadeghiamirshahidi, M. and Vitton, S.J. (2019). Mechanical properties of Michigan Basin's gypsum before and after saturation. *Journal of Rock Mechanics and Geotechnical Engineering* 11: 739-748.

Sarala, P. (2016). Comparison of different portable XRF methods for determining till geochemistry. *Geochemistry: Exploration, Environment, Analysis* 16: 181-192.

Senesi, G.S. (2014). Laser-Induced Breakdown Spectroscopy (LIBS) applied to terrestrial and extraterrestrial analogue geomaterials with emphasis to minerals and rocks. *Earth-Science Reviews* 139: 231-267.

Senesi, G.S. (2017). Portable hand held laser-induced breakdown spectroscopy (LIBS) instrumentation for in-field elemental analysis of geological samples. *International Journal of Earth & Environmental Sciences* 146 https://doi.org/10.15344/2456-351X/2017/146.

Senesi, G.S., Manzari, P., Tempesta, G. et al. (2018a). Handheld laser induced breakdown spectroscopy instrumentation applied to the rapid discrimination between iron meteorites and meteor-wrongs. *Geostandards and Geoanalytical Research* 42: 607-614.

Senesi, G.S., Manzini, D., and De Pascale, O. (2018b). Application of a laser-induced breakdown spectroscopy handheld instrument to the diagnostic analysis of stone monuments. *Applied Geochemistry* 96: 87-91.

Sharma, A., Weindorf, D.C., Man, T. et al. (2014). Characterizing soils via portable X-ray fluorescence spectrometer: 3. Soil reaction (pH). *Geoderma* 232-234: 141-147.

Sharma, A., Weindorf, D.C., Wang, D., and Chakraborty, S. (2015). Characterizing soils via portable X-ray fluorescence spectrometer: 4. Cation exchange capacity (CEC). *Geoderma* 239-240: 130-134.

Shefsky, S. (1997). Sample handling strategies for accurate lead-in-soil measurements in the field and laboratory. Presented at the *International Symposium of Field Screening Methods for Hazardous Wastes and Toxic Chemicals*, Las Vegas, Nevada, USA, 29-31 January 1997.

Simandl, G.J., Stone, R.S., Paradis, S. et al. (2014). An assessment of a handheld X-ray fluorescence instrument for use in exploration and development with an emphasis on REEs and related specialty metals. *Mineralium Deposita* 49: 999-1012.

Stoker, P. and Berry, M. (2015). *Reporting of pXRF Data in Compliance with the JORC Code.Brisbane: Australian Institute of Geoscientists Friday Seminar Series* https://www.aig.org.au/wp-content/uploads/2015/11/pXRF2015_02_ Stoker.pdf.

Swift, R.P. (1995). Evaluation of a field-portable X-ray fluorescence spectrometry method for use in remedial activities. *Spectroscopy* 10: 31-35.

Tighe, M., Bielski, M., Wilson, M. et al. (2020). A sensitive XRF screening method for lead in drinking water. *Analytical Chemistry* https://doi.org/10.1021/acs.analchem.9b05058.

VanCott, R.J., McDonald, B.J., and Seelos, A.G. (1999). Standard soil sample preparation error and comparison of portable XRF to laboratory AA analytical results. *Nuclear Instruments and Methods in Physics Research A* 422: 801-804.

Wainner, R.T., Harmon, R.S., Miziolek, A.W. et al. (2001). Analysis of environmental lead contamination: Comparison of LIBS field and laboratory instruments. *Spectrochimica Acta Part B* 56: 777-793.

Wan, M., Hu, W., Qu, M. et al. (2019). Application of arc emission spectrometry and portable X-ray fluorescence spectrometry to rapid risk assessment of heavy metals in agricultural soils. *Ecological Indicators* 101: 583-594.

Wang, D., Chakraborty, S., Weindorf, D.C. et al. (2015). Synthesized use of VisNIR DRS and pXRF for soil characterization: Total carbon and total nitrogen. *Geoderma* 243-244: 157-167.

Weindorf, D.C., Zhu, Y., Chakraborty, S. et al. (2012a). Use of portable X-ray fluorescence spectrometry for environmental quality assessment of peri-urban agriculture. *Environmental Monitoring and Assessment* 184: 217-227.

Weindorf, D.C., Zhu, Y., McDaniel, P. et al. (2012b). Characterizing soils via portable X-ray fluorescence spectrometer: 2. Spodic and Albic horizons. *Geoderma* 189-190: 268-277.

Weindorf, D.C., Zhu, Y., Haggard, B. et al. (2012c). Enhanced pedon horizonation using portable X-ray fluorescence spectrometry. *Soil Science Society of America Journal* 76: 522-531.

Weindorf, D.C., Bakr, N., and Zhu, Y. (2012d). Advances in portable X-ray fluorescence (PXRF) for environmental, pedological, and agronomic applications. *X-Ray Spectrometry* 41: 304-307.

Wiens, R.C., Maurice, S., Lasue, J., Forni, O., Anderson, R.B., Clegg, S., Bender, S., Blaney, D., Barraclough, B.L., Cousin, A., and Deflores, L. (2013). Pre-flight calibration and initial data processing for the ChemCam laser-induced breakdown spectroscopy instrument on the Mars Science Laboratory rover. *Spectrochimica Acta Part B: Atomic Spectroscopy* 82:1 -27.

Yamamoto, K.Y., Cremers, D.A., Ferris, M.J., and Foster, L.E. (1996). Detection of metals in the environment using a portable laser-induced breakdown spectroscopy instrument. *Applied Spectroscopy* 50: 222-233.

Yant, M.H., Lewis, K.W., Parker, A.H. et al. (2019). Project ESPRESSO: exploration roles of handheld LIBS at the potrillo volcanic field. *LPI* 2132: 2645.

Young, K.E., Evans, C.A., Hodges, K.V. et al. (2016). A review of the handheld X-ray fluorescence spectrometer as a tool for field geologic investigations on Earth and in planetary surface exploration. *Applied Geochemistry* 72: 77-87.

Zhou, S., Yuan, Z., Cheng, Q. et al. (2018). Rapid in situ determination of heavy metal concentrations in polluted water via portable XRF: using Cu and Pb as example. *Environmental Pollution* 243 (Pt B): 1325-1333. https://doi.org/10 .1016/ j.envpol.2018.09.087.

21

用于文化遗产的便携式光谱技术：应用和实际挑战

Federica Pozzi[1], Adriana Rizzo[1], Elena Basso[1], Eva Mariasole Angelin[2], Susana França de Sá[2], Costanza Cucci[3], Marcello Picollo[3]

[1]Department of Scientific Research, The Metropolitan Museum of Art, New York, NY, USA

[2]Department of Conservation and Restoration and LAQV-REQUIMTE, NOVA School of Science and Technology, NOVA University Lisbon, 2829-516 Monte da Caparica, Portugal

[3]"Nello Carrara" Institute of Applied Physics - National Research Council (IFAC-CNR), Via Madonna del Piano 10, 50019 Sesto Fiorentino (Florence), Italy

21.1 概述

几十年来，仪器分析的技术进步使许多技术从实验室创新转变为传统的分析工具，越来越适用于文化遗产的研究。特别是，小型化领域的长期研究催生了新一代的移动、便携式和手持式光谱仪，这些光谱仪的应用深刻改变了科学家分析那些具有考古、历史和艺术意义的文物中物质构成的方式。

在多年来发展起来的便携式技术中，有些广泛应用于文化遗产领域，也常见于博物馆的实验室。另一方面，许多大学的研究机构对于其他便携式技术仍正在研究。第一组技术，包括X射线荧光（XRF）光谱、光纤反射光谱（FORS）、拉曼（Raman）光谱和傅里叶变换红外（FTIR）光谱等，构成了本章的重点。由于无法对目前使用的所有便携式设备进行全面回顾，核磁共振（NMR）、激光诱导击穿光谱（LIBS）和激光诱导荧光（LIF）以及属于这一类的其他技术将不再讨论。

基于X射线的技术是保护科学中最常用的分析工具之一。特别是在考古和保护相关的环境中，便携和手持XRF光谱仪由于其相对较低的成本、可移动性和非侵入性以及对结果的即时响应，已迅速成为必备品。在过去的10年里，XRF分析仪的技术进步呈指数级增长，许多新设备与已知设备的改进版本一起上市。其中，将XRF与拉曼光谱或X射线衍射等其他技术相结合的便携式设备已成功投放市场（Alberti et al., 2017；Barbi et al., 2014；Sarrazin et al., 2009）。还开发了紧凑的便携式测绘系统，使XRF具有更高的潜力和适用性（Alfed et al., 2011；Mosca et al., 2016；Ruberto et al., 2016）。在文化遗产研究领域，可移动仪器的开发极大地帮助满足了对博物馆画廊、仓库和保护工作室中无法移动的物品进行分析的要求和挑战（Uhlir et al., 2012）。文献中广泛描述了手持式XRF在各种考古、历史和艺术文物中的多种应用，最近已经出版了一本相关领域的书籍（Shugar and Mass, 2012）和一篇综合评论（Crocombe, 2013）。然而大多数文章专注于对案例进行研究。值得注意的是，越来越多的对不可接近或不可移动物体的元素测绘研究反映了目前已将便携式XRF测绘系统纳入保护科学家可用的一系列技术中，而这些研究往往揭示了原本不会公开的工作细节（Galli et al., 2017；Mosca et al., 2016）。

近年来，由于开发了新的检测器、新的光源、新的附件和改进的仪器类型，紫外-可见-红外（UV-Vis-IR）光谱领域取得了相当大的进展。几十年来，紫外-可见-近红外（UV-Vis-NIR）反射光谱作为一种非侵入性方法被广泛用于文化遗产物质组成的研究。特别是，20世纪80年代引入的FORS允许在短时间内原位采集数百个反射光谱，有助于识别艺术家所用材料的构成（Bacci et al., 1987, 1991, 1993）。由于其非侵入性和可用设备的便携性，FORS数据通过将从物体采集的未知光谱与合适的光谱数据库相匹配，可用于识别颜料、染料、发色团和蚀变产物（http://fors.ifac.cnr.it）。此外，FORS可用于补充其他非侵入性技术，最显著的是XRF、FTIR和拉曼光谱（Aceto et al., 2012；Appolonia et al., 2009；Picollo et al., 2011）。FORS也被证明在将通过微观分析获得的局部数据的相关性扩展到更大范围的艺术作品方面非常有用。近年来，FORS还被应用于2000 ~ 2500nm波长区域，用于表征手工绘本上的胶结材料，从而为这项技术为研究艺术品和艺术家所用的材料开辟了新的机会（Delaney et al., 2014；Ricciardi et al., 2012）。在使用移动、便携式和手持式仪器对文化遗产进行拉曼光谱研究的领域中进行了不懈的研究，产生了丰富的有关该主题的文献。迄今为止，大多数出版物描述了对特定类型的人工制品或材料类别的分析。然而，许多评论和文章对各种光谱仪进行了批判性评估，强调对文化遗产研究特别有益的独特特征（Lauwers et al., 2014；Vandenabeele et al., 2004；Vandenbeele et al., 2007a, 2007b, 2014）。一些作品追溯了移动拉曼设备的历史，并讨论了该技术的主要缺点和优点（Colomban, 2012），而另一些作品则被设计为对艺术品和博物馆物品科学分析应用的调查（Vandenabeele et al., 2007c；Vandenabeele and Donais, 2016）。在某些情况下，拉曼光谱已经以移动设备的形式与其他基于激光的技术如LIBS和LIF光谱相结合（Osticioli et al., 2009）。此外，在可移动仪器的帮助下进行的一些拉曼研究侧重于评估某些材料的保存状态或降解过程（Aramendia et al., 2014；Gomez-Laserna et al., 2013, 2015；Maguregui et al., 2008）。还将便携式拉曼仪器的性能与移动FTIR的性能进行了比较，以监测使用各类聚合物固结剂和保护剂对纪念碑石膏表面的保护处理（Conti et al., 2013）。

在非侵入性振动光谱的便携式设备中，与拉曼一起用于文化遗产研究的最多的是反射FTIR光谱，这项技术适用于中红外（MIR，4000 ~ 400cm^{-1}）和近红外（NIR，14000 ~ 4000cm^{-1}）。一些出版物还报道了用微创衰减全反射（ATR）/FTIR光谱进行的分析（Bressan et al., 2019；Nel et al., 2010；Noake et al., 2017）。MIR是最经常研究的范围，因为指纹区域中的基频带和特征很容易解释，也可以通过与使用台式仪器从物体和参考中获得的数据进行比较解释。另一方面，在NIR范围内检测到的C—H、O—H、N—H的弱倍频和组合带已被用于识别某些材料，并用于研究氧化过程和保护处理的效果（Kissi et al., 2017；Parkin et al., 2013；Trafela et al., 2007）。与反射FTIR技术相反，无论材料的表面形貌如何，都可以通过NIR获得高质量的光谱，从而为定量测量提供有用的数据。然而，如果没有基于专门从大型光谱集创建的模型的复杂统计处理，光谱可能很难解释。因此，MIR范围内的便携式反射FTIR光谱技术（外部和扩散模式）优选作为元素和其他光谱分析的原位补充，因为它们提供了关于有机材料、有机金属络合物和MIR活性无机分子的信息。MIR光谱便携式技术已经应用于文化遗产超过20年（Casini et al., 2005；Fabbri et al., 2001；Williams, 1996）。在过去的10多年中，由于紧凑型和手持式光谱仪的可用性，它们在该领域的应用呈指数级增长（Arrizabalaga et al., 2014；Cucci et al., 2016a；Ford et al., 2019；Invernizzi et al., 2017；Leung Tang et al., 2016；Rifkin et al., 2016；Saviello et al., 2016）。可以在同一对象内的多个区域采集数据，唯一的限制是仪器对选择进行分析的表面的接口可访问性。使用带齿轮头的三脚架进行倾斜和精确定位以及摄像机，也有助于该技术在该领域的更广泛应用。反射FTIR光谱主要是一种表面分析技术，因此它特别适合鉴定纯材料、混合物、涂层，研究表面现象如自然老化以及环境因素和保护处理的贡献（Carretti et al., 2005；De Luca et al., 2015；Ford et al., 2019；Legan et al., 2020；Leung Tang et al., 2016；Manfredi et al., 2015；Miliani et al., 2012；Nodari and Ricciardi, 2019；Ormsby et al., 2009；Picolo et al., 2014；Rosi et al., 2019）。

21.2　仪器

21.2.1　X射线荧光光谱仪

本章讨论的所有X射线荧光（XRF）分析都是在摩根图书馆和博物馆以及纽约公共图书馆进行的，使用了大都会艺术博物馆（MMA）提供的两种不同的光谱仪——XGLab Elio XRF系统和Bruker/Keymaster Tracer Ⅲ-V™仪器。Elio XRF分析仪具有高分辨率、大面积的硅漂移探测器，在锰（Mn）Kα处具有130 eV、输入光子率为10 kcps（高分辨率模式），在锰Kα处为170 eV、输出光子率为200 kcps（快速模式）。该系统配备了可变滤波器和铑（Rh）透射靶，最大电压为50 kV，最大功率为4 W，分析点的尺寸为1 mm×1 mm。该仪器还配备了便携式二维成像系统，以获得平面物体或表面的扫描结果。平移台的最大面积为10 cm×10 cm，步长为10 μm。Bruker/Keymaster Tracer Ⅲ-V™ XRF分析仪配备了Peltier冷却的高级高分辨率无银Si-PIN探测器，该探测器具有0.2 μm铍（Be）窗口，锰Kα线半峰全宽的平均分辨率约为142 eV。该系统包括可变滤波器和最大电压为45 kV、可调谐束流为2～25 μA的铑透射靶，分析点的尺寸约为3 mm×4 mm。

21.2.2　光纤反射光谱

本章讨论的所有光纤反射光谱（FORS）测量是在佛罗伦萨意大利国家研究委员会的应用物理研究所"Nello Carrara"通过两个蔡司（ZEISS）系统获得的。第一个由两台单光束蔡司光谱分析仪组成，型号为MCS501 UV-NIR（190～1015 nm范围）和MCS511 NIR 1.7（900～1700 nm范围），安装在两个不同的底盘上。另一个配备了两台单光束蔡司光谱分析仪，型号分别为MCS601 UV-NIR（190～1015 nm范围）和MCS611 NIR 2.2WR（910～2200 nm范围），安装在一个紧凑便携的框架中，用于原位分析。对于1024元件的硅光电二极管阵列检测器（MCS501/MCS601），数据采集步骤为0.8纳米/像素；对于256元件的InGaAs二极管阵列探测器（MCS511/MCS611），数据获取步骤为6.0纳米/像素。由电压稳定的20 W卤素灯（模块型号分别为CLH500和CLH600）提供的320～2700 nm之间的辐射通过石英光纤束传输到物体，石英光纤束也将反射辐射传输回探测器。采样面积小于光纤直径约2 mm，每个光谱的采集时间小于1 s。光谱仪使用白色Spectralon® 99%反射率标准进行校准。为了避免镜面反射，采用了两个几何结构分别为0°/45°/45°和8°/8°的探头。

21.2.3　拉曼光谱

本章中讨论的所有拉曼（Raman）测量都是在布鲁克林博物馆、摩根图书馆和博物馆以及纽约公共图书馆使用MMA提供的Bruker Bravo手持式拉曼光谱仪进行的。该系统配备了电荷耦合器件探测器，提供10～12 cm^{-1}的光谱分辨率，并具有双激光激发（785 nm和853 nm，Duo-LASER™）。在这种配置中，OPUS软件（Bruker Optics）采集两个独立光谱范围即170～2200 cm^{-1}和1200～3200 cm^{-1}内的光谱，每个光谱范围都是用两个光源中的一个获得的。数据采集利用顺序移位激发（SSE™）算法，该算法允许自动去除荧光（Pirzer and Sawatzki，2008；Shreve et al.，1992），然后合并在不同激发波长的两个光谱范围内获得的光谱。激光器的输出激光功率为约50 mW，光斑直径为约1 mm。通常通过将光谱仪放置在距离艺术品1～2 mm的位置采集测量值，但根据具体情况增加了空间，以防止对特别敏感的基板和物体造成潜在的改变或热损伤。根据检查的不同区域的颜色和拉曼响应，分别在1～20 ms和200～1000 ms范围内调整扫描次数和积分时间。该系统的更详细描述以及有关数据采集和后处理的信息可以在以前的出版物中找到（Pozzi et al.，2019）。

21.2.4　傅里叶变换红外光谱

本文讨论的MIR反射测量是通过使用两台便携式傅里叶变换红外（FTIR）光谱仪Bruker Optics Alpha系统和手持式Agilent 4300进行的。这两种仪器的比较数据是在葡萄牙里斯本NOVA大学NOVA科学技术学院（DCR FCT NOV A）的保护与修复系采集的。在MMA也获得了仅使用Bruker Alpha进行的测量。Alpha获取原位非接触外反射（ER）测量，并配备碳化硅（SiC）Globar光源和温度稳定的氘代硫酸三甘肽（DTGS）探测器。通过将样品或物体定位在仪器的外部反射模块前面，并将感兴趣的区域集中在直径为6 mm的点上进行测量。在MMA，使用由IC capture 2.4软件控制的集成摄像机对感兴趣区域的定位进行了优化。反射测量的指定工作光学布局为22°/22°。实验参数如下：DCR FCT NOVA，光谱范围4000～650 cm^{-1}，8 cm^{-1}分辨率，128次扫描背景（金平面镜）和样品；MMA，光谱范围7000～375 cm^{-1}，4 cm^{-1}分辨率，64次扫描。使用OPUS软件（Bruker Optics）进行数据操作。现场漫反射（DR）测量是使用手持式Agilent4300进行的，该手持式Agilent配备有线绕红外光源和热电冷却DTGS检测器，该检测器连接到测量区域直径为10 mm的DR采样模块。DR采样模块将红外光束垂直于样品，并在与法线成24°～60°角的范围内采集DR辐射。DR中的采集参数与在DCR FCT NOVA中进行分析的ER相同。每10min使用一个粗银参考帽进行背景校准。使用OMNIC（Thermo Electron Corp.）和OriginPro 8（OriginLab Corp.）软件将数据转换并处理为光谱图，不进行基线校正或归一化，除非另有规定。反射红外光谱表达为表观吸收光谱［$A=\lg(1/R)$，R为反射率］。将Kramers-Kronig（KK）变换应用于ER光谱，目的是通过使用OMNIC或OPUS软件校正光谱失真。

21.3　便携式光谱在文化遗产研究中的应用

以下段落将通过本章作者近年来进行的一系列案例研究的介绍和批判性讨论，描述XRF、FORS、拉曼、FTIR光谱在艺术品和文化遗产材料分析中的应用以及这些技术的主要优点和缺点。

21.3.1　元素光谱

21.3.1.1　X射线荧光光谱

X射线荧光（XRF）光谱在文化遗产领域被广泛应用，以一种完全无创的方式为保护人和管理人提出的与研究对象相关的问题提供解答。该技术最典型的研究方面包括：构成物体的材料，例如金属合金、玻璃、釉面陶瓷、石头和宝石以及无机颜料；某些类型的人工制品的来源，这些制品如黑石、绿松石、玻璃和陶瓷；可能存在的污染物或有害元素；物体表面形成的退化铜绿的性质；用于制作照片的技术。当无创分析是唯一可用的选择时，加上XRF技术提供的巨大优势，其缺点也必须考虑在内，文献中对此进行了广泛讨论（Brunetti et al., 2016；Shugar and Mass, 2012）。主要的局限性包括：被调查材料的异质性，这往往会产生模棱两可的结果；所分析的表面形态往往不均匀；复杂分层的存在；某些类型的物体（如照片、印刷品和图纸）的厚度不满足无限厚度要求。XRF是MMA每天使用的分析技术之一，用于考古、历史和艺术相关文物的科学调查。以下段落中报告的案例研究指的是在保护科学网络倡议（NICS）内开展的一系列研究项目，该计划旨在为纽约市的一组核心合作机构提供MMA的科学专业知识和资源。

一组157张照片可以追溯到19世纪末，这些照片是1894～1897年杰克逊-哈姆斯沃斯远征弗朗茨·约瑟夫·兰德期间拍摄的，在20世纪初纽约公共图书馆将这些照片汇编成一本相册。这些照片大多是从出版社获得的，经过30年的探索，经过了大量的修饰和伪装以及绘画和拼贴元素（Cronin and Keister，2020）。用便携式Elio分析仪对这些物体进行了XRF分析，以评估可能存在的卤化银残留物，这表明加工不完整，从而支持初步照片可能是在北极现场打印的，这些照片很小，条件很差。此外，对主要过度印刷区域的检查旨在确定改进后的正片中用作修饰材料的颜料，并将其与19世纪摄影出版物中列出的颜料进行比较。尽管对初步照片的目视检查无疑表明银（Ag）可能存在，但XRF发现这种元素即使在最大密度区域也只有微量。这可能的原因包括印刷品中含银层的极薄性质，这使得Ag-K线的检测变得困难，并且需要测量Ag-L线以及Ag-L线与来自空气的氩的L线的重叠，再加上在氦气氛中连接到储气罐进行测量在现场工作时可能会有问题。另一方面，在改进后的照片的最大密度区域银更容易被检测到（图21.1）。令人惊讶的是，少量的金被普遍识别出来，这表明，如果这些照片是在北极打印的，杰克逊和他的探险队也在为它们调色。在所有检查的照片中也检测到钡，Kα、Kβ线以及L线的存在证实了这一点，从而排除了钛的存在，钛的K线干扰了钡的L线。

在这种情况下，钡表示钡层的存在，钡层由硫酸钡和明胶的混合物组成，为相纸提供不透明的白色表面，从而能够更清晰地打印详细图像。对于修饰师的调色板，分析的颜色包括白色、黑色、各种深浅的灰色、蓝色、粉色和紫色。发现白色区域含有大量锌，这可能表明使用了锌白。XRF数据显示这种材料也用于着色区域，尽管与其他颜料混合使用。例如，检测到粉红色色调的铁，表明额外存在氧化铁/氢氧化物（图21.1）。此外，结果表明这些白色和红色颜料与含钙和含磷的黑色（可能是骨黑色或象牙黑色）的组合被用于获得紫色，而灰蓝色仅作为白色和黑色的混合物获得。即使不是完全决定性的，便携式XRF的分析也为19世纪末和20世纪初使用的摄影技术提供了重要的见解。如下所述，其中一些结果通过拉曼分析得到进一步澄清和证实。

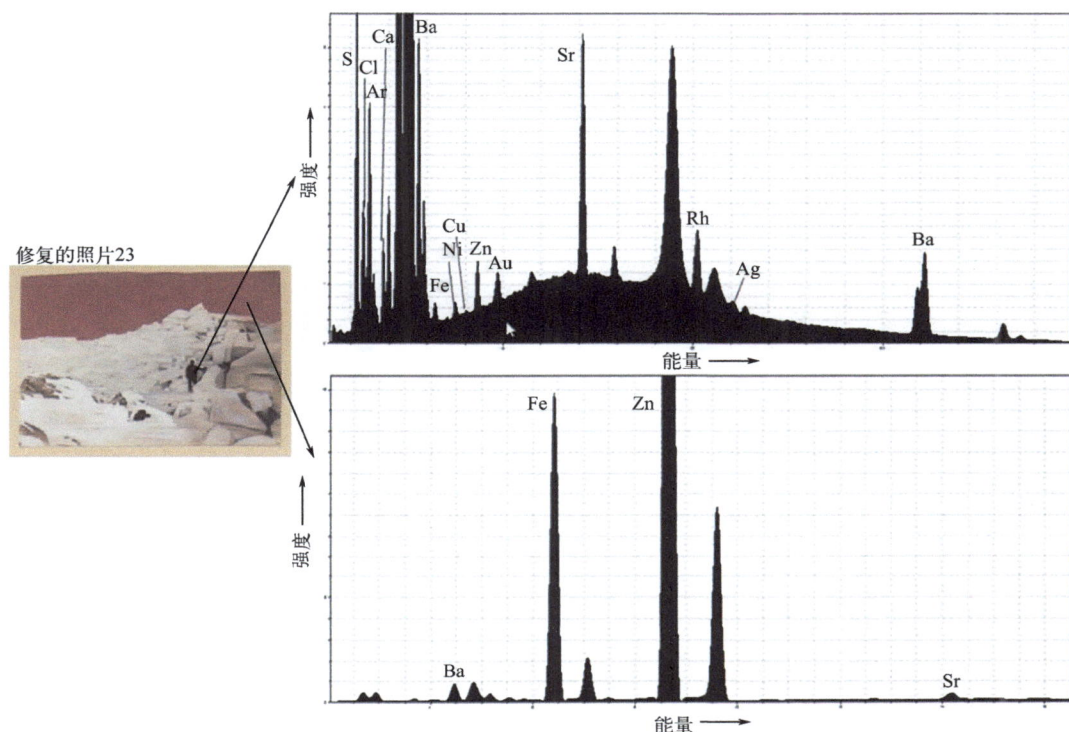

图21.1 左：北极探险相册中"弗洛拉角海岸的海冰被压力压垮"，MFY+96-4073，板块023。Miriam和Ira D.Wallach艺术、版画和照片部，摄影收藏。纽约公共图书馆、阿斯特基金会、莱诺克斯基金会和蒂尔登基金会。右：最大密度区域（顶部）和粉红色天空（底部）的XRF光谱。来源：经纽约公共图书馆许可转载

第二个案例研究涉及与摩根图书馆和博物馆合作开展的一个项目，该项目研究的科普特（Copts）晚期手稿大多可追溯到9世纪和10世纪，1910年在埃及哈穆利附近的法尤姆绿洲发现。发掘后，这些写在羊皮纸上的手稿被迅速送往梵蒂冈图书馆进行修复，但在那里进行的干预从未被记录下来（Southworth and Trujillo, 2016，第89页）。在这种情况下，XRF分析的主要目的是确定油墨和颜料的元素组成。

然而，这些手稿中的墨水线通常小于2 mm宽，因此其尺寸明显小于光谱仪的3 mm×4 mm孔径。结果，来自羊皮纸支架的信号产生了一个强背景，干扰了细墨线固有的弱响应。此外，缺乏相机或激光指示器给操作者带来了将X射线束正确对准感兴趣位置的额外挑战。虽然对墨水的分析被证明是有问题的，但相对较大的着色区域可以更轻松地进行检查。特别是，XRF分析了其中一份手稿（图21.2）中覆盖字母的黄色污渍，最初认为是由有机着色剂制成的，结果检测到了砷的K_α线和K_β线以及硫的微弱信号，这表明存在雌黄。在该光谱中还观察到铁、锰、铜和锌以及钙的小峰，这可能分别是由于墨水和羊皮纸的干扰。图21.2还报告了从一份被检查的科普特手稿中获得的XRF数据的另一个例子。在这种情况下，视觉检查表明，其中一页上的"pi"大写字母可能是用墨水绘制和着色的，而两个内部红色区域的下部似乎已经退化为深灰色

金属色。将与这些区域相关的光谱（图21.2中以黑色报告）与书写墨水的数据（同一图像中以灰色报告）进行比较。这两个光谱在2.5 keV和9 keV之间的能量范围内显示出非常好的匹配，其中铁的信号以及锰、铜和锌的弱峰与铁胆油墨的使用有关。然而，从"pi"字母右笔画的金属灰色中采集的光谱显示了一个额外的强烈铅信号，这可能与一种随着时间的推移而降解的红色铅颜料的存在有关。文献中解释了这种涉及红铅的降解过程，认为这与氧化铅与朱红色反应时方铅矿或硫化铅（Ⅱ）的形成有关（Miguel et al., 2009），由于在11.9 keV下发现了铅的Lβ线的肩部，事实上推测了朱红色在痕量中的存在。

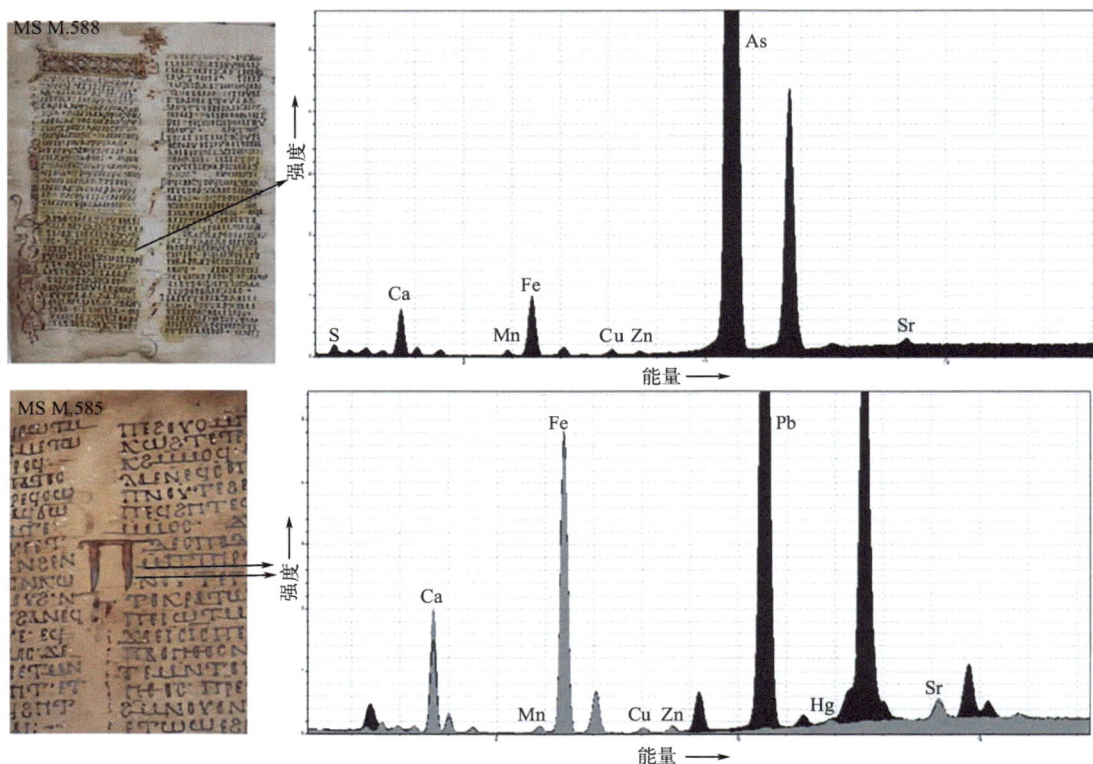

图21.2　左图：手稿MS M.588和MS M.585，1911年为J. Pierpont Morgan（1837—1913）购买。摩根图书馆和博物馆。右：MS M.588第8v页（顶部）上黄色斑点的XRF光谱以及MS M.585第7r页（底部）上墨水线（灰色光谱）和"pi"字母退化区域（黑色光谱）的XRF光谱。来源：经纽约摩根图书馆和博物馆许可转载

21.3.2　电子光谱法

21.3.2.1　光纤反射光谱（FORS）

在紫外（UV）、可见光（Vis）、近红外（NIR）光谱范围内，可以观察到电子跃迁和振动跃迁。在后一种情况下，观察到的跃迁是由多个倍频或基频跃迁的组合引起的，这些基频跃迁通常在MIR区域中观察到。电子能级之间的电子跃迁决定了UV-Vis-NIR区域的吸收带。通常，无机颜料的吸收带与配体场（d-d跃迁）、电荷转移（CT）和价导带跃迁有关，而有机材料则涉及离域分子轨道（MO）带跃迁（Burns, 1993；Nassau, 1983）。无创UV-Vis-NIR光纤反射

光谱（FORS）可以用作非接触或接触技术。与高反射参考标准（如99% Spectralon® 靶标）相比，它基于对200～2500 nm范围内被检查表面散射辐射的分析。分析表面的反射光谱通常被表达为反射辐射的百分比，作为波长的函数。然而，在鉴定未知化合物方面面临的主要问题在于创建和提供一个合适的艺术家材料光谱数据库，用于比较。事实上，光谱的解释通常是通过将未知数据与合适的参考库相关联进行的。例如，通过尽可能近距离地再现艺术家在某一时期使用的绘画材料和技术，可以在模型绘画上获得参考光谱。例如IFAC-NR创建并托管的第一个数据库，名为"270～1700 nm范围内图片材料的光纤反射光谱（FORS）"，是270～820 nm、350～1000 nm和980～1700 nm反射光谱的集合（http://fors.ifac.cnr.it）（IFAC-CNR 2016）。UV-Vis-NIR FORS的一个问题在于，在研究复杂混合物时它不能产生准确的结果，在这些情况下吸收带的位置可能会移动几纳米或强度降低。而且，黏合剂/载体或清漆的发黄效应可能导致它们的曲线拐点移动，特别是当颜料或染料以低浓度存在时。此外，并不是所有的颜料都能被识别出来，因为有些材料的反射光谱极其相似，其中包括镉红和朱红色（Thoury et al., 2011）。

以下是一个应用FORS支持保护处理佛罗伦萨皮蒂宫现代艺术画廊Telemaco Signorini的一幅名为"Pascolo a Pietramala"（约1889年）的画作的例子（Bacci et al., 2009）。该项目重点研究了艺术家调色板的蓝色部分，使用350～1700 nm范围内的非侵入性UV-Vis-NIR光谱。西格诺里尼（佛罗伦萨，1835—1901）是19世纪下半叶最相关的意大利画家之一，因其主要使用蓝色描绘深色细节和阴影的方式而在同行中尤为著名，因此对他使用的蓝色颜料进行了深入研究。首先在选择以下粉末颜料后制备亚麻籽油模型涂料：普鲁士蓝；合成群青蓝；天蓝色；泰纳德蓝；碱式碳酸铅；氧化锌。将纯蓝色粉末及其与两种白色颜料的混合物分散在亚麻籽油黏合介质中，并将其分散在高岭土和二氧化钛（金红石）研磨的矩形画布上，画布上有纸板支撑物（3 cm×5 cm）。值得注意的是，当将普鲁士蓝与白色颜料的混合物的反射光谱与其在多色调涂漆上获得的反射光谱进行比较时，普鲁士蓝的光谱特征发生了巨大变化。这种不一致性是由于在400 nm和1000 nm之间的Vis-NIR区域中，Fe^{2+}和Fe^{3+}之间的同核价间电荷转移跃迁（金属-金属电荷转移，MMCT）产生的强吸收带非常强烈，几乎类似Vis中黑色颜料的反射光谱。另一方面，其他3种蓝色颜料的光谱特征不受两种白色的存在影响，即使当混合物中蓝色的浓度非常低时也是如此。在这幅画的几个地方记录的数据显示，艺术家使用了3种不同的蓝色颜料，即普鲁士蓝、群青蓝和钴蓝。此外，对FORS光谱的仔细比较表明，由于普鲁士蓝，以约700 nm为中心的强吸收带在绘画的光谱中与从多色调涂漆中获得的光谱相比发生了偏移。这种差异可能是与黏合介质的老化情况不同以及所检查材料的变黄有关。

FORS与XRF的另一个有趣应用涉及对15世纪最重要的艺术家之一比托·安吉利科（约1400—1455）的Graduale n.558的技术研究。2007～2008年，他在佛罗伦萨圣马可博物馆举办了一场名为"Fra Giovanni Angelico. Pittore miniatore o miniatore Pittore？"的特别展览，以表彰他惊人的天赋。在这次活动中，对艺术家在手稿和板画创作中使用的技术和材料进行了调查和比较。在展览的背景下，这项研究的主要目标是分析安吉利科用于制作照明手稿的材料，特别是颜料和染料，特别是他在圣马可博物馆永久收藏中最美丽的作品之一——上述Graduale n.558（Picollo et al., 2011; Scudieri and Picollo, 2017）。使用原始和一阶导数反射光谱进行分配。考虑到油漆层的厚度以及与羊皮纸基底相关的NIR光谱中倍频带的存在，光谱的解释需要特别小心。然而，NIR区域被发现对一些颜料以及石膏的鉴定特别有用。由于设备的光谱灵敏度（900～1700 nm）的限制，FORS测量没有提供任何关于用于制备羊皮纸的材料的额外信息，但根据FORS数据，可以排除在底层使用二水合硫酸钙（石膏）或半水合硫酸钙（巴黎石膏）的可能性（Bacci et al., 2007）。石膏似乎只是作为金叶子与氧化铁（赤铁矿）颜料混合应用的准备层。正如在Graduale的大约30个不同区域采集的FORS光谱所揭示的那样，绘制的蓝色区域是用群青蓝色（青金石）制成的。这种颜料还与不同相对比例的红湖颜料组合使用，以描绘紫罗兰色的细节。另一方面，蓝铜矿只用于带有水印的字母。

　　FORS在艺术保护领域的最新应用之一是具有挑战性的当代艺术材料鉴定。在这种情况下，研究了自学成才的艺术家费尔南多·梅拉尼（1907—1985）使用的材料，他是意大利穷人艺术运动的先驱之一（Carlesi et al., 2013）。在这里，FORS与FTIR一起用于分析从艺术家位于皮斯托亚的家庭工作室阁楼上发现的一个颜料盒中收集的15种粉末化合物，以及他的一件艺术品，由梅拉尼本人命名，库存编号为N.Inv.2625（1981）（图21.3）。结果显示，艺术家使用了传统的无机颜料，如铬黄、火星黄、火星红、群青蓝、普鲁士蓝和朱红色，以及现代有机颜料，如芳内酯黄（PY1和PY3）、甲苯胺红（PR3）、维多利亚蓝B（PB26）和酞菁蓝（PB15）。他还使用方解石和重晶石作为填料和填充剂。此外，还发现了硫黄和研磨粉末，从而证实梅拉尼使用了大量非传统艺术家的材料。特别是，在名为N.Inv.2625（1981）的草纸艺术品上获得的数据显示，检测到的两种黄色颜料芳环内酯黄PY3和铬黄，与艺术家颜料盒中发现的颜料相匹配。这项研究证实了FORS在分析当代艺术家的材料和艺术品方面的潜力，因为它不需要采样，光谱的获取很快，可以在接触或不接触被分析物体表面的情况下进行（图21.3）。然而，在某些情况下，有必要将FORS与其他分析技术如FTIR、拉曼、XRF等相结合，以实现材料的决定性鉴定。尽管如此，FORS也可以作为一种有价值的初步工具用于定位微取样区域，或将微量分析的局部数据扩展到更大的范围，从而最大限度地减少样品去除的需要。

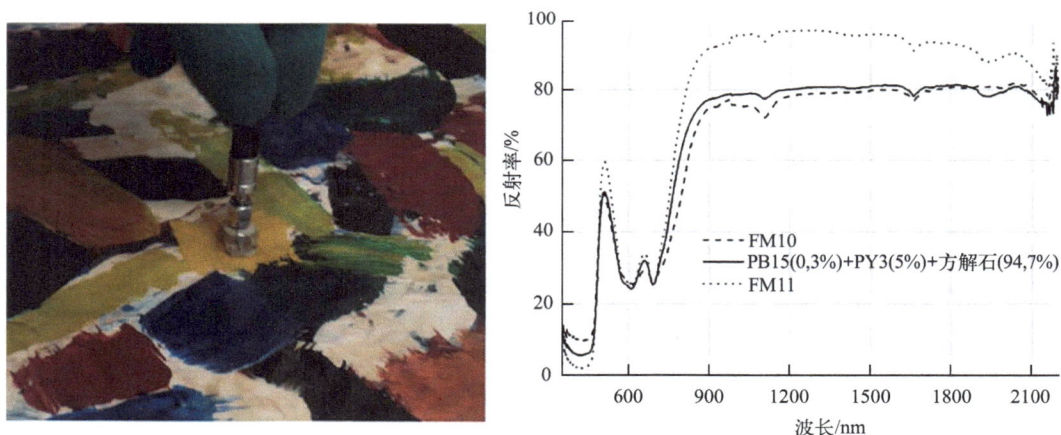

图21.3　左：FORS 8°/8°探头，用于获取费尔南多·梅拉尼画作的反射光谱。右：梅拉尼的两种绿色粉末颜料（FM10和FM11）的FORS光谱，与IFAC实验室制作的粉末中酞菁蓝、PY3和方解石的混合物进行比较，以模拟FM10和FM11的组成。正在研究的画作是Opera N.Inv.2625（1981），纸上的丙烯酸，68.8 cm×83 cm。皮斯托亚，卡萨工作室费尔南多·梅拉尼。来源：经皮斯托亚市政府许可转载

21.3.3　振动光谱

21.3.3.1　拉曼光谱

印刷品和照片等纸上作品构成了一些最脆弱的艺术形式，其处理需要非常谨慎和小心。在

处理这些精致的艺术品时，使用便携式设备原位进行的非侵入性分析通常比涉及采样的更具侵入性的方法更可取。最近在MMA进行的工作已经证明了手持式拉曼光谱在纸张上颜料的非侵入性分析方面的巨大潜力。最新的应用例子集中在纽约市几家著名博物馆的藏品上，MMA科学家作为NICS的一部分与这些博物馆合作。

在这些合作项目中，有一项是对摩根图书馆和博物馆的一批木刻书进行审查，其中大部分来自荷兰和德国，年代约为1460～1480年。木刻书是一种多页的作品，完全由手工着色的木刻制作而成，在单个木刻中刻有文字和图像。对这些不寻常物体进行的手持式拉曼分析表明，它们的调色板与手稿照明中发现的类似，包括矿物颜料，与华盛顿特区国家美术馆（National Gallery of Art，Washington D.C.）同时代手绘浮雕上检测到的矿物颜料一致（Fletcher et al.，2009）。详细地说，朱红色和红铅在图像和文字的大多数橙色和红色色调中占主导地位，单独使用，或者更常见的是混合使用。在两个案例中，还观察到了氧化铁（Ⅲ）或红赭石的典型信号，与朱红色或红铅的信号相结合，描绘人物的长袍和地狱的火焰。有趣的是，3本不同书籍上的黄色区域是使用不同的黄色颜料即雌黄、铅锡黄（Ⅰ型）（图21.4）和黄赭石印刷的。尽管绿色区域产生了无特征的光谱，这可能是由于不合适的激光激发，但蓝色也取得了部分成功，其中一些在400 cm^{-1}处产生了天青石的主带。正如预期的那样，天然染料——主要是胭脂虫和巴西木——在手持式拉曼光谱仪分析时没有结果，只能在配备20倍显微镜物镜和488 nm波长激光激发的台式仪器上通过表面增强拉曼光谱（SERS）进行鉴定。印刷油墨的原位非侵入性表征显示出各种各样的黑色、灰色和棕色色调以及各种不透明度，也被证明是特别具有挑战性的。事实上，即使在XRF光谱发现棕色墨水含有铁的情况下，使用Bravo光谱仪也只能检测到无定形碳的典型指纹。

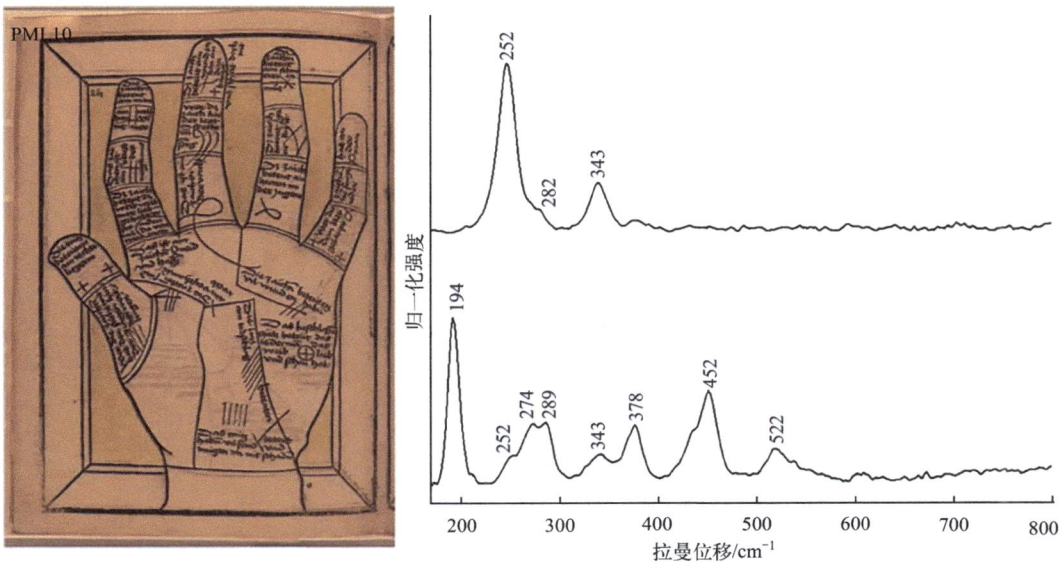

图21.4　左：方块书PML10。与Bennett系列一起购买，1902年。摩根图书馆和博物馆。右：从PML10的黄色背景的两个区域采集的拉曼光谱，板12，显示了朱红色（顶部）和铅锡黄色I型（底部）的特征带。
来源：经纽约摩根图书馆和博物馆许可转载

这可能是由于无法调整激光功率，自动设置为约50 mW，会导致特别敏感或细腻的材料（如铁胆墨水）的热降解。通过手动增加工作距离散焦激光束无助于解决这个问题，因为所研究的分析物的拉曼响应会过度降低。此外，由于没有相机（这也是便携式设备的典型特点），无法精确对焦，特别是在墨水线非常细的情况下，导致纸张基材在拉曼光谱中的严重干扰。

第二个案例研究是对纽约公共图书馆北极探险队照片（图21.1）的分析（前文已提及）。手持式拉曼光谱的非侵入性分析表明，用于颜色修饰的颜料种类相对有限。具体而言，积雪区域的白色部分及高光处主要使用锌白绘制；这种颜料也与氧化铁（Ⅲ）结合用于天空中最强烈的粉红色调。灰色修饰在大约 1325 cm^{-1} 和 1590 cm^{-1} 处产生了两个宽带，这归因于碳基黑色。通过扫描电子显微镜（SEM）结合能量色散X射线光谱（EDS）对从该区域去除的显微镜样品中的钙和磷进行检测，能够进一步确定这种颜料为骨黑或象牙黑。通常，炭黑和骨黑或象牙黑之间的区别可以通过拉曼光谱实现，这要归功于在后者的光谱中观察到 960 cm^{-1} 的谱带，该谱带归属为磷酸钙中正磷酸盐离子的P—O拉伸振动。然而，当使用绿色波长时，这种波段通常更清晰可见。事实上，在本分析中，由于所使用的便携式设备在可用激发波长方面缺乏灵活性，它很可能未被发现。有趣的是，上面列出的所有颜料的混合物，即锌白、氧化铁和炭黑，被发现是某些照片中天空呈现紫色的原因，而蓝色色调似乎是白色和黑色的组合。除了颜料的表征外，拉曼分析对于确认其中一些物体中氧化钡层的存在也至关重要。

在NICS项目中进行的另一个项目涉及对布鲁克林博物馆收藏的两幅日本版画的检查，这两幅日本版画是艾森·凯赛的《幕府池塘的景色》（1829年）和北谷胜彦的《从船上看富士》（1834年）。该项目是作为一项更广泛研究的一部分提出的，该研究旨在测试各种蓝色颜料在通过各种成像技术进行分析时的响应，特别关注多波段反射图像相减（MBRIS）（Bradley et al., 2020）。在这种情况下，拉曼光谱被用作一种补充技术，以证实或质疑MBRIS和FORS进行的材料表征。对 *View of Shogetsu Pond* 进行的初步测试，这是已知最早的aizuri-e之一，完全用蓝色印刷，使保护人员相信印刷只用普鲁士蓝进行。然而，随后的成像结果表明也可能使用了基于靛蓝素的颜料。通过手持式拉曼光谱的科学分析，在两个指纹的不同区域分别或组合检测到两种颜色（图21.5）。虽然靛蓝产生了分辨率很高的数据，但普鲁士蓝的拉曼光谱最强烈的信号位于 2154 cm^{-1}，即使对原始数据进行一系列操作以提高光谱质量，也显得相当杂乱（Pozzi et al., 2019）。

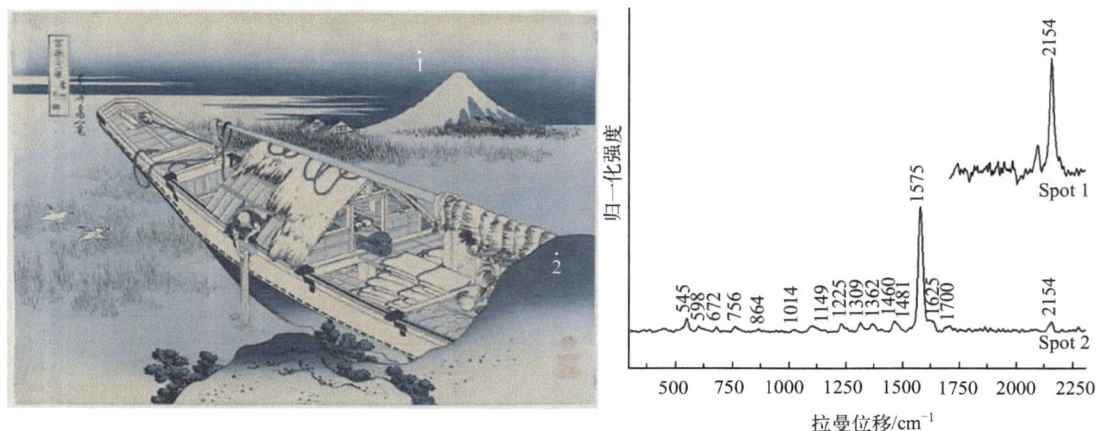

图21.5　左：1834年《富士三十六景》中的Ushibori船上的富士景色。北谷胜彦（日本人，1760—1849）。木版彩色印刷，10³/₈ in × 15¹/₄ in（26.4 cm × 38.7 cm）。布鲁克林博物馆，路易斯·Ⅴ·勒杜的礼物，47.47。右：从印刷品的两个蓝色区域采集的拉曼光谱，显示了单独普鲁士蓝（顶部）和靛蓝（底部）的典型光谱特征。来源：经纽约布鲁克林博物馆许可转载

除了迄今为止强调的优点和缺点外，一般来说，便携式拉曼仪器的关键问题之一在于实现系统稳定放置的能力。考虑到上述案例研究中检查的大多数作品的尺寸相对适中且平坦，可以通过将设备放置在桌子上或为此特定目的组装的木制支架上，将物体放置在画架或框架上并用销钉垂直固定获取测量值。对于大多数类似的系统，这里使用的手持式仪器不需要复杂的校准程序，而是使用方解石和聚苯乙烯进行简单的校准，必须每隔几周重复一次。本研究中使用的设备相当于台式仪器的另一个好处是，由于最近实现了扩展的光谱范围，它能够采集波数低至170 cm^{-1}的数据。此外，嵌入复杂基质中的大多数有机分子或化合物的强荧光发射通常会阻碍弱拉曼散射体的检测和识别，并通过SSE自动校正（Pirzer and Sawatzki, 2008；Shreve et al., 1992）。正如对日本版画的分析所示，并在其他地方进行了充分解释（Pozzi et al., 2019），在使用这种荧光缓解的专利方法产生伪峰的情况下，依靠对原始数据进行一系列手动操作可能会提供更高质量的结果。

21.3.3.2　傅里叶变换红外光谱

在文化遗产材料中，合成聚合物可能会带来严重的保护挑战（Bressan et al., 2019; Lavédrine et al., 2012；Quye et al., 2011；Shashoua, 2009；van Oosten, 2015）。环境因素会影响聚合物的寿命，在降解开始后很少有保护处理能够使聚合物恢复到原始状态。非侵入和非接触反射傅里叶变换红外（FTIR）光谱在调查塑料遗产收藏方面的应用越来越多，从而可以制定保护处理、保存、储存、展示或使用的策略（Cucci et al., 2016a；Lazzari et al., 2011；Picollo et al., 2014；Rosi et al., 2016；Saviello et al., 2016；Toja et al., 2012；Williams, 1996）。

在反射MIR光谱设备中，根据采集界面的光学几何形状和材料所需的信息，使用ER和DR模式。当红外光束入射到大块材料的表面上时，可以发生两种类型的反射，即表面反射（R_S）和体积反射（R_V）（Brimmer et al., 1986；Vincent and Hunt, 1968）。外部模式与更表浅的分析有关，因为它主要测量R_S，根据菲涅耳方程，R_S是直接反射而不进入样本的辐射部分。根据Kubelka-Munk模型，在IR光束被介质中的粒子部分吸收、折射、透射和散射后，散射模式的特征是整体研究，因为它应该测量的是R_V。测量的R_S和R_V的范围取决于采集和分析物性质的几何形状，包括浓度、表面形态（地形和纹理）和红外光学常数［主要是折射（n）和吸收（k）指数］（Körtum，1969）。此外，R_S和R_V显示出角度分布，并且它们的反射率响应可以包括镜面和/或漫反射分量，这取决于被分析材料的特性。尽管在入射平面中以入射光束的相同角度检测到镜面分量（角度相等），但漫反射分量与所有其他情况相关联（角度不一致）。检测系统的几何布局确定是否可以从ER和DR模式中读取镜面和/或漫反射分量。

作为题为"胶木的胜利——对葡萄牙塑料史的贡献"的研究项目的一部分，DCR FCT NOVA最近使用便携式红外反射光谱对从各种私人收藏和塑料行业收集的200多个历史塑料物体进行了研究。该项目的主要目标是根据文件和材料来源以及调查期间收集的口头证词，为该国塑料行业的全面历史做出贡献。红外分析旨在评估项目头两年内收集的整套历史文物的聚合物性质和状况，以便对其进行选择（必要时进行充分的保护处理）、进行研究，以纳入2019年在葡萄牙莱里亚博物馆举行的题为"塑性——葡萄牙塑料史"的展览。在那次材料调查中，使用了两台便携式FTIR仪器，并将其应用于某些材料分析时的性能进行了比较。在这里，我们介绍一个涉及聚乙烯（PE）表征的案例研究，其中比较了在ER模式（Alpha）和DR模式（手持式安捷伦4300）下从PE参考样品（未老化和未着色）和20世纪60年代历史塑料瓶中获得的数据，以证明反射光谱在分析塑料材料时的能力，而不考虑采集模式。在讨论这种情况时，重要的是要注意，在ER配置中，从材料表面反射的所有红外光束都被采集，并且R_S是观察到的主要贡献。DR几何图形检测表面反射和体积反射，但不包括镜面反射组件。对于后面的模块，红外光束大部分是透射的，因为 $\Theta_i = 0°$，因此，对于空气 - 塑料界面（$n_{air}=1$；$n_{plastic}=1.5$）的菲涅耳方程（Schrader，1995），反射率（$R\%$）和透射率（$T\%$）的总百分比分别为4%和96%。ER 和 DR 模块的不同光学几何形状反映在 PE 参考的采集反射光谱中。与 ATR 光谱相比，反射光谱具有更多的波段；基频带随着最大值、形状和相对强度的变化而失真（图21.6）。根据 R_S 和 R_V 贡献的程度对这些产生的反射剖面进行建模。R_S 产生了类似导数的光谱特征和/或反向谱带（Reststrahlen 效应），分别在 $k<1$ 的谱带（跟随 n 的异常色散）和 $k \gg 1$ 的强振荡器（强吸收系数）中发现。对于纯有机聚合物，由于其低 k 指数，Reststrahlen 带的存在并不常见，即有机分子的合理强吸收的平均 k 约为0.1（Kattner and Hoffmann, 2002）。然而，在存在一些无机添加剂的情况下，Reststrahlen 带可能很常见，这些无机添加剂使本体光学致密，增加了其吸收系数（Miliani et al., 2012）。R_V 由于漫反射的贡献而在加宽和相对带强度方面产生差异（Griffiths and De Haseth, 2007；Korte and Roeseler, 2005；Miljkovic et al., 2012）。如图21.6所示，DR 频谱显示出更强的频带，但信噪比较低。这是

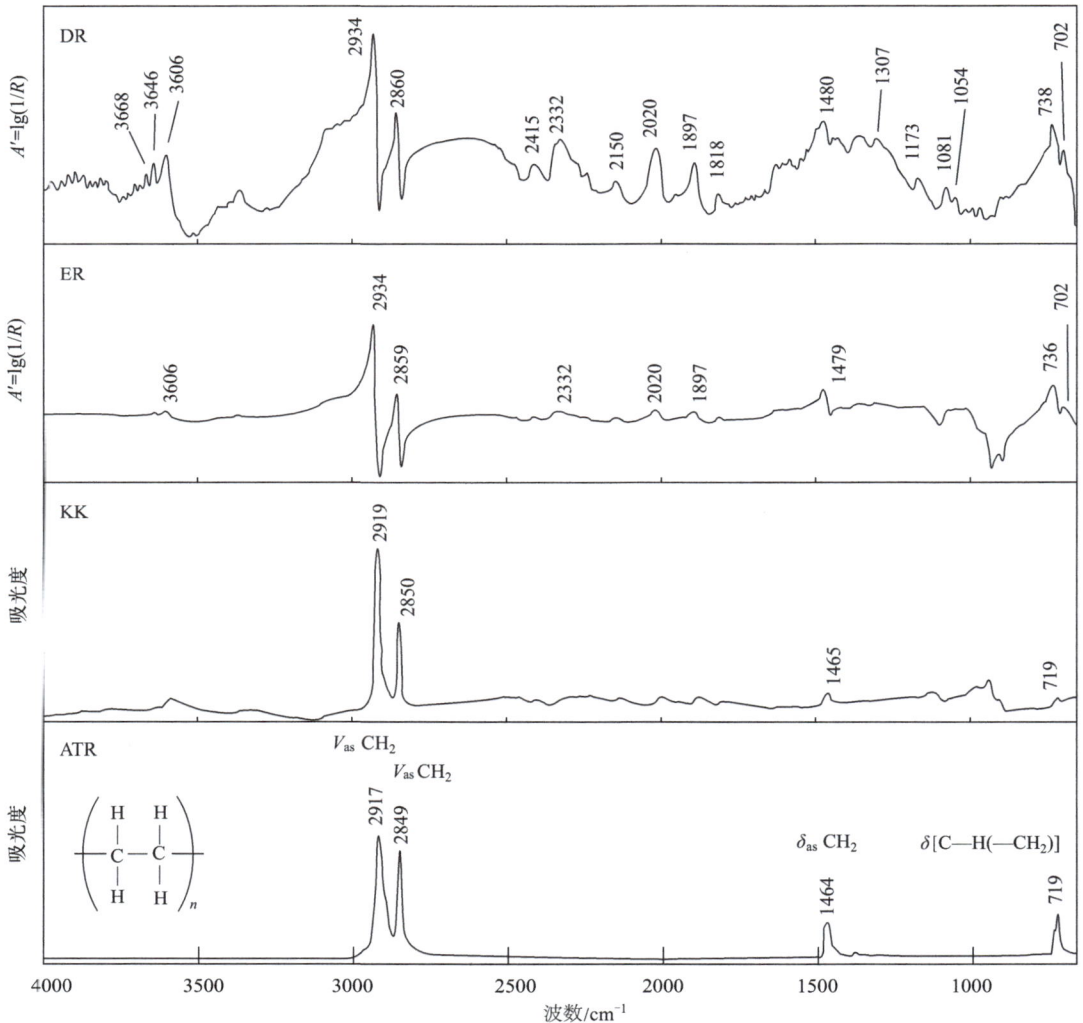

图21.6　采用多种采集模式采集的 PE 参考样品的 FTIR 光谱。从上到下：ER 谱图的 DR、ER、KK 变换和 ATR

因为IR光束的穿透深度更高，所以体积反射的贡献更大，并且检测到反射辐射的较低部分（即信息仅在正常情况下的24°～60°之间收集）。ER频谱的噪声较小，因为所有分量在所有角度都被相等地采集。

在两个反射光谱中，PE的所有基本带都表现为导数形状的带。由于它们的特征，这些谱带可以用作识别PE的标记。此外，还发现了显示倍频和组合频谱带的区域（2500～1800 cm^{-1}范围），这可能与PE球晶的半结晶度有关（Gedde and Mattozzi，2004；Woo and Lugito，2015）。KK变换算法可使反射光谱与透射或ATR模式下获得的光谱更具可比性，通过将导数形波段转化为吸收波段校正RS反射产生的畸变（Lucarini et al.，2005）（图21.6）。然而，该算法并不总是适用于整个反射光谱，因为Reststrahlen波段，例如PE在1200 cm^{-1}和800 cm^{-1}之间的区域以及归属为组合/倍频谱带的区域，在反射光谱中表现为吸收带，被转换为新的导数形状轮廓。对历史塑料瓶（紫色瓶身和红色瓶盖）的ER和DR分析显示，结果与PE参比物的结果相当，突出了创建光谱数据库以进行正确数据解释的重要性（图21.7）。此外，ER和DR不仅能够通过归属其相应的IR标记带识别聚合物，而且与ATR相比这两种方法也显示出更高的灵敏度。ER和DR在瓶身和瓶盖之间显示出更明显的差异，特别是在2500～2100 cm^{-1}和1400～800 cm^{-1}区域，与从相同部位收集的ATR光谱相比。总之，ER和DR模块已被证明在识别和研究历史塑料方面同样强大。

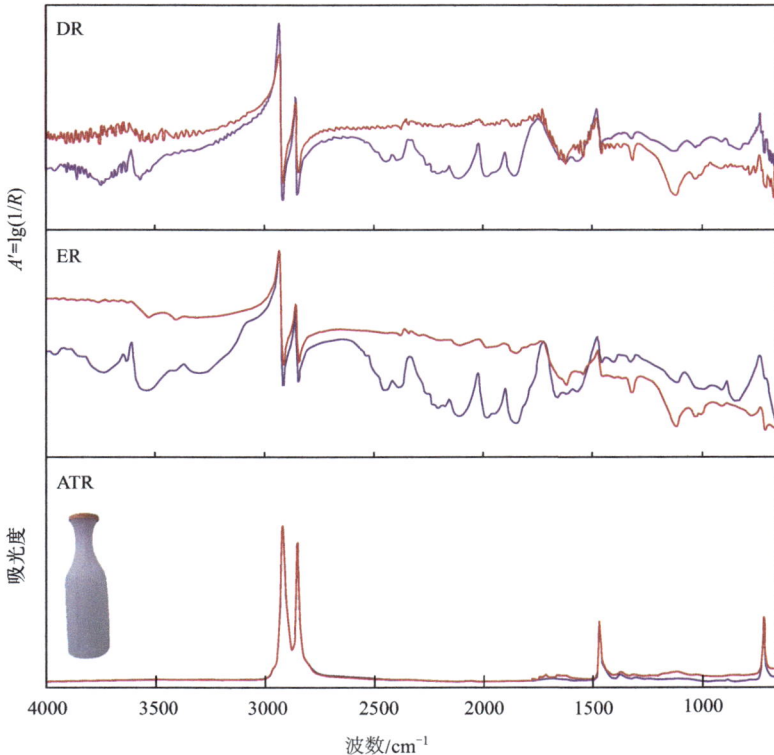

图21.7 采用多种采集模式采集的PE历史塑料瓶的FTIR光谱。从上到下：DR、ER和ATR。紫色光谱和红色光谱分别代表瓶体和瓶盖。插图：葡萄牙Isabel Florentino捐赠给DCR FCT NOVA的历史紫色塑料瓶

由于这两种设备提供的非侵入性方法，ER和DR接口都能够全面概述历史塑料瓶的分子特征，因为在不损害其物理完整性的情况下分析了物体的许多区域，并且没有与微采样（透射中需要）或压力（ATR中需要）相关的限制。

在第二个案例研究中，MMA对1967年由美国人Dran Hamilton设计的晚礼服的材料进行了研究，这是对20世纪60年代至当代MMA服装学院（CI）系列中使用的乙烯基和仿皮进行的持续调查的一部分。仿皮中使用的聚氯乙烯（PVC）基乙烯基和热塑性聚氨酯弹性体（TPU）存在严重的环保问题。特别是，光泽表面可能会受到化学成分（例如添加剂，包括PVC中的邻苯二甲酸酯增塑剂和TPU中的己二酸）迁移到表面的极大影响（Shashoua, 2009；Tüzüm Demir and Ulutan, 2013）。这条裙子由一条中等光泽的黑白条纹紧身胸衣和一条更有光泽的黑色裙子组成。在CI的分析中，通过三脚架使Alpha反射界面与连衣裙表面正交，这样裙子就可以放在储物板上而不需要处理，通过支架和三角齿轮移动板和仪器接口可以确保与材料表面的最佳定位。紧身胸衣是由一块黑白条纹材料切割而成的，黑色条纹逐渐变细成带子。即使代表相同的塑料涂层织物，从紧身胸衣的黑白条纹中获得的反射光谱总体上也会出现不同，这受单个衬底的反射性质影响（图21.8）。黑色条纹的光谱显示出最显著的干扰，即800～100 cm⁻¹之间的Reststrahlen谱带，而白色条纹的反射率受到高反射率以及白色基底散射影响，并且显得更加复杂。尽管如此，虽然较弱，但PVC的特征在白色条纹的光谱中也足够独特，这可以很容易地与法国设计师安德烈·库雷日（André Courrèges）在手套中使用的同时代中等光泽白色PVC进行比较。在去除微观样品后，还通过FTIR对其表面进行了分析（图21.8）。由于k低、涂层厚度大和光泽度高，光泽度更高的黑色光谱不太受基底干扰影响，而是代表折射率（n）光谱。在这里，KK算法（4000～1040 cm⁻¹）可以成功地应用于将反向峰值转换为吸收带，这可以很容易地匹配柔性PVC参考的光谱。此外，从ER和KK转换的光谱中可以清楚地辨别邻苯二甲酸酯增塑剂（脂肪族CH拉伸的反向带集中在2920 cm⁻¹和2850 cm⁻¹左右，C＝O酯拉伸的反向区集中在1728 cm⁻¹和1270 cm⁻¹左右）。

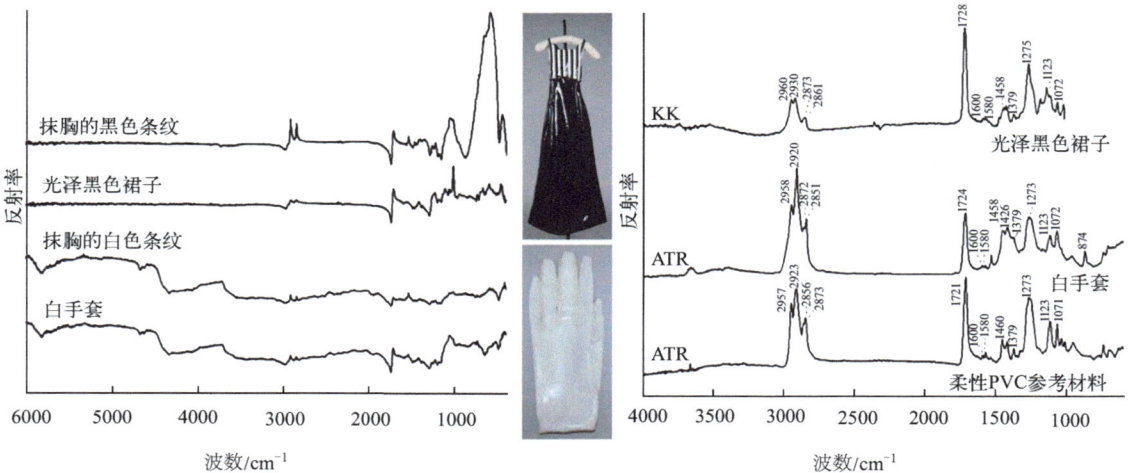

图21.8　左：从上到下，从抹胸的中等光泽黑色条纹、光泽黑色裙子和抹胸的白色条纹获得的原始ER光谱（均来自MMA连衣裙2009.300.7948，大都会艺术博物馆布鲁克林博物馆服装收藏。布鲁克林博物馆的礼物，2009年；Dran Hamilton的礼物，1978年）以及来自白手套的中等光泽白色PVC涂层的原始ER光谱（MMA 1979.329.9。Bernice Chrysler Garbisch的礼物，1979）。右：从上到下，光泽黑色裙子的KK转换光谱，用邻苯二甲酸二（2-乙基己基）酯增塑（Tüzüm Demir and Ulutan, 2013），与白手套和柔性PVC ResinKit™ 29参考材料中的中等光泽白色PVC涂层的ATR光谱相比。手套白色基底中1426 cm⁻¹和874 cm⁻¹处的条纹被指定为从碳酸钙拉伸而来的无机碳酸盐。来源：经纽约大都会艺术博物馆许可转载

如后一案例研究所示，根据仪器的检测几何形状和材料表面的光学性质，反射FTIR的优点是检测涂层。便携式反射FTIR具有检测不同光泽、颜色和反射背景的时尚织物上塑料涂层的能力。之前曾在MMA对美国季刊《美国织物》（AF，1946—1975）[后来称为《美国织品与时尚》（AFF，1975—1986）]中的过时样品织物进行过测试，该期刊中的制造商材料样本描述了其特性、用途，有时还描述了其成分，为多分析研究提供了此类过时参考材料的宝贵来源，并可告知其劣化情况。反射FTIR光谱用于创建这些样品的数据库，并检测成分标签错误/遗漏。例如，材料"Accordion"（Hicks，1983，第12页）是一种带有蓝色金属箔转印条纹的黑色样品，由纽约设计师Scott Simon创作，用于时尚配饰、家居装饰和墙壁覆盖，被描述为100%的棉缎聚氨酯外皮。ER的表面分析表明有一层硝酸纤维素涂层（图21.9），说明中省略了这一信息。硝酸纤维素涂层在创造有光泽的表面（如漆皮和仿皮）方面仍然很受欢迎，它们在时尚物品上的检测对作品的储存和展示具有重要意义（Quye et al., 2011）。在金属基底上的有机涂层的情况下，ER或DR模式下的获取之间的差异可能是巨大的。金属基底上的有机涂层，包括MMA研究的时尚服装和配饰，表明Alpha的ER几何结构适合这种类型的分析，因为镜面辐射是收集的。然而，来自高反射、抛光表面上的透明薄膜的信号可能会使检测器饱和，从而妨碍解释，除非它与来自类似表面的光谱相匹配，在类似表面对样品进行吸收FTIR分析，从而进一步证实了为反射FTIR技术创建光谱数据库的重要性，而与纯粹为了定性目的获得的信号的质量无关。

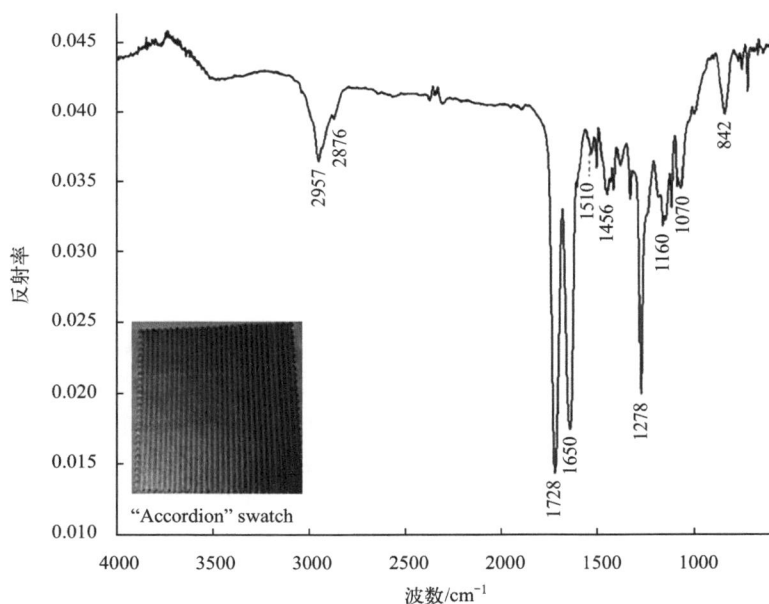

图21.9 从"Accordion"织物样品表面获得的原始ER光谱，由于基底（包括有色金属箔）的高镜面反射，看起来像是在透射率中获得的。标记了硝酸纤维素的特征带。来源：阿德里安娜·里佐

总之，FTIR反射技术只能提供涂层的信息，或者提供涂层和基底的信息，这取决于被检测表面的仪器几何形状和光学性质。因此，在使用这项技术调查塑料遗产藏品时，分析师应始终考虑到所获得的光谱可能无法代表大部分物体。如果内部不容易进行非侵入性分析，则可能需要采样以进行完整的材料表征。在这种情况下，可使用便携式ATR附件或补充仪器对材料进行原位表征。

21.4　结语

便携式XRF、FORS、拉曼和FTIR设备的优点和缺点已在大量文献中进行了描述，并在本书技术与仪器卷第18章、第19章、第6章和第3章中进行了详细说明。紧凑、重量轻、用户友好是这些技术的可移动、便携式和手持式版本的主要优点。对于文化遗产研究领域来说，特别可取的是，便携式仪器是一种真正安全有效的替代方法，可以代替取样。在许多情况下，由于授权或保护相关问题，取样受到严重限制，甚至完全禁止。此外，通过使操作员能够方便地运输它们并及时在现场收集数据，可运输仪器为无法从博物馆画廊、储存设施和保护实验室移走的宝贵物品的科学调查开辟了可行的道路，否则将无法进行分析。限制和缺点主要与光谱采集设置的灵活性不足、对所获得的复杂信号的光谱解读以及构成艺术品和古代文物的材料的内在复杂性有关。然而，这些挑战中的大多数可以通过补充使用其中的几种技术克服，这些技术通常能够识别广泛的无机和有机材料。

毫无疑问，便携式光谱设备的商用产品扩大了对考古、历史和艺术文物进行分析的可能性。文化遗产的成像光谱，通过使用便携式专用相机和精密成像系统，获得所检查艺术品中材料的化学分布图，极大地丰富了分析人员可用于原住非侵入性测量资源。多光谱和高光谱成像设备目前与专用光学和探测系统一起使用，从平面和三维物体中获取高分辨率光谱数据，通常在可见光和近红外区域（Brunetti et al., 2016；Casini et al., 2005；Cucci et al., 2016b；Delaney et al., 2016；Liang, 2012；Liang et al., 2014；Palomar et al., 2019；Pouyet et al., 2017；Wijsman et al., 2018）。这些仪器设置通常源自商业系统或在实验室内部定制，它们的规格和广泛的应用场景值得在另一章中单独讨论。就目前而言，它们已展现出作为筛选技术的巨大潜力，可作为本章所述技术的补充，同时也为更深入的局部分析的潜在采样区域提供了信息。

致谢

这项研究的一部分（XRF和拉曼案例研究）是由大都会艺术博物馆的保护科学网络倡议（NICS）项目促成的。安德鲁·W·梅隆基金会为新生儿重症监护室提供了资助。作者感谢Tuesday A. Smith，他是2019年夏季MMA科学研究系的实习生，也是巴纳德学院的本科生，为MMA CI的服装和配饰ER/FTIR调查做出了贡献，本章从中得出了两个例子，并感谢前CI管理员Sarah Scaturro支持这项调查。作者还感谢Isabel Florentino允许访问葡萄牙塑料制品的历史收藏，以便使用便携式FTIR光谱仪进行分析。这项研究的一部分也得到了葡萄牙教育部技术基金会（FCT/MCTES）的支持，通过CORES-PD/00253/2012博士项目和PB/BD/114412/2016博士资助，以及"胶木的胜利——对葡萄牙塑料史的贡献"项目（PTDC/IVC-HFC/5174/2014）和绿色化学副实验室LAQV，由葡萄牙FCT/MCTES基金资助（UID/QUI/50006/2019）。作者还想感谢佛罗伦萨皮蒂宫现代艺术画廊前馆长卡洛·塞西，他好心地允许进行科学分析，并感谢保护人穆里尔·韦瓦特支持西格诺里尼的《帕斯科洛与彼得拉马拉》画作的工作。在皮斯托亚市议会赞助下，在托斯卡纳地区（意大利托斯卡纳）资助的"当代艺术预防性保护"项目（COPAC，2011—2013）范围内，对梅拉尼的材料和艺术品进行了测量。最后，特别感谢圣马可博物馆前馆长Magnolia Scudieri向作者介绍了Beato Angelico迷人的世界。

缩略语

CT	charge transfer	电荷转移
DR	diffuse reflection	漫反射
EDS	energy dispersive X-ray spectroscopy	能量色散X射线光谱
ER	external reflection	外反射
FORS	fibre optic reflectance spectroscopy	光纤反射光谱
KK	Kramas-Kronig	克喇末-克朗尼格
LIF	laser-induced fluorescence	激光诱导荧光
MBRIS	multi-band reflectance image subtruction	多波段反射图像相减
MMA	Metropolitan Museum of Art	大都会艺术博物馆
MMCT	metal-to-metal charge transfer	金属-金属电荷转移
MO	molecular orbital	分子轨道
NICS	Network Initiative for Conservation Science	保护科学网络倡议
SEM	scanning electron microscope	扫描电子显微镜
SERS	surface enhancement of Raman Scattering	表面增强拉曼光谱
SSE	sequential shift excitation	顺序移位激发
TPU	thermoplastic urethane	热塑性聚氨酯

参考文献

Aceto, M., Agostino, A., Fenoglio, G. et al. (2012). First analytical evidences of precious colourants on Mediterranean illuminated manuscripts. *Spectrochimica Acta Part A: Molecular and Biomolecular Spectroscopy* 95: 235-245. https://doi.org/10.1016/j.saa.2012.04.103.

Alberti, R., Crupi, V., Frontoni, R. et al. (2017). Handheld XRF and Raman equipment for the in situ investigation of Roman finds in Villa dei Quintili (Rome, Italy). *Journal of Analytical Atomic Spectrometry* 32: 117-129. https://doi.org/10.1039/C6JA00249H.

Alfed, M., Janssens, K., Dik, J. et al. (2011). Optimization of mobile scanning macro-XRF systems for the in situ investigation of historical paintings. *Journal of Analytical Atomic Spectrometry* 26: 899-909. https://doi.org/10.1039/C0JA00257G.

Appolonia, L., Vaudan, D., Chatel, V. et al. (2009). Combined use of FORS, XRF and Raman spectroscopy in the study of mural paintings in the Aosta Valley (Italy). *Analytical and Bioanalytical Chemistry* 395: 2005-2013. https://doi.org/10.1007/s00216-009-3014-3.

Aramendia, J., Gomez-Nubla, L., Castro, K. et al. (2014). Spectroscopic speciation and thermodynamic modeling to explain the degradation of weathering steel surfaces in SO_2 rich urban atmospheres. *Microchemical Journal* 115:138-145. https://doi.org/10.1016/j.microc.2014.03.007.

Arrizabalaga, I., Gomez-Laserna, O., Aramendia, J. et al. (2014). Applicability of a Diffuse Reflectance Infrared Fourier Transform handheld spectrometer to perform in situ analyses on Cultural Heritage materials. *Spectrochimica Acta Part A: Molecular and Biomolecular Spectroscopy* 129: 259-267. https://doi.org/10.1016/j.saa.2014.03.096.

Bacci, M., Baldini, F., Carla, R. et al. (1991). A color analysis of the Brancacci Chapel frescoes. *Applied Spectroscopy* 45 (1): 26-31. https://doi.org/10.1366/0003702914337713.

Bacci, M., Baldini, F., Carla, R. et al. (1993). A color analysis of the Brancacci Chapel frescoes: Part II. *Applied Spectroscopy* 47 (4): 399-402. https://doi.org/10.1366/0003702934335074.

Bacci, M., Cappellini, V., and Carlà, R. (1987). Diffuse reflectance spectroscopy: an application to the analysis of art works. *Journal of Photochemistry and Photobiology, B: Biology* 1: 132-133.

Bacci, M., Magrini, D., Picollo, M. et al. (2009). A study of the blue colors used by Telemaco Signorini (1835-1901). *Journal of Cultural Heritage* 10 (2): 275-280. https://doi.org/10.1016/j.culher.2008.05.006.

Bacci, M., Picollo, M., Trumpy, G. et al. (2007). Non-invasive identification of white pigments on 20th century oil paintings by using fiber optic reflectance spectroscopy. *Journal of the American Institute for Conservation* 46 (1):27-37. https://doi.org/10 1179/019713607806112413.

Barbi, N., Alberti, R., Bombelli, L. et al. (2014). A non-invasive portable XRF system for cultural heritage analyses. *Microscopy and Microanalysis* 20 (3): 2020-2021. https://doi.org/10.1017/S1431927614011830.

Bitossi, G., Giorgi, R., Mauro, M. et al. (2005). Spectroscopic techniques in cultural heritage conservation: a survey.*Applied Spectroscopy Reviews* 40 (3): 187-228. https://doi.org/10.1081/ASR-200054370.

Bradley, L., Ford, J., Kriss, D. et al. (2020). Evaluating multiband reflectance image subtraction for the characterization of indigo in Romano-Egyptian funerary portraits. In: *Mummy Portraits of Roman Egypt: Emerging Research from the APPEAR Project* (eds. M. Svoboda and C.R. Cartwright). Los Angeles: J. Paul Getty Museum.

Bressan, F., Hess, R.L., Sgarbossa, P. et al. (2019). Chemistry for audio heritage preservation: a review of analytical techniques for audio magnetic tapes. *Heritage* 2 (2): 1551-1587. https://doi.org/10.3390/heritage2020097.

Brimmer, P.J., Griffiths, P.R., and Harrick, N.J. (1986). Angular dependence of diffuse reflectance infrared spectra. Part I : FT-IR spectrogoniophotometer. *Applied Spectroscopy* 40 (2): 258-265. https://doi.org/10.1366/0003702864509619.

Brunetti, B., Miliani, C., Rosi, F. et al. (2016). Non-invasive investigations of paintings by portable instrumentation: the MOLAB experience. In: *Analytical Chemistry for Cultural Heritage* (ed. R. Mazzeo), 41-75. Cham, Switzerland:Springer https://doi.org/10.1007/978-3-319-52804-5_2.

Burns, R.G. (1993). Mineralogical applications of crystal field theory. In: *Cambridge Topics in Mineral Physics and Chemistry*, 2nde, vol. 5. Cambridge: Cambridge University Press.

Carlesi, S., Bartolozzi, G., Cucci, C. et al. (2013). The artists' materials of Fernando Melani: a precursor of the Poor Art artistic movement in Italy. *Spectrochimica Acta Part A: Molecular and Biomolecular Spectroscopy* 104: 527-537.https://doi.org/10.1016/j.saa.2012.11.094.

Carretti, E., Rosi, F., Miliani, C. et al. (2005). Monitoring of pictorial surfaces by mid-FTIR reflectance spectroscopy: evaluation of the performance of innovative colloidal cleaning agents. *Spectroscopy Letters* 38 (4-5): 459-475. https://doi.org/10.1081/SL-200062901.

Casini, A., Bacci,M., Cucci, C. et al. (2005). Fiber optic reflectance spectroscopy and hyper-spectral image spectroscopy:two integrated techniques for the study of the Madonna dei Fusi. In: *Optical Methods for Arts and Archaeology*, vol. 5857 (eds. R. Salimbeni and L. Pezzati), 58570M. International Society for Optics and Photonics, 177-184.

Colomban, P. (2012). The on-site/remote Raman analysis with mobile instruments: a review of drawbacks and success in cultural heritage studies and other associated fields. *Journal of Raman Spectroscopy* 43 (11): 1529-1535. https://doi.org/10.1002/jrs.4042.

Conti, C., Striova, J., Aliatis, I. et al. (2013). Portable Raman versus portable mid-FTIR reflectance instruments to monitor synthetic treatments used for the conservation of monument surfaces. *Analytical and Bioanalytical Chemistry* 405 (5): 1733-1741. https://doi.org/10.1007/s00216-012-6594-2.

Crocombe, R.A. (2013). Handheld spectrometers: the state of the art. In: *Next-Generation Spectroscopic Technologies VI*,vol. 8726, 87260R. International Society for Optics and Photonics.

Cronin, E. and Keister, J. (2020). Polar expeditions: a photographic landscape of sameness? *Proximity and Distance in Northern Landscape Photography: Contemporary Criticism, Curation and Practice* 171: 35.

Cucci, C., Bartolozzi, G., Marchiafava, V. et al. (2016a). Study of semi-synthetic plastic objects of historic interest using non-invasive total reflectance FT-IR. *Microchemical Journal* 124: 889-897. https://doi.org/10.1016/j.microc.2015.06. 010.

Cucci, C., Delaney, J.K., and Picollo, M. (2016b). Reflectance hyperspectral imaging for investigation of works of art:old master paintings and illuminated manuscripts. *Accounts of Chemical Research* 49 (10): 2070-2079. https://doi.org/10.1021/acs.accounts.6b00048.

Delaney, J.K., Ricciardi, P., Deming Glinsman, L. et al. (2014). Use of imaging spectroscopy, fiber optic reflectance spectroscopy, and X-ray fluorescence to map and identify pigments in illuminated manuscripts. *Studies in Conservation* 59 (2): 91-101. https://doi.org/10.1179/2047058412Y.0000000078.

Delaney, J.K., Thoury, M., Zeibel, J.G. et al. (2016). Visible and infrared imaging spectroscopy of paintings and improved reflectography. *Heritage Science* 4 (1): 6. https://doi.org/10.1186/s40494-016-0075-4.

De Luca, E., Bruni, S., Sali, D. et al. (2015). In situ nondestructive identification of natural dyes in ancient textiles by reflection Fourier transform mid-infrared (FT-MIR) spectroscopy. *Applied Spectroscopy* 69 (2): 222-229. https://doi.org/10.1366/14-07635.

Fabbri, M., Picollo, M., Porcinai, S. et al. (2001). Mid-infrared fiber optics reflectance spectroscopy: a non-invasive technique for remote analysis of painted layers. Part II - statistical analysis of spectra. *Applied Spectroscopy* 55 (4): 428-433. https://doi.org/10.1366/0003702011952181.

IFAC-CNR (2016). *Fiber Optics Reflectance Spectra (FORS) of Pictorial Materials in the 270-1700nm Range*. Istituto di Fisica Applicata "Nello Carrara" - National Research Council (IFAC-CNR) http://fors.ifac.cnr.it (accessed 7 November 2019).

Fletcher, S., Glinsman, L., and Oltrogge, D. (2009). The pigments on hand-colored fifteen-century relief prints from the collections of the National Gallery of Art and the Germanisches Nationalmuseum. *Studies in the History of Art* 75:276-297.

Ford, T., Rizzo, A., Hendricks, E. et al. (2019). A non-invasive screening study of varnishes applied to three paintings by Edvard Munch using portable diffuse reflectance infrared Fourier transform spectroscopy. *Heritage Science* 7: 84.https://doi.org/10.1186/s40494-019-0327-1.

Galli, A., Caccia, M., Alberti, R. et al. (2017). Discovering the material palette of the artist: a pXRF stratigraphic study of the Giotto panel 'God the Father with Angels'. *X-Ray Spectrometry* 46: 435-441. https://doi.org/10.1002/xrs.2751.

Gedde, U.W. and Mattozzi, A. (2004). Polyethylene morphology. In: *Long Term Properties of Polyolefins. Advances in Polymer Science*, vol. 169 (ed. A.C. Albertsson), 29-74. Berlin, Heidelberg: Springer https://doi.org/10.1007/b94176.

Gomez-Laserna, O., Arrizabalaga, I., Prieto-Taboada, N. et al. (2015). In situ DRIFT, Raman, and XRF implementation in a multianalytical methodology to diagnose the impact suffered by built heritage in urban atmospheres. *Analytical and Bioanalytical Chemistry* 407 (19): 5635-5647. https://doi.org/10.1007/s00216-015-8738-7.

Gomez-Laserna, O., Olazabal, M.A., Morillas, H. et al. (2013). In-situ spectroscopic assessment of the conservation state of building materials from a Palace house affected by infiltration water. *Journal of Raman Spectroscopy* 44 (9):1277-1284. https://doi.org/10.1002/jrs.4359.

Griffiths, P.R. and De Haseth, J.A. (2007). *Fourier Transform Infrared Spectrometry*, 2nde. New York: Wiley.

Hicks, S. (ed.) (1983). *American Fabrics and Fashions Magazine 128*. New York: Doric Publishing Company.

Invernizzi, C., Daveri, A., Vagnini, M. et al. (2017). Non-invasive identification of organic materials in historical stringed musical instruments by reflection infrared spectroscopy: a methodological approach. *Analytical and Bioanalytical Chemistry* 409 (13): 3281-3288. https://doi.org/10.1007/s00216-017-0296-8.

Kattner, J. and Hoffmann, H. (2002). External reflection spectroscopy of thin films on dielectric substrates. In: *Handbook of Vibrational Spectroscopy*, vol. 2 (eds. J.M. Chalmers and P.R. Griffiths), 1009-1027. Chichester, UK:Wiley https://doi.org/10.1002/0470027320.s2204.

Kissi, N., Curran, K., Vlachou-Mogire, C. et al. (2017). Developing a non-invasive tool to assess the impact of oxidation on the structural integrity of historic wool in Tudor tapestries. *Heritage Science* 5: 49. https://doi.org/10.1186/s40494-017-0162-1.

Korte, E.H. and Roeseler, A. (2005). Infrared reststrahlen revisited: commonly disregarded optical details related to $n<1$. *Analytical and Bioanalytical Chemistry* 382 (8): 1987-1992. https://doi.org/10.1007/s00216-005-3407-x.

Körtum, G. (1969). *Reflectance Spectroscopy: Principles, Methods, Applications*. New York: Springer Verlag.

Lauwers, D., Hutado, A.G., Tanevska, V. et al. (2014). Characterisation of a portable Raman spectrometer for in situ analysis of art objects. *Spectrochimica Acta Part A: Molecular and Biomolecular Spectroscopy* 118: 294-301. https://doi.org/10.1016/j.saa.2013.08.088.

Lavédrine, B., Fournier, A., and Martin, G. (2012). *Preservation of Plastic Artefacts in Museum Collections*. Paris: Comite Des Travaux Historiques et Scientifiques (CTHS).

Lazzari, M., Ledo-Suárez, A., López, T. et al. (2011). Plastic matters: an analytical procedure to evaluate the degradability of contemporary works of art. *Analytical and Bioanalytical Chemistry* 399 (9): 2939-2948. https://doi. org/10.1007/s00216-011-4664-5.

Legan, L , Leskovar, T., Črešnar, M. et al. (2020). Non-invasive reflection FTIR characterization of archaeological burnt bones: reference database and case studies. *Journal of Cultural Heritage* 41: 13-26. https://doi.org/10.1016/j.culher. 2019.07.006.

Leung Tang, P., Alqassim, M., Nic Daéid, N. et al. (2016). Nondestructive handheld Fourier transform infrared (FT-IR) analysis of spectroscopic changes and multivariate modeling of thermally degraded plain portland cement concrete and its slag and fly ash-based analogs. *Applied Spectroscopy* 70 (5): 923-931. https://doi.org/10.1177/0003702816638306.

Liang, H., Lucian, A., Lange, R. et al. (2014). Remote spectral imaging with simultaneous extraction of 3D topography for historical wall paintings. *ISPRS Journal of Photogrammetry and Remote Sensing* 95: 13-22. https://doi.org/10. 1016/j.isprsjprs.2014.05.011.

Liang, H. (2012). Advances in multispectral and hyperspectral imaging for archaeology and art conservation. *Applied Physics A* 106 (2): 309-323. https://doi.org/10.1007/s00339-011-6689-1.

Lucarini, V., Saarinen, J.J., Peiponen, K.-E. et al. (2005). *Kramers-Kronig Relations in Optical Materials Research*, Springer Series in Optical Sciences, vol. 110. Berlin: Springer.

Madariaga, J.M. (2015). Analytical chemistry in the field of cultural heritage. *Analytical Methods* 7 (12): 4848-4876. https://doi.org/10.1039/C5AY00072F.

Maguregui, M., Sarmiento, A., Martinez-Arkarazo, I. et al. (2008). Analytical diagnosis methodology to evaluate nitrate impact on historical building materials. *Analytical and Bioanalytical Chemistry* 391 (4): 1361-1370. https://doi.org/10.1007/s00216-008-1844-z.

Manfredi, M., Barberis, E., Rava, A. et al. (2015). Portable diffuse reflectance infrared Fourier transform (DRIFT) technique for the non-invasive identification of canvas ground: IR spectra reference collection. *Analytical Methods* 7(6): 2313-2322. https://doi.org/10.1039/C4AY02006E.

Miguel, C., Claro, A., Pereira Gonçalves, A. et al. (2009). A study on red lead degradation in a medieval manuscript Lorvão Apocalypse (1189). *Journal of Raman Spectroscopy* 40: 1996-1973. https://doi.org/10.1002/jrs.2350.

Miliani, C., Rosi, F., Daveri, A. et al. (2012). Reflection infrared spectroscopy for the non-invasive in situ study of artists' pigments. *Applied Physics A* 106 (2): 295-307. https://doi.org/10.1007/s00339-011-6708-2.

Miljkovic, M., Bird, B., and Diem, M. (2012). Line shape distortion effects in infrared spectroscopy. *Analyst* 137 (17):3954-3964. https://doi.org/10.1039/C2AN35582E.

Mosca, S., Frizzi, T., Pontone, M. et al. (2016). Identification of pigments in different layers of illuminated manuscripts by X-ray Fluorescence mapping and Raman spectroscopy. *Microchemical Journal* 124: 775-784. https://doi.org/10.1016/j.microc.2015.10.038.

Nassau, K. (1983). *The Physics and Chemistry of Color, the Fifteen Causes of Color*. New York:Wiley https://doi.org/10.1002/col.5080120105.

Nel, P., Lonetti, C., Lau, D. et al. (2010). Analysis of adhesives used on the Melbourne University Cypriot pottery collection using a portable FTIR-ATR analyzer. *Vibrational Spectroscopy* 53 (1): 64-70. https://doi.org/10.1016/j.vibspec.2010.01.005.

Noake, E., Lau, D., and Nel, P. (2017). Identification of cellulose nitrate based adhesive repairs in archaeological pottery of the University of Melbourne's Middle Eastern archaeological pottery collection using portable FTIR-ATR spectroscopy and PCA. *Heritage Science* 5 (1): 3. https://doi.org/10.1186/s40494-016-0116-z.

Nodari, L. and Ricciardi, P. (2019). Non-invasive identification of paint binders in illuminated manuscripts by ER-FTIR spectroscopy: a systematic study of the influence of different pigments on the binders' characteristic spectral features. *Heritage Science* 7 (1): 7. https://doi.org/10.1186/s40494-019-0249-y.

Ormsby, B., Kampasakali, E., Miliani, C. et al. (2009). An FTIR-based exploration of the effects of wet cleaning treatments on artists' acrylic emulsion paint films. *e-Preservation. Science* 6: 186-195.

Osticioli, I., Mendes, N.F.C., Nevin, A. et al. (2009). A new compact instrument for Raman, laser-induced breakdown, and laser-induced fluorescence spectroscopy of works of art and their constituent materials. *Review of Scientific Instruments* 80 (7): 076109. https://doi.org/10.1063/1.3184102.

Palomar, T., Grazia, C., Cardoso et al. (2019). Analysis of chromophores in stained-glass windows using Visible Hyperspectral Imaging in-situ. *Spectrochimica Acta Part A: Molecular and Biomolecular Spectroscopy* 223: 117378.https://doi.org/10.1016/j.saa.2019.117378.

Parkin, S.J., Adderley,W.P., Young, M.E. et al. (2013). Near infrared (NIR) spectroscopy: a potential new means of assessing multi-phase earth-built heritage. *Analytical Methods* 5 (18): 4574-4579. https://doi.org/10.1039/ C3AY40735G.

Picollo, M., Aldrovandi, A., Migliori, A. et al. (2011). Non-invasive XRF and UV-VIS-NIR reflectance spectroscopic analysis of materials used by Beato Angelico in the manuscript graduate N. 558. *Revista de Historia da Arte, série W* 1: 219-227.

Picollo, M., Bartolozzi, G., Cucci, C. et al. (2014). Comparative study of Fourier transform infrared spectroscopy in transmission, attenuated total reflection, and total reflection modes for the analysis of plastics in the cultural heritage field. *Applied Spectroscopy* 68 (4): 389-396. https://doi.org/10.1366/13-07199.

Pirzer, M. and Sawatzki, J. (2008). Method and device for correcting a spectrum. US Patent 7, 359,815 B2, filed 21 February 2006 and issued 15 April 2008.

Pozzi, F., Basso, E., Rizzo, A. et al. (2019). Evaluation and optimization of the potential of a handheld Raman spectrometer: in situ, noninvasive materials characterization in artworks. *Journal of Raman Spectroscopy* 50 (6): 861-872. https://doi.org/10.1002/jrs.5585.

Pouyet, E., Devine, S., Grafakos, T. et al. (2017). Revealing the biography of a hidden medieval manuscript using synchrotron and conventional imaging techniques. *Analytica Chimica Acta* 982: 20-30. https://doi.org/10.1016/j.aca .2017.06.016.

Quye, A., Littlejohn, D., Pethrick, R.A. et al. (2011). Investigation of inherent degradation in cellulose nitrate museum artefacts. *Polymer Degradation and Stability* 96 (7): 1369-1376. https://doi.org/10.1016/j.polymdegradstab.2011.03.009.

Ricciardi, P., Delaney, J.K., Facini, M. et al. (2012). Near infrared reflectance imaging spectroscopy to map paint binders in situ on illuminated manuscripts. *Angewandte Chemie International Edition* 51 (23): 5607-5610. https://doi.org/10.1002/anie.201200840.

Rifkin, R.F., Prinsloo, L.C., Dayet, L. et al. (2016). Characterising pigments on 30 000-year-old portable art from Apollo11 Cave, Karas Region, southern Namibia. *Journal of Archaeological Science: Reports* 5: 336-347. https://doi.org/10.1016/j.jasrep.2015.11.028.

Rosi, F., Cartechini, L., Monico, L. et al. (2019). Tracking metal oxalates and carboxylates on painting surfaces by non-invasive reflection mid-FTIR spectroscopy. In: *Metal Soaps in Art* (eds. F. Casadio, K. Keune, P. Noble, et al.),173-193. Cham, Switzerland: Springer https://doi.org/10.1007/978-3-319-90617-1_10.

Rosi, F., Daveri, A., Moretti, P. et al. (2016). Interpretation of mid and near-infrared reflection properties of synthetic polymer paints for the non-invasive assessment of binding media in twentieth-century pictorial artworks. *Microchemical Journal* 124: 898-908. https://doi.org/10.1016/j.microc.2015.08.019.

Ruberto, C., Mazzinghi, A., Massi, M. et al. (2016). Imaging study of Raffaello's "La Muta" by a portable XRF spectrometer. *Microchemical Journal* 126: 63-69. https://doi.org/10.1016/j.microc.2015.11.037.

Sarrazin, P., Chiari, G., and Gailhanou, M. (2009). A portable non-invasive XRD-XRF instrument for the study of art objects. *Advances in X-Ray Analysis* 52: 175-186.

Saviello, D., Toniolo, L., Goidanich, S. et al. (2016). Non-invasive identification of plastic materials in museum collections with portable FTIR reflectance spectroscopy: Reference database and practical applications. *Microchemical Journal* 124: 868-877. https://doi.org/10.1016/j.microc.2015.07.016.

Schrader, B.e. (1995). *Infrared and Raman Spectroscopy: Methods and Applications*. VCH Verlagsgesellschaft https://doi.org/10.1002/9783527615438.

Scudieri, M. and Picollo, M. (2017). Fra Angelico and his circle: the materials and techniques of book illumination. In:*Art and Science (Manuscript in the Making)*, vol. 1 (eds. S. Panayotova and P. Ricciardi), 96-108. London: Harvey Miller Publishers.

Shashoua, Y. (2009). *Conservation of Plastics-Materials Science, Degradation and Preservation*. Oxford: Elsevier. Reprinted.

Shreve, P., Cherepy, N.J., and Mathies, R.A. (1992). Effective rejection of fluorescence interference in Raman spectroscopy using a shifted excitation difference technique. *Applied Spectroscopy* 46 (4): 707-711. https://doi.org/10. 1366/0003702924125122.

Shugar, A.N. and Mass, J. (eds.) (2012). *Handheld XRF for Art and Archaeology*. Leuven, BE: Leuven University Press.

Southworth, G. and Trujillo, F. (2016). The coptic bindings collection at the Morgan Library & Museum: history, conservation, and access. *The Book and Paper Group Annual* 35: 89-95.

Thoury, M., Delaney, J.K., de La Rie, E.R. et al. (2011). Near-infrared luminescence of cadmium pigments: in situ identification and mapping in paintings. *Applied Spectroscopy* 65 (8): 939-951. https://doi.org/10.1366/11-06230.

Toja, F., Saviello, D., Nevin, A. et al. (2012). The degradation of poly(vinyl acetate) as a material for design objects: a multi-analytical study of the effect of dibutyl phthalate plasticizer. Part 1. *Polymer Degradation and Stability* 97 (11): 2441-2448. https://doi.org/10.1016/j.polymdegradstab.2012.07.018.

Trafela, T., Strlič, M., Kolar, J. et al. (2007). Nondestructive analysis and dating of historical paper based on IR spectroscopy and chemometric data evaluation. *Analytical Chemistry* 79 (16): 6319-6323. https://doi.org/10.1021/ac070392t.

Tüzüm Demir, A.P. and Ulutan, S. (2013). Migration of phthalate and non-phthalate plasticizers out of plasticized PVC films into air. *Journal of Applied Polymer Science* 128 (3): 1948-1961. https://doi.org/10.1002/app.38291.

Uhlir, K.. Frühmann, B., Buzanich, G. et al. (2012). A newly developed, portable, vacuum-chamber equipped XRF-instrument, designed for the sophisticated needs of the Kunsthistorisches Museum, Vienna. *IOP Conference Series: Materials Science and Engineering* 37: 012008. https://doi.org/10.1088/1757-899X/37/1/012008.

Vandenabeele, P., Castro, K., Hargreaves, M. et al. (2007a). Comparative study of mobile Raman instrumentation for art analysis. *Analytica Chimica Acta* 588 (1): 108-116. https://doi.org/10.1016/j.aca.2007.01.082.

Vandenabeele, P. and Donais, M.K. (2016). Mobile spectroscopic instrumentation in archaeometry research. *Applied Spectroscopy* 70 (1): 27-41. https://doi.org/10.1177/0003702815611063.

Vandenabeele, P., Edwards, H.G.M., and Jehlicka, J. (2014). The role of mobile instrumentation in novel applications of Raman spectroscopy: archaeometry, geosciences, and forensics. *Chemical Society Reviews* 43: 2628-2649. https://doi. org/10.1039/C3CS60263J.

Vandenabeele, P., Edwards, H.G.M., and Moens, L. (2007b). A decade of Raman spectroscopy in art and archaeology. *Chemical Reviews* 107 (3): 675-686. https://doi.org/10.1021/cr068036i.

Vandenabeele, P., Tate, J., and Moens, L. (2007c). Non-destructive analysis of museum objects by fibre-optic Raman spectroscopy. *Analytical and Bioanalytical Chemistry* 387 (3): 813-819. https://doi.org/10.1007/s00216-006-0758-x.

Vandenabeele, P.,Weis, T.L., Grant, E.R. et al. (2004). A new instrument adapted to in situ Raman analysis of objects of art. *Analytical and Bioanalytical Chemistry* 379 (1): 137-142. https://doi.org/10.1007/s00216-004-2551-z.

van Oosten, T. (2015). *PUR Facts: Conservation of Polyurethane Foam in Art and Design*. Amsterdam: Amsterdam University Press.

Vincent, R.K. and Hunt, G.R. (1968). Infrared reflectance from mat surfaces. *Applied Optics* 7 (1): 53-59. https://doi .org/10.1364/AO.7.000053.

Wijsman, S., Neate, S., Kogou, S. et al. (2018). Uncovering the Oppenheimer Siddur: using scientific analysis to reveal the production process of a medieval illuminated Hebrew manuscript. *Heritage Science* 6: 15. https://doi.org/10 .1186/s40494-018-0179-0.

Williams, R.S. (1996). On-site non-destructive Mid-IR spectroscopy of plastics in museum objects using a portable FTIR spectrometer with fiber optic probe. *MRS Proceedings* 462: 25-30. https://doi.org/10.1557/PROC-462-25.

Woo, E M. and Lugito, G. (2015). Origins of periodic bands in polymer spherulites. *European Polymer Journal* 71:27-60. https://doi.org/10.1016/j.eurpolymj.2015.07.045.

22

用于现场及原位考古研究的便携式光谱技术

Mary Kate Donais[1], Peter Vandenabeele[2]

[1]Saint Anselm College, Manchester, NH, USA
[2]Gent University, Gent, Belgium

22.1　概述

　　便携式仪器技术的进步和可用性的提升对考古学研究产生了至关重要的影响。例如探地雷达和全球定位系统（GPS）等设备在考古遗址中已经使用了很多年，因此项目负责人和研究团队成员对便携式测量设备都比较熟悉。然而，其他更复杂的测量技术在过去需要使用基于实验室的设备进行样本采集和分析。现在许多大型仪器都变得更小、更便携，而且通常是手提式的，考古学家和文化遗产研究人员可以轻松地将设备带到样品现场，而不用将样品带回到实验室设备中进行测量。

　　在考古学和文化遗产领域使用便携式仪器进行测量具有许多优势。首先最重要的是，对于无法搬运到实验室或不能采样的物体，现在可以进行化学表征。在某些特定情况下，虽然样本是可以采集的，但不是首选，因此现在可以通过应用便携式技术消除样品采集的需要。由于无需花费时间规划和采集样品，研究团队可以有更多的时间在现场进行精心规划和仔细采集数据，这通常会使得从数据得出的结论更具有可信度。

　　当然，在现场使用便携式设备也会存在一些不利因素。运输仪器可能具有挑战性，并且有时代价高昂。必须确保仪器不被盗窃或损坏。根据现场的基础设施，通过电线和/或电池为仪器供电可能会很困难。为了最大限度地提高研究活动中完成的整体工作量，同时确保人员的安全，需要围绕其他现场活动规划考古测量活动。请注意，安全与仪器本身有关（例如使用剂量仪监测X射线辐射暴露），还与要分析的物体的物理位置有关（例如穿着安全帽进入洞穴或在高处搭建脚手架）。

　　本章作为2016年有关考古测量领域移动光谱仪器综述的更新[1]。本章的内容仅限于受控实验室之外的便携式应用和现场位置的便携式应用。因此，不会在此讨论使用便携式仪器对博物馆中的陈列文物进行测量，有关此类型应用的内容请参见本卷第21章。相反，本章的范围将涵盖在考古发掘（在现场和现场实验室）以及文化遗产遗址（例如建筑物、教堂、纪念碑）中所做的工作。针对本章讨论的研究，有时人们会对"非破坏性"（nondestructive）分析和"非侵入性"（noninvasive）分析这两个术语感到困惑。非破坏性分析是指在分析过程中目标或样品不会被消耗：它们仍可用其他技术进一步研究。研究人员可以对艺术品进行取样，并使用多种非破坏性技术对所取样本进行研究。另一方面，非侵入性调查意味着不进行取样，换句话说，文物可以被直接进行分析。这种直接分析最终可以在原位进行，字面意思是"在现场"。对于后者，需要使用便捷式仪器。正如本章所强调的一样，原位分析意味着将光谱仪带到文物旁进行分析，而不是运输文物，这里不进行讨论。

我们的综述中涵盖的测量技术包括以下几种：分子和振动光谱技术——拉曼（Raman）光谱、傅里叶变换红外（FTIR）光谱、光纤反射光谱（FORS）和漫反射红外傅里叶变换光谱（DRIFTS）；原子光谱技术——X射线荧光（XRF）光谱和激光诱导击穿光谱（LIBS）；其他不常见的技术，如荧光光谱分析。一项特定研究的技术选择在很大程度上取决于正在调查的文物对象本身以及所提出的研究问题。分子和振动光谱技术常用于表征样品中的化合物，例如通过拉曼光谱识别在壁画上的红色颜料——赭石（Fe_2O_3）。相反，原子光谱技术用于表征样品中的元素，例如用XRF技术检测壁画颜料中的铁。如上述示例一样，当数据一致时，在同一研究中使用分子和原子仪器方法可以得出更明确的结论。最好通过原子光谱技术研究金或银饰品、硬币或铅管等金属物品，而木材、无金属有机颜料和食物残留物的表征则最好通过分子和/或振动光谱分析解决。

在2016年的回顾中，还包括了一个关于多技术方法的独立部分。随着越来越多的研究小组能够轻松获得至少两个移动仪器用于考古测量工作，过去5年中的许多研究被归纳为多技术方法的范畴。因此，本章没有包括有关多技术方法的独立部分。

本章的结尾部分是一个案例研究，涉及通过便携式XRF光谱法分析一个石塔的建筑砂浆，将该塔的两个不同施工阶段的砂浆元素组成相互比较，并将其与该地区的罗马城墙墙体砂浆进行比较。本案例研究说明了在规划活动、记录数据采集以及使用化学计量学对数据进行分组和分类时所采取的谨慎态度。最终的结果是将化学与考古学联系起来，以更高的置信度得出结论，而仅靠考古学可能无法得出结论。

22.2　分子和振动光谱分析

分子光谱技术常常被应用于文化遗产研究中，其中最常用的移动仪器技术是拉曼光谱和红外光谱。

22.2.1　拉曼光谱

在共焦显微拉曼光谱技术推出后不久，这项技术开始迅速发展，成为分析艺术品的广泛方法。该技术因其快速分析、在微米尺度下获得分子光谱以及非破坏性特性（在激光功率保持足够低的情况下）而受到普遍好评[2]。

微型拉曼光谱在艺术品领域中的最初应用之一是对中世纪手稿的直接分析，其中手稿被放置在实验室拉曼光谱仪的显微镜下[3]。然而，对于大型手稿来说，这种方法并不方便，在那个时期的研究重点是证明该方法的适用性并减小样品尺寸[4]。随着光纤探头的引入，直接分析大型绘画变得可行[5]，并且由于拉曼光谱仪的进一步微型化，可以开发出用于考古测量学研究的指定移动拉曼仪器[6]。最初为法医学、制药分析甚至天体生物学等领域开发的商用仪器后来被改进用于艺术或考古物品的研究[7]，这为移动、便携和手持式拉曼仪器在考古测量学中广泛的应用打开了大门[8]。

随着移动拉曼光谱仪商业化的推出，使用移动拉曼做研究的数量也增加了。这些研究包括直接在博物馆内对珍贵物品进行分析。例如，使用配备光纤探头的移动拉曼仪器研究了欧洲瓷器上含有砷和钴的蓝色装饰，并将结果与中国古代瓷器做比较[9]。其他研究也清楚地说明了移动仪器的重要性，包括对壁画的直接研究。此外，还进行了几项岩画分析研究。在这些情况下，仪器必须被带到通常难以到达的地方。

不仅有许多研究旨在识别不同艺术家的材料，还有许多现场研究活动，检查在不同局部影响下的破坏情况。例如，在一次研究中，对16个露天掩体上的巴塔哥尼亚岩画的退化过程进行了研究[10]。不同的降解产物被鉴定，并与存在的生态环境——森林、生态过渡带或草原——相关联。用不同的激光波长（785 nm或532 nm激光）记录拉曼光谱，以处理荧光引起的干扰。

另一项最近的研究[11]揭示了原位拉曼光谱学如何用于研究庞贝（Pompeii）壁画上的盐沉积。不仅是没有受到雨水保护的壁画受损，而且受到雨水保护的壁画也遭到了损害。即使在最近的修复后，盐再次析出（盐类向多孔材料表面迁移引起的涂覆），并对其进行了拉曼光谱分析。该研究有助于确定从外部进入建筑石材的水引起了建筑物内部的盐析出。

这种技术还可以应用于（历史）建筑材料及其装饰的研究。格拉纳达（西班牙）阿尔罕布拉宫复合建筑的大理石柱顶的现场拉曼光谱检查就是一个例证[12,13]。该项研究不仅能够鉴定降解产物，如氧化锡和草酸钙石（一种草酸钙的矿物形式），甚至还可以检查有争议的19世纪修复工作。

值得注意的是，如果可能的话，具备不同激光（即激发波长）的两台拉曼仪器非常有用。例如，在研究海洋气溶胶影响下的金属物体腐蚀时，这种方法就非常有效[14]。一方面，这可以帮助避免荧光的吸收或干扰。另一方面，这也可能利用到共振拉曼效应——如果激光波长与分析物分子的电子跃迁能量相对应，则跃迁受到促进，最终的拉曼信号非常强烈。这一点在分析位于丰沙尔（葡萄牙马德拉岛）的十字架别墅博物馆中由珊瑚制成的字形（一个象形文字字符或符号）时清晰可见[15]。当使用红色785 nm波长激光时，光谱被钙碳酸盐的拉曼带主导；而当使用绿色（532 nm波长）激光共振模式工作时，光谱清晰地显示了一个类胡萝卜素的拉曼带。

最近，Jehlicka等[16]对比了7种移动拉曼光谱仪在现场调查绿柱石（铍铝环状硅酸盐矿物）样品时的性能。Rousaki等[17]致力于提出一种文化遗产研究的方式。我们谈论到移动仪器时，因为它们是设计用于移动使用的[1,18]。通常这些仪器配备了电池，可用于现场工作。

在文化遗产研究中，区分了两种主要仪器设计类型：便携式仪器通常配备光纤探头，而手持式仪器较小［便携式拉曼仪器和这些仪器使用表面增强拉曼光谱（SERS）的方法见本卷第16章］。在许多情况下，便携式仪器更适合这些研究，因为小的探头可以集中在小细节上。手持式仪器的定位通常更困难，并且通常仅适用于分析较大的相对均匀区域。如果涉及不均匀区域或小细节，就无法知道正在研究哪一个，尤其是因为激光斑点大小通常小于亚毫米。此外，手持式仪器通常无法更改物镜，因此工作距离和激光光斑尺寸是固定的。许多手持式光谱仪有一个固定的焦平面，对于仪器接触物体的方法，不适用于分析易碎艺术品。一般来说，在分析艺术品时使用光纤探头更方便，特别是如果有高质量的定位设备。不幸的是，仪器制造商往往很少关注后者，似乎是由实验室自己解决这个问题。

最近，市场上推出了一款新的手持式拉曼光谱仪（Bruker Bravo[19]），在某些文化遗产研究方面可能具有特别的意义[20-22]。该仪器具有至少两个优点：它具有双激光系统和顺序移位激发算法[23,24]。基本上，后者是通过记录具有略微不同激发波长的一系列光谱消除荧光背景的有效方法。然后，将这些光谱相互减去，并通过对曲线拟合谱进行积分重构得到结果谱（一阶导数谱）。此外，使用两个激光记录的光谱也被合并。这种方法在减轻荧光方面非常成功，但在某些情况下谱中会出现伪峰。

用于文化遗产分析的一种非常有前途的拉曼光谱方法是实施SERS。通过使用金属纳米颗粒可以获得强烈的拉曼光谱，这对于研究弱散射物或荧光分子尤其有帮助。该方法最近已进行了广泛的评估[25]。尽管该方法已成功应用于文化遗产研究[26-28]，但直接在艺术品上应用银纳米颗粒通常限制了SERS的应用。大多数SERS研究是在样品上进行的，因为应用银胶会污染文物。最近，手持式拉曼光谱仪用于研究褪色的毛绒笔油墨[29]。该研究小组能够鉴定一系列商业颜料和意大利著名电影导演弗雷德里科·费里尼使用的毛绒笔油墨中的有机染料。为了产生SERS效应，需要在墨水表面留下一滴Ag纳米颗粒。为了避免这种情况，使用尖端增强拉曼光谱（TERS）[30]可能是一种优选方法，尽管目前尚未进行大量研究。它已用于文件上靛蓝和铁栲胶墨水的研究[31]。这种方法在不久的将来可能会在文化遗产研究中发现更多的应用。

另一方面，空间偏移拉曼光谱（SORS）是一种允许检测表面下拉曼信号的技术[32]。该方法基于激光源和分析区之间的空间偏移（请参见本卷第16章）。当转向微型SORS时，可以探测到数微米厚度的层，这已成功应用于文化遗产的研究[33,34]。可以区分3种可能的微型SORS方法：全微型SORS、散焦微型SORS和光纤微型SORS[35-38]。该技术在复绘成像研究和成像实验方面具有潜力[39,40]。已经开发了用于移动SORS实验的探头[41]。最近提出了一种探测底层的有前途的替代方法——频移拉曼光谱（FORS）[42]，它依靠材料在不同光学波长处的不同散射特性。虽然有前途，但光学路径的设置并不简单。

在许多文化遗产材料的研究中，最大限度地减少（风险）损伤同时最大程度地获取信息非常重要，因此通常会同时使用互补的分析方法。拉曼光谱学作为一种分子光谱技术，经常与元素特异性分析方法（例如XRF光谱法）[43-47]相结合。Costantini等人[48]对于使用互补分析技术研究壁画的综述非常好。另一个将拉曼光谱学与其他现场方法相结合的例子是对罗马万神殿珍贵的软木模型的研究[49]。在这种情况下，拉曼光谱学与手持式XRF以及不同的成像技术［大视野照相术、紫外线荧光照相术和计算机断层扫描（CT）］相结合使用，以获取有关该模型中使用的结构和材料的信息。XRF可以确定金属工艺品的元素组成，而拉曼光谱学则用于研究腐蚀的分子基础，这个组合方法在水下考古中的潜力已经得到了清楚的证明[50]。该组合方法经常用于考古遗址上建筑和绘画材料的分析[51,52]，或者在博物馆的场景下[15]。除了与XRF组合使用外，拉曼光谱学还与LIBS[53-56]相结合使用。

22.2.2　傅里叶变换红外光谱

红外反射成像是一种用于绘画中底图或其他层的成像方法[57,58]，通常是一种宽带（非常低分辨率）技术，被应用于博物馆中的整个物体，因此在本章中不再讨论。作为文化遗产研究中的分析/光谱学方法，傅里叶变换红外（FTIR）光谱法经常被使用，但主要是用于研究样品（即物体的一部分）[59,60]。一个自然有机物产品的光谱数据库对文化遗产研究非常重要[61]。最近发表了一篇关于红外光谱法在文化遗产研究中的应用——在实验室和使用移动仪器方面的优秀综述[62]。

在现代化的实验室，红外仪器大多使用傅里叶变换（FT）技术，并需要液氮冷却的探测器。

建立艺术品与光谱仪之间接口的一种方法是使用衰减全反射（ATR）晶体。在这种情况下，ATR晶体与艺术品接触，并引导电磁辐射通过晶体。这种方法已成功应用于当代艺术塑料材料的原位分析[63]。相同的分析方法已用于研究纸质艺术品[64]。尽管取得了一定的成功，但探头和艺术品表面之间的紧密接触似乎阻碍了广泛应用ATR/FTIR的需求。使用镜面反射FTIR的方案被提出作为另一种替代方法，并被证明在照片和其他文化遗产物品的分析中非常成功[65]。

DRIFTS也是一种常用的光谱学方法[66]。近年来，DRIFTS在考古和文化遗产领域的应用越来越多，并且经常使用便携式设备[43]。FORS在考古学研究中的应用频率也在增加，如下列范例所示[67,68]。通过紫外可见光纤反射光谱（UV-Vis-FORS）与荧光光谱学数据相结合，在一本礼仪书的插图中的位置定位了一种罕见的植物提取物颜料叶[67]。DRIFTS光谱学也被用于结合便携式LIBS方法鉴定矿物颜料[69]。本书技术与仪器卷第3章和本卷第11章中介绍了便携式FTIR仪器的应用和运用。

一些研究小组更喜欢关注近红外（NIR）光谱区域。在这些研究中使用NIR光谱学可能很实用，但它的缺点是光谱很难解释，通常需要进行统计处理。在现场使用可见近红外光纤反射光谱（Vis-NIR-FORS）与统计方法相结合的可行性已被成功证明，用于分析修复品[70]。

22.3 原子光谱分析

22.3.1 X射线荧光光谱

使用便携式X射线荧光（XRF）光谱技术进行现场测量的常见用途是颜料鉴定。利用古代到现代历史颜料的广泛记录，往往可以仅通过对元素分析就可以高度自信地确定颜料，如果在研究中还使用了拉曼光谱等分子技术，则可以确定颜料的种类。颜料分析通常仅需要对光谱数据进行定性评估，因此这可以是便携式X射线荧光光谱在文化遗产工作中最简单的应用之一。除了颜料鉴定外，先前的保护措施和环境损坏也常常可以被检测出来。以下描述了几个特别有趣的颜料分析示例，用于考古和文化遗产研究，其他研究可在文献中找到[45,71,72]。

对塞维利亚15世纪皮拉托斯之家的彩色（使用多种颜色）木结构进行了超过50个门和天花板位置的分析[73]，发现了许多颜料混合物，例如含铅的朱砂（硫化汞）和氧化铅、含铁的氧化物和氧化铅、红赭石（氧化铁）与雌黄（一种砷化物矿物，As_2S_3）/雄黄（另一种砷化物矿物，α-As_4S_4，通常与雌黄一起发现）以及朱砂与雄黄混合。文献记录了颜料的环境效应：雌黄向雄黄的光转换；通过与大气中的硫化氢反应形成硫化铅，使某些样品变黑；铜碳酸盐向黑色硫化铜的转化，也是通过与大气中的硫化氢反应发生的。还观察到了现代绿色颜料的重新涂漆使用。在Qunitili别墅废墟上，使用便携式和二维（2D）成像X射线荧光光谱技术分析了塑像、陶器和壁画的颜料[44]。这项研究特别感兴趣的是将完好的壁画与存放在挖掘仓库中的物品进行比较。通过2D成像验证了各种色调的红、棕、黄色颜料，包括含铅的雄黄矿（又称为红铅或四氧化铅），并通过升高的铅和铁元素的检测鉴定赭石。这些数据的比较使研究团队能够将壁画的正确原始位置归入别墅的特定区域。最后，在罗马圣卡里斯托教堂附近的马可、马塞利安和大马士革地下墓穴中，使用多种技术包括便携式X射线荧光光谱技术进行了石棺分析，以试图识别肉眼无法看到的多彩艺术品[68]。地下墓穴的高湿度、低温度和升高的二氧化碳水平对分析者和仪器特别具有挑战性。通过单点XRF光谱法和FORS技术识别了朱砂和白铅，多光谱摄影极大地丰富了分析结果。

　　纸张、羊皮纸和墨水是值得注意的考古学研究领域，近年来只有少数报告。当纸张物体被照明或包含文本和绘画插图以及装饰时，这些研究与上一段讨论的研究存在明显的重叠。墨水与颜料一样具有自己的记录历史，可以与特定的时期和地理位置相关联。一个特别值得注意的研究是由 Aceto 等[67]进行的，为 14 世纪的宝典（礼仪书）创作做出了不同的贡献。通过对 Breviario di San Michele della Chiusa 礼仪书中铁树皮墨水的点分析以及随后的主成分分析（PCA）确定了 6 个不同的手稿，除了两个使用部分或完全不同的墨水外。Breviario 手稿使用的墨水还与其他地区手稿上的墨水进行比较，确定了其中 4 位手稿作者很可能来自修道院之外的抄写室。

　　岩石分析是另一个便携式 XRF 光谱技术的应用领域。在某些情况下，岩石本身是研究的特定重点，例如火山岩用于溯源[74]和用于制作墙镜的黑曜石火山岩[47]。或在其他情况下，岩石材料是带有应用颜料的岩画背景。智利北部阿塔卡马沙漠地区的 6 个场所的岩石材料和岩画作品被鉴定了元素成分[75]。在颜料和石头中均发现了高水平的铁，由此使得颜料自身的鉴定变得具有挑战性。仅在颜料区域而非石头中发现砷，这导致研究者得出的结论是砷存在于颜料黏合剂或稀释剂中，因为砷通常存在于区域水域中。此外还发现了形成外部涂层的石膏（二水合硫酸钙）的化学分解和地下水流动的证据。利用同步辐射和现场 XRF 光谱测量探究了西班牙北部拉加尔马洞穴中的史前绘画调色板[76]。通过 PCA 对半定量结果进行分析，比较同一颜色组中不同绘画单位和画廊中的颜料，以评估绘画的艺术阶段。

　　建筑材料包括灰浆、石材、砖头和瓷砖等。通过便携式技术如 XRF 光谱研究建筑材料，可以实现多种目标，包括定相（确定与同一时间段相关的物体）和识别一个结构内的不同材料类型[77]，记录损伤和表征保护等目标。在西班牙北部巴斯克地区塞古拉村的格瓦拉宫，使用便携式 XRF 光谱连同 DRIFTS 和拉曼光谱进行现场测量，表征了宫殿的起源、损害机制和损害程度[43]。该研究未发现有毒金属污染物。

　　金属，包括镀金（用一层薄薄的金属如金子），是便携式 XPF 光谱的另一个常见应用，然而因金属物体表面常见的腐蚀层和污染物也带来挑战（有关便携式 XRF 光谱分析金属的详细讨论请参见本卷第 19 章）。在之前讨论的 Casa de Pilatos 的研究中[73]，研究者还检查了一些金属鎏金部位，并确定一些是金器，而另一些则是铜/锌黄铜合金或铜/锌/铅青铜合金。Mazzinghi 等[78]专注于对佛罗伦萨圣马可多明尼加修道院的 Crocifissione con Santi 镀金进行研究。由于表面裂缝和正确识别原始区域与先前的保护措施之间的差异，对 5 个光环的点分析数据的解释存在挑战。K_α/K_β 和 L_α/L_β 比值被用来评估信号深度，其中比值越高表示层越浅。确定了制备和镀金层以及近似镀金厚度。最后，考古炉渣（在提炼过程中分离出来的废弃物）通过便携式 XRF 光谱学进行制备和分析，以更好地了解原始矿石来源和生产技术，例如技术选择和燃料来源[79]。使用内部校准标准生成半定量结果。通过现场分析确定的分组结果与先前采集的电感耦合等离子体原子发射光谱（ICP-AES）数据的结论一致。

22.3.2　激光诱导击穿光谱

　　相对于较为成熟的元素分析技术——XRF 光谱，激光诱导击穿光谱（LIBS）在现场考古中的应用较少。这可能是由于商用便携式和手持式 LIBS 仪器面世比较晚，这在本书技术与仪器卷 Day 的第 13 章中有描述。考虑到其分析时间更短和在现场考察期间采集更多数据的潜力，如果其被接受作为文化遗产工作可靠的技术，尽管其具有微型破坏性，LIBS 的使用可能会在未来几年增加。还需要注意的是，便携式 XRF 光谱仪不能用于低原子序数元素（通常比硅轻），但是

LIBS在这些元素方面表现良好。

如前一节所述，颜料的元素分析在文化遗产研究中很常见，近年来也有一些包括LIBS技术在内的多技术研究进行颜料表征。其中一个值得注意的应用是在克里特岛的农村教堂中分析彩绘雕刻石门框[54]。基于视觉颜色、存在的特定元素以及与拉曼数据（如果可能的话）相配对和验证的谱线强度的快速评估可以确定颜料的种类。在这项研究中尤其值得注意的是铬的存在，它只能在第一次激光脉冲中检测到，但在后续脉冲中无法检测到，这很可能是由于铬黄（二氧化铬铅）仅以薄层形式涂在上面，或者与铬有关的现代修复胶黏剂所致。与此前在本章中提到的拉曼光谱类似，LIBS和拉曼光谱也被用于表征庞贝古城的两幅壁画[47]。首先，验证了壁画上的特定颜料，如红土和黄土，以及黏合剂材料为碳酸钙。该研究的第二个方面是探究壁画特定的环境损害途径，例如在壁画表面上的白色结壳被确定为黏合剂的溶解/重结晶。在庞贝，还发现了两面墙镜，采用多技术方法（同时包括LIBS、拉曼光谱和XRF光谱）进行研究，同时用于鉴定镜子材料，并更好地了解环境损害[46]。LIBS结果得到了拉曼结果的支持，最后得出结论：该镜子的基质是黑曜岩火成岩石。在镜子上的白色结壳中检测出的钙和硫来自一种填充材料，其中包含石膏，并可能经历了淋滤/再结晶过程。黄色结壳则被确定为含有赭石的铁氧化氢矿物和石膏混合而成，是由不同类型的填充灰浆中的铁引起的。

Senesi等人成功地通过LIBS对建筑材料（如石灰石）进行表征和激光清洗[80]。意大利巴里的Svevo城堡入口大门显示出环境污染的证据，如黑色结壳、裂纹、剥落（水分进入材料形成的裂纹）、腐蚀和断裂。通过LIBS检测评估了3种不同的清洗程序，最终优化了清洗程序。此外，检测到的元素被确定与土壤和灰尘沉积以及大气污染有关。

LIBS也被应用于极端环境考古，用于水下考古沉船元素表征。开发了一种多脉冲LIBS，其手持探头和主单元与长脐带连接，可在深度达50 m的水下作业[81]。通过输送气体可从样品表面去除水分。在按照既定的方案去除金属大炮的固结层（最外层）后，一名训练有素的潜水员使用手持探头在5个相邻位置采集100个点的分析结果。铁被确定为大炮的主要元素成分；通过缺乏钙和镁信号验证了固结层的有效去除。同一小组的后续工作涉及开发和成功应用线性判别分析方法根据类型对在沉船中发现的材料进行分类——合金、金属、陶瓷或大理石[82]。

22.3.3 其他分析方法

光谱荧光法[66]：一种能够进行高光谱成像的激光诱导荧光系统，被用于在地下墓穴中的壁画上识别之前的修复区域[45]。集合了多种光谱摄影技术，包括紫外荧光、可见光诱导发光、近红外和红外伪彩色，用于在石棺上定位微量颜料和先前的保护处理[67]。

22.4 案例研究：通过便携式X射线荧光光谱技术对意大利翁布里亚大区蒙泰鲁布利亚利奥的多相石塔进行表征

22.4.1 考古环境

自2006年起，圣安瑟姆学院的教职员工和学生在意大利翁布里亚地区的科里利亚

（Coriglia），对卡斯特尔维斯卡多考古遗址进行了挖掘，该项目由翁布里亚考古物管理和奥尔维耶托考古与环境公园赞助。此前该研究组在科里利亚进行的考古材料性质研究包括对砂浆[83]、壁画颜料[84]玻璃[85]及地暖和地砖[86]的研究。

蒙泰鲁布利亚利奥（Monteru-biaglio）位于科里利亚以南一个重要的山丘上。圣安瑟姆学院挖掘队的成员每天都会前往蒙泰鲁布利亚利奥休息用午餐，并对城镇进行非正式的探索。多年来，城镇和挖掘参与者之间建立了友好的关系。这项研究的重点是城镇广场上的一座石塔，如图22.1所示。照片中可以看到设备和一名研究人员正在采集数据。通过目视检查，发现该塔有两个建造阶段，一个对应于塔的下部从基座到垂直方向约75 cm的部分，另一个从约75 cm开始到塔的完整高度。考虑到蒙泰鲁布利亚利奥靠近科里利亚，该塔的下部建筑阶段可能与科里利亚的建筑有关。本研究提出了两个目标：①通过化学分析验证该

图22.1   蒙泰鲁布利亚利奥的多相石塔

塔有两个建造阶段；②探索下部建筑阶段是否与科里利亚的建筑有关。这两个目标都是利用便携式XRF光谱分析砂浆元素组成和对结果数据进行统计评估实现的。

22.4.2   城镇和塔楼

这座塔是蒙纳尔德斯基·德拉切尔瓦拉家族从809年至1698年期间拥有的城堡的一部分。这座塔从809年开始被载入在册，具体文件保存在奥尔维耶托市蒙纳尔德斯基家族的档案中。在蒙纳尔德斯基家族的统治下，这座塔被修复了29次，所有的修复都表明外角（墙角的砌块）和窗户周围都有重新定位的迹象。记录表明，该塔的底部在809年是完好的，被认为是一座不确定年代的古罗马塔楼。该塔最大规模的修复是在1299年报道的，当时Cardinal Theudoric接收了该塔作为他的遗产的一部分，在塔的基座中修建了一道防御墙，并对其上部进行了修改，使其能够承受炮击。他还扩展了塔基底下的广场（"fundò la torre de Monterubialio"），这表明这是在罗马时期在下部分的塔的基础结构上进行了加工。这座塔一直没动过，直到1589年进行了一些不确定的维修。然后该塔和城堡转到了现在这个家族手中，其档案对公众不开放。其历史的下一个重大事件是在第二次世界大战期间，盟军在1944年沿着帕利亚和提伯河谷进攻时轰炸了城堡，它的防御墙、城堡本身以及塔的上部都受到了严重的破坏，但下部分仍保持完好。

22.4.3   方法

22.4.3.1   便携式X射线荧光光谱

本研究的XRF数据分两个阶段收集：第一阶段是对塔的北侧和西侧的上部塔砂浆和下部塔砂

浆进行分析；第二阶段是对塔的北侧和西侧的上部塔砂浆和下部塔砂浆进行重复分析，并对科里利亚和圣安萨诺（Sant'Ansano）挖掘现场的砂浆进行分析。圣安萨诺是我们研究团队研究的另一个挖掘现场，位于科里利亚以北3 km处。第一阶段使用了Bruker AXS Tracer Ⅲ-SD（华盛顿州肯纳威克）便携式能量色散XRF光谱仪进行分析；第二阶段使用了Bruker AXS Tracer Ⅲ-Ⅴ（华盛顿州肯纳威克）便携式能量色散XRF光谱仪进行分析。两款仪器均采用Rh靶X射线管激发源，最大电压为40 kV，椭圆形光斑尺寸约为3 mm × 4 mm。Tracer Ⅲ-SD具有10 mm²的X-Flash硅漂移检测器，而Tracer Ⅲ-Ⅴ具有Si-PIN二极管检测器（有关这些仪器的X射线源和检测器的详细信息请参见技术与仪器卷第18章和第19章）。两款仪器在现场使用可充电锂离子电池和笔记本电脑进行仪器控制和数据存储。使用Tracer Ⅲ-SD的仪器条件和数据采集设置如下：每个位置的荧光信号采集时间为120s，每个位置进行3次重复分析，40 kV X射线管电能，2 μA管电流，由铜（0.006）、钛（0.001）和铝（0.12）组成的Bruker绿色滤波器。使用Tracer Ⅲ-Ⅴ的仪器条件和数据采集设置如下：每个位置的荧光信号采集时间为180s，每个位置进行2次重复分析，40 kV X射线管电能，8.0 μA管电流，由钛（0.001）和铝（0.012）组成的Bruker黄色滤波器。

22.4.3.2　质量控制和数据评估

每种砂浆类型和数据集内的定期分析前，都会先分析3种质量控制材料，即NIST SRM 1881a波特兰水泥、NIST SRM 1886a波特兰水泥和一份碳酸钙样品。检查控制材料数据，以评估仪器信号随时间的变化情况，观察到最小偏移。光谱数据以.pdz文件形式导出，并使用Bruker S1P XRF软件进行实时校正，然后导出为单独的.txt文件。使用Microsoft Excel宏从这些单独的.txt文件创建每个该研究阶段的电子表格。从这些电子表格中导入数据至The Unscrambler X多元数据分析软件（Camo Software, Woodbridge, NJ）进行评估，主要包括转置、导数化和主成分分析（PCA）。

22.4.3.3　原位数据采集

对于每次分析，都会在石塔砂浆上找到平坦光滑的采样位置，这些位置比分析仪器的光斑尺寸要大。对于上部塔砂浆，可以在砂浆中使用视觉观察到小颗粒，因此应避免在这些位置进行采样，以提高各采样位置之间的精度。采样位置用塑料刷清理，以去除散落的杂质。如有必要，用镊子刮除苔藓或其他污染物，然后再次清洗。选择的采样位置会被标上箭头，如图22.2（a）所示为下部塔砂浆示意图，图22.2（b）所示为上部塔砂浆示意图，并进行数字拍照，以记录工作过程。

(a)　　　　　　　　　　　　　　　　(b)

图22.2　（a）标有箭头的下部塔砂浆分析位置；（b）上部塔砂浆分析位置

每次分析时，需要记录有关每个采样位置的垂直和水平距离、GPS位置和数字图片编号等详细信息，这些信息会被记录在绑定器中的数据采集表中。将仪器窗口对准清洁的采样位置，保持手握仪器平稳，使用XRF仪器进行信号收集。然后将XRF数据文件名记录在数据表上，进行下一个分析位置的分析。还针对早期"方法"部分中提到的3种质量控制材料采集数据。这些分析在每组数据（通常为3～4h的现场工作）之前进行，至少在分析过程中进行一次，以及在数据集采集结束时进行，以确保所有砂浆数据都被包括；然后检查控制材料数据，确保数据有效性。有关这项研究使用的现场数据采集协议的其他详细信息已经在其他地方报道[87]。

本研究对石塔的两个面进行了分析，一个面向北面科里利亚挖掘遗址，另一个面向西面。在北面，对下部塔砂浆进行了12个位置的分析，同时对上部塔砂浆也进行了12个位置的分析。在西面，对下部塔砂浆进行了5个位置的分析，同时对上部塔砂浆也进行了5个位置的分析。由于物理空间限制，选择的位置较少。正如前面所述，每个位置都进行了3次分析，这提供了每种砂浆类型的51个分析，总共进行了102个分析。

在第二阶段，对石塔砂浆进行了再分析，以验证第一阶段的结果。在北面和西面各检查了下部塔砂浆6个分析位置和上部塔砂浆6个位置，有24个位置进行了重复检测，总共进行了48次分析。第二阶段还对科里利亚和圣安萨诺挖掘遗址的墙体砂浆进行了分析，将下部塔砂浆数据与之比较。在圣安萨诺，对东侧后殿进行了18个位置的分析，对西侧后殿进行了13个位置的分析，总共有31个位置和62次分析。在科里利亚，检查了来自5个不同掘进区（考古学术语，用于指定遗址中的一个挖掘区域）的13个不同的墙体砂浆示踪物（考古学术语，用于指定遗址中独有的已记录的特征），这提供了总共55个位置和110个分析。

22.4.4　结果和讨论

研究石塔的第一阶段数据是在两个不同的日子采集的，每个石塔面各用1天时间。为了确保在完整数据集中没有引入日常偏差或石塔面偏差，首先将光谱数据评估为4个单独的数据集——北侧下部（NL）、北侧上部（NU）、西侧下部（WL）和西侧上部（WU）。使用基于完全交叉验证的PCA，对光谱数据进行了中心化和无加权处理，并提供了图22.3。前3个主成分（PC）解释

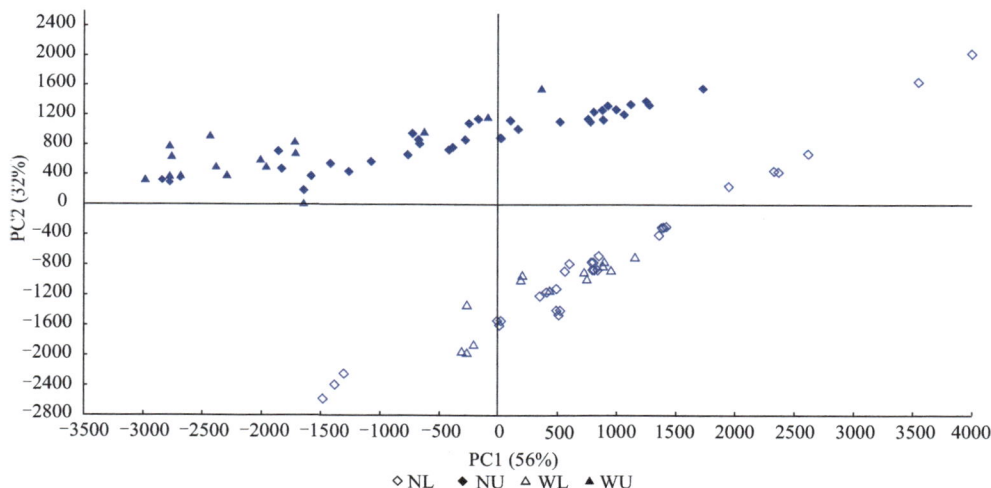

图22.3　在北塔面和西塔面上的上下部砂浆的XRF光谱数据得分图

了91.7%的方差，其中2个下部塔砂浆数据集（空心符号）明显重叠，2个上部塔砂浆数据集（实心符号）也一样。对得分图的仔细检查还显示北面数据（菱形）和西面数据（三角形）也均匀地分布在下部聚类和上部聚类中，表明没有发生基于墙体暴露于风化的元素差异。

对于这个PCA模型的载荷图的检查表明，PC1与Sr、Rb和Zr含量的差异有关，PC2与Mn、Fe、Cu和Zn的差异有关，PC3与Ca差异有关。这些差异可以在图22.4的重叠光谱图中很容易地观察到。下部塔砂浆的Ca信号明显高于上部塔砂浆，而上部塔砂浆的Fe信号略高，并且Sr、Rb和Zr的信号明显更高。

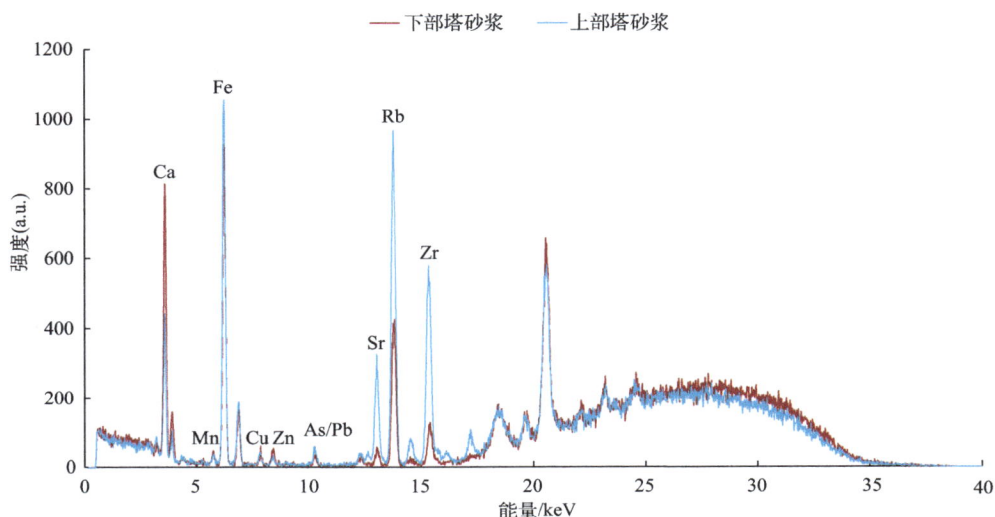

图22.4 下部塔砂浆和上部塔砂浆的高压XRF光谱。横坐标表示能量值，纵坐标表示含量。红线代表下部塔砂浆，蓝线代表上部塔砂浆

然后，对下部塔砂浆和上部塔砂浆的光谱峰面积进行了重复的双向方差分析（ANOVA）。计算中包括Ca、Cu、Fe、Mn、Pb、Rb、Sr、Zn和Zr的峰面积。在两种砂浆的重复测量中，发现在95%置信度水平下存在显著差异（F_{crit} = 7.13，F_{table} = 3.85），32个自由度被表示。从第二阶段的塔重新分析得到的得分图与图22.3非常相似，并提供了与第一阶段研究所得出的相同结论，因此证明了我们的数据采集和分析方法的可重复性。

22.4.4.1 将这项研究与古代灰泥的知识联系起来

正如之前的研究者所指出的[88-92]，古代砂浆基于地理位置、应用和时期展现出了非常多样的成分，因此在这座塔的下部砂浆和上部砂浆中观察到的元素差异并不令人惊讶。砂浆是由黏合剂和骨料混合而成的，具体组成取决于所需砂浆的特性，其中可能还包括其他添加物。黏合剂、骨料和其他材料的选择和来源，以及它们在最终产品中的相对比例，都对砂浆整体元素组成的变化做出了贡献。在大约200年前的砂浆中使用的3种常见的黏合剂类型是泥、石膏和石灰。欧洲古代的砂浆通常是以石灰为基础的[88,93]。在古代砂浆中使用的骨料材料通常是砂和碎石，由于原材料来源的可变性，其组成多种多样。添加天然的硅质或硅铝质材料（如火山灰）可以赋予砂浆水泥性质[94-96]。对砂浆的化学表征通常用于年龄和地区研究以及保护工作[91,93,97-103]。

钙是砂浆中的主要成分，以方解石、白云石和石膏等各种形式存在[83]，并可能占元素组成的26%～51%（以CaO计）[104-107]。下部塔砂浆的高钙信号表明，上部塔砂浆中使用的非含钙材

料量更高，可能用作填充剂。这与我们对上部塔砂浆中小颗粒的视觉观察是一致的。两种砂浆中其他有显著差异的元素是 Sr、Rb 和 Zr。Sr 和 Rb 与岩石侵蚀产生的碎屑物质（添加为砂浆的骨料）有关，而 Zr 与泥质（细粒沉积岩）物质有关[100]。

22.4.4.2   将下部塔砂浆与科里利亚砂浆进行比较

科里利亚挖掘遗址是一个多阶段的遗址，始于公元前 9 世纪作为铁器时代定居点，并根据货币考古学证据一直持续到公元 17 世纪。蒙泰鲁布利亚利奥塔的下部很可能是与科里利亚的某些部分同时期建造的，特别是自 2006 年以来发现的一些墙壁。建立科里利亚遗址与蒙泰鲁布利亚利奥塔之间的关系对我们的研究尤为重要，因为它将证实当时该地区人民之间的互动关系。

对于下部塔砂浆和科里利亚砂浆，对中心化和没有使用数据加权的光谱进行了基于全交叉验证的 PCA 分析。在前 3 个主成分中，PCA 解释了 92.4% 的方差。在图 22.5 呈现的得分图中观察到显著重叠，因此表明这两个地点的砂浆之间存在相似性。正如在石塔砂浆研究的第一阶段中观察到的，与方差相关的元素是 Ca、Fe、Sr、Rb、Cu、Zn、Zr 和 Mn。科里利亚数据点的广泛分布并不奇怪，因为本研究中检查的墙体砂浆可能涵盖了建造约 400 年时间跨度的结构，所以预计具有相当大的成分变化。下部塔砂浆数据点显然分布在科里利亚数据点的相当一部分中，允许我们得出这两个地点之间存在关联的结论。

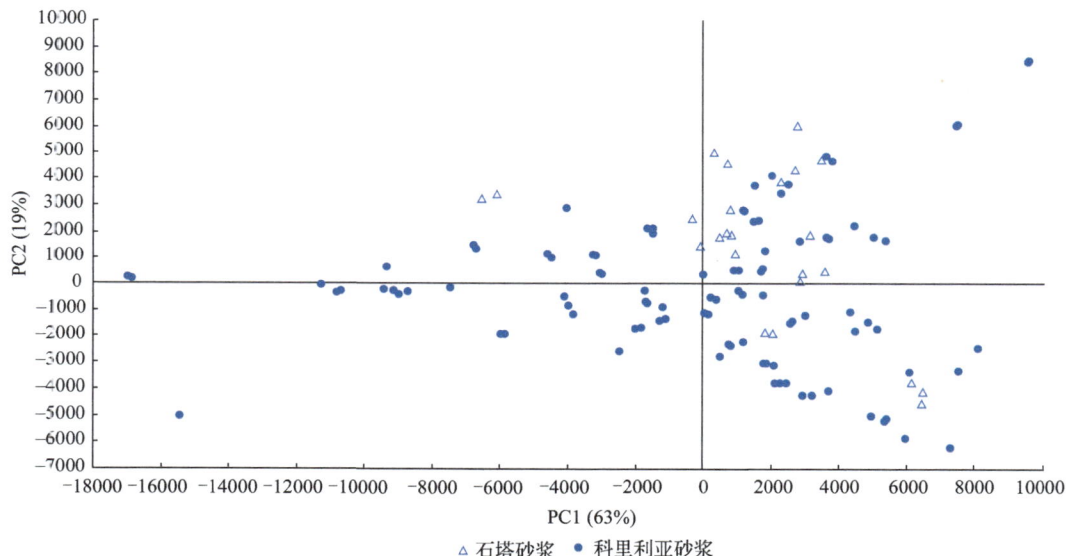

图 22.5   科里利亚下部塔砂浆和墙体砂浆的 XRF 光谱数据得分图

22.4.4.3   比较下部塔砂浆和圣安萨诺砂浆

圣安萨诺（Sant'Ansano）考古遗址于 2013 年首次被我们的团队探索，该遗址由两个半圆形结构组成，属于一座崩塌的教堂的一部分。我们对下部塔砂浆和圣安萨诺半圆形结构砂浆进行了比较。对中心化和没有使用数据加权的光谱进行了基于全交叉验证的 PCA 分析，并在图 22.6 中提供。PCA 模型在前 3 个主成分中解释了 96.0% 的方差，其元素与先前提到的相同。大多数圣安萨诺砂浆和石塔砂浆数据点分别聚集在一起，尽管一些数据点似乎是此趋势的离群值并与其他组重叠。

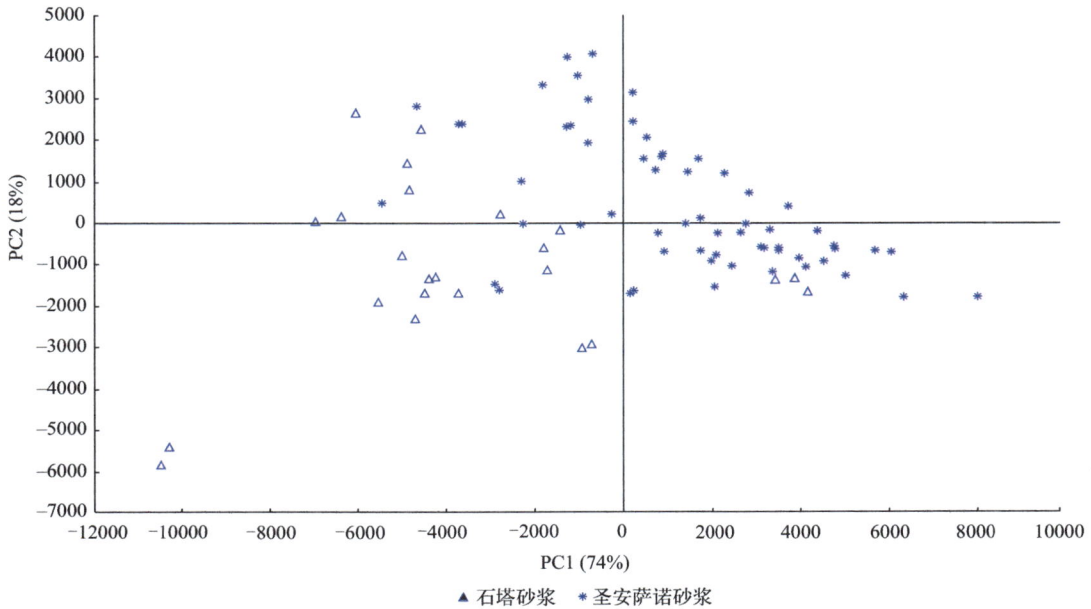

图22.6　下部塔砂浆和圣安萨诺砂浆的XRF光谱数据得分图

22.4.5　考古意义

这些证据允许我们得出关于科里利亚遗址的几个有用结论，并为这项研究所处的更大世界提供实用见解。根据分析的数据，现在可以说与科里利亚遗址相关的罗马人居住区从山顶一直延伸到遗址本身。虽然这可能不是连续的定居点（需要进一步挖掘才能证实这种说法），但可以得出结论是同时在两个地点进行了建造，使用了从相同来源产生的砂浆且混合方式相同。这表明两个地点使用了相同的工人，两个地方在开采相同的资源，建筑项目在相对较短的时间内进行。此外，蒙泰鲁布利亚利奥下部塔的建造与科里利亚遗址主要保留的墙的建造密切相关，这表明可能有一项涵盖整个山坡的建造计划。这表明，考古遗址的主要特征的建造比以前认为的更有目的性，是一个更大计划的一部分，为未来的挖掘季节提供了一个新的研究领域。

上部塔砂浆与圣安萨诺砂浆之间的差异也可以很容易地置于对该地区的假设范围内。由于这两个遗址被流经这两座山的宽阔山谷的Paglia河分开，我们一直认为这两个遗址是不同影响范围的一部分。这些结果表明，尽管两个遗址距离很近，但每个遗址使用的砂浆制作方式和来源都不同。正如我们对这个时期的预期，这两个遗址在建筑项目和资源开发方面是独立运作的。这可以通过地理提供的自然屏障和该地区的居住趋势解释。正如科里利亚的挖掘所揭示的那样，在公元前6世纪后，山坡的居住开始受到限制，并向山顶退却，这在此期间和上部塔的建造时期以及圣安萨诺半圆形结构建造时期，也反映了其他更广泛的区域趋势，这将资源集中于内部而不是外部，正如不同类型的砂浆所显示的那样。

通过使用便携式光谱仪器，本研究获得的证据使我们得以确认所涉及位置的几个假设。事实上，它使我们确认了蒙泰鲁布利亚利奥居民的文化记忆是正确的，他们称其城镇中心的塔为罗马塔。此研究还在确认对科里利亚遗址及其整个地区的大趋势方面提供了有效证据，同时也为未来更详细地研究问题提供了机会。

22.5   结语

此概述旨在强调便携式光谱技术在推进现场考古学家和文化遗产研究人员所进行的工作方面的影响。通过应用无损和非破坏性的分析方法，人们获得了大量信息，同时也保护了这些宝贵的文化遗产。正如先前提到的[1]，拉曼光谱仪和XRF光谱仪仍然是最常用的技术。然而，随着更多商用便携式仪器的推出，LIBS技术正在获得更多应用。毫无疑问，随着新的便携式仪器的出现、其功能还无法想象，未来将取得更大的进步。当我们更好地了解它们背后的化学成分时，被研究对象的美感就会得到更高程度的欣赏。

致谢

本章介绍的案例研究数据是由学生安东尼·德斯蒙德和布雷德利·邓肯在意大利奥尔维耶托附近的圣安瑟姆学院实地学校项目中，在马赛亚·塔曼哈、凯瑟琳·朗尼、邦妮·艾特和史蒂夫·萨诺等学生的协助下采集的。该项目由 David B. George 博士主持。我们要感谢 Bruker AXS 公司提供本研究所使用的便携式 XRF 仪器的借贷。我们还要感谢 Claudio Bizzarri、Cody Barnett 以及地中海考古研究所对我们的考古材料研究的持续支持。最后，William H. Ramundt（布法罗大学）对将 XRF 结果与考古学场所联系起来做出了重要贡献。

缩略语

ANOVA	analysis of variance	方差分析
ATR	attenuated total reflection	衰减全反射
CT	computed tomography	计算机断层扫描
DRIFTS	diffuse reflectance infrared Fourier transform spectroscopy	漫反射红外傅里叶变换光谱
FORS	fibre optic reflectance spetroscopy	光纤反射光谱
	frequency offset Raman spectroscopy	频移拉曼光谱
GPS	global positioning system	全球定位系统
ICP-AES	inductively coupled plasma-atomic emission spectroscopy	电感耦合等离子体原子发射光谱
PC	principal component	主成分
PCA	principal component analysis	主成分分析
SERS	surface enhancement of Raman scattering	表面增强拉曼光谱
SORS	spatially offset Raman spectroscopy	空间偏移拉曼光谱
TERS	tip-enhanced Raman spctroscopy	尖端增强拉曼光谱

参考文献

[1] Vandenabeele, P. and Donais, M.K. (2016). Mobile spectroscopic instrumentation in archaeometry research. *Applied Spectroscopy* 70 (1): 27-41.

[2] Vandenabeele, P., Edwards, H.G.M., and Moens, L. (2007). A decade of Raman spectroscopy in art and archaeology. *Chemical Reviews (Washington, DC, United States)* 107 (3): 675-686.

[3] Clark, R.J.H. (1995). Raman microscopy: application to the identification of pigments on medieval manuscripts. *Chemical Society Reviews* 24 (3): 187-196.

[4] Vandenabeele, P., Wehling, B., Moens, L. et al. (1999). Pigment investigation of a late-medieval manuscript with total reflection X-ray fluorescence and micro-Raman spectroscopy. *The Analyst* 124 (2): 169-172.

[5] Vandenabeele, P., Verpoort, F., and Moens, L. (2001). Non-destructive analysis of paintings using Fourier transform Raman spectroscopy with fibre optics. *Journal of Raman Specroscopy* 32 (4): 263-269.

[6] Vandenabeele, P., Weis, T.L., Grant, E.R., and Moens, L.J. (2004). A new instrument adapted to in situ Raman analysis of objects of art. *Analytical and Bioanalytical Chemistry* 379 (1): 137-142.

[7] Vandenabeele, P., Edwards, H.G.M., and Jehlicka, J. (2014). The role of mobile instrumentation in novel applications of Raman spectroscopy: archaeometry, geosciences, and forensics. *Chemical Society Reviews* 43 (8):2628-2649.

[8] Casadio, F., Daher, C., and Bellot-Gurlet, L. (2016). Raman spectroscopy of cultural heritage Materials: overview of applications and new frontiers in instrumentation, sampling modalities, and data rocessing. *Topics in Current Chemistry* 374 (5): 62.

[9] Colomban, P., Lu, T.-A., and Milande, V. (2018). Non-invasive on-site Raman study of blue-decorated early soft-paste porcelain: the use of arsenic-rich (European) cobalt ores - comparison with huafalang Chinese porcelains. *Ceramics International* 44 (8): 9018-9026.

[10] Rousaki, A., Vargas, E., Vázquez, C. et al. (2018). On-field Raman spectroscopy of patagonian prehistoric rock art: pigments, alteration products and substrata. *TrAC, Trends in Analytical Chemistry* 105: 338-351.

[11] Prieto-Taboada, N., Fdez-Ortiz de Vallejuelo, S., Veneranda, M. et al. (2018). Study of the soluble salts formation in a recently restored house of Pompeii by in-situ Raman spectroscopy. *Scientific Reports* 8 (1): 1613.

[12] Arjonilla, P., Ayora-Cañada, M.J., Rubio Domene, R. et al. (2019). Romantic restorations in the Alhambra monument: spectroscopic characterization of decorative plasterwork in the Royal Baths of Comares. *Journal of Raman Spectroscopy* 50 (2): 184-192.

[13] Arjonilla, P., Domínguez-Vidal, A., de la Torre López, M.J. et al. (2016). In situ Raman spectroscopic study of marble capitals in the Alhambra monumental ensemble. *Applied Physics A* 122 (12): 1014.

[14] Veneranda, M., Aramendia, J., Gomez, O. et al. (2017). Characterization of archaeometallurgical artefacts by means of portable Raman systems: corrosion mechanisms influenced by marine aerosol. *Journal of Raman Spectroscopy* 48 (2): 258-266.

[15] Lauwers, D., Candeias, A., Coccato, A. et al. (2016). Evaluation of portable Raman spectroscopy and handheld X-ray fluorescence analysis (hXRF) for the direct analysis of glyptics. *Spectrochimica Acta A* 157: 146-152.

[16] Jehlička, J., Culka, A., Bersani, D., and Vandenabeele, P. (2017). Comparison of seven portable Raman spectrometers: beryl as a case study. *Journal of Raman Spectroscopy* 48 (10): 1289-1299.

[17] Rousaki, A., Costa, M., Saelens, D. et al. (2019). A comparative mobile Raman study for the on field analysis of the Mosaico de los Amores of the Cástulo Archaeological Site (Linares, Spain). *Journal of Raman Spectroscopy*: 1-11. https://doi.org/10.1002/jrs.5624.

[18] Lauwers, D., Hutado, A.G., Tanevska, V. et al. (2014). Characterisation of a portable Raman spectrometer for in situ analysis of art objects. *Spectrochimica Acta A* 118: 294-301.

[19] Bruker (Billerica, MA). Bravo handheld Raman spectrometer. https://www.bruker.com/products/infrared-nearinfrared-and-raman-spectroscopy/raman/bravo/overview.html (accessed 15 November 2020).

[20] Conti, C., Botteon, A., Bertasa, M. et al. (2016). Portable sequentially shifted excitation Raman spectroscopy as an innovative tool for in situ chemical interrogation of painted surfaces. *The Analyst* 141 (15): 4599-4607.

[21] Culka, A. and Jehlička, J. (2019). A database of Raman spectra of precious gemstones and minerals used as cut gems obtained using portable sequentially shifted excitation Raman spectrometer. *Journal of Raman Spectroscopy* 50 (2): 262-280.

[22] Culka, A. and Jehlička, J. (2019). Identification of gemstones using portable sequentially shifted excitation Raman spectrometer and RRUFF online database: a proof of concept study. *The European Physical Journal Plus.* 134 (4): 130.

[23] Culka, A. and Jehlička, J. (2018). Sequentially shifted excitation: a tool for suppression of laser-induced fluorescence in

mineralogical applications using portable Raman spectrometers. *Journal of Raman Specroscopy* 49 (3): 526-537.

[24] Shreve, A.P., Cherepy, N.J., and Mathies, R.A. (1992). Effective rejection of fluorescence interference in Raman spectroscopy using a shifted excitation difference technique. *Applied Spectroscopy* 46 (4): 707-711.

[25] Analytical Methods Committee AN (2017). Surface-enhanced Raman spectroscopy (SERS) in cultural heritage. *Analytical Methods* 9 (30): 4338-4340.

[26] Cesaratto, A., Leona, M., and Pozzi, F. (2019). Recent advances on the analysis of polychrome works of art: SERS of synthetic colorants and their mixtures with natural dyes. *Frontiers in Chemistry* 7: 105.

[27] Fazio, A.T., López, M.M., Temperini, M.L.A., and de Faria, D.L.A. (2018). Surface enhanced Raman spectroscopy and cultural heritage biodeterioration: Fungi identification in earthen architecture from Paraíba Valley (São Paulo, Brazil). *Vibrational Spectroscopy* 97: 129-134.

[28] Shabunya-Klyachkovskaya, E.V., Kulakovich, O.S., and Gaponenko, S.V. (2019). Surface enhanced Raman scattering of inorganic microcrystalline art pigments for systematic cultural heritage studies. *Spectrochimica Acta A* 222: 117235.

[29] Saviello, D., Di Gioia, A., Turenne, P.-I. et al. (2019). Handheld surface-enhanced Raman scattering identification of dye chemical composition in felt-tip pen drawings. *Journal of Raman Specroscopy* 50 (2): 222-231.

[30] Meyer, R., Yao, X., and Deckert, V. (2018). Latest instrumental developments and bioanalytical applications in tip-enhanced Raman spectroscopy. *TrAC, Trends in Analytical Chemistry* 102: 250-258.

[31] Kurouski, D., Zaleski, S., Casadio, F. et al. (2014). Tip-enhanced Raman spectroscopy (TERS) for in situ identification of indigo and iron gall ink on paper. *Journal of the American Chemical Society* 136 (24): 8677-8684.

[32] Matousek, P., Clark, I.P., Draper, E.R.C. et al. (2005). Subsurface probing in diffusely scattering media using spatially offset Raman spectroscopy. *Applied Spectroscopy* 59 (4): 393-400.

[33] Botteon, A., Colombo, C., Realini, M. et al. (2018). Exploring street art paintings by microspatially offset Raman spectroscopy. *Journal of Raman Specroscopy* 49 (10): 1652-1659.

[34] Conti, C., Colombo, C., Realini, M., and Matousek, P. (2015). Subsurface analysis of painted sculptures and plasters using micrometre-scale spatially offset Raman spectroscopy (micro-SORS). *Journal of Raman Specroscopy* 46 (5): 476-482.

[35] Conti, C., Colombo, C., Realini, M. et al. (2014). Subsurface Raman analysis of thin painted layers. *Applied Spectroscopy* 68 (6): 686-691.

[36] Conti, C., Realini, M., Colombo, C., and Matousek, P. (2015). Comparison of key modalities of micro-scale spatially offset Raman spectroscopy. *The Analyst* 140 (24): 8127-8133.

[37] Matousek, P., Conti, C., Realini, M., and Colombo, C. (2016). Micro-scale spatially offset Raman spectroscopy for non-invasive subsurface analysis of turbid materials. *The Analyst* 141 (3): 731-739.

[38] Vandenabeele, P., Conti, C., Rousaki, A. et al. (2017). Development of a fiber-optics microspatially offset Raman spectroscopy sensor for probing layered materials. *Analytical Chemistry* 89 (17): 9218-9223.

[39] Botteon, A., Conti, C., Realini, M. et al. (2017). Discovering hidden painted images: subsurface imaging using microscale spatially offset Raman spectroscopy. *Analytical Chemistry* 89 (1): 792-798.

[40] Rousaki, A., Botteon, A., Colombo, C. et al. (2017). Development of defocusing micro-SORS mapping: a study of a 19th century porcelain card. *Analytical Methods* 9 (45): 6435-6442.

[41] Realini, M., Botteon, A., Conti, C. et al. (2016). Development of portable defocusing micro-scale spatially offset Raman spectroscopy. *The Analyst* 141 (10): 3012-3019.

[42] Sekar, S.K.V., Mosca, S., Farina, A. et al. (2017). Frequency offset Raman spectroscopy (FORS) for depth probing of diffusive media. *Optics Express* 25 (5): 4585-4597.

[43] Gomez-Laserna, O., Arrizabalaga, I., Prieto-Taboada, N. et al. (2015). In situ DRIFT, Raman, and XRF implementation in a multianalytical methodology to diagnose the impact suffered by built heritage in urban atmospheres. *Analytical and Bioanalytical Chemistry* 407 (19): 5635-5647.

[44] Alberti, R., Crupi, V., Frontoni, R. et al. (2017). Handheld XRF and Raman equipment for the in situ investigation of Roman finds in the Villa dei Quintili (Rome, Italy). *Journal of Analytical Atomic Spectrometry* 32 (1): 117-129.

[45] Almaviva, S., Fantoni, R., Colao, F. et al. (2018). LIF/Raman/XRF non-invasive microanalysis of frescoes from St. Alexander

catacombs in Rome. *Spectrochimica Acta, Part A: Molecular and Biomolecular Spectroscopy* 201: 207-215.

[46] Veneranda, M., Fdez-Ortiz de Vallejuelo, S., Prieto-Taboada, N. et al. (2018). In-situ multi-analytical characterization of original and decay materials from unique wall mirrors in the House of Gilded Cupids, Pompeii. *Heritage Science* 6 (1): 40.

[47] Veneranda, M., Prieto-Taboada, N., Fdez-Ortiz de Vallejuelo, S. et al. (2018). In-situ multianalytical approach to analyze and compare the degradation pathways jeopardizing two murals exposed to different environments (Ariadne House, Pompeii, Italy). *Spectrochimica Acta A* 203: 201-209.

[48] Costantini, I., Castro, K., and Madariaga, J.M. (2018). Portable and laboratory analytical instruments for the study of materials, techniques and environmental impacts in mediaeval mural paintings. *Analytical Methods* 10 (40): 4854-4870.

[49] Rousaki, A., Pincé, P., Lycke, S. et al. (2019). In situ and laboratory analysis on the polychromy of the Ghent Pantheon cork model by Antonio Chichi. *The European Physical Journal Plus*. 134 (8): 375.

[50] Estalayo, E., Aramendia, J., Matés Luque, J.M., and Madariaga, J.M. (2019). Chemical study of degradation processes in ancient metallic materials rescued from underwater medium. *Journal of Raman Specroscopy* 50(2): 289-298.

[51] Miriello, D., Bloise, A., Crisci, G.M. et al. (2018). Non-destructive multi-analytical approach to study the pigmentsof wall painting fragments reused in mortars from the archaeological site of pompeii (Italy). *Minerals.* 8(4): 134.

[52] Marcaida, I., Maguregui, M., Morillas, H. et al. (2018). In situ non-invasive characterization of the composition of Pompeian pigments preserved in their original bowls. *Microchemical Journal* 139: 458-466.

[53] Aramendia, J., Gómez-Nubla, L., Fdez-Ortiz de Vallejuelo, S. et al. (2019). The combination of Raman imaging and LIBS for quantification of original and degradation materials in cultural heritage. *Journal of Raman Spectroscopy* 50 (2): 193-201.

[54] Papliaka, Z.E., Philippidis, A., Siozos, P. et al. (2016). A multi-technique approach, based on mobile/portable laser instruments, for the in situ pigment characterization of stone sculptures on the island of Crete dating from Venetian and Ottoman period. *Heritage Science* 4: 15/1-/8.

[55] Brysbaert, A., Melessanaki, K., and Anglos, D. (2006). Pigment analysis in bronze age Aegean and Eastern Mediterranean painted plaster by laser-induced breakdown spectroscopy (LIBS). *Journal of Archaeological Science* 33 (8): 1095-1104.

[56] Giakoumaki, A., Osticioli, I., and Anglos, D. (2006). Spectroscopic analysis using a hybrid LIBS-Raman system. *Applied Physics A* 83 (4): 537-541.

[57] Alfeld, M. and Broekaert, J.A.C. (2013). Mobile depth profiling and sub-surface imaging techniques for historical paintings—a review. *Spectrochimica Acta B* 88: 211-230.

[58] France, F.G. (2011). Advanced spectral imaging for noninvasive microanalysis of cultural heritage materials: review of application to documents in the U.S. Library of Congress. *Applied Spectroscopy* 65 (6): 565-574.

[59] Veneranda, M., Aramendia, J., Bellot-Gurlet, L. et al. (2018). FTIR spectroscopic semi-quantification of iron phases: A new method to evaluate the protection ability index (PAI) of archaeological artefacts corrosionsystems. *Corrosion Science* 133: 68-77.

[60] Sarmiento, A., Pérez-Alonso, M., Olivares, M. et al. (2011). Classification and identification of organic binding media in artworks by means of Fourier transform infrared spectroscopy and principal component analysis. *Analytical and Bioanalytical Chemistry* 399 (10): 3601-3611.

[61] Invernizzi, C., Rovetta, T., Licchelli, M., and Malagodi, M. (2018). Mid and near-infrared reflection spectral database of natural organic materials in the cultural heritage field. *International Journal of Analytical Chemistry.* 2018: 16.

[62] Rosi, F., Cartechini, L., Sali, D., and Miliani, C. (2019). Recent trends in the application of Fourier Transform Infrared (FT-IR) spectroscopy in Heritage Science: from micro- to non-invasive FT-IR. *Physical Sciences Reviews* 4: 11.

[63] Bell, J., Nel, P., and Stuart, B. (2019). Non-invasive identification of polymers in cultural heritage collections: evaluation, optimisation and application of portable FTIR (ATR and external reflectance) spectroscopy to three-dimensional polymer-based objects. *Heritage Science* 7 (1): 95.

[64] Xia, J., Zhang, J., Zhao, Y. et al. (2019). Fourier transform infrared spectroscopy and chemometrics for the discrimination of paper relic types. *Spectrochimica Acta A* 219: 8-14.

[65] McClelland, A., Bulat, E., Bernier, B., and Murphy, E.L. (2019). Specular reflection FTIR: a non-contact method for analyzing coatings on photographs and other cultural materials. *Journal of the American Institute for Conservation* 59: 1-14.

[66] Manfredi, M., Barberis, E., Aceto, M., and Marengo, E. (2017). Non-invasive characterization of colorants by portable diffuse reflectance infrared Fourier transform (DRIFT) spectroscopy and chemometrics. *Spectrochimica Acta A* 181: 171-179.

[67] Aceto, M., Agostino, A., Fenoglio, G. et al. (2017). Characterisation of the different hands in the composition of a 14th century breviary by means of portable XRF analysis and complementary techniques. *X-Ray Spectrometry* 46 (4): 259-270.

[68] Iannaccone, R., Bracci, S., Cantisani, E., and Mazzei, B. (2015). An integrated multimethodological approach for characterizing the materials and pigments on a sarcophagus in St. Mark, Marcellian and Damasus catacombs. *Applied Physics A: Materials Science & Processing* 121 (3): 1235-1242.

[69] Siozos, P., Philippidis, A., and Anglos, D. (2017). Portable laser-induced breakdown spectroscopy/diffuse reflectance hybrid spectrometer for analysis of inorganic pigments. *Spectrochimica Acta, Part B: Atomic Spectroscopy* 137: 93-100.

[70] Odisio, N., Calabrese, M., Idone, A. et al. (2019). Portable Vis-NIR-FORS instrumentation for restoration products detection: statistical techniques and clustering. *The European Physical Journal Plus.* 134 (2): 67.

[71] Marutoiu, C., Nica, L., Bratu, I. et al. (2016). The scientific investigation of the imperial gates belonging to Sanmihaiul Almasului wooden church (1816). *Revista de Chimie (Bucharest, Romania)* 67 (9): 1739-1744.

[72] Calza, C., Oliveira, D.F., Freitas, R.P. et al. (2015). Analysis of sculptures using XRF and X-ray radiography. *Radiation Physics and Chemistry* 116: 326-331.

[73] Garrote, M.A., Robador, M.D., and Perez-Rodriguez, J.L. (2017). Analytical investigation of Mudéjar polychrome on the carpentry in the Casa de Pilatos palace in Seville using non-destructive XRF and complementary techniques. *Spectrochimica Acta, Part A: Molecular and Biomolecular Spectroscopy* 173: 279-291.

[74] Richards, M.J. (2019). Realising the potential of portable XRF for the geochemical classification of volcanic rock types. *Journal of Archaeological Science* 105: 31-45.

[75] Sepulveda, M., Gutierrez, S., Carcamo, J. et al. (2015). In situ X-ray fluorescence analysis of rock art paintings along the coast and valleys of the Atacama Desert, northern Chile. *Journal of the Chilean Chemical Society* 60(1): 2822-2826.

[76] Gay, M., Alfeld, M., Menu, M. et al. (2015). Palaeolithic paint palettes used at La Garma Cave (Cantabria, Spain) investigated by means of combined in situ and synchrotron X-ray analytical methods. *Journal of Analytical Atomic Spectrometry* 30 (3): 767-776.

[77] Crupi, V., D'Amico, S., Denaro, L. et al. (2018). Mobile spectroscopy in archaeometry: some case study. *Journal of Spectroscopy* 8295291: 1-11.

[78] Mazzinghi, A., Giuntini, L., Gelli, N., and Ruberto, C. (2016). XRF study on the gilding technique of the fresco 'Crocifissione con Santi' by Beato Angelico in the San Marco monastery in florence. *X-Ray Spectrometry* 45 (1): 28-33.

[79] Scott, R.B., Eekelers, K., and Degryse, P. (2016). Quantitative chemical analysis of archaeological slag material using handheld X-ray fluorescence spectrometry. *Applied Spectroscopy* 70 (1): 94-109.

[80] Senesi, G.S., Carrara, I., Nicolodelli, G. et al. (2016). Laser cleaning and laser-induced breakdown spectroscopy applied in removing and characterizing black crusts from limestones of Castello Svevo, Bari, Italy: a case study. *Microchemical Journal* 124: 296-305.

[81] Guirado, S., Fortes, F.J., and Laserna, J.J. (2015). Elemental analysis of materials in an underwater archeological shipwreck using a novel remote laser-induced breakdown spectroscopy system. *Talanta* 137: 182-188.

[82] López-Claros, M., Fortes, F.J., and Laserna, J.J. (2018). Subsea spectral identification of shipwreck objects using laser-induced breakdown spectroscopy and linear discriminant analysis. *Journal of Cultural Heritage* 29:75-81.

[83] Donais, M.K., Duncan, B., George, D., and Bizzarri, C. (2010). Comparisons of ancient mortars and hydraulic cements through in-situ analyses by portable X-ray fluorescence spectrometry. *X-Ray Spectrometry* 39:146-153.

[84] Donais, M.K., George, D., Duncan, B. et al. (2011). Evaluation of data processing and analysis approaches for fresco pigments by portable X-ray fluorescence spectrometry and portable Raman spectroscopy. *Analytical Methods* 3 (5): 1061-1071.

[85] Donais, M.K., Van Pevenage, J., Sparks, A. et al. (2016). Characterization of Roman glass tesserae from the Coriglia excavation site (Italy) via energy-despersive X-ray fluorescence spectrometry and Raman spectroscopy. *Applied Physics A: Materials Science & Processing* 122: 1051-1061.

[86] Donais, M.K., Duncan, B., Wojtas, S. et al. (2012). Differentiation of hypocaust and floor tiles at coriglia, castel viscardo (Umbria, Italy) using principal component analysis (PCA) and portable X-ray fluorescence (XRF)spectrometry. *Applied*

Spectroscopy 66: 1005-1012.

[87] Donais, M.K. and George, D. (2012). Using portable XRF to aid in phasing, locus comparisons, and material homogeneity assessment at an archaeological excavation. In: *Handheld XRF for Art and Archaeology* (eds. A. Shugar and J. Mass), 349-377. Leuven: Leuven University Press.

[88] Elsen, J. (2006). Microscopy of historic mortars--a review. *Cement and Concrete Research* 36 (8): 1416-1424.

[89] Genestar, C., Pons, C., and Mas, A. (2006). Analytical characterization of ancient mortars from the archaeological Roman city of Pollentia (Balearic Islands, Spain). *Analytica Chimica Acta* 557 (1-2): 373-379.

[90] Mertens, G., Elsen, J., Brulet, R. et al. (2009). Quantitative composition of ancient mortars from the Notre Dame Cathedral in Tournai (Belgium). *Materials Characterization* 60 (7): 580-585.

[91] Cuezva, S., Garcia-Guinea, J., Fernandez-Cortes, A. et al. (2016). Composition, uses, provenance and stability of rocks and ancient mortars in a Theban Tomb in Luxor (Egypt). *Materials and Structures* 49 (3): 941-960.

[92] Miriello, D., Bloise, A., Crisci, G.M. et al. (2018). New compositional data on ancient mortars and plasters from Pompeii (Campania - Southern Italy): Archaeometric results and considerations about their time evolution. *Materials Characterization* 146: 189-203.

[93] Corti, C., Rampazzi, L., Bugini, R. et al. (2013). Thermal analysis and archaeological chronology: The ancient mortars of the site of Baradello (Como, Italy). *Thermochimica Acta* 572 (0): 71-84.

[94] Oleson, J.P., Bottalico, L., Brandon, C. et al. (2006). Reproducing a Roman maritime structure with Vitruvian pozzolanic concrete. *Journal of Roman Archaeology* 19: 29-52.

[95] Gotti, E., Oleson, J.P., Bottalico, L. et al. (2008). A comparison of the chemical and engineering characteristics of ancient Roman hydraulic concrete with a modern reproduction of vitruvian hydraulic concrete. *Archaeometry* 50 (4): 576-590.

[96] Maravelaki-Kalaitzaki, P., Galanos, A., Doganis, I., and Kallithrakas-Kontos, N. (2011). Physico-chemical characterization of mortars as a tool in studying specific hydraulic components: application to the study of ancient Naxos aqueduct. *Applied Physics A: Materials Science & Processing* 104 (1): 335-348.

[97] Szczepaniak, M., Nawrocka, D., and Mrozek-Wysocka, M. (2008). Applied geology in analytical characterization of stone materials from historical building. *Applied Physics A: Materials Science & Processing* 90 (1):89-95.

[98] Vendrell-Saz, M., Alarcon, S., Molera, J., and Garcia-Valles, M. (1996). Dating ancient lime mortars by geochemical and mineralogical analysis. *Archaeometry* 38 (1): 143-149.

[99] Zacharias, N., Mauz, B., and Michael, C.T. (2002). Luminescence quartz dating of lime mortars. A first research approach. *Radiation Protection Dosimetry* 101 (1-4): 379-382.

[100] Rampazzi, L., Pozzi, A., Sansonetti, A. et al. (2006). A chemometric approach to the characterisation of historical mortars. *Cement and Concrete Research* 36 (6): 1108-1114.

[101] Papayianni, I., Pachta, V., and Stefanidou, M. (2013). Analysis of ancient mortars and design of compatible repair mortars: the case study of Odeion of the archaeological site of Dion. *Construction and Building Materials* 40 (0): 84-92.

[102] Ortega, L.A., Zuluaga, M.C., Alonso-Olazabal, A. et al. (2008). Geochemical characterization of archaeological lime mortars: provenance inputs. *Archaeometry* 50 (3): 387-408.

[103] Marra, F., D'Ambrosio, E., Gaeta, M., and Mattei, M. (2016). Petrochemical identification and insights on chronological employment of the volcanic aggregates used in ancient Roman mortars. *Archaeometry* 58 (2): 177-200.

[104] Alvarez, J.I., Navarro, I., and Garcia Casado, P.J. (2000). Thermal, mineralogical and chemical studies of the mortars used in the cathedral of Pamplona (Spain). *Thermochimica Acta* 365 (1-2): 177-187.

[105] Bruno, P., Calabrese, D., Di Pierro, M. et al. (2004). Chemical-physical and mineralogical investigation on ancient mortars from the archaeological site of Monte Sannace (Bari--Southern Italy). *Thermochimica Acta* 418 (1-2): 131-141.

[106] Maravelaki-Kalaitzaki, P., Bakolas, A., and Moropoulou, A. (2003). Physico-chemical study of Cretan ancient mortars. *Cement and Concrete Research* 33 (5): 651-661.

[107] Montoya, C., Lanas, J., Arandigoyen, M. et al. (2004). Mineralogical, chemical and thermal characterisations of ancient mortars of the church of Santa Maria de Irache Monastery (Navarra, Spain). *Materials and Structures* 37 (270): 433-439.

23

便携式光谱的未来

Richard A. Crocombe

Crocombe Spectroscopic Consulting, Winchester, MA, USA

23.1　概述

在过去20年里，这些章节描述的便携式仪器的功能获得了极大的提高，同时变得更小更轻。一方面是由于消费电子产品和计算能力的发展，另一方面则是生产仪器的公司正在进行的研发、制造和创新，这些增强功能在本书技术与仪器卷中已经有所描述。这些仪器的一个持续发展趋势是根据最终用户的确切需求对仪器进行更精确的定制。这涵盖了仪器的各个方面——尺寸、重量和形状因素；仪器尺寸在持续缩小，但性能有所提高；环境和强度要求；用户界面和工作流程；通信（无线、Wi-Fi、蓝牙）；全球定位系统（GPS）；数据完整性和加密；算法；结果报告等。本章基于截至2020年初的技术现状，从仪器和应用方面展望未来的发展。

23.2　光谱学

在光谱学中，硅探测器与近红外（NIR）探测器（通常为InGaAs）或中红外（MIR）探测器（热电和HgCdTe）相比，在成本和性能上有着明显的区别。硅探测器的成本非常低，这对现有设备、制造商、销售对象以及高光谱成像等应用都有影响。例如，在可见区域工作的配色仪的零售价可能为299美元，而最便宜的近红外（1000～1700 nm波长）仪器将花费2000美元以上。因此，直接面向消费者销售并嵌入消费品的仪器通常会使用硅探测器。正如我们将在下面看到的那样，这对它们的应用具有重要影响。在某些情况下，消费类设备试图在硅探测器区域中执行分析，这在实际上是不适用的。

光子集成电路有可能实现非常小的传感器和光谱仪，这一领域已经从国防化学和生物传感的角度进行了总结[1]。

23.3 通用技术改进

23.3.1 光学滤波器和阵列检测器

光学滤波器技术及其在便携式光谱学中的应用已在相关章节中进行了描述。特别是滤波器和硅探测器的组合可以构建成本非常低且非常紧凑的设备[2]。例如，奥地利传感器和电子公司ams[3]在其网站上描述了一种"带电子快门的智能18通道Vis+NIR光谱ID传感器"[4]，包括"从410 nm到940 nm的18个可见光和近红外通道，每个通道的FWHM为20 nm"。如购买100台产品，每台价格为6.84美元，因此它非常适合对消费品进行比色型分析。通过这种类型的技术，Variable[5]公司提供了一种颜色匹配光谱仪（"SPECTRO 1™"）[6]，通过智能手机控制，并访问主要制造商的油漆颜色数据库。这是一个很好的特定目标产品的例子，使用相关的数据库仅执行一种类型的测量，并给出非常具体的答案——匹配油漆的名称和编号［以及CIE（国际照明委员会）和RGB（红绿蓝颜色表示法）数据、图形光谱］。该领域的另一家供应商Ocean Insight在其Pixeltek产品线中提供了一种基于滤波器的传感器，该传感器具有8个波长选择性光电二极管，采用9 mm×9 mm阵列格式，可在硅探测器区域进行配置[7]。其中一个版本针对聚合酶链式反应（PCR）的即时检测（PoC）进行了优化。这两款仪器在网上的广告都是"195美元起"。我们可以期待许多基于这类技术的更完整商业产品，基于个人消费者定价，或纳入消费产品中。

Ocean Insight还提供中红外光谱仪OCEANMZ5[8]，在网站上的报价为7995美元。该仪器基于Pyreos PZT 128-element、非制冷、压电探测器阵列[9]，结合线性可变滤波器。它覆盖了5.5～11.0μm（1818～909 cm⁻¹）范围，具有ATR采样接口，在其范围中心的有效分辨率为约75 cm⁻¹。同样，这说明了硅基组件和仪器与在较长波长下使用的组件和仪器之间的成本差异。

BASF旗下品牌"trinamiX"研发了新一代硫化铅（PbS）和硒化铅（PbSe）探测器，采用薄膜封装，适用于表面安装[10]。这些作为裸芯片、在线性阵列或TO罐中，都是可用的。PbS阵列的工作范围为1～3μm，位于便携式近红外光谱仪的核心位置[11]。有关基于该技术的分析仪的讨论请参见下文。

如上所述（以及本书技术与仪器卷Pust的第7章），硅探测器技术和线性可变滤波器的结合可以构造出非常紧凑的多光谱成像仪器。这些将在后面的章节中讨论，但最近的一个例子[12]，该系统提供了66个光谱通道的单次拍摄采集，每个通道400像素×400像素，在450～850 nm波长范围内进行线性光谱采样。其尺寸仅为60 mm×60 mm×28 mm。

仅在这几个例子中，我们就可以看到表23.1中所示的模式：硅探测器区域可获得非常低成本的设备，但近红外和中红外组件与仪器的成本至少要高出1个数量级。

表23.1 光学（吸收和反射）仪器的光谱范围及其探测器技术

波长范围	名称	探测器材料	探测器类型	分子光谱原理	应用注解	相对成本	注解	阵列
约400～700 nm	可见光	硅	CCD、CMOS	电子迁移	配色、种植和生产颜色、血液氧化	$		例如智能手机摄像头
约700～1 050 nm	短波近红外	硅	CCD、CMOS	一些电子迁移；第三和第四振动倍频	第三和第四振动倍频带比第一和第二振动倍频带弱得多，特异性也低得多	$	在较长的波长下需要更厚的硅，以获得良好的响应	

续表

波长范围	名称	探测器材料	探测器类型	分子光谱原理	应用注解	相对成本	注解	阵列
约1000～1700 nm	近红外	InGaAs	单点、一维和二维阵列	振动倍频	传统上用于食品、饲料和农业	\$\$\$	InGaAs探测器比硅探测器贵得多	128单元线性阵列，成本合理
约1200～2500 nm	近红外	扩展InGaAs	单点、一维和二维阵列	振动倍频和组合频	强水带；最适合干燥样品；组合频波段的特异性比倍频更强	\$\$\$\$	需要探测器冷却	二维阵列非常昂贵；较大的阵列可以进行输出控制

注：在手持式仪器中，探测器冷却不仅会消耗电力，还会产生内部热量，因此会缩短电池寿命，并且需要采取散热措施。

23.3.2 光源

紧凑型光谱仪需要紧凑型光源。Gilway等供应商[13]过去曾使用过微型和亚微型白炽灯光源（例如卤素钨）。然而，最近的发展是OSRAM提供了一系列基于近红外（650～1050 nm）LED的光源[14]，这提高了小型光谱仪以及智能手机光谱仪的可能性。

量子级联激光器（QCL）有望成为一种非常明亮的、相干的、可调谐的红外光源。在实践中，其并没有被迅速采用作为光谱源，因为还需要一些时间来识别它们的噪声特性以及确定其对吸收光谱的影响。这些噪声源包括变化的校准器、相对强度噪声（RIN）和散斑[15-17]。在军事、安全和安保市场领域，对爆炸物和相关化合物的远程化学传感和隔离探测有明显的需求[18,19]，Block Engineering[20-23]和Pendar Technologies[24, 25]最近都为此开发了基于QCL的仪器（见本书技术与仪器卷第10章）。Block Engineering的系统使用外腔调谐的QCL，而Pendar Technologies的仪器基于"条形"的QCL，每个QCL都在不同的波长下工作[26]。这些仪器设计为手持式。

目前正在进行近红外超连续谱源的开发工作，并将其向更长的波长发展[27, 28]，尽管这些光源在当前并不是便携式的，但仍在继续研究其在光谱学中的应用[29-33]，包括其在中红外的应用[34-37]。

23.4 拉曼光谱仪

在本书技术与仪器卷Creasey的第6章和本卷Hargreaves的第16章中已经描述了便携式拉曼光谱仪的技术。尽管在过去的15年里便携式拉曼仪器有所改进，但仍然存在一些挑战，我们可以在安全和安保应用的背景下看待这些挑战。

每一位拉曼光谱学家，无论他处理什么样的样品，都会注意到潜在的荧光干扰。785 nm波长激光激发是长波激发和低成本低噪声硅探测器之间的一个很好的折中。最近出现了向1064 nm波长激光激发转移的趋势，尽管为获得相当信噪比的光谱时在测量时间方面付出了代价[38]。深紫外光激发[39]很有价值，尤其是对于遥测检测[40-42]，但它也带来了自己的问题，其显然不适用于玻璃容器。各种移位激励方案也在使用[43,44]，并且实验室仪器中的时间门控是可在市场上买到的[45]。目前尚不清楚是否有"最佳方法"或者普遍的解决方案。

遥测检测对处理潜在爆炸性或剧毒材料的军队和其他从业者来说有明显的好处。车载和背包式仪器已经存在了一段时间[46-49]，其通常使用深紫外激发[50,51]，优点是能够使用太阳隐蔽光探测器。但这项技术仍然相对不成熟，并且存在与关键组件寿命相关的问题。最近公开了一种在

830 nm 波光激光激发下工作的手持式光谱仪，能够在 1 m 的间隔处进行检测[52,53]，这是第一台真正的此类手持式仪器。

使用拉曼仪器时，样品加热是检测潜在爆炸性样品时的一个难题，而在使用便携式傅里叶变换红外（FTIR）仪器且使用金刚石 ATR 采样时，获得良好光谱所需的压力也是一个令人担忧的问题。便携式拉曼仪器中的样品加热问题正在涉及激光光斑在样品上运动的方案中进行处理[54]。

现实生活中的样本通常是混合的，这可通过库和算法开发的结合解决[55]（见本卷第 2 章），并借助移动处理能力和内存的改进以及 Wi-Fi 通信和云处理的可能性。最后，在不同的领域，如药品进口原材料检查、走私违禁品进入监狱以及在机场检查站检测潜在爆炸物，都需要对包装中的样本进行检查。空间偏移拉曼光谱（SORS）[56]（本书见技术与仪器卷第 6 章。本卷第 16 章）可以解决许多包装材料（但不能是金属！）的问题，并且已经开发出其他方法。因此，尽管便携式拉曼光谱仍然存在挑战，但在各个方面都取得了进展。

便携式拉曼仪器的一个显著趋势是，它们的尺寸减小了，而性能（相同采集时间和分辨率的信噪比）增加了。以 Ahura Scientific TruDefender 和 TruScan 为代表的第一代便携式拉曼仪器基于反射 Czerny-Turner 设计，具有光纤耦合组件。以 Thermo Scientific TruScan RM 为代表的第二代仪器消除了光纤耦合，使用自由空间光学耦合，更小，更紧密地结合在一起。这些仪器的信噪比（在相同的范围和分辨率下）比以前的仪器提高了约 5 倍。而现在，已经有更小的仪器，只比一副扑克牌大一点，其通过透射光栅设计，信噪比有所提高，可能高达 10 倍[57,58]。这使得未来的更小的仪器成为可能——而今天，尺寸约为 $1''×1''×1''$（2.5cm × 2.5cm × 2.5cm）的拉曼仪器是可能的。另一种可能性是在手机中使用摄像头，最近的一篇论文描述了这方面的努力[59]。该项目被称为"手机上的光谱仪"（SOAP），使用商用现货（COTS）组件进行设计。该系统的尺寸为 40mm × 40mm × 14mm，并直接与手机探测器的相机光学器件耦合。然而，它的分辨率只有约 40 cm^{-1}。尽管如此，考虑到一些应用可能只需要低分辨率（例如 15 cm^{-1}）即可在现场快速筛选样本，它表明了其实现的可能性。

23.4.1　机场瓶装液体筛查

严格来说，这不是一个手持式或便携式光谱应用，但瓶装液体筛选（BLS）可以使用上述的便携式仪器的许多功能，包括 SORS。但在荧光容器或样品方面也面临一些相同的问题：深色朗姆酒是最受欢迎的测试样品。Smiths Detection[60] 和 Cobalt Light Systems（现属 Agilent）[61] 都在机场部署了基于拉曼的系统，欧洲也使用了一种完全不同的 CEIA 技术，即使用宽带射频（RF）复阻抗测量[62]。对于航空安全，在自己的机场内使用哪些技术都由监管机构（美国的 DHS/TSA、中国的 CAAC、欧洲的 ECAC、英国的 DfT 和加拿大的 CATSA）决定。

23.5　XRF 和 LIBS

如本书中关于 XRF 技术的章节所示，手持式 XRF 仪器都是基于成熟的技术。最近对 X 射线管的改进提高了稳定性，增强了光束的形状和尺寸，并使仪器的尺寸得以减小。但仪器的总体成本不太可能大幅降低，因为关键部件、X 射线管和探测器，尤其是硅漂移探测器，是相对昂贵的专业产品，只能从少数供应商处获得。通过基本参数计算，XRF是一种比LIBS更好的定量技术[63,64]，但由于其使用开放光束X射线源，操作人员需要许可证并进行安全培训。

LIBS是一种新兴的、快速发展的技术，但数量较少，尽管在简单的合金识别方面可能比XRF更快。LIBS仪器虽然不发射电离辐射，但它们确实有开放光束激光器，因此会引起人们对眼睛安全的担忧。LIBS可处理轻元素（比铝和硅轻），这是手持式能量色散XRF（ED-XRF）永远无法做到的领域（由于空气对荧光X射线的吸收，以及荧光产率随着原子数的降低而急剧下降[65]），这导致了铝合金鉴定和锂矿开采等利基应用。对于手持式LIBS仪器来说，最大的合金市场是潜在的低碳钢，这是手持式XRF无法实现的，因此一直使用大型实验室OES仪器进行。手持式LIBS的"杀手级App"是100 μg/g C（"L级"钢）的可靠检测限，以将其与"H级"钢（300 ~ 350 μg/g C）区分开来，有关详细信息请参阅本书技术与仪器卷第13章。在固态激光器、门控探测器以及仪器设计和制造的一般经验的推动下，我们预计在未来几年内手持LIBS仪器的性能将迅速提高。

手持式X射线仪器的一项最新创新（尽管不是光谱仪器）是引入了便携式反向散射成像仪器[66-68]。手持式X射线成像仪在安全和安保领域有着明显的应用，例如用于检测隐藏在汽车和卡车门板或轮胎中或者干式墙后面的材料。

23.6　GC-MS和LC-MS

气相色谱-质谱（GC-MS）仪器是公文包大小的，通常重量约为30 lb（约14 kg）。一个好的设计是"流量匹配"，就像一个好光学设计是光通量匹配的一样。换言之，GC柱中的流速与质谱仪中所需的工作压力相匹配，而工作压力是由泵送速度决定的，因此无法通过改变一个组件来提高系统性能。因此，缩小整个系统的尺寸意味着改变所有组件，这将对质谱仪中的离子数量产生影响，从而影响信噪比。这也意味着，如果没有新技术的应用，我们很难在不久的将来看到这些仪器发生巨大变化。此外，这些仪器的物理复杂性意味着用户的成本很高，通常在10万美元左右。即使我们尽了一切努力使这些仪器易于使用，但价格本身就是仪器应用迅速扩展的障碍。

为了满足军事和安全部门的需求，目前的开发工作主要集中在现场易用性、低挥发性化合物的分析和改进现场采样技术[69]。2018年英国Salisbury和Amesbury事件中使用的诺维乔克化学制剂属于"非传统制剂"（non-traditional agent，NTA）类别，通常是低挥发性油性液体。NTA的现场识别显然是议程上的重点。从更普遍的意义上说，需要在现场实时确认化学威胁，仪器应具有识别气溶胶、气相、液相和固相中低水平化学物质的能力。同样值得注意的是，市面上有一种现场便携式液相色谱仪[70]，尺寸为7.9 in × 9.1 in × 12.6 in（20.1 cm × 23.1 cm × 32.0 cm），重量为16.0 lb（7.3 kg），此外该公司Axcend Corp最近与Microsaic Systems达成协议[71]，后者开发了一种基于MEMS的四极杆质谱仪[72]，并将其用于液相色谱检测[73]。

23.7　IMS和HPMS

在它们的手持格式中，这两种技术目前都没有前端分离，因此产生的频谱具有来自所有存在的物种的特征。尽管其他技术一直在试图取代它，但离子迁移谱（IMS）仍然是航空安全中爆炸物检测的主导技术，因为其对这一应用的快速、简单、敏感。目前，这些仪器的研发重点为非放射性电离源、以最大限度减少误报的算法优化以及通过创新的加热方法降低电池需求。Smiths Detection最近在JCAD上引入了一种附件，通过添加前端热解吸器和重新包装仪器外壳，可以对固体（例如芬太尼和NTA）进行采样，而不需要对JCAD硬件本身进行任何更改。

高压质谱法（HPMS）已经成为危险品小组的一个很好的工具，特别是针对芬太尼。然而，由于来自908 Devices的仪器目前没有前端分离，在采样和学习如何最好地使用系统时存在一个陡峭的学习曲线。该方法存在误报或假阴性的可能性，而这两种情况在危险品操作中都是非常不可取的，现正在通过持续的算法和库开发来解决。Smiths Detection于2018年底获得了美国国防部的奖项，并将其用于开发下一代气溶胶和蒸气化学剂探测器（AVCAD）。新闻稿称："作为微型化学探测的下一步，AVCAD将能够检测、识别和使用无线远程警报功能，报告传统和先进威胁蒸气和气溶胶的存在。"这将使用908 Devices的HPMS引擎。AVCAD最终可能取代目前的联合化学试剂探测器（JCAD）系统，Smiths Detection在过去14年中已经交付了91000多套JCAD装置。

23.8　NMR

核磁共振（NMR）仪器可分为磁共振成像仪（MRI）、化学位移测量谱仪（传统NMR）和弛豫仪。MRI不在本章讨论范围之内。目前有相当数量的商用台式和实验室谱仪可供使用[74]，此处不再进一步讨论（见本书技术与仪器卷Kizzire和Cassata的第20章）。弛豫仪（或时域NMR）是第三类NMR仪器，通常用于分析样品中的水分和脂肪。几十年来，Bruker[75]和Oxford Instruments[76]等公司推出了紧凑的台式弛豫仪。随着磁体和射频技术的进步，这种类型的仪器可以小型化，例如Bruker的"minispec ProFiler"[77]和Magritek的"NMR-MOUSE"[78]。该领域的一个新进入者来自Waveguide（"Formμla"™）[79]，它是一种微型的电池供电产品，该公司的网站讨论了从食品、润滑油到制药的广泛分析应用。这似乎是一个在技术和应用方面可以迅速发展的领域。

23.9　联用

随着微型光谱仪的尺寸不断缩小，能实现多种技术的小型便携式仪器的可能性也相应增加。明显的例子是一个组合的可见-近红外仪器，跨度约为400～1700 nm；目前市场上至少有一种这样的仪器[80]，欧洲也有一个此类便携式食品分析仪的研制项目[81]。对于采用单元件探测器的光谱仪设计，一些供应商提供"硅覆盖InGaAs"夹层探测器，提供400～1800 nm的探测。

组合仪器可以帮助克服单独光谱技术的问题，例如用于炸药的组合拉曼/FTIR仪器[82]。如上所述，由于样品加热（特别是对于深色或黑色样品）影响，拉曼方法可能存在问题，而对于压敏材料，FTIR方法（使用金刚石ATR）是不可取的。在更普遍的情况下，从"正交"技术（例如用于分子分析的拉曼光谱和用于元素分析的LIBS）获得数据显然可以增强数据分析。

人们一直对将XRF或LIBS与其他分析技术相结合感兴趣，尤其是在行星探测方面—X射线衍射（XRD）和XRF[83]、拉曼和XRF或拉曼和LIBS。在欧洲和美国，有几个团队在这些领域开展工作[84, 85]。显然，XRF或LIBS提供了元素信息，拉曼提供了分子数据。而在接下来的一两年里，美国和欧洲应该会发射具有拉曼和LIBS能力的火星任务火箭（见技术与仪器卷第17章）。还提出了拉曼和时间分辨激光诱导荧光（TRLIF）的组合[86]。拉曼光谱和LIBS是首选技术，因为它们都可以在相当大的工作距离（即遥测）下工作，而ED-XRF需要非常接近。过去执行行星任务的光谱仪例子（便携式光谱学的终极设备）包括20世纪70年代末维京号火星任务中的GC-MS仪器[87]以及20世纪70末发射的两次旅行者号任务中的FTIR仪器[88,89]，而且旅行者号在整个20世纪80年代都在继续其行星之旅[90]。此外，正如Vandenabeele和Donais在2016年[91]以及本卷第22章中总结的那样，人们对开发用于考古学的组合微型技术也非常有兴趣。

　　本书中描述的各种微型技术可能会产生新一代的联用仪器[92-94]，但不仅仅是40年前Hirschfeld描述的分离-光谱技术，还有光谱-光谱技术，能够在各种环境中快速、明确地识别材料。表23.2总结了其中的一些发展。

表23.2 可能的便携式双技术（联用）仪器

技术1	技术2	注　解	实　例
分子分析技术	**其他物理分析技术**		
近红外光谱	电化学	用于土壤分析的商业产品	[95]
中红外光谱	固态	用于有害气体和蒸气检测的原型产品	[96]
分子分析技术	**分子分析技术**		
紫外-可见光谱或可见光谱	近红外光谱	已有商用产品和欧洲相关项目	[80, 81]
拉曼光谱	中红外光谱	用于有害固体检测；可提供良好的互补官能团信息；已有商用产品	[82]
拉曼光谱	近红外光谱	均为"即点即测"型；在拉曼光谱受荧光干扰的区域，近红外光谱可提供信息；目前技术上可行	
中红外光谱	近红外光谱	需采用不同的光路；额外提供的信息有限，目前技术上可行	
深紫外拉曼光谱	荧光光谱	在深紫外波段通过波长实现信号分离。文献中已报道原型产品	[97]
元素分析技术	**分子分析技术**		
LIBS	拉曼光谱（和/或LIBS）	多个案例面向探索行星；也用于爆炸物探测和文化遗产研究	[98-108]
XRF	拉曼光谱	对野外地质和矿产研究具有高度协同作用	[109]
XRF	XRD	已有商用产品以及学术原型	[110-112]
XRF加LIBS		用于轻元素分析的LIBS；用于过渡金属分析的低功率X射线管；LIBS对波长范围要求低	[113]
XRF	可见-近红外光谱	用于艺术家颜料的鉴定	[114]
分离技术	**分子分析技术**		
GC	MS	已有商用产品	[115-118]
GC	IMS	已有商用实验室产品；文献中已报道便携式原型	[119, 120]
LC	MS	通过芯片级LC技术和MEMS MS实现可行性	[121]

资料来源：文献[15]。版权（2018）归SAGE出版社所有。

23.10　智能手机光谱仪

正如Scheeline（技术与仪器卷第9章）所指出的，智能手机对便携式光谱学具有很大的吸引力，其原因有很多，如内置二维传感器、计算能力、内存、用户界面清晰、紧凑、电池供电和广泛可用性。开发人员还可以利用智能手机中的其他功能或传感器，如时间和日期、GPS、方位，甚至当地温度和天气条件。从光学角度来看，这些章节中描述的非常小的波长选择设备的可用性能够为智能手机提供非常紧凑的附加功能，用于低分辨率比色光谱。话虽如此，但这需对智能手机中摄像头的性能有相当的了解，Burggraaff等人[122]在一篇论文中详细描述了这一过程。

如今，该领域的活动分为三大类：临床分析的研究和开发（见本卷Peveler和Algar的第10章）、由科学机构组织的公民科学应用[123]以及个人公民科学。用于临床分析的此类手持式仪器已开始进行现场试验[124]。Snik等发表了一个由科学机构组织的公民科学项目的例子，并描述了为观测大气气溶胶开发的集成智能手机分光偏振仪[125]，参加该项目的3187人同时进行测量，并与标准现场仪器进行比较。为支持区域和国家机构的水质监测，该项目目前正以MONOCLE[126]的名义扩展到开发低成本的光学传感器、方法和技术。目前，Leiden大学似乎是这一领域的领导者，但其他大学和研究所很可能会走上这条道路。而美国公共实验室[127]采取了一种更为个性化的方法，如为智能手机提供9美元的可折叠光谱仪[128]。

23.11　嵌入消费品中的光谱仪

如上所述，基于硅检测器和线性可变滤波器或离散光学滤波器等技术的光谱仪成本非常低，结构紧凑，坚固耐用。这就有可能将它们纳入消费电器（如冰箱、洗衣机和烤箱等"白色家电"）以及作为个人护理产品的附件或诊断助手。除了对改进产品的无私渴望和向"智能家居"迈进外，大公司将光谱设备纳入消费产品还有两个可能的动机：①"光环"效应，提升产品的形象；②"剃须刀片"战略，即以低成本销售硬件，并通过个人护理消耗品赚钱。后一种策略的实例有喷墨打印机。以下是最近发布的一些公告，但并非所有产品都是最终产品。

23.11.1　Bosch"X-Spect"

2019年3月，在上海举行的家电世界博览会上，Bosch（BSH Hausgeräte GmbH）公司正式发布"一款基于Spectral Engines（芬兰材料传感技术创新者）传感器技术的创新洗衣扫描仪。这两家公司合作开发了一种名为X-Spect的设备，这是一种智能连接扫描仪，可在家中识别不同的织物类型和污渍"。[129,130]。

X-Spect可为任何服装或污渍类型提供洗涤和预处理建议，使常见的家庭决策更容易、更安全、更令人兴奋。在扫描纺织品后，无线设备可以自动将推荐的设置传输到BSH家用洗衣机的连接范围内。X-Spect背后的秘密是其来自Spectral Engines的传感器技术，该技术可以确定你正在清洗哪些织物以及如何最好地去除污渍。

Spectral Engines仪器使用扫描Fabry-Pérot滤波器（见技术与仪器卷Grüger的第5章），并结合单元件检测器[131]。一个典型的"工具"在近红外区域可覆盖几百纳米，分辨率约为20 nm。"家庭连接"网站表示该产品现今无法购买。

23.11.2   Henkel "SalonLAB"

这是在2019年1月的消费电子产品展（CES）上正式发布的。SalonLAB网站[132]给出了以下描述："头发分析的游戏规则改变者：手持式SalonLab分析仪可以测量头发内部状况、水分含量和当前发色，为真正的个性化咨询提供完美的基础信息。"新闻稿[133]指出："凭借第一个端到端的联网设备生态系统，Henkel Beauty Care及其领先的沙龙品牌Schwarzkopf Professional正在重塑我们所知的沙龙体验，这些设备可以测量头发状况和发色，并提供高度个性化的产品和服务。Henke的技术通过在分子水平上分析头发，猜测哪些产品和服务最适合每个客户的头发，之后通过数据驱动的见解增强咨询过程的能力，并提供按需定制的个性化护理解决方案。"

该设备包括一个带有蓝色LED照明的可见摄像头以及一个来自Si-Ware NeoSpectra[134]的MEMS FT-NIR。

23.11.3   P&G Ventures "Opté™"

虽然它看起来不包括光谱仪，但它确实包括光子组件。

网站[135]指出："Opté由Precision Wand和Precision Serum组成，它们共同提供即时效益和长期效益。Opté Precision Wand由4种独特的专有技术组成：
- 蓝色LED扫描灯最大限度地提高了皮肤黑色素的对比度（使相机可以看到比人眼感知到的多出3倍的色素沉着），以检测尚未明显的变色斑点。
- 集成数码相机每秒可捕捉200张皮肤图像，每次使用可提供约24000张图片进行分析。
- 微型计算机精确颜色算法对70000行代码进行微处理，以确定每个皮肤斑点的大小、形状和强度。
- 微型精华液喷墨打印机配有120个热喷墨喷嘴，每个喷嘴都比人的头发还细，在每个皮肤斑点上沉积1000个优化精华液的纳升（十亿分之一升）液滴，以实现精确覆盖，产品比替代品少99%。"资料来源：Procter & Gamble，Opté™精密护肤系统，4月19日。版权（2020）归PR Newswire Association LLC所有。

在撰写本章（2020年4月）时，opteskin.com网站正在以599美元的价格宣传其入门套装产品，但该产品"即将上市"，有意购买者需加入等待名单进行咨询。

23.11.4   BASF Trinamix "Hertzstück™" 未来餐厅

Trinamix是BASF的全资子公司。如上所述，他们研发了新一代铅盐红外探测器，包括单点和线性阵列，使用薄膜封装，名称为Hertzstück™。根据这项技术开发出了一种手持式分析仪，在2018年伦敦餐厅节上首次出现该分析仪的一个版本[136]，他们在那里设立了一个"未来餐厅"，展示了作为食物分析仪的近红外仪器，并将其与智能手机耦合[137]。该仪器的详细设计尚未公开[138]。

23.11.5   运动手表

Garmin[139]最近发布了一款运动手表，包括心率监测器和脉搏血氧计（在美国，各种型号的手表价格从600美元到1150美元不等）[140]。这是我们可以期待扩展的另一个领域，并注意到皮肤水合作用是一种相对容易的近红外光谱测量[141]。（脉搏血氧仪传统上使用特定波长的LED。在家里使用的独立设备只需40美元即可购买，并被推荐用于监测冠状病毒症状。）

23.11.6 汽车气味探测器

Ford汽车公司最近提交了名为"使用气味偏好的运输系统"的美国专利申请[142]。作为拼车系统的一部分，其目的是让客户获得他打算使用的车辆信息——出租车、租车或"运输即服务"系统（如Uber）。它设想在车辆中安装一个传感器，可以是光谱仪、色谱仪、光学传感器、金属氧化物半导体传感器或电子鼻。通过智能手机，客户的偏好将被记录在应用程序中，然后传输到车辆的车载计算机，车载计算机将测试车内的气味，并将其与预定阈值进行比较。

23.12 直接销售给消费者的光谱仪

正如我们上面所看到的，存在低成本设备（硅检测器、滤光器），而且由于一些光谱仪的成本足够低，可以直接向消费者销售。但实际可行的应用是什么？每个人的理想都是《星际迷航》风格的"三录仪"——一种能够即时分析一切的定点拍摄设备。虽然近红外仪器在许多有机材料的鉴定和定量方面有着广泛的应用[143]，但这些校准方法并不是通用的，可能仅适用于，比如一种蔬菜，或一种苹果品种。消费者使用的光谱设备或纳入消费者产品中的光谱设备的可能应用领域包括食品、个人健身、个人护理、家用物品的识别和验证等，但每一个都需要自己的经过验证的验证校准或数据库。表23.3列出了其中一些"期望的应用领域"。

表23.3 直接面向消费者销售的光谱仪的"期望应用"

应用领域	所需信息	注解
食品营养	这是什么？ 脂肪、蛋白质和碳水化合物的含量 热量值 它新鲜吗？	参见本卷Miseo等的第15章
食品造假	它是真的吗？	可能通过加工食品的光谱（近红外或拉曼光谱）进行检测，但请注意肉类或鱼类的物种鉴别通常需要DNA类型分析
食品掺假	它安全吗？ 它被污染了吗？	请注意，病原体、过敏原、农药和除草剂残留等的所需检测水平比光谱法可达到的检测水平低几个数量级
健康监测	水分含量 血氧饱合度	智能手表功能
个人护理产品	使用哪种化妆品？ 使用哪些护发产品？ 我有足够的紫外线防护吗？	参见本卷第23.11节
家用产品的识别和验证	这是什么？ 它是真的还是假的？	涵盖药品、织物、危险材料、可回收物、宝石等
环境	这对我和/或我的孩子有好处吗？ 这对环境有好处吗？	需要识别的材料范围非常广，需要进行痕量检测
大麻	强效 大麻与大麻原料 大麻二酚油分析	一些商业工具可用，但成本超过10000美元。使用光谱法无法进行痕量分析

注：此表并不意味着这些应用可以采用手持式设备或任何小型分析仪器实现。

这些期望与分析光谱学的现实并不匹配，尤其是对于由非专业人员购买和使用的低成本仪器。这似乎是一个显而易见的观点，但一些面向公众销售的设备似乎是由不熟悉分析化学基本概念（如检测限和采样）的人开发的[144]。例如，一些痕量检测要求只能通过 ICP-MS 和 GC/MS/MS 等复杂的实验室仪器满足，而如何分析异质样品的问题对其中一些开发人员来说似乎是陌生的。然而，向消费者销售产品的欲望导致了直接的高水平营销规范：低成本设备，最多几百美元；小型；便于携带；易于使用；熟悉的用户界面。在"每个人都有一部手机"的假设下，这推动了使用硅基传感器和智能手机作为数据系统的设备的发展，节省了相当大的成本和集成工作。

虽然公众显然对能够分析包括食品和药品在内的材料很感兴趣，但这里有许多重大问题。第一个问题是在覆盖的光谱区域中是否有适当的信息，最有可能的是从约400～1050 nm 波长的硅探测器区域。你可以很明显地匹配颜色，当然你也可以检测水果和蔬菜中的番茄红素和类胡萝卜素等化合物。但在传统上，一般的食品分析使用的是近红外光谱，针对1000～1700 nm 波长区域，因为那里的倍频和组合带要强得多。第二，特别是食品，因为其是高度异构的，实验室仪器通常使用大的样品区域，通常与样品旋转器或积分球相结合进行测量，而便携式仪器只能探测直径为2 mm 的区域，并依赖接触测量（即零工作距离）。第三，使用手持式仪器检测食物，尤其是由未经培训的操作员进行的检测，由于与样品的距离、接触角度、杂散光等问题，可能会产生高度的不可重复性，从而给出错误的结果。第四，近红外领域多年的经验表明，当使用有限的样本集（主要针对一种类型的样本）时，需要仔细地、经过验证地校准，以消除意外相关性的可能性。第五，这些新供应商中的一些似乎依赖"众包"数据，存在光谱测量质量和元数据（识别或定量信息）准确性的双重问题。第六，人们似乎对凝聚相中光谱的可能检测限缺乏了解，声称可以对如过敏原、病原体、农药和除草剂残留进行痕量检测。最后，还有一个问题是正在询问样本的哪一部分，只是表面，还是整体？鉴于上述所有问题，以及（很可能）缺乏参考分析，"垃圾输入/垃圾输出"分析的可能性极高。这份警告清单可以一直持续下去，但足以说明这是一个令人担忧的领域，有可能误导公众，甚至造成致命后果。食品没有通用校准！大麻和CBD油的分析市场值得关注，并且有可能开发低成本的可见-近红外光谱仪和拉曼光谱仪，用于批量成分分析（见下文）。同样，这些样品的痕量分析仍然是实验室技术的领域。

尽管如此，仍有新的公司直接向公众推销在约400～1050 nm 波长区域运行的设备，并广泛宣传其分析能力。作者甚至看到了有人声称可以使用低成本可见光谱设备分析黄金，这在手持或便携式 XRF 中是很简单的，但在光谱的可见区域是不可能的！一篇由本书章节作者最近撰写的论文[145]指出："当代市场的有利条件促进了过于乐观和激进的营销策略，这可能会带来相反的效果。在某种情况下，客户可能会试图在不切实际的场景中使用近红外光谱，然后导致失败。由此引发的公众对这项技术的信任危机可能会严重损害销售，从而损害未来的发展。然而，如果供应商公司和研究实验室之间保持密切合作，这种危机是可以避免的。"

23.13 便携式光谱仪的新应用

本书有几章的主题是"设备驱动应用，应用驱动设备"（参见本卷第11章）。因此，便携式光谱仪的可用性，部分仪器成本较低，已经（正在）引领新的应用。这里只强调其中的一些可能性。

加拿大（以及其他地方）大麻合法化和美国大麻合法化刺激了分析需求。如上所述，痕量分析（如农药和除草剂残留）需要实验室GC-MS等技术，痕量重金属分析需要ICP或ICP-MS等技术[146]，以及所有成分的参考分析，GC-FID、LC和LC-MS[147]。然而，一旦进行了适当的校准，就可以使用便携式光学技术对散装成分进行常规分析[148]。许多公司现在都有使用近红外光谱技术的领域的产品。例如，加拿大的Allied Scientific在其网站上提供以色列GemmaCert的分析仪[149]，价格为3995美元，每月额外支付99美元的许可费（软件许可和更新校准）。此外，Sage Analytics[150]和Lightwave Science[151]提供了其他基于近红外光谱技术的仪器。Big Sur Scientific[152]使用了一种不同的方法，在中红外光区工作[153]，使用ATR采样，以及基于Infratec扫描Fabry-Pérot滤波器的光谱仪，与中红外探测器集成[154]。大麻在美国已经合法化，但附带条件是大麻在法律上只能含有0.3%的四氢大麻酚[155,156]，因此，出于法律目的，快速区分大麻是必要的措施。这显然可以使用近红外光谱实现，一所大学提出了一种使用便携式拉曼光谱的方法[157]。拉曼光谱也可用于表征CBD油[158]。

食品、饲料和农业一直是应用近红外光谱的最大领域[159]，因此在该领域看到新的仪器和应用并不奇怪，尤其是随着对"精准农业"的日益重视。Grainsense[160]就是一个例子，它是"SmartFarm"联盟[161]的一部分，它提供了一种便携式近红外光谱仪，使用光谱引擎设备并通过积分球采样，分析作物中的蛋白质、水分、碳水化合物和油分。第二个例子是Agrocares公司的土壤养分扫描仪[162]。目前的两项食品保障举措是美国的TeakOrigin[163]和欧洲的PhasmaFood[164]，它们使用宽带可见-近红外光谱，结合参考分析，检测产品的质量。TeakOrigin的重点是为顾客提供有关当前商店产品质量的信息，并与杂货零售商合作提高产品质量。PhasmaFood的重点是检测食品危害、腐败和食品欺诈。

便携式光学光谱仪内部的技术（坚固、紧凑的光谱仪，功耗小，电池供电，支持Wi-Fi等）有助于适应过程测量，而在过程测量中，分析仪器可能会受到振动影响，并且不容易通过光纤远程控制分析仪。这方面的例子可以在制药的单元工艺中找到，如料仓混合、湿法制粒、流化床干燥和压丸[165-168]。在过去的10年里，随着美国食品药品监督管理局（FDA）提出过程分析技术（PAT）倡议[169]，各种小型分析仪已经上线。目前的发展趋势包括向实时放行和连续生产迈进，我们可以期待在这些领域使用微型光谱仪（如果不是便携式光谱仪的话）[170,171]。表23.4列出了一些商用小型和手持式高光谱成像仪。

表23.4　一些商用小型和手持式高光谱成像仪

公司	类型	技术	范围	网址
BaySpec	快照	IMEC传感器	600～1000 nm	http://www.bayspec.com/spectroscopy/snapshothyperspectral-imager
ChemImage	快照	液晶可调谐滤波器	900～1700 nm	http://www.chemimage.com
Corning	推扫式	色散	450～950 nm	https://www.corning.com/au/en/products/advancedoptics/productmaterials/spectral-sensing.html
Cubert	快照	带小透镜阵列的连续可变带通滤波器	450～850 nm	https://cubert-gmbh.com/product/ultris-20-hyperspectral
Delta Optical	—	LVF制造商	通用	https://www.deltaopticalthinfilm.com/applications/hyperspectralimaging
Emberion	—	石墨烯和纳米晶体光子吸收体	400～2200 nm	https://www.emberion.com/products

公　司	类　型	技　术	范　围	网　址
Headwall	推扫式	色散	通常为400 ～ 1000 nm	http://www.headwallphotonics.com
IMEC	快照	马赛克与拼接	通常为400 ～ 900 nm	https://www.imec-int.com/en/hyperspectral-imaging
Ocean Insight	快照	马赛克	硅检测器；RGB+近红外	https://www.oceaninsight.com/ products/ imaging/multispectral
Pacific Advanced Technology	推扫式	多路色散：四小透镜（透镜+光栅）阵列	3 ～ 5 μm	https://patinc.com/
SENOP	快照	使用VTT技术	400 ～ 1000 nm	http://senop.fi/optronicshyperspectral#hyperspectralCamera
Specim	推扫式	色散	种类繁多，400 ～ 1000 nm	http://www.specim.fi/ hyperspectral-cameras
Spectral Sciences	哈达玛变换	MEMS 匹配滤波器	约700 ～ 1200 nm	https://www.spectral.com/what-we-do/electro-optical-sensing-and-imaging/spectral-and-temporal-imaging
Stratio	点对点的	？	450 ～ 1000 nm	https://beyonsense.io
TruTag/HinaLea	快照	可调谐Fabry-Pérot	450 ～ 850 nm	https://hinaleaimaging.com/# products
Unispectral	快照	可调谐Fabry-Pérot	400 ～ 1000 nm （声明）	http://www.unispectral.com
VTT	快照	可调谐Fabry-Pérot	约400 ～ 650 nm，适用于手机版	https://www.vttresearch.com/en/ourservices/hyperspectraltechnologies

资料来源：文献[15]。版权（2018）归SAGE所有。

23.14　便携式高光谱成像

这些章节中描述的光学技术不仅可以应用于单点光谱，而且在许多情况下可以与二维传感器一起用于光谱成像（有关详细信息请参阅技术与仪器卷第7章、第10章，本卷第18章）。光谱成像本身就是一个巨大的领域，因此这里所能做的就是记录一些最近推出的产品和描述的原型，并指出这些技术可能引领的方向[172]。关键是，在硅探测器光谱区域，极低成本的高光谱传感器是可行的。例如，在2019年的Photonics West上，芬兰研发机构VTT描述了一种"立方英寸大小"的成像器[173]，该成像器基于他们的Fabry-Pérot扫描滤波器技术[174]，覆盖650 ～ 950 nm，可拍摄640像素×512像素的图像。前一年，他们预计仪器的批量成本可能低至15美元[175]。许多文章证明了这一领域的可能性[176-179]，高光谱仪器的销售数量在2017年是3600台，营销公司Temtys[180]预测[181]2022年将增加到9000多台。考虑到低成本工具的迅速发展，这个数字可能被严重低估了。新型仪器的尺寸、重量和功耗（SWaP）都很小，因此可以安装在小型无人机如四旋翼机上，也可以手持。

显然，高光谱成像仪的应用是针对异质样本的，但它们可以应用于从野外到家庭的各种场景中。民用应用领域包括农业、农产品成熟度[182]、地质和矿产、全球变化检测、气象学等，低成本便携式和手持式成像仪的部分可能性应用领域见表23.5。

低成本便携式和手持式光谱成像的可能应用领域

应用方面	政府方面	工厂方面	零售方面	医学方面	家庭和消费者
精准农业	精准农业	矿物加工	水果和蔬菜	环境	精准农业
植物和作物健康	植物和作物健康	环境	药物	危险品	植物和作物健康
水果和蔬菜	环境	放射物		麻醉品	水果和蔬菜
野外地质	放射物	危险品		制药	环境
采矿	危险品	制药		诊断	危险品
钻探	安全和安保	化学品		临床化验	药物
矿物加工工程	机场安检	复合材料		外科手术	化学
环境	执法	结构化材料		组织氧合	复合材料
放射物	麻醉品	失效分析		组织水合	结构化材料
危险品		回收利用		皮肤状况	回收利用
安全和安保					组织氧合
					组织水合
					抗紫外线
					皮肤状况

资料来源：文献[15]。版权（2018）归SAGE所有。

食品的高光谱成像已经研究了至少15年[183-185]。食品污染或掺假（如含有过敏原或病原体）是消费者关注的主要问题，其目标可能是在大样本中检测到一个小颗粒。在整体测量中，污染物的总体比例可能太小，无法根据整个材料的光谱进行检测。然而，Lewis及其同事[186]指出，高光谱成像中的检测限问题取决于粒子统计量，而不是权重百分比。例如，一个640×480的阵列包含313600个像素，如果存在一个花生颗粒，而且它适合一个像素，那么它就可以被光谱检测到，并且"检测限"会随着像素数量的增加而提高。检测限还取决于来自污染物的波段的强度，而这反过来又取决于成像器工作的光谱区域。对于可见-近红外区域，随着振动倍频的增加，频带强度会下降约1个数量级。因此，在硅探测器区域中操作且能够仅检测第三或第四倍频区域的成本最低的高光谱成像器，将具有比在InGaAs探测器区域中在较长波长下操作的同类型仪器差得多的检测限。此外，如果污染物均匀分散，那么高光谱成像与单点光谱相比没有任何优势。已经有许多关于食品颗粒物污染的研究[187-193]，但实验室演示和现场商业部署之间存在相当大的时间滞后，因此非常低成本的高光谱成像仪在这一应用中的实用性还有待观察。

23.15 生物分析仪

本章写于2020年4月，当时正值冠状病毒大流行。《波士顿商业杂志》[194]的一篇在线文章列出了马萨诸塞州的20多家正在进行新冠肺炎检测和治疗的公司。如果我们将范围扩大到整个世界，肯定有数百家公司、研究所和大学在这一领域工作。因此，毫无疑问，我们可以期待在快速DNA分析以及病毒检测和测试方面取得迅速进展。这些文献参考了一些最近的论文和公告[195-199]。

23.16   算法、数据库和校准

不断更新数据库的挑战在街头毒品案件中最为明显。就鸦片类药剂而言，从事非法合成的化学家不断翻新，执法部门必须获得新的衍生品才能将其与光谱添加到数据库中。因此，这是一场持续的斗争，"未知"总是会被发现。新闻杂志的一篇文章[200]描述了这个问题，重点介绍了Thermo Fisher公司的便携式拉曼光谱仪"TruNarc"。这不仅仅是Thermo的问题，在这一领域工作的其他仪器公司也面临着同样的问题[201]。尽管如此，今天，该应用的最佳通用现场分析工具是便携式拉曼光谱仪。现今，随着非常强大（且危险）的芬太尼衍生物（其浓度可能非常低）出现在街头，可能需要一种基于质谱的便携式解决方案（IMS、HPMS或GC-MS）。

对于便携式光学仪器，不断增加光谱库和改进算法具有重要意义[202]。特别是，确定混合物中成分的算法非常重要，同时也能最大限度地减少假阳性和假阴性。对于许多客户，特别是那些受监管行业和执法部门的人来说，仪器的统一管理至关重要，这样每台仪器都可以使用已知的算法、库和相关数据库进行操作。对于向公众出售的仪器来说，将校准和数据库从一台仪器（具有自己的波长或质量尺度和分辨率）转移到另一台仪器的能力将越来越重要。最近的一篇综述文章[203]总结了大量关于这一主题的文献。最后，应该意识到，对于定义明确的应用，并不总是需要宽的光谱范围，也不需要特别高的分辨率。应用程序通过通用的仪器进行验证，但可部署在限制应用的设备上[2]。

23.17   结语

综上所述，便携式和手持式光谱学是一个快速发展的领域，仪器涵盖了从X射线区域到中红外的电磁光谱，技术范围从GC-MS到NMR弛豫测量。仪器越来越小、越来越轻、越来越有能力，组合光谱技术显然是可行的。但制造商仍然需要了解采样、异质性、检测限、信噪比等基本的光谱分析概念，特别是当它们适用于面向公众销售的仪器时。我们可以期待看到一些非常小的光谱仪，甚至高光谱成像仪，它们很容易"佩戴"或能够安装在无人机上。随着这些仪器的价格和尺寸的降低，它们将作为分析仪纳入"白色家电"中，或用于个人护理领域，或用于"公民科学"，当然也可直接向大众出售。

致谢

作者与他的联合编辑Pauline Leary和Brooke Kammrath进行了许多有益的对话。

缩略语

ATR	attenuated total reflectance	衰减全反射
AVCAD	aerosol and vapor chemical agent detector	气溶胶和蒸气化学剂探测器
BLS	bottle liquid screening	瓶装液体筛选
CAAC	Civil Aviation Administration of China	中国民用航空局
CATSA	Canadian Air Transport Security Authority	加拿大航空运输安全局

CBD	cannabidiol	大麻二酚
CCD	charge coupled detector	电荷耦合探测器
CES	Consumer Electronics Show	消费电子产品展
CIE	Commission Internationale de l' Eclairage	国际照明委员会
CMOS	complementary metal oxide semiconductor	互补金属氧化物半导体
COTS	commercial off the shelf	商业现货
DfT	Department for Transport (UK)	（英国）交通部
DHS/TSA	Department of Homeland Security/ Transportation Security Administration	国土安全部/运输安全管理局
DNA	deoxyribonucleic acid	脱氧核糖核酸
ECAC	European Civil Aviation Conference	欧洲民用航空会议
ED-XRF	energy-dispersive X-ray fluorescence	能量色散X射线荧光
FDA	Food and Drug Administration	（美国）食品药品监督管理局
GC	gas chromatography	气相色谱
GC-FID	gas chromatography-flame ionization detector	气相色谱-火焰离子化检测器
GC-MS	gas chromatography-mass spectrometry	气相色谱-质谱
GPS	global positioning system	全球定位系统
HgCdTe	mercury cadium telluride(MCT)	碲镉汞
HPMS	high-pressure mass spectrometry	高压质谱
ICP	inductively coupled plasma	电感耦合等离子体
ICP-MS	Inductively coupled plasma mass spectrometry	电感耦合等离子体质谱
IMS	ion mobility spectrometry	离子迁移谱
InGaAs	Indium-Gallium-Arsenide	铟-镓-砷化物
JCAD	joint chemical agent detector	联合化学试剂检测器
LED	light emitting diode	发光二极管
LIBS	laser-induced breakdown spectroscopy	激光诱导击穿光谱
MEMS	micro electro mechanical system	微机电系统
MRI	magnetic resonance imaging	磁共振成像
NMR	nuclear magnetic resonance	核磁共振
NTA	non-traditional agent	非传统制剂
OES	optical emission spectroscopy	光学发射光谱
PAC	process analytical technology	过程分析技术
PCR	polymerase chain reaction	聚合酶链式反应
PoC	point-of-care	即时检测
PZT	lead zirconate tantalate	锆钛酸铅
QCL	quantum cascade laser	量子级联激光器
RF	radio frequency	射频
RGB	red green blue	红绿蓝颜色表示法
RIN	relative intensity noise	相对强度噪声
SNR	signal-to-noise ratio	信噪比
SOAP	spectrometer on a phone	手机上的光谱仪
SORS	spatially offset Raman spectroscopy	空间偏移拉曼光谱

SWaP	size, weight, and power	尺寸、重量和功耗
TD-NMR	time-domain nuclear magnetic resonance	时域核磁共振
THC	tetrahydrocannabinol	四氢大麻酚
TO	transistor outline	晶体管外形
TRLIF	time-resolved laser-induced fluorescence	时间分辨激光诱导荧光
XRD	X-ray diffraction	X射线衍射
XRF	X-ray fluorescence	X射线荧光

参考文献

[1] Chandrasekar, R., Lapin, Z.J., Nichols, A. et al. (2018). Photonic integrated circuits for Department of Defense-relevant chemical and biological sensing applications: state-of-the-art and future outlooks. *Optical Engineering* 58 (2): 020901.

[2] Vunckx, K., Geelen, B., Munoz, V.G., Lee, W., Chang, H., Van Dorpe, P., Tilmans, H.A.C., Nam, S.H., Lambrechts, A. (2020). Towards a miniaturized application-specific Raman spectrometer. Proceedings of SPIE 11421, Sensing for Agriculture and Food Quality and Safety XII, 1142108 (22 April 2020).

[3] ams (Premstaetten, Austria). "About ams". https://ams.com/as7265x#tab/shop-now (accessed 18 April 2020).

[4] ams (Premstaetten, Austria). "AS7265x Smart Spectral Sensor". https://ams.com/as7265x#tab/shop-now (accessed 18 April 2020).

[5] Variable (Chattanooga, TN, USA). https://www.variableinc.com/index.html (accessed 18 April 2020).

[6] Variable (Chattanooga, TN, USA). "SPECTRO 1™ BY VARIABLE™". https://www.variableinc.com/spectro.html (accessed 18 April 2020).

[7] Ocean Insight (Orlando, FL). PCR Fluorescence Sensor. https://www.oceaninsight.com/products/imaging/multi-band-sensor/pixelsensor/pcr-fluorescence-sensor/ (accessed 18 April 2020).

[8] Ocean Insight (Orlando, FL). Mid-IR Spectrometers. https://www.oceaninsight.com/products/spectrometers/mid-ir/ (accessed 20 April 2020).

[9] Pyreos (Edinburgh, Scotland). Linear array components - spectrometer on a chip. https://pyreos.com/linear-arrays (accessed 18 April 2020).

[10] trinamiX (Ludwigshafen am Rhein, Germany). trinamiX IR Detectors. https://trinamix.de/ir-detectors/(accessed 18 April 2020).

[11] trinamiX (Ludwigshafen am Rhein, Germany). trinamiX Mobile IR Spectroscopy Solutions. https://trinamix.de/nir-spectroscopy/mobile-spectroscopy-solution/ (accessed 18 April 2020).

[12] Hubold, M., Berlich, R., Gassner, C., Brüning, R., Brunner, R. (2018). Ultra-compact micro-optical system for multispectral imaging. *Proceedings of SPIE 10545, MOEMS and Miniaturized Systems XVII*, 105450V (22 February 2018). https://doi.org/10.1117/12.2295343.

[13] Gilway (International Light Technologies, Peabody, MA). Subminiature T-3/4 and T-1 NDIR Lamps. https://www.intl-lighttech.com/specialty-light-sources/subminiature-t-34-and-t-1-ndir-lamps (accessed 18 April 2020).

[14] OSRAM (Munich, Germany). Near-Infrared (NIR) Spectroscopy. https://www.osram.com/os/applications/mobile-competence/mobile-competence-spectroscopy.jsp (accessed 18 April 2020).

[15] Crocombe, R.A. (2018). Portable spectroscopy. *Applied Spectroscopy* 72 (12): 1701-1751.

[16] Schwaighofer, A., Montemurro, M., Freitag, S. et al. (2018). Beyond fourier transform infrared spectroscopy: external cavity quantum cascade laser-based mid-infrared transmission spectroscopy of proteins in the amide i and amide II region. *Analytical Chemistry* 90: 7072-7079.

[17] Lindner, S. et al. (2020). External cavity quantum cascade laser-based mid-infrared dispersion spectroscopy for qualitative and quantitative analysis of liquid-phase samples. *Applied Spectroscopy* 74: 452-459.

[18] Miles, J., Muir, M.F., Scully, S.W.J., Hunter, I., McIlroy, C., Cunningham, J.E., Robinson, C.V., Howle, C.R.. (2020).

Towards standoff photothermal spectroscopy of CBRNE hazards using an ultra-fast tunable QCL. *Proceedings of SPIE 11416, Chemical, Biological, Radiological, Nuclear, and Explosives (CBRNE) Sensing XXI*, 114160A (24 April 2020). https://doi.org/10.1117/12.2558085

[19] DeWitt, K.. (2020). Key advancements from the SILMARILS program in chemical sensing and hyperspectral imaging. *Proceedings of SPIE 11390, Next-Generation Spectroscopic Technologies XIII*, 113900P (24 April 2020). https://doi.org/10.1117/12.2559019

[20] Block Engineering (Southborough, MA). Welcome to Block Engineering. http://www.blockeng.com/ (accessed 30 April 2018).

[21] Kotidis, P., Deutsch, E.R., Goyal, A. (2015). Standoff detection of chemical and biological threats using miniature widely tunable QCLs. *Proceedings of SPIE 9467, Micro- and Nanotechnology Sensors, Systems, and Applications VII*, 94672S (10 June 2015). https://doi.org/10.1117/12.2178169.

[22] Kelley, D.B., Wood, D., Goyal, A.K., Kotidis, P. (2018). High-speed and large-area scanning of surfaces for trace chemicals using wavelength-tunable quantum cascade lasers. *Proceedings of SPIE 10629, Chemical, Bio-logical, Radiological, Nuclear, and Explosives (CBRNE) Sensing XIX*, 1062909 (16 May 2018). https://doi.org/10 .1117/12.2304387.

[23] Wood, D., Kelley, D.B., Goyal, A.K., Kotidis, P. (2018). Mid-infrared reflection signatures for trace chemicals on surfaces. *Proceedings of SPIE 10629, Chemical, Biological, Radiological, Nuclear, and Explosives (CBRNE) Sensing XIX*, 1062915 (16 May 2018). https://doi.org/10.1117/12.2304453.

[24] Pendar Technologies (Cambridge, MA). Pendar Technologies home. http://www.pendartechnologies.com/(accessed 30 April 2018).

[25] Witinski, M.F., Blanchard, R., Pfluegl, C. et al. (2018). Portable standoff spectrometer for hazard identification using integrated quantum cascade laser arrays from 6.5 to 11 μm. *Optics Express* 26: 12159-12168.

[26] Lee, B.G., Belkin, M.A., Pflugl, C. et al. (2009). DFB Quantum Cascade Laser Arrays. *IEEE Journal of Quan-tum Electronics* 45: 554-565.

[27] Alfano, R.R. (2016). *The Supercontinuum Laser Source: The Ultimate White Light*, 3rde. New York: Springer.

[28] Islam, M.N. (2017). Infrared super-continuum light sources and their applications. In: *Raman Fiber Lasers*, Springer Series in Optical Sciences, vol. 207 (ed. Y. Feng), 117-203. Berlin-Heidelberg: Springer International Publishing. Chapter 4.

[29] Kilgus, J., Müller, P., Moselund, P.M., and Brandstetter, M. (2016). Application of supercontinuum radiation for mid-infrared spectroscopy. *Proceedings of SPIE* 9899: 98990K-1.

[30] Michaels, C.A., Masiello, T., and Chu, P.M. (2009). Fourier Transform Spectrometry with a Near-Infrared Supercontinuum Source. *Applied Spectroscopy* 63: 538-543.

[31] Ringsted, T., Dupont, S., Ramsay, J. et al. (2016). Near-infrared spectroscopy using a supercontinuum laser: application to long wavelength transmission spectra of Barley endosperm and oil. *Applied Spectroscopy* 70 (7): 1176-1185.

[32] Gasser, C., Kilgus, J., Harasek, M. et al. (2018). Enhanced mid-infrared multi-bounce ATR spectroscopy for online detection of hydrogen peroxide using a supercontinuum laser. *Optics Express* 26: 12169-12179.

[33] Borondics, F., Jossent, M., Sandt, C. et al. (2018). Supercontinuum-based Fourier transform infrared spectro-microscopy. *Optica* 5: 378-381.

[34] Kilgus, J., Duswald, K., Langer, G., and Brandstetter, M. (2018). Mid-infrared standoff spectroscopy using a supercontinuum laser with compact Fabry-Pérot filter spectrometers. *Applied Spectroscopy* 72: 634-642.

[35] Liu, Q., Ramirez, J.M., Vakarin, V. et al. (2018). Mid-infrared sensing between 5.2 and 6.6 μm wavelengths using Ge-rich SiGe waveguides. *Optical Materials Express* 8: 1305-1312.

[36] Moselund, P.M., Bowen, P., Huot, L. et al. (2018). Compact low-power mid-IR supercontinuum for sensing applications. *Proceedings of SPIE* 10540: 105402I.

[37] Zorin, I., Kilgus, J., Duswald, K. et al. (2020). Sensitivity-enhanced fourier transform mid-infrared spec-troscopy using a supercontinuum laser source. *Applied Spectroscopy* 74: 485-493.

[38] Christesen, S.D., Guicheteau, J.A., Curtiss, J.M., and Fountain, A.W. III, (2016). Handheld dual-wavelength Raman instrument for the detection of chemical agents and explosives. *Optical Engineering* (Bellingham, WA, U. S.) 55: 074103.

[39] Asher, S.A. (1993). UV Raman spectroscopy. *Analytical Chemistry* 65: 59A-66. and 201A-210A.

[40] Hug, W.F., Reid, R.D., Bhartia, R., Lane, A.L.. (2009). Performance status of a small robot-mounted or hand-held, solar-blind, standoff chemical, biological, and explosives (CBE) sensor. *Proceedings of SPIE 7304, Chemical, Biological, Radiological, Nuclear, and Explosives (CBRNE) Sensing X*, 73040Z (8 May 2009). https://doi.org/10.1117/12.817881.

[41] Tuschel, D.D., Mikhonin, A.V., Lemoff, B.E., and Asher, S.A. (2010). Deep ultraviolet resonance Raman excita-tion enables explosives detection. *Applied Spectroscopy* 64: 425-432.

[42] Hopkins, A.J., Cooper, J.L., Profeta, L.T.M., and Ford, A.R. (2016). Portable deep-ultraviolet (DUV) Raman for standoff detection. *Applied Spectroscopy* 70: 861-873.

[43] Shreve, A.P., Cherepy, N.J., and Mathies, R.A. (1992). Effective rejection of fluorescence interference in Raman spectroscopy using a shifted excitation difference technique. *Applied Spectroscopy* 46: 707-711.

[44] Zhao, J., Carrabba, M.M., and Allen, F.S. (2002). Automated fluorescence rejection using shifted excitation Raman difference spectroscopy. *Applied Spectroscopy* 56: 834-845.

[45] Timegate Instruments (Oulu, Finland). https://www.timegate.com/ (accessed 18 April 2020).

[46] Carter, J.C., Angel, S.M., Lawrence-Snyder, M. et al. (2005). Standoff detection of high explosive materials at 50 meters in ambient light conditions using a small Raman instrument. *Applied Spectroscopy* 59: 769-775.

[47] Fountain, A.W. III,, Christesen, S.D., Guicheteau, J.A. et al. (2009). Long range standoff detection of chemical and explosive hazards on surfaces. *Proceedings of SPIE* 7484: 748403-1-748403-11.

[48] Pacheco-Londoño, L.C., Ortiz-Rivera, W., Primera-Pedrozo, O.M., and Hernández-Rivera, S.P. (2009). Vibra-tional spectroscopy standoff detection of explosives. *Analytical and Bioanalytical Chemistry* 395: 323-335.

[49] Hernández-Rivera, S.P., Pacheco-Londoño, L.C., Ortiz-Rivera, W. et al. (2011). Remote Raman and infrared spectroscopy detection of high explosives. Chapter 10. In: *Explosive Materials: Classification, Composition and Properties* (ed. T.J. Janssen). Nova Science Publishers, Inc.

[50] Wu, M., Mark Ray, K., Fung, H. et al. (2000). Stand-off detection of chemicals by UV Raman spectroscopy. *Applied Spectroscopy* 54: 800-806.

[51] Gaft, M. and Nagli, L. (2008). UV gated Raman spectroscopy for standoff detection of explosives. *Optical Materials* 30: 1739-1746.

[52] Pendar Technologies (Cambridge, MA). Pendar technologies X10. https://www.pendar.com/products/pendar-x10/ (accessed 18 April 2020).

[53] Blanchard, R. and Vakhshoori, D. (2020). Standoff detection of chemicals using infrared hyperspectral imaging and Raman spectroscopy. *SPIE Proceedings 11416, Chemical, Biological, Radiological, Nuclear, and Explosives (CBRNE) Sensing XXI*; 114160C (24 April 2020). https://doi.org/10.1117/12.2558806.

[54] Watson, W., Buller, S. and Carron, K. (2019). US Patent 10,473,522 B2, issued 12 November 2019.

[55] For instance: Yaghoobi, M., Wu, D., Clewes, R.J., and Davies, M.E. (2016). Fast sparse Raman spectral unmix-ing for chemical fingerprinting and quantification. *Proceedings of SPIE* 9995: 99950E.

[56] Matousek, P., Clark, I.P., Draper, E.R.C. et al. (2005). Subsurface probing in diffusely scattering media using spatially offset Raman spectroscopy. *Applied Spectroscopy* 59: 393-400.

[57] Creasey, D., Sullivan, M., Paul, C., and Rathmell, C. (2018). Extending Raman's reach: enabling applications via greater sensitivity and speed. *Proceedings of SPIE* 10490: 104900V.

[58] Owen, H. (2002). Volume phase holographic optical elements. In: *Handbook of Vibrational Spectroscopy*, vol.1 (eds. J.M. Chalmers and P.R. Griffiths). Chichester: Wiley.

[59] Bonvallet, J., Auz, B., Rodriguez, J., and Olmstead, T. (2018). Miniature Raman spectrometer development. *Proceedings of SPIE* 10490: 104900W.

[60] Smiths Detection (Edgewood, MD). Smiths Detection Awarded Approximately $7 Million Contract for Bottled Liquid Scanners. https://www.smithsdetection.com/press-releases/smiths-detection-awarded-approximately-7-million-contract-bottled-liquid-scanners/ (accessed 21 April 2020).

[61] Agilent Insight200M. https://www.agilent.com/cs/library/brochures/5991-8866EN_Insight_200M_brochure.pdf (accessed 21

April 2020).

[62] Costruzioni Elettroniche Industriali Automatismi S.p.A. (CEIA, Province of Arezzo, Italy). https://www.ceia .net/security/ product.aspx?a=EMA%20series (accessed 21 April 2020).

[63] Markowicz, A.A. (2008). Quantification and correction procedures. In: *Portable X-ray Fluorescence Spectrometry, Capabilities for In Situ Analysis* (eds. P.J. Potts and M. West), 13-38. Cambridge, UK. Chapter 2: RSC Publishing.

[64] Piorek, S. (2008). Alloy identification and analysis with a field-portable XRF analyzer. In: *Portable X-ray Fluorescence Spectrometry, Capabilities for In Situ Analysis* (eds. P.J. Potts and M. West), 98-140. Cambridge, UK. Chapter 6: RSC Publishing.

[65] Jenkins, R. (1999). *X-Ray Fluorescence Spectrometry*, 2nde, 6-7. Chichester, UK: Wiley-Interscience.

[66] Viken Detection (Burlington, MA). 'HBI-120 Handheld X-Ray Imager. https://www.heuresistech.com/hbi120 (accessed 20 April 2020).

[67] Rapiscan/AS&E (Billerica, MA). MINI Z®, Handheld Z Backscatter® imaging system for detecting drugs and contraband. https://www.rapiscansystems.com/en/products/ase-mini-z (accessed 20 April 2020).

[68] Videray (Boston, MA). The first generation of true inspection technology. https://videray.com/ (accessed 20 April 2020).

[69] Leary, P.E. et al. (2019). Deploying portable gas chromatography-mass spectrometry (GC-MS) to military users for the identification of toxic chemical agents in theater. *Applied Spectroscopy* 73 (8): 841-858.

[70] Axcend Corp, (Provo, Utah, USA). HPLC Anywhere®. https://www.axcendcorp.com/ (accessed 20 April 2020).

[71] Microsaic Systems (Woking, UK). Real-time point-of-need mass spectrometers for optimized productivity. https://www. microsaic.com/ (accessed 20 April 2020).

[72] Malcolm, A. et al. (2010). Miniature mass spectrometer based on a microengineered quadrupole filter. *Analytical Chemistry* 82: 1751-1758.

[73] Malcolm, A. et al. (2011). A miniature mass spectrometer for liquid chromatography applications. *Rapid Communications in Mass Spectrometry* 25: 3281-3288.

[74] Blümich, B. (2016). Miniature and tabletop nuclear magnetic resonance spectrometers. In: *Encyclopedia of Analytical Chemistry*. Chichester, UK: Wiley.

[75] Bruker (Billerica, MA). Time-Domain (TD) NMR. https://www.bruker.com/products/mr/td-nmr.html(accessed 20 April 2020).

[76] Oxford Instruments (Oxford, UK). MQC+ benchtop Nuclear Magnetic Resonance (NMR) analyser. https://nmr.oxinst.com/ mqc (accessed 20 April 2020).

[77] Bruker (Billerica, MA). Minispec ProFiler. https://www.bruker.com/products/mr/td-nmr/minispec-profiler .html (accessed 20 April 2020).

[78] Magritek (Wellington, New Zealand). NMR-MOUSE. http://www.magritek.com/products/nmr-mouse/(accessed 20 April 2020).

[79] WaveGuide (Cambridge, MA). WaveGuide Formµla™. https://waveguidecorp.com/ (accessed 20 April 2020).

[80] BaySpec (San Jose, CA). "Breeze". https://www.bayspec.com/spectroscopy/breeze-smart-palm-spectrometer/(accessed 18 April 2020).

[81] PhasmaFOOD (European consortium). Food sensing device. https://phasmafood.eu/ (accessed 18 April 2020).

[82] Thermo Fisher Scientific (Tewksbury, MA). Gemini. https://www.thermofisher.com/us/en/home/industrial/spectroscopy-elemental-isotope-analysis/portable-analysis-material-id/chemical-explosives-narcotics-identification/gemini-ftir-ftir-raman-handheld-analyzer.html (accessed 18 April 2020).

[83] Olympus (Waltham, MA). TERRA portable XRD. https://www.olympus-ims.com/en/xrf-xrd/mobile-benchtop-xrd/terra/#! (accessed 2 July 2018).

[84] Clegg, S.M., Wiens, R., Misra, A.K. et al. (2014). Planetary geochemical investigations using Raman and laser-induced breakdown spectroscopy. *Applied Spectroscopy* 68 (9): 925-936, and references therein.

[85] Moros, J., ElFaham, M.M., and Laserna, J.J. (2018). Dual-spectroscopy platform for the surveillance of mars mineralogy using a decisions fusion architecture on simultaneous LIBS-Raman data. *Analytical Chemistry* 90: 2079-2087.

[86] Wiers, R.C. et al. (1780). OrganiCam: A lightweight time-resolved fluorescence imager and Raman spectrometer for Mars cave or icy-world surface organic characterization. 51st Lunar and Planetary Science Conference (2020), paper 1780.

[87] Mukhopadhay, R. (2007). The viking GC/MS and the search for organics on Mars. *Analytical Chemistry* 79: 7249-7256.

[88] Borman, S.A. (1981). *Voyager* infrared spectrometer. *Analytical Chemistry* 53: 1544A-1553A.

[89] Hanel, R.A. et al. (1980). Infrared spectrometer for Jupiter. *Applied Optics* 19: 1391-1400.

[90] Maguire, W.C., Hanel, R.A., Jennings, D.E. et al. (1981). C3H8 and C3H4 in Titan's atmosphere. *Nature* 292: 683-686.

[91] Vandenabeele, P. and Donais, M.K. (2016). Mobile spectroscopic instrumentation in archeometry research. *Applied Spectroscopy* 70: 27-41.

[92] Sweedler, J.V. (2002). The continued evolution of hyphenated instruments. *Analytical and Bioanalytical Chemistry* 373: 321-322.

[93] Hirschfeld, T. (1980). The Hy-phenated methods. *Analytical Chemistry* 52: 297A.

[94] Hirschfeld, T. (1985). Instrumentation in the next Decade. *Science* 230: 286-291.

[95] SoilCares (Wageningen, The Netherlands). http://www.soilcares.com/en/products/scanner/ (accessed 18 April 2020).

[96] Doherty, W., Falvey, B., Vander Rhodes, G. et al. (2013). A handheld FTIR spectrometer with swappable modules for chemical vapor identification and surface swab analysis. *Proceedings of SPIE* 2013: 8726.

[97] Hug, W., Bhartia, R., Sijapati, K. et al. (2014). Improved sensing using simultaneous deep-UV Raman and fluorescence detection. *Proceedings of SPIE* 9073: 83581A-1-9.

[98] Wiens, R.C., Sharma, S.K., Thompson, J. et al. (2005). Joint analyses by laser-induced breakdown spectroscopy (LIBS) and Raman spectroscopy at stand-off distances. *Spectrochimica Acta A* 61: 2324-2334.

[99] Sharma, S.K., Misra, A.K., Lucey, P.G. et al. (2007). Combined remote LIBS and Raman spectroscopy at 8.6 m of sulfur-containing minerals, and minerals coated with hematite or covered with basaltic dust. *Spectrochimica Acta A* 68: 1036-1045.

[100] Dreyer, C.B., Mungas, G.S., Thanh, P., and George Radziszewski, J. (2007). Study of sub-mJ-excited laser-induced plasma combined with Raman spectroscopy under Mars atmosphere-simulated conditions. *Spectrochimica Acta B* 62: 1448-1459.

[101] Ancillotti, L., Castelluci, E.M., and Beucci, M. (2005). A combined Raman-LIBS spectrometer: toward a mobile atomic and molecular analytical tool for in situ applications. *Proceedings of SPIE* 5850: 182-189.

[102] Courrèges-Lacoste, G.B., Ahlers, B., and Pérez, F.R. (2007). Combined Raman spectrometer/laser-induced breakdown spectrometer for next ESA mission to Mars. *Spectrochimica Acta A* 68: 1023-1028.

[103] Escudero-Sanz, I., Ahlers, B., and Courrèges-Lacoste, G.B. (2008). Optical design of a combined Raman-laser induced-breakdown-spectroscopy instrument for the European Space Agency ExoMars Mission. *Optical Engi-neering* 47: 033001.

[104] Moros, J., Lorenzo, J.A., Lucena, P. et al. (2010). Simultaneous Raman spectroscopy-laser-induced breakdown spectroscopy for instant standoff analysis of explosives using a mobile integrated sensor platform. *Analytical Chemistry* 82: 1389-1400.

[105] Misra, A.K., Sharma, S.K., Acosta, T.E., and Bates, D.E. (2011). Compact remote Raman and LIBS system for detection of minerals, water, ices, and atmospheric gases for planetary exploration. *Proceedings of SPIE* 8032: 80320Q.

[106] Osticioli, I., Mendes, N.F.C., Nevin, A. et al. (2009). A new compact instrument for Raman, laser-induced breakdown, and laser-induced fluorescence spectroscopy of works of art and their constituent materials. *The Review of Scientific Instruments* 80: 076109.

[107] Allen, A. and Angel, S.M. (2018). Miniature spatial heterodyne spectrometer for remote laser induced breakdown and Raman spectroscopy using Fresnel collection optics. *Spectrochimica Acta B* 149: 91-98.

[108] Abedin, M.N., Bradley, A.T., Sharma, S.K. et al. (2015). Mineralogy and astrobiology detection using laser remote sensing instrument. *Applied Optics* 54: 7598-7611.

[109] Hamilton, M.A., Piorek, S. and Crocombe, R.A. (2015). Sample Analysis. US Patent 8,982,338 B2 (17 March 2015).

[110] Olympus "Terra Portable XRD". https://www.olympus-ims.com/en/xrf-xrd/mobile-benchtop-xrd/terra/(accessed 18 April 2020).

[111] Vaniman, D.T., Bish, D., Guthrie, G. et al. (1999). Process monitoring and control with CHEMIN, a miniaturized CCD-based instrument for simultaneous XRD/XRF analysis. *Proceedings of SPIE* 3769: 243-251.

[112] Marinangeli, L., Pompilio, L., Baliva, A. et al. (2015). Development of an ultra-miniaturised XRD/XRF instrument for the

in situ mineralogical and chemical analysis of planetary soils and rocks: implication for archaeometry. *Rendiconti Lincei. Scienze Fisiche e Naturali* 26: 529.

[113] Sackett, D.W. (2018). Combined handheld XRF and OES systems and methods. US patent 10,012,603 B2 (3 July 2018).

[114] Delaney, J.K., Conover, D.M., Dooley, K.A. et al. (2018). Integrated X-ray fluorescence and diffuse visible-to-near-infrared reflectance scanner for standoff elemental and molecular spectroscopic imaging of paints and works on paper. *Heritage Science* 6: 31.

[115] Inficon Hapsite. https://products.inficon.com/en-us/nav-products/product/detail/hapsite-er-identification-system/ (accessed 18 April 2020).

[116] PerkinElmer Torion T9. https://www.perkinelmer.com/product/torion-t-9-portable-gc-ms-instrument-ntsst090500 (accessed 18 April 2020).

[117] Smiths Detection Guardion. https://www.federalresources.com/product/smiths-detection-guardion-e-package-green/ (accessed 18 April 2020).

[118] FLIR (Wilsonville, Oregon). Griffin G510. https://www.flir.com/products/griffin-g510/ (accessed 18 April 2020).

[119] Synder, A.P., Harden, C.S., Brittain, A.H. et al. (1993). Portable hand-held gas chromatography/ion mobility spectrometry device. *Analytical Chemistry* 65: 299-306.

[120] Dworzanski, J.P., McClennen, W.H., Cole, P.A. et al. (1997). Field-portable, automated pyrolysis-GC/IMS sys-tem for rapid biomarker detection in aerosols: A feasibility study. *Field Analytical Chemistry and Technology* 1: 295-305.

[121] Axcend Corporation (Provo, UT). Axcend® and Microsaic Systems Enter a Worldwide Integration and Joint Marketing and Sales Agreement. https://www.axcendcorp.com/2020/02/27/axcend-and-microsaic-systems-enter-a-worldwide-integration-and-joint-marketing-and-sales-agreement/ (accessed 12 November 2020).

[122] Burggraaff, O., Schmidt, N., Zamorano, J. et al. (2019). Evangelos Spyrakos, and Frans Snik, "Standardized spectral and radiometric calibration of consumer cameras". *Optics Express* 27 (14): 19075-19101.

[123] For instance, the University of Leiden Citizen Science Lab. https://www.universiteitleiden.nl/en/citizensciencelab (accessed 19 April 2020).

[124] Snodgrass, R., Gardner, A., Semeere, A. et al. (2018). A portable device for nucleic acid quantification powered by sunlight, a flame or electricity. *Nature Biomedical Engineering* 2: 657-665.

[125] Snik, F., 3187 iSPEX citizen scientists et al. (2014). Mapping atmospheric aerosols with a citizen science network of smartphone spectropolarimeters. *Geophysical Research Letters* 41: 7351-7358.

[126] MONOCLE (Plymouth, UK). Citizen Science. https://monocle-h2020.eu/Citizen_science (accessed 19 April 2020).

[127] Public Lab (Cambridge, MA). Public Laboratory. https://publiclab.org/ (accessed 19 April 2020).

[128] Public Lab (Cambridge, MA). Public Lab Spectrometry. https://publiclab.org/wiki/spectrometry (accessed 19 April 2020).

[129] Spectral Engines (Helsinki, Finland). Spectral Engines and BSH have developed a textile scanner for making laundry easier. https://www.spectralengines.com/news/a-textile-scanner-for-making-laundry-easier (accessed 19 April 2020).

[130] BSH Group (Stuttgart, Germany).Home Connect. https://www.home-connect.com/is/en/connected-household/x-spect#! (accessed 19 April 2020).

[131] Spectral Engines (Helsinki, Finland). Home page. https://www.spectralengines.com/ (accessed 19 April 2020).

[132] Henkel - Schwarzkopf Professional (Düsseldorf, Germany). SALONLAB. https://www.salonlab-server.de/en-GB/ (accessed 19 April 2020).

[133] Henkel (Düsseldorf, Germany). Henkel Beauty Care revolutionizes personalized hair care with new, cutting-edge digital technology. https://www.henkel-northamerica.com/spotlight/2018-03-01-henkel-beauty-care-revolutionizes-personalized-hair-care-with-new-cutting-edge-digital-technology-827002 (accessed 19 April 2020).

[134] NeoSpectra (La Canada, CA). Si-Ware NeoSpectra is First Spectrometer Built Into Beauty Product. https://www.neospectra.com/si-ware-neospectra-is-first-spectrometer-built-into-beauty-product/ (accessed 19 April 2020).

[135] Opteskin (Santa Monica, CA). Your skin optimized. https://www.opteskin.com/ (accessed 19 April 2020).

[136] London Restaurant Festival (London, UK). Home page. http://www.londonrestaurantfestival.com/about_us/#(accessed 18 April 2020).

[137] BASF (Ludwigshaven, Germany). "Hertzstück™ Future Dining Room. https://www1.basf.com/hertzstueck/article. hertzstueck-future-dining-room.en.html (accessed 18 April 2020).

[138] trinamiX (Ludwigshafen am Rhein, Germany). trinamiX Mobile IR Spectroscopy Solutions. https://trinamix. de/nir-spectroscopy/mobile-spectroscopy-solution/ (accessed 12 November 2020).

[139] Garmin (Schaffhausen, Switzerland). Garmin fēnix® 6 Pro and Sapphire. https://buy.garmin.com/en-US/US/p/641479/#specs (accessed 19 April 2020).

[140] For reviews, see. T3 Smarter Living (Bath, UK). Garmin Fenix 6 Pro review. https://www.t3.com/us/reviews/ garmin-fenix-6-pro-review and Wearable (London, England), "SpO2 and pulse ox wearables: Why blood oxy-gen is the big new health metric. https://www.wareable.com/wearable-tech/pulse-oximeter-explained-fitbit-garmin-wearables-340 (accessed 19 April 2020).

[141] Michael Attas, E. et al. (2002). *Skin Hydration Images from Near-Infrared Reflectance Spectra*, 32-36. American Clinical Laboratory.

[142] Yeung, J., Macneille, P., Makke, O. et al. US Patent Application 2020/0111189A10, "Transportation System Using Odor Preferences", published 9 April 2020.

[143] Burns, D.A. and Ciurczak, E.W. (2007). *Handbook of Near-Infrared Analysis*, 3rde. Boca Raton, FL: CRC Press.

[144] IUPAC (1990). Nomenclatures for sampling in analytical chemistry. *Pure and Applied Chemistry* 62 (6):1193-1208.

[145] Beś, K.B., Grabska, J., Siesler, H.W., and Huck, C.W. (2020). Handheld near-infrared spectrometers: where are we heading? NIR News, first published 13 April. doi: https://doi.org/10.1177/0960336020916815 (accessed 19 April 2020).

[146] Nie, B., Henion, J., and Ryona, I. (2019). The role of mass spectrometry in the cannabis industry. *Journal of the American Society for Mass Spectrometry* 30 (5): 719-730.

[147] Brown, A.K., Xia, Z., Bulloch, P. et al. (2019). Validated quantitative cannabis profiling for Canadian regula-tory compliance-Cannabinoids, aflatoxins, and terpenes. *Analytica Chimica Acta* 1088: 79-88.

[148] Sánchez-Carnerero Callado, C., Núñez-Sánchez, N., Casano, S., and Ferreiro-Vera, C. (2018). The potential of near infrared spectroscopy to estimate the content of cannabinoids in Cannabis sativa L.: a comparative study. *Talanta* 190: 147-157.

[149] Allied Scientific (Gatineau, PQ, Canada). "GemmaCert Cannabis Analyser. https://alliedscientificpro.com/shop/product/ gc200-gemmacert-cannabis-analyser-24069 (accessed 21 April 2020).

[150] Sage Analytics (Los Altos, CA). The Profiler II (HSE). https://sageanalytics.com/products/#mini (accessed 21April 2020).

[151] Lightwave Science (Eugene, OR). "Cannalyzer-420. https://lightwavescience.com/#price (accessed 21 April2020).

[152] Big Sur Scientific (Capitola, CA). home page. https://bigsurscientific.com/ (accessed 21 April 2020).

[153] Smith, B.C. (2019). Quantitation of Cannabinoids in dried ground hemp by mid-infrared spectroscopy.*Cannabis Science & Technology* 2(6).

[154] Infratec (Dresden, Germany). Tunable Detectors. https://www.infratec.eu/sensor-division/fpi-detectors/(accessed 21 April 2020).

[155] 115th United States Congress, Senate Bill S.2667. Hemp Farming Act of 2018. https://www.ams.usda.gov/sites/default/files/ HempExecSumandLegalOpinion.pdf (accessed 12 November 2020)

[156] Agricultural Marketing Service, USDA (Washington, DC). Establishment of a Domestic Hemp Production Program, 84 FR 58522 (58522-58564). https://www.federalregister.gov/documents/2019/10/31/2019-23749/establishment-of-a-domestic-hemp-production-program (accessed 21 April 2020).

[157] Sanchez, L., Filter, C., Baltenspergerc, D., and Kurouski, D. (2020). Confirmatory non-invasive and non-destructive differentiation between hemp and cannabis using a hand-held Raman spectrometer. *RSC Advances* 10: 3212-3216.

[158] Hanif, M.A., Nawaz, H., Naz, S. et al. (2017). Raman spectroscopy for the characterization of different fractions of hemp essential oil extracted at 130℃ using steam distillation method. *Spectrochimica Acta Part A: Molecular and Biomolecular Spectroscopy* 182: 168-174.

[159] Roberts, C.A., Workman, J. Jr.,, and Reeves, J.B. III, (eds.) (2004). *Near Infrared Spectroscopy in Agriculture*. Madison, WI: American Society of Agronomy.

[160] Grainsense (Oulu, Finland). "The GrainSense Analyzer. https://www.grainsense.com/ (accessed 21 April 2020).

[161] Spectral Engines (Helsinki, Finland). SmartFarm-concepts and collaboration for better future farms. https://www. spectralengines.com/news/spectral-sensors-enable-future-farm-digitalization (accessed 21 April 2020).

[162] Agrocares (Wageningen, The Netherlands). Precision farming technology with global impact. https://www .agrocares.com/ en (accessed 21 April 2020).

[163] TeakOrigin (Waltham, MA). "How Nutritious are the Foods We Buy and Eat?. https://www.teakorigin.com/(accessed 21 April 2020).

[164] PhasmaFOOD (European consortium). Food sensing device. https://phasmafood.eu/ (accessed 18 April 2020).

[165] Guenard, R. and Thurau, G. (2010). Implementation of process analytical technologies, Chapter 2. In: *Process Analytical Technology*, 2nde (ed. K.A. Bakeev). Chichester, UK: Wiley.

[166] Smith-Goettler, B. (2010). On-Line PAT applications of spectroscopy in the pharmaceutical industry, Chapter 13. In: *Process Analytical Technology*, 2nde (ed. K.A. Bakeev). Chichester, UK: Wiley.

[167] Romía, M.B. and Bernárdez, M.A. (2010). NIR spectroscopy in pharmaceutical analysis: off-line and at-line PAT applications, Chapter 14. In: *Process Analytical Technology*, 2nde (ed. K.A. Bakeev). Chichester, UK: Wiley.

[168] Avila, C.R. et al. (2020). Process monitoring of moisture content and mass transfer rate in a fluidised bed with a low cost inline MEMS NIR sensor. *Pharmaceutical Research* 37: 84.

[169] United States Food & Drug Administration Guidance Document (Washington, DC). "PAT — A Framework for Innovative Pharmaceutical Development, Manufacturing, and Quality Assurance, Guidance for Industry, October 2004. https://www. fda.gov/regulatory-information/search-fda-guidance-documents/pat-framework-innovative-pharmaceutical-development-manufacturing-and-quality-assurance (accessed 21 April 2020).

[170] Ciurczak, E.W. (2019). NIRS is having a renaissance; but not all the pieces are moving at the same speed. *NIR News* 30 (3): 12-14.

[171] Ciurczak, E.W. (2018). *What's new in NIR?* 30-34. *American Pharmaceutical Review*.

[172] Hagen, N.A. and Kudenov, M.W. (2013). Review of snapshot spectral imaging technologies. *Optical Engineering* (Bellingham, WA, U. S.) 52 (9): 090901.

[173] Näsilä, A., Holmlund, C., Briede, E. et al. (2019). Cubic-inch MOEMS spectral imager. *Proceedings of SPIE MOEMS and Miniaturized Systems XVIII* 10931: 109310F.

[174] Guo, B., Näsilä, A., Trops, R. et al. (2018). Wide-band large-aperture Ag surface-micro-machined MEMS Fabry-Perot interferometers (AgMFPIs) for miniaturized hyperspectral imaging. *Proceedings of SPIE* 10545: 105450U.

[175] Näsilä, A., Trops, R., Stuns, I. et al. (2018). Hand-held MEMS hyperspectral imager for VNIR mobile applications. *Proceedings of SPIE* 10545: 105450R.

[176] Stiefenhöfer, P. Hyperspectral imaging is conquering the industry. *Photonics Views* 2020 (2): 23-25.

[177] Daukantas, P. (2020). Hyperspectral imaging meets biomedicine. *Optics & Photonics News* 31 (4): 32-39.

[178] Keen, C.E. (2020). Smartphone camera enables hyperspectral imaging for skin analysis. *Physics World* https://physicsworld. com/a/smartphone-camera-enables-hyperspectral-imaging-for-skin-analysis/ (accessed 21 April 2020).

[179] Selci, S. (2019). The future of hyperspectral imaging. *Journal of Imaging* 5: 84-92.

[180] Tematys (Paris, France). Hyperspectral And Multispectral Imaging: Applications And Market Trends. https://tematys.fr/ Publications/en/18-latest-reports (accessed 30 July 2018).

[181] Bouyé, C., Robin, T., and d' Humières, B. (2018). Spectral imaging spreads into new industrial and on-field applications. *Proceedings of SPIE* 10539: 1053918.

[182] Logan, R.D., Scherrer, B., Senecal, J., Walton, N.S., Peerlinck, A., Sheppard, J.W., Shaw, J.A. (2020). Hyperspectral imaging and machine learning for monitoring produce ripeness. *Proceedings of SPIE 11421, Sensing for Agriculture and Food Quality and Safety XII*, 114210O (22 April 2020).

[183] Gowen, A.A., O'Donnell, C.P., Cullen, P.J. et al. (2007). Hyperspectral imaging - an emerging process analytical tool for food quality and safety control. *Trends in Food Science & Technology* 18: 590-598.

[184] Wu, D. and Sun, D.-W. (2013). Advanced applications of hyperspectral imaging technology for food quality and safety analysis and assessment: a review—part I: fundamentals. *Innovative Food Science and Emerging Technologies* 19: 1-14.

[185] Wu, D. and Sun, D.-W. (2013). Advanced applications of hyperspectral imaging technology for food quality and safety analysis and assessment: a review — part II: applications. *Innovative Food Science and Emerging Technologies* 19: 15-28.

[186] Lewis, E.N., Kidder, L.H., Lee, E., and Haber, K.S. (2005). Near-infrared spectral imaging with focal plane array detectors. In: *Spectrochemical Analysis using Infrared Multichannel Detectors* (eds. R. Bhargava and I.W. Levin), 25-55. Oxford, UK: Blackwell Publishing. Chapter 2.

[187] Fernández Pierna, J.A., Dardenee, P., and Baeten, V. (2010). In-house validation of a near infrared hyperspectral imaging method for detecting processed animal proteins (PAP) in compound feed. *Journal of Near Infrared Spectroscopy* 18: 121-133.

[188] Fernández Pierna, J.A., Vermeulen, P., Amand, O. et al. (2012). NIR hyperspectral imaging spectroscopy; chemometrics for the detection of undesirable substances in food and feed. *Chemometrics and Intelligent Laboratory Systems* 117: 233-239.

[189] Feng, Y.-Z., ElMasry, G., Sun, D.-W. et al. (2013). Near-infrared hyperspectral imaging and partial least squares regression for rapid and reagentless determination of Enterobacteriaceae on chicken fillets. *Food Chemistry* 138: 1829-1836.

[190] Manley, M. (2014). Near-infrared spectroscopy and hyperspectral imaging: non-destructive analysis of biological materials. *Chemical Society Reviews* 43: 8200-8214.

[191] Pierna, J.A.F., Vincke, D., Dardenne, P. et al. (2014). Line scan hyperspectral imaging spectroscopy for the early detection of melamine and cyanuric acid in feed. *Journal of Near Infrared Spectroscopy* 22: 103-112.

[192] Mishra, P. et al. (2015). Detection and quantification of peanut traces in wheat flour by near infrared hyperspectral imaging spectroscopy using principal-component analysis. *Journal of Near Infrared Spectroscopy* 23: 15-22.

[193] Caporaso, N., Whitworth, M.B., and Fisk, I.D. (2018). Near-Infrared spectroscopy and hyperspectral imaging for non-destructive quality assessment of cereal grains. *Applied Spectroscopy Reviews* 53 (8): 667-687.

[194] Boston Business Journal. https://www.bizjournals.com/boston/news/2020/04/16/these-mass-companies-are-developing-covid-19.html (accessed 21 April 2020).

[195] Moor, K., Terada, Y., Taketani, A. et al. (2018). Early detection of virus infection in live human cells using Raman spectroscopy. *Journal of Biomedical Optics* 23 (9): 097001.

[196] Xu, H. et al. (2020). An ultraportable and versatile point-of-care DNA testing platform. *Science Advances* 6: eaaz7445.

[197] Ghosh, S., Aggarwal, K., U, V.T. et al. (2020). A new microchannel capillary flow assay (MCFA) platform with lyophilized chemiluminescence reagents for a smartphone-based POCT detecting malaria. *Microsystems & Nanoengineering* 6: 5.

[198] BioOptics World 2020. Health Canada approves fast, portable COVID-19 test. https://www.biooopticsworld .com/biophotonics-tools/article/14174260/spartan-bioscience-receives-health-canada-approval-for-fast-portable-covid19-test (accessed 26 April 2020).

[199] Martinelli, F. et al. (2020). Application of a portable instrument for rapid and reliable detection of SARS-CoV-2 infection in any environment. *Immunological Reviews* 00: 1-7.

[200] Bloomberg (2017). https://www.bloomberg.com/news/articles/2017-12-21/this-handheld-device-detects-opioids-it-s-not-always-right (accessed 21 April 2020).

[201] Rigaku. https://www.rigaku.com/press/rad/fentanyl and B&WTek http://bwtek.com/news/major-fentanyl-and-heroin-update-now-available-for-tacticid-handheld-id-instruments/ (accessed 21 April 2020).

[202] DeWitt, K. (2020). Algorithm and system advancements to enable infrared standoff trace detection. *Proceedings of SPIE 11392, Algorithms, Technologies, and Applications for Multispectral and Hyperspectral Imagery XXVI*, 113920L (24 April 2020).

[203] Workman, J.J. Jr., (2018). A review of calibration transfer and instrument differences in spectroscopy. *Applied Spectroscopy* 72: 340-365.